李约瑟文集（修订版）

李约瑟博士有关中国科学技术史的论文和演讲集

（一九四四—一九八四）

潘吉星 主编

辽宁科学技术出版社

沈阳

图书在版编目（CIP）数据

李约瑟文集/潘吉星主编. —修订版. —沈阳：辽宁科学技术出版社，2024.4

ISBN 978-7-5591-3378-6

Ⅰ. ①李… Ⅱ. ①潘… Ⅲ. ①自然科学史—中国—文集 Ⅳ. ①N092-53

中国国家版本馆 CIP 数据核字（2024）第 019299 号

出 品 人：陈　刚
出版发行：辽宁科学技术出版社
　　　　　（地址：沈阳市和平区十一纬路 25 号　邮编：110003）
印 刷 者：辽宁新华印务有限公司
经 销 者：各地新华书店
幅面尺寸：185 mm×260 mm
印　　张：51
字　　数：1200 千字
出版时间：1986 年 10 月第 1 版　2024 年 4 月修订版（第 2 版）
印刷时间：2024 年 4 月第 2 次印刷
特约编辑：冬　风　潘　峰
责任编辑：闻　通　胡嘉思　凌　敏　张歌燕
封面设计：何　萍　李秀中
责任校对：黄跃成

书　　号：ISBN 978-7-5591-3378-6
定　　价：198.00 元

联系编辑：024-23284372
邮购热线：024-23284502
E-mail：605807453@qq.com

COLLECTED (Revision) PAPERS OF JOSEPH NEEDHAM

PAPERS AND LECTURES ON THE HISTORY OF SCIENCE AND
TECHNOLOGY IN CHINA BY JOSEPH NEEDHAM (1944-1984)
COMPILED AND TRANSLATED IN HONOR OF EIGHTY–FIFTH
BIRTHDAY OF DR.JOSEPH NEEDHAM

CHIEF EDITOR

PAN JIXING

LIAONING SCIENCE AND TECHNOLOGY PUBLISHING HOUSE

SHENYANG

为祝贺李约瑟博士八十五寿辰而编译

to

dearest Gwei-Djen

my prop and stay
for
half a century

from

Joseph

March 1987

with all my love.

主　编
潘吉星

总　校
李天生　　潘吉星

分　校
张大卫　何堂坤　李亚东　徐英范

译　者
(按姓氏汉语拼音顺序排列)

陈养正　陈　鹰　戴开元　何绍庚　华觉明

纪　华　李天生　李亚东　刘　钝　刘金沂

刘小燕　刘祖慰　柳卸林　罗桂环　马堪温

潘承湘　潘吉星　王　冰　王奎克　王人龙

王渝生　席泽宗　徐英范　周世德　周增均

李约瑟博士八十五寿辰

中英联谊早，学者往来频。

鸿儒李约瑟，东西早蜚声。

众惊马学问，好相与究天人。

巨著数十册，尚未竟全功。

中国科技史，举世已闻名。

寿逾八十五，予相进一樽。

共祝人中瑞，福寿且康宁。

一九八五年秋，周谷城祝

学贯中西

环宇景仰

周培源

一九八五年九月

英国皇家学会会员、著名化学家李约瑟博士，四十多年来致力于中国科学技术史的研究，他的巨著《中国科学技术史》是世界科学上这一领域的空前贡献。他对中国人民的友谊始终不渝，中国人民永远不会忘记他。

胡乔木

一九八五年十月

中國人民老友　科學史界泰斗

華夏科技遺產　系統整理研究

二十餘冊巨著　四十多年奮鬥

溝通東西文化　融合四海五洲

編纂不辭艱苦　舉世同讚成就

欣逢八五壽辰　遙祝健康長壽

李約瑟博士八旬有五
眉壽之慶

盧嘉錫 敬賀

一九八五年十二月

李约瑟博士（中国台北，1984 年）

李约瑟博士 1979 年于剑桥（剑桥大学）东亚科学史图书馆

李约瑟博士担任"中英科学合作馆"馆长期间（重庆，1943年）

李约瑟博士及夫人李大斐博士在剑桥生物化学实验室室外合影（约1928—1929年）

李约瑟博士在写作《中国科学技术史》（剑桥，1949 年）

李约瑟博士在剑桥生物化学实验室（剑桥，1935 年）

李约瑟博士和本书主编潘吉星（剑桥东亚科学史研究所，1982 年）

《李约瑟文集》主编潘吉星致辞（人民大会堂山东厅，1986 年 11 月 18 日）

李约瑟与英国 BBC 记者谭如波（人民大会堂，1986 年 11 月 18 日）

祝贺《李约瑟文集》(修订版) 出版

梅建军

剑桥李约瑟研究所所长

获悉《李约瑟文集》(修订版) 即将付梓，我谨代表剑桥李约瑟研究所致以衷心祝贺！

《李约瑟文集》由潘吉星先生主编，于 1986 年由辽宁科学技术出版社出版，距今已有 37 年。该书是为祝贺李约瑟博士八十五寿辰而编译的，用潘吉星先生的话说："这是我们为庆祝这位英国大学问家、中国人民的老友八十五寿辰而准备的另一份献礼。"李约瑟博士于 1995 年辞世，而潘吉星也在 2020 年驾鹤西去，为什么现在还要修订《李约瑟文集》呢？换言之，原书在其问世 30 多年后修订有什么特别的意义呢？

在我看来，《李约瑟文集》修订的最大意义在于李约瑟文明观对当今世界的启迪价值！李约瑟博士毕其一生致力于研究东西方文明的交流与互鉴，不仅揭示了非西方文明 (尤其是中国文明) 的价值和贡献，也指出了"欧洲文明中心论"的扭曲和荒谬，进而描绘出"百川归海"这一文明互鉴、交流、分享和共存的历史图景，并认为这是推动近代科学在欧洲兴起的根本动力。在他看来，近代科学是一种普世性的科学，是由世界各地带有民族印记的各地方科学或知识系统如"百川归海"般汇集而成的。更重要的是，"百川归海"的思想不仅是他对既往历史的观察和总结，也是他对人类未来的一种预见和展望。换言之，科学一旦具有了普世性的特征，那就意味着由科学所推动的人类文明的进程，必然走向交流、互鉴、共享，以至融合归一，走向中国古代哲人所倡导的"天下大同"的社会，也就是人类作为一个命运共同体，共享科学技术进步的成果，共存于一个和平无争的世界。

毫无疑问，我们面对的现实世界距离"大同社会"的理想依然遥远，但这不等于说李约瑟"天下大同"的普世情怀没有任何现实意义。恰恰相反，正如英国学者利昂·A. 罗查 (Leon A. Rocha) 所指出的："李约瑟的普世情怀中包含了政治远见、开放精神和道德要求，而这正是极有价值的，值得我们继承！"换言之，李约瑟所总结的"百川归海"的科学发展模式以及他所倡导的"普世科学"和"天下大同"的社会理想，表达了他对人类文明必将融合归一的信念，在"文明冲突论"沉渣泛起的当今世界，这无疑具有重要的道德力量和启迪意义！我想，这应该是30多年后修订《李约瑟文集》的最大意义所在！

《李约瑟文集》共收文43篇，是李约瑟博士及其合作者在1944—1984年发表的有关中国科学技术史的论文和演讲记录。全书分为三个部分：第一部分为"科学技术史通论"，收文15篇，主要涉及中国古代的科学与社会、中西对比和交流以及科技文献术语翻译等；第二部分为"基础科学史"，收文19篇，大致与《中国科学技术史》各个分册对应，涉及数学、天文学、物理学、化学和生物学；第三部分为"技术史与医学史"，收文9篇，涉及冶金、机械、航运、医学和药物学。可以看出，作为主编的潘吉星先生在选择这些文章时可谓煞费苦心，既有一般性总论，也有理、工、医各科专论，旨在让读者通过阅读这一本书，就能对李约瑟的学术思想和巨大贡献有一个较为全面的了解和认识。尤为值得一提的是，潘吉星先生还撰写了长篇导言，题为《中国·李约瑟·中国科技史》，不仅详述了李约瑟与中国结缘、成为中国科技史大师的不凡经历，而且细致解读了李约瑟本人对"李约瑟问题"的解答，也就是为什么中国古代和中世纪科学没有演变成近代科学。潘先生的解读全面而深入，充分展现了他作为中国科技史大家所具备的深厚学术素养、爱国情怀和独到见识。

据李约瑟研究所收藏的档案资料可以获知，潘吉星先生早在1979年就与李约瑟博士有书信往来，信中所讨论的问题包括他们各自正在研究的学术课题，比如中国古代的火药、火器和火箭等。1981—1982年，他应邀到美国费城宾夕法尼亚大学文理学院作访问研究，其间曾致信李约瑟博士，专门介绍了他有关明代科学家宋应星的研究工作。美国的访学结束后，经美国宾夕法尼亚大学内森·席文（Nathan Sivin）教授的大力推荐，潘先生应邀来英国剑桥大学访学，成为剑桥大学罗宾逊学院的客座研究员（Bye-Fellow），这样就有了很多与李约瑟博士当面交流的机会。可以说，在潘先生那一辈的学者中，能在20世纪80年代初赴美、英访学，并与李约瑟和席文等国际知名学者建立密切学术联系者是极为罕见的。从这一角度看，《李约瑟文集》由潘先生出任主编绝非偶然，而是历史机缘的必然。甚至可以说，在当时有眼光、有能力承担这一学术工作重担的非潘先生莫属！

《李约瑟文集》自1986年问世以来广受学界欢迎，是中国学者尤其是青年一代学习和了解李约瑟学术思想和研究成果的最佳入门书，直到今天也毫不过时。这与当时潘先生所组织的高水平的翻译队伍和不少学者的精心投入有很大的关系，潘先生本人所付出的巨大的努力更是有目共睹。在《李约瑟文集》的正文之末，还有潘先生费心编译的《李约瑟博士科学史论著目录》，收录了 43 部李约瑟在 1925—1981 年撰写或主编的专著以及 168 篇在 1925—1984 年发表的学术论文，这为那些有意深入钻研李约瑟学术遗产的学者提供了极大的便利。不过，由于《李约瑟文集》从未再版，年轻一代的学者想要获得一册《李约瑟文集》可谓难上加难。因此，现在修订《李约瑟文集》可谓正逢其时。遗憾的是，潘先生不幸于 2020 年辞世，无法看到《李约瑟文集》（修订版）出版。好在我们可以借《李约瑟文集》（修订版）告慰潘先生，向他道一声感谢，并表达我们发自心底的崇高敬意！

最后，还有一个有关《李约瑟文集》的小轶事。1987 年 3 月，李约瑟博士将他收到的《李约瑟文集》签赠给了鲁桂珍女士，题签如下："to dearest Gwei-Djen, my prop and stay for half a century, From Joseph, March 1987, with all my love（献给最亲爱的桂珍，我半个世纪的支撑和后盾，来自约瑟，还有我所有的爱，1987 年 3 月）。"这本带有题签的《李约瑟文集》，现收藏于李约瑟研究所的图书馆，成为李约瑟博士和鲁桂珍女士传奇一生的又一珍贵见证。

2023 年 11 月 19 日于剑桥

祝贺《李约瑟文集》37 年后修订出版

中国科学院自然科学史研究所

欣闻由我所老一代研究员 潘吉星 主编的《李约瑟文集》得以修订出版，至感欣慰，谨致以诚挚的祝贺！该书不仅是中英两国科学文化事业合作的见证，也是我国老一辈科学工作者对一位为研究中国科学史奉献了后半生的英国著名学者——尊敬的李约瑟先生的致敬和纪念之作。

此书的主编是 潘吉星 ，译者中有 18 位我所科研人员，他们是陈鹰（女）、戴开元、何绍庚 、华觉明、李天生 、李亚东、刘钝、刘金沂 、柳卸林、罗桂环、潘承湘 （女）、潘吉星 、王冰（女）、王奎克 、王渝生、席泽宗 、徐英范、周世德 （排名不分先后）。虽然他们中的一些人及李约瑟博士本人都早已作古，但科学需要传递、文明需要延续，因此，中国科学院自然科学史研究所理应对此书的修订出版予以鼎力支持与配合。

在此，中国科学院自然科学史研究所谨代表所有上述参编人员，感谢愈欣书店、辽宁科学技术出版社及 潘吉星 的女儿潘峰，能在 37 年后让这本好书修订后再次面世！

2023 年 8 月

高峰可以仰望亦可攀登

——写在《李约瑟文集》（修订版）出版之际

潘吉星之女潘峰

　　中国人民的好朋友、一位让无数中国学者仰望的科技大家、一位比中国人可能还了解中国文化的英国人——李约瑟博士，尽管他自言他的家庭从未与中国有任何牵连，然而从 1942 年开始直至他的余生，都从未离开过中国文化。从兴趣到深入研究，再到无法自拔地投入，他倾注了所有旺盛的精力和穷尽所能的智慧，完成了巨著《中国科学技术史》(*Science and Civilisation in China*)。他对中国文化全方位的深入解读与理解、对中西文化的比较研究以及对整个中西所处不同环境下产生的科学与思想之必然，有着非凡的认知和清晰的思路。他对中国科技史的全面研究与广泛传播，让西方世界认识到中华文明并非是落后的。

　　18 世纪以来，尽管欧洲出版过不少有关中国的作品或译作，但还没有人系统研究过中国科学史。究其原因，是因为汉学家重文史而轻科技，而西方科学史家又往往不懂中文，这就造成了西方人对中国的认知都是碎片化的。他们错误地认为，中国虽然是文明古国，也只是人文科学发达，或许有些技术，但绝无科学性可言；他们也就更不相信，我们的科学会对西方有过影响。因此，中国科学史长期被西方忽视就不难理解了。

　　李约瑟博士的前半生研究生物化学，是化学胚胎学的奠基人。后来，由于机缘巧合，他"皈依"了中国文化，以至后半生都在研究中国科技史。正是在这个过程中，他看到中国科学遗产是"绝对的宝库"，他决心用著书来打破西方的错误认知、消除误解、纠正偏见。

　　正因他具备贯通古今、兼通中外科学与语言这些科学素养，才能站在世界科学史、比较科学史和中外交流的高度研究中国科学史。如今看来，李约瑟博士和他的《中国科学技术史》是历史与世界科学史共同的选择。

　　他认为科学并非欧洲独有，各国文明包括中国文明都有独到的贡献，各国文明的科学有如江河终会流归近代科学大海，即所谓"百川归海"或"朝宗于海"。江河有大有小，而中国科学是股巨流，对世界科学及人类文明的发展贡献最大。这也是他书写巨著《中国科学技术史》的另一目的，他主动承担起架设中国文明与西方文明的桥梁。

这部堪称中国古代科学技术的百科全书，以确凿的史料和证据，全面系统地对中国 4000 年来的科技发展作了历史概括，阐明了中国科技成就以及对世界的贡献，为各国学者打开了一个全新的精神世界，以便从中汲取更多的宝藏。

由于《中国科学技术史》是多卷本，为了让读者在全卷出版前对此巨著有所了解和先睹为快，又能以简便的方法通读全书概要及学术思想，1986 年在辽宁科学技术出版社鼎力支持下，潘吉星主编的《李约瑟文集》以最短的时间高质量出版了，当时也是为了向李翁祝贺他八十五寿辰。

如今，许多年过去了，李约瑟的研究成果仍然被高度肯定，其著作也依然是具有借鉴意义的重要文献。因此，机缘巧合下，《李约瑟文集》（以下简称《文集》）得以再度来到读者面前。

希望年轻人也能像当年的前辈们，跨越国度，打破文化壁垒，带着绵延的自信，从《文集》中领略到中国灿烂的文化，激发出当代科技火花，进而也能从兴趣开始深入，开启属于自己的科技之门。

虽然是修订版，但考虑原文作者及很多译者均已离世，本着尊重和致敬的原则，基本不作修改，让它原貌呈现，包括时间线的修订。我仅根据我父亲潘吉星生前对他自己所写内容的修改作了适当订正。当然，我希望补充一些《文集》出版后的资料和一些小的花絮，也邀请了现任李约瑟研究所所长梅建军教授及名誉所长古克礼先生分别撰文，让《文集》在正文外带有修订版痕迹。其中有些资料和照片为首次公开。

《文集》的主编潘吉星于 1982 年应李约瑟博士和鲁桂珍博士之邀，在结束了美国访问后来到英国剑桥大学的东亚科学史图书馆（李约瑟研究所）作短暂的访问研究，回国后写了一篇《英国剑桥东亚科学史图书馆访问记》，于 1983 年发表在《中国科学史料》上，这也是中国读者第一次看到关于剑桥东亚科学史图书馆的介绍性文章。此次修订将此篇文章也收录其中，让读者更全面了解曾经的李约瑟研究所和李约瑟对中国文化深深的热爱，我也将附上几张当年潘吉星拍摄研究所的照片和他与李约瑟博士等人的合影，作为一并的回顾。

当年的《文集》出版后，引起了不小的反响，《人民日报》《光明日报》等均作了报道，此次修订我将其中潘吉星写给《瞭望周刊·海外版》（当时国内版未出）

的《李约瑟博士在中国》收录其中，以补当年遗憾，并配上当年未发表的照片。

写在最后：

如今，李约瑟博士和我父亲潘吉星都已离开了他们共同热爱的文化土壤和科学研究事业。我想他们一定相见了，左手握卷，右手执笔，在一起酣畅淋漓，百聊不倦，不必因为距离而用书信往来，也不必因为时间局促而停止探讨。忆当年，李博士对我父亲在治学经验和方法上影响颇深，比如建立海量卡片并装盒保存、随时记备忘录的习惯、对疑问的穷追不舍精神。他们的相通之处，都是本能地对书籍无比热爱与偏爱收藏，所到之处的图书馆和旧书摊一定有他们的足迹，他们曾数次互相寄赠对方需要的书籍以解对方的燃眉之急。我父亲会把他能拿出的所有钱都用来买书而不考虑吃饭，我想一个真正的学者好似一位清修的僧人，他们的富足是脑海里拥有上下几千年的历史事件与人物，还有脱口而出一一对应的全类目检索条。

今天，我希望他们能在畅谈之余感知，时隔37年后，《文集》再次来到读者的面前，让中国古代科技的辉煌再次闪耀于世人面前，让他们研究的心血得以发挥余热，也让他们架起的这座中西科技之桥上继续人来人往！毕竟人类文明需要借助科技的力量，传播、融合与延续。故步自封是没有前途的，站在物质的制高点而忽视精神文化的跟进也是没有前途的。

今天，我亦希望他们感到欣慰和温暖。欣慰于几十年后的今天，他们的成果依然被肯定和具有价值；温暖于几十年后的今天，科技史上依然有他们的身影。从某种意义上说，他们从没有也不会离开中国科技史，那是他们为之耕耘了一生之所爱，直到永远……

请回到此序的标题"高峰可以仰望亦可攀登"，此书如能成为热爱科学的人攀登科技之峰的垫脚石就是它最大的价值所在！

最后，特别感谢《文集》原责任编辑冬风先生、辽宁科学技术出版社领导及各位工作人员、中国科学院自然科学史研究所领导、愈欣书店对《文集》修订出版给予的大力支持！此外，还要特别鸣谢剑桥李约瑟研究所所长梅建军教授的贺词和我父亲的老朋友古克礼先生对我父亲的缅怀。

2023 年·北京

《李约瑟文集》(修订版)序

冬 风

《李约瑟文集》(修订版)面世,作为《李约瑟文集》初版的责任编辑,同时也作为该书出版的亲历者和见证者,不免颇多感慨,略书一二,权为序。

39年前,我与同编辑部的年轻编辑宋纯智先生(后曾任辽宁科学技术出版社社长、总编辑)在赴京参加全国首届交叉科学学术讨论会期间,偶然得知中国科学院自然科学史研究所研究员潘吉星先生正在组织翻译、编辑《李约瑟文集》。几经周折,我们辗转打听到潘吉星先生宅邸,并贸然前往拜访。那以后又多次专程赴京,反复表明我们渴望出版该书的诚意,并最终得以如愿。

选题一经确定,即得到辽宁省出版界和辽宁科学技术出版社领导的高度重视和全力支持。那以后近一年的时间里,为了赶在李约瑟博士八十五寿辰之际将《李约瑟文集》作为最好的纪念呈现给广大读者,我们废寝忘食,全身心投入到书稿的编辑工作中。其间为了考证和确认某些内容和细节,我们多次往返于北京和沈阳之间,潘吉星先生也曾专程来出版社和我们一起校勘书稿。作为国内外著名的自然科学史专家,潘吉星先生治学之严谨,为人之谦逊,待人之宽厚,均给我们这些尚属年轻的编辑留下了深刻的印象,并对我们以后的编辑工作影响至深。

1986年10月,《李约瑟文集》如期出版,即在科学界、史学界、文化界、学术界及出版界引起巨大反响。时任全国人大常委会副委员长、著名史学家周谷城先生,全国政协副主席、著名物理学家周培源先生,中国社会科学院名誉院长胡乔木先生,中国科学院院长卢嘉锡先生等均为该书题词或赋诗。之后,还在人民大会堂举行了隆重的《李约瑟文集》出版庆祝会,这也是有史以来首次在人民大会堂举行的图书出版盛会。年届85岁高龄的李约瑟博士携鲁桂珍博士专程从英国前来赴会,并作了精彩演讲。周谷城、周培源、胡乔木、卢嘉锡先生亦亲自到会祝贺。同年,英国女王伊丽莎白二世首次访华期间,《李约瑟文集》作为中英两国人民科学和文化交流的历史见证被赠予女王陛下。

《李约瑟文集》面世后，很快彰显出其重要的学术和出版价值，据国家图书馆的统计，在那以后的若干年中，该书成为国内外相关领域研究中被引用和借鉴最多的科学文献之一。在出版界，该书相继获得首届中国图书奖等一系列优秀图书奖项。无疑，这也是我们编辑生涯中最值得纪念和回忆的浓重一页。

10 年后，即 1995 年 3 月 24 日，我们惊悉李约瑟博士以 95 岁高龄驾鹤仙去，身后留下了七卷二十七分册之巨著《中国科学技术史》，而《李约瑟文集》也几乎成为关于李约瑟博士学术成果的中文版译著之绝唱。轮椅中老人深邃的目光终于黯淡下去，我们仿佛听到一个时代的余音正袅袅散去。

当时光的脚步越过新世纪的门槛，行至 2020 年 8 月 23 日，《李约瑟文集》这部跨越时空、远隔重洋的科学与文化、历史与现实的和谐二重奏，停止了最后一个音符的跃动。这一天，潘吉星先生最终停下了他思辨和探索的脚步，走完了 89 个春秋的人生旅程，默默地离我们而去。而先生生前久有修订再版《李约瑟文集》之意，并为此做了大量的资料准备，却成为未了之夙愿。

斯人已逝，但李约瑟博士和潘吉星先生共同划出的这道赤诚而热烈、理性而执着，跨越民族、国界激荡出的学术与理想的光芒，穿透岁月的尘霭，至今依然闪耀不息……

时隔 38 年，这次《李约瑟文集》得以修订再版，可谓"三地四方"联袂推进、密切配合的成果。2022 年 8 月初，深圳中瀚未来商业集团董事长张亮先生，在为其创办的连锁书店即愈欣书店筹划重点推介经典学术名著时，提出了支持修订再版《李约瑟文集》的意向，并表示将在该书销售推广上给予大力支持。作为一位企业家，其社会责任和文化情怀，以及独到的选择视角，的确令人钦佩。

潘吉星先生之女潘峰女士为了该书的修订再版，投入了大量的时间和精力，在潜心整理其父留下的相关资料的同时，积极与中国科学院自然科学史研究所、剑桥李约瑟研究所等沟通，得到上述机构领导和专家的热烈响应和支持。

作为《李约瑟文集》的原出版者，辽宁科学技术出版社将《李约瑟文集》（修订版）列为重点图书选题计划，并由社领导亲自挂帅部署和组织选题的实施。

无疑，《李约瑟文集》（修订版）是中国科学技术史的重要组成部分，并同样在以世界的视野为中国的科学与文明立传。关于该书出版的重要意义和学术及社会价值，在英国剑桥李约瑟研究所名誉所长古克礼先生、现任所长梅建军先生和中国科学院自然科学史研究所以及潘峰女士的贺信或序言中均有详尽而充分的论及，故此不再赘述。

2024 年元旦于深圳

李约瑟文集

李约瑟博士有关中国科学技术史的论文和演讲集

（一九四四——一九八四）

潘 吉 星 主编

辽宁科学技术出版社

一九八六年·沈阳

for Tsing Fêng
Beijing, Nov 86
with sincere greetings
Joseph Needham
Lu Gwei-Djen
十宿道人

1986.11.17D
北京·右张宾馆

李约瑟博士、鲁桂珍博士在北京人民大会堂《李约瑟文集》出版庆祝会上，为本书责任编辑冬风题字

李约瑟就编写《文集》事致本书主编的信

李约瑟

我亲爱的潘吉星:

我现答复你去年 12 月 6 日的来信。我已成功地为你找到你那时送给我的清单中所标出的北京缺乏的所有论文,而我将它们装入第一包中随信附上。它们的确是 14 篇,像你所附清单上开列的那样。

第二包包括 1980 年以来发表的论文,其中有 6 篇。

第三包包括早年发表的论文,但也许你愿意收录在《文集》的中文译本中,这含有 10 篇。所有清单此次一并附上。

有一点我觉得是重要的,那就是我恐怕在各篇文章中可能会有某种重叠,因而我愿意依赖你来调整(像我们所说的)任何重复之处。我肯定,一旦你们决定要翻译,就不难做到这一点。

最后,我还附上你要求写的简短的序言。我希望这将是你想要的东西。

桂珍和我致以你最热烈的问候和对新年的最好祝愿!

1985 年 1 月 11 日于剑桥

英国驻华使馆临时代办
帕·汤姆森给本书主编的信

帕·汤姆森

潘先生：

收悉您6月6日给理查德·伊文斯先生的来信，十分感谢。

谢谢您给我们送来了《李约瑟文集》中文版即将出版的消息。我们当然要为自己及外交和联邦事务部（Foreign and Commonwealth Office）订购此书。该书出版的时间极为有利，届时英国女王陛下将访问中国，这是我们两国关系发展史上的一件大事。

无疑，李约瑟先生对中国科学史的终身贡献，是英国学者对中国科学技术领域的发展和中国文化传统极大关心的充分证明。

该书能在中国公开发行，我们感到十分高兴。我深信，李先生对您和您的同事编译了他的著作也会感到万分的荣幸。该书的出版为两国在科技文化事业上进一步广泛合作树立了一个极好的榜样。

请接受我最诚挚的问候。

您的忠诚的

帕·汤姆森

1986年6月20日

《李约瑟文集》序言（中文）

李约瑟

　　我的家庭从未与中国有任何牵连，既未产生过外交家、商人，也未产生过传教士，没有谁能使我在童年时对世界另一边的可与古希腊和古罗马媲美的伟大文明有任何了解。在略知汉字以前，我已37岁了，那时我是剑桥大学的一个生物化学家和胚胎学家。

　　后来我发生了信仰上的"皈依"（conversion），我深思熟虑地用了这个词，因为颇有点像圣保罗在去大马士革的路上发生的皈依那样。有3位中国研究工作者来到我的实验室攻读博士学位，即王应睐、沈诗章和鲁桂珍。我把鲁的名字放在最后，但她在影响上远非如此。在21年后，战后在联合国教育科学及文化组织工作时，我劝动她回到剑桥，并作为医学史家和生物学史家同我一道工作。从那时起我们一直在一起，而现在她是剑桥东亚科学史图书馆副馆长。

　　从我们联名发表第一篇论文以来，到现在已有46年了，那篇文章研究忽思慧及其约成书于1320年的论饮食疗法的著作。忽思慧在该书中首先指出关于维生素缺乏症的经验发现，经过若干年以后，这被证明只是中国人远在欧洲人之前做出的众多发现与发明之一。命运使我以一种特殊的方式"皈依"到中国文化价值和中国文明这方面来。1942年，英国政府要我去重庆，并任驻那里的使馆的科学参赞。那时可能几乎没有其他的英国科学家懂中文。在此后4年时间（1942—1946），我负责"中英科学合作馆"（Sino-British Science Cooperation Office）的工作，以帮助受封锁的中国的科学家（如化学家和数学家）、医生和工程师等；而在整个这段工作期间，我有机会遇到他们中的许多人。有些人当然对他们自己文化中的科学技术史和医学史感兴趣，所以，我能得到无可比拟的指导。他们告诉我读什么书和买什么书，因此使我不只能熟悉西方人不易得到的知识，还能奠定我们现在这个图书馆的基础。最使我感动的，是翁文灏（1889—1971）在战争快结束时送给我的一句话："我们结交真正朋友，就是要雪中送炭者。"

鲁桂珍和我在她于战争开始后离剑桥之前约定，必须在中国科技史和中国医学史方面做些工作。这就是《中国科学技术史》这个课题的由来，我们预期这项任务要以完成总共二十册以上的一套多卷本著作才能结束。随着时间的流逝，证明这是一个绝对的"金矿"。古代和中古时期的中国科学成就，一再表明足以使人眼花缭乱。

尽管有些卷已经出版，但我们并没有放弃撰写单独论文并将其在演讲和杂志中发表的习惯。这些文章和演讲，就是我们的朋友潘吉星现在正在用中文编的《文集》的内容。这当然是一件最使我们满意的事，尤其是因为这些内容的细节有时只能在该书各卷中简单提一下，另外一些内容所属的章节还没有写出来，还有些内容要在相当晚以后才能在有关章节中讨论到。

因此，我希望这个翻译版取得巨大成功。我把它看成是最大的荣幸，而且我觉得唯有被列入中国正史"列传"中的早期耶稣会士可能与此相比！我再一次希望潘吉星的大胆尝试取得圆满成功。

1985 年 1 月 11 日于剑桥

《李约瑟文集》序言（英文）

Foreword for the "*Collected Papers of Joseph Needham*" in Chinese translation, edited by Pan Jixing.

My family had never had any connection with China, producing neither diplomat, merchant nor missionary, to give me in childhood any inkling of that great civilisation, parallel with Greece and Rome, over on the other side of the world. I was 37 years of age before I knew a single Chinese character, and by that time I had become a biochemist and embryologist at Cambridge.

Then came my conversion, a word I use advisedly, because it was a bit like what happened to St. Paul on the road to Damascus. Three Chinese research workers came to my laboratory to take their doctorates, Wang Ying-Lai, Shen Shih-Chang and Lu Gwei-Djen. I mention her last, but she was far from being the least in influence, and twenty-one years later, after the war and service in UNESCO, I persuaded her to return to Cambridge and join me as historian of medicine and biology. We have been together ever since, and now she is Associate Director of the East Asian History of Science Library in Cambridge.

It is now forty-six years since we sent off our first research paper. It dealt with Hu Ssu-Hui and his book on dietetics, written about 1320 A. D., a book in Which he was the first to state the empirical discovery of vitamin deficiency diseases. As the years went by, this was to prove only the first of a whole flood of discoveries and inventions made by Chinese people long preceding Europeans.

Fate aided my conversion to Chinese cultural values and civilisation in an extraordinary way. In 1942 I was asked by the British Government to go to Chungking and be Scientific Counsellor at the Embassy there, Probably there were very few other British scientists who knew any Chinese at all at that time. So for the ensuing four years I took charge of the "Sino – British Science Cooperation Office", aimed at helping the scientists, medical doctors, engineers, chemists and mathematicians of beleagured China; and during the course of this work I had the opportunity to meet very many of them. Some were of course interested in the history of science, technology and medicine in their own civilisation, so I was able to get an unparalleled orientation. They told me what books to read, and what to buy, so that I was able not only to acquire knowledge not easily accessible to Westerners, but also to lay the foundations of our present Library. What touched me most was a remark made to me by Ong Wên – Hao towards the end of the war: "True friends we know as those who bring charcoal when it is snowing".

Lu Gwei–Djen and I had agreed before she left Cambridge at the beginning of the war that something must be done about the history of science, technology and medicine in China; and this was the origin of the "*Science and Civilisation in China*" project – a series of volumes which we expect to amount to more than twenty by the end of the task. As time went on, it proved to be an absolute gold–mine. Time after time, the achievements of ancient and mediaeval Chinese science could be shown to be dazzling.

Yet as the volumes kept on coming out, we never abandoned our custom of writing individual papers and publishing them in lectures and journals. These it is that our friend Phan Chi-Hsing is now editing for a "*Collected Works*" in the Chinese language. This is necessarily a source of the greatest satisfaction to us, all the more because in some cases the details could only be touched upon in the volumes of the book itself, in others the chapters to which they belong have not yet been written, inothers yet again the discovery came too late to be discussed in the relevant volume.

Thus I wish this translated edition every possible success. I regard it as the greatest of honours, and I feel that the only possible comparison would be with the early Jesuits getting their *lieh chuan* into the dynastic histories! Once again, all success to Phan Chi-Hsing's venture.

Joseph Needham

11 Jan 1985, Cambridge

导言：中国·李约瑟·中国科技史

——兼祝贺李约瑟博士八十五寿辰

潘 吉 星

（剑桥大学罗宾逊学院客座研究员）

1980 年，《中华文史论丛》为庆祝英国科学史家李约瑟博士八旬华诞，曾编辑《中国科技史探索》一书，1982 年由上海古籍出版社出版。但这个论文集所收录的文章，主要是由中外科学史家或李约瑟的友人执笔的。摆在读者面前的这部《李约瑟文集》，则收录的全是李约瑟博士本人的讲演稿或论文。这是我们为庆祝这位英国大学问家、中国人民的老友八十五寿辰而准备的另一份献礼。

李约瑟作为杰出的生物化学家、近代化学胚胎学的奠基人和研究中国科学文化遗产的权威而闻名于世。由于他在化学胚胎学和中国科技史这两个领域内的开创性经典研究，使他先后成为哲学博士、科学博士、英国皇家科学院院士、英国文学院院士、国际科学史研究院院士、剑桥东亚科学史图书馆馆长和中国科学院及中国社会科学院的名誉教授，还是不少国家的大学和科研机关的名誉博士和教授。在当代学术界中，像他这样享有这么多崇高学术荣誉的学者，还是相当少见的，这说明他的工作受到了高度评价和肯定。

作为中国人民的忠实朋友和英中友好事业的积极推动者，李约瑟还是英中友好协会和英中了解协会的创始人之一，并亲自担任过会长。他的巨著《中国科学技术史》（*Science and Civilisation in China*，以下简称 *SCC*），已在海峡两岸译成两种中文版本，成为广大中国人民和海外侨胞喜欢的读物。大家知道，这部多卷本的浩瀚巨著自 30 年前第一卷问世以来，至今还没有最后写完，有的部分虽已成稿，但尚待出版。为了使读者在该书最后一册出版前，能提前较全面与较深入地了解李约瑟关于中国科学文化史各领域的研究成果和思想观点，我们在本书《李约瑟文集》（以下简称《文集》）中收译了他 40 年来在报刊上发表的单独论文和讲演稿 43 篇。

正如他为本《文集》写的序中所说的那样，多年来，他和他的写作班子的同事保持撰写单独论文和发表讲演的习惯，其中涉及中国科技史的各个方面，有的是 *SCC* 有关章节的初稿、概要和发挥，有的是写作此书的副产品或名之曰"小菜"（sidedishes），还有些内容未见于现已出版的 *SCC* 有关卷中，或将在以后才能出现在该书之中，另有的内容在深度上比书中所述更为详尽。因此，我觉得通过阅读此《文集》，可以大致了解 SCC 的总的一般轮廓和作者的基本思想脉络，自然也包括他多年来的主要研究成果。

为有助于读者了解本《文集》的这位作者，特作此文，作一介绍，同时将本书内容及体例一并作出说明。关于李约瑟的事迹，近年来已有不少中外作者作了介绍[1-6]，其中以与李约瑟共事 40 余年的鲁桂珍博士的作品[3] 最为详尽。我们在这里使用了这些成果，同时补充一些我个人过去在剑桥同他相处时的感受和见闻。

一、有前途的生物化学家——李约瑟的前半生

约瑟夫·尼达姆（Joseph Needham）博士，取汉名为李约瑟，字丹耀，号十宿道人、胜冗子，1900 年 12 月 9 日生于伦敦的一个知识分子家庭。他的父亲也叫约瑟夫·尼达姆，是一位职业医生、麻醉学家，一度在阿贝迪恩（Aberdeen）学院教解剖学。母亲艾丽西亚·阿德莱德·蒙哥马利·尼达姆（Alicia Adelaide Montgomery Needham）是画家和作曲家。因此李约瑟从小就从父母那里受到了自然科学和人文科学两方面的熏陶。李约瑟的全名是诺埃尔·约瑟夫·特伦斯·蒙哥马利·尼达姆（Noel Joseph Terence Montgomery Needham），从这个不为一般人所知的全名中，也可看出其打上了父母留下的烙印。

他是一个独生子，自幼活泼、聪敏，受到良好的家庭教育和熏陶。他识字很早，8 岁时已在家学会用当时的老式打字机打字。直到今天我们仍可以看到他在工作室内靠打字机写作，每当传出嗒嗒的声音时，就可能意味着 SCC 新的一节即将完成。在他小时候，父亲还常常带他到医院观看手术台上的临床操作，显然希望他以后也成为一名出色的医生。而母亲则培养他对文艺方面的爱好。由于他记忆力过人，古代的长诗常常能脱口而诵。这种习惯至今未变，我不止一次听到，他在同大家畅饮后的高兴之余，脱口而出拉丁文或英文长诗，而他本人也是名诗人。他在艺术方面的才智，充分体现在写作 SCC 时表露出的文采。这使他的作品对外国人来说，是很难翻释的学术著作。

1914 年，李约瑟 14 岁时，正值第一次世界大战，他进入北安普敦郡（Northamptonshire）附近的昂德尔学校（Oundle School）接受中等教育，先后学习 4 年。在这里他除了学习自然科学、哲学、历史、语言（包括拉丁文）外，还有工艺技术课，学校有车间让学生进行木工、金工等实际操作，自然还要上机械制图及工艺课，这对后来李约瑟研究技术史无疑是有帮助的。我们阅读他写的论中国时钟和冶铁风箱发明的文章时，就不必为看到这位生物化学家竟会以机械工程方面的行家面

貌出现而感到吃惊了。这时他还学会了骑马，当后来在中国抗日战争时期，他在中国西南、西北各地旅行时，这种技能也派上了用场。总之，在昂德尔学校的 4 年（1914—1918），对李约瑟来说是在各方面打基础的时期。校长 F. W. 桑德森（F. W. Sanderson）是历史学家、社会学家兼作家赫伯特・G. 威尔斯（Herbert G. Wells，1866—1946）的朋友，他们对李约瑟的影响，使他对历史学和哲学产生了兴趣。

1917 年李约瑟在中学快毕业时，俄国爆发了十月社会主义革命，从而在欧洲也是在全世界诞生了第一个社会主义国家。十月革命的炮声传遍了各地，李约瑟那时同他的父亲和朋友们谈论了这场革命，由于他读过同情社会主义的英国进步作家萧伯纳（George Bernard Shaw，1856—1950）等人的作品，对布尔什维克革命采取了欢迎的态度。这场革命给学生时代的李约瑟留下了深刻印象，使他后来对苏维埃科学产生兴趣，并写过一些介绍性的作品[17-18]。可见他从少年时起就表现出对革命新事物持欢迎态度的倾向。

1918 年 10 月，他中学毕业后离开家庭，以优异成绩考入英国最高学府剑桥大学的冈维尔-凯厄斯学院（Gonville and Caius College）。这是个古老的学院，其院名是以两位创建者埃德蒙・冈维尔（Edmund Gonville）和约翰・凯厄斯（John Caius）的名字命名的。在该院院史中出现过一位著名人物威廉・哈维（William Harvey，1578—1657），血液循环理论的奠基人。院内的哈维雕像给每一个在这里读书的大学生树立了心目中的榜样，该院在生命科学研究方面一向具有雄厚的力量。李约瑟念书时的院长是神经生理学家休・安德逊爵士（Sir Hugh Anderson），48 年后他也成为这里的院长。

到了剑桥后，李约瑟最初志愿是追随父亲之足迹，本想学医，为此要专攻生物学、生理学、解剖学等相关科学。那时他的指导教师是威廉・哈迪爵士（Sir William Hardy），教化学的是海考克（Heycock），而生理学老师是巴克罗夫特（Barcroft）。但是导师哈迪在得知李约瑟的志愿后，对他说："不，不，孩子，未来是属于原子和分子的，你肯定应当学化学。"[3] 正好这时英国近代生物化学之父弗里德里克・高兰・霍普金斯爵士（Sir Frederick Gowland Hopkins，1861—1947）在该学院任教，并主持生物化学实验室，李约瑟被霍普金斯教授的讲演吸引住了。他决定按"中庸之道"行事，选择了介于生物学、医学与化学之间的生物化学作为主修专业，成为霍普金斯的门生。这是个聪明的选择，因为这门新兴学科在英国主要是由于霍普金斯的推动，才从 20 世纪初以来获得长足的发展，但仍有许多领域有待开拓。

　　由霍普金斯建立的剑桥生物化学实验室，是与欧内斯特·罗瑟福爵士（Sir Ernest Ruthurford，1871—1937）在剑桥主持的卡文迪许实验室齐名的重要研究中心。1922 年，李约瑟作为高才生毕业于冈维尔-凯厄斯学院生物化学专业。从那时起他便同剑桥这个古老的大学城结下了"姻缘"。父亲尊重他的专业选择，并希望他继续深造，于是他毕业后又考取了研究生，进入研究部。他的第一项独立的研究工作，是在剑桥附近的图博恩神经医院（Tulbourn Mental Hospital）进行的，课题是"神经病的生物化学"。正如鲁桂珍所说，李约瑟是在生物化学与神经生理学、神经心理学之间架起了桥梁的第一人。接着他又研究生物化学与胚胎学之间的关系，架起了学科间的另一座桥梁。这些早期研究导致新的边缘学科的出现，扩大了生物化学的研究范围，不只有理论意义，还有实际价值。1924 年夏，学院授予他哲学博士学位，后又授予其科学博士学位。他一人独得两种博士学位，成为研究生中之佼佼者。

　　年轻的伦敦人李约瑟博士的成就，引起学院老一辈学者霍普金斯爵士、哈迪爵士和安德逊爵士的重视。因为这个 20 岁刚出头的科学苗子能将诸家之所长融为一体，在各学科间架起桥梁，所以在 1924 年他们推举他为冈维尔-凯厄斯学院的研究员（Fellow），而那时整个学院只有 25 人有这种高级职称。以我的理解，研究员还相当于现时的学术委员会委员。李约瑟得到这一职称后，便留在母校，在霍普金斯手下工作。霍普金斯是个有特性的人，同学们都称他为"霍伯"（Hoppy），这表示他们中间的一种亲密关系。这种关系后来也在李约瑟及其周围的同事中再次体现，在他的东亚科学史图书馆里工作的人，不管是谁，大家都称他为约瑟夫，而不是"尼达姆博士"，他也用 first name 称呼别人。

　　霍伯主持的剑桥生物化学研究所和实验室是国际性的，对各国年轻科学家开放，不但对男性科学家敞开大门，也欢迎女科学家前往。这在那时的英国是难能可贵的。当李约瑟在剑桥攻读生物化学博士学位时，他的同学中有一位戴眼镜的名为多罗西·玛丽·莫伊尔（Dorothy Mary Moyle，1896—1987）的姑娘，也是高才生，研究蛋白质化学。她在这里与约瑟夫相遇，共同的事业和理想使他们结成情侣，1924 年 9 月，他们举行了婚礼。这对夫妇都是研究生物化学的博士，后又都是皇家科学院院士和剑桥的研究员，是很少有的一对。他们共同发表不少论文。李约瑟夫人多罗西，其后也在 20 世纪 40 年代来华，取汉名为李大斐，也是中国人民的老朋友。

　　李约瑟作为教师和研究员留校后，一面研究，一面著述。1926 年他撰写了《怀疑派的生物学家》（*The Sceptical Biologist*），借用 17 世纪大化学家罗伯特·波义耳（Robert Boyle，1627—1691）《怀疑派的化学家》（*The Sceptical Chymist*）的书名，对当时生物学若干问题陈述了他的观点。1928—1933 年他就任冈维尔-凯厄斯学院的相当于助教的演示员（demonstrator），他此后的研究集中于环己六醇（inositol）的代谢作用。这类物质在体内的作用那时还不清楚，有一次他发现德国学者柯莱因（Klein）在学位论文中提到鸡蛋在发育初期不含环己六醇，但在孵化时已充分完成了环己六醇的合成。他抓住这点做了大量实验，1931 年他编著出版了三卷本的经典著作《化学胚胎学》（Chemical Embryology），成为这门新兴学科的奠基人。这是他前半生中最大的科学建树。由于这些成就，这位年轻人被选为皇家科学院院士（FRS）。1933 年他没有经过讲师（lecturer）阶段被直接提升为相当于副教授的职称（Sir William Dunn Readership）。

1920—1942 年的 20 多年间，剑桥生物化学实验室成为李约瑟夫妇的家，由于他们事业心很强，所以婚后一直未要孩子，而把时间和精力都用到科学研究上去。1937 年李约瑟和大卫·格林（David Green）为老师霍普金斯写了一本纪念册，题为《生物化学展望》（Perspective in Biochemistry），后又与 E. 巴德文（E. Baldwin）写了另一本纪念册《霍普金斯与生物化学》（1949），介绍霍氏思想及其学派。霍普金斯作为生物化学家，对科学哲学问题很感兴趣，这同样影响到他的学生李约瑟。李约瑟在剑桥时期，撰写过《生物化学的哲学基础》（1925）[7]、《哲学与胚胎学》（1930）[8]、《唯物主义与宗教》（1929）[9] 等文章，还为《生物学与马克思主义》一书写序[10]。他的这种哲学头脑使他后来在研究科学史，尤其是中国科学史时，注意探索一些重要理论问题。他有时被称为"有机论哲学家"（organic philosopher）[11]。在他研究哲学、宗教、伦理学问题时，另一个课题又吸引了他，这就是科学史，首先是西方科学史。

剑桥大学有很好的科学史研究的传统。在那里执教的化学史家詹姆斯·里迪克·帕廷顿（James Riddick Partington，1886—1965）教授对李约瑟产生了影响。帕廷顿是名著《应用化学的产生和发展》（Origin and Development of Applied Chemistry）、《希腊火和火药史》（History of Greek Fire and Gunpowder）和四卷本《化学史》（A History of Chemistry）的作者。通过帕廷顿，李约瑟还认识了伦敦的著名科学史家查尔斯·辛格尔（Charles Singer，1876—1960）教授。他经常去伦敦，在辛格尔的书房浏览其藏书并讨论科学史问题。他还读过迈克尔·福斯特（Michael Foster）的《生理学史》（History of Physiology）和威廉·丹皮尔-怀特海姆爵士（Sir William Danpier-Whitham）的《科学史》。作为生物化学家，他具有科学哲学和科学史方面的业余爱好，尽管他并没有在这些方面受过专业训练，但在这方面的探索却大大开阔了他的眼界。他是通过自学而成为科学史家的。

这里需要指出，1925 年，在莫斯科用德、俄两种文字第一次出版的恩格斯的重要经典著作《自然辩证法》（*Dialektik der Natur*）很快就传到剑桥，是李约瑟当时很喜爱的读物。他早就对在英国长期居住、精通自然科学和科学史的恩格斯表示景仰，其后又为恩格斯这部著作所吸引。1931 年，在伦敦举办的第二届国际科学史大会上，苏联代表团第一次与会，他们在会上提出的关于科学发展理论的马克思主义观点，对李约瑟的影响也不小。他作为这次大会的出席者，第一次听到有关科学与生产实践、社会经济背景及其他意识形态关系的令人信服的论点。会上还由 A. A. 库津（А. А. Кузин）博士报道了马克思在伦敦时研究技术史的手稿。在这前后，李约瑟还结交了一些英国左翼科学家，如 J. B. S. 海登（J. B. S. Haldane）、J. D. 贝尔纳（J. D. Bernal）和 J. G. 克劳瑟（J. G. Crowther）等人，这也激发了他对一些理论问题的关注[11]。

因此在 20 世纪 30 年代，李约瑟不仅成为英国的一位有前途的一流生物化学家，而且还是一位有哲学头脑的科学史家。他十分熟悉从古希腊、古罗马以来的欧洲科学发展的历史背景。这时他已经是一些科学史文章[12-14]的作者了。大概由于受到生理学家福斯特的那本《生理学史》一书的影响，李约瑟也想结合自己的专业写一本类似的历史著作。1932 年他的另一部重要作品《胚胎学史》（*History of Embryology*）在伦敦问世，这使他成为这门学科历史研究的首位学者。如果沿着这个路子走下去，他很可能会成为英国另一个霍普金斯式的人物，最终成为生物化学教授并被王室授以爵士称号。然而命运却以特殊的方式为他作了另外一种安排，使他放弃生物化学研究，而致力于他完全生疏的中国科学文化史的探讨。他在科学活动处于鼎盛时期放弃原有专业，转向全新的主攻方向，即对中国科学文化史的探讨，而在后半生与中国结下了不解之缘。

二、通向中国之路——李约瑟的后半生

1937 年，剑桥生物化学实验室来了三位攻读博士学位的中国的年轻的研究者，他们是鲁桂珍（1904—1991）、王应睐（1907—2001）和沈诗章。正如李约瑟在本书序言中所说，他的家庭从未与中国有任何牵连，既未产生过外交家、商人，也未产生过传教士，他在童年时期对中国没有任何了解。他中学时只读过有关埃及的历史作品，对亚洲有关读物则较少涉猎。但现在他却与来自中国的科学同行们朝夕相处了，他从这些中国人的身上看到了中国。其中南京人鲁桂珍女士对李约瑟的影响最大。鲁桂珍的父亲鲁茂庭是南京的著名药剂师，对中西医都很有研究。他除了教导女儿了解现代科学外，还向她讲述中国古代医药遗产中的许多有价值的东西。李

约瑟从这些中国人那里了解到中国科学文化背景、中国语言文字传统。这些成绩优异、聪敏机智的中国同行，给他传递了一个信息，使他发现在地球另一边，中国古代的文明有些与西方相近，有些则不一样。但无论如何，中国人不像有些西方人说的那样属于"不开化人"之列。

所有这些激起他对中国文明的兴趣。他不满足于阅读有关中国的第二手报道及论著，从 37 岁起决定学习中文，以便阅读中国原著。当时著名汉学家夏伦（Gustave Haloun，1898—1951）正好从德国来到剑桥任汉语教授，每周抽出时间向李约瑟个别讲授。他接触的第一部中国原著是《管子》。在同古希腊作品对比后，他认为《管子》一书中有不少令人吃惊的精彩思想。日积月累，他对中国古代科学文化的了解日益深入，并被这古老的异国文明深深吸引。

李约瑟一生经历了两次世界大战。他在剑桥的后期，爆发了第二次世界大战，他耳闻目睹德、意、日法西斯在欧亚非各地的暴行，这些暴行激起了他的愤慨。作为有正义感的进步科学家，他挥笔著文痛斥纳粹势力对科学的摧残[15-16]，又任进步报纸《工人日报》（Daily Worker）的科学编辑，发表科普作品。因为他在战时抨击纳粹，还著文介绍苏联的科学[17-18]，所以被人认为是"热心的社会主义者"。不久，使他通向中国之路的机会意外地展现在他面前，再也没有比去中国做一次实地考察更能使这位迷恋中国文化的英国学者高兴的了。1942 年，他欣然接受英国政府派遣，得到英国皇家学会和英国文化委员会的双重推荐，肩负援华及进行文化知识与技术交流的使命前往中国。那时日本侵略军已吞并了整个东北，并侵占华北、华中和华东的大片土地，正是中国人民遭受苦难之际。当时，国共两党已达成抗日统一战线。此后不久，李约瑟筹建"中英科学合作馆"（Sino-British Science Cooperation Office）。在这里工作的英国科学家中，他可能是唯一懂得中文的人。

中英科学合作馆总部位于重庆市两浮路胜利新村一号，是一座二层楼建筑，该馆拥有一个汽车队。李约瑟和这个馆的使命，是为当时受日本封锁的中国科学家、医生和工程师提供援助，包括提供科学文献、仪器、化学试剂，传递科学信息，以及沟通中国与外国（尤其英美）之间的科学交流。援华物资从印度输往缅甸，再用车队沿滇缅公路运至昆明。先后在合作馆工作的有 6 名英国学者和 10 名中国学者，他们中有李约瑟博士、李大斐博士、物理学家班威廉（William Band）教授、医学家萨恩德（Gordon Sanders）博士、生物物理学家毕铿（Laurence Picken），以及中国同事鲁桂珍、曹天钦（有机化学）、黄兴宗（有机化学）、廖鸿英（农业化学）和胡乾善（物理学）等。他们在艰苦条件下做了许多有益的工作。由于李约瑟的卓越贡献，他被当时的中央研究院和北平研究院分别选为外籍院士。

对李约瑟而言，这是他实地考察中国、了解中国科学文化及其历史的最好时机。他到各地旅行，东到福建，西至甘肃的敦煌千佛洞，开阔了他的眼界。在同中国学术界的个人交往中，他结识了各行各业的学者，其中包括数学家、物理学家、化学家、工程学家、医学家和天文学家，他们中有不少人对本门学科在中国的发展史有强烈兴趣和较好的研究，例如竺可桢、李俨、钱宝琮、钱临照、张资珙、刘仙洲、陈邦贤等，这些学者后来都成为新中国成立后活跃在科学史界的老前辈。他们在重庆时期，同李约瑟交谈时，自然会提到各学科的科学史问题，这使李约瑟能得到得天独厚的指导。他们告诉他读什么书、买什么书和每门学科史中的关键要领[19]。

与此同时，李约瑟还与中国社会科学界的学者建立了广泛的联系，包括史学家郭沫若、傅斯年，考古学家李济，语言学家陶孟和，经济学家王亚南，思想史家侯外庐和社会学家吴大琨、邓初民等。他们同李约瑟讨论了中国古代历史文化、社会和经济等一系列学术问题[19]。李约瑟在听取了中国学者的精辟见解后，又与自己熟悉的西方传统做了对比，逐步形成一套他所特有的观点。朋友们还向他赠书，加上他自己的采购，已使他拥有足够数量的中国典籍。这些图书为他在剑桥创办的东亚科学史图书馆打下了基础。

由于那时正值第二次国共合作时期，中国共产党人在重庆设立了八路军办事处，因此李约瑟在20世纪40年代初就认识了周恩来、林伯渠（祖涵）等人，并同他们建立了友谊。他虽然没有到过陕甘宁边区，但对边区的科学教育事业很关心，当波兰出生的记者伊斯雷尔·爱泼斯坦（Israel Epstein）访问边区时，李约瑟特委托他写篇关于陕甘宁边区科教工作的报道，后来收入在他和李大斐写的《科学前哨》（Science Outpost）一书中。这部书记载了1942—1946年他们在华时的见闻和旅行。而他们战时在华拍摄的照片集，则以《中国科学》（Chinese Science）为题发表[20]。与此同时，他还写了各种报道，向外界介绍中国，例如1944年12月他向伦敦电台寄去的广播稿中就谈到在华见闻，并相信"中国可能会在20年左右时间内成为一个出色的科学国家"。[19]

李约瑟战时在中国各地停留，曾留意于考察中国的科学现状，并对中国古代科学文明也有所了解。他认为中国人一点也不亚于古希腊、古罗马时代的欧洲人，在许多领域内甚至远在欧洲人之上。因此早在20世纪40年代初，他在中国发表的演讲中，已能准确地对中国古代科学成就给予高度评价[21-22]。本《文集》中收录的文章表明，他认为有些成就是由中国传到西方的，因而中国古代科学是世界科学的一部分。他后来在SCC各卷中阐述的各种基本思想差不多都在这时有了萌芽[23]。他在抗战时期与中国人民共过患难，并对中国战时科学发展做出过贡献。正如他离开中国前，中国友人给他的赠言那样，他是中国人民雪中送炭的真正朋友。

在华这4年竟然决定了他此后的前途。离华前他想到今后唯一要做的紧迫工作是，写一部西方从未有过的关于中国科学、技术和医学的历史著作，这时他脑子里已有了轮廓。原想只写一册，但正如后来所表明的，当这项工作一经开始，他就如进入无边无际的原始森林一样，越是往前走，就越是感到没有尽头。他把整个后半生全部献给了这个事业。经过多年艰苦努力，他渐渐踏出了一条研究中国科学史的路子，但仍有许多工作有待他和其他人来完成。万事开头难，他做出了良好开端。

就在20世纪40年代，联合国在巴黎成立了联合国教育和文化组织（UNECO），第一任总干事是李约瑟的老朋友、英国生物学家尤里安·赫克斯利（Julian Huxley，1887—1975）。李约瑟得知这个消息后，从重庆给赫克斯利写了一封信，提到在中英科学合作馆工作的体会和他对世界科学发展的看法。他认为作为联合国下属的一个组织，"教育文化组织"还应肩负起各国科学交流和共同开发的任务。他建议在UNECO这个组织名称中还应加上个字母"S"（science，即科学）。建议被采纳了，这就是后来的"联合国教育、科学及文化组织"（UNESCO），或简称"联合国教科文组织"的由来。

这时纳粹政权已在欧洲垮台，而日本当局也无条件投降。李约瑟从重庆到南京，又访问了故都北平这个文化名城。由于他圆满完成了援华任务，同时赫克斯利从巴黎给他拍了电报，希望他担任联合国教科文组织下设的科学处（Division of Natural Sciences）处长，所以他在1946年3月离开了中国，来到巴黎就任新职。在那工作的两年期间（1946—1948），他有机会到世界各地旅行，到了莫斯科、华盛顿和欧洲其他地方，以及澳大利亚等地。他到处发表演讲，认为世界科学的总的趋势是达到中国《礼记》中所说的"天下大同"。随后鲁桂珍也赶到巴黎与他共事。他们有机会共同讨论写作中国科技史一书的有关问题，并相约今后这项工作将在剑桥全面展开。

1950年，李约瑟从巴黎返回剑桥。这时他已变成了另一个人，已在信仰上"皈依"到中国文化方面，成为思想上带有不少中国色彩的西方学者。他不再在生物化学实验室做实验了，而是忙于整理从中国运回的一箱箱书籍和资料。换言之，他在从事后半生另一项伟大事业，即SCC课题的研究。虽然他仍在冈维尔-凯厄斯学院任原职，但已不再做生物化学工作，而是做了两年图书馆工作，为的是收集史料。在他写书时，正好王铃在剑桥帮助帕廷顿工作。由于1943年李约瑟访问重庆李庄历史语言研究所时，作了一个关于中国科学史的演讲，激起了年轻的王铃对中国火药和火器史的兴趣[24]，当他听到李约瑟要集中精力从事这类课题时，当然很高兴，所以 SCC 的第一卷便由李约瑟与王铃合作执笔。

在李约瑟返回剑桥的第二年，又迎来了中国革命的胜利。1949 年 10 月，中华人民共和国在北京宣告成立。喜讯传到英国后，作为中国人民的友人，李约瑟热烈欢呼中国革命的成功和新中国的成立。令我们十分敬佩的是，他对 20 世纪人类历史中发生的伟大的俄国十月革命和中国革命，都及时给予了支持。但当时西方，包括英国在内，人们对中国革命和新中国还不够了解。李约瑟为了促进英国人民对新中国的友谊和了解，发起成立了英中友好协会和英中了解协会，并自任会长。他不倦地在各地发表演讲，热心地介绍中国和中国的科学文化。

中华人民共和国成立后不久，1950 年便发生了朝鲜战争。1952 年，美军在中国东北和朝鲜境内发动了国际法所不容的细菌战。作为有正义感的生物化学家，李约瑟博士这时又挺身而出。1952 年他应世界和平理事会的委托，参加了调查细菌战的国际委员会，与来自法国、巴西、瑞典和苏联的科学家一道，在中国科学家的支持下，取得了实物证据，提供了证实美军使用生物武器的报告。在中朝人民困难时刻，他再次站在正义一边，给中国人民的抗美援朝事业以有力的支持。然而返国后，他却受到辱骂和攻击，原来有的机构想给他颁发的荣誉学位也因此宣布推迟。在此后好几年内，李约瑟被英国内政部列入黑名单中，他早应提升为教授的资格也被取消。美国当局对他更是恼羞成怒，以至在很长的一段时间内，美国国务院拒绝给他发放入境签证。他为自己的正义举动付出了很大牺牲和代价，但他并不因此懊悔，而是在此后所有关键时刻，勇敢地发出支持中国人民的正义呼声，也没有因此而减低他继续研究整理中国科学文化遗产的热情。中国人民因为有李约瑟博士这样一位忠实的朋友而感到自豪。

1954 年，他生平另一个历史丰碑《中国科学技术史》第一卷问世了。接着在 1956 年出版了第二卷。这理所当然地受到中国学术界和国际上公正舆论的欢迎。但也不能不指出，20 世纪 50 年代在麦卡锡主义横行时的美国，此书却受到了激烈的非难。竟有对中国事物一窍不通的科学史家著文宣称："马克思主义著作家的历史作品都是不可信赖的，李约瑟是一位马克思主义者，因此他的这部著作是一本马克思主义的中国科学史……所以李约瑟对中国科学史的解释是不可信赖的。"[25] 靠着这种荒唐的逻辑，李约瑟博士被扣上"马克思主义者"的政治帽子，其作品被宣布"是不可信赖的"。幸而他那时在英国，联邦调查局和非美活动调查委员会无法把这位英国皇家科学院院士作为"共产党人"或"共产党嫌疑犯"加以传讯。

但人类的理智毕竟终究要占上风。SCC 第三卷在 1959 年问世以来，获得了意想不到的成功，在各国学术界引起广泛反响，受到热烈称赞。而李约瑟后半生的一切活动都是同中国和中国科学文化史分不开的。他把中国看成他的第二故乡，他对中国人民及其科学文化充满着深厚的感情和真诚的热爱。1952 年，中华人民共和国成立后他第一次重返中国时，受到周恩来总理的接见，并邀请他以后常来常往，为他的研究提供各种便利。于是他后来在 1958、1964、1972、1978、1981 及 1984 年先后 6 次偕鲁桂珍博士访华。每次到来，他都会见老友，结交新朋，风尘仆仆地到处参观访问，为与科技史有关的每一新的考古发现所激动，并及时写入书中。

30 多年来，李约瑟除与他的合作者撰写 SCC 系列书外，还在报纸杂志上发表单独论文或出版专题著作[26]。他的研究成绩是举世公认的。随着中英关系的正常化，他在英国的处境也有所改善。1966 年，他成为剑桥大学冈维尔-凯厄斯学院院长，直到 1977 年退休时为止，此后任该院名誉院长。1971 年，他还被选为英国文学院（British Academy）院士（FBA），这是英国人文科学方面的最高学术机构。1968 年在巴黎举行的第十二届国际科学史和科学哲学联合会上，他被授予乔治·萨顿奖章。1974—1977 年，他当选为国际科学史与科学哲学联合会的科学史分会主席；1974 年 8 月担任在日本京都召开的第十二届国际科学史大会的主持人。1972 年以来，他在剑桥东亚科学史图书馆任馆长，鲁桂珍任副馆长。每当中国来访者到这里参观时，都受到他们的热情接待。现在李约瑟老骥伏枥，壮心不已，正致力于完成 SCC 巨著系列的其余各卷，他预计最后将以二十余册完结。

三、李约瑟——中国科技史大师

我们前已述及，李约瑟本是有前途的生物化学家，然而正如他在本《文集》序言中所说，1937 年他发生了信念上的"皈依"，从研究 20 世纪最新的一门自然科学学科一下子转向中国古代和中世纪的传统科学技术史方面来。这毫无疑问是一个重大的转折。他经过深思熟虑后，形容这种转变"颇有点像圣保罗在去大马士革的路上发生的皈依那样"。这里他借用《圣经·保罗全书》中的一个典故。这个典故说的是，当虔诚的犹太教徒和法利赛人扫罗（Saulos）有一次前往大马士革搜捕基督教徒时，半路上忽被强光照射，耶稣在圣光中向他说话，嘱他停止迫害基督教徒，从而使他改宗，易名为保罗（Paulos），转而信奉耶稣基督，成为耶稣直接挑选的使徒。我们要领会李约瑟做这个比喻的分量及其内在含义。正因这样一种精神力量的驱使，他才四十年如一日地辛勤耕耘。当然，这里不存在什么上帝的灵光显现，而主要是李约瑟深深陶醉于中国古代的科学文明之中，并成为向西方重新传播这种文明的使者。

　　1942—1946 年在华期间，李约瑟已收集了写作 SCC 的大量资料，并进行了充分的酝酿、构思，返回剑桥后便开始写作。但为了从事这项艰巨的工作，他必须有中国学者与之合作。1948 年在巴黎联合国教科文组织工作时，他便劝动鲁桂珍回到剑桥同他一道做这项工作。从那以后他们一直在一起。除鲁桂珍以外，王铃是他的早期合作者之一，此外还有何丙郁。近年来写作班子又不断扩大，达到十几个人。当他们把工作摊子铺开后，很快发现写作量要比预想的多 20 倍以上，便决定改为多卷本丛书的形式。原以为很短几年可以完成，可一下子工作了 30 多年，还没有结束写作。由此可见，研究中国科学史真是一项巨大的工程。

　　让我们先看看写作 SCC 的动机和目的。不妨首先回顾一下此书问世前的一些现状。18 世纪欧洲一度出现"中国热"，曾出版不少介绍中国各方面情况的著作，或将中国若干原著翻译出版，然而却没有任何系统研究中国科学史的作品。后来这种兴趣逐渐淡薄下去，研究中国局限在汉学家的小圈子内，他们多注重文史，而较少注重科技。西方科学史家则不懂中文，对中国并不了解。对大多数西方人来说，中国是亚洲东部一个幅员辽阔、物产丰富的古老文明的发源地，她或许有人文科学，因为出现了孔子；至于自然科学成就则几乎全被忽视或严重低估[27]，至多知道一些技术发明如印刷术、造纸术、指南针、火药起源于中国，除此之外便知之甚少了。或许有人认为中国人只懂技术，但没有可称之为科学的东西，因为近代科学是从西方开始的。如果说中国有科学，那么欧洲人不相信它会对西方产生过影响。李约瑟在对中国史钻研后，认为上述对中国的认识是很肤浅的，其中有不少出于误解和无知[28]。他认为古代及中古时期的中国，像古希腊、古罗马、阿拉伯和古印度文明一样，有着丰富的遗产。而中国科学遗产在他看来"是个绝对的金矿"。他认为从 1—15 世纪的长时间内，中国科技成就远远胜过欧洲和任何其他文明，并且对西方产生过重大影响。

　　因此，他写 SCC 的目的就在于澄清疑惑，打破无知，消除误解，还历史之本来面貌[28]。早在 40 年前，他就认为科学并不是欧洲人独有的，各个民族其中包括中华民族都有其独到贡献；他写这书的另一目的，旨在把人类文明的各个渠道沟通起来，说明各文明的科学有如江河，总归要汇合在一起，流入近代科学的大海，并非分道扬镳，而像中国古语所说的"百川归海"或"百川朝宗于海"[29]。这是他写作的主导思想。他是站在世界科学史、比较科学史和中外科学交流史的嵩度来研究中国科学史的。他认为这项工作是很艰巨的，但又是必要且刻不容缓的。这要求从事这项工作的西方人既懂中西语言和科学技术，又懂中西科学史，还要对中国环境有所熟悉。这说起来容易，但实际做起来却极其困难。有幸的是，李约瑟博士恰巧具备了这些条件，所以他便勇敢地承担了这一重担。这也是时代的需要，没有他，或早或晚也会有其他人去做这项工作，但不知又待何时，也恐怕未必能像他这样出色地完成这一使命。

在写作过程中，有几个基本问题，始终在他的脑海里回旋：①为什么与系统的实验和自然假说的数学化相联系的近代科学及随之而来的工业革命首先在西方迅速兴起？②为什么在1—15世纪的漫长岁月里，中国在发展科学技术方面比西方更为有效并遥遥领先？中国到底都有哪些科技成就及其贡献如何？③为什么中国传统科学一直处于原始的经验主义阶段，而没能自发地出现近代科学及随之而来的工业革命？可以说，他的SCC计划就是为了回答这些基本问题而写的。为了回答这些问题，需要对中西社会的经济结构、政治体制、思想方法和地理环境等各种因素做出综合的对比分析。至于说到中国在古代和中世纪的科技成就，李约瑟的经验证明，不为一般人所知的中国科技成就，有案可查者，信手拈来就可写几大卷[29]。按照他总的规划，全书要写成七大卷，有的卷再细分为若干分册，总共需要近三十册才能完成。卷一是总论；卷二为科学思想；卷三为数学、天文学、气象学和地学；卷四为物理学及相关技术；卷五为化学及相关科学与技术；卷六为生物科学及相关技术；卷七为总结部分。其中卷三至卷六这四卷主要讨论中国科学成就及其贡献；卷一、卷二及卷七这三卷则回答前面提到的第①③两个问题。现将各卷内容及截至目前为止的工作进度分述于下。

卷一是总论，1954年出版，318页（指英文版正文页数，下同），全一册，由李约瑟在王铃合作下执笔。这一卷为读者提供预备知识，首先介绍全书总的计划，接着从考察汉语及汉字结构开始，往下论述了中国地理概况和中国的历史，最后阐述在几个世纪之间的中西科学技术交流。

卷二，主要讨论中国科学思想史和科技发展的思想背景，1956年刊行，696页，全一册，也是李约瑟在王铃合作下执笔。在这一卷中论述了中国古代哲学各流派（儒家、道家、法家、墨家、名家、释家及宋明理学）和科学思想的演变发展，特别讨论了有关自然的有机论哲学概念和自然法思想的地位。在讨论过程中，总是把中国思想家与西方对应人物做比较研究，对具有唯物主义倾向的思想家（如王船山，1619—1692）给予高度评价。以上两卷都属于中国科学史的总论部分。

在前两卷叙述了总的情况后，从第三卷起进入专门学科史。卷三为数学、天文学、气象学和地学方面，1959年问世，874页，全一册，仍由李约瑟在王铃合作下执笔。从以上可以看出，篇幅一卷比一卷多，到第四卷已无法在单独一册内展开，而开始以几个分册或篇（Parts）的形式出现。

　　第四卷为物理学及相关技术，共三个分册。第一分册（Vol. IV, Pt. 1）于1962年出版，930页，由李约瑟及肯尼思·罗宾逊（Kenneth Robinson）执笔，讲物理学基本方面，详细叙述了声学、光学和磁学。第二分册（Vol. IV, Pt. 2）刊行于1965年，753页，由李约瑟、王铃执笔，描述了中国传统机械工程全貌，并对畜力、水力提水机械及风力开发做了探讨，此外还讨论了航空的史前期、水运机械钟在600年间的发展。第三分册出版于1971年，共927页，由李约瑟、王铃和鲁桂珍执笔，这一册论土木工程、水利工程、建筑、航海和远洋航行。这一卷三个分册总页数加起来达2610页。

　　第五卷为化学及相关科学与技术，是全书最大的一卷。从李约瑟1984年5月给我的信中得知，该卷将共有十三个分册，在篇幅上超过以前四卷的总和[33]。由于工作量越来越大，从第五卷起李约瑟已无法一一执笔，只好另邀专家按照*SCC*的体例及指导思想去写作，再由总主笔李约瑟过目审定。这一卷到目前为止还没有出齐。其中第一分册（Vol. V, Pt. 1）讲造纸术及印刷术，由美国芝加哥大学的钱存训执笔，刚刚于1985年出版，我有幸得以先睹为快。这一分册有485页。第二分册讲炼丹术的起源，讨论了中国的长生不老思想，于1974年出版，507页，由李约瑟与鲁桂珍执笔。第三分册研究炼丹术（外丹）的发展与早期化学史，从古代的丹砂一直讲到合成胰岛素，该册于1976年问世，共478页，由李约瑟、何丙郁和鲁桂珍执笔。第四分册（Vol. V, Pt. 4）从比较的观点研究中西化学仪器的发展、中国炼丹术的理论基础及其在阿拉伯、拜占庭及欧洲的传播，以及对文艺复兴时期帕拉塞斯（Paracelsus）药化学学派的影响。这一分册出版于1980年，共760页，由李约瑟、何丙郁、鲁桂珍和美国费城宾夕法尼亚大学的内森·席文共同执笔。这是内容相当精彩的一册。第五分册论述生理炼丹术（内丹），还有原始生物化学及中世纪性激素的制备，1983年出版，由李约瑟和鲁桂珍执笔，这一册的部分内容可在本《文集》中看到。由上可见，卷五有四个分册用于讨论炼丹术。第五卷第六分册（Vol. V, Pt. 6）讲军事技术，由李约瑟、王铃、石施道（K. Gawlikowski）和叶山（Robin Yates）共同执笔，正在进行中，还没有完成。第七分册研究火药与火器史，是我们最感兴趣的一册，由李约瑟、何丙郁、鲁桂珍和王铃共同执笔，已于1984年付印，估计很快就会出版。我们在本《文集》中已选择了该册中的主要内容[30-32]。第八分册（Vol. V, Pt. 8）是军事技术部分的续篇，由耶茨·迪安（Yates Dien）和美国加州大学的罗荣邦执笔，这一册还没有完成。第九分册为纺织技术，这一部分包括纺与纺车，由联邦德国的迪特尔·库恩（Dieter Kuhn）执笔，1986年出版。第十分册讨论织与织机，由库恩执笔，尚未完成。第十一分册为有色金属及冶炼，由厄休拉·富兰克林（Ursula Franklin）及约翰·贝思朗（John Berthrong）执笔，正在准备中。第十二分册为钢铁冶炼，由唐纳德·瓦格纳（Donald Wagner）执笔，写作中，但这一部分的内容，先前曾以单行本形式出版。最后一册，即第十三分册陶瓷部分由中国台北的屈志仁执笔，尚未完成。由于我们没有看到这些部分的内容，还不知是否有的分册要合订在一起。但根据已出版的各卷情况来看，倾向于认为第五卷最后将以十三个分册出版，比原来预计的六册超出 1 倍以上。这是我们所得到的最新消息[33]。

SCC 的第六卷为生物科学及相关技术，包括农业和医学，部分稿子已准备好，预计出六册，但从目前的趋势来看，有可能超过这个数。其中第一分册（Vol. VI, Pt. 1）为植物学及古代进化思想，由李约瑟及鲁桂珍执笔，1984 年已见校样，正在出版过程中，我们在本《文集》中收入了这一分册的部分内容[34]。第二分册为农业，由白馥兰（Francesca Bray）女士执笔，1984 年出版，713 页，这一册阐述了农业区、古农书、大田系统、农具及技术和谷物系统，最后讨论了农业变化与社会的关系。此外，动物学部分正在准备中，而针灸分册，由李约瑟及鲁桂珍执笔，1979 年以单行本出版[35]。其余各分册都还没有刊出。医学部分专业性很强，又涉及一些难译的专业术语，可能晚些时间才能完成。

第七卷，也就是全书最后一卷，是对传统中国文化做社会和经济结构分析，还讨论知识分子的世界观、特殊思想体系的作用和刺激或抑制科学发展的各种因素，可以说是全书的总结部分，旨在讨论为什么中国没有自发地产生近代科学。这将是十分有趣的一卷，也将以若干分册出版，目前已写出部分稿件。这卷的部分内容曾以论文形式提前发表，作为征求意见之用，我们也在本《文集》中收录了部分内容。同李约瑟一道参与这卷写作的还有美国的德克·卜德（Derk Bodde）、格雷戈里·卜鲁（Gregory Blue）和加拿大的卜正民（Timothy Brook）等人。在第七卷后至少还应有一册是全书的总索引。因此从现有情况看，在未来的三四年内，此书也许不是原来计划的七卷二十余册，而是七卷近三十册的巨帙。

李约瑟的《中国科学技术史》前五卷问世后，获得极大的成功。除了我们前面谈到的极少数毫无根据的攻击性言论外，绝大部分评论文章都对此书给予高度评价。中国著名物理学家叶企孙（1898—1977）在《科学通报》（1957 年 10 期）上写道："这部著作将成为中国科学史方面的空前巨著。全球的学术界将通过这部书而对于中国的古代科技得到全面的清楚了解。"美国大汉学家富路特（L. Carrington Goodrich，1894—1986）在纽约的《远东瞭望》（Far Eastern Survey）中评论说："李约瑟思想的广度，他的阅历及其思想之透彻，使人对他的研究及其结论产生最大的敬意。正是这样一部书在改变着所有后来的中国思想史和整个世界范围内的思想史。"英国历史学家阿诺德·约瑟夫·汤恩比（Arnold Joseph Toynbee，1889—1975）在伦敦的《观察家报》（*The Observor*）中写道："这是一部打动人心的多卷本综合性著作……作者用西方术语翻译了中国人的思想，而他或者是唯一一位在世的有各种资格胜任这项极其困难的工作的学者。李约瑟博士著作的实际重要性，和他的知识的力量一样巨大。这是比外交承认还要高出一筹的西方人的'承认'举动。"苏联科学家瓦西里耶夫（Л. С. Василиев）和尤什凯维奇（А. П. Юшкевич）在莫斯科的《历史编纂学·书评·文献学》（*Историография*，*Критика*，*Библиография*）中评论说："李约瑟博士的著作……对中国人民、他们的创造才能及其对世界文明的伟大贡献，表示深深的敬意……在这部书的几乎每一段落里都有新材料，不只对科学史专家，而且对广大范围的读者来说，都是极其有兴趣的。"德国科学史家奥托·卡罗（Otto Karow）在莱比锡出版的《医学史文库》（*Archiv für die Geschichte der Medizin*）中发表书评，认为 SCC 是"当代中国科学史领域内最重要的出版物……李约瑟经过长达十年之久的艰苦工作，在西方科学领域内开创了一个新的、至今尚不为人们所知的领域——中国文化史，为此他应得到我们大家的感谢"。印度历史家 K. P. 比赖（K. P. Pillai）在加尔各答的《印度史杂志》（*Journal of Indian History*）上提到李约瑟的 SCC 一书时写道："这是一部包罗无遗而又极其详尽地论述中国科学思想的有益的著作……是欧洲人学术研究的最高成就。"法国科学史家于阿德（Pierre Huard，1901—1983）和黄光明在巴黎的《科学史评论》（*Revue d'Histoire des Sciences*）中写道："在这里把科学和技术戏剧性地融化在汉学中……我们认为这部书可说是划时代之作……这是一部任何有教养的人都必读之书。"伦敦的《泰晤士报文学副刊》（*Times Literary Supplement*）评论说："我们不应当去问这部书是否会经受住时间的检验或是否准确。因为李约瑟博士已经打开了足使一连好几代科学史家要忙于探究的一个全新的世界，同这一事实相比，上述问题就退居次要地位了。重要的不是此著一些推论是否正确或其细节是否准确，重要的事实是它是极其打动人心的。"英国评论家劳伦斯·皮肯（Laurence Picken）在《曼彻斯特卫报》（*The Manchester Guardian*）上的评论文章中认为，李约瑟的著作"或许是一个人所独自进行的历史综合与沟通各国文化的最伟大的前所未有的举动"。人们认为这是个良好的开端，希望这项工作继续进行下去，就像整个历史那样没有尽头。因篇幅关系，我们不能一一列举下去，但仅从上述评论中，就足可看出 SCC 一书已受到世界各国有识之士的一致称赞。

在浏览了李约瑟博士的《中国科学技术史》各卷有关内容后，我对他的这项工作，尤其是这部著作有下列认识。

第一，这部书在世界上第一次以令人信服的史料和证据，全面而系统地对4000多年来中国科学技术的发展作了历史概括，它将帮助各国人民，其中包括中国人民，了解中国在古代和中世纪在科技方面的成就及其对世界文明所做的贡献。从这一点来看，达到了作者写作此书的一个预期的目的。这是一项极大的创举，这部书为西方知识界打开了过去知之甚微的一个精神世界，使所有读过此书的人能从这个过去的科学金矿中发掘更多的宝藏。这部书从横的方面，谈及中国哲学、科学思想、数理化天地生、工程技术及医学；纵的方面，从殷商、周秦、汉唐以来直到宋元明清，上下4000余年。对众多人物、项目、古书及事件都有详细论述，给出第一手参考资料和较准确的译文。实际上这是一部体大思深、结构严密的有关中国古代科学技术的百科全书。李约瑟在向西方重新展示中国古代科学文明方面，做出了卓著的业绩，使那些过去对此缺乏了解的西方人在观念上发生了变革，因而具有久远的历史意义。中外的后继者们将沿着他踏过的足迹，在这个领域内做出更多发现，结出更多硕果。因而，他的SCC是20世纪完成的重大的学术成果之一。

第二，正如我们前面所说的，李约瑟站在世界科技史的高度来研究中国科技史，用对比方法考察了中西科技交流及相互影响，因此他的书不只讲中国文明，还涉及古希腊、古罗马、拜占庭、阿拉伯和古印度等其他文明，他在这些文明之间架起了桥梁。他证明各民族在科学创造上一律平等，都有各自的贡献，各个文化的科学有如江河，最后都流归到近代科学的大海。虽说近代科学首先在西方兴起，但李约瑟表明，如果没有中国等其他文化中的科学的注入，西方近代科学及工业革命也无从兴起。他怀着对中国人民崇敬和热爱的感情来整理中国古代科学遗产，纠正了西方过去对中国科学文化的各种错误看法、误解和严重低估，热情捍卫了中国人对一些重大发明与发现的优先权，把中国科学文明置于世界史中应有的地位，从而扭转了国外人士过去的中国观，使之必须重新估价一度被忽视的世界科学史中的中国一环。李约瑟通达中外历史、科学史、语言文学，又有广泛的科技教养，有环球旅行的丰富见闻及善于高度概括的能力和头脑，他的这些长处是其他一般作者所不及的。加之他治学严谨、考证精密，所以由他作出的一些结论就显得很有分量。整理并发掘中国古代科技遗产，使亿万西方人易于理解和乐于接受，这项工作十分艰巨，在他以前甚至中国学者都没有做过像他那样大规模的工作。他对宣扬中国科学文明的贡献及其著作的精神价值，是怎样估计都不会过高的。

第三，他在书中用大量史料阐述了中国古代科技成就并将其与其他文化做了对比之后，便进入了科学史理论领域。如前所述，整个SCC计划有个中心目标，就是解释为什么近代科学首先在西方兴起，与此有关的是，为什么在中世纪西方处于黑暗时期时，中国却发出灿烂的科技之光，而后来中国又为什么没有自发地出现近代科学。这些理论性很强的问题好久以前就被提出来了，各国也不时有讨论者。但总的来说，似乎还缺乏深入而系统的研究，没有得出较为满意的完整答案，就像数学中的哥德巴赫猜想那样。早在 40 年前，李约瑟便决心探讨这些问题，他不是立足于一两个学科，而是通观全局地研究中西科技史，理清其发展脉络，找出其各自的优缺点和异同点。同时他从科学社会学角度综合分析中西社会体制、经济结构、历史传统、思想体系、地理环境等各种因素的影响，考察中西商人、科学家和工程师的社会地位。在内史与外史结合研究时，他既注重科学发展的内因，又强调社会、经济因素的外在影响。他的研究方法是对路的。他是最大规模地研究上述基本问题的学者，我们可望在 SCC 第七卷各分册中看到他全面展开的精辟见解。此外，他提出的关于科学发展中"百川归海"、中西科技交流中的融合点与超越点以及"成串传播"（transmission in clusters）等概念，都是他对科学史的理论建树。他是个出色的科学史理论家。

第四，为了完成 SCC 这部巨著，李约瑟查阅了大量中国、日本和西方各国的古今著作，对每一史料都注明出处，每册后面都附有 1800 年以前的中国古书资料。1800 年以后的中日文著作及论文和西文著作及论文的目录，其篇幅之大犹如一本书，为后人的研究提供了丰富的资料。对中国古书，他都提供较准确的译文，即使引用别人的译文也必亲自核对。为此他创译了许多新词汇，如 erupter（突火枪）、pill-up cross-bow（积弩）、dragon-bone water-raiser（龙骨车）、square-pallet chain-pump（翻车）、interfussed steel（灌钢）等，纠正了汉学家们译错的字，如"酿"不是 distillation（蒸馏），而是 fermentation（发酵）[36]。他尊重前人劳动成果，但并不盲从，且有新的建树。在他的著作中，每一节都有新观点、新资料，有时他还动用模拟实验、技术复原研究等方法。除文字资料外，他很注重考古发掘资料、实物遗存及其他图片资料的收集和实地调查采访。他善于提出一连串新问题，又给出答案或需后人思索的新线索。他的研究填补了西方汉学中的空白，又弥补了科学史中的漏洞，为今后几代人的研究打下了雄厚的基础。

应当说，中国学者在整理祖国科学遗产方面也做了大量工作并取得许多好的成绩。同样，我们还可指出日本和欧美其他学者在这方面也做出不少努力。李约瑟对于这些成果是尊重的，并尽量予以采纳，写在 SCC 中。令人感动的是，他作为外国学者，四十年如一日孜孜不倦地钻研中国科技史，这对我们无疑是种鞭策和激励。他的工作使很多中国读者注视本国历史遗产，对过去那种数典忘祖、言必称古希腊的民族虚无主义无疑是一种批判。他的论著在海外广为传播，*SCC* 有日文译本，英国天文学家柯林·罗南（Colin Ronan，1920—1995）正在出 *SCC* 的缩编本[37]。他的其他单行本专题文集有的也被译成日文、意大利文、西班牙文、荷兰文、丹麦文、德文和法文，甚至还有拉丁美洲版[26]。他的作品为各国作者所转引，他的观点为许多人所采纳。只要我们留心看看各国新出版的科学史论著，就会发现李约瑟的影响。自然，像这样一部大型著作，难免有个别地方值得商榷。古语云，"智者千虑，必有一失"，不必求全责备。随着时间的推移，李约瑟的影响将不是持续几十年，而是几百年，甚至更久。

末尾，我想简单介绍一下李约瑟目前的个人情况。他工作极其勤奋刻苦，在年逾八旬之际，还能每天坚持工作 10 小时。在他的东亚科学史图书馆办公楼（我们都简称为"研究所"）里，他常常是最早赶到，又最后离去。他既是馆长，又是馆员，所有书刊资料都由他亲自分类，然后上架。在数以万计的各种资料和卡片上都有李约瑟写的密密麻麻的小字或画线标记，可见他用功之勤。他学识渊博，又是位健谈者，几乎可以同任何专业的学者谈论具体学术问题。他生活朴素，颇有些像道家那样，早晨、午间都在研究所里自带面包随便就餐，通常总是穿那套浅灰色的衣服，很少换装。他从早到晚忙个不停，但有条不紊。除用打字机写作外，每天要答复各国来信，热情接待国内外来访者，我们很少看到他感到疲劳。他很要强，走路不用手杖，上楼不要人扶。在他的家和办公楼里到处是中国书籍、中国书画，中国人到那里像在中国一样。近年来，他的夫人卧床不起，但他仍坚持工作。除了每天紧张工作外，他还经常关心国内外大事，每当他从中国得到重大消息时，都立刻做出反应，或亲自著文，或与周围的人谈论。李约瑟就是这样一个有特色的人。我们祝愿他健康长寿，早日完成 *SCC* 的写作计划。

四、《李约瑟文集》的内容和体例

自 *SCC* 问世后，受到各大洲广大读者欢迎，但此书卷帙浩繁，为使读者很快掌握其要领，罗南的缩编本前二卷已于 1976 年问世。这当然比原著大为缩减，但也仍是个多卷本，而且要等今后 *SCC* 出齐后，这项工作才能结束。问题是，在目前如何能使读者更快地了解各卷主要内容梗概和作者基本思想，同时用较小篇幅体现原作意图。看来，把李约瑟近 40 年来发表的论文、讲演稿精选后汇编成《文集》，也许是个办法。我们希望本《文集》是 *SCC* 计划的一个缩影。这是个新的尝试，如果它能纲要式地反映作者多年研究的主要成果、他的思想脉络和各卷讨论的一些内容，我们就心满意足了。此次选入的 43 篇，其中综合性论著有 15 篇，相当于 *SCC* 前两卷及第七卷内容；而本书所收各门学科专史 28 篇，相当于 SCC 卷三至卷六的内容，涉及数学、天文学、物理学、化学、生物学以及工程技术和医学等。让我们介绍一下《文集》中各文内所讨论内容的梗要。

SCC 中最为重视的是揭示古代和中世纪中国在科技方面究竟有哪些成就。而从本《文集》各文中可以看到许多具体论述。例如，在数学方面，李约瑟指出解高次方程的霍纳法，在西方是法国数学家 W. G. 霍纳（W. G. Horner，1786—1837）于 1819 年创立的，但宋代数学家秦九韶在 1247 年提出的方法实际上与霍纳法一致，却早于霍纳 572 年。进一步的研究还可把这种方法追溯到汉代《九章算术》的开方程序中[38]。中国还最早使用十进制，公元前 1 世纪工匠用十进制刻度尺。在天文学方面，李约瑟认为"中国是文艺复兴以前所有文明中对天象观测得最系统、最精密的国家"[39]。因为统治阶级重视授时，历政是国家政策，司天监属内府机构。早在公元前 1361 年就有日食记录，公元前 1600—1600 年有 581 项彗星记载，公元前 467 年记录到哈雷彗星。当西方人争论谁在 1615 年左右最先发现太阳黑子时，中国人早在公元前 28 年便系统记录了太阳黑子，比欧洲早了 1600 多年。他们要是知道中国的记录后，"或许感到惭愧"[39]。公元前 1400—1600 年间，中国有 90 项超新星记录，其中 1054 超新星是近代射电天文学家感兴趣的蟹状星云的残迹，而西方过去对此则闻所未闻。

公元前 4 世纪石申、甘德的《星经》比西方的伊巴谷（Hipparchus，约前 190—前 125）同类作品早 200 多年，而其中星数比《天文大成》（almagest）中星数多 1/3。李约瑟还进而指出，古代中国在天文仪器方面有不少地方领先。郭守敬是赤道式天文装置——赤道浑仪的创始人，郭守敬（1231—1316）的赤道浑仪与英国近代 73 英寸（1 英寸＝2.54 厘米）维多利亚式反射望远镜有相同的赤道式装置。李约瑟还认为中国古代的浑仪是近代世界天文仪器的先驱。中国人还利用机械装置使浑仪自动旋转，能与天球每晚视运动同步进行，这就要求有机械钟的发明。他进而指出近代科学革命的关键仪器就是时钟，而其灵魂是擒纵装置，过去认为是 14 世纪欧洲人的发明。但他在做对比研究后发现，中国 723 年僧一行已制出这种装置，1090 年苏颂（1020—1101）在开封研制的水运仪象台构造中便有机械钟[40-41]。这种中国时钟由英国人约翰·坎布里奇（John Cambridge）复原后，每小时误差仅在 20 秒以内。因为人类每天生活在时间之中，所以中国这项发明具有重大意义。在他转而谈到地学时，他指出，中国地震测试装置早于西方几百年，2 世纪时张衡（78—139）发明的地动仪能测定震中方向并记录震强。"11 世纪的斯宾塞（Herbert Spencer，1820—1903）"朱熹（1130—1200）约在 1150 年认识到化石，指出山顶上有化石说明这里过去曾是海底，而在西方只是到了莱昂纳多·达·芬奇（Leonardo da Vinci，1452—1519）时代才达到这种认识[42]。

在谈到物理学时，李约瑟认为中国物理学中的光学、声学和磁学特别发达。当西方人对磁极性一无所知时，中国人已在关心磁偏角及磁感应性了。因为英国人亚历山大·尼坎姆（Alexander Neckam，1157—1217）于1190年在欧洲首次提到磁极性和磁感应之前，沈括（1031—1095）已于1080年对磁针作了描述并指出磁偏角，而欧洲人知道磁偏角是在15世纪。关于磁石的指极性还可以在1世纪王充（27—97）的《论衡》中发现明确记载。而朱彧于1113年在《萍洲可谈》中更提到航海罗盘的使用。李约瑟在查阅了欧洲、阿拉伯和印度的史料后注意到："在中国文化区，磁化铁做的罗盘至少比在任何别的地区的出现早2个世纪。"[43] 他还指出指南针知识是在12世纪通过西辽政权经陆路传到西方的。在关于雪花晶状体的观察中，1260年艾伯特·马格努斯（Albert Magnus，? —1280）认为是星状，直到1611年开普勒（1571—1630）才正确认识到是六角形状。而在中国，公元前135年《韩诗外传》就指出雪花是六瓣，此后，萧统（501—531）、任昉（460—508）又一再指出同样观察结果，朱熹（1130—1200）更对此作了解释。就是说，当西方人对雪花晶状体形状一无所知时，中国人早已对此现象作出解释了[44]。与物理学有关的技术发明中，李约瑟谈到，詹姆斯·卡丹（James Cardan，1501—1576）被认为是在文艺复兴时发明灵巧装置"卡丹悬环"的人，但中国在早于他1000年前已制造了类似的"被中香炉"。

李约瑟对中国化学史特别感兴趣，因为在这个领域内，包括了造纸术、火药和瓷器等重大发明。他指出，导致火药发现的炼丹术是在中国起源的，《史记》中有关于公元前140年炼丹术的最早的可靠记载，而魏伯阳在2世纪写的《参同契》是世界上最早的炼丹术著作。甚至"alchemy"这个术语也源于中国，而不是埃及的"khem"，因为埃及炼金术并不悠久[42]。中国人早于欧洲之前几百年，已知道伪金的制造，葛洪（约281—341）的《抱朴子》提到用锡、矾、寒盐（NH_4Cl）制造二硫化锡（SnS_2），而欧洲直到14世纪才首次提到此物[45]。西方在13世纪以前还不知道硝石为何物，而中国早在9世纪的《真元妙道要略》中就记载以硝石、硫黄和木炭制成火药混合物，1044年的《武经总要》更给出最早的军用火药配方，至10世纪时火器已用于战场[30-31]。有人说中国人发明火药只用于烟火，没用作武器。李约瑟指出这种说法是错误的。他高度评价10—12世纪使用自然管状物（竹管）制成的中国火枪发明的重要性，并写道："而我愿坚持说，这实际上是一切管状枪及各种火炮的始祖。"[31] 他毫不怀疑1280年在东半球某处出现的金属管状枪之真正祖先是中国火枪的竹筒[31]。他在对中国古代蒸馏器做了模拟实验后，得出结论说："东亚蒸馏器原理是最近代化的高真空分子蒸馏器的基础。"他发现近代希克曼（Hichman）式蒸馏器中的收集碗和管子完全是中国风格的[46]。

与化学有关的技术发明中，突出的还有金属冶炼。李约瑟写道，1380年前欧洲人还无法制造出一小块铸铁，而中国则早在公元前4世纪已在工业规模上生产铸铁了，到1世纪中国人已是铸铁大师，欧洲人相比之下落后1600多年。为使生、熟铁含碳量均匀化，中国人发明了"杂柔生熟"的"灌钢"技术。550年前后，北方人綦毋怀文所造的"宿铁刀"就是用这种方法制造的。李约瑟还详细叙述了中国古代固体渗碳制钢技术和脱碳制钢技术以及淬火技术的发明[47]。他还根据考古发掘资料描述了古代的冶炼炉并将其与后世西方的冶炼炉做了对比。他得出的结论是，中国古代和中世纪在钢铁冶炼技术方面长期处于遥遥领先的地位[48]。

李约瑟在有关生物学史论文中指出，公元前3世纪道家的《庄子》一书中有物种变化的思想，而中国关于生物的"性三品"说几乎与亚里士多德（Aristotle，前384—前322）的学说一致。在植物学方面，朱櫹（1361—1425）1406年刊行的《救荒本草》具有人道主义的性质，它列举可供救荒食用的野生植物414种，对其生态特征、地理分布和处理方法都作了说明，且附有精美植物插图，而欧洲直到18世纪查尔斯・布雷安特（Charles Bryant）才开始注意野生植物的食用价值，比中国晚了近400年。西方第一部印刷的植物图出现于1475年德国人康拉德（Conrad）的《自然志》（Puch der Natur）中，但比《救荒本草》晚了69年[34]。中国不但是柑橘的原产地，而且早在宋代还出现了《橘录》这样一部最早论述橘子的植物学专著。谈到解剖学时，李约瑟指出7—9世纪时中国解剖图相当先进，是《五图集》（series of five pictures）的来源。

至于说到医学，李约瑟在与鲁桂珍合写的文章中指出，早在中国商周时期的甲骨文和金文中就有关于疾病的记载。在疾病记载方面，在许多文明中，中国几乎是唯一拥有连续性的著述传统的国家[49]。他们从战国印玺中注意到医疗专门化倾向，如"赵瘊"是专治神经性疾病的赵医生等。他们还指出，宋慈（1186—1249）的《洗冤集录》（1247）是所有文明中最早的一部法医学著作，比奠定欧洲法医学基础的F. 费德尔（F. Fedele）及P. 扎齐亚（P. Zacchia）的著作早得多[29]。关于营养与疾病关系的知识，例如维生素B_1缺乏症与脚气病关系的认识，在西方是19世纪末以来的经验发现。但中国先秦典籍中就有关于脚气病的记载，而忽思慧于1330年在《饮膳正要》中更列举两种脚气病，给出6种治疗配方。现在已证明书中治脚气方中用的食物或草药中确含维生素B_1[50]。

李约瑟还认为中国本草学是个很大的历史宝库："而我们肯定知道有大量植物和药物事实上是在中国发现的。"[22] 他结合见闻指出，从麻黄（*Ephedra Sinica*）和萝芙木（*Bauwolfia verticillata*）中提制的生物碱疗效已得到确认。他还多次处理过抗疟良药常山（*Dichrou febrifuga*）[29]。除草药外，用矿物药很早以来就是中药的传统。但在西方甚至在文艺复兴时期帕拉塞斯（Paracelsus，1493—1541）时代，使用矿物药还受到非难。他还认为中世纪中国从人尿中提制出性激素，是一项伟大的生物化学成就。西方认为尿为污秽之物，没想到还可提制药物。直到 1927 年 S. 阿什海姆（S. Aschheim）和 B. 宗德克（B. Zondek）才从尿中获得性激素。但在中国，叶梦得（1077—1148）在《云水录》中已描述了从尿液中制得这种物质的方法[51]。谈到中医时，李约瑟认为预防医学是中医的特点，而"近代医学科学中最伟大、最有益于人类的一个学科——免疫学，产生于人类为预防天花而进行的种痘实践中"[52]。葛洪约于 4 世纪初最早记载了这种可怕的疾病，中国人在 1000 年已发明天花预防接种（种痘），构成免疫法的原始形式。1500 年中国医生已公开写书介绍这种疗法，这时欧洲人对此一无所知，许多患者因此失去生命。中国种痘法西传后，1700 年经土耳其传到英国。19 世纪初，爱德华·真纳（Edward Jenner，1749—1823）发现了牛痘苗可安全预防天花，于是出现了种牛痘的方法。在这以前，中国发明的人痘对世界人民健康作了很大贡献。针灸术在中国已有 2500 年历史了，是又一独特发明。李约瑟和鲁桂珍通过亲自考察和学理分析，相信中国针灸有生理学基础，而不认为其效果是主观的、心理作用的结果。

最后，还不能不提到几项较重要的技术发明。李约瑟写道："我们必须记住，在早些时候，在中世纪时代，中国在几乎所有的科学技术领域内，从制图学到化学炸药都遥遥领先于西方。从我们的文明开始到哥伦布时代，中国的科学技术常常为欧洲人望尘莫及。"[29] 他引用美国学者 T. F. 卡特（T. F. Carter，1882—1925）的著作，指出雕版印刷术的出现不迟于 800 年，活字印刷术从宋代就有了，并用于印书，这都比世界任何其他文明为早。中国印刷术沿着古老的丝绸之路向西传布，到达西欧的时间正好是约翰内斯·谷腾堡（Johannes Gutenberg，1400—1468）时代。与冶铁相关的是鼓风器的发明。31 年杜诗的水排是最早的水力鼓风器，这种较简单的水碓式鼓风器在欧洲出现得较晚。李约瑟还指出，大约在 1200 年，中国发明了一种把曲拐（偏心连杆）与活塞结合起来的鼓风风箱，并用于冶炼技术中。他颇感吃惊地发现，这种中国式风箱在形式上与往复式蒸汽机相当，只是以相反方式工作，由水力驱动水轮旋转，再换成直线运动作用于活塞风箱，因此他认为这是往复式蒸汽机的直系祖先[53]。在论船闸一文内，李约瑟认为公元前 219 年广西修的灵渠是所有古代文明中最古老的等高通航运河，而公元前50年左右中国水利工程中的水闸和堰闸已相当普及了，在10世纪末中国发明了船闸。船闸的发明在木建工程史上有重大意义，欧洲最早的船闸是1370年以后出现的。中国最早的越岭运河是1280年后的元代大运河，而欧洲第一条这样的运河出现在1400年。"所以这些方面的优先权均落入中国人手中"。[54] 李约瑟在论述中国技术发明西传时，一口气从a到z列举了26个大项[57]，但还没有说完，因为英文只有26个字母。

在谈到牲畜挽具时，李约瑟指出它具有重大意义。西方过去用的"颈肚带"挽具拉力来自颈部，极易使牲畜窒息，因而不是有效的。而中国至迟在公元前200年的汉初，就有了有效的"胸带"挽具，6世纪有了更进步的"颈圈"挽具。后两种有效的挽具在欧洲从1000年才开始出现。与此有关，中国马车比欧洲的任何车大三四倍，并且车上不是站着2个人，而是坐着7个人，是"完整的客车"。由此，李约瑟指出："那些认为每件物品都来自欧洲，'伟大的白种人'是地球上最优秀的民族，而且天生聪明的人，应当学习一点历史，以便承认欧洲引为骄傲的许多东西原来并不是在欧洲产生的。我认为有效的挽具显然就是这些东西之一。"[58]

仅从本《文集》中反映的上述那些中国科技发明和发现，就足可使李约瑟作出这样一个结论："认为只有西方文明才具有科学特性的传统观念，肯定是站不住脚的。"[29] 这就有根据地扭转了对非西方文明估计过低的传统观念。他指出，之所以对中国科学贡献低估，是因为西方科学家懂汉语的很少，而汉学家又不注意科学史。他列举从弗朗西斯·培根（Francis Bacon，1561—1626）以来直到当代的西方作者J. B. 伯里（J. B. Bury），虽然大谈文艺复兴时印刷术、火药和指南针这些发明的意义，却并不知道它们的故乡是中国而非欧洲。李约瑟认为中国人能像古希腊人那样善于思辨大自然。他写道："我觉得，如果我使诸位对于中国人过去对科学技术的卓越贡献产生了某种兴趣，我就完成了我的任务。要是没有这种贡献，就不可能有我们西方文明的整个发展过程。因为如果没有火药、纸、印刷术和磁针，欧洲封建主义的消失就是一件难以想象的事。"[42] 正是"14世纪火炮的第一次轰鸣，敲响了城堡的丧钟，因而也敲响了欧洲军事贵族封建主义的丧钟"。[31] 李约瑟高度评价了中国科技成就西传后在欧洲近代资本主义兴起和近代科学诞生过程中的重大贡献。

从本《文集》中我们还可看到，李约瑟对中西科学对比后，找到中国科学的内在特点，其中有优点，也有缺点，这是很有趣的。尽管面对的是同一大自然，中西有时却以不同方式进行研究。以天文学为例，中国和古希腊都很早编了星表，注重历法、行星运动及其运行周期，但二者仍有不同。古希腊天文学用黄道坐标，注重行星，用角度计算，是周年的；而中国天文学用赤道坐标，注重天极，用时间计算，是周日的。古希腊天文学家认为天体是水晶球，太阳是完美无缺的；中国天文学家认为恒星是距离遥远的发光体，对太阳的观察没有先入之见。正是由于中国天文学这些特点，引发了中国天文工作者对天文钟的发明、对太阳黑子的持续观察记录和一些天象仪器的制造。近代天文学首先引起中西天文学融合，它的命名法是古希腊式的，但坐标是中国式的[29,39-40]。中国数学与古希腊不同，代数学和代数学方法占主导地位，几何学退居次位，中国没有欧氏几何学，因而没有西方天文学的几何模型，没有出现哥白尼体系。李约瑟进而分析物理学，他认为原子概念来自古希腊、古印度，但波的概念来自中国。按照阴阳学说，阴阳消长是最大值与最小值作用的过程，一个增强，另一个减弱，这就是波的概念[42]。中国不注重原子论，是后来没有出现波义耳学说的原因。中国的光学、声学、磁学发达，而西方的力学和动力学发达。西方水磨和风磨是竖式装置，而中国则偏爱卧式装置等。

在研究中国科技史时，李约瑟另一个中心课题是解释为什么中国古代和中世纪科学没有演变成近代科学。这从本《文集》各有关文章中也可看到他对此问题的看法。他认为要从几个方面来分析其原因。从科学本身结构来看，中国古典理论，如阴阳五行说起源很早，故属优点，但持续到很晚的时候，中间没有根本变革，这就变成了缺点和历史包袱。中国科学长期处于经验阶段，停留在阴阳五行说的原始理论范畴中，当需要进步时，没有把数学方法和系统实验引入到对自然界的探索中。当中国需要产生伽利略式的人物时，阻碍科学进步的其他因素已在起作用了。在西方甚至达·芬奇时期也还是如此，直到伽利略时期才引起突破，而中国科学一直停留在达·芬奇时期水平，没有伽利略、开普勒式的人物出现[55]。

李约瑟还认为科技活动不是孤立的社会现象，它与社会体制、经济结构、思想体系等因素密切相关。为此他做了中西对比。他认为西方近代科学是随着资本主义生产方式和经济结构的兴起而同步发展的。这种资本主义是因军事贵族封建主义的崩溃而兴起的。西方的地理环境使其像是由一些海分割开的群岛，比较分散，又有许多城邦割据，缺乏强有力的中央集权统治，因此其社会封建统治较不稳定。西方多是海洋国家，靠海外贸易，商品经济较为发展，商人势力较大，他们为提供新产品以展开竞争，需有科学支持并为此提供资金，当商业资本转向工业时尤其如此。由于西方封建统治相对来说较为脆弱，使工商业资本主义发展起来。资产阶级用火炮足以摧毁封建城堡、骑士团的盔甲和奴隶划桨的多桨战船，城堡的陷落也就意味着封建制的瓦解。取胜的资产阶级为了商品利益需要，要了解物质的属性和量的规定，要开发矿山、发展外贸，这就刺激了科学发展。封建制的崩溃也使人冲破某些传统思想体系的束缚，而对自然界进行自由的探讨。当西方科学家把数学和实验引入对自然现象的研究和解释时，科学便以更快的速度向前发展。所有这一切，都是因为他们有了适当的环境。

反之，中国没有发展近代科学所需的社会环境。李约瑟指出："无论是谁，要阐明中国社会未能发展近代科学，最好是从说明中国社会未能发展商业的和工业的资本主义的原因着手。"[55] 在李约瑟看来，中世纪中国社会是亚细亚官僚封建社会，其特点是在一个幅员辽阔的国家内进行中央集权统治。普天之下莫非王土，皇帝是至高无上的大地主。中国没有独立的城邦，每个城市的长官都是皇帝的代表，官僚制使中国封建社会相对稳定。李约瑟指出，官僚制的产生可能与动员千百万民工兴修水利、凿通运河等大型基建工程有关[56]。为了统一管理、指挥，要有层层官吏，这就导致了官僚制。而中国由于地理和气候条件，一直以农为本，水利是农业之命脉。这是他的看法。由于以水利农业文明为标志的中国封建自然经济占主导地位，而统治者又奉行抑商政策，使商人受到官僚打击，商品经济没有得到足够发展，而重要生产部门受官僚机构控制（如盐铁官营），这就妨碍了工商资本主义的发展。中国虽不乏富有的商人，但他们没有西方商人所拥有的地位。

他还指出，中国传统观念中把社会等级划分为"士农工商"，官僚居首位，商人社会地位低下。"现在我们可以看到，中国商人阶级的不得志很可能与中国社会抑制近代科学的发展有关。"[55] 他还举阿拉伯文化为例说明，早期阿拉伯社会非常重商，但哈里发在征服任务完成后便仿效波斯的官僚政体，与中国制度十分接近。结果伊斯兰文明从商业开始，而以官僚化告终。李约瑟认为官僚封建制是社会进步、变革和科学发展的障碍。而它又相当强大，倾向稳定、反对竞争，有自我控制和自我平衡的功能。它能容得下任何不利的发明和发现，火药和火器的发明和应用是再明显不过的例子了。火药在西方起了摧毁贵族封建制的革命性作用；而在中国，火器发明后 500 年内同发明前，处于同样的社会结构中，农民起义也用火器，但没能最终打碎官僚封建机器。西方用航海罗盘从事海外殖民扩张，开拓贸易市场，中国海船则用它平静地在海面上航行。一如既往，中国社会和经济以其特有的速度前进。李约瑟还列举其他各种因素的影响，由于这些影响，使中国科学和发明的进一步发展受到抑制，而无法像文艺复兴时和资本主义上升时期的西方那样蓬勃发展[56]。

于是产生另一个问题，为什么中国能在中世纪的漫长岁月里在科技方面比欧洲领先呢？李约瑟谈了各种原因。中国官僚封建制虽不及文艺复兴时的欧洲资本主义，但却比欧洲封建制或古希腊的奴隶制要好[56]。中国也没有欧洲那样长的黑暗时代（Dark Ages）。中国语言文字和科学文化传统从未中断，古老的遗产世代相传。加之中国是造纸术与印刷术的故乡，比任何别的文明拥有更多的精神财富和典籍，中世纪中国人受教育和识字的机会比西方人多等。李约瑟亲切地把中国称为"发明的沃土"。

总之，在李约瑟看来，在解释为什么古代和中世纪中国发展科学比西方更有效、为什么后来在西方兴起近代科学以及为什么中国没有自发地兴起近代科学时，首先应当肯定这都是有原因可寻的历史必然过程，而不是偶然现象；其次应当在中西科学发展所在的社会客观原因和科学本身的内在原因中寻找问题的答案。这就是他的被称为有机唯物论的历史观。他曾意味深长地写道："如果中国有像西方那样的气候、地理以及社会、经济因素，而我们西方有像中国这样的相同条件，近代科学就会在中国产生，而不是在西方。西方人就不得不学习方块字，以便充分掌握近代科学遗产，就像现在中国科学家不得不学习西方语言那样。"[22] 他又继续写道："因此，人们最后可以说，在我们双方都各有其历史骄傲和历史自卑之原因，如果可以用这样一种表达方式的话。中国的骄傲应当是，在许多方面，在思想和实验工作方面都做了开端，但可惜，由于继承下来的经济和社会因素，没能在中国使其发扬。我们在西方从我们自己的古希腊遗产出发，最终使我们摆脱了这种束缚，并能把我们关于宇宙的知识融合为一个有条理的整体。我想，我们能做到这一点的原因是我们的环境因素。但欧美文明能给世界带来儒家的仁义或道家的和平吗？因而我们每个人在我们的历史中也有我们骄傲和自卑的理由。我们不必为过去而过多地烦恼，我们需要了解过去并揭示其与未来的关系。"[22] 说得何等好啊！

李约瑟还指出，今天的情况是，近代科学成为绝对国际性的，不分什么东西。中国与西方科学家之间不存在区别问题。他反对使用"外国科学"或"西方科学"之类的字眼儿，因世界性的近代科学体现了一个全人类可以互相交流的通用语言。过去各文明的科学支流已流归近代科学的大海，它是全人类的共同财产，包括所有民族的成就。他最喜欢用的词儿是中国古语所说的"百川朝宗于海"。他认为，科学的统一趋势已经预兆了人类总有一天要团聚为一体的政治上的统一。不管今后在什么形式下，2000 多年前《礼记》中表达的"天下大同"的高尚思想将无疑会取得胜利。中国人民、西方人民和全世界人民在这一共同目标中是兄弟[22]。因此，他的口号是："为了和平和人类利益的国际科学合作万岁。"

最后，我想就本《文集》的翻译和编辑出版事宜作几项说明。这项工作最先是由中国科学院自然科学史研究所的李家明先生倡议的，后由所内领导同意列入工作计划。准备工作从 1985 年 2 月开始。选译论文时尽量考虑使题材多样化，既有一般性总论，也有理、工、医专科。凡 *SCC* 已发表或已译出者尽量少用，所选入者多为 1944—1984 年发表者，尤其为近 10 年之新作。本书体例如下：

1. 正文内凡初见人名、书名等除译出外，用括号标出其原文，人名有时再补上生卒年。中、日人名和书名则从英文还原为原名，有固定汉名的西方人则取其固定汉名。

2. 原著内参考资料及注释（编号用六角括号"〔　〕"括出）：西文只录原文，便于读者查阅；原著内引中国古书原句，先译成现语体，再以译注形式给出古文原句。这样处理我们认为是必要的。译注编号用"圆圈"圈出，如"①②"等。参考资料、注释及译注均置于正文之末。

3. 由于原文刊于不同刊物，文献体例不一，我们按统一规格做了处理。有时原文有文献及脚注两种形式，我们或将脚注用括号放在正文句末，或与参考资料合并，统一编号。

4. 译文按其性质分为三类，每类再按门类分篇排列，每文有统一流水号及分类号，其原文可从书末之"论著目录"中标有星号"＊"处查得。有时我们也在译文的编者注中指出。

5. 本书中各文讨论的内容，间或有重叠之处，这是不可避免的，因为它毕竟是文集而非专著。绝大部分文章都是此次初译的，极个别的是转载，但我们都请译者修订，并由我们再据原文重新校订。这些地方都作了说明。

本《文集》是集体翻译的，我们约请下列各位同仁提供译文（按姓名汉语拼音顺序）：陈养正、陈鹰（女）＊、戴开元＊、何绍庚＊、华觉明＊、纪华（女）、李天生＊、李亚东＊、刘钝＊、刘金沂＊、刘小燕（女）、刘祖慰、柳卸林＊、罗桂环＊、马堪温、潘承湘（女）＊、潘吉星＊、王冰（女）＊、王奎克＊、王人龙、王渝生＊、席泽宗＊、徐英范＊、周世德＊、周增均等 25 位。这是个老中青结合的翻译队伍，而以中青年为骨干，其中 18 人（带星号者）为本所研究人员。译者们多具有英文和科学史两方面背景。全书由潘吉星任主编，负责整个文集的规划、安排及总纂。由李天生、潘吉星任总校，负责全书两道审校，李任语言方面的第一道审校，潘任语言及专业方面的第二道审校。个别译文还请本所的张大卫（Ⅰ—13，Ⅰ—15）、何堂坤（Ⅲ—1）、李亚东（Ⅲ—3）和徐英范（Ⅰ—11）做第三道审校。稿件完成后，稿面整理工作由姜丽蓉担任。

通过工作实践，我们感到翻译李约瑟作品难度较大，其本身就是一项研究工作。这涉及古今中外的广泛内容及许多专门知识，需要下较深的功夫，这对我们是个锻炼和学习的机会。也由此想到李约瑟创作之艰，对他肃然产生敬意。李约瑟博士从一开始就积极支持我们的这项工作，他向我们提供了在中国国内难以找到的文本，还为本书撰写序言，我们特向他致以谢意。

本书在编译、出版过程中，曾得到国家相关领导的关心和支持，使我们受到莫大鼓舞。

我们感谢原中央工艺美术学院（现清华美院）的王存德、李英子夫妇，他们根据我们的设计和提供的资料，为李约瑟及其 *SCC* 前五卷写作班子成员创作了漫画，活跃了本书的版面。

我们还特别感谢辽宁科学技术出版社领导慨然同意出版此书，使其尽快问世，对他们这种魄力表示赞赏。冬风作为本书责任编辑，亦付出许多心力。限于我们水平，译文有疏误之处，恳请读者示正。

作为本文的结尾，容我欣然命笔，以祝贺尊敬的李约瑟博士八十五寿辰：

> 伟哉李翁约瑟，环球屈指可数。
>
> 昔出霍伯* 名门，生化* 多所建树。
>
> 皈依华夏文明，万里前来中土。
>
> 诚心雪里送炭，共度战时艰苦。
>
> 致力英中友好，对华情深意笃。
>
>
>
> 中华科技遗产，整理编撰成书。
>
> 博才广识勤奋，学贯东西今古。
>
> 七卷巨帙行世，五洲列国称著。
>
> 欣逢八五华诞，敬献《文集》一部。
>
> 举杯遥祝博士，健康长寿多福。

于中国科学院自然科学史研究所

一九八五年十月　北京

---

* 霍伯：指导师霍普金斯爵士。

* 生化：指生物化学。

参考资料与注释

〔1〕 Derek J. de S. Price：*Joseph Needham*，*in Chinese Science：Explorations of an Ancient China*，ed. Nathan Sivin & S. Nakayama，pp. 9-22（MIT Press，1973）。

〔2〕 Henry Holorenshaw：*The Making of an Honorary Tauist*，*in Changing Perspectives in the History of Science*，ed. M. Teich & R. Young，pp. 1-20（London：Heine mann，1973）。

〔3〕 Lu Gwei-Djen：*The First Half-Life of Joseph Needham*，*in Explorations in the History of Science and Technology in China*，ed. Hu Daujing，pp. 1-38（Shanghai Chinese Classics Publishing House，1982）。

〔4〕 席泽宗：《睿智而勤奋，博大而精深——祝世界著名科学家、中国人民的老朋友李约瑟博士八十大寿》，《人民日报》，1980 年 12 月 8 日。

〔5〕 王奎克：《李约瑟》，《国外中国研究》，1977 年 3 辑，94-104 页。

〔6〕 胡菊人：《李约瑟与中国科学》（中国香港：文化生活出版社，1978）。

〔7〕 J. Needham：*The Philosophical Basis of Biochemistry*，*Monist*，XXXXV：27（1925）。

〔8〕 J. Needham：*Philosophy and Embr yology*，*Monist*，XL：193（1930）。

〔9〕 J. Needham：*Materialism and Religion*（London：Benn，1929）。

〔10〕 J. Needham：*Forword to Biology and Marxism by Marcel Prenant*，tr. C. D. Greaves（London：Lawrence & Wishart，1938）。

〔11〕 Shigeru Nakayama：*Joseph Needham*，*Organic Philosopher*，*in Chinese Science*，pp. 23-44（MIT Press，1973）；中山茂著，张大卫译：《李约瑟——有机论哲学家》，《科学史译丛》，1982 年 3 期，23-33 页。

〔12〕 J. Needham：*Science and Technology and Society in the Seventeenth Century England（review of R. K. Merton）*，*Science and Scociety*，II <4>：566（1938）。

〔13〕 J. Needham：*The Rise and Fall of Western European Science. Manufactruing Chemist*，IX <2>（1938）。

〔14〕 J. Needham：*Limiting Factors on the Advancement of Science as Observed in the History of Embryology. Yale Journal of Biology and Medicine*，VIII：1（1935）。

〔15〕 J. Needham：*The Nazi Attack on International Science*，*Biology*，VI <3>：107（1941）。

〔16〕 J. Needham：*The Nazi Attack on International Science*（London：Watts，1941）。

〔17〕 J. Needham：*Biological Science in the USSR. Nature*，CXLVII：362（1941）。

〔18〕 J. Needham：*Science in Soviet Russia*，ed. with J. S. Daviesl（London：Watts，1942）。

〔19〕 J. Needham and D. Needham：*Science Outpost*（London：Pilot Press，1945）。

〔20〕 J. Needham and D. Needham：*Chinese Science*（London：Pilot Press，1945）。

〔21〕 J. Needham：*Science in Chinese-Culture*. Address at the Annual Conference of the Science Society of China at Mei-t'an, Kweichow, 1944；李约瑟口述，林文摘译：《中国之科学与文化》，《科学》，1945 年 1 期，54 页。

〔22〕 J. Needham：*Science and Agriculture in China and the West*. Address to the Chinese Agricultural Association at Chungking, Feb., 1944；李约瑟著，潘吉星译：《中国与西方的科学和农业》，见本书。

〔23〕 J. Needham：*Science and Society in Ancient China*（Conway Menmorial Lecture）（London：Watts, 1947）.

〔24〕 Wang Ling：*On the Invention and Use of Gunpowder and Firearms in China*，*Isis*，XXXVⅧ：165（1947）.

〔25〕 C. Gillispie：*Perspectives*，*American Scientist*，XLV：169-176（1957）；此外，对李约瑟的 *SCC* 激烈批评的还有 A. F. Wright：*Review of Volume Ⅱ of Science and Civilisation in China*，in *American Historical Review*，LⅡ：918-920（1957）.

〔26〕 根据李约瑟的演讲或论文编成的集子有：1.《中国钢铁技术的发展》，J. Needham：*The Development of Iron and Steel Technology in China*，Second Dickinson Lecture（Cambridge：Heffer, 1958），repr. 1965；2.《天文钟》，J. Needham, Wang Ling and Derek de S. Price：*Heavenly Clockwork*（Cambridge University Press, 1960）；3.《四海之内》，J. Needham：*Within the Four Seas*（London：Allen & Unwin, 1969）；Italian tr.：（Milano：Faltrinelli, 1975）；Spanish tr.（Mixlco：Siglo Veintiumo, 1975）；4.《文明之滴定》，J. Needham：*The Great Titration*（London：Allen & Unwin, 1969）；French tr.（Paris：Seuil, 1973, 1978）；Italian tr.（Milano：Mulino, 1973）；Spanish tr.（Madrid：Alianza, 1977）；日文译本《文明の滴定》（东京：法政大学出版, 1969）；5.《东西之官吏及工匠》，J. Needham et al. *Clerks and Craftsmen in China and the West*（Cambridge University Press, 1s970）；Spanish tr.（Mixico：Silgo Veintiumo, 1978）；日文译本《东之と西学者の工匠》（东京：河出书房新社, 1970）；6.《中国的科学传统》（法文版），J. Needham：*La Tradition Scientique Chinoise*（Paris：Hermann, 1974）；7.《智慧的沃土》，J. Needham：*Moulds of Understanding*（London：Allen & Unwin, 1976）；Spanish tr.（Barcelona：Critica, 1978）；8.《传统中国的科学》，J. Needham：*Science in Traditional China；A Comparative Perspective*（Hongkong：Chinese University Press, 1980）.

〔27〕 例如，在丹皮尔（W. C. Dampier）的《科学史》（*A History of Science*）一书中古代和中世纪部分，几乎完全忽视中国科学成就和贡献，这是"欧洲中心论"的典型，而伯里（J. B. Bury）的《进步之思想》（*The Idea of Progress*）中明明提到了本来是在中国完成的科技发明，却拒绝说明其来源地。A. N. 怀特海（A. N. Whitehead, 1861—1947）虽在其《科学与近代世界》（*Science and the Modern World*）中赞扬了中国古代对文史哲的贡献，但对于中国人对科学的贡献多有质疑。类似观点不胜枚举，甚至过去中国学者也作如是观，言必称古希腊。

〔28〕 J. Needham：*SCC State of the Project. Interdisciplinary*，*Science Review*，Ⅴ：263-268（1980）；李约瑟著，陈养正译：《〈中国科学技术史〉编著工作情况》，见本书。

〔29〕 J. Needham：*The Evolution of Oecumenical Science*. Ibid.，Ⅰ：202-214（1976）；李约瑟著，刘小燕译：《世界科学的演进——欧洲与中国的作用》，见本书。

〔30〕 J. Needham：*The Guns of K'ai-fêng-fu*，*Times Literary Supplement*，No. 4007（1980）；李约瑟著，潘吉星译：《开封府的火枪》，见本书。

〔31〕 J. Needham：*The Epic of Gunpowder and Firearms*，*Chem. Tech.*，ⅩⅢ：392（1983）；李约瑟著，纪华译：《火药和火器的史诗》，见本书。

〔32〕 J. Needham：*New Light on the History of Gunpowder and Firearms in the Chinese Cultural-area*（1981）；李约瑟著，李天生译：《关于中国文化领域内火药与火器史的新看法》，见本书。

〔33〕 李约瑟博士 1984 年 5 月 31 日致笔者的信。

〔34〕 J. Needham（with Lu Gwei-Djen）：*The Esculenlist Movement in Mediaeval Chinese Botany*（1968）；李约瑟著，罗桂环译：《中世纪中国食用植物学家的活动——关于野生（救荒）食用植物的研究》，见本书。

〔35〕 J. Needham（with Lu Gwei-Djen）：*Celestial Lancestrs*：*A History and Rationale of Acupuncture*（Cambridge University Press，1979）。

〔36〕 J. Needham：*The Translation of Old Chinese Scientific and Technical Texts*（1958）；李约瑟著，陈鹰译：《论中国古代科技文献之翻译》，见本书。

〔37〕 J. Needham & C. Ronan：*The Shorter Science and Civilisation in China*（Cambridge University Press，1978）。

〔38〕 J. Needham：*Horner's Method in Chinese Mathematics*，*T'oung Pao*，ⅩLⅢ：345（1955）；李约瑟著，刘钝译：《中国数学中的霍纳法：它在汉代开方程序中的起源》，见本书。

〔39〕 J. Needham：*Astronomy in Classical China*（1962）；李约瑟著，刘金沂译：《古典中国的天文学》，见本书。

〔40〕 J. Needham：*Astronomy in Ancient and Mediaeval China*，*Phil. Trans. B.*，ⅭⅭLXXⅥ：67（1974）；李约瑟著，柳卸林译：《中国古代和中世纪的天文学》，见本书。

〔41〕 J. Needham et al.：*Chinese Astronomical Clockwork*，*Nature*，ⅭLXXⅦ：600（1956）；李约瑟等著，席泽宗译：《中国的天文钟》，见本书。

〔42〕 J. Needham：*The Chinese Contribution to Science and Technology*（1948）；李约瑟著，戴开元译：《中国对科学和技术的贡献》，见本书。

〔43〕 J. Needham：*The Chinese Contribution to the Development of the Mariner's Compass*，*Scientia*，July 1961；李约瑟著，徐英范译：《中国对航海罗盘研制的贡献》，见本书。

〔44〕 J. Needham（with Lu Gwei-Djen）：*The Earliest Snow-Crystal Observations*，*Weather*，XⅥ：319（1961）；李约瑟等著，王冰译：《雪花晶状体的最早观察》，见本书。

〔45〕 J. Needham（with A. R. Butler）：*Mosaic Gold in Europe and China*，*Chemistry in Britain*，1983，p. 132；李约瑟等著，李亚东译：《欧洲与中国的伪金》，见本书。

〔46〕 J. Needham et al.：*An Experimental Comparison of the East. Asian*，*Hellenistic and Indian*（*Gandharan*）*Stills in Relation to the Destillation of Ethanol and Acetic Acid*，*Ambix*，XXⅦ：69（1980）；李约瑟等著，李亚东译：《对东亚、古希腊和印度蒸馏乙醇和乙酸的蒸馏器的实验比较》，见本书。

〔47〕 J. Needham：*The Evolution of Iron and Steel Technology in East and South-East Asia*（1980）；李约瑟

著，王渝生、史放歌译：《东亚和东南亚地区钢铁技术的演进》，见本书。

〔48〕 J. Needham：*Chinese Priorities in Cast-Iron Metallurgy*，*Tech. & Cult.*，Ⅴ：398（1964）；李约瑟著，周曾雄、华觉明译：《中国在铸铁冶炼方面的领先地位》，见本书。

〔49〕 J. Needham et al.：*Records of Diseases in Ancient China*（1967）；李约瑟等著，马堪温译：《中国古代的疾病记载》，见本书。

〔50〕 J. Needham & Lu Gwei-Djen：*A Contribution to the History of Dietectics*，*Isis*，XLⅡ：13（1951）；李约瑟与鲁桂珍合著，马堪温译：《中国营养学史上的一个贡献》，见本书。

〔51〕 J. Needham and Lu Gwei-Djen：*Sex Hormenes in the Middle Ages*，*Endeavour*，XXⅦ 130（1968）；李约瑟、鲁桂珍著，陈俊杰、陈养正译：《中世纪对性激素的认识》，见本书。

〔52〕 J. Needham（with Gwei-Djen）：*China and the Origins of Immunology*（1980）；李约瑟等著，陈养正译：《中国与免疫学的起源》，见本书。

〔53〕 J. Needham：*Classical Chinese Contributions to Mechanical Engineering*（1961）；李约瑟著，周世德译：《中国古代对机械工程的贡献》，见本书。

〔54〕 J. Needham：*China and the Invention of the Pound-Lock*（1963）；李约瑟著，徐英范译：《船闸的发明与中国》，见本书。

〔55〕 J. Needham：*Science and Society in China and the West*（1963）；李约瑟著，陈养正译：《中国与西方的科学与社会》，见本书。

〔56〕 J. Needham：*Thought on the Social Relations on of Science and Technology in China*，*Centaurus*，Ⅲ：40（1953）；李约瑟著，刘小燕译：《中国科学技术与社会的关系》，见本书。

〔57〕 J. Needham：*Relations between China and the West in the History of Science and Technology*（1953）；李约瑟著，王渝生、余廷明译：《中国与西方在科学史上的交往》，见本书。

〔58〕 J. Needham：*Science and Society in Ancient China*，Conway Memorial Lecture（London：Watts，1947）；李约瑟著，潘吉星译：《中国古代的科学与社会》，见本书。

目　　录

祝贺《李约瑟文集》（修订版）出版 ······················· 梅建军

祝贺《李约瑟文集》37年后修订出版 ········· 中国科学院自然科学史研究所

高峰可以仰望亦可攀登 ····································· 潘峰

《李约瑟文集》（修订版）序 ································· 冬风

李约瑟就编写《文集》事致本书主编的信 ················· 李约瑟

英国驻华使馆临时代办帕·汤姆森给本书主编的信 ········· 帕·汤姆森

《李约瑟文集》序言（中文） ······························· 李约瑟

《李约瑟文集》序言（英文） ······························· 李约瑟

导言：中国·李约瑟·中国科技史 ························· 潘吉星

Ⅰ　科学技术史通论

【1】（工作现状）　　Ⅰ—1　《中国科学技术史》
　　　　　　　　　　　　　　编写计划的缘起、进展与现状 ························· 5

【2】（工作现状）　　Ⅰ—2　《中国科学技术史》编著工作情况 ············· 16

【3】（科学与社会）　Ⅰ—3　中国古代的科学与社会 ··················· 25

【4】（科学与社会）　Ⅰ—4　中国科学技术与社会的关系 ··············· 38

【5】（科学与社会）　Ⅰ—5　中国与西方的科学与社会 ················· 44

【6】（中西对比）　　Ⅰ—6　中国与西方的科学和农业 ················· 57

【7】（中西对比）　　Ⅰ—7　中国与西方的时间观和历史观 ············· 63

【8】（中西交流）　　Ⅰ—8　中国对科学和技术的贡献 ················· 71

【9】（中西交流）　　Ⅰ—9　中国与西方在科学史上的交往 ············· 81

【10】（中西交流）　Ⅰ—10　世界科学的演进——欧洲与中国的作用 ······ 125

【11】（中西交流）　Ⅰ—11　科学与中国对世界的影响 ······················ 139

【12】（中国社会）　Ⅰ—12　中国社会的特征——一种技术性解释 ········· 177

【13】（历史与人）　Ⅰ—13　历史与对人的估价

　　　　　　　　　　　　——中国人的世界科学技术观 ············· 197

【14】（术语翻译）　Ⅰ—14　论中国古代科技文献之翻译 ················ 225

【15】（术语翻译）　Ⅰ—15　中国古代技术术语的翻译和现代化问题

　　　　　　　　　　　　——评波尔克特对中国古代和中世纪自然

　　　　　　　　　　哲学和医学哲学术语的翻译 ············· 238

Ⅱ　基础科学史

【16】（数学）　　Ⅱ—1　中国数学中的霍纳法：

　　　　　　　　　　　它在汉代开方程序中的起源 ············· 255

【17】（天文学）　Ⅱ—2　古典中国的天文学 ························· 294

【18】（天文学）　Ⅱ—3　中国古代和中世纪的天文学 ··············· 304

【19】（天文学）　Ⅱ—4　中国的天文钟 ··························· 318

【20】（物理学）　Ⅱ—5　中国对航海罗盘研制的贡献 ··············· 321

【21】（物理学）　Ⅱ—6　雪花晶状体的最早观察 ··················· 332

【22】（物理学）　Ⅱ—7　江苏的光学技艺家 ······················· 341

【23】（化学）　　Ⅱ—8　火药和火器的史诗 ······················· 364

【24】（化学）　　Ⅱ—9　开封府的火枪 ··························· 373

【25】（化学）　　Ⅱ—10　关于中国文化领域内火药与火器史的新看法 ······ 389

【26】（化学）　　Ⅱ—11　对东亚、古希腊和印度

　　　　　　　　　　　蒸馏乙醇和乙酸的蒸馏器的实验比较 ············· 394

【27】（化学）　　Ⅱ—12　中世纪早期中国炼丹家的实验设备 ············ 401

【28】（化学）　　Ⅱ—13　东西历史中所见之炼丹思想与化学药物 ········· 448

【29】（化学）　　Ⅱ—14　《三十六水法》

　　　　　　　　　　　——中国古代关于水溶液的一种早期炼丹文献

　　　　　　　　　　　　··················· 477

【30】（化学）　　Ⅱ—15　欧洲与中国的伪金 ······················· 494

【31】（生物学）Ⅱ—16 中世纪中国食用植物学家的活动
——关于野生（救荒）食用植物的研究 ············ 500

【32】（生物学）Ⅱ—17 古代和中世纪中国人的进化思想 ············· 519

【33】（生物学）Ⅱ—18 中国植物分类学之发展 ············· 539

【34】（生物学）Ⅱ—19 汉语植物命名法及其沿革 ············· 546

Ⅲ 技术史与医学史

【35】（冶金）Ⅲ—1 东亚和东南亚地区钢铁技术的演进 ············· 567

【36】（冶金）Ⅲ—2 中国在铸铁冶炼方面的领先地位 ············· 594

【37】（机械）Ⅲ—3 中国古代对机械工程的贡献 ············· 599

【38】（航运）Ⅲ—4 船闸的发明与中国 ············· 617

【39】（医学）Ⅲ—5 中国古代的疾病记载 ············· 644

【40】（医学）Ⅲ—6 中国与免疫学的起源 ············· 658

【41】（医学）Ⅲ—7 针刺有科学基础吗？ ············· 670

【42】（药物学）Ⅲ—8 中世纪对性激素的认识 ············· 676

【43】（药物学）Ⅲ—9 中国营养学史上的一个贡献 ············· 682

李约瑟博士科学史论著目录

Ⅰ 著作（1925—1981） ············· 691

Ⅱ 论文（1925—1984） ············· 694

附录：追思与纪念

英国剑桥东亚科学史图书馆访问记 ············· 潘吉星 709

李约瑟博士在中国 ············· 潘吉星 716

关于《中国科学技术史》的三个小花絮 ············· 潘峰 722

追忆往事 ············· 潘峰 726

李约瑟于 1994 年 7 月 5 日写给潘吉星的回信（中文） ············· 李约瑟 728

李约瑟于 1994 年 7 月 5 日写给潘吉星的回信（英文） ············· 李约瑟 729

潘吉星于 1995 年 3 月 25 日写的悼词（中文） ············· 潘吉星 730

潘吉星于 1995 年 3 月 25 日写的悼词（英文） ············· 潘吉星 731

缅怀潘吉星（1931—2020）（中文） ············· 古克礼 732

缅怀潘吉星（1931—2020）（英文） ············· 古克礼 735

I

·科学技术史通论·

李约瑟博士主持的《中国科学技术史》前五卷的主要
执笔人(潘吉星设计,王存德、李英子绘),1995 年 10 月

罗宾逊		钱存训
李大斐	李约瑟	鲁桂珍
何丙郁	席 文	王 铃

【1】（工作现状）

Ⅰ—1 《中国科学技术史》编写计划
的缘起、进展与现状[*]

　　首先我要说明的是,我和中国或东亚之间,并无家庭方面的联系,也无传教活动的联系。在 37 岁以前,我对中国一无所知。当时我是一个生物化学家兼胚胎学家,在剑桥大学弗里德里克·高兰·霍普金斯(Frederick Gowland Hopkins)的实验室里工作。他是英国生物化学的奠基者,也是生物化学这门学科的奠基者,还是我的导师。

　　1937 年,剑桥大学来了三位中国研究生,攻读博士学位,有的就是从上海去的。我很荣幸地告诉各位,现在是我的重要助手的鲁桂珍博士,正是这三位中的一位。其余两位,我也必须提一提。对其中一位,在座诸位都很熟悉,他就是王应睐,对我们的工作影响也很大。另一位是沈诗章,后来去了美国,在耶鲁大学度过后半生。这三位都是产生过影响的人物。这就像胚胎学上说的诱导作用一样——诱导者对具有胚反应能力的组织产生了机化影响。

　　对我来说,过程是这样的。首先,我爱上了汉语和汉字。某些西方人也有同样的经验。我可以提供一个典型例子:有个美国人,叫迈克尔·哈格蒂(Michael Hagerty),原来是装订书籍的。有一次,有人拿些中国书来请他装订。他就像《圣经》故事中的圣保罗,在去大马士革途中,改过自新皈依了真谛一样,感到自己如果再不学汉语,看不懂汉文,就没法活了。这样,他就投师请益,终于学会了汉语,结果当上了华盛顿美国联邦农业部的首席汉语翻译。我当年的过程和他相仿。我对汉语、汉字和自古以来传播于中国的思想产生了激情。它们把我引入了一个我以往一无所知的新天地。

　　我除了爱上汉语、汉字和中国思想以外,又感到我那些中国朋友在任何方面都不亚于我。正像 16 世纪中意大利人安德利亚·科查洛斯(Andrea Kozalus)用意大利语说的一样:"他们具有和我完全相等的品质啊!"这样,在我脑海里就产生了一个严重

---

　　[*] 本文是李约瑟 1981 年 9 月 23 日在上海所作的学术演讲,据录音整理,初刊于《中华文史论丛》1982 年第 1 辑。我们转载于此,并请译者重作修订,添加专用名词原文。——编者注

的问题:如果我的中国朋友们在智力上和我完全一样,那为什么像伽利略、托里拆利、西蒙·斯蒂文(Simon Stevin)、牛顿这样的伟大人物都是欧洲人,而不是中国人或印度人呢? 为什么近代科学和科学革命只产生在欧洲呢? 这是当时我面临的基本问题;由于当时我和中国朋友在剑桥很合得来,这个问题也成了朋友们的共同问题。我们感到有必要从事中国科学史的研究。

我们在略微熟悉了一下情况之后,心中又都产生了一个同样重要的问题。我想,如果情况真是这样的话,那又怎么可能在 15 世纪以前的中国一直比欧洲先进,对自然界的知识比欧洲人多,能够更有效地把这些知识应用于造福人类呢? 这方面,我可以顺手举出一个很能说明问题的简单例子,实际上这个例子已经尽人皆知了。这就是:远在欧洲人还没有发现磁极性以前,中国人早就在捉摸磁偏角了。这种法国人称之为"脱节"的中西方在发展上的不平衡,也正是美国俗话说的,值得赌上 64 美元的智力测验上最后又最难的那道问题。这正是我们整个研究工作要解决的问题症结。我们编写《中国科学技术史》,将会写满二十大册,正是要研究为什么直到中世纪中国还比欧洲先进,后来却会让欧洲人着了先鞭呢? 怎么会产生这样的转变呢?

我不能在这里再论证这个问题。我只再讲一点:我们相信主要是由于社会和经济方面的原因。其他方面的因素诚然也有一些;在《中国科学技术史》的第七卷里,我们将有所阐明。虽然我们谁都不会认为单是它就能造成这样的差距,可是只要我们探讨一下社会的经济结构,往往就会有柳暗花明之感。看来只能从中国、印度和西方之间不同的社会性质上去找到答案。目前我不准备多加论述。举例说,我们看一下西方所经历过的封建主义和中国、印度的封建主义,就会发现两者是截然不同的。西方经历过的是军事和贵族统治的封建主义,中国所经历过的却是官僚封建主义。西方的军事封建主义貌似强大,事实上中国的官僚封建主义却更强大,更能防止资产阶级夺取政权。西方现代科学的崛起是和两件事联系在一起的:第一件是改革运动,第二件是资本主义的兴起。很难把它们再分开,确定何者为主;它们肯定是相辅相成的。资产阶级取得国家领导权,近代科学也就同时崛起。这一点,就连纯粹的主因论史学家也否认不了,他们也得面对这样的事实。当然,大家一定注意到这和历史唯物主义是很相似的;愿意的话,尽可将其称为马克思主义研究科学史的方法。我们不接受任何先入之见,然而我们承认:马克思和恩格斯一贯坚持社会经济结构和生产关系的重要性。这种方法已经普遍为西方史学家所接受。即使他们发誓自己不是马克思主义者,他们也不得不承认这一点。他们一开头也总要问生产关系如何,可见他们都接受了这种方法。我认为如果把中国、印度和西方之间的差别充分加以分析,最终将表明当时确实是社会性质在决定近代科学的兴起与否。一切马克思主义的史学家,都同意资产阶级在上升阶段是进步的事物。请不要误解以为我在胡说什么近代科学只能与资本主义相容,这绝不是我的意思。我们知道,社会主义国家在发展现代科学方面取得了巨大的成功。由于越来越多的人投身于现代科学,社会主义国家还将有更多的成就。可是从历史观点看来,资产阶级在16—17世纪确实是一股进步的力量,确实在发动科学革命方面起到了作用。

关于这一个基本问题,我就不再多说了,因为还有许多大家感兴趣的事要介绍。我想接着就讲我们编写计划的进展情况。

说到"缘起",就得从四川的一个小镇李庄谈起。在抗日战争时期,中央研究院历史语言研究所迁到了那里。在傅斯年、陶孟和的主持下,我结识了一位正在研究火药史的年轻中国学者。他名叫王铃(王静宁)。他成了我的第一位合作者。从1948—1957年,他一共在剑桥待了9年,协助我工作。说到这里,我想顺便对剑桥大学出版社表达一下敬意,因为在1957年王铃离开剑桥去澳大利亚时,《中国科学技术史》的第一、二卷业已出版。我认为剑桥大学出版社是值得称道的。当时他们接受的是一项不寻常的任务,知道这部书至少得出七卷,谁知以后竟要出到二十册之多。当时我作为汉学家,也完全默默无闻;人们只知道我是一个生物化学家兼胚胎学家。然而剑桥大学出版社的董事会却具有远见卓识,认为我们的编写计划应当得到支持,而且给了我们这样的支持。

王静宁去澳大利亚后,我说服了今天在座的鲁桂珍来代替他作为我的助手。当时她已经在巴黎联合国教科文组织的秘书处工作了9年。9年的暌违,使她不太愿意再回到实验室去搞营养科学和生物科学了。我就劝她改行成为医药史、医学科学史和生物科学史的专家。我劝说她来到剑桥,全力投入我们的编写计划,甘苦与共。现在,她是剑桥大学东亚科学史图书馆的副馆长。

几年过去了,我们却面临着一个重大的抉择:如果我们当时走了单独干的路,我们就绝不会有接近完成计划的那一天。幸好我们物色了一批合作者来分头编写。这样,我们就可以多得几分闲暇以享余年。因而我们选择了把不同的课题分别委托给许多合作者的道路,并且有条不紊地组织了这项工作。等一下我将向诸位汇报某些合作者的情况,以及目前的进展。

最近我正碰到一个问题,就是我完全没有参加写作的某分册快要出版了。这几册的扉页上,当然要列出作者们的姓名。那么怎样安排呢?这个问题我想已经解决了。不久即将出版的几册,一切工作完全由别人出面做。我和鲁桂珍真的什么也没做。

突出的例子,就是即将出版的关于中国造纸史和印刷史的分册。这是一个最重要的课题,由目前在芝加哥大学的钱存训承担写作。他过去在北京图书馆工作过,但已在芝加哥大学工作多年,是造纸史和印刷史方面的权威。当然他也正在利用这方面最新的研究成果,如新近出版的潘吉星写的一本关于造纸史的杰作。

快要出版的还有关于中国农业史的分册。关于作物栽培、收获和农具等一切都写到了。作者是弗朗赛斯卡·白瑞(Francesca Bray),汉文名白馥兰。她是一位年轻的妇女,专攻中国农业史。她很了不起,因为她曾在马来亚住过,亲自从事过水稻种植,知道不同季节的活茬安排。

在同一卷里,我们还想加进一项内容。这项内容等待出版已久了,就是罗荣邦写的关于中国制盐工业史和开凿深井的业绩。罗荣邦几年前在加州作古。熟悉深井开凿的人还不多,但它是中国的杰出发明之一。如果在汉代就能把井钻到2000英尺(1英尺=0.3048米)深,那真是一项巨大的成就,无疑为现代中国和世界各地石油钻探和开采做了先驱。当然,古代中国开凿深井并不是为了石油,而是为了汲取盐卤。因为四川远在内地,必须要有当地产的盐;而四川的红土盆地之下,是巨大的盐田。早在汉代,甚至更早一些,中国人就在开发这一资源了。我在抗战期间,曾有幸访问四川省的自流井。我当时看到在周围毫无工业可言的古老文明的海洋中,居然出现一片工业区,又看到许多了不起的操作景象,真是非常令人激动。我特别注意到中国人民使用了竹具,把楠竹劈开连成很长的钻杆,绕在巨大的滑轮上,向下深钻入土。竹篾具有纵向无弹性的杰出性能,使操纵钻井的工匠能够精确掌握钻头的位置到2000英尺以下的几英寸范围之内,以便一钻钻地把井底越凿越深。如果使用了麻绳之类,那只能摊得满地皆是,根本无法操纵。这真是了不起的发明。

另外一位合作者所写的课题,也许要单独成为一册。他就是西德的狄特·库恩(Dieter Kuhn),他写的内容是中国纺织技术史。这是很难写的课题。我认识不少工程师,他们都说,宁愿退避三舍,也不愿和纺织机械打交道。有趣的是,库恩在开始学汉语和日语以前,早就是合格的纺织工程师了。他搞中国纺织技术史,就把早年所学的知识很好地使用上了。现在他已回国,在海德堡大学的文化史研究所(Kunsthistorisches Institut der Universität Heidelberg)工作。

现在我再来谈谈《中国科学技术史》正在印刷中的各卷。

首先是第五卷的第五分册。这一卷将完成计划中的化学史、早期化学史和炼丹史。实际上写的是生理炼丹部分,所谓“内丹”部分。人们都知道“外丹”,知道“内丹”的却不那么多。“内丹”是非常有趣的课题,本身即应构成单独一卷,因为它是中国所特有的。内丹和印度的瑜伽功有联系,却又仅仅是联系而已,实质上是很不同的。它着眼的是长生不老药及长生不朽之说。所谓“丹”,在这里指的是依靠正确的静功和气功来修炼自身的精、气、神,并不依靠烧炼外界的金石成丹。因此这是异常有趣的课题,需要单独构成一册。这一册主要应归功于鲁桂珍,因为卷内记载了她的两项重大发现。一是内丹的基础理论。我们发现了一本孙一奎著的《赤水玄珠》。他是17世纪的一位医师,是个了不起的人物,他阐发了修炼"三元"(精、气、神)的整套理论。这本书给我们提供了很多线索。鲁桂珍第二项发现的重要性不亚于前者,其经过是这样的:有一次她正在校阅李时珍《本草纲目》中有关从人体自身物质中提炼药物的部分,惊诧地发现某种制药过程中使用人尿的数量达到600加仑(1加仑 = 4.5461升)之多。我们不禁倒吸一口冷气,惊奇地说:"我的天! 这就简直像一家现代的制药厂了!"我们深入钻研之后,发现早从11世纪北宋起,中国人已经开始从人尿中提炼激素作为药物了。这真是一项杰出的成就。尤其杰出的是,在提炼人尿中的类固醇激素时,竟然采用了皂素沉淀的方法。这真令人难以置信,因为用皂素沉淀十七酮类固醇的方法,在1915年才由德国化学家阿道夫·温道斯(Adolf Windaus)发明,完全是现代化的方法。然而中国的医学化学家却早在宋、明时期就使用了皂素来分离类固醇并且取得了成功,并且最后还使用了升华的方法。这又使我们难以置信了。我们向专家们求教后,知道类固醇的美丽的晶状体确实可以在140~300℃下升华取得而性质不变。这证明当初这些人虽然肯定对现代科学的有机化学结构式一无所知,然而靠谨慎操作,确实提炼出了激素。他们虽然使用的是经验的方法,但是的确制得了成品并且把它使用于医疗。除了类固醇激素以外,当时还用其他方法从人尿中提炼了别种药物,可能得到了促性激素和前列腺素。这些我们就不多说了。我们认为这一卷将在西方引起很多人的强烈兴趣。成见不太深而能相信气功打坐的人固然会成为热心的读者,就是死抱着实验室方法不放的人,看到在中世纪后期居然也能制取类固醇激素和别种激素,也将对其留下极为深刻的印象。

另一个即将出版的是第六卷第一分册,是关于植物学史的。这又是一项极度吸引人的课题,内容涉及很多有趣的事物,如生态学的起源等。这一册内将增补一些额外的章节,分别由许多位朋友执笔,包括一位叫G.马泰来(G. Mêtailie)的法国学者。德国的狄特·库恩我已在上面提到过了。还有我的老友黄兴宗,他也是抗战时期我在中国的第一批合作者之一。他研究的是植物杀虫剂和生物植保的起源。生物植保又是一项中国的巨大成就,很早以前就成果显著了。如果有人还不知道这一点,可以读一下《南方草木状》中精彩的那一节。它记载了广东以种橘为生的农民,到市上购买成袋的蚂蚁,回来挂在橘树上,使危害橘树的鼠类、蜘蛛和恶蜂无所施其伎俩,保证了橘柑的丰收。这是4世纪的事,比其他任何地方生物植保的记载要早得多。不久前,在剑桥还有过一段趣闻:有一个植保专家组成的代表团从中国到剑桥去访问,他们来到了我们的图书馆。来客之一正是关心用生物方法来消灭害虫的。我们就从书架上把这部著作拿下来翻到这一节请她看,结果是皆大欢喜。

在介绍别的情况以前,让我再补充介绍一下鲁桂珍的研究成果。近年来,她在研究针灸方面很努力。我们最近出版了一本书,书名是《神针——针灸的历史和基本原理》。这实际上是第六卷第三分册的一个组成部分。但是由于针灸技术在西方引起了广泛的兴趣,我们就提前把它出版了。我们听到有人把书名译成"神针",认为译得很好。鲁桂珍还钻研宋慈的《洗冤集录》等,研究中国的法医史。

我们还在研究防治天花和人痘接种的历史方面做了许多工作。人痘接种的痘苗是从天花患者的脓疱中取来的。这部分已经准备付印了,可是通常要等好久才能真正印刷。这方面,回头我还要谈到,现在就不多说了。

我想指出一点:我们目前的编写工作是分头并进的。原来计划中的最后一卷——第七卷,也正在和别卷同时进行。这一卷完全用来探讨中国科学、技术和医学的社会和经济背景,执笔者不少。我曾经想自己来写,但是现在我们有了许多合作者。我要提一下黄仁宇。他曾在美国任教多年,在剖析欧洲资本主义的起因和妨碍中国现代科学的发展的种种社会条件方面做了出色的研究工作。还有一位美国人卜德,他写过许多有关历代中国文人学士世界观的文章和书。也许最有趣的是,合作者之间有一位波兰学者叫雅诺什·梅里亚斯基(Yarnosch Meliasky),他在写中国逻辑史。这样看来,第七卷的某一个分册也许还会出在第四、第五卷的某些分册之前。以上还没有说完第七卷的合作者,还有一位年轻的美国人叫格雷戈里·卜鲁和一位加拿大人卜正民,这两位都在研究中国传统社会的性质。布鲁写的是欧洲人眼里的中国传统社会,从弗朗索瓦·贝尼埃(Francois Benier)、尼古拉斯·德马勒伯朗希(Nicolas de Malebranche)、莫卡垂、黑格尔,一直写到马克思和恩格斯。这些人都没有到过中国,有些人对于中国知道得并不多,然而都发表过言论,说明了看法。卜正民却报道了现代中国自己的社会史学家和经济史学家对于传统中国社会性质的意见。这样,才算把第七卷安排完了。

如果有人问,我自己在干些什么,那我只好说,最近我一直致力于关于中国军事技术史这一个分册的编写。这是非常有趣的课题,包括了我应该毫不迟疑地称之为"火药史诗"的部分。这部分最初是由我们的合作者和好朋友何丙郁起草的。何丙郁原来在新加坡,目前在澳大利亚的布里斯班。他还起草过关于炼丹史的很大一部分内容。我目前正在就他的关于火药史的初稿进行修改和编辑。如果用最简单的话来说,中国的火药起源于9世纪中叶,从最初发明它的配方到用金属制造手铳和最原始的火炮,中国一直遥遥领先。西方当时对此一无所知。在这一点上,当然也存在一些不同的看法,但我们还是坚持己见,并打算在撰写火药史时证实我们的见解。

　　火药的最初记载,似乎出自《道藏》中的一本书,叫作《真元妙道要略》。书中列出了告诫道教炼丹士慎勿从事的 30 件事情,其中之一就是不要把硝和炭、硫等混合。因为要是这样做了,弄不好房屋会被烈火烧毁,胡须被烧焦,还会有损于道教炼丹术的声名。这项记载出现于 850 年。火药用于战争,似乎滥觞于 919 年出现的一种使用猛火油或石油的火焰喷射器,正当中国的五代时期。此后就迅速进入火炮阶段,使用弹力抛掷器来抛掷火药包。最初的火药包外皮并不结实,后来逐渐采用了坚固的外壳,这就成了炸弹式的火炮了。这时已是宋代。宋代同时出现了把火药装入筒内的燃烧武器,叫作喷火枪,它实际上是安装在长竿顶端的火焰喷射器,可以喷射火焰达 5 分钟左右。如果大量使用,则无疑会对攀登城墙的敌人造成威胁。有一点很有趣,在一般称为金属枪筒的火绳滑膛枪出现以前,首先出现金属筒状的各类喷火武器,它们也叫作火枪。那时也有了发射物,但它只是火药包发出火焰而已,金属筒内并不装入子弹或炮弹,所以还不是真正的火枪——火绳枪。火绳枪则是要在金属筒内装填子弹,并在子弹后面填充火药发射子弹的。可见真正的火枪火炮,是随着岁月的推移逐渐演变出来的。

　　整个火药史使我们确信,火药中硝的成分是逐渐增加的。很可能最初硝、炭、硫的比例相等,或硝的比例还少一些。越到后来,火药的威力越强,术语叫作燃烧速度越来越快;最后,硝的成分逐渐上升到 75% 或 80%。这是理论上最佳的数量。关于这一层,不久前我们还搞过一些实验。我们说服英国皇家军备研制局为我们配制了一些火药,含硝量由 20%～90% 不等。有一天我们来到研制局所在地肯特郡的海思戴德堡(Fort Healthstead of Kent),兴高采烈地把这些火药逐个点燃来进行观察。

　　我们做过的另一件事,是把历史记载中的火药不同成分整理出来,用图表进行比较观察。很有趣的是,从《武经总要》《火龙经》及 14—15 世纪以前中国更早的图书中得到的资料看来,硝、硫、炭的成分的平衡点散在表上各处,表明当时还在进行各种不同配方的试验;但从早期阿拉伯及欧洲记载中,发现这种平衡点一律集中在硝的成分为 75% 的中心附近,似乎阿拉伯人和欧洲人一开始就知道该怎么配制最佳的火药了。中国后来的配方,也围绕在硝为 75% 左右。火药是由中国传入西方的。看来似乎在火药知识传入欧洲的同时,基本配方的知识也同时传入了。

　　《武经总要》中,有一页记载的火药配方,是世界最早的,年份是 1044 年。还有一张火焰投掷器的图,绘出发射一种叫"猛火油"的燃烧剂。这部分叫作"火楼",火药就装在这里。火药一面点燃"猛火油",一面推动唧筒补充吸入"猛火油",并把它喷射出去。机械说明部分注出的年份是 919 年,图样则是 1044 年印刷的。

《火龙经》中有一幅图片,画的是一种炸药包,由弹力抛掷器来抛掷出去。弹力抛掷器可以在另一张图片中见到大致的式样。这类炸药包或火药包,有的外壳并不坚固,有的则有了坚硬的弹壳。

人们一直认为,火箭比发射火焰的喷火枪发明早,其实不然,也不可能。敦煌石窟中有一幅画,现在保藏在法国巴黎基迈博物馆(Musée Guimetà Paris)。佛在画中正打坐,群魔正在打扰他,有的全副戎装。其中一个魔鬼,头上饰有三条蛇,手里拿的不是别物,正是一个火焰发射筒,显然是一件火药武器。火焰并不按一般规律向上燃烧,如火把,而是向前直喷。这是喷火枪的最早图片了。它不比投射炸药包的火炮早,然而早于火箭是肯定的。

《武备志》中也有一幅图片,画的是三筒喷火枪。在这里我们认为值得注意的一点是,虽然有些火焰喷射器的尺寸越来越大,有的要安装在特制的架子上,下面安上轮子以便推着前进,但它们还不是发射炮弹的火炮。它们发射火焰,但不装填子弹或炮弹。我给它们杜撰一个名称,叫作"erupter"(突火枪)。最早的火炮图片,也来自《武备志》,显示的是真正能称作火炮的原始形状。有趣的是炮膛内孔的直径是一致的。膛内装填火药和炮弹,靠火药的力量来发射炮弹。可是大家可以看到它们的外貌类似瓶子,这是因为爆炸室的外壁要格外坚固一些才行,因而筒壁加厚像个瓶子了。

名画家沃尔特·德米拉美特(Walter de Milemete)画过一幅画,它的原画保存在牛津大学。画的是一些炮的外形,和《武备志》中画的一模一样,也是在爆炸室部分加厚了筒壁。德米拉美特画的是欧洲的火炮,年份是1327年。这里我们要提一下:中国最早发射弹丸的金属火炮或火铳出现在1290年。1290年距1327年相去不远,但论起先后来,历史记载肯定对中国人有利。我们还记得罗哲·培根(Roger Bacon,约1214—约1292)记述于1265年关于火药的一段文字。看来,当时他们看到的还只是中国的一些鞭炮。罗哲·培根把它们描述为手指大小用羊皮纸包裹的东西,点燃后发出巨响和阵阵火光。因此,欧洲最初得到火炮的时间应在1265—1300年之间。在这一段时期中,大概有中国的炮手去了欧洲,把火药的知识全部传授给了欧洲人。

虽然中国过去在火药武器方面领先发展,但15世纪以后,欧洲却已有了更多的发展,又把这种发展传回了中国。这就是火绳枪,在中国叫鸟嘴铳,是在16世纪开始时传入中国的。土耳其火绳枪,在中国叫作噜嘧铳。这种铳的记载,可以从另一本书《神器谱》中找到。这种铳是怎样传入中国的,确是非常有趣。大约在1543年,有两个葡萄牙冒险家乘船在日本种子岛触礁。我总以为是日本的海盗兼商人把葡萄牙人流传的噜嘧铳,于1548年左右第一次带到中国沿海地区来的,但现在看来可能不准确。因为后来发现嚕嘧铳传入中国似乎还要早一些,是经由突厥人和西域的维吾尔人传入的。1511 年,吐鲁番的酋长发动了叛乱,吞并了臣服于中国的哈密。中央军队前往镇压,战而不胜。原因是叛军有了嚕嘧铳。从历史记载上,我们知道土耳其人曾广泛地把火绳枪供给世界各地,包括印度、中亚各国等。看来土耳其火绳枪早已传入中国了。

《医宗金鉴》中有一幅图,画面上表现的是一个患天花的儿童,正在进行人痘的接种。关键在于中国的人痘接种防治天花的方法,先传到土耳其,再传入欧洲。1722 年,英国驻土耳其伊斯兰堡朝廷大使的夫人叫玛丽·沃尔司莱·蒙塔古(Madam Mary Wolseley Montagu)。她让她的孩子们全种上痘,并把种痘术带回英国,在欧洲广为宣传。可见早在爱德华·真纳(Edward Jeuner)发明种牛痘以前 100 年,种痘术已经传遍欧洲了。我们在中国做了调查,发现种痘术始于宋代。早在 1500 年以前,中国就大量出现记载种痘的书了。但我的注意力不禁为以下的事实所极度吸引,那就是:土耳其火绳枪传入中国的时候,正是人痘接种防治天花的技术传往欧洲的时候。如果有人想举例说明中国文明造福全人类的和平性质,那么很难找到比这更好的事例了。

今天我要讲的都讲完了。有一点我必须说清楚:如果只从军事意义上去考虑火药,那是错误的。凡是熟知土木工程的人,都知道土木工程师的想法与军人的想法大不相同。建设现代文明离不开钻凿隧道、路堑和建筑堤坝等,这些都是兴建公路、铁路和矿井时的必要作业,全都离不开高级炸药。我们必须把火药和炸药的和平用途牢记心中。

听众的提问和李约瑟博士的答复

问:《中国科学技术史》的农业卷何时出版? 中国古代农业技术对世界的影响如何?

答:很对不起,我还不能具体回答这一卷什么时候才能问世,因为它还没有写完。但总不出几年之内*。中国的农业技术过去肯定对全世界有影响,我们围绕这个特点写;然而我不能细讲。我只知道一些个别事实,例如中国用来簸谷子的风扇车,在 18 世纪就传到了欧洲。当然还有比这更重要的事例。英国曾经有过一场农业技术方面的大革命,叫作马拉耘锄耕作法。详情我说不出,但人们曾经有过一些说法,认为中国的榜样对欧洲的农业产生了影响。

问:李约瑟博士,您在抗日战争时期去过延安没有? 您写的有关延安地区科技工

---

*《中国科学技术史》第六卷第二分册农业部分已于 1984 年出版。——编者注

作的一本书,曾提到有些照片是八路军办事处提供的。另外,《岭表录异》比起《南方草木状》是不是更可作为科学史的依据?

答:这本书我肯定写过,但我记不起了,照片是谁给的我也记不清了*。我很遗憾我自己从未去过延安。当年美国狄克西军事代表团(the Dixie Mission)的负责人奥利弗·包瑞德上校(Col. Oliver Barret)确实邀请过我同机飞往延安,但我全力在搞科技合作,没有去成。当时我真该去的,然而却失掉了大好的机会。关于《南方草木状》,有人在争论它的出版年代。嵇含自称为作者,也许不是他。但我并不据此就认为《南方草木状》不可靠。问题只在出版年代。这本书的作者曾引起一番争议。上面我提到过《真元妙道要略》,它第一次记载了火药的配方;但也有人主张它后出,时间应在10世纪中叶。这事给我造成的麻烦是:假如这是事实,那么猛火油机的火楼中就用不上火药了。因为猛火油机出现的年代是910年。这方面的争论很复杂,有时一本书还分成几个部分,某一部分早于其他部分。

问:《中国科学技术史》的《天文卷》何时出第二版? 近年来考古发掘中关于古代天文学的新发现,是否会补充进去?

答:《天文卷》如果再出第二版,当然要把最新的发现都包括进去。但我等不到那一天了。我手头还有不少工作,继续要负责全面的计划,把这部著作搞成百科全书的性质。将来肯定会有人来搞第二版《天文卷》的,目前只能听之任之了。我认为第三卷中的天文部分最大的缺点是在历法方面不够严谨,如《授时历》之类的105种历法等。由于日本学者薮内清等人的提醒,我们现在认识到了这一点。那么多的历法,的确在天文学史上造成了纠缠不清的弊端。我们的朋友桥本敬造正在研究从相位上显示出来的各天体常数愈趋精确的过程。把一系列历法逐个审阅就能看出这一点。我们在编写第三卷时,对于这方面的重要性估计不足。

问:李约瑟博士,您能否谈谈关于中国的火山?

答:我的地质学知识还不够,所以答不上来。但我曾经想弄清这方面的问题。一度我在中国到处找火山,我当时想弄清氯化铵(硇砂)矿砂的来龙去脉。这是阿拉伯人得自中国,特别是新疆的重要矿物之一。这种矿砂可能是火山活动的产物,因此我才找火山,可是至今还弄不清有没有火山。我想中国已经没有活火山了,但过去可能有过。在新疆至今还有火山活动的迹象。我过去寻找的特别是硇砂,它已成了阿拉伯语上的专门名词,叫作"硇砂都"(Nūsādur)。这是阿拉伯人古时就有了的东西,而古希腊人却不知道这种东西。所以它肯定是从中国运去的。

---

* 李约瑟及夫人李大斐合著《中国科学》[*Chinese Science*(London:Pilot Press,1945)]中的图片集中收有关于陕甘宁边区科学和教育活动的照片,是他们委托当时去延安访问的波兰出生的记者爱泼斯坦(E-.Epstein)拍摄的。——编者注

问：李约瑟博士，您长期从事科学技术史的研究，有没有发现科学发展的基本规律？

答：这个问题很有趣，我确实发明了一项规律。我认为规律与其说是发现的，还不如说是发明的。我把我发明的规律叫作科学的"世界范围起源律"（the Law of Oecumenogenesis）。这条规律，是从研讨东、西方科学史上的"融合点"与"超越点"（fusion point and transcurrent point）的不同时发明的。现在没有一块黑板，很难说清这一层。当东、西方科学接触时，会达到一个互相融为一体的时机。东、西方物理学，早在耶稣会士活动时期终结时就融为一体了。中国人和西方人在数学、天文学和物理学方面，很容易有共同语言。在植物学和化学方面，融合过程就要长一些，一直要到19 世纪才达到完全融合。而医学方面却至今还没有达到。中国医学上有很多事情，西方医学解释不了。我想可以这样说：某一门科学越复杂，就越难实现东、西方的统一。

问：请谈谈纺织技术史进展的详细情况和中国纺织史难写的原因。

答：很对不起，我没有更多的情况可以说明。我们现在分工了，这是库恩博士分到的部分。我也正在等待着拜读他的大作。至于提到纺织技术史难写，我不是说单是中国的纺织技术史难写，我也没有这样说，我是说整个纺织技术史难写。因为我遇到过不少工程人员，都说他们宁可跑整一里路，也不想搞纺织技术。纺织工程太复杂、太精细，每根纤维都得考虑到。他们只想搞粗疏一点的东西。关于详细的进展，如果您写信问库恩博士，他将乐于答复。

问：能不能用数学抽象的公式来概括科学发展的规律？

答：我并不反对这种想法，但要做到这一点则为时尚早。目前我们的知识还不足，还做不到这一点。将来有了充分的根据，又有人认为值得这么做时，就可以着手用抽象的方法去进行概括。在探讨历史因果时，社会经济环境、社会结构等会是影响科学发展的最典型的原因。可以想象，那时将有可能用数学方法来表达，但这一天还很遥远。

（刘祖慰　译）

【2】（工作现状）

Ⅰ—2　《中国科学技术史》编著工作情况*

为了纪念李约瑟博士（本刊编委）八十寿辰（1980年12月9日），我们在这里发表一篇略加压缩的工作进度报告，报告的内容是关于向来被恰当地称为"由一人所独力进行之历史综合及文化交往的最伟大的行动"。在介绍了这一行动的内容之后，李约瑟博士对他所采用的方法论给出了一个初步的轮廓：他一直是如何发掘中国文献与图像的，如何深入体验中国的生活传统从而正确解释它的过去，如何掌握了历史悠久的中国科学技术术语——只有这样他才得以建立他的世界大学。最后，他在文中表示了这样的希望：这项庞大的研究工作，具有如此良好的开端，将继续开展下去，"像整个历史那样无限"。

原刊编者

中国在西方人看来是一个幅员辽阔的国家，一个古老、富饶而又卓越的文明摇篮。但对这一古老文明，西方人实际上知之甚少。在他们心目中，中国的古老文明同印度的、伊斯兰的及西方基督教的文明一样，是至今犹存的最伟大的文化之一，但对于这一文明的成就和重要性，他们几乎一无所知。他们在考虑中国时，仅仅根据近期的事件，至多也不过是近半个世纪以来的事件，特别是由于中国在国际事务中再度产生的影响。他们也许认为，在一些主要的发明中，印刷、造纸和罗盘（指南针）起源于中国，也许还有火药及其奇观或陶轮；除此以外，其余一切均属渺茫（对于此点，本书中将有所说明，不管所说是否准确）。西方人也许有这样的印象：中国人首先是一个讲究实际的民族，具有做出值得注意的技术革新的能力，但对于这些革新中所产生的成果，我们却无法称之为科学。如果认为这些确实可以称为科学，那么他们也不相信欧洲曾经的确受到中国科学的深刻影响。《中国科学技术史》一书的目的，无论过去还是现在，就是要澄清这些疑惑，打破无知，消除误解，而把人类成就之各种渠道汇集

---

* 本文发表于《学科间科学评论》5卷4期：*Interdisciplinary Science Reviews*，Ⅴ＜4＞：263–268（1980）。原刊编者有一段前言，亦刊于此。——编者注

在一起,说明这些成就从来就是汇流为一,而不是分道扬镳的。这一任务尽管是非常艰巨的,但同时是必要的、有价值的而又刻不容缓的。这一工作需要有一些人既兼通中国的与西方的语言知识和科学技术与医学,同时又对这些方面的历史具有浓厚的兴趣。这说起来似乎容易,但在实际上要做到则极其困难。

说　明

从写成的模式来看,《中国科学技术史》第一卷实质上是导言(总论)。为了使读者便于研究一种互补文化的科学、技术与医学,我们从考察汉语的结构开始,评述了中国的地理以及中国人民的长期历史,最后探讨了在许多个世纪的过程中东西方之间科学技术方面的交流。第二卷则是详述中国的哲学及科学思想的发展,尤为注重关于自然的有机论概念,以及自然法思想所处的地位。第三卷着手研究特定的科学,从数学开始,然后是天文学、气象学和地学。

第四卷综述了物理学及其一切有关的技术。其中第一分册包括物理学基本方面,并较详细地论述了声学、光学和磁学。第二分册描述中国的传统机械工程的全部情况,并对畜力、水力、提水机械和风力的开发作了探讨,对蒸汽机和航空术的史前情况则另有专节叙述,此外尚有水运机械钟(先于欧洲中世纪最初的时钟)延续 6 个世纪的发展的叙述。第三分册专门论述土木工程与水利工程、建筑技术、航海以及中国人的远洋航行。

第五卷叙述关于化学和与化学有关的科学和技术。其中第二分册描述中国的炼丹术起源,探讨了古代产生炼丹术的长生不老的特殊思想。第三分册论述了中国炼丹术和早期化学的历史,包括从古代朱砂丹药到近代化学的出现。第四分册描述了东方与西方化学仪器发展之比较,中国炼丹术的理论基础,以及那种对长生不老药的探索由中国向外传到阿拉伯国家、拜占庭和西方拉丁语世界的过程,后来导致产生帕拉塞斯(Paracelsus,1493—1541)时代的药物和所有的化学药物。第五分册是讲中国特有的"生理炼丹术"的奇异课题,还有原始生物化学,以及由此引起的中世纪激素的制备。在尚未定稿付印的第一分册与第六分册中,描述了许多重要的技术分支领域——冶金、陶瓷、纺织技术和军事技术,包括关于火药和火器的史诗般的历史。

整个第六卷专门讲生物科学,包括农业和医学。其中大部已经写完,只有一个分册(第三分册,主要是探讨针刺和艾灸),已经出版。在各章的后面都附有一篇关于中国文化中科学、技术与医学的特色的小结。

在整个写作工作中,对中国做出的贡献都以比较的方法来进行评述,也就是说,同其他伟大文明的成就进行对比。举一个具体例子来说,中国学者曾知道唐代与宋代的时钟装置,但由于缺乏比较观点,他们并不知道 8 世纪时擒纵机构的意义,而这种机构在 14 世纪前欧洲根本就没有听说过。今天,很明显的是:在科学史上,东半球(欧亚)必须被看作是一个单一的整体。不过接着就出现了似非而是的现象:与始终应用实验相联系、对同时代技术有极重要意义的近代科学,即有关自然界假说的数学化,为什么只是在西方迅速出现于所谓科学革命之中呢? 过去总会有人提出这样一个最明显的问题。

但是,还有另外一个具有同样重要性的问题:在 1—15 世纪之间,东亚文化在获得关于自然的知识并将其用于对人类有益的目的方面,为什么竟然会比西方的欧洲有效得多? 只要对东方和西方社会的社会结构与经济结构作一分析,不要忘记思想体系所起的巨大作用,最终总会对这两个问题作出解释。这正是第七卷所要说明的主题,像第六卷一样,第七卷也将包括若干分册。其中大部分已经写出草稿。将有几章是写中国传统文化的社会结构与经济结构、知识分子的世界观、具有特色的一些思想体系所具有的地位,其中包括逻辑学以及对社会学和知识的各种因素的分析,所有这些因素起初刺激了而后来又抑制了科学、技术和医学的发展。

方法论

对于编著本书所采用的写作方法,只说三言两语就可以了。由于这项巨大的工作不仅在于提出问题,而且更是为了解决人类历史上的疑点,所以有必要建立一个庞大的资料存储和检索系统。由于这项编著工作早在现代计算机开始利用之前就已开始,因此资料文件夹及附属文件夹都是实在的和可以目见的,并根据上述科学范围做了大致的安排,还附有照片资料夹。由于这是第一次用西方语言写成的多卷本著作,因此庞大的各种参考书目必须在每卷中列出,而且,这些参考书目,可编成许多卡片索引,以备长期查证。此外,还有其他的专门卡片索引,例如中国技术术语卡片索引;还有一个人名词汇系统,详细记述了过去 3000 年间数千名中国科学家、工程师和医生的重要情况。不言而喻,这些资料和索引所包含的材料远远比《中国科学技术史》各卷中的材料还多,只是由于篇幅所限而不能全部纳入其中。所有这些资料,构成了东亚科学史图书馆馆藏资料的组成部分。

中国的资料

朋友们总想知道这些资料是如何得来的。首先来自中国的原始资料,其中绝大部分是印刷品(因为印刷术在中国的出现比在欧洲早得多),但也有些是手抄本,例如在敦煌发现的道家和医学的片断材料,或从马王堆古墓发现的汉代的著作,或最近发现的福建造船手册。各个学科都有一系列经过许多个世纪写出来的重要的图书。此外,也不要轻视有关词典学文献,因为其中包含着许多重要资料,否则这些资料就会湮灭失传。再则,在任何其他文明无可比拟的一大套朝代史中,还包含着大量的天文、历法和声学方面的资料,以及数以千计在科学、技术和医学方面有成就的男女著名人物传记。

所谓第二手材料也是很宝贵的,这是指那些已经写出的各个专门学科的科学史著作。几乎所有这些书都是用中文写的,但只包括少数有关的科学领域,例如,已有了写得极好的数学史、天文学史、昆虫学史和医学史方面的著作,却很少有关于机械工程、植物学、动物学和药物学方面的科学史著作。如果有这些方面的著作,那自然会对利用文献资料有极大帮助;否则,就只好在缺少这类著作帮助的情况下独自完成工作。此外,还有重要的一点是:做出任何结论,还应充分意识到在旧大陆其余地区正在做些什么工作,要以此作为考虑问题的基础。所以,也要考虑非中文文献。不仅应该想到日文、朝鲜文、越南文及东亚的其他文字的文献,而且应该想到梵文、乌尔都文、波斯文以及阿拉伯文、希腊文、拉丁文和欧洲后起语言的文献。即使作为一个整体,我们的写作小组也不可能掌握全部上述文字,所以我们需要依靠译本,而且要有由语文和文化专家给予的强有力的协助。

图　像

然而,文字证据远非我们的著作的唯一来源。无论刻在墓石上的与庙宇里的各种图像和图片,还是绘在墙壁上的壁画,或插在书中的木版画插图或其他复制品等,都是重要的资源。很久以前,王静宁和我根据图像实物煞费苦心地提出了一个论点:船尾舵一定是三国时期(3世纪)或更早时期的一项发明。后来在若干年后鲁桂珍和我在广州发现了一个汉墓里的一只明器船,发现它肯定是在1世纪制造出来的。

考古学也提供了历史图像,考古学发现在我们研究的主题中无疑起了极其重要的作用。无论汉墓中出土的齿轮或樟脑升华器,还是唐墓中出土的有标签的装化学物质的盒子,或是明代的精巧的建筑模型,都要求我们的工作要密切注意中国考古学家的发现。有的时候这些发现令人感到高度吃惊,死于公元前168年的轪侯夫人的未腐尸体就是一例。这一发现,表明汉代的行家知道保存人体永远不朽的办法,既不是制成木乃伊,也不是采用晒枯法,更不是通过冷冻。

生活传统

最后必须提出,还有一个生活传统问题。为了研究这个问题,很有必要在中国长大,或在中国居住一段时期;否则,就会难以真正懂得书中的许多东西。一个人必须受过专门训练才能自己去搞真空蒸馏,或是去完成滴定。一个人必须乘坐过中国船去航行,才能真正了解头篷帆,同样必须熟悉中国小小的豆腐厂和酱油厂,才能知道如何制作豆腐和酱油。此外,还应懂得一些非中国文献,其中存在着范围极广的人种志,这包括整个东半球旅行家的游记。当你发现非洲人仍在种牛痘,或者仍然能在今天的爱尔兰找到有特征的蒙古人,或者发现斯拉夫民族曾用手指按压针灸穴位,那么,我们就必须了解这些情况。

旅行家的记述尤其具有价值,无论土耳其人爱里亚·捷勒比(Evliya Tchelebi)在17世纪描述在巴尔干半岛诸国利用中国冶金用风箱的情况,或是天主教遣使会派(Lazarist)传教士认真地注意到,在19世纪早期四川为取得卤水而深钻井的情况,都具有价值。这些大量的材料,在我们总部——剑桥东亚科学史图书馆,已收藏了其中绝大部分。除此以外,我们还可以利用剑桥大学所属的其他图书馆和各院系图书馆的资料,以及大英博物馆和国内外许多图书馆的资料。

术　语

我们总有这样一个经验,每当开始写新的一章时,我们就面临着术语混乱的局面。过去存在着这么多的曲解和误译,这么多以假乱真的传说,这么多写错的日期和错解,人们不禁会感到,这似乎像《纽约人》(New Yorker)杂志上所称之为的"混乱透顶部"(Department of Utter Confusion)。再则,还有表示某一专门学科或技术术语方面的困难,即所谓必要的"行话"。在现代科学的西方语言中有,在古代及中世纪科学的汉语中也有,举一个例子来说,要研究植物学,就得掌握图谱语言和命名原则,便需要一定的学习时间,这只不过是了解许多个世纪的中国植物学的一个必要的初阶而已。

关于这一点,有有利的条件,也有不利的条件。一方面许多世纪以来中国术语具有很大的稳定性,因此"黄道"(yellow way)总是指天文用语黄道(ecliptic),而"火药"(fiery chemical)几乎总是指军事用语火药(gunpowder)。另一方面,当情况需要时有时却又不能编出新术语,例如"火箭"(fire arrow)原先是指"纵火箭",现在也可以指另一种根本不同的东西——现今的火箭(rocket)。同样,天文仪器最初运用的时钟传动装置,要给予一个新的名称,水力时钟也需要一个新的名称,在这种情况下只好将"水运浑仪"(water-driven armillary sphere)的名称继续使用下去。在某些情况下,技术术语是相当难办的,例如在中国医学方面,翻译问题几乎是无法解决的,但我们认为还是可以解决的。

骨架结构

技术术语的困难一旦克服之后,就可以进行分类,就可以开始同世界其他地方发生的情况进行对比。我时常觉得,写出这样的一章文字,与在暗室红色灯光下显影观察照相底片非常相似,起先,看见的都是一片灰色的混乱状态,然后慢慢地明显起来,最后才出现了上千个精确细节。一旦图像变得清晰而且固定下来,人们就会情不自禁地对西方科学技术史家的反应觉得有些可笑。当中国人的优先权已被证实时,他们便都乖乖地打起退堂鼓来,说他们原来并不完全是那个意思。

例如,如果证明磁罗盘及其在中国航海中的应用先于西方几个世纪,那么就要明确肯定磁针是附着于罗盘之上的,这当然是欧洲人的想法。同样,如果证明中国制造机械钟比中世纪欧洲初次出现的钟要早600年,那么就要明确肯定唯一的擒纵装置就是凸凹轮结合的旋转装置,这是欧洲人最初做出的反应。我们认为这些反应纯属借用重新解释来"保全面子",但是确定的事实仍如大厦一般屹立在那里。随着知识的增长,修改将会随之而来,我们欢迎这些修改,但骨架结构不会有大的改变。

东半球的统一性

那些有关流传的问题的探讨,只是前述比较研究的结果。我们现在看来,东半球必然是一个整体,但有各种阻力阻碍着正在兴起的文明之间进行交往;非洲也是其环节之一。尽管多数情况是由东方流传到西方,但也并非完全如此。例如,近视眼镜和远视眼镜的发明无疑是在13世纪的意大利,而且很快推广到整个亚洲,就像后来美洲印第安人的烟草那样。我们不赞成任何教条式的扩散主义,也不反对独立发明的可能性,尽管我们认为追溯历史越久远,后者的可能性就越小。

我们还认为,在东半球,一个地方做出了一项发现或发明,经过很长一段时间之后,同样的发现或发明会在东半球的另外某个地方完成。那么,时间拖得越久,就越有可能会发生这种扩散。而我们觉得,在这种情况下,提出证据的责任应落在那些坚持认为是独立发明的学者身上。只有在很少的情况下,才有科学知识或技术流传中的中间阶段。有时有中间地带,同时向东向西两个方向发生扩散;拿水磨来说,就是这种情况,在公元前1世纪,几乎是同时在东西方出现,在小亚细亚用于磨谷,在中国则用于冶金用风箱,也许水磨的发明恰巧发生在波斯文化区,后来向东西两个方向传播开来。但在波斯那个地方的科学技术的发展,仍处在一个初步的阶段,所以这个问题还是值得讨论的。我们已经遇到了一些有趣的理论问题,先谈这些。

组织机构

工作一开始就可以看得出来,没有一个单独的欧洲人或中国人有足够广泛的知识能在这一非同寻常的事业上取得成功;为此,合作是必不可少的。没有一个人能够单枪匹马地完成这项任务。因此,在写作的前9年,我得到了王铃(王静宁,现在是澳大利亚堪培拉大学的汉语教授)的合作,他是我在四川李庄初次结识的朋友,他当时在中国科学院历史语言研究所任助理研究员,从事火药史的研究。自从1957年以来,我的主要合作者是鲁桂珍,现在是剑桥罗宾逊学院的研究员,她在巴黎联合国教科文组织秘书处工作了许多年,后来参加我的写作班子。

20年后,情况逐渐变得清楚的是:即使我们自己能活到马士撒拉(Methuselah)的岁数或彭祖的岁数①,我们也完不成所有应做的工作,所以今天我们的写作班子要由分散在世界各地的20多位同事组成。这里我们要提到最早参加合作的何丙郁教授〔现在是布里斯班格里菲思大学(Griffith Univesity,Brisbane)的汉语教授〕,负责炼丹术历史和早期化学史方面;还有肯尼斯·罗宾逊(Kenneth Robinson)先生(原来在联邦德国汉堡联合国教科文组织教育研究所工作),负责物理声学方面。我尤其要感谢我的妻子多罗西·莫伊尔·尼达姆(Dorothy Moyle Needham,汉名李大斐),英国皇家学会会员。她是我们在中国的战时写作班子的成员,尽管她本人的专业是生物化学,但她对整个工作一直给予我精神上的支持。

正菜以外的小菜②

我们工作的特点之一是:写出了一系列专题论文,这好比是摆满佳肴的桌上的小菜。有时嫌这些小菜太多,甚至可以写成一个整卷;有时这些小菜仅是一个初稿,还需要定稿。这些小菜:首先出版的是1958年与王铃合写的《中国钢铁技术之发展》(*The Development of Iron and Steel Technology in China*);两年以后是由德雷克·德索拉·普赖斯(Derek de Solla Price)参加合作写出的《天文时钟——中世纪中国的大型天文时钟》(*Heavenly Clockwork: the Great Astronomical Clocks of Mediaeval China*);1962年写出了《蒸汽机最初发展史》(*The Pre-Natal History of the Steam-Engine*);1965 年写出了《时间和东方人》(*Time and Eastern Man*);5 年以后,我们的写作班子合作写出了《中国和西方的官吏和工匠》(*Clerks and Craftsmen in China and the West*);刚发表的作品是与鲁桂珍合写的《中国神针——针灸史与针灸的基本原理》(*Celestial Lancets: a History and Rationale of Acupuncture and Moxibustion*)。

主要的各卷现在由柯林·罗南(Colin Ronan)在缩编为六卷的一套书,书名是《中国科学技术简史》(*Shorter Science and Civilisation in China*)。同样的一套小型平装本即将以中文版问世,由不同的缩编组进行此项翻译工作。

另外,需要谈谈这部著作本身的翻译问题。两个中文译本和一个日文译本正在出版过程中,已经出版了十多册。附加作品和一些提要还译成法文、德文、意大利文、西班牙文、荷兰文、丹麦文和僧伽罗文。我们很高兴,我们的研究结果在亚洲、欧洲、非洲和拉丁美洲拥有这么多的读者。

筹集资金

这里仍须简述一下在过去的 30 年间资助我们写作的单位,否则就太不近人情了,即便我们不可能把所有的资助单位都在这里提到。在王铃的英国文化协会(British Council)补助金期满后,有一段时间我自己又在剑桥用我的薪金的一部分来资助;后来"牛津斯波尔丁信托所"(Spalding Trust of Oxford)、"霍尔特家族基金会"(Holt Family Fund)和"莱物休姆基金会"(Leverhulme Foundation)又予资助。特别要提出的是,15 年来一直坚持资助鲁桂珍的还有"伦敦威尔康姆信托所"(Wellcome Trust of London);与此同时,"博林根基金会"(Bollingen Foundation)给予的一笔有用的补助金,使这部著作得以印出大量的插图。有些合作者还靠从各自的大学获得的休假年薪前来和我们一道工作。之后,"新加坡李氏基金会"(Lee Foundation of Singapore)又给予大力资助;美国佐治亚州亚特兰大可口可乐公司在高级副董事长、已故的克利福德·希林劳(Clifford Shillinglaw)(他后来成为我们在美国的信托所的首任负责人)主持下也给予了资助。我们将牢记剑桥大学出版社理事们的帮助,首先他们对作为一个未经考验的汉学家的生物化学家予以支持,其后在数十年内,作为出版者他们又始终如一地给予资助。

1968 年建立"东亚科学史信托所(英国)"〔East Asian History of Science Trust (UK)〕,之后,我们才得到更大范围的资助。上述的可口可乐公司和"威尔康姆信托所"继续给予资助,"福特基金会"(Ford Foundation)、"施乐安基金会"(Sloan Foundation)、"梅隆基金会"(Mellon Foundation)和"国家科学基金会"(National Science Foundation)又慷慨资助我们。现在已筹集到足够的资金,以确保在适当的时候最终完成这项工作。自冈维尔-凯厄斯学院的校外"东亚科学史图书馆"建立以来,我们及时地得到"大英博物馆图书馆附属图书馆基金会"(British Museum Library Ancillary Library Fund)的资助。但我们还在设法获得建立永久性的图书馆基地所需的财力,我们相信一定能够获得。

根据以上情况,我们可以扼要地说明以下问题:《中国科学技术史》的内容是什么,它的起源和背景、目标和任务,参加了此项工作的人员,以及为了未来工作的便利而建立的物质基础与工作环境。今后还有更多的创造性的研究等待我们去做。中国科学史、技术史与医学史必定与制度史、经济史与社会史一起像整个历史本身那样无限发展,作为一门历史学科继续研究而得到其应有的地位。

（陈养正　译）

译　注

① Methuselah,见《圣经·创世纪》,为一族长,寿高至 969 岁。彭祖,相传寿高至 800 岁。
② 李约瑟博士的"小菜"的提法最初见于《世界科学的发展:欧洲与中国的作用》,发表在《学科间科学评论》1976 年第 1 卷第 203 页。——原刊编者注

【3】（科学与社会）

I—3 中国古代的科学与社会 *

虽然我知道要我作题为"中国思想中的科学、神秘论与伦理学"的演讲，但我宁肯把它称为"中国古代的科学与社会"。不错，要讨论许多东西，科学、神秘论、伦理学等，还要讨论特定时代即中国古代的理论、技术以及社会结构和组织。

我要做的是试图描述中国社会结构的一种模式，在这个社会发展进程中，有许多地方会使康维馆（Conway Hall）的听众们感兴趣，自然包括社会生活中的唯理论、伦理学和宗教。我之所以要这样做，是因为在我考察这些课题时，我总是致力于研究我相信可称为文化与文明史中一个最大的问题，这就是为什么近代科学与技术兴起于欧洲而不是亚洲这个大问题。你对中国哲学了解得越多，你就越会承认其深妙的唯理性。你对中世纪时期的中国技术了解得越多，你就越会承认不只是众所周知的某些东西，诸如火药的发明，纸、印刷术和磁罗盘的发明，还有许多其他方面（其中之一是我将要向各位谈得很具体且引人入胜的东西）在中国完成的发明和技术发现，改变了西方文明的发展进程，并因而也确实改变了整个世界的发展进程。我相信，你对中国文明越是了解，就越是对近代科学和技术没有在那里兴起感到好奇。

这就是今天下午我要向各位谈的总的思想背景。首先，我想谈谈关于中国文明起源的某种想法，这意味着从大约公元前 1500 年起发展起来的中国封建主义的起源。人们必定记得，中国文明总是同其他几个伟大文明有所不同。我们知道，美索不达米亚和埃及的河域文明从很早的时期起就紧密联系在一起；同样，印度河域的古代文明与巴比伦文明有联系。没有与这些文明密切联系的唯一河域文化就是黄河文明。这条大河，尤其它的上游地区成为中国人民的摇篮。我想立刻强调说，其实这个文明在许多地方与青铜时代的欧洲有联系。然而尽管如此，黄河文明与其说与西方有联系，还不如说是更独立的文明。

---

* 本文是 1947 年 5 月 12 日李约瑟在伦敦红狮广场的康维馆所做的演讲，是本《文集》中收录的他的另一篇早期之作。——编者注

中国早期社会形态的起源是很重要的,因为人们可以看到中国哲学正可追溯于此。像法国汉学家葛兰言(Paul Marcell Granet,1884—1940)这样的大学者,已经指出中国城市的起源可能与制造青铜器的开始有关。无疑最早的冶金学家不得不用某种复杂的装置,以期免遭原始部落社会乡村生活中的变化和突发事件的影响。葛兰言追溯了封建社会前原始社会产生了中国青铜时代城市封建社会的途径①。

例如,我们知道著名的"诗歌经典"《诗经》中所含的不少诗歌,都是古代的民歌。这些诗歌在今天仍向我们说明由一队队青年男女歌唱的某些内容,他们在包含求偶活动的春秋季节、在古代团聚节日里载歌载舞;从各村落中来的人们相聚在这些春秋的团会上。早期封建主掠夺了这些人们聚会的地方的神圣场所,并将其迁移到宗教山丘上,或那时最早形成的城市中的封建"城邦"的庙宇中。在我们可称为中国高度封建的时期,即大约从公元前8世纪到公元前2世纪,封建主由一群后来成为哲学家学派的儒家们所辅佐。

那时产生的作为封建主顾问的儒家哲学家和这个学派(代表人物不只是孔子本人,还有后来的孟子和荀子等人)的主要特点,像孔子所理解的那样,就是体现关心社会正义的唯理论和伦理学的治学门径。关于孔子,有不少故事我想说给各位。有一次当他在车上旅行并想过河时,他和他的弟子没能找到一处津渡。他因而派一名弟子向就近的某些隐士问过河之路。然而隐士却给了个讽刺性的回答说:"夫子聪明伶俐,他知道一切,肯定会知道津渡在哪里。"孔子当听到向他转述的这些话时,伤了心,并说:"他们不喜欢我,因为我想改造社会,但如果我们不同我们的同胞生活,我们能同谁生活呢? 我们不能与禽兽同群。如果天下有道,我将不要求改变它。"(原文见《论语·微子》)

儒家哲学的总的特征因而全然是社会意义的一种封建伦理学,但无疑是极其关心社会的。儒家确信需要组织人类社会以使之在封建习俗下提供最大的社会正义,他们认为社会应该这样组织。因而儒家与对人类社会和如何组织社会不感兴趣的其他哲学学派是不同的。我前面提到的那些隐士,可能是后来称为道家学说的那种思想的早期代表。我以为中国思想的两个最大的潮流,一个是儒家思想,另一个是道家思想。

道家是自称遵循"道"的那些人,所谓"道",无疑是指自然界的秩序(Order of Nature)。他们对自然界感兴趣,而儒家对人感兴趣。人们可能会说,道家在其骨子里感觉"道"(而实际上也是这样),只有人类对自然界有更多的了解,才能组织人类社会,并使之尽善尽美。道家留给我们不少很重要和奥妙的著作,其中之一就是著名的《道德经》,以及一些诸如庄子等某些哲学家的作品。庄子可以看成为柏拉图式的人物。这些作品流传至今,像所有古代作品那样,或许多少经过窜改,但所遵循的思想仍然保留着。

　　为了使自然界完善而从人类社会隐退的道家隐士,当然没有研究自然界的任何科学方法,但他们用一种直观的和观察的方式试图了解自然。如果他们对自然界的兴趣是像我们猜想的那样,则我们应当发现这伴随有科学的某些早期开端。而实际上正是如此,因为亚洲的最早的化学和最早的天文学与道家有联系。现在大家都承认,炼丹术——我们可将其称为寻找哲人石或长生不老药的方术——甚至可追溯到属于中国的最早一个帝国时期。关于炼丹术的最早记载,出现在汉武帝时期,大约公元前150年。方士李少君向汉武帝进言曰:"祭灶能招致鬼物,招致来鬼物后丹砂就能炼成黄金;用这些黄金打造饮食器皿,使用后可以延年益寿……"[②]这或许是世界史中关于炼丹术的最早的记录,而祭灶就等于我们今天某人说:"如果你支持我的研究,我将……"云云。在2世纪便有科学史中已知最早一部炼丹术著作,即魏伯阳写的题为《参同契》的书。它的年代比欧洲炼丹术还要早大约200年。

　　关于道家的一件奇怪的事,是他们强调女性,使我们想起歌德的"永恒的女性"(ewig weibliche)。我现在可向各位引出道家作品中的几段话,我愿意征引《道德经》以表明其内容。

　　　　　　"谷神绝不会死,
　　　　　　可谓玄妙的女性。
　　　　　　玄妙女性的门径,
　　　　　　是天地起源之根。
　　　　　　它在我们中间永存,
　　　　　　怎样消耗也不穷尽。"[③](韦利译本)

　　这种对女性的强调可视为道家所特有的对自然界持宽容态度的一种象征。对社会组织的封建态度基本上是男性态度。道家研究自然界的态度是女性态度,其意思是研究者不能以预想的观念对待自然。"贤人像天地那样,无私地包容万物。"这种没有偏见的无私态度,以谦恭方式提问题,面对自然的谦让精神,为道家所掌握,因为他们说过:"谷可容纳所有流入其中的水。"我相信他们已意识到科学家必须以谦虚和容忍精神对待自然界,而不是用儒家那种男性发号施令的社会学规定。这里是很有趣的一段话,其中说"上善若水":

　　　　　　"最高级的善像水那样,
　　　　　　水的善是施惠于万物,

不与万物相争，

它处于众人厌恶之处。

这使水最接近于'道'。④（韦利译本）

"懂得男性，却安于女性，

甘作收藏天下万物的沟溪。

甘作这样一种沟溪，

永远不徒然弄权……

懂得光荣，却安于屈辱，

甘作容纳天下万物的深谷。

甘作这样一种深谷，

总是有权满足……"⑤（韦利译本）

　　其次，还有《庄子》中的一个很好的故事，它表明道家的"道"意味着什么。他的弟子试图悟出他认为什么是"道"时，问道："道肯定不能在那里的碎瓦中吧？"他答曰："不，道在那些碎瓦中。"弟子又问一连串这类问题，结尾说："道肯定不能在那块粪土中吧？"但回答是："不，道存在于任何地方。"⑥这可按宗教神秘论含义译成为宇宙间运行着一种创造力，但我想道家学说与科学开端的联系表明，我们应当按自然主义方式来翻译它：自然界秩序的思想渗透万物。

　　借这种思想你还可以注意到《庄子》中的另一故事，关于厨师与魏王的有名故事。王在观察其厨师解牛做食物时，注意到此人用斧头三下就解了牛，因此他问厨师怎么能这样做。厨师回答："因为我一生研究解牛之'道'。我已掌握了牲畜之'道'，便能以三斧将其解开，而我的斧与过去一样的好。其他人解它要用50下，而后切钝了他们的斧。"⑦这里有一种原始解剖学的征兆，一种了解事物性质的开端。

　　为试图向各位说明道家哲学中的前科学因素时，我已谈到炼丹术和天文学，而现在又谈到解剖学。已经很好地肯定了道家和儒家之间有区别，但对这种区分还没有解析到充分而清晰可见的程度。我要继续强调这一点，因为我认为这对了解中国原始社会（封建前社会和封建社会）是至关重要的。

　　在《道德经》中还可找到一些表露出反对知识的章句，例如其第十九章说：

"排除智慧，抛弃知识，

而人民将有百倍的利益。

抛弃仁义,舍弃道德,

人民将忠厚和富有同情心。

排除技巧,抛弃利益,

窃贼和强盗将会消失。

如果做到这三件事,

生活就将单纯而朴素,

而后会有同道者,

让他们看些单纯的东西,

掌握一些朴素的东西,

以便减少欲望和私心。"⑧(韦利译本)

"排除智慧,抛弃知识",在早期思想家中,对道家而言肯定是奇怪的论调。

但在欧洲中世纪末我们正好遇到了同样的情节。科学史家 W. 佩吉尔(W. Pagel)已阐述了在 17 世纪和伽利略时代在基督教教会中的神学家们如何分为两个阵营,一方是唯理论神学家,另一方为神秘论神学家。他们对因像伽利略这类人的著作而使之发展起来的近代科学持不同的态度而分道扬镳。各位会记得,唯理论神学家拒绝用伽利略的望远镜去观察,因为他们说:"如果我们看亚里士多德书中写的东西,就没必要通过望远镜去看。如果我们所看到的不是亚里士多德书中写的东西,它也不能是真实的。"这正是十足的儒家的态度。伽利略颇似道家,对自然界有一种谦逊的态度,并且渴望不带先入为主之见去观察。现在神秘论神学家倒对科学有利,因为他们相信,如果人们用手去做,东西就能出现。神秘论神学家在某种意义上说是落后的,因为他们相信魔术,但他们也相信科学,因为在早期阶段中魔术与科学是密切相联系的。

如果我相信动一下伟人的蜡像和其中的粘栓便能引起他不幸,就将接受没有根据的迷信,但无论如何我相信手工操作的灵验,因而科学是可能的。唯理论神学家和儒家反对用其双手。实际上总是在唯理论的反经验主义态度与行政官员过时的优越感之间有密切关系。高等人坐着,读书写字;反之,低等人用双手干活。正因为神秘论神学家相信魔术,他们帮助了欧洲近代科学的兴起,而唯理论者则妨碍欧洲近代科学的兴起。

中国古代也有同样经历。当《道德经》说"排除智慧"时,是指排除儒家的智慧。当它说"抛弃知识"时,是指抛弃社会知识、抛弃玩弄学问的儒家的"知识"。你将会在《庄子》中找到几段话,庄子说:"王子与马夫之间的这些区别是什么呢? 我将不要我的弟子考察这种荒唐的区别。"因此我们这里遇到了政治因素。我想提出我的看法。
"排除智慧,抛弃知识",在古代道家学说中意味着攻击儒家的伦理学唯理论、封建王
公顾问们的知识,并不意味着排除自然界的知识,因为这类知识正是道家所希望获得
的。他们当然不知道如何做到这一点,因为他们没有发展科学的实验方法,但他们希
望有这种方法。

因而我们遇到一个值得注意的政治因素。在我进一步谈到它以前,我愿再一次
强调先前的一点,因为这对与伦理学和神秘论历史有关的那些问题有意义。

我们不能说在整个历史中,唯理论一直是社会中的主要进步力量。它有时无疑
是,但在另一些时候便不是这样,例如在欧洲 17 世纪时,神秘论神学家对科学家提供
许多帮助。自然科学毕竟那时被称为"自然魔术",因此在中国古代十分清楚的是,儒
家伦理学的唯理论是与科学的发展不相容的,而道家的经验主义的神秘论则对科学
有利。当他们说到"道""抱一"等时,就达到宗教很难与科学分开的阶段,因为人可能
是宗教神秘论中的"一",或自然界的宇宙秩序之"一",像我们在科学意义上所理解的
那样。它可能兼指这两者,而我们在这里处于两者之开端。冯友兰对此作了一个最
好的表述,他说:"道家哲学是世界从未看到的,不是基本上反科学的唯一神秘论
体系。"

现在让我进一步考察政治因素。我们已看到,诸如"排除智慧,抛弃知识"这类
话,可译成为"我不希望我的弟子了解那些王侯和马夫之间的荒唐的区别",就是说,
等级区别。道家是反对封建社会的,但也并不正好有利于某种新的事物。他们有利
于某种旧的事物,并希望在封建制以前返回到原始部落社会,用他们自己话说是返回
到"大道废以前"。在大"道"废以前,"在大劣开始以前",没有任何阶级划分。人们
不得不读一下《庄子》,看看他是多么惊人地直言不讳。他实际上在说,小贼被惩罚
了,大贼变成了一个封建主,而儒家学者很快地簇拥在他的门下,希望成为他的门客!
毫无疑问,道家是封建社会之敌,我想他们所希望的是在阶级分化成武士、领主和百
姓以前的原始部落社会。

例如,我刚才向各位读过的"排除智慧,抛弃知识"的那段里说道:"如果发现生活
是单纯而朴素的,就让他们见素抱朴。"这是些奇特的表述。考虑到这一点,我觉得总
有一天它可能不是像欧洲译者常想到的那样,专指一种宗教神秘论,而是指阶级分化
前的原始社会。当你得到那个暗示时,你会发现其他接踵而至的有趣的暗示。除了
"朴"外,道家还常用同质的其他象征词:"式""囊""赤子""橐籥"(铸青铜的重要部
件)和译成"深谷"的词。对整个道家思想你会有这种感觉,即社会被糟踏、被"弄混
乱"了,而人们应当"复归于朴",就是说回归到阶级划分前、第一批封建主出现以前的

状态。"大制不割"。

这里有一个惊奇的思想。如果我们读一些包括中国最古老的传说的书,像《山海经》《书经》《左传》和《国语》,我们就会看到不少最早的传说的王,如尧和舜,都被说成与人或怪(不清楚是动物还是人)斗争,但突出的事实是他们所斗争和破获的罪犯,正好属于同党驩兜、梼杌等。这是个奇妙的巧合,它暗示最早的王反对的确是阻挡阶级最初分化的原始部族社会的领袖,最大的反叛者已被打倒。还可看到"三苗""九类"等名称,这说明在原始社会中可能有部落同盟。但传说认为,所有这些早期反叛者都精于金工。似乎早期的国王或封建诸侯认为青铜冶炼是胜过石器小农的封建势力的基础,因为它能造成优越的军备,因而他们重视金工技术。似乎发展了金工技术的封建制前的集体社会阻止其转变成阶级分化社会,而通过传说中的反叛者我们或许应能看到阻止这种变化的社会领导者。与这些奇妙话语一起,我们还可看到另外的话:"返还于祖根。"这一直在宗教意义上被译出,但我不清楚它是否有双重政治含义,因为在《书经》中发现一句话:"祖根处于控制之中,不能使之施展。"与此并列的是关于鲧的一群人的叙述。鲧是这些早期反叛者中最著名者。

我现在要讨论道家哲学的政治意义。整个中国史总是说,"儒家学说是在朝的文人的学说,而道家学说是在野的文人的学说",因为文人总是在朝或在野、当官和应举。总之,道家学说总是与反政府运动相联系,而且在所有朝代(唐、宋、明等),它一直有政治意义。我想提请对这一点须特别注意,因为它是西欧研究道家学说的许多人很少了解到的。

《道德经》这部以古代汉语的简洁和名句风格而写成的书,吸引了许多译者。西方学者或许遵循像王弼这样的古典注释家,总是搞成神秘论的翻译本。但有趣的是,近代中国学者已意识到从政治上翻译造句。这里我想举其第十一章,先是引神秘论译本,后是引政治理论译本:

　　　　(a)"三十条辐做成一个毂(轮)
　　　　　　毂中间一无所有,
　　　　　　这样才有车的作用。
　　　　　　用黏土做成陶器,
　　　　　　中间也一无所有,
　　　　　　这样才有陶器的用途。
　　　　　　在房墙处开凿门窗,
　　　　　　门窗四壁间留有空隙,

这样才有房屋的用途。

因而'有'给人的便利，

只有与'无'配合才能有用。"⑨(修中诚译本)

（b）"三十辐结合成一个轮，

当没有私性时，

才能做成车来应用。

黏土构成陶器，

当没有私性时，

才能做成陶器来应用。

窗和门用来盖房，

当没有私性时，

才能做成房屋来应用。

因而私性导致好利，

而无私性导致有用。"

所有这些都与早期道家对自然科学的兴趣有很明显的联系，这正像狄尔斯（H. Diels）和法灵顿（Flarrington）这些学者在研究西欧古代时所表明的，在古希腊人中间，对自然科学的兴趣和民主的态度（尤其对商人势力）之间有明显的联系，因而在地中海海岸东部的爱奥尼亚的自然科学与商业之间存在着一种联系。似乎对自然现象、自然科学的兴趣，是在专制制度或某种官僚制度下才没有开花结果。关于这点，我在这个演讲末尾还要谈及。

下面还要更多地谈谈中国的古代封建时代。我们已经指出中国青铜时代与欧洲青铜时代之间有一种联系。中国与欧洲的哈尔施塔特（Hallstatt）及拉戴纳（La Tène）文化的武器与用具有类似的图案。在封建的中国和我们欧洲中世纪封建时期之间，也常常有类似性。但很奇怪的是，像许多人说的那样，为什么欧洲封建制大约始于3世纪，而结束于15世纪资本主义兴起、文艺复兴和宗教改革时代；而中国封建制又这样地早，从公元前14世纪到公元前2世纪。事实是中国封建制与西欧封建制之间的类似性并不是言之正确的。不应将其与中世纪的高级封建制相联系，而应与罗马前欧洲社会相联系。

我想，古代中国封建制与欧洲青铜时代或青铜时代让位于铁器时代（约前300）及罗马征服高卢前的社会状态相类似。这种社会被考古学家称为准封建社会。其统治人物多半是一个国王——有时像爱尔兰的康那楚尔(Conachur)和下面的一些世袭地位的长官加上僧侣所构成,每一方都有效忠的武人,并在战时服从上司。高卢人征来反对罗马人的军队构成这种准封建的征募兵员,不包括大规模奴隶。我们因而可以说,欧洲封建制大约从公元前 1000 年便持续下来,像中国一样,直到 15 世纪。但有两三个世纪是罗马帝国形式下的城邦帝国主义占统治地位。

最有意义的是,在中国古代没有大规模奴隶体制。尽管还有某种争议,但综合证据似乎表明在地中海文明(欧洲、巴比伦、古罗马或古希腊)中有奴隶存在。这是个重要的事实。中国社会总是以没有奴隶而有自由农民为由被当作典型,而且这使所有形式的中国哲学(不管儒家或是道家)的人道主义性质有很重要的名声。

这是个重要问题,并将我们又带到伦理学领域。当然,可以说奴隶制不符合儒家伦理学。但这种解释是很不令人满意的。我们希望寻找某些更具体的东西。一般说,哲学是不能脱离具体社会背景,包括许多技术因素来加以研究的。根据一位研究中国青铜时代的著名专家顾立雅(H. G. Creel)的研究,我愿假定统治阶级的军事技术水平对百姓的关系的重要性。举西欧中世纪骑士的特别情况为例,他们从上到下都有钢的盔甲,有长矛和剑,并骑在装盔甲的马上。他们能闯入大量农民中将所有的人砍倒。这是明显的事实——我们在学校里便学到过这些,即当中国独立发明的火药传到欧洲时,由于火药对骑士阶级武装的技术优势才打破了封建势力。

那么在中国古代的情况如何呢?那里的最有力的武器弩机比任何别的地方提前几百年就发明出来了。我们知道,中国古代(我指的是前 800—公元 300)都是以强弓进行武装。但在同一时期,很少发展防护盔甲。考古学家 B. 劳佛(B. Laufer)写过一部关于中国盔甲的很好的作品[⑩]它出现相当晚,早期只能得到竹、木做的防护的外罩。但是,在《左传》中有无数封建领主被箭射死的故事。如果大批人作为一个整体拥有有力的进攻武器,而统治阶级没有优越的防御手段,人们就会看到社会中的力量平衡,与早期罗马帝国时期有显著不同。训练有素的罗马军团有更好的青铜和铁制的盔甲,奴隶人口之所以能够形成,因其既无军团士兵的武器和盔甲,也没有强弓。罗马人的主要武器总是长矛和短剑。我们知道,使奴隶们苦恼的那些武器,可能只有很少场合才能为奴隶们获得,如斯巴达起义时那样。中国有不同的经历,因为从很早的阶段,百姓就有弩,而领主只有可怜的防护盔甲。如果情况如此,这就意味着中国百姓是被感化了,而不是慑服于武装力量,从这里看到儒家的重要性。在公元前 4 世纪,宋国或吴国或楚国,国王所依赖的百姓可以突然在战场上对敌如入无人之境,他们可能确信其事业是正义的。做到这一点,就需要有后来成为儒家的那个"哲学说教者"阶层,向民众称赞封建主的活动和德行,并将他们聚集在他的周围。

如果情况是这样,我们便能更好地理解儒家哲学家的人道主义的、民主的性质。孟子是历史上捍卫民众并认为民众有权推翻并杀掉暴君的第一个思想家。厌恶诉诸武力是中国社会的一个很特别的性质,它可能与这些事实有关。除了某种家奴以外,没有奴隶,没有像在地中海文明中所发现的那样大量的奴隶,迪奥多鲁斯·西库鲁斯(Disdorus Ciculus)描写了埃及和巴比伦大批人带着石头修建纪念碑或在西班牙矿山上劳动,或在罗马帝国后期向奴隶殖民地发配人员。而由于中国没有奴隶,从局外世界来看,我们可否认为这种情况与中国重视技术有关系呢?

著名的德国考古学家迪尔斯和许多其他科学史家已提出,在早期地中海文明中没能发展应用科学,是由于存在着奴隶这一事实,因而没有劳动问题,也没有发明减轻劳动的装置的目的。这是最明显的一点。

如果中国没有这种情况,在这些阶段里,在中国社会状况和在技术上的领先地位之间就可能有一种联系。今天的欧洲人仍处于 19 世纪的一些思想的支配之下,不肯承认这一点。但如果你倒退三四百年,中国就是比在欧洲生活得更好的地方。在马可·波罗(Marco Polo,1254—1324)时代,杭州像天堂一样,足可与威尼斯或任何欧洲的其他城市相比。孟高维诺(1247—1328)等早期的旅行家也有同样的认知。在那些日子里,在中国的生活水平比欧洲高。

火药、纸、印刷术和磁罗盘的发明已被普遍承认——我想是正确的——是从中国传到西欧的。还有许多其他同类发明,大家尚不够熟悉。现在我想说明其中最重要的一项发明。

牲畜挽具史具有特别重要性,它与社会制度史有关。因为如果你有奴隶,你就不需要有对牲畜有效的挽具。如果你有对牲畜有效的挽具,你就不用奴隶做事了。假如埃及人果真有了有效的牲畜挽具,他们或许就用牲畜来运送大量石块去建造金字塔了。事实上他们没有有效的挽具。我们在英国博物馆中看到几尊埃及石雕像,从这里我们知道他们用人来从事这种笨重劳动。

事情就是这样。有 4000 年间,从公元前 3000 年苏美尔人最早的图画到 1000 年的欧洲,已知的唯一挽具是“颈肚带”挽具(“throat-and-girth”harness)。在这种情况下,拉车是靠肚带与颈带连结点上的轭进行的。这种挽具显然不是有效的,因为套上这种挽具的牲畜不能拉 500 公斤(1 公斤 = 1 千克)以上的东西。理由很明显,由于主要拉力来自颈部,而这样过重的话就会使马窒息。

另一方面,近代挽具像我们所知道的,是有效的。近代挽具是“颈圈”挽具,因而牲畜能发挥其全部体力,这是因为颈圈套在肩上。很难相信欧洲古代挽具一直用到1000 年。在这方面我必须说说是怎样考察到这些事实的。有一位很机敏的退休的法国官员勒菲佛・德诺蒂（Lefebvre de Noettes），是善于提出无人能回答的简单问题的老手。他询问是否有任何人能告诉他颈圈挽具是从什么时候起源的。没有任何人答复得了，因此他便着手在一些博物馆里查看所有文明的各种牲畜雕刻品，又在各图书馆里查看插图手稿。最后在 1000 年，即早期中世纪以前，像我们所说的那样，发现苏末文明和巴比伦文明中曾用颈肚带挽具，而在那以后欧洲用了颈圈挽具；但只有一个例外——中国，中国人拥有我可称之为"胸带"挽具的东西（图 1）。牲畜躯体两侧都有由一些皮带挽过的痕迹，而拉力来自肩上。中国车像古罗马或古希腊车那样，没有直杆或车辕，但有个弯曲的东西系在整个胸带长的一半处。我们可将这称为"御者"挽具（"posillion"harness），因为它今天仍在法国南部使用，并称为"御者驾轭"（attelage de postillion）。拉力来自正确位置，牲畜不至于被窒息，并能拉重的负荷。不过在汉代大浮雕中你将会看到，中国的马车比欧洲的任何种车大三四倍。车上不是站着两个人（驾车者和主人），或单独一个巴比伦或古希腊的武士，而是一个完整的客车，有四个人或五个人甚至七个人坐在车里。车上甚至还有车篷，大的车还有雕花的车顶。这是与西方车完全不同的东西。现在显而易见，颈圈挽具和胸带挽具之间的联系是更为密切的，因为如果你想象颈圈是柔软的而不是坚硬的，把它放在胸带挽具的位置上，这时从这里便有了拉力。

  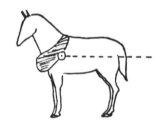

颈肚带挽具　　　　中国式挽具或胸带挽具　　　　近代挽具或颈圈挽具

图 1　三种挽具形式

其年代如何呢？胸带挽具至少可追溯到公元前 200 年中国的汉代初期，而在封建阶段以后的整个中国史中都会找到这种挽具。可是当颈圈挽具第一次在欧洲出现的时候，也是在欧洲第一次使用胸带挽具的时间。另一个基本事实是，大约 6 世纪，在（中国境内的）中亚佛教石窟画上会看到既有颈圈挽具，也有胸带挽具；这清楚地告诉我们，有效的挽具在 400—1000 年之间传到欧洲。那些认为每件物品都来自欧洲，"伟大的白种人"是地球上最优秀民族而且天生就聪明的人，应当学习一点历史，以便承认欧洲引为骄傲的许多东西原来并不是在欧洲产生的。我认为有效的牲畜挽具显然就是这些东西之一。导致它传入欧洲来的那些社会条件则是另一回事。在可能要建筑大教堂的地方，一再需要运送很重的石料。那时古代地中海的奴隶已经没有了，而封建时代已经来临,因为封建社会比起具有奴隶殖民地(很大一笔财产)的腐朽的罗马帝国来,毕竟是更为强大一些。因为欧洲不再有奴隶,就需要有一种有效的牲畜挽具,而得到这种挽具的地方,正来自没有奴隶的世界的那一部分,即中国。

当初料想这个演讲不会为听众所满意。我没有任何专门的论文带给各位。我只是试图勾画一种确实的社会模式——中国封建社会,并谈谈它与西欧社会的关系。除此,我想引出(并且我相信已引出)使研究伦理学、唯理论和整个文化问题的任何人感兴趣的一些论点。我们已经看到,唯理论在社会上并非总是最进步的力量。我们已看到军事技术状况可能深刻地影响到社会哲学结晶。我们还看到类似奴隶制这种体制问题可能与技术因素有密切关系。哲学的和伦理学的思想从来不能脱离其物质基础而存在。

如果我用一句话来对下一个更广泛的关于近代科学技术兴起问题作出结论,我可能以下列话来结尾。没有时间证明它,但我相信,尽管中国古代哲学是杰出的,而在整个后来的历史中中国人创造的技术发明是重要的,中国文明基本上没有产生近代科学和技术,因为在中国成长起来的社会在封建阶段以后不适应于这种发展。当欧洲封建制在大约 16 世纪衰败时,资本主义便取而代之,并带来早期工商业资本主义的商人势力的崛起。但在中国,当青铜时代的封建制衰败时,帝国时代来临,没有封建制被帝国主义的城邦所暂时中止的问题,像罗马那样。两者发生的某些情况是极不相同的。中国古代封建制代之以一种特殊的、在西方还没有与此对应的社会形式,即所谓亚细亚官僚制度。在这种制度下扫除了所有领主,只留下一个天子或皇帝,他统治整个国家并通过庞大的官僚机构来征收一切赋税。构成官僚机构的官吏是儒家。所有这些都是西方生疏的,需要特别的、勤奋的研究,但它肯定有一个巨大的作用,即阻止商人阶级兴起执政。要问为什么近代科学和技术兴起于欧洲社会而不是在中国,也就等于问为什么资本主义没有在中国兴起,为什么在那里没有文艺复兴和宗教改革,为什么在那里没有 15—18 世纪的伟大过渡时期的划时代的现象。

这就是我想在这里解释的。我愿用下列话来收尾:我很想向任何人建议进一步亲自看一看中国哲学的伟大经典和中国技术发展的历程。它是如此令人神往,因为中国文化确实是与欧洲文化有同样复杂而深邃思想的、独一无二的另一个伟大的实体——至少是同样的,或许还超过,但肯定是同样的错综复杂。因为印度文明虽然也是有趣的,却更多的是欧洲文明的一部分:我们的语言是导源于梵文的印欧语系;我们的神学体现了印度的禁欲主义;宙斯(Zeus Pater)源出于特尤斯(Dyaus Pittar)。印度文明与欧洲文明之间有更多的共同性,处于可见类型中。当我在加尔各答的马路上散步时,我常常在想,如果把这里许多人皮肤中的色素去掉,他们的面孔将非常像我们在英国的亲戚朋友们的面孔。但中国文明则具有完全不同的、难以比拟的美，而且这种唯一完全不同的文明，能激励人们对它产生最深的爱和最深厚的研究愿望。

（潘吉星　译）

译　注

①Cf. M. Granet：*La Civilisation Chinoise*（Paris：Renaissancedu Livre，1929）.

②司马迁：《史记·封禅书》原文为："祠灶则致物，致物而丹砂可化为黄金；黄金成，以为饮食器则益寿……"

③老子：《道德经》第六章原文为："谷神不死，是谓玄牝。玄牝之门，是谓天地根。绵绵若存，用之不勤。"

④老子：《道德经》第八章原文为："上善若水，水善利万物而不争，处众人之所恶，故几于道。"

⑤《道德经》第二十八章原文为："知其雄，守其雌，为天下谿。为天下谿，常德不离……知其荣，守其辱，为天下谷。为天下谷，常德乃足。"

⑥《庄子·外篇·知北游》中的这段原文如下："东郭子问于庄子曰：'所谓道，恶乎在？'庄子曰：'无所不在。'东郭子曰：'期而后可.'庄子曰：'在蝼蚁.'曰：'何其下邪？'曰：'在稊稗.'曰：'何其愈下邪？'曰：'在瓦甓.'曰：'何其愈甚邪？'曰：'在屎溺.'"

⑦《庄子·养生主》中的原文为："庖丁为文惠君解牛。……文惠君曰：'嘻，善哉！技盖至此乎？'庖丁释刀对曰：'臣之所好者道也，进乎技矣……因其固然，技经肯綮之未尝，而况大軱乎！良庖岁更刀，割也；族庖月更刀，折也。今臣之刀十九年矣，所解数千牛矣，而刀刃若新发于硎……'"

⑧老子：《道德经》第十九章原文为："绝圣弃智，民利百倍；绝仁弃义，民复孝慈；绝巧弃利，盗贼无有。此三者以为文不足，故令有所属。见素抱朴，少私寡欲。"

⑨《道德经》第十一章原文为："三十辐共一毂，当其无，有车之用。埏埴以为器，当其无，有器之用。凿户牖以为室，当其无，有室之用。故有之以为利，无之以为用。"

⑩B. Laufer：*The Bird-Chariot in China and Europe*，in *Anthropological Papers*，pp. 410ff.（New York：Stechert，1926）

【4】（科学与社会）

Ⅰ—4　中国科学技术与社会的关系*

在我们称之为比较科学史的领域中,最诱人的一个问题是,为什么亚洲的两大文明——中国文明和印度文明没有自发地产生近代科学技术。很不幸,对两者古代和中古科学的贡献没能得到充分评价。然而只有在了解两者的贡献的基础上,才能理解为什么数学化的自然科学单单在欧洲崛起。在 14 世纪以前,欧洲几乎完全是向亚洲学习而不是传授,特别是在技术领域。应该如何评价在中国曾产生过成就又造成失败的社会背景呢?

无疑,中国早期确实存在封建制度,可称之为"青铜时代"原始封建制度。此制度大致始于公元前 1500 年,延续至公元前 220 年左右。在这期间,中国第一次出现了统一的帝国。但在这以后,"封建制度"这个词使用起来似乎越来越不确切。虽然中国早期具有欧洲中古封建制度的某些特征,其后却与之迥然不同。在中国出现的社会制度被称为亚细亚官僚制度,有些中国学者称之为官僚封建制度。也就是说,中国最初的封建制度衰亡后,商业资本主义和工业资本主义并未代之而起,接踵而至的是官僚制度。与此同时,贵族和世袭制在中国社会丧失地位。这些变化还可以大致概括为:中层封建领主已不复存在,只剩下一个大封建主,即皇帝,他通过庞大的官僚机构进行统治并征收捐税。

官僚机构的官员们并未完全形成一个世袭集团。因此按照"阶级"这个词用于欧洲社会的通常含义,它们并未构成一个阶级,而仅仅是一个阶层,而且这个阶层变化无常。有的家族飞黄腾达,有的家族横遭贬逐。众所周知,后来进入官场需通过科举考试。这个制度始于汉朝,1 世纪或 2 世纪,但直到 7 世纪的唐朝才开始盛行,并一直延续到 1912 年民国建立。大家也知道,科举考试完全以文学与文化为题,丝毫不涉及我们可以称之为"科学"的题材①。但是这种考试仍然相当难,考虑到中国的语言、文学极端复杂,甚至可以说极难。但某些时代和时期,在不同程度上仍有避开科举,不

---

* 本文曾于 1950 年发表,为《中国科学技术史》一书的初稿中结语的一部分。——编者注

通过考试而进入仕途的情况。所谓"荫子",即官僚的子孙被给予一些特权,使他们比普通人更容易进入官场。但总的说来,就具体情况而论,这个阶级并不是一成不变的。一个世纪又一个世纪过去了,有的家族封官晋爵,有的家族被逐出官场。我们还知道,在有些时期,农家子弟入宦的可能性相当大。农民甚至常常集资为一个特别有出息的年轻人付学费,使他能够进入仕途。这实际上是一种投资,以后这个官员会加倍报偿,给本乡带来好处。

如果探究一下给中国社会带来深远影响的官僚制度的起源,我们会发现几个主要因素,如地理上的、水文学上的和经济上的。西方最杰出的中国经济史学家 K. A. 魏特夫(K. A. Wittfogel)认为,官僚制度是中国社会的水利工程促成的。这些工程规模大而且兴建早。我在中国时发现,这一观点亦为中国学者广为接受,只不过他们强调的重点有所不同。灌溉和蓄水工程在中国历史上的重大影响是不言而喻的。世界上大概没有哪个国家有中国这么多关于治水英雄的传说,例如有史以来第一次"制服"洪水的传奇式帝王大禹。中国属于季风带,因此降雨的季节性很强,而且年与年之间差别很大。如果知道华中和华南的水田水稻栽培以及北方黄土地区的耕作多么需要灌溉,而且频繁的涝灾多么需要水利技术,便不难看出,水利设施具有极其重要的作用。我们知道,它们在封建时期(公元前 5 世纪)就开始兴建了。中国的治水工程之所以举足轻重,还有第三个原因:它提供了运输渠道。因为征收的捐税和调集的军需都是实物而不是货币,这就需要能承重的运输工具,如运河上的漕船将稻谷等粮食运送到京城。于是,水利经济应运而生,以满足这三者——灌溉、水利和漕运的需要。西方学者提出,古代中国"官僚统治"的兴起,可以追溯到兴修水利工程时对征调的千百万人的管辖。然而我曾对许多中国学者的看法有所闻,他们认为,"中央集权制"之所以能在中国占统治地位,还有更深入的原因,即始终存在将管辖变为中央集权的趋势——换句话说,就是兴修水利往往会超出封建诸侯的疆界。事实上,在古代中国的一部伟大著作——《盐铁论》中,有大量篇幅提到这一点。

这部杰出的著作像是一份政党大会(我想应该是保守党大会)的记录。其实,它正是一次关于盐铁国有化大会的颇具戏剧性的记载。早在公元前 400 年就有人建议将盐铁业收归国有,并于公元前 119 年实施。御史在一次发言的开场白中说,大家知道,各地小诸侯或行政长官管辖一定范围,但河流、运河和水渠的治理必须隶属于中央政府。他谈到了中国社会一个历久不衰的特点。实际上,前汉官僚统治初期的政绩之一便是将盐铁收归国有。盐铁也许是唯一从一个市镇运往另一个市镇的重要货物。其他产品,不论是纺织品还是粮食制品都可以在本地农庄或市镇制得,唯有盐铁是从原始工业中心向四面八方扩散。盐来自海滩或盐田,铁来自铁矿石产地。因此这两种产品最便于控制和实行"国有化"。饶有趣味的是，批评汉朝官僚的儒家学者和汉朝官僚两者都猛烈攻击商人。其实，许多有趣的事实表明，在秦始皇统一中国，建立第一个中央集权的朝代时，商界十分兴旺发达。司马迁的《史记》(91年)中专门有一章谈那时的商贾。其中有些富极一时，他们有的是冶铁工场主，有的从事盐业。但商人势力很快遭到新兴官僚的打击，从此一蹶不振。他们受到种种禁令的限制，并被课以重税。

"当官"的概念在中国根深蒂固，大约世界上没有其他任何文明可以与之相比。我初到中国时对此一无所知，但到处可以发现它的踪迹，甚至在民间故事中。欧洲的民间故事大多讲的是男女主人公变成国王和公主；中国民间故事却不同，它总不离金榜题名、升官封爵或嫁与高官显贵之类。要知道，这是获得财富的唯一途径。有一句名言流传至今，即"当官发财"。在中国的西方人常常描述引起怨声载道的"贪污""勒索"等现象，其根源正在于当官的搜刮钱财。然而西方人的态度有欠公允，因为欧洲的宗教和正直的道德观念与注重数量的簿记制度和资本主义有着历史联系，而在中国没有与之等同的制度。西方人认为付给官员适当的薪水是理所当然的，但历来中国官员却不曾得到过适当的薪水。历代政府都努力想改变这种状况，法令颁布了一个又一个，但从未真正实施。其原因大约是中国人从来没有健全的货币经济。

前面说过，捐税必须以实物交纳，再从水路输送给中央政府。皇帝抱怨这些贡物从一开始就不可避免地被"层层抽税"。中国关于这类现象有许多说法，有一种最贴切，即"中饱"。意思是，农民不满意，因为他们付的捐税比应付的多，皇帝也不满意，只有中间的官员心满意足，他们可以层层"从羊腿上割肉"。描述这一现象需要一个不带褒贬的专门词汇，用以表示这是中国中古社会司空见惯的情况。官僚们，不论是府官还是州官，都聚敛钱财。除了用于日常开销和挥霍享受（官僚的大家庭自然要挥霍享受）外，搜刮来的钱财无一例外都用来买田置地。买田是唯一的投资方式，其结果是佃农数目不断增长。在国民党统治被推翻前，40%或50%的农民都是佃户，而且他们的农田大都小得可怜。

现在我要转而论述官僚制度对商人影响尤甚的一个方面。歧视商人是中国思想观念中一个由来已久的特点（这与阿拉伯人的观念截然相反）。传统上将社会各阶层分为四等，士列第一，然后是农，第三等是工匠，第四等是商人（士、农、工、商），商人的社会地位被视为最低下。当然中国没有任何类似于种姓等级制度的东西，如果按"阶级制度"的正统含义理解的话，甚至也没有阶级制度。但商人作为一个社会阶层无疑在社会上最受歧视。不错，中国商人也还是组织起来成立了行会，但这究竟是怎么回事还需要仔细探究。我对它们略有所知，因为我曾在属于商会的大宅第中住过。其中一所后来成为厦门大学战争期间在长汀设置的图书馆,这是一所带许多院落的大宅子,过去是在福建经商的江西商人会馆。商会确实存在,但从一些有见地的书中描述的情况可以看出,它们在许多方面有别于欧洲的商人行会。它们更像是互利团体和保障货物在转运中免遭损失的保险机构或诸如此类的组织。至于操纵和控制商人所居住和经商的城市,或把他们的小生产作坊组织起来,商会却从来不曾做过。

中国城市与西方城市迥异。同样,中国的行会与西方的行会有着根本区别。如果一言以蔽之,可以说,在中国文化与文明中从无城邦的概念,也绝无由城邦产生的文化②。与欧洲的城邦不同,中国城市城墙高耸,村庄环绕,村民们到城里来购物,做买卖。城里有由朝廷任命的府官或州官的衙门,他们只对官僚等级制度中的上司负责。此外还有军事长官,两者共同在城中行使权力。在某种意义上,中国城市是地方官为皇上守卫的"壁垒森严的堡垒"。中国历来无市长、镇长、市议员、评议员和行会师傅或类似的人物的概念,而这些人物对西方城市制度的发展起过极其重大的作用。中国人对这一切闻所未闻。说到西方城市,人们便会联想到"Stadtluft macht frei"(一旦进入城市并被允许在城里生活、工作,便成为自由人),这在中国是不可思议的。还有一句话是"Büegerliche Rechtssicherheit"(自由市镇法确保安全),即欧洲商人在城里自由联合,从周围的封建主手里获得特许状和各种利益。这与中国文化和思想格格不入,从约翰·普拉特(John Pratt)爵士讲述的一件事中可见一斑。他说,1880年左右,上海的一些商人向朝廷请愿,要求得到城邦特许状之类的东西,让他们可以选举市长、市议员等,也就是建立一套与西方城市相似的制度。不用说,请求送达后,朝廷大惑不解。显然,当时双方对情况都缺乏了解。

现在我们可以看到,中国商人阶级的不得志很可能与中国社会抑制近代科学的发展有关。当然早期近代科学与商人之间的确切关系还未能被充分揭示出来。看来并非所有的科学都与商业活动有着同等直接的联系。例如,在中国达到了相当高水平的天文学就被视为"正统"科学,因为统治者对校正历法特别关注。自古以来,采用皇帝颁布的历法就是臣服的标志。由于中国人对自然现象的"预示"非常敏感,他们积累了大量连续的观察资料,其中许多观察对象,如极光以前西方根本未加研究,中国人还记录了太阳黑子,他们一定是透过薄薄的玉片或类似的半透明材料进行观察。西方人在许多年后才注意到太阳黑子的存在;中国人对日食、月食也进行了观察记录,它们被认为具有影响国事凶吉之力。

此外还有"非正统"的科学,例如总是与道家有关的炼丹术和化学。然而在中国的环境中,二者都没能进入近代科学阶段。

物理学在中国一直特别落后,唯有指南针是一项具有实用价值的光辉发明。在西方,商人同物理学却似乎有着不解之缘。这可能是由于商人需要准确计量的缘故。做买卖离不开准确计量,商人必须密切注意他经手的货物的实际性能。他必须知道它们多少重量,优点何在,长度、大小几何,需要什么样的容器等。通过这些线索,我们或许可以追溯到商业文明与精密科学之间的关系。除货物以外还有运输,凡是与航海和效率有关的一切,从来都使欧洲城邦的商人感兴趣③。

　　如果情况确实是这样,那么正是由于商人受压、不得志才造成近代科学技术在中国受到抑制。此外还有一个贯穿于所有时代、所有文明的老问题,即劳心与劳力的对立。在古希腊是"theoria"和"praxis",在中国是"学"和"术"。看来无人能完全克服这一传统,无人能前进到同等使用手和脑这一步,而手脑并用对科学工作来说是绝对必需的。没人能把脑与手卓有成效地结合起来,只有商人阶级成功地把脑力运用于周围的社会实践。这在中国绝无可能。那里对技术的限制使技术恢复到原始水平——例如用木头而不是用金属制齿轮。

　　然而,在这方面历史上却有一些不可思议的现象。直到现在还很少有人意识到,从纪元初到13世纪,中国的技术成就曾对欧洲作出过巨大贡献。在技术创造性方面,古老的中国官僚社会当然比不上文艺复兴时期的欧洲,但它大大胜过欧洲封建社会或古希腊奴隶制社会④。中国发明了许多东西,如实用的马挽具、提花机、船尾舵,第一部受控机器,最早的种痘术,甚至还有像独轮车这样简单的用具——所有这些发明都是由东向西传播而不是相反。在我看来,由于社会性质的原因,中国的进一步发展受到限制,无法像欧洲在文艺复兴初期和资本主义上升时期那样蓬勃崛起。在当时的欧洲社会中,铁成为第一个世界统一文明的基础。然而中国人却先于西方13个世纪掌握了困难的铸铁工艺,令人不胜惊异。我们知道,14世纪以前,铸铁在西方十分少见,可能偶尔为罗马人制得。但在1世纪中国人就大规模生产铸铁了。事实上,这是中国一项古老的工艺。铁犁铧也是这样,从东方传播到西方。此外还有模板,模板是中国人首先使用的——中国社会发明了这一切,却无法达到后来欧洲先进的冶金水平。

　　是谁最先领会到亚洲和西方社会之间的这种差别呢? 很可能是法国旅行家弗朗索瓦·伯尼埃(François Bernier)。他曾任莫卧儿末代皇帝奥朗则布(Aurangzeb)的御医。在他的书中有一些极其精彩的篇章,我有幸在加尔各答得到一册,当时读到它的兴奋心情令人难以忘怀。这本书写于1670年,书中提出这么一个问题:"国王占有所有的土地,公私不分,而普通人的东西却分彼此,这究竟是国家之福还是国家之害?"他的结论是,实行我们所谓的亚细亚官僚制度是国家的不幸。他还评述了与中国式的官僚统治相当的情况。严格地说,印度并没有中国式的官僚制度,但仍然存在某种行政机构制,一个由莫卧儿皇帝任命的非世袭的官僚集团。

　　总而言之,可以说,亚洲的官僚制度绝不是东亚独有的。伊斯兰科学和社会的问题仍有待努力研究。众所周知,阿拉伯科学遥遥领先于欧洲科学达 400 年之久。看来,早期的阿拉伯社会确实非常重商。穆罕默德本人对商人倍加赞扬,对农夫却极少赞美之词。而且一般说来,沙漠边缘的阿拉伯市镇都具有商业性质,沙漠就是他们的大海。然而当征服完成,哈里发统治在巴格达确立,健全政府机构的工作就开始了,他们袭用了类似早些时候波斯采用的更加官僚化的政体,它与中国的制度十分接近。因此可以说,伊斯兰文明以商业文化开始,这种文化却以彻底官僚化告终。阿拉伯社会,特别是科学技术的衰落或许应归因于此。不过这已是题外的话了。

(刘小燕　译)

译　注

①偶有例外,如在宋朝王安石任职时期。

②据 W. 埃伯哈德(W. Eberhard)所述,中亚有些小国类似城邦。

③这里需要再说明一下,14 世纪或 15 世纪以前,中国的航海技术遥遥领先于欧洲。

④阐明这一事实的社会意义是一个重大问题,其重要性不亚于探讨为什么中国不存在"文艺复兴"。

【5】（科学与社会）

Ⅰ—5　中国与西方的科学与社会*

当我们追溯东半球不同地区的人认识自然和控制自然的过程时，我们不难看出东西方都存在着其长处和短处。我的目的是想描述一下在自然科学（纯科学与应用科学）方面，中国与欧洲传统之间的一些显著差异，然后再说一说关于中国古代社会的科学家及技术人员的地位问题。最后，想探讨一下科学与哲学、宗教、法律、语言以及生产和商品交换的具体情况的某些方面的关系。

前　言

首先，以古代与中世纪科学为一方，近代科学为另一方，阐明这两者之间的差异是很有必要的。在两者之间我拟出了一个重要的区分。当我们说，近代科学仅仅产生于文艺复兴末期伽利略（Galileo，1564—1642）那个时代的西欧时，当然我们的意思是：只指在当时当地确立的自然科学结构的基本基础，像我们今天具有的那样，即应用对自然界的数学假说，充分掌握和应用实验方法，区分主要特性与次要特性，应用空间几何学原理并接受现实的力学模型。原始型或中古型假说与近代型假说之间是有明显不同的。古代假说的主要的和内在的含糊总是使其本身不可能得到证明或反证，它们倾向于结合在神秘的相互关系的体系中。就其中的数字研究而论，许多数字被弄成事先建立起来的数字神秘主义形式，而不用作事后比较出来的定量计量的素材。现在我们了解了远古与中世纪时期西方的科学理论：亚里士多德的四元素论、盖仑（Galen，约129—200）的四原液论、精神生理学与病理学学说、古希腊后期的原始化学的相亲与相憎概念、炼丹术的三元素说以及犹太神秘哲学的自然哲学。而对其他文明国家的相应学说，我们了解得就比较少了，如中国的"阴阳"说、"五行"说以及"卦

---

*　本文是英国科学史家 A. C. 克鲁姆比（A. C. Crombie）主编的《科学变革》（*Scientific Change*）一书（伦敦，1963）中收入的一篇文章的节略。——编者注

乂"体系。在西方,达·芬奇以他所有辉煌的独创才智,仍然停留在这个范围内,伽利略却冲破了其藩篱。这就是为什么人们说,中国的科学技术到很晚仍然基本上是达·芬奇式的,而且还说伽利略的突破只是在西方发生的。这是我们的第一个出发点。

到了自然科学与数学的结合成为普遍情况时,自然科学才成为全人类的共同财富。中世纪时期的科学是与其产生的种族环境紧密关联的。正如说不同文化的人要找到对话的共同基础,即使不是不可能的,也是非常困难的。这不是说,具有深远社会意义的发明不能自由地从一种文化传播给另一种文化。事实上主要是从东方传到西方。但是,受种族限制的观念体系的互不了解是多么严重地约束了科学思想领域内可能的接触和传播。这就解释了为什么工业技术在东半球传播得那么广,而科学方面却大都没能那样地传播开来。

不过,不同的文化的确进行过具有重要意义的科学交流。在科学技术史上,应该把东半球当作一个整体,这个问题在现在看来已经是再清楚不过了。甚至非洲也应该是在这范围内的。但是一旦采取这种全球观点之后,一个自相矛盾的问题就出现了。为什么近代科学,即关于自然界假说的数学化及其在先进技术上的应用,只在伽利略时期的西方才接二连三地产生呢? 这是一个许多人已经提出的,但很少有人能回答得最准确的问题。还有另一个同样重要的问题,即为什么在公元前 2 世纪到 15 世纪间,在把人类关于自然的知识应用于实际需要方面,东亚文化要比西欧有效得多呢? 只有对东西方文化的社会与经济结构进行分析,同时,还不应忘记思想体系的重大作用,最后才能使两个问题得到解释。

一、传统中国的科学技术面貌

在早期中国,科学方面在数学领域里有卓越的成就。中国比任何其他地方都更早地使用十进制和用空白表示零,并且同时采用十进制的度量衡。公元前 1 世纪,中国的工匠就已经使用标有十进制刻度的卡尺来测量他们的工件。古代中国的数学思想始终集中在代数学方面,而非几何学方面。到宋朝与元朝时,中国学派在解方程方面已经处于世界的领先地位。因此,到 1300 年,以巴斯卡(Pascal,1623—1662)的名字命名的三角在中国已经"落后"了。我们经常发现这类例子,例如被中香炉,在西方称作卡丹悬环(连接支承系统),早在卡丹(Cardan,1501—1576)所处的时代之前的 1000 年,中国就已经普遍使用了。至于天文方面,我只需说中国人是文艺复兴时期以前的任何地方中对天体现象观察得最持久、最精确的观察者。虽然他们没有创立出几何的行星理论,但他们却构想出了一种富有启发性的宇宙论,利用我们近代使用的坐标来绘制天体图,记录日食、月食、彗星、新星和流星,这种记录对当今的射电天文学家们来说,仍然是有用的。引人注目的发明,还有天文仪器,包括赤道仪和时钟驱动的装置。这些是紧密依靠当时中国匠师们的才智而取得的进展。

在古代和中古时期的中国,光学、声学和磁学——物理学的这三个学科有着特别大的进展。这和当时力学和动力学比较先进但对磁的现象却几乎毫无所知的欧洲形成了鲜明对照。然而,中国与欧洲最大的不同也许在于对物质的连续性和非连续性的很大的争论上,就像中国的数学总是代数学的而不是几何学的一样,因此,中国的物理学也信奉一种原始波动说,而长期与原子论不一致。我们从机械设计上就可以清楚地看出这种明显的偏爱,因为中国古代的匠师们要想安装个轮车,他们总是装个卧式的,而我们祖先却偏偏喜欢立式装置——水车和风车是典型的例子。

在把中国和欧洲各自取得的成就进行比较时,我们往往会发现一个模式,那就是当中国人处于周、秦和汉时,他们的水平还没有达到像他们同时代的古希腊人那样高的水平。尽管如此,在以后的一些世纪里,中国没有与欧洲"黑暗时代"(Dark Ages)相对应的时期。这很明显地表现在地理学和制图学方面,中国人虽然知道圆盘形宇宙模式图,但他们从来没有受其支配过。大约在托勒密(Ptolemy,约90—168)死后不久,他的工作逐渐被忘却时,中国的张衡和裴秀(224—271)开创了定量制图学;但中国人一直沿用长方形地图坐标方格,直到17世纪耶稣会士来华时为止。中国很早就懂得先进的大地测量方法和模型地图的制作。在地质学和气象学方面也有类似的事例。

在机械工程和一般工程方面,古代中国人也有特殊的成就。两种高效马挽具形式——这是一个连接方式的问题——始于中国的文化区。中国第一次将水力用于工业上的时间大体上与西方相同(约1世纪)。但他们将水力用于碾磨谷物不像用于驱动冶炼风箱那样普遍。中国在钢铁技术方面的发展构成了一部真实的史诗,比欧洲约早15个世纪掌握铸铁。与我们通常的想法不同,机械钟的制造不是始于早期文艺复兴的欧洲,而是始于中国的唐朝。尽管东亚文明的特点是以农业为主。土木工程方面也有许多非凡的成就。最显著的有铁索桥,以及最早的拱形桥即李春于595—605年建造的宏伟桥梁。由于控制河道(防涝、防旱)、灌溉农田和漕运的需要,中国的水利工程也一直非常突出。

在军事技术方面,中国人也显示出非凡的创造力。在9世纪时,他们发明了火药。而且从1000年起,他们大力发展火药武器,大约比这种东西出现在欧洲要早3个世纪。最重要的发明当首推12世纪初期出现的火枪了,在其竹管内装发射药,用作一种短兵相接的武器。我毫不怀疑,后来无论是哪一种材料做成的管状枪炮均是由此派生而来的。其他技术方面也占有重要的地位,特别是中国人很早就精通的丝绸技术,在这方面掌握特长纤维纺织法似乎导致了技术装置的创制,如重要的带式传动和链式传动装置。这也可能说明把旋转运动转换为直线运动的标准方法(偏心轮)的首次出现与上面提到的冶炼鼓风机后来的形式有关。至于其他著名的发明,如造纸、雕版印刷、活字印刷,或瓷器方面令人惊叹的成就,我在这里就不多说了。

在生物学各领域内,中国人也无落后之处,而在这方面我们发现了许多早期农业上的发明。正如在其他方面,中国有与罗马人,如瓦尔罗(Varro)与科鲁梅拉(Columella)同时期相似的文献。如果篇幅允许的话,人们可以从植物保护,包括最早知道的对有害昆虫进行生物防治方面,举一些实例。医药是历代中国人高度重视的领域。这门学科是靠他们的特殊才智发展出来的,其发展方式与欧洲之不同也许超过其他任何方面。我想这里只能简单地列举一个值得注意的事实,那就是中国人没有对矿物疗法的偏见,而这种偏见在西方却是很显著的。他们无须帕拉塞斯(Paracelsus)来把他们从沉睡于盖仑的医学理论中唤醒,因为他们从来就没有这样沉睡过。而且他们是预防接种方面最伟大的先驱。

二、中西方对比

让我们进一步考查这些重大的差异。许多事例表明,中国的"持久的哲学"(philosophia perennis)是有机唯物论。按照等级顺序,各种现象之间都互相联系,只是在中国思想中并未产生关于世界的机械论观点。然而这并没有阻碍巨大科学发明的出现,如我们前面提到的张衡的地动仪等。从某种意义上说,这种自然哲学对科学甚至起到帮助作用。如果人们相信宇宙中存在一个有机模型,也就不会对磁石总是指向南极这种现象感到奇怪或惊讶。如果说中国人在欧洲人知道磁极性之前就在为磁偏角而操心(事实上也是这样),那可能是因为他们还没有被下述原理所困扰,即一个两极分立的物体作用于另一物体时,才会产生运动。换句话说,他们事先注定要找到理论根据,而这种爱好也可以用来解释他们为什么很早就得出了潮汐起因的正确概念。我们发现,早在三国时期,就有人提出了惊人的说法:一个物体不与空间中相距甚远的任何物体接触就能在远距离产生作用。

其次,中国人的数学思想与实践一贯是代数学的,而不是几何学的。在其发展中并未自然地产生欧几里得几何学。显然,这就构成了他们本来在光学上能取得进展的限制因素。但他们也没有受到古希腊关于光线由眼睛射出这种奇怪而荒谬的观点的影响。大约在元朝(蒙古人)统治时期,欧氏几何传入了中国,但是,直到耶稣会士来到中国之后,才生根。尽管如此,这一切都没有阻碍中国人实现工程技术方面的巨大发明,我们已提过其中两项,即创造了用偏心轮、连杆和活塞杆来将旋转运动变换为直线运动的极有效的方法,以及成功地制成了古老的机械钟。这又涉及擒纵装置的发明,这是一种减缓一套齿轮运转速度的机械装置,用来与人类最原始的时钟——天体周日运行——在时间上保持一致。从上述情况来看,我们发现中国人的实践并非纯粹是经验性的(初看起来也许像是如此),这是很有兴趣的。早在1088年,苏颂在河南开封成功地建立了大钟楼。在此之前,苏颂的助手韩公廉就在一篇独特的理论文章中详细阐述了其基本原理,并根据这些原理,设计了一系列传动齿轮和整个机械装置。而在8世纪早期,僧一行和梁令瓒最初发明这种时钟时也做了类似的工作,比欧洲第一架装有轴叶擒纵件的机械时钟早6个世纪。此外,尽管中国没有欧几里得几何学,但这并没有阻碍中国人标出和坚持使用那些完全符合现代天文学要求的、至今仍广泛使用的天文坐标,也没有阻碍中国人最后专心制成赤道仪,尽管里面只有窥管,而没有望远镜。

最后,就是波与粒子的对立问题。从秦汉起,中国人就同所关注的原始波动论与阴阳永恒升降这两种基本自然要素有密切的关系。自从2世纪后,特别是通过佛教与印度的联系,原子理论就不断地流传到中国来,但并未在中国科学文化中扎根。中国人虽然缺乏粒子理论,但仍然也没有阻碍他们取得各种使人难以相信的成果,如确定雪花为六角晶状体,比西方注意到此点要早好几个世纪。也没有妨碍他们奠定亲和力知识的基础,这一点在唐、宋、元朝中的一些关于炼丹术的小册子里都已论述到。就是说在中国,当时没有这些理论也没有多大的妨碍作用,因为只是到了文艺复兴后,这些理论在欧洲才显得相当重要,并为现代化学的兴起奠定了基础。

三、中国古代科学家与技师的社会地位

在中国封建官僚社会中,科学家、技师与工匠的社会地位究竟如何?人们觉得无论是理论方面还是应用方面,科学都相对具有"官方"性质。正如前面提到的天文学家,他们不可能像在古希腊的城邦里那样成为摆脱其社会环境的公民,而只不过是皇帝的文职公仆而已。他们通常居住在宫廷里,隶属于整个文职机构的一个部分。而文化更低、更下一层的技师和工匠也无疑同样具有这种官僚性质。其部分原因是,几乎各个朝代的作坊都为国家所有;另一个原因是至少在某些朝代,如西汉的盐业及炼铁业等大多数具有先进技术的行业都为国家所有。除此之外,还有一种明显的现象,一些技师追随某个显赫官员,由他来鼓励、资助他们,作为他个人的食客。同时,历代老百姓无疑也由他们自己和为他们自己生产一大批手工产品。因此,任何最新的、浩

大的、通常是复杂的机械(如早期的水车与水力机械钟),还有著名的大型土木工程,要么在皇家作坊里建造,要么在显赫的官员监督之下施工。所以皇家作坊都是用专门的名称命名的,其中"尚方"是最普通的名称之一。

关于社会地位,这是一个很难阐述的问题,目前仍然在研究之中。前面提到过的技术工人,大多数是自由平民(庶人或良人)。人们极少听说奴隶和半奴隶者作为财富的创造者而被提到;一些古典文献上的确详细记载了,如汉代盐场的自由工人。当然,无论官方不时组织的生产的程度如何,他们也要以强迫劳役方式依赖取之不尽的义务劳役(徭役或工役)。在汉朝,每个在20~56岁之间的男性平民,每年都得服劳役一个月,工匠就在皇家办的或国家管理的作坊服劳役。在这些作坊里做工的从来就不是以奴隶为主。最后形成了以付赁金而找人代替劳役的做法,结果产生了长期进行这种劳动的工匠大军。在奴隶和被半奴役者中,无疑有一部分是工匠,但在中国历史任何朝代,大概都不超过10%。对中国历史上奴隶和半奴隶者的地位的探讨仍然在继续进行,大多数西方学者认为这向来主要是具有中国国内特点的问题,并认为这个阶层的人被套上刑法的枷锁,被征募而成为囚犯,也就是说多年甚至终身成为国家的奴隶。在被征募期间,这种囚犯可能被分配到高级官吏家中当仆人,也可能分到皇家办的或国家管理的作坊去做工。

当前进行的研究,将非常有助于说明中国古代社会的奴隶、被雇佣者、自由劳动者形式以及徭役制。无论得出什么结论,我们已经注意到,中国古代和中古的劳动条件并没有成为一系列可减轻劳动强度的发明创造的障碍,而且这些发明创造早于欧洲和伊斯兰国家。我首先想探讨一下著名的科学家和匠师在中国古代和中古社会的生活所隶属的一些主要范畴。我们可以将其分为五类;第一类是达官显贵,就是指有辉煌成果的文人学士;第二类是平民;第三类是半奴役者集体中的一员;第四类实际上是国家的奴隶;第五类是一大群小官吏,也就是说,他们是未能向上爬到上层社会官僚阶层的学者。

我们在编著工作中找到的实例的数目,在各个不同种类中是大不相同的。例如,前面提到高级官员张衡。他不仅是世界上最早发明地震仪的人,而且是第一个用动力使得天文仪器转动的人,他是当时杰出的数学家之一,是设计浑仪的鼻祖。后来他担任太史令要职。地方官们也往往在技术的发展上取得了重要成就。因此,冶金用水力鼓风机被认为是公元前31年的南阳太守杜诗发明的。我们偶尔也发现一些对技术发展有突出贡献的宫廷宦官,如蔡伦,开始时为一位小黄门,后来被任命为尚方令皇家作坊总监,他在105年宣告了纸的发明[①]。

虽然大多数的中国古代君王和皇亲国戚没有给后世留下任何东西,但是也有少数人将自己的毕生精力和财富都献给了科学事业。淮南王刘安（前179—前122）的门客有博物学家、炼丹术士和天文学家,他是中国古代最著名的历史人物之一。

奇怪的是,人们极少发现有重大成就的匠师们在工部担任要职,至少在明朝以前是这样。这大概因为做实际工作的总是那些文盲工匠、半文盲工匠和技艺娴熟的手艺人,然而他们永远也无法跨越把他们与上述工部衙门中"白领"文人学士区分、隔离开来的那条鸿沟。但也有例外,宇文恺在隋朝年间担任了30年的将作大匠。他兴修水利,主管和监督后来成为大运河组成部分的开凿工程。他建造了扬帆行驶的巨型车辆,他还与耿迅一起,发明了唐宋期间的标准提杆漏壶。这里还需补充一句,当时还存在这样一种倾向,即当时很多匠师都依附于知名文官,这些文官反过来则充当他们的保护人。第一批水车与冶炼用风箱很可能是由杜诗手下的匠师发明的。还有一个很能说明问题的例子,就是中国历史上最伟大的科学家之一沈括（1080年是其鼎盛时期）,他也是使臣和政界元老。他著有一部饶有趣味的多方面内容的科学著作《梦溪笔谈》,书中详细说明了毕昇发明活字印刷术的过程,并说,平民毕昇死后,其全副活字"落到我的随从们的手中,作为珍贵之物保存至今"。这有力说明了当时发明家们依附于重要的官方保护人。

毫无疑问,绝大多数发明家产生于普通的劳动人民和熟练的手艺人及工匠之中,他们既不是官员,也不属于被半奴役者阶层。除了上面提到的毕昇以外,还有善于建造古塔的伟大建筑师喻皓,他无疑把他自己的著名的《木经》口述给一位代笔人。2世纪有因创制被中香炉（卡丹悬环）而著名的丁谖。前面已提到7世纪有设计建造的拱桥（赵州安济桥）的李春。12世纪是中国历史上最伟大的造船家建造多桨轮车船的木工专家高宣所处的时代。

有一些才华横溢的科技人员,在他们那个时代所处的社会地位的确很低,但这类人并不多见。即使是奴隶,也不可能完全被禁止进行科学工作。最后的一群,也是人数最为众多的一群科技人员是小官吏——这些人受到了足够的教育,尽管出身卑贱,却进入了官僚阶层。但他们独特的才能或个性使本来可以获得辉煌前程的全部希望破灭了。这些人中应包括李诫（1100年是其鼎盛时期）,他参考喻皓和其他人早期的著作,写出了极具权威性的有关中国1000年历史中各个时期建筑与建筑技术的论著《营造法式》。燕肃（1030年是其鼎盛时期）,是一个达·芬奇式的人物,他是宋仁宗时期的学者、画家、工艺学家和匠师。他设计了带有溢出箱的一种漏壶,在后来很长时间内被用来作为标准计时器。还发明了特殊的钥锁,留下了流体静力容器、路程计和指南车等器具的设计说明书。但是他的大部分时间都耗费在地方官的职务上。虽然他是一个龙图阁大学士,但他从未爬上礼部尚书的高位,他和工部或其他技术主管部门没有任何联系。这些小官吏们提供了极其引人入胜的、流传至今的关于中国中古时期科技人员生平的一部分图书。大匠师马钧（260年是其鼎盛时期）是一个具有卓越的独创性的人，他改进了绫机，制造了"水转百戏"（利用水力驱动的傀儡戏），发明了龙骨水车，后来在中国的耕作地区被广泛地应用。他设计了旋转式发石机（后来达·芬奇设计的与他的相似），几乎可以肯定他是利用差动齿轮的简单原理，成功地创造了指南车。他的朋友傅玄根据记忆写了一篇出色的文章，其内容我们前面已提到过。傅玄描写了马钧与那些在古典书本熏陶下善于诡辩的学者的舌战情况，说他不善于辩论。尽管他的崇拜者们百般努力，他始终没有能担任国家重要职务，甚至连他发明物的实际价值都未被肯定。没有任何文献像这样明确地揭示了由封建官僚的士大夫传统所产生的影响科学技术发展的抑制因素。

四、封建官僚社会

　　人们可能会问，封建官僚制度（也就是官僚统治）对中国古代科学技术发展的长期影响究竟是什么？在中国古代社会中，某些科学是正统的，另一些则不然。历法及其对以农为主的社会的重要性，以及在较小的程度上对国家占星学的信仰，使天文学成为一门永远正统的科学。数学被看作是有学问的人从事的职业，物理学在某种程度上也是这样。尤其是当人们投身于具有中央集权官僚政治特点的建筑工程时，中国官僚社会所需要的大型灌溉和水土保持工程，不仅意味着水利工程在古代学者中间受到偏爱，而且有助于稳定与支持他们作为其重要组成部分的这种社会形态。许多学者相信，中国官僚封建社会的起源和发展至少部分地依赖于这样的情况：很早以前，中国人就懂得进行巨大的水利工程建设往往要穿过各个封建领主的土地的边界，这样就会导致把所有的权力集中于中央集权的封建官僚帝国手中。对比之下，炼丹术显然是非正统的——是清心寡欲的道士和隐士的典型追求。从这方面看，医学则是属于中间状态：一方面传统的孝道使它成为学者的令人尊敬的一种研究，而另一方面它与药物学的必要联系，把它和道家炼丹家及本草学家结合起来。

　　最后我相信我们将发现，中央集权的封建官僚社会秩序的形式是有助于早期应用科学的发展的。就以我们多次提到的地震仪为例，它与很早以前的量雨计，乃至量雪计相提并论。很有可能，产生这些发明物的促进因素来自中央集权的官僚政治能够预见未来事件的合理愿望。因此，举例来说，如果一个地区发生强烈地震，应尽快了解这个情况，以便在万一民众发生暴动时，给当地官府提供帮助和增援。再则，在中世纪时期，中国社会能够进行在规模上比其他任何中世纪国家大得多的考察工作和有组织的野外科学工作。8世纪早期,在僧一行和皇家天文学家南宫说指导下,子午线的测量就是一个很好的例子,关于这次测量范围至少有2500千米长,从印度支那到蒙古边界。

古时候,中国天文学家就从国家的半公开的支持中获益。这在某种程度上来说是不利的。然而很清楚,至少在宋朝,在与官僚政治发生联系的学者世家中,天文学的研究是十分可能甚至是很平常的。我们知道,在苏颂的早年生活中,他在家中做出了小型浑仪的模型,逐渐地,他理解了天文学原理。大约1个世纪后,伟大的哲学家朱熹在家中也制作了一个浑仪,并努力尝试修复苏颂的水力传动装置,可惜没有成功。除此之外,历史上(比如11世纪)在著名的对文职人员的官方考试中,把数学和天文学列为极其重要的部分。

五、发明与劳动力

现在我们可以回到前面所提出的问题——发明与劳动力的关系上来。中国的劳力状况对一系列"节省劳动力"的发明并不构成障碍。无论我们想到有效的挽绳马具(从公元前4世纪起),还是想起5世纪时出现了更好的颈部马轭,或者是3世纪简单的手推车(虽然欧洲1000年后才有),我们就会不断地发现,在中国,尽管看起来有着无尽的人力,但只要有可能,都是尽量避免用人力拖拉。特别值得注意的是,在整个中国史中没有类似地中海那种奴隶划桨战船,尽管大部分中国水域几乎全为陆地所包围,风帆仍是各个时代特有的原动力。在桑给巴尔或堪察加半岛出现的大帆船,只不过是在长江和洞庭湖上的这种技术的发展。当1世纪出现了水车用作冶炼用风箱动力时,有关杜诗的记载清楚地写道,他认为,水车是很重要的,因为比起人力和畜力来,水车既省力又人道,而且水车为1300年期间(即比欧洲的类似发展早4个世纪)水力得以广泛地应用于纺织机械,特别是捻丝和纺麻,提供了依据。

所有这一切,与欧洲的情况形成了鲜明的对照。我们的确知道,在欧洲,古代有些拒绝使用新发明的例子,这是由于怕造成技术性失业。我想,最闻名的是罗马的例子:皇室拒绝使用机器搬运寺庙的圆柱,其借口是,这会使搬运工丢掉工作。另一同样著名的例子,是17世纪的框架式针织机。看起来,中国的例子似乎表明了,劳力的不足并不是每个文明国家节省劳力的发明创造的唯一刺激因素。当然,这个问题是十分复杂的,而且必须作进一步的深入研究。

六、哲学和神学的因素

显然,最后将儒家和道家世界观对科技的影响与基督教、伊斯兰教世界观的影响进行全面的比较,将是必要的。至今,支配知识界思想已达 2000 多年的儒家学派,众所周知,其特点是主要立足于今世,其社会伦理学旨在表明怎样使人在社会内共同生活得幸福和谐的方式。儒家关心人类社会和西方称为自然法的东西。这种行为方式与人应追求的实际本性是一致的。儒家的伦理行为具有神圣的性质。但由于其体系中无须有造物主上帝的观念,所以这种伦理行为又是非神学的,而且与神学毫无关系。道家则走出社会,他们的"道"是自然的秩序,而不仅仅是人类生活的秩序。"道"按照一种极为有机的方式以其全部作用产生影响。不幸的是,尽管道家对自然界十分感兴趣,但他们却往往不信任理智和逻辑,以至"道"的活动方式就令人感到有些费解了。因此,一方面,兴趣单纯集中在人类的关系和社会秩序上,而另一方面,对自然界的兴趣又非常强烈地存在着。然而,其兴趣往往在神秘的与经验的方面,而缺乏原理和系统的内容。

无疑,这里的中心特点之一,就是中国的自然法观念不同于西方的自然法观念。在我们这个小组的主要工作得以着手进行之前,必须开展一些初步的考察工作,在其中的一次考察工作中,我的合作者和我本人对东亚自然法观念和西欧文化作了一次较彻底的调查研究。在西方的文明里,法理观念下的自然法思想和自然科学观念下的自然法思想可以较容易地追溯到一个共同的根源。毫无疑问,西方文明的最古老的观念之一,是正如人间帝国的法律制定人曾颁布了人们必须遵守的法规一样,天上的、至高无上的、理性的造物主也制定了一系列为矿物、晶状体、植物、动物和星星在演变过程中都必须遵守的法规。无可怀疑,这种观念与西方文艺复兴时期的近代科学发展是有着密切联系的。如果这种联系在其他地方没有的话,那么这会不会是现代科学只在欧洲兴起的原因之一呢?换句话说,中世纪时以某种朴素形式构想出的自然法是否为现代科学的诞生所必需呢?

无疑,一个天上的法律制定人为非人类的自然现象"立法"的观念,最早起源于巴比伦人。太阳神马达克(Marduk)被描绘成为星星的立法人。这种观念在古希腊的苏格拉底之前或亚里士多德学派中并不像在斯多葛学派中影响那么大。斯多葛学派的存在于宇宙万物之中的宇宙法观念,包括非人类的自然宇宙法,就同人类的法则一样多。在信仰基督教的世纪中,立法神观念由于不断受到犹太人的影响而大大增强。贯穿整个中世纪,神对非人类自然界的立法观念仍然或多或少被认为是老生常谈。

但在文艺复兴时期,则开始非常认真地对待了这种比喻的说法。在哥白尼(1473—1543)与开普勒(1571—1630)之间出现了转折点。哥白尼从不使用"法"这个字眼,而开普勒却使用了。不过奇怪得很,开普勒并不将它用于他提出的行星运动三大定律中的任何一条。难以理解的是,最早把"法"这个词应用于自然现象时,不是出现在天文学或任何一门生物科学中,而是出现在阿格里柯拉(Agricola,1494—1555)的一部论述地质与矿物学的著作的有关章节里。

中国人的世界观基于一种截然不同的思想方法,认为所有万物的和谐协作,不是来自自身外的至高无上的权威的指令,而是基于以下事实:他们都是构成宇宙和有机体的统一体系的组成部分,他们所服从的正是其自然界的内在指令。我们的调查研究得到了这样的结论,由于若干不同的原因,中国关于法的观念并没有演变为自然法思想。首先,中国人早就厌恶从封建主义到官僚主义过渡时期内法家学派的政治家从失败的专制制度中明确表述出的法典化的法。其次,当官僚政治制度终于在中国建立时,旧的自然法观念以其可接受的习惯与有效惯例的形式,证明比任何别的观念都更符合中国独特的国情。因此,事实上,自然法原理在中国社会中比在欧洲社会中要重要得多。但大部分自然法几乎从来没有以文字形式收进正规的法律术语中。由于这种自然法观念贯穿着人性的和伦理的内容,因此,要把它的范围扩大到非人类的任何自然界则非易事。最后一点,也许是至关重要的,中国人的上帝观念,虽然从远古时期起就一直存在着,但从未包含创造力(*ex nihilo*)或准立法权威的内容,而是在远古时代就与个人无关。因此,由天上的立法人最初为非人类的自然界制定法律的观念,在中国未能产生。所以,也就不能得出这样的结论:如果凡人使用观察、实验、假设和数学推理的方法,那么就能解释或重新表述全能的上帝确定的法。当然这一点并没有阻碍科学技术在中国古代和中古时代的巨大发展,其中许多方面,我们在前面已讨论过了。但是,中国的科技发展在文艺复兴时期可能产生过很深的影响。

用现代科学的观点来看,在自然法中没有一点命令与服从的观念。现在,这些观念只作为统计规律性,而且只有在特定的时间、地点或在规定的范畴之内才是有效的。它们起的作用只是描述,却不是法规。在这里,我们不敢擅自介入关于在制订科学法时的主观作用的争论中去,但确已产生这样的问题,即除西方科学已走过的道路之外,我们是否已能通过别的途径对统计规律性及其数学表达法取得认识。我们或许会要问,一只会下蛋的公鸡可依法受到起诉这种思想方法,是否为一个行将产生一位开普勒的文明所必需?

七、语言学因素

在本文中,我们还必须论及语言的作用。我们认为,一般人认为汉语的方块字抑制了近代科学在中国的发展的观点,总的说来是言过其实的。我们已能编纂出中国古代和中古时期用来表示科学中各类事物和科学概念及其用途的确定的技术术语的大型词汇。另外,现代科学家们发现汉语对科学是不会起阻碍作用的。北京的中国科学院现在出版了许多学科的科学杂志,而现在用这种语言使国家编译局在50年厘定现代技术术语的工作中受益匪浅。我们确信,如果中国的社会和经济因素过去能像欧洲一样允许或者促进近代科学发展的话,那么300年前,早就会使这种语言适用于表达科学了。

明智之举是不要低估汉语这种古典语言的表达能力。我们(在慎重考虑之后)想不起有任何事例,使我们对某个古代或中古时研究科技问题的中国作者表达的东西,有特别疑惑不解之处,只要其原文没有过多讹误,而其叙述足够充分的话。当然,总的倾向是,其叙述往往过于简练。在以后的时代里,由于文人们对科技方面的事物不感兴趣,他们便将记录予以节略,以至我们常常找不到具体细节。同样,也许因为儒家画师对要勾画的粗俗、枯燥的物件感到不耐烦,因而一些技术插图有时难得要领。可是,我们只要确实得到足够的细节,就好比苏颂对自己主持建造的天文钟楼的描述那样(见《新仪象法要》),就有可能丝毫不差地按原貌重新建起那所建之物。

而且,古典语言还能够进行华丽如水晶的警句式的系统表述,完全适合于表达最上乘的哲学思想。关于此点,我可以从朱熹的著作中举出一例。12世纪时,他在写关于有机体发育的理论,一种突变进化主义、有机唯物主义的理论著作时,认识了一系列整体层次。他说,认识或者理解是心(思想)存在的基本形式,但世上能做到这点的某种东西,就是我们可以称之为物质内部的精神。他用了14个字来概括其义:"所觉者,心之理也;能觉者,气之灵也。"

八、商人的作用

商人在中国古代社会的地位,使我们回想起我前面所说的关于封建官僚政治的性质。官僚统治制度2000多年来使国家最优秀的人才成为文官。虽然商人可以得到巨大的财富,却得不到保证。他们要受到禁止奢侈的法令的约束,并因缴纳苛捐杂税而被夺去财富,还要受到官府的其他各种干预。再则,他们从未到达自己的神圣境界。每个朝代,即使是有钱的商人的子弟,唯一的奢望就是进入官僚行列,这就是那些通过各种渠道进入上层社会的士绅们的世界观。在他们看来,这就是他们的声望的价值所在。由于这种情况占上风,因而这对那些商业阶层的人来说,要在中国旧时获得欧洲文艺复兴时期商人能得到的有权有势的地位,显然是不可能的。换言之,直截了当地说,无论谁要阐明中国社会未能发展近代科学,最好是从说明中国社会未能发展商业的和工业资本主义的原因着手。无论西方科学史学家带有什么先入为主之见,都必须承认从 15 世纪起发生了错综复杂的变化。如果没有(宗教)改革运动,文艺复兴是不可想象的;没有近代科学的兴起,改革运动也是不可想象的;而没有资本主义、资本主义社会的兴起和封建社会的衰亡,那么,近代科学、改革运动及文艺复兴都是不可想象的。我们似乎处于一种有机整体即一系列变化之中,对这种变化我们几乎还尚未开始进行分析。最终我们大概会发现,所有的学派,无论是韦伯主义者、马克思主义者还是只相信知识因素的信徒们,都将作出自己的贡献。

实际上,在中国社会那种自发的、只限于本国范围的发展中,根本没有出现类似于西方的文艺复兴和"科学革命"那样激烈的变化。我常喜欢用一种相对来说缓缓上升的曲线来说明中国的演变,显然这曲线比欧洲同一时期,譬如说 2—15 世纪的演变过程的曲线上升得高,有时高得多。但是,在科学复兴以伽利略革命、以几乎可称为科学发现本身的基本技术的发现开始于西方之后,欧洲科学技术的曲线开始大幅度地、成倍地上升,超过了亚洲各个社会的水平,导致了我们看到的在过去二三百年内的事态。这种平衡的极度失调现象,现在正开始自行校正。毫无疑问,按照真正的历史观,对流行的想法具有吸引力的那些"假设"是不恰当的。但是我却要说,假如在中国社会已经发生了类似欧洲的社会变化和经济变化,那么某种形式的近代科学就会在中国产生。如果是这样的话,我认为这种近代科学从一开始就会是有机论的,而不是机械论的。很可能它走过了一段很长的路,才受到古希腊科学和数学知识的极大促进,而转变为像我们今天所了解的科学。这当然是一个与"假如凯撒没有渡过鲁比肯河"等说法一样性质的问题。我只想用某种明确的形式来阐明这个问题,以便表达总的结论的某些看法,长期研究中国科学技术的贡献,在我的合作者和我本人的心中引出了这个结论。

我谨向 30 年来与我合作的中国同事,尤其王静宁博士、鲁桂珍博士、何丙郁教授和曹天钦博士的真诚相助表示衷心感谢。

(陈养正　译)

译　注

①本文写于 1963 年,但作者在《中国科学技术史》卷五第一分册(1985 年出版)中,已改变看法,认为纸是在蔡伦以前的西汉发明的。

【6】（中西对比）

Ⅰ—6　中国与西方的科学和农业[*]

　　几天前我收到一期《科学新闻月刊》（*Monthly Scienc News*），是纪念英国哈福德郡的著名的罗桑斯泰德农业研究所（Agricultural Research Institute of Rothamsted）创建100周年的专号。它相当清楚地表明近代农业研究中所进行的广泛工作，如关于土壤、植物生理学和植物病理学、作物遗传和植物栽培、病毒、细菌、原生动物和植物生命化学的研究等。已经出现许多门新的学科。这些工作由几千名研究者进行。在美国根据罗桑斯泰德的模式建立了数百个农业试验站。

　　使我感兴趣的这些研究，各位也会在英国、美国和苏联，事实上在整个西方国家看到。农业科学的这一重大发展发生在工业社会，这是很奇怪的吗？人们可能会问，为什么这些进展没有发生在中国？为什么农业科学的重大开端没有出现在中国这样一个世界上最大的农业国家里？

　　越是生活在中国的人就越会发现，中国文明始终以农为本。农业科学的兴起发生在世界上工业国家，这不是奇怪的吗？这是个矛盾。今晚我想同各位讨论的，就是这种矛盾的含义。我们必须要从历史观点来谈论欧美农业中的科学。人们常常说中国农民直到近期才落后于西方的乡下人。当欧洲乡下人用木犁的时候，中国人已有了铁犁；而当欧洲人开始用钢犁时，中国农民仍然使用铁犁，并因而落伍。这种一般说法有些是对的。但这意味着什么？这是我今晚要讨论的。

　　我们可以用另一种方式来讨论这件事，就是说事实上作为一个整体的近代科学没有发生在中国，它发生于西方——欧美，即欧洲文明的广大范围内。这有什么原因呢？我以为我们必须找出这个原因，因为如果我们不了解它，我们关于科学技术史的观点就要处于完全混乱之中。如果我们不能了解过去，我们也就没有多少希望来掌

────────

[*] 本文是李约瑟博士1944年2月在重庆的中国农学会会议上作的演讲，收入《科学前哨》（*Science Outpost*）第252—258页（伦敦，1948），是本《文集》所载李约瑟作品中年代最早的一篇，有历史意义。从此文中我们可以看到，作者关于中国科学史发展的现今一些想法，早在40多年前已经形成。——编者注

握未来。我相信下列两点是正确的主张。

第一,古代中国人像通常被认为产生科学的古希腊人一样,是能够探究我们所生活的世界的。你们的祖先有很有名的哲学学派,像道家和法家。我相信(我不必做某些研究就可以说)他们与古希腊哲学家不相上下,后者关于自然界的研究成为西方科学的开端。大多数中国学者可以说出同样的东西。但由于各种原因,它没有得到进一步的发展。

第二,在很长时间内,我们可以说大约 2500 年间,中国人做出了对整个人类史绝对重要的一些经验发现。其中某些当然是我们都很熟悉的,但这些发现总是停留在经验阶段。中世纪科学的发现是纯粹实用的发现,但这些发现的存在毕竟表明中国人在过去不只是能思索大自然,像道家或名家的逻辑学家那样,他们还能做出实验。

至于说到这些在世界上具有如此重大影响的经验发现中有不少与农业有关,我们可以举出丝绸技术为例。养蚕当然是在中国开端的,长期以来我们不知道它的起源。我见过某些四川朋友,他们坚持说蚕必定是在四川发现的,因为四川的古名"蜀"字有"虫"字根。不管从哪儿开始,养蚕的起源肯定是在中国,经中亚传到西方,丝织品从中国进口。

其次,我要谈到宋代的活字印刷术。在宋代当活字首先用于印刷术时,用这种方式刊印的第一部书是《农书》[①]。一位名叫卡特的美国人,如果我记得对的话,写过一本题为《印刷术的发明及其西传》(*The Invention of Printing and Its Spread Westwards*)的书[②]。印刷术正如丝织品一样,经过古老的丝绸之路,最后到中东,后来又传到其他地方,到达西欧的时间正好是处在被认为是印刷术之父的谷腾堡[③]时代。

还有在中国起源的、可引起农业及其相关科学进步的另外的思想产物,这就是化学。我们都知道化学起源于炼丹术。但炼丹术的起源一直弄得很玄。人们不能在古欧洲找到炼丹术的任何痕迹,而古希腊和埃及炼金术是相当晚的,不会早于 2 世纪。最近学者们的研究已经表明,最早的炼丹术是在中国出现的。有关炼丹的最早记载出现在公元前 2 世纪[④],而用各种语言写成的最早一部炼丹术书,是魏伯阳写的[⑤]。这种原始科学是由想长生不老的道家发展起来的,虽然他们用药物和黄金达到长生不老的思想本身在我们今天看来是错的,然而他们发展了化学技术、处理物质的方法,并因而是近代化学之父。炼丹家的成就中,就有至迟在 1100 年前发现了磁偏角。

中国炼丹家的符号与西欧炼金术是一样的。而炼丹术还与火药的起源有关,每个人都认为火药发明于中国,但并非所有人都认为火药在西方人以前用于战争。关于火药的最早记载确实出现在中国。这可以追溯到唐代,我们看到这时有关于爆仗的确切的叙述。后来北宋人在大约 950 年将火药用于战争,这是在欧洲施瓦茨(Schwartz)⑥"发明"火药前250年。我想,必定是唐代炼丹家偶然之间碰到了火药,而且很可能他们自己也被炸过。

我还想再谈一点在中国做出的经验发现。在西方,人们常常有一种想法,认为中国是一个有很大技艺传统,但却没有技术史或科学史的纯粹农民的国家。我认为这种成见是很要不得的。我可以说一下关于生物化学的某种发现,当然不一定同意中国某些认为本草学仍可代替近代医学重要体系的人们的意见。我以为本草学是药物学的一个很大的历史宝库,而我们肯定知道有大量植物和药物事实上是在中国发现的,而不是在西方。例如,从蟾蜍皮中提取的含有类似强心剂的很有趣的药物,在西方是得自于指项花(foxglove),并用其作为主要的心脏兴奋剂。这很可能是在大的宝库中的20种药物中的一种具有永久价值的药物。第一部已知的有插图的本草书(1249)是用中文写的,而不是用欧洲语写的。所有这些都是很大的成就。但在经验医学中还有其他一些成就。营养缺乏症当然是一个近代的概念。正是我自己的上级弗雷德里克·高兰·霍普金斯爵士(Sir Frederick Gawland Hopkins,1861—1947)⑦在揭示维生素方面起了主要作用,像今天所了解的那样,缺乏维生素就要引起诸如脚气病和坏血病等营养缺乏症。现在把承认脚气病是一种营养缺乏症归之于日本人于1897年的发现。但中国人发现这种营养缺乏症的存在可追溯到元代的1350年。那时忽思慧写了一本论述以饮食来治疗某些疾病的原理的书⑧。在这本书中他清楚地描述了脚气病的临床形式,他还详细说明不少植物和水果,如果将其与鱼或肉烹饪服用,就能在短时间内治疗这种疾病。在与植物有关的其他技术成就中,我们必须提到某些古农书。某些书是相当古老的,如《橘录》可追溯到宋代。种橘子可能是在四川开始的。在植物保护中利用昆虫抵御另一些害虫,在中国可追溯到3世纪。

我想我已经列举了足够事例,说明认为在中国没有科学和技术的想法是荒唐可笑的。中国有许多技术发现,但这还不是近代科学,也不是理论科学,而是经验科学。这中间有很大的区别。为什么近代科学在西方兴起?我们得要考察一下中国与西方之间的根本不同。

如果我们从四个方面——地理、气候、社会和经济条件来考虑中国与西方之间的不同,我们就可能抓到要领。我愿强调一下这些具体因素。首先是地理因素。从地理学观点来看,欧洲与中国是很不相同的。打开地图看一看欧洲,它仿佛是由波罗的海、地中海、黑海和亚德里亚海等分割的一些岛屿,正像一个群岛。来去乘船的航海生活在欧洲比在中国更为重要。与此有关的是,所谓城邦具有更大的重要性。各位可能总是把城邦形容为后面山上有矿,而前面则是在海湾上航行的船队的一幅图画。在古希腊和意大利确是如此,在威尼斯和在英国的布里斯特尔和林恩也可能如此。

当你们看看中国，又是多么不同，依赖于精耕细作的农业，在那里农业单位是县城及其周围的乡村(每县有 50 或 100 个乡)，几乎像是人体的细胞。我在西北的甘肃停留过，在那里经过沙漠有一块块的绿洲。绿洲中的县城像是从母体中分出的一个细胞。中国农业就是在其中发展的，而不能在沙漠或草原上发展。

　　现在再转向一个重要之点，假定欧洲与中国之间有区别，那么欧洲发生了什么情况呢？在那里发生了商人势力的兴起。中国不同时期有不少商人，某些是很有力量的，但从没有在整个国家的政治经济中占有一席位置，像商人在西方那样。他们从未具有同样的政治上的重要性。我们还可以进一步说，当欧洲封建制解体时，它让位于资本主义。最初的资本是由商人所积累的，而后是商业资本让位于工业资本主义。它现在又可能要让位于社会主义，但这是另一个历史进程了。现在也许所有历史学家都无疑会承认，近代科学的兴起发生在资本主义上升时期。但在中国封建制破坏后，又发生了什么呢？我们对此有不同的答案。中国发展了西方所不熟悉的特殊的社会制度，"亚细亚官僚制度"。经济史中有特殊的专门术语。我们开始看到，资本主义在西方兴起，而中国没有兴起资本主义，与中国没有兴起近代科学有关。代之而起的是亚细亚官僚制度。因之便产生一个问题，中国官僚制即中央集权制是怎样起源的呢？那么，让我们看一看在中国历朝历代的皇帝是如何精心制订文官制的吧。各位可能很少会想到，当西方发现文官是多么深地卷入中国生活时，对于试图了解中国的人来说这是何等令人吃惊。甚至在民间传说中，对神怪和神仙都按官级给出了官衔，到处都是官僚制的意识。甚至在今天当我到中国的县城时，我仍看到用红纸贴在墙上的条幅，上面写着："天官赐福"。我们在西方没有这类东西，我们也从没有这类文官。

　　那么它的起源如何呢？为什么在中国官僚制代替了西方的资本主义呢？这是在中国存在的这种农业化所必需的吗？在西方，特别是西欧，我们有足够的雨量，而我们的河流在河床上正常流入大海。只有少数地区有严重水患或干涸之险。欧洲许多地区的谷物是丰富的，我们不需要做大量蓄水或灌溉工作；但在中国，又是一个多么不同的情景！对中国农业来说，到处都绝对需要灌溉。学者们说，中国需要进行的灌溉和蓄水工程比世界任何其他人民都更为显著得多。世界上没有另外的水利工程像大运河那样把北方的都城与南方区域联结起来。经济史家认为，为了从事这些巨大的工作，需要管理数百万劳动力，而这就产生了官僚制度。在那些年代里，没有蒸汽铲，没有大卡车，也没有铁路，所有这一切都是靠"苦力"来做的。就像各位今天在铁路上看到他们按"百万人自带茶匙"规定行事那样。管理这大批人便产生官僚制。

　　我还想进一步指出几点，即中国和西方遵循不同的方针。由于气候、地理条件的不同,作为社会和经济条件的后果,我们不得不遵循这些不同的方针。再回过头来看看我在开头时提到的罗桑斯泰德研究所,即在一个工业社会中,农业科学得到很大的发展。人们会要问,为什么在农业的中国没有在任何程度上发展起农业科学?我认为这是一个最有兴趣的问题。或许可以作出下列答案。农业科学基本上是建立在生物科学基础之上的,而中国在有了物理学和化学之前,不可能有生物学(从历史发展历程来看似乎是如此)。因此当威廉·哈维(William Harvey,1578—1657)——血液循环的发现者和我所在的剑桥大学那个学院的一员——在1629年叙述血液循环时,他用了这种表达方式:"心脏促使周身血液流动,就像水风箱的两个瓣阀提水一样。"他用了一个工程上的比喻。因此在科学史中,物理学和化学来得早,而生物学来得迟。农业科学只有在这以后才能到来。也许这是由于商人阶级在买卖物品时,首先需要了解无生命体的性质。正如在发现美洲后,新的产品被带了回来,而欧洲商人为了买卖它们,需要了解其性质。

我今晚所说的,并没有别的意思。并不是说资本主义经济肯定是今天或未来的最好的经济。我所试图要做的一切,是指出资本主义在过去所起过的作用。我也不想被理解为,正因为是中国药,便主张服用,而不管是否了解其药性。其实还不如说,这是近代医学试过并检验过的产品。我并不主张用"西"医字眼儿,因为我们的遗产实际上也就是你们的遗产。

我愿意提出下列有刺激性的主张。如果中国有像西方那样的气候、地理以及社会、经济因素,而我们西方有像中国这样的相同条件,近代科学就会在中国产生,而不是在西方。而西方人就不得不学习方块字,以便充分掌握近代科学遗产,就像现在中国科学家不得不学习西方语那样。

因此,人们最后可以说,在我们双方都各有其历史骄傲和历史自卑之原因,如果可以用这样一种表达方式的话。中国的骄傲应当是,在许多方面,在思想和实验工作方面都做了开端,但可惜,由于继承下来的经济和社会因素,没能在中国使其发扬。我们在西方从我们自己的古希腊遗产出发,最终使我们摆脱了这种束缚,并能把我们关于宇宙的知识融合成为一个有条理的整体。我想,我们能做到这一点是由于我们的环境因素。但欧美文明能给世界带来儒家的仁义或道家的和平吗?因而我们每个人在我们的历史中也有我们骄傲和自卑的理由。我们不必为过去而过多地烦恼。我们需要了解过去并揭示其与未来的关系。

当然,今天的情况是,近代科学绝对是国际性的。在中国科学家与西方科学家之间没有区别。我特别不喜欢使用"外国"科学或"西方"科学这类字眼儿。科学既是你们的,也是我们的遗产。庄子和安那克萨格拉斯(Anaxagoras)[⑨]、朱熹和达·芬奇,干吗要区别开呢？不存在"外国"科学或"中国"科学这类东西。只有一种国际性的人类科学，这是我们的共同财产。今后通过合作和团结，人类进步只能有一种可能的方式。科学的统一已经预兆了总有一天会将人类团聚为一体的政治上的统一。中国人民和西方人民在这样一个共同目标中是兄弟[⑩]。

（潘吉星　译）

译　注

①此处可能是指王祯的《农书》(1313)。自北宋的毕昇发明泥活字后，王祯便试用木活字，时《农书》方成，本想用活字印，但江西已将其刻为雕版，故王祯只好留待别用。1298 年他用木活字试印过《旌德县志》，见张秀民：《中国印刷术的发明及其影响》，80 页（北京，1978）。

②托马斯·弗朗西斯·卡特（Thomas Francis Carter，1882—1925），美国汉学家。其所著《印刷术的发明及其西传》(1925 年版)，曾于 1957 年由吴泽炎译成中文（商务印书馆），关于印刷术西传历程，详见该书。

③谷腾堡，德国工人，1437—1445 年间研究金属活字印刷技术，排印《四十二行圣经》等书。

④指司马迁在《史记·封禅书》中所载炼丹家李少君向汉武帝刘彻（前 156—前 87）对话时所提到的有关以丹砂变为黄金之记载。

⑤指东汉炼丹家魏伯阳写的《周易参同契》。

⑥14 世纪末，德国流行一种说法，认为火药和火炮、火枪等为一炼丹家和僧侣贝托德·施瓦茨（Berthold Schwartz）所"发明"，据说他生活于 13—14 世纪。但后来化学史家通过严格检验，证明这说法没有依据，历史上是否真有其人，亦属疑问，见 J. R. Partington：*A Histoy of Greek Fire and Gunpowder*，p. 96（Cambridge：Heffer，1960）。

⑦高兰·霍普金斯(1861—1947)，英国生物化学家，皇家学会会员，剑桥大学教授，英国近代生物化学的奠基人，李约瑟的老师。

⑧指忽思慧的《饮膳正要》，参见本书所收《中国营养学史上的一个贡献》一文。

⑨安那克萨格拉斯，古希腊哲学家。

⑩李约瑟及其夫人李大斐在合著的《科学前哨》导言中对这一思想作了如下的表述："同中国朋友共事，起到发展一种国际科学合作事业信念的作用，现在它以联合国教育科学与文化组织的形式结下了硕果。不管是在今天的形势下，还是在今后要形成的形势下，2000 多年前在《礼记》中表达的'天下大同'的高尚思想，将无疑会取得胜利。"

【7】（中西对比）

Ⅰ—7　中国与西方的时间观和历史观*

中国和西方所特有的时间概念和历史概念的差别（若有的话），与近代科学技术仅仅产生于西方文明的事实，这两者之间，是否存在着某种联系呢？由许多哲学家所提出的论点，是由两部分组成的：第一，试图论证基督教文化比任何其他文化更加重视历史；第二，这种对于历史的重视在意识形态上有利于文艺复兴和科学革命时期近代自然科学的发展。

前一部分论点，长期以来是西方历史哲学家惯用的根据[1]。与其他几大宗教不同，基督教是与时间牢固地联系在一起的，因为赋予整个历史以意义和格局的耶稣的降生发生在明确的时间点上。基督教又起源于以色列，而以色列文化具有伟大的预言传统，并将时间看作实在的而且是真实变化的媒介。希伯来人是最早给出时间价值的西方人。他们也最早在事件的年代记载中看到了神的显现。因为基督教认为整个历史的构建围绕着一个中心，一个现世的中点，即基督生命的历史性，从创世经过亚伯拉罕誓约延续到基督再临、救世主再来人间作主1000年，直至世界末日。原始基督教根本不知道永恒的上帝，即无论过去、现在、将来，永远的上帝[2]；他表现了连续不断和直线式地进行拯救的时间过程，即拯救计划。在这种世界观中，再现的现时总是唯一的、不重复的和决定性的，在它面前有着空旷的未来。这个未来本来会受到个人行动的影响，而个人可能帮助或妨碍历史的不可逆的和有意义的定向。因而，历史上的道德意图，人的神化，受到了肯定，意义和价值也在其中得到了体现，正像上帝本身获得了人性，而上帝之死只是全部奉献的象征。总之，世界进程是一出神圣的戏剧，在单一舞台上演出，并且没有重复表演。

这种观点通常与古希腊和古罗马世界，特别是前者的观点，形成了鲜明的对比，在那里，"循环"的概念一般占有统治地位[3]。在赫西俄德（Hesiod，约公元前8世纪）

---

* 节选自 Henry Myers 讲座第八讲《时间观和西方人》，1964年，英国皇家人类学研究所不定期论文集第21期。（本文略去一系列参考资料和注释）经作者同意发表。——原编者注

著作中有关世系及其无穷再现(recurrence)的描述[4],当然是毕达哥拉斯所传授的学说之一。在古希腊文化(Hellenism)的另一端,可以见到斯多葛派(Stoics)关于4个世界周期的学说和马可·奥勒留(Marcus Aurelius,121—180)的宿命论的虔信主义。亚里士多德的学生欧德莫斯(Eudemus,约公元前4世纪),想象出一种完整的时间回归,以至于他可以一而再、再而三地多次坐下来与他的学生们谈话。亚里士多德本人,柏拉图也是这样,都习惯于推测:每种艺术和科学多次获得完善的发展,然后消亡,或者说,时间又返回到它的始点,而一切事物恢复到它们的原始状态。这想法,当然常常与天文观测和计算的长周期天象重现结合起来,因而有了(或许是巴比伦人的)"大年"(Great Year)概念。循环式的再现排除了一切真正新奇的事物,因"未来"实质上是被封闭的和被确定了的,现时并不是唯一的,而一切时间实质上都是过去的时间。"现存之物即未来之物,已做之事即将做之事,普天之下,无所谓新"[5]。因此,救世只能被认为是逃避时间世界,并且正如某些人所推想的那样,这在一定程度上导致古希腊人着迷于演绎几何学的永久模式,关于柏拉图"理念"论的表述以及一些"神秘宗教"[6]。

从现存事物的无休止的轮回中解脱,使我们立刻想到了佛教和印度教的世界观。实际上,非基督教的古希腊思想在这一方面极像印度思想,这一点看来是正确的。一千个大时(mahāyuga,人类推算的40亿年)构成一个婆罗门日(Brahma day),即一劫(kalpa),以再创造和进化为开始,以世界及其一切创造物被溶解和吸收于绝对而告终[7]。每劫始末总是带来神话传说的再现,诸神与泰坦的交替胜利,护法神(Vishnu)的显灵,反复搅动乳海(Milky Ocean)以寻取长生药,以及《罗摩衍那》(Rāmāyana)和《摩诃婆罗多》(Mahābhārata)等史诗般的英雄业绩。因而在《阇陀伽本生经》(Jātaka)中讲述了大量的佛祖再生故事。在印度思想中,历史唯一性的尺度并不是真正存在的。因此,一般都承认,印度仍是最少有历史精神的伟大文明。同时,未受到犹太文化影响的古希腊与古希腊文化世界的情况,是仅有少数非凡人物突破流行的再现学说,如希罗多德(Herodotus,约前484—约前425)和修昔底德(Thucydides,约前460—约前400),并且他们只是部分地突破。当然,在印度由于家长和农民在履行他们一代的责任时所表现的才智(印度教徒比佛教徒更多),使得这种不可救药的世界观被大大地修正了。事实上,他们所特有的"斯多葛哲学",至少在每个人的生命周期内,在一定程度上给他们日常的社会生活以受到尊重的地位。

保罗·蒂利希(Paul Tillich,1886—1965)曾把这两大类型的世界观的特点,概括成几乎是警句的形式[8]。对于印度—古希腊文化来说,空间统治时间,由于时间是循环的和永恒的,所以暂存的世界比无始无终的世界更缺少真实性,并且实际上没有终极的价值[9]。存在必须通过形成的血肉之躯来获得,灵魂的拯救仅能靠个人而不能靠社会,辟支佛(*Prateyeka buddha*)独觉就是最好的例证。由于人世间的时代一一毁灭,因此,这里最适宜的宗教或者是多神论(特定空间的神化),或者是泛神论(全部空间的神化)。看起来,这是着眼于尘世,只图短暂今世的安乐,而不敢展望未来,仅在永恒中探求永存的价值。因此,这实质上是悲观主义的。另一方面,对于犹太基督教来说,时间统治空间,它的运动是有向的和有意义的,要经历上帝与邪恶力量之间长久的较量(这里,古代波斯与犹太基督教世界走在一起了)[10]。在这场斗争中,由于善终将取胜,所以就本体论来说,现存的世界从本体上来说是好的。真正的存在内在于形成之中。灵魂得救对公众而言,存在于历史之中和通过历史来体现。世界的时代被确定于一个中心点,这个中心点在战胜任何自毁倾向,并创造出不能为任何时间循环所毁坏的东西,赋予整个过程以意义。因此,最适宜的宗教是一神论,把上帝作为时间及其中发生的一切事件的审计者。这看起来是要专修来世,而鄙视今世的一切。但由于世界本身并非虚幻而是可以补救,所以其信念与过去和未来联系在一起的,并且这也将获得天国的认可。因此,这实质上是乐观主义的。

作为历史事实,我们确实可以承认基督教世界的强烈的历史意识。论点的第二部分(与其说由历史哲学家提出,还不如说是他们所暗示的这一部分)是,这种意识直接对文艺复兴时期近代科学技术的兴起作出了贡献,因而可以与有助于说明近代科技兴起的其他因素处于并列的地位。如果这种意识有助于说明在欧洲近代科学技术的兴起,那么在别处它的缺乏(或假定缺乏),也许就会有助于说明别种文化中科学革命的缺乏。

无疑,时间是一切科学思索(在常规时空维中占四分之三,它在自然界中就确实占了一半)的一个基本参数,因此,任何贬毁它的行为都不利于自然科学。对于它既不应作为虚幻而不予考虑,也不应与超验和永恒相比较而加以贬低。时间存在于一切自然知识的来源之中,无论是基于不同时代做出的观察,因为它们包含了大自然的一致性;这是基于实验,因为它们必定包含时间的流逝,这种流逝可期望尽可能准确地予以量度。关于时间真实性的信念,确实有利于对科学来说如此基本的因果关系的鉴别。然而,为什么犹太基督教的时间线性论应该比印度—古希腊的时间循环论更有利,这一点乍看起来并不是很明显,因为假如时间循环足够长的话,就会使试验者几乎难以意识到它们。但是,很可能,再现论实际上所耗竭掉的东西是连续积累永不完备的自然知识的心理状态,以及来源于高超的技艺但由皇家学会及其学者们完成的理念[11]。如果说人类科学努力的总和预先就已注定了不可避免的消亡,却通过世世代代的无休止的辛劳重新形成,因此,人们倒不如在宗教的沉思或禁欲主义的超然态度中,寻求彻底的逃避,而不是自我耗损,就像构成珊瑚的珊瑚虫与它的同类盲目地在活火山口的边缘上构筑礁石一样。心理上的力量当然并不总是以这种方式被削弱的,因为若不是这样,亚里士多德也就绝不会苦苦地进行动物学研究,而他的正题,《动物史》(*Historia Animalium*),却与我们的思想有关。这个标题在字面上就表明了"历史"一词古今一致的原意,任何知识都要通过探索才能获得——因而,表达方式仍然是通用的,如自然史。不过,相信这样一点也许合乎情理,按照社会学的术语,对于科学革命来说,在如此众多的人们之间的合作(不同于希腊科学的个人主义),成为本质的不可缺少的组成部分,时间循环论受到了坚决的阻止,而时间线性论则作为其明显的背景。

从社会学角度来说,时间还会以另一种方式起作用,即促使那些致力于"在教会和政府中进行彻底改革"的人,充分地增强决心,从而不仅带来"新科学或实验科学",而且带来资本主义的新秩序。早期的改革家和商人,难道不正是相信革命的、决定性的和不可逆的社会变革的可能性吗? 时间线性论固然不是造成这种可能性的基本经济条件,但它可以成为推动这个过程的心理因素。变化本身同样具有天赐的权威性。由于《新约》代替了《旧约》,预言已付诸实现,并且人们带着宗教改革运动的激情,受到从多纳图派到胡斯主义者的整个基督教革命传统的支持,再次天启似地梦想在地球上创建天国。循环论时间观不含天启观念,无论科学革命多么清醒,还是受到帝王的庇护,都与这些幻想密切关联。那句使人沮丧的格言是"没有什么命题是往昔未曾提出过的命题(*nil dictum quod non dictum prius*)",约瑟夫·格兰维尔(Joseph Glanvill, 1636—1680)在1661年写道:"在我看来,并没有什么价值。我不能把自己的信念与所罗门的条文联系起来。晚近这些年代,已经向我们展示了古代从未见到的东西。没有,在梦中也没见过。"[12]完美不再贮存在往昔,书籍和旧时的作者被搁置起来,由于发现的方法本身已经被发现,所以人们不是以三段论的推理作茧自缚,而是以数学假设的新技巧面对大自然。随着岁月的流逝,时间线性论更深刻地影响了近代自然科学,这是由于人们发现星系本身也有历史,并且把宇宙演化作为生物进化和社会进化的背景而加以研究。此后,为了我们至今还具有的进步信念,启蒙运动使犹太基督教的时间观世俗化了,以至于今天当"人道主义者"或马克思主义者在与神学家争论的时候,虽然他们穿着不同色彩的外衣,但是,这些外衣(至少对印度观众来说)实际上却是将里子穿在外面的同样的外衣。

这促使我们来考虑中国文明的地位。在截然不同的不可逆线性时间观与"无穷再现的神话"之间,中国文明站在哪一方? 无疑,两种概念的因素它可能都存在。但广义地说,并且不管还有什么别的情况可说,在我看来,时间线性论占有统治地位。

诚然,欧洲文化也是一种混合物,尽管犹太基督教的观念确实占有统治地位,但印度—古希腊的观念从未消失——在我们这个时代。从 O. 施本格勒(O. Spengler, 1880—1936)的历史观中就能看到这一点[13],并且永远如此。奥古斯丁(圣奥古斯丁, St. Augustine,354—430)在《天堂》中,创立了单向时间观与历史观的基督教体系,同时,亚历山大的克莱门特(Clement of Alexandria,约 150—约 220),米努希乌斯·费利克斯(Minucius Felix,3 世纪)和阿尔诺毕乌斯(Arnobius,4 世纪)却倾向于与“大年”类似的时间星体循环论(astral cycles)。类似地,在 12—13 世纪,约基姆(Joachim of Floris,约 1145—约 1202)受到三位一体中“三位”(Three Persons of the Trinity)的启发,在其所著《永远的福音》(*Liber Introductorius ad Evangelium Aeternum*)一书里,提出了进化的和启示性的三代论(Three Ages)。同时,巴尔托罗莫乌斯(Bartholomaeus,约 1230),西热尔(Siger of Brabant,活跃于 1230—1250)以及彼得罗·达巴诺(Pietro d'Abano,死于 1316),至少(即使并不完全感到满意的话)还准备平心静气地来讨论那样一种理论,即在 36 000 太阳年之后,由于行星和星座从它们的原始位置重新开始运行,历史本身将要重复,甚至重复到最详细的细节[14]。

中国的情况是很相似的。在属于早期道家的思辨哲学家之间,在包含再现末日审判思想的后来的道教中,以及在理学学派中(这种理学主张在周期性的混沌之“夜”以后,总是又恢复了宇宙、生物,以及社会的演化),时间循环论是很突出的。上述第二者和第三者,无疑受到印度佛教的影响,佛教给中国带来了有关“大时”(mahāyuga)、“劫”(kalpa)、“大劫”(mahākalpa)的知识,但是早期道家学派比这些知识要早得多,事实上,我们在其中找不到这种教义的发展痕迹,相反地,却只能找到基于承认现存事物生命期和季节循环性的诗一样的宁静。但是,所有这些都没有考虑到古往今来的中国人的主体与儒家学派,后者是官僚政治成员,在古老“宇宙论”的或自然崇拜的仪式中做帝王的助手,并且为天文和编史机构太史局提供人员。汉学家们已经用了一个多世纪的时间正确评价了中国文化中的线性时间意识(linear time-consciousness)。但是,凡是他们所知道的,至少需要同样长的时间才能变成西方知识分子的共同财产。因此,在一篇有趣的文章中,卜德写道:“中国人的时间感是与他们热切地专注于人的事物联系在一起的。这种时间感即人的事务应适应于现存的框架。结果是大量的和完整的历史文献的积累,并已延续了 3000 多年。这个历史符合于明显的道德意图,即研究过去借以指导现在和将来……中国人这种重视现存事物的思想标志着中国人与印度人之间的另一个鲜明的差别。”[15]中国的伟大历史传统正视了在人类历史上具体化的“仁”和“义”,并且试图把它们在人的事务中的表现,记录下来,传播后世。这个传统对于表彰和谴责(褒贬)的倾向性,其目的在于“有助于政教"。这虽然有些局限性,并且容易定型成一种刻板的通例,却与佛教徒信仰的羯磨(karma)无关。它所证实的是,恶的社会结果会产生恶的社会行为,虽然这些恶行可能导致一个恶的统治者个人的毁灭,但报应可能或只能降临到他的家庭或王朝,而报应是无法避免的。通过个别人的一系列肉体再生,对善恶做出报答和惩罚,这种体系,对于关心社会远胜于关心个人的儒学历史家来说,完全是外来的。假如他们不持有线性时间观,那么很难想象,他们会以这样的历史头脑和蜜蜂似的勤劳进行工作。再者,我们完全可以证明,社会进化的理论、由具有创造才能的文化勇士们所开创的技术时代,以及对于纯粹科学和应用科学累积式发展的正确评价,是绝不会为中国文化所忽略的。

最后,当具有世界意义的事件发生的时候,相对来说可能会过高评价犹太基督教的答案,即时间流向时空的一个特定点。秦始皇于公元前221年完成的帝国的第一次统一,是中国历史思想中永远不会忘记的焦点。更重要的是,有了天人合一,从未有哪个教皇和皇帝患了精神类疾病而去打破它。如果要想知道什么事情是更神圣的,那就是圣人的言行,这个圣人,即万世师表孔子(孔丘,前551—前479),中国文明中至高无上的道德楷模,未加冕的"皇帝"。其影响在今天还活生生地存在于新加坡的住房和山东的公社[16],形成了中国思想(无论是传统的、技术的,还是马克思主义的)无法回避的背景。孔子的经历至少与耶稣的经历一样是历史性的。孔子的观点实质上是朝后看的。根据本文提出的证据,这种观点是一种不能近观的论题——圣人之道并不能在他那一代付诸实践,但是他自信,无论在何时何地只要加以实践,男女就能够也一定会生活在和平与和谐之中。当这种比基督教更不注重来世的信仰(严格地说,天道并不是超自然的),与道家原始教义中内含的革命思想结合在一起的时候,人们能够并且确实为之斗争的、基本上是启示性的关于大同和太平的梦,已经开始发挥其有力的影响。蒂利希写道:"现在是过去的结果,而根本不是未来的预测。在中国文献中,有关于过去但并非预测未来的很好的记录。"当欧洲人还知之甚少的时候,不对中国文化做出结论,或许仍然是适宜的。启示性的、与救世主差不多的、演化的以及按其特有方式进步的,当然还有时间线性论等,这些因素始终存在。不管中国人发现了或者想象到天上的和地上的一切循环,自商朝以来自发和独立发展的这些因素,都曾经统治过儒家学者和信奉道教的农民的思想。就整个中国而论,伊朗—犹太基督教型的文化多于印度—古希腊型的文化,在仍按"永恒的东方"进行思考的那些人看来,这似乎是很奇怪的。

讲到这里,结论突然涌上心头。假如中国文明不自发地发展近代自然科学,如同西欧自发地发展了近代自然科学一样,那么尽管她的科学在文艺复兴前15个世纪里非常先进,但这与她对时间所持有的态度是无关的。当然,除去地理、社会和经济等具体条件和结构,其他的思想因素,还有待于更详细的研究,也许还要承受解释清楚这副重担。

（何绍庚 刘 洁 译）

参考资料与注释

〔1〕特别见 O. Cullmann：*Christus und die Zeit*（Zollikon－Zür－ich：Evang. Verlag，1945）；F. V. Filson 英译，*Christ and Time：The Primitive Christian Conception of Time and History*（London，S. C. M. Press，1951）；P. Tillich：*The Interpretation of History*，N. A. Rasetzki 和 E. L. Talmey 译（New York and London：Scribner，1936）；*The Protestant Era*，J. Luther Adams 译（Chicago：Chicago Univ. Press，1948；London：Nisbet，1951）；R. Niebuhr：*Faith and History：A Comparison of Christian and Modern Views of History*，（London：Nisbet，1949）；*The Self and the Dramas of History*（London：Faber & Faber，1956）；H. Christopher Dawson：*The Dynamics of World History*，J. J. Murllo ed.（London：Sheed & Ward，1957）；*Progress and Religion：An Historical Enquiry*（London：Sheed & Ward，1929）；T. F. Driver：*The Sense of History in Greek and Shakespearean Drama*（New York：Columbia Univ. Press，1960）；H. Butterfield：*History and Man's Attitude to the Past：Their Role in the Story of Civilisation*，Foundation Day Lecture，London School of Oriental Studies，1961.

〔2〕*Revelations*，Ch. Ⅰ，verse 4.

〔3〕关于这些,特别见 M. Eliade：*Le Mythe de l'éternel retour：Archétypes et répétition*（Paris，Gallimard，1949），W. R. Trask 英译，*The Myth of the Eternal Return*（London，Routledge & Kegan Paul，1955）. Eliade 一开始介绍了他有关古代和远古人们季节性习俗的吸引人的研究工作。他指出,这些习俗有助于人们保护自己避免由于时间的推移而带来的心理上的畏惧和对于真正新的、不可逆转的任何事物所感到的强烈的恐怖（pp. 88,128,184,217）。这类重复与天文计算上的长周期结合在一起,导致了印度—古希腊的时间循环论的宇宙观。

〔4〕J. G. Griffiths：*Archaeology and Hesiod's Five Ages*，*J. Hist. of Ideas*，ⅩⅦ：109（1956），with comment by H. C. Baldry，p. 553；F. J. Teggart：*The Argument of Hesiod's Works and Days*，*J. Hist. of Ideas*，Ⅷ：45（1947）.

〔5〕*Ecclesiastes*，Ch. Ⅰ，verse 9.

〔6〕参考资料〔1〕，T. F. Driver，p. 38. 虽然科学史家从不疲倦地为欧几里得演绎几何学对于西方世界的贡献唱赞美诗,但是我清楚地记得 1949 年与波恩的 Paul Lorenzen 博士的一次谈话。他在这次谈话中表示了这样一种看法：欧洲有过多的欧氏几何并非一件好事。诚然,几何学是现代科学的必不可少的基础,但是它确实也有不好的影响,这就是诱使人们过分去相信各种各样不言而喻是想象出来的、抽象的、永恒的和公理化的命题,以及过分乐意接受那些刻板的、逻辑的和理论的陈述。由于这些变成了天主教士从罗马法学家那里继承下来的带有权威性的信念,所以当商人阶级的势力增强的时候,宗教改革运动就不可避免地爆发了。西方至今仍然蒙受着那个时代的口号的损害。然而,中

国是代数的和"巴比伦式"的,而不是几何的和"古希腊式"的,因此相对倾向于实用和近似,而不是理论和绝对。人们并不认为有必要来系统阐述那些如此永恒的和公理式的命题。于是,经验主义的、历史的和"统计"的伦理观盛行起来,几乎很少有思想方面的狂热,并且基本上不存在因为宗教信仰的缘故而遭到迫害的现象。〔参见 J. Needham:*The Past in China's Present*,*Centennial Review*,Ⅳ,pp. 145,281(1960).〕

〔7〕H. Zimmer:*Myths and Symbols in Indian Art and Civilisation*,J. Campbell,ed. pp. 11,16,19(New York:Pantheon,1946). 参考资料〔3〕,M. Eliade,p. 169.

〔8〕参考资料〔1〕,P. Tillich:*The Protestant Era*,pp. 23,30;R. Niebuhr:*Faith and History*,p. 15.

〔9〕时间确实几乎同化到空间中去,因为无限重复消失的每一个事件,只是虚幻的事件,并且没有不可逆的变化——每一时刻就像可以通过放映机反复前进的电影胶片上的"静物摄像"(参见参考资料〔3〕M. Eliade,p. 184)。

〔10〕参考资料〔3〕,M. Eliade,pp. 185,191.

〔11〕参见 *Complete Lecture*,p. 39.

〔12〕*Scepsis Scientifica* of Confest Ignorance,the Way to Science,in an Essay on the Vanity of Dogmatising and Confident Opinion(London,1661,1665). Repr. and ed. J. Owen(London,Kegan Paul,1885).

〔13〕亦可参考近来射电天文学家和其他一些人之间的争论,这场争论在剑桥和其他一些地方引起不小的轰动。其中涉及到"稳恒态宇宙论"与"膨胀和收缩宇宙论"的对立,创造和再创造是后者的必然结果。"大年"概念并未消失,尽管在科学外衣下,几乎难以辨认出来。

〔14〕L. Thorndike:*A History of Magic and Experimental Science during the First Thirteen Centuries of Our Era*,Vol. 2,pp. 203,370,418,589,710,745,895(New York:Columbia,1947).

〔15〕D. Bodde:*Dominant Ideas*(in Chinese Culture),in China,H. F. McNair,ed. pp. 18,23(Berkeley and Los Angeles:Univ. Calif. Press,1946).

〔16〕这也许可以说是对于最近在中国进行的批孔运动的全部认识和评价。圣人是他所处的封建时代的一个人,他的许多看法,如关于妇女的地位,确实不能为今天所接受,但他的非超自然伦理观的基本原则,仍然一如既往,是流行的和有影响的。

【8】（中西交流）

Ⅰ—8 中国对科学和技术的贡献*

今天下午只是因为艾肯（Aiken）教授缺席，才由我来作演讲，他因事耽误，未能及时地赶到这里来。由于我是临时受到请求而作讲演，因而我请求你们一定要原谅在我所讲述的内容里可能出现的任何不足之处。

刚才 M. 莱维叶（M. Léveillé）先生说得并不完全对，他说我要讲中国在第二次世界大战期间对科学和技术的贡献。那是另外一个题目。虽然大战期间我在中国待了很长一段时间，但今天下午我想要讲的是，中国人民在过去的若干世纪里对整个科学和技术的贡献。我相信人们经常严重地低估了这种贡献。这主要是因为精通汉语的人并不是很多，而且，那些如此高明地追溯了近代科学技术在大西洋沿岸地区的发展过程的科学史家们，总是未能注意到就在亚洲的另一端，我们的中国同伴曾经做出了哪些最早的发现。这方面的一个例子是——J. B. 伯里（J. B. Bury）教授写的一本名著《进步的观念》（*The Idea of Progress*）。他在这本书里提到，在文艺复兴时期的欧洲，学者们曾多次进行过争论，有些学者认为"现代人"胜过"古代人"，另一些人则主张"现代人"不如"古代人"。这里的"现代人"是指文艺复兴时期的人。赞扬"现代人"的那些学者常常争辩说，"现代人"之所以更为优秀，是因为他们发现了印刷术、黑火药和磁罗盘。在伯里教授的这本书里，甚至在脚注里都没有提到，所有这三项发现并不是在欧洲，而是在亚洲做出的——我们把它们归功于中国人。

在欧洲的古希腊城邦和古罗马共和时期，中国正处于周朝统治之下。公元前221年，统一中国的第一个皇帝秦始皇即位，他把原先分离的封建诸侯国合而为一。在此以前，中国只有一些半独立的封建诸侯，使他们聚在一起的是周朝的盟主权。后来，大约在罗马帝国的衰落时期，中国分裂为三个政权（三国时期），直到60年以后才重新获得统一，建立了晋朝（265—420）。到7世纪，被看作是中国历史上的繁荣时期的

---

* 本文是李约瑟于 1946 年 10 月在巴黎联合国教科文组织举行的每月讲演会上所作的一次讲演，原文发表在伦敦阿兰·温盖特有限公司（Allan Wingate Limited）出版的《回顾我们的时代》（*Reflections on Our Age*）一书。——编者注

唐朝(618—907)终于来临,当时的宗教思想和活动十分活跃兴旺,绘画、诗歌和音乐都达到了顶峰。

然而,从科学的角度来看,更令人发生兴趣的是宋朝(960—1279),因为正是在这一时期,即在11—12世纪,中国的科学发展到了它的顶峰。

然后是蒙古人的入侵和元朝的建立。元朝大约持续了100年。后来又兴起了一个全国统一的朝代即明朝(1368—1644),它以后又被清朝取代。

我今天下午想用下列方式阐述这个讲演的总的主题:我们当然对中国对世界科学和技术的贡献有兴趣。但是我们感兴趣的不仅是中国取得了哪些成就,而且是为什么中国人在导致近代科学和技术的产生方面,并没有像欧洲文明那样获得成功。为什么中国的科学技术一直处于原始的经验主义状态?为什么中国没有发生土生土长的工业革命?我相信,这个问题是整个比较社会史研究中最重大的问题之一;而且,我相信我们能够对存在的阻碍因素提出某些看法。

但是,在我阐述这个问题以前,我想先介绍一下关于中国哲学和中国科学技术的某些情况,它们说明在那片国土所取得的显著成就。

首先,我认为中国古代的和中世纪的哲学家,能够像古希腊人那样善于思辨大自然。当然我们必须承认,中国文明并没有产生出亚里士多德式的人物;但我们可以假定,在中国有可能产生亚里士多德式的人物的时候,那些阻碍中国科学思想成长的因素和条件已经在起作用了。如果我们看一看中国古代哲学所采用的方法,我们会发现许多材料,使我们相信中国人能够像古希腊人那样善于思辨,而后者时常被人们赋予近代科学起源的整个重担。

我们都知道,中国哲学有许多流派。正统的儒家学派从汉代以后可以说是一直处于压倒的优势地位。如果研究过《论语》以及《孟子》这一类著作,人们就会非常清楚地了解孔子。孔子及其追随者的观点和现实世界有密切的关系,他们想按照某种方式来组织人类社会,以实现他们所设想的最大的社会公正。他们对于社会极其关心,而且强调与体力活动相对立的脑力活动,实际上他们所建立的是某种可以被人们称为社会"经院哲学"的东西。尽管他们在开始时是充当封建贵族的顾问,后来则成为官僚统治的成员,但他们在很多方面对民主思想也作出了贡献。孔子的言论非常出名,它们受到广泛的解释而且尽人皆知。在公元前246—前207年,儒家学者就主张人民有反抗暴君统治的权利,而且儒生对于中国社会制度特征的形成确实一直起着非常重要的作用。

但是,我们特别感兴趣的哲学派别当然是道家学派。它是一个同儒家相对立的哲学流派,其中有一部分原因是,无论孔子对于他所了解的组织人类社会的方法具有多么大的信心,但这是永远不可能办到的事,也不可能实现真正的社会公正,除非我们对自然界有更多的了解。因而,道家信徒们隐退到山野森林及其他僻远之处,尽力对自然界做某种考察。由于他们从未建立起一种基于假说的实验方法,他们的水平不可能超过德谟克利特(Democritus,约前460—前370)或卢克莱修(Lucretius,约前99—约前55)很远,但在许多方面道家信徒很像我们欧洲历史上的伊壁鸠鲁(Epicurus,前341—前270)的信徒。伊壁鸠鲁的追随者们相信他们已经找到了一种关于宇宙运行方式的令人满意而又非常真实的理论。道家信徒也认为他们理解了关于"道"的某种东西,即最基本的自然法则。他们坚信,摆脱对自然力和原始鬼神的恐怖的途径,就是建立某种关于宇宙本性的合理理论,以这种方式获得心绪安宁是伊壁鸠鲁信徒和道家信徒的非常相似之处。

在道家的一些最伟大著作的若干精彩章节里,还可以看出他们对自然界的态度。例如,在《道德经》里提到了"无"的概念。"无"的概念是永恒的。在该书的其他不少章节里,强调了道家对女性的容纳态度,清楚地表明了其不带偏见的态度,而且将其消极的态度作为一种面对自然界的谦卑而不是一种宗教上的消极来描述。人必须对自然界抱谦恭的态度,当他提出问题时不能带有过多的先入之见。

如果你们读一下超群绝伦的庄子所写的一本道家名著《南华真经》,就会看到一个精彩的故事。它描写一位屠夫具有非常高超的技艺,以至于他只砍三下斧头就可以肢解一头牛。国王问他:"你是怎样做到的?"屠夫回答:"大多数屠夫确实要砍55下,即使是比较优秀的屠夫也要砍12下,然后他们的斧头就用钝了;但我在一生中一直在研究牛的'道',这就是我能办到的原因。"①

另一个故事也能帮助我们理解道家的"道"的含义。庄子的门徒询问在什么地方可以找到"道"。庄子回答说:"任何地方。"他们又问:"但一定不是在那块破瓦片里吧?"庄子答道:"也在那里。""但一定不是在那堆粪便里吧?""不,也在那里。"②自然界的秩序贯穿到万事万物之中。在这些早期阶段,我们看到了宗教思想也就是科学的开端,因为宗教体验的"唯一性"当时尚未与自然界定律的那种自然主义的统一性明显地区分开来。

如果我对于道家观点的理解正确的话,那么在他们的传统、活动与科学实践的产生之间就必然会存在某种联系。马上我们就会看到,实际情况正是如此。中国的炼丹术比其他所有文明的炼金术具有更为悠久的历史,现在我们发现它的成长具有道家的背景,因为道家信徒要尽力寻找长生不老之药。但这个问题我们过一会再谈。你们可能会乐于知道,我们在庄子写的书里,找到了一种饶有趣味的进化学说,即动物的物种并不是固定不变或不能改变的,它们会随时间的推移而相互转化。在谈到进化的时候,很有必要提及的是,我们不会忘记在《易经》里发现的另一种关于进化的描述。那些说中国人的观念一直是静止的观念的人,其实并不懂得他们说的东西。在《易经》这部书里,首先描述了与卢克莱修著作同样多内容的原始的蒙昧时期。然后描述了"不大安宁"的时期:发生战争和饥荒,存在着互相争斗的诸侯国等。最后描述了作为社会进化结果的"大同世界",这时候全世界处于一种稳定不变的和平和统一的状态,人们得到充分的社会安定。可是,该书的成书年代不可能晚于公元前400年。

在结束对道家学派的叙述之前,我还想为各位引证他们作品中的另一段话。一位近代哲学家说过:"自由是对必然的认识。"[③]要想获得自由,就必须理解宇宙的法则。因而,在管子写的一本书里说道:"圣贤们追随自然界,以便能够掌握它。"[④]这条格言的政治意义当然不难追索。通过一种奇特的巧合(如果这仅仅是一种巧合的话),道家的政治革命性正好与儒家的政治正统性和保守性相对应。道家学派想要返回到尚未发生阶级分化的前封建时期那种集体主义的部落社会。在整个中国历史上,他们在各次造反中一直扮演了某种幕后角色。另外,在"民主的"开端与科学或前科学的开端之间存在的联系——在古希腊显然也存在这种联系——也不应该受到忽视。

另一个古代思想流派是墨家学派。墨子不同于儒家学派,因为他反对家庭制度;他也不同于道家,因为他鼓吹一种兼爱学说。没有被人们普遍认识到的一点是,墨子及其门徒的著作包含了大量的科学内容,其中有某些章节论及光学及其他物理学分支。发现中国人对与伦理学有联系的物理学感兴趣是很不寻常的,因为这使我们想到斯宾诺莎(Spinoza,1632—1677)的伟大目标——建立一种更富于几何证明性的伦理学。

要提到的另一个学派是法家。在中国古代,儒家和法家之间发生过一场激烈的争论,前者相信一种家长式裁判,因而所有法律案件都应该根据是非曲直裁判;后者却认为一切案件都应该依据事先规定的某种法律条款来判定。有些法家还预告了现代的独裁主义(authoritarianism)。这一学派现已消失,它没有取得成功,它的失败也许是涉及中国未能产生近代科学技术的思想因素之一。因为在欧洲历史上,在社会法和自然法之间无论如何也存在着某种历史的联系。

我不打算继续追溯哲学的发展过程,但我要指出,同中国古代哲学一样,中国的中世纪哲学也是很值得研究的。汉代出了一位非常杰出的理性主义学者王充,他写了一本关于当时迷信行为的书《论衡》。他在书中写道,地球表面的人类对于地球或恒星的重要性,绝不比人体上的寄生虫对于人的重要性更大[⑤]。

谈到 11 世纪,我们犹如来到最伟大的时期,即理学学派的宋朝。理学学派的最伟大人物朱熹,被人们称作是 11 世纪的赫伯特·斯宾塞(Herbert Spencer,1820—1903)。他的书你读得越多,你就会越发感到,在那个缺乏实验科学基础的时代,却产生出这样一种现实主义和自然主义的哲学,这实在令人难以置信。我还要指出,朱熹是第一个辨认出化石的人。他说道,在山顶发现的动物化石证明山脉曾一度是海底⑥。在 1050 年左右中国已经清楚认识到的事,在西方却要等到出现了达·芬奇之后才能办到。

在明朝末年,有一位非常正直的官员王船山,他拒绝向满族人屈服。王船山隐退到山区以后写了许多书,其中有一部近乎马克思主义的唯物主义史学著作,很值得今天研究,它表现了中国人思想中的自然主义和现实主义倾向。

还有一点必须指出,中国古代和中世纪的所有材料都表明,中国人在手工操作的实验过程中进行了有价值的归纳。我们说中国没有产生出近代技术,意思是指中国的科学一直停留在经验阶段,其理论被局限在阴阳五行说原始类型的理论范围之内,而没有产生出伽利略以后的那种数学类型的先进理论。

我不打算在今天晚上谈中国天文学这类比较困难的题目。必须承认,中国从最早的时候起就对行星和彗星做了观察。但是现在我想谈谈炼丹术问题。

首先要提到的一点是,道家信徒虽然对长生不老问题特别有兴趣,但他们想要的并不是天国中的某种永生的精神,实际上他们想永远活在人间,而且想得到使他们能够长生不死的某种药物或植物,或者使他们益寿延年的任何方法(苦行修炼或其他方法)。因而,他们真正想要的是长命百岁或者长生不老。

公元前 140 年,李少君对汉武帝说:"如果你支持我的研究,我将……"⑦这是世界历史上关于炼丹术的最早记载。后来,在东汉末年,无疑是世界上第一本关于炼丹术的著作《参同契》问世,它首次描述了诸如升华一类的炼丹术反应过程。我们知道炼金术在欧洲出现的时间比这一时间晚,因为在 2 世纪(也许是 3 世纪)以前我们没有在欧洲发现炼金术。关于"炼金术"(alchemy)这一名词的来源问题,过去已发生过许多次争论。有人提出,它来源于埃及的一个名词 Khem,其意思据说是尼罗河流域的黑土,但埃及炼金术的历史并不悠久。我认为这个词确实是起源于中国,来源于汉语的"炼金术"一词,意思是转变为黄金的技术。这一词的广东话发音读作 Lien Kim Shok。现已证实,早在 200 年阿拉伯人就已在同中国进行贸易活动,因而阿拉伯人会自然而然地将阿拉伯语前缀 Al 加在这一词前面,于是我们就得到了 Al Kimme,其意思是"与制造黄金有关的"。所有著名的中国炼丹术士都是道家信徒。中国有完整的一套炼丹术著作,其中大部分还从未被翻译过。

各位如果要询问关于这些很早的前科学理论的情况，我可以回答说，中国所采用的古典理论开始得很早而又持续到很晚时间，事实上一直持续到现在。最早的理论假设宇宙由两种基本的要素组成，即阳和阴，光明与黑暗，雄性和雌性。看起来这种二元论似乎来源于波斯人。但"五行"就不同于古希腊人的四元素（气、水、土、火），中国古代的五行指金、木、水、土、火。最早的原子概念确实来自古希腊人或印度人。但我可以用证据来说明波的概念确实来源于中国人，因为无论何时所描述的阴阳作用，都是一种最大值和最小值的作用过程：当一个增大时另一个就缩小，这就是一种波的概念。最早的不可分割的原子概念无疑属于古希腊人或印度人，而盛衰盈亏的波的概念则可以说是属于中国人的。

中国解剖学在19世纪的可怜状况，使人们产生了中国解剖学一直落后的看法。但这不符合事实。如果你们看到中国在7—9个世纪以前的解剖图，你们会觉得它们相当先进。解剖学权威人士认为，中国的人体解剖图确实是有名的《五图集》（series of five pictures）的来源，在西方解剖学史上，《五图集》是最重要的发展起点之一。

中国的解剖图往往与一部法医学著作《内恕录》有关系。如果你们取该著的一个10世纪或11世纪的版本，就会发现这部法医学著作胜过欧洲很晚才问世的所有著作。

现在来谈一点数学。中国数学是一门很难研究的学科，因为它用的符号与西方数学的符号迥然不同。研究中国数学的只有中国和日本的学者。然而，有一点非常清楚，幻方以及数论其他部分的来源要追溯到中国人在很早时候所做的工作。另外，在12世纪中国代数学特别先进。

在其他某些方面，中国人在早期取得了很不寻常的成就。大约在罗马人征服英格兰的时候，中国人对降雨进行了系统的测量。在罗马时代末期即大约在180年，数学家张衡发明了最早的地震仪。对它的描述是很有意思的。它的性能是：如果发生了一次地震，在一个青铜动物嘴里衔的青铜球会掉出来落进下面的容器里。据说，在信使赶到宫廷报告消息的几个月之前，用这种仪器就已经知道地震的发生。

我们还知道大约与此同时的其他精巧装置的不少材料。据记载，有一种车，无论它向南、向东或者向任何方向移动，它都不会迷失方向。它不是磁罗盘，而是完全不同的其他某种装置。还有一种车是一种计程计，它每走一里就击鼓一次。它一定极大地帮助了全国地图的绘制工作。

我不得不省略诸如丝织品技术、陶瓷的发展等许多东西。中国人最伟大的4项发明无疑是造纸及印刷术、磁罗盘和黑火药。

最令人感兴趣的问题当然是造纸和印刷术。中国史书的记载非常详细,以至于我们几乎可以知道最早的纸是在哪一天制造出来的。105 年,蔡伦对皇帝说:"竹简非常沉重而丝绸十分昂贵,因此我找到一种将树皮、竹子和渔网的碎片混合在一起的方法,并制造出一种可用于书写的非常薄的材料。"⑧在以后的 7 个世纪里,这种纸没有用于印刷;但到 8 世纪,我们发现当时急迫地需要把经典著作印刷成书,以取代刻在石头上的经典。大约在 760 年,中国西部开始出现印刷术,而活版印刷术很可能也发生于同一时间。后者虽然在谷腾堡之前就传到了欧洲,但它在中国却没有得到很大发展;似乎可以说,这是因为中国的文字更便于直接刻版,即将整页文字同时刻在一块木板上。或许印刷术的最早概念来源于雕刻图章的习惯,而这种习惯在中国有很悠久的历史。

中国的书籍与西方书籍迥然不同,它只是印刷在书页的一面,而且是折叠式装订。这是因为最早的中国书籍是书写在卷轴的绢绸上。在中国人开始印刷书籍时,他们就把纸折叠起来,因而中国书籍往往是印刷在纸的一面上。

有人说过:在拉丁语国家表面统一的中世纪之后,欧洲文明发生解体的重要原因之一是欧洲发明了印刷术。因为如果书籍开始普遍以不同方言来印刷和流通,就会引起各种语言变种的大量传播。但中国没有发生这种情况,因为中文是一种整体的文字。汉字在中国各地有不同的发音,但不可能有不同的写法。汉字在各地都是相同的,因而印刷术不可能像在文艺复兴时期的欧洲各地那样,在中国各省产生解体的作用。

对于航海罗盘,过去曾反反复复发生过许多次争论。我们知道,磁针的吸铁特性既是罗马人也是汉代中国人发现的,但能够指向的磁针却出现在宋朝的中国。我们一找到这种指向磁针的记载,几乎马上发现罗盘被充分利用。大约在 11 世纪末,有一位叫沈括的非凡人物写了一本书《梦溪笔谈》,书中描述了磁罗盘。他写道,方家术士想要确定指北方向时,他们就用一根针在天然磁石上摩擦,然后将针用一根细线悬挂,这时候针通常指向南方。他还说,有两种针,一种指南而另一种指北,但不足为怪,因为也有两种动物,它们的角分别在夏天和冬天脱落⑨。过去中国人显然经常将磁石刻成汤匙形。我们发现,在 1150 年以前很久的去朝鲜、柬埔寨的旅行记里,已经明确记载罗盘用于船舶的导航。我还可以指出,直到今天中国仍然在使用相同的罗盘盘面,因为中国人相信使他们的住房朝着某一方向是很要紧的。

现在我们来谈黑火药问题。我们知道汉代已在使用爆竹,但材料表明,它们不大可能与火药有任何关系,也许它们是用一段绿色的竹子制成。6—9 世纪(唐代)出现了对焰火的描述,这表明当时中国人已经知道某种易燃的混合物。刚好在 900 年以后出现了黑火药用于战争的最早记载。有人说,虽然中国人发明了火药,但他们非常仁慈,以至于把火药仅仅用于焰火。这种说法是不正确的,因为中国人确实在战争中使用了火药。火药首先被用于某种火箭(纵火箭),甚至还用于一种用火药点燃石油或许只能燃烧而不爆炸的喷火器。后来出现了用抛石机发射的各种炸弹。据记载,在北方的契丹人(辽)和南方的宋人之间的战争中使用了非常复杂的这类炸弹和喷火器等武器。我认为,火药无疑可以追溯到唐代道家的炼丹术。

但我还要讲几件事情。种痘术通常未被认为是起源于亚洲的一种方法,虽然如此,关于这种方法的最早记载却是对一位道姑的梦的描述。她或许是按照交感术(sympathetic magic)的某种原理,将天花疮浆注入(被接种者的)鼻黏膜。至今蒙古人仍在采用这一方法。这是一种危险的方法,因为它可能引起某种流行病;但它的确对于个人起了保护作用。

现在我必须谈谈《本草纲目》。它是一部卷帙浩繁的许多重要本草书的汇编,其中所收录的最早的书出现在汉代。它不仅包括草本、木本和许多动物,还包括各种矿物。在欧洲,对于 16 世纪帕拉塞尔斯(Paracelsus, 1493—1541)将水银、锑、铋等矿物作为药物(原来仅仅有草药)的时候,存在着很大的争议。而中国在那个时候已使用矿物药物有许多世纪。

要谈的另一个问题是营养缺乏症。人们通常认为,关于营养缺乏症的经验知识以及维生素的知识都是我们这个时代的产物。但如果把知道只用饮食疗法就可治愈某些病症看作是关于营养缺乏症的经验知识,那么中国人早就知道这些病症了。有一本元朝人忽思慧写的书《饮膳正要》,其中描述了脚气病的症状,并提供了在几小时内就可以使患者基本康复的菜谱。

对我们时代的每个人来说,打一口三四千英尺深的油井或卤井是一件很平凡的事,但中国人做这种事比任何人都早。中国有盐水沉积层(也许与油田有联系)。在中国远离海岸的地区,对盐的迫切需要使得中国人打 3000 英尺深的井。我有一张砖的拓片,上面画有大约在 100 年打的这种井。钻这么深的井采用的是原始工具,而打一口井可能要花 20 年时间。希望在加利福尼亚州寻找石油的第一批勘探者所采用的也是这种方法。在现代装备出现以前,加利福尼亚州采用了这种方法。我们很可能发现,引进这一方法的正是来美国修筑铁路的部分中国劳工,他们原来就知道在四川采用的这种方法。

我已经谈到了中国人的哲学流派,中国的"前科学"以及中国的一些技术成就。最后我想返回到最初提出的问题:为什么中国没有产生出近代技术? 为什么没有产生出近代科学? 这是由多种因素造成的。我将尽量围绕那些具体的物质因素进行分析,因为仅仅强调精神因素很容易将人引入歧途。精神因素固然很重要,但绝不比中国人必须与之作斗争的那些具体的物质条件更为重要。

让我们先从中国的降雨说起。中国是一个季风国家,其六、七月的降雨量远远大于其他月份,而且不同年份的降雨量有很大变化。由于这个原因,中国人在很早的时候就存在着修建大规模水利工程的需要。他们修建的这类工程,比任何其他国家甚至埃及的公共工程都更为浩大。中国的大运河是全世界最伟大的水利工程之一。中国学者在争论下面这个问题:由于修建大运河而带来了两个后果:首先,必须控制数以百万的民工;其次,要控制数目这样大的劳动力,就必须要有大量的官员。任何不了解中国文明的人,不可能认识到文职人员和官僚统治在中国的重要性。但是,实施灌溉的程度也需要加以考虑,因为如果要使这种工程收效,它就必须要达到很大的规模。因此,它超越了封建领主采邑的疆界。然而,政府的权力越集中,封建领主的权力就越小,皇帝的权力也就越大。

我们还必须考虑中国具有与欧洲的半岛特征相对的大陆特征。欧洲特有的单位是商业城邦。欧洲的水陆分布状况使得欧洲很早就重视航海活动并导致了一种商业经济。相反,中国那完整的大片陆地却导致了一个城镇网,这些城镇由地方行政官“为皇帝掌管”,有上百个农业村庄分布在每座城镇的周围。人们必须经常将古希腊城邦和中国的县放在一块作比较。既然官僚统治至高无上,而且文职人员权力极大,那么任何其他类型社会的发展就受到了阻碍,而商人则往往地位低下,不能掌握国家大权。中国的商人的确有同业公会,但这些同业公会从未达到在欧洲那样的重要地位。在这里我们可以说,我们触及到了中国文明没有产生出近代技术的主要原因,因为正如人们普遍承认的那样,在欧洲,技术的发展与商人阶级权力的增大有密切的关系。这也许是一个谁来提供科学发展的资金的问题。这既不是皇帝也不是封建领主,因为他们不是欢迎而是害怕发生变化。但这件事如果落在商人身上,他们会为了发展新的贸易方式而资助科学研究。中国社会已被称为“官僚封建主义”社会,这大大有助于解释为什么中国人虽然对科学和技术作出了光辉的贡献,却没有能像他们的欧洲同伴那样冲破中世纪的思想束缚,进入我们所谓的近代科学技术行列。我认为其中的一个重要原因是,中国基本上是一种水利农业文明,其结果是阻止商人权力的扩大,这与欧洲的畜牧航海文明形成了对比。

我觉得,如果我使诸位对于中国人在过去对科学技术的卓越贡献产生了某种兴趣,我就完成了我的任务。要是没有这种贡献,就不可能有我们西方文明的整个发展历程。因为如果没有火药、纸、印刷术和磁针,欧洲封建主义的消失就是一件难以想象的事。诸位还会看到,如果充分考虑了环境条件,欧洲人由于产生近代科学而得到的赞扬就不会有那么多,而我们的中国友人也不应该由于未能做到这件事而受到那么多的指责。人的能力处处皆有,但有利的条件却并非如此。

(戴开元　译)

译　注

①原文为:"文惠君曰:'嘻,善哉! 技盖至此乎?'庖丁释刀对曰:'臣之所好者道也,进乎技矣。……良庖岁更刀,割也;族庖月更刀,折也。'"(《庄子集释》卷二上,"养生主第三",中华书局 1961 年版,118—119 页)

②原文为:"东郭子问于庄子曰:'所谓道,恶乎在?'庄子曰:'无所不在。'东郭子曰:'期而后可。'庄子曰:'在蝼蚁。'曰:'何其下邪?'曰:'在稊稗'。曰:'何其愈下邪?'曰:'在瓦甓。'曰:"何其愈甚邪?'曰:'在屎溺。'"(《庄子集释》卷七下,"知北游第二十二",中华书局 1961 年版,749—750 页)

③恩格斯在《反杜林论》(第 111 页)中写道:"黑格尔第一个正确地叙述了自由和必然之间的关系。在他看来,自由是对必然的认识。"

④原文为:"版法者,法天地之位,象四时之行,以治天下。"(《管子集校》,"版法解第六十六",科学出版社 1956 年版,996 页)

⑤原文为:"然则人生于天地也,犹鱼之于渊,蚤虱之于人也。"(《论衡》卷三,"物势篇",商务印书馆《万有文库》本)

⑥原文为:"尝见高山有螺蚌壳,或生石中。此石即旧日之土,螺蚌即水中之物。下者即变为高,柔者却变为刚。"(《朱子全书》卷四十九)

⑦原文为:"少君言于上曰:'祠灶则致物,致物而丹砂可化为黄金;黄金成以为饮食器,则益寿……'"(《史记》,卷十二,"孝武本纪第十二",中华书局 1959 年标点本)

⑧原文为:"缣贵而简重,并不便于人。伦乃造意,用树肤、麻头及敝布、鱼网以为纸。"(《后汉书》卷七十八,"宦者列传第六十八",中华书局 1965 年标点本)在李约瑟博士发表这篇演讲后,20 世纪 50—70 年代中国西北地区的考古发掘表明,西汉时已有了纸,到东汉时得到改进。他的《中国科学技术史》卷 5 第 1 分册将讨论这些新发现。

⑨原文为:"方家以磁石磨针锋,则能指南,……其法取新纩中独茧缕,以芥子许蜡,缀于针腰,无风处悬之,则针常指南。""以磁石磨针锋,则锐处常指南,亦有指北者,恐石性亦不同。如夏至鹿角解,冬至麋角解,南北相反,理应有异,未深考耳。"(《梦溪笔谈》第 437、588 条)

【9】(中西交流)

Ⅰ—9　中国与西方在科学史上的交往[*]

一、实际的礼物

1. 引　言

在古代大河流域文化中,唯独中国处于隔绝的位置。肥沃的伊斯兰教地区西部离埃及不远,东部则邻近印度河流域文明,而黄河由于喜马拉雅山和西藏高原的阻隔,则显得远处于北和东的位置。

在科学技术的历史发展进程中,相互的交往很能引起人们的兴趣。考虑到这一事实,不管怎样我们都会看到,有关的交往年代是至关重要的。例如我们对张骞时代以前独特的观念或技术细节传播可能性的判断,对公元前2世纪末古老的丝绸之路的开辟的判断,应该与后来牵强的判断有所不同。比那段时间更早,在青铜时代,跨过西伯利亚大草原,中国与北欧确确实实就有了明显的持续不断的文化交往,尽管它仅仅在我们仍然拥有原始实物的某些技术范围内。可是,在汉代与六朝之乱之间,元朝和明朝之间,中国"开放"的范围有很大的差异。

2. 传播与趋同现象

有一种贡献是某个民族作出的,因其四处传播并为其他民族所采纳,因而成为人类共同的知识和力量的总和;还有一种发明却是在几个地方独立作出的,因而是几个民族的贡献。在区别这两种贡献时,我们就卷入了(无疑这是违背我们意愿的)那些有争论的问题,并在20世纪20年代曾在人类学家和考古学家中间引起热烈的讨论。

---

* 本文是李约瑟1953年在耶路撒冷举行的第七届国际科学史大会上的报告,部分内容成为1954年出版的 *SCC* 卷一中的有关章节的初稿。——编者注

以前,艾略特·史密斯(Elliot Smith)和 W. J. 佩里(W. J. Perry)设想全世界所有的文化都发源于古埃及。更早些时间,泰里安·德拉库贝里(Terrien de Lacouperie)和鲍尔(Ball)力图把中国文化一一说成来自美索不达米亚。虽然现在这些过甚之词不再受到人们的重视,但极端的传播主义理论仍不乏其支持者。持某种观点的人越多,似乎这种观点就越合理。狄克逊(Dixon)写道:"大量看来不相关联而又相似的特性,可归之于传播,但还有一个重要的遗留问题。互不依赖的发源就是对这个问题唯一合理的解释。因为常识和可能性的规律应被运用于所有的情况,并且在解释有关传播时,要是我们假设可能性极小或几乎不可能的事,提出证据就变得非常困难了。严重缺乏物证时,我们就一定不能被模糊不清的概括所迷惑。在有这样的证据以前,还是宁肯选择独立发明或趋同现象来解释。比起独立发明来,在大得多的程度上,传播一直是文化发展的根源,这是很肯定的。但面对证据时,偶尔的独立发明也不可否认。"

在这里,这位人类学家使用了趋同现象(convergenee)一词,其含义与生物进化讨论中的意义相似(至少人们这样设想)。在这方面我们将其定义为一个过程:随着对环境的适应,使类似的而不同源的结构变得彼此相像。同源器官有着相同的基本结构,这些都是从它们依存的生物体的共同原型那里继承下来的,虽然在执行不同的功能时它们变得很不相同。例如,所有呼吸空气的五趾肢脊椎动物都被说成是同源的,虽然一般的人们不再将鲸鱼的鳍视为前肢。另一方面,虽然类似的器官表面上彼此相像,但它们有着根本不同的组织结构,例如,鸟类的翅膀与昆虫的翅膀,节肢动物和脊椎动物的步行的附肢。这种特性可能也适用于生化机能。例如,陆栖的腹足纲软体动物昆虫、爬行动物和鸟类,都排泄尿酸作为氮新陈代谢的最后产物。它们这样做意味着以闭锁式的胚胎发育来适应陆栖环境,但很有可能产生尿酸的化学反应系统在这些门类里都不完全相同。

运用于社会演变时,趋同现象的概念不必意味着独立的高级发明,它可能仅仅意味着,相同的简单问题出现时,世界上不同地方的人民以相同的方式解决了这些问题。在有关原始发明传播的一次出色讨论中,勒鲁瓦·古昂(Leroi Gourham)指出,环境和人的天性对事情的可行性施加了相当的限制——例如,一种装饰品只能悬在耳朵或鼻子上,纤维只能通过搓捻成纱,只有大约10种方法可能给斧头配上手柄等。他说道:"趋同现象是人类文化学者永远摆脱不了的重担,是使每一种理论都要脱皮的陷阱。"

换言之,在互不交往的几种文化中,大量相同的发展应该是正常的,尤其是在较早的阶段。

在理论上,存在着和这些简单情况类似的事物,我们已经在其他地方讨论过的某些例子中就有这种情况。例如同时出现在亚里士多德和荀子的理论中的"灵魂等级"（Ladder of Souls）或性品说，与惠施同时存在的埃里亚（Eleatic）的诡辩等。此外，既然从世界的任何地方都能同样观察天空，那么在东半球两端，天文知识平行发展也许并不属异常。查特里（Chatley）已经强调了很多相似之处。他说，大约在巴比伦的纳邦奈沙尔（NabonaSsar，公元前 6 世纪）开始系统地记录日月食时，我们在中国文献中也发现了详细的记载。在毕达哥拉斯学派的全盛时期，中国的学者和占卜家正在把《易经》发展成为一个有普遍意义的思想宝库，其中包括阴阳说及命理学。所有这些都是在汉朝系统化了的。在纳布里阿奴（Naburiannu）和蒂莫查理斯（Timocharis）于巴比伦和古希腊开始观察星的位置时（资料都失传了），石申和甘德一直都有记载（并且这些资料仍然保留着）；默冬（Meton）和卡利普斯（Calippus）的日月运行周期，在中国以不同的名称同时出现，也许在中国出现的时间更早。也很有可能，古希腊人是从巴比伦人那儿得来的这些知识；柏拉图和贝洛索斯（Berossos）的循环，在中国至少从公元前300 年起就有类似的发展；在张骞的时代以后，与我们所知的中国首次运用水力的同时，罽宾使者和甘英访问伊拉克及罗马、叙利亚边境之时，刘歆制定了《三统历》。正如查特里所说，这部历法在精度和系统方面远远超过了以前的历书，并先于托勒密的《天文大成》（Almagest）100 年以上。然而不管这些历书产生于世界上的什么地方，太阳、月亮、行星的规律和出没时刻必然会十分相近。因此，独创性和独立性有必要根据其所达到的准确程度来评价。这也可能因为假设的不同而产生差异，因而甚至孰先孰后都很难确定。这种情况的典型例子就是圆周率 π 的历史。中国人很多世纪以来在这方面遥遥领先，但是后来东方和西方在计算其准确值时所进行的尝试其意义何在呢？

　　正如我们阐述的那样，普遍接受的意见如同在戈登·柴尔德（Gordon Childe）的书中和在韦德尔·德·拉·布拉什（Vidal de la Blanche）的优美的文章中所概括的，所有最古老最重要的发明，如火、车轮、犁、纺织术、野生动物的驯化等，只能被认为是在一个中心发明并从那里向外传播的。最早的美索不达米亚流域的文明被认为是重要的中心。毕束浦（Bishop）描述的地极投影地图证明了这一点。青铜冶炼术可以不止一次被发明，这肯定难以令人相信。但当人们看待更晚的时代时，譬如 1000 年期间，对于更复杂的发明，人们同样感到毫无疑问，如像旋转手推磨、水轮、风车、提花机、磁铁指南针和映画镜（Camera obscura）等，这些发明几乎都是在一个地方创造的。

3. 优先权与传播

　　希望评价不同文化的贡献的科技史学家同样避不开试图明确优先权的繁重任

务。他们的结论,像自然科学的结论一样,永远会遭到修改。拱形建筑曾被认为是比较后期伊特拉斯坎人(Etruscan)的发明,但现在已经证明苏美尔人对此是一直很熟悉的;医疗体操技术,一般认为是18世纪瑞典奉献给欧洲的一份礼物,事实上可以证明其直接起源于中世纪初期中国道教信徒的修炼;航海家的罗盘常平架和更重要的自动导航陀螺仪,不仅可以追溯到中世纪在寒冷的大教堂里主教用于烤手的炭盆,还可以追溯到2世纪中国工匠用以布置长安的达官显贵的床榻的被中香炉(自动立式熏炉);天文望远镜的自动传动器,不是像一般人所认为的那样首先出现在19世纪初期的欧洲,而是出现在2世纪的中国;赤道仪最初不是产生在乌兰尼伯格(Uraniborg)或维也纳的作坊里,而是在蒙古的汗八里(北京)的作坊里所制,虽然郭守敬在1276年时仅有装有十字交叉金属丝的窥衡。

其中有些事例没有任何线索暗示这些发明之间有任何联系。当弗朗霍夫(Frqun-gofer)在1824年发明传动仪时,他肯定不知道中国人用水力使赤道浑仪旋转已有许多世纪了。因为耶稣会士"改良"它以后,真正的中国天文学暂时被遗忘了。实际上在现代历史学家开始研究之前,人们对这些仪器一无所知。在别的事例中,其他的情况也很普遍。有时候两项发明之间相差很长一段时间,在这期间肯定会有许多机会传播这项发明,然而我们没有依据。有时候那段时间很短,然而我们却有传播的确切依据。例如,第一座大拱桥是600年后不久李春在中国建造的,但是这种桥在别的任何地方都没有修建过。直到1300年后不久意大利人才效法建造了几座类似的桥,当然那种造型从那时起一直经久不衰。其时代与去中国元朝的意大利旅行家带回的报道一致。我们还想知道在13世纪蒙古人统治伊拉克时,中国的匠师们在底格里斯河上建造了什么,但没有线索。各种看法仅仅来自于推断。同样地,中国人早在6世纪就建造了最早的铁索吊桥,后来又修了很多吊桥,特别是藏族人和喜马拉雅山地民族。但是其原理在16世纪末才对欧洲人有所启发,他们的第一座吊桥18世纪才建造起来。在这个事例中,就有某些理由怀疑是有意识的模仿,尽管没有证据。其他地方我们也听说过这种传播,虽然间隔时间非常短。举降落伞为例。德·拉·卢贝尔(De la Loubère)1688年在暹罗看见杂技艺人使用降落伞,但是他的记叙在一个世纪以后才为勒诺芒(Lenormand)读到。他成功地做了一些实验,并把这种装置介绍给了孟高尔费(Montgolfier)。这不是否认有关降落伞的设想是欧洲在文艺复兴时期就有的,但是亚洲的资料要早许多。

在有些事例中,譬如纸,我们有了一张卡特(Carter)编的确切时间表,介绍了纸从2世纪的中国传到13世纪的欧洲。印刷术和火药的传播都可以画出同样的图表。最后,我们有时会碰上异常的时间上的一致。比如,就在托勒密刚在欧洲完成他的著作,定量制图法就在中国发展起来了。可是没有丝毫具体证据表明裴秀曾经听说过世界另一部分有人打算把地球表面画出一个经纬线,以便尽可能准确地确定某些地方的位置。这暗示着一种与迄今为止我们讨论的不相同的传播,我们随后将回到这个问题上来。

4. 同步发展

这些同时发生的事有时相当麻烦,如有些思想、有些学科和有些复杂的发明往往有一个令人头痛的习惯,即它们有时同时出现(甚至同时消失)在东半球的两端。同时发生的事情的一个著名的事例应引起重视——4 世纪关于月亮盈亏对海洋无脊椎动物繁殖影响的研究;类似的难以理解的事也应注意,如解剖学的兴衰。对这些现象的解释只意味着"灵魂等级"之类的理论同时出现,因为埃里亚的哲学诡辩术不那么可能包含这些事例。

再来看器械的发明。齿轮发明后立刻就有了很多用处。齿轮几乎是完全同时在古希腊和中国文明(公元前 2—1 世纪)中出现和广泛应用的。在公元前 1—1 世纪之间,计里器亦同时出现在欧洲。至于水轮(即水动轮,我们以后要这样称呼它,它从水的流动或落差中取得动力),目前的看法是,大约于公元前 60 年在小亚细亚北部沿海区发现,在中国大约是 20 年。但是既然在中国水轮不仅是用来磨谷物,并且也通过一个相应的复杂系统用来操纵冶炼风箱,那么在这以前几十年的试验和使用,应该得到承认。因此我们可以说水轮同时出现在东半球的两端。可是更复杂的情况是,我们可能是指两项单独的发明,即卧式装置和立式装置的水轮。虽然我们不能确切地知道最早的立式"欧洲"水轮的特点,但相反在中国,所有的证据都表明最早的水轮是装成卧式的。欧洲水轮后来被称作维特鲁维式(Vitruvian),并广泛使用。由于立式水轮可能是戽水车的衍变物,因而有可能是起源于印度;而卧式水轮很可能从轮转石磨衍变而来。最终可以在发现我们是在研究两项发明而不是一项发明中获得解决。水轮发明的年代与中国人、古希腊人在中亚的交往年代相一致,这仍然十分引人注目。

然而仍然没有迹象表明这种解释说清楚了光学历史的奇特情况,映画镜 10 世纪就出现在阿拉伯人和中国人之中了。在这种情况下,剩下的唯一希望就是,进一步的研究将弥补我们目前的不确切的资料,并把优先权给予一方或另一方,或可能地居于中间的焦点地区。

我们总是要提出这个问题,谁在公元前 1 世纪就在大夏讨论齿轮呢? 是否在 226 年访问中国的罗马叙利亚商人秦伦恰巧对制图学极为感兴趣呢? 在海塔姆(al-Haitham)活着时,他的一篇论光学的论文有可能传到广州或杭州吗? 马可·波罗或皮格罗蒂(Pegolotti)的行李中可能发现什么样的纺织机械图纸呢?

5. 观潮者与秦人

我们所掌握有关中亚地区科学家和技师的零星资料可使这种考察有生动的趣味性。首先,应该记住,古希腊化科学在东方传播的范围比人们通常认为的更远。在安息(Parthia)的古希腊式城市产生了一个著名的天文学家。他就是伽勒底人塞鲁科斯(Seleucos),一个艾里斯兰海边的瑟鲁沙土著,其鼎盛时期大约在公元前140年。这个地方位于波斯湾的东北海岸。塔恩(Tarn)说,他不赞成伊巴谷(Hipparchus)花费了毕生精力维护萨莫斯(Samos)岛阿里斯塔克斯(Aristarchus)的理论,即地球围绕太阳运动。他以月球对大气周日循环施加的阻力解释了波斯湾的潮汐。他发现了潮汐周期性的差异并将其与黄道上月球的位置联系起来。正如我们后来发现的那样,海潮对月球的依赖性是王充大约在80年就清楚地阐明了的。当然,也有这种可能性,即王充得到了塞鲁科斯的研究工作的某种启示,但可能只是抽象的见解,无疑地没有真凭实据。这仅仅是推测而已。况且在中国这种观点早有"风闻"了。

一个不可否认的事实,显示了这样的观点传播很快。在西方古典文学中,鲍塞尼亚斯(Pausanias,2世纪)的《希腊见闻》(*Description of Greece*)对丝绸和蚕做了唯一接近正确的描写,那正好是安敦(Marcus Aurelius)派驻中国的"使者"商人归来的时间(116)。自他以后,直到12世纪,作家们不停地重复着关于丝绸的谬说:丝纤维像羊毛一样长在树上,或是五彩缤纷的野花编织而成。

很多证据表明,古希腊大夏与古希腊化地区有着密切的交往。普鲁帕丢斯(Propertius)写了一首诗,描绘亚历山大港一个叫作阿勒苏莎(Arethusa)的姑娘。她丈夫两次去大夏(在那儿待了很长时间)并看见了"中国人"(Seres)。戴·克利索斯托姆(Dio Chrysostom)描写道,大夏商人经常去亚历山大港的商业地区。因而接触了公元前2世纪发生在中国人与大宛人之间的战争中的一件奇特的事,并引起了极大的兴趣。中国人通过从"大宛"引进战马,努力改良马种。这是汉武帝主要兴趣之一。其详情将在另外的地方提到。张骞在公元前114年死后,汉武帝得到了这些骏马的消息。他一个接一个地派使者去购买,但都很不顺利。后来跟随一个使者去的有些年轻人汇报汉武帝,贰师城一个叫毋寡的王公养着一些出类拔萃的骏马。于是他就派了一名特使去买,但是那个王公认为自己远离中国,足以保证安全,就杀了特使。远征队几次穿越塔里木盆地(新疆)都失败了。但约在公元前101年,李广利被任命为远征军的统帅后,一支三万人的大军竟然成功地到达了贰师,占领了边城。

就是这次围城使用了很多使人感兴趣的技术。《史记》记载道:

　　"大宛王国的都城没有水井，人们必须从城外的河流取水。因而水利工程专家(水工)被派去改变河道，以断绝城内的水源；或放水冲垮城墙，打开一条通道，使城市暴露出来。"①——(夏德英译)

　　在预定的过程中，水的供应被切断了。大宛人退进了内城，他们杀了毋寡，宣布愿意献出骏马。李广利与谋士们辩论是否应该接受求和。他必须考虑到下列事实：

　　"据说大宛人有一个懂得打井的秦人为他们效劳(秦人通晓钻井技术)，并且城里食物供应充足……"②——(夏德英译)

最后条件被接受了，李将军和他的大军带着骏马班师回朝。

　　这里一切都集中在司马迁所说的"秦人"身上。在一次慎重的讨论中，塔恩从不同的方面否认了一般的观点，即打井技工是一个叛逃的中国人。由于一个奇怪的巧合，《史记》同一卷内一个邻近的段落里又提到叛逃者。虽然在这里用不同的词(亡卒)表达，但他们的行为本身使我们很感兴趣，谈到占据从大宛往西直到安息国这一地带的民族时，司马迁说道：

　　"这些国家不生产丝也不生产漆(中国漆)，他们不懂浇铸铁器皿。……当一些中国使者(汉室王族)的随员中的叛逃者在那里定居以后，他们就教当地居民铸造武器和用具。当他们得到中国的黄金白银时，他们用来铸造器皿而不是铸造硬币。"③

这里的贬义词被用来指来自秦国的人。如果他不是来自意义相当于中国的"秦"，那他就来自"大秦"，意义大体上相当于叙利亚和罗马帝国。在瑟鲁沙势力最后垮台时，在大夏边城会有叙利亚技师，塔恩的确对其可能性持怀疑态度。他更能接受这一看法，即他是大夏的古希腊人。因为权威典籍认为"大秦"这个术语有时被不严格地用于泛指大夏地区。然而很明显，塔恩不知道有些相反的证据，我们将在别处引证到。钻深井的技术可以追溯到汉代的四川，并且不迟于公元前100年，这方面就出现了一个专家。况且，这项技术的故乡四川一直是第一次大统一前的秦国最重要的部分之一。总而言之，也许他是中国人。先将此谜留下——但从现在讨论的观点来看，最使人感兴趣的当然是叙利亚人的可能性。不管他是什么古希腊人，他可能与中国叛逃者中的冶金工匠讨论过克泰西比斯(Ctesibius)和亚里士多德，即使是仅仅通过翻译讨论的。当提及铁铸造术向西方传播时,我们应该铭记他们的作用。

古希腊的打井技术被《环海航行》(*Periplus*)的作者证实。巴里格扎(Barygaza)的井给他留下了深刻印象。这些井据说可以追溯到亚历山大大帝时代。确实亚历山大大帝有一个打井技师,我们甚至知道他的名字——但巴里格扎的井当然不会非常古老,它可以上溯到大约公元前177年大夏人阿波罗多塔斯(Euthydemid Apollodotus)对这个区域的征服。在波斯,瑟鲁沙古希腊人继续保持着古老的灌溉系统,其中包括那些地下渠道,隔一段挖有井穴。这些井穴至今仍然在使用(坎儿井)。特别有趣的是《史记》中有一段详尽的工程记载。这项工程是公元前120年庄熊罴在中国建造的"龙首渠"。它有暗沟,一定的间隔后有井穴。这比李广利的水利技师随军围困贰师城早了20年。其与波斯人的方法相似之处好像表明了公元前2世纪相互有过交往。可是坎儿井系统在中国并没有广泛传开,可能是因为当地的情况不需要坎儿井。很明显,对于水利工程的起源,波斯、古希腊和中国技师间相互的借鉴等,我们有很多不知道的地方。

那些叛逃者的故事使我回想起了8个世纪以后(751)中亚的另一个插曲。怛逻斯(Talas)河战役以后,中国的造纸技师被俘并被劝说继续在撒马尔罕施展他们的手艺。这是已知的造纸术从东向西传播最早的一步,但这起码是造纸术发明后600年的事情了。对于这些人的名字似乎不曾有任何记载。但是一个幸运的机会使在同一战役中被俘的其他技师的某些详情意外地保存下来了。俘虏中有个名叫杜环的军官。当他11年后回到中国时,他向他的家人讲述了在阿拔斯(Abbasid)王朝首府库法(Kufah)定居的中国人的情形。真是太巧不过了,他的弟弟(按:为族叔)是词典编纂者杜佑(735—812)。于是这些资料便被记录下来。在他的《通典》中,我们读到:

　　　"(在阿拉伯的首府)织布工匠在织轻软的绸缎,首饰匠在打制金银,画家在作画。(他们操持的技艺)都是中国技师传授的。例如,京城(长安)人樊淑和刘泚传授画技,山西人乐隩和吕礼传授缫丝和织罗技术。"④——伯希和佩利奥

它的重要性远远超过了中国和穆斯林在艺术风格上人人皆知的相互影响〔参见霍恩布洛尔(Hornblower)的文献〕。它使我们相信,如果我们有充分理由认为某项装置或技术在8世纪时向西方传播,我们也可以坚信不疑:有能够传播它的人存在,也有人们能够传播的条件存在。

西方和东方之间卓有成效交往的另一个例子可以在河南开封犹太人团体的记载

中发现。这些记载可以上溯至大约 1163 年的第一次定居。1425 年明朝皇室周定王的科学研究得到著名的犹太物理学家赵延成的帮助。这个皇族对植物学、制药学和营养学感兴趣。也许是在这位皇族建立的植物园里，赵延成协助其写出了著名的《救荒本草》。人们很想知道这一批人是否备有更早期的希伯来文科学著作。

"秦人"（如果他确实是大夏西部某地的人的话）的文字记载的类似情况还有待于寻求。带有"婆罗门"字样的印度数学、天文学书籍在隋朝和唐朝已有影响，当然很多佛经里也有医学、天文学、占星术的内容。但明显地，来自西方的书籍从不能传播。关于这种传播的唯一报道经审查为毫无根据。然而进一步的研究会有所发现，例如，敦煌发现了一本景教徒（Nestorians）的书名为《浑元经》的文献目录。这书名可以冒昧地译为"宇宙的原动力"。但是如果景教徒和摩尼教徒（Manichees）带了什么来，那很可能全是神学。

由于一次奇怪的巧合，也是在怛逻斯河畔，公元前 36 年，一支中国军队胜利地横扫了一个匈奴首领（单于）堡垒坚固的首府。他们碰上了一些古怪的雇佣士兵。这次惩罚性的征讨是由护国将军甘延寿和他的助手陈汤指挥的。他们杀了这个单于（他于 7 年前杀了一个中国外交特使后，就在东康居定居下来）。根据《汉书·甘延寿传》中对这次战役的详细描写，中国军队在扎营并开始围城时，能够看见远处有：

"100 多个步兵，呈鱼鳞形排列在营门两侧（鱼鳞阵），进行军事操练……"⑤——（戴闻达英译）

这个地方被攻克后，145 名士兵被生擒。

起初德孝骞（Dubs）认为这是马其顿方阵（Macedonian Phalanx），那些士兵是古希腊雇佣军。但这在历史上或技术上似乎都不可能。中国文献没有提供恰好能相比较的类似例子。它的奇特方式导致了这样的看法，这些士兵就是罗马军团，正在演练盾牌连接起来的龟甲阵。德孝骞又极力主张，他们是安息人公元前 54 年在加尔赫（Carrhae）打败克拉苏（Crassus）将军时抓的俘虏中剩下的人。所有这些见解都可以接受，但不能肯定他们就是罗马的被俘士兵。德孝骞提供了赞成的论据。他指出，公元前 5 年，甘肃省有一个新建的城市叫作犁轩轩（Li Kan）或犁鞮。这个名字与大秦之类的术语来源相同，大秦被用来指米堤亚（Media）、叙利亚，也许整个东罗马帝国。更奇怪的是王莽在 9 年把这个名字改为"鞮虏"，其意思可能是"攻城时抓住的俘虏"。因而这一证据表明了古老的丝绸之路上留下的罗马军人的一个定居点。他们在那里娶了中国女子，度过了余生。

也许我们不应该对这些士兵抱太大的希望。但如果他们之中有人在军事工程方面有一技之长,罗马文化和中国文化的一些知识就会得到交流。

6. 技术和区域性学科的推广,外来技术的取舍

至此,我们主要把难易程度看成在文明发展不同阶段思想和技术传播可能性的标准。但是在科学理论观察与技术发明之间作一个划分还是可取的。例如,承蒙好意,人们只能把轮子的发明称作应用科学,因为在此之前几乎没有科学理论可运用。木匠成功地造出了轮子以后很久,关于 π 值的争论似乎才出现,至少从中国的资料来看是这样。我绝不是在暗示科学史和技术史不必写在一起。但当我们考虑到传播问题时,难道就没有一个过筛子的过程吗?是有现实实用价值的发明容易推广呢,还是科学理论、科学观测和推断容易推广?我们应该在传播居于最重要位置的技术领域里呢,还是在科学思想、观测的领域里期待发现经常性的独立的发展和趋同现象?

对于技术,也许有一种机械装置在运转。勒鲁瓦·古昂说:"人们可能接受比其以前文化中更不发达的语言和宗教。但除因战争破坏引起的倒退,他们绝不会从犁退回到锄头。"况且整个思想体系的传播中还有不可能的事情。无疑这倾向于受到民族特色的限制,可以期待这些思想体系零星地传播,当然不会全盘传播或毫不传播。

对这种观点的合理性,很清楚有明显的限制,因为我们得接受菲略扎(Filliozat)搜集的强有力的证据。这一证据显示了古希腊精气医学与古代印度医学的酷似之处,这也与古代中国生理学观念"气""风"有惊人的相似之处。于是所有这些都可能起源于美索不达米亚。此外,巴比伦人占星学的观念也传到了中国。巴比伦人的音调的算术周期知识向东方西方都传去了。在亚洲的几个天文系统中,对二十八宿唯一合理的解释也起源于巴比伦。但是,以这种方式传播的科学似乎是例外而不是规律。广义上来讲,中国科学在耶稣会士入华前的 2000 年中,尽管有着比我们所描述的还要多的学术交流机会,但几乎与西方科学没有共同之处,因此讨论的主题意义便在于此。在公元后 13 个世纪中,中国的科技发明像奔流的潮水一样涌进欧洲,就像随后欧洲的技术潮流涌向其他地方一样。现在,这正在得到承认。我们在林恩·怀特(Lyhn White)、斯蒂芬森(Stephenson)、克罗伯(Kroeber)、桑代克(Thorndike),以及随后的尤班克(Ewbank)及其他作家的作品中可以看出这一点。

这里最好给出与此有关的具体例子。但首先对于相反的现象也应提几句——一种文化对于来自另一种文化的外来物的排斥。这是民族学者极为感兴趣的问题。我们必须面对这一事实,例如,到了唐代(618—907),中国和欧洲的思维模式都已经相当定型了,以至于要从外界接受任何新因素即使并非不可能,也都很困难了。正如我们上面所看到的,那时中国与伊朗、伊斯兰和印度之间的交流特别密切,但中国医学的发展主要是走自己的路,不受外界的影响。同样地,在 13 世纪的元代,当扎马鲁丁(Jamal al-Din)带着一个天文学代表团从波斯到北京时,他们对中国天文学研究的直接影响几乎等于 0,因为两个体系的差别太大了,虽然他们的思想间接地启发过郭守敬发明先进的简仪。反过来,中国人从公元前 1 世纪起就一直在观察和记载太阳黑子,但即使任何暗示传到了中世纪的欧洲,仿效或扩大这种观测都是不可能的。欧洲人的概念认为太阳是一个完美的天体,绝对不会有黑点。假设中国人关于天体自由地漂浮在一个广阔的无限空间,或者风驱动它们在空间沿着固定轨道运动的观点为欧洲人所接受,那么意义将会更为重大。但在中世纪的欧洲,没有人打算放弃坚定的同心透明球体的信仰以及所有神学地心说的影响。确实,当耶稣会士第一次听说这些古老的中国宇宙理论时,他们对此都很鄙视,认为是中国官吏和和尚的无稽之谈。这些事例从生物物种的不变性到柏拉图的地质学,多得不胜枚举,但对这一点用不着花费精力。每一种文明都必须通过艰难的道路最终才能找到真理,并且在历史上他们经常几乎不能互相帮助。就像和德里(Odoric)和他的佛教徒朋友,他们只允许有意见分歧,却无法垄断智慧。

7. 技术西传

对于细节的处理这里不打算说得太多,一部即将出版的书[1]的各卷会研究这些细节。对于机械和其他方面的技术的传播,只说几件事。几种最重要的机械从美索不达米亚传向四面八方,如轮车、辘轳和滑轮。古埃及人发明了戽斗,也许还发明了曲柄,但这不肯定。从伊斯兰教地区的某个地方,或往西更远的地方,又发明了轮转手推磨。制锁技术的基本原理形成于早期的巴比伦和埃及,随后传遍了东半球。相比较而言,制锁术在文艺复兴以前几乎没有什么发展。印度人做出了槽杆的戽斗,以及也许是重要发明的戽水车。波斯人唯一的第一流的发明是风车,它以各种形式传遍了全世界。古代地中海流域的欧洲人,除非轮转式手推磨属于他们的发明,此外只发明了一项有价值的技术,即筒车;后来成了阿拉伯国家特有的"沙齐亚"(Saqiya)。当然,亚历山大港理论家的一些人在机器的描绘和分类方面比其他人更细致。但中国产生了大量的发明创造。这些发明创造在 1—18 世纪之间的不同时间里传到了欧洲和其他地区——(a)龙骨车。(b)石碾,使用水力作动力。(c)水力操纵的冶炼鼓风机(水排)。(d)旋转风扇和扬谷机。(e)活塞风箱。(f)卧式纺织机(也许印度人也发明了这种机器)和提花机(移动织机)。(g)缫丝和纺丝机械。(h)独轮手推车。(i)帆车。(j)磨车。(k)挽畜的两种方便挽具,即胸带挽具和颈圈挽具。(l)弩。

（m）风筝。（n）竹蜻蜓（陀螺）和走马灯（活动画片玩具）。（o）打深井技术。（p）铸铁技术。（q）"卡丹"（Cardan）挂环。（r）拱桥。（s）铁索吊桥。（t）运河闸门。（u）造船方面众多的发明，包括防水船舱、空气动力的高效风帆，前后索具。（v）船尾舵。（w）火药和一些相关技术。（x）磁铁指南针，最初用于定方位，随后中国人又用于航海。（y）印刷术，包括活字印刷。（z）瓷器。26 个字母用完了，我该停下来了。但还有很多例子，甚至重要的例子，如有必要，也列得出来。

我们绝不可以设想有关这些发明的最后一句话都说完了；也不能认为有足够的证据可以定论似地证明，在所有的情况下后来欧洲人使用的技术都是从中国人早期的实践中得来的。所有这些例子的共有特征是，它们在中国被使用的真凭实据先于，有时是远远先于它们在世界别的任何地方出现的最佳凭据。这一点被总结在附表（表Ⅰ）上。

当然，在确定这些统计时，除了传播的便利以外，还有很多因素在起作用。例如，某些提水机器（水车），无疑地没能传播，因为其他文化的习惯是采用不同的机器，效率一点不低。只有文艺复兴时期那些博览群书，好奇心强的人才欣赏它们。中国文化的某些成功，譬如说早期的冶铁术，很可能是由于所使用铁矿石的性质，使其低于其他地方的铁矿石所需要的温度就熔化了，以至于即使原理传出去了，技术还是不能模仿。不管怎样，很明显，根据这些和相近的事实，西方历史学家最喜爱的观点需要深刻地改动。托因比（Toynbee）写道："不管能否把我们西方机械发展趋势朝我们西方历史根源追溯到多久，无疑的是，对机械的爱好是西方文明的特色，就像古希腊文明爱好美学，或印度文明爱好宗教那样。"对东方和西方文明的评价建筑在不可靠的基础上是可怕的。

表Ⅰ　机械和其他技术从中国向西方的传播

技术项目	大致间隔时间（世纪）
（a）龙骨车	15
（b）石碾	13
用水力驱动	9
（c）水力冶炼鼓风机	11
（d）旋转风扇和扬谷机	14
（e）活塞风箱	约 14
（f）提花机	4
（g）缫丝机	3—13

续表

技术项目	大致间隔时间(世纪)
	(一种用来把丝均匀地绕在卷筒上的转轮出现在 11 世纪,而水力在 14 世纪才用于纺织作坊)
(h)独轮手推车	9—10
(i)帆车	11
(j)磨车	12
(k)高效挽畜挽具(胸带)	8
颈圈	6
(l)弩	13
(m)风筝	约 12
(n)竹蜻蜓(陀螺)(用细绳抽旋转)	14
走马灯(活动画片玩具)(上升的热气流使其运动)	约 10
(o)钻井术	11
(p)铸铁	10—12
(q)"卡丹"挂环(游动常平吊环)	8—9
(r)拱桥	7
(s)铁索吊桥	10—13
(t)运河闸门	7—17
(u)船舶和航运原理	10
(v)船尾舵	约 4
(w)火药	5—6
用作军事技术	4
(x)磁铁指南针(天然磁石勺)	11
使用磁针	4
用于航海	2
(y)纸	9
印刷术(雕版)	6
活字	4
金属活字	1
(z)瓷器	11—13

有一些迹象表明,犹太人团体可能是某些发明传播的媒介。卡丹挂环肯定不是

卡丹的发明,我们有资料表明那是 2 世纪中国技师丁谖制造的。公元前 3 世纪拜占庭的费隆(Philon)在《气体力学》(Pneumatica)中提到它,这似乎是被一个阿拉伯人篡改了。但将卡丹挂环的发明归功于犹太人,很可能是指犹太人传播了它。

同样,望远镜(Jacob's Staff),眺望时用的仪器,在欧洲 1321 年才由一个叫莱维·贝·热尔松(Levi ber Gerson)的普罗旺斯(Provence)犹太人第一次提到。但我们现在发现,沈括在 1086 年没有把它当作新仪器描绘。这很可能又是犹太人传播的。

现在会令人感兴趣的,是来看看在耶稣会士时代(17 世纪)西方能够贡献给中国文明什么工程原理,关于这方面我们拥有丰富的资料。中国文化缺少的真正重要的机械零件是:(a)螺丝钉。没有螺钉与古代欧洲文化中运动器械缺少脚蹬踏板相吻合,而这些在中国技术中,如龙骨车,特别重要。中国人更早的时候通过与阿拉伯人交往得到了很简单的螺钉,但耶稣会士是通过阿基米德水泵把螺钉带来的。(b)斯蒂西比(Ctesibian)双联压水泵。虽然双动活塞风箱非常古老,但圆柱水泵没有中国传统机械的特色,它近似于用来钻深盐井的空吸式提升泵。(c)曲轴。曲柄使用了很多世纪,可能从汉代开始。但中国机械没有使用曲轴。最后一项重要的引进是(d)发条装置。很清楚,这是欧洲人在 14 世纪初发明的。耶稣会士介绍到中国来的另外 13 种装置或机器是多余的,即中国人好几代人以前已经知道这些机器的某种形式。下面的表Ⅱ列出了向东方传播的时间。

表Ⅱ

技术项目	大致间隔时间(世纪)
(a)螺丝钉	14
(b)双联压水泵	18
(c)曲轴	3
(d)发条装置	3

中国人有两种装置似乎从来没有传到任何别的文化圈:(a)指南车。(b)连珠弩和弹弓或"机关枪"。指南车作为所有自控机械的始祖有其重要性,但它可能对别的民族没有任何意义,因他们对这种车不可思议的声誉不感兴趣。这种车带有一个无论去哪里都指向南方的假人。连珠弩没能传播开更令人奇怪,其手提式作为汉朝军队的正式武器,曾大量制造。

8. 促进因素的传播

讨论古代和中世纪一种影响从一种文明传到另一种文明的可能性时,应意识到没有必要设想全盘接受一个思想体系或模式结构。一个简单的暗示，一种思想微弱的启示，足以引起一系列的发展，这种发展导致此后大致类似现象的出现，而显示与起源完全无关。一个人有可能听说过某种东西的记载，但没有见过实际记载的实物。这种见解可能激发起崭新的、截然不同的系统记载。或者，有些技术过程在世界上某个遥远的地方成功地完成了，这个消息会鼓励某些人完全以自己的方式重新解决这个问题。这个过程被查特利和克罗伯这些学者认为是一种重要的可能性已经有一段时间了。克罗伯将其称为"促进因素的传播"。

要做的最简单的事情是从我们即将出版的书的材料中给出一些例子（或者可能是例子的材料）。让我们以钻深井为例。

打深井或钻探技术，像今天用以钻探油田的技术，是中国人所特有的。因为我们有很多关于它在四川可追溯到汉代（公元前 1 世纪至公元 1 世纪）的证据。而且，长期使用的方法与蒸汽机使用前加利福尼亚州和宾夕法尼亚州使用的方法基本上相同。在古代四川，从有些钻孔涌出的天然气已被用来煮熬从别的钻孔抽出或流出的卤水。没有迹象表明1000 年中这项技术传到了其他文化中。后来阿拉伯作家才有一两处记载，紧接着欧洲 12 世纪又成功地打出了第一批自流井。钻这些井的方法与古代中国人的方法相同，这一点没有得到确立。但既然现代以前不知道有任何别的方法，那就几乎可以肯定是中国的方法。然而 12 世纪初期，蒙古人入主中原以前，对于任何思想从中国传往欧洲，是一个极为不利的时期。这必然是由阿拉伯海员从海路传去的。可能是通过摩尔人统治的西班牙传开的。阿拉伯海员不可能去访问四川，因而认为仅仅传去了观念，或者说是一项鼓励，似乎有些道理。——"在中国，有些人世世代代靠在地上钻探获取财富。只要有耐心，有合适的工具就行了。"办法随之就出来了。这种情况下技术上的答案已几乎完全相同。别的例子不是这种情况。

前面提到过的风车，是波斯人的发明。但在 8 世纪的塞斯坦（Seistan），它是安装成卧式的。元朝初期（13 世纪下半叶）被引进中国时，它仍然保持这种装置，并沿着东海岸被用于把海水抽进无数的盐场。可是从初期开始，欧洲风车就被安装成立式的，就像维特鲁维（Vitruvian）的水轮，需要呈直角联结，与我们在最早的 14 世纪插图上看见的一样。所以这暗示着某一个人（很可能是某个与地中海东部诸国家与岛屿的十字军远征有关的人）对另一个人说过——"肯定有些萨拉森人已经驾驭了风力，用来磨粮食。"具体怎样安装的则无从知晓。英国或法国北部的风车工匠根据直立安装的轮子来考虑，很可能以自己的方式解决了这个问题。

一个十分相似的例子是更抽象的定量制图学，我们前面已经提过。托勒密死后仅仅几十年，就在他的子午线和纬线被逐渐忘却（除了在有限的拜占庭周围）而导致了伟大的古希腊地理学时代的终止时,裴秀,在东半球的另一端,正在撰写一篇有关制图学的作品。它为中国的直角坐标方格系统表现地球的曲率奠定了基础。在这个例子中,推测促进因素的传播的主要困难也许在于这一事实,张衡——托勒密的同时代人,似乎已经沿着中国特有的路子在研究了。但即使是这样,也不会使它完全逊色。个人的传播,尤其是商人,也是无可非议的。他们可能说过,"在大秦,有学问的人已经发明了用交叉平行线分割地球表面的方法,来决定地方的位置"。

所有这一系列的事例中,最复杂、最吸引人的也许是踏轮车船。为了在水上行进,通过叶片轮把动力传导给水的想法,任何时候都可能从直式安装的水轮产生,或从流水驱动的戽水车产生。实际上最初这可能是拜占庭人中的无名氏想出来的。他的军事工程书稿从4世纪末就传世,但这几乎是只停留在设想阶段。后来6世纪拜占庭将军贝利沙鲁斯(Belisarius)在罗马被哥特人包围期间,在停泊的船上安装了谷磨。从8世纪起(如果不是还要早几个世纪的话),中国有了真正的踏轮车船,由踏车操纵,水师多次在湖上和运河上使用。他们也的确沿用至今。那些访问广州港和珠江的人们还能看见。因而可能是在唐朝的某个时候或更早一点,消息就传来了:"在拂森(东罗马帝国),人们看见了有活动轮子的船。"于是中国匠师们误解了轮子的用途,着手建造真正的踏轮车船,只不过不是用于安装谷磨。在7世纪,任何去过拜占庭的使节都有可能带回这样的消息。甚至可能有两种消息,其中一种是没有被误解的。因为船上磨坊至少从宋代起中国就有了,现在仍然有。然后很多年以后,消息又从那边传来,在中世纪欧洲的技术手稿中又出现了踏轮车船,如吉德·德维治瓦诺(Guide de Vigevano,1355)、康拉德·凯泽(Konrad Keyser,1407)的技术手稿,且在1545年实际建造的一艘船最初的记载中还提到了布拉斯科·德加雷(Blasco de Garay)。像很多其他事例一样,在马可·波罗时代,反向传播也应确定。当拥有明轮翼的早期蒸汽船搅动着中国港湾的海水时,船上的欧洲水手遇到了老式的踏轮车船。他们绝对不会相信那些船不是他们自己船的拙劣仿制品。

举最后一个例子。很可能是金属铸币,在了解其全部历史之后,将说明促进因素的传播这一主题。传统的看法是,用特别的印模或铸成的图案将贵重金属或标准金属的小块打上标记,最初是公元前7世纪在小亚细亚东方的一个地区吕底亚发展起来的。大家一致认为这种做法很快就传播开来,不仅传到古希腊所有城邦,也向东传到波斯文化地区。可是最近出版的王毓铨的内容广泛的著作表明,中国最早的铸币几乎可以追溯到商朝。刀币(与东海边的封建国家齐国有关)在公元前9世纪就出现了。铲币(与周王朝有关)出现在公元前8世纪。像后来的中国金属币一样,这两种都是铸造的。可是对这一概括有一个例外,公元前8世纪或公元前7世纪,东南楚国小块黄金的发展,像吕底亚的金币一样,加盖有一个方印。圆板硬币在中国直到战国时期(公元前 4 世纪或公元前 3 世纪)才出现。而金属硬币公元前 7 世纪后期在印度的摩揭陀(Magadha)帝国(Saisunaga 和 Nanda 王朝),硬币有印记,有的压印是方的。根据现代研究关于穿越东半球中部的路线的结果而了解的情况来看,似乎很难相信在释迦时代以前,周朝人与印度人、吕底亚人会有很多文化交往。但时间关系仍然是一个难题。目前只能表明:(a)铸造第一批吕底亚硬币时,中国已经有了铸币至少两个世纪了。(b)第一批加印记的印度硬币晚于吕底亚硬币不到一个世纪。(c)相反,当第一批中国圆板硬币铸造出来时,加印记的古希腊圆板硬币已有将近 3 个世纪的历史了。

这样的可能性已被克罗伯注意到了。他说,促进因素的传播"出现在这样的情况下,一种体系或模式传播没有遇到阻力,但关于体系的具体内容传播有困难。在这种情况下,综合思想或体系被接受了,但接受的文化仍需发展新内容"。他继续说,促进因素的传播在每一个真实的例子中,真正产生的,是一个模式的诞生。虽然对于人类文化,这个模式不是全新的,但对于它从中发展起来的文化,是崭新的。因为新模式以不同方法被实施在新材料中,就存在着历史联系和独立性,也存在着独创性。促进因素的传播可以定义为"由外来文化中的前例推动的新模式的产生"。而且,像克罗伯提出的那样,这样的促进因素很可能以"概念化的萌芽"形式潜伏好几个世纪,直到内部环境改变才苏醒过来。这可能是别的种子萌发,或有意识地模仿引进文化引起的。应该记住的另一种因素是这一可能性,即有效促进因素不仅可以被一条或多或少筛选过的消息传播,也可以被少数的个人传播。阿里斯蒂斯(Aristeas)、甘英、秦伦(Chhin Lun)似乎是孤立的人,但他们可能还拥有一些我们所不知道的名不见经传的朋友、竞争者。东半球和西半球的关系超出了本书讨论的范围。虽然大多数美国印第安考古学家关于墨西哥文化、玛雅文化和秘鲁文化起源持有门罗式的学说,但这些文化与东亚大陆文化所共有的特征是如此地引起人们联想,以至于人们想知道是否一些直接的促进因素跨越了广袤的大洋传给了它们。

谈到上述观点的传播时,克罗伯使用了下面的语言:"朝向中国本土上的感生的当地发明的一种促进因素。"这很有趣,因为社会进化中促进因素的传播的观念,在脊椎动物独特的形态发生中有确切的可比拟的情况。现代实验胚胎学证明了,在做异体适应移植时(比如青蛙和蝾螈之间),一段正常的将刺激生长角状上下颚的诱导物组织,会引起牙齿生长,如果牙齿做出了有能力接收刺激的组织的反应。刺激物不是特殊种类,相应的组织就"根据遗传"做出反应,即自身的遗传决定。在社会进化过程的科技史中,一定也有很多次——一种思想传来了,引起的反响的特征依赖于当地文化的本质。

二、思想的礼物

1. 引　言

现在我们应该转向探讨某些最有特色的中国思维模式。西方追求自己的道路，认为雅典、耶路撒冷和罗马的思想足以适应其所有的目的。但中国的思维模式真的同西方世界保持完全的隔离吗？

2. 象征性的相互关系

首先谈象征性的相互关系。五行[2]逐渐地与宇宙中可想到的物质的每一个范畴联系起来。这样的相互关系从秦朝以来在一定程度上已成为习以为常的思想，在大多数古代文献中都有不同程度的记载。

有的这种相互关系是基本前提的自然而有益的产物。五行与季节联系在一起非常明显。各种结果就建立在它们与基本要素的联系上。有什么能比把火与夏天和南方联系起来更不可避免呢？在色彩上也引起了很多思索。既然中国文明的摇篮是黄河上游流域的黄土大地（现在的山西和陕西），设想黄色为中心是有道理的。然后，西边的白色代表西藏高原永久的积雪，东方的绿色（或蓝色）代表辽阔的海洋，最后，南边的红色很可能取意于四川的红土，这个地区位于陕西和山西的南面；此外，云南也有大片的红土地区。但随着事物复杂程度的增加，人为的因素也增加了。

人们必须意识到这些相互关系仅仅是沧海一粟。埃伯哈德（Eberhard）列出了100多种，还给出了它们的参考资料。但它们之间都充满了差异，在相同的题目里可以用不同的方式来阐述。在一次有价值的讨论会上，他划分了几种不同的学者，他们都为最终要落成的大厦群各司其职。首先是天文学者。很有意义的是，像博物学家一样，他们与齐国有关。有些证据可以追溯到《诗经》民歌时代（大约公元前9世纪）。到公元前4世纪，齐国产生了中国历史上最伟大的天文学家之一——甘德。在公元前1世纪，同一家族里出了一个非常重要的占星术家——甘仲阁。无疑，这一组天文学者始创了"行"与十进制、十二进制符号之间的相互关系，以及"行"与"宿"（星宿，围绕天极的恒星区域性划分），"行"与行星，"行"与封建国家（因占星术的原因）之间的关系。

其次，有3个组的学者似乎是直接从邹衍发展而来，因而被称为博物学家组。埃伯哈德把他们分为帝系组、阴阳组和"洪范"组。

很清楚,帝系组是与邹衍联系在一起的。他以五行之力对(传说中的)皇帝继承顺序进行的考证赋予他极大的政治重要性。这一理论后来的发展问题特别复杂。顾颉刚和夏伦(Haloun)以及埃伯哈德竭尽全力对此进行了研究。有趣的是,还不能肯定在汉代时"行"的标志是什么。在公元前2世纪初,张苍的观点盛行,认为水仍是至高无上的,秦朝统治太短,水的功德仍存。但到了西汉,贾谊成功地推行了他的主张,认为至高无上的是土,这个观点一直持续到那个朝代末。

"阴阳"这一组学者很不引人注目,其成员几乎与其他博物学家区分不开。邹衍是最先讨论阴阳的学者之一。讨论阴阳与五行相互关系的唯一的汉代或汉代以前的文献是《管子》(第40章)和董仲舒的《白虎通》(第2卷)。我们以后会看到,这对后来的生物学思想有影响。

第三组学者称为"洪范"组,即在《书经》中研究(甚至可能发现)与五行有关的章节的那些博物学家。这里,兴趣又转向了人类、社会与政治,发现了人的心理生理作用之间(这是《前汉书》中《五行志》里一个非常重要的观点),不同政府类型、大臣、道德形式等的相互关系。总之与此相联系的人物是伏生和他的继承者,以及董仲舒。

这也包括了能与博物学家密切联系在一起的趋势。

最后我们还有两种科学上使人感兴趣的学者。"月令"组基本上是农业方面,"素问"组基本上是医学方面。《月令》(月份历)是礼记中很长的一部分,它取代了收集在《大戴礼记》整理中较短的《夏小正》(夏代小历书)。《月令》全文也收集在《吕氏春秋》中,其主要部分也收集在《管子》一类书中。农学家发现五行关系与一年的季节有关,可能与颜色,肯定与天气、各种动物、家畜、谷物有关,或许与他们奉献给小神的祭品有关。很明显,稻谷没有出现在谷物单上,却在类似的关系中出现在属于医学的物品单上。大概前者起源于中国北部,或年代更早。没有名人与这个学派有联系。

"素问"组得名于流传下来的最古老的中国医学文献《黄帝内经》。当然医学家发现了生理学上的相互关系。这部文献的年代不很确切,但至少大部分早于汉代,有些可能属于战国时期。五行与内脏、身体部位、感觉器官、大脑的感情状态之间都有联系。没有名人与我们所知道的这个学派有联系。

于是,意义深远的象征性的相互关系体系建立起来了。

3. 阴阳说

到目前为止,我们讲五行及其象征性的相互关系比阴阳讲得多,因为我们对五行理论的历史、起源知道得更多。很明显,尽管邹衍学派被称作阴阳家,但在任何流传下来的邹衍的言论集中都没有提及阴阳。在《史记》和其他文献中,阴阳的讨论肯定是他发起的。几乎没有人怀疑这个术语在哲学上使用始于公元前 4 世纪初。更古老的文献中提到这一用法的章节是那个时期以后被篡改的。

词源学上，阴阳这两个字无疑分别与暗和明有关。"阴"字最古老的甲骨文和钟鼎文是山(的阴影)和云雾。"阳"字，以前认为是表示阳光中迎风招展的旗帜，现在认为是代表一个人举着一个有孔的玉石圆盘，这玉石圆盘象征着苍天，光明的源泉，也许还是最古老的天文仪器。这些见解，与古代民歌集《诗经》里使用这两个字的意思一致。正如葛兰言(Granet)所说：阴引起寒冷、多云和下雨以及室内和黑暗的感觉，像保存度夏用冰的地下室；阳引起阳光和热、春夏的感觉，也可指一个男性仪式舞蹈家的出现。大家一致认为：阴的意思是山或山谷的背阴面(山的北面和山谷的南面)，"不向阳"的一面；阳的意思是向阳面(山的南面和山谷的北面)，"阳光照射"的一面。当然，阴表示女性，阳表示男性。

也有人研究过这两个字最初作为哲学术语使用。梁启超发现了《易经》中的《系辞传》提出了这一观点："一阴一阳之为道。"总的意思一定是这样的：宇宙里仅有这两个基本的力或作用。时而一个居上，时而另一个居上，波澜起伏。这篇解说注明是在战国时代后期(公元前 3 世纪初)。

其他提及阴阳的早期书是《墨子》《庄子》和《道德经》。《墨子》中有两处从严格的意义上提到阴阳，第六篇说每一种生灵都具有天地本性和阴阳协调，第二十七篇说明君功德是在适宜的季节送来阴阳、雨露。在《庄子》中阴阳两个词很普遍，人们可以发现阴阳的意义很准确地出现在至少 20 个段落里。阴阳在《道德经》(第四十二篇)中出现了一次，即"万物负阴而抱阳，冲气以为和"。翻译家担心在老子那样早的年代是否能给出这样充分的技术表达，但我想还是可以做到这一点的。

在其他地方，一般认为上述内容是后来补充进去的，如《书经》(《禹贡》)、《左传》(六个篇章)。在《荀子》《礼记》《大戴礼记》和《淮南子》一类书里，其年代为公元前 3—1 世纪，没有任何理由怀疑篡改了文献。一篇相当古老的文献残本叫作《计然》，可能是一本失传的书的一个篇章，成书于公元前 5 世纪，或某种程度上可能是一个历史人物计倪子的作品，描写了他与南方越国国王勾践进行的谈话。无疑这本书表现了一种起源于南方沿海的自然主义传统，非常可能与邹衍同时代。越王打算入侵邻国吴国，他就此事问计倪子。计倪子拒绝谈论军事事务，相反地他督促国王观察自然现象，以便增加农业生产，使人民富裕。

　　　"计倪子说：'您应该观察大地之气，跟踪阴阳的活动。您应该懂得求生与做出牺牲，只有那时你才能压倒敌人……'

　　越王答道:'你的计谋好极了。'于是他观察天象,判定和测量星宿及其位置,致力于历法。他的国家因而变得富裕起来。他很高兴,说道:'如果我成了王中之王,那是由于计倪子的好谋略。'"⑥

　　为了能够粗略地了解汉代孔子门徒辩论这类事情的方法,我们可以看一看董仲舒的《春秋繁露》(约前 120)第五十七篇的一部分。他说:

　　"天降阴雨,人们就要生病。也就是说,存在着先于实际事情的行为,阴要开始做出反应。天降阴雨,人们就感觉困,这就是阴气。也存在着使人困倦的忧愁——与阴的作用相呼应。也有使人驱逐困倦的乐趣——与阳的作用相呼应。夜里(阴时)水(阴的要素)不管怎样涌流会更多,有东风时酒溢出得更多,病人在夜里情况也更为严重。所有的小鸡破壳前都要叽叽叫,以这种方式冲淡身上的秽气,使自己更优美。于是阳益阳,阴益阴。阴阳二气以这种可分类的形式相互伴随,互相加强,互相对立。

　　天有阴阳,人也有阴阳。天地的阴气开始占上风时,人的阴气也领头响应。人的阴气开始起来时,按理天的阴气应该上升作为呼应。这很清楚地显示了其道为一——如果要下雨了,那么阴就要运行以施展影响协助。如果雨要停,那么阳也要运行以施展影响协助。事实是,雨的降落并不是开始于雨超自然这个疑问(与灵魂、神联系在一起),尽管基本原理深邃而神秘。"⑦

　　　　　　　　　　　　　　　　　　　　——(修中诚 Hughes 英译)

　　坤(☷)、乾(☰)由断续或完整的线条组成,分别与阴阳相对应。虽然阴阳属于《易经》上讨论类似数的六线形(卦爻),但也许这是谈到这个体系后来的一个细节的地方。每一个六线形基本上是阴或基本上是阳。通过明智的排列,有可能以这样的一个方法得出六十四个六线(六十四卦)形以便靠不断的二分法产生交替的阴阳卦爻。胡渭作的《易图明辨》(1706)之中有一幅示意图,人们可以从中看出,譬如,最初的阴怎样一分为二,其一是阴,另一个是阳。它们又一分为二,一阴一阳。这个过程持续到六十四卦产生为止。当然也能无限进行下去。这引起了科学家的兴趣,因为《易经》学者所走过的思维道路正是我们所习惯的现代的思维道路,即分离原则。这与我们今天基因型中的隐性和主导因素有某些相似之处。只不过后者出现在外表,因有表现型现象而看得见。因此这又是一个例子,与人们相信的关于假想五行相互作用类似，导致了思维的多种方式，在我们的时代可以说是"正确地运用"于自然。在这种情况下不仅与现代遗传学而且可能与化学相似，即依次按步骤提纯只能导致逐步的物质分离。就《易经》学者直觉感觉到的范围而言，不管物质的提纯进行到哪一步，仍然是阳性与阴性结合在一起，尽管某一个在表面上还可能占主导地位。总而言之，他们的思想接近现代科学的看法。我想阐明的观点是很多科学思维的基本概念结构都包括在这些思索之中。如果他们是与通过实验和数学公式表示的假设对自然进行认真研究相脱离，他们的理论设想是正确的。

观察这样一个示意图时头脑里出现的想法是，阴阳是否各自有善恶属性的含义，那这就相当有摩尼教的色彩。摩尼(Mani)的波斯追随者[参见伯斯特(Burkitt)的文献]相信，人的职责就是在宇宙的混合体中从那邪恶因素中挑选美好的成分，但那是一个也许永远都完不成的任务。在别的地方再对一些设想作某些阐述，即阴阳理论的起源归结于波斯人的宗教二元论的启示。相信这一点的主要难点是，善恶的含义事实上没有出现在中国的阴阳体系中。相反，只有获得并保持了阴阳之间的真正平衡，才会有幸福、健康或正常状况。然而从波斯人的二元论中导出中国的阴阳的企图仍然继续着。在二元论的神话和伊朗、印度的宇宙论及与美索不达米亚文化起源可能存在的联系被知道得更多以前，在这方面几乎不可能再说得更多了。确实现在有一种回到以前的观点去的趋向。相反，伊朗人的二元论是从中国人的阴阳发展而成(de Menasce；Mazaheri)。但这主要以德索素(de Saussure)的著作为依据。这本书在其他方面很有价值，但在这一点上，它受到了将中国古代文献判断过早的影响。

我不敢再次肯定我们没有必要阐述这样的看法，它们可能很容易在几种文明中独立产生。葛兰言把阴阳理论和早期中国社会的性别差异现象联系起来，这有些道理。在季节性的节日里，年轻人选择自己的伴侣并在仪式性的场合中跳舞，这象征着自然界中永恒的深远的对偶性。而且，在这种联系中经常没有提到的是，人们能够从欧洲各地历史中发现这种二元论的因素，当然同中国比起来它们还处于初级阶段。K. 弗里曼(K. Freeman)描述了毕达哥拉斯学派(公元前 5 世纪)的二元宇宙论，体现在有 10 组对立物的一份表中，一方是有限、奇数、单一、右边、男性、善美、运动、光明、方形和直线，另一方是无限、偶数、多样、左边、女性、丑恶、静止、黑暗、椭圆和曲线。所有这些使人联想到中国体系，但这两种思想之间没有联系，除非我们在某种程度上没有根据地设想，某种类似的学说起源于巴比伦，从那里向两个方向传播。在欧洲的另一端，有些 17 世纪的思想家从罗伯特·弗拉德(Robert Fludd，1574—1637)的传统犹太神秘教中吸取灵感。佩奇尔(Pagel)对弗拉德的思想作了细致的分析。弗拉德的《普通医学》(*Medicina Catholica*)把上帝说成化学家、数学家，这个世界是他的"实验室"。在这个世界上,有一系列的对立物——一方面是热、运动、光明、膨胀、稀释;另一方面是冷、惰性、黑暗、收缩、变浓。太阳、父亲、心脏、右眼和血液,与月亮、母亲、子宫、左眼和黏液相对应。有趣的是这里发现古代凝聚和扩散的对立,更有可能是源于苏格拉底前而不是源于中国。

现在人们应该承认,弗拉德对炼丹术的兴趣绝不是巧合。截然相反的对立物(通常是黄金与水银)盛行于整个中世纪后期和 17 世纪的炼丹术(参见 Muir、Read 的文献)。我们不应该在这里发起一场关于炼丹术的冗长讨论。中国炼丹术是通过穆斯林炼丹术传到欧洲的。如果这是真实的(并且所有的证据表明了这一点),那在某种意义上说阴阳学说是一起传去了的。弗拉德不能排斥他受惠于邹衍和老子,尽管他不可能意识到这一事实。另外,关于所有的古代极性理论深深地寓于化学的基本原则中,也许是有其道理的。对于炼丹士,化学物质的反应依赖于其极性位置。今天我们知道,反应只是那些正负电荷排列外部的看得见的现象。正负电荷组成了我们所知道的物质世界。

4. 相互联系的学说及其意义

让我们扼要复述一下。中国人的基础科学或原始科学思想引进了宇宙中两种基本的原理或力——阴和阳。人类自身性经验的阴性阳性具体化,组成所有变化过程和物质"五行"。在数的相互关系中,五行与宇宙中一切其他的东西联系排列在一起,一切都可以有五种组合。在这居中的五种层次周围,是由可分类的物质组成的广大区域。这些物质只能进入其他的层次(四、九、二十八),在使这些分类相适应时显示出了高度的独创性。因而出现了神秘的数术或命理学,其主要目的之一是把不同的数字类型相互联系起来。所有这些意味着什么呢?

大多数欧洲评述者都将其看作是迷信而不屑一顾,这妨碍了中国人中真正的科学思想的传播。不少的中国人,特别是现代的自然科学家,倾向于采纳相同的意见。但他们的情形又有一点不同,他们必须与社会生活中千千万万的传统中国学者打交道。从现代世界的观点来看,这些传统学者没受过学校训练,仍然想象中国古代思想体系是一个尚在争论之中两者择一的问题。任何开明的人不会持这一观点。但科学史学家的任务不是关注中国社会的现代化,中国是有能力使自身现代化的;我们需要研究的是,事实上古代的和传统的中国思想体系仅仅是迷信的呢或单纯是"原始思想"的演变,还是产生了一些代表文明的东西,并促进了其他文明的发展?

研究形象感应的五重体系的最初途径是社会学。杜克黑姆(Durkheim)和莫斯(Mauss)设想,在原始社会中,被采用的数字范畴基本上是根据族外通婚的部族来定的;而其他人认为是族外通婚的部落根据这些数字范畴定的,与杜克黑姆和莫斯的设想正好相反。他们很容易就证明了,几个世纪以来,譬如美洲印第安人的祖尼族(Zunis),在族外通婚的家族和数字范畴之间有明显的一致性,在祖尼族中,一切都取七,并有七个部族。但对于中国人来说,要进行这样的解释更困难,因为中国文明的起源上溯得太久远了。而且,即使能进行解释,也不会使我们对完成世界观的理论价值的估计有多大影响。

巫术的分析手法也许更有趣。弗雷泽(Frazer)在其权威著作中,已经阐述了巫术的两种"规律"和一个总原则。一种是"相似律"。根据这规律,对于古代的术士们而言(现代的原始民族也是这样),同类产生同类。另一种是"接触律"或"感染律"。根据这规律,曾经接触但是现在不再接触的物体,继续相互作用。人们立即就能看出中国人的形象感应关系怎样在这方面发挥作用,并开始使这种关系得以建立得有些动机明朗起来。其他学者接受并举例说明了弗雷泽的交感巫术理论和他的"宗教起调和作用,巫术起强迫作用"的总原则。有的人还补充了其他的含义。如休伯特和莫斯(Hubert & Mauss)指出,巫术基本上只由孤立的、唯一的巫师实施,而不是像宗教那样带有集体性。然而大家都认为,"巫术养育了科学,最早的科学家是巫师。""巫术从神秘生活的各个领域中产生出来并从中吸取力量,以便同普通人的生活融为一体并为他们服务。它倾向于具体,而宗教倾向于抽象。它起的作用与技术、工业、医学、化学等完全相同。巫术实质上是做事情的一种技艺。"没有必要过于详尽阐述这一点。形象感应关系或图谶体系正是巫师施展法术所需要的。在思想的原始阶段,他们怎样才能知道什么有助于技术的成功而什么又不能呢? 必须要有选择实验条件的某种方式。自然地,如果一个人要想做与水有关的事,明显地穿戴红色就不会有任何帮助,红是火的颜色。当然这种相互关系是直观的,不是严格合理的,但它们又可能是别的什么呢?

一些现代学者——H.威廉(H. Wilhelm)、埃伯哈德、雅布隆斯基(Jablonski),特别是葛兰言——把我们这里讨论的这种思想命名为"同等思想"或"组合思想"。这个直观相联系统有其自身的因果关系和逻辑。它不是迷信或原始迷信,而是具有自身特点的思想方式。H.威廉将其与有欧洲科学特征的"从属思想"相对照,后者极为强调外部的因果关系。在"同等思想"中,观念不是相互从属,而是并排处于一个模式之中,事物相互作用并不是因为外界的因果关系,如靠某种"诱导"。无疑,道教思想家是想了解自然界的起因,但这不能以同样的方式对比给以解释,尽管这种方式对于古希腊的自然主义思想家可能是正确的。中国思想里的关键词是"秩序"(Order),尤其是"模式"(Pattern)(如果我可以第一次私下说,还有有机组织 Organism)。形象感应关系或对应都组成了一个巨大模式的部分。事物表现的方式很奇特,未必是因为其他事物的居先行为和推动。但由于它们在周而复始运动的宇宙中的地位,它们被赋予本能的天性,这使得它们的表现不可避免。假如它们不以那些奇特的方式表现,它们就会失去在整体中的相关位置(这个位置赋予它们以特色),变成某些异化的东西。因而它们是依赖整个世界有机体而存在的部分。它们相互作用很大程度上不是靠机械推动或因果关系,而是靠一种神秘的共振。

这种观念在董仲舒的《春秋繁露》第五十七篇中阐述得最清楚,其题目是"同类相通",即(在修中诚出色的英译本中)"相同种类的事物相互加强"。我们读到:

"如果水泼在平地上,它就会避开干燥部位,向湿的部位流动。如果两片劈柴架在火上,火就会避开潮湿的而引燃干的劈柴。所有事物都排斥异己,追求同类。因而如果两气相同,它们将结合;如果音调和谐,它们就组成和弦。实验证明,这是异常清楚的。尝试调乐器,在琵琶上弹奏宫调或商调,其他弦乐器也可发出宫调或商调。它们独自发出音响。这一点也不神,只因五音是相联的;根据数,它们是什么就是什么(由此世界被建立起来)。

(同样地)美好的事物也召唤其他美好事物的种类;可憎的事物也召唤可憎事物的种类。这产生于同类响应的互补方式。——如一匹马嘶叫,另一匹马也嘶叫作答;如果一头母牛叫了,另一头也会哞叫响应。

当一个圣明的统治者将出现时,吉兆首先出现;一个统治者将被推翻时,凶兆首先出现。的确,事物相互召唤,同类召唤同类。龙呼风唤雨,摇扇驱逐暑热,大军征讨过的地方长满荆棘。无论美好的或可憎的事物,都有随之而来和即将出现的影响,这组成了一种命运,但没人知道其永久位置。

不仅仅是阴阳二气明显地上升下降。灾难,不管其危害多大;赐福,不管以什么形式,也都可以分辨。不止一种事物出现前有征兆,因其可辨明的特性与它互补并加强(或发展)它。

实际上是智慧超人的圣贤从预言(可能发生的事)转向了明智地倾听(现有的事情);通过寻求内部(含义)和转向审慎的评价,言谈变得富于智慧,才华横溢。开明的圣贤才知晓他们思想的根源;他们的知识总是在这方面。

如上所述,弹奏琵琶上的宫调时,(附近)其他的宫弦也会相应地回响(共鸣);根据它们所属类别,类似的事物就会被影响。它们受到一种看不见形体的声音的影响。在人们看不见产生影响的东西的形状时,他们就将这

种现象描绘为'自鸣'。在没有任何看得见的东西引起相互作用时,为了解
释它,他们将其描绘为自然。但事实上不存在这样的自发产生。存在着把
一个人推向某个境遇的东西,物体必然就有一种真正的推动,即使它可能看
不见。"⑧

现在要谈到的董仲舒的分类,就是宇宙中的各种物体进入五重范畴或其他各种
各样的数字范畴中的可能性。特别有趣的是,他以音响共鸣现象作为他的证明实验。
对那些一点不懂得声波的人们,这必定很有说服力。这证明了他的观点,即宇宙中属
于同一类别的事物(譬如东方、木、绿色、风、小麦)互相共鸣、互相加强。这不仅仅是
任何事物都能影响任何别的事物的原始一致性,它也是编织紧密的宇宙的一部分,在
这里只有某种类别的事物能影响同类的其他事物。因果关系具有一种很特殊的性
质,它只在一种分层次的模式里,而不是随意起作用。没有任何事情没有根源,但任
何事情的根源都不是机械的根源。提示者书中的有机体系统治着整体。永恒的戏剧
界人物,据说其存在依赖于这个系统的整体,如果他们在自己的角色中失败了,他们
就停止生存了。但谁也不曾失败。

如果这表现了关于(五重感应关系是抽象图的)中国人世界观的某种正确的东
西,我相信是如此,那么很清楚,汉代和汉以后的学者们并没有在"原始思想"中停滞
不前。我们极大地受益于烈维–布鲁尔(Levy-Bruhl)为原始思想所作的最有趣的分
析。虽然我们可以接受他的大多数论述,但我们不得不得出这一结论,他远没有证明
清楚他的信念:中国人和印度人对世界所作的描绘是模范的世界观。由于烈维–布鲁
尔的引人注目的论点"对于原始人来说,一切都是奇迹,或者说什么都不是奇迹。因
而,一切都是可信的;没有什么是荒谬的,不可能的",他的解释最先引起我的兴趣。
我偶然见到这一论点时,我正在研究道家。我有趣地注意到,某些基督教学者对于中
国人(确切地说是道家)对待奇迹的独特态度,即随时准备作为事实接受奇迹,但除了
巫师拥有奇特效力的技能外又看不出它们证明了什么,表现出恼怒。烈维–布鲁尔
说,不熟悉逻辑的人,对于逻辑上和自然的荒谬很迟钝。任何事情都可能是其他任何
事情的"根源"。如果一艘比其他的船多一个烟囱的汽船停靠在非洲的一个小镇,随
后出现了流行病,这艘汽船的出现就可能像别的任何事情一样被看作是流行病的根
源。从这些无差异的各种现象中随意选择"原因"被烈维–布鲁尔称作"参与律",即
原始人的思想所想到的整个环境都被置于选择之中。就是说,参与解释,既不考虑真
正的因果关系,也不考虑矛盾法则。

当烈维–布鲁尔开始将对等思想或关联思想说成是原始思想的变异时,我们不得

不说他的分析在这点上与我们是有分歧的。在年代学的意义上很可能是原始的,但肯定不会仅仅是"参与"思想的一部分。因为一旦一个范畴体系,如像五行体系建立起来,那么任何事物都不可能是任何其他事物的原因。(至少)存在着来自原始参与思想的两种进展方式,使其形象化似乎更正确一些。(古希腊人采用的)一种是使因果关系概念更精练,以便逐渐获得真正科学的世界观;另一种是使宇宙间的事物系统化,同时尽可能减小其相互影响中的外部因果关系的作用。纵观历史的漫长过程,我们或许能在前一种方式的终端看到牛顿的宇宙,以及在后一种方式的终端看到怀特海的宇宙。

　　烈维–布鲁尔说,随着关于各种存在与事物的观念被定义与区分,原始世界观则逐渐被取代。但如果这些观念在中期阶段具体化了,一个文明可能不得不付出高昂的代价。它们被看成符合现实的,而实际并非如此。他继续说,"这种体系会声称是自给自足的。然后运用这些观念的思维活动将无限期地发挥作用,与它们声称代表的现实不发生任何联系。中国的科学知识为这种受抑制的发展提供了明显的例子。中国人编辑出了天文学、物理学、化学、生理学、病理学、治疗学和类似学科的内容广博的百科全书,但在我们的观念中,所有这些都是臆说。尽管中国人在漫长的岁月里作出了巨大努力,在技术方面又是如此高超,但他们怎么又会一事无成呢? 无疑,这是由种种原因造成的。但最主要的是由这一事实造成的:每一门所谓科学的基础都建立在具体化的观念上面,这些观念从没有真正经受过经验的检验,而包含着大量带有神秘的先入之见的观点。表达这些观点一般形式的抽象,容许看来是合逻辑的分析、综合的双重过程,而这个过程总是无效而又故步自封,抽象并被无限延伸。那些最熟悉中国思想的人,如德哥罗特(de Groot),对于能看见中国摆脱其枷锁,停止围绕自身的轴旋转几乎绝望。其思想习惯变得太僵化,而其需要又是如此迫切,使中国放弃医生、学者及风水先生,如同使欧洲不因其博学之士而感到自负一样困难。"此外,烈维–布鲁尔还对印度的科学思想作了一些类似的批评。

　　很难再找到一篇比这更误入歧途的文章了。这位有名的学者对于他所指责的百科全书一字不识,他否认了他自己的文明曾受益不浅的那个文明的科学技术成就。不知道他有什么权利这样做。明显地,中国众多的技术发明的历史作用不会因其产生者的世界观的优劣而受影响;也不会因为编书者的世界观不是为伽利略和牛顿的科学发展所必需,便可贬低那些受轻视的百科全书所包罗的大量根据经验得来的资料的价值。相反,我似乎认为我们确切的结论是:中国相关和对等思想实质上与欧洲的因果和"法定"或立法思想不同。如果说中国思想更为原始,那仅仅是在它不能促使17世纪理论科学的兴起这一层意义上说的。仍然有待于探索的是,它是否不与一种促使近代科学与其结构相结合的世界观,即有机论哲学相联系。如果是这样,提出这个问题的时刻便来到了:有机论哲学的根源在哪里呢?

我很想使这个脱节点完全搞清楚。中国的对等思想不是下述意义上的原始思想,即它是一笔逻辑上的糊涂账,其中任何事物都可能是其他事物产生的原因,而人的思想来自某个医生的纯粹想象。这是一幅顺序极为准确的宇宙图景,正如一个作者所说,其中"事物吻合得如此准确,你甚至在它们中间插不进一丝头发"。但这是有机体由之产生出来的宇宙,不是因为事物必须服从,否则就要遭受神差鬼使的惩罚,不是至高无上的创世主或法典制订者的旨意;也不是因为无数弹子球的物理碰撞,一颗弹子的运动是另一颗弹子运动的物理根源。那是没有发号施令者的有条不紊的意志协调——很奇怪在后来中国社会中舞蹈完全消失了——(因为就其模式而言)那像自发的、有秩序的乡村舞蹈者的动作。没有人被法律约束必须做这些动作,也不是后边的人们促使他们这样做,而是以自动的意志协调进行合作。我们在王弼的书中读到:"看不见有人在指挥四季,但它们从来没有背离过自己的过程。"可是,深信可怕的魔鬼会追随着失败而来,这就荒唐了。皇帝的仪式是在宇宙模式一体性中这种信仰的最好证明。在明堂的特有楼阁中,不亚于皇帝的住所及庙宇,皇帝穿着适宜于季节颜色的长袍,面对着一定的方向,让人们演奏适合节令的音乐,进行完宇宙模式中象征着天地合一的所有其他仪式的程序。或者谈谈有关科学的事吧,如果月球在某个时刻处于与某个拱极星座相对应的赤道里的宿的位置,那不是因为有人命令这样做,甚至在比喻的意义上都不是;也不是因为它服从于依赖某种单纯因素的数字上可以表达的规律——而是因为它是宇宙有机体模式的组成部分,不为任何其他缘故,它就是应该这样运行。

中国和欧洲两种宇宙观念的差别,在数字的使用方面表现得非常明显。当然在欧洲有毕达哥拉斯学派,并且可以证明中国曾进行了大量值得称赞的数学研究。但是很自然,中国人的关联思想包含有一种数字神秘主义——我称之为命理学。对于具近代科学头脑的人而言,这就像大金字塔的命理设想一样令人厌恶。迄今为止,我认为关联思想没有为中国科学作出任何贡献,尽管从所有其他的抑制作用来看,其抑制作用可能也不大。贝班(Berbaigne)说得对极了:"数字不是依赖于实际(根据经验)领悟和描绘许多物体;相反,许多物体是从事前决定的(犹如在预制的框架中)一个神秘的数字中被赋予形式,下定义。"真正对中国思想感兴趣的人不会不读葛兰言论述数字符号的那章。他说:"数量的概念,在(古代)中国人的哲学思想中几乎不起作用。尽管这样,数字强烈地引起了圣贤们的兴趣。可是无论土地测量员、木匠、建筑师、马车制造者和音乐家的算术或几何知识有多丰富,除了在此范围(不准许使圣贤入迷到失去控制的程度)数字游戏的发展外,圣贤们对此从来没有任何兴趣。似乎数字仅仅用作符号……"在另一个地方,他又说:"数字没有代表数量的功能,它们起调节均衡宇宙的具体范围的作用。"无疑,对古代和中世纪的中国命理学的任何批评,无论多么严厉,也不算过分。然而我要提出,这和五行的形象感应关系更加过分地延伸是对某些基本思想的夸张。那些思想在其自身的方式中,对于人类思想将来的历史同其他那些基本思想一样有作用有价值。在中世纪欧洲,有些思想竟然导致了这样的过分做法,比如对动物依照法律程序进行审判。

对于古代中国人,时间不是抽象的参数,不是一连串相同的时刻,而是被分成具体单独的季节及其以下的单位;空间不是抽象地一直不变地向各个方向延伸,而是被分成地区,南、北、东、西、中,它们在一个相对应的表中统一起来:东不可分离地与春天和木联系,南与夏天和火联系。我读到雅布隆斯基阐述他的老师葛兰言的观点的话,"相对应的观点有很大意义并取代了因果关系的观点,因为事物是相互联系而不是有因果关系",我生动地回想起了道家庄子的文章。他把宇宙比作动物的躯体。"身体的一百个部分在它们的位置上都是完整的。你该更喜欢哪一部分? 你都同样喜欢它们吗? 它们都是奴仆吗? 它们不能相互控制而需要一个统治者吗? 会是它们轮流成为统治者或奴仆吗? 除了它们自己以外有没有真正的统治者?"^⑨对庄周这些反问句的答案当然是都倾向于否定。其含义为宇宙本身就是一个巨大的有机体,时而这个时而那个组成部分占主导地位——是自发的,非人工安排的,所有的部分都以相互依赖的方式合作,完全是自由的。大大小小的部分都不分先后根据自己的地位发挥作用。

在这样一个体系中,因果关系错综复杂,等级方面起伏不定,不是微粒状的,很容易就可以隔离。我这样说的意思是,在自然界中,中国特有的因果关系概念有些像比较病理学研究腔肠动物的神经网时必须形成的概念,或者像被称为哺乳动物的"内分泌管弦乐队"一类东西。在这些现象中,很不容易弄清楚何种因素在任一特定时间内占主导地位。管弦乐队必须要有一个指挥,但我们不知道高级脊椎动物的内分泌腺协同作用的"指挥"可能是什么。某个时候一种腺或神经中心在原因和效果的等级中可能占据最高的位置,另一个时候又是别的,因此就出现了"等级方面起伏不定"这一词。所有这些都是与更简单的"微粒状"或"弹子球"因果关系观点相当不一样的思维方式。在这些观点中,一种事物的先决影响将会是另一事物运动的原因。"宇宙和组成宇宙的整体的每一部分都有一种交替变化、周而复始的性质。这种信念是如此主宰了(中国的)思想,以至于次序的观点总是服从于相互依赖的观点。因而对过去某个时期的解释没感到有什么困难。某某王侯生前没能取得霸权,因为他死后,活人为他殉葬。"两件事都只是无时间模式的一部分。

葛兰言没有使用"模式"（Pattern）一词，因为在法文里没有适当的同义词。但这个词最确切地表达了他的思想的结论。我坚信他的全部著作和论文通篇强调"秩序"观念为中国社会的基础，他的洞察力是可靠的。社会和世界的秩序，不是建立在权威的理想上，而是建立在轮流负责的观念上。"道"是这种秩序包罗万象的名称，有效地总结了全体，一个尽责的神经中枢"道"不是一个创世主，世界上没有什么是它创造的，世界也不是它创造的。全部智慧在于在感应关系中增添直观的相似一致性。中国人的观念既不涉及上帝也不涉及法律。不是靠创造出来的宇宙有机体的每一部分，靠它内部自身的强制和出自本身的特性，自觉自愿地在整体周而复始的循环中履行其职能。这个宇宙有机体在人类社会中的反映是，相互理解的普遍愿望，相互依赖，团结，以适应社会制度。这不可能建立在绝对服从的法令或法律的基础上。机械的和数量的，被迫的和外部强加的，都被排除。秩序观念排除了法律观念。

1934 年当我在兰州最初读到葛兰言论述中国思想的著作时，我注意到了这一点："（古代）中国人记下了事物各方面的变化，而不是观察各种现象的次序。如果他们认为两个方面似乎是联系在一起的，那不是由于原因和结果关系，而是像某个物体的正面反面那样成'对'，或使用一个《易经》上的比喻，如像回声与声音，或者阴影与阳光。"我在空白处写道："一种形态学的宇宙观。"但当时我一点也没想到这有多么正确。

考虑中国人的有机论世界观对欧洲思想有什么影响，这不是葛兰言的目的。综合地重现了其古代形式后，他的任务就完成了。但我们的好奇心还需要进一步满足。在别的地方我将寻求详略得当地展示出 12 世纪时，中国著名的思想家朱熹发展了一种比任何欧洲思想都更近似于有机论哲学的哲学。在他身后，他有中国人的相关思想作背景；在他前面，则有——哥特弗里德·威廉·莱布尼茨（Gottfried Wilhelm Leibniz）。

这里只能提一下我们时代的重大进展，以便通过更好地理解自然有机体的意义，纠正牛顿的机械宇宙说。哲学上这种倾向最显著的代表无疑是怀特海。但在不同的方式中，观点被接受得也不相同，它贯穿于近代所有对方法论的探讨和对自然科学的世界图景的研究中——科勒（Köohler）的格式塔（Gestalt）心理学；生物学上系统而确切的解释，在避免早期"Ganzheit"学派的蒙昧主义时，这些解释结束了机械论和生机论之间枯燥乏味的争吵——伍杰（Woodger）、V. 伯塔兰菲（V. Bertalanffy）、A. 迈耶（A. Meyer）、李约瑟、杰勒德（Gerard）——然后是哲学上的劳埃德·摩根（Lloyd Morgan）和 S. 亚力山大（S. Alexander）的突变进化论，斯马茨（Smuts）的整体主义（Holism），塞拉斯（Sellars）的现实主义，最后但绝不是最不重要的辩证唯物主义（恩格斯、马克思及其继承者）。现在如果沿着这条线往回追溯，会上溯到莱布尼茨（如同怀特海历来指出的），然后似乎就消失了。但也许那不是因为莱布尼茨深刻地研究过朱熹的理学学说吧？他是从耶稣会士的翻译和信件中接触这些学说的。难道不值得考察使他在某种程度上置身于其时代欧洲思想发展主流之外的独创性，是受了中国人的启示吗？这样说不会冒太大风险：莱布尼茨的单子论是在西方建立理论阶段首先出现的有机论理论。怀特海指出，在留克利希阿斯（Lucretius）和牛顿能够对一个测量学者解释原子世界像什么时，只有莱布尼茨试图解释原子本身像什么。他事先确立起的一致性（虽然在欧洲环境中不得不这样被表达成自然神论）似乎对于那些习惯了中国宇宙观的人特别熟悉。事物不应该相互作用而应通过意志的协调共同起作用。对于中国人这不是新思想，这是他们关联思想的基础。

那么，如果我们为将来的研究提出一个假设，即有机论的哲学极大地受惠于莱布尼茨，而他的思想又受到中国人的相关主义理学的启示，几个很有趣的观点就会产生。怀特海把代数学称为模式数学研究。那么几何学代表古希腊数学，代数学代表中国数学，这可能仅仅是巧合吗？要证明这点无困难。宋朝期间，与理学家思想同时，中国代数学家一个大的学派发展起来了，好几个世纪他们在世界上都保持了领先地位。但还有一个更有趣的推测。17 世纪在欧洲吉尔伯特（Gilbert）时代以后，磁学的研究导致了磁物理学的诞生。但不是欧洲而是中国最先发现了磁的指向性。我们在别的地方再来列出详细依据。有了这些依据，现在我们可以相当自信地说，1 世纪中国人就很熟悉制作成短汤匙并能围绕其匙轴旋转的磁铁块的指南性质。人们有权怀疑是否这仅仅是一个巧合，即在一个世界上，根据一个明确的相关法则，一切都是相互联系起来的。巫师兼实验者会想到雕刻成北斗七星形状的一块天然磁石，会自然地或可能具有宇宙的方向性吗？在某种意义上讲，道家的全部思想是一种力场的思想。一切事物都根据它给自己定位，不用任何指示，也不需运用任何机械的强迫。与《易经》的卦爻有关的相同思想也出现在头脑中；阳和阴，乾（☰）和坤（☷）分别起着宇宙力场正极和负极的作用。那么，在中国，人们发现的东西真正是自己居住的地球的磁力场，这还不令人惊讶吗？

5. 大宇宙与小宇宙（Macrocosm & Microcosm）

如前所述，近代欧洲有机论自然主义似乎是从莱布尼茨开始的，但绝不应忘记在一定范围内，著名的宏观和微观学说里还有一个前科学的先驱者。如果欧洲在宇宙模式或有机论方面有任何学说类似于古代和中世纪的中国思想，那就是这种学说，虽然它没有在同等的程度上主宰过西方思想。两种类似的东西被包含在里面。作为一个整体，一个在人体与宇宙间的逐一对应，另一个在人体和社会或国家之间的相同对应。我们应该看一下这些理论，将它们与中国相似的理论进行比较。看看这两个文明是否在侧重上有任何差异。我们可以把大范围的理论叫作"宇宙类比"（universe-analogy），小范围的理论叫作"国家类比"（stare-analogy）。

在苏格拉底前的零星文献中，没有发现任何明确的东西。直到柏拉图和亚里士多德（公元前4世纪）时代，这些思想才有了名气。可以说，柏拉图使用了所有的论点，但从没用过"小宇宙"这术语，而亚里士多德至少用过这术语一次。但如同康格（Conger）所说，它在生物学中过于依靠经验，在宇宙论中太抽象，因而不能太看重这一思想。"小宇宙"这术语第一次正式出现是在他的《物理学》（Physics）中。他在书中说道，在有关运动的论证过程中，"如果这可以发生在生物体中，是什么阻碍它在所有物体中发生呢？因为如果它发生在小宇宙中，它也（发生）在大宇宙里等"。斯多葛学派（Stoics）继承了柏拉图开创的理论，大多数赞同世界是一个充满活力的合理的实体。因而与人的本质一致的观点就很吸引人。塞尼卡（Seneca）在他的《自然问题》（Quaetiones Naturales）一书中，痛快地将它们刻画出来了。他相信，自然是根据人体模式组织的，水的通道相当于血管，空气通道相当于动脉，地质物质相当于各种类型的肌肉组织，而地震相当于痉挛。

这个总的观点渗透到古代后期和中世纪的欧洲。它在各地都可以发现。菲洛·朱戴厄斯（Philo Judaeus），近代的塞尼卡，把人称为"小宇宙"；马尼利亚斯（Manilius），天文学诗人，把人体的部分划分为黄道带的区域。在2世纪，盖仑虽然没有强调这一理论，但间接地赞同它。在3世纪，普鲁蒂纳斯（Plotinus）持有极端的有机论观点，尽管它们充满了超自然主义，以至于对科学思想基本上没有影响。"九个一组"（Enneads）很有道理，它暗示着宇宙作为一个等级整体的概念，一个层次上的那些事物是下一个层次上整体的部分。大约400年，麦克罗比斯（Macrobius）说，有些哲学家把世界称作一个巨人，把人称作一个生命短暂的世界。而亚历山大里亚的克莱门特（Clement）接受了宇宙类比说，其他早期基督教著作家对其是带有敌意的，但这种敌意是暂时的。人们发现在后来的早期基督教教会领袖的著作研究中，这种学说相当活跃。人们很有趣地发现，标题中包含有"小宇宙"一词的最早著作都是几年内写成的。有两本书在12世纪写成，一本是犹太人的，一本是基督教徒的。前者是 Sefer Olam Katan，由哥尔多华（Cordova）的约瑟夫·本·扎吉克（Joseph ben Zaddig）著（1149）。后者是 De Mundi Universitata Libri Duo, sive Megacosmus et Microcosmus，由图尔（Tours）的贝纳德（Bernard）著（约1150）。如果贝纳德是受到约瑟夫所遵循的同一传统的启示，那一定是 10 世纪由巴士拉（Basra）的"真诚兄弟"（Brethren of Sincerity）编的百科全书。在这本名为 *Rasai'l Ikhwan al-Safa* 的书中，宇宙类比所阐明的一致性的细节达到了前所未有的高度，远远超过了塞尼卡或其他古希腊作家。

"宇宙类比"在 16 世纪仍然很有活力。帕拉塞斯士（Paracelsus）是其彻底而一贯的支持者。这种学说贯穿于他所有炼金术和医学思想中。他的追随者罗伯特·弗拉德（Robert Fludd）于 1629 年在《普通医学》（*Medicina Catholica*）一书中详尽阐述了相同的思想方法。这些 16—17 世纪早期的自然哲学家的著作特点表现出有时几乎接近中国人的观念。在谈到极端时，弗拉德列出了如下的对应物：

热—运动—光明—稀释—膨胀

冷—惰性—黑暗—变浓—收缩

太阳—父亲—心脏—右眼—血液

月亮—母亲—子宫—左眼—黏液

等。他像中国阴阳理论家那样谈论这些事物。乔达诺·布鲁诺（Giordano Bruno）把宇宙看作一个由生物体组成的有机体。他在提到太阳和地球之间发生某种关系而产生了一切生物时，使用了极为富有中国特色的经常出现的比喻。然而，这些描述的起源大概是"毕达哥拉斯"和新柏拉图学说，而不是直接来自东方，因为当时几乎不可能有新近来自中国的影响。

而且，在欧洲的思想中，除了阴阳极性，还可以发现其他的相似物。甚至那里面也有像形象感应关系的迹象。内特舍姆（Nettesheim）的阿格里巴（Agrippa，1486—1535），在他的《神秘哲学》（*De Occutta Philosopia*）一书中，编辑了一张相互关系表，它非常明显地与古老的中国表格相似。他把上帝名字的七个字母、七个天使、七种鸟、鱼、动物、金属、石头、人体部位、头上的器官等，与七大行星排列在一起。他也没有忘记魔鬼的七个窟。佛尔克（Alfred Forke，1867—1944）在他对中国关联思想的解释中十分强调这一点。他正确地得出结论说："16 世纪欧洲人在自然科学方面丝毫不比中国宋代（12 世纪）的哲学家更先进。"这种传统继续贯穿于布鲁诺（Bruno，1548—1600）的思想中，他在 1591 年的 *De Imaginum Signorum et Idearum Compositione* 中列出了对应表格；而佛兰西斯·帕特里蒂（Franciscus Pa-tritius）的 *Nova De Universalie Philosophia* 几乎是与前者同时代（1593）。

问题在于，这些相关表格来自何处？无疑，他们主要是阿拉伯人和犹太人的。早于阿格里巴 15 个世纪，费罗·尤戴斯（Philo Judaeus）就已把事物分为七类。在随后大量的作品中,特别是在犹太人和 *Rasai'l Ikhwan al-Sara* 一类的阿拉伯著作中,存在着"中国人的"对应关系——人体部位、行星、诸神、琴弦、黄道带星宿、季节、元素、体液、字母表,就像演出复杂的四人和七人芭蕾舞。虽然中国人的五重范畴极少出现,但人们情不自禁地想知道,是否来自公元前 3 世纪中国的自然主义者学派的某些启示,通过与印度的交往或丝绸之路传到拜占庭、叙利亚和近东的其他地方。

在这方面,犹太人的神秘教义"*Kabbala*"发挥着重要作用。其起源仍然十分模糊,似乎与感悟主义(Gnosticism),波斯人的泛神论神秘主义,据推测还与来自最远的东方(Loewe)影响有联系。这个体系的基本原理可追溯到公元前 2 世纪,但最早的文献(*Sefer Yetzira*)仅仅属于 6 世纪。明确与神秘教义有联系的第一个历史人物阿伦·本·塞谬尔(Aaron Ben Samnel)在接近 9 世纪末时死去。主要的文献(*Zohar*)产生于 10 世纪。这个体系包括很多命理学,按神秘巫术排列字母和数字,许多关于创造世界者和天使的学说,以及与中国人的思想明显相似的"相对"事物的单子,就像划分成阴阳一样。有些提到转生的地方显示出佛教或至少是印度的影响;但其他地方肯定起源于古希腊,因为托勒密和普洛克勒斯(Proclus)把人体部位、感觉和人类心理状态与各种行星联系起来了。宏观和微观学说很自然地出现在神秘教义中。神秘教义的观点,无疑地影响过那位非凡的人雷蒙·路尔(Raymond Lull,1232—1316)。在他的作品中,可以看见中国式的对应表。这是内特舍姆的阿格里巴的直接先驱。

很可能表明,16—17 世纪初期的"关联思想"对于近代科学真正黎明时期的科学家的影响比人们一般想象的要大得多。的确,这是一个贯穿于佩奇尔(Pagel)论述 J. B. 范·赫尔蒙特(J. B. van Helmont)一类科学发明家"阴暗面"的所有才华横溢的文章的主题。布鲁诺抛弃了地球中心说,但他没有放弃"宇宙类比"说。他说大宇宙中的太阳与人体的心脏相对应。特姆金(Temkin)、佩奇尔和柯蒂斯(Curtis)现在已经证实,威廉·哈维(William Harvey)发现关于血液循环的发现至少部分地受到已经为人所知的太阳与气象学上的水循环周期的关系的启示。我们也可以提出询问,是否类似的影响也刺激了莱布尼茨详细阐述最早的欧洲有机论自然主义哲学。正如 L. 斯坦因(L. Stein)指出,布鲁诺区分出了三种"最小物"或不可分解物:(a)上帝,"Monas Monadum"在他身上最大的与最小的合为一体。(b)灵魂,起组织中心的作用(有意义的见解),身体在其周围形成。(c)原子,它构成所有物质。但莱布尼茨获得"单子"一词更有可能是来自弗朗西斯·莫库里斯·范·赫尔蒙特(Franciscus Mercurius van Helmont),因莱布尼茨提到了他的一部著作《F. M. van Helmont 佯谬谈话——论大宇宙与小宇宙,或更大的世界和更小的世界及其一致性》(*The Paradoxal Discourses of F. M. van. Helmont Concerning the Macrocosm and Microcosm, or the Greater and Lesser*

Worlol , and Their Union , 1685）。总之，赫尔蒙特的儿子也遵循同一种传说。于是我们可以得出结论（如果我们有关欧洲古代相关思想起源于亚洲的推测证明是正确的），就可能存在着两种途径通向莱布尼茨，不仅是耶稣会士翻译的理学家学说材料，而且也有更为古老的材料，早于 1000 多年前通过犹太人和阿拉伯人作为中间媒介传入到欧洲人的思想中。

当然，总的来说，关联思想和"宇宙类比"说没能战胜"新哲学或实验哲学"而流传下来。实验、归纳和自然科学数学化，扫除了其原始的形式，从而迎来了近代世界。宇宙空间上分化了的陈旧观点随着不分化的欧几里得几何空间运用于全宇宙而被淘汰。17 世纪中叶后的科学著作中，任何提到"宇宙类比"说的资料应被看作仅仅是修辞上的使用。

但我们暂时还必须回到"国家类比"说上来。柏拉图首先使用国家类比说，在索尔兹伯里（Salisbury）的约翰所著 *Policraticus* 中它又获得了新的生命。根据吉尔克（Gierke）的看法，该书是第一次尝试详尽阐述人体各部位和国家机构之间的对应。君主是头，元老院是心脏，眼、耳和舌是边防战士，军队和司法系统是手和胳膊，底层的劳动者就是脚。对于统治阶级如此方便的理论不可能被摈弃而不加利用。唯一使人惊奇的是其发展如此缓慢。莎士比亚在《科里奥莱纳斯》（*Coriolanus*）开幕一场的一个著名片断里提到了它。很自然地，它又出现在霍布士（Hobbes，1651）的《海中怪兽》（*Leviathan*）一书中。霍布士又补充财政系统为动脉，钱财是血液，顾问是记忆力。在 19 世纪，赫伯特·斯宾塞（Herbert Spencer）和沃尔特·邑奇霍特（Walter Bagehot）一类的思想家，相当谨慎地使用这一概念。但在我们的时代，滥用国家类比说的现象不断出现。

在探讨事物的另一面，中国思想中的类似情况以前，我想提一提在炼丹术的发展中两种类比说起的作用。总的说来，这是有益的。《绿宝石牌》（*Tabula Smatagdina*）中的观点"下面的像上面的"是完全科学的。在后来的炼丹术中，"哲人"硫被认为是基本的材料，所有其他物质都可以从中派生出来。因此它被认为是真正的小宇宙（希契科克，Hitchcock）。我们已经注意到了宇宙类比说在帕拉塞斯和弗拉德体系中所起的作用。很难理解，术语"小宇宙盐"（磷酸氢铵钠，$NaHNH_4PO_4$）徘徊了很长时间才进入近代化学；这样说是因为 17 世纪初期它首先是从人类的尿液里提炼出来的。

现在是再一次探讨中国类似情况的时候了。

如果其中的某些观点很难看到，这是因为宇宙类比说在古代中国人的整个世界观中非常含蓄。大约公元前 50 年整理成书的《礼记》，说人是天和地的心脏及大脑，是五行的表现形式。《易经》把天比作头而把地比作腹部。天人感应说在汉代占了主导地位,它建立在人类在地球上的行为伦理学与天体随之而来的感应之间的一一对应信念基础上。因而这实质上是以人类为宇宙中心。其起源,葛兰言在关于小宇宙和大宇宙的两章中作了详尽描写,并在其中阐述了它与古代天文学理论的关系。宇宙类比说贯穿于整个中国思想史,人们可以在邵雍(1011—1077)的著作中发现其非常流行。在生理学和地质学比较中,他极像前一个世纪的巴士拉(Basra)兄弟。而王逵大约在1390年写道:

> "人体非常明显地准确地模仿天和地。像天和地前面与上面有巳、午、申、酉(十二支)一样,人的心脏和肺位于前面与上面。在天里有亥、子、寅、卯在后面和下面,因此人的肾和肝就在后面和下面。此外,四肢和上百块骨头都模仿天地的位置。因而人是所有生物中最神圣的。"⑩

在中国人的思想中,宇宙类比说的突出地位不容置疑。但它有与欧洲相同的哲学内涵吗?

回答这个问题前,有关中国的国家类比说必须说明一点:在宇宙类比说被广泛地意识到之前,中国人也有似乎没被指出来的国家类比说。在《抱朴子》(4世纪初)中,葛洪说:

> "因而人体是国家的一个缩影。胸部和腹部与宫廷和衙门相对应;四肢与边疆和边界相对应;骨头和肌肉的分工与百官的作用差别相对应;肉体的毛孔对应于四条大街;大脑对应于君主;血液对应于大臣;而气对应于百姓。于是我们看出,能控制自己身体的人就能控制一个王国。热爱百姓,就为国家带来安宁;养精蓄锐,他将完善自己的体格。因为如果百姓离散了,国家就完了……"⑪

在这点上,葛洪站在柏拉图和索尔兹伯里的约翰之间。他的话没被遗忘,譬如被抄录在《黄帝九鼎神丹经诀》之中。这是一部唐宋时期炼丹术的纲要。

于是我们认为,宇宙类比说和国家类比说的高级形式在中国像在欧洲一样,都可以发现。因而寻求它们出现在两个文明中的共同起源没有什么不恰当。如同前面已经提到的,虽然巴比伦楔形文字文献对此谈论不多,R.贝特洛(R.Berthelot)作出了有意思的设想:小宇宙和大宇宙的整体概念可能来自远古时候使用的占卜方法,通过察看动物牺牲品的全部或部分来预测将来。巴比伦人肯定这样做过,他们使用肝来试验;商代中国人的肩胛骨占卜,可以看作是另一种形式;我们在西塞罗(Cicero)、塞尼卡(Seneca)和普利尼(Pliny)这些拉丁文作者的著作中发现了有关这方面的详细资料,涉及伊拉特斯坎人(Etruscans)察看祭神所用牲畜内脏占卜凶吉,而罗马人则将这种占卜法大部分接了过来。在"Templum"理论——一种空间(不是太空就是动物牺牲品的身体或器官)的划分,占卜依赖于在某个划分的区间出现"迹象"。于是动物或其肝肠就起了"小宇宙"的作用。"循环周期"(*Saeclum*)理论与这种观点平行发展,它直接起源于天体旋转周期的任意相应周期。因此空间和时间都被划分为独立的部分,预示了所有后来的空间和时间的科学划分。在空间的领域里,大和小被认为相互反应。

6. 欧洲的对立面与中国的综合性

那么,中国的宇宙类比说在哲学上与其在欧洲的表现形式相同吗?我很强烈地表示相反意见。不错,欧洲有大宇宙和小宇宙学说,并在一定的范围里,与其次要的相对应的国家类比说一起,是有机论自然主义的原始形式。但这二者都从属于我在别的地方称之为独特的欧洲个性分裂的观念。欧洲人只能按照德谟克利特(Democritus)的机械唯物主义或柏拉图的神学唯灵论思考。总得找一个解围的"神"。生命、圆极、灵魂、"活素"依次活跃在欧洲思想史里。当动物有机体,如同在野兽、别人和自身中被认识到的,在宇宙中被具体化了时,被人格化了的上帝和诸神观念主宰的欧洲人最渴望的是发现一个"指导原则"。人们一次又一次看见了它——在 *Timaeus* 中使世界本体充满活力的世界灵魂;斯多葛派追求的主导原则 *Hegemonikon*(他们学派中对于它是什么分歧都很大);塞尼卡的总结性观点,上帝对于世界犹如大脑对于人一样;费罗(Philo)和普鲁蒂纳斯(Plotinus)的重述;拉比·伊利泽尔(Rabbi Eliezer)的作品在8世纪的重复等。然而,这正是中国哲学没有走过的路。庄周在公元前4世纪(参阅前面)关于有机论思想的经典性陈述,对以后的有系统而明确的阐述定了调,不含糊地避免了任何"主宰神灵"(spiritus rector)观念。在其组织联系中,不管是生物体还是宇宙的组成部分,通过一种意志的协调,足以解释观察到的现象。这是一个随莱布尼茨一起进入欧洲思想的趋势,它导致了目前广泛地采用了有机论自然主义。持续到生物学上生机论与机械论之间的争论,直接继承了欧洲的个性分裂说——不是机器加上看不见的技工或信号员,就是单独的机器。总的意识到这些争论没有用处是最近的事情。人们了解到,一个有机体根本就不是机器,既不需要"活素",也不能完全"降低"到更低的一体化水平。

直到17世纪中叶,中国和欧洲科学理论大约处于同等水平。仅仅在那段时间后,欧洲思想才开始迅速向前发展。但虽然它在笛卡儿—牛顿机械论的旗帜下前进,那种观点不能持久地满足科学的需要——必须把物理学看作是更小的有机体研究和把生物学看作是更大的有机体研究的时代来临了。在那个时代来临时,欧洲(到那时毋宁说是世界)便能够利用一种非常古老、充满智慧和丝毫没有欧洲特色的思维模式。

(王渝生　余廷明　译)

注　释

〔1〕这篇投给大会会议集的稿件是《中国科学技术史》一书的一部分。这部书有七卷,剑桥大学出版社出版,第一卷出于 1954 年初。

〔2〕五行即金、木、水、火、土。

译　注

①原文为:"宛王城中无井,皆汲城外流水,于是乃遣水工徒其城下水空以空其城。"见(西汉)司马迁《史记》卷 123"大宛列传",第 3176 页(中华书局校点本,1959)。

②原文为:"闻宛城中新得秦人,知穿井,而其内食尚多。"见《史记》卷 123"大宛列传",第 3177 页(中华书局校点本,1959)。

③原文为:"其地皆无丝漆,不知铸铁器。及汉使亡卒降,教铸作他兵器。得汉黄白金,辄以为器,不用为币。"见《史记》卷 123"大宛列传",第 3174 页(中华书局校点本,1959)。

④原文为:"绫绢、机杼、金银匠、画匠。汉匠起作画者,京兆人樊淑、刘泚;织络者,河东人乐隈、吕礼。"见〔唐〕杜佑《通典》卷 193"大食",第 1044 页(商务印书馆,1935)。

⑤原文为:"步兵百余人夹门鱼鳞阵,讲习用兵。"见〔东汉〕班固《汉书》卷 70"甘延寿传",第 3013 页(中华书局校点本,1959)。

⑥原文为:"倪对曰:'凡举百事,必顺天地四时,参以阴阳之用。不审举事,有殃人生,不如卧之顷地也。'……计倪乃传其教而图之,曰:'审金木水火,别阴阳之明,用此不患无功。'越王曰:'善。'从今以来,传之后世以为教,乃著其法,治牧江南七年而禽吴也。"见《百子全书·计倪子》。(扫叶山房石印本,1919)

⑦原文为:"天将阴雨,人之病故为之先动,是阴相应而起来。天将欲阴雨,又使人欲睡卧者,阴气也。有忧亦使人卧者,是阴相求也。有喜者,使人不欲卧者,是阳相索也。水得夜益长数分,东风而酒甚溢,病者至夜而疾益甚,鸡至几明皆鸣而相薄,其气益精。故阳益阳而阴益阴。阳阴之气,因可以类相益损也。天有阴阳,人亦有阴阳。天地之阳气起,而人之阳气应之起;人之阴气起,而天地之阴气亦宜应之而起;其道一也。明于此者,欲致雨则动阴以起阴,欲止雨则动阳以起阳。故致雨非神也,而疑于神者,其理微妙也。"见〔西汉〕董仲舒《春秋繁露》卷 13"同类相动"(中华书局《四部备要》本第 54 册 76 页)。

⑧原文为:"今平地注水,去燥就湿;均薪施火,去湿就燥。百物其去所与异,而从其所与同。故气同则会,声比则应,其验皦然也。试调琴瑟而错之。鼓其宫,则他宫应之;鼓其商,则他商应之。五音比而

自鸣,非有神其数然也。美事召美类,恶事召恶类,类之相应而起也。如马鸣则马应之,牛鸣则牛应之。帝王之将兴也,其美祥亦先见;其将之也,妖孽亦先见。物故以类相召也。故以龙致雨,以扇逐暑,军之所处以棘楚。美恶皆有从来,以为命,莫知其处所。……非独阴阳之气,可以类进退也。虽不祥祸福所从生,亦由是也。无非已先起之,而物以类应之而动者也。故聪明圣神,内视反听,言为明圣,内视反听,故独明至者,知其本心皆在此耳。故琴瑟报弹其宫,他宫自鸣而应之,此物之以类动者也。其动以声而无形,人不见其动之行,则谓之自鸣也。又相动无形,则谓之自然。其实非自然也,有使之然者矣。物固有实使之,其使之无形。"见〔西汉〕董仲舒《春秋繁露》卷13"同类相动"(中华书局《四部备要》本第54册76页)。

⑨原文为:"百骸,九窍,六藏,赅而存焉,吾谁与为亲?汝皆说之乎?其有私焉?如是皆有为臣妾乎?其臣妾不足以相治否?其递相为君臣否?其有真君存焉?"见〔先秦〕庄周《庄子·内篇》"齐物论",转引自郭亥藩《庄子集释》第一册(中华书局,1961)。

⑩原文为:"人之身,法乎天地,最为清切。且如,天地以巳、午、申、酉居前在上,故人之心肺处于前、上;亥、子、寅、卯居后在下,故人之肾肝处于后、下也。其他四肢百骸莫不法乎天地,是以为万物之灵。"见〔元〕王逵:《蠡海集》,转引自《古今图书集成》之《历象汇编·乾象典》,卷七,"天地总部·杂录"。

⑪原文为:"故一人之身,一国之象也。胸腹之位,犹宫室也;四肢之列,犹郊境也;骨节之分,犹百官也;神犹君也,血犹臣也,气犹民也。故知治身,则能治国也。夫爱其民所以安其国,养其气所以全其身。民散则国亡。"见〔晋〕葛洪《抱朴子·内篇》卷18(中华书局《四部备要》本第55册72页)。

同李约瑟探讨

从巫术到中国最早期的科学
唐纳德·莱斯利(**Donald Leslie**),剑桥

　　李约瑟博士就东西方之间的思想和技术交流问题给我们作了一个才华横溢的介绍。很明显对这些影响及其历史环境的研究具有很高的价值。在这篇论文里,我想强调李约瑟博士已经提到的不同文化研究中的一个很不相同的方面。我坚信一种文化的问题和思想演变的研究对于了解另一种文化中的独立发展有相当大的帮助。各地的人们都有类似的问题,面临这些未知的问题时,人们会有类似的想法。我选择了超距作用问题,这个问题对于科学家来说还存在相当多的哲学上的难题。虽然仅仅只探讨了早期的中国观念,希望这种类型的论述对比较研究有一定用处。

　　我们只需略看一下儒家的经典著作就会意识到,对于早期的中国宗教,雨是怎样具有仪式性。在高僧、皇帝奉献上牺牲品并正确地进行完仪式后,上天只能报以雨或其他季节上的风调雨顺。另一方面,没能与自然的节奏保持一致,自然而然就会出现

动乱和灾害。这个总观念,以及天人感应,在前汉(约前202—公元8)达到了全盛时期。它是理解中国哲学的基础。当然,这不是中国特有的。我们可以从《圣经》中诺亚(Noah)的洪水和约书亚(Joshua)留住太阳看到类似的情景。然而《圣经》中的上帝改变了自然的进程来报答人们产生奇迹的祈祷,中国观点的实质是事物的自然过程与人的必要行为在特定的模式里相对应。

在汉代初期,显示人们对巫术的力量战胜自然的普遍信仰进一步的例子是:音乐有力量带来雨和风暴;儒家的信仰,即"诚"和"孝"可以产生最广泛的自然效果;道家的理论,效果通过"无为"而获得。哲学上系统的阐述见于《礼记》卷四(约写成于公元前3世纪)和《吕氏春秋》(约前240)。这些书对季节做了细致的划分,一个音乐符号、颜色、动物等,都与一年的每一个月联系起来,并有比拟的推理。例如,惩罚必须在冬天执行,因为它是死亡的季节。这种类型的推理当时在中国相当普遍。我们也在《吕氏春秋》中发现了一个章节,里面很清楚地阐明了超距力量的思想的威力。我们在卷九第五篇中读到,就像磁石吸铁一样,在位的皇帝什么也不做就影响着全宇宙;就像月亮圆缺引起海洋动物的反应一样,一个人可以通过自己的思想影响远方的他人。

简言之,汉代初期整个社会舆论是,信仰模拟的巫术有着极大的影响,那时的宗教仅仅提供了少量哲学上的解释。

汉代哲学家们,特别是董仲舒(前179—前104),以邹衍(公元前3世纪)半科学的理论综合了这种宗教态度,即所有的过程都是相互取代的五行循环的证明,或是由二元的阴阳周期引起的。其产生的哲学把一切都置于以邹衍理论为基础的刻板范畴里。其要点出现在董仲舒书中的第四十一篇和第五十六篇里。在里面人和天被进行了详细比较。人有365个关节,天有365个昼夜;人有双眼,天有日月等。必然地,既然同类作用于同类,这两者的作用就相对应,一个的变化就反映在另一个里。人的气氛和天的寒冷相互都是彼此被引起的;一条土龙被用来求雨(龙和雨都与阴相联系)。在第五十七篇里,他把这个主题阐述得非常清楚,即同类只能对同类做出反应。例子就是上面提及的种类。他明确地说,像结果一样,原因一定存在,即使看不见也存在。

《淮南子》(约公元前140年编辑)也极为使人感兴趣。它有关于天文学、地理学和哲学的专门篇章。该书采用了道家的观点,即所有的过程都自动地自我转化,但它受五行理论影响太大了。虽然它是自然主义的,没有董仲舒对宗教的强调,它也不能充分克服那个时代受分类上推理的影响。例如,在卷四中我们读到,人的天性是受其饮食和气候的影响,但很难确信有多少直接的因果关系因素出现。中国人在分类方面的乐趣仍然是主要的。少量的观察在任何情况下都被五行理论刻板的分类投上了阴影。在卷六和别的地方我们发现，磁铁、月球对海洋动物的影响，龙和雨，音乐共鸣等，这些常规的例子又被重新提及。因而《淮南子》也是这样，同类作用于同类。

显然，巫术影响的宗教起源正得到哲学上的和半科学的解释。在刻板的分类模式内，同类必须作用于同类。包含分类与类似推理的整个汉代理论的不足之处是双重的。首先，类似于因果推理之间的区分模糊；其次，它是一种学者的理论，既没有灵活性也没有严肃的观察。

中国人的超距作用和因果关系的观念发展更远的阶段是王充的《论衡》（约85）。王充主要根据道家的观点驳斥了人的力量影响天的流行宗教观念，在道家看来，宇宙间并不存在什么超距作用，所有事物都是自发的。他发展了一种自然主义的哲学，上帝在其中没有一席之地，不是人们自己的善行而是一种从恒星中发出的物质主宰着将来。尽管如此，他没有抛弃天人感应的信仰，仅仅是交换了解释。我们已经知道，董仲舒实际上坚持因果关系，在这种关系中其结构很不清楚。然而，王充有两种类型的行为。第一种是在上面提到的分类中，同类作用于同类，虽然带有某种关键性的限制。第二种是过程注定要在合适的时刻遇到一起，王充坚持说没有一个因果关系。让我们分别看看两种类型的例子。

他声称，龙肯定能够引起降雨，但仅仅在100英里的范围内；植物趋向于太阳，二者都类似于"阳"；人，渺小而无足轻重，不可能影响遥远的天；不管怎样，"诚"是非物质的，就不能产生物质的效果；鬼魂不能伤害活人，因其属于不同的特性；一个人的灵魂也不能伤害远处的另一个人，二者之间的接触是有必要的。我们明白了第一种过程的主题。同类作用于同类，但要靠一个显著的物理过程，原因才足以产生效果。

第二种类型的主要例子是预兆。那些生物学上和宇宙学上的反常现象，不是像他的同时代的人所相信的那样，与人在报答和惩罚的宗教模式中的行为相对应，也不是由那些行为引起的。他坚持认为，那些自我过程注定要与人的类似自我过程巧合。其他有趣的例子是：人日出而作日落而息；鸟类按照季节迁徙；植物在秋天枯萎；面相注定早早守寡的妇女其丈夫死去。王充否认在这些情况中有任何因果关系，而坚持认为只是预定的联系才是可靠的。然而，虽然他很少提到，他对预定的解释包含有世界协调的观点，在其间，一切都遵循自己的进程。但在这个模式里，在统计学的意义上机会是不存在的。应该承认，王充不停地谈论机会和巧合，但他并不十分喜欢这个观点。他特地用预先建立的协调来替换因果关系，但他没有意识到这也是因果关系的一种形式。可是他看出了机械论方法的一些隐伏的难题。事实上，在这方面王充举例说明了中国的基础哲学，在某些方面，非常类似我们现代有机论与一元论哲学家的观点。对于中国思想家们，人和宇宙不能分离，世界上的所有现象是一个整体。

　　在这里我完全在叙述中国科学的理论的一方面,特别叙述了超距作用的概念。人们可以看出,在中国,早在王充所处的 1 世纪,逻辑与思想过程怎样适应科学的发展。这个阶段以后没有得到更大的发展是另一个问题。也许中国哲学复杂的背景与这一失败有关。

同李约瑟探讨

卡扎尔与中国

波里亚克(A. N. Poliak)(特拉维夫)

　　中世纪的卡扎尔(Khazar)王国在中国与欧洲之间的联系中起了明显的作用。它的首都在伏尔加河下游,其势力范围有时从萨延(Sayan)和阿尔泰山脉扩大到匈牙利。来自中国边境地带的匈奴与土耳其移民在其初期发挥着主要作用。阿拉伯作家伊本·安·纳迪姆(Ibn-an-Nadim,10 世纪)告诉我们,那时中国书写文字仍在东欧使用,至少被一部分保加利亚人使用。他们是匈奴—土耳其人,与卡扎尔人同种,那时散居在这一区域的各部分及外围,伏尔加河流域、北高加索、亚速海岸以及多瑙河(在那里曾经被他们统治过的斯拉夫人把他们的名字流传下来了)。由于他们在 8 世纪皈依犹太教的缘故,卡扎尔本土使用希伯来文字。但他们与中国文明的联系仍然保留着。他们的礼仪实际上都是中国式的,叩头礼给描绘这些礼仪的穆斯林地理学者留下了深刻印象。在卡扎尔时代的乌拉尔艺术中表现出了中国的影响(也有印度和中亚的影响),在俄国考古学中称为"奇怪的古代"(чудские Дpeвhocти)。

　　很难说在哪种范围内卡扎尔人促进了抽象的中国科学思想的传播,但就技术而言我们就觉得更有把握。

　　在卡扎尔人的统治下——只有那个时候——伏尔加三角洲是生产稻米的灌溉地区。大米和鱼是卡扎尔人的主食。这种农业工程具有计划性的特点,并将卡扎尔王公家族之间各自土地的分布联结起来。总的说来,东欧的农业那时候呈现出了经过改进更加科学的方式。不仅仅是伏尔加流域的芬兰人保留着始于卡扎尔—保加利亚时代和影响的土耳其农业术语,匈牙利人也有这样的术语,如小麦、大麦、梨、苹果、葡萄、葡萄酒、公牛(还有镜子、文字和门)。可是卡扎尔和保加利亚本土仍然处于半游牧状态,土耳其国土从整体上看基本上是畜牧地带。因此这种语言现象唯一能反映的是统治者建立在使用外国专家上的开明农业政策。穆斯林地理学家在卡扎尔王公家族中特别提到黑皮肤的人,他们中可能包括有真正的中国人。

早期卡扎尔统治者的陵墓的描绘(如像穆斯林地理学者 Yagut 所记载的)表现了对于那时的东欧相当引人注目的工程方法。这些陵墓是"悬"在河流上的宫殿,每一座包含有 20 间房子。后来东欧的木构犹太教堂,其屋顶很像远东地区的塔,很可能保存了卡扎尔时代的另一种建筑传统。

成吉思汗使用过的,属于中国影响的喷火筒,早期就已经在东欧大草原上为人所知了。这种大装置在 1184 年被俄罗斯人从草原一个王公那里缴获了。这架机器的操纵者是一个穆斯林,当时这可能指一个伏尔加保加利亚人,或伏尔加河下游穆斯林聚居区的一员,或来自其他地方的移民。

穆斯林世界与中国之间在中世纪的交往可能在阿拉伯百科全书的编辑中起了决定性的作用。论据可以概括如下。

1. 真正的百科全书在文献中并不存在,否则它会对阿拉伯人有影响。我们认为最好的书,即论述"自然史"的拉丁文和希腊文著作(普利尼以后)以及辞源学等,对阿拉伯百科全书的结构没有影响。

2. 中世纪的阿拉伯作家不急于改革文字形式,宁愿寻求遵循传统。每一点变更都是由于重要的原因。

3. 百科全书恰好出现在与远东的联系明显增加的那些时代和地方。巴士拉(Basra),在阿拔斯王朝哈里发的统治下是贸易中心,航海者辛巴德(Sindbad)的城市,也成为第一部百科全书的诞生地。这部百科全书是由被称为"清白兄弟"的人在几乎与中国伟大的《太平御览》同时代编纂的。其后,随着与远东关系的衰落,百科全书就停止编纂了。14—15 世纪的开罗成了百科全书的复兴地。当时这座城市被马穆留克(Mamluk)军人统治着,其兵士是从俄罗斯南部、蒙古人占领的中亚招募来的;成吉思汗的法典仍然被当地统治者采用;开罗是来自东亚两条通道的汇集处,一条是穿过草原,从克里米亚过海去埃及(1347—1348 年黑死病流行也是通过这条路),另一条是经印度洋和红海(这是去欧洲的著名香料之路)。

4. 我们习惯于将百科全书像词典那样编排。中世纪阿拉伯人不仅在词典本身中也在一定学科如地理学、生物学的科学著作中使用这种编排方式。像中国人一样,他们从未将它用于百科全书,其顺序是根据科目。开罗的百科全书基本上像中国的百科全书一样,也由早期著作的节选组成。

任何访问过中国或在其他地方遇见过中国人的穆斯林商人都能带回这些思想,因为普通的中国人一般都有较简单的百科全书。但内容更为广泛的中国百科全书是朝廷的大臣备用的。同样地,开罗马穆留克的大臣成了百科全书的促进者,其时正处于由于蒙古人的扩张而在伊斯兰和远东的国家机构在某种程度上趋于统一的期间。当我们把努维里(Nuwayri)和卡尔喀山迪(Qalglashandi)的著作与"清白兄弟"的著作进行比较时,我们看出,那不仅仅是文学传统的复苏,而是思想被再次引进来。对地理学、历史学、文化和文学的强调,在开罗的百科全书和同时代的中国百科全书中都很普遍。

同李约瑟探讨[*]

矢岛祐利(东京)

似乎有两种历史学派:一种强调自己的祖国或邻国的独创性,另一种是对普遍的真理感兴趣。例如,日本的矢岛强调,中国的天文学完全不受西方的影响;而新城重视东西方之间的相互关系。虽然我不是天文学专家,可是我倾向于后者,因为它比前者更科学。此外,在 Troie 古地层发现的中国宝石,无疑地可能在公元前 1000 年就出现在中国了。另外,更不必提丝绸、磁铁指南针、造纸术等。另一方面,中国和朝鲜有一种"马球"(polo),即半球形的日晷,可能起源于迦勒底。

我赞同李约瑟博士的意见,西方与远东之间的文化交往非常困难,但人类是一个整体。

攀登富士山有很多条道路,但都在山峰上汇合。对于世界上的文化也是如此。

当然,我们在日本也对中国的科学技术史进行了一些探讨。例如三上义夫的关于数学的著作,新城新藏、能田忠容、薮内清关于天文学的著作等。但大多数都是用日文写的。我在《国际科学史文集》(*Archives Internationales d'Histoire desSciences*)中读到,李约瑟撰写《中国科学技术史》的宏大计划已进行了约 3 年时间。这使我非常震惊,因为这个计划既博大又精深。我耐心地等待这部鸿篇巨制的问世和出版。

---

[*] 这一段讨论原文是法文。——编者注

【10】（中西交流）

I—10　世界科学的演进[*]
——欧洲与中国的作用

在历史上的哪一个时期，某一学科的西方形式超越了中国形式？两种形式是何时融合的？欧洲某一近代形式的自然科学从诞生到与中国形式的该学科结合，形成近代自然科学世界统一体所需的时间，与其生物学内涵成正比；至于研究人体和动物体的健康和疾病的科学，其融合过程至今还远未完成。

现在许多思想史家和文化史家仍然多少认为，亚洲文明"没有产生过任何我们可以称之为科学的东西"。如果他们知道一些皮毛，大概又会说，中国有过人文科学，但没有自然科学；或者说有过工艺学，但没有理论科学；也许还会不无正确地断言，中国没有产生过近代科学（与古代和中古科学相对而言）。这里没有必要对这些观点逐一加以纠正。

但是，我们的经验已经证明，那些不为一般人所知的中国科技成就，信手拈来就可以写满几大卷。有案可查，早在欧洲人注意到太阳上有黑点以前1500年，中国人就在记录太阳黑子周期了；在欧洲人开始研究日珥现象1000年前，中国人已给出日珥系统各部分专门名称；科学革命的关键仪器——机械钟8世纪首先出现在中国，而不是像一般人认为的那样，出现于14世纪的欧洲。认为只有西方文明才具有科学特性的传统观念肯定是站不住脚的。不错，现代科学，即对自然现象进行数学假设，再用系统的实验加以验证的体系的确是起源于西方。

但绝不可认为中国对欧洲文艺复兴后期出现的近代科学的重大突破毫无贡献。欧几里得几何学和托勒密行星天文学无可置疑是起源于古希腊，然而还有第三个至关重要的因素：磁现象的知识和基础都是中国提供的。当西方人对磁极性还一无所

[*] 本文是李约瑟博士1967年8月31日在英国科学促进会利兹年会第十组（综合组）上发表的演讲。译文转载自《大自然探索》1985年1期（151—162）。遗憾的是，原译文删去了参考资料。因是转载，我们此处未予补录。——编者注

知时,中国人已在关心磁偏角和磁感应的性质了。

"朝宗于海"

但是从伽利略时代(17世纪)起,西方"新的,即实验性的科学"不可避免地超越了中国自然科学达到的水平,并终于导致 19—20 世纪现代科学的迅猛发展。该用什么来比喻西方和东方中世纪的科学汇入现代科学的进程呢?从事这方面工作的人会自然而然地想到江河和海洋。中国有句古话,"朝宗于海"。的确,完全可以认为,不同文明的古老的科学细流,正像江河一样奔向现代科学的汪洋大海。近代科学实际上包纳了旧世界所有民族的成就,各民族的贡献源源不断地注入,或者来自古希腊、古罗马,或者来自阿拉伯世界,或者来自中国和印度的文化。

我在这里仅限于谈论中国。在考虑我们面临的情况时,特别要提两个问题:第一,在历史上哪一个时期,某一科学的西方形式和中国形式的融合,从而所有的民族特点融为一体,形成具有普遍性的近代科学?第二,在历史上哪一点,西方形式肯定无疑地超越了中国形式?这样,我们可以尝试着一方面确定我们所说的"融合点"的年代,一方面确定"超越点"的年代。

由于历史的巧合,近代科学在欧洲的崛起与耶稣会传教团在中国的活动大体同时[如利玛窦(Matteo Ricci),1610 年死于北京],因而近代科学几乎马上与中国传统科学接触。由于突破发生在西方,各门科学的超越点都自然先于融合点。但我们将会看到,令人感兴趣的主要是超越点之后,融合点迟迟不至的现象。

融合点

我们首先探讨一下融合点,这是时间上的入海口,江河与大海在这里交汇。同时看看充分混合发生在什么时候。我们立刻发现,数理科学与生物科学的情况迥然不同。在数理科学这一方面,东西方的数学、天文学和物理学一拍即合,到明朝末年的1644 年,中国和欧洲的数学、天文学和物理学已经没有显著差异,它们已完全融合,浑然一体了。

如果说,西方数学开始似乎比中国数学高出一筹,那是由于随着时间流逝,中国数学家已经不像宋元数学家那样精通自己的专长了。但他们的技巧逐步恢复,弥补了不足——不过缺乏演绎几何学仍然是中国数学的缺陷。中国数学一贯偏重代数而忽略几何。两种文明的天文学对代数几何也同样各有偏重。古希腊天文学使用黄道坐标,注重行星,用角度计量,是真实的和周年的;而中国天文学使用赤道坐标,注重天极,用时间计量,是平均的和周日的。但两种系统决非互相对立和不相容的,正如在数学上一样,中国人和欧洲人把注意力集中在自然界的不同方面。

欧洲天文学的几何模式产生了托勒密本轮,最终产生了哥白尼太阳系。即使中国人毫不理会这些几何模式,他们的中世纪宇宙论也比欧洲的中世纪宇宙论先进得多。因为他们不像欧洲人把宇宙看成是水晶天球,而认为它是无限的空间和几乎永恒的时间。当耶稣会教士南怀仁(Ferdinand Verbiest)1673 年重建北京观象台,安装比 13 世纪郭守敬的出色仪器更精密的新设备时,人们已深知这一观点。到 18 世纪初叶,耶稣会教士宋君荣(Antoine Gaubil)发表了关于中国天文学历史和理论的伟大著作,此后大家对此就深信不疑了。

因为突破首先发生在欧洲,欧洲的贡献更大一些,它放弃了天体晶球的学说,使用更精确的方法计算历法;放弃了古希腊黄道坐标,开辟了通往从未梦想过的世界的道路,这个世界即将由望远镜展现在人们面前。最重要的是,它产生了伽利略时代的新的天体力学。当然,统一的天文学也从天体现象的记录(如黄道、新星、超新星、彗星等)中得益不少。中国天文学家从公元前 5 世纪就开始对这些现象作了尽可能精确的记录,其资料之丰富超过其他任何文明。

最后,我们必须注意,如果今天的世界天文学采用的是清一色的古希腊星座图,这绝不是因为古希腊星座图自身比迥然不同的中国星座图优越,它只是近代科学在整个西方迅猛崛起而产生的一项副产品。像弗拉姆斯蒂德(Flamsteed)和赫歇耳(Herschel)等人会觉得不说天蝎座而说"尾宿"和"天玑"一样听来很不顺耳。但这并不是什么本质的原因,这只不过是现代科学首先在西方文明兴起所附带的结果罢了。对这样的副产品一定要多加小心。不管怎样,到 17 世纪中叶,两大天文学已合二为一。

融合的例证

这种融合之充分从下例可以看出。最近剑桥大学的惠普尔(Whipple)科学史博物馆收藏了李朝汉城王廷中的 18 世纪大型天文屏风。确切地说,这是复制 1395 年权进和他的同事们为李太祖造的古典平面天球图,它虽是赤道投影,周围却又是用中文称呼的西方黄道十二宫。

这个屏风的中央有两个耶稣教士传入的平面天球图,黄道投影,采用西方(360°)刻度而不是中国的(365.25°)刻度。然而,它不但完全保留了中国的星座图(我们说过,它与西方星座图迥异),还把星分为 3 种颜色。这种古老的划分法是以公元前 4 世纪中国天文学家石申、甘德和巫咸绘制的古代星表为基础的。左边有几幅行星图,配以文字,描述伽利略和卡西尼(Cassini)新发现的它们的卫星和周相。太阳上画有黑子,对此中国天文学家从公元前 1 世纪就注意到了。另有文字描述望远镜观察到的星云、星团和银河的细节。从屏风上可以看出耶稣会教士的影响,其中起主要作用的是戴进贤(Iginatius Köogler),他是中国钦天监官员,这座屏风当绘于 1757 年左右(他死后不久)。

还有一个例子很值得注意。1620—1650 年间,苏州有两个制镜巧匠,名叫薄珏和孙云球。他们制造千里镜(望远镜)、察微镜(复合显微镜)、放大镜、幻灯和其他仪器。同其他为发明望远镜、显微镜作出贡献的西方人如伦纳德·迪格斯(Leonard Digges)和 J-B. 德拉·波塔(J-B. della Porta)、利珀谢(Lipperschey)、詹姆斯·梅蒂乌斯(James Metius)和科内利乌斯·德雷伯尔(Cornelius Drebbel)等相比,薄珏毫不逊色。中国的探索者们二三十年来与西方人沿着同一条路径孜孜不倦地探求,真令人惊异。

我们现在还不知道,或许永远也不会知道他们的成就究竟在多大程度上是独立取得的。也许在这个例子中耶稣会的媒介作用还不为人所知,但是可以肯定,早在 1635 年中国人作战时大炮上就使用了望远镜。很有可能,薄珏正像上述那些西方发明家一样,在摆弄几块双凸透镜时发现了其中的秘密,从而独立发明了望远镜。孙云球甚至写了一篇论文,题为《镜史》。西方文化和中国文化的数理科学一旦接触,就如此迅速地融合起来。

姗姗来迟的植物学融合

当我们探讨一门中间科学,如植物学,就会看到情况完全两样。最近我和我的同事们研究了植物学史,我们发现,中国植物学和西方植物学接触后,融合迟迟未至。可以说,融合点不会早于 1880 年左右。这是令人感兴趣的。在那以前,中国植物学一直走着老路,植物的命名、分类和描述都因袭传统。甚至迟至 1848 年,吴其濬的重要著作《植物名实图考》也完全是一派中国传统风格。这部插图精美的杰作虽然成书年代很近,却具有典型的传统特点,毫不理会卡梅拉利乌斯(Camerarius)和林奈(Linnaeus,1707—1778)在植物学上取得的成就。有一点必须注意,17 世纪的耶稣会传教团对东西方植物学的接触贡献甚少。实际上,他们传播植物学知识多是由东向西而不是由西向东。耶稣会教士卜弥格(Michael Boym)写作《中国植物志》(Flora Sinensis,1656 年付梓)就是一个例证。

此外,他们不可能传播近代植物学,因为耶稣会的活动既早于卡梅拉利乌斯,也早于林奈。但到了 1880 年,北京俄国东正教会传道团的杰出医官贝勒(Emil Bretschneider)开始从事与中国植物学有关的工作,此后,中国植物学家与西方植物学家有了共同语言。他们也谈起林奈分类与自然分类来;他们像欧洲博物学家一样,知道花的作用以及显微镜下的植物形态。也是在这一时期,许多研究者共同努力(这对进一步发展是必不可少的),设法在中国传统的植物命名和林奈的双名法之间建立起尽可能完善的相互关系。所以可以说植物学的融合点不早于 1880 年,但如果把它的年代定在这之后 10 来年可能更为恰当。

中国医学

现在我们从植物学再转向医学。我们发现,东西方的医学理论和医学实践至今还未融合。虽然物理学家听了会不高兴,天文学家可能也会否认,但我敢说,这是因为数理科学家比起生物学家,以及生理学家、病理学家和医生面临的问题肯定要单纯得多。只要涉及活细胞,更不用说高级有机体中后生形式的活细胞了,问题就愈加错综复杂,实践和建立新概念的手段就愈不充分,怀疑的余地也就愈大。尽管你可能像年轻的生物学家或生物化学家一样信心十足,生命的秘密还是不会在下一个拐弯处就被发现。我这是经验之谈。所以,直至今日,两种文化传统也没能交汇融合,形成统一的现代医学。

现在有许多人一想到中国医学,就觉得那是一种荒诞、陈腐、莫名其妙的类似“江湖医术”的东西。实际上,这样看待中医真是大错而特错。必须指出,它是一种非常伟大的文化的产物,中国文明的复杂与深邃丝毫不逊于欧洲文明。中医理论保留着中古形式,但具有极其丰富的内容,决不可等闲视之。正如在其他科学领域中一样,我们在这里也发现中国人在许多方面领先。例如 610 年巢元方编纂了《诸病源候论》,不涉及治疗,专对疾病性状进行分类描述。这是一部伟大的著作,比费利克斯·普拉特(Felix Platter)和托马斯·西德汉姆(Thomas Sydenham)早了整整 1000 年。又如宋慈著的《洗冤集录》(1247)是所有文明中最早的一部法医手册,比奠定欧洲法医基础的福图纳托·费德尔(Fortunato Fedele)和保罗·扎西亚(Paolo Zacchia)的著作早得多。

然而,中国一些最重要的治疗手段,如针刺(对此我下面还要谈到)的原理至今还不清楚,而且在内容极其丰富的中国药物学中,并不是对所有的药物都用生物化学和药理学的观点进行了全面的检验。

统一概念

还有一个重要的问题。直至今日,概念还没有统一起来。最初促使人们进行研究的,是翻译和术语学中出现的问题。王静宁博士和我早就发现,只要准确知道古代或中世纪的中国作者指的是什么,就不难找到西方与之对应的词语,于是一切迎刃而解。

例如,你可以跨越几个世纪和中国科学家谈论"至"(Solstices)或"分"(Eguinoxes),"开方"(Square roots)或"彗星"(Comets),"提"(Lowitz arce),"石盐"(Rock - Salt)和"石燕"(Brachiopods)。同样,在工程技术界有"筒车"(Norias),"水排"(一种往复式水力发动机)或"铁鹤膝"(一种链条传动机件)。在植物学和动物学等学科中也能找到相对应的词,只是稍微少一些。"穗"就是 Spike 或 Raceme;"苔"是一种 Capitulum 或 Flower-head;而"葩"(Coralla)显然必同于"萼"(Calyx)。同样,"胃"不指别的,专指动物的 Stomach;而"反刍胃"只能是 Rumen。

中国的炼丹术和早期化学正如西方的一样也有自己的特殊问题,而且同样是由于故弄玄虚等原因造成的。但即使炼丹术笼罩在一片扑朔迷离的气氛中,仍然有规律可循,而且规律性比一般人估计的大得多。所以"河车"总是指金属铅;"禹余粮"只能是一种褐色的赤铁矿(三氧化二铁)结核状块。不仅如此,中国也有一位马丁·鲁兰德(Martin Ruhland)式的大师,但是中国的《炼金术词典》比马丁·鲁兰德的早了几乎 1000 年,这就是梅彪在大约 806 年著的《石药尔雅》。这部著作直到今天还有很高的实用价值。

同样,在工艺方面:"矾"就是明矾;"石胆"总是指硫酸铜;"火药"不会是别的,就是一种能爆炸的混合粉末。总的说来,中国中世纪的化学术语虽然离整理就绪还差得远,却不存在根本性的困难。何丙郁博士和我发现很有可能把中世纪的中国炼丹术著作整理得明白易懂,不过要洞悉其中所有的秘密还得花许多年。

"自造词"

翻译家最感棘手的还是医学。在医学典籍中,专门术语俯拾皆是,它们在西方语言中没有对应词。一些很普通的词如"寒"被赋予高度专门化的意义。此外还有一些特别构成的表意文字(常带病旁),如"疫"(流行传染病)、"疟"(类似疟疾的发热)、"痢"(各种起因的痢疾)等。

这种高度系统化的医学科学的关键词语极难捉摸,甚至中国的辞书都不敢给它们下定义,因为通常认为,医生们需要经过漫长的学徒阶段才能掌握它们的正确用法。当然,现在中国的中医院校已出版了不少著作,有助于阐明这些术语,但是对它们并没有加以翻译。西方世界的生理和医学思想的演变遵循的是完全不同的道路,从中找不到能够与中国医学术语准确对应的词,所以我和我的同事们,特别是鲁桂珍博士,在翻译中采用了一种新的方法,即根据希腊文和拉丁文词根创造出一整套"自造词",用以表达中国医学术语的内在涵义,然后系统地应用这些词。

舍此而外,别无他法。如果将那些术语原封不动地照搬下来,人们将无法理解;如果机械地套用字典上的释义,会显得古板、奇怪、可笑,而且也不准确;如果用正在流行的术语去代替,又容易歪曲它们的传统含义,这是很危险的。应用我们的方法可以使中世纪的中国医生像 16—17 世纪的欧洲医学著作者如安布罗斯·巴雷(Ambrose Paré)或托马斯·威利斯(Thomas Willis)一样谈话,风格相似,但可以看出其传统显然不同,这就是我们想要达到的目的。

这一切说到底,就是中国和西方的医学哲学和理论有无互相表达的可能,所以,我们面临的情况和涉及无机科学与简单有机科学时的情况迥然不同。确实,在中国医学中,有一些很重要的术语如"虚"和"实"以及"表"和"里"几乎无法翻译成西方语言——但我们相信只是"几乎无法",而不是"简直无法"。这些想法是 1958 年我在北京时闪现在我头脑中的,当时我和鲁桂珍博士正与杰出的医学史专家陈邦贤及其同事进行讨论。正是由于他们,才产生了这篇文章提出的观点。

我在这里提到近代西方医学,看来只有说"近代西方"医学才合适。只说"西方"医学是不恰当的,就像还有与之完全等同的中国或印度医学一样,但它显然是建立在近代科学基础之上,而非欧洲文明的医学并不具备这个基础。把它笼统地称为"近代"医学也同样不行,这给人一个印象,似乎非欧洲文明对它毫无贡献。恰恰相反,如果不综合各文明的成就,便不会有真正的近代世界医学。因此,要将"近代西方"医学与"中国传统"医学进行比较。

超越点

现在我们放下融合点,再深入探讨一下超越点。我想,我们可以确定在历史上的哪几个时期,如伽利略以后的西方近代科学明显地、毫无疑问地走到了中国科学前面。我们必须记住,在早些时候,中世纪时代,中国在几乎所有的科学技术领域,从制图学到化学炸药都遥遥领先于西方。从我们的文明开始到哥伦布时代,中国的科学技术常常为欧洲人所望尘莫及。

只需举一两个例子。中国地震学的形成早于西方许多年代。2 世纪,张衡发明了测定震中方位和记录地震强度的仪器。另外,当罗马农学家对划分和描述土壤一筹莫展时,他们的中国同行在 2 世纪以前就已经采用了 50 多种给土壤下定义的术语,同时奠定了一切生态学与植物地理学的基础。

再举一例,在 1380 年以前,欧洲没有人能够设法制得一锭铸铁(后来欧洲却以它的铁火车头和无坚不摧的装甲舰炫耀于世),而中国人从 1 世纪起就是铸铁大师了。大约 1450 年以前,欧洲人对旋转和直线运动互相转换的标准方式,对偏心轮、连杆和活塞杆传动装置还一无所知,但中国人从 970 年起就开始充分利用这些装置,而偏心轮和连杆的配合使用至少可以上溯至 600 年。

所以,我在别处说过,中国的数理科学达到了达·芬奇水平,而没有达到伽利略水平。那么,转折点,或者我所说的超越点发生在什么时候呢? 起源于欧洲的近代科学技术是什么时候肯定无疑地超过了中国的水平呢?

我想,就数学、天文学和物理学来看,可以说超越与融合几乎同时发生,或者超越点稍微早一些。耶稣会教士带往中国的当然有欧几里得几何学和托勒密行星天文学,这两者都很古老,算不上近代科学。但他们还带去了弗朗索瓦·维埃特(Francois Viéte)在 16 世纪中叶才发明的一套代数符号,以及约翰·纳皮尔(John Napier)的对数。最重要的是,他们带去了开普勒和伽利略的新的力学、机械学和光学。

第谷(Tycho Brahe)是近代天文观测之父,他在汶岛的记录本上记满了资料。在这方面,他与中国人颇为相像,但在技术和概念上并不比沈括或苏颂高明多少,开始超过中国水平的是他的后来者。虽然耶稣会教士贬低哥白尼理论本身,却又大张旗鼓地宣传伽利略 1610 年以后通过望远镜所得到的发现。人们记得,先是荷兰人启发了他,然后伽利略制出了自己的望远镜,从那以后,科学的发展日新月异。所以,数学、天文学和物理学上的超越点看来只比融合点早几十年。

另一方面,我们已经看到植物学上的超越点和融合点之间的时间间隔却拖得很长,因为融合点是在 1880 年以后,而超越点呢? 1690 年卡梅拉利乌斯首次论证了花的性质,1735 年林奈正值崛起,1780 年伟大的亚当森(Adanson)进行他的复兴工作,超越点看来应该定在这几个年代之间。要不是因为林奈按生殖器官分类的系统是旁枝侧蔓而非发展的主干,我们或许要说,中国植物学达到了马格诺尔(Magnol)或图尔尼福(Tonrnefort)的水平,但为林奈所超越。

但是把 1780 年左右亚当森的成就作为转折点,并认为从那时起西方植物学开始确立了对中国植物学的领先地位,可能更为恰当。然而在那以后,从 1780 年到 1880

年,上百年过去了,融合点才姗姗来迟。在超越点之后,19 世纪初的植物收集家和鉴赏家们产生了一种优越感,虽然他们很欣赏中国的园艺学,拼命搜罗中国花园的珍奇。

下面我们来探讨这个问题:西方医学是什么时候肯定无疑地超越中国医学的?我承认我们越思考这个问题,就越是把时间往后移。我开始怀疑超越点是否真的会大大早于 1900 年,是否真会在 1850 年或 1870 年。需要考虑的因素很多,如:临床医学上的发现(Motgagni 和 Auenbrugger,1761;Corvisart,1808;Laënnec,1819);以生物碱研究为中心的制药化学的兴起(Pelletier 和 Caventou,1820);对神经生物学的深入了解(Bell,1811;Magentie,1822);巴斯德(Pasteur,1857)之后细菌学的发展;以琴纳(Jenner)为先驱的免疫学的兴起(1798,它起源于中国的种痘法);消毒外科手术的进展(Lister,1865)和麻醉(1846);放射学(Röntgen,1897);放射疗法(居里夫妇,1901)和放射性同位素(Joliot-Curie,1931);随后是寄生虫学,发现了疟原虫和它的生活周期(Laveran,1880;Ross,1898);最后是维生素(Hopkins,1912)、磺胺类药物(Domagk,1932)和抗生素等接踵而至。

所有这些都需要人们去进一步认识。但是如果把治疗效果而不是诊断作为标准的话,我觉得西方的医学决定性地超越中国的医学是在 1900 年之前不久,准确时期自然还需要仔细考证。维萨里(Vesalius)的努力并不是徒劳的,因而到 1800 年,外科手术和病理解剖都已经大大领先于中国。可以说,在整个 19 世纪,医学赖以为基础的所有科学都比中国的先进得多,生理学和解剖学无疑也是如此。然而从病人的观点来看,这些学科迟迟未得到应用。所以如果我们用严格的临床观点来判断,那么在 20 世纪初以前,欧洲病人的境遇并不比中国病人更好些。

1890 年,白喉在一天之内就夺去了我父亲的第一个妻子和他所钟爱的十几岁的女儿的生命,当时还没有抗生素。我父亲自己就是个医生,抗生素随时供他使用是以后的事。我提到这个家庭悲剧是为了强调,许多人认为欧洲医学在整个 18—19 世纪都肯定比中国医学优越,这可能完全是一种错觉。另一个明显的例证是布尔战争中的伤寒病。1793 年,丁威迪(Dinwiddie)博士陪同马戛尔尼(McCartney)特使到中国旅行,摆出一副盛气凌人的架子,对中国科学和医学不屑一顾。现在我们知道,这类人毫无理由如此洋洋自得。当然,到 1900 年,或许更早一些,在 1870 年或 1885 年,他们倒是有理由可以自鸣得意。如果说转折或超越点姗姗来迟的话,可以肯定融合点至今还没有来临,两大医学的融合无疑还需要若干年。

今天,中国的中医师与我们所说的“近代西方”医生并肩携手,充分合作。1952、1958 和 1964 年,我和我的同事们目睹了这一引人注目的情况。这一现象是由于中国国家复兴、社会状况以及以前的 15 年中缺乏受过西医训练的医务人员造成的。中西医内外科医生共同进行观察,共同做临床检查。病人可以选择用中医还是用西医治疗。有时医生自己决定哪种方法更好,并让病人接受哪种方法。

你如果仔细读过《中华医学杂志》就会发现,在某些分科,比如说在治疗骨折方面,经过长期斟酌考虑,人们肯定传统方法有许多宝贵的优点,现在采用的就是中西医结合治疗的方法。这样的融合将越来越多,这势必产生一门真正的现代世界医学,而不是范围有限的现代西方医学。这里只是一个例子。

针刺疗法

现在我要就针刺问题再简要谈一下。众所周知,这种治疗方法起源于大约 2000 年前,它是把一根根很细的针刺入身体的不同部位,这些部位按传统生理观点一一标在图表上,很早以前,至少在唐宋时代就已经完全系统化了。

我们参观过中国几个城市的针灸诊所,亲眼看到细针如何刺入人体。这种方法目前仍在中国得到广泛应用。问题是,针刺是如何发挥作用的? 大家都知道,当前在中国和日本至少有几十个实验室正积极从事用现代的生理和生化手段去阐明其中的道理。

可能性很多。例如,这种方法对自主神经系统的刺激可能会提高血液中抗体的滴定度,或者促使肾上腺皮质多分泌肾上腺皮质素,也许它会对脑垂体施加一种神经分泌性的影响。大量的实验手段有待使用。另外,还必须认识到,针刺系统在许多方面与神经生理学一些确定的事实有关。最显著的例子是哺乳动物皮肤的"海德带"(Head Zones,痛觉过敏带),这些"海德带"联结某一特定内脏,并与明显的牵涉性痛现象有关。

不进行数十年精确的临床统计是无法知道针刺或中国其他特有的治疗法的有效性的。中国目前还做不到这一点,因为要照顾 7 亿人民的健康,该做的实际工作实在太多了。但我毫不怀疑,不出一个世纪,他们将做出准确的临床统计,这会为我们了解中国传统医学作出莫大的贡献。

在西方人中有一种流行的观点,认为针刺纯粹是靠暗示起作用,就像他们常说的"边缘医学"中的许多情况一样。我想,这是一个我们可以称之为"相对可信性"的问题,可以选择一下哪种情况最难令人相信。就我来说,我很难相信一种流行了大约 2000 年,为数亿人民所接受的治疗方法会不具备生理学和病理学基础,而仅仅具有心理学价值。

的确,西方的静脉切开放血术和验尿虽然几乎完全没有生理学和病理学基础,也曾长期流行。但这两者都不像针刺那样有一套完美的体系。也许放血对高血压稍微有些疗效,极不正常的尿有助于诊断,但两种方法都与现代诊治疾病没有多大关系。依我看,单纯用心理学来解释针刺远不如用生理学和病理学来解释更能使人信服。动物实验(这里排除了心理因素)支持了这一看法。我的观点是,这种疗法的科学原理到时候终究会被揭示出来,而中国医学和现代西方医学的融合不会发生在那之前。

抗　病

下面还要谈谈针刺的理论背景和其他传统方法,如很早以前起源于中国的健身体操。我考虑过中国和西方医学对待帮助机体增强抗病力和直接攻击入侵外邪这两大方法的不同态度。这两种观念现在在西方和中国医学中都有发现。一方面,在西方似乎是直接攻击病原体的观点占优势,但除此而外也有“自愈力”的概念。我小时候就常听父亲提到它。因为从希波克拉底(Hippocrates,约前460—前377)和盖仑起,抗病和增强抗病力的观念就牢牢植根于西方医学中了。

另一方面,一般认为在中国整体着眼的做法占上风,但可以肯定中国也有攻击外部致病因素的观念,不管是来自体外性质不明的“邪气”,还是,比如说吧,昆虫在食物上爬过后留下的某种毒物或毒素——这种概念在中国古已有之。所以攻击外来致病因素的思想肯定也在中国医学中存在。这可以称为“医疗”观点(或者用更通行的说法,“疾病”观点)。另外一种方法是利用“自愈力”,就是中国所说的“养生”,增强抗病力。

不管怎样,我想有一点是清楚的,无论针刺的机制如何,它一定遵循的是增强病人抵抗力这个大方向(如增加抗体和肾上腺皮质素),而不是遵循驱逐入侵的“邪气”、有机体或毒物毒素这个方向。也就是说,不以“抗菌”为主。而在西方自从细菌学兴起以来,“抗菌”就占了主导地位。有一个意味深长的事实可以证明这一点,欧洲人对针刺治疗坐骨神经痛和风湿腰痛(现代西方医学对这两种病束手无策)不乏赞美之词,但中国医生绝不想把针刺或与之搭配的艾灸(轻微烧灼和热疗)仅限于治疗这类疾病。相反,他们主张,并实际上使用这种方法治疗多种疾病,那些我们确实知道是由入侵的生物体引起的疾病,如伤寒、霍乱或阑尾炎。他们说,即使不能迅速治愈,至少也起到了缓解作用。因此它的作用与肾上腺皮质激素相仿。两种概念(分别表现在倚重药力和增强人体的抵抗力上)在两种文明、两种文化的医学中都得到发展,这是饶有趣味的。要写一部完整的中国医学史就必须阐明这两种相互对立的观念如何在不同时期支配了东西方医学体系。

中国药物学

　　如果不提及中国药物学的重要性,我的论述就是不完整的。我想现在没有人会小看非欧洲人的传统药物学了。它们多是经验的积累。中国药物学的一大贡献是从麻黄(*Ephedra Sinica*)中提炼出了麻黄碱,其疗效已得到公认。从此,西方药典又接二连三受到冲击,萝芙木(*Rauwolfia*)及其多种高效、奇特的生物碱就是著名的一例。我想,对具有生物碱特性或具有极其复杂的生物特性的药物进行的调查研究,如果不是现代药物治疗这门学科的直接基础的话,也与它密切相关。

　　实际上,在中国的药物学中,像这样令人感兴趣的东西太多了。第二次世界大战期间我在中国执行中国和西方盟国之间的科学联络任务,任英驻华科学使团团长,在此期间,我多次处理过有关"常山"(*Dichrou febrifuga*)的事务。当时人们正急需能代替奎宁的抗疟疾药,因此对常山进行了深入研究。中国的几个药物实验室经过实验在战争初期肯定了它的疗效,但西方人表示怀疑。最后托马斯·沃克(Thomas Work)博士在国家医学研究所的研究证明,常山是一种高效抗疟疾药。不过,大概由于存在杂质,这种药有些副作用,多少令人有点扫兴。但是如果能把主要有效成分提纯(我不知道这项工作现在进展如何),它不失为一种有价值的药物。

　　林奈命名法有时用人名给植物命名,一般认为这是近代才出现的情况。但在中国有时也将某个人的名字赋予药用植物,例如"使君子"就得名于 10 世纪前后、五代和初唐时期研究、使用这种药物的医生郭使君。这就是 *Quisqualis indica*(或 Rangoon Creeper),一种真正有价值的肠道驱虫药,特别适用于小儿,至今仍在广泛使用。

世界科学兴起的规律

　　如果把迄今思索的结果总结一下,我们可以把以上提到的一些数字列成一个简单的表,附在图 1 上。

　　人们或许可以由此推断出"世界科学兴起规律",即:一门科学研究的对象有机程度越高,它所涉及的现象综合性越强;那么在欧洲文明和亚洲文明之间,它的超越点和融合点间的时间间隔越长。我们可以检验一下,看看东西方的化学史,如果这条规律大体不错,我们就会发现,化学的超越点和融合点之间的时间间隔比物理类学科的长,比生物学的短。

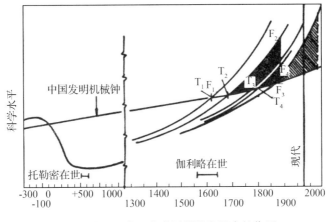

图 1　欧洲和中国在世界科学发展中的作用

T_1:数学、天文学、物理学的超越点;F_1:数学、天文学、物理学的融合点;T_2:植物学的超越点;

F_2:植物学的融合点;T_3:医学的超越点;F_3:医学的融合点;T_4:化学的超越点;F_4:化学的融合点

表示如下:

学科	超越点	融合点	时间间隔/年
数学、天文学、物理学	1610 年	1640 年	30
植物学	1700 年或 1780 年	1800 年	180 或 100
医学	1880 年、1870 年或 1900 年	未至	x

炼金术和化学

　　讨论这个问题困难重重,部分原因是其牵涉历史发展中一些不确定的因素。我们知道,化学正如研究电的物理学分支一样,完全是文艺复兴后发展起来的,而真正形成一门学科是在 18 世纪。化学的雏形可以追溯到古代或中世纪,而它在中国的出现绝不会晚于西方。在西方,首先亚历山大城有了神秘的炼金术士;与此同时,东方也有了中国的炼丹家。我们有充分理由相信,阿拉伯炼金术曾受到中国影响〔甚至 alchemy(炼金术)这个词也可能来源于中文〕。后来阿拉伯人又把炼金术的秘诀,即把炼金与炼不死药结合在一起的方法传给了 10—15 世纪的欧洲炼金术士,这些术士的一大贡献是发现了乙醇。

　　《道藏》,即道家的经典收录了 3—14 世纪中国炼丹术的大量宝贵资料,此外还有卷帙浩繁的关于冶金和化工的著述。当 16 世纪帕拉赛斯(Paracelsus)首创药物化学时,他其实是在欧洲不自觉地重复中国早些时候的成就,只不过在中国文化中,对金石药物从无偏见。11—17 世纪,中国药物化学处于一个灿烂的时期,人们甚至可以描述出那一时期的能工巧匠如何制得性荷尔蒙甾类化合物晶状体的混合物,并把它们用于治疗。这些药物在今天也还是治疗一些疾病的常规用药。

但所有这些都不是具有理论基础的近代化学。人所共知,化学奠基于18世纪后期至19世纪上半叶,为之做出贡献的有普里斯特列(Priestley)和其他科学家对气体性质的探索(1760—1780),拉瓦锡(Lavoisier)影响下的"化学革命"(1789),还有道尔顿(Dalton)的原子论(1816),以及后来有机化学的奠基人李比希(Justus von Liebig)的远见卓识(1830—1840)。

这一时期中国爆发了鸦片战争和太平天国运动,但是一当形势稳定,近代科学可以重新立足,面目一新的化学就被介绍到中国。融合未遇到任何阻碍,因为中国没有旧有的理论与之抗衡。一些久为炼丹术士、医生和工匠熟知的基本化学变化,用新的理论三言两语就解释得一清二楚,比起传统的阴阳五行理论,其优点是显而易见的。这与生理学与医学遇到的情况不同。

1890年以后,中国所有的综合性大学都开设现代化学课。1865年丁日昌创办了著名的江南制造局,它的译书馆从一开始就出版化学书。一些私立机构,如开办于1874年的上海的格致书院也曾大力传播化学知识。因此,把超越点(约1800)和融合点(约1880)之间的时间间隔定为80年较为恰当。总的看来,情况确实如此,但我并不想对此过分强调。这一方面是由于存在一些偶然的历史事件,另一方面是由于化学作为近代科学中的后起之秀,当它传播到中国文化区域时,没有遇到与之抗衡的系统,这与我们前述的所有学科都不同。

结　语

综上所述,本文探讨的是,在欧洲文化中,某些近代形式的自然科学从萌芽到与中国文化中该学科的传统形式融合,形成今天的世界自然科学统一体需要多长时间。一门学科愈是具有生物学特点,它所研究的对象有机性愈强,这一过程所需的时间似乎愈长。最困难的是研究人体和动物的健康与疾病的科学,在这一领域,融合过程至今尚未完成。

显而易见,作者这里的观点是,在研究自然现象时,人类都是平等的;世界性的现代科学体现了一种全人类可以互相交流的通用语言;古代和中古科学(虽然打上了明显的种族烙印)涉及的是同一物质世界,因此可以纳入同一世界性的自然科学范畴。这种科学随着人类社会的组织性与一体化的迅速增强而不断发展,并将继续发展,直到世界实现大同,各国人民像江河入海一样成为一个整体。　　　　　(刘小燕　译)

【11】（中西交流）

Ⅰ—11　科学与中国对世界的影响*

一

在所有文化中,那些行将辞世的人总是惯于把别人看作是他们去世时的财产的继承人,如果这种做法得到法律认可,我们就会惯于把继承下来的东西叫作遗产。对这套丛书的最初几卷而言,这种说法真是恰如其分,因为从历史的角度来看,古希腊及古罗马帝国的文明和语言早已不存在了。但是,对一个至今仍存在的古老文明而言,继续使用这种表达方式自然会产生困难。梵语本身是一种死了的语言,而印度文化作为整体至今仍很有生气,如果这种说法是正确的话,此处要论述的中国文化,同样适用于这种说法。事实上,中国文化从来没有像今天这样富有生命力。在这方面我不准备详尽地阐述,因为在引言里已经对这个问题进行了讨论;尽管如此,在涉及科学技术史的地方,这里仍产生实质问题。

在这套丛书(SCC)本来意义下假定的"遗产继承人"是谁呢? 是否为那种说不出口的说法:认为是迅速传遍世界并注定要取代不依附欧洲基督教的所有文化的"近代西方"文化? "欧洲遗产"已经被认为不值得再论述了,因为欧洲本身便是唯一的不朽真理的宝库。[1]这种暗含的假定现在是否有任何真实性,是令人怀疑的。的确,近代科学已经创造了世界的国际性的文化——航空人员、工程师和生物学家的文化。虽然近代科学起源于欧洲而且仅仅起源于欧洲,但它是在中世纪的科学技术的基础上建立起来的,而中世纪的科学技术却大部分不是欧洲的。因此我们必须给我们的用语下定义。在这里"留有遗产者"(testator)是指一种比其他文化更长久持续存在的传统,也许只有以色列除外,这种文化不存在衰退的危险。"遗产继承者"(legatee)实际上是把每一个国家都不可避免地包括进来的国际性世界,并不是欧洲屈尊从周围国

---

* 本文是李约瑟为 R. 道森(R. Dawson)主编的《中国之遗产》(*The Legacy of china*,Oxford,1964)一书而提供的稿件。——编者注

家里吸收了一些外来的成分。每个民族都将自己的思想、发现和发明方面的礼物带入近代世界,也许某些民族的礼物比另一些民族要多一些。但是每一个民族都有能力并且乐意参加到应用数学的国际对话中来,同时大部分民族仍忠实于自己的语言和哲学遗产,所有其他民族都是可以从这种遗产学到许多东西。事实上,用遗产来比喻不能令人满意地达到我们的要求,因为继承遗产的过程从来就是一个长达20多个世纪的相互交流的过程。人们宁愿把已往的科学技术比作流入近代自然知识海洋中的大河,这样各民族都以其不同方式,既是留有遗产者,现在又是遗产继承者。

第二,科学技术史并不限于欧洲,也不局限于欧洲所接受的传入成果。在公元最初的14个世纪里,中国向欧洲传播了许多发现和发明,说明这段时间的贡献将是毫不困难的,[2]而欧洲在接受这些发现和发明时并不清楚它们起源于何地。理所当然,技术发明要比科学思想传播得快些,而且远些。此外,这些发明对文艺复兴时期新生的近代科学有重大影响,而这种影响在整个18世纪仍然存在着。正是在那个时候,我们的历史已进入了近代阶段的开端。那时科学已经成为中国和其他国家一起参加的一种全球性的事业。如果我们用可能是原义来解释"遗产"这个词时,我们应该把注意力集中在与近代科学的历史上的兴起有直接关系的因素,不包括17世纪早期伽利略的重大科学发明之后起作用的那些因素。但是,如果我们从上述更广阔意义上来谈"遗产"时,我们将会对中国所有各个历史时期对世界所作出的贡献感兴趣。要阐明此含义,我们不但要分别考虑到文艺复兴前后的传播,而且要分清科学和技术的区别。

毫无疑问,在近代科学出现之初,当力学、动力学以及天体物理学和地球物理学以其近代形式出现时,古希腊作出了最大的贡献。[3]在"新科学或实验科学"诞生之际,欧几里得的演绎几何和托勒密的行星天文学以及其分支学科无疑是重要的因素,就任何祖先起的作用而言,我们不应该低估其独创性。除了托勒密和阿基米德以外,古代西方人作为一个整体没有搞什么实验。但是,亚洲在这方面的贡献却有许多决定性的突破,除了代数学和以数表示和计算的基本技巧(如印度数字、印度—中国的零和中国十进制,即古老的算法)外,中国还提供了所有有关磁现象的基本知识。这一研究领域(我们很快将在下面论述)与古希腊物理学所研究的是根本不同的,它对近代科学的最初阶段(从吉尔伯特到开普勒)的影响具有极大的重要性。中国的实用天文学影响也是十分重要的,例如第谷·布拉赫(Tycho Brahe)采用过中国的天体坐标。

在文艺复兴前和文艺复兴期间,中国在技术方面的影响占支配地位。在本文中,我们将提到高效马具、冶炼钢铁技术、火药和纸的发明、机械钟的基本的机械装置,诸如水排、龙骨车和把旋转运动变为直线运动的标准方法,同时还可以列举弧形拱桥和船尾舵等航海技术。古代和中古时期默默无闻的中国工匠对世界的贡献要远比亚历山大里亚的力学家和能言善辩的理论家多得多。

我们接着看看亚洲和中国科学的成就,虽然一般说与近代科学的最初兴起没有关系,但仍值得密切注意。它们与文艺复兴后近代科学的相应发展可能有,也可能没有直接关系。也许,有关系的最出色的中国发现是首次成功的免疫技术,尽管这种技术在后来较晚的时候(18世纪末至19世纪初)才影响西方。可以肯定说,真纳(Jenner)种痘的先驱——天花免疫从16世纪初以来已在中国应用,如果传说可靠的话,从11世纪就已应用了;这包括在病人鼻孔里注入少量天花小脓疮里的物质,以期达到免疫的目的。中国医生还逐步创造出减弱天花毒性的方法,这样就更加安全了。整个免疫学的起源基于中国中古时期医学思想的实践。骤然想起的有直接理论影响的例子是宇宙论——古代中国关于无限空间的学说与中世纪欧洲的水晶天球理论是完全相反的,但直到伽利略时代以后,水晶天球理论才失去其全部影响。互相结合的晚期例子是18世纪物理学中光的波动说的发展,这一理论无意间发挥了古典的中国思想;此外,现代射电天文学家引用中国古代和中古时期关于新星和超新星的记载。一个也许没有引起重视的典型例子是2—7世纪中国使用的地动仪(地震仪)。尽管这是一项杰出的成就——地学史上一项永久性的遗产,但是,文艺复兴后欧洲重新制造地震仪的任何科学家对此几乎一无所知。中国的生物学分类系统和病理学分类系统也占据同样的地位;林奈和塞登汉(Sydenham)对此显然一无所知,但这些分类系统值得研究。因为只有我们全面地看问题,才能确认每一个文明到底对人类进步作出了什么贡献。同样,现在已经弄清中国中古时期的解剖学比一般认为的要先进得多,西方解剖学家对中国在这方面的贡献的判断仅仅是根据几张保留下来的刊本插图,因为他们不懂原文,更谈不上钻研复杂的和精心命名的术语。但是,中国的解剖学对文艺复兴时期欧洲解剖学的兴起和发展没有产生影响。另一个出色的例子是集中国药物学大成的本草著作的图解传统,比西方精确植物学插图要早好几个世纪,这一贡献也仅在我们时代才得到正确评价。

最后,我们得要考虑文艺复兴后已经结合(不管它们是否通过再发明)到近代技术里来的技术发明。典型例子是桨轮船,但是尚不清楚的是,我们不知道欧洲第一次成功制造这种桨轮船的人是基于从未实现的拜占庭思想,还是基于在其前1000年里中国实际取得的成就,还是两者都不是。更为明显的例子是铁索悬桥,因为欧洲最早提到悬桥在16世纪末,而实际最初制造是在18世纪,中国古代人知道如何造悬桥,就我们现在所知,要比欧洲早1000多年。毫无疑问,中国在差动齿轮方面有独立发明,在这一方面有中国古代的指南车,现代历史研究才揭示其结构,当然我们很难说这影响到以后西方的机械学,西方人重新采用了机器的传动装置这一重要形式。同样的例子还有中国方式的炼钢,即采取共熔法及生铁的直接氧化,尽管中国冶炼技术大大早于欧洲,但中国的这一成就也没有能对欧洲产生影响,如果说产生了影响的话(对这一点尚不能肯定),也是在文艺复兴以后很久的事了。同时,我们切勿过于否定这种影响。在人类交往过程中,存在着许多我们看不见的交往渠道,特别是在人类历史的早期阶段,我们绝不可流于否定交流的武断。有时人们怀疑人类是否忘记了什么。17世纪初欧洲加帆车有意模仿设想的中国原型。事实上,两者之间的差异是很大的,但下面的情况却是可能的,即它们起源于帆船模型,支撑在低矮的木制四轮马车上,把古代埃及的神像或国王的棺材通过沙漠运到他们的坟墓那里去。广义地说,经验告诉我们,愈是追溯历史,就愈是不可能有独立的发明,我们不应该从近代科学条件出发去臆测过去,因为在今天独立发明是常有的事。

这样,就中国的遗产来说,我们必须考虑到3种不同的价值。第一种价值在于,帮助或直接影响伽利略重大的科学上的突破;第二种价值在于以后结合到近代科学之中;最后但并不是最不重要的价值是,虽然没有可以追溯的影响,但仍使得中国科学技术同欧洲的一样值得研究、赞美。一切决定于"遗产继承者"的定义——单独指欧洲,或指近代世界科学,或指全人类。我极力主张事实上没有必要认为只有对欧洲文化区作出贡献的科学技术活动才有价值,甚至也没有必要指明它对近代科学大厦提供了哪些建筑材料。科学史应当是一部连续的、相互影响的历史。难道不是存在着一部世界范围的人类思想和自然知识的历史吗?在这里,每一项成就都有其应有的地位,不管它是接受了影响还是影响了别人,难道世界科学的历史和哲学不是全人类共同努力的唯一真正的遗产继承人吗?

二

关于受惠及其各种含义就说到这里。许多误解消除了,不过没有出现什么本质上新的东西。然而,在本文中,我想提出重要的(哪怕是相反的)、迄今还不见任何地方有充分阐明的一点。这一章恰当的标题应该是"震撼世界的10项(或20项或30项)发现(或发明)"。我们早已知道,中国有着许多发现(或发明),它们一个接一个地传到欧洲,我们可有力地列举和证明这一切;但是一个离奇的矛盾现象出现了,那就是,当许多,甚至可以说大部分这些发现(或发明)对西方社会产生极其重大的影响时,中国社会有着很强的吸收这些发现(或发明)的能力,但却保持着相对的稳定。在我们系统地指出中国的这些新东西的社会影响后,我们在结论部分将再次谈到这一点,也许会对这些鲜明对照提供些暂时性的解释。在这里我只是希望揭示本文的真正要旨。

在进一步论证前,首先有必要消除一个普遍的错觉,似乎中国的成就毫无例外地是在技术方面,而不是科学方面。的确,就像已经说过的那样,古代和中古时期中国科学局限在这种表意文字的范围内,很少向外渗透。但是,因为这些实际发明是印度、阿拉伯和西方文化一般能够从中国文化地区接受过来的唯一的东西,这并不意味着中国人从来就是单纯的"经验论者"。正相反,古代和中古时期中国有着一整套自然理论体系,有着系统的有记录的实验,而且有许多其精确性令人震惊的测量。当然,中国理论直至其最后发展阶段仍带有中古时期典型的特点,中国没有出现形成自然假说数学化的文艺复兴。

也许可以引用无论如何不能从这一章中删去的一段话来阐明这一观点。弗鲁兰勋爵(Lord Vernlam),即弗朗西斯·培根说:

"发明的力量、效能和后果,是会充分观察出来的,这从古人所不知,而且来源不明的俨然是新的三项发明中,表现得再明显不过了,即印刷术、火药和指南针。因为这三项发明已改变了整个世界的面貌和事物的状态,第一种发明表现在学术方面,第二种在战争方面,而第三种在航海方面。从这里又引出了无数的变化,以至任何帝国、任何教派、任何名人在人类生活中似乎都不及这些机械发明有力量和有影响。"[4]

知识可能更丰富的后来的学者,也总是满足于让这些发明的起源继续处于模糊不清和湮没无闻的状态。例如,J. B. 伯里(J. B. Bury)在描述文艺复兴引起"古派"支持者和"今派"支持者之间发生争论时指出,今派完全是因为弗朗西斯·培根描述过三大发明,因而往往被认为是已经取胜者。但是,在他的书中也没有一个地方(甚至包括脚注)指出过三大发明源于何处,同时指出它们是如何从古代科学理论中产生出来的。[5]

J. B. 伯里的书写于45年前,但是,对非欧洲国家作出的贡献所持的"根深蒂固的无知"的态度,今天仍像以前任何时期那样强烈。人们不能不注意到乔治·汤姆森爵士(Sir George Thomson)的一部最近的著作《科学的灵感》(*The Inspiration of Science*)[6]中表述的这一点。在强调古希腊几何学和行星天文学两项成就以后,他继续说:

　　"但是就世上的事情而言他们只取得了较小的成就。他们知道当琥珀摩擦后能够吸起切细的稻草秆,他们也知道在小亚细亚有一种叫玛格尼西亚(Magnesia)的石头能够吸铁,以后他们又观察到一根有一部分露出水面的秆看起来像是弯曲的;但是他们并没有在相应的科学上取得真正的进步。有时候据说之所以在这方面没有取得成就是因为不愿意做实验。无疑,就某一点而言,这是对的,但是我认为远非如此……(古希腊人)没有能够认识到这些表面看来无足轻重的事情的重要性。天国是令人向往和庄严的,也许天神之所在比天神更为伟大。几根切断的稻草秆或几块铁片,虽有趣,但很难看出有什么重大意义。这种观点也是很自然的。

　　但是,从方法论上来看,科学上最伟大的发现,往往是通过那些表面上无足轻重甚至稀奇古怪的事,为理解自然界最深刻的原理提供了线索。人们很难责备古希腊人。甚至有牛顿在他背后,J. 斯威夫特(J. Swift)用皇家学会的开销做其拉普达岛(Laputa)"冒险事业"可能是明智的,研究靠日光照射而成长出来的黄瓜——尽管斯威夫特是个不讨人喜欢的人,但他绝不是傻瓜。发现是如何产生的仍不清楚。把我们时代和其他时代划分开,而且完成了好几项独立的事业,这真是一件大事。在这些事业里,可能有着磁学对航海以及光学对眼镜产生的重要作用。火药的重要性也许更大些,而且使伽利略的力学听起来不无影响。但是一个激动人心的更大的事业是发现了绕道非洲通往印度的航线,继而发现了新大陆。在这样一个时代里,即地理上的发现的大胆计划已证明是成功的时候,人们理所当然地在其他方面进行尝试,敞开思想,探求现实生活中眼前的事物的更尖锐的问题。最初的发现必须是那些值得发现的东西。因此,像从玛格尼西亚来的石头以及琥珀这样表面无足轻重的东西逐步显示了它的重要性。自从麦克斯韦所处的时代开始,明眼人已经非常清楚,在这些东西后面所包含的思想就像世界上其他问题一样重要。"

　　这段话中许多地方说得很好,值得一提;但是有些话肯定就像是克劳德·罗伊(Claude Roy)所称"暧昧不明的虚假铁幕"的一例。不但中国的磁学和炸药化学的起源被平淡淡地忽视了,而且也使那些表面上无足轻重的自然过程的奇特现象的出现变成一种谜。也可能是古希腊人缺少这一点[7]——如果是这样的话,他们已经被那种虚假的价值概念所影响,以致托马斯·阿奎纳(Thomlas Aquinas)说:"对最高级的东西能懂得一点,要比对低级而小的东西拥有丰富的知识好得多。"[8] 如果说磁的秘密首先在中国揭示出来,这也许不但是由于中国宇宙论的有机论唯物论,而且因为所有中国的哲学传统在于程明道在 11 世纪批评佛教徒时说的那样:"当他们只努力去'理解高级的东西'而忽视'研究低级的东西'时,他们对高级东西的理解如何可能是正确的呢?"[9]

<h1 style="text-align:center">三</h1>

现在让我们回到弗朗西斯·培根列举的那些发明上来。既然一切事情都无法讨论,我们就把具有史诗般意义的印刷术放在一边,[10]而先研究一下化学爆炸物和磁极性的发现。我们很难过高地估计它们,这两项发现都是从道教(原先是黄教)巫术中发展起来的;在中国炼丹术和堪舆方面的自然哲学理论的指导下在实践中再次成为现实。火药武器的发展肯定是中古时期中国最大的成就之一。[11]人们发现火药武器是在接近唐朝末年的 9 世纪,那时有了发现炭、硝石(即硝酸钾)和硫黄的混合物的最早记载。这些是在一本道教书里发现的,该书强烈要求炼丹术士不要混合上述这些物质,特别是加上砒的时候。因为有些人这样做了,使得混合物燃烧起来,烤焦了他们的胡须,烧毁了他们正在工作的房子。

从那以后,事情发展得很快。"火药"即"gunpowder"的特有的名字,在 919 年作为喷火器里的点火剂出现,而在 1000 年时,在简单的炸弹和手榴弹里使用火药已成为现实。火药的组成配方是 1044 年首次出现的。这要比欧洲首次有关黑色火药组成的文字材料早得多,在欧洲是 1327 年,最早也不过是 1285 年。

11 世纪初的炸弹和手榴弹当然不含有以后两个世纪里提高硝酸盐比例后那样的烈性炸药成分。与其说它们具有爆炸性,不如说是具有"猛冲"作用的发射药。事实上也正是在这个时候,即 11 世纪初期,创制了一种新式纵火箭,事实上就是"火箭"。在这方面,我们很快地看到了一种自然形式的管状物,即竹管的实用价值,因为只需要把一支箭放在装有低硝火药的竹筒上,就能起到火箭作用。在今天这样的时代,没必要详述中国人在最初让火箭飞出去时做了些什么。

这以后出现了向管状枪的重要过渡。这发生在 12 世纪早期,即宋人抵御金人的时候。在卓越的著作《守城录》里,描述了那个时期在保卫汉口北面某座城市时,首先发明并使用了"火枪"。一根管子里装满了发射药,但是不让它们流失,绑在枪的一头上。这种能喷火 5 分钟的喷火器,十分有效地使围困该城的敌人丧胆。大约在 1230 年,开始有真正破坏性爆炸的记录,这是在宋和蒙古之间的后期战争期间,此后大约 1280 年在东半球的什么地方出现了金属管状枪。事实上我们并不知道它首次是在什么地方出现的,也许是在拥有"马达发"(Madfa′a)的阿拉伯人或中国人当中,看来在前一段历史时期,也有可能在西方人当中。1280—1320 年是金属管式火枪出现的关键时期。我毫不怀疑的是:其真正的祖先正是中国火枪用的坚固的竹筒。

中国人首先发明人类所知的最早的化学炸药有以下十分重要的两个意义。第一,它不应被看作是一种纯粹的技术成就。黑色火药并不是工匠、农民或石工的发明,它来自道家炼丹家的系统的(即使是模糊不清的)研究。我是经过慎重考虑才用"系统的"这个词的,因为尽管在 6 世纪和 8 世纪他们没有近代形式的理论来作为其工作的指导,但这并不意味着那时候他们根本没有理论。相反,已经证明远在唐朝就已形成了精心制定的亲和力学说,这种学说在某些方面使人联想到亚历山大里亚时代神秘的变金术(auroficers)理论中的相亲与相憎的概念,但要比之发达得多,并且较少带有万物有灵论思想(animistic)。[12]我在这里使用"神秘的变金术"这个词,是因为古希腊时期的第一批炼金术士虽然对伪金非常感兴趣,而且对各种各样的化学和冶金变化非常感兴趣,但到那时为止并不追求据说可以产生使人长生不老的"哲人石"。有种种理由相信,从一开始就具有的长生基本思想的中国炼丹术是经由阿拉伯世界传到西方的。事实上,西方人在阿拉伯人的将中国炼丹术介绍到西方的贡献以前谈不到严格意义上的炼丹术,甚至可以说"炼丹术"(alchemy)这个词本身,以及其他炼丹术术语都起源于中文。中国汉朝时期的许多化学器具流传至今,例如可能用来升华氯化亚汞(制造甘汞)的青铜器皿,蒸气经其两臂上升,并于中部冷凝(图 1)。某些蒸馏器具也是典型中国式的,和西方所使用的有很大的不同。馏出液被上面含冷却水的容器冷凝,滴入中央的接收器,从侧管流出。这是近代化学容器的祖先。[13]总之,最早的爆炸混合物是在希望得到长生不老药的鼓舞下,系统探索大批物质的化学和药学性质的过程中产生的。

第二,在黑色火药的史诗中,还有对这种在社会上有破坏性发现的另一个情况。这种情况在中国无论如何总可以从容对付,而在欧洲则产生了革命性的影响。从莎士比亚时代起的数十年,实际上数百年间,欧洲历史学家已承认,14 世纪臼炮的首次轰鸣敲起了城堡的丧钟,因而也敲响了西方军事贵族封建制度的丧钟。在这里详细地论述这方面的情况将显得冗长乏味。在仅仅一年(即 1449)时间里,法国国王的火炮部队光顾了诺曼底的当时仍由英国人占领着的城堡,并且以一个月摧毁五座城堡的速度一座接一座地拿下了全部城堡。火药的作用远非限于大陆,在海上也有深远的影响,在适当时候火炮会给地中海奴隶划桨的多桨战船以致命的打击,因为这些战船无法提供防止海上炮轰的炮台。尽管并不为许多人知道,但在这里值得一提的是,在欧洲出现黑色火药前的那个世纪(即 13 世纪)里,其攻坚作用由另一种持续较短的

图1　汉朝(约公元前1世纪或1世纪)的青铜"虹鼎",可能用作升华(正面图)

新装置所预示过,这就是配重抛石机。它甚至对最坚固的城堡的城墙也有最大的威胁。这是一项带有典型中国军事技巧,由阿拉伯人改进的投射装置(砲)。它不同于亚历山大里亚或拜占庭的抛石机的投射器,它是在其长臂端部支撑一个抛石器形状的杆,在它较长的臂的一端带有一个投石器,并用绑在短臂端部的绳子操纵较简单的类似旋转杆的东西。

在这里和中国形成的对照是十分引人注目的。官僚封建制度的基本结构就像在火药武器发明以前一样,在大约5个世纪后也仍然如此。化学战争出现在唐代,但是在宋以前,它在军事上并没有广泛应用,它的真正的检验场是11—12世纪期间在宋、金和蒙古之间发生的战争。在农民起义中也有很多使用火药的例子,不但在陆上使用,也在海上使用,不但用于野战,也用于围攻战。但是,由于中国没有严实地穿戴盔甲的由骑士组成的骑兵,也没有贵族或庄园式的封建城堡,新的武器仅仅是以前使用的武器的一种补充,并没有对古老的文武官僚制度产生什么觉察得到的影响,而每一个新的外来的征服者却总是轮流把它们接受下来并加以运用。

四

下面让我们考察一下弗朗西斯·培根所说的第三大发明。如果说托勒密天文学纯粹是古希腊的,那么磁学的早期研究则纯粹是中国的,这一观点具有十分重大的意义。如果今天我们来到一个对于大自然处于精密观察和控制的地方去——例如一个核能发电站、一艘远洋客轮的轮机舱或任何其他科学实验室,会看到墙上布满了标度盘和指针,而人们正在看着标度盘或指针的读数。但是在所有标度盘和指针装置中最早的一个，正是磁罗盘。对科学哲学中如此古典的装置，以及在它的发展过程中，欧洲没有起任何作用。

在宋代，我们发现，磁罗盘的最初形式之一，即嵌在木鱼肚子里的一块天然磁石。一根小针从木鱼里伸出，当飘浮在水上时，小针指向南方。[14] 另外还有不用水来悬浮的，切断一根筷子，削尖一头，连同天然磁石塞入一只木海龟里，同样伸出一根针，使它增加少量额外的转矩。该设计大约出现在 1130 年，但是我们仍有更早的 1044 年的记载，载于一本曾公亮写的题为《武经总要》（重要军事技术概要）的书里（图 2）。这不是别的，正是以后阿拉伯作者经常提到的"浮鱼"，即浮动在水里的杯状的带磁性的铁鱼。更使人感兴趣的是，这种指南鱼带有磁性，并不是由于在天然磁石上摩擦，而是由于在地球的磁场里处于南北位置时被熔炼到炽热状态。在 11 世纪初期，这种磁化法的确是令人惊奇的。在 11 世纪末，极为普通的做法是用一根生铁丝悬挂着一根带磁性的针。

回到事情的开端，人们不得不提起一种名叫"栻"的占卜装置。这种装置是由汉朝的占卜者使用的，它有一个方形的"地盘"，上部表面刻着大熊座以及干支符号、磁罗盘指针、二十八宿、星宿的名称以及其他。在王充写的《论衡》一书里，有一篇文章讲到如果你取得"司南勺"，把它抛在地上，它的柄将始终指向南方。普遍接受的看法是："把它抛在地上"并不是像字面上讲的那样，而是指把它放在占卜者用的"地盘"上。勺本身是一片天然磁石，刻成北斗七星（大熊座）的形状。也就是刻成了一把中国匙的形状。实验已经证明，其实不难做到这一点，如果把一块青铜板尽可能地磨光的话，转矩将使匙转动，进而指向南方。在最初，匙不过是占卜技术棋盘所用许多占星巫术模型中的一件物品而已（图 3）。

的确，这一装置是从一部著作中复制下来的，而迄今为止在任何坟墓里还没有发现用天然磁石制造的真正的匙。但是，在随后的 1000 年里，不断出现关于"指南针"的文字记载，这只能解释为的确存在过类似的东西。在两三个世纪后，大约在 1180 年欧洲才首次提到了磁极性。的确可以说，当中国人关心磁偏角时，[15] 欧洲还不知道磁极性。在中国堪舆罗盘中发现指针偏差，这是一个重要的事实。这种罗盘刻度有三圈，不但标出天文学上的从南到南的刻度，而且还有指针向东偏移 $7\frac{1}{2}$° 以及相似地向西偏移 $7\frac{1}{2}$° 的刻度。因而这种堪舆罗盘保存着磁偏角的记载，记下了在某些时候磁偏角在天文学上北至南时偏

图 2　利用磁化法做成的浮动铁罗盘（《武经总要》，1044 年。王振铎复原）

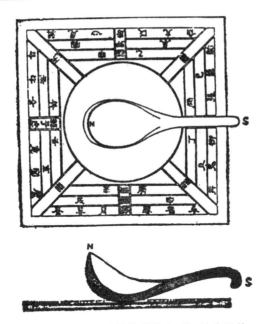

图3　磁罗盘的最早的形式,汉朝(约公元前
　　　1世纪或1世纪)占卜者的栻,在其上
　　　有一个天然磁石勺

东,然后则偏西。

　　中国不但在磁极性、磁感应、磁化、磁偏角等知识方面占优势,而且可以肯定对这方面的研究至少早在10世纪就已开始了。我们拥有中国15世纪初期的海图,以图的形式表示航线,就像是轮船通过海洋的航线那样。途中靠指南针标示出航海方向,并据此绘出许多航海方位,改变线路,以便在规定的时间里继续航行。这种知识传到了西方,但是它是如何传去的至今仍是一个谜。也许有一些阿拉伯或印度的著作会帮助阐明此事。也可能这些知识是通过蒙古人从陆地上传去的,而不是通过海洋。

　　磁学的确是近代科学重要的组成部分。中国人为中世纪最伟大的罗盘学者马里库特的彼德(Peter of Maricourt)及随后的吉尔伯特和开普勒对磁力的宇宙作用的概念的建立做了全部准备。吉尔伯特认为万有引力必然类似磁引力。物体落地的现象被解释为地球像一块巨大的磁体,把物体吸引到它本身。重力和磁力相类似的观点是艾萨克·牛顿(Isaac Newton)的理论中极其重要的一个组成部分。在牛顿的理论中,人们几乎可以说,万有引力是不言自明的,它存在于所有的空间,就像磁力在没有明显的介质的情况下,在整个空间起作用一样。中国古代关于超距作用的思想[16]通过吉尔伯特和开普勒构成了牛顿理论的一个非常重要的部分。再往后,克拉克·麦克思韦(Clerk Maxwell)以经典方程式形式建立起来的较晚期的场物理学,比古希腊原子唯物主义更接近于有机思想,它也可以追溯到相同的根源。这样,我们前面引用的那段结论性的话,是完全有道理的。

就像已经对火药所作的说明那样,对细节稍做调整后,人们也可以对磁罗盘作出两点说明。第一,这也不是纯粹经验上的或技术上的成就,因为道教堪舆家在其长期发展阶段中有其自己的理论,在现存许多著作中有这方面的丰富记载。尽管这些理论不是近代类型的,但这一事实并不能使我们因此而忽视这些理论。整个发现是由于占卜程序或星相术产生的,但促使这一理论发展的是中国人持有的超距作用或通过连续体的波运动理论,而不是粒子的直接机械的推动;他们对原子论陌生,正是由于这一点致使他们不能不看到一块磁石或与磁石接触过的一块铁的指极性。第二,磁罗盘,从广义上来说,也就是磁极和磁引力的知识,在西方世界有着惊人的社会影响。它在近代科学初生阶段所起的作用足以证明这一点,但是还不只此;因为15世纪欧洲航海家手里的罗盘在从13世纪开端的航海科学的整个时期占据着重要的地位,它不但使环绕非洲成为可能,而且也发现了美洲大陆。随着大量白银的涌入,市场上不计其数的新商品的销售以及殖民地和种植园的开拓,这对欧洲生活产生了多么深远的影响。这些历史在初级课本上都写进去了,因此就没有必要在这里强调了。但是还存在着问题的另一方面。中国的社会并没有被磁现象的知识所搅乱,堪舆家仍继续告诉要求相宅的家庭关于住房和坟墓的最好位置,不断提高他们那无根据的艺术,[17]而水手们继续在与中国主要经济生活外面的贸易中寻找通向东印度或波斯湾的通道。[18]

五

现在,我们可以暂且不管读过弗朗西斯·培根那段话的读者想法如何,而继续考察中国在科学技术方面对世界作出的许多其他的杰出贡献。我们选择的科学方面的材料可以分为下面3个部分:(1)炸药化学或原始化学;(2)磁物理学与航海罗盘;(3)天文坐标与仪器、机械时钟和"开放"宇宙学。前面两部分我们已经进行了讨论,我们现在来论述第三部分。之后将按照下面4个技术题目来论述:(1)与马镫、高效挽具及独轮车的发明有关的畜力的使用;(2)与诸如水排、龙骨车、曲柄和蒸汽机机构的发明有关的水力的利用;(3)钢铁技术、造桥和深钻;(4)航海方面的发明,例如船尾舵、纵帆、桨轮船和防水船舱。必须着重指出的是,这些是从大批发明中选择出的一部分,而没有包括在生物学上的贡献。[19]值得注意的另一点是传到欧洲的年代顺序,在一些特定时期是"成串地"传播,而不是用很长时间一个个地传过去。最后,我们将再来反衬一下,即在前面我们已经概略讲到的欧洲社会的不稳定性和中国社会稳定性之间的比较;以及与此有关的另一种反衬,即最初亚洲人把科学应用于满足人类需要上的成功,以及随后欧洲人找到科学发现方法本身的成功,从而诞生了与中世纪科学技术相对比的近代科学技术。

天空中任何天体位置可用3种坐标系测量,近代天文学用的,既不是古希腊的黄道坐标,也不是阿拉伯的地平坐标,而是中国的赤道坐标。天球上任何天体位置的测量在所有文明中是通过将刻度环建造成浑仪而完成的。伟大的古希腊天文学家托勒密有一个供他自己使用的这样的仪器,这种仪器现在用于近代望远镜的定位装置中,但后者不过是一种可以放大的望筒而已,而不是一种探索装置。望筒和刻度环是确定天体位置的两个基本要素。[20]

如果中国确实没有某种优势的话,那么中国和古希腊差不多同时创造出浑仪。全部完成是在中国后汉时期的大学者和科学家张衡所处的时代,他的活动时间是100—130年,正好早于托勒密。但是,很可能大部分细节已经在落下闳时期完成,他在前汉时期约100年时修订了历法。而同样形式的刻度环必然在约公元前350年被石申和甘德使用过。如果这种说法可靠的话,那么他们便是首先用度数来表示星体位置的人。甚至在这样早的时期,测量也始终是赤道系统。中国最精确的仪器之一是苏颂的浑仪,1088年始建于北宋首都开封。在天文学史上,这是第一个有时钟带动的观察仪器。现存最精确的中国仪器无疑是郭守敬的青铜浑仪,他是元代的大天文学家,并于1275年在北京重新装备了天文台。现在,它存放在南京紫金山天文台。

如果说窥筒注定要扩大而刻度环注定要缩小的话,那么进展则在于打破浑仪的同心性。近代望远镜的赤道装置是在望远镜发明存在以前三个半世纪在中国发明的。如果有人把同心环分开,并不按同心的方法将其适当连接在一起放在正确的平面上,这样组成的仪器后来被称作"土耳其仪"(torquerum)。其第一个发明者是西班牙的穆斯林阿夫拉(Jābir ibn Aflah),他在12世纪设计了这一装置,在很大程度上它像是一台把一组坐标转移到另一组坐标的计算机器。但是,当这种装置在1267年被科学家使者扎马鲁丁(Jamāl al-Din)介绍到中国后,很快就促使郭守敬发明了一种名叫"简仪"的装置,或者叫"简化的仪器"。它本质上是省略了黄道部分的"土耳其仪",事实上这就是所有近代望远镜的先驱。

在没有掌握欧几里得演绎几何学全部知识的情况下,中国人能够取得这样远远超过西方的辉煌成就(还不算复杂的观象仪),的确在科学史上是一件十分杰出的事件。总之,是近代观测天文学之父第谷·布拉赫(Tycho Brahe)在16世纪把中国的实践,赤道和赤道坐标引进到近代科学中来,近代科学从那以后一直没有离开过它们。[21]他的明确的理由是该仪器具有更大的精确度,但是他拥有阿拉伯天文学的著作,而阿拉伯人很清楚地知道中国的这些仪器的用处。

就像刚才讲到的,1088年开始建造的开封浑仪带有时钟发动装置。这怎么会是可能的呢? 正因为机械钟是在中国创制的,而不是欧洲,这一情况只是在最近才搞清楚的。[22]事实上,中国在700—1300年之间制造的机械钟,最后揭示出了在巴比伦和古埃及的古老的漏壶与纯粹的机械钟,以及后来的手表之间失去的联系的环节。从张衡时代起,中国人热心于制造利用水力转动的浑仪等,正是他们对赤道的重视,导致了他们产生了这一思想。在欧洲机械钟的最早形式中(从1300年起)verge-and-foliot擒纵装置刻分着经过的时间,摆轮心轴的两块叶片交替阻止着冠状齿轮的转动,该齿轮以一个落锤为动力。以这样的方式产生了我们熟悉的滴嗒滴嗒的声音,整个系统放慢下来以便适应于天体视运转的速度,这当然就是人类最早的时钟。但是,在此600年以前,就已存在着另一种机械钟,不过它仅仅出现在中国文化区域内。

我们可以将北宋苏颂写的《新仪象法要》一书中描述的仪器作为一个例子,即在那几年前建成的开封的巨大的钟楼。其总的复原可作如下描述:机器在建筑物内的右边,报时器在左边,塔里有转着圈子走动以报时的木偶,它可敲钟击锣报时。在报时系统上方,人们可以看到能够自动旋转的天球仪,最后在顶上有可以自动旋转的浑仪。主要的动力不是落锤而是水轮。人们也可以看到水轮后面的那些轮子把水提上来使它重新回到蓄水池里。计时的主要部分是联动的擒纵机构,和上面讲的verge-and-foliot系统十分不同。水不断地从一个恒定水位水箱流进水轮的戽斗,但每一戽斗装满水后才会落下来。当戽斗落下时,它带动两个杆或桥秤,它们则通过联动装置放开水轮顶上的一个门,让它由一个戽斗来移动。有人可能会说,机器这样安排是为了以准确而快速衡重不断流动的少量流体来划分时间。[23]主要动力轮转动传动轴,传动轴则给所有的随转轮、天球仪和浑仪提供动力。在以后的发展中,人们可以说,垂直轴Mark Ⅱ和Mark Ⅲ由链传动设备代替,几乎可以肯定它是历史上最古老的动力传递的链传动设备。建造了这样的水轮联动擒纵装置的工作模型,结果表明报时准确。[24]

中国的水力机械钟填补了漏壶和锤钟或发条钟之间的空白。它并不像漏壶一样完全依靠某种液体不断的流动,因为它的计时部件可以由改变桥秤上的砝码来加以调整。至于它最早的原型,人们看到一座很有特色的钟,是由禅宗和尚梁令瓒匠师于725年为唐代宫廷制造的。[25]这一传统持续到1000年后的明朝,在17世纪耶稣会士出现时还没有消失,这时它已经被更精细更实用的文艺复兴时期的时钟所代替。

这一切对欧洲有什么影响? 当然,天文学的成就不会产生什么直接的社会后果,它们只不过被结合到近代天文学体系中去,伴随而来的是17世纪以来发生的世界观

上的深刻变化。这样,对于中世纪基督教世界幼稚的宇宙学(这在丹特仍然能看到)
的崩溃,中国的影响是间接的。我们将很快讲到它是如何直接作出贡献的。时钟具
有更为明显而直接的效果。尽管传播的任何细节至今仍不清楚,但是完全有理由认
为中国水轮连动的擒纵装置在 13 世纪的欧洲,人们是知道的,而且也利用过。至少他
们知道机械守时问题在原则上已经解决了。欧洲时钟机构的出现产生了一种新的工
匠技艺,这种技艺和水磨技术一起在文艺复兴后的那段时期对机械和工业生产的发
展起着极其重要的作用。再则,机械钟唤起了欧洲人,因为它体现了机械钟由之起源
的宇宙模型的特征。正如林恩·怀特(Lynn White)在他最近一本很出色的论述技术
发展史的书中所说:

> "快到 14 世纪中期,机械钟突然俘获了我们祖先的想象。早期使国民
> 骄傲的总是专心于大教堂的建造,而现在转向制造极其复杂而精巧的天文
> 钟。只有在行星以公转或自转方式旋转时,同时天使在吹着喇叭,公鸡在啼
> 叫以及传教士、国王和预言家在当当的报时声中来回行进时,欧洲的居民才
> 感到能够抬起头来。"[26]

这样,长期使中国皇帝和王公的宫廷增辉的机械太阳系仪器开始为欧洲城邦服
务,这些城邦冲破包围着它们的封建主义的束缚而蓬勃兴建起来。同时,天体图模型
继承了托勒密行星天文学,这样对机械学形成了一个进一步的带有激发性的挑战。
相反,动力装置的模式很快成为科学复兴的绝对倾向的象征。用"机械类比"来解释
自然,是许多最基本的概念之一,正是这种概念引起了近代科学的成功,并且代替了
产生于有机发展的相亲与相憎或人类手法的较为古老的类比。[27]怀特继续指出:正当
机械守时问题在欧洲首先解决的时候,一种新的动力理论正在出现,它处在亚里士多
德理论向牛顿惯性运动理论过渡的阶段。

> "规律性、数学上可预见的关系、数量上的可测性,这些使人们心目中的
> 宇宙图像扩大了。大钟提供了这种图像,部分原因是其毫无情面被如此有
> 趣地伪装着,这机械由于其怪诞行动而富于人性。正是在伟大的牧师和数
> 学家尼古拉·奥雷斯默斯〔Nicheals Orismus,他死于 1382 年,那时是利西奥
> (Lisieur)的主教〕的著作里,我们首次发现了把宇宙比作由上帝创造并且使
> 它运转的一座大钟,以使所有的轮子能尽可能地协调一致"。这是一个关于
> 未来的见解:最后这一比拟成为形而上学。[28]

现在仍需予以辨明的是中国没有必要再说什么了,但是对于这一点有必要补充一个简单的事实,对时间的测量是近代科学少数几项绝对不可缺少的工具之一,可以看出一行和苏颂已经为此作了某种开端。为世界观的近代化作出了直接贡献的观点。这方面有关的资料已在前面反映出来了。简单地说,中国人中世纪的宇宙论(包括佛教流派)要比中世纪欧洲的宇宙论"开放"得多。在中国,有三种古典天文学宇宙论的观点:古老的"盖天"说与更古老的巴比伦概念有联系;正规的"浑天"说,不把它自己局限于其几何学关系以外的自然现象;第三是"宣夜"说,即恒星和行星是浮动在无限空间的未知物质的发光体。在古代,这第三种观点是中国天文学家普遍持有的观点,这种观点和无限的时空(不管是大还是小)观点十分协调一致,而这一切正是佛教科学思想家所持有的。要经过无限的时间才能把一个物体从这一佛教天国抛到另一个佛教天国,或者落到地上;8 世纪唐朝人的计算结果乐观地把古代天文事件定于从当时算起一亿年以前,这和 14 世纪欧洲主教在估计基督教创世是公元前 4004 年早晨 4 点钟极不相同。中国天文学家向来是从赤道的和周日的角度研究问题的,而不是从黄道的和周年的角度出发,因此缺少行星天文学,而对于后者,古希腊人则需要欧几里得几何学,但是从另一方面来看,它也带来了一些补偿性的优点——中国人从来没有迷恋于把圆圈看作是所有几何图形中最完美的图形,因而他们也从来不会成为同心的水晶天球的俘虏。而西方天文学家却认为有必要用它来解释行星的运动以及恒星的视自转现象。当欧洲人正争取冲出这种牢笼的时候,中国人的影响起着解放他们的作用。中国有关这方面的信息是否传到乔达诺·布鲁诺(Giordano Bruno)和吉尔伯特这样的人物那里,我们不知道。他们两人在将近 16 世纪末时攻击托勒密—亚里士多德的地心说。但是可以充分肯定的是,50 年以后,接受了哥白尼学说并已抛弃了地心说的欧洲思想家们,从他们过去没有用过的中国明智的天文学家的知识中获得了极大的鼓舞,从这时起欧洲开始喜爱中国文化。

六

　　现在是从这些高高的天体区域下来注意一些较平凡技术的时候了,这些技术是中国人独特地贡献给世界上的其他国家的,如马镫、高效马挽具和简单的独轮车。关于脚镫曾有过很多热烈的讨论,原先人们认为似乎有很充分的证据表明这一发明属于西徐亚人(Scythians)、立陶宛人,特别是阿瓦尔人(Avars),但最近的分析研究,表明占优势的是中国。出土的晋代(265—420)墓葬陶俑清楚地表明了这一点,不久后(477)就首次出现了文字的记载,在这以后详细的描述就不计其数了。促进因素无疑来自印度人,起媒介作用的是佛教徒的往来,而不是游牧部落,因为公元前2世纪在山奇(Sanchi)和其他地方的雕刻上出现了趾镫(只有对在炽热的气候下赤脚的骑马者才有用)。直到8世纪初期在西方(或拜占庭)才出现脚镫,[30]但是它们在那里的社会影响是非常特殊的。林恩·怀特说,"只有极少的发明像脚镫这样简单,但却在历史上产生了如此巨大的催化影响。"[31]它特别导致冲锋战斗中畜力的利用。骑士用亚洲的骑马弓箭手从来没用过的方式与其骏马组成一个整体,因此他们与其说是进攻,不如说是打前锋。骑士们使用着卡洛林王朝的长矛以这种新的方式作战,而且他们逐步穿戴越来越严实的保护性的金属盔甲,实际上形成了人们所熟悉的将近有10个世纪之久的欧洲中世纪封建骑士精神。我们可以这样说,就像中国的火药在封建主义的最后阶段帮助摧毁了欧洲封建制度一样,中国的脚镫在最初却帮助了欧洲封建制度的建立。

　　一个更为难以处理的问题是,为什么在中国没有发生这些变化。我们再一次面临着惊人的中国文明的稳定性。中国社会的精神气质具有如此深的民族本色,以至那种贵族骑士思想也许是不可能产生的。如果这个发明出现在官僚制度真正形成以前的战国封建时期,也许情况会完全不同。也可能是早在公元前4世纪在中国已经采用的骑士弓箭手传统太强了,以至无法克服。也许这一传统的根本优势是在军事科学上,因为当蒙古骑兵在13世纪终于与中世纪欧洲穿盔甲的骑士对阵时,欧洲骑士在任何一场战斗中都没有赢过;蒙古人从西方撤退是由于国内政治事件所致,而不是由于西方的抵抗。

　　除了发明脚镫外,中国是唯一的解决了给马科动物上挽具问题的古代文明国家。[32]在这方面的意义也是十分重要的。给牛上挽具比较容易,因为牛在解剖学上具有合适的形状,它颈椎骨的隆起形成隆肉,这样可以抵住轭具。但是这一点对马、驴和骡或者任何马科动物来讲都不适用,因为这些动物没有颈椎骨隆起。许多世纪以来,只有3种主要对付它们的办法。一种是所谓颈前肚带挽具,这种挽具在整个东半球带有典型的古代特征,并在欧洲一直运用到5—6世纪。第二种是近代的肩套挽具,坚固部分和柔软部分合而为一,这种安排使拉力来自马的臀部。而在第一种方法里,正相反,拉力来自马背,这样容易使马的气管堵塞,使马处于半闷塞状态,结果只能发挥其牵引力的1/4或1/3的作用。用肩套挽具时,不管是用挽绳还是车辕,都驾驭得很好。但是,还有一种可以实现这个目的的方法,也就是使用胸部挽具,从绕在马肩隆的皮带上悬出一条挽绳,这样拉力也来自胸骨。

　　这些挽具的年代当然是十分重要的。在古埃及的雕刻和古希腊的花瓶装饰画上,经常可以看到典型的颈前肚带挽具,罗马的资料也可以提供这一点。[33]欧洲最早的胸带挽具出现在 8 世纪的一座爱尔兰人的纪念碑上,尽管文字上的记载表明在这以前两个世纪斯拉夫人和日耳曼人已经使用这种方法。但是我们发现,在中国,这种挽具还要早得多。在商代时期(前 1600—前 1046)和秦统一(公元前 3 世纪初)之间的某个时候,也可能在战国早期,胸式系驾法已经普遍使用。人们常常可以看到汉代(前 206—公元 220)的雕刻和画像砖上有这方面的图像。武梁祠画像石(约 147 年)表示出桥上著名的遭遇战中两位大臣和历史学家的战车的胸带挽具。欧洲的肩套挽具最早出现于 10 世纪早期,我们是从法兰克的小型图画获知这一点的。但是在这里中国再次具有优先地位,因为在千佛洞里,从 851 年画的关于敦煌太守凯旋队伍的巨型壁画中,人们能清楚看到太守夫人车队车辕上五匹马上的挽具。经仔细临摹放大,人们能看到,在车辕之间,有材料充填的肩套(衡垫)和一个轭状横杠(衡)放在上面。因此肩套本质上是一个软垫,用于代替公牛的"肩隆",并借以抵住一个成形的"衡"。千佛洞石窟里最古老的车马图的年代可追溯到约 485—520 年,尽管这样一些图未表示出肩套本身,但其布置是十分清楚的,因为拉力是来自臀部区,而如果没有肩套,那么"轭"就没有地方可以安放了。因此,它的存在可以有把握地推断出来。根本不能说这是一种颈前肚带结构形式,部分原因是中国人已经将其放弃不用而且历时大约800 年了;另一部分原因是在任何别的文明国家都没有把它同车辕结合起来过。[34]胸带挽具也可以排除,部分原因是未看到这种带子,但看到了肩套的坚硬的那部分。因为我认为,这些 5 世纪末期至 6 世纪初期的图片为肩套挽具提供了确凿的证据,而在这个年代到 9 世纪之间,在千佛洞中有更多的此类壁画。[35]尤其有意义的是,今天在甘肃省和整个中国的北方地区使用的肩套挽具仍然包括两部分:环形垫(垫子)和一种放在前面的木框架(夹板子),这当然是古老的横杠"轭"的发展,并用绳子将其附接于车辕的两端。人们在世界上其他地区也可以看到由两部分组成的肩套挽具,例如,在西班牙,也许是阿拉伯人带去的遗存形式。至于环形垫的最初起源,语源学的证据表明,它是来自大夏的骆驼驮鞍。

　　当我们由考察马具考古学的起源转到西方采用这种技术产生的社会效果的概况时,我们就进入了一个已经由西方历史学家长期研究的领域,而且他们普遍将其看作对于封建(而最终是资本主义)组织机构及其制度的发展具有最大的重要性。从最近对西方中世纪的技术再次进行深入的研究来看,我们可以说,在北欧普遍采用重犁,只是中世纪早期时农业发展的初期阶段;下一步要做的事情就是要获得这种能够使马成为一种经济上和军事上的财富的挽具。[36]马发挥的牵引力虽然不比牛大,但它的天然速度要快得多,以至它每秒钟能多产生 50% 的能量;再则,它具有更大的耐久力,每天能多干一两小时的工作。但是,尽管中国的胸带挽具约 700 年就已问世(如果在东欧不是在 500 年前后的话），而中国的肩套挽具大约产生于 900 年，马的系驾法用在犁地上却姗姗来迟。大约在 860 年，阿尔弗列德国王（King Alfred）惊奇地从奥特尔（Ohthere）那里听说，在挪威，难犁的地用马拉犁，但到巴约·塔普斯特里（Bayeau Tapestry，约 1080）时才得到了图片证据，有许多那时的著作证实了这一点。有效的马挽具与许多变化联系在一起，包括农作物的轮作制和人类及动物营养水平的大大提高，但这里我们仅能看到两种社会效果。一项是陆地运费显著下降，因此油料作物产品的运输能够比以前有效得多；此外还引起了运输工具方面大量的技术发展，特别是四轮马车和装有改进后的可转动的前轴、制动器以及弹簧马车。另一项社会效果更多是属于社会学方面的，即农村居住区的一种原始城市化。由于马的速度比牛快得多，因此农民不再必须住在他的田地附近，所以大村庄用小村子的费用就可以建立起来，小城镇用村庄的费用就可以建立起来。当然，在较大的住宅区，生活会更具有吸引力；较大的住宅区能得到更好的保护，它们能够维持较大的而且较好的教堂、学校和酒店，商业机构也更容易在这里建立起来。如果它们发展到足够的程度，它们也许有希望得到一个成立城市的特许状。它们实际上是后来成为欧洲文化至高无上者的那些城市大区的前身。因此，根据一种不平常的悖论，一个对城邦概念十分陌生的官僚封建文明的发明加强了西方封建主义内部朝向城邦文化发展的内在倾向，这种倾向到时会产生一种完全新型的社会秩序。

为什么这些社会效果中没有一项发生在中国呢？首先，中国没有城邦传统，任何集团的倾向只会造成由文官和武官当政，为皇帝掌握另一个行政中心的结局。更重要的是，至少在半个国家里，只有水牛（而不是公牛或马）是犁田最重要的家畜，直到今天，犁田可用以汽油作燃料的耕作机具之前，没有一件东西可以代替水牛来从事水稻耕作。整个农业情况大不相同，以至马的挽具不可能以同样的方式影响它。挽具确实影响过陆路运输，但这种影响较小，因为在中国，无论如何，自从汉代以来，在交通运输方面一直主要依靠河流和运河。在军事方面，运河和灌溉用渠也使中国农村不适合于骑兵战，因为从许多拓拔氏到许多蒙古人游牧领袖，在他们吃了不少苦头之后认识到了这一点。因此在中国的具体条件下马是处于一种不利的地位，尽管往往是一种要认真对待的因素，但它不能像在欧洲那样深刻地影响文化生活。

我们能够只用一段文字来论述独轮车。没有在西方发现在 13 世纪以前有什么图片或其他方面的证据，在 13 世纪时独轮车在建造中世纪大教堂时无疑起到了它应有的作用。然而，在中国，独轮车与三国时期（3 世纪）著名蜀相诸葛亮的名字有联系，因为他使用独轮车来给他的军队提供给养；但据某种（有分量的）语源学证据，把独轮车创制的年代追溯到汉朝中期，即公元之初。用一个轮子代替双手抬运，似乎是一种机械化,它如此简单,似乎所有的文明国家从最早时期就应该有它,但是情况并非如此。它本身的发展情况也没有证实这一点。因为中国独轮车的轮子不是极富有典型性地位于一端,它处在中心,因而可以认为这种发明是根据驮畜的特点而仿制出来的。同样出现了这种悖论:在劳动力总是被认为非常充足的中国,却又是这种发明产生的地方。在欧洲,这种发明可能被算在文艺复兴时期较低级机械范畴之内,而且无疑帮助了当时的工业的发展。但是在中国却难以指出在独轮车这种运输工具出现的情况下所带来的任何影响。附带的一点也是有趣的,即有时下意识认为中国人将独轮车配上桅杆和风帆,从而促使约翰·密尔顿(John Milton)写了一段诗,他写道:"古老中国(Sericana)的荒原,中国人乘坐带帆的藤制四轮车顺风旅行。"这表明了这样的误解:当时在中国使用的是四轮张帆的车.这种想法在16世纪西方的许多地图册、画册的装饰画中是相当流行的,而且直接使荷兰物理学家和工程师西蒙·斯特文(Simon Stevin)受到了启示,从而使他在荷兰北方的沙质海滩上用张帆的车进行了成功的试验。正是这些情况首先向欧洲人表明:人类有可能以每小时40英里(1英里≈1.609千米)以上的速度旅行而不会受到什么明显的损害。因此,装着从景德镇运出的瓷器的江西张帆的独轮车,虽然在中国本土没有给人以特别的印象,却引起了近代科学的那些带头人的想象,而近代科学在那以后不久注定要制出每小时飞行400英里的飞机,或每小时飞行4000英里的近代火箭(也是来源于中国人的祖先的火箭)。

七

我们现在来谈谈值得注意的第二组技术发明。围绕着转磨和水力应用于转磨存在着一个谜,因为在技术史上都十分重要的这两种方法大致在同一时期出现在中国和西方。人们仅能估算出公元前4世纪到公元前2世纪是前一种技术的焦点时期,但对于后一种技术,我们有相当精确的断代记载。西方出现第一个水磨时是在庞杜王(King of Pontus)密斯里德特(Mithridates)时期,约公元前65年;中国的第一批水磨出现在约公元前30年,是用于加工谷物的水椎,以及约30年用于鼓风冶金的(水力)风箱(水排)。年代的差异对于朝两个方向中的任何一个方向直接传播来说都是太小了,而且可以肯定地认为是从某个中间起源地向两个方向传播。但我们仍然不知道中间起源地是什么,在什么地方。我们不知道西方最古老的水磨是竖式的(即罗马建筑家式的,直角齿轮传动)还是卧式的(斯堪的纳维亚式),我们也不知道中国这方面的情况。只知道使具有悬臂的机械工作的轴肯定是卧式的。

更加重要的是曲柄和偏心轮的发明,这里倾向于当作中国的"遗产"的观点非常强烈。因为在有人描述了古埃及深钻工具中非常不肯定的曲柄类型之后,最古老的可以肯定的例子出现在汉朝场院的赤陶模型(包括由曲柄手把传动的旋扇式簸扬机)。[37] 经过很长一段时间后,欧洲最早是在 9 世纪《乌得勒支诗篇》(Utrecht Psalter)[38] 中出现了曲柄手把,用于磨刀石。这样一种发明物当然是太基本的了,而且同时也是太简单了,因而没有留下它古代历程的多少足迹。但总的来说,作为中国技术对东半球技术的一种贡献,它的重要性是不可能被超越的。在 15 世纪的欧洲,它产生了曲轴,在中国未出现这样的发展,但同时往复式蒸汽机的全部形态在中国已经完善。这需要作一点说明。

除了曲柄外,另一件基本的机器部件从汉代以来就一直在使用,即双动活塞风箱。毫无疑问,中国钢铁技术很早期的成就,部分是由于这种机器,它能给出强大而连续的鼓风。此外,卧式水轮也很早就应用了。这些都是蒸汽机最重要的祖先之一——水力鼓风机的构成部件。它涉及机器动力学的一个基本问题。

对于所有的近代人来说,把旋转运动变为直线运动最明显的方法就是使用曲柄或偏心轮、连杆与活塞杆——一种简单的几何形的结合体,它仅需合适的连接,以及利用十字头或别的方式维持在其返回冲程末端处以直线运动。在西方,达·芬奇在近 15 世纪末时把这种方式用于一项锯机设计中;但在他所处的时代以前,在欧洲未发现这种方式。人们如果要寻找它的来源,那么就在东半球的另一端,即在中国。因为在 1313 年王祯的农业技术论著中它似乎已经是完善的了,他以水力驱动冶炼风箱的形式对它进行了描述。一个卧式水轮驱动其上面同一轴上的一个飞轮(惯性轮),而这个飞轮反过来用一个传动带来转动支撑在偏心搭子上的一个小滑带轮承,这样就使偏心杆和活塞杆工作,它们用双臂曲柄摇杆接合起来。因此,已事先形象地预示了往复式蒸汽机的全部结构,但当然是颠倒了的,因为后者不是以直线运动的活塞提供动力驱动飞轮,而是以旋转运动驱动活塞。由于王祯在 13 世纪末著书时,这种动力机已属常见并已广泛使用,因此非常不像是在不到 1 世纪才产生的。人们可能因此而有把握地说,在北宋时,曲柄、活塞风箱和水轮聚在一起产生了蒸汽机的基本结构。当时水力也是广泛应用于中国,驱动纺织机械。我认为,下面的情况很难说是一种巧合:王祯编著或至少在构思他的《农书》时,他的一位同代人马可·波罗正在中国;我们发现,此后很快在诸如意大利的卢卡(Lucca)这样一些城市里使用的缫丝机械非常类似于中国的机械。其假定是:在那些日子里,某个到东方旅行的欧洲商人在他的行囊里把这些设计装了回去。

我们刚才提到了丝,我们还提到了传动带。在它们之间存在着一种内在的联系。养蚕和丝绸业的发展至迟是开始在商代时期,公元前 14 世纪。这就是说,在那时只有中国人才会有极长的纺织纤维。一根单丝的平均长度可达数百码,根本不像亚麻或棉花那样短(单根只能以英寸计量)的植物纤维。这样的植物纤维必须抽出,放在一起纺成纱。丝则是从蚕茧绕出,几乎可达 1 英里长,而其抗拉强度[(每平方英寸约65 000 磅(1 磅=0.4536 千克)]远远超过任何植物纤维,而接近于工程材料的标准。这样我们就会懂得中国人为什么在发明纺织机械方面如此成功,而且比世界其他地方要早得多。我们来看看"缫车"或绕丝机吧。北宋秦观写的一部著作《蚕书》对它作了非常清楚的描述(图 4)。把浸在热水盆中的蚕茧弄松抽出丝来,丝通过小导环绕在一个大卷线轮上。这是通过一个脚踏板来进行工作的,但其轴也带有装着一根传动带的带轮,这个传动带使另一个带轮上的偏心搭子来回运动,它接着驱动一根倾斜杆工作而把丝均匀地布在卷线轮上。于是就有了一种最简单类型的"锭翼"丝车。从几种观点来看,这是一种非常重要的机械,部分是因为它体现了旋转运动变为直线运动(尽管没有活塞杆部件);而另一部分原因则是,它是运动的同时组合的早期实例,即一种动力源为两种运动提供动力。[39]

　　纺车则是大家更熟悉的传动带的另一个例子。但我们仍然不知道纺车是否来源于印度,因为在印度,按照通常的观点棉花是土生土长的;也不知道在中国文明区它是否作为卷线轮出现而用来在卷丝轮上绕丝,这种装置文献中可以查知其远溯至汉朝,而且在 1210 年绘有图案。后者更为可靠,[40]因为从任何文明国得到的最古老的纺车图都是 1270 年宋朝的一幅绘画,它比欧洲的第一个证据要早一些(尽管也许不是早了很多)。在许多中国形式的纺车中,传动带能同时带动 3 个以上的纺锤,而轮子是由一个带有一种奇特的万向接头的踏板来驱动的。除了近 1300 年时的有关纺车的文字资料外,欧洲传动带的首批插图是出现于 15 世纪德国军事技术手稿中。因此在中国文明中这种动力传输基本形式享有极大的优先权。和通常一样,没有充分的理由可以认为是后来欧洲独立地发明了纺车。如果中国工匠最早使用传动带是确实的话,那么动力传送链式传动装置也由他们最早使用就无足为奇了。的确,我们已经很清楚地看到了这一点,在 11 世纪晚期具有里程碑意义的苏颂的天文钟里就使用了链式传动装置(见前文),也许这还不是他的新发明,还可以追溯到早在其 100 年前张思训的类似的计时机构中就已采用了链式传动装置。无端的链当然对于公元前 1 世纪亚历山大里亚的机械师来说是太熟悉了。但它们从不是连续地传送动力,而一般地说更像传送带。

　　所有这些发明和技术方法对于文艺复兴后的欧洲技术的影响是不言而喻的,而读者要问的唯一的问题是:为什么这些发明和技术成就在中国就不能引起类似欧洲的工业化呢? 在这里,答案只能是整个观察结果的一部分:欧洲有一场资本主义革命

（或者确切地说是一连串的革命），而中国却没有。单独的技术创新本身不像商业活动或社会批判那样，决不能实现社会结构的根本改变。此外，如果中国有才华的技师的发明要在本国发挥其充分影响，那么在中国就必定需要有一些先决条件的结合（我们在这里不予分析）。正是这些发明发现，作为中国的部分"遗产"而传播到全世界。

八

第三组的技术进展集中在钢铁技术上，但这又把我们带到了另外一些领域，有些是相当出乎意料的，例如桥梁建筑和深井钻探。儒勒·凡尔纳（Jules Verne）时代乐观主义的美国作者往往喜欢骄傲地提到当时的世界是"铁器时代"，那时"铁马"疾驰过大草原，铁甲的船开始在海上乘风破浪。他们听说在这以前还有一个更早的铁器时代，但不是在欧洲，而是在中古时期的中国，他们一定会很惊奇。[41] 直到14世纪末之前，没有一个欧洲人看见过一块铸铁锭；然而在大约18个世纪之前，中国就已经掌握熔融金属的技术了。在我们所有的悖论中，这也许是最不寻常的，也就是说，那种先进的铁器加工技术，具有发达的西方资本主义工业化的深刻特点，竟然在中国官僚封建社会里已经存在了这么多个世纪。[42]

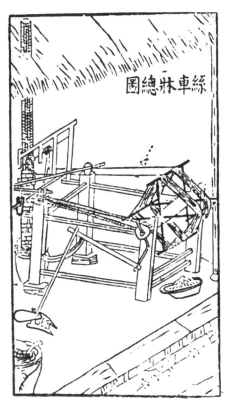

图4 《蚕书》中描绘的纺丝机（丝车）。早期形式的锭翼是通过偏心轮和来自丝框主轴传动带工作的，踏板曲柄驱动作为动力

中国用铁时代相对来说较晚，可追溯到公元前6世纪左右，比在小亚细亚西部的赫梯人发现铁的年代（公元前12世纪）要晚很长一段时间。但重要的是，中国人几乎一知道铁就能够铸造它。在两三个世纪后，吹炉的熟铁便让位给铸铁了。在这种快速进展的原因中，毫无疑问我们必须要指出双作用活塞风箱提供连续鼓风（前文已提到）的这一事实，也许还要提到含磷高的矿石，它可以使铁的熔点降低约200℃。此外，我们绝不能忘记中国人也许是古代最伟大的青铜器的创始人，因此许多关于熔炉方面的经验（不仅是从青铜器那里取得的，而且是从它们的祖先——陶器那里取得的）为第一批铸铁大师所充分掌握。[43] 再则，还可以利用优质的耐火黏土，因此使堆放

在煤中的坩埚里的铁矿石还原的一种方法在很早期就已采用,肯定不会晚于4世纪。考古发掘已弄清从公元前4世纪就已产生众多的生铁工具。今天在中国的许多博物馆里都能看到这些铸铁工具——锄头、犁铧、镐、钺、剑等。从古墓出土物中也发现了极好的铸铁模,其年代是战国晚期,至于它们是用于制造生铁工具,还是用于铸造青铜工具,至今还不能肯定。汉朝时期的一两幅浮雕(约前100或100)还保存着,它给了我们关于古代当时采用原始高炉和风箱的概念。我们有中国小型高炉特色的最早的图片,是取自1334年的《熬波图咏》一书[44],而最著名的一张图刊于1637年的《天工开物》一书中[45]。这些插图展示了生铁从高炉里流出而被引到搅炼槽上,以便变为熟铁。这种小型高炉在许多农村地区沿用至20世纪,它们的照片以及坩埚法的照片都可以得到。

博物馆内外的许多物品证明古代和中古时期中国大量利用铁器。用生铁铸成的美丽的汉代塑像和器皿长期以来为人们所知。然后是三国时期墓葬内著名的陪葬用炉灶,这种材料首先使西方考古学家认识到中国铸铁业的古代特征。其次是从4—8世纪的许多铁佛像,往往注明了年代,并显示出了那些制作佛像的工匠们的高超技艺和审美观。沧州的铁狮子(达三人高的纪念物,是世界上最大的铁铸件之一)是后周时的一位皇帝郭威954年为了纪念他战胜辽(契丹)人所立。在宋朝还立起了许多铁塔,至少有两座仍完整地保存至今。在明代,神圣的泰山顶上的那些庙宇的顶部用的全是铸铁瓦,以抵挡常常横扫山顶的大风。所有这些都属和平利用铸铁。但钢铁当然是历代中国兵器成功之基础,无论是在击退匈奴人和倭寇的进攻还是在征服西域和西藏时都是如此。给军舰提供防护性装甲比给人提供铠甲取得了更大的进展,这在由朝鲜海军将领李舜臣于1585—1595年率领下的装甲军舰(龟甲船)舰队中达到了顶峰。关于大炮,尽管至今还没有得到足够的证据,但我们现在能更好地权衡这种可能性的分量,这种可能性表明,第一批铸铁管大炮是中国制造的。

钢的生产绝不落后于铁。在最早的年代里,钢也许是采用古代西方的渗碳法制出的,而熟铁则是在炭中加热以获得必要的碳;但是当生铁一多起来后,证明更方便的是小心地氧化生铁(西方称之为精炼),在成为钢阶段时停止氧化,而具有中间含量的碳。然后,到6世纪,出现了具有独创性的发明——共熔法(Cofusion),是今天西门子—马丁平炉炼钢法的祖先,大概是道家锻剑师綦毋怀文所创;在这里,把熟铁坯和生铁片一起放进一种专用炉里加热,生铁熔化后与熟铁的胶融状物质混合起来,于是产生碳的交换,而且,进行锻造后,就可获得优质共析钢。中国古代的一些技术方法能如此持久(的确因为如此有效),以至我自己也能于1958年在四川看到一种极其相似的衍生方法仍在有效地使用着。

冶铁技术在古代和中古时期的中国取得了重要的技术成果。熟铁链的出色利用说明对于竹索悬桥是一种根本改进。自古以来，许多流经中国西部深谷的河流都被交通干线所横跨，而过河的工具正是竹索悬桥。能得到的文字证据和考古证据表明，正是在隋代(581—618)铁索悬桥第一次架在200~300英尺的峡谷间，但毫无疑问的是，这种悬索桥在宋、元和明时期都是普遍采用的。在欧洲则是由工程主教福斯塔·弗兰蒂(Faustus Ver-antius)于1595年首次提出此倡议的，但迟至18世纪中叶(1741)方建造成功这种桥。弗兰蒂非常可能从早期葡萄牙旅行者那里听说过中国的这种桥梁；可以肯定，在1725年描写过并推荐过这种桥梁的费希尔·冯·爱拉赫(Fischer von Erlach)是根据中国的情况描述的。

铁以另一方式进入桥梁建造，也(而且可以更加肯定)已证实是在隋代。这是在一位非常有才能的匠师李春创造活动旺盛的时期，他首次在一条河的峡谷间架起了一座弧形拱桥，在主拱两侧建有辅助小拱。这一超级结构(仍然存在于赵县，最近还做了彻底翻修)不像19世纪70年代以来建造的石砌或钢筋混凝土结构的铁路桥；中国的这种拱桥结构和中国北方的类似结构肯定对欧洲最初的弧形拱桥建造者——意大利佛罗伦萨的庞特·维奇奥(Ponte Vecchio,1345)和他的继承者产生过影响。李春富有创新精神的设计是在组成桥拱的25个平行石拱间加用生铁箍。

人们已注意到铁与盐之间的联系。大型铸铁锅是熬盐所需用的。但是还有一种更加稀奇的联系。(很早时候)已发现四川省(离海约2000英里远)在红壤土盆地地表下很深地方的矿穴和气井中蕴藏着大量天然盐水和天然气。至少从汉代(公元前2世纪)以来，就已开始对其开发，我们从文字证据和考古证据(画像砖)两方面都了解到这一点；而这里的一个条件因素(它很快使得深钻孔——深至2000英尺成为可能)就是利用优质钢制作钻头和钻井工具。钻井方法在文献中常有描述：有一群人在一个横梁上跳上跳下，以便产生一种上下运动，而在同时，钻井缆索由另一群人来转动。当钻孔完成时(这是一个需要数年时间才能完成的过程)，一根带有一个阀门的长竹竿被送到下面去，它起着一种吊桶的作用，可把盐水取上来。[46]天然气(从另外的那些钻出的孔收集)用于熬盐。毫无疑问，有关这些方法的知识从中国传出去，导致了1126年在利勒斯(Lillers)附近钻探第一口自流井。美国西南部的那些州第一批石油井中没有一口井不是用中国古代的方法钻成的，这种方法在那里被称作"换挡"。

把这些事实放在一起，我们只需加上这种肯定性：铸铁在1380年左右开始从欧洲的第一批高炉中流出，大都是在佛兰德(Flanders)和莱茵区。我们还知道，对采用这种新技术的迫切要求之一就是希望铸成铁炮。鉴于中国铁(特别是铁铸件)的长期领先的历史，我不倾向于持有欧洲独立发明的观点；同时，对于传播知识和经验的中间媒介,我们知之甚少或一无所知。人们猜想过土耳其人可能是中间媒介,因为有些最早的欧洲炼铁师曾同他们进行过切磋;还有波斯人也可能是中间媒介,但是没有东西可说得很肯定。其他突出的问题,当然是怎么有可能中国当时在出现一种使欧洲产生了如此地动山摇的影响的金属后,竟然仍能稳若磐石。首先,我们必须记住,中国的铁器加工是在公元前3世纪第一次成为大一统帝国之前不久;齐国以铁(也以盐)取得了财富,但秦国(它已征服所有其他各国)可能具有更严格地指向于军事用途的冶金政策。西方的古代历史学家把铁称作"民主金属"[47]。因为广泛分布的铁矿能够被城邦和农民部落所获得和利用,来对付旧的一统的君主政体。对于制作武器,铁比青铜优越得多,因此这是一种重要的材料。但是在东亚,整个城邦概念对中国文明来说是陌生的。而统一的秦帝国完全接受了在那些所谓封建政权内已经成形的、官僚化的反贵族反商主义的本性。同时,在4世纪以后,在帝国内外的未开化部落一直在控制之下。铁(以及盐、发酵饮料等)的"国有化"(这在谈到齐国时已进行过讨论,[48]在汉代已成为现实,大约在公元前120年,所有铁被控制在分布于整个帝国的49家官方的作坊里进行生产。[49]然而这在往后的王朝中变得自由了。尽管毫无疑问在诸侯割据的时代,某些国家以钢铁给没有钢铁的国家而获利,但是个体铁器制造商所处的地位跟其他商人企业家一样,无法向压倒优势的士大夫与贵族的官僚政体的统治挑战。这种情况在火药发明之前和之后也同样如此。总之,像传说中的鸵鸟一样,中国文明能够消化铸铁并因而保持其制度不受干扰;而欧洲的消化不良则意味着一种畸形。

九

最后一组要考虑的技术发明是与海洋相联系的。中国人一直被称为非航海民族,这真是太不公平了。他们的独创性本身表现在航海方面正如在其他方面一样,中世纪和文艺复兴时期西方商人和传教士发现的中国内河船只的数目几乎令人难以置信;中国的海军在1100—1450年之间无疑是世界上最强大的。

这首先是从竹子开始的,当时就发现竹子的浮力对于建造船只是很有用的。作为中国南方和印度支那沿海以及台湾特色的竹筏,在年代上是相当久远的;实际上它在几乎3000年以来对于渔业和贸易一直是很重要的。根据通常已接受的意见,西方所有的船舶建造都是来源于独木舟。在独木舟的两侧加装上板条,就可制成带有龙骨、艏柱和艉柱的木船(可以是分开的,也可以是搭接的)。典型的中国船(帆船)里不存在这些部件,它似乎是从原先以竹筏为基础的长方形箱的形式发展而来的。这种具有方艏和方艉的箱形非常具有帆船的特色。因而引起了分隔式结构,用横向舱壁来分割货舱。我们知道,在 19 世纪早期,欧洲造船业采用这种水密舱壁是充分意识到中国这种先行的实践的。由方艉而出现了另一个显著的结果。尽管没有艉柱,但船尾的舱壁或靠近船尾的舱壁是竖直的,可以安装一个"艉柱"舵。若干年前,我的合作者和我根据文字记载提出了一个精心构

图 5　汉朝陶船船尾详图,取自广东 1 世纪墓;是任何文化区内已知的最古老的艉柱舵的例子

思的论点,表明艉柱舵来源于中国文明区。这个结论被我们在 1958 年参观广州博物馆时看到的从广州坟墓里出土的陶船模型(属公元前 1 世纪和 1 世纪)而证实了(图5)。不用说我们有多么高兴。后来艉柱舵于 1180 年第一次出现在欧洲,这个时间与磁罗盘在欧洲的出现与使用正好是同时的。关于后者对于发现绕道非洲的航路和通往新大陆的航路所具有的明显的重要性,我们已经将其同弗朗西斯·培根的格言结合起来谈过(见前文),但航海史家认为前者的重要性不次于后者。

　　至少我们已经谈了船舶结构和导航问题,但推进问题也具有同等重要性。值得强调指出的是,整个中国历史未记载过地中海地区由奴隶划的多桨大帆船,而它在文艺复兴时期和古希腊航海史上是很突出的。尽管采用拉纤把船拉向大河上游和通过急流湍滩,在历代都是由拉纤帮(所谓自由人,是指封建官僚家长制社会里任何人都可以被称作是自由人的角度而言)来干的。但是,大体上来说,普遍用的推进方法,从洞庭湖到桑给巴尔,都是采用在风帆方面。再则,除了斜桁帆外(此似乎有时用于希腊语的世界),中国的水域在 3 世纪首次出现了纵帆,从同代的文字描述我们知道了这个情况。中国人是四角形斜纵帆的伟大的倡导者,而且桅上大量利用竹子。因为四角帆是平行的,在空气动力学上撑条的席帆是有效的。50 年前在南肯辛顿科学博物馆和格林威治国家海洋博物馆陈列的五桅山东商船模型可以给我们一个清楚的概念:15 世纪早期郑和统帅下西洋时那些载有上千人的船队应是个什么样子。那时中国海军到处巡逻,从堪察加到马达加斯加。帆的物理与数学原理我们还没有完全搞懂,也许比对机翼的了解还少。但可以肯定,中古时期中国的帆船可以顺风航行得很好,而汉萨同盟的(Hanseatic)或迦太兰人的四方帆的小船却不行。在许多现代比赛快艇上采用带撑条的席帆方式的改良型中,著名的是哈斯勒(Hasler)的"试验者"号(Fester)快艇,因其在 1961 年单人横渡大西洋而闻名。当我们说到机翼时,可以很好地回忆一下,抗失速翼缝这项著名的发明,据说是由于受到中国帆船有孔的舵的启示而获得的。由于中国海船船长和内河帆船船主很久以前就已发现其优点不仅在于舵

的平衡(部分舵在舵杆之前),而且还在于舵上打了孔。

还要提到最后一项发明,也就是明轮船(车船)。用踏车操作的明轮船的描述是在5—6世纪中国文献中开始出现的,这种船的结构,以及其在湖上和河上进行水战,在8世纪已是十分明确的(图6)。那时候唐曹王李皋建造并率领了这样一支船队。在12世纪,当中国水军在金人夺取了开封,宋王朝退缩到长江以南之后开始迅猛发展时,明轮战船问世了。[50] 由于铁轮难以制作,而且由于得不到足够的动力源,轮子的数

图6 南宋时高宣等人建造的、有23个踏轮的明轮船(1130)。长100、宽15~20英尺(原始图)

目大量增加,在同一次长期的农民起义(约1130年,在杨么率领下)进行的一次战役中,官方战船装有23个轮子(船的两边各11个,船尾一个),这些船是由船匠高宣制造的。不久他被起义军俘获后,表示愿意也为他们造船。这次战争持续了很长时间,使用了大量的火药弹和毒烟弹,最后著名的忠臣岳飞将军结束了这场战争,岳飞诱使起义者的船进入一个河口湾,在那里漂流的水草和树枝缠住了这些船的轮子。但明轮船仍然具有极大的重要性,它非常成功地保卫长江达一个半世纪,因而再没有发生过金人侵入南方的事件,想要过江是不可能的。后来,由于蒙古人征服了全国,明轮船的时代衰落了。因为他们对海战更感兴趣(曾试图征服爪哇和日本),但在没有蒸汽之类的动力源时,明轮船是不适用的。同样,我们不知道这些传统对欧洲的第一次试验(于1543年在巴塞罗那进行)影响到何种程度。这种船在中国肯定流传下来了,因为在鸦片战争期间(1840—1842),有大量的踏车操作的明轮作战帆船派去同英国船作战,而且证明颇为有效,虽然结果并没有带来什么希望。由于向来的那种自鸣得意的心情,西方人曾认为中国的这些船是模仿他们的明轮汽船而制造的。但对中国当时的文献进行的研究表明,根本就不是那么回事。整个情况还有更有意义的特征:

在 4 世纪的拜占庭,曾经提出了一项用牛转绞盘驱动明轮船的建议,但没有证据说明曾经建造过这种船。由于手稿仅仅在文艺复兴时期才被发现,因而不可能对中国造船匠产生什么影响。它对巴塞罗那的实验的影响有多大,尚不能肯定。因为在 15 世纪德国技术手稿中提出过关于制造明轮船的建议,而这些船可能是在无所不在的竖式水车启示下的再次发明。无论如何,毫无疑问,即使拜占庭人首先提出建议,但是中国人却首次在实际上付诸实践。

十

上述这些使我们将我们的研究课题定为中国的"遗产"。在详细讲述那些由之而出现的主要悖论之前,我们必须注意一个古怪的,也许是有重要意义的事实,即:有可能区分或弄清哪些(至少是在技术领域)是来自亚洲的,主要是中国的技术创新,特别是我称之为"成串"(cluster)的传播。例如,在 4—6 世纪之间,人们能找到纺纱机和胸带挽具的传入年代。到 8 世纪,脚镫产生着不寻常的影响,不久后出现了万向悬架。到 10 世纪初,传入了马肩套挽具,同时出现了火炮领域内的简单的抛石机。11 世纪可以看到印度数码、位值和零符的传播。到 12 世纪末时,成串地传入了磁罗盘、艉柱舵、造纸术,还有风磨的设想,接踵而至的还有独轮车和加重抛石机;这正是托利丹经板(Toledan Tables)时代。13 世纪末至 14 世纪初,传来了另一串发明如火药、丝绸机械、机械钟和弧形拱桥;这是阿方索星表(Alfonsine Tables)时代。再往后一段时间,但仍然构成这第二阶段(inflow)的一部分,我们看到了铸铁用高炉,还有雕版印刷,接踵而至的是活字印刷。在 15 世纪时,旋转运动与直线运动的互相转换的标准方法在欧洲扎下根,还出现了东亚的另一些项目,例如舵轮、竹蜻蜓、卧式风磨、球链飞轮和运河船闸。16 世纪时带来了风筝、赤道式装置和赤道坐标、无限空间学说、铁索悬桥、帆车、医学诊断中的脉学新重点、音乐声学中的平均律。18 世纪时,由以下技术殿后:天花免疫(种痘的前驱)、制瓷工艺、旋转式风扇扬谷机、船舶水密舱壁,以及其他一些后来传入的项目,例如医疗体操以及最后还有文官科举制度。

这个传播清单,尽管很不完整,但是澄清了对欧洲接受东亚发现和发明方面的历史上的疑惑。尽管一般说不能追溯"蓝图"或激励性想法的传播路线,仍不能肯定问题已在某种程度上顺利地解决了,但是在特定时间里有助于交流的一般条件本身已清楚地呈现出来——对于 12 世纪的成串传播来说,有十字军、西夏国等;对于 14 世纪的成串传播而言,有蒙古人;对于 15 世纪的成串传播来说,有在欧洲的鞑靼奴隶;对于 16 世纪以后的成串传播来说,有葡萄牙旅行家和耶稣会传教士等。较早时期的传播则较为模糊不清,需要做进一步研究来阐明那段时期的情况。但世界受惠于东亚,特别是受惠于中国的整个情况正在非常清楚地显现出来。

我想要用以得出结论的第一个悖论是:根据通常的说法,中国从来就没有什么科学和技术。从以前的一切情况来看,人们竟然一直相信这一点,这似乎是很奇怪的,然而,当我开始研究这些问题时,我的汉学家长辈们就有这种印象。有许多众所周知的陈述竟以这样或那样的形式铭刻着这种观点。历代对中国日常生活的肤浅观察者(他们对中国文献一无所知)往往人云亦云,因此中国人最后自己也相信了这点。中国的哲学家冯友兰在40多年前写的一篇论文用了这样的题目:"为什么中国没有科学。"[51]他在文中说。

"我将冒昧地得出结论:中国向来没有科学,因为据其自身之价值标准,她无须任何科学……中国的哲学家们不需要科学的肯定性,因为他们想要了解的是他们自己;因此,他们同样不需要科学的力量,因为他们想要征服的是他们自己。对他们来说,智慧的内容并非知识,其作用并非增加身外之物。"[51]

当然这种说法也有一定道理,但只是一点道理。这种观点可能是受了这样一种感觉的影响:"中国似乎没有的东西,也横竖就不值得有。"[52]冯友兰年轻时的悲观主义的命题可以在阿诺德·托恩比(Arnold Toynbee)同样地难以承认的乐观主义中看到。[53]

"不管能否把我们西方机械发展趋势朝我们西方历史根源追溯到多久,无疑的是,对机械的爱好是西方文明的特色,就像古希腊文明爱好美学或印度文明爱好宗教一样。"[54]

如今已十分清楚,没有任何民族能够垄断哲学神秘主义、科学思想或技术才能。中国人对外部自然界并非像冯友兰所说的那样不感兴趣,而欧洲人也不是像托恩比所宣称的有那样的独创性和创造性。悖论的提出可能部分地是由于"科学"这个词含义混乱而引起的。如果我们把科学仅定义为近代的科学,那么的确它仅起源在文艺复兴后期,16—17世纪的西欧,伽利略的一生标志着这一转折点。但这与科学作为一个整体不是一回事。因为在世界各地,古代和中古时期的各民族为后来要耸立起的大厦奠定着基础。当我们说,近代科学是在伽利略时代的西欧发展起来的,我想,我们是指,仅在那里产生了数学化的假设应用于自然的基本原理,以及数学在所提出的问题中的应用。总而言之，是数学与实验的结合。但是，如果我们同意在文艺复兴时期，发现的方法本身就是发现，我们必须记住，许多世纪的努力已居先于这次的突破。为什么这种突破仅仅发生在欧洲，仍然是社会学研究的一个课题。我们这里不需要预先断定这种研究会揭示出什么，但已经非常清楚的是，只有欧洲进行了文艺复兴、科学革命、宗教改革运动和资本主义兴起的综合变革。在社会主义社会出现和原子时代来到之前，以上这些方面是西方变化的一切现象中最为突出者。

但这里出现了第二个悖论。根据上面所说的一切，很清楚，在公元前5世纪至15世纪之间，中国官僚封建主义在利用自然的知识方面，比欧洲以农奴为基础的军事贵族封建制度或奴隶制古典文明有效得多。在中国，生活水平往往较高；众所周知，马可·波罗曾认为杭州是天堂。如果总的来说理论的东西较少，那么肯定实践会较多。如果士大夫与贵族系统地压抑商业资本不时出现的新芽，那么，从他们的利益来考虑，似乎不会压抑那些可能用于提高他们管辖之下的州县的生产的技术创新。如果中国劳动力资源明显地无限，那么仍然存在着这样一个事实：我们迄今还没有遇到一次由于明显担心技术失业而拒绝使用一项发明的例子。的确，官僚本性似乎在许多方面帮助了应用科学。我们可以引用些例子来说明上述这一点：汉朝的地动仪用来在有关地震消息达到宫廷之前预报地震并确定地震的方位；宋朝，建起了一个量雨与量雪站的网络；唐朝派出过特殊的考察队，测量从印度支那到蒙古1500多英里长的子午线弧度，[55]以及绘制从爪哇到南天极20°之内的星图。"里"在"公里"出现之前100年就已确定为天地的长度标准。让我们不要轻视天朝帝国的官员。

最后我们来到了悖论中的悖论——"停滞的"中国竟是在西方社会结构中起着定时炸弹作用的那么多发现和发明的施主。由西方误解所引起的有关停滞的陈词滥调，从来就不真正适用于中国；中国的缓慢而稳步的进展被在文艺复兴以后近代科学的按指数的发展及其一切成果所超越。对中国人来说，如果他们能知道中国的变态，那么欧洲就似乎是一种处在永久大变动中的文明。[56]对欧洲人来说，当他们知道中国时，中国似乎总是老样子。也许西方的老生常谈中的陈词滥调就是相信：尽管中国人发明了火药，但他们很愚蠢——或者很聪明——以致他们仅仅把火药用作焰火，而让西方人利用火药的全部力量。[57]我们也许不想否认西方对于……哎呀！枪炮工匠的一定程度的青睐，但是在老生常谈中隐藏着的想法当然是：没有西方，这些发明就不能实现，就做不出重大或创造性的事来。中国人利用罗盘确定其坟墓面朝正南，但哥伦布却用它发现了美洲；中国人设计了蒸汽机的结构，但瓦特把蒸汽应用于活塞；中国人使用旋转风扇，但仅仅用于给宫室提供凉风；[58]中国人懂得选种，但把它局限于良种金鱼的繁殖。[59]所有这些奇异的对照可以证明在历史上全是虚假的。中国人的

发明和发现大都进行了很大的和广泛的应用,但只是在一种相对很稳定的标准的社
会控制之下。

毫无疑问,中国社会存在着某种自发的自我平衡,欧洲则有一种内在的不稳定性
品格。当丹尼逊(Tennyson)写关于"疾呼变化之习"和"欧洲50年胜过中国一甲子
(60)"[60]的著名诗句时,他感到不得不相信,猛烈的技术革新必定是有利的;今天我
们可能不至于感到如此肯定。他仅仅看到效果,而忽视了原因,再则,在他所处的时
代,生理学者还没有懂得内环境的恒常不变,[61]匠师也不懂得建造自行调节的机
器。[62]中国一直在自我调节,像一个生物缓慢地改变平衡,或像一个温度自动调节
器——的确,控制论概念很可能应用于一个具有经过各种气候的考验的稳定过程的
文明国家。似乎装有自动导向器、一套甚至由重大发现和发明引起的所有动荡之后
能返回到原状的反馈机构,像旋转砂轮那样连续不断地迸发出火星来,它们点燃了西
方的火绒,而砂轮仍在支承上继续转动,不摇晃,也不消耗。鉴于这种情况,所有的控
制论机器的祖先指南车竟是中国的发明,[63]这多么富有象征性啊。

关于中国社会的相对"稳定状态",并没有什么特别的优越性,古埃及在许多方面
也有相似之处,这个古老的连续体使年轻的、有变革精神的古希腊人感到惊奇。内环
境的经久不变仅仅是生物的一种功能,它不像中枢神经系统的高级活动。而变态也
是一种完善的生理过程。在某些生物中,这种过程能持续到生物体所有组织的全部
分化变异和重新形成。也许文明国家,也像不同种类的生物那样,有着时间长短十分
不同的发育期,当它们发生变态时,它们是在不同的程度上发生。

中国社会的相对"稳定状态"也没有什么特别神秘之处。[64]社会分析肯定会提到
农业性质、大型水利工程的早期需要、中央集权、非世袭文职官员的原则等。但是与
西方模式很不相同,这是毫无疑问的。

那么欧洲的"不稳定性"是由于什么原因引起的呢?有些人认为这是由于永不满
足的浮士德灵魂(Fanstian soul)的欲望所引起的。我则宁愿根据以下情况来看这个问
题:在地理上,欧洲实际上是群岛,有着独立城邦的长期统治,这些城邦是以海上商业
和互相争夺的军事贵族统治着小块地盘为基础的;西欧特别缺乏贵金属,西方人不断
地希望得到他们自己无法制造的商品(人们认为他们特别需要丝绸、棉花、香料、茶、
陶瓷和漆);以及具有那种字母顺序文字的固有的分裂倾向,这种倾向使得有独立的
方言和土语的无数列国得以发展。对比之下,中国一向是一个农业国,自从公元前3
世纪以来就是一个延续统一的帝国。它的别国无可比拟的治国传统延续至近代,它
有丰富的矿物和动植物资源;它由一种极妙地适用于中国的基本上是单音节语言的
象形文字的不可分离的系统结合为一个整体。欧洲,一种海盗式的文明区域,往往在

本土也是不安静的,它神经质地朝各个方向伸出探针,看看能捞到些什么——从亚历山大到巴克特利亚(Bactria),维京(海盗)(Vikings)到了温兰(Vinland),葡萄牙人到了印度洋。而中国人口众多,能够自给自足,在19世纪以前不需要从外界输入什么东西(因而有东印度公司的鸦片策略),而且通常满足于偶尔的探险,基本上对未接受过圣人教导的远离中国的地方没有好奇心。[65]欧洲人遭受着灵魂分裂症的折磨,始终不渝地彷徨于天主和"原子与空间"之间;而聪明领先于其时代的中国人已研究出宇宙的有机理论,这个理论包括自然和人、宗教和国家以及过去、现在和未来的一切。[66]很有可能,在这紧要点上,当时机成熟时欧洲人特有的创造性的某些秘密就会展现出来。无论如何,只有如此产生的近代科学与工业的潮流冲刷了中国的海堤,中国才会体验到需要进入这些伟大力量正在形成的世界潮流(oikoumene)。因此,中国的"遗产"与所有其他文明国家的"遗产"已结合起来,显然纳入了一条正在实现世界合作大同的轨道。

(陈养正　译)

参考资料与注释

[1]要找到西方学者表达他们对欧洲遗产的这种态度是不困难的。例如,科斯塔·布罗乔多(Costa Brochado)曾写道:"在今天,亚洲和非洲反对我们的原因的确是一种深刻的仇恨,这种仇恨源于东方风俗反对至今仍在这些地区燃烧的西方文明的最后火炬。不可否认的事实是:一种主张维护公民自由权和道德自由权的强烈而又是以救世的文化之光与特权阶级的专制制度抗争着,而这种专制制度正是所有东方哲学的基础。这一点可以解释西方世界的奇妙技术如何可能被东方国家(从亚洲的边远地区到日本全境)完全吸收的原因,而吸收这种技术的时候丝毫也没有改变这些民族生活中的哲学概念和宗教信仰。中国、俄罗斯、印度,只要举这几个大国就可以了,似乎从我们的文明产生的实验科学中大大获利,并以此来武装他们自己,以便最终摧毁所有本身深刻和本质的东西、它的精神及道德。"(Henri le Navigateur,里斯本,1960年版,第34页)请别认为这种欧洲沙文主义仅仅局限于葡萄牙人或欧洲其他国家的人。在 C. C. 吉利斯皮(C. C. Gillispie)著《客观的优势:一篇科学思想史论文》(The Edge of Objectivity:an Eassy in the History of Scientific Ideas,普林斯顿版,1960)第8页上可以看到非常相似的观点。

[2]当然,不可能为本文陈述的内容写出详细的篇章。关于中国和西方文献的丰富资料可以在李约瑟同王铃(王静宁)、鲁桂珍、何丙郁、肯尼斯·罗宾逊(Kenneth Robinson)、曹天钦和其他人合著的《中国科学技术史》(多卷本,分12册,剑桥版,1954—)一书中找到。我很高兴地在这里表达我对我的中国朋友和合作者的感激之情,没有他们的支持,这部著作是不可能问世的。

[3]关于这个观点的讨论,参见李约瑟著《中国科学传统的不足和成就》中的《科学变化的结构》〔The Structure of Scientific Change(科学史讨论会上的报告,牛津,1961)(伦敦,1963)〕第117页。

[4]Francis Bacon:Nevum Organum,bk. 1,格言129.

〔5〕*The Idea of Progress*, pp. 40ff. ,45,54,62,78ff. ,138.

〔6〕Oxford,1962.

〔7〕但是,如果在希波克拉底文集和盖仑的著作里找不到有关很小的病理学症状或解剖结构的重要性的论述,我会感到惊奇。

〔8〕*Summa Theologiae*, Ia, i. 5 ad 1.

〔9〕《河南程氏遗书》卷13,第1页背面。引文取自《论集》第14卷,第37页,其中孔子说,研究低级的东西而阐明崇高的东西。这与"*Suspiciendo despicio*"这篇论文形成多么鲜明的对照啊!

〔10〕为了完善这篇论文的格式,有必要指出的是:欧洲一直承认印刷术的传播是文艺复兴、宗教改革运动和资本主义兴起的一个必要先驱,它导致了欧洲教育的民主化。而印刷术的传播对中国的影响却少得多。从宋朝起,由于印刷术的传播,学者阶层倒是广泛增加,并且从比过去更为广泛的家族范围挑选官员,但是非世袭的文官的基本结构及挑选原则在本质上仍旧没有什么改变。中国的社会体制许多个世纪一直是"民主化"的,因此能够吸收一种对西方贵族社会来说是爆炸性的新因素。至于印刷术的传播,我感到满意的是谷腾堡知道中国的活字印刷,至少听说如此。T. F. 卡特 (T. F. Carter)的经典著作的书名是《中国纸和印刷术的发明及其西传》(*The Invention of Paper and Printing in China and Their Spread Westwards*)第二版,L. C. Goodrich 主编,纽约,1955)。

〔11〕在西方语言中没有这方面的研究,包括中国学者特别是冯家升阐明的所有这方面的新的知识。但王铃的论文《中国火药和火器的发明及使用》(*Isis*,第37卷,160页,1947),就基本内容而言仍是正确的。就较广的可供比较的资料而言,我们现在有帕廷顿的重要著作《希腊火和火药的历史》(*A Hitory of Greek Fire and Gunpowder*,剑桥,1961)。

〔12〕参见何丙郁与李约瑟著《中国中古早期炼丹术中的范畴理论》(*Jonrn. Warburg & Courtan Institutes*,第22卷,第173页,1959)。

〔13〕参见何丙郁与李约瑟著《中世纪早期中国炼丹家的实验设备》(*Ambix*,第7卷,第58页,1959)。

〔14〕当然,我们习惯于认为针是指北的,但在中国,南总是被认为是指示的方向。在中国宇宙象形感应体系中,皇帝代表北极星,因此他的御座朝南,在理论上这并不说明什么问题,但却十分成功地统治着一切。

〔15〕磁针偏离天文学上北面的可变偏离度。

〔16〕与连续接触作用概念(虽然仅就西方思想而言)有关的这种概念的有价值的历史见于玛丽·赫斯 (Mary Hesse)的著作《力与场:物理学史上超距作用概念》(*Forces and Fields:the Concept of Action at a Distance in the History of Physics*,London,1961)。

〔17〕我说"无根据的"是因为存在着这样的想法,好运与厄运是由住处与坟墓的位置决定的。这种想法纯粹是"原始科学的",或者正如有些人所说的,是迷信。

〔18〕甚至在15世纪上半叶海上大扩张时期(那时在郑和率领下的明朝海军舰队不断开辟他们的道路,远至马达加斯加、麦迪那和马斯噻特,更不必说产香料的岛屿和北部产毛皮的海岸),也没有对中国总体经济生活产生什么影响,而且可以肯定没有冒什么风险把这种经济生活转向某些新的轨道。

〔19〕例如关于无机科学中的自然气象学和矿物学,或生物学中的脉学、营养学、昆虫学、植物保护等没有什么可说的了。然而,毫无疑问,在中国对脉动的研究和罕见疾病的临床诊断,影响着17—19世纪

末期整个科学思想。至于技术,关于陶瓷没有什么可说的,而欧洲人在 18 世纪极力仿效;关于最早的塑料、真漆、矿物和水产业也没有什么可说的。

〔20〕中国人不用 360°划分法,但是用 365$\frac{1}{4}$°的分法,这是基于一年的天数。初看起来后者是有毛病的,但它有一些具体的优点。

〔21〕写下它以后不久,我幸得观看了第谷·布拉赫(Tycho Brahe)的环形赤道仪的地下定位,它放在丹麦和瑞典之间奥列孙德(Oresund)的维思(Veen)岛上的乌兰尼堡(Uraniorb)。

〔22〕要了解整个情况可参见 *Hearenly Clockwork*, by J. Needham, L. Wang and D. J. de. S. Price (Cambridge, 1960) (*Antiquarian Horolgogical Society Monograph*, No. Ⅰ). 更简短可看 J. Needham; *The Missing Link in Horological History*; *A Chinese Contribution*, *Proc. Roy. Soc.* A., ⅭⅭⅠ; 147 (1959) (Wilkins Lecture).

〔23〕在这种情况下是用水来传动,但另一些中古时期的中国钟里采用的是不会凝结的水银。

〔24〕例如我们的合作者约翰·坎布里奇(John Combridge)先生在 1961 年夏天和秋天第一次在牛津大学沃尔塞斯托学院科学史讨论会上,后来又在伦敦天文馆为中国科学院科学代表团举行的招待会上演示出了一种实用模型。

〔25〕这种估计是根据语言学上的理由——与技术上使用的术语相似。但是假如术语发生了根本改变的话,那么这项发明可以追溯至几个世纪以前,因为我们有大量的关于浑仪的描述,这种浑仪可精确地转动,然而没有给出它的机械结构的详图。

〔26〕*Medieval Technology and Social Change*, p. 124 (Oxford, 1962) 我很高兴能引用这些章节,因为我刚刚看到在斯特拉尔松的圣·尼古拉教堂(Church of ST. Nicholas at Stralsund)里 14 世纪的天文钟。

〔27〕关于这个问题的最近的明了的叙述可参见 Mary Hesse; op. cit., pp. 30ff.

〔28〕参见 Lunn White; op. cit., p. 125.

〔29〕参见林·怀特(Lunn White)的才华横溢、证据充分的研究, op. cit., pp. 2, 14ff., 28ff. 然而,我不接受他随意去掉的 147 年的武梁祠的证据,这个年代汉学家没有什么争论,每一件东西都取决于冯氏兄弟 1821 年拓片的可靠性,因为自从那以后原物风化甚众。在任何情况下这个问题都不影响总的论据。

〔30〕正如在许多其他情况下,依靠它获得这项发明的方法至今仍然完全无人知道。在所有这些情况下,证明的重任就落到了那些希望主张独立发明的人的头上,但一项发明两次出现的时间间隔越长,独立发明的可能性越小。

〔31〕op. cit., p. 38.

〔32〕如果不是由于那位杰出的人物列斐伏尔·德诺特(Lefebrre des Noëttes)的著作,我是绝不可能接触这些问题的,在他的古典著作 *L'Attelage et le Cheval de Selle à travers les àges* (Paris, 1931)中,第一次提出了挽具的历史及其社会影响问题。

〔33〕然而古希腊—罗马人和高卢罗马人似乎用其他形式挽具做过试验,但结果大部分都被淘汰,古印度挽具形式也是模糊不清的。这些复杂问题的讨论在 "*Science and Civilisation in China*, Vol. Ⅳ, Pt. 2, Sect. 27f." 中可找到。

〔34〕这绝不是平常的,但是它也许可能在一些刚才提到过的罗马人的试验中被试用过。

〔35〕敦煌的资料已被李约瑟和鲁桂珍充分讨论过并做了图示说明,见:*Efficient Equine Harness:The Chinese Invention,Physics*,Ⅱ:143(1960).

〔36〕(Lynn White:op. cit.,pp. 57ff.,61ff.)然而很遗憾我不能接受他的最早的欧洲肩套挽具的断代,也不能接受他对敦煌壁画与奥斯堡(Oseberg)花毯、瑞典的"马肩套"及其他一些东西的解释。我在 *Science and Civilisation in China*(loc. cit.)中陈述了我的观点。

〔37〕批判分析论除去了尼米(Nemi)湖的第一世纪船的戽水链式水车曲柄把手;尽管在奥利巴修斯(Oribasius)甚至在阿基米德的某些章节中,可能蕴含着这种知识和对它的利用,但语言学上的证据还没有会使人信服的细节提供出来。

〔38〕带竖直把手的手推磨当然构成了原始的曲柄的形式,但是这种类型的手推磨在欧洲不会早于4世纪,尽管中国从汉代(前206—公元220)就已经知道了。

〔39〕这方面通常给出的例子(参见 Lynn White:op. cit.,p. 119)是维拉德·德霍尼库特(Villard de Honnecourt)的锯机(约1235),其中水轮不仅能够带动锯来回运动,而且能够保证木头的输送。纺丝机至少在那两个世纪以前就已经制出了,但是我们不知道它最初被使用时是依靠畜力还是依靠水力。

〔40〕人们一定不会认为纺车的出现必定与织品纤维原料短有关,而中国人(他们从不浪费任何东西)用它来纺野蚕茧或破茧的丝,早在古代他们对此一定做得很好。

〔41〕读者可以参看李约瑟的专著 *The Development of Iron and Steel Technology in Ancient and Mediaeval China*(London,1958;repr. Cambridge,1964)(Dickinson Lecture).

〔42〕参见 R. 哈特威尔(R. Hartwell)的最近的一篇有趣的论文 *A Revolution in the Chinese Iron and Coal Industries during the Northern Sung Dynasty*(960 to 1126),*Journ. Asian Studies*,XXI:153(1962).

〔43〕参见 N. Bernard:*Bronze-Casting and Bronze Alloys in Ancient China*(Camberra and Tokyo,1961)(Monumenta Serica. monograph series no. 14).伯纳德怀疑在铁铸件出现之前会存在一个制熟铁的兴盛时期。的确更早阶段(自然地假定跟其他地方的发展是在同时)的迹象不明显,尽管如此,但这些迹象也还是存在的。

〔44〕"熬波图"是陈椿的一篇关于制盐的专题论文。盐和铁两者总是紧密相联,这是因为在古代世界上的自给自足的局部社区里有这两大商品,它们仅仅出产于某些特定的地方,并且需要运输,因此在汉代它们就"国有化"了;另一原因是浓缩盐卤使水的蒸发需要大量铁锅。

〔45〕《天工开物》其作者是中国的狄德罗——宋应星。此书对工艺和工业作了总的描述。

〔46〕再次注意到用竹子做成天然的竹筒对中国工艺的重大价值。

〔47〕参见 V. Cordon Childe:*What Happend in History*,p. 176(London,1942;American ed. 1946).

〔48〕参见 Tan Po-fu,Wen Kung-wen,Hsiao Kung-chüan and L. Marerick:*Economic Dialogues in Ancient China:Selections from Kuan Tzu Book*(New Haven,1954).——《管子》选择。

〔49〕每人都应读一读桓宽的书《盐铁论》(关于盐和铁的论文),约写于80年。盖尔(E. M. Gale)作的部分节译长期以来都能买到(Leiden,1931)。另外几章由盖尔、P. A. Boodberg 和 T. C. Lin 做了翻译,发表在 *Journ. Roy. Asian Soc.*(North China Branch)LXV:73(1934)。这部作品几乎逐字不漏地记录了具有封建思想的儒家学者和官僚之间关于"国有化"产业的讨论。提出了一些问题,诸如备用部件的标准化问题,有一个非常现代化的含义。对于进一步的评注可参见 Chang Chun-ming:*Chinese So-*

cial and Political Review, ⅩⅧ：1(1934)。

〔50〕参见罗荣邦的有趣的论文：《中国的车船：在鸦片战争中机器船的使用及其历史背景》，Tsinghua Journ. *Chinese Studies*，N. S.，Ⅺ：189(1960).

〔51〕*International Journ. Ethics*，ⅩⅩⅫ 3(1922)，reprinted(in English)收在他的论文集《中国哲学史补》(上海,1936)中。

〔52〕这个论题的有关的解释(常常提到)，就是在传统的亚洲文化中"使人类适应于自然比使自然适用于人类要容易"。我引用了阿兰·瓦茨(Alan Watts)的话，*Nature*，*man and woman*，p. 52，(London，1958)，这是一部杰出的书，就另一方面来说，又是极富有洞察力的书。但这种论点已被中国科学技术 2000 年的历史所证明是不能成立的。

〔53〕A. J. Toynbee：*A Study of Historu*(6 Vols.；London，1935—1939)，Ⅲ：386.

〔54〕这个论题的有关的解释就是为人所熟知的 F. S. C. Northrop 的观点(特别参见他的 *The Meeting of East and West*：*an Enquiry Concerning Human Understanding.* (New York，1946)，按照他的观点，古希腊人通过合理的假定和科学的假说提出了认识自然的方法，而在这时中国人在他们整个历史中接近自然的方法只是通过直接观察、入神和审美感直觉。这跟其余的观点一样是站不住脚的。一个更加不成熟的、种族主义色彩更浓的、同样观点的表述出现于具有自觉性，但是完全不可靠的书中，此书作者是 L. 阿伯格(L. Abegg)，书名是 *The Mind of East Asia* (London，1952)，参见 pp. 233ff.，294ff. & C.

〔55〕参见 A. Beer，Lu Gwei－djen，J. Needham，E. Palleyblank and G. I. Thompson 的详细论述"An Eighth－Century Meridian Line……"*Vistas in Astronomy*，Ⅳ：3(1961).

〔56〕中国并不是没遇见内乱、改朝换代和外国入侵，正相反，他们很了解这一切，但是它的社会生活的基本形式保持相对的稳定。

〔57〕当然这在以前引用过的阿伯格的书中也出现了，但只是作为一个应在具有相似内容的博物馆中的展品。

〔58〕但他们也曾用包壳的、以曲柄操作的转动风扇扬谷机，这发生在欧洲掌握它之前大约 18 个世纪的时代。

〔59〕更重要的是稻米和其他主要作物的改良过程，这项工作在中国进行了好几个世纪，而且是在官方非常有意识的管理和鼓励之下。

〔60〕丹尼逊(Tennyson)可能知道事实上存在一个 60 年的真正的中国周期吗？或许更可能的是，他那时正在想 *Kalpa* 和 mabù-kampa。但是错了，如果是如此的话，他则奇怪地阐明了这篇论文的题目。

〔61〕我们现在知道活的有机体保持恒定的内部条件，包括它们的体液的成分，自动调节体温、体压、酸度、血糖等。我们还知道，它们在这些方面做得越有效，它的进化的程度越高级。把生物学上的类比应用于社会现象往往存在很大的危险。正如我在过去常指出的那样，参见 *Time*，*the Refreshing River*，pp. 114ff. 160ff.；(London，1943)；*History is on Our Side*，pp. 192ff. (London，1946)。但是在目前情况下对我来说似乎用确切的、可适用的缓慢改变"自我调节平衡"的观点来代替不真实的毫无意义的"停滞"的概念，使我们关于中国传统文化的想法更加明确了。

〔62〕从历史上来看，风车的扇状尾形传动装置和蒸汽机的球形调节器，在 Tennyson 的时代两者都经过长

期使用,这不是很真实的。但是它的哲学意义几乎没有被注意到,自动调节机械装置在与动力技术相反的电子通信技术时代以前并不能把它强加于一般人的想法。

〔63〕这项发明(在前文提到了)出现于中国,如果不会更早的话,那么它是在 3 世纪。车上立着一个人像,指向南方,无论车子转向什么方位,它始终指向南方。当然是利用机械方法这样做的,也许利用一个简单的差动齿轮的形式,它的发明者很可能就是马钧。

〔64〕在本文中,我也许过分强调了中国社会的连贯性和统一性。拜占庭社会,正如吉本(Gibbon)描绘的那样,似乎同样也是一个"整体",但是现代的研究表明在它所处的不同的历史时期,它的组织结构具有很大变化。中国"在高倍镜之下"也将显示出较细的组织结构的变化,正如显微镜学家所说的那样。但是一些简化在这里是不可避免的。

〔65〕这丝毫没有夸张。需要记住,中国发现了欧洲,而不是相反。张骞从前 138—前 126 年的旅行穿过了中亚到达了古希腊的大夏(Bactria)。此外,还有伟大的中国航海事业的年代,例如在 15 世纪早期郑和率领的明朝船队的探险。

〔66〕因此通过超自然法则的制定者制定的自然法则的相当朴素的概念却不能在中国人之中得到发展。但是毫无疑问,这种思想对于近代科学的最初阶段有极大的启示价值。

【**12**】（中国社会）

I—12　中国社会的特征[*]
——一种技术性解释

引　言

1949 年,在中华人民共和国成立的时候,许多外国观察家认为,中国的新领导将会与旧的传统彻底决裂。现在已经过去了四分之一世纪,这场革命的划时代的影响清晰可辨;然而日益明显的是,中国的社会遗产和文化遗产已被纳入新的制度之中。这不仅对于中国人自己未来的命运,而且对于全人类未来的命运,无疑会产生巨大的决定性影响。

这个全世界人口最多的国家的历史连续性,有时候被人们看作是一种智力向导(intellectual guidance)的胜利。不少西方学者已在中国人的共产主义、儒家学说、道家思想,甚至佛教教义之间找到了一些理论上的共同点。这类联系可以在若干方面加以具体化,虽然其中的不同之处也很多。但是,在谈到这一点时,往往很容易过分强调哲学家的影响,而低估了具体的环境和经济因素的作用。

当然,中国人的民族精神的形成是一个适宜于做多种解释的论题。但正如我们所知,意识形态不管有多么重要,它绝不能掩盖一个基本事实,即它的基础是气候、地理条件及社会整体这些物质力量。中国的历史之所以不同于世界上所有其他文明的历史,是因为在过去的岁月里,中国已经建立起一种中央集权的政治制度。而且,由于这种制度必然能够获得非常原始的技术的支撑,因而它的确是一项十分显著的进步。然而,这种高度中央集权的获得并不是来自政治思想家的想象,而是在环境条件的强制之下形成的,其中地理条件是一种最重要的因素。在以后的岁月里,这种中央集权制度不得不持续不断地加以改善并维持下来,直到中国的政治和伦理的成熟水

---

[*] 本文是李约瑟于 1974 年 4 月 30 日在香港大学举办的一次讲座的讲稿,由 Ray Huang(黄仁宇)和李约瑟整理。——编者注

平远远超过其他制度的发展程度。这些制度包括一种多样化的经济体系,一部民事契约法典,以及一种保护个人的司法制度。随着时间的推移,后面这些成分,虽然相对而言仍然没有得到充分的发展,却受到了积极的抑制,以免它们干扰国家的统一管理。

人们同时可以发现,在传统的中国社会中存在着不利于资本主义成长而有利于向社会主义过渡的若干因素。一种单一的和一致的民族文化观念,来源于一种表意的、单音节的语言(这种语言外国人难以学会)的统一性;依据道义而不是依据法律进行统治,没有形成任何中产阶级(这一点我们会在下面提到),以及对商业利润和创业精神的持久不断的抑制——所有这些特点,一旦时机到来,都会有利于社会主义的建立。因此,我们要评价中国现在所处的地位,必须首先考察其过去的一些重大的发展过程。

早期的统一和中央集权

中国的文明起源于黄河流域,这一点确实很重要。这条大河流经一大片黄土区域,这种致密的风积沙土层通常有 300 多英尺厚。因而黄河的含沙量高得惊人。对于世界上的大多数大河,超过 5% 的含沙量就可以说是非常之高了,而在黄河干流上已经得到过 46% 的观察记录,其一条支流则高达前所未闻的 63%。在黄河最后 500 英里的河段上,其支流远不止一条,因而它一直存在着一种淤塞河床、溢出河堤的趋向,以至于其现在的河床大大高于两岸华北平原的地平面。

在秦帝国以前,治水工程由处于分裂状态的封建诸侯国修建,这一直是它们之间发生纷争的一个原因,因为这类工程往往将问题转移给邻国,给邻国带来极大的祸害。早在公元前 651 年,有关的诸侯国举行过一次会盟,与会者信誓旦旦,绝不以改变黄河河道来危害其他诸侯国。这一盟约并没有起作用。从公元前 5 世纪初至公元前 3 世纪末,中国进入了战国时期,进行争斗的诸侯国甚至有意决开河堤,使洪水在敌国领土上泛滥。这个问题一直到公元前 221 年中国实现统一才得到解决。因而,修建水利工程的需要(这些工程不仅用于防洪,也用于灌溉以及后来的大批量水上运输),确实有助于中国的统一。这是难以否认的真实情况,虽然有些人可能过分强调了这一点。不仅如此,这种情况同样也最完美地解释了为什么传统的中国政治是官僚政治而不是贵族政治。水的控制和管理往往需要跨越封建诸侯领地的疆界,因而只有皇帝及其各级官员才能胜任此项工作。

当然中国并不是发祥于大河流域的唯一文明。发轫于尼罗河流域的埃及,发轫于底格里斯河和幼发拉底河流域的巴比伦,以及发轫于印度河流域的摩亨佐达罗(Mohenjodaro)文化也属于这类文明。但是,上述这些文明相对来说比较靠近欧、亚、非大陆的中心地带。它们之间相互的影响和征服十分显著,它们没有被雄伟的西藏山系所隔绝,而这一山系曾经使印度人和中国人自然而然地产生了中央超级大山(梅鲁峰和昆仑山)的概念。这种状况一定可以部分地回答下面的问题,即为什么所有其他河谷文明都作为可被后人辨认的实体而消失,为后来的笈多、蒙古、罗马、拜占庭和伊斯兰文化所取代;而中国文明从新石器时代的仰韶人、龙山人一直不断地延续到现在。

不仅河流和淤泥给中国带来了严重问题,气候也没有对中国发慈悲。没有受惠于现代气象学教育的中国早期的作者们,把每 6 年发生一次严重的农作物歉收、每 12 年发生一次大饥荒视为理所当然之事。根据下迄于 1911 年的历代官方史书记载,在2117 年的时间内至少发生了 1621 次水灾和 1392 次旱灾。这样,平均每年至少有一次大的灾害。这种现象只是到最近才得到充分合理的解释。

中国的降雨量分布具有显著的季节性,大约 80% 的降雨量集中在夏季的 3 个月,而季风的风向改变也发生在同一段时间。年降雨量的起伏也可能非常剧烈,因为中国的季风受气旋的影响大于受地形的影响。换句话说,对于湿润季风气流的冷却,高山所起的作用远远小于北方及东北方向的气流,后者把季风气流抬举到足够的高空从而使其湿度增加。尽管交叉气流的规则模式(regular pattern of crossing currents)没有改变,不同年份的实际结果却变化很大,因为它取决于两组变量的同步性。符合点可能比预期的要多得多,也可能比预期的要少得多,正是这种变化使中国产生高频率的旱涝灾害——这种有历史记载的气象现象至今仍在起作用——并且,有时候这两类自然灾害在不同地方同时发生。

在公元前 221 年以前的若干世纪中,中国发生过一系列的毁灭性战争。现有的文献给人留下的印象是,战争使诸侯们得以实现其扩张领土的计划并且报私人恩怨。但在文献中留下的充分的线索也表明:自然灾害至少也是发生动乱的部分原因。农民们由于缺食挨饿而从军参战。农作物受到参战军队的掠夺。在饥荒时期停止供应粮食往往成为双方宣战的理由。而且,能够分发救荒粮的较大的诸侯国必定能够获胜,因为它得到了较多的追随者。因而,事态的继续发展几乎自动地产生出一种解决问题的合理办法,即建立一个中央集权的官僚政府,只有它才能控制必需的资源以救济地方的灾害。

大自然还把另外一个问题强加给中国,这就是北部边境的安全问题。该问题的解决也要依靠国家的统一和中央集权,蔚为壮观的长城的修筑就说明了这一点。用气象学术语来说,这道屏障大体上与15英寸等雨量线相一致。这就是说,长城以南地区的年降雨量可以预料为15英寸,这是农业生产所需的最小值。长城以北的雨量就更为稀少,大多数河流尚未入海已经干枯,唯一的生活手段靠游动的畜牧业提供。被欧文·拉铁摩尔(Owen Lattimore)称为"世界上最绝对的界线之一"的长城,2000多年以来已经成为分隔文化群体、社会风尚、语言和宗教的分界线。由于对于居住在长城以北的少数民族的和平的同化往往没有持久的效果,北方边境一直是中国的农民和少数民族经常发生小规模冲突的战场。中国人偶尔也发动进攻,深入北方和西北部的大草原和沙漠地区,但更为常见的是他们防卫游牧民族的进攻,因为后者在机动性方面占上风。在历史上,中国的大部分地区被游牧民族出身的皇室统治是很平凡的事情。在元朝和清朝,统一的中国本身的确曾落入蒙古人和满族人之手。这一点中国和罗马帝国具有明显的相似性,但罗马帝国到最后确实被"野蛮化",而中国却从未发生这种事。无论什么时候,也不管在什么情况下,进行战争动员和军队的后勤工作都需要中国的统一。而在动员部队的能力方面,即使是身穿戎装的官僚,也为任何贵族所望尘莫及。

除了这些因素之外,中国适宜居住地区分布的紧凑性、它对于农业生产的普遍适宜性、它的内河水道网,以及其居民在语言上的相同性,都有助于国家的统一。在建立中央集权制度的途径上,中国不存在任何难以逾越的障碍。但是,与防治黄河的洪水、救济经常发生的天灾以及制约游牧民族的威胁这些因素不同,中国在人文及社会地理方面的有利条件对于国家统一的急迫性几乎没有起什么作用。如果只有这些有利条件,它们也很可能起作用,从而逐步产生中国政治的中央集权,但速度会更为缓慢,而且可能具有更为坚实的基础。但历史的发展过程和这种情况相距甚远。偶尔人们甚至可以说,中国在青铜时代结束之后不久就产生了统一和中央集权。由于受到生存问题的压力,这一过程使地方的制度和习俗没有时间发展成熟。有可能促使它们发育成熟的是贵族式的个人特异性,不是讲求效能和一致性的遍及全国各地的官僚政府。道家的技术和无为主张,墨家的科学和宗教,法家的一统观,以及享乐主义者的自我教化,在某种意义上都是一种高于一切需要的受害者,即需要建立一个中央集权的儒家主张的官僚政治国家。中华帝国作为一种继承物,有两个主要的来源,即原始官僚政治的(proto—bureaucratic)封建诸侯国的国家体制,以及产生于这些国家的政治哲学家,尤其是儒家的有关思想。

刚才曾提到其他古代伟大大河流域文明,而关于中国封建官僚制度特点的任何讨论确实往往要提出一个问题,即为什么在条件类似的印度没有产生类似的结果。印度也遭受了旱涝灾害,它的边境也受到了威胁,对印度来说这种威胁主要来自西北边境,在其漫长的历史上确实发生过很多次外来敌人的入侵。印度也需要修建重要的水利工程,虽然除了南方的维查亚纳伽尔(Vijay—anagar)王国之外,这种需要从未达到非常迫切的程度。究竟是什么因素使得中国的经历与其他大多数文明相差得如此悬殊? 答案或许就在于刚才提到的那些"不那么急迫的"因素却具有非常重要的意义。从很早的时候起,印度的语言、宗教和社会(种姓)的多样化就在次大陆占了统治地位,这与中国人的同一性确实形成了鲜明的对比。中国人把边境一带的部落(如越人、南蛮人、契丹人和匈奴人)融入自己的文化而没有在任何方面削弱自己的文化,他们甚至能同化自己的征服者蒙古人和满族人,直到他们所有可辨识的特征消失殆尽。不仅如此,中国还把自己的文化传播到整个东亚地区,以至于朝鲜、日本和越南不是在这方面就是在那方面都属于中国的"后代"。在这里,中国那种"整体的"表意文字语言确实起了很大作用,另外还有中国农业及其有关技艺的非常独特的风格,以及中国的官僚行政机构在若干世纪里所形成的那些特有的程序。此外,中国没有产生带有某种种姓特征的制度,中国三种宗教(三教)中的任何一种都不要求绝对服从或世俗权力,这两点也必定具有非常重要的意义。

在持续时间久远这方面,唯一能与中国文明相比的其他文明是尼罗河沿岸的古埃及文明;而且,埃及也盛行过一种类似的表意文字语言。也许这不是一种巧合。两者当然也存在着差异。古埃及文明在历史上持续的时间早于中国,因为在中国商朝刚刚建立时,埃及法老王朝已有2000多年历史;而在阿拉伯和伊斯兰文化大获全胜以后又过了1500年的今天,中央集权的中国依然存在。埃及受其两侧沙漠的限制,其范围十分狭窄;而中国完全不同,它幅员辽阔,其河流、山脉和平原分布在2倍或3倍于欧洲的面积上。总之,为什么中国的经历不同于任何其他大河流域文明,这一点可能不至于困难到不可理解的程度。

对农业社会的官僚管理

像中国这样大的农业国产生出一个组织严密的官僚机器,这在世界历史上是独一无二的。所有的职业行政人员都领取薪俸,在他们心目中同一等级的行政职位是完全可以相互交换的,这就需要程度很高的标准化和精确性。随之而来的两个结果是:第一,作为赋税的货物其运输量很大,这意味着官员的薪俸和地方的开支一般不是从首都领取,而必须在税收的来源地扣除,因此存在着层层贪污的永久性倾向;第二,行使一般职能的地方官员可以相互交换的原则,意味着专门人才(水利工程师、数学家、天文学家、医生等)往往被撇在一边而且几乎不能晋升到高位。由于职能机构不代表其所管理的各省或各地区的财政利益,政府从未能够通过平衡那些利益而获得稳定。统治者和被统治者的关系仅仅取决于他们彼此隶属于帝国统治。中央政府似乎是,也确实是唯一的权力中心,然而由于国土的辽阔,这种权力不可能经常行之有效。

在中国统一的早期,上述需要和情况导致了各种各样的解决办法。例如,制定出法律条令以方便政府官员的工作。虽然一般来说这类制度避开了罗马法的法律抽象特点,所有案件都被当作环境条件的总和来判决,而没有排除那些看起来可能与案件无关的因素。由于法律往往被认为主要是刑事法,所以律师制度没有建立起来。然而中国最优秀的官员是如此地喜好判案,以至在世界所有文明中最早的法医学著作出于中国,即 1247 年宋慈(1186—1249)编纂的《洗冤集录》(洗雪冤屈的记录)。在改朝换代以后,很快就重新建立起行政管理秩序,从而使从军人统治转变为文官政府时的控制松弛缩小到最低程度。大体上说来,一旦新的统治家族以武力宣告它已获得了"上帝的命令"(天命),士人们则习惯于转过来效忠于它。政府往往宣称道德教化是它的目标,而且动员了公共教育来强化自己的统治。

然而,所有这些特征尽管十分重要,却从未能够补偿在运输、通信、金融管理技巧、会计学方法、信息收集以及数据处理技能方面缺乏技术性支持所带来的损失,而这种支持对于所有的现代官僚管理都是必不可少的手段。这绝不是说,中国政府没有保存档案,也没有得到统计数据,实际情况恰恰相反;但是,尽管设有国史编修机构和大臣的书记官,中国的政府机构却远远超出了它必须依靠的技术的界限以外。人们记得,第一个皇帝秦始皇每天要阅读大量的竹、木简,而官方必须迅速处理的事务却一个世纪又一个世纪地受到极度耽搁。

因此,在官僚管理的发展史上,中国遵循着一种"进三步退两步"的模式。使中国政府感到进退两难的问题是,一种过于集中的中央集权系统会给自己带来太重的负担和过分的紧张,而任何离心倾向却可能导致一种使整个机构趋于瓦解的毁灭性过程。人们可以看到这种过程在政治分裂时期所起的作用,在出现独立的神权政治的汉朝末年,以及在省级长官(节度使)接管国家权力的唐朝末年,这种作用尤为明显。但经过一定时间以后必定会出现重新统一,甚至在过去的一个半世纪里发生的外国殖民主义侵略也未能破坏这种模式,因为在军阀混战的国民党时期以后,今天我们又看到中央集权的力量。在这里汉语的表意文字特征一直具有最重要的作用,因为它阻止了基于语言特异性的、离散的单一民族国最终发生离心的分裂;即使某些方言存在着巨大差别(如在广东和福建),它们也从未为这种分裂主义提供基础。中国发生过足够多的内战,但几乎未发生过内部的民族之间的冲突。因此,在某种程度上中国缺乏那种在欧洲存在过的战争对科学技术的促进作用。

当然,在处理经济问题时,中国的不同朝代制定了不同的方案。然而,由于某些背景因素几乎没有发生什么变化,在行政管理上有若干长期不变的共同特点。其中一个特点是国家坚持不懈地强有力地促进农业,这种政策在2000多年里实际上一直没有中断。在较大的朝代建立之际,国家政府往往忙于农业的恢复。土地、种子和牲口被分配给流离失所的人,开垦荒地受到蠲免赋税的奖励;改进了的农具及农用机械得到推广。各朝代的政府还提倡种植粮食作物的新品种,传播改进农业技术的知识,考察农业生产的情况。修建治水及灌溉工程往往被看作是国家的一项重要职能。不仅如此,甚至异族建立的王朝同样知道农业是国家的经济基础。蒙古忽必烈下令编纂《农桑辑要》(农业和养蚕术的基本原理),这本手册在元代曾多次再版,其1315年版的印数达1万册。这里又可以和罗马帝国作概括性的对比,该帝国遭到失败在某种程度上是由于它没有充分地注意促进农业生产。

由于税金是直接从民众手里征收,国家自然对某些中间集团极为反感,认为他们能够截取初级生产者的收入。在中国历史的早期,有魄力的皇帝对贵族家族采取了强有力的措施,就好像受到社会主义思想的激励一样。北魏和隋朝都给予在分裂时期(4—6世纪)声势显赫的豪强家族以致命的打击。唐朝曾多次大规模地没收佛教寺院的财产。在南宋灭亡前的20年里,政府从每户土地超过100亩的东部沿海地主手中,强行购买其土地的1/3;由于买价极低,这种交易无异于没收;明朝的开国皇帝出身于农民,他采取了一系列行动来没收富豪家族的财产,其中至少有10万人似乎已被杀掉。以后在1397年,户部尚书向皇帝呈交了一份全国现有的大地主名单,上面列的14 241个名字都是占有700亩土地以上的人。他们总共占有的土地数量没有披露,但这些人所占土地的最低数量以及其总人数使我们产生一种印象,即整个"上层"或"中产"阶级不可能是一个非常令人可怕的集团。

遗憾的是,在这个领域内还存在着大量的误解有待于澄清。政府消除贵族影响的措施并非总是获得成功。在后汉时期,即公元后初期几个世纪,显贵家族和土豪地主的势力失去了控制,这就导致帝国秩序的崩溃,并开始了中国历史上时间最长的骚乱时期。在其他时期也出现过类似的局面,不过持续时间要短一些。有时候恣意放纵的皇帝不按常识行事,将土地随便赏赐给宠信者,例如明朝末年就是这样。当时的文人对这类事情痛心疾首,极力表示抗议,因为他们觉得这与明智的治国方法背道而驰。但是,把这一切解释为封建时代①或庄园制度重新出现的证据(某些现代学者就是这样做的),那就未免太简单了。

当然,在某种意义上说中国存在着阶级对抗和阶级压迫,因为由朝廷和官员组成的整个国家机器就像牛轭一样套在农民的脖子上,虽然官职并非世袭,但中华帝国与中世纪欧洲之间存在着巨大而深刻的差别。在中国,私人土地占有达到男爵等级规模的是罕见的特例,而不是普遍现象。地主的人数太多,过于分散,不能形成一个有组织的集团;他们也从未以(英国)大宪章的方式,公开地集合起来提出权利要求,以及要求促进自己的共同利益。有时候大商人以他们掌握的充足钱财对朝廷施加影响,在官僚机构内部安设耳目从而逃避法律;但他们的影响从未大到能催逼政府给予法律保护的特许权,从而更方便地进行商业活动的地步。农民们有时为了得到公平待遇而起来造反,但他们自己从未能够产生出一个帝国秩序的有组织的替代物。从技术上看,国家不可能既维持高度的中央集权同时又能促进特定的经济利益。中国政府从来没有试图以"社会等级"的资格接纳那些社会经济集团;实际上,传统的中国政府的行动完全和哈林顿(Harrington,1611—1677)在其《海洋的公共财富》(Oceana)一书中阐述的原则相反。它把主要的经济集团拒之门外,从而清楚地显示了自己的力量;而一旦民间团体能够把其经济实力转化为政治力量,它就濒于崩溃的边缘。因此,我们可以说,在中国传统社会中,既找不到西方的贵族军事封建主义,又找不到西方的城邦商业独立性的对应物。

这样,当封建主义的欧洲实际上是赤裸裸地把公共事务转变成私人各自占有的镶嵌图时,中国的制度均匀地渗透了一种公共的精神。其弊端在于这种公共精神仅仅是在皇帝的监视之下被维持着。在这种精神维持不住时,这种制度则允许一批与政府有关系的人剥削穷人和无发言权者。中国制度在结构上的弱点在于:在高踞于顶端的国家政府和低于中等水平的纳税民众之间存在着一种行政管理上的真空。地方政府往往没有配备足够的人员。为了防止在帝国秩序内部滋生出次级系统,不允许存在区域性自治。在中国历史上除了极个别的特例之外,政府一直拒绝向有可能填补这种逻辑鸿沟的商人集团谋求帮助。商人所提供的服务,往往是以强行征收而不是共同合作的形式被接受,其产生的影响从未大到可以改变行政管理作风的程度,更说不上去修改国家的体制。因而,简单地说,尽管有时个别商人能够拥有很多财富,中国却没有出现中产阶级(如果你愿意,也可以说他们是资产阶级)。而且,这些商人在进行工业资本投资时从来也没有受到鼓励,在多数时候他们确实受到有意的刁难——他们的财富往往用于购置土地或者以种种方式用于购买跻身于士大夫阶层的入门权。

由于上述种种原因,中国不可能达到现代官僚制度特有的精确性和标准化。其整个机构缺乏结构上的稳定性。由于中央集权的财政制度一直占统治地位,国家财政的权力掌握在顶层,而财政的责任却属于较低的层次,以至于制度中的不合理特征向下扩展到制度运转的层次,从而造成理论和实际的严重脱节。无疑这也是传统中国政府具有独裁主义色彩的基本原因之一。官员们知道上司的命令往往是不可怀疑的,而且他们自己的命令也不允许民众违抗,因为,帝国政府如果受到西方社会法院复审形式的连续质询,其整套机构就无法运转。显然,这种制度不能执行复杂的输入和传出功能。

随着时间的推移,对于国家经济多样化的阻力日益增大。在执行其至关紧要的职能(如防卫边境、镇压内部反叛、修建大型公共工程以及救济灾民)之时,帝国政府自己主要关心人力的养育和食物的供给。成为关键因素的往往是数量而不是质量。由于受到一个庞大的农业经济的包围,它对全国总动员感到放心,而几乎没有去促进采矿、海上贸易之类更为先进的因素。而且,在某些特别的地区工商业必然会向前发展起来,这非常容易产生地区间的不均衡,对于仅仅受过管理简单农业社会的教育和训练的官员来说,这种不均衡会使他们感到难以控制。我们千万不能忘记反映传统社会等级地位的口号"士、农、工、商",其中农民的地位仅次于士大夫,工匠又在其次,而商人地位最低。在中国历史上一再发生这样的现象:以旺盛的精力崛起于一种野蛮落后经济的王朝,在指导着那种经济发展到一个更高的阶段以后就丧失了生命力而日渐衰弱。

问题的关键在于:这是一个幅员辽阔的农业社会,它在某种意义上可以说还未发展成熟就已处于一个中央集权官僚政府的统治之下,这种经济的规模之大使它不具有竞争性。稳定性往往被看得比变化或进步更为重要,但工业和技术的发展却常常走在西方前面。奇怪的是,中国能够融化这些震撼世界的发现和发明,而欧洲却极大地受到它们的影响,这一点已在其他论著里作了详细的阐述。黑火药武器的出现相对而言给中国国内及其周围地区的战争带来的变化极小,而在欧洲它却摧毁了封建制度的城堡和身披甲胄的骑士。马镫的发明使中国人居于世界领先地位,但东亚的骑兵射箭用具却一如既往。磁罗盘和轴向舵使欧洲人发现了美洲,而中国的船长们却一成不变地在印度洋及太平洋里航行。印刷术在西方帮助了宗教改革和文艺复兴运动的兴起,而在中国,除了保存了大量书籍(否则就不能流传下来)以外,它产生的唯一结果却是把文职人员的招募扩大到更广泛的社会范围。或许任何一种文化也没有像中国那样具有这样高程度的自我控制或自我平衡性质;但这种说法绝不意味着中国像许多西方人说的那样是处于"停滞不前"的状态,中国仅仅是在以它自己特有的速度继续前进,而欧洲在科学革命之后却以指数增长的速度发生变化。

科学、技术以及没有充分发展的货币经济

中国早期在社会组织方面的进步与欧洲的缓慢进展构成鲜明的对比。反过来，中国自 1450 年以来缺乏重大的社会进步，和西方发生的伟大运动形成了对照，这些运动——宗教改革、资本主义兴起和科学革命——使近代世界得以诞生。但在研究富有特色的近代科学的诞生时，往往有必要记住：在过去的 2000 年里，除了有古希腊成就的高峰之外，中国的科学技术水平一直高于欧洲，而且常常要高得多。当然，科学和技术往往必定会受到它们得以在其中繁荣兴旺的那个社会的影响。因此有人已提出了这种假设：中国最伟大的发明，包括造纸和印刷术、水力机械钟、地震仪和先进的天文、气象仪器(如雨量计)，以及弓形拱桥和悬索桥，对一个中央集权的官僚国家来说，它们都有某一方面的特定用途。另一方面，人们可能会认为，黑火药、磁罗盘、轴向舵、纵帆和明轮推进器，在重商主义的海洋文化中，比在它们实际上产生的社会环境中更容易发明出来。然而，虽然中国社会本身生来就是发明创造的沃土，它也确实存在着技术发展的某种阻碍。齿轮、曲柄、活塞连杆、鼓风炉以及旋转运动和直线运动相互转换的标准方法——所有这些的出现，中国比欧洲要早，有些还要早得多——它们的利用却比应该得到的要少，这是因为在一个官僚们决心要保护和稳定的农业社会里缺乏这种需要。换句话说，中国社会在把发明转变为"革新"(这是许姆彼特Schumpeter，1883—1950 使用的词，指某项发明的广泛应用)方面往往并不成功，甚至有许多让发现和发明自生自灭的事例，如在地震学、钟表术以及医疗化学上的一些发现。

有机体的观念可能也对科学思想产生了影响。中国的思想家更喜欢把宇宙看作是一个有机的整体，不愿意分析其组成部分的内部机制，并固执地拒绝在物质与精神之间画一道清晰的界线。正如现代科学今天才开始认识到的那样，这种思想具有巨大的力量；但是它也有严重的弱点，特别是在发明或发现的实际应用这方面。而且，在中国的科学思想中存在着一些官僚政治特有的缺陷，其突出代表是《易经》所提供的那一套分类形式及抽象观念，它们太容易转化为现实的活跃力量。尽管如此，无论在数学、天文学、声学、磁学和原始化学，还是在植物学和药物学方面，中国仍然具有光荣的经历。

但是，在这里难道我们不可以从伟大的尼古拉·哥白尼(1473—1543)那里找到一点线索吗？这位波罗的海边弗龙堡教堂的司库，不仅写出了感撼世界的《天体运行论》，还写过一篇关于货币的重要论文《论铸币》(*De monete cudende ratio*)。在这篇论

文中,他早在格莱辛(Gresham,约1519—1579)之前就陈述了格莱辛定律,即"劣币驱逐良币"。除了关于官僚社会对科学技术状态可能发生的影响的各种推测之外,现在让我们来看看,是否能具体地将中国缺乏持续进步这一点与货币经济的不发达联系起来。当然,我们承认这种经济本身只是一种从属的现象,也可以说是一种比较的标准,因为在中国社会里如果企业家的要求得到了满足,中国就必定出现一种真实的货币经济。货币反映了在经济中起作用的另外的力量,而不是听从这些力量的支配。尽管如此,我们有理由提出下面的问题:中国社会中存在的障碍使得中国的五花八门的发明以及灿烂的科学思想不能被利用来为公众谋利益,那么这种货币经济可能成为衡量这种障碍的最好标尺之一吗?

乍一看,这一问题似乎问得有点古怪,因为中国流通青铜钱币已有2000年的历史。所谓的"五铢钱"被指定用于一般的公共流通,其生产量在北宋达到了高峰,每年铸造5万亿枚。中国也是世界第一个使用纸币的国家,因为"飞钱"——它是所有文化中最早出现的信用券——甚至在唐代就已出现。

但是,区别之处在于:现代的货币制度既不是绝对真实的也不是完全抽象的。它的形成有赖于国家的调节和公众的参与。它与信用密不可分,它的被普遍接受增加了财富的可转让性,并使收集闲散资本来加以利用的更为广泛的借贷成为可能。加速发展的经济活动首先耗尽了就业不充分的劳动力,然而又产生了对节省劳动力装置的需求。在资本主义制度里逐渐形成的现代货币制度确实被证明是一种推动技术进步的有用工具。诚然,我们在古代及中世纪的中国很少遇到由于害怕技术性失业而拒绝采用节省劳力的发明的例子,但是传统中国货币的确没有发挥出上述的所有功能。

虽然有青铜货币的流通,中国政府从未停止向人民征收实物税,以及征调物资和劳役。它通常也以谷物作为付给官员和士兵的薪俸,而佃农交纳的地租则几乎完全是实物。而且,大规模的商业交易是以布匹、丝和贵重金属作为交换中介物了。因此,铜币只有很有限的用途,它从来没有得到公共的或私人的财产的支持,而且其价值主要取决于其实际的金属含量。金银通货的货币理论在传统中国是如此根深蒂固,以至于铜币的面值完全不可能和其本身实际的价值相脱离。如果前者高于后者,伪造的货币就不可杜绝,而且公众拒绝接收或者打折扣地接收铜币,如果前者低于后者时,使用者则把铜币重新熔化以谋利。

纸币的流通涉及到另一种极端,可以说是它过于抽象。北宋的"交子"和元朝的"中统钞"据说得到了足够的储备金的支持;但前者的全部发行量和后者的最初发行量是如此之小,以至于它们没有资格被称为国家的货币。当纸币的流通涉及很大金额时,它并没有储备金,因为国家没有这种可用来支持纸币的国库保证金。这些情况也说明,仅仅靠政府的收入来支持全国的货币流通是根本不够的,即手段和要完成的任务简直不般配。

当纸币在没有支持的情况下发行时,货币理论似乎很接近于某些现代经济学家所拥护的那种理论,即货币价值的真正来源是一种可以发展成某种"行为模式"的"可受性"。然而,西方社会的纸币流通溯源于金首饰商人在银行得到的收据和即期存款凭证,在17—18世纪它有利于私人资本的组织。在其发展的最后阶段,中央银行的建立、国家公债的正式发行、商业法的制定,使公共金融与国民财富在统一的货币制度下逐渐协调,直到所有交易活动都受其管辖为止。反过来,国家税收与货币发行量及国民财富呈正比例增长。这一资本主义发展的特有的过程具有强大的力量并且不可逆转。对中国来说,在20世纪以前也许没有任何方法能省略所有这些步骤却又成功地建立一种半抽象的货币。其价值仅仅取决于金属含量的青铜钱币是无法胜任的,而仅仅依靠帝国秩序来支持的纸币也不能解决问题,因为公众没有参与一种具有必要的抽象度的货币的形成过程。因此,主张中世纪的中国已经发生了"货币和信用的革命"(如同日本和西方的许多学者所主张的那样),是一种会使人误入歧途的说法,因为他们永远不可能解释为什么在这些革命之后中国并没有发生基本制度上的变化。欧洲资本主义确实产生了这些变化,甚至最正统的马克思主义历史学家也承认,在"资产阶级革命"的时代,资本主义是一种巨大的进步的力量。但是,这当然不意味着中国今日应该采用资本主义制度,因为现在的经济科学已取得如此大的进步,因而可以充分利用各种可替代的方式来进入现代的技术社会。

在15世纪的明代,当最后一次纸币发行失败以后,中国采用了非铸币形式的白银(银两)作为一种公共交换中介物和普遍的支付手段。但是这就使民众要受到硬通货的专横统治,它与现在的这种局面很类似:顾客要买汽油,他们必须用金条或金币支付账单。中国政府既没有货币流通量的知识,更没有调节货币数量的能力。富裕的家庭为了安全而把金银埋入地下保存起来,而有钱人自己则大肆滥用金银作装饰品和用具,因为他们知道在一旦需要时贵金属可以变成钱。中国的利率很高,最发达的信用机构是当铺。在16世纪晚期中国有2000万家当铺,甚至到19世纪晚期还有7000家在营业。

不发达的信用制确实与缺乏严密的商业法有联系。但在传统中国几乎不可能制定出以西方法律为模式的法律。通过一种独立的司法制度来实施这类法律,涉及承认财产权利的绝对性,这与中国社会的价值观及其社会组织原则相抵触。这些价值观和原则所支撑的传统中国的政治结构建立在一个前提的基础上,即公共利益往往必须先于私人利益。如果抛弃这一前提,这个广袤的帝国的官僚政府就会彻底崩溃。当然,诚实胜过法律制裁;但现代社会是否仅仅依靠诚实就能建立起来,这是很值得怀疑的。

社会的结果

在中国历史上,向货币经济发展的潮流至少出现过三次高潮,即在汉代、宋代以及明代晚期。中国的历史学家常常喜欢把大的汉代企业家称为未能实现其愿望的"资本主义企业家",并且把明代晚期的货币经济发展称为"资本主义的萌芽"。日本学者以及一些步其后尘的西方汉学家,把宋代的转折点称为一次"复兴"和一次"商业革命"。这些提法不可以毫不怀疑地加以接受。而且,在任何场合下,这些经济发展运动都归于失败。我们的看法仅仅是:在一个农业社会的中央集权官僚政府和一种货币经济的发展之间,存在着一种基本的制度方面的不相容性。如果没有大规模的商业和工业,就不可能产生出货币经济。

毋庸置疑,在宋朝以前的若干世纪里,南方产稻地区的发展以及水上运输的改进,给宋朝带来了大量的财富。与此相似的是,西班牙金银的输入和棉布纺织业的扩大发展促进了明末以前中国沿海地区的经济发展。但在跨省的商业体系中,没有发生基本的组织方面的改变,否则这种改变可能会引起整个中国的本质的变化。

现代商业实践的特征是:具有一种分布很广的信用制度和不以个人情感为转移的管理方法,以及服务性设施的配合。而在宋代或明代根本不存在任何这类条件。同时代的文献直接描述商业活动的材料极少,但大量的虚构性质的作品为我们描绘了一幅相当完整的画面,它可以用来与其他来源的材料进行相互印证。直到17世纪以前,活跃在贸易线上的最重要角色是行商,他的所有资本通常是流动资本。在正常情况下,他雇佣一个或更多的助手做会计,而他自己则是商业交易中必不可少的人物。因此,某一省的商业公会设在其他省份的会馆(商人客栈)具有重要的地位。在某一城市或场镇,买、卖活动都是由本地居住的代理商经营,他们也提供了住房和储藏商品的场所。这就意味着,不存在固定的供销关系,而且商品的制造是非常分散的。在通商口岸的工厂兴办以前,棉布纺织业仍然是一种为农户提供额外收入的村社手工业。对于茶叶、生漆之类商品,必须由行商到农村生产者那儿去坐等收购。信用的扩张仅仅是一种特殊环境里的私人爱好,而不是一种普遍的实践。虽然行商和坐贾之间的长久联系(这种联系有时延续好几代人)变成了一种兄弟般的合作关系,但他们各自的活动不可能合并,他们之间的关系也不可能制度化。中国从未实行过信函购买,至于长期订货和自动交货则闻所未闻。

这种局面表明:由于没有信用制度,任何人在他本人不在场时就不可能扩展其商业活动。制造业的资金是非常零散的,现购自运的方针包括每一种按件计算的商品。然而,尽管商业网络相当原始,有些行商的资本化也是很惊人的。在16世纪末以前,一个商人外出经商,他一次携带30万两的白银,似乎是很普遍的现象。由于中国国民经济的规模以及消费市场集中于政治中心,无论是中国人还是西方人所描述的中国大城市,往往给人留下非常富裕的印象;但这些讨人喜爱的观察报告并不能改变一个基本事实,即中国商业在经营方面的特点并没有显示其国内贸易发生了重大的突破。

阻碍旧中国国内贸易发展的另一因素是缺乏与资本主义社会的"法制和秩序"相对应的公共安全。除了有活动于贸易线沿线的有组织的匪帮之外,搬运工和船工往往也很容易被发现是伪装的匪徒,而在城市集镇上麇集了大量的"流氓",他们是失业者或半失业者,但确实是没有充分就业的人,如果有机会这些人不会拒绝去赚一笔不正当的钱。在内战时期,所有这些人自然就造成更为恶劣的混乱局面。即使在和平时期,衙门差役、传令官、职员及狱卒远远不满足于仅仅充当城乡的治安力量。另外,各省政府除了征收其他税金以外,还要征收一种运输税,即对经过水陆贸易路线上某些地点的一切货物征收的臭名远扬的"厘金"。

因此,经商的风险性很大,而商业发展的可能性则受到严重限制。对于例外地获得成功的商人及其继承人来说,从商业中退出具有很大的诱惑力;由于只有那些受过教育、能进入文官"绅士"的特殊集团的读书人才有社会地位,这种诱惑力就更为强烈。既然研读经典能使他进入上流社会,谁会想成为一个有钱的暴发户呢?这取决于一个人的生活目标是什么;但在中国经商赚钱并不是最受人赞扬的正统的谋生之道。因此,经商赚来的钱往往倾向于购置土地和其他不动产,或者购买奢华物品,甚至购买官位(只要可能的话),但是不用于工业投资。在后来的几个世纪里这种局面几乎没有得到改进。仅仅到18世纪才出现了著名的山西商人的汇兑银行(票号),而且其用户也局限于一个相当封闭的集团内。商业承诺(如在索还债务时)的保证仍然往往是依赖道德原则而不是法律;而有钱的人仍然不愿意为制造业提供资金。所有这些再一次强调说明:2000多年来中国是一个否认商人(无论是金融家还是企业家)在国家事务中的领导作用的社会;而且,如果西方科学技术与先是商业资本主义后是工业资本主义的兴起确实有关系的话,那么我们可能接近于找到了为什么这种现象仅仅发生在欧洲这个问题的解答。在中国的社会中存在着一种固有的反商业主义的思想,似乎可以说,如果在中国社会里不可能出现一个富格尔家族(Fugger)或者格莱辛,那么它也不可能产生出一个伽利略或哈维式的人物。

也许研究中国经济史应该采取的最富有成效的方法,是把注意力集中在中国发明创造的更富于经济意义的方面。为什么几乎比欧洲早1000年即早在3世纪的三国时期,用于内陆运输的简单发明独轮车,刚一出现很快就毫无阻碍地流行到全国各地?为什么宋代(10—13世纪)钢、铁生产的大规模增长并没有导致某种工业资本主义的产生?当人们知道,在13—14世纪的中国水力已极其广泛地应用于纺织机械(把它与18世纪欧洲发生的情况比较是很有意义的),而那些相似的纺纱机、并丝机、拈线机肯定推动了几乎同一时期的意大利丝织业,他们不由自主地会问:为什么中国没有很快地随后产生工厂化生产?对这些问题我们确实还没有找到圆满的答案。官僚政治思想体系对成功的商人家族的强烈的催眠作用只是问题的部分原因,除此之外,我们还必须考虑诸如下列这类因素:未能发展出一个自由的剩余劳动力商品市场;未能打开中国商品向海外大量出口的大门;没有对工厂生产投资;货币经济受到抑制所反映的所有因素。对于为什么技术发明并不一定带来社会革新这个问题,还需要做更为细致深入的分析。例如,龙骨车像独轮车和灌钢法一样,在数十年里就传遍了中国各地;而在另一方面,中国人在8世纪发明的水力机械钟(早于欧洲人14世纪的发明)从未获得普遍的应用,机械计时装置仍限于在朝廷和省政府衙门里使用。实际上,官僚政府国家有它自己的驱动力,并且,如果社会的稳定被看成是比经济利益或公众的财富更为重要的东西,它就可能是另一种说法的翻版,即:维持基本的农业社会结构,比从事(如果允许的话)任何形式的商业或工业发展活动更为有利于朝廷和官僚士大夫。

人们或许会说,在一个需要劳动力来生产粮食以满足数量极大的人口的基本要求的农业社会里,中国的发明往往是节省劳力的装置。但是它们几乎不可能成为生产发生巨大变化的起点,因为与之相矛盾的是,除了城市的无业游民,中国不存在过剩的劳动力。中国的官僚政府一般征收实物税并且以实物发放官员薪俸,但这种办法已证明与聚集私人手中的剩余资本是水火不相容的。这就进一步维持了农业社会的停滞不前,阻止了多样化的社会分层的发展,还阻碍了对农业商业化和生产力发展的刺激,虽然中国存在着技艺和发明天才的巨大储备力量。

另外,缺乏投资也妨碍了国家自然资源的开发。尽管由于只看到16世纪的表面繁荣,人们很少提到这一事实,但在中国各地确实废弃了大量的矿井。早先有许多私人和公共所有的矿井经营失败,矿工们得不到工资只好去当土匪。到1567年封闭各省的矿井事实上已经成为国家的政策。从浙江到山东,各矿址被军队把守,附近的居民被迁走,甚至破坏了通往矿井的道路。资金不足还影响了长期为国家垄断的工业——制盐业。在明代初年,盐工们蒸发盐水用的铁锅直径达20尺(1尺≈0.3333

米),但到了明朝垮台前夕,这类铁锅大多消失不见,取而代之的是衬有碱处理过的纸张的竹筐。由于政府自身受到财政上的压力,它过多地向商人抛售其未来生产的食盐的股票以弥补财政赤字,这种股票的兑现期限有时是在 10 多年以后。预付资金的自然增长利率是如此之高,以至于发放公债却无利可图。政府不时地完全停止出售公债,因而有些内地省份非常缺乏食盐。与欧洲、日本(那里当政府资金匮乏时,银行的合作就发挥作用)不同,中国政府没有固定的资金来源以解决问题,其结果往往是削减公共的服务。

在明代,有大量的政府官员进行贪污,这不应该使我们忽视这一事实,即在 1600 年左右明政府的正常收入少于 3000 万两白银,这笔收入是一笔数量相当少的预算金额。到了 1900 年,清政府的岁入接近 1 亿两白银,只相当于英国 1700 年的水平。但大不列颠 1700 年的人口只有中国 1900 年人口数量的 2%。这种差别是由于解决金融问题的不同方法所造成的。

问题的最令人担心的一面是:农业的剩余收益并没有找到合适的出路,而倾向于返回到土地占有和农业剥削方面。一种过于简单化,甚至反映了某种程度的幼稚的说法是:剥削所采用的形式仅仅是地主向佃农收取过多的地租。如果真的是这样,中国的革命就不会是一场如此痛苦而漫长的斗争,西方及日本帝国主义对中国的侵略也不可能达到实际达到的程度。实际上剥削的规模有大有小,它扩散到农村生活的各个层次,而且往往由其经济、社会背景类似于被剥削者的人进行。地租仅仅是剥削的一种形式,其他形式还有高利贷、抵押和谷物提成地租(share-cropping)。保留下来的契约证实,至迟在 16 世纪这些剥削方式就已普遍存在。有时候堂兄弟之间,贷方对借方的小块土地有扣押权,而借款利息高达 5% 的月息。关于 1940 年土改的文献表明,当时仍然存在着同样的剥削方式。

在传统中国,借贷方式与小规模的资金筹集是一致的。按照古老的担保传统而订的契约,其约束作用的见证是村子里的中间人,而没有政府的法律作保证。农业土地的剥夺发生于私人财产状况起了变化的时候,这就产生了农业社会环境中的高度的社会流动性。在过去的 500 年里,中国的人口和耕地面积有很大的增长,其部分原因几乎肯定是家庭之间的借贷提供了资金。但是从整个国民经济来看,所有这一切把农业剩余资金引向支持尽可能小规模的农业经营,给最缺乏装备以进行技术革新的种植者带来最沉重的压力。第一线生产者的工资一直处于仅能维持最低生活的水平,而大量无所事事的剥削者和半剥削者给经济带来的损失比地主更为巨大。换句话说,整个持续不断的发展过程导致了人口的增长、普遍的低生活水平、资本的更为奇缺以及严重的经济和社会问题,这些问题由于殖民主义的侵略而更为恶化,从而使近代中国陷入极端痛苦之中。

在某种程度上,正是由于中国的农业技术是如此成功,以至于提高生产率的道路被劳动力的增长所阻塞。因此,中国不存在进一步机械化的刺激力量;而如果存在着相对于资本积累的劳动力奇缺以推动技术的进步,这种刺激力量是会存在的。尽管如此,如果没有近代科学的出现,这种会使中国农业进入近代社会的技术进步是不可想象的,因而我们应该回过头来谈谈近代科学起源于欧洲的问题。

欧洲的过去

欧洲的资本主义无疑是多种因素的产物。军事贵族封建主义,无论以哪种形式出现,其软弱而不堪一击之处也正是中国封建官僚主义强有力之处。在地理上欧洲是一个群岛,散布着从事海洋贸易活动、不讨厌对外进行侵略的城邦;而且其地理位置很靠近另一个商业活动的中心——说阿拉伯语的民族的国家。古希腊的科学通过这些民族传播到说拉丁语的国家,从而为近代科学的产生提供了大部分基础(不是全部基础,因为其中还有中国的贡献);在这种形势的激励之下,一种容易运算的数学及其在会计、银行和航海上的应用得以发展起来。宗教改革的成功牵涉到与传统的决裂,而欧洲人很快就得出一个结论:实际上历史很可能发生一种真正的变化,而上帝确实会使所有一切事物彻底改观。新教及其与上帝直接相通的教义导致人们读书识字,这一过程始于阅读圣经的必要性,到末了产生了一个前所未闻的奇迹,即出现了一批真正有文化的劳动力,从而读书写字的阶级藩篱被一扫而光,管理者、工程师、匠人和工人相互可以逐渐转化而不存在不可逾越的界限。文艺复兴后的欧洲几乎可以被认为是一堆引火物,后来必然出现一场工业革命。也许点燃的火星是英国的棉纺织工业,这一工业被确保拥有一个几乎无限广阔的市场,然而它却起源于一个岛国之内。

一旦近代科学运动开始起步,随后就发生了一连串的事件,因而我们有可能追溯欧洲和北美的近代社会怎样从一个发现或发明到另一个发现或发明逐步产生的过程。这些地区的人民从大自然得到了暗示,并抓住了各种机会。在13世纪末以前,不列颠群岛上出现了一些重要的贸易城市,特别是伦敦;由于这些城市的地理纬度,它们急迫地需要燃料。虽然至迟在那个时候已出现了露天煤层的开采,但是不能满足需要。后来在文艺复兴时代又发现了大气压力;到18世纪,矿井的排水(以前这是一个难以克服的限制性因素)也可以办到了,这要感谢萨弗里(Savary,1650—1715)和纽可门(Newcomen,1663—1729)的发明。由瓦特(Watt,1736—1819)最后完成的蒸汽机诞生了工业革命,它以纺织业(尤其是棉纺织业)为开路先锋,并产生了蒸汽船和铁路。随后蒸汽机又对科学发生反作用产生了力能学和热力学。到 18 世纪电学又转过来应用于电气工程,提供了廉价方便的人造光源和来自中心发电站的拖曳动力。最后出现的是石油工程,开始也是提供照明以及润滑油,但后来与内燃机一起提供了不需要人照料的原动力机械,它们使我们现在十分熟悉的小汽车驶向四面八方。这样,煤、铁和石油成为西方世界的远远胜过金银的真正财富;西方人民的幸运之处在于,可以在他们国土下面发现大量的这些大自然的馈赠物。没有它们,近代科学就会毫无价值;而如果具有它们但没有近代科学(例如在中国),就不可能产生新的社会形态。

中国的未来

以上面叙述的内容为背景,世人似乎应该劝告中国与自己的过去决裂,而迅速地模仿西方。事实上大约在 50 年前就流行着这类建议,甚至已经为少数中国知识分子所接受。历史已证明这是完全荒谬的。

中国撇开了财富的所有权不可让渡这一观点,这并非由于中国哲学家不能设想出这一观点,而是因为这个观点本身就不适合于中国的物质环境,这一点已为过去 2000 多年的历史所证明。中国避免建立一个独立的司法系统,这并非由于中国人具有蔑视法律的天性,而是因为在中国历史上,并没有出现过城邦的相同地位的公民之间的,或者国王和封建贵族之间需要由法官来仲裁的对峙局面。在中世纪和近代的中国缺乏资本主义企业,或许是由于政治稳定性远远胜过经济利益的信念。固然,中国商人从来不缺乏首创精神、诚实、节俭、计算能力和机敏性,这一点已为 19 世纪移居海外各国的中国人所取得的胜过当地人的商业成功所充分地证明;但是其他中国人所关心的是政府及其面临的困难。这一背景真正暗示的是,重新调整内部的结构远远比模仿外部世界更容易找到中国问题的解决办法。一个社会主义社会远远比任何资本主义社会更能与中国的过去相一致,因而共产党战胜了国民党,并且它将产生出一批完全不同的更高水平的管理者。

一旦中国找到了解决其问题的答案,它的经验对于世界其他国家将是无价之宝。例如,20 世纪 50 年代初发生的土改使种植旱地谷物的华北的农民每人约有 5 亩地,使主要种植稻米的华南的农民每人约有 1 亩地(还不到 1/15 公顷)。只要土地分配制度仍然是私人占有制,这种小块土地占有制度将排除技术革新的一切可能性;所以,集体所有制是在这种条件下的唯一合理的答案。面对着世界性的人口持续增长和自然资源的枯竭问题,中国的经验值得受到人们的极大重视。

中国革命的最重要的方面是:它的目标不仅是走捷径实现工业化,而且要取得有更大合理性的成就。这就要求具有勇气和纪律性。幸运的是,在中国社会的遗产中并不缺乏勇气和纪律性,因为中国人在其历史的早期已学会克服众多的不利条件。对他们来说,抛弃自己的遗产而采用一直属于外国的生活模式确实是不明智的。

中国过去的困难在本质上主要是技术性的困难,而近代技术确实能解决这些困难。在国家所有制之下,信用制度的建立不再成为一个问题,因为整个国家的资源现在可以集中使用以得到最大的利益。中国政府可以获得大约30%的国民总收入,并且可以储备其中的40%作为投资,这表明了一项管理财金资源的显著成就。中华人民共和国关注的中心问题当然是经济的进展,在组成国务院的约30个部门中,其中有一半多与经济有关。

但是,对中国形势的现实评价不能使我们得出一切问题已经解决的结论。中国领导人自己也从来不说这样的话。发展现代经济的技巧是要利用不平衡的局面,而不是要造成一种人为的平衡。运输和劳动力的成本、材料的可利用性以及市场条件决定了某项事业的可行性。一个社会主义国家在必要时可以将这些考虑撇在一边,但是不考虑近期利益往往是由于强调长远利益,或者为了服务于非经济的目的。怎样处理孰先孰后以及如何为目标不同的需要服务,是中国最优秀的智囊人士感到头痛的问题。而且,也没有现成的模式可以模仿,因为过去从来没有出现过在本质和规模上与中国问题完全相同的问题。

中国的人民公社确实已经保存下来。刺激经济迅速发展的下一个步骤很可能是发展更大规模的地区之间的和公社之间的贸易。这个步骤非常重要,因为中国正在抛弃那种维持一种巨大、单一、缺乏竞争性的经济的传统道路。中国人感到更为适合的道路是地方的全面发展以及大量工业的分散化。

中国可能面临的,同时也是中国领导人决心消除的最大的危险,是出现一批技术治国专家。在规划和协调经济活动中的大量问题时必然导致某种程度的专门化,这非常容易为产生一个新的管理阶级铺平道路。由于有如此众多的劳动力作为背景,这就可能使社会主义的中国复辟为中华帝国的官僚统治,使中国人感到毛骨悚然的正是这一点。阻止这种局面出现的强有力措施是改革教育。因此,政治和道德教育得到至少和技术知识教育同样的强调,而且高等教育的入学资格在很大程度上是根据个人服务于社会的热情和献身精神来决定的。有时候这种强调可能已经太过分了,但现在几乎没有任何后退的迹象。

我们可以得出结论,所有这些都是相对的而不是绝对的事情。任何革命在开始走向成熟阶段时,它的决策往往带有更大的弹性。今天中国人遇到的问题与世界其他国家所遇到的问题是相同的,即怎样找到经济的合理性和其他的生活技能之间的和谐关系。使中国将采取不同的解决办法的乃是中国的独特的历史背景,而每个人都会从中学到一些东西。

（戴开元　译）

译　注

①此处"封建时代"（feudal age）是指类似于欧洲中世纪,以庄园制度为特征的封建时期。

【13】（历史与人）

Ⅰ—13　历史与对人的估价 *
——中国人的世界科学技术观

　　本文的最初想法是要讨论当代世界特别是中国关于对人的估价及其与科学间的相互关系。但当我更多地思考这个问题时，就愈感到我们需要的不是"中国科学观"，而是"中国人的科学观"。我觉得，某种中国的价值观，可能对人们面临的知识窘态，是很有帮助的。[1]

　　首先我们可以考虑：什么是中国的文化与科学、技术以及医学间的真正关系？自从第二次世界大战以来的几十年内，为阐述这些关系做过哪些工作？再有，也是最为重要的，我们可以从中国传统与当代中国在为未来的世界合作联邦[2]的社会精神与作用可能提供的帮助方面，获得哪些线索？

　　当然，一开始我就要像在英国下议院那样，声明这是个人兴趣，而同时，也是个人处理这些问题的某种认可。再者，根据职业和所受的训练，我是一个科学家，一个生物化学家和胚胎学家，不过在我的生涯中，在不同的时间及场所，偶尔与工程和医学两个领域有密切联系。在第二次世界大战期间的4年内，我是重庆英国大使馆的科学参赞，领导着中英科学合作馆（Sino-British Science Cooperation Office），一个使受封锁的中国科学家、工程师及医师与西方盟国自由世界保持紧密联系的联络机构。[3]我曾通过多年前到我自己的实验室和邻近的剑桥大学的实验室攻读博士学位的朋友，特别是我现在的主要合作者——鲁桂珍，而"皈依"（如果这种表达是许可的话）于理解中国的世界观。这是《中国科学技术史》计划[4]的由来，它使我在过去的大约30年内，脱离了实验研究工作。目前，已出版的著作有七册，第八册正在印刷中；由此可知，我和我的同事们大约是以每3.25年的速度完成一册。由于还有七册或八册在积极筹备中，我不难估计是否还有亲自修改最后一册校样的可能性。

　　从这部多卷本的著作开始出版以来，已发生两个巨大变化。当我最初决定当一名专职的科学史家时，我对以中国科学问题为主题的工作，将会得到什么结果，没有

---

　　* 本文是李约瑟1975年5月出席在蒙特利尔举行的加拿大亚洲研究协会会议上的报告——编者注

一点想法。现在一种新的"中国热"时期,几乎已经出现。人们简直很少知道中国文化,他们到处去探求这方面的知识。我们从未想到,我们会被要求提供这种知识。我们最初的问题是:为什么近代科学只产生于文艺复兴后不久的西欧? 但是请注意,一种事物能被另一种事物所掩盖! 我们很快认识到在这背后,有一个甚至更有兴趣的问题,即为什么中国在前 14 个世纪,在获得科学知识并为人类造福方面,均较欧洲更有成就?

我们要知道许多事情。例如,在基督教世界科学时代开始以前,中国人深入各门具体科学有多远;再有,如果他们对产生近代科学作出了贡献,他们的贡献又是什么? 这些问题不是我在这里能用几句话回答的。我所要说的是,当我们正在孜孜不倦地挖掘,以发现由于仍然埋藏在独特的语言内,而从未被世界作为一个整体加以正确评价的巨大知识宝库时,在中国发生的历史性事件,已无疑地把她提高到大国的地位。因而,全世界普遍感到必须更多地了解中国文化以及中国人。

我愿意很快把话题转到这些历史方面,但在这之前,我还要提一下过去 30 年内出现的第二个巨大变化——我指的是以所谓"反文化"为特点的背离科学以及一切科学工作的强大运动,而这正在目前西方世界的青年中广为流行。人们发现,这不仅发生于西方,而且在某种程度上也发生于世界不发达的地区。我倒是倾向于把它称为对"大技术"的深刻心理反感,而正是科学导致大技术的产生。[5]这种"不再着迷"于科学,跨过一切政治界限的观点,是因为不论社会主义国家还是资本主义国家,已在某种程度上感受到以科学为基础的技术的残忍性。对此,人们已经谈论了很多,但同时我的同事和我愿意表明态度,我们绝没有对科学——作为一种最高文化的组成部分,丧失信心。并且我们相信科学对人类所作的有益贡献远胜于它的危害。确实,从最初发现火开始,科学的发展是一个包括整个人类的具有重大历史意义的故事,而决不能分离成不能比较的斯彭格勒(Spengler)式的文化实体。[6]同时,过于明显的是,近代科学与技术不论在物理学、化学还是在生物学的领域里,现在每天都在做出各种对人类及其社会有巨大潜在危险的科学发现。对它们的控制必须主要是伦理的和政治的,而我将提出也许正是在这方面,中国人民中的特殊天才,可以影响整个人类世界。

中国科学的历史背景

现在我可以暂时回到中国科学与技术的历史发展方面。我认为应当公正地说,中国文化中的科学史、技术史及医学史现在已站住脚,它们已得到承认并确立(我希望并无任何恶意)。简单地看一下中国许多成就的某些细节是值得的。按照长久以来的传统,机械钟被看成是中世纪末欧洲机械学方面天才的最杰出成就之一,而且是某种近代科学不可或缺之物——但需要说明的是,早于欧洲的最初时钟 6 个世纪,由水力驱动的机械时钟装置就已存在。实际上,人们可以说机械钟的灵魂——擒纵机构,并非约为 1280 年欧洲一位不知名的工匠的发明,而是约 725 年中国的数学家一行以及他的同事文官梁令瓒的成就。这方面与连续旋转天体的机械模型有密切联系。这是早在中国 2 世纪时产生的一项进展,即以天极和赤道,而非以黄道作为坐标系统天体观测的结果。[7]

在近代科学开始前约 2000 年内,当世界上没有比中国人更坚持观察天体变化,更充分并更精确地予以记录。[8]我最近阅读了物理学家维克托·韦斯柯夫(Victor Weisskopf)的一篇论文,他谈及某些恒星的演化结束于那些大爆炸,人们对它进行观察并将其描述为超新星。[9]

> "有一次这样的爆炸发生在 1054 年,它遗留下著名的蟹状星云,在其中我们看到爆炸的余烬还在膨胀,是一颗脉冲星。这次爆炸必定曾经是非常壮观的,开始几天它的亮度甚至超过金星。当时欧洲的智力水平与现在的如此不同,以至没有人感到值得记录这种现象。在当时欧洲编年史内,没有找到任何有关的记录,而中国人却为我们留下了它的初现以及逐渐消没的细致的定量描述。这有力地证明了欧洲人的思想是在文艺复兴时期才发生巨大变化的。"[10]

确实是这么回事,而当今射电天文学家则习惯于应用至少远在我们的纪元开始以前的中国记录,在这门科学中还可找到许多其他例子。仅就一件事而言,中国对幻日现象(日晕的光轮和洛维茨弧)的完整描述是在 7 世纪提出的,而不像在欧洲直到 17 世纪才提出。[11]

再有,转到技术方面,人们可以研究一下往复式蒸汽机的结构。我可以肯定,认为早在纽可门(Newcomen)与瓦特[12]时期前约 500 年,它的各方面已在中国完成的观点未必会得到广泛同意。其重大差别在于由直线运动与旋转运动互变而传递能量的方向,与蒸汽机相反。因为古老的中国机器是通过水轮驱动的,其活塞杆作用于冶金炉的风箱。相反,在蒸汽机里首先是蒸汽和真空,然后蒸汽单独作用于活塞杆,它按照一种相同的变换方式,产生有用的旋转运动。人们可以在中国发现其所有部件的逐步演变。[13]在接近 4 世纪时,偏心机首先出现,用于手推磨的旋转;约在 2 世纪就有曲柄;5 世纪起,安装偏心杆及连接杆,可使几个人同时推动手推磨;而到 6 世纪增加活塞杆,可应用水力于筛谷机以筛谷。[14] 约 13 世纪或更早,这种装置已用于冶金炉风箱的鼓风,这一事实很可能成为宋代钢铁工业有惊人发展的原因之一。[15]

我必须说传统中国在科学、技术及医学方面的许多成就,总是使我们自己感到吃惊。例如,正好最近我们已重新捡起了医学卷的工作,并起草有关针刺及其他医疗技术部分。在这过程中,我们自然要谈及许多中国古代关于气和血在人体内运行的理论。我自己在一个时期内曾倾向于相信那些译者是正确的,他们把古代中国的这种循环看成是持续 24 小时的缓慢过程;但是更细致地研究《黄帝内经》的一些重要段落,使我们相信远在公元前 2 世纪时,中国医生已有一种血液循环的观念,只是比我们现在理解的哈维提出的循环慢 60 次左右。有许多人很久以来就赞成中国文化较任何其他古代文化,例如古希腊文化,更具有循环的思想,[16] 但我并不认为它们是很接近于近代生理学的。

其次,身体表面针刺的经络和穴位,与内脏及其他内部器官的病理或其他方面的状态间的出色联系,给我们以极其深刻的印象。早在近代生理学建立前整整 2000 年,古代中国医生已意识到我们现在描述为涉及疼痛的内脏——皮肤反射现象,以及那些身体表面的神经分布区,我们称为内脏——皮肤区带及皮区。[17] 自从我们在二次大战末开始这项工作以来,古代和中世纪的中国科学人士、工程师以及医师,经常使我们感到吃惊,而且我还一定要说,我现在正期待他们将在我的余生——以及更长的时期内,如果西方人士仍愿研究中国前辈的著作的话,则请继续如此。

我真诚地希望他们将豁达大度,足以完成这项工作。因为正如罗马人所说的,毕竟人类是一个整体,而且没有理由在我们中间把人看成是异己的。我敢断言,这将需要某种高姿态,因为我曾有许多机会看到我们的工作激怒了传统的西方思想;科学与技术的成就经常使他们从种族上引为骄傲,而证明其他人做得同样多或更多,则有损于他们的尊严。[18] 但是尊严并非我们永不可少的。在阿纽比斯(Anubis,古埃及死亡之神)的天平上,和爱情与友谊相比,它是无足轻重的。

当然,以上所述便是西方的恶意的态度,现在随着时间的流逝,我们正面临着一种完全不同的和相反的反应。那些年轻的一代以及反文化者,他们倾向于认为即使中国文化为科学与技术做了许多工作,照他们看来仍然应该给它一个不好的评分。因为最好谁也不能获胜。但这并不使我们烦恼,因为我们相信科学(虽然不仅仅是相信科学),而且坚持我们认为是真正的历史观点,没有这种历史观点,对过去是不可能理解的。

根据所有这一切,某些对中国与科学有关的评价,需要加以全面修正,实际上,是要抛进垃圾堆。例如,认为中国科学的发展"只是一种移植",它与文化遗产没有联系的概念,纯属一派胡言。因此,同样认为中国(或日本,或非洲或与此有关的任何地方)采用科学与技术时,将势必全盘接受西方资本主义世界的生活方式的观点,不论迄今为止的表面情况可能如何,都是荒谬的。在亚洲可以看到教会作为一种人类的公共机构,几乎完全失败。当战争期间我在中国时,发现许多人经常把近代科学称为西学(西洋科学),而我总是惯于在讲演时说,与此相反,它应该称为"近代科学"。具有特色的近代科学,对所有不分种族、阶级、肤色、宗教信仰等受过训练的男女的参加,其大门都是敞开的。[19]很久以后,我发现这种态度恰好正是康熙皇帝约在1669年时所采取的,当时他坚持由耶稣会士所制定的数学及历法科学著作的标题,应是"新法算术"而不是20年前的"西洋新法历书"。[20]虽然康熙皇帝可能对刚好在那时成立的皇家学会并无所知,但他以极大的敏锐性认识到"新的或实验的科学",本质上是"新"的而不是"西方"的。

当然中国和西方世界之间,科学与技术的发展速度有很大差别。中国的上升是缓慢而稳定的,它从未有任何相当于欧洲所经历的"黑暗时代"。[21]虽然某些古希腊人(或许亚里士多德和欧几里得)的贡献超过中国的水平,但在约4—14世纪之间,欧洲的水平完全在中国之下;只是随着文艺复兴和近代科学的兴起,使欧洲的曲线迅速上升并超过中国,而且实现其指数增长,造成我们所知的这个世界。这样就有一种可以称为发展的差距。然而值得注意的是,有些中国最伟大的发明,正好发生于欧洲处于最低潮时期。例如,雕版印刷是在约8世纪进行的,而活字印刷是在11世纪;众所周知的第一个化学炸药——黑火药的配方,是在9世纪确定的;而磁罗盘,它早已作为一种堪舆工具而存在,并在10世纪用于航海的。这些是弗朗西斯·培根指出的三大发明。[22]正如我早已提到的类似时钟的装置,也产生于8世纪。这时大致正是一些学者如西班牙塞维利亚的艾西多尔(Isidore)及比阿塔斯·利巴尼恩西斯(Beatus Libaniensis)试图挽救残剩的古代知识之时,而当时已知的植物种类数——它是科学才干的一个良好标志,在欧洲已降到绝对最低量。[23]

反文化与反科学运动

现在让我们回到反科学运动和反文化问题上来。[24]西奥多·罗斯扎克(Theodore Roszak)在其著作《反文化的形成》[25]及《废墟何处止》[26]中,提出了使青年人对科学有清醒认识的某些极为生动的系统阐述。他和某些青年人反对近代科学,是因为他们感到科学有坏的、极权主义的和不人道的社会后果。他们不满足于把此归因为滥用技术,他们对科学本身的批评更为深刻。他们攻击"客观意识的神话",[27]憎恶把观察与自然现象分割的"异化两分法",[28]以及他们称之为"使人厌恶的等级制度";他们不同意把观察者提高到审查者的水平,任意折磨自然界,不管是活的还是无生命的;他们反对不论以何种方式带来的所谓的理性的光辉。[29]他们也感到科学鼓励一种"机械论的原则",就是说鼓励以各种可能方式,应用每一部分的知识,而不考虑它的应用是否有益于人们的健康,或对他们居住的人类以外的世界是否起保护作用。[30]科学的世界观点因而被指责为一种理智的和以我为中心的意识模式,它的活动是完全无情的。这并不是好像科学的控制方法只应用于人类以外的世界;而且"文化的科学化"也打算奴役人的自身。[31]有许多关于控制人的技术,例如行为与管理科学、系统分析、信息控制、人事管理、市场与动机研究以及人身与人类社会的数学化。[32]总之,技术统治是很猖狂的,而且对自然的统治愈彻底,则杰出的统治人物愈能充分地增强其对个人行为的控制。[33]

从弗朗西斯·培根的时代起,科学方法的本质在观察者与外部世界间的绝对区别的意义上已经异化,随着这种异化,它就"没有友谊,没有个人间的亲密,也没有任何强烈依附的概念"。[34]没有什么可以抑制理解的能力,而在理解以后则全部加以操纵并开发。从此以后,无可否认有许多残酷行为是以分子生物学和生理学的名义进行的。当我写下这些话时,有消息表明在一个英国化学工业年会上,有人抗议在研究烟草的致癌性质时,使用狗作实验动物。[35]关于反对科学的"无情"是有许多可说的,然而没有人们所称的临床方面的超然,也就永远不会产生科学的医药。科学的反对者同样不能否认药物学知识确实减轻或治愈疾病,而且没有空气动力学及热力学知识,飞行肯定是不可能的。反科学运动在这方面是相当左右为难的,因为它很难希望人类回到前科学初期的愚昧阶段,而同时又经常对科学知识构成的各种用途表示正当的忧虑,甚至是愤慨;[36]并且,对未来充满了恐惧。[37]

人类经验的一些形式

我倾向于认为,反科学运动后面的真正意义在于坚信不应该把科学看成是人类经验唯一的有效形式。实际上,有些哲学家在过去很多年内对此已有怀疑,而且人类经验的诸形式——宗教、美学、历史和哲学,还有科学——曾在许多综述中描述过。[38]罗斯扎克本人当他否认科学的客观性可以是"真理的唯一可靠源泉"时,或当他说"我们必须准备把真理看成是一种多方面的经验"时,[39]均暗示了这点。

他的某些最有意义的见识来自威廉·布莱克(William Blake,1757—1827)的一个注释,他证实布莱克痛恨的那种他所称的"单一目光",实在是一种对被隔离的单眼科学经验的批评,这种经验曾被认为是理解宇宙的唯一可能方式。[40]布莱克的许多其他评注者曾证明他对四种动物的想象,实际是对经验形式多样性的认识。[41]例如,他曾写道:

> "每个人有四种能力;
> 却不能使其完美结合,
> 除非来自伊甸的全面的同胞
> 万能的人……"

在这种特殊心理的神话式的统一体内,尤里曾(Urizen)代表冷静的科学推理,卢瓦(Luvah)代表活力、热情、感觉和爱情,厄索纳(Urthona)代表预言能力(美学的?)以及撒马斯(Tharmas)代表精神的力量(历史与哲学的?),其中有些有配偶、生命力或另一个我。这样布莱克目光很敏锐地把尤里曾的"堕落状态"称为撒旦(Satan),残忍、冷酷的权力之神,具有"专横齿轮"的黑暗、邪恶磨坊的精神。同样卢瓦的"堕落状态"是海怪(Orc),欲望受到挫折,宗教迫害以及镇压或革命恐怖的困兽。厄索纳本身(具有相反性质)包含一对阴与阳,洛斯(Los)和伊尼撒蒙(Enitharmon)以及所有那些彼此斗争或在阿尔比恩(Albion)战场上成为互相和解的、单独的人。

最近对待人类经验的多种形式方面,最有意义的是维克托·韦斯柯夫提出它们相互处于一种像海森堡(Heisenberg)在物理学中提出的测不准原理的关系,即测不准或互补性的进退两难。[42]如果有人试图用敏锐的观察仪器研究量子状态的细节,他只能通过输送更多能量进去,因而破坏了量子状态。我们的观察手段的必然粗略,使旧时意义的"精确"观察不再可能。人们可以知道亚原子粒子的速度或位置,但从不能同时掌握这两方面。韦斯柯夫写道:[43]

> "对于科学'完整性'的要求是,每种经验对科学分析与理解是有可能经得起检验的。自然,许多经验特别是在社会和心理范围内,是远非当今的科学所能理解,但是一般主张对这些科学的洞察力,原则上是没有极限的。我相信对这种观点的维护者与攻击者,可能都是正确的。因为在这里我们正面临着一种典型的'互补的'状态。当一种描述体系对每种经验都有一个逻辑地位在其中时,在这个意义上它是完整的,但它仍然可能遗漏某些重要的方面,它们在其系统内,原则上是没有地位的……经典物理学在它自己的概念框架内从未能证伪的意义上,是'完整的',但是它并不包括有重要的量子

效应。因此,在'完整的'与'包括一切'之间,存在着差别。

　　关于科学洞察力的普遍有效性的著名主张,也可能有其互补的方面。有一种了解每种现象的科学途径,但这并不排除保留在科学之外的人类经验的存在……这类互补的方面在每人的处境里也能发现。"[43]

　　韦斯柯夫继续说,在人类思想史上每当一种思考方式用暴力加以发展时,其他的思考或理解方式就会不适当地被疏忽,并隶属于一种声称包括所有人类经验的占压倒优势的哲学。这显然是中世纪欧洲宗教与神学的情况,并且肯定也是现在自然科学的情况。他接着引出真正存在主义的结论。

　　"即大多数人类问题的性质是不存在普遍有效答案的,因为它们各有其不止一方面的问题。在这两类例子里,巨大的创造力得到解放,以及由于滥用,夸大和忽视思考的互补方式,而引起人类的巨大痛苦。"[44]

确实这是很正确的,而前进的唯一途径是存在主义者认识到经验的多种形式,它们有一种直截了当地互相矛盾的习惯,基本上全是理解现实的不适当方式,并且只能当他活着时被综合在个人生活中。这里互相控制与相互平衡是其本质。难道我们不能期望从中国朋友那里学到这方面的某些东西吗?正如韦斯柯夫曾在另一处所说:"人类的存在依赖于同情和对知识的好奇;但是没有同情的好奇和知识是不人道的,而没有好奇和知识的同情是无效的。"[45]这是一种永恒的哲学。我们在英国诺里奇的朱利安(Julian)写于1373年后不久的言论里,再次找到这种含义,"我们不能单靠推理前进,除非还有洞察力和爱"。[46]

　　整个反科学运动是由于我们西方文化的两个特点而产生的:一方面是这种信念,认为科学方法是认识和理解宇宙的唯一有效途径,另一方面又相信科学成果应用于掠夺性技术,经常有利于私人资本家是很正当的。第一个信念由许多经验科学家持为一种半自觉的设想,虽然只有少数人能清楚地加以系统阐述;[47]同时,这种信念广泛地在所有人中传播,它经常导致个人关系方面缺乏同情与麻木不仁,宗教与伦理学的传统准则对此根本无能为力。与此相似的,资本主义世界的大量生产技术,如此自由地出现并被仿效于苏联及东欧各社会主义共和国,确实曾为发达世界的人民提供了巨大的物质财富。[48]这一切只是以消沉他们的意志,限制他们的自由并以日益狡诈而不健康地加强控制为代价的。

中国、欧洲和"科学主义"

这把我引到要说的第一个基本观点。中国对世界的贡献可能是特别有价值的，因为中国文化从未有过这种文艺复兴后的"唯科学主义"。由于近代科学最初不是从中国，而只是在欧洲发展的，因而从不需要一位中国的威廉·布莱克来反对艾萨克·牛顿宇宙观的"单一日光"，也不需要一位中国的德拉蒙德(Drummond)或克鲁泡特金(Kropotkin)竭尽所能地去反对中国的赫胥黎(Huxley)。虽然在 20 世纪初几十年内，对中国的唯科学主义有过争议，[49]中国文化从未真正试图把自然科学看成是人类认识世界的唯一工具。由于一种并非建立于超自然约束力上的伦理学体系，已在 2000年来中国社会里占有完全的统治地位，这就使这种情况更为如此，因此知识的女皇是历史学，而不是神学，也不是物理学。这种道德的统治，完全由当今中国的口号"政治统帅一切"所体现。这种口号本质上是人类的道德价值，而在实践上是要考虑工作台、田间、商店、邻近办公室或会议室等处的兄弟姊妹的健康和幸福。在中国，你不能试图把他或她看成"不过是"一种行为主义的自动装置，或一个能行走的装有各种氨基酸和酶的烧瓶。由于中国的有机人道主义所具有的宽广智慧，你知道他或她同样还有许多其他的内容，尽管用机械论或还原论科学解释的全部事实，对有限的目标是多么成功，也是从不够的。[50]这是我的第一个基本观点。或许唯科学主义——这种认为只有科学真理才能认识世界的思想，不过是一种欧美人的毛病，而中国的伟大贡献或许可以通过恢复基于一切人类经验形式的人道主义社会准则，而从这种死亡的躯体上挽救我们。

欧洲为什么曾在这方面备受损害，事情的根源由来已久。罗斯扎克(Roszake)在他的第二本著作内，曾将对近代科学如此重要的大自然非神圣化，[51]并追溯到由基督教继承的古代犹太人的反偶像崇拜情结。[52]他提出，这导致人们所称的"不外乎主义"，("nothing-but-ism")，即坚信(按其最初形式)古希腊或古罗马神的雕像不外乎是一个雕像，丝毫没有神奇力或崇拜的性质。自然伊斯兰教也继承了这点："除了真主，你不应有别的神，而穆罕默德是他的先知。"基督教徒与伊斯兰教徒都继承了过分的不容异说，希伯来人的一神教从一开始就曾将其输入这场争端。但是对近代人特别是对那些熟悉佛教或道教的人，似乎基督教神学家对偶像崇拜太过于小题大做，并随着新教改革(对近代科学的诞生总是如此重要)而达到顶峰；因为在某种程度上偶像崇拜从未真正存在过——对每个聪明人来说雕像一定始终被看成是神或被祈求的神灵的象征及暂时住所。即使十分单纯的人，也一定懂得这点。当然这是新柏拉图主义者的态度。[53]但是问题在于,这种神学的"不外乎主义"是近代科学中还原论的预兆。这是一种精神上的初步预先安排。

首先,例如从伽利略起对第二属性加以排除,接着,在近代化学出现后相信一切生命现象和思想都可以完全用原子和分子,最后是亚原子的粒子本身的性质进行解释。我们并不抱怨所有这种要从全世界禁止或否认大自然有其权威性的魅力,因为那恰好是科学在它自己范围内所要做的。但是我们要说的是,反偶像崇拜情结在许多世纪内,为机械唯物论及唯科学主义的"不外乎主义"开辟了道路。它以亚伯拉罕(Abraham)及雅谷布(Jacob)的上帝的名义,攻击一切次要神明,只要希伯来人的神安然保留着天上的王位,就一切没有问题。但当超自然的信念在机械唯物论的攻击下瓦解时,任何地方再也没有神圣的东西存在了。

东亚的情况是多么不同! 由于中国人从未像犹太人、基督教徒、伊斯兰教徒那样,属于"承认圣经的子民",[54]因而他们向来不为偶像崇拜所困扰。由于在中国人的思想里,大自然以外并不存在任何东西,因此神圣与超自然从未被视为等同。超自然的、神圣的东西可能而且曾经存在于人类世界内外的许多方面。"世界是一个神器",《道德经》上说:"让要破坏它的人留神。"[55]这再次表明中国文化并不处于欧洲文化的同样趋势下,而且不论你注视何处,不论是中国的有机论哲学或中国美术家和诗人所解释的大自然的秀丽,或在中国历史学家的论文内,这种"不外乎主义"从未产生过——而最重要的是,它从未统治过中国的科学与技术,尽管中国的许多发现和发明是伟大的、震撼世界的。这方面的缺乏很可能是局限性之一,就像欧洲存在的那种被分隔的宗教与世俗间的紧张一样,它阻止近代实验科学在中国产生,而鼓励它在西方产生。但这并不能作为理由来怀疑中国人的冷静头脑,相反可能是很需要的,并可用于把西方世界从它陷入的机械唯物论及唯科学主义的深渊中挽救出来。

如果以色列人及基督教徒的反偶像崇拜情结曾是导致欧洲还原论的唯一影响,那么这种强制可能不会如此强烈,但它从一个完全不同的方面——古希腊的原子论,得到了加强。广义地说,德谟克利特(Democritus)及伊壁鸠鲁(Epicurus)学派坚持机械唯物论,并且由伟大的卢克莱修把它写入预言式的不朽诗篇。人们习惯于想象欧洲的一种精神分裂症,它折磨于神学世界图景以及唯物主义原子论之间,但在这一点上,它们是结成紧密联盟的;因为当前者把古代的神圣对象还原为普通的木材和石块时,后者则不仅还原木、石,而且也把血和肉还原成坚硬而难以穿过的物质粒子的偶然碰撞。在中国又是何等不同! 佛教的哲学家一定已对印度进步的原子猜测谈论很多,但从未有任何可以觉察的影响。因为中国人仍始终忠于他们的典型阴阳波动说、连续介质内的普遍传递,以及超距作用。阴阳说和五行说,从未屈从于还原论,因为它们总是互相交织于连续统一体以及于其中出没的有机幻影之中；即使在理论上它们从未被分开、分离或"纯化"。因而这再次表明中国人思想里没有类似于古希腊人和希伯来人在西方联合创造的"不外乎主义"。

然而我在这里所说的一切，绝不意味着当今中国的近代科学与世界其他地区的有任何区别。最近在布鲁塞尔和根特作学术报告时，我偶然产生一个奇怪的想法，即中国现在对近代科学的实践与世界其他地区不同，就像近代科学也与古代或中世纪科学不同一样。这种观念无疑地受到中国成功地将广大工农中的各式人物吸引到观察和实验领域的启发；但是这一观念缺乏说服力。科学是一个不可分割的整体。差别主要在社会学方面——你从事的科学工作是为全体人民的利益还是为大工业企业的私人利益，或者为发展近代战争的各种残酷形式；总之，是你的动机。在依靠谁去从事科学工作方面也有很大差别，是否把它限于受过高等训练的一些专职工作者，还是也能使用一批只受过很少训练的人；而这又意味着你如何处理整个事情。

但是近代科学在各全盛期一定是基本相同的。只有一种检验实验的逻辑，只有一种数学假设的运用，以及其用统计方法检验标准。这里有一些不能违反的准则；发现本身的基本方法，是在伽利略时代找到的。随着知识的增长，"范式"自然会改变，并且已经有了改变。例如爱因斯坦的世界体系置于牛顿体系之上时，这并不改变科学方法本身的基本特点。另外，古代和中世纪时期所持的某些信念，根据以后各种发现可以间接地成为正确的。例如，在原子水平上，炼金术士把贱金属变为黄金的梦想，始终还是一个梦想，但在发现放射性后，已有可能通过增加或减少电子，使一种元素变为另一种元素，包括黄金。不，科学是一个整体，而且在中国从事的科学工作与任何其他地区并无差别。但我们能有理由反对的是这样一种思想，认为科学是认识宇宙的唯一有效途径。或许我们之所以陷入这种错误，是因为近代科学起源于西方的我们之中；相反，中国人从未受到过使我们陷入错误的引诱，而现在正是他们帮助我们返回真正人性王国的时候。

技术和医学的挑战

现在让我们转到情况完全不同的另一方面。即使在一个保持适当平衡的人类社会中，在那里，自然科学始终由剑桥所称之为的"道德科学"以及人类经验的其他形式，诸如宗教、美学所平衡，在处理应用科学提到人类面前的而且将与日俱增的、几乎过分的伦理选择，仍然会有很大困难。反文化的年轻人对于必须作出这类选择很反感；但不论他们还是我们，都不能回到那个原始时代时的"愚昧天堂"。实际上，它从来也不是天堂。因为科学的真正使命，是引导我们离开那个茫茫一片的古代的恐惧、禁忌和迷信之中。但是希望之乡从来不是单靠科学赢得的。对应用科学的控制很可能是今天人类面临的最大的一个问题，人们甚至竟然会怀疑，最尖锐的社会批评，诸如阶级斗争理论及历史唯物主义，是否真是这一基本问题的某些方面。

毫无疑问，自从人类发现火以来，就面临着这个问题。但是今天它已直接威胁到人类的生存。每个人都知道核动力及核武器可能造成的破坏。[56]但像处理核电站的放射性废料那样显然简单的问题，对关心科学社会职责的人来说，就像噩梦一样。[57]现今数学工程几乎是同样危险的，"人工智能"可能发生的情况以及可以制造和将要制造的难以置信的信息储存与检索，是很惊人的。现在个人的私事，如子女接受生动的教师教育的权利，受到危及；而整个居民的安全面临着当用计算机做防卫时，会出现某些电子与机械故障的危险。

生物学与医学可能发生的情况至少也是挑战性的。我自己的职业背景使我自然要注意这些进展。从这两门学科产生的最大领域之一是生殖领域，因为这是人类首次在人类历史上即将获得的生殖与不育的绝对控制。很快我们将掌握控制人胚胎性别的手段。此后，所有各类人的绝育可能成为一个尚有争议的问题。多年来，围绕避孕与人工流产引起了激烈的伦理方面的争论，[58]但是一些问题也由新胎儿医学（它可以早在诞生前发现严重的畸形）[59]以及人工授精（它按惯例只附属于不能生育的婚姻）[60]所提出。法律上的考虑与变更正远远落后于实际可能发生的情况，像由体力或智力上杰出的供应者所维持的精子库，这些供应者可能要比接受它的子宫年长好几辈。[61]

再有，既然我们知道了精球分子的脱氧核糖核酸（DNA）的化学结构与编码（它携有产生每个新人机体的指令），那么干预这种遗传物质的可能也就不在话下了。这就是应用于分子水平的生物工程技术；人们可以设想插入一段完全新的染色体片段，或移去另一片段，或者可用一个混合细胞核来代替受精卵原有的核，以产生一种迄今未闻的杂种[62]。这些可能看来是遥远的前景，需要耗费巨资。但从某一类细胞转移基因（遗传的单位）到另一类细菌，早已取得未曾预料的成功。[63]从某些病毒中可以提取一些基因并把它们放入细菌的核系统。如果生产出一种对抗生素有抵抗力的细菌品系，它会像野火一般迅速传遍全世界，并大批杀死各地居民，那将怎样呢？最近在加利福尼亚州制定的一项自我克制的条例，证明了这种真正的危险性。[64]在加州从事这一领域工作的一些科学家一致同意，至少直到有更多实验室具有足够的安全装备并能达到安全操作以前，暂停这类实验。[65]但这方面对人类也展示出一种很有吸引力的可能性，即在植物内可能嵌入一种有利于固氮细菌共生的基因，就像现在豆科植物一样。如果能把它用于大量生产的谷类作物，那么它赐予人类的恩惠，几乎与火一样。这种粮食生产上不可估量的增长，将会对人类有哪些影响？

医学也使人类面临着几乎难以解决的问题。[66]移植不耐受性的攻克，早已导致器官移植的大量激增，无疑外科医生在将来定能利用所有为人之用的零件库。[67]然而移植研究有了更进一步的发展，因为现在已能生产各种动物间的嵌合体，这是由于某些被杀死的病毒的组织可以互相粘在一起，并可用于连接人与动物的组织。[68]这将导致什么后果呢？伦理学问题也产生于对精密仪器的需要，在治疗费用昂贵的各种情况下，例如渗析血液的肾脏机，可使一个人在肾功能很低的情况下继续生活。然而谁将去选定某人可以在供应短缺的情况下，得益于这种有限的技术呢？

再则，在受精以及在体外把人卵培养到胚囊期，并重新植入子宫一直发育到分娩方面，已经做了许多工作。[69]奥尔德斯·赫克斯利（Aldous Huxley）在他的著名小说《大好的新世界》中设想分离全能裂球，以产生许多同样的低等人的复制品，这并不是完全不可能的。[70]但是也有其他途径实现上述"纯系后裔的生殖"。例如，成体细胞的核可以取代卵本身的核，因而可以创造具有同样基因材料的一大群个体。于是会产生这样的问题：是否所有的人都有一种不可剥夺的个体性的权利？这些正是浮士德使他自己所进入的困境，而年轻人却猜想他们能知道这种原因。

中国固有的伦理观

我可以继续叙述更多些，很显然人类迄今从未面临过像物理、化学与生物科学所造成的重大的伦理学问题。[71]现在根本不清楚，西方世界的传统伦理学即使具有所有多卷本的伦理神学和决疑法著作，但是对付这些问题的最好手段，肯定不是单靠它本身。甚至在这些科学内部也不清楚，传统的西方哲学思维模式，对亚原子的粒子世界内进行的惊人而难以置信的活动，是否是最适合的。而且确实有一些人如小田切瑞穗，[72]正在证明佛教哲学可能不只对来自西方思想的核物理学家有许多帮助。在这里我们所能做的，只是提出这点。需要说的是西方大多数十分恰当地担忧要控制应用科学的人，迄今未能认识到在东方有一种伟大的文化，它在2000年来曾坚持一种强有力的从未受超自然约束力支持的伦理学体系。我想正是在这方面，中国文化可能对世界作出无法估计的贡献。几乎所有的中国伟大哲学家都赞成把人性看成基本上是好的，并且认为公平与正义是通过我们西方可以称为"灵光"的作用直接产生的。这种约翰之光或许"照亮每个来到世上的人"。[73]让所有男女在青年时期受到适当修养，有正确理想，以及有一个将使他们内部潜在的最好素质表现出来的没有阶级的社会。[74]

对中国人来说,伦理学被认为是内部产生的,内在的、固有的,它不是像传送给山上摩西的十诫那样,由任何神圣命令所强加的。我甚至可以说,中国人从来没有比目前更忠实于这个学说,它可用无私地为他人、"为人民服务"来解释。[75]为人民服务,这是我的第二个基本观点。如果这个世界正在寻找一种牢固地建立在人性上的伦理学;一种能证明抵制每种控制社会的使人丧失人性的发明都是正当的人道主义的伦理学;一种根据人类面临着由自然科学带来的不断增长的力量所提出的大量而惊人的选择前,可心平气和地判断将采取什么最好方针的伦理学;那么让它听一听儒家和墨家的圣人,道家与法家的哲学家是怎样说的吧。[76]显然,我们一定不能期望从他们那里得到关于他们永远无法想象的技术所提出的选择的确切建议;同样,我们也绝不能束缚于他们在古代封建社会或中世纪封建官僚社会对他们的思想提出的系统阐述——时代是在前进的。但重要的是他们的精神,他们关于人性基本善良的永恒信念,不受一切先验论成分影响并能导致一个愈来愈完善的人类社会的组织。

我可以用一种幻想的方式提出这点。如果在某种未来的化身中,我还能发现自己是世界合作联邦的人类生物学权威委员会的一员,我会确切地知道我将希望与谁合作共事。我愿意有少数犹太人,因为他们有一种很高贵的伦理学的本能。[77]但最重要的,我要恳求于中国的同行们,那些具有公平与正义(良心)观念并深刻了解是什么构成世上人类最完美、最健康生活的圣人"后代"。我期望从他们那里获得由于科学而使我们面临各种危险的坚定认识,而对这种危险我们必须不惜一切代价予以避免。《关伊子》书中的话,可能会变成现实:"唯有道之人方可为之,然莫若可为而不为!"[78]这是否惊人地重复了福音书中关于诱惑的叙述?[79]

中国和物质—精神二分法

让我们再讨论一个不同的方面。西方社会还可从中国传统有益地学习些什么?世界社会作为一个整体允许东方与西方文化的综合或"普遍发生"将会导致什么呢?首先,对我来说似乎有一件事迄今尚未充分讨论过,那就是确为欧洲思想特点的,把世界过分地划分成精神与物质,究竟是否是件好事。这肯定是极端非中国式的,因为我们发现在中国科学史的各个分支里,很不愿意作出这种轮廓分明的二分法。我总记起,我的一个朋友多年前在冈维尔-凯厄斯学院学士餐桌上,曾对像奥利弗·洛奇(Oliver Lodge)那样脱离常规的科学家进行嘲笑,说"这些笨蛋认识不到你不能只靠把物质变得稀薄,进而使它变成精神!"[80]而这恰恰是中国人在很长一段时期里正在做的。奇妙的是，当物质在西方开始很具体，并随着时间的推移和玻尔的原子模式得到承认时，它变得愈来愈微妙；另一方面，在中国"气"开始作为一类很微妙的灵气，在理学家时代，逐渐包括甚至最固体的物质。

总之，中国人不愿在精神与物质间划分明显的界限，是与他们极其有机论的哲学，以及心身医学一致的。这早在欧洲出现同样看法前很久，就已产生。当然，在近代西方曾有许多种哲学，例如怀特海的哲学曾抹掉明显的界限，而非蒙昧主义的机体说则以当今最好的实验生物学为特征。很久前有机论就在古老的体育场或体育馆与机械论作斗争，这种斗争又延续到还原论与反还原论之间。[81]但这是相当太极拳式的，因为很显然，有机体的不同综合层次，只有在与层次以上和层次以下有关时，才获得其全部意义，所有生命体直至最高层次的性质与行为，一定内含在组成它们的质子与电子内。当然如果你只知道质子与电子，而对最高层次的综合与组织一无所知，那肯定不可能预言它们会是什么样的。[82]这就是我所谓的非蒙昧主义机体说。这种学说对传统中国的世界图景，远较始终备受传统神学哲学损害的欧洲世界图景更为适合。

精神与物质间的明显区分，很可能有一种最重要的相关物，即在脑力劳动与体力劳动的相对价值与意义间的同样明显区分。[83]显然，现在中国社会正在以很大努力克服这点，并使人们相信用体力与用脑力是同样重要并有益于健康的。[84]上面曾提到把体力劳动者补充到科学观察的行列内，而由于同样原因，现在人们认为最好的管理人员、工程技术人员与知识分子也应该经常有一个时期去车间或田间劳动。没有一个对中国现在工业生产有所了解的人，即使只是通过出版物或书面报道，会怀疑工业关系方面发生的惊人革命。[85]同样，应当鼓励手工业工人、手艺人和工人从事创造性劳动，进行发明，合作地开展各种工作并在大工厂的机构内，管理他们自己的事情。

很有意义的是，西方工业最进步的部门已开始仿效类似的方式。[86]例如，众所周知，有两家瑞典汽车工业的大公司已完全取消组装线，它在亨利·福特时代肯定曾增加了生产产量，但把个体工人降低成一架以预定速度与其他机器一起进行简单作业的机器，这类工作单调而令人厌倦，并有损工人的自尊心，工人普遍对此感到不满。并不断以频繁更换雇主、长期旷工、粗劣质量甚至怠工的形式表示其不满。因此，作业简化、重复以及严密控制的原则，现在正为许多行业所放弃，甚至在资本主义的西方，而代之以具有适应各种特殊作业的自主性小组的体制。这些小组可以解决问题，通过解决问题进行学习，并从中得到精神上的满足。他们可以研究、思考、评价并朝着某些目标奋斗，而同时他们所从事的始终不是一项具体的重复性劳动，而是相当多样化的技术操作。[87]现今在自主性小组生产范围内，给工人更多机会左右自己的作业,承担责任,解决问题并促进其自身的发展。同样也更完满、更愉快地与自己的伙伴合作,这是遵循了典型中国式的方法与理想。[88]这并不意味着要取消传送带,相反,它仍然是有用的,但只是作为一种运输工具或手段,而不是一种经常性地产生压力与紧张的根源。赋予体力劳动者一定的权力与影响作用,在各种形式的发达社会内正成为十分正常和易于理解的事情。它产生于这样一种基本原则,即体力与脑力劳动不应看成是完全对立的,而是应当理想地结合于同一人。任何一位从事实际工作的科学家都懂得这点。正如伟大的伊凡·彼得罗维奇·巴甫洛夫(Nван Петровнч Павлав)所说:"在我的科学生涯中,我曾从事大量脑力与体力劳动,而且我认为正是体力劳动,经常给我以最大的愉快。"[89]

这是我要说的第三点。当中国人避免物质与精神之间界限过于分明时,他们选取的难道不是一条聪明的道路吗?或许这也可得出社会学方面的教训,同一人从事脑力劳动与手工业操作活动,使思想与物质不再对立。[90]

中国和合作精神

刚才已提到"合作"这个字眼,我们又遇到一种肯定将对世界其他地区有很大影响的非常中国式的特点。墨翟曾提到过关于"蚂蚁式的进攻",里奇·考尔德(Ritchie Calder)曾强调过"一百万用茶匙的人"所能做的事情。我们在《中国科学技术史》的一册内,选用了一张说明大群人合作从事水利工程的劳动,开挖一条大的新运河的精彩照片;[91]我自己在战争期间及以后,经常对中国人在机场建筑、通信和水利工作方面管理所需大量劳力的方式感到惊奇。这里中国的有机论哲学再次教会西方很多东西。竞争,贪得无厌的社会的原子核爆炸破坏个性。竞争的个人主义只能导致异化——完全不像中国人的扩大了的家庭、行会和秘密社会,或那些现在一起参加合作性公社和工业单位的人所有的紧密团结气氛。[92]当然这里是一种基本的平均主义,而我的第四个想法是如果这类种族的和理性的兄弟般关系能传遍全人类,那么它将大大有利于全世界。

在此,我要说的是,主要向世界其他地区推荐中国人的生活与思想方式。但我应该首先承认他们还没有解决一切可能存在的问题。某些思想敏锐的日本朋友,特别是山田庆儿曾指出贯穿于整个传统中国社会,特别是知识界的,是一种基本的"业余活动"。至今中国人的理想仍是产生"全面的"人才,科学的、工业的、人道主义的、美学的人才,纵使在某些方面我未能见到宗教的因素。然而也产生一个问题,假如职业特点过分从属于全面的理想,中国人今后能否攻克核技术以及类似成就的"制高点"。

然而现在谈及此事,尚为时过早。但我能肯定一点,即中国不会产生那类对普通人的需要与希望了解、关心甚少的完全没有人性的科学家和工程师。中国的"新人"借助于发挥蕴藏在广大人民中的无限智慧,将能解决这个问题。

中国和西方的逻辑

我想谈的另一件事是关于中国和西方的逻辑问题。大约 40 年前,我最早发现中国朋友的一种特点,是他们在回答我的系统阐述时,经常不愿用"是"或"否",而用某些类似"嗯,不完全如此"的语言。无疑这是一种始终贯穿于整个中国文化微妙思想的表面可见迹象。根据《中国科学技术史》计划的观点,显然最重要的是阐明那一部分逻辑与逻辑思想,以及它们在有关中国科学的发展中所起的作用。

目前我的两位同行,华沙的雅努兹·克米莱夫斯基(Janusz Chmielewski)及费城的卜德正致力于对这一问题的研究。[93]这方面取得的成果照例有点惊人。第一,已能证明中国的语言结构较任何印欧语言更充分、完善地体现了形式逻辑。第二,从公元前 4 世纪起的中国哲学与医学著作中,可发现所有主要的推理方法及演绎推理的形式。第三,显然中国没有诞生亚里士多德,也没有帕尼尼(Panini)来成功地编纂形式逻辑的特征——公孙龙及墨家信徒曾试图完成这项工作,但由于后辈对此缺乏兴趣,他们的著作保存很不完整,而现在要把它们从原文讹误中挽救出来。[94]也可能正好因为语言具有深刻的逻辑结构,所以没有编纂的需要。第四,由于同样原因,中国思想家的思想并未迷恋于抽象逻辑,所以整个重点可以放在超越于"非此即彼"两分法的"单一目光"之上的各类微细差别。第五,也是最后的问题:所有这一切与中国科学的发展有什么关系?答案似乎是根本没有影响,不论是数学、天文学、地质学、生理学或医学都是如此。只是没有发生近代科学的突破,而对这一点似乎完全未必由于西方存在形式逻辑之故。正如众所周知,那些科学革命的奠基人同意弗朗西斯·培根的名言——逻辑无用,创造方为科学。[95]

作为一名多年从事实际工作的科学家,我回忆起对"甲或非甲"这种选言判断,总感到这是多么不能令人满意。当然这显然是有用的,对分类还确实相当重要,但总是作为一种需要进一步分类的初步分类,因而它无疑是分类学家的基本工具。但是对化学家、物理学家或生理学家来说,这似乎是根本不能令人满意的。因为在自然界,就像人们所看到的,甲总在变成非甲,而难点是在变化过程中被抓住的。[96]当我在剑桥时,没有理科在校生或研究生曾梦想要选修形式逻辑课;而且经过多年参加同行的茶话会或报告会,我很难想起有任何场合,人们因为逻辑上的谬误而受到批评,而前提及统计学的处理则始终更为重要。

就中国科学思想史而论,避免生硬的"甲或非甲"概念,可在阳与阴的关系中清楚地见到。宇宙间这两大力量总被认为可用波动理论的原始模型表示,当阳达到顶点时,阴处于最低点,两种力量从未在超过一瞬间占有绝对优势。因为一种力量立即开始下降并缓慢地、稳步地为它的对手所取代时,其整个情况又会往复发生。这是席文所称的中国自然哲学的原理,或者"中国原始物理学的第一定律。"[97]即使在那种很短暂的一瞬间,当阳或阴达到其力量的顶点时,它们仍然"不完全"是全阳或全阴的,因为通过一种非凡的洞察力可发现阳在其内部包含一个阴核,反之亦然,即在阴核的内部又有一个阳的成分,且永远如此。

我认为在这方面中国使我们认识到,我们的思想应该不太严密,而我们的论证则应更加灵活。这意味着我们在科学与社会两方面的许多问题上,要豁达大度。我们应更多地准备接受有关迄今未闻的可能性的思想,可供选择的技术,实验性的社会组合。在私人生活方面,我们应在人的关系方面更少传统习惯,以及在并不破坏爱的准则下,更多地容忍一切生活方式。[98]当然,在科学方面,我们要永不惧怕新的和彻底的革命。我们要像改革家所说的那样"检验一切事物,并坚持那些有益的东西"。[99]

中国人与西方人对自然界的态度

我要说的第六点也是最后一点,是中国和基督教世界传统上对自然界所持不同态度问题。这是一个很易使其本身成为含糊而一般化的题目,然而我认为有某些相对具体的事情可说。[100]许多有关这方面部分真实(或甚至更少)的论述,曾在长时间内流传。例如,F. S. C. 诺思罗普(F. S. C. Northrop)认为,中国的方法与欧洲的科学方法相比,基本上是以美学为特点的。[101]又如,冯友兰曾说过,中国的哲学家从未追求过支配自然,他们试图统治的是他们自己。[102]如果全部历史就是这样,那显然就不可能完成详述中国在大约2500年期间,从数学到医学所有科学领域成就的多卷本。然而对自然界的态度确有很大差别,这再次表明当今世界可从中国传统学习许多东西。

首先,对任何略知中国文化的人来说,显然中国没有任何发展良好的关于一个造物之神的神学。中国古代哲学家与其他早期文明民族的思想家不同,他们并不很相信解释世界起源的创造神话。中国有许多进行组织和安排的神或一些半神半人,但并不很认真看待它们。中国思想家基本上不相信有一个专一管辖宇宙的神,而宁可从非人力(天)方面进行思索。非人力实际意味着"天"或许多"天",然而这里最好译成"宇宙的秩序"。与此相似,道(或天道)是"自然的秩序"。因此,在中国古代的世界观点中,人并不被看成是造物主为其享用而准备的宇宙的主人。从早期起,就有一种自然阶梯的观念,在这个阶梯中,人被看成是生命的最高形式,但从未给他们对其余的"创造物"为所欲为的任何特权。宇宙并非专为满足人的需要而存在的。人在宇宙中的作用是"帮助天和地的转变与养育过程",而这就是为什么人们常说人与天、地形成三位一体(人、天、地)。对人来说,他不应探究天的方式或与天竞争,而是要在符合其基本必然规律时,与它保持一致。这就像有三个各有自己组织的层次,如那种著名的叙述"天时、地利、人和"。

因此,关键的字眼始终是"和谐"。古代中国人在整个自然界寻求秩序与和谐,并将此视为一切人类关系的理想。早期的中国思想家对他们在自然界观察到的反复与循环运动,如四季变化、月的盈亏、行星轨道、彗星回归,以及一切生命体诞生、成熟、衰败、死亡的循环,印象很深。"反者道之动",如《道德经》所说:"返回是道的运动特点。"[103] 天愈来愈被看成是产生自然界诸种模式的一种非人力;现象被看成是形成宇宙模式的整个等级制度的各个部分,在其中,每一物体都作用于其他各种物体,不是通过机械的推动,而是通过与其自身内在性质的自发动力的一致合作。这样对中国人来说,自然界并不是某种应该永远被意志和暴力所征服的具有敌意或邪恶的东西,而更像是一切生命体中最伟大的物体,应该了解它的统治原理,从而使生物能与它和谐相处。如果你愿意的话,可把它称为有机的自然主义。不论人们如何描述它,这是很长时期以来中国文化的基本态度。人是主要的,但他并不是为之创造的宇宙的中心。[104] 不过他在宇宙中有一定的作用,有一项任务要去完成,即协助大自然,与自然界自发的和相关的过程协同地而不是无视于它地起作用。

自然,古代中国人也从事狩猎与捕鱼,但一般来说,他们的文化经常是与农业而不是与畜牧业联系的,因此对自然资源的态度更有耐心,较少支配和更为温和。那位拔苗助长的宋人,是 2000 年来中国农民的典型笑柄,因为他们习惯于以更耐心的态度对待自然界。[105] 确实,随着时间的推移,曾发生过普遍地破坏森林的现象,但应该把它归因为出于社会条件的压力,而且在许多著作中可以发现反对这种做法的警告,如在《孟子》[106] 或在《淮南子》中,抗议滥用木材烧冶金炉。[107] 在中国文献内,通常有反对耗尽自然资源的警告。另一个明显的例子是后汉时期广东地方官孟尝采取的行动,他让采珠人休闲几年,并在以后防止滥捕。[108] 每当任何事情可以在与自然界一致的情况下完成时(这是道家的伟大无为学说),这也是完成它的最好途径。例如,若在距河面以上 50 英尺处需要用水,那么在河的上游几英里处,沿着等高线引出一条侧向渠道,要比用提水机在那个地点靠劳力提水好得多。所有这一切并非像某些肤浅思想的人所认为的是一种"被动"的态度,而是一种极为正确的直觉,即利用自然界必须与其一致。道教徒会赞成弗朗西斯·培根的下述言论,即自然界只能通过服从它才能支配它。[109]总而言之,整个中国历史有一种这样的认识:人是远较其本身更为伟大的有机体的组成部分,而且必然对自然资源的可能枯竭与污染高度敏感。

这一切与来自希伯来传统的对自然的封建或帝制的统治,又是何等不同。《圣经》从未引导人们对利用上帝提供它们应用的自然资源有所节制。[110]只要近代科学仍然处于孕育时期,这种贵族身份可能并无很大危害。然而一旦科学又如自天而降,那么成片森林每天被伐,以提供纸张作为通俗报刊陈词滥调(还经常是恶意的)的印刷材料;而像有机汞化合物及放射性毒物这类有害的化学药品,则可到处任意传布。林恩·怀特(Lynn White)在其卓越的著作《谷神的工具》(*Machina ex Deo*)[111]中,曾揭示基督教世界对引导人们以一种完全占有和破坏的态度对待自然界的其余部分负有责任,[112]这段记载只是通过圣·弗朗西斯(St. Francis)相对低的声调而得到缓和。[113]西方人将必须走他的老路。[114]

同时,现在有充分证据表明,中国人在看到邻近的日本出现的令人恐惧的状况后,已意识到污染的可能性;因而他们在工厂内建造许多装置以避免有毒的或该咒骂的排出物。显然在社会主义经济结构内,这件事做起来要比在受到市场竞争和谋利的限制的私人公司或有限公司里容易得多。近代科学也正在使某些有特色的中国技术发挥效用。例如,利用人粪尿作肥料曾是2000年来中国农业的特点,它在防止西方发生的磷、氮及其他土壤营养物损失方面,总是有益的。然而它在引起传播疾病方面也是一件不好的事情。但现在根据近代堆肥技术的知识,很容易避免后者的弊端而保持前者的优点。[115]

因上述关于自然界态度的讨论而产生的最后一个想法,是信奉《圣经》的各国人民,以及一般说来是西方,一贯过分习惯于男性统治。迫切而紧急的事情似乎是西方世界应该学习中国的具有无限价值的对女性的依从。[116]这是《道德经》的"谷神"的启示。[117]当然对中国人来说,至善总存在于阴和阳,即宇宙间女性与男性力量的最完美平衡中。这些伟大的对立物一直被看成是有联系的,不矛盾的,互补的,不对抗的。这与波斯人的二元论很不同,而人们经常把阴阳学说与它相混淆。实际上,阴阳平衡对于我们很需要的多种经验形式间的平衡,对于同情与知识力量间的协调,可能是一个很好的模式。这再次表明世界其他地区应向中国传统学习某些富有生命力的东西,假如它不被内部敌对心理因素的相互作用和对自然以及限于人之间的外来侵略所撕碎。永恒的女性(*ewig Weibliche*)玛格丽特·格雷岑(Margaret-Gretchen),一个玄女,①穿着中国服装来到我们这里,她能挽救这个世界就像她是浮士德本人一样。

现在该是我作总结的时候了。我曾试图极力主张的是,今天保留下来的和各个时代的中国文化、中国传统、中国社会的精神气质和中国人的人事事务在许多方面，将对日后指引人类世界作出十分重要的贡献。我所说的一切，从未否认两个伟大戒律的"永恒的福音"。但现在是基督教徒认识到他们的某些最高的价值观，可能要从远在基督教世界以外的文化和人民那里传回来的时候了。问题是人类将如何来对付科学与技术的潘多拉宝盒（Pandora's box）？[2] 我再一次要说：按照东方见解行事（Ex Oriente Lux）。

（潘承湘　译）

参考资料与注释

〔1〕早期介绍的某些较类似的思想，发表在 Univ. Hongkong Gazette, Vol. XXI（No. 5），Pt. 1, p. 69（1974）以及 Impact of Science on Society, XXV <1>：45, 49（1975）；"Dilemmes de la Science et de la Médecine Modernes-le Remède est-il Chinois?"本文以有所节略的形式，提交 Canadian Association of Asian Studies in Montreal, May, 1975.

〔2〕我用这个措辞称呼我认为将是人类社会进化的直接目标。这是我最伟大的老师之一，在埃塞克斯（Essex）撒克斯泰德（Thaxted）教区的牧师 Conrad Noel 常喜欢说的一个用语。

〔3〕在 Science Outpost（London, 1948）以及 Chinese Science（London, 1945）内，刊有关于我在中国那些日子的叙述。

〔4〕Science and Civilization in China（Cambridge, 1954），在下文称作 SCC，作者的其他著作在注释中也采用缩写，即 TRR, Time, the Refreshing Riven（London, 1948）；SO, Science Outpost,（London, 1948）；TGT, The Grand Titration（London, 1969）；CCCW, Clerks and Craftsmen in China and the West（Cambridge, 1970）.

〔5〕这个用语仿效"大科学"与"小科学"的对语，以及 Derek J. de S. Price 在 Science since Babylon（New Haren, Conn. , 1961）及其他著作中讨论过的"低等技术噪声背景"。

〔6〕Oswald Spengler 在当时的名著 The Decline of the West（London, 1926）中曾逐一描述的各文化实体，例如，古埃及的、伊斯兰的、印度的、米提亚和古波斯僧侣的、中国的、浮士德的等，作为彼此间几乎没有相互影响的独立组织，而且经历产生、繁荣、衰退与死亡的过程，就像不能与之相比的植物或动物一样。最近 Northrop Frye 在 Daedalus, 1974（Winter），〔Proc. Amet. Acad. Arts and Science, CⅢ, No. 1（1974）〕中，已作了重新评价。

〔7〕J. Needham, L. Wang 及 D. J. de S. Price 在 Heavenly Clockwork（Cambridge, 1960）内，对此已作了详述。关于天文学的背景，见 SCC, Vol. Ⅲ, pp. 229ff. 339ff.

〔8〕SCC, Vol. Ⅲ, pp. 409ff.

〔9〕V. F. Weisskopf: Physics in the Twentieth Century；Selected Essays, p. 94（Cambridge, Mass, 1972）.

〔10〕前不久在伦敦 Times 上，有这里说起的脉冲星的一篇文章，提到中国人在 1054 年已描述了超新星，因此，我不能不指出这种印刷错误已把他们的成就推迟 900 多年。

〔11〕参见 SCC, Vol. Ⅲ, pp. 473ff. , 更充分的可见 Ho Ping-Yü 及 J. Needham："Ancient Chinese Observations of Solar Haloes and Parhella", Weather, XIV：124（1959）.

〔12〕见 J. Needham：" *The Pre - natal History of the Steam - Engine* " (Newcomen Centenary Lecture)，*Trans. Newcomen Soc. ,* ⅩⅩⅩⅤ ：3(1963)。

〔13〕将在 *SCC* ,Vol. Ⅳ ,Pt. 2 及 *CCCW* 内见到所有细节，但仍有新发现。

〔14〕这种最后发展形式的日期，已由杨衒之于 547 年所写的《洛阳伽蓝记》(关于洛阳佛寺和佛庙的叙述) 中的一段话所证实。关于这一点，是由 Dr. William Jenner 第一次提到的。

〔15〕见 Robert Hartwell 的重要论文，例如，" *The Revolution in the Chinese Iron and Coal Industries during the Northern Sung* " ,*Journ. Asian-Studs. ,* ⅩⅩⅠ ：153(1962)；" *A Cycle of Economic Change in Imperial China：Coal and Iron in the Northeast ,* 750 *to* 1350 " ,*Journ. Econ. & Soc. Hist. of the Orient ,* Ⅹ ：102 (1967)；" *Markets ,Technology and Enterprise in the Development of the Eleventh- Century Chinese Iron and Steel Industry* " ,*Journ. Econ. Hist.* ⅩⅩⅩⅥ ：29(1966)。

〔16〕cf. P. Huard & Huang Kuang-Ming (M. Wong)：" *La Notion de cercle et la Science Chinoise* " ,*Archives Int. d'Hist. des. Sci. ,* Ⅸ ：111(1956)。

〔17〕针刺文献是初步的、难以收集而且很易犯错误的，特别对不掌握中国语言的人更是如此，但是 Felix Mann′s *Acupuncture ,the Ancient Chinese Art of Healu Healing* (London ,1962 ,经常再版) 是一个良好开端。应使用最近的版本。

〔18〕收集这类反应的例子，曾使我们感到极大乐趣。当西方科学史家与技术史家终于被迫承认一项非欧洲的成就时，他们有秩序地退却，为对什么是真正应该得到承认的成就，进行重新定义 (为了他们自己的利益)。所有钟表的第一个摆轮可能是中国人发明的，但唯一真正的、最重要的擒纵机构，自然是其摆动快慢由横杆及其可调砝码所控制的立式摆轮 (*SCC* ,Vol. Ⅳ ,Pt. 2 ,p. 545)。中国海员可能首先使用了指南针，当然只有定向罗盘经卡与磁铁连接才是真正的指南针 (*SCC* ,Vol. Ⅳ ,Pt. 3 ,p. 564)。中国海员无疑首先安置了船尾舵，当然没有船舾杜就不能有真正的方向舵 (*SCC* ,Vol. Ⅳ ；Pt. 3 ,p. 651)。这就是我们称为保留面子的重新定义的方面。

〔19〕cf. *SO.* pp. 257-258.

〔20〕*SCC* ,Vol. Ⅲ ,pp. 448ff. 以及 J. Needham：" *Chinese Astronomy and the Jesuit Mission ,an Encounter of Cultur- es* " ,*China Soc. Lect.* (London ,1953)。这种变化来自 " *The West's New Calendrical Science* " 到 " *The New Mathe- matics and Calendrical Science* "。

〔21〕See J. Needham：" *The Roles of Europe and China. in the Evolution of Oecumenical Science* " ,*Advancement of Science ,* ⅩⅩⅣ ：83 ,p. 396(1967)；reprinted in *CCCW.*

〔22〕*SCC* ,Vol. Ⅰ ,p. 19；*TGT* ,pp. 62-63.

〔23〕cf. A. Arber：*Herbals ,Their Origin and Evolution* (Cambridge ,1912 ,repr. 1953)；K. F. W. Jessen：*Der Botanik in Gegenwart und Vorzeit* (Leipzig ,1864 ,repr. Waltharm ,Mass. ,1948)。

〔24〕作为简要介绍见 S. Cotgrove：" *Anti-Science* " ,*New Scientist ,* p. 82(July 1973)；" *Objections to Science* " ,*Nature* ,CCL ：764(1974)。

〔25〕*The Making of a Counter-Culture ；Reflections on the Technocratic Society and its Youthful Opposition* (New York ,1968 ；London ,1971)。

〔26〕*Where the Wasteland Ends ；Politics and Transcendence in Post-Industrial Society* (New York and London ,

1972—1973）．

〔27〕*Counter-Culture*. pp. 205ff.

〔28〕同前，pp. 217ff.

〔29〕*Counter-Culture*. p. 222.

〔30〕Counter-Culture，pp. 227ff. 这与我在下面引自《关伊子》书及福音书的观点刚好相反。

〔31〕*Wasteland*：op. cit. ，p. 31.

〔32〕cf. J. Ellul：*The Technological Society*（New York，1964）．

〔33〕cf. W. Leiss：*The Domination of Nature*（New York，1972）．

〔34〕*Wasteland*：op. cit. ，p. 168.

〔35〕一位生物学家对动物实验伦理学的最近研究，见 C. Roberts：*The Scientific Conscience*（Sussex：Font-well，1974）；cf. also M. H. Pappworth：*Human Guinea-pigs*；*Experimentation on Man*（London，1967）．

〔36〕对这一点，人们只要提一下与此有关的越南战争中所用的杀伤炸弹、凝固汽油弹、地形的计算机分析、真空窒息武器、落叶剂等就够了。

〔37〕这整个主题曾是去世不久的 C. H. Waddington 在皇家学会贝尔讲座讲演的题目：" *New Atlantic Revisited* "，*Proc. Roy. Soc. B.* ，CXC：301（1975）． 他注意到 R. Pirsig 最近的优秀著作 *Zen and the Art of Motor-cycle Maintenance*（New York and London，1974）．

〔38〕在这里我特别回想起一本对我青年时代有很大影响的书，R. G. Collingwood's " *Speculum Mentis* "（Oxford，1926）． 目前这方面的讨论很多，例如，T. Roszak's " *The Monster and the Titan*：*Science，Knowledge and Gnosis* "，*Daedalus*，p. 17（Summer，1974）；S. Weinberg 的下述文章：" *Reflections of a Working Scientist* "，p. 47，也发表于 *Proc. Amer. Acad. Arts & Sci.* ，CIII <3>：103（1974）．

〔39〕*Wasteland*：op. cit. ，pp. 106，189.

〔40〕*Wasteland*：Ibid. ，pp. 74ff.

〔41〕例如 K. Raine：*Blake and Tradition*，2 vols（Princeton，1968）；S. Beer：*Blake's Humanism*（New York，1968），G. E. Bentley 在 *Vala，or the Four Zoas* 内，曾从 Blake 的混乱注释中重新组成这首诗，并提出一个摹真本（Oxford，1963）．

〔42〕V. Wesskopf：*Physics in the Twentieth Century*，p. 58.

〔43〕V. Wisskopf：op. cit. ，p. 349；T. R. Blackburn 也曾表示类似的概念，见" *Sensuous-Intellectual Complementarity in Science* "，*Science*，CLXXII：1003（1971）．

〔44〕Weisskopf：op. cit. ，p. 351.

〔45〕Ibid. ，p. 364.

〔46〕" *Revelations of Divine Love* "，Ch. 56 Clifton Wolters 的新译本 p. 162（London，1974）．

〔47〕cf. F. Crick：*Of Molecules and Men*（Seattle，1966）；B. F. Skinner：*Beyond Freedom and Dignity*（New York，1971）；Jacques Monod：*Chance and Necessity*（New York，1971；London，1972）． 也可见 J. Lewis 主编的11 位作者对此的评论性探讨，*Beyond Chance and Necessity*（London，1974）． 属于"科学实证主义"与还原主义同一传统的，有 Desm ond Morris' *The Naked Ape*（London，1967）；Peter Medawar's *The Art of the Soluble*（London，1967）．

〔48〕无利他主义的富裕——"福利国家"的失败。

〔49〕See *Scientism in Chinese Thought*,1900 to 1950 by D. W. Y. Kwok(New Haven,1965).

〔50〕中国人谈论对"阶级兄弟和姊妹"的热爱与服务,这是他们的真正解释。

〔51〕很值得注意的是,伊朗科学哲学家塞义德·侯赛因·纳赛尔(Said Husain Nasr)最近也从伊斯兰教的观点猛烈抨击这点。关于他的有趣著作的评论,*Science and Civilisation in Islam*(Cambridge, Mass. ,1968);*The Encounter of Man and Nature;the Spiritual Crisis of Modern Man*(London,1968)将在*SCC*,V:Pt. 2,pp. XXIV ff. 见到。他仿效 Roszak 控告科学,但他不太懂得科学凭其本身的性质,作为一种经验形式的合法性。人们可能并不喜欢某些看法及盲目性——但这是动物的本性。

〔52〕*Wasteland*:op. cit. ,pp. 109ff.

〔53〕有关这一切,见 E. Bevan:Holy Images(Lodon,1940).

〔54〕这是著名的伊斯兰教徒的表达方式。伊斯兰教徒在大扩张时所遇到的印度教徒或佛教徒,他们在暴力威胁下,倾向于主张皈依伊斯兰教,但是犹太人与基督教徒即使受到压迫,他们却作为少数民族被容忍,因为他们也承认《旧约全书》为一本圣书。

〔55〕*Tao Tê Ching*,Ch. 29,Waley tr. p. 179. (《道德经》原文:天下神器,不可为也。)

〔56〕参见 B. T. Feld 最近的讲演:"*Doves of the World*,*Unite*!",*New Scientist*,p. 910(Dec. 1974)

〔57〕cf. Amory Lovins:*Nuclear Power:Technical Bases for Ethical Concern*(Report for Friends of the Earth,obtainable from 9 Poland Street,London,W. L).

〔58〕cf. "*Genetics and the Quality of Life*",*Study Encounter*,X<1>(1974);S. E. Report no. 53,W. C. C. ,160 Route de Ferney,Geneva,20.

〔59〕这称作羊膜穿刺,通过从胚胎及其膜的活组织取样,对细胞做细胞学检查。

〔60〕cf. the Ciba Symposium,*Law and Ethics of A. I. D. and Embryo Transfer*(London,1973).

〔61〕有关所有这些问题,见 *Our Future Inheritance:Choice or Chance?*,British Association Working Party 的一项研究,由 A. Jones 及 W. F. Bodmer(Oxford,1974)主编。

〔62〕cf. C. H. Waddington:Trueman Wood Lecture, Genetic Engineering, *Journ. Roy. Soc. Arts*, CXXIII:262(1975)。我的老友和合作者以一种令人耳目一新的冷静观点对待我们面临的危险,这是由于胚胎学及遗传学研究开支巨大以及公众必将追究实情。我根据两点理由,也不是很乐观的,(一)极权主义国家可能做的事,以及(二)怀疑公众调查或辩论必然导致正确的伦理方针。正如 Waddington 本人所说:"人们怀疑我们是否从理智上、感情上或道德上,对面临的这些选择做好了准备……"

〔63〕这是 Avery 及其他人关于"转化因子"(游离基因)的伟大发现。R. Olby 在其引人注目的著作 *The Path to the Double Helix*(London,1974)中对它解释遗传密码的重要性,作了清楚的阐述。

〔64〕这是在 Asilomar 召开的 Berg 会议,有关情况可见 *Nature*,CCLIV:6(1975)。在 *Ashby Report*(UK Govt.)中,对涉及遗传转移技术的研究的自我控制早已作了描述,*Nature*,CCLIII:295(1975)。

〔65〕由帝国化学工业公司在 Runcorn 开放这样一个实验室,是在伦敦宣布的,*Times*,6 June 1975。

〔66〕一个最引人注目的也是广泛辩论的问题,自然是无痛致死术。有关这方面的一切问题,见 G. Leach:*The Biocrats*(London,1970)。

〔67〕cf. the Ciba Symposium,*Law and Ethics of Transplantation*(London,1966).

〔68〕H. G. Wells 的预言 *Island of Dr. Moreau* 作为一种可能性,已变得过于真实了。

〔69〕cf. R. G. Edwards:"Fertilisation of Human Eggs *in vitro*:*Morals Ethics and the Law*", *Quart. Rev. Biol.* , XLIX:3(1974), Also R. G. Edwards & D. J. Sharpe:"*Social Values and Research in Human Embryology*", *Nature*, CCXXXI:87(1971).

〔70〕我的评论发表于 *Scrutiny*(1932)曾重刊于 D. Watt 主编的 *Aldous Huxley*,*the Critical Heritage*,p. 202, (London,1975),它与 40 多年后现在在这里所说的很一致。

〔71〕cf. the Ciba Symposium,*Civilisation and Science*:*in Conflict or Collaboration?*（London,1972）

〔72〕见小田切瑞穗的论文"*The Exhaustion of Possibilities of Theoretical Science in History and Its Reasons*", *Proc.* XIV th *International Congress of the History of Science*, *Tokyo*, 1974;以及从 1955 年起发表于 *Sci. Reports of the Soc. for Research in Theor. Chem.* 的许多论文。其他人也有类似的思路,特别是 F. Capra:"*Modern Physics and Eastern Philosophy*"内,*Human Dimensions*,1974,III<no. 2>:3(1974). 我们现有他的著作,*The Tao of Physics*(London,1975).

〔73〕John 1,9.

〔74〕八亿"黑发人民"的具有超凡魅力的领袖毛泽东,是一位社会学与伦理学的哲学家,而不只是一位军事家,难道这不是一个引人注目的事实? 柏拉图的著名评论在这里是恰当的,虽然似乎难以指出任何欧洲的相似例子。从亚历山大大帝到拿破仑、希特勒及墨索里尼,这种相反的情况,则是过于明显了。当哲学家或自然哲学家或许如 Castile 的 Alfonso X 或 Prague 的 Rudolph II,确实登上欧洲的最上层,但他们的统治并不很成功。在中国的情况下,有尊重学者和思想家的上千年的背景,对此,我得益于在 Montreal 与 Ronald Melzack 及 Elizabeth Fox 的一次谈话。

〔75〕"让你所做的一切,都为人民而做。"

〔76〕目前在中国儒家学说是不受欢迎的,而对法家的优点正在重新发掘。这是十分正确的,因为很久以来孔子学说的某些方面,特别是妇女处于从属地位,已被认为是一种"原教旨主义"的方式,对他接受封建或原封建社会没有历史的评论。但像所有其他中国圣人一样,他对伦理学提出一种自然主义的而不是超自然的基础;而他肯定也宣传这种学说,即每个人不论其出身及财产均可得益于应受的教育(有教无类)。墨翟及其"兼爱"学说,现在广泛得到承认,而道家使一切中国人本能地所做的大多数事情有一种含蓄的智慧。

〔77〕我发现在他们之间有一种对伦理价值的独特意识,就像在我早已去世的朋友 Louis Rapkine 的心目中,斯宾诺莎(Benedict Spinoza) 是最高典范。

〔78〕《关伊子》卷 7,1 页正面。

〔79〕Luke ,IV ,p. 3-13.

〔80〕cf ,. *SCC*, Vol. V , Pt. 2,p. 86.

〔81〕见 W. A. Engelhardt 的有趣论文:"*Hierarchies and Integration in Biological Systems*", *Bull. Amer. Acad. Arts & Sciences*,1974,XXVII<no. 4>:11(1974).

〔82〕V. F. Weisskopf 恰好在"*The Frontiers and Limits of Science*"一文内,提出了同样的观点, *Bull. Amer. Acad. Arts & Sciences*, XXVIII<no. 6>:15(1975).

〔83〕对劳动及其伦理学的广泛研究,见 Gene Weltfish 的出色的全面评述及文献目录:*Work:an Anthropo-*

logical View, Module 9-065, 由帝国州立学院 (纽约大学) 出版 (New York: Saratoga Springs, 1975).

〔84〕中国必须动员社会各界, 并解决无数体制问题, 以建立一种可行的教育制度, 为每人掌握近代技术提供保健服务; 但这方面的一切成就取决于接受一种基于团结、革命精神以及物质动机让位于道德动机的具有普遍性的价值体系。Cf. N. Ganière: *The Process of Industrialisation of China*, an Analytical *Bibliography*, OECD Development Centre Working Document CD/TI (74) O; and C. G. Oldham: "*Scientific and Technological Policies*", in *China's Developmental Experience*, et. M. Oksenberg (New York: Acad. Polit. Sci., 1973), pp. 80ff.

〔85〕见与巴黎高等研究实验学校的 Charles Bettelheim 有意义的会见: "*Economics and Ideology*", *in China Now*, 1975 (no. 52), 9.

〔86〕Cf. L. E. Björk: "*An Experiment in Work Satisfaction*", *Scientific American*, ⅭⅭⅩⅩⅫ <no. 3>: 17 (1975); Also Gene Weltfish, op. cit.

〔87〕很久以前, Stuart Chase 在其卓越著作 *Men and Machines* (New York, 1929) 中列举人和机器之间有益的、适当的以及危险的、致命的各种不同类型的接触。参见 *TRR*, p. 134. 这里不妨提一下由 C. Mitcham 及 R. Macy 整理的很有价值的 "*Bibliography of the Philosophy of Technology*" (*Technology and Culture*, 1973, ⅩⅣ <no. 2>Pt. 2)。

〔88〕见 Denis Goulet 的重要论文: "*Le Monde du Sous-Developpement: une Crise de Valeurs*", *Cpmptes Rendus de la Réunion de l'Association Canadieme des Études Asiatiques*, Montreal, (1975).

〔89〕*Lectures on Conditioned Reflexes* (London, 1941), Vol. Ⅱ, p. 53; 引自 *TRR*, pp. 156-157.

〔90〕当然这一切独立于如下政治问题, 即从长远观点看, 产业工人在资本主义制度下, 在他们所工作的企业里并没有主人翁或经理感觉的情况下, 是否有时能得到最大满足。

〔91〕*SCC*, Vol. Ⅳ, Pt. 3, Fig. 876, p. 262.

〔92〕人们必须记住: 从广义讲, 中国人民在其历史上既没有世袭的贵族, 也没有企业家式的资产阶级, 而只有经常广泛补充的杰出知识分子。在此, 我对与 Stefan Dedijer 及 Ivan Divae 的谈话, 表示非常感谢。

〔93〕他们的论文将发表在 *SCC*, Vol. Ⅶ.

〔94〕以后, 从印度引入 Dignaga 逻辑, 也是内包的, 但它的传播从未超出那些他们本人从事佛教哲学的相当狭小的圈子。

〔95〕参见他为 "*Great Instauration*" 写的前言, 引自 *SCC*, Vol. Ⅱ, p. 200。在 John Webster's *Examination of Academies* (London, 1654) 内, 可看到不太知名但同样直截了当的叙述。他写道: "显然, 三段论法以及逻辑上的创造, 不过是以前已知内容的重新概述, 而对我们不知道的东西, 逻辑不能发现; 至于论证及其知识, 乃是属于教师而不是初学者的范围; 因此, 它用于发现新科学的作用不如卖弄已发现的科学; 并不是创造它, 而是论证已有的创造并把它出示给他人。当一位化学家向我展示硫化锌、酒石酸盐、硫酸盐的乙醇溶液制剂及其用途时, 使我懂得以前没有掌握的知识, 而逻辑是从来不能起到这种作用的……"
我将以弗朗西斯·培根阁下的名言予以总结: "现在通行的逻辑只是用来确定错误, 并把这些错误固定下来 (基于一般所接受的观念), 而不能用于探求真理, 因此, 它是弊多利少的。"

〔96〕正如 K. Ajdukiewicz 在一篇优秀论文（遗憾的是仍然没有译成国际通用的文字）"*Zmiana i Sprzec-znosc*"（《变化与矛盾》）中所证明的，排中原理与变化确实在哲学上是十分一致的。该文最初发表于 *My'sl Współczesna*，（1948，no. 8-9，35），现重刊于他的 *Jezyk i Poznanie*（语言与认识）中。Vol. Ⅱ，p. 90.

〔97〕他于 1968 年在 Bellagio 召开的首次道家研究国际会议上，第一次阐述了这种"不可避免的连续性法则"，"任何变量的最高值是本来不稳定的，并引起它的对立物上升"。

〔98〕值得注意的是在欧洲过于经常地把愉快简单地看成没有痛苦，而不是凭它本身的权利，当作一件积极的事情。阳与阴相反，两者都是生命体必不可少的部分。

〔99〕Thess 5，21.

〔100〕可推荐两篇论文：J. L. Cranmer-Byng："*The Chinese Attitude towards the Natural World*"，*Ontario Naturalist*，ⅩⅢ（no. 4＞：28（1972）；渡边正雄："*The Conception of Nature in Japanese Culture*"（Paper at Amer. Assoc. Adv. *Sci*，Washington，1972）.

〔101〕F. S. C. Northrop：*The Meeting of East and West；an Inquiry Concerning Human Understanding*（New York，1946）.

〔102〕冯友兰："*Why China has no Science*"，*Internat. Journ. Ethics*，（1922，ⅩⅩⅩⅡ no. 3）；cf. *TGT*，p. 115.

〔103〕*Tao Tê Ching*. Ch. 40，cf. Waley tr. p. 192.

〔104〕如张载（1020—1077）在其《西铭》（约 1066）一书内所说："故天地之塞吾其体，天地之帅吾其性。"一切理学家具有这种自然神秘主义，这种将自己与具有自然创造赋予生命的力量化而为一，这种陶醉所有人与一切物体的爱。程明道（1085）写道："仁者以天地万物为一体也"。见陈荣捷的论文，"*Chinese and Nestern Interpretations of Jen（Humanity，Love，Humaneness）*"，*Journ. Chinese Philos.*，Ⅱ ＜no. 2＞：107（1975）。

〔105〕*Mencius*，（《孟子》）Ⅱ，1，ii，16 cf. *SCC*，Vol. Ⅳ，Pt. 2，P. 347.

〔106〕保护自然的典型段落出现于 *Mencius*，（《孟子》）Ⅰ，Ⅲ. 公孙丑采取同样方式，见《左传》，昭公十六年，Couvreur tr.，Vol. Ⅲ. p. 272.

〔107〕《淮南子》，卷 8，10 页正面；cf. *SCC*，Vol. Ⅳ，Pt. 2，p. 139.

〔108〕《后汉书》卷 106，136 页；cf. *SCC*，Vol. Ⅳ，Pt. 3，pp. 670-671.

〔109〕F. Bacon：*Novum Organum*，aphorism 129. cf. *SCC*，Vol. Ⅱ. p. 61.

〔110〕Marco Pallis 以很有趣的语言，将此与早已说过的反偶像崇拜情结明确地联系起来。他说："可以指出，当基督教徒以与异教作长期斗争中的胜利者姿态出现时，一种强烈的反应开始正确或错误地反对把物理现象看神圣的东西；某种反自然的偏见由此进入基督教徒的思想感情，并从此持续存在着。"他继续证明文艺复兴如何很大地推动人类对自然界的一切事物感兴趣，而同时印上玷污它们的标记，消除关于中世纪神学家称为畸形的好奇心（*turpis cunositas*）的一切犹像，并对陆上、海洋以及空中的生物进行大规模的掠夺。引自 *The Sword of Gnosis*，ed. J. Needham，pp. 77ff.（London，1974）.

〔111〕L. White：*Machina ex Des*，p. 86（Cambridge，Mass，1969）："基督教是世界上曾经见过的最以人类为宇宙中心的宗教 ……通过摧毁异教的万物有灵论，基督教使它有可能以一种对自然对象感情冷

漠的状态探索自然界"。这与中国的风水又是多么鲜明的对照,或许后者走向另一极端,对与自然界赐福有关的、令人生畏的矿藏、道路与产业,不加干扰。

〔112〕也可见 Lynn White 的著名论文:"*The Historical Roots of Our Oecological Crisis*", *Science*, CLV:1203(1967).

〔113〕在以色列及伊斯兰国家内的相似潮流,可在一种神秘主义的犹太教派及泛神论神秘主义内发现。

〔114〕这些评论完全不适于任何类似同样程度的东方正统基督教。古希腊人与叙利亚人的先辈对物质的东西,较富于进取精神的西方,有更为神圣的正确评价。例如,见 S. Brock's "*Word and Sacrament in the Writings of the Syrian Fathers*", *Sobornost*, VI <no. 10>:685(1974)以及 V. de Waal 的下述论文:"*Towards a New Sacramental Theology*", p. 697. 也许这是一种为保持完整的、有特色的宗教经验形式的真正天性,使古希腊人禁止在他们教堂内使用机械钟和乐器。

〔115〕见 J. C. Scott 的有趣著作:*Health and Agriculture in China*(London, 1952)。对中国现行的堆肥方法可查阅《中国建设》及《人民画报》的合订本。也可见 "*The Digestion of Night-soil for the Destruction of Parasite Ova*", *Chinese Medical Journal*, LIV <no. 2>:107(1974), Engl. abstr., p. 31.

〔116〕即使军事经典著作如《孙子兵法》,也评议此为"下策",并警告人们不要把敌人逼至绝境。如(《道德经》所说:"夫佳兵者,不祥之器,物或恶之,故有道者不处。"Ch. 31. cf. Waley tr. p. 181.

〔117〕*Tao Tê Ching*(《道德经》)Ch. 6, cf. Waley tr., p. 149.

译　注

①玄女,或九天玄女,中国古代传说的女神名,《黄帝内传》:帝伐蚩尤,玄女为帝制鼓八十面。格雷岑是《浮士德》中的女主人公。

②潘多拉宝盒(Pandora's box),是叙述古希腊神话中宙斯神(Zeus)为惩罚普罗米修斯(Prometheus)偷取天上火种,而命令下凡到地上的第一个女人。她下凡时宙斯送她一个宝盒,打开一看,一切灾害罪过全从里面出来散布到地上,只有希望留在其中。

【14】（术语翻译）

Ⅰ—14　论中国古代科技文献之翻译*

多年来，我的同事和我一直准备写一部有关中国科学史、中国科学思想史和中国技术史的综合性著作。作为中国科学史家，我们关注的是我们所研究的作品的内容；而且由于我们有大量工作要做，我必须承认，我们没有时间去深入研究文献内容的表达方式。一位研究语言学的汉学家，或许比像我这样的人更加胜任这项工作。因此，倘若本文未能像诸位所想的那样，本该是关于中国科技著作翻译之饶有趣味的叙述，我只能深表歉意。我想这如果是一篇有趣的文章，就是我能为诸位所能做到的最好的努力。

作为这个课题的开场白，我想我得说，通常所讲的汉语，是一种语词相互孤立而不胶着的语言。因此汉语对一个操印欧语（或任何其他重视单复数、时态、语态、性别这四者的极明确或很明确的语言）的作者来说，总是很困难的。当然，汉语与诸如印欧语等其他语言不同，词义并不是如此严格可区分的；一个特殊的词的词义，像整个汉语语法那样，在某种程度上取决于该词在句子中的次序。然而科技史家讨论这个题目之所以或者是件好事，理由之一是过去的汉学家们不大经心于技术术语的翻译。一个突出的例子就是"刻镂"这个词的翻译。它曾为先前一位大汉学家佛尔克[①]翻译成"嵌有图案的织编物"（the weaving of stuffs with inserted patterns）；由于提织机（借此织机随着织工的操作而在丝织物上自动织出图案）的发明与此有关，使得这个出现于1世纪文献中的词至关重要。佛尔克恐怕是将"刻镂"与"刻丝"这个术语混淆了。刻丝是一种起源远晚于"刻镂"的织锦。但"刻镂"的适当的字面翻译是"建筑物的图绘、装饰和雕刻"，与纺织技术毫无关系。

另一例子是"酿"这个词的翻译。它根本不能理解为"蒸馏"（distillation），尽管许多汉学家，甚至现代汉学家倾向于这样翻译，可能他们没弄清"蒸馏"和"发酵"（fer-

* 多年来，我极大地得益于我的中国朋友王铃和鲁桂珍的富有成果的合作，而我愿在这里对他们在长期研究中给予的帮助表示谢意。本文就是这种研究的一个产物。——李约瑟原注

本文1958年发表于史密斯主编的《翻译面面观》（伦敦）一书。——编者注

mentation)之间的区别。事实上,"发酵"才是"酿"的本义。当然,越是哲学之类的术语,例如"道"——"自然界的秩序"——产生的麻烦就更多。许多人觉得试将"道"译作"法则"或"自然法则"未免失之过大。谈到这个问题的实质时,葛兰言(Paul Marcel Granet,1884—1940)[②]说过(我认为说得很好):汉语中的方块字较之印欧语中的任何单音节来说,是一种更值得敬重和更有意义的符号。他的原话是:

"Solidaire d'un signe vocal dans lequel on tient à voirune valeur d'embléme,ie signe graphique est lui-même considéré comme une *figuration adéquate*,ou plutôt,si je puis dire, comme une *appellation efficace*."[③]

换句话说,汉字作为单独的表征或符号,较印欧语中的音节具有更大的意义。另一方面,正如 A. F. 怀特(A. F. Wright)所说,汉字具有在语言的长期历史中积累起来的整套含义,人们还可赋予它来自丰富的文学传统的更广泛的潜在含义,以及最终依上下文义赋予它更大的灵活性,如异形或异义同源字等。

当人们着手讨论数学术语时,发现一件颇为有趣的事情。在整个中国历史中,代数学和代数学方法占统治地位,而几何学则在很大程度上退居后位。用尼塞尔曼(Nesselmann)的话说,这是一种"修辞学的代数学",也就是说,它不包含我们今天所理解的代数学符号,而是用字来表示。尽管这些汉字比 A、B、C 的功能要更多一些,然而比完全用近代数学符号表达时,无疑要少些。这里举几个例子:如"开方"意为"求平方根"(square root);"实"是"被除数"(dividend),"乘"是"相乘"(multiplication);"法"即"除数"(divisor)。此外,当你谈到"定法"时,你便有了在开方运算的某一步骤中的"第一个固定被除数"(the first fixed divisor)的术语;你可用"子"表示"分子"(numerator);用"母"表示"分母"(denominator);"除"表示"余数"(remainder)等。正如你可以在计算中建立 x 或 ab 之间的关系那样,中国这些术语也可以在不同的情况下得以娴熟地应用。这样,虽然它们没有以单个字母出现,但它们是随处可以移动的单元,对它们的处理与近代数学运算中的处理方式极为相同。

下面我想谈谈中国传统的极大的连续性。在世界上所有的文明中,只有汉语这一种语言从公元前 20 世纪中期起一直用到今天。它既不像苏美尔语、赫梯语或古埃及语,也甚至不像希腊语或拉丁语,有些在今天已无人讲了,另一些则起源并不很早。或许希伯来语,像人们今天在以色列所看到的那样,是同汉语最相近的匹敌者。从技术术语学观点来看,汉语的连续性是十分重要的,因为这意味着我们有了一个至少可追溯到公元前 3 世纪的字典编纂学的传统。例如,你可以在《吕氏春秋》(前239)一书中发现这个传统;而我们看到在 1 世纪末的两部大型字典,例如《释名》和约 100 年成书的《说文》,能够有依赖这样一种持续不断的传统而存在的口头和书面语言,这一点是最为重要的。

当我们探索某些用于科技论述的基本字、词的起源方式时，也得到了相当有趣的结果。下面列有百分比的表，是对任取的 100 个汉字的统计情况。这些汉字与科技信息以及表示有关自然界的事实有关（这些字中有些是重复的，加起来不正好是 100个）。人们发现，粗略地讲，它们主要产生于三类情况：人体以外的自然物的象形，人体或人体某个部分的象形和人类行动，尤其是工具、技术及宗教仪式的图解。在每一类内，还有一些较小的类别，但上述三个是主要分类。

		%
纯几何符号		2.5
象形：人体以外的自然物		
（无生命或宇宙的	19）	
（生命的	13.5）	32.5
人体或人体部分		
（性	9）	27.5
图解：人类活动		
（运动、途径	6）	
（工具、技术	29）	
（宗教仪式	6）	35.0
（社会生活）		7.5
同音假借		10.0
抽象概念符号		5.0
不确定		1.0
		100.0

从古代象形字中能够发现某些技术信息也是有趣的。"舟"这个字意为"小船"。如果有人见过公元前 2000 年的甲骨文就会看出，那时船的实际形状并不像欧洲人想象中的船那样，由船首、尾部和龙骨组成，而是方头方尾结构的船。同样我们还可以从另一个具有船之意的字得到划动和驾驶船的暗示。这个古代的古体字表明，桨和手在引导着船。"弓"字的情况也是如此。我们指的是直弓（self-bow）和弯弓（relex-bow）。直弓就像英国的长弓，只用一种材料（木头）制成，外形是直的；另外一种弯弓，外形曲线复杂，整个亚洲国家都曾使用过这种弓，它用多种材料制成（木料、动物角和胶等）。又，公元前 2000 年前古老的象形字，给出了弓和箭的样式（即"射"字）。

我们现在想涉及一件更为复杂的东西，弓箭连发器（弩机）。这是相当于罗马共和国和帝国时期的汉代军队标准武器之一。关于弩机(the trigger of the cross-bow)有许多有趣的事情。弩机各个部件都有名称,就是其中之一。从100年左右成书的字典《释名》所给出的定义中,我们十分清楚了弩机所有部件的名称。例如:"支撑部件"叫"臂"(stock),钩回绳索的钩子叫"牙"(hook),贮放弩机发射器的叫"郭"(housing of trigger),而"规"指的是弩机两侧的小耳(lug),发射器(trigger)本身叫"悬刀"(hanging knife),摇杆(rocking level)称作"机垫"。"键"是摇杆绕之旋转的杆或轴。由于对象形文字的兴趣,我想附带谈谈"機"字。这个字尤其就机械"本身而言"是织机。从织机的古代象形字中我们可以看到两束丝。我并没有说任何甲骨文或金文中的汉字都严格地与实物相像,"機"字左边就多了一个木字边,但看来织机是所有类型机械中最原始的一种,它的名字成了各类机械的总称。

下面再讨论类型更为复杂的机械——机械弩(the magazine cross-bow)或"机弩"(machine-gun cross-bow)。此弩一旦将绳索向后一拉,放进的箭便可自动射出。它也就是3世纪后人们称呼的"诸葛亮弩"。不过并没有理由认为,它是这个时代发明的。其发明的最可能时代是中世纪(宋代)。也许我们通过"匰匣筒木弩"(the tube-and-box cross-bow)——箱筒构成的弩一词,能够认识到这一点。"折叠弩"(the cross-bow with things pile up in layers),即在箭槽中堆放着箭的弩。"积弩"(pile-up cross-bow),换言之即"堆积的弩",但其含义更接近于"多弩机"(massed formation of archer)。有人认为"枢机"意味着汉代的机弩,但这也是极不可能的,因为它可能只是勾机杆(trigger level)靠以凭借的"杆"。

关于技术术语最大的困难之一,还是时时遇到的一词二意的问题。意思起变化了可词却依旧未变。从技术史的观点看,这是很伤脑筋的事。因为,当事物发生变化时,为了寻求解决问题的线索,除了遍读你所可能找到的各种文献外,别无他法。"铜"字就是明显的一例。它的含义是"铜"(copper),在很早以前指"青铜"(bronze)。"柂"字也是如此。它的意思是"舵"(rudder),但它却也曾一度意味着"桨橹"(steering-oar)。当然在造船史上,一个重要的事情是去了解何时船橹让位于船尾舵。在这类情况下,人们所能做的就是把凡是找到的出现这些字的每个段落全都读一下,然后再看看它讲了些什么。概括地说,例如,我们看到9世纪的一部书《管氏地理指蒙》说,如果舵入水过深则不起作用了,它就会碰着岩石,在河床上发出一种与船橹击水不同的声音,因为橹拖在船后有相当远的距离。约940年成书的《化书》说:"如何以长不过6英尺的一片木板操纵大船,是件值得注意的事。"④6英尺长的木板不像一只橹,橹至少应有10英尺长,并且往往还要长些。因此,人们可以用这样的方法逐步就某一特殊"事件"在某个特定时间内的出现构成一个框架。《宣和奉使高丽图经》是关于一个重要的使节出使朝鲜的记载。我们发现，其中对大、小船尾舵进行了相当清晰的描述，并把"桨橹"称作"副舵"（assistant rudder）。这样我们此时也许是确实地掌握这个事件了。因此，这种框架是由逐步出现的"事件"而造起来的。正如我们所知道的那样，1180 年左右，船尾舵（axial rudders）首次出现于欧洲，这个证据可成为中国始终是船尾舵起源的保守反证，因为事实上中国制造的船只虽然没有船首和船尾，但它有形成直立构件、联有立式船舵的舱板。

反映这种情况的另一个好例子是"浑象"和"浑仪"这两个词。浑仪，毫无疑问，曾经并永远意味着由圆环组成的天文观测仪器。在初期浑仪也许只意味着"浑环"（armillary rings），一个单环可以置于空间不同的平面。而从 2 世纪以后，浑仪就指的是一套固定的环组。而浑象这个词却比较难译，因为虽然在 450 年以后它肯定指的是"天球"，即在上面标有恒星的固体球。在这以前它似乎指的是一具用作演示目的，大地居中的模型。人们会很乐意知道，这个地的模型是否为极轴处竖着一根针的小小平面（人们一度认为天圆地方），还是它事实上就是一个球。汉代的宇宙论学者们常说："地浮于圆如弹丸的天中"，[⑤]因而，地方和地圆的两种可能性都是存在的。

汉字偏旁部首的变化情况也是令人感兴趣的。例如，"关戾"就有几种不同的写法。除了"关戾"以外，还有加提手旁的"关捩"，加木字旁的"关棁"。从它们出现处的上下文来看，三者含义颇有不同。我们只能按照它们出现时的意思进行翻译，因为这些技术术语的定义早已失传了。第一个"关戾"可能指枢轮（trip-1ug），在 2 世纪，张衡运转水运天文仪器时用到了它。当水轮的水桶注满水并推动齿轮运转时，就使得一支柄和一支套在轴上的轮子绕轴作周期性转动。带提手旁的"关捩"则是一件完全不同的东西，它是"制动活门"（stop-valve）。制动活门是一只内部有空竹管的小金属鱼，当氏族部落的人们举行仪式宴会的时候，用它可以使人们在仪式上喝酒的速度既不会太快，也不会过慢，而是恰到好处，否则活门就将堵住竹管。最后，第三个带木字旁的"关棁"是一种特殊的枢轴，用以固定节日灯笼悬架（即卡丹式万向架）的各个环。可见偏旁部首的区别可使词义特别清楚。但这种意义必须与该词出现处的上下文内容相符。由此考虑"关"字在 8 世纪以后实际用于表示钟表"擒纵机构"（escapement），但其他的证据表明，上述"关"字含义出现时间过早，不可能意指"擒纵机构"，通常可能是指"关闭……"或"与……相对"。

前面我已多次提起，2000 年前开始有的一些大部头通用字典和百科全书，人们可以查阅它们。但我必须谈一谈技术辞典的传统。谁都知道，在炼丹术和化学领域内术语是如何地混淆不清。当然不管是东方还是西方的炼丹术士，都一个劲儿地急于掩饰它们的踪迹，他们并不想把事情弄得过于明了。因而 818 年梅彪所著同义语字典

《石药尔雅》是值得注意的。它成了一部真正的药物和矿物百科全书。人们在欧洲看到类似的著作，当然是 18 世纪马丁·路兰德（Martin Ruhland）的《炼金术词典》（*Lexicon Alchemicum*），但这已是千年或近千年以后的事了。另一个好的例子是日本人深根辅仁于 918 年写的日文著作《本草和名》，这也是一本最有用的纲要。

还有，人们必须研究字所表示之物的用途。"火药"一词即指火药（gunpowder），我们还从未碰到它有别的含义。换言之"火药"是炭、硫、硝在不同比例下（也许是等比）的混合物，此外别无他解。另外的一些东西则有不同的术语。比如当作炮仗（crackers）的"爆竹"之所以得名，是因为起初这些爆炸物全然不是什么烟火，仅仅是一段燃着后嘭然巨响的青竹。而像信号烟火（Bengal light）那一类的烟火又称之为"火戏"，将烟火（smokes）则称为"烟火"。而在任何情况下，我们从未看到过"火药"意味着其他物质。

同样地人们发现冶金术语的极大稳定性。在这个领域内事物是如此之好地得以定义，真乃幸甚。因此，当你看到"生铁"（即 raw iron）时，毫无问题，即可译作 cast iron；当看到"钢"时，即可译作 steel；而当你看到"熟铁"（ripe iron），即是 wrought iron。另外一些较少见的字如"铣"，偶尔作生铁讲，"鍒"作熟铁。还有一个着实很不常用的字"鍱"，表示熟铁块。这个字之所以不常用，是因为中国从很早的时候起就开始大量地炼制生铁，比欧洲肯定要早千年以上。这些大量的生铁发挥了显著作用；而这就意味着，在中国钢通常不是熟铁通过渗碳法得到的。当然，今天的熟铁是高纯度的，几乎不含碳。欧洲人炼钢的通常做法是，先直接从化铁炉或是搅炼生铁而得到熟铁，再把熟铁碳化得到钢。就我们所见，中国人很少这样做。他们或是将生铁脱碳而直接成钢（这需要很高的技术）；或采用另外一个过程，即我们不精确地称之为共熔炼（co-fusion）过程，亦即所谓"杂炼生柔"（mixing and heating together the raw aud the soft），对此我们下面还要提到。在共熔过程中生铁和熟铁共热于一炉，以使碳在二者间得以均匀分布，从而产生了钢，这种方法至少在 5 世纪后就已开始了。有趣的是在《梦溪笔谈》以及其他的一些宋代著作中，作者们对两种钢进行了区别。一种叫"灌钢"（interfussed steel），因为生铁熔化并灌注于软化的熟铁块上；这种共熔钢也称为"团钢"（lump steel），又称为"伪钢"（false steel），用以和"真钢"（true steel）"纯钢"（pure steel）以及"炼钢"（refined steel）相区别。其原因无疑是在共熔过程中，碳不能总是很成功地恰到好处地分布在钢中。结果是尽管用共熔法可得大量的钢，但它并未得到多高的名声。"纯钢"是由生铁直接炼制而得的，含碳量肯定均匀得多。上述两种方法具有极大的意义。因为先人传下来的这两种炼钢方法，今天的炼钢工业仍在用着，即西门子-马丁（Siemens-Martin）法和贝塞麦（Bessemer）转炉法。

整个工程领域有很多可靠的专用词,例如方齿轮链式提水器(square-pallet chain-pump),几乎总是叫"翻车",有时也叫"龙骨车"(dragon-bone water-raiser)。它的有趣之处在于,其所用的齿轮有伸出的辐条而不是不同方向上的齿,因之得名为"虾蟆"(the spreadeagle toad)。翻车与筒车(固定在轮子上的一些提水筒)有明显的不同。翻车肯定可以追溯到 2 世纪,也许是 1 世纪,并且是中国古代技术的特有产物。

现在我们转向这次所讨论的最后一些方面。过了若干世纪以后,中国人(像中世纪的欧洲人那样)发现产生出新的技术术语是很困难的。例如,现在的钟称为"自鸣钟"(self-sound bell),但这个词是在 17 世纪耶稣会士到来后,作为钟(cloche, glocke 等)的中译名而出现的。耶稣会士带到中国的是最新式的钟,用黄铜和金制成,还饰有各种宝石,以献给皇帝和高级官员们;它们无疑是文艺复兴时期钟表技术的优秀范例。由于这些仪器称为"自鸣钟",结果造成一种印象,好像机械本身是全然新鲜的东西;那时中国也许有少数学者知晓他们的祖先远在 8 世纪就制造出了与此类似的东西,但他们对此并不重视。事实上当中国唐代开始出现钟表技术的时候,就完全未能为其创出新的技术名词。关于这个问题我们有兴趣引用 11 世纪苏颂的一段话。苏颂在 11 世纪末将其天文钟塔(astronomical clock-tower)呈给皇帝的奏本中以这样的话作结尾:

　　"……无论如何如果我们仅用一个名称,其意义就不能包括三件仪器的所有妙用,由于我们的新仪器有三种妙用,应该起一个更为普遍性的名称。"[⑥]

也就是说,由于整个仪器包括机械的浑仪和浑象以及传动装置,不应只称作浑象或浑仪,而应有一个更一般性的名字,如"浑天机",我们可以把它翻作"cosmic engine":

　　"臣等恭请圣旨,赐仪器以名称。"[⑦]

这是 1092 年的事,皇帝对此未下任何旨意。事实上皇帝当时大约只有 17 岁,但总之他没有赐名于仪器,其他人也是如此。因此机械钟一词始终也未产生。而 6 个世纪以后新名词出现时,则以为似乎有了新的东西。

大量的例子告诉我们,很早以前人们就体验到了产生新的技术术语的困难。如公元前 4 世纪的《管子》一书,有关于矿物(如玉)性质的讨论,作者谈到玉的"慈"和"勇"等,其实他们需要"亮度"和"硬度"之类的词。同样西汉年间成书的《淮南子》讲到五行说,所用术语直接取自人事关系。还有一例是 12 世纪或 13 世纪的理学哲学家,当想谈自然界的膨胀和收缩力量时,他们满足于使用陈旧的"神和鬼"等词。因而当理学家把神鬼的词用于自然界和人事概念时,百姓则可以继续谈神、鬼和灵魂。在这样的情况下,创造新的术语总是相当困难的。

当然,欧洲也有这样的情况。人们如果阅读了阿贝特大圣(Albertus Magnus)论鸡雏胚胎发育的论著就会看到,他是多么迫切需要新的词汇:

> "但是,从形成的心脏里流出的血经过血管和脉动两个阶段过程,成为纯净的血液,这些血液形成肝和肺等主要器官。虽然刚开始时这些器官很小,但它们最终生长并扩大到包着整个蛋体的外薄膜。在这里胚胎又派生出了许多部分,但它们多数出现在包着蛋白的薄膜上……"

这里阿贝特想说"尿膜"(alantios),但他未能创造出这个词。查尔斯·辛格(Charles Singer)常常向我们表明,阿拉伯科学家发明的新术语是多么地重要,如 Syrach 这个词。阿拉伯技术术语,为以后的欧洲科学人士所采用。

然而,在技术术语翻译方面,中国人有特殊困难。他们面对着音译和意译的进退维谷境地。当然熟悉中国的人对这个问题是很了解的,但值得强调的是,早期的佛经翻译家,不得不解决与现代科学术语翻译所碰到的同样的问题。到底应该音译而得到糟糕的、不知所云的结果,还是应该利用已有的中国字曲解词意?例如"维他命"其汉文字面意思是"系住他的'命'或'命运'"(binding up his "fate" or "destiny")。然而这并不说明任何问题。此词实际是"vitamin"的音译。相反的译法就是将其写成类似"生机素"的词——生命机器纯的或基本的成分,意思颇佳但与 vitamin 发音不同。第二个方法被佛学者称作"格义"(explaining by analogy),此法现在常用到。但很显然现代科技翻译所产生的问题,正与佛教徒 18 个世纪之前初来中国时碰到的问题一样。然而在现代新术语的产生由于创造新字而十分便当了。当需要新的元素,例如当我们想谈论镧或钯,或者铋或氩时,我们便用新的字镧、钯、铋、氩。同样动力学(dynamics)是"力的科学"(force of science),即力学。我们通过加金字旁、气字头等,重新造出新的字。

最后讨论一两篇原文,作为一个整体,并看看如何得到某些科技上的东西,或许是适宜的。我想人们或许会顺便提出一种广泛流行的想法:汉学家要跟许多手稿打交道。情形正好相反,实际上由于中国约在 100 年和 850 年分别出现造纸术和印刷术,所有的文献不是印刷了就是丢失了,所以正如一位波斯学者达乌德·巴纳卡笛

（Dā'ūd al-Banākati）在 1300 年说的："中国人翻刻书籍是如此精明，在书中不会发现一星半点的更动"（附带说一下，这是一个相当乐观的估计）。

> "只要他们愿意，他们指定一位合适的写家以妙手在雕版上抄写书页。然后所有有学问的人进行仔细校对，把他们的名字描在版的后面，再让有技术的专门刻工刻出字来。这样他们就得到了整本书的刻版。依次计数版块，把版放在密封的口袋里，像铸币的印模那样，把这些版托付给专门指定的、可信的人……如果什么人想要此书的复本，就得付相当数量的钱，方可为其印制一本……
>
> ……因而，任何这样的书中，不可能会有任何的遗漏或缀加，他们对书完全信任。这样做对他们的历史流传起了作用。"

我们必须记住，这是在谷腾堡⑧的一个世纪之前，以及在中国印刷术开始约 400 年以后的事了。当然情况并非真是如此之好。因为文献确实发生了许多变化，在印刷真正开始之前，文献的严重讹传已发生。但早期印刷无疑具有保存中国文献的作用，否则这些文献就会失传甚至毁灭得更多。为了翻译任何一部文献，我认为了解作者在说些什么是绝对重要的。大汉学家夏德⑨（Friedrich Hirth，1845—1927）写的一小段话值得记住：

> "一般来说，任何人借助一部语法书和一部字典，都能毫无困难地翻译李韦⑩（Livy，前 59—公元 17）作品的一章。但对中国一部古代或中世纪的著作，你却不能这样做。因为溢于字句之外的意思是如此之多。欧洲读者必须懂得、熟悉和了解这里的人民和事物；他不应只是翻译，还应鉴别。只有当他了解作者实际所说的，他的译作才会有活力。即使是那些极通中文的人，也必须做收集工作，或像我们所说的，学习一些即将讨论的东西。"

在给出一些例子之前，我想就表意文字的语言谈几点意见。许多人坚持说这种语言是非常笼统的，而我承认其古典风格是高度简洁的，因为它在单复数、时态、语态、性、抽象等方面，比起欧洲或其他地方的一些语言来说，明确性要小得多。同时人们常能遇到可称之为警句的思想结晶。下面就是非常漂亮、明了之至的一例：

朱熹（1130—1200）

现心说

所觉者,心之理也。

能觉者,气之灵也。[1]

其意思是:

> 认识或颖悟是心存在的主要模式,但(世上还有某种东西)也可以做到这一点,(我们可称之为)灵这种(先天)之物。(或如我们所说的,从物中显露出的)

理解这一短句要花不少工夫,但这个句子并非有什么不寻常,它也极其优美,字字句句都具有召唤力。例如"理"引出了玉和其他一些美妙石头的自然面目。"灵"(spirituality)是语句中最受厚爱的字了,实际上 numinous 也许是其最好的译法。我们设想山里一处遥远而美丽的地方,有一座庙,你与超俗、风雅、有魅力的人结伴而行,庙主是一位智人,置身其中令人浮想联翩;而天空碧洗,风光壮丽,诚乃圣地也。那么,好了,把所有的这一切用一个字总括起来就是——灵。

现在我们该回到技术界了。请看下面关于炼钢的经典例子。

綦毋怀文炼钢法

(杂炼生柔法)约 454 年

[綦毋怀文]又造宿铁刀。

其法烧成生铁精以重柔铤,

数宿则成钢。

以柔铁为刀脊。

浴以五牲之溺,

淬以五牲之脂。[2]

此文谈到一位有怪名字的人綦毋怀文,他生活于 6 世纪,为东魏最后一个统治者制造军刀。《北齐书》说:"綦毋怀文又造宿铁刀。"宿铁可能是什么呢? 其文接着说:

> 他的方法是把优质生铁水注在熟铁块上,经过几个昼夜后则成钢。

这种方法极有意思,显然,把高碳的生铁在有低碳熟铁存在的情况下加以熔化,使其含碳量均匀继而生成钢。所谓"以柔铁为刀脊"是另外一种"软硬结合"的方法。这简直是软钢在内硬钢其外为刀刃的熔接模式。而冷却和淬火的做法是"浴五牲之溺,淬五牲之脂",这也是很有趣的。所有的冶金家们对淬火速度快慢的差别都很熟悉。当用油脂作淬火材料时,它从金属中吸热较缓慢,会对钢的显微结构产生很大影响。

我举的最后一例是关于波斯天文学家札马鲁丁[⑪](Jamāl al-Dīn)于1267年带到北京的一具浑仪。我们不能断定他一定带来了仪器,但至少他肯定带来了设计图。这时正是郭守敬创制简仪的时代。此仪后来一直为中国古代天文学所用。

札马鲁丁的浑仪(1267)

"咱秃哈剌吉"汉言混天仪也。

其制以铜为之。

平设单环,刻周天度,画十二辰位,以准地面。

侧立双环,而结于平环之子午。

半入地下,以分天度。

内第二双环,亦刻周天度,而参差相交,

以结于侧双环,去地平三十六度,

以为南北极。

可以旋转以象天运,为日行之道。

内第三、第四环皆结于第二环。

又去南北极二十四度,亦可以运转。

凡可运三环,各对缀铜方钉。

有窍以代衡箫之仰窥焉。[3]

"咱秃哈剌吉"是阿拉伯文 dhātu al-halag-i(多环仪)之音译。注意,这恰似我们前面谈到的"维他命"的音译一样。

"咱秃哈剌吉"中文称为浑天仪。

它由青铜制成。

设置刻有周天度数及十二辰的地平单环,用以作地平测量。与其相垂直的环为子午环。与地平环相结于南北两点。子午环有半圈在"地"以下,由此划分天周度数。

其内又联结有一双环,也同样刻有周天度,并与地平子午环交于地平高
度为±36°的两点,用以表为南北极。此环可以转动,它的转动象征着天转,
并且标志着太阳的运行轨道。

第三、四环在内,都与第二环相联结。它们去天极 24°,可以转动和
旋转。

因此,所有可运动的三个环都缀有带孔的铜钉,能代替望筒观测(天
体)。

由上立即可以看出,札马鲁丁的浑仪是赤道式浑仪。一个相当有趣的事实是,由于中
国人从未用过古希腊人和阿拉伯人的黄道式仪器。这一点马拉盖(Marāghah)的人必
定是很了解的,显然他们特意设计了符合中国实际的仪器。地平圈和子午圈为基本
的固定框架。用于观测的、可移动的赤纬环在极轴上绕转。赤纬环上可调整的带孔
照准器会给出星的赤纬。赤纬环完全是中国风格的,但照准器却与中国传统的望筒
有异。这架浑仪最不寻常的特征,是两个稍小于赤纬环并与其垂直相联结的环圈,它
们与赤道平行。而浑仪本身并无赤道环,不管是可移动的、还是固定的都没有。赤经
方向的测量,自可由这两个环帮助完成。如果照原文字面理解的话,我们不得不认为
这两个环是恒显圈和恒隐圈。但由于它们所处位置与已明确给出的极的出地高度不
合,看来很可能这两环不是距南(北)极而是距赤道24°,在这种情况下它们就是回归
圈了。有趣的是浑仪的极高为36°,与德黑兰或麦什特(Meshed)而不是与马拉盖相
合。因而此仪可能是为山西平阳天文台而不是为北京的天文台设计的。对此我们从
文中不得而知,但仪器总要适其所用。明显的结论是,作为对蒙古王朝统治下重建的
中国天文台的贡献,波斯天文学家准备了一项浑仪设计,虽然在概念上是原来的,但
设计本身却完全是中国风格的,与他们自己的托勒密或古希腊——阿拉伯传统大相
径庭。

本文研究就至于此。我希望我们业已展示,在人类交流的总进程中,跨越巨大的
象形文字和拼音文字语言的障碍,跨越 10~20 个世纪时间的距离,在自然界的观察和
实验研究上,以及在利用大自然赠予的技术方面训练有素的心灵,仍然能够相沟通。

（陈　鹰　译）

参考资料与注释

〔1〕《朱子语类》卷 1,40 页(约 1270 年版)。

〔2〕《北齐书》卷 89,85 页(636),《太平御览》卷 345,6 页(983)。

〔3〕《元史》卷 48,10—11 页(约 1370)。

译 注

①佛尔克,德国汉学家,1890—1893 年任驻华使、领馆翻译,1903—1928 年为柏林东方语文学院汉文教授,擅长中国哲学之研究,著译有《中国之名家》(*Chinese Sophists*)、《论衡》(*Lun Hêng*)、《中国人的世界观》(*The World Conception of Chinese*)等。

②葛兰言(Paul Marcel Granet,1884—1940),法国汉学家和社会学家,1911—1913 在华从事研究,回国后任巴黎高等研究院东方宗教所所长及东方学院教授,著有《中国人的宗教》(*La Religion des Chinois*)、《中国的文明》(*La Civilization Chinoise*)等书。

③这段法文的意思是:"相互关联的汉字单音节发音符号,肯定有重要的价值,每个汉字本身就应看作是有适当的含义,更确切说,如果我可以这样说,是一种有效的称谓。"

④原文为:"转万斛之舟者,由一寻之木。"

⑤张衡《浑天仪图注》云:"天体圆如弹丸,地如鸡子中黄,孤居于内。"

⑥原文为:"若但以一名命之,则不能尽其妙用也。今新制备二器而通三用,当总谓之浑天。"见苏颂,《新仪象法要》卷上。

⑦原文为:"恭俟圣鉴,以正其名也。"同上。

⑧德国活版印刷发明人。

⑨德国汉学家。1870—1897 年在中国任职。1902 年应聘任美国哥伦比亚大学第一任汉文教授。著有《中国和东罗马》(*China and Roman Orient*)、《中国研究》(*Chinese Studiem*)等著作。

⑩拉丁名 Titus Livius,古罗马历史学家,著有《罗马人编年史》(142 卷)。

⑪元初西域天文学家。生卒年不详。据李约瑟博士等研究,札马鲁丁是波斯马拉盖城天文学家。约在 13 世纪 50 年代,札马鲁丁等人应召为元世祖忽必烈服务。至元四年(1267)札马鲁丁献其所编《万年历》,即回回历。同年负责制造了 7 件阿拉伯天文学仪器。

【15】（术语翻译）

I—15　中国古代技术术语的翻译和现代化问题*
——评波尔克特对中国古代和中世纪自然哲学和
　　医学哲学术语的翻译

　　慕尼黑的曼弗雷德·波尔克特（Manfred Porkert）教授，通过他的一系列论文[1]和一部重要著作[2]在一个困难重重，但对我们了解古老和传统的中国思想却是至关重要的领域内，以别具一格的方式悄然地耕耘着。他认为，如果我们想要在理解古代中国科学家和医学家的世界观和自然哲学方面取得进展，则唯一的途径就是：必须通达古人所充分使用的科技术语的确切含义。我们对此表示同意。但我们怀疑，由于这些科技术语缺乏符号论上的潜在含义、抉择和其他底蕴（*arrières-pensées*），所以就不可能拘囿在一个简单的意义或相当的含义上。我们以为，在古代的中国科学、技术以及医学术语中包含有一些模棱两可的东西，因此要确定这些术语在语义范围内的高低深浅的任务还是一个很重要的问题。可是他对此的做法却完全是乐观的，颇为自信地为古代和中世纪的用字给出了相当精确的现代意义。我们在发表下述看法时是有所踌躇的，但对他的胆识是深表钦佩的。

　　波尔克特现在写的这本书的确是一个系统地刻画应用于医学方面的中国自然哲学的经典系统的大胆尝试。他运用了在语义学和语源学方面的专长，以及对中国，特别是汉代的科学和医学文献方面的丰富知识，以非凡的智慧和勤奋建立了一个科技术语的观念。他仔细研究了《黄帝内经》[3]（包括《素问》和《灵枢》），并利用了中华人民共和国的中医学家对这些文献的某些最新解释。[4]结果必然被认为这是权威人士所从事的一项第一流的事业；同时，也没有一个在中国知识史领域内的人士能忽视他提供的真知灼见和启示。我们这里说的只是评论而不是批评，更像是在一项激烈争论中作一个紧急调停。之所以说紧急，是因为某些学者很想接过他的术语学系统的

_____
　　* 本文是李约瑟与鲁桂珍合写的，1975年发表于《科学年鉴》（*Annals of Science*）第32卷，491—502页。——编者注

栅锁和窒息的木桶,而这可说是很遗憾的一件事。我们可以从波尔克特的书中学到很多东西,但他所提出的一些译名,如不加以仔细推敲,在中国科学史的公共宝库中是不应被采纳的[5]。

　　事实是,波尔克特并未就我们对传统的中国医学术语应如何理解,以及世界其他各地的科学史和医学史专家们对之应如何翻译等问题作出定论。他敢于面对翻译上的一个大问题,对此,我们和我们的合作者也是极为关注的,因为我们自己也是早就面临了类似的一些问题。这一点,下面还要谈到。现在,我们首先要对他所选用的"全或无"式(all-or-none)解决方法的实用主义倾向提出警告。如果说有某一件事物留给我们的印象,要比最近 40 年来我们与中国的自然科学和人文科学的同事们密切交往的其他任何事物都深,那就是:中国的知识界(mind)现在和过去若干世纪,都是在一个"不确切"(not exactly)的基础上工作的。我们之所以会做出这样的反应,原因是这很像著名的 E. M. 福斯特(E. M. Forster)的"二声欢呼"(two-cheers)公式,我们在研究波尔克特的著作时对此也是一再地感受到的。

　　首先,我们来看连续因果关系(successive causation),(如在现代自然科学中通常所理解的)对"同时的"(simultan-eous)或"同步的"(synchronistic)因果关系这一问题。凡对中国哲学史熟悉者对这一特定问题是很了解的,甚至早在 C. G. 琼(C. G. Jung)阐明他的"同步原理"[6]和他与物理学家 W. 泡利(W. Pauli)一起出版的一本名著[7]问世前就这样了。因此,在一开始波尔克特就将他称之为西方科学和现代科学的"因果分析的"(causal-analytic)观念与他称之为中国科学的"归纳综合的"(inductive-synthetic)观念作了对照。[8]诚然,人各有说,但确实这远非事情的全部。坦率地说,这甚至可说是一个相当谬误的对照。实际上,欧洲的思想是趋向于微粒化和原子论的,因此就想到因和果终究是会严格地彼此互相依存的;但与此同时,中国的科学思想总是按有机论者(organicist)的做法,以连续介质中的波动方式来工作,正视几乎瞬时的超距作用(action at a distance)(甚至很大的距离),并把有关现象看作是同步的或象征性地成双成对的,而不是被引起或引起的。但我们也并不愿意把古代的中国人完全放在这个二分法(dichotomy)的一方。他们肯定相信事物和性质的"对应关系"[9],这和他们的有机论观点是适应的;但我们想,如果有人假定在中国人的世界观中根本就没有任何一点暂时的因果演替的要素,这是十分遗憾的[10]。然而,波尔克特正是这样去做的。他把中国人以及他们的医学学说整个都归之于同步性并置于同步性中[11]。

　　有一点是确实的,即某些当代哲学家,诸如 N. R. 汉森(N. R. Hanson)[12]指出,一连串弹子球事件(billiard-ball events)的"谱系"(genealogical)表述是纯粹的抽象,而这些事件也可视为是产生于周围环境的模式(pattern)或网络(network)。大徽章院(cosmic College of Heralds)建立的因果关系世系绝非事情的始末。正如冯哈勒(Albrecht von Haller)1768年所说:*Natura in reticulum sua genera connexit,non in catenam*……[13]。古代中国的思想对此是颇为欣赏的,并认识到我们称之为"网状的"(reticulate)或"有层次地变动的"(hierarc hically fluctuating)因果关系[14]。事实上,对中国人来说,同时出现几个间距很远的事件,确实为隐伏的宇宙图像的表现[15],但这可称为"因"——虽然它在事件发生前就已存在,中国的有机论思想并未也不需要从暂时的演替中佚去。无疑,它仍然不同于流行的欧洲因果关系的一些概念。我们在《中国科学技术史》①中多次提到了"符号性关联"(symbolic correlations)[16]、"关联的"(correlative)或"协调的"(coordinative)思想[17]以及同步性事件的关系。但我们绝不坚持这是在详尽论述中国对自然界的看法,而且可能找到说明时间因果概念的自然事件的许多章节和描述。这样,如此明确的二分法的结果,正是过分强调了在中国古代科学和古代世界其他地区的自然科学的主要发展间的差异。当然,中国的科学思想需要阐明,并必须用它所具有的特性来解释,但我们也不必走得太远,因为我们需要把它从作为一个部分的自然知识的主流中分隔开来。

其次,波尔克特使用的一个词"感应"(induction)(与他对"能"的始终予以强调一起,我们在下面再提出意见)使我们心中产生很大的不安[18]。毕竟,声的共振(古代中国人通常认为是不可思议的)[19]并非一种持续现象,因为声波传到响应仪需要一段可测的时间。甚至,电感应和电磁感应也不是瞬时的。我们怀疑,是否现代物理学的任何一种现象(除非它可能是来自亚原子微粒的奇异世界)都能用来说明古代中国的有机论哲学家和医学家的思想。我们也怀疑,是否任何一个今天人们所了解的生物学现象也能这样,但令人印象深刻的是,波尔克特竟是如此依赖于实验形态学和胚胎学中的"诱导"概念(就我们所能见到的是尽管从不承认这种思想的推论背景)。当一个"形态发生激素"(morphogenetic hormone)或一个"有机体"(organiser)中的诱导物或诱导组织作用在一个胚胎的细胞的感受底物上时,就能把它们抽出来置于形态分化和组织分化的给定范围内[20]。显然这又是一个非暂时状态,因为它用相当长的时间来将诱导组织(带信息大分子)的分子影响扩散到整个感受反应组织上去。

人们还可看到在波尔克特的思想中到处是"主动的"(active)和"构成的"(structive)二分法。例如,自然界的两大本原:"阳"是主动的[21],"阴"是构成的[22];"气"是主动的、规范或成形的能[23],"血"是构成生理的能[24]。或是我们听说具有"阴"的事物是"等待组织"[25];换言之,是能对激励起反应,而激励则自然就永远是"阳"。恰好,我们发现"精"(通常有一种不令人满意的陈述为"精液",当然精子也是这个字的一个正确意义)被译为"自由可用能"(free usable energy)[26]、"构成能"(structive potential)[27]或"独立的构成能"(unattached structive energy)[28],即发生的有机能。同样地,"灵"指反应本领,是成形力(神)的构成,即能是使所受的主动影响具体化的一种基本能力[29]。用另一句话来说,它意味着类似细胞学家所说的胜任性;反之,极像细胞学家所说的"诱导剂"[30]。我们在波尔克特的系统中很少听到这点;每一件事情看来都是这一类或另一类的能。所以,都是"阳",但"阴"又将如何呢?"气"对"血"的影响和"神"对"灵"的影响,是不可抗拒地使人联想起不仅只是作用在竞争组织上的诱导剂,甚至也是作用在亚里士多德式的组织形式(eidos)和初期的无助物质(hulē)的关系上的。这后者,就像用"骷髅"(caput mortuum)来表述波尔克特系统中的"鬼"字,如果你不是一个鉴别专家则很容易会将之认为"魔鬼"(devil)[31]。

　　看来,波尔克特是想在"能"(Energie)和"力"(Kraft)间作出区别[32]。"精""气"和"血"是能的全部形式,而"神"和"灵"就可称作"本领"(能力、潜力?)、"能量"[33]或"力"。如果有人自信在扁鹊、华佗或张仲景[34]心中也有这样微小的区别,则在有关"活动"的名词和"可能性"(与生物学家的老的全能性和多能性作比较)的名词间的区别就会被接受。显然,无论是中国或西方在2000年中都没有人听说过独立的分化现象;所以,看来过去像把现代科学的一些分支的概念误作为"发育力学"(Entwicklungsmechanik)和分子生物学,这样的引入还是相当理想主义的。如果可以证明这类的形态发生观念即使是只形成了一半,也是早已存在于古代和中世纪的中国思想家的头脑中,则就可认为这样来理解它们是公正的[35]。困难是在于要证明。而人们也只能希望,在波尔克特的鼓舞下多研究一下古人的文章,就可证明这些见识有多少可用,能产生多少错觉,以至引起多少错误结论。

　　再次,我们假设把"气"和其他一些实体解释为能的各种形式。众所周知,各个时期的中国科学思想家都是绝对否认在"精神"和"物质"间存在有严格区别。但令人不解的是,是否这就可为波尔克特系统中突出强调能作辩护。对任何一位中国学者来说,这样做也未免把能过于当作"阳"了;而看来对物质,首先主要是"阴"就没有什么位置了。他有一段写得很好。他说,在现代电气工程的各种各样术语中存在一个合理的(从有指导性的认识论观点出发)对比,在这种术语中诸如"直流电""交流电""阳极电流""集电极电流""栅极电压""高频"等表达的都是一个基本现象,即电能[36]。但我们是否就真的判定把中国古代思想中的"气"字译为孤立的"能"(energy),是正确的呢?我们再次声明:"是"。但就整体来说,可能还"不太确切"。我们在《中国科学技术史》中试对此下定义时说过,对古代的中国人来说,它有点像pneuma(元气,精神),即一种微妙的精神,纤细的物质,像空气或气态的水汽,但又有点像是具有放射能性质的东西,又像是放射性射线或 X 射线,或是具有很强穿透力的粒子[37]。我们在讨论理学哲学时,还真是把这一"气"字译为现代风格的"质—能"(matter-energy)[38],但这当然是波尔克特所研究的"气"的早期概念后 1000 年的思想家们的思想了。

诚然,这很像"孤注一掷"地将"气"及其众多的修饰形容词一揽子归为能的各种形式。这一想法是颇为吸引人的,但却又不得不使人感到,照这样把对能的本质的理解放回到时间机器(Time Machine)上去已太晚了。我们所理解的能这一概念,在 18 世纪末至 19 世纪初是很难成立的,正是这一概念,在热动力学诞生前开创了蒸汽机的时代[39]。使用具有现代概念的"热"这一术语,可以追溯到不晚于 1807 年,这时托马斯·扬(Thomas Young)出版了他的《自然哲学讲座》(*Lectures on natural philosophy*)[40]。迄至 19 世纪,在讨论简单的物理事件时还不需要有能的一般概念;发展力学和动力学时还没有热的概念,而只是使用了像"活力"(*vis viva*)即我们的动能这样的孤立观念,并且不与任何其他的表现形式有所联系[41]。"热质"说只是障碍之一[42]。后来在朗福德(Rumford)和戴维(Davy)的虽未成功但却是开拓性的工作以后(1798—1799),有许多实验开始表明了在机械能和热之间的密切关系[43]。人们到了 1837—1844 年才认识到,所有的现象世界都只是表现为简单的"力"或能,不是动力的、热的、光学的、重力的,就是电的[44]。最后,在 1842—1847 年,有几位科学家彼此在几年期间提出了能量守恒定律[45]。有一种说法认为,古代学者早就知道动能(和势能)的一些效应,只是不理解热、光和化学能等也是同一世界组成的各种形式而已[46]。我们对将这一定律的大部分内容转安在古人身上是抱谨慎态度的。

至于电,尽管古人奠定了对电气工程来说,没有它就不会产生磁学的基础,但他们是并不知道存在有电的。直到 18 世纪,电学并无发展,而古代中国人的思想中肯定是想不到这种能的[47]。所以,概述之,我们倒是非常喜欢采用一个模糊的概念"气",因为这个汉字可以包含呈气态的各种各类的物质,同时也适用于辐射、无线电波和其他各种形式的非物质的或至少是非微粒的能。然而,我们在此也再次表示,不愿把能的观念从古老的"气"的概念中完全排除出去;在波尔克特的辩解中所表示的是,它是占主要地位的。因此这也是留给我们的一个存疑的问题。而且这还不仅是对我们,也是对东亚的所有传统医学家们提出的一个问题。

在有关的一些难题中,我们觉得确实不应把"血"的含义局限为"个别特别的构成能"(individually specific structive energy)[48]。在汉代文献,特别是已经提到过的《内经》中,就可能得出在人体血管中血液循环比今天公认的哈维循环(Harveiancirculation)只慢 60 次左右的一致学说。如果我们感到在实验室试管中身体的血液是在

"血"的正统含义之外时,就根本不能认为这种陈述是正确的。

在波尔克特的书中,如果是有所不足(人们不能接受的观念和意见自然不属不足之列),则可能就是关于现代科学知识他提得不够充分。这样,例如在他称之为"相能学"(phase eaergetics,即五运六气)[49]的一章中,他没有提到在现代科学生物学和医学中已充分建立的动物和人体中的周日、周月和周年的生理节律。他说得很对,"相能学"是中国在古代和中世纪医学和针灸系统中的最薄弱部分,原因是它过于依赖于时间的机械推移,这可以不管经年累月在不断变化的气象条件,而以 10 和 12 个循环使用的汉字②不断变换和组合所说明。然而,该学说却认识到一个事实,即在动物和人类的生理学和病理学上存在有一个内在的节律[50],这是很了不起的。人们在《内经》中甚至可以见到有在 24 小时内患有各种疾病的病人很可能有险象与缓和的记述[51]。这就值得花费精力来研究导致这种卓越的、预见性的、宝贵的临床观察和实践的财富。

现在,我们来看波尔克特注释的"全或无"式特点的第四个实例。几十年来,也可能是百多年来,通常是赞成把中国的"五行"学说翻译为"五元素"(five elements)学说。对此,长期来看也认为并不满意。正如我们在《中国科学技术史》中说过,"元素"(element)这个术语用来指"行"是不够的,因为这个字就其语源而言,从一开始就有运动的含义[52]。我们还指出,典型的中国思想特色倒不如说是回避实质和紧紧抓住关系。元素的概念并非五种基本物质(粒子不在其内)系列中的一种,而是五种基本过程之一。但这当然不能成为将其整个地从我们所认为的物质的概念中排除出去的理由。我们也就只能把"两声欢呼"奉献给波尔克特的"五种进化相"(five evolution phases)[53],部分原因是它完全排除了物质,另一部分是由于"进化的"一词在达尔文的观念中有相当浓厚的进化含义,而在此根本不需要,或基本上不需要[54]。

最近有人指出,中国的五种元素正好概括了物质的五个基本状态[55]。人们可以把"水"类比为所有液相物,把"火"类比为所有气相物。同样地,"金"可以包括所有金属和半金属,"土"则包含地球上所有元素,"木"象征整个碳化合物,即有机化学的领域。如果有人用"相"这个字来思考,则该"相"(表示外观)就是某些人宁可保留某些东西也就达到了协调的程度。可以想象,在任何情况下,他们可用于某些表达,如"基本中期"(elemental metaphase)。但"中期"(metaphase)这一词在细胞的有丝分裂史上已有了很好的定义性的含义[56],所以要求有某些更专门和统一的用词;例如,一个新造的词语不能与其他事物相混,诸如可以用"五个基本 metaphere"[57]或可能的"五个基本 methisteme"[58]。主要的一点就是,物质不能简单地和原子一起排除出去。

最后,我们再回到翻译问题上。波尔克特像我们一样也面临一个极困难的翻译问题,但我们不能完全接受他的解决办法。例如,如果有人想翻译汉代或唐代的医学文献,他可以有几个不同的做法[59]。第一种做法是,大部分基本的重要术语一概不译,而是完全采用罗马字转写。这样,这些文献很快就会使西方读者感到不可容忍的单调乏味,也就很难使人能对之发生兴趣[60]。第二种做法是,对所用的术语死板地选用枯燥的词典含义,结果倒是十分古雅别致又朴实,但至多也将导致曲解古代和中世纪的医学家和自然科学家的想法[61]。这种做法的结果是,使读者对古人思想的深度所留下的印象是极不恰当的,因为中国的哲学家和医学家一样,都是习惯于从普通语言中借用了许多科技术语,只是加上了专门的技术含义。第三种做法是,可采用一个现代科学或医学的术语作为同义对应词,但这就将造成几乎必然的意义不确切,以至完全误解,因而大大歪曲了古人的思想。这也正是波尔克特因他的诱导(或感应)和能的模式而招致的巨大危险。

但是还有一种更进一步的做法,过去我们和我们的合作者也曾这样做过,这就是:从西方读者所理解的词义的词根创建新词,这就可以试用来表示中国科学家和医学家按他们根本不同的传统所达到的精微水平。这意味着,一个人必须创造出大量以古希腊和拉丁词根为基础的新术语,但一定是要么西方作品中从前没有用过的;要么曾经使用过,但如今早已完全被废弃了。当这些词语第一次出现时,人们当然想对它们所想赋予的确切含义一一加以说明。我们曾这样试过多次。我们认为这样做确实可以正确表示出古代和中世纪文献的精微[62]。因此,我们就用"patefact"表示"表","subdite"表示"里","eremosis"表示"虚","plerosis"表示"实","algid"表示"寒","calid",表示"热","vexilla"表示"标","agmen"表示"本","hyperoche"表示"盛","elleipsis"表示"衰"[63]。正如我们已说过,显然在医学文献的译文中,在应用这些语言前,必须首先深入分析中文术语的内容和对构成这些术语的对应词所选用的语言成分做出语义上的判断。这也正是波尔克特所曾从事过的工作,而我们则还是宁可用我们的解决办法。显而易见的是,这个工作极为困难,不仅是由于在各种文化间的概念各异,而且由于不言而喻多少个世以纪来中国的专门医学术语变化缓慢。然而,我们还要重申我们的信念,即术语和观念如果能充分理解,并能充分应用而组成了从古典语言造出新的语词的词汇财富,则这些术语和观念在西方语言中是能协调的。此外,中国医学语言是很一致的,足以容许有极为适用的古希腊和拉丁文的同义对应词与之基本近似。

可是,波尔克特所采用的方针和我们仍然愿意采用的相当不同。他基本上是直接转写为拉丁文的,所以他使用的对应词读起来就像是现代解剖学的标准课本中用的术语。我们取针灸的经脉系统的一个名称:"手厥阴心包络经",他译为"*Sinarteria*

Cardinalis Pericardialis Yin Fle ctantis Manus",我们则是用"Cheirotelic Pericardial Jue-Yin Tract"(手心包厥阴经)。他某些小心从事的勤劳工作可说是徒劳的。例如,他的那张花了大量精力编成的收有几百个针灸穴位名称的拉丁译名表。很难相信,这项工作有多大用处,特别是许多年前已经有了国际公认的由字母和数码组成的穴位名缩写系统[64]。他所提出的西方对应词,有些可以接受,如"邪"译为"heteropathies"(异病)[65];但有一些不能接受,如"腧穴"他译为"sensitive point"(敏感穴位)[66],因为这两个汉字是指针灸穴位本身。我们还不同意他把"脏象"(身体内部器官间的内在联系及其功能情况的显现)译为"imagery of functional orbs"(功能整体的意象)或"orbisiconography"(整体功能图像)[67]。他之这样译定,是为了表明,例如"肝"绝非仅指肝,而是还包括有能的范畴(他称之为一个"orb"),对解剖学上的器官来说,则是作为对能的一种物质底物(material sub-stratum)。但无疑,当年中文中对"肝"的含义也决不会超出我们所理解的这一器官及其解剖学机能的生理学和病理学范围。如果这点对读者已解释清楚了,也就不必再需要如此稀奇古怪的术语了。另外,我们也不赞成他选用"sinarteries"(中国的动脉)来表示中国针灸系统中的"经"(tract)[68]。幸亏他回避了一个极常用的词"meridian"(经线),这个词是极不适用的,因为它与精确的地理学和天文学有密切联系;但是,当动脉(1)从未真正看作为管道,(2)它们并非从心脏辐射出来,(3)它们也具备准静脉的功能时,在动脉(arteries)这个词前面标上一个表示"中国的"(sin)音节③,实际上是不能成立的。

我们想到,许多读者或许会认为我们的评论是责人严而律己宽,不过这也没有什么。我们将继续和波尔克特本人以及其他同事一起来努力解决这样一个极难对付的问题,即去理解中国古代和中世纪的科学家和医学家彼此交谈和想现在告诉我们些什么。全部问题得到解决尚需时日,目前我们宁可灵活一些而暂不表态[69]。

与此同时,波尔克特的这本书是上述研究的一个里程碑。他提出的问题是与文艺复兴以来现代科学思想的各个方面的发展极其相关的,因为这些问题的真实时代和来源永远是既重要又富于魅力的。自从林恩·桑代克(Lynn Thorndike)和瓦尔特·佩吉尔(Walter Pagel)以来,我们已经十分了解从古代和中世纪信仰的"黑暗面"中提出的许多问题。但波尔克特有独到见解和有促进作用的工作,也将不仅值得汉学家和东亚科学史家,还有所有为将古代和中世纪科技术语从其原始语言译为今天生活在现代科学技术世界上的人们所理解的语言而感到困难者深思。主要的疑问是,它是否能解决?在科学的哲学中决不能按后者来构成早期的概念"范式"(paradigms);即使人文科学的实用知识是在稳步前进,但人们又怎能从胆酸、喷气孔或空气动力学等,来给出不确切的相应词如"黑胆汁"(black bile)或 *anathumiasis*,或 *modus violentus*

呢？或许最好的解决办法将永远是停止探求确切的对应词。而就亚洲的语言来说，则是从符合于直观和所要求的精微程度的相同词根创造新词。究竟何种方法最好？只有时间才能证明。

（王人龙　译）

参考资料与注释

〔1〕M. Porkert：*Untersuchungen einiger philosophisch-wlssen-schaftlicher Grundbegriffe und Beziehungen im Chinesischen*，*Zeitschr. d. deutsche morgenländische Gesellschafl*，ⅭⅬⅩ：422（1961）；*Wissenschaftliches Denken im alten Chinadas System der energetischen Beziehungen*，*Antaios*，Ⅱ：532（1961）；*Farbenproblematik in China*，*Antaios*，Ⅳ：154（1962）；*Die energetische Terminologie in den chinesiscen Medizinklassikern*，*Sinologica*，Ⅷ：184（1965）第一篇文章作为1957年巴黎开幕式学术论文出版。

〔2〕M. Porkert：*Die theoretischen Grundlagen der chinesischen Medizin：Das Entsprechungssystem*（Steiner，Wiesbaden，1973：Münchener Ostasiatische studien，no. 5）. 英译：*"The theoretical foundations of Chinese medicine：systems of correspondence"*（Cambridge，Mass：M. L T. Press，1974：*East Asian Science Series*，no. 3）. 后者出版时，某些部分有较大补充。以下引用时作"*Foundations*".

〔3〕我们译为："*The Yellow Emperor's Manual of Corporeal（medicine）*"（《黄帝内经》），Pt. 1："*Questions（and answers）about living matter（clinical medicine）*"（《素问》）；Pt. 2："*The vital axis（medical physiology and anatomy）*"（《灵枢》）。

〔4〕尽管这好极了，但我们绝不可忘记，像这些解释往往是为了现时的实用，并不一定与以往许多朝代的名医及其他注释者的相一致。

〔5〕这一告诫的面很广泛，因为日本、朝鲜和越南的研究对此都有所涉及。而其更为广泛的，则可能影响到印度、阿拉伯和波斯文化区的科学史和医学史。

〔6〕首次见于C. G. Jung："*Über Synchronizität*"，*Eranos Jahrbücher*，ⅩⅩ：271（1952）（英译："*On synchronicity*"，*Eranos Yearbooks*，Ⅲ），以后又增订于C. G. Jung："*Synchronicity：an acausal connecting principle*"，这篇文章刊于"*The structure and dynamics of the psyche*"（*Collected Works*，Vol. Ⅷ：London：Routledge and Kegan Paul，1960）和Jung与Pauli的书中（参见〔7〕）。

〔7〕C. G. Jung和W. Pauli：*The interpretation of nature and the psyche*. 原文为德文，名为"*Natureklärung und Psyche*"（Rascher，Zürich：Studien aus dem C. G. Jung Institut，no. 4，1952）. R. F. C. Hull英译为："*Synchronicity：an acausal connecting principle，by C. G. Jung*"；"*The influence of archerypal ideas on the scientific theories of Kepler，by W. Pauli*"（London：Routledge and Kegan Paul，1955）. 早期的学者，特别是Marcel Granet所阐明的区别相当清楚。

〔8〕*Foundations*，43。他给读者的印象是："西方科学并不比中国的科学更合理，只是多一些分析而已"（p. 46）。在我们看来，说得很好。

〔9〕参见J. Needham et al. ："*Science and Civilisation in China*"（1954，Cambridge University Press，Cambridge）Vol. Ⅱ，p. 288. 以下该书各处均略作"*SCC*"。

〔10〕Donald Leslie 在简明清晰的论文"Les théories de Wang Tch'ong sur la causalité"(Mélanges offerres à Monsieur Paul Demiéville,Paris,1974,Vol. 2,p. 179)中精确地证明了这一点。他引用了庄子、荀子和董仲舒,以及王充的《论衡》的文章说明中国古代哲学家已意识到因果关系有 3 种完全不同的形式:(1)被自然接触调和的作用于相似的相似作用;(2)没有明显接触而发生在超距的不相似的相似作用;(3)由于宇宙的预定符合产生的一致或同时效应。也比较 D. Leslie:"*The problem of action at a distance in early Chinese thought*",刊于 *Actes du Vlle Congrês International d'Historie des Sciences*(Jerusalem,1953),p. 186。

〔11〕例如,他特别指出在古代中国哲学中"因"和"果"间设想为并无时间的空隙。

〔12〕N. R. Hanson:*Causal chains*,*Mind*,LIV:289(1955).

〔13〕*Historia stirpium Indigenarum Helvetiae*,Vol. 2,p. 130.

〔14〕*SCC*,Vol. Ⅱ,p. 289. 例子可见于黏霉菌的变形虫、腔肠动物的神经网或哺乳动物的内分泌"管弦乐队"。在这些例子中,不同的组成单位在不同时期是居于主导地位的,但原因还不详。

〔15〕人们几乎想称之为一种力的场。比较 *SCC*,Vol. Ⅱ,p. 291。

〔16〕*SCC*,Vol. Ⅱ,pp. 261ff. 比较 Porkert 的"*Foundations*",p. 119。

〔17〕*SCC*,Vol. Ⅱ,pp. 279ff.

〔18〕我们在寻找一个词来描述某一有机体的一个部分是如何能非机械地作用在另一部分上时,我们也同意使用"感应"(induction)这一术语(*SCC*,Vol. Ⅱ,p. 281),但是想到了只是在一个综合的水平上并沿着它施加影响的。在稍后一些部分(p. 287)读到了真正的类比,是本能地参加到宇宙节律和同样具有瞬时"体位信息"的舞蹈者的类比,(比较 C. H. Waddington:"*Biological development*",*Encyclopaedia Britannica*,1974,15th ed. p. 647)以及它们自身固有的本质,因而"因果关系"是从有最终一个图像存在的地方的相当基本的综合水平上产生的。

〔19〕比较 *SCC*,Vol. Ⅱ,pp. 281−282,304。

〔20〕有关发育和分化的现代观点的特别清晰的概括,推荐阅读 Waddington 的全面广博的文章(参见〔18〕)。描述分子生物学时代开始前胚胎感应和测定机理知识情况的有 Saxén 和 Toivonen 的书〔L. Saxén 和 S. Toivonen:"*Primary embryonic induction*",London:Academic Press(Logos)and Elek,1962〕和 J. Needham:"*Biochemistry and morphogenesis*〔Cambridge University Press(1942),1950 年重印;1966 年重印,加一历史评述作前言〕。在过去 10 年中,已弄清楚诱导物质必与核酸和遗传密码机构的核蛋白 DNA 和 RNA 有密切联系。但识别它尚收效甚微或告阙如;参见 C. H. Waddington:"*Concepts and theories of growth,development,differentiation and morpho- genesis*",收入 *Towards a theoretical biology*,Vol. Ⅲ,p. 177(Edinburgh:University press,1920)。我们还缺乏在基因活动方面的任何具有说服力的学说。一个诱导体物质至少已经证明是一种蛋白质,估计是核蛋白(H. Tiedemann:"*Extrinsic and intrinsic informafion transfer in early differentiation of amphibian embryos*",*symposia of the Sociefy of Experimental Biology*,XXV:223(1971);其他可能是:D. E. S. Truman:*The biochemistry of cytodifferentiation*,pp. 71−72,96,104(Oxford:Blackwell,1974)。

〔21〕他甚至还直截了当地称之为"感应的"(inducfive)(Foundafions,14)。

〔22〕显然也是"应答的"(responsive)(出处同上)。

〔23〕*Foundations*，pp. 27，167ff. 也见 Porkert 1961 年的文章"*Untersuchungen*…"（参见〔1〕）。

〔24〕*Foundations*，pp. 27，185。两者也都认为是"分别地特别的"。

〔25〕*Foundations*，p. 22.

〔26〕在"*Untersuchungen*…"（参见〔1〕），p. 536.

〔27〕*Foundations*，p. 27.

〔28〕*Foundations*，pp. 176，178.

〔29〕*Foundations*，p. 193：*Untersuchungen*…（参见〔1〕），p536.

〔30〕*Foundations*，pp. 27，181：*Untersuchungen*…，出处同上。

〔31〕"*Untersuchungen*…"，p. 536.

〔32〕这种用法在英文本中是混乱的，但德文本并不如此。

〔33〕*Foundations*，p. 193.

〔34〕这三人都是中国古代伟大的医学家。扁鹊与孔子同时代；张仲景是汉代著名医学著作家；华佗生活于汉代，死于东汉末年。

〔35〕毕竟，有些事就像亚里士多德的使月经成为发育胚胎的精子（或形式）模式，这对中国古代思想家已足够。无疑，这就是感应概念的原型。遗憾的是，我们曾被片断地告知过他们的胚胎学理论，但从以后的文章和他们所思考的倾向来判断，至少他们有很多是从希波克拉底和伊壁鸠鲁关于男的和女的两大胚种这一观点出发的（比较 *SCC*，Vol. V，pt. 5；J. Needham："A history of embryology"，pp. 16，24ff. ，42，62，108，129，193；Cambridge，1934）。这在遗传上虽然更加合理，但在解释胚胎学上就不够明显；因为即使没有初级诱导体和次级诱导体，DNA 还是"诱导"一切。当然，这些观念中没有一个与提出包含有各种能的理论有必要的联系。

〔36〕*Foundations*，p. 167.

〔37〕参见 *SCC*，Vol. Ⅱ，pp. 22—23，41，76，369，472.

〔38〕*SCC*，Vol. Ⅱ，p. 480；我们认为，这个词用作最贴近的对应词还是准确的。

〔39〕比较 D. S. L. Cardwell：*From Watt to Clausius：the rise of thermodynamics in the early industrial age*（N. Y. ：cornell University Press，Ithaca，1971）。

〔40〕参见 Y. Elkana：*The discovery of the conservation of energy*，Ⅷ：25（London：Hutchinson，1974）；G. Holton，S. G. Brush：*Introduction to concepts and theories in physical science* 增修订第二版：p. 268（Reading，Mass：Addison-Wesley）。

〔41〕D. W. Theobald：*The concept of energy*，p. 39（London：Spon，1966）. 这是惠更斯和莱布尼茨的时代。

〔42〕它的兴起和衰落，参见 S. C. Brown："*The caloric theory of heat*"，*Amer. journ. physics*，ⅩⅧ：367（1950）；D. E. Roller：*The early development of the concepts of temperature and heart；rise and decline of the caloric theory*（Harvard University Press，Cambridge，Mass. ：*Harvard Case Histories in Experimental science*，no. 3，1960）。

〔43〕比较 Kuhn 的叙述（T. S. Kuhn：*Energy conservation as an example of simultaneous discovery*，刊于 *Critical problems in the history of science*，ed. M. Clagett，p. 321（Madison，Wis. ：Univ. of Wisconsin Press，1959），并参见以后 C. B. Boyer 和 E. Hiebert 有关的讨论；以及 H. T. Pledge：*Science since 1500：a short history of mathematics*,*physics*,*chemistry and biology*(London：HMSO，1939)；2nd ed.，1966，书前有新序言和增补主题索引)，p. 141 起。进行这些实验的分别是：Sadi Carnot 1832；Marc Séguin 1839；Karl Holtzmann 1845。

〔44〕Michael Faraday，Justus von Liebig，C. F. Mohr 和 W. Grove(Kuhn，出处同上)。

〔45〕J. R. Mayer，J. F. Joule，L. A. Colding 和 Hermann von Helmholtz. 讨论这一问题的经典论文的作者有：Kuhn(参见〔43〕和 Y. Elkana："*The conservation of energy：a case of simultaneous discovery？*"，*Archeion*(*Archives internationalesd'histoire des sciences*)，1970，pp. 90—91，31：后者参见〔40〕Holton 和 Brush 的那本书(参见〔40〕)从 p. 245 起的部分是很好的入门。

〔46〕Porkert 并非建议直接用现代能概念的术语翻译古代用字的唯一作者。例如，Alain Fournier 在他那篇饶有兴味的"*Aspect thermodynamique du 'Livre de la voie et de la vertu'*(《道德经》)"〔刊于 *Critère*(*Ahuntsic College Review*)，1974，p. 161〕中提出，"道"可理解为能，"德"解作秩序或负熵。我们对此未敢苟同。

〔47〕或任何其他古代智者。

〔48〕Foundations，pp. 27，185.

〔49〕五运六气(The five cycles and the six Ch'i，*Foundations*，pp. 55ff.)。

〔50〕参见 C. P. Richter 卓越的评论文章："*Biological clocks in medicine and psychiatry：the shock-phase hypothesis*"，*Proc. National Acad. Sci. Washington*，ⅩLⅥ：1506(1960).

〔51〕Porkert 本人实际上也引用了；*Foundations*，pp. 120，125，131，138，141.

〔52〕*SCC*，Vol. Ⅱ，pp. 242ff. ，特别是 244，245ff. 和 253ff.

〔53〕*Foundations*，pp. 26，43，45.

〔54〕译者在这里没有很好地为 Porkert 服务，因为德文词组为 *Wandlungsphasen*，这并非约定，而是重复、赘述。

〔55〕Dr. Ted Benfey 在《1974 年国际科学史大会》(日本)上的讨论。

〔56〕经典的叙述见 E. D. P. de Robertis，W. W. Nowinski & F. A. Saez：*General cytology*，pp. 176ff. (Philadelphia & Lon-don：Saunders，1948)。

〔57〕导源于 metaphērein，"转移，传输，翻译"。

〔58〕导源于 methistēmi，"移动，代替，改变，交换"。

〔59〕早就对此问题提出讨论的是 J. Needham(*Clerks and Craftsm-en in China and the West*，pp. 403—404)，该书主要是在与王铃、鲁桂珍和何丙郁合作的基础上写出的(collected lectures and addresses，Cambridge：University Press，1970)。

〔60〕当然有少数几个字是公认不好译的，如"道""阴"和"阳"。Porkert 对此是同意的，而且也赞成把它们保持在绝对少数。但我们把"气"也归入此列；并打算根据上下文的意思来使用"精""神""灵"的各种译法，并且还为专家们给出汉字。

〔61〕例如，Porkert 把 2 世纪时中国著名的内科学经典《伤寒论》译为《对受寒损伤的专论》(*Treatise on cold lesions*)(见 *Foundations*，pp. 42，351)。这是根本不能接受的，根据内容应为"*Treatise on febrile diseases*"(《热病的专论》)。

〔62〕参见 *Clerks and Craftsmen in China and the West*[59]，pp. 305ff.

〔63〕Porkert 用的对应词："表"和"里"作"outer orb"和"inner orb"；"虚"和"实"作"exhaustion"和"reple-tion"；"盛"和"衰"作"redundant"和"deficient"。我们认为这样太古怪也不恰当。

〔64〕参见 O. Karow：*Akupunktur und internationale Nomenklatur*，*Deutsche Zeitschr. f. Akupunktur*，Ⅲ<5-6>:16（1954）und<7-8>:49。

〔65〕*Foundations*，p. 52.

〔66〕或 foramina inductoria（*Foundations*，p. 197）。在很多针灸穴位上，进针时并无感，但随后就在局部产生特有的一种感觉；另外，可能在整个体表并没有一个在能传感到中央和植物性神经系统的各种深度上缺乏受体精神末梢的穴位。

〔67〕*Foundations*，pp. 3，107ff. 我们将在 *SCC* 的 Vol. Ⅵ 中讨论"脏象"的概念。

〔68〕*Foundations*，pp. 197ff.

〔69〕如果事情就像 Porkert 使我们相信的那样简单，历代就不会有如此大量对经典医籍的浩如烟海的评注。每家各有观点，有时对医学发展有贡献，有时却会造成混乱和停滞，哪一种观点都不能忽略。

译　注

①原文为：*Science and Civilisation in China*。

②指天干的 10 个字：甲乙丙丁戊己庚辛壬癸；地支的 12 个字：子丑寅卯辰巳午未申酉戌亥。

③指 *sinarteries*。

II

·基础科学史·

李约瑟博士在写作(相片拍摄于 1949 年)

(此图根据相片再创作)

【16】（数学）

Ⅱ—1　中国数学中的霍纳法：
它在汉代开方程序中的起源*

一、前　言

　　解高次数字方程的霍纳（William George Horner，1786—1837）方法（1819）与宋代代数学家，如秦九韶的著作（1247）中所描写的方法表现了实际上一致的形式，这是当今数学史家们普遍接受的一个观点[1]。这种方法的起源可以追溯到汉代的开方程序之中，《九章算术》对此有所记载。但是长期以来《九章算术》的原文就是难以理解的，本文的目的就是试图对其原意作出一个解释。

　　古代开方术与高次方程的霍纳解法之间存在着明显的相似性，这早已为三上義夫（1875—1950）、钱宝琮（1892—1974）、李俨（1892—1963）所指出。无论如何，三上義夫仅仅在有关二次方程的叙述中间接地提到这点（[1]，Mikami，p. 25），而在讨论开方时却没有提及，尽管他一定意识到了这种关系，因为他特别提到了筹式中叫作"从"[2]的一行。不管怎么说，他在《九章算术》有关开方部分的一些文字翻译中，没有注意那些与霍纳方法密切对应的步骤。另一方面，钱宝琮用《九章算术》中的实例阐述了自己的比较工作[3]，李俨则试图对原文给出更贴切的解释[4]，然而他们都未能澄清全部迷雾①。当然，在以整个广阔的中国数学史为研究领域的工作中，他们是不可能把如此专门的一个问题搞得十分透彻的。不过原文的残缺和模糊仍给我们留下了一个挑战，而这一课题具有根本性的重要意义。因为从汉代直到耶稣会士到来为止，中国数学家对高次数字方程解法的应用与改进，仍然是在《九章算术》所描述的基础上发展而来的。

　　* 本文由李约瑟与王铃（1917—）执笔，原文发表于《通报》：*Toung Pao*，Vol. 43. Livr. 5（Leiden：E. J. Brill，1955）。——编者注

谈到这部重要著作的成书年代,有一点似乎是不可思议的:尽管《九章算术》远比《周髀算经》详细与完善,但是与之有关的最早线索却在后者之先。263 年刘徽为《九章算术》作序时,提到两个西汉学者张苍(前 165—前 142 在世)和耿寿昌(前 75—前 49 在世),最早对该书进行了整理和注释。可惜《史记》和《汉书》在有关这两位学者的章节中都没有提到此事[5]。此外,作为《七略》的一个节本,西汉官修目录《汉书·艺文志》没有提到《九章算术》,也没有提到《周髀算经》。不管怎样,当时一些不同书名的著作,例如现已亡佚,然而的确存在过的《算术》(《前汉书》,卷 30,44 页;卷 21 上,2 页,武英殿本)之中,就包含着《九章算术》的内容。于是就如张荫麟所指出的那样[6],刘歆(前 50—公元 23)的《七略》中没有出现《九章算术》是不足为奇的。而且我们必须记住,这些分类目录中除了有关历法和天文的内容外,并没有数学技巧的部分,而《九章算术》不同于《周髀算经》的正是在其中没有直接触及天文和历法。

较确切的线索出自《周礼》的注文。在关于负责王子教育的官员"保氏"一条中,提到其任务之一是教授"九数"[7]。可能像某些人推测的一样,这是指乘法表。按照经学大师郑玄(127—200)引最早的注释者郑众(89—114 在世)之说,"九数"的内容则与今本《九章算术》各章的名称几乎相同,只有最后一项"旁要"是《九章算术》所没有的;但是有理由相信"旁要"的核心就是现在勾股章的内容,这种观点已为数位清代学者采纳[8]。如此看来,与今本《九章算术》内容十分相似的一些东西,在郑众的时代,即 1 世纪后期就已出现了。由此我们还可以上溯到公元前 1 世纪:郑众关于《周礼》的知识得知于其父和杜子春,后两人都曾向刘歆学习,而刘歆于公元前 26 年对全国收集来的图书进行了分编整理(《前汉书》,卷 30,1 页;卷 10,6 页甲)。因而即便《九章算术》并没有以它现在的名称被记载于内府藏书目录之中,我们仍有理由相信,至少现在章名中的前 8 个来源于刘歆;因为无论是郑众及其父亲,还是杜子春,都不是数学家,很难想象他们与此有关。

二、《九章算术》有关段落的考察,附有例题和详细筹式运算的示范

数学在中国通常仅仅被人认为是类似于木工和铁匠们所掌握的一种技艺,因而有点被儒家学者所鄙薄,至少也是被他们所轻视。隋、唐和宋代,数学著作确实由于被冠以"经"的称号并与科举结合而显得尊贵一些,但无论怎么说,它们不过处于一种较次要的位置,而且学习者也仅限于一小部分人。这就解释了经典文献何以有这样多的注本,而数学著作鲜有问津者的原因。此外,采用印刷术之前抄写数学书的人大

概很少懂得他们抄写的内容;在本文中我们将指出:由于抄书人在某处遗漏了一个具有特殊含义的"一"字,致使全部与开方有关的原文变得不可理解。

我们现在用的《九章算术》,系 656 年被规定为国子监算学教科书的"算经十书"之一。这十部书直到 1084 年才被刊刻,其后它们仅仅被保存在《永乐大典》之中,戴震(1724—1777)将它们重新辑出,于 1794 年刊行了武英殿聚珍本。本文所使用的是与这一版本相同的《微波榭丛书》本,它仍用原始的宋代书名②,由孔继涵(1739—1784)刊刻出版。这一版本还包括戴震附在若干章后的补图和孔继涵的刊后语。

为了使叙述的步骤与霍纳方法的步骤相一致,我们根据筹式上的逐步变化情况把原文分成若干节,但不改变原来的顺序。为了认清作者的原意而增添的必要短语用圆括号括起来;我们认为脱漏了的原文,补上后用双括号括起来;并不影响原文的附加解释则用六角括号括起来。对汉字和译文的注释仍按出现的顺序在全文后给出。显示筹式的图解则以如下方式标明。S/1 表示开平方第一图,S/2 表示开平方第二图;C/1 表示开立方第一图,C/2 表示开立方第二图等。

(一)开方(《九章算术》,卷 4,9 页乙、10 页乙)

第一部分

1. 置积[9]为实[10]。

将(某一未知数的已知的)平方放在(筹式中的第二行)作为"实",也就是被除数。

S/1

方	
实	55 225
借算(预备)	1

……将已知的平方数置于该行(步骤 1)

……将一根算筹置于该行(步骤 2)

2. 借[11]一算。

用一根算筹(放在筹式最底行最右位,)〔这一算筹被称为预备的"借算"。〕

3. 步[12]之,超一等。

将此算筹(从右向左)隔位移动,(直到不超过"实"的最左一位为止。)〔这根具有新位值的算筹被称为"借算"。〕

S/2

方	
实	55 225
借算	10 000

……将算筹向左隔位移动两次(步骤 3)

4. 议[13]所得。

（分别试算 1、2、3…，以选择"首商"。）讨论"所得"[14]。（所得是用来试验的首商与借算的乘积③，"讨论"的意思是要求挑选的首商与所得之积不大于"实"，且使选定的首商尽可能地大[15]。）〔将选定了的首商置于筹式第一行，这一行称作"方"④，最后将得出答案。〕

选择"首商"的第一次试算和讨论。

S/3

方	2
实	55 225 40 000
法（所得 1）	20 000
借算	10 000

……试算：2 作"首商"

……b）20 000（所得 1）×2（首商）= 40 000

……a）10 000（借算）×2（首商）= 20 000（所得 1）

讨论：2 是一个可能的"首商"，因为 40 000 不大于 55 225。

选择"首商"的第二次试算和讨论。

S/4

方	3
实	55 225 90 000
法（所得 1）	30 000
借算	10 000

……试算：3 作"首商"

……b）30 000（所得 1）×3（首商）= 90 000

……a）10 000（借算）×3（首商）= 30 000（所得 1）

讨论：3 不可能为"首商"，因为 90 000 大于 55 225。于是 2 是合乎条件的最大者，被选定来作"首商"。

5. 以一[16]乘所借一算为"法"[17]。

"借算"与选定的"首商"相乘，其积为除数"法"。（置于筹式第三行。）〔要注意在开平方程序中"所得"与"法"相同，而在开立方程序中二者不同。〕

S/5

方	2
实	15 225
法	20 000
借算	10 000

……通过试算（步骤 4），选定 2 为"首商"

……55 225（实）/20 000（法）= 2（首商）+ 15 225（第一余数）（步骤 6）

……10 000（借算）×2（首商）= 20 000（法）（步骤 5）

6. 而以除。

用这个除数即"法",除被除数"实",(余数放在第二行)〔叫作"第一余数"。〕

7. 除已,倍法为定法,其复除,折法。

a)除后将"法"乘以2,成为"定法";

b)将"定法"[18]缩小为原数的1/10,(即向右退一位,)〔这是"定法1",〕准备下一个除法运算。

S/6

方	2
第一余数	15 225
定法 1	4000
借算 1	100

（定法）
……20 000(法)×2/10=4000(定法1)(步骤7)
……10 000(借算)/100=100(借算1)(步骤8)

8. 而下复置借算步之如初。

然后将底行中的算筹(从步骤3占据的位置上自左向右),如同先前一样地(隔位移动一次)[19]。〔这根具有新的位值的算筹称为"借算1"。〕

第二部分

9.[20]

(再通过试算和讨论选择"次商"。讨论的目的在于找到"定法2",它将在步骤10中得到;"定法2"与试验的"次商"之积不得大于"第一余数",并在此条件下选定最大的数字为"次商"。)

选择"次商"的第一次试算和讨论。

S/7

方	2, 3
第一余数	15 225 12 900
<定法 2>	4300
借算 1	100

……试算:3 作"次商"

……b)4300(定法2)×3(次商)= 12 900

……a)4000(定法1)+100(借算1)×3(次商)= 4300(定法2)

讨论:因为 12 900 不大于 15 225,3 可能是"次商"。

选择"次商"的第二次试算和讨论。

S/8

方	2,4
第一余数	15 225
	17 600
<定法2>	4400
借算1	100

……试算:4作"次商"

……b)4400(定法2)×4(次商)= 17 600

……a)4000(定法1)+100(借算1)×4(次商)= 4400(定法2)

讨论:因为17 600大于15 225,所以4不可能是"次商"。

3是满足条件的最大数字,选定为"次商"。

10. 以复议一乘之,所得副以加定法。

"借算1"与"次商"相乘[21],(积为"所得2"。)"所得2"再加"定法1"。(结果叫"定法2",置于第三行。)

S/9

方	2,3
第二余数	2325
<定法2>	4300
借算1	100

……通过试算(步骤9),选定3为"次商"

……15 225(第一余数)/4300(定法2)= 3(次商)+2325(第二余数)(步骤11)

……4000(定法1)+100(借算1)×3(次商)= 4300(定法2)(步骤10)

11. 以除。

用("定法2")除("第一余数"),(余数放在第二行,)〔叫作"第二余数"。〕

12. 以所得副从定法,复除,折。

"所得"加"定法2",和(为"从定法"缩小)为原数的1/10,(也就是向右移动一位,)〔成为"从定法1"⑤,〕准备下一步除法运算。

S/10

方	2,3
第二余数	2325
从定法1	460
借算2	1

(从定法)
……〔100(借算1)×3(次商)+4300(定法2)〕/10 =460(从定法1)(步骤12)

……100(借算1)/100=1(借算2)(步骤13)

13. 下如前。

仿照前面的程序(步骤8)进行。〔"借算1"缩小为原数的1/100,即向右隔位移动一次,成为"借算2"。〕

第三部分

14、15、16。

(仅当根是3位数时有必要,此时运算程序恰与步骤9、10、11类同。)

S/11		
方	2,3,5
第三余数	0
从定法2	465
借算2	1

……仿步骤9,用4、5、6分别试算后,选定5为"三商"(步骤14)

……b)2325(第二余数)/465(从定法2)= 5(三商)+0(第三余数)(步骤16)

……a)460(从定法1)+1(借算2)×5(三商)= 465(从定法2)(步骤15)

17. 开之不尽者为不可开,以面命之⑥。

若"借算n"被移至个位而(最后的余数仍)不为0,就是说开方运算不能(在整数范围内)完成[22],但是运算还可按前述方式进行下去[23]。

(二) 开立方 (《九章算术》,卷4, 13 页甲)

第一部分

1. 置积为实。

将(某一未知数的已知的)立方放在(筹式第二行中)作为"实",即被除数。

2. 借一算。

用一根算筹(放在筹式最底行最右位,)〔称为预备的"借算"。〕

C/1		
立方		
实	1 860 867
借算	借算(预备)	1

……将已知的立方数置于该行(步骤1)

……将一根算筹置于该行(步骤2)

3. 步之,超二等。

将这根筹（自右向左）每隔两位移动一次，（直到不超过"实"的最左边一位为止。）〔这根具有新的位值的算筹被称为"借算"。〕

C/2	立方	
	实	1 860 867
借算	借算	1 000 000

……将算筹向左隔两位移动两次（步骤3）

4. 议所得。

（分别用1、2、3…来试算，以选择"首商"。）讨论"所得"[24]。（"所得"是试算的"首商"与"借算"的乘积，"讨论"的意思是要求"首商"与"所得"乘两次的积不得大于"实"，且"首商"要求尽可能地大。）〔将选定的"首商"置于筹式第一行，该行称为"立方"[⑦]，答案将在这里给出。〕

选择"首商"的第一次试算。

C/3	立方		1
	实		1 860 867
			1 000 000
法	<法>		1 000 000
所得	<所得>		1 000 000
	借算		1 000 000

……试算：1作"首商"

……c) 1 000 000（法）×1（首商）= 1 000 000

……b) 1 000 000（所得）×1（首商）= 1 000 000（法）

……a) 1 000 000（借算）×1（首商）= 1 000 000（所得）

讨论：因为第二行中的1 000 000不大于1 860 867，所以1可能是"首商"。

选择"首商"的第二次试算。

C/4

立方	2
实	1 860 867 8 000 000
法	<法> 4 000 000
借算	<所得> 2 000 000
	借算 1 000 000

……试算：2 作"首商"

……c) 4 000 000（法）×2（首商）= 8 000 000

……b) 2 000 000（所得）×2（首商）= 4 000 000（法）

……a) 1 000 000（借算）×2（首商）= 2 000 000（所得）

讨论：因为 8 000 000 大于 1 860 867，所以 2 不能作"首商"，1 是"首商"。

5. 以（（一））再乘所借一算为法。

把"借算"乘两次〔（选定的）"首商"〕[25]，积为除数"法"，（置于筹式第三行。）〔注意现在"所得"与"法"的值不同〕。

C/5

立方	1
第一余数	860 867
法	法 1 000 000
借算	借算 1 000 000

……通过试算（步骤4），选定 1 为"首商"

……1 860 867（积）/1 000 000（法）= 1（首商）+ 860 867（第一余数）（步骤6）

……1 000 000（借算）×1（首商）×1（首商）= 1 000 000（法）（步骤5）

6. 而除之。

用"法"除"积"，（将余数置于第二行，）〔叫作"第一余数"。〕

7. 除已，三之为定法，复除，折。

a）除后将"法"乘以 3，成为"定法"；

b）再将这一结果缩小为原数的 1/10（向右移动一位），〔这就是"定法 1"[26]，〕准备下一个除法运算。

C/6

立方	1
第一余数	860 867

定法		
	定法	3 000 000

……1 000 000（法）×3＝3 000 000（定法）（步骤7a）

中		
	中	3 000 000

（所得）

……1 000 000（借算）×1（首商）×3＝＝3 000 000（中）（步骤8）

下		
	下	1 000 000

……仍使"借算"保持在步骤3的位置（步骤9a）

C/7

立方	1
第一余数	860 867

定法		
	定法1	300 000

……3 000 000（定法）/10＝300 000（定法1）（步骤7b）

中		
	中1	30 000

……3 000 000（中）/100＝30 000（中1）（步骤9b）

下		
	下1	1000

……1 000 000（下）/1000＝1000（下1）（步骤9c）

8. 而下以3乘所得数置中行。

将"所得"[27] 乘以3，积放在中行（倒数第二行），〔叫作"中"。〕

9. 复借一算置下行，步之，中超一，下超二⑧。

a）再用一根算筹放于（相同的位置上作"借算"，）〔也就是保留原来的"借算"，称作"下"；〕

b）把"中"（向右）移两位，〔称作"中1"；〕

c）把"下"（向右）移三位，〔称作"下1"。〕

第二部分

10. 复置议。

然后（试算1、2、3数并）讨论（选择"次商"。讨论的目的在于通过步骤11找到"定法2"，使其与试算的"次商"之积不大于"第一余数"，且"次商"要求尽可能地大。）

选择"次商"的第一次试算。

C/8

立方		1, 1
第一余数		860 867
		331 000
定法	<定法 2>	331 000
	定法 1	300 000
中	<中 2>	30 000
	中 1	30 000
下	<下 2>	1000
	下 1	1000

……试算：1 作"次商"

……d) 331 000（定法 2）×1（次商）= 331 000

……c) 300 000（定法 1）+30 000（中 2）+1000（下 2）= 331 000（定法 2）

……a) 30 000（中 1）×1（次商）= 30 000（中 2）

……b) 1000（下 1）×1（次商）×1（次商）= 1000（下 2）

讨论：因为 331 000 不大于 860 867，所以 1 可能是"次商"。

选择"次商"的第 2 次试算。

C/9

立方		1, 2
第一余数		860 867
		728 000
定法	<定法 2>	364 000
	定法 1	300 000
中	<中 2>	60 000
	中 1	30 000
下	<下 2>	4000
	下 1	1000

……试算：2 作"次商"

……d) 364 000（定法 2）×2（次商）= 728 000

……c) 300 000（定法 1）+60 000（中 2）+4000（下 2）= 364 000（定法 2）

……a) 30 000（中 1）×2（次商）= 60 000（中 2）

……b) 1000（下 1）×2（次商）×2（次商）= 4000（下 2）

讨论：因为 728 000 不大 860 867，所以 2 可能是"次商"。

选择"次商"的第 3 次试算。

C/10

立方		1, 3
第一余数		860 867 1 197 000
定法	<定法 2>	399 000
	定法 1	300 000
中	<中 2>	90 000
	中 1	30 000
下	<下 2>	9000
	下 1	1000

……试算：3 作"次商"

……d) 399 000(定法 2)×3(次商)= 119 700

……c) 300 000(定法 1)+90 000(中 2)+9000(下 2)
= 399 000(定法 2)

……a) 30 000(中 1)×3(次商)= 90 000(中 2)

……b) 1000(下 1)×3(次商)×3(次商)= 9000(下 2)

讨论：因为 1 197 000 大于 860 867，所以 3 不可能是"次商"，2 是符合条件的最大数，为"次商"。

C/11

立方		1, 2
第二余数		132 867
定法	定法 2	364 000
	定法 1	300 000
中	中 2	60 000
	中 1	30 000
下	下 2	4000
	下 1	1000

……通过试算（步骤 10），选定 2 为"次商"

……860 867(第一余数)/364 000(定法 2)= 2(次商)
+132 867(第二余数)（步骤 12）

……300 000(定法 1)+60 000(中 2)+4000(下 2)
= 364 000(定法 2)（步骤 11c）

……30 000(中 1)×2(次商)= 60 000(中 2)（步骤 11a）

……1000(下 1)×2(次商)×2(次商)= 4000(下 2)（步骤 11b）

11. 以一乘中，再乘下，皆副以加定法。

a) 将"中 1"乘以"次商"[28]，〔积为"中 2";〕

b) 将"下 1"两次乘以"次商"，〔积为"下 2";〕

c) 将以上两个结果都加到"定法 1"上，〔总和为"定法 2",〕（置于筹式第三行。）

12. 以定法除。

用"定法 2"[29] 除"第一余数"，〔余数置于第二行,〕〔称为"第二余数"。〕

13. 除已，倍下，并中，从定法，复除，折。

a）除后将"下2"乘以2；

b）这个积〔叫作"下3"〕再加上"中2"；

c）这个和〔叫作"中3"〕再加上[30]"定法2"，〔这个和叫作"从定法"。〕

d）将"从定法"缩小为原数的1/10（即向右移动1位，仍在第三行中[31]，）〔称作"从定法1"，准备下一个除法运算。〕

C/12

立方		1，2
第二余数		132 867
由定法到从定法	定法2	364 000
	从定法	432 000
中	中3	68 000
	中1	30 000
下	下3	8000
	下1	1000

……364 000（定法2）+68 000（中3）[9] = 432 000（从定法）（步骤13c）

……8000（下3）+60 000（中2）= 68 000（中3）（步骤13b）

……4000（下2）×2=8000（下3）[10]（步骤13a）

C/13

立方		1，2
第二余数		132 867
从定法	从定法	432 000
中	中4	36 000
下	下1	1000

……1000（下1）×2（次商）×3+30 000（中1）= 36 000（中4）（步骤14a）

……"下1"保持步骤9c的位置（步骤15a）

14. 下如前。

a）仿照步骤8，在倒数第二行继续类似的程序：（"下1"乘以次商得"所得2"，"所得2"乘以3再加"中1"[11]，和〔为"中4"，〕置于该行；）

b）（中4向右移两位，）〔称为"中5"。〕

C/14	立方		1，2
	第二余数		132 867
从定法	从定法 1		43 200
中	中 5		360
下	下 4		1

……432 000（从定法）/10＝43 200（从定法 1）（步骤 13d））

……36 000（中 4）/100＝360（中 5）（步骤 14b）

……1000（下 1）/1000＝1（下 4）（步骤 15b）

15.

a）（仿照步骤 9，在最下一行继续类似的程序。先将一算筹置于"下 1"的位置；）

b）（然后向右移三位，）〔这一结果称为"下 4"。〕

16.

（再仿照步骤 10，通过试算和讨论选择"三商"。讨论的目的在于通过步骤 17 找到"从定法 2"，使其与试算的"三商"之积不得大于"第二余数"，且要求选定的"三商"尽可能地大。）

C/15	立方		1，2，3
	第二余数		132 867
从定法	从定法 2		44 289
	从定法 1		432 000
中	中 6		1080
	中 5		360
下	下 5		9
	下 4		1

……仿照步骤 10，通过试算选定 3 作"三商"（步骤 16）

……43 200（从定法 1）＋1080（中 6）＋9（下 5）＝44 289（从定法 2）（步骤 17c）

……360（中 5）×3（三商）＝1080（中 6）（步骤 17a）

……1（下 4）×3（三商）×3（三商）＝9（下 5）（步骤 17b）

17. 类似于步骤 11。

a）（"中 5"乘以"三商"，）〔积为"中 6"；〕

b）（"下 4"两次乘以"三商"，）〔积为"下 5"；〕

c）（两个积相加再加"从定法 1"，）〔总和为"从定法 2"，〕（置于筹式第三行。）

18.

(类似于步骤 12：用"定法 2"除"第二余数"，余数放在第二行,) 〔称为"第三余数"。〕(如果"第三余数"为 0，整个开立方过程即告完成。)

C/16	立方		1，2，3
	第三余数		0
从定法		从定法 2	44 289
		从定法 1	43 200
中		中 6	1080
		中 5	360
下		下 5	9
		下 4	1

……132 867(第二余数)/44 289(从定法 2) = 3(三商) + 0 (第三余数) (步骤 18)

19. 开之不尽者亦为不可开（以面命之）。

若（"下 n"被移至个位上，而最后的余数）仍不（等于 0），意味着开立方不能在整数范围内完成[32]，（但是运算仍可按前述方式进行下去。）[33]

以上是《九章算术》有关的段落和我们的译文。

从仅给出了问题和答案的章节中找出具体的算例一向是有趣的。"附图"（S/1、C/1 等）显示了按照我们译文的陈述推演出的筹式程序。开平方筹式的一般排列次序由孙子[34]⑫清楚地给出；刘孝孙（6 世纪末、7 世纪初）在另一部书的注释[35] 中提到开平方和开立方两种筹式排列，他们的描述无疑来源于《九章算术》。指示位值的纵线并非绝不可少的，因为正如我们所知，自古（最早为孙子所描述）这一问题就通过纵、横两种筹式的间隔置放得到了解决。附图中诸行左边的名称仅仅是为了解释上的方便而给出的；从其变化不定这一点来看，我们完全可以确信古代数学家很少用到这些称呼。像"定法 1"和"定法 2"这样不同的数字，可以很简单地用一根斜置的算筹来加以区别，或者采用类似于区别正、负数那样的方法。宋代代数学家们经常用斜置的筹式，而且 6 世纪（即使我们接受关于《数术记遗》成书年代的批评意见⑬）在计算中已广泛使用彩珠和彩棒（《数术记遗》，6—9 页，古今算学丛书）。没有必要认为汉代数学家总是使用特制的算板，他们大概在任何方便的平面上都可以布算。中国古代数学文献中没有出现过"算板"一类的特殊词语。

附图与译文的连续步骤直接对应。

三、汉代程序与霍纳方法的比较

（一）用霍纳方法来解的《九章算术》中的例题

尽管霍纳方法的主要贡献是解一般的数学方程，但是为了显示它与汉代程序的相似性，我们不妨选择一个特殊的方程，例如《九章算术》提供了具体数字的 $x^3=k$ 这种方程。

下面的例子[36] 与附图（C/1、C/2 等）显示的汉代开立方法的步骤相同。现在需要用霍纳方法进行演算。为了便于比较，可对其做一些微小的修改。

下面就是用霍纳法解的上一节的开立方问题，在这里问题成了解方程：$x^3=1\ 860\ 867$。

第一部分

$\qquad x^3=1\ 860\ 867$[36-37]（步骤 1、2）

令 $x=100x_1$，则

$\qquad 1\ 000\ 000x_1^3=1\ 860\ 867$[38]（步骤 3）

若 $f(x_1)=1\ 000\ 000x_1^3-1\ 860\ 867$，则

$\qquad f(1)=-860\ 867$[39]（步骤 4）

$\qquad f(2)=6\ 139\ 113$[40]（步骤 4）

于是在 1 和 2 之间有一根适合于方程

$\qquad f(x_1)=0$[41]（步骤 4）

现在必须找到一个变形的方程 $f(y_1)=0$，而 $y_1=x_1-1$[42]；

减根变化的程序如下：[43-45]

$1\ 000\ 000^a +$	$0 +$	$0 - 1\ 860\ 867^b$	$+1^c$
	$+1\ 000\ 000$	$+1\ 000\ 000\quad +1\ 000\ 000$	
$1\ 000\ 000$	$+1\ 000\ 000^d$	$+1\ 000\ 000^e -\quad 860\ 867^f$	
	$+1\ 000\ 000$	$+2\ 000\ 000$	
$1\ 000\ 000$	$+2\ 000\ 000$	$+3\ 000\ 000^g$	
	$+1\ 000\ 000$		
$1\ 000\ 000^h$	$+3\ 000\ 000^i$		

于是减根后的方程是

$1\ 000\ 000y_1^3+3\ 000\ 000y_1^2+3\ 000\ 000y_1=860\ 867$

现在要找到第二个变形的方程 $f(x_2)=0$，而 $x_2=10y_1$；显然是

$1\ 000\ 000x_2^3 + 30\ 000\ 000x_2^2 + 300\ 000\ 000x_2 = 860\ 867\ 000$，两边约去 1000，于是得到

$1000x_2^3 + 30\ 000x_2^2 + 300\ 000x_2 = 860\ 867$ [46-47]

第二部分

为了找到满足上一方程的 x_2，需进行如下试验：

若 $f(x_2) = 1000x_2^3 + 30\ 000x_2^2 + 300\ 000x_2 - 860\ 867$，则

$f(1) = -529\ 867$，[14] 因为

$$
\begin{array}{l|l}
1000+30\ 000+300\ 000-860\ 867 & +1 \\
\qquad\quad +1000+31\ 000+331\ 000 & \\
\hline
1000+31\ 000+331\ 000-529\ 867 & \\
\end{array}
$$

$f(2) = -132\ 867$，因为

$$
\begin{array}{l|l}
1000+30\ 000+300\ 000-860\ 867 & +2 \\
\qquad\quad +2000+64\ 000+728\ 000 & \\
\hline
1000+32\ 000+364\ 000-132\ 867 & \\
\end{array}
$$

$f(3) = +336\ 133$，[15] 因为

$$
\begin{array}{l|l}
1000+30\ 000+300\ 000-860\ 867 & +3 \\
\qquad\quad +3000+99\ 000+1\ 197\ 000 & \\
\hline
1000+33\ 000+399\ 000+336\ 133 & \\
\end{array}
$$

于是我们有 $3 > x_2 > 2$，

所以 x_1 在 1.2 和 1.3 之间 [48]。

现在要找到第三个变形方程 $f(y_2) = 0$，而 $y_2 = x_2 - 2$；变化的程序如下 [49]：

$$
\begin{array}{l}
\quad 1000\ +30\ 000+300\ 000-860\ 867\ |+2^a \\
\qquad\quad +2000\ +64\ 000\ +728\ 000 \\
\hline
\quad 1000^b+32\ 000+364\ 000^c\ -132\ 867^d| \\
\qquad\quad +2000\ \ +68\ 000^e \\
\hline
\quad 1000\ +34\ 000|+432\ 000^f \\
\qquad\quad +\ 2000 \\
\hline
\quad 1000^g+36\ 000^h \\
\end{array}
$$

于是所求方程为

$\qquad 1000y_2^3 + 36\ 000y_2^2 + 432\ 000y_2 = 132\ 867$。

现在要找第四个变形方程 $f(x_3)=0$，而 $x_3=10y_2$；

显然是

$1000x_3^3+360\,000x_3^2+43\,200\,000x_3=132\,867\,000$，两边约去 1000，于是得到
两边约去 1000，于是得到

$x_3^3+360x_3^2+43\,200x_3=132\,867$ [50-51]。

第三部分

按照前面的方法，安排试验以求此方程的根 [52]：

$1+360+43\,200-132\,867$	$+3$
$+\quad 3+\quad 1089+132\,867$	
$1+363+44\,289+\qquad 0$	

于是我们得到 $x_3=3$。因此满足方程 $1\,000\,000x_1^3=1\,860\,867$ 的根是 1.23，

因为 $x=100x_1$，所以 $x=123$ [53]。

关于汉代开平方术的数例与霍纳方法的一致性列如下表，例子出于《九章算术》卷 4，9 页乙。

参考译文	附图	霍纳方法中的阶段（方程和变形方程）
1，2	S/1	$x^2=55\,225$
1，3	S/2	$10\,000x_1^2=55\,225$
4	S/3，S/4	试验
5，6，7，8	S/5，S/6	$100x_2^2+4000x_2=15\,225$
9	S/7，S/8	试验
10，11，12，13	S/9，S/10	$x_3^2+460x_3=2325$
14	试验	
15，16	S/11	$1+460-2325 \mid +5$ $+\quad 5+2325$ $1+465+\quad 0$
答案：235	S/11（第一行）	$x=235$

（二）汉代数学家把开平方推广到解一类二次方程的工作，及其对后世数学家彻底完成霍纳方法的影响

完整的现代开平方法在欧洲最早见于彼得罗·安东尼奥·卡塔尔迪（Pietro Antonio Cataldi）的《条约》（*Trattato*）中[54]。如果《九章算术》的作者仅仅限于对一个给定的数施行开方运算，那么顶多可以称得上是卡塔尔迪的先驱而已。因而重要的问题是揭示他们如何把开方术推广到解一种更一般的二次方程，正像弗朗西斯·韦达（Francis Vieta，1540—1603）为霍纳方法的发明铺平道路所做的那样（尽管使用了不同的程序）。三上義夫、钱宝琮和李俨都已指出过《九章算术》最后一章第二十题中"从法"一词的意义。这是一个明显的证据，说明至少从纪元前不久中国人就应用了上面讨论过的方法去解形如 $x^2+ax=b$ 一类的二次方程，尽管他们还没有我们现在表示方程的形式。《九章算术》这另一贡献由一些后来的学者继承下来，像 3 世纪的赵君卿（参见他的《周髀算经》注，卷 1，4 页乙，古今算学丛书）、刘徽（《九章算术》，卷 9，6 页乙）和大约 6 世纪的张邱建（[35]，卷 2，21、22 页；卷 3，9、10 页），当然还有许多后来的数学家。从开平方推广到解一类二次方程并不单纯是简单的模仿。我们认为"从"字揭示了一类二次方程的解，其程序仅仅与开平方的步骤 13 以后的操作相类似。这个重要的字首先出现在步骤 12，即整个开平方过程第二部分的末尾，也是最关键的部分中；从语法上讲步骤 13 与步骤 12 应属于同一句子。

中国人在汉代没有把他们的方法推广到所有类型的方程上去，大概是由于没有应用问题产生。但是尽管他们对开方的推广仅限于一类方程，却提供了一个富有启发性的模型。类似地，由开立方术的后一部分，王孝通（623）解决了两类三次方程：$x^3+ax^2=b$ 和 $x^3+ax^2+bx=c$；他也解决了 $x^4+ax^2=b$，但后者仅是《九章算术》末卷第二十题中 $y^2+ay=b$ 的变形而已[55]。

根据杨辉（1261）的记载，贾宪（约 1200）已经有了六层的巴斯加三角形[16]。因为提到它与开方有关，贾宪有可能算出 $\sqrt[6]{k}$ 来，但是杨辉明确地说贾宪有用统一的步骤解方程 $x^4=k$ 的方法（《永乐大典》，卷 16344，5—7、26、27 页，中华书局影印），我们甚至可以设想解方程 $x^n=k$[56] 的统一模式［参见本文第四节（一）］已于 1200 年得到了。这种推广具有重要的意义，因为在中国，平方根和立方根分别早在公元前 4 世纪和公元前 1 世纪就为人所知，而四次方根直到 13 世纪才引起人们的注意。原因肯定是由于前两者可以分别由正方形和立方体所表示，而后者不能由一个简单的规则图形来说明。中国人发现巴斯加三角形标志着算术进程与几何图形的分道扬镳，《九章算术》所建立的算术与几何的联盟被打破了（参见本文第四节），算术可以迅速地发展成代数。

尽管在中国从来没有与在霍纳方法的发明中起过重要作用的二项式定理相应的代数表达式，贾宪当然还是为秦九韶、13 世纪中叶中国的霍纳铺平了道路。从贾宪

的 $x^n = k$ 推广到 $x^n + ax^{n-1} + \cdots bx^2 + cx = k$ 的主要工作是由秦九韶完成的。这一推广并不是十分困难的，因为《九章算术》已经把 $x^2 = k$ 推广到 $x^2 + ax = k$、王孝通已把《九章算术》的例子 $x^3 = k$ 推广到 $x^3 + ax^2 + bx = k$，这样，秦九韶的成果也就应运而生了。

无论如何，还有另外一个不可缺少的因素要在这里讨论一下：只有采用了霍纳那样简捷的梯状累加系统[17]以取代乘 2、乘 3 等步骤，一般化的工作才容易完成。《九章算术》的开平方术仅仅从第二部分以后才用累加方法；在开立方术中，尽管步骤 13 露出了一点苗头，但是我们在这一步的一开始还是看到了"倍下"两个字。首先在一般二次方程的解法中认识并发展了《九章算术》的成就的是刘益（约 1080年），我们仍然可以叙述一些有关的细节。尽管刘益的著作《益古根源》现在失传了，杨辉告诉我们他用"减从"法来解方程 $x^2 - 12x = 864$，用"翻积"法来解 $-8x^2 + 312x = 864$ 和 $-x^2 + 60x = 864$[57]。这两种方法显示了完全的梯状系统，像《九章算术》开平方的步骤 12 一样不再含有乘以 2 的操作。沿着《九章算术》开平方第二部分的模式，把这一系统推广到解诸如 $x^4 = 1\ 336\ 336$ 的方程的是贾宪（《永乐大典》，卷 16344，26、27 页）。梯状系统一旦被建立，秦九韶在他的一般化工作中就不会有多少困难。

这里还要再谈一下负号。如前所述，《九章算术》末章第二十题仅含一个无负号的方程 $x^2 + ax = b$，这是由于它是从开方程序中演变而来的。第一个破除限制的是刘益，他描述了几个用两种手段来解的方程 $-x^2 + ax = b$ 和 $x^2 - ax = b$（见上一段），这的确是对《九章算术》末卷第二十题的发展。杨辉接着把刘益的方法提高到空前的水平（《算法通变本末》，卷 1[18]），他必定参考了后者处理负项的方式。这样一来，秦九韶在他的高次方程（例如四次[58]、十次[59]）中不过是应用了刘益关于负项的思想罢了；他的十次方程的实例用现代形式表示出来为：

$$x^{10} + 0x^9 + 15x^8 + 0x^7 + 72x^6 + 0x^5 - 864x^4 + 0x^3 - 11\ 664x^2 + 0x - 34\ 992 = 0$$

在数字方程中引入负项是一伟大的进步。祖冲之完全有可能做到了这一点[60]，但是他的《缀术》早已失传[61]；即使这一说法是正确的，他也仅涉及形如 $x^2 - ax = b$ 和 $x^2 - ax^2 - bx = c$ 的方程。秦九韶当然是第一个（《数书九章》，1247）完成任意数字方程的霍纳式解法的人，紧接着他的数学家是：李冶，其《测圆海镜》（1248）中的方程为六次方程（卷 7，9—12 页，《知不足斋丛书》）；他的《益古演段》（1259）则是关于二次方程的（卷 2，2—4 页，29—33 页；卷 3，30—32 页，22—25 页，《知不足斋丛书》）；朱世杰，其《算学启蒙》（1299）中有一个四次方程（卷 3，23、25 页，《古今算学丛书》），《四元玉鉴》（1303）中有一个十四次方程（卷 3，8 门，24—32 页，1836 年瑗州刻本）。

（三）小数部分的开方运算

我们已经注意过原文中结尾的"以面命之"四个字[62]，这说明如果不能得到整数根，汉代数学家可以按照完全一样的程序继续算下去。作为非整数的结果，可以由复杂的分数形式（即 $R+r/10+r'/100+r''/1000$ 的形式，见《九章算术》，卷4，7页乙），或者由3世纪刘徽提出的"微数法"的形式来表出；在"微数法"中，"分"用于第一位小数单位、"厘"用于第二位、"毫"用于第三位、"秒"用于第四位等（卷4，10页乙；卷1，12页甲，"圆田术"刘徽注）。不幸的是，包含小数部分的开方的具体例子没有传到今天，但是我们对多数学者（三上義夫、钱宝琮、李俨）的下述见解仍然不能苟同：他们认为起码在开方问题上，汉代数学家完全没有认识到小数。

（四）保持常数项为整数

在霍纳方法中常数项当然可以包含小数，但是因为汉代数学家没有小数点，他们可能用以下的办法回避小数；根据《九章算术》的论述（卷4，10页乙），他们知道 $\sqrt{a/b} = \sqrt{ab/b}$ 和 $\sqrt[3]{a/b} = \sqrt[3]{ab^2/b}$，这样 $\sqrt{0.546}$ 就可以写成 $\sqrt{546/1000}$，即 $\sqrt{546\,000/1000}$，于是求 0.546 的平方根就分成了两步——一个整数的开平方和一个除法。当然同样的过程也可应用于开立方。

关键的原文见于卷4、10页乙，它说："如果被开方数有若干分数，则用最大公分母通分后分子相加，叫作'定实'。然后开始对分子开方，再对最大公分母开方，接着以二者相除。如果分母不能开出整数根，则用它乘以'定实'后再开方，之后用最大公分母去除这个根即可。"[19]（开立方中与此相应的术文见于 14 页乙）

我们觉得有必要给出这段译文，因为上述过程看来与史密斯（1860—1944，[1]，Smith，Vol.2，p.236）所讨论的将 $\sqrt[n]{a}$ 化为 $\sqrt[n]{a \cdot 10^{kn}}/10^k$ 的开方法相同，而后者是 16 世纪出版的几种平方表的基础，也是发明十进分数的先声。这一方法在 12 世纪为约翰内斯·伊斯帕伦西斯（Johannes Hispalensis）所知晓，显然来源于阿拉伯人。史密斯没有给出证据说明其关于这种方法是从印度传过去的猜测；如果印度人的确用过这种方法的话，那么源头可能就是 1 世纪的中国。尽管《九章算术》仅给出了分母为 4 的例子，但对于分母为 10 的幂的情况也照样适用。刘徽在注文中当然谈到了根的十进分数（卷4，10页乙）。

（五）霍纳与《九章算术》作者共同的基本原理，以及他们各自的特殊贡献

在欧洲第一个尝试用近似方法于数字方程的一般解的人，是 1600 年左右的韦达[63]。他建议用一已知的近似值去代替方程 $f(x)=0$ 的根，根的另一个小数数字可由除法得到。重复这一过程将得到下一个数字。他的构思成了牛顿和霍纳方法的

基础，但是他的程序，如约翰·瓦里斯（John Wallis，1616—1703）所安排的那样，需要太多的试验并包括一些不必要的劳动；此外，还仅限于除常数项外其他项均为正的情况下有效。韦达的方法仍然被威廉·奥斯瑞德（William Oughtred，1574—1660）、托马斯·哈略特（Thomas Harriot，1560—1621）、约翰·佩尔（John Pell，1611—1685）和其他人所接受，并被改进得更可靠、更简单。以后出现了牛顿的近似方法——高次数字方程中最值得庆贺的发明，用它求方程近似根的速度仅次于后来的霍纳方法。

牛顿之后，这个问题又被托马斯·辛普森（Thomas Simpson，1710—1761）、丹尼尔·贝努里（Daniel Bernoulli，1700—1782）和莱昂纳尔·欧拉（Léonard Euler，1707—1783）所研究，但是他们的成绩都没有超过牛顿。约瑟夫·路易斯·拉格朗日（Josoph Louis Lagrange，1736—1813）提出了自己的方法，从理论上成功地避免了牛顿法的缺陷，但实际应用起来却复杂得多。霍纳用逐位算出根的小数部分的方式取代拉格朗日的连分数表示法，从而减少了工作量。

在霍纳以前所有作出重要贡献的人中，韦达知道根的值要一位一位地算出，但是在他的涉及某位数字，例如根为 123 的第三位数字 3 的程序中，前面的两个数字都被包含在运算之中（因为要用到 120 这一数据）[64]，而霍纳方法只需要用到前面的一个数字 2。牛顿不是逐位计算根值，而且霍纳的梯状表格系统也不适用于他的方法。拉格朗日在自己程序的第一部分建立一个减根变形的方程，这一点恰与霍纳相同；但是在第二部分中他却建立了一个倒根变形方程，而不像霍纳方法那样对前一个变形方程再作倍根处理，这一差别导致了极大的复杂性。霍纳确实没有在理论上或原则上做出基本的创造，但是通过第二个变形方程的简单处理，获得了技术上的成功。他所做的是相当于汉代数学家们的"折"和"超"，即通过算筹位置的进退使"定法""中"和"下"约化。

连续逼近的思想还可在刘徽和祖冲之用割圆术计算 π 值的工作中看出来，没有理由认为这一思想是从古希腊数学家那里传来的。

汉代数学家很容易做到逐位分离根值，这是由中国古代的十进单位制所决定的，也就是把长度单位依次按 1/10 的比例划分成相继的更小单位。J. C. 福格森（J. C. Ferguson）[65] 论述过早从公元前 6 世纪开始的尺度制，他的文章也显示了这一论点。此外，在说出数目的时候，中国人有一套统一的读法，从逻辑上讲似乎比西方的系统更优越；例如他们说"一万五千一百六十三"，而不像西方人那样说"十五个千、一个百和六十三"。正如董作宾（1895—1963）[66] 所指出的，这种系统可以追溯到公元前 13 世纪，而且用"有"字在两个连续的十进位值间表示一类加号的做法，甚至在更早（武丁时代）的卜骨中就出现了，后来也出现于《尚书·尧典》[67] 之中。这里没有算术的痕迹：像把数字 81 表示为 quatre-vingt-un（法文，意即 4×20+1），或像弗洛里安·卡焦里（Florian Cajori，1859—1930）[68] 所描述的古希腊计数法的那种混乱现象。孙子在 3 或 4 世纪时对位值概念就有清楚的认识，他称为"识位"[69]（〔34〕，卷下，2 页乙）。若干年代以后（大约 5 世纪），夏侯阳用了"等"的概念，数字在十进位值制中的移动分别叫作"进"和"退"[70]。毫无疑问，十进制计数法（尽管不是十进分数）在中国出现得这样早，几乎居于垄断地位，不仅可以解释霍纳方法在这里何以早被发明，而且也能解释所有中国计算具有简捷性的原因。

值得注意的是，汉代数学家和霍纳都采用了表格式系统。在某些情况[71]，特别是在试验的步骤中，水平行的实际顺序是相同的。欧洲的书写形式具有便于掌握这种方法和检查错误的优点，但是中国的筹式运算速度必定是很快的。汉代数学家的计算方法与保罗·鲁菲尼（Paolo Ruffini，1756—1822）方法也有许多相似之处，后者是在霍纳之前的方法（1804 年，参看〔1〕，Cajori，p. 271.）。

四、这种方法在中国是如何被发现的

（一）除法与开方

霍纳自己注意到（〔71〕，p. 323）应用其方法的最简单运算是除法。在《九章算术》中，除法与开方在同一章，它们之间的密切关系还可以从有关开方的术文中反复出现"除"字看出来。术语"实"（分子或被除数）和"法"（分母或除数）的用法也是明显的。关于平方和立方的术语，"积"的本意就是乘法的结果，这说明汉代数学家把平方和立方看成特殊的乘法，因而就相当自然地把开方看成特殊的除法而不是别的什么。"实""法""除"这些术语在除法和开方中的共同意义到欧洲的影响传到现代中国的学校为止，一直为所有有关的数学著作所袭用。在《张邱建算经》中，"除"字甚至成了术语的一部分，开平方叫作"开方除"、开立方叫作"开立方除"（〔35〕，卷 2，19 页甲；卷 3，31—33 页）。开平方和开立方还被夏侯阳当成"五除"中的两种（〔69〕，卷 1，2 页乙）。汉代数学家的开方术来源于除法，这点看来是十分清楚的。

开方与除法的唯一不同是：在前者中数据是商和除数间的关系，而在后者中数据乃是除数本身；前者多出的步骤是从已知的关系中找出除数来。为了找到除数 x，汉代数学家可能写出过联立方程组：$xy=k$，$x=y$。但消元后成为 $x^2=k$，仍然包含一个开方过程。因为这种代数解法被证明是行不通的，所以仅供选择的方案就是借用几何手段找到除法与开方的相似性。让我们试着跟踪古人的思路，首先从几何上剖析除法的意义，然后以类似的方式分析开平方，最后是开立方。

（二）除法和相应的几何分割过程

下面的问题与《九章算术》第四章第十一题类似：

"已知一块矩形土地的面积为 276 平方尺，一边长 23 尺，求另外一边的长。"

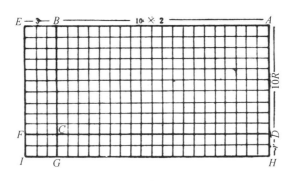

图 1 除法程序的图示

这显然是一个简单的除法问题。因为涉及土地丈量，一幅图就自然地被绘出来了。如图 1 所示，矩形 *AHEI* 中有 276 个单位小方格，*AE* 被分成 23 等份，另一边 *AH* 上的分割数目就是古代数学家希望找到的答案。寻找的过程是这样的：

预备步骤是估计商的位数：

∵ 10×23<276<100×23

∴ 商必定在 10 和 100 之间，也就是说是一个两位数。

于是 *AH*（代表商）就被分成两部分：*AD* 和 *DH*，分别由 10*R* 和 *r* 表示，*R* 和 *r* 都是一个个位数。用同样的方法把 *AE*（代表除数）分成两部分：*AB* 和 *BE*，分别由 10×2 和 3 表示。根据图 1，他们能使全部连续的算术运算符合如下的几何解释：

第一部分

R 必须满足两个条件：

i）10×2×10*R*+3×10*R*<276[20]；

ii）*R* 必须是可能的数字中的最大者，于是 *R*=1[72]。

为了准备找到 *r*，要作减法运算：

276−(10×2×10*R*+3×10*R*)= 276−(10×2×10×1+3×10×1)= 46[73]

第二部分

同理得到 *r*=2，然后作减法运算：

46−(10×2×*r*+3×*r*)=46−(10×2×2+3×2)=0[74][21]

于是得到商数 12[75]。

（三）开平方程序是如何由几何分割产生的

众所周知，除法运算是通过一系列乘法和减法来实现的。上面的讨论表明：每一步乘法可以表示为求某一块矩形的面积，每一步减法则相当于从表示被除数的整个面积中割去一块。开平方程序可由建立在同一原理上的类似的几何方式完成。

求一个已知数的平方根，对古代中国人来说意味着找到一块已知面积的正方形的边长，程序如下：

预备步骤是估计所求数字的位数。假定已知面积是 55 225 平方尺，

∵ $100^2 < 55\ 225 < 1000^2$

∴ 根必定在 100 和 1000 之间，也就是说是一个三位数。

从被开方数的个位开始每两位数间用一假设的纵线分隔，可得 05 ｜ 52 ｜ 25，由此立刻可以看出未知的方根必定是一个三位数[76]。

这样正方形 ANLK（表示被开方数）的相邻两边都被分成了匀称的三部分：100R、10r 和 r′，其中 R、r 和 r′ 都表示一个个位数（图2）。

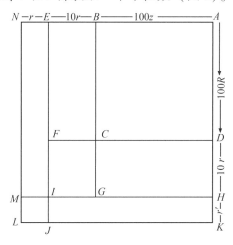

图2 开平方程序的图示

第一部分

选择适合以下两个条件的数为 R 值：

i) ABCD 要在 ANLK 之内，也就是说 100R×100R（即 10 000R² ）必须小于被开方数[77]；

ii) AD（即 100R）必须尽可能地大，而使剩余的线段 DK 小于 100，这就是说 R 必须是可能的整数中的最大者[78]。

R 得到后，为了确定 r′，应该从 ANLK 中割掉与 r 无关的 ABCD，这相当于从被开方数中减去 100R×100R（即 10 000R² ）[79]。

第二部分

选择适合以下两个条件的数为 r 值：

i）$DCBEIH$（即 $BEFC+DCGH+CFIG$）必须在剩下的多边形 $DCBNLK$ 之内，也就是说 $2 \times 100R \times 10r + 10r \times 10r$（即 $2000Rr + 100r^2$）必须小于第一次余数（即第一部分减法运算后的余数）；

ii）DH（即 $10r$）必须尽量大，而使剩余的线段 HK 小于 10，这就是说 r 必须是可能的整数中的最大者[80]。

r 得到后，为了确定 r'，应割去与它无关的 $BEFC$、$DCGH$ 和 $CFIG$ 等，这相当于从第一次余数中减去 $(2000R + 100r)r$[81]。

第三部分

仿照找到 r 的方法可以得到 r'[82]。

r' 得到后，$ENMI$、$HIJK$ 和 $IMLJ$ 将被割去，这相当于从第二余数中减去 $[(200R + 10r) + 1r']r'$[83]。

因为整个正方形都被分割尽了，最后一次减法的余数为 0，所以边长或者说平方根是 $100R + 10r + r'$。

从图 2 我们注意到，第二部分与第三部分是相似的，它包含从步骤 12~16 的工作，《九章算术》的作者仅用"如前"二字表示；但这两个字不包括步骤 12，理由是尽管图中 $ENMI$ 与 $HIJK$ 在步骤 12 中的地位类似于 $BEFC$ 与 $DCGH$ 在步骤 7 中的地位，但相应的算术过程却是不同的。我们从原文看到步骤 7 中提到了乘数 2，而步骤 12 仅仅包括加法，《九章算术》的作者在这里可以借用步骤 10 的数据而避免乘法；这样看来，建立了与霍纳方法相似的梯状系统的是步骤 12，而第三部分则开始建立模型的一致的连续过程。

图 2 中的一部分（$AEIH$）为汉代数学家所使用，它与欧几里得（Euclid，约前 330—前 275）在《原本》（$Elements$）卷 2 命题 4 中给出的图形完全一样。欧几里得用它显示 $(a+b)^2 = a^2 + 2ab + b^2$（大概早在他的时代之前就为人知晓的一个事实，参见〔1〕，Smith，Vol. 2，p. 145）的几何意义，没有想到开平方，但是这一图形对后人是有启发的。因为欧几里得自己说 AE 被"任意地"分割于 B，a 和 b 可为任何数，而没有使它们具有位值意义的思想（例如 $a = 10R$、$b = 1r$）出现。此外，欧几里得的图中 AE 被分成两部分而不是三部分或更多的部分，没有重复的运算过程，因此对计算 r' 或更小的项是无济于事的。第一个应用与中国人类似图形的欧洲人㉒是亚历山大里亚的西翁㉓（Theon of Alexandria，约 390）[84]，他用此解释托勒密（Ptolemy，约 90—168）的开方方法。他用六十进位制表示方根，运算也是采用六十进位

制的分数形式进行的[85]。尽管其做法增添了复杂性，但是使 a 和 b 具有位值意义的思想却清楚地给出了。西翁还在另外一本书（《数学汇编》（Syntaxis）的评注中把根分离成十进制的级数（[85]，Heath，Vol. 1，p. 60）。如果不是为了忠实地说明托勒密的方法，他可能会在上述图形中应用同样的系统。至此我们讨论了西翁与《九章算术》的一致性，但是二者也有不同之处，主要体现在运算的第三部分上：西翁用的是与第二部分类同的程序；而中国人，正如我们刚才提及的，在步骤 12 中采用了一个不同于与之相应的步骤 7 的新措施，因而使第三部分有别于第二部分。这就说明了为什么中国人能够沿着开方第二、三部分的道路进展到解更一般的、包括在《九章算术》末章第二十题中的那样的二次方程。

在印度，婆罗摩及多（Brahmagupta，约 628）[86] 和婆什迦罗（Bhaskara，约 1150）[87] 的开方法，如同西翁一样没有避免在开平方时乘以 2、在开立方时乘以 3 的运算，这就说明了他们在解较一般的二次方程时，不得不用另外一种解法的原因。

在开平方中，印度数学家与孙子之间有着密切的相似性。孙子是第一个对《九章算术》步骤 12 做了修改的人（[34]，卷 2，7—9 页）。在古代中国和印度数学中，除了许多其他平行发展的事实外，引人注目的是孙子关于数论的一个著名问题（[34]，卷 3，10、11 页）在婆罗摩及多和摩诃毗罗（Mahāvira，约 850）的著作中又出现了[88]。现在值得注意的是《孙子算经》（卷 3，3 页乙）中提到了佛经，并谈到了典型的印度大数的名称（卷 1，2 页），几乎可以肯定孙子本人一定对佛经感兴趣。是否存在这样的可能；孙子的数学知识，包括开方方法由他的佛教朋友传到了印度？提出孙子受到印度的影响是很困难的，因为他比婆罗摩及多早 3～4 个世纪，比印度的天文学著作《苏利耶历数全书》（Sūrya Siddhānta）[24] 早 1—2 个世纪。至于印度最早的数学著作《绳法经》（Sulvasūtras，约前 500—前 200 年间成书）是否会对孙子产生任何影响，还是一个困难的、含糊不清的问题，我们希望在其他场合提出自己的想法。无论如何，孙子的知识主要得自《九章算术》，而《九章算术》的完成无疑是在佛教传入中国以前。

（四）开立方程序是如何由几何分割产生的

开平方与除法不是完全类似的，开立方与开平方却是完全类似的。用类似的方法确定了根的位数之后，一个几何图形（图 3）就可以画出来了。现将它与开立方规则间的关系分析如下：

第一部分

从表示已知数的立方 $AB''C''D''E''F''G''H''$ 中割掉一个小立方 $ABCDEFGH$ 〔即

（100R）^{3}，或 1 000 000R^3]，这导致步骤 1～6 的运算。

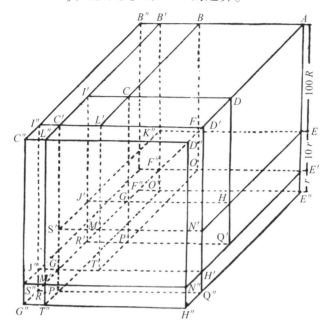

图 3　开立方程序的图示

第二部分

从余下的立体中割去以下部分：

i）三个全等的扁平的平行六面体 $BCGFB'I'J'K'$、$EHGFE'O'P'Q'$ 和 $DCGHD'L'N'M'$，三者之和为：3 × $BC×BF×BB'$ = 3 × （100R）^{2} × 10r = 3 × 10 000R^2 × 10r = （3 000 000R^2/10）r，最后括号中的式子相当于步骤 7。

ii）三个全等的细长的平行六面体 $CI'C'L'G J'M'S'$、$FK'F'O'GJ'R'P'$ 和 $HN'H'Q'GM'T'P'$，三者之和为：3×CG × CI'×CL' = 3 × 100R×10r×10r = 30 000Rr = （3 000 000Rr/100）r，括号中的式子相当于步骤 8 和 9b。

iii）小立方 $GJ'S'M'P'R'G'T'$，其值为：GJ'×GP'× GM' = 10r×10r×10r = （1 000 000r^2/1000）r，括号中的式子相当于步骤 9a 和 9c。

在上面的每一步中，都有一个乘数 r，它被用在步骤 12 之中。

步骤 7b、9b 和 9c 中安排的位值的递减可由以下的事实说明：扁平的平行六面体仅有一个较小的度数，如 BB' 等于 100r/10；细长的平行六面体有两个较小的度数，如 CI' 和 CL' 都等于 100r/10（如此 CI'×CL' = 100r/10 × 100r/10 = 10 000r^2/100）。而小立方的三个度数都是 100r/10（如此有 1 000 000r^3/1000）。

第三部分

从第二部分剩余的体积中再作以下的分割：

i）割掉三个较小的扁平平行六面体 $D'C'L''D''H'G'M''N''$、$B'C'G'F'B''I''J''K''$ 和 E'

$F'G'H'E''O'P''Q''$，这导致步骤 11 和 13 的运算，解释如下：

上述三立体的和为：$3 \times B'C' \times B'F' \times B'B'' = 3(100R+10r)^2 \times r' = (300\,000R^2 + 2 \times$

$30\,000Rr + 3000r^2)r'/10 = \underbrace{r'(\underbrace{300\,000R^2 + 30\,000Rr + 1000r^2} + \underbrace{30\,000Rr} + \underbrace{2 \times 100r^2})/10}$

$$\text{步骤11c} \qquad\qquad \text{步骤11a} \qquad \text{步骤11b}$$
$$\text{步骤13}$$

从上面解释我们可以看出一个重要事实：汉代数学家能够把 $2 \times 30\,000Rr$ 变成 $30\,000Rr + 30\,000Rr$、把 $3000r^2$ 变成 $1000r^2 + 2 \times 1000r^2$，以适于其梯状系统。尽管这种系统在形式上与霍纳的设计不尽相同，但却十分相似，形式上的差异仅仅是筹式与现代算式的不同而已。霍纳的一致的梯状系统应用于含有大量重复加法的程序计算时，在算式限定的行和列上可能会引起混乱。不管怎么说，两种系统达到了一个共同的实质性进展，就是用前面步骤中的结果作加法来代替乘法，开立方的步骤 11 和 13 如同开平方的步骤 12 一样证明了这点。

ii)割掉三个较小的细长平行六面体 $C'I''C''L''G'J''S''M''$、$H'N''H''Q''G''M''T''P''$ 和 $F'K''F''O''G'J''R''P''$，这导致步骤 14 和 17a 的运算。

iii)割掉小立方体 $G'J''S''M''P''R''G''T''$，这导致步骤 15 和 17b 的运算。

最后，如在第二部分一样，上面三项中共同的乘数，被用于步骤 18，至此立方体积被全部分割完毕。一系列的运算也就到此结束，在此情况下立方体的边长表示一个整数，即 $100R+10r+r'$。

(五)《九章算术》的作者实际上使用过图示和立体模型吗？

对正方形面积和立方体体积施行逐步分割的方法仅在刘徽和李淳风对《九章算术》的注文中有所暗示。无论如何，我们相信《九章算术》的作者的确有一幅图，与戴震的补图(《九章算术》，卷 4，19 页甲)以及另一个较早的人采自《永乐大典》的图相似。刘徽(卷 4，10 页甲)和李淳风(卷 4，11 页甲)关于开平方的注文证明在 3 世纪和 7 世纪存在着彩色的图形；同时刘徽在序言(1 页乙)中似乎表明他曾亲自设计图形以便解释原文。《九章算术》的原始文本不包括图形，这可能是真的，但是这并不等于说类似的图形从来没有为开方术的最早发明者所使用过。

图 1 和图 2(或类似的)，其图形如果没有保存下来，也必定是最初使用过的，这一看法可由下面的证据得到证实。首先，根的原始术语是"方"，即几何上的正方形，这一事实是重要的。我们从图 2 可以看到，以 AN 的一部分作为单位长度，沿着 AK 可以得到 $100R+10r+r'$ 其值为正方形的一边之长，也就是根。第二，《九章算术》关于除法和开方的第四章名为"少广"，从字义上讲就是"减少宽度"，这就势必涉及恰如上文讨论过的一块面积被减少的过程。第三，第一章中有一部分关于分数除法的内容名为"经分"，因为"经"的意思是织物的经线，原始的思想大概来源于一块矩形布匹的丈

量。这样除法的概念就与几何表达建立了联系。第四,开平方法原文中的"面"字也提示了一个几何来源。第五,开平方的原始术语"开方",清楚地显示了几何痕迹,"开"意指打开或切开,给出了一个很具体的形象描绘。第六,除法的"除"字,在古代惯指消除,当然与从一数中拿掉另一数有关,但这样理解仅仅体现了作为除法运算一部分的减法,因而它更可能指的是从一块大的矩形中拿掉另一块较小的矩形[89]。

至于开立方,3 世纪的刘徽提出了用"棊"来清楚地证明其过程的方法(卷 4,14 页甲);7 世纪的李淳风则在其注文中,把立方体剖成一层层堆起来的小块,叫作"垒棊"(卷 4,18 页甲);而且他和刘徽在其评注中对开立方程序的考察,必定把总的体积设想为可分为不同大小的长方体。至于《九章算术》的原文,我们发现立方体被称作"立方"——"立着的正方形",自然含有正方形表面的立体的意思;而求一数的立方根叫作"开立方"——"打开或切开一个立着的正方形"[25]。假如这种程序的发明纯粹出自数字推理的话,那么就不存在着切开什么东西的问题了。我们当然不能假定汉代人甚至也画出了图 3 那样的图形,尽管他们的平行透视知识大概足以完成这一工作(W. Fairbank,1942;Combaz,1939;Wells,1935)[26]。更有可能的是他们用模型的排列来实际构造出了这一空间关系。

在欧洲,这种实践的出现看来意外地晚到 17 世纪[90]。在印度,《普拉玛—斯普塔历数全书》(*Brahma-Sphuta-Siddhānta*)的最早评注者斯沃美(Chaturvēda Prithūdaca Swāml)谈到开立方过程时,说"三个相同的量相乘是一个十二角立体";他也给出了一个例子:"求出一个长、宽、高相等的立体的一边"[91]。除了亚历山大里亚的海伦(Heron of Alexandria,约 50)采用了一种截然不同的处理方式以外,古希腊再没有人描述过开立方。由于海伦仅给出了具体的数字而对其理论基础未加解释[92],所以无法设想他的方法是从一个立方体模型的分割中发现的。无论如何,在《九章算术》和婆罗摩及多[93]之间存在着惊人的相似,除了步骤 13 对后者来说是不必要的以外,原因是他仅选择了一个两位数的根的例子。二者的平行性可以从立方体在注文中的作用进一步看出来。

五、结 语

汉代开方术的发现和应用使几何、代数和算术紧密地结合在一起。东汉末期,赵君卿和刘徽用几何图形证明了如下的代数表达式: $a^2+b^2=c^2$、$2ab+(b-a)^2=c^2$、$c^2-b^2=(c-b)(c+b)$,从而提供了这些数学分支之间密切关系的另一个实例。另一方面在西方,演绎与论证几何学在欧几里得那里达到了顶峰。

代数与算术的关系在中国甚至更为密切[94]。牛顿把代数称为"广义算术"。霍纳在其 1819 年论文的一个脚注中写道:"至此,作者在这种方法中一直这样幸运地注视着,无须他自己来作决定,(近似方法的)结果必然导致实际计算者希望的满足,但是他的信念是使算术和代数都得到某种程度的进展与更密切的结合。(现在二者间的鲜明分野已经消除)陡坡已成了平缓的小路。"这一见解一定会得到汉代数学家的赞许。

综上所述,霍纳方法来源于表示成一般代数形式的二项式定理;汉代数学家则来源于几何模型。于是以 19 世纪的观点来看,霍纳的方法是完全一般化了的。而 2000 年前的汉代人把一种经验地得到的类似方法,简单地应用到开平方、开立方和解一类特殊的二次方程之中;换言之,应用到一个有限的领域之中。正如大家所知道的,霍纳方法的广泛应用是 12—13 世纪宋代代数学家们的工作;本文新的贡献就是力图说明公元前 1 世纪的中国数学家是领会了这一方法的真谛的。

代数的发展需要符号。汉代数学家不缺乏术语,像代表直角三角形三条边的"勾""股""弦",或我们上文中看到的"法""定法""中""借算""下""实"等。如果原文写得面面俱到并无在该用之处略去上述术语的话,他们也许能以某种适当简略的形式发展公式化的代数学;但是由于使用了描述性的方法,术语经常与评论中的一般用语混淆;而且我们也不要忘记有这样的可能:由于没有标点符号以及出于文体的需要而对某些字的省略,则很容易引起语法上的误解,这样人们对于代数符号法直到近代才被发展这一事实也就没有什么值得奇怪的了。甚至可以这样说,中国人在解数字方程上的早期成就妨碍了他们对一般方程理论的发展。

汉代数学家和 2000 年后霍纳的方法对比,从更广泛的意义上来讲,是常常引人注目的中国和欧洲数学特点的对比;前者系近于经验主义的,后者则近于归纳—演绎的模式。这并不等于说古代和中世纪中国科学中没有理论,也不是说文艺复兴时代的科学不包含相当强烈的经验成分。如果说现代技术是建立在欧洲归纳—演绎模式的数学和科学理论基础之上的,那么中国古代和中世纪的文明在技术上的成就,则比任何国家都要高。

(刘 钝 译)

参考资料与注释

[1] D. E. Smith: *History of Mathematics*, Vol. 1, pp. 270, 273; Vol. 2, p. 471 (New York, 1925); F. Cajori: *A History of Mathematics*, 2nd ed. p. 271 (New York, Repr. 1924); G. Sarton: *Introduction to the History of Science*, Vol. 2, Pt. 2, p. 626 (Baltimore, 1931); Vol. 3, Pt 1, p. 701 (Baltimore, 1947); Y. Mikami (三上義夫): *The Development of Mathematics in China and Japan*, pp. 77,

78（Leipzig, 1913）.

〔2〕我们把"从"字读作 *ts'ung*，而不像三上义夫那样读作 *tsung*；因为我们相信它与开平方程序的步骤 12 中提到的"从"是同一个字（见本文第二节，第二部分），在那里这个字应发 ts'ung 的音。后来中国数学家把它写成"纵"（〔4〕，159 页）是一个错误①。

〔3〕钱宝琮：《中国算学史》，84 页（北京，1932）。

〔4〕李俨：《中国数学大纲》，61 页（商务印书馆，1931）。

〔5〕张苍，见：《史记》，96 卷 1—7 页，26 卷 4 页；《前汉书》，42 卷 1—6 页，21 卷上 1 页，19 卷下 7、11 页。耿寿昌，见：《前汉书》，8 卷 21 页，24 卷上，17、18 页；《后汉书》，12 卷 6 页（1942 年重印武英殿本）。

〔6〕张荫麟：《九章及两汉之数学》，燕京学报，2 卷，301—312 页（1927）。

〔7〕《周礼》，卷 4，8 页，《四部丛刊》（1936）；互见 E. Biot：*Le Tcheou Li*，Vol. 1，pp. 298，299（Paris，1851）。

〔8〕孔继涵：《九章算术》刊后语，《微波榭丛书》（1773）；另有张文虎、诸可宝、顾观光等论，见〔3〕，32 页。

〔9〕唐代注释者李淳风解释"积"为"众数聚居之称"（卷 1，1 页乙）；刘徽注中谓"此积为田幂"，后者表明汉代数学家的认识来源于几何观念。用筹式来解题当然属于纯粹的算术，而不会自觉地意识其几何来源。在这里李氏的注解是更合理的（尽管考切特把"积"翻译成"面积"，参看 L. Gauchet：Note sur la Genéralisation de l'Extraction de la Racine Carrèe chez les anciens Auteurs Chinois, et quelques Problè mes du *Chiu Chang Suan Shu*，*T'OUNG PAO*，Vol. 15，p. 533（Leiden，1914），但是这并不意味着在其他地方他没有认识到这种开方法的几何来源〔参见本文第四节，（三）〕。

〔10〕"实"和"法"二字在除法中也是十分重要的术语，我们将在后文重新提到。

〔11〕从字面上讲，"借"就是借东西。三上义夫的译文"借一个单独的计算工具"是极其错误的，因为这样理解看来意味着计算者首先要向其他的什么人借某种计算工具。"借一算"的真实含义是使最底行的这一根算筹表示与第一行运算过程中特定位数的根值相应的位值。也可以把"借"字翻译成"凭借"，因为整个运算依赖于这根算筹的正确置放。它起着一种暂时的作用，仅仅通过某种技巧由已知数所决定。

〔12〕"步"字与欧洲人在数字上画小圆点，或用竖线分隔数字的记号具有同样的意义。最先使用小圆点系统的是格拉马图斯（Grammateus，1518），后一种系统出现得更早（Chuquet，1484）。见〔1〕，Smith，Vol. 2，p. 147。

〔13〕"议"字和相应的"商"字被孙子、夏侯阳以及所有后来的数学家所使用，当然都有"讨论"的意思，但前者似指选择根或商的过程，后者则指根或商本身。"商"字在除法和开方中都被使用，但是现代中国人惯于用它专指除法的结果。

〔14〕我们认为，"所得"的真实含义被三上义夫误解了，而其他研究者又未能给出解释。我们这里的解释将通过步骤 10 和开立方程序的步骤 8 得到印证。

〔15〕许多步骤（S/3、S/4、S/5、C/8、C/9、C/10 等）中都含有"议"这个字。使用这一极其简洁

的书文大概是因为有所保留的数学家们口头传授的习惯和避免文字过于重复的要求。

[16] "一"这个字不能简单地翻译成 one，这是相当清楚的，尽管"一"字当然有这样的意思。下面有三种另外的译法：a) 它可以是序数词，意指"第一位"数字，这一理解大概适于步骤 5，但在步骤 10 中同样的"一"字则指"第二位"数字。看来要排除这一种意见。b) 它可以指若干数字当中"被选定的一个"，尽管从语法上讲，我们希望在"一"字之前应有诸如"其""选择"之类的修饰字或词，以更圆满地体现这一意思，然而修饰字或词的省略也是可能的，因为这个"一"字紧跟在步骤 4 之后，而在步骤 4 中含有若干个被试验的"首商"，于是很自然地，"一"字是指若干数字中被选定的一个。而且我们注意到，在步骤 10 中的"一"字前面有修饰词"复议"。在任何情况下，这个"一"字从数学上讲都只能是"被选定的一个"（即被选定的商）而不是其他的什么。正因为我们必须这样理解这个字，所以步骤 4 中的"所得"一定不是三上義夫翻译的"得到的商数"，他的看法是不能为我们所接受的。c) 另外一种意见，即根本不认为它是一个字，而是一个符号。如果在数字的上方画一横杠，可用来指示运算过程中特定环节根的特定数字，这样可以避免混乱，因为在步骤 10、15 和相应的步骤中，左边的几个数字在运算中不再有实际作用却又不能抛弃，原因是它们也是所求答案的一部分。这种"符号说"乍看起来好像有理，但是无论如何是不能让人满意的。理由很简单，中国古代数学中从无符号出现。仅有的可能的例外就是《九章算术》第八章中对负号的指示，后来李冶（1192—1279）的《测圆海镜》（卷 5，1 页前，《知不足斋丛书》）、杨辉的《算法通变本末》都用一条附加的斜杠表示负号。根据刘徽注，《九章算术》（卷 8，4 页）仅用红、黑两色算筹来区别正、负，这一传统甚至直到沈括（1031—1095）的（《梦溪笔谈》（卷 8，3 页甲，1897 年，诊痴楼本）还没有改变。因而我们不能认为"符号说"是有道理的。

[17] 见〔10〕。

[18] 这一句子中最后的"法"字与第一个"法"字不同，而是句子中间那个"定法"的缩写。

[19] 尽管从字面上讲，这句话若翻译成"一根（新的）算筹从右向左隔位移动"（直到其不超过"定法"最左边的数字为止），也能产生与"（原来的）那根算筹向右隔位移动一次"同样的效果，而实际操作还是按后一方式进行的，于是术文"如初"就意味着"超一等"的隔位移动方式。

[20] 尽管从逻辑上讲这一步是必要的，但为了避免过多的重复而被省略了。在步骤 10 中再次出现了"议"字。

[21] 在这里我们看到原文中的"一"字指的是"次商"，也就是通过步骤 9 的讨论选定的那个数。

[22] 三上義夫、钱宝琮和李俨从这句话的字面上认为，汉代人不知道如何把整数之后的开方运算进行下去，我们的翻译有所不同。

[23] 如果接受刘徽的注解，那就表明作者知道如何把开方程序进行到小数点后任何位数[7]。

[24] 三上義夫（〔1〕，Mikami，p. 13）把"所得"当成方根本身的一位数字肯定是错误的，这可由步骤 8 得到证明，在那里如果不回到这一步，"所得"将无从得到。

[25] 这样翻译是因为我们在原文中增添了一个"一"字。这句话与开平方的步骤 5 相应，那里有这个"一"字，我们相信这里也应有它，如果没有它，整个陈述将失去意义。从语法上讲，"一"

的实体应指"所得"，但"所得"无疑是根的某位数字与"借算"的乘积，而不是三上義夫说的根的数字本身。三上義夫理解的"所得"尽管合乎语法，数学上却是不通的。

〔26〕之所以叫"定法"，既因为它是一个有点复杂的运算过程的结果，也因为它是由若干支行中被选定或固定了的一个数据。

〔27〕这个"所得"与步骤 4 中的"所得"相同。三上義夫（〔1〕，Mikami，p.13）没有认识到它作为一个专门术语的意义。中国抄书人漏掉了步骤 5 中那个"一"字也是出于类似的误解。

〔28〕这里进一步证明了"一"字系指选定的根的数字。

〔29〕这个"定法"不同于步骤 11 中的"定法"。有可能原始术文中用来区别二者的某些记号被抄书人误解而遗漏了；更有可能的是原始术文中根本就不必区分同一行中的两个支行（参见 C/13），二者的区别仅靠学者在筹式前的口头指授。

〔30〕"从"字在这里应翻译成"被加到……上去"。

〔31〕汉代数学家为了省事而将 c）和 d）同时完成；要知道他们需根据位值的变化改变算筹纵、横式交错的排列次序。

〔32〕见〔22〕。

〔33〕这句话并不见于传本《九章算术》之中，但原先这里一定有这句话，如此才能与开方术的术文对应。另外，如果原文中没有这句话，刘徽也就不会写关于根的小数部分的注释了。

〔34〕《孙子算经》，卷 2，8 页，《微波榭丛书》（1773）。

〔35〕《张邱建算经》：卷 2，19 页；卷 3，31 页甲。（《微波榭丛书》，1773）

〔36〕这个方程用筹式表示如 C/1。与开方有关的方程在中国最早既没有系统的表示法也没有被写出来，《九章算术》最后一章完成的时候，数学家有了一类模型，我们认为是一类方程（参看第四节）。这种模型被宋代代数学家进一步从技术上确定和推广（12—13 世纪），但是即使到了那时也没有表示等于的特别记号，虽然汉代筹式中"实"下的一道线（或假想的一道线）可以被说成是等号。尽管如此，但各项顺序的排列上汉代数学家与欧洲人有十分相似之处，中国人从上到下的书写方式自然地决定了其筹式的排列。

〔37〕如史密斯（〔1〕，Smith，Vol.2，p.472）所指出，欧洲最早解高次数字方程的是比萨的列奥纳多（Leonardo Pisano，约 1170—1250），即斐波那契（Fibonacci），他于 1225 年给出了方程 $x^3 + 2x^2 + 10x = 20$ 的一个解，答案是由度、分、秒和 4 个更小的六十进制单位表示的。这一点特别使我们想到前面讲过的中国的十进单位制系统。他是如何得到结果的，史密斯说无人知道，但接着说菲波纳奇曾从与东方人的接触中获得某些方法。在中国，王孝通于 7 世纪初就解决了诸如 $x^3 + ax^2 + bx = c$ 的方程（见〔55〕，5—31 页），这里 a、b、c 都是正的数字。上面提到的菲波纳奇的方程右边的常数项为正、x^3 项的系数为 1，这不会是巧合，这两点都有典型的中国特征。"东方人的接触"是否可以追溯到中国的来源呢？这个问题有待于进一步研究。

〔38〕中国人将 x^3 的系数扩大无疑是为了避免在求根过程中触及到小数（见 C/2）。要知道在汉代 0 是简单地由空位表示的，运算程序的简化的确得益于 0 的符号的缺少，而不是由于霍纳相应的小数点。在现代计算的某些情况中，甚至小数点也可以被略去。

〔39〕霍纳在此应用牛顿关于方程正根上界的命题：若 $f(a)$ 和 $f(b)$ 异号，则在 a 和 b 之间存在一

根。同样的效果由原文（步骤 6、12）中的"除"字所体现，因为通过汉代数学家的除法运算，出现同样的结果是可能的，尽管他们这样做出于不同的推理过程。在 C/2 上，相应于多项式 $f(x_1)$ 的是方程 $1\,000\,000x_1^3 = 1\,860\,867$，其常数项为正，所以 $-1\,860\,867$ 显示在筹式中为 $860\,867$（见 C/5）。同理 C/4 的第二行显示了运算 $1\,860\,867 - 8\,000\,000$，如果计算结果应为 $-6\,139\,133$；但是在汉代"差"为负数是不能接受的，换言之：1 是用 $1\,000\,000$ 除 $1\,860\,867$ 的"首商"，而 2 非 $4\,000\,000$ 除 $1\,860\,867$ 的"首商"；况且选择的"首商"越大，它与除数的积也就越大，因此从 2 以后的所有数字都不必再试了。

〔40〕实际上没有必要算出具体的得数来，因为很容易看出 $f(2)$ 与 $f(1)$ 异号。同样地，汉代数学家可能不用筹式而靠心算得到 C/4 的结果。

〔41〕到此为止的全部运算都包含在原文步骤 4 中的一个重要的"议"字之中。汉代数学家无疑只列出"所得"这一行，并通过检验，或者甚至只用心算求出其他行。在竖直方向依次排列诸项，具有使位值相同的数字保持在同一列以及便于检查和比较不同行中数据的优点。

〔42〕因为汉代人没有方程的现代概念，他们不会有任何方程的理论。必须强调说明的是《九章算术》并没有方程变形的思想，中国人得到同样的结果并非来源于方程的理论而来源于几何学研究（见本文第四节）。

〔43〕算式中与汉代术语有关的数字右上角都标有记号，分别对应：a）"借算"（步骤 3 以后）；b）"实"（步骤 1）；c）"首商"（步骤 4）；d）"所得 1"（步骤 4）；e）"法"（步骤 5）；f）"第一余数"（步骤 6）；g）"定法"（步骤 7a）；h）"下"（步骤 9a）；i）"中"（步骤 8）。

〔44〕直到秦九韶（1247）以前，对应于算式中 b 项的"实"在中国总是正的。宋代人承认"实"可为负具有十分重要的意义：把常数项与其他项同等看待，意味着不再因袭传统把它看成一个立方体、一个正方形或一个几何图形，因为几何体不能解释负号。这一变化也证明了开方不再被认为是一种纯粹的算术运算，而被看成如同 $x^3 - 1\,860\,867 = 0$ 一类的方程，如同我们现在的表现形式一样。考切特（〔9〕，Gauchet，p. 543）文中常数项为负的方程并不是《九章算术》的观念而是宋代人的。如果要把汉代筹式的表达翻译成方程的话，写成 $x^3 = 1\,860\,867$ 更合理一些。

〔45〕对于算式中的 g 和 i，《九章算术》为了节省时间直接用乘以 3 的做法得到，而不用累加的梯状系统。但是从第二部分起，中国人几乎得到了与霍纳方法相同的梯状系统，除了步骤 13a 是一个例外，在那里提到了"倍下"，而不是将"下"累加两次。这一程序在中国的统一是 12—13 世纪完成的。

〔46〕C/8 中的位置与这个方程相一致，汉代数学家通过保持常数项不变节省了一些劳动（指多次移动算筹）。

〔47〕这一方程左边各项系数分别对应汉代方法中的"下 1"（步骤 9c）、"中 1"（步骤 9b）、"定法 1"（步骤 7b），右边对应"第一余数"（步骤 6）。

〔48〕我们看到 C/9、C/10、C/11 与上述试验密切对应，但它们并不来源于霍纳式的推理过程。

〔49〕相应于汉代的方法，下式中标有记号的数字分别对应：a）"次商"（步骤 10）；b）"下 1"（步骤 9c）；c）"定法 2"（步骤 11c）；d）"第二余数"（步骤 12）；e）"中 3"（步骤 13c）；f）"从定法"（步骤 13c）；g）"下 1"（步骤 15a）；h）"中 4"（步骤 14a）。

〔50〕 我们可以看出 C/16 与此方程密切对应，其产生的过程可由 C/13、C/14、C/15 看出。筹式上不同子行的数字一定容易造成混乱，在霍纳方法中则可避免。大概汉代数学家用有颜色的算筹或斜置的方式来区别不同的子行，但是没有早期的文字材料对这一猜测进行证明。

〔51〕 方程左边各项系数分别对应汉代方法的"下 3"（步骤 15b）、"中 5"（步骤 14b）、"从定法 1"（步骤 13d），右边对应"第二余数"（步骤 12）。

〔52〕 试验部分可由 C/17、C/18、C/19 显示。

〔53〕 最后一步对于汉代数学家来说是不必要的，因为他们通过把方程 $f(x)=0$ 变成 $f(x_1)=0$ 避开了根的小数部位（步骤 3）。

〔54〕 见〔1〕，Smith，Vol. 2，p. 147。

〔55〕 王孝通：《缉古算经》，5—32 页。张敦仁：《缉古算经细草》：卷 1，6—25 页；卷 2，2—19 页；卷 3，22、23 页。（《知不足斋丛书》，1776—1798）

〔56〕 朱世杰（1303）给出了八层的"古法"开方图。

〔57〕 他还有两种可供选择的方法："益积"用于前一类，"益隅"用于后一类。两种方法仍然包括用 2 乘的步骤，从而显露了《九章算术》平开方第一部分（步骤 7a）的影响的痕迹。只要乘法仍被保留，一般化的系统就很难达到。这种痕迹在郭守敬（1231—1316）那里仍然可以找到（见《明史》，卷 32，3 页，《四部丛刊》）。

〔58〕 秦九韶：《数书九章》：卷 5，120—127 页；卷 6，147—154 页；卷 8，193—200 页。（《丛书集成》，1936）

〔59〕 同上，卷 8，186—189 页。

〔60〕 一个有力的论证见〔3〕，59、60 页。

〔61〕 1023 年左右的楚衍还学习过《缀术》（《宋史》，卷 462，3 页乙，《四部丛刊》），但是 1084 年官方刊行的十部算经中已不再有《缀术》，甚至通过《梦溪笔谈》（卷 18，2 页甲）也可看出沈括没有见过这本书，因此它必定是在 1023—1084 年之间亡佚的。

〔62〕 进一步的讨论我们希望在另一篇文章中给出。

〔63〕 J. E. Moutucla：*Histoire des Mathématiques*，Vol. 1，pp. 601—603，2nd edn.（Paris，1758）。

〔64〕 J. Wallis：*De Algebra Tractatus*，p. 102（Oxford，1693）。

〔65〕 J. C. Ferguson：*The Chinese Foot Measure*，*Monumenta Serica*，Vol. 6（1941）；*Chou Dynasty Foot Measure*，*privately printed*（Peiping，1933）。

〔66〕 董作宾：《殷历谱》，二集，卷 4，5 页，中国国立中央研究院历史语言研究所专刊（1945）。

〔67〕 参看 W. H. Medhurst 的译本：*The "Shoo King"*，pp. 7，8（Shanghai，1846）。

〔68〕 F. Cajori：*A History of Mathematical Notations*（Chicago，1928）。

〔69〕 实际上这一概念可以追溯到公元前 4 世纪的《墨经》。

〔70〕 《夏侯阳算经》，卷 1，2 页乙，《古今算学丛书》（1898）。

〔71〕 W. G. Horner：*A New Method of Solving Numerical Equations of all Orders by Continuous Approximation*，*Philosophical Transactions of the Royal Society*，Vol. 109，p. 320（1819）。

〔72〕 在图 1 中，*AEFD*（=*ABCD*+*BEFC*）必定在 *AEIH* 之内，因为前者系由后者中分割而来；*AD* 必须大

到使 DH 小于 10，这就意味着 R 必须是可能的数字中的最大者，因为如果 AD 等于 $10(R-1)$，DH 等于（$10×1+r$），与原先表示 DH 的 r 不超过 9 的假设矛盾。

〔73〕 在图 1 中，为了确定 DH（即 r），从 $AEIH$ 中割掉 $ABCD$ 和 $BEFC$，因为它们与 r 无关。

〔74〕 在图 1 中，减法意指从剩余的矩形 $DFIH$ 中割掉 $DCGH$ 和 $CFIG$，至此无剩余的面积。

〔75〕 在图 l 中，得到 $AH = 12$ 尺。

〔76〕 步骤 3 的原文是"步之，超一等"，从字面上讲与画分节号或想象的纵线具有同样的效果。

〔77〕 这是步骤 4 的讨论部分。

〔78〕 这也是步骤 4 的讨论部分。

〔79〕 步骤 5 和步骤 6。

〔80〕 这两步都是步骤 9 的讨论部分，$2000R$ 和 100 分别为步骤 7、8 完成。

〔81〕 括号中的式子由步骤 10 完成。减法由步骤 11 完成。

〔82〕 对于步骤 14，原文也说"如前"。

〔83〕 圆括号中的式子由步骤 12 完成，r' 的系数由隐含在"如前"二字中的步骤 13 实现，减法也由隐含的步骤 15、16 实现。

〔84〕 注意不要与士麦拿的西翁（Theon of Smyrna）、第一个（2 世纪）研究幻方的欧洲人[23]相混淆。参看〔1〕，Sarton，Vol. 1，pp. 272，367.

〔85〕 Sir T. Heath：*A History of Greek Mathematics*，Vol. 1，pp. 61，62（Oxford，1921）；J. Gow：*A Short History of Greek Mathematics*，pp. 55ff.（Cambridge，1884）.

〔86〕 H. T. Colebrooke：*Algebra*，*with Arithmetic and Mensuration*，*from the Sanskrit of Brahmagupta and Bhāskara*，p. 280（Murray，Londen，1817）.

〔87〕 同上，pp. 9，10，12，互见 J. Taylor：*Lilawati*，*or a Treatise on Arithmetic and Geometry*，*by Bhāskara Acharya*，*translated from the Original Sanskrit*（Bombay，1816）.

〔88〕 G. R. Kaye：*Indian Mathematics*（Calcutta，1915）.

〔89〕 如同土地分配中的丈量一样。

〔90〕 见〔1〕，Smith，Vol. 2，p. 148.

〔91〕 同〔86〕，pp. 278，279，斯沃美生活的时代在 12 世纪以前，因为婆什迦罗曾提到过他。

〔92〕 同〔85〕，Heath，Vol. 1，pp. 63，64，Vol. 2，pp. 341，342.

〔93〕 同〔86〕p. 280.

〔94〕 开平方是一个算术运算，但是在中国可能（如我们在上面所见）把它推广到解形如 $x^2 + 34x = 71\,000$ 的方程，这是《九章算术》中的例子。

译 注

①实际上，"从""纵"二字可以通假，因而作者对李俨的批评是可以商榷的。但是另一方面，他们指出带从开方法的"从"字来源于开方术原文（步骤 12），这一观点则十分精辟。

②唐代立于学官的"算经十书"，至北宋秘书省刻书时（1084）已佚《缀术》《夏侯阳算经》两种，后者遂以唐大历年间韩延所撰实用算术代替，又至南宋鲍澣之刻算书（1213），以《数术记遗》与

前九种同时付印，所以仍是算经十部，但与唐代的"算经十书"不尽相同。另外要说明的是，戴震时代民间尚有数种南宋刻本存在（包括《九章算术》前五章），戴震除了直接辑录《永乐大典》外，也参考了南宋刻本。

③作者把"所得"看成一个专门术语对于本文至关重要：对原文的断句与标点、对开方术文"一乘"、开立方术文"再乘"的理解，以及对三上义夫的批评（参见注释〔16〕，〔24〕、〔25〕、〔27〕、〔28〕及相应的正文），都与这一看法有关。

④这一行称作"方"，以及后面开立方筹式的第一行称作"立方"都欠妥，因为这样易与"实"混淆。作者在他们后来的著作中改正了这一称法，第一行被统一称作"商"。见 *Science and Civilisation in Chiha*，Vol. 3，p. 66（Cambridgle，1959）。

⑤原文出现了"从定法 1′""借算 1′"之类的记号，为了避免撇号带来的混乱，译者采用按出现先后顺序为术语编号的做法，这样在"从定法 1"之后出现的称为"从定法 2"，"借算 1"之后出现的称为"借算 2"，并以此类推。

⑥这里引用的原文脱漏了两字"若"和"当"，应为"若开之不尽者为不可开，当以面命之"。作者所据微波榭本和其他诸本均同此。

⑦这里意指刘徽注中提出的"微数法"，但"微数法"与《九章算术》的原文"以面命之"是两回事，这可由刘注"不以面命之，加定法如前，求其微数"看出来。因而作者与三上义夫、钱宝琮、李俨等人分歧的要点并不在于汉代人是否懂得整数后的开方运算，而是在于对"以面命之"原意的理解。参见〔22〕以及本文第二节（三）。

⑧这里引用的原文脱漏了最后的一个"位"字，查微波榭本和其他诸本均为"下超二位"。

⑨原文中数字 68 000 皆注为"中 2"，恐系排印错误，今改为"中 3"。

⑩原文误印为"下 2"，今改为"下 3"。

⑪原文误印为"中 3"，今改为"中 1"。

⑫显然，作者这里指的是《孙子算经》的作者，而不是孙子这个人。前者的著作约成于 4—5 世纪，后者一般指公元前 6 世纪的军事家孙武，以下同。

⑬作者认为《数术记遗》是汉代徐岳的著作。这里的意思是：即使如一些批评者所云《数术记遗》是后人伪托所作，那么以其注释者甄鸾的年代来推断，书中所记内容也不会迟于 6 世纪。参见李约瑟：《中国科学技术史》，第三卷，63—64 页（科学出版社，1978）。

⑭原文误作"−428867"，今依算例校正。

⑮原文误作"+336143"，今依算例校正。

⑯应称为开方作法本源图，或贾宪三角形，下同。

⑰即综合除法的算式，在中国与之相应的是增乘开方法。

⑱杨辉书原名《乘除通变算宝》，亦称《乘除通变本末》，共三卷，其卷一为《算法通变本末》。

⑲原文是："若实有分者，通分内子，为定实。乃开之讫，开其母，报除。若母不可开者，又以母再乘定实，乃开之讫，令如母而一。"标点是本文作者加的，又"其"字本文印作"具"。

⑳原文不等式右边误印为"476"，今改为"276"。

㉑原文第二式误作"46−(10×2+3×2)"，今改为"46−(10×2×2+3×2×2)"。

㉒亚历山大里亚在非洲北部。

㉓士麦拿在亚洲西部。说以上两地的西翁是欧洲人都不确切。

㉔Siddhānta 意为已经确立了的结论，Sūrya 相传为日神，因此也有人把此书译为《太阳系》。

㉕这里按字面直译应为"打开或切开一个立着的立方体"，因为作者的原文是 opening or cutting open an upstanding cube；但前面用于"立方"的原文却是 upstanding square，为了前后文的统一起见，我们还是翻译成了"打开或切开一个立着的正方形"。

㉖这三个文献出处及版本未查到。

【17】（天文学）

Ⅱ—2　古典中国的天文学*

今晚我们欢聚一堂，向探索天空的远辈先人，古典（古代和中世纪）中国文明中的天文学家们表示敬意[1]。在谈到天文学史时，人们往往有一种偏狭的观点，即其成就仅限于古希腊人及其向之学习的一些更古老民族的发现。但是，今天我们应该更全面地来欢庆亚洲东部喜马拉雅山那一边与古希腊同时代人的成就。虽然中国的文明没有巴比伦和古埃及那么久远。但它比古希腊和古罗马文化要古老得多。早在公元前 15 世纪前后，中国人已在迄今犹存的甲骨残片上留下了天象记录，后面将向诸位介绍一片这种甲骨文的拓片。

在中东和古希腊文化发展的同时，中国关于天空的知识也在逐步增长。在漫长的古代，东西方之间无疑存在着学术接触，然而却从未改变中国天文学固有的特色。尽管天空现象是同样的，人们却用不止一种方式去理解它。当 17 世纪各路科学之河汇入现代科学的大海时，中国天文学作为一个体系在着眼点和洞察力方面都跟西方天文学有显著的不同。今晚我们就来讲述这些不同。以特有的中国方式考察事物直接引起了实验手段和科学仪器的显著进步，它们的实际后果非常重要，事实是在许多重要的领域中国天文学远比欧洲先进若干世纪，而在另一些方面古希腊传统也有其优势。

我们也许要把今晚用来纪念最伟大的中国天文学家中的两位：13 世纪的学者郭守敬（1231—1316）和 8 世纪的唐代高僧一行（683—727）。或许我们还要把他们跟宋君荣（Antoine Gaubil, 1689—1759）的名字联系起来，他是一位虔诚的教士，18 世纪在中国度过了一生。他克服拼音语言文字表述的巨大障碍，将中国天文学史介绍给西方。中国科学院副院长之一的竺可桢博士是著名的气象学家和天文学史家，自从我们荣幸地会见了以他为首的中国科学院代表团以来，今晚是非常特殊的

---

* 1961 年，以中国科学院副院长竺可桢博士为首的中国科学院代表团访问英国皇家学会，10 月 19 日，皇家学会和皇家天文学会在伦敦天文馆（London Planetarium）联合组织欢迎会，本文是在会上的讲演。合作者为该馆高级讲师莱昂纳德·克拉克（Leonard Clarke）先生。——李约瑟原注

一次机会。

现在，我们试图给诸位讲述为了天文学的发达，中国给世界作出的那些贡献。首先让我们叙述一件最明显的事实。中国是文艺复兴以前所有文明中对天象观测得最系统、最精密的国家。今天的射电天文学家为什么要以巨大的兴趣去查阅 2000 年前的中国天象记录呢？这是很简单的事。它不含有高深的理论，也不需要特别的技能，这仅仅是因为中国的古老统治方式不单是如我们所说的封建主义，而是封建官僚主义的，司天监是内府机构不可缺少的组成部分，太史院逐代转述并大量记录下天象（尽管有内战和入侵的动乱）。中国人不讲究占卜普通人命运的天宫图占星术，他们相信一种国家占星术，比如"彗星预示君主的死期"，因而天空事件被仔细地记录下来。后代的史学家按惯例将它们系统地整理，从而到今天我们都受益匪浅。第一个中国日食记录远在公元前 1361 年，这是各民族历史上可证实的最古老的日食。基于中国记录的可靠性和精密性，以及在这方面已经做出的许多工作，可以设想如果汉学家和天文学家之间来一个良好的合作，那将具有十分宝贵的价值。因为在如此漫长的历史时期中是没有其他记录能提供给我们的。

一项特别令人感兴趣的工作是一批新星、超新星星表，最新的星表由中国科学院席泽宗博士所完成，从前 1400—1690 年，给出了 90 项记录。根据天体物理学，我们知道，当一颗像我们的太阳那样的恒星在演化中到达主星序上的 M 点，它的性质开始发生迅速变化，使它在较短时间内到达一个临界点 O。在那里或许它会像巨大的原子弹那样爆发，如果它爆发了，一颗"新见星"即新星便以极大的亮度出现在天空，如果它的亮度特别大，我们便称之为"超新星"。图 1 所示的是一块大约公元前 1400 年的甲骨残片，古代中国人在上面写道："某月的第七天，己巳，一个新星出现在心宿二旁。"[①] 至于超新星，历史记载只有三次：第一个是 1572 年的第谷（Tycho Brahe，1546—1601）新星，它给托勒密学说以巨大的打击；第二个是第谷的学生开普勒 1604 年观测到的；第三个是在 1054 年，仅有中国和日本天文学家记录到了，它就是金牛座蟹状星云的前身。所有这些观测记录都使射电天文学家产生兴趣，因为它们有助于说明射电源的起源和性质，目前这些射电源的位置正在像可见星那样被精确地标明。

图 1　刻有中国古字的一片商代（约前 1400）甲骨，上书出现一个新星或超新星，在心宿二附近（董作宾）

由我的一位合作者何丙郁博士完成的最新的中国彗星记录表，包括前 1600 年到

1600 年间 581 项记录，也极有价值。早在 635 年，中国人就已指出彗尾总是背向太阳，而中国第一次记录到哈雷彗星是在公元前 467 年[②]，有关它多次回归的记录帮助了现代天文学家去计算其近似轨道。我们还能看到中国关于流星和流星雨的丰富记录。或许最令人惊奇的是从公元前 28 年以来对太阳黑子的系统记录。文艺复兴时期的天文学家们还在争论在 1615 年前后谁最先发现太阳黑子，如果他们知道这件事的话或许会感到有些惭愧吧！欧洲人在这个问题上的迟钝很可能要归因于亚里士多德——托勒密体系关于太阳是完美无缺、不可能有瑕疵的偏见。

现在我们来看一些重要的对比，中国天文学跟古希腊及其伊斯兰后继者的贡献还有别的什么不同呢？当然两个系统中有许多类似的东西：中国和古希腊都早就编了星表，两者都对历法研究感兴趣，两者都很仔细地注视行星的运动及其逆行周期。中国的古典星表《星经》，看来可追溯到公元前 4 世纪的天文学家石申和甘德，如真这样，它就比伊巴谷（Hipparchus，约前 190—前 125）还早，即使关于恒星位置的资料相当于托勒密时代的历元（2 世纪），它也比《天文学大成》（Almagest）里的星数多出 1/3[③]。无论如何，以度来表示恒星位置是取决于天球上大圆弧的清晰概念和一个能沿着它以某种精度进行测量的设备。公元前 4 世纪，可能仅有单环浑仪，固定于不同的方位；到了 100 年，略早于托勒密时，浑象在中国已经过年轻的张衡（78—139）之手得到了长足的发展。当然，中国最古老的天文仪器是简单的表，即圭表，通常是 8 尺高，既能根据中午日影之长决定二分和二至，又能在夜晚记下恒星中天之时刻，察知恒星年的循环，这种方法很可能在公元前 12 世纪就已使用，至少从那时起已开始计算历法。古往今来，对于一个以农业为主的文明及其进一步的持续发展来说，这是极端重要的。

中国天文学与古希腊有深刻不同的地方在于它发展了巴比伦的代数学传统，计算和预告太阳、月亮、行星的位置不需要任何实在的几何模型，不像欧多克斯（Eudoxus）、亚里士多德、托勒密依据机械天层所建立起的那种"均轮套本轮、轨道套轨道"。欧几里得（Euclid，约前 330—前 275）几何学没有在中国发展，仅在 13 世纪才传到那里。说来也怪，没有托勒密的行星天文学，却有其好的一面（除了托勒密系统客观上的错误）。中世纪的中国人不像欧洲人那样被禁锢在固态的水晶球中，这一体系曾以无法抗拒的力量使乔达诺·布鲁诺（Giordano Bruno，1548—1600）、威廉·吉尔伯特（William Gilbert，1540—1603）和伽利略受到迫害。对中国人来说，恒星是无须解释的发光体，彼此相距遥远，飘浮在无限空间之中，它们组成固定的形状已过了亿万斯年，这比起世界是"公元前 4004 年上午 9 时"被创造而出现的思想是多么高明的见地啊！有证据表明，中国人的上述概念在 17 世纪时对欧洲有巨大的影响。中国人没有托勒密式的几何天文学，但不能由此就认为他们没有为世界现代科学得以诞生的伽利略革命提供背景。在中世纪，他们，而且仅仅是他们对吸引现象进行了深刻的研究，这一知识通过马里孔特（Maricout）的彼得（Peter，郭守敬的同代人）的传播刺激了吉尔伯特和开普勒去比拟重力和磁力的吸引，从而促成了牛顿的伟大综合。

中国和古希腊天文学之间另一个基本的差异，是着重点的不同。古希腊人的注意力总集中在黄道，七曜由此通过，古希腊人类似于古埃及人，通过注视偕日升和偕日没（即黎明前升起、黄昏唇落下）的星座去解决太阳在恒星间的位置问题。然而中国人的注意力总集中在赤道和拱极区，即恒显圈，恒星在其中永不上升也永不落下，我们在2000多年前中国的观测中心河南阳城就可见到这一情况。正如德沙素（de Saussure，1740—1799）的名言所说：古希腊天文学是"黄道、角度、真实、周年"，而中国天文学是"赤道、时间、平均、周日"。按照某些拱极星的指引定出赤道上的标志点，系统观测这些拱极星的中天，中国人从未迷失逐时变化的星座方位，因此他们能确定太阳、月亮不可见时的位置。例如，根据大熊座所指方向的延长就确定了一些赤道上的点。最古老的中国天文仪器之一是边缘刻成锯齿状的圆形玉璧，当它卡好了拱极星时，右边缘正与极轴相符，这叫作"拱极星座样板"。它的用途可能是确定真天极和二至圈的位置，因而也是研究许多赤道星座位置的原始仪器，它也可能就是17世纪称作"夜仪"（nocturnal）的仪器的祖先。

中国人把天空分成四宫，像我们将一个苹果切成四大块那样，每一部分有一古代象征性的动物：苍龙为东方和春，朱雀为南方和夏，白虎为西方和秋，玄武（或"阴沉的武士"）为北方和冬。而紧围着天帝极星的北拱极区按类似于五行的象征性关系又认为是独立的中央黄宫。这种五行观贯穿在整个古代中国的自然哲学中。此外，还有一个比这更重要的天区分划。

从远古以来，中国的赤道（与黄道相对）被分成28份，称作二十八宿（月站），每宫七宿，每宿由一特殊的星座标定，从其中某一特定的定标星（距星）起算，因而每一宿所占的赤道范围有很大差别。将各宿隔开的时圈从天极辐射出来，像把天空网成许多橘子瓣，某些宿位于赤道之上，另一些分布于赤道南北。

中世纪的中国星图说明了如何描画二十八宿。1193年刻于石上的著名苏州石刻星图是通过投影而制成的④，中央拱极宫位于图的中心，时圈如条条直线从天极辐射出来相交于赤道周围，彼此间的间隔很不相同。苏颂（1020—1101）在1094年出版的书中所画的一幅星图，以格拉尔杜斯·麦卡托（Gerardus Mercator，1512—1594）投影法描绘出半个天空（要记住，这在麦卡托之前500年！），中央横线是赤道，竖直的矩形是各不相等的切块（图2）。在明代和清初的画卷上也绘有半球形的星图。

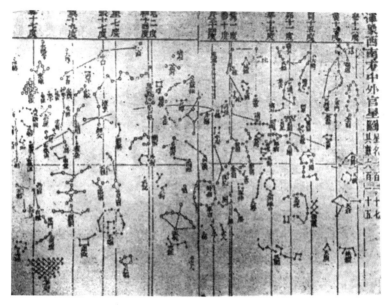

图 2　苏颂《新仪象法要》（1094）星图，画出了二十八宿中的十四宿，若干中国星宫包含其中。中央横线是赤道，上拱的弧线是黄道，右边缘题字是：浑象西南部分赤道南北之星官图，117 个星座中有 615 个星；宿名从右至左是：奎、娄、胃、昴、毕、觜、参（猎户座）、井、鬼、柳、星、张、翼、轸。各宿不等的赤道距度也可见到

至于 28 宿体系形成的时间，某些距星在公元前 14 世纪的甲骨卜辞中已经出现，其体系的完全确立是在公元前 4 世纪。二十八宿主座令人迷惑的分布促使人们去寻求它们与岁差变化有关的年代，竺可桢本人也卓越地参加了这一努力。总的结果倾向于公元前 2500 年前后，这比中国文明要早。进一步的研究将会发现，这一体系或许更可能是巴比伦的创造，然后向几个方向传播，到达印度和中国。

后来，我们发现这种宇宙体系画在铜镜这类中世纪的中国艺术品上，在一块唐代（约 8 世纪）铜镜的背面，中心画有四宫的象征性动物（四神图），外边第二圈列有二十八宿主座的简要星图，最外一圈题诗一首：

"这面铜镜有昏星长庚之美质，
亦有西方白虎之精灵，
阴阳共同的天资注于其中，
还有山河的神秘灵魂。
用以观测天空之运动，

也用来注意大地之沉静。

八卦展陈于上，

五行依次排列。

百灵无一能隐匿其面容，

万物无一会失去其反映。

谁能拥有此镜而珍藏永久，

必将后世美满而高升。"⑤

　　从上述二十八宿星座你一定已经注意到，中国人的天空分划同古希腊的及现代天文学通常所用的星座全然不同，成千的星组中东西方有相同的形状和相似名称的不超过一打，其中有大熊、猎户、御夫、南冕和南十字。我们可以举天鹅座作为一个不相同的例子，中国星座中没有天鹅，代替它的是以 9 颗星组成的十字形，正好交叉在银河分叉的地方，他们称作"天津"，即天上的渡口，因为他们认为银河是天上的河流。"天津"的东面有一组 7 颗星的"车府"，太阳的车子冬天停在那儿，渡口之北有 4 颗星组成的小缨子，叫奚仲，是太阳的御车人，可能是因为它看上去像手中拿的一束缨子。天空分划的迥然不同是关于中国天文学独立起源和发展的最令人信服的论据之一。[2]

　　如果我们现代的天空在命名方面是古希腊式的话，那么在计量恒星精确位置这一同样重要方面却完全是中国式的。计量恒星位置现在有三种经典方式。古希腊式，按黄道和黄极决定一切，一颗星的位置以黄经、黄纬表示；稍后的穆斯林式，用地平坐标系，以高度和地平经度表达；而中国式是从赤道和时圈起量，跟今天我们说的赤经、赤纬完全相同。中国人测量了每一宿的距度，并以去极度代替去赤道度，他们的系统同现代的一致。有人可能要问，西方是什么时候变过来的呢？那是在文艺复兴时期，16 世纪下半叶第谷进行伟大的天文观测的时期。看来，他部分是受到了精通中国系统的阿拉伯人的影响而选择了现代体系。

　　由于中国人看重天极—赤道系统，这导致了在仪器方面的两项重要成果，一是发明窥管和望远镜的赤道式装置，一是发明转仪钟和机械钟。我们来作些说明吧。对浑仪我已有暗示，仅需再加几句解释，它基本上是以天球为模型的大圆体系，窥管装于其中，因而它能尽可能精确地指向视天穹上的任何一点。其次是支承装置，它一直留传到今天，仍为所有望远镜装置的零部件形式，它的进一步发展导致了这个大厅中央天象仪的支承装置。在中国历史上，它不断被改进和修饰，或许最好的样子就是苏颂在 11 世纪末所画的图了。然而标志着从中世纪仪器向现代仪器转变的主要发明，则是将窥管安装于极轴上，即自由大圆环形式的支承装置，这不是产生于文艺复兴时期的西方，而是在元代（1206—1368）皇家天文学家郭守敬的领导下于1276年完成的。

它的产生是一个迷人的故事，大约1170年，一位西班牙穆斯林，名叫贾博·伊本·阿弗拉（Jābir ibn Aflah al-Ishbili，Abu Muhammad，约12世纪上半叶）的天文学家首次将一个浑仪拆成环和盘等零件，主要是想做一个计算器，能方便地使一种球面坐标装置变成另一种，后来在欧洲这被称作"黄赤道转换器"，或土耳其仪器。1540年，皮特·阿皮亚尼斯（Peter Apianus，1495—1552）的书中画有一幅图。今天，用于航空的天文罗盘仪的形式可算它的远房后代。黄赤道转换仪的知识可能在1267年传到中国，这是由于马拉加天文学家札马鲁丁（Jamāl al-Din）率领的一个友好科学使团，他们从波斯的伊儿汗国来到其兄长的中国，10年以后，郭守敬为了重新装备元大都天文台，建造了"简仪"，在其中用上了这些知识，但黄道坐标的部件被简化掉了，因而他成了赤道式装置的创始人。这一装置在今后牛顿时代的大型望远镜中一再被证实为最有价值的。图3中简仪的照片由两年前摄于南京紫金山天文台，该仪至今仍保存在那里（是15世纪皇甫仲和按郭守敬仪器的形式复制的）。将这张照片同73英寸的维多利亚反射望远镜相比，相同的赤道式装置立刻可见。

图3　第一架赤道式装置的"赤道浑环"（简仪），1276年郭守敬制，现存南京紫金山天文台（原照摄于1958年）

中世纪的中国先辈们不仅首先制造了观测用的浑仪，成为现代世界天文仪器的先驱，他们还指引了机械演示性和观测性仪器的道路。这种装置能与天空每晚的视运动同步地缓慢旋转，换句话说，他们制造了一个自动旋转的浑仪。很明显，这至少必须包括机械钟的发明，这项发明迄今一般都认为出现于 14 世纪初的欧洲，然而现在的研究已经表明，第一个被称为机械钟灵魂的擒纵器应属于一行和尚和他的同事们，他们大约于 723 年在唐都长安（西安）的太史院制成。

中国人的这个贡献在多层意义上说是填补了一个缺环，即它在液态流动时计（古代的漏壶）和纯机械意义的周期擒纵转轮时计（文艺复兴时期的钟表）之间架起了桥梁。中世纪中国钟的原动力不是后来欧洲使用的悬锤，而实际上是一个直立的水轮，很像磨坊的水轮[3]，轮周上的每一个水斗被从一个恒定水位的水箱匀速漏出的水定时注满，在注水的这段时间里每一个水斗由连接于秤杆的装置挡住，这个挡子周期性地松开使水轮向前移动一个水斗。这一设计或许从图中一看便知。图 4 是约翰·克利斯琴森（John Christiansen）关于水运仪象台的想象复原图，该台于 1092 年由苏颂及其同事建成于宋都开封。下面是带有擒纵机械装置的驱动轮，右上方是水箱，第二层是自动旋转的浑象，台顶平台上有钟控的观测用浑仪。现在我们相信，由于齿轮的作用它有两种运动，即周年的和周日的；它借助环状链条和一些斜齿轮而传递的动力不仅自动地转动天文仪器，而且控制着载有报时报刻木人的多层轮盘。我们看到擒纵器本身很简单，由两个平衡锤、链条和挡子组成（图 5）。这个中世纪中国天文钟的精巧模型已由英国邮政总局的约翰·孔布里奇（John Combridge）制成，其守时精度每小时在 20 秒之内，他还在继续其实验性研究。

或许又有人要问，中国人怎么能将仪器的机械化向前推进到如此程度呢？我们以为这正是由于他们看重天极—赤道坐标的结果。如果一个人考虑基于黄道的黄经和黄纬，他就陷进了一个没有任何运动可遵循的纯人为的坐标系统。约翰·多恩（John Donne）于 1611 年说得好：

　　　　　　"经圈纬线，
　　　　　　织之成网，
　　　　　　撒向苍天。
　　　　　　而今昂首，
　　　　　　天网浑然。"

而另一方面，平行于赤道的赤纬圈却是所有恒星周日运动所遵循的天然路径，这就很容易使人们产生以环或球的自动旋转来表现这种运动的思想。当然，这是能做到的，但也不容易。中国从 2 世纪以来每世纪都建造一些大体准确的仪器，但由于一

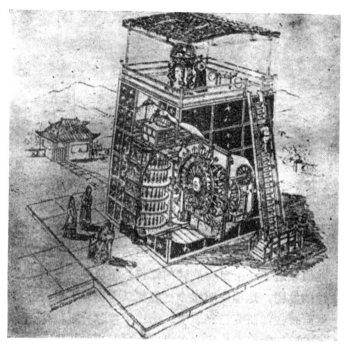

图 4　John Christiansen 所绘水运仪象台复原图。原件由苏颂、韩公廉及其同事于 1092 年建成于河南开封府皇宫。水轮转动浑象和浑仪，又连着一系列木人，虽无钟面，但能报时。作为观测用浑仪，这是第一个同现代望远镜一样为钟控的。擒纵器是僧一行和梁令瓒在 723 年发明，比西方第一个机械钟的出现早 6 个世纪，水箱靠人力戽水车重新装满（李约瑟、王铃和普赖斯）

行的工作，到 8 世纪初才完全成功了。

守时机械的研制对所有现代科学，尤其对天文学在诸多方面是如此重要，以至我们对这一发明的重要性怎么估计也不会过高。时间的精确测量，如同空间距离或温度、压力的测量一样，是所有科学最基本的必要条件之一。从某种意义来说，人类始终生活在钟表之中。前不久我们曾展示过一幅欧洲 16 世纪的同类作品图，那是基于托勒密的本轮均轮通过一些想象和推理而做成的。

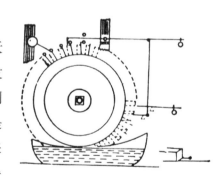

图 5　8 世纪初，一行机械钟水轮擒纵器链设计图

现在，没有一个人再相信这些了，但是，如果设想我们自己正坐在银河系的远方一个宇宙飞船里注视着行星绕太阳旋转，难道不会使我们想起守时机械的轮子，或许也会如道家所说的万物都会消亡，而时间仍在永恒地流逝吗？在人类短暂的历史中，中国人在钟表工程上早于欧洲 6 个世纪的发明，使我们可能弄明白，钟表从最古老的巴比伦、埃及的漏水壶，到在座诸位都戴着的手表，直到以原子和分子振荡

频率为基准的铯钟、氨钟这一完整的发展历程。现在，"天星正在下沉，封港之期已到。时间——它能使古迹更为陈旧，使一切变成尘埃。"也让它将我这短小的讲演带到终点吧！

最后，请允许我以张衡、一行、郭守敬及贵宾们自己的语言再说几句：[4]

亲爱的同事们和朋友们，

我们很荣幸，能同你们一道来纪念你们伟大国家的天文学先辈们，我们对他们无限崇敬，相信随着时间的推移，中国文化对人类宇宙知识的贡献一定会在全世界越来越受到尊重。我们也祝愿中国科学院同行们的天文学工作取得更大的成就。预祝诸君的：访问圆满成功。为了和平和人类利益的国际科学合作万岁！

（刘金沂　译）

参考资料与注释

〔1〕本文不准备引用文献。但我不能忘却赫伯特·恰特莱（Herbert Chatley）的著名论文"*Ancient Chinese Astronomy*"〔发表于 *Occasional Notes of the Royal Astronomical Society*，1939（no. 5），65，〕，同时我的同事和我还要感谢黄浦管理局（Huangpo Conservancy）前总工程师对我们的帮助和鼓励。此外，读者可参阅"*Science and Civilisation in China*"，Vol. 3. Cambridge University Press，1959，那里有大量的注释、参考资料及有关的汉文名词。

〔2〕G. 施古德（G. Schlegel）在几本永久性学术著作之一的"*Uranographic Chinoise*"（Brill，Leiden，1875）中详细阐述了此点。

〔3〕参见 J. Needham，Wang Ling & Price，D. J. de S.："*Heavenly Clockwork*"，Cambridge University Press，1960；J. Needham：*Proc. Soc. A.*，1959，No. 250，p. 14（1959）（a Wilkins lecture）。

〔4〕以下是用中文讲的。

译　注

①原文："七日己巳㞢出新大星并火。"

②作者在 *Science and Civilisation in China*，Vol. 3 中曾指出此次观测资料不够充分，不能肯定。据张钰哲先生最近计算，公元前 467 年的彗星不是哈雷彗星。中国最早记载哈雷彗星是在公元前 613 年。

③中国古代的恒星定数为 1464 星，托勒密《天文学大成》里的星数为 1022 星，故言多出 1/3。但 1464 星的数字为 3 世纪陈卓所定。

④苏州石刻星图系 1193 年黄裳所作，1247 年由王致远刻于石上。

⑤原文："长庚之英，白虎之精，阴阳相资，山川效灵，宪天之则，法地之宁，分列八卦，顺考五行。百灵无以逃其状，万物不能循其形，得而宝之，福禄来成。"

【18】（天文学）

Ⅱ—3　中国古代和中世纪的天文学*

摘要：中国天文学之异于西方天文学在于以下两个重要方面：第一，它是天极、赤道的，而不是行星、黄道的；第二，它是由官方组织、参与的，而不是僧侣或独立的学者进行的。这两个特性各有其优缺点。第一个特性导致中国比西方早很多年就出现了天球模型的机械实物化，但却使岁差这一现象直到很晚才被中国所认识。第二个特性保障了中国有着极其丰富的天象记录，且这些记录大多早于其他地区的同类记录，但却阻碍中国人对其原因的探求，尤其是在没有欧几里得演绎几何的情况下。在宇宙观方面，中国有三种学说：（a）盖天说——一种天拱形的地心说，类似于古巴比伦人的观念。（b）浑天说——它实质上是对基本天球坐标的认识。(c) 宣夜说——它作为方法论的需要接受浑天说，但认为天体是在无限虚寂空间中流动的、不知其形质的光。天文仪器出现得很早，在公元前 2 世纪浑圈（armillary rings）就已开始使用，完整的浑仪出现在 1 世纪末。

中国天文学之异于西方天文学在于两个重要方面：首先，它是天极、赤道的，而不是行星、黄道的；其次，它是官方性质的，而不是由僧侣和独立的学者进行的。这两个特性各有其优缺点。前者导致了天体模型的机械实物化，这比西方早很多年，但却使岁差直到很晚才被中国认识。同样，官方性质一方面提供保障使中国有着极为丰富的记录，另一方面，它可能阻碍人们对原因的探求，尤其是因为中国没有欧几里得演绎几何。

我想，大多数人都知道，从现在的观点看，直到约公元前 1500 年，即商朝以前，中国几乎没有什么可言。周朝期间，遗留下许多记录。秦汉以后，大约自公元前 3 世纪后，有了断代史，从此，我们有了极丰富的记录，其中含有大量的天文学资料。许多人认为依靠手稿资料是必要的，如我们的阿拉伯学者朋友们就是如此，

---

*本文是李约瑟的一篇讲演稿，原载于 *Phil. Trans. R. Soc.* Lond. < A. > CCLXXVI：67—68（1974）。——编者注

他们在很大程度上不得不这样做。但幸运的是，中国的情况并非如此。因为一般地讲，我们可以说，在那里，所有资料不是刊出就是已遗失了。此外，可能还有含有重要天文记录的档案，这些档案至今还没有整理开放，在中国本土及在其他国家如朝鲜都如此。我认为，今后在这些档案的基础上，有关人士会有重大的发现。

就天极、赤道特性而言，很清楚，这是中国天文学生而具有的。历法的制定，需要对恒星与太阳的同时观测，大概只有两种方法能确定这一联系，它们被人们称为偕日法和冲日法。我们知道，偕日法是古代埃及人、古希腊人所用的方法，它观察恒星的偕日出和偕日没，也就是观测黄道附近的恒星在日出前或日没后瞬间的出没。我们都记得古埃及著名的对天狼星的偕日观测，进行这种观测并不需要天极、子午线或赤道等的知识，也不需要任何测时系统，它自然地导致人们熟悉黄道各星座，以及距黄道远近不等的和黄道星座同时出没的恒星。冲日法是古代中国人所用的方法。就天象记录的情况看，中国人很少注意偕日出、偕日没，而是把重点放在永不上升也不隐没的极星和拱极星上。他们的天文学理论和子午线概念联系在一起，这一现象自然是使用圭表的结果。他们系统地测定了拱极星的上中天和下中天。

我认为，可以肯定地说，北天极是中国天文学十分重要的基础，它也和以小喻大的思想类型有关。因为北极星相当于地上的帝王，官僚农业国家的庞大组织自然是本能地围绕着它转动的。我刚才提到过圭表，很清楚，子午圈概念很容易从这直立的表杆衍导出来，因为假如你面朝南，你可以测量出中午日影，在夜间，面朝北，你可以测定不同拱极星在上、下中天过子午圈的时间。在中国古文献中，我们可以找到许多有关这样的记载。此外，正像地面上帝王的势力向各个方向展开一样，时圈从北极向四周展开。中国人在公元前1000年前建立了一个以时圈与赤道相交的点为划分规则的完善的赤道分区体系，即二十八宿，它们像充满天球的橘子瓣，以时圈为界限，根据带有距星的星座来命名。德索素的权威图见图1。

学者们有时认为，一种纯粹赤道性质的天文学体系，不经过黄道阶段而发展起来，是不可能的。但我们这些研究中国天文学的学者完全相信这一点，即古典形式的中国日晷几个世纪内一直保持着赤道式。

一旦通过分散于赤道的特征星座和它们的距星建立起宿的界限，中国人观测他们可以常见的拱极星过中天，就得以知道天体的确切位置，即使这些天体隐于地平线下。由于他们知道任何时刻赤道星座的位置，从而有办法去求解太阳在恒星间的位置，因为满月在恒星间的位置正和不可见位置的太阳相对。类似地，我们发现，在相当早的年代，周朝晚期、战国时期、秦汉的早期、公元前3世纪以后，中国孕

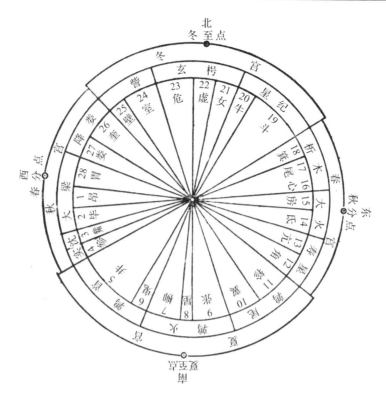

图1 二十八宿在赤道上的投影图，约为公元前2400年的状况（德索素）

育着对天球大圆相当完善的认识，这被称为浑天宇宙系统。这并非像经常所讲的"宇宙论"，而仅是对这些圆的认识，自然地，它伴随具有观察、演示性质浑仪的发展。

关于二十八宿系统的起源，这是一个非常困难的问题，因为在其他的文明区域中有同类的其他系统，尤其是印度的"纳沙特拉"（nakshatra）和阿拉伯的"马纳吉尔"（manāzil 即"月站"）。"马纳吉尔"没有参加竞争，但印度学家和汉学家长期来一直在争论哪个出现得早，是中国的还是印度的。今天，我不想参与这一争辩，但是中国二十八宿的距星中有9个与相应的印度联络星（yogatārās）相同，有11个虽然距星不同，但都在同一星座之内，只有8个在完全不同的星座之中，其中两个是织女一（Vega）和河鼓二（Altair）。在中国方面，也许我们可以这样说，"纳沙特拉"并不显示出"偶合"性，由于这种偶合性，使赤道上宽度各不相同的中国二十八宿一个个相对而立。此外，印度天文学受古希腊天文学影响比之中国来要大得多，它并没有显示出在中国天文学中一个非常重要的现象，这一现象事实上是中国天文学的精髓，即拱极星和二十八宿的"拴"。再者，"纳沙特拉"的分布远比二十八宿来得分散，而且在前3000—前2000年间，它们的分布离赤道更远。

另一方面，就文献记载而言，印度人的证据并不多。似乎没有疑问，在《梨俱吠陀》（*Rig Veda*）的赞美诗中（约公元前 14 世纪，与殷墟卜辞同时），出现了两个"纳沙特拉"。此后，该系统被建立起来了，例如，在《阿闼婆吠陀》（*Atharva Veda*）和黑《耶柔吠陀》（*Yajur Veda*）的三种校勘本中，"纳沙特拉"全名都出现了。这也许意味着，在公元前 800 年，"纳沙特拉"系统已完全形成了。而在中国，情况却颇相似，因为古历《月令》记载了二十三宿。今天上午，我们不能在这儿做长时间的争论，然而，这是一个非常有趣的仍没解决的问题。我本人一直相信绕赤道的月站原始圈是起源于巴比伦的，以至根据这样的情况，我将高兴地同意阿博博士（Dr Aaboe）在这个会议上所讲的巴比伦起源的重要性，唯一的困难是不能从巴比伦天文学中推衍出二十八宿和"纳沙特拉"来。

现在来谈天球坐标的问题。中国有一部引人注目的书——《星经》，它的年代很难确定，但无疑是古代的。它的部分数据资料，出现在较晚的著作中，如 8 世纪的《开元占经》。《星经》当然是汉朝的，也许再早一点，载有公元前 4 世纪三位天文学家石申、甘德、巫咸所作的恒星观测数据，其中有的是二十八宿的星，有的是天空中其他星座的星。观测的年代没有完全确定，计算表明，年代前后不一，最早的观测是公元前 350 年，有些却很晚，所以总的说来，该星表并不比喜帕恰斯（Hipparchusn）的星表（前 134）早。一些测量似乎进行于 130 年，约与托勒密（Ptolemy，活动于公元 2 世纪）同时代。《星经》中给出了星座和星座中星的名称，这一个星座和邻星座的相对位置以及主要星的坐标（以度表示，一周 = 365 $\frac{1}{4}$°），即某一主要星与其所在宿的距星的时角和极距。比如《星经》中说，某某星入星宿 2°，去极 103°。显然，第一个相应于现在的赤经，第二个是现代赤经的余角。

这确实很有意思。因为我想，众所周知，古希腊坐标基本上是黄道的，依黄道和黄极测量恒星的位置（见图 2）。阿拉伯系统是利用地平，采用地平经度和地平纬度，这种系统具有很大的缺陷，仅可用于地球上某些单个的特殊点。在中国根本没有地平系统，可能仅在很晚时受阿拉伯系统影响才出现。另一方面，古希腊系统确实在唐朝就出现了，当时几位印度天文学家正在中国工作，如某书中说，某星在黄道南或北几度，但这已是 8—10 世纪的事了。所有的文明都用过这三个不同类型中的一种或其他的坐标系统，现代天文学所采用的显然是中国式。关于这点，我也许要对牛顿博士的结论表示怀疑，如果他认为所有古代系统最初都是地平式的。我认为，很难说中国古代天文学情况是如此，因为在中国文化中，天极—赤道坐标的出现是很早的。

至于星座和它的名字，有趣的是没有发现在不同的文明区域中有任何的相同之

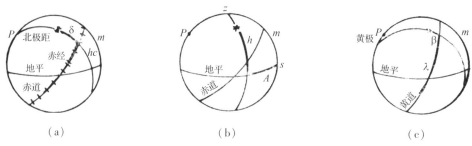

（a）　　　　　　　　　　　　（b）　　　　　　　　　　　　（c）

图2　三种天球坐标系统；（a）中国式也是现代赤道坐标系统；（b）阿拉伯地平坐标系统；（c）
　　古希腊黄道坐标系统

处。也许在古希腊和印度之间，存在着大量的联系，但事实上在中国却找不到这种联系。从古时候起，人们就习惯于以球连接的方式来表示星座，正如我们在一块汉代的画像砖上所看到的那样（公元前1世纪—1世纪，见图3）。

图3　月亮在星座中运行：汉代四川画像砖，月面中有一棵树和一个蟾蜍（源自对月面环形山和
　　坑的神话），并配有羽毛的翅膀，星座以传统的球连接形式勾勒出

图4是约940年时的早期星图，这一手抄本肯定是文明区域中现存的最老的星表之一。它描绘了北极天区的星，被称为"紫微垣"。在该区下方，你可以看见在其他文明区域中也能见到的"大熊"的形状，除此之外，别无相同之处。一个欧洲的星座在中国星图上常被分成几个不同的星群，如长蛇座，便包括张、星、柳三宿，以及其他8个命名含义与欧洲不同的星群。整个情形基本上如此。像海豚、巨蟹等的名称在中国星座中找不到对应体。中西星座重叠的仅有大熊，当然还有猎户座（参）、昂星团（昂），但仅此而已。更有趣的是中国古代文明的农业封建性质致使产生了一套以人间统治等级制度为蓝本的星名和星座名。

图4　940年的敦煌星图（大英博物馆，斯坦因收藏品第3326号）左边是紫微垣和大熊星座的极投影图，右边是"麦卡托"投影星图，时角从斗宿12°到牛宿7°，包括人马座和摩羯座中的中国星座。星星以白、黑、黄三种颜色标出，与三个古代实测天文学家（石申、甘德、巫咸）的系统相对应

　　前文所述星图（302页）是用"麦卡托"（Mercator）式投影显示的一张星图，直线表示不同宽度宿的界，中横线代表赤道，弧线代表黄道，各星都大体标在其应有的位置上。该图是苏颂（1020—1101）为研究制作开封水运仪象台上的浑象而制作的，年代约为1088年，早于杰勒德·麦卡托（Gerard Mercator，1512—1594）约500年。稍后我将讲一点有关这架仪器的情况。在日本，有一张与此相似的星图，已由井本进（Imoto Susumu，1901—1981）博士对它作了介绍。此外，有趣的是，为更高精度起见，图被绘在方形纸上。虽然手抄的年代较晚，但井本进考证出它源于8世纪一行（683—727）的年代，因为大多数赤经值（虽然不是全部）是与一行所给的值一致的。也许苏颂是根据与日本星图同样的材料来绘的图。最后，我给大家看看著名的苏州星图（1193，见图5）。

　　现在我们来谈仪器问题。最古老的测量装置无疑是圭表。在古代书籍中，如《左传》《周髀算经》，均有许多有关的记载。显然从殷商以后（约公元前1600年以后），圭表就已开始使用。《周髀算经》和《周礼》可能是汉前期的著作，它是基于前几个世纪的使用之后才成书的。从许多意义上来说，中国文化中的圭表是用得相当广泛的。威利·哈特纳（Willy Hiartner）教授最近对此重新撰写了一篇有趣的文章，尤其将圭表与725年的子午线观测联系起来。这是一个系列观测，由当时最著

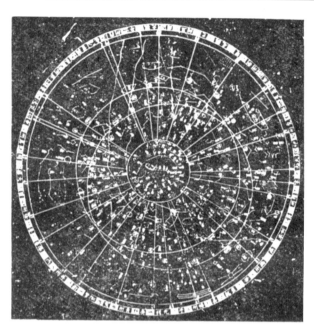

图 5　苏州平面天文星图（1193），取自 Rufus & Tien 的文献。注意偏心的黄道和银河的显示线，该图及解释文的作者是地理学家、礼部尚书兼侍读黄裳（1247 年王致远刻石）

名的天文学和数学家僧一行主持；从印度支那一直到西伯利亚，沿子午线共设十二点，用圭表测量不同季节的日影长度。所测子午线长度已超过 2500 千米。这一观测肯定是中世纪各文明中，工作量最大、最有组织的科学研究之一。

郭守敬（1231—1316）对大型仪器的制造（约 1276，见图 6）使圭表达到了高峰。对 12 米高的表所投射的日影长进行测量是大尺度的，观星台设在塔的顶部，其中一室置有漏壶，也许是水力机械钟，另一室置有浑仪。这一件杰出的仪器现仍在阳城，离河南洛阳不远，处在中国的地理中心。它在现代得到了维修，甚至在文革中也如此。在战争中，它被日本人当作靶子使用，一个边室的屋顶不翼而飞，幸亏没有其他损坏，现已被完整地修好。它理应被视作难得的纪念品，尽管在明朝肯定曾对它进行了重修。用这个表观测的公元 13 世纪的数据现仍然存在，这些数据在当时是很可信的，尤其是起用了一个巧夺天工的装置——"景符"，它使横梁成像清晰，避免了由于半影造成的日影长度测不准的困难。

环和浑仪的发展更是一个有趣的问题。可以肯定地说，最原始的浑仪是一个简单的单环，附有某种照准线或照准器，装在子午面或赤道面上。测量的结果，或是某星的北极距即纬度，或是入宿度即赤经。无疑，石申、甘德当时能用的也就是这样的仪器。一些证据表明，到落下闳、鲜于妄人的时代（约公元前 1 世纪），情况就是如此。不过这以后，情况变化很快。耿寿昌于前 52 年首次使用固定赤道环，84

图6 周公测景台。坐落于河南告成镇（郭守敬1276年建成）

年傅安、贾逵加上了一个黄道环，125年张衡又加上了地平环、子午环，浑仪至此完整。值得注意的是这一快速演变情况与古希腊的发展平行，正好在托勒密生前。

各种浑仪在不断地制作，但方法几乎没有创新。图7是苏颂于1088年前后制作的、极为有名的仪器，它是为我上面提及的开封水运仪象台而制作的。在唐朝，约630年，李淳风（602—670）作了重大的改革，他不再用两重同心环，而是三重，这使仪器更复杂了。苏颂的设计在许多方面与欧洲16世纪的第谷的赤经浑仪有着相似性。1276年郭守敬所制的浑仪，现安放于南京紫金山天文台，郭守敬就是制造大型圭表的天文学家。但他的杰作是简仪，它取消了浑仪中不必要的部分，仅剩下带有窥衡的赤道装置这一基本部分。现仍可在南京紫金山天文台看到它，我很高兴地告诉大家，它完好无损，并得到精心保护。

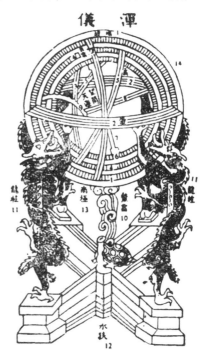

图7 苏颂1088年左右制造的浑仪。《新仪象法要》对此有说明（详解可参考 SCC，Ⅲ，Fig，159，p. 351）

说到这儿，我又不得不讲些动力天球模型的问题，这是其他文化中所没有而又极有趣的一个发展。我已经两次提到11世纪晚期的水运仪象台，它见于《新仪象法要》，这是一本呈给皇帝的书。这些宇宙模型，即演示浑仪和浑象仪，以水为动力，通过恒水位水箱和装有叶片的传动轮（枢轮）而得以转动起来。人们也许可称它为水轮子（mill wheel），但它始终是由一个擒纵器来控制的。因此，我们可以采用水力机械钟这一词，称它为水力机械链式擒纵器。恒水位箱源于漏刻技术的演进，在 6 世纪，由各级补偿壶组成的老式多导管组，已被能产生极稳定流动的漫水箱的安排取代了（见图 8）。

擒纵器的确是一个伟大的发明。显然，它在一行、梁令瓒时代（8 世纪初）就已开始使用，问题是它是否可以追溯得更早。现还不能肯定 2 世纪的张衡是否已有这些思想。利用恒水位箱和链式擒纵器控制的枢轮，可以得到一个真正的时间测量装置，当然，它也许可以看作是最早的钟机传动装置。

图 9 是水运仪象台图，其右是水箱和枢轮的图示，可以看见浑象在中层，浑仪在顶层。它们

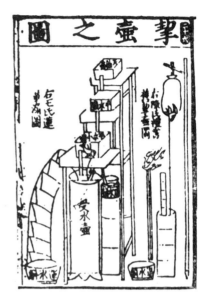

图 8　恒定水准箱漫流刻漏，引自宋代扬甲《六经图》，约 1155 年

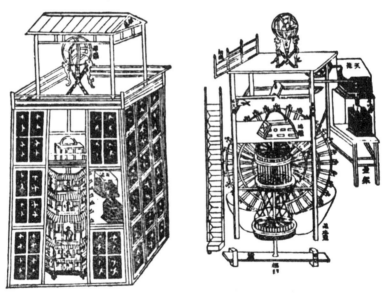

图 9　水运仪象台全貌。苏颂及其同事于 1092 年建成于开封。顶上平台，约高于地面 11 米，装有观察用机械化浑仪。中层的一室装有机械化浑象，其下，在水力机械钟前，木阁各层的正面，有许多木偶，组成一个报时器。该台及它的机械在苏颂《新仪象法要》中有详细的解释。左：外部图，去掉隔板，使其露出恒水位箱；右：内部结构图，前是轴轮和垂直杆，后是传动轮，其右是恒定水准箱，释放水来带动叶轮。在传动轮上看可隐约见擒纵器，其左是楼梯，顶层有浑仪

显然不仅是演示用的，同时也用于观测。我们曾这样设想，引进钟机传动装置是为

图 10 开封水运仪象台模型，藏于南肯辛顿科学博物馆。这里显示的是该仪器的后、右部

了在夜间使 20 吨的仪器得以旋转，以便与观测协调配合。但在中层的浑象，肯定是在有风、多云，天空不能被直接观测时做演示用的。前文（302 页）的图 4 及本页图 10 为仪象台结构图，其机制见图 11。我们可以从中看到，在右侧底下的传动器是怎样驱使与许多旋转器件相连的柱轴转动的，一个装在伞传动器顶上的浑象也与这一柱轴相连，及过若干时间以后，长柱轴如何被链式传动器取代。事实上标号 2、3 的链式传动器长度更短，设计得更好。最后，擒纵器在图 12、图 13 中有说明，这可能是 8 世纪或 2 世纪的装置。

我认为这些动力装置说明了中国的天极、赤道系统的优越性。首先黄经、黄纬是加在天空上的纯粹概念性的网格，并不是天体沿着这些线动，而是沿着平行于赤道圈的圆运动的。图 14 是由刘仙洲博士根据 8 世纪早期天文钟的资料而复制的一行演示太阳、月亮运动模型的仪器。

我接着要讲的是一开始就提出的官僚政治问题，因为它极有趣，是中国文明与其他同时代文明显著不同的特性。可以说，2000 年来，大多数从事天文学的学者是服务于国家的，他们都被组织到政府的特设机构天文局（历代名称有所不同）中去工作，他们的长官最早称呼是"太史令"，虽然我们十分了解太史令有占星的任务，但我们认为他们在天文和历法方面所做的工作是足以胜任 Astronomer-Royal（皇家天文学家）这一称号的。当然，他必须履行观星的职责，每天晚上的任一个时刻，他观察着天空将出现的一些变化，各种天象如新星、超新星、日食、彗星、流星雨、太阳黑子，诸如此类都按时报至朝廷；虽然独立的西方占星术传到中国很晚，

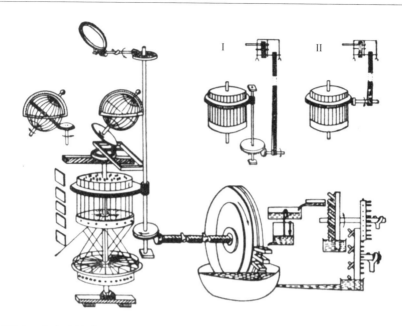

图 11　开封水运仪象台的动力和传动机械图（李约瑟，L. Wang 和 D. de S. Price）。大型水箱和水车在右，中间传动轮（枢轮），依次是主轴（后成功地被较短的链式传动取代），推动轴轮，浑象、浑仪一起运动（详细解释见 *SCC*，Ⅳ，Pt. 2，Fig. 652，p. 452）

图 12　开封水运仪象台上水力机械擒纵器的工作模型（南肯辛顿科学博物馆藏）

也许是明朝，但彗星预告君主的死亡却是极古老的中国观念。

　　可见，天文局的建立来自两个方面：颁布一个正确无误的历法，另一强烈的动机是观察天象。有趣的是不吉利事件的出现被认为是来自天上的警告，皇帝和一些高级官员，经常是皇帝自己来承担责任，祈祷、斋戒，保证改过。各种征兆真被当作坏政府的象征，如事情遇到不顺，则必存在麻烦，这就是多年来天文局的占星功用。

　　一个显著但却不被一般人所认识的事实，是在某些期间中有惯例在首都设置两

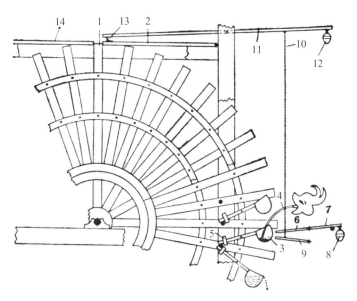

图 13 水力机械链式擒纵器功能说明图（J. H. Combridge）。每一个勺子形小桶装在传动轮末端，各自平衡，当它盛满水时则下降，下压一个重量相同的阻力杆，推动链杆结构运动。该结构在传动轮顶端开一口，使下一勺叶进来，每 24 秒有一杆发生运动（详解见 SCC，Ⅳ，Pt. 2，Fig. 658，p. 460）

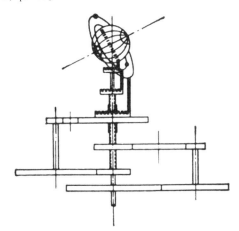

图 14 中国水运机械钟太阳系仪运转复原图（刘仙洲）。图中所示的仅太阳、月亮模型及浑象的运动，这一设计需要同心轴和奇数齿轮［根据有关一行（725）、张思训（979）、王福（1124）仪器的文献资料而复制］

个观象台，其中都配有浑仪、漏刻及其他必要的仪器。例如彭乘（与沈括同时代的人）就谈到北宋时两个天文台的一些情况，称为天文院的天文机构设在皇宫中，另一个是司天监，由太史令主持，设在皇宫外。据说这两个天文台的记录，尤其是奇异天象的记录，在每天早晨进行校对，然后一同上奏，以免错报、漏报。

我刚才谈到了天象的重大政治意义，这使我们很有兴趣来谈谈世纪相传的告诫天文官员注意保密的敕令。如《旧唐书》说："开成五年（840）十二月，皇帝命令在皇家天台的工作人员应对其工作保密。敕书说'如果我们听到天文官员或其下属人员与朝廷其他部门的官员或其他各种各样的普通百姓之间有任何来往，则我们将认为他们破坏了应严格遵守的安全规则。因此，从今以后，天文官员决不允许与其他官吏及一般百姓进行交往，命令御史台监察此事'。"[①] 这种情况与洛斯·阿拉莫斯（Los Alamos）[②]或哈威尔（Harwell）的保密情况没有什么两样。但是最伟大的科学成就是否会在这样的条件下产生是另外一个问题。连伽利略和约瑟夫·普里斯特列（Joseph Priestley，1733—1804）那样的科学家，也与当时的政权发生过摩擦。

　　一些观象台的观测记录通过古籍得以保存下来。交食的记载始见于商朝卜骨（年代为公元前 1361 年以后），新星记录始见于公元前 1300 年（参见参考资料〔17〕Ⅱ—2 之图 1）。

　　甲骨卜辞是晦涩难懂的，然而，其中却隐含极其重要的资料。至于超新星，有著名的 1054 年客星、蟹状星云。最近，我们的合作者何丙郁教授和其他学者一道发表了一篇有趣的文章，讨论关于精确地确认它的位置及辨认的困难。还有丰富的彗星资料。图 15 是一幅于 1664 年 10 月 28 日晚穿行于两宿之间的彗星图，它源自朝鲜的档案。不久前，我们的朋友、Dunsink 天文台的江涛博士发表了一篇非常有趣的论文，内容是根据中国古记录计算哈雷彗星的再现。太阳黑子记录始于公元前 28 年，如果伽利略和克里斯托弗·沙伊纳（Christopher Scheiner，1575—1650）那时知道的话，一定会惊讶不已的。这里我们非常感谢牛顿博士，他对古资料的现代利用做出了许多有意义的贡献，几乎每月都有根据中国古记录而作出的研究论文，有一篇是关于 363 年的一颗新星，它可能是一个射电源，并有可能在其他记录中得到证实。

　　我发言的最后部分是宇宙论问题。盖天说认为天地都为拱形的形状，这是巴比伦式的，显然非常原始，秦汉以后，该学说就衰落了。与此同时有浑天说，我认为这确实是对天球大圆认识的结果。最后还有宣夜说，它之所以具有很大的吸引力是因为它主张：星星是不具形质的光，在无限虚寂的空间中浮动，行星和其他可动星被某种风带动而在黑暗中转动。由于欧几里得演绎几何没有建立，所以没有任何的托勒密几何模型出现，以用来思考太阳系的实际机制和结构，多少年来，历法都是通过代数法实现的。前不久，我们的合作者席文教授在他的文章中研究了这种倾向性的起源问题，文章名为"中国天文学中的宇宙和计算"，也许这种倾向性是具巴比伦特色的。总之，宣夜说颇有些现代的意思而远远超出了它那个时代。我们可以说，因为中国人既没有欧几里得几何，又没有水晶球的观念，所以，它们没有在文艺复兴时代被摧毁。甚至，也许一些中国的观念使布鲁诺、吉尔伯特、弗朗西斯·古德温（Francis Godwin，1562—1633）他们迈出很大的一步。

　　结语是，当我们寻找人类对星光闪烁的天空和所寄居的地球的知识的发展，进行世界性范围解释时，中国天文学是不能被排斥在外的。尤其重要的是解释中国天文学的源流。中国天文学稍受巴比伦和印度的影响，但中国不像印度，中国是独立于古希腊和古希腊文化的种种发现而发展起来的，而古希腊文明对土耳其西部的国家则有着深远的影响。

图15　1664年彗星图（Rutus）（取自朝鲜档案）

（柳卸林　译）

泽　注

①原文为："开成五年十二月敕：'司天台占候灾祥，理宜秘密。如闻近日监司官吏及所由等，多与朝官并杂色人交游，既乖慎守，须明制约。自今以后，监司官吏并不得更与朝官及诸色人等交通往来。仍委御史台察访'。"见《旧唐书》卷36第15页。

②洛斯·阿拉莫斯（Los Alamos），是美国原子能研究中心的所在地。

【19】（天文学）

Ⅱ—4　中国的天文钟 *

一般人认为，机械钟的发明是科学技术史上重要的转折点之一。直到最近以前为大家所接受的观点[1-4]是，把机轮的转动变慢，使其连续保持一个恒定的速度，以同天空的周日视运动一致的问题是在 14 世纪的初期被欧洲人解决的。他们把几串齿轮和轴叶擒纵器结合起来，并用悬锤发动它。不过最近的研究表明，最初的机械守时仪器并不像一般人所设想的那样是一件很大的革新[5]。事实上，它是由一系列复杂的天文"钟"、行星仪模型、用机械转动的活动星图，以及为陈列和表演而制作的类似装置演变而来的，它并非一开始就是精密的守时仪器。虽然这些装置作为最早的复杂的科学机械具有极大的意义，但至今保留下来的却残缺不全，其文字的叙述也是不完整得令人苦恼，对于明确地了解它所包含的机械原理亦缺乏足够的资料。不过对于一些未曾被人注意的中国中世纪原著的考察已使我们发现，在 7—14 世纪之间，中国有制造天文钟的悠久的传统。

关键性的材料是苏颂写的一本《新仪象法要》，其有关的部分我们已全部译成英文。这本书很详细地描述了一座大型天文钟，这钟不是用悬锤发动，而是用水或水银的戽水水车。除用几串齿轮系使浑仪和浑象转动外，并具有精巧的报时木人。钟的擒纵器部分是由下列几种构件组成的：防止在每一个戽斗未满以前下落的桥秤一个、关舌一个，以及在另一点上停止轮子转动的平行的连杆一个，还有一个防止轮子倒退的装置。它所含的基本原理与其说像轴叶擒纵器，倒不如说更像后来 17 世纪的锚状擒纵器，虽然守时功能主要是依靠水流控制，而不是依靠擒纵器本身的作用。所以这种类型的作用是恒定液体流的守时仪器和由机械产生摆动的守时仪器之间从前没有被发现的"环节"。苏颂的书叙述得如此详细，他提供了 11 世纪的 150 多种机械零件，使得我们能详细地绘出时钟的工作图。

---

* 本文由李约瑟、王铃和德雷克·J. 普赖斯（Derek J. Price）共同执笔。译文转载自《科学通报》1956 年 6 月号，100—101 页，现由译者又做少许修改。——编者注

对于《新仪象法要》的完全了解，使得我们可能解释关于其他一些时钟的叙述文字。这些文字一部分存在于断代史中；一部分原书已经佚失，但一部百科全书式的《玉海》中还保留着一些资料。一个用水银转动的重要的天文钟是四川人张思训于 979 年制造的。制钟的传统似乎开始于唐代僧一行和工程师梁令瓒所造的一项仪器。若不先研究苏颂的著作，关于这件仪器的叙述文字是很难理解的。

早期的文献说，浑象或表演用的浑仪是用漏水转动的，这包括从约 130 年张衡的工作到约 590 年耿询的工作之间的时间，但是找不到这时期擒纵器的材料。我们起初认为只是用浸在大漏壶中一个浮标作为擒纵器。这属于具有转动星盘式日晷的古希腊式 Anaphoric[6]，或者也属于拜占庭[7] 和阿拉伯[8] 文化领域内有名的击水钟范围。但是文献和历史的考察使我们倾向于下述意见：漏水滴到一个戽水水车，水车转动具有绊阻突出物的箭杆，箭杆构成擒纵器的一个小齿轮，它作用在仪器的一个齿环上，使齿环一个齿一个齿地转动。

这样一来，中国天文钟的传统和后来欧洲中世纪机械钟的祖先就有了更为密切的直接联系。再者，以前未知的这种水运钟的详细叙述，使得可能在印度[9]、阿拉伯人和西班牙的摩尔人[10] 的文献中发现叙述不完整的类似的装置（或者由于不完全了解）。到目前为止，我们还不大能说出这影响是怎样传播的，虽然欧洲人于 14 世纪前就已经知道了水力推动和机械控制的动轮装置[11]。我们认为，传播的时间更像是在十字军东征的时候（和风车一样），而不是在蒙古人统治时期和马可·波罗的时代。

有关所有文件都已译成英文，并且附有注释和讨论，希望不久由古代钟表学会出版一本专著，发表这项研究结果。①

（席泽宗　译）

参考资料

〔1〕 J. Beckmann：*A History of Inventions*，*Disoveries*，etc.，Vol. Ⅱ，pp. 340ff.（Bohn，London，1846）.

〔2〕 A. P. Usher：*A History of Mechanical Invenations*，pp. 191ff.，304ff.，2nd edit.（Harvard Univ. Press，Cambridge，Mass.，1954）.

〔3〕 C. Frémont：*Origine de l'Horologe à Poids Êtudes Expérimentales de Technologie Industrielie*，No. 47（Paris，1915）.

〔4〕 R. P. Howgrave-Graham：*Some Clocks and Jacks*，*with Notes on the History of Horology*，*Archaeologia*，LXXⅦ：257（1927）；G. H. Baillie：*Watches*（Methuen，London，1929）.

〔5〕 D. J. Price：*Clockwork before the Clock*，*Horological J. Horological*，ⅩCⅦ：810（1955）；and ⅩCⅢ：31（1956）.

〔6〕 Vitruvius: IX. 8. cf. A. G. Drachmann: *The Plane Astrolabe and the Anaphoric Clock*, *Centaurus*, III: 183 （1954）.

〔7〕 H. Diels: *Über die von Prokop beschriebene Kunstuhr von Gaza*; miteinem Anhang enthaltende Text und Übersetzung d. *ckphrasis horologiou* des Prokopios von Gaza, *Abhandlungen d. preuss. Akad. Wiss.* （Phil-Hist-K1）, No. 7 （1917）.

〔8〕 E. Wiedemann and F. Hauser: *Über die Uhren im Bereich der islamischen Kultur*, *Nova Acta* （*Abhandlungend. K. Leop. Carol. deutschen Akad. d. Naturforsch.*）Halle, 100. No. 5 （1915）.

〔9〕 E. Burgess: *The Sürya - Siddhänta*, *a Textbook of Hindu Astronomy*, pp. 282, 298, 305ff. , edit. Phanindralal Gaugooly （University, Calcutta, 1935）.

〔10〕 M. Rico y Sinobas: *Libros del Saber de Astronomia dei Rey D. Alfonso X de Castilla* （Aguado, Madrid, 1864）.

〔11〕 C. B. Drover: *A Mediəeval Monastic Water-Clock*, *Antiquarian Horology* （Dec. 1954）.

译　注

① 这本专著已于 1960 年出版，书名为 *Heavenly Clockwork: The Great Astronomical Clocks of Mediavel China*.

【20】（物理学）

II—5　中国对航海罗盘研制的贡献[*]

在对人类的磁现象认识史作了一个半世纪的历史学、考古学和汉学的研究之后，现在似乎已到了重新考虑论证和总结一下"定局"的时候了。磁体相吸性的认识似乎早就形成，而且在各个古代文明中实在是不相上下的。然而磁体指向性的认识却是另一种情况了。就我们现在所知道的一切材料，进一步加强了下述的印象：在这种调查研究中，古代中国文化是居于领先地位。大家都一致认为：欧洲人最早提到有关磁石的寻极性以及用磁石感应铁块使之磁化后具有寻极性是在 12 世纪末。我们可以把类似的东亚的历史划分成三个不同的时期。首先，从 10 世纪末以来的中国的确凿的史料是可以得到的，并且内容远较欧洲最早的材料要丰富得多。它有关于磁偏角的清晰陈述（西方直到 15 世纪才认识磁偏角），而且还清晰地陈述了热顽磁现象（在西方更晚才发现）。其次，在年代学标尺的另一头，考古学证据表明，至迟从 1 世纪起，中国的占星术士和方术家已经用磁石做成匙状物放在经高度打磨的青铜制成的式盘板上，轻轻颤动使它旋转，在停下时指着南北方向。在这两个时期之间的近 1000 年中，虽然我们只有各种类型的间接的陈述和暗示，但是这些材料是如此之多，而又是如此多样地富有特点，以至于可以用这些材料构成一幅不会出差错的图画，勾勒出磁学知识和实践的发展情况。其中最重要的一步，或许就是大约在 5 世纪时用磁针代替了磁石。最后，清楚的是，中国磁罗盘虽然可能是在用作堪舆（尤其是宅地墓穴定位向用）数世纪后才用于航海，但是中国水手比他们的欧洲同行们使用磁罗盘至少早 1 个世纪，而且更可能是早 2~3 个世纪。磁体指向性的知识是怎样传播到西方去的？这至今还是一个颇具吸引力的谜。因为在欧洲首次提到它之前的关键的两个世纪内，在东西方交流的中间地区，无论是印度或者是伊斯兰国家，迄今为止都没有一点原文的或铭文的线索。然而，某些材料是倾向于通过陆路传播的，可能是 12 世纪时经过西辽政权，直接传到俄罗斯公国。我们希望进一

---

[*] 本文发表于《科学》杂志 1961 年 7 月号。——编者注

步的研究能使我们进一步了解这一个文化交流的非凡的实例。

在这样一个历史时刻，是真正地适合于联合起来"颂扬名人"，不仅是颂扬我们自己的葡萄牙和欧洲文明中的名人，并且也应该颂扬有助于一切文明知识和地理知识奠基的亚洲文化中的名人。我的题目因而就是一切指针式读数仪的发明（如此富有现代科学的特色）以及磁石和磁铁的指向性的发现。认为这一知识是起源于中国文化区，这一点在西方几乎已众所周知了，但是为人所接受的依据却往往是全然错误的东西。中国古史的传说部分中有些关于"指南车"的传说，说它能在雾天或暴风雨中引导人们走向目的地。载有这些传说的史籍都是人们所熟悉的，但在过去的 30 年内，只有当代的汉学家才把它们放在正确的地位。现在考古学的成就已得出了肯定的结论，这种指南车确实是有过的，但是它们和指南针（磁罗盘）没有关系。它们是用齿轮和轮子组装而成的，有点像现代的军用战车（一旦置定方向后），可以使指示器一直指向一个规定的方位角方向。此外，最早制造的指南车是属于 3 世纪，而不是传说中的公元前 23 世纪。尽管如此，仍有充分理由认为，磁石指向性实际上是中国的方术家和学者在纪元初所发现的。

如果我们想比较不同的文明的成就，弄清年代顺序是很重要的。这可以采用所谓滴定法对它们进行对照，并通过其知识传播背景追溯某一个或另一个特殊发现的发源地。那么在我们现在研究的问题中，虽然我们也许可以广义地说，在关于磁石相吸性的陈述上，古代地中海文明与古代东亚文明之间没有多少差别；但是对于指向性而言，则是另一回事了。一个世纪的研究，把欧洲首次提到磁罗盘追溯到约 1190 年时的尼坎姆，[①] 其后紧接着的是 1205 年的盖约特·德普洛文（Guyot de Provins）和 1218 年的雅克·德维特利（Jacques de Vitry），然后再是 1269 年时佩特鲁斯·皮里格里努斯（Petrus Peregrinus）的虽然是简要的但又是伟大的论著。详细的研究已排除了其他的欧洲的所有权，而且 12 世纪的最后的 10 年仍然是我们调查考察中的第一个固定的点。在调查中揭示出来的另一件特别引人注目的事是，不论阿拉伯文献或者印度文献中都没有更早的记载。

但是，如以尼坎姆作为一个固定的点，那么沈括也是这样的一个固定的点。沈括在《梦溪笔谈》（写于 11 世纪末，比尼坎姆早一个世纪多）中对磁针作了清楚的描述，这是各种语言文字中的最早的记载。不仅如此，沈括还清楚地陈述了磁偏角现象。他说："方术家把针尖用磁石摩擦，摩擦之后针就能指向南方。但是稍微偏向东方，并不是指向正南方向。"[②] 我永远也不会忘记当我在这部中文著作中第一次读到这几句话时，所感受到的欣喜欲狂的激动。沈括特别推荐把磁针悬挂在新缫的真丝上。

在沈括与尼坎姆之间，还有两部重要的中国史籍。一部是1116年寇宗奭的《本草衍义》，他重复了沈括的话，但是又增加了水浮针的描述，除了提供了颇为准确的磁偏角计量数值（偏东15°），而且还试图对其解释。[③]另一部是陈元靓的《事林广记》，进一步描述了两种不同形式的磁罗盘。一种是浮在水面上的内含磁石的木雕小鱼；另一种是旱支轴式，用内含磁石的木雕小乌龟支在削尖了的竹针上旋转。[④]

同样地饶富兴趣的是比沈括早得多的一本史籍：曾公亮在1040—1044年编纂的《武经总要》。在该书中我们看到了"指南鱼"，这是一片经过磁化的叶子状铁片。它不是在磁石上摩擦磁化的，而是先把它加热，再在顺着地球磁场的（子午线）方向的情况下冷却。随着浮于水而司其职。[⑤]大约在同时，在堪舆家王伋写的一首诗里，有一则关于磁罗盘的资料。[⑥]另一些堪舆书，诸如谢和卿《神宝经》，也证实了磁针在宋代的使用。[⑦]因而我们完全可以认为：中国关于罗盘的知识的实际应用大约比西方首次提到磁罗盘还要早2个世纪。

但是，比这再早的中国资料就比较模糊不清了。让我们先回过头来看一看1世纪，历史的开头情况。中国的鲁克里修斯[⑧]——王充（27—97）在《论衡》中说："把控制南方的调羹扔在地上时，静止后它就指向南方。"[⑨]这里，伟大的怀疑论者王充以亲眼所见之事实，与他所不相信的虚构的现象相对照。对这一含糊的说法作出令人信服的解释的，应归功于中国考古学家王振铎的研究。"扔在地上"，实际上意思是"把它放在占卜者的式盘的地盘上去"。而调羹实际上是用磁石制成的勺状物。式盘（式、栻）是汉代常常用来占卜算命用的一种古怪的东西。栻的实物在古墓中曾有发现，史籍中也有描写，故为人所知。栻是用两块油漆过的木板或青铜板做成。下面一块方形（代表地）称为"地盘"，上面一块圆形（象征天）称为"天盘"。天盘可以支在中央支轴上转动。两盘都刻有罗经方位点、十天干十二地支字符、二十八宿、八卦以及别的符号。天盘上总刻有大熊星座图案。在某一时候，可能是在公元前1世纪时，这个大熊星座或北斗的图案用一个雕刻成斗形或勺形的真实模型代替了。直到今天，中国典型的调羹比欧洲的要短得多，柄也厚实得多，如果调羹的盛物部分的底部做得很圆时，那么它就可能在做得尽可能光滑的表面上很好地维持其自身的平衡。假如它完全是用一块磁铁矿矿石雕成的话，在轻轻地敲动后，作用在柄上的扭力将使它转动，静止时将指向南或指向北。这我可以从亲眼看到的事实作肯定。1952年在北京王振铎博士的实验室里，他亲自为我表演了这一实验。《论衡》的解释当然在一定程度上仍是推测性的，除非从汉墓里发现真实的用磁铁矿做成的勺。然而这个可能性始终是存在的。

我们怎样才能填补从约 86 年（王充的书的年份）到 980 年（王伋大概的生年）之间的空白呢？就我们的目的来说，证据事实上是很丰富的，虽说其中绝大多数是间接的。首先有许多提到"指南、司南"的文献，未明确地详细说明。130 年，大天文学家、数学家张衡（78—139）在赋中说："先生，我把您当作我的指南。"[⑩]630 年僧法琳劝他的听众们以佛经作为指南。[⑪]在这两者之间可以收集到十数条或更多的此类资料，而且有一些事实非常可靠地比张衡的更早。这一文学上的比喻清楚地提示，在这数百年中间"指南、司南"是一种真实的东西，它是类似磁罗盘的仪器，是一种有名的东西，甚至连那些没有见到过或没有用过的人们都知道。因为上述资料从来没有提到关于指南车的传说，所以它们更可能指的是式盘上用的磁石勺。

其次，在（从司南到罗盘）可疑的连接关系上有许多关于针的资料，从而使我们能够对提到磁石吸铁的史料做一次调查统计。这样，也就很容易看到大约在 450 年以前，人们总说磁石吸铁，而在这之后，人们普遍地说磁石吸针了。早在公元前 2 世纪，成书的《淮南万毕术》中谈到用汗或头发的油脂使针上油后漂浮在水面上（占卜用）。[⑫]魏伯阳的炼丹名著《参同契》中用了这样的句子："亮得像黑暗之中燃烧的蜡烛，亮得像迷海之中耀眼的铁针。"[⑬]《数术记遗》（徐岳著，或由公认的注评者甄鸾著）中介绍一种计算方法（有点像算盘），用一根转动的针依次指着圆周或度盘上的一个接一个的标记。[⑭]另一本炼丹书《太清石壁记》（至少可追溯到 500 年）把"在固定的台面上针的吸引"作为磁铁矿隐名或同义词[⑮]。若针不是由式盘的磁石勺磁化，则再次使人联想起式盘。

以下也许是这些发现中最不寻常的了。熟悉关于航海罗盘的欧洲文献的人非常了解它的名称之一是 calamita，或者是"芦苇"，但更可能的是芦苇塘中的小青蛙或蝌蚪。如果他们懂得中文，那么当他们读到《古今注》中说的"虾蟆子，即蝌蚪，又叫玄针或玄鱼，它的另一个名字是斗（勺）形小动物"[⑯]时将会大吃一惊。许多人认为《古今注》是公元前 4 世纪崔豹的著作，但其真实性与我们的论据无关紧要，因为几乎同样的一段文字也出现在马缟写的《中华古今注》[⑰]中，从通常观点看这已足够重要了。人们只能假定在 2—10 世纪期间，指南的磁石勺被经磁石磁化后的指南磁针所取代，一种观念上的联想使得磁针被称作为虾蟆子或蝌蚪，而真正的蝌蚪本身也得到了"玄针"这一俗名。勺和蝌蚪在外形上明显的相似性是不能不看到的。而且实际上"蚪"这一个字就包含了部首"斗（长柄勺）"。此外，"玄针"的中文读音非常像"悬针"。所以，《太平御览》的编纂者在 983 年时就写成"悬针"。稍微晚一点，或几乎同时，在《太极真人杂丹药方》中谈到了"悬针匦"，这是件仪器，这样称呼的原因或许是此匣在炉子中打算竖直地放置。这一切都说明，磁针是用来确定罗盘方位的，在 10 世纪中叶时毫无疑问主要是用在堪舆学，而完全有可能它的使用还要再早几个世纪。

关于 1000 年以前的模糊时期的情况，经过对有关磁偏角陈述的研究可以了解得更清楚一些。看上去似乎很肯定的是：在磁针取代磁石之前，是不会观察到磁偏角现象的。这是因为磁偏角值才 20° 不到，甚至更小，所以只有用尖细的指针时才可能检测到。早期的汉学家曾相信，唐代大天文学家僧一行大约在 710 年就已作出了磁偏角的叙述，但是这没有得到进一步的证实。然而，晚唐时期的堪舆书《管氏地理指蒙》[18]首次明确地提到了磁偏角。这是以磁针为前提的，实际上是专门的叙述。在《九天玄女青囊海角经》[19]中含有关于磁偏角的含蓄的资料，因为书中谈论了"正针"和"缝针"。如果我们看一下近代的中国堪舆罗盘，就会发现罗盘上有 3 个同心圆：外面两个同心圆是重复了最内层一个圆上的 24 个等分点，但是和内层圆的等分点是错开的，一个向东偏 $7\frac{1}{2}°$，另一个向西偏 $7\frac{1}{2}°$。按天文学南北方向的叫作"正针"，采用向东磁偏角圆周方位的叫作"缝针"，而偏西的叫作"中针"（很可能因为这一个圆在 3 个同心圆的正中间）。每样事实都表明了，这 3 个圆是磁偏角在中国顺序地向东和向西那时候保留下来的，像化石般的痕迹仍体现在罗经盘上。实际上，中世纪的史籍生动地描写了堪舆家们之间因此而争论对于宅地和墓地位置，哪一个是更正确的方位。终于，曾三异在《同话录》[20]中提出了一种理论来详细地解释磁偏角。因此无疑可以肯定，当欧洲人甚至连指向性都还没有听说过时，中国人就已在为磁偏角的起因而操心了。而且，西方人懂得磁偏角还是在 2~3 个世纪以后的事。直到约 1440 年便携式日晷的德国制造者装上了罗盘用以定正午线时，才开始在他们的晷盘上做上特殊的记号，这才表明他们对磁偏角的经验的知识。

现在让我们转过来看磁罗盘用于海上导航。除了较早一些的暗示，最早的详尽描述，在中国恰好比尼坎姆早约 1 个世纪。大约在 1119 年朱彧写了《萍洲可谈》，但是其中谈到的事情是 1099 年以来的，因为他的父亲从 1099 年起是广州的一位高级官员，从 1099 年后知广州。朱彧说："掌舵者在晚上看星星，白天看太阳，在昏暗的天气时看指南针来操纵船……"[21]这段话很长一段时期内被西方的汉学家认为谈的是去广州贸易的外国船（可能是阿拉伯船）。然而现在我们知道，这是由于"甲令"这一词误译所造成的，这个词的意思是"政府法令"，而不是最初的译者们所认为的某位外国人的姓名。

在欧洲首次提到罗盘之前，在中国还有两条记录。

　　1126 年北宋首都汴京（开封）落入金人之手。南宋迁都杭州之后，孟元老写了《东京梦华录》，其中关于航海的记叙是："在晚上或雨天以及乌云密布的黑夜，水手依靠罗盘航行，由掌舵者负责。"[22]这说的是 1125 年左右的事。而在三年前赴高丽的外交使团的使臣之一徐兢在叙述这次任务时提到了航海罗盘：夜里常常没办法停船（由于风或漂流），所以掌舵者必须根据星星或大熊星座来航行，在昏暗的黑夜，他用指南浮针确定南北。这是在《宣和奉使高丽图经》中这样说的。[23]

　　此外，在欧洲首次提到罗盘之后，中国人非常频繁地谈到航海罗盘，这表明在这以前已经广泛地流传使用了。例如：赵汝适在 1225 年完成的题为《诸蕃志》的人文地理著作中说："海南（岛）的东方是'千里沙洲'和'万里岩石'，在它们之外是无边无际的大洋，那里是天空和海水相连为一色，过往的船舶只能依靠指南针。这必须白天黑夜地小心观察，因为生死存亡将取决于最小的差错。"[24]显然这时候，掌舵者是在为尽可能高的准确性而奋斗。半个世纪后，吴自牧的《梦粱录》证实了这一点。对此，书中说："在暴风雨和黑暗中，商船掌舵者单单信赖罗盘行驶。他们不敢有丝毫的差错，因为全船的生命都取决于它。靠近岸边和礁石的地方海水浅，如果触礁则整个船都可能沉没。这全然依赖着指南针，如果有一点儿小错则就可能葬身鱼腹。"[25]1296 年周达观在为他的柬埔寨之行所作的描述《真腊风土记》一书中，不仅提到罗盘，还有他沿途——记录下的实际罗盘方位。[26]当然，从 14 世纪以来，这种例子就更多起来了。

　　许多世纪以来，中国水手们始终保持着对水罗盘的信赖。虽则，如我们已看到的，中国史籍早在 12 世纪初就已经描述过旱罗盘，但是一直到了 16 世纪，从荷兰人和葡萄牙人处通过日本重新引回旱罗盘之前，仍没有普遍地使用在中国船上。那时一同传入的是罗盘卡（附在磁针上的定向盘，而不是围绕着磁针的定向盘），这可能是 14 世纪初意大利人的一项发明，毫无疑问地应归功于阿马尔费塔尼（Amalfitani），18 世纪末，到中国的访问者对中国罗盘针的轴支承方法的印象极为深刻。磁针极细，而长不超过 1 英寸。安装得非常灵活。磁针中央附在一个倒置着的小小的半球似的铜碗上，铜碗则放在经打磨得极其尖锐的钢支轴尖上。因为铜碗稍大于支轴，所以无论罗盘怎样移动，磁针仍可以保持它的位置。而且，磁针重量集中在悬点上这一事实意味着这足以克服磁针的向下倾斜或磁倾角。欧洲的罗盘是在磁针下倾的对端加平衡重来避免下倾，但是世界各地的磁倾角是变化的，所以此种办法不是十分令人满意的。据我们所知，中国人从未测量过磁倾角，而欧洲观察磁倾角也还是从 1544 年后开始的。

　　现在，我们也许可以对已经了解到的情况作出评价了。从年代先后来看，无论欧洲、阿拉伯，或者印度的资料，都没有足以和曾公亮、沈括和朱或等人的著作相匹敌的。而且可以证实在中国文化区，磁化铁做的罗盘，至少比在任何别的地区的出现早2个世纪。在罗盘发展的另一侧面，有磁铁矿做成的勺状大熊星座的模型"罗盘"，在磨光后的青铜板面上旋转时稍有点儿困难。从100—1000年之间情况不明，但是有大量奇妙的时隐时现的资料构成的一幅不清楚然而却不会弄错的图画。首先，是《淮南万毕术》中最早提到了针（公元前2世纪）。然后是2世纪或6世纪的《数术记遗》中对类似罗盘针的计算方法的隐晦的叙述。比较研究描述磁体相吸性所用的术语，为我们提供了有力的证明：磁化针出现的时间是4—6世纪。中国著名的炼丹家葛洪把针和"指南"做了很奇特的并列，他在约300年时说："那些由于爱情的偏见而受不了批评的人们，那些嫉妒他人美貌的人们，他们的针既不亮也不直。普遍由于爱情而迷惑，没有了'指南'来保持他们的方向。"[㉗]至于"指南、司南"，我们在1—7世纪中看到了它在文学上的隐喻，这就暗示着实物的存在：无论是磁铁矿做的勺，或者是漂浮的铁鱼或铁针，或者是用不同方法精巧地悬挂的磁石小块。再往后，在4—10世纪期间，有小青蛙—蝌蚪—针的复杂的命名法，与西方的calamita平行，虽然在中国的要早得多。据此所展示的一系列事件的印象，我们也许能合情合理地假定：在中国磁石指向性转移到被它吸过的铁块的发现是在1—6世纪。在11世纪以前的某个时期就已发现，不仅可以用铁块在磁石上摩擦产生磁化现象；而且还可以用烧红的铁片，经过居里点（Curie point），冷却或淬火而得到磁化，操作时，铁片保持南北方向。磁针取代磁石可能是在隋唐时期（7—8世纪）；磁倾角的发现可能发生在9世纪，唯有磁针的帮助才能获得此项发现。顺序的磁偏角，先向东后朝西偏，体现在中国堪舆罗盘的设计上的同心圆，这些同心圆一直存留至当代。毋庸置疑，磁罗盘在中国用于堪舆目的很久以后，才被用于航海。但是航海罗盘确是中国人的发明，它可能发生在11世纪以前的某个时期，或更早的时期。

因此，在广泛的调查考察中，我们可以看到磁罗盘在中国的漫长而缓慢的发展之后，进而是在西方的突然出现以及较迅速的发展。但对于在尼坎姆（1190）以前的关键性的2个世纪里，迄今为止，没有从东西方文化传播的中间地区得到任何有关磁罗盘传播的痕迹和线索，无论是阿拉伯—波斯文化地区，或是印度次大陆的文献中都没有，所以磁罗盘从中国向外传播可能根本不是经过海路，而是经由陆路，是通过主要对确定子午线感兴趣的测量员和天文学家的手传播的。的确，皮里格里努斯曾细心地描述过两架装有照准仪和罗盘的方位日晷仪（一种是水浮式的，一种是悬在一个旋支轴上）。子午线的确定，不仅在制地图上确实重要，而且对于当时欧洲人所知道的唯一可以胜任的时计——日晷的正常调整之类的操作也是重要的。令人惊讶的是，晚至 17 世纪西方测量员和天文学家罗盘用的磁针全都指南（与指北的水手的罗盘正好相反），这与或许是 1000 年之前以来所有中国磁针的做法完全一致。如果这一概念能为人接受，则我们设想，天文学家的罗盘可能是经由陆路向西传播的，随后它被用于海上，而与中国海船船长更早地将罗盘用于海上一事无关。但是就我们所知，在蒙古人入侵前的 2~3 个世纪期间，俄国人以及他们中亚细亚的邻居的文化水平就使我们几乎很难相信这样一个科学发现是通过他们传播的（也许，与技术发明大不相同，除非我们用这种眼光来考虑磁针，而实际上我们正按此作考虑）。这里还有进一步研究的余地，即传播的可能性是从中国经过西伯利亚及东南欧无森林大平原民族和俄国人传到欧洲（可能是通过在今新疆的西辽政权），而没有经过伊斯兰、拜占庭以及印度文化地区，同时，许多人情愿相信实际上航海罗盘是传过去了，而目前尚未为人知晓的阿拉伯或更东方的史籍还会告诉我们印度洋的水手是怎样传播航海罗盘的。

上述意见是相当带推测性的，但是要想回答所有问题中最古老的一个：" '勺'（磁石勺）是怎样回到'栻'（占卜盘）上去的？"则更是这样。然而，仍然可以讲出一些东西，而且如果不算是离题的话。我们或许能在磁针和用盘的游戏（例如，起源于占卜方法的棋类）之间辨认出全然出乎意料的关系来。我们知道，棋类游戏的发展是始终与天文学上的象征手法相联系的，而且在早已失传的有关游戏中甚至更为明显。调查研究表明，棋的战斗成分似乎是从一种占卜术中发展而来，中国人希望在占卜中确定宇宙中永远对立的阴与阳之间的平衡。这在 6 世纪时的中国已经使用了。在 7 世纪时传入印度，产生了娱乐性游戏。"象棋"是从许多占卜术衍生而来的，它包括了在准备好的盘上投掷象征天体的小模型的占卜术。有单纯的投掷，有投掷后接着走子的玩法，其间又有些中间过渡形式。所有这些可远溯到中国的汉代以前（公元前 3 世纪）。许多类似的技术在其他的文化中一直保存下来了。这些古代的盘中，最重要的当推"栻"（从战国后期就开始用了），这是一个双层的宇宙模式图：有一方形的地盘，上装有一块可转动的天盘，两个盘都刻有天干地支、天文符号以及仅用于卜卦的符号和术语。"棋子"或象征模型以许多不同的方式和栻盘一起使用。而且我们可以说，栻中的圆形天盘证明是所有刻度罗盘的直系祖先。在西汉（公元前 2 世纪到公元前 1 世纪），或可能是在东汉（1 世纪）初时，通常刻在栻盘的天盘上的大熊星座（北斗）的图案（这星座在中国的"北极—赤道天文"中极为重要）被刻成勺形的此星座的象征模型所代替了。开始时这种模型勺可能是木制、石制或陶制的，但早就发现的磁铁矿的独特的性质提示人们采用这种物质。最后做出了真正使人敬畏的发现。而且，在人们惊奇的目光注视下，最早的独立的指针开始转动，然后停下来。这样，磁电科学中最古老的仪器，发明历程中最伟大的一项因子，以及一切度盘式读数仪器和指针式读数仪器的祖先，也许可以说是开始于占卜术中使用的原始的"棋"人。

（徐英范 译）

原 注

本文中所有文献、必要的汉字和参考资料可以参见《中国科学技术史》卷4，第1分册。作者感谢王铃博士多年来在剑桥的亲密无间的合作。在此期间内，本文所讨论的许多材料已经齐备。

译 注

①尼坎姆，英国学者，在其著作中第一次在中国以外记录了航海罗盘的应用。

②沈括《梦溪笔谈》卷24："方家以磁石磨针锋，则能指南，然常微偏东，不全南也。水浮多荡摇，指爪及盌唇上皆可为之，运转尤速，但坚滑易坠，不若缕悬为最善。其法取新纩中独茧缕，以芥子许蜡缀于针腰，无风处悬之，则针常指南。其中有磨而指北者。予家指南北者皆有之。磁石之指南，犹柏之指西，莫可原其理。"增补卷3："以磁磨针锋，则锐处常指南。亦有指北者，恐石性亦不同。如夏至鹿角解，冬至麋角解。南北相反，理应有异，未深考耳。"

③寇宗奭《本草衍义》卷五："磨针锋，则能指南，然常偏东，不全南也。其法取新纩中独缕，以半芥子许蜡缀于针腰，于无风处垂之，则针常指南。以针横贯灯芯，浮水上，亦指南。然常偏丙位，盖丙为大火，庚辛金受其制，故如是。物理相感耳。"

④陈元靓《事林广记》卷十："以木刻鱼子，如拇指大。开腹一窍，陷好磁石一块。郤以腊填满。用针一半金从鱼子口中钩入。令没放水中，自然指南，以手拨转，又复如出。""以木刻龟子一个，一如前法制造。但于尾边敲针入去。用小板子，上安以竹钉子，如箸尾大。龟腹下微陷一穴，安钉子上。拨转常指北，须是钉尾后。"

⑤曾公亮（《武经总要》卷15："若遇天景曀霾，夜色瞑黑，又不能辨方向。则当纵老马前行，令识道路。或出指南车及指南鱼，以辨方向。指南车世法不传。鱼法以薄铁叶剪裁，长二寸，阔五分，首尾锐如鱼形。置炭火中烧之，候通赤，以铁钤钤鱼首出火。以尾正对子位，蘸水盆中，没尾数分则止，以密器收之。用时置水碗于无风处，平放鱼在水面令浮。其首常南向午也。"

⑥王赵卿（王伋）曰："虚危之间针路明 南方张度上三乘 坎离正位人难识 差却毫厘断不灵。"（《古今图书集成》卷655）

⑦谢和卿《神宝经》："仍观上下之分龙滴水向背之接气迎堂。"（《古今图书集成》卷667）

⑧鲁克里修斯（约前99—前55），罗马的诗人。

⑨王充《论衡》卷52，第17章："故失屈轶之草，或时无有，而空言生；或时实有，而虚言能指；假令能指，或时草性见人而动，古者质朴，见草之动，则言能指；能指，则言指佞人。司南之勺，投之于地，其柢指南；鱼肉之虫，集地北行；失虫之性然也。今草能指，亦天性也。"

⑩张衡《东京赋》："君为吾之指南。"（《文选》，卷三）

⑪法琳《辨正论》："以佛经为汝之指南。"

⑫刘安《淮南万毕术》："慈石提棋。取鸡磨针铁以相和慈石棋头置局上自相投也。"（《太平御览》，卷736引）"磁石拒棋。取鸡血与针磨铁捣之以和磁石用涂棋头曝干之置局上即相拒不休。"（《太平御览》，卷988）"取鸡血杂磨针铁捣和磁石棋头置局上自抵击。"（《史记》"封禅书"之"索隐"）"首泽浮针。取头中垢以涂针塞其孔置水即浮。"（《太平御览》，卷736）

⑬魏伯阳《参同契》："灿然如昏衢之烛，照然如迷海之针。"

⑭徐岳《数术记遗》（甄鸾评注）："数不过三而自夸可数十者，犹川人事迷其指归乃恨司方之手爽。八卦算，针刺八方。位阙从天。"（甄鸾评注：算为之法位用一针锋所指以定算位数。一从离起，指正南。离为一，西南坤为二，正西兑为三，西北乾为四，正北坎为五，东北艮为六，正东震为七，东南巽为八，至九位阙，即在中央，竖而指天。故曰，位阙从天也。）

⑮苏元明《太清石壁记》（楚泽先生编）："帝流浆并定台引针（俱磁石）。"

⑯崔豹《古今注》卷中，鱼虫第五："虾蟆子曰蝌蚪，一曰玄针，一曰玄鱼，形圆而尾大。尾脱即脚生。"

⑰马缟《中华古今注》卷下："虾蟆子，一名科斗，一名玄针，一名玄鱼，形圆而尾大。而尾脱脚生也。"

⑱管辂《管氏地理指蒙》："磁者母之道，针者铁之戕。母子之性以是感，以是通。受戕之性以是复，以是完。体轻而径所指，必端应一气之所召。土曷中，而方曷偏。较轩辕之纪，尚在星虚，丁癸之躔，惟岁差之法，随黄道，而占之见成象之昭然。"（《古今图书集成》卷655引）

⑲佚名《九天玄女青囊海角经》：浮针方气之图图说："玄女昼以太阳出没而定方所，夜以子宿分野而定方气，因蚩尤而作指南，是以得分方定位之精微。始有天干方所，地支方气，后作铜盘合局二十四向，天干辅而为天盘，地支分而为地盘，立向纳水从乎天，格龙收沙从乎地，今之象占，以正针天盘，格龙以缝针地盘，立占圆者从天，方则从地，以明地纪。"（《古今图书集成》卷651引）

⑳曾三异《同话录》："地螺，或有子午正针，或用子午丙壬间缝针。天地南北之正，当用子午。或谓今江南地偏、难用子午之正，故以丙午参之。古者测日景于洛阳，以其天地之中正也。然又于其外县阳城之地，地少偏，则难正用，亦自有理。"

㉑朱彧：《萍洲可谈》："甲令海舶大者数百人，小者百余人，以巨商为纲首、副纲首、杂事。市舶司给朱记。舟师识地理，夜则观星，昼则观日，阴晦观指南针"。

㉒关于原文：孟元老《东京梦华录》，但该书无此段话，疑为吴自牧《梦粱录》中所述。参见第㉕注文。

㉓徐兢《宣和奉使高丽图经》卷34："是夜洋中不可住，惟视星斗前迈。若晦冥则用指南浮针以揆南北。入夜举火，八舟皆应。"

㉔赵汝适《诸蕃志》卷下："海南东则千里长沙，万里石床。渺茫无际，天水一色。舟舶来往，惟以指南针为则。昼夜守视唯谨。毫厘之差，生死系焉。"

㉕吴自牧《梦粱录》卷12："且论舶商之船，自入海门，便是海洋，茫无畔岸，其势诚险。盖神龙怪蜃之所宅。风雨晦冥时，惟凭针盘而行。乃火长掌之，毫厘不敢差误。盖一舟人命所系也。但海洋

近山礁则水浅，撞礁必坏船。全凭南针，或有少差，即葬鱼腹。"

㉖周达观《真腊风土记》："自温州开洋，行丁未针。历闽、广海外诸州港口，过七洲洋，经交趾洋到占城。又自占城顺风可半月到真蒲，乃其境也。又自真蒲行坤申针，过昆仑洋入港。"

㉗葛洪《抱朴子》外篇，卷25："常人被迷，舞司南导其返回。迷谬者无自见之明，触情者讳逆耳之规，疾美而无直谅之针，艾群惑而无指南以自反。"

【21】（物理学）

<h1 style="text-align:center">Ⅱ—6　雪花晶状体的最早观察*</h1>

　　探询什么时候，在什么地方最先发现了雪花晶状体属六角晶系，这在气象学史上是一个令人感兴趣的问题。在发现本文所述材料之前，我们曾猜测这种观察是在传统的西方古代，也许甚至是苏格拉底（Socrates，前469—前399）之前的自然哲学家们进行的。然而，事实远非如此。考察雪花的形状似乎是东亚的一项有特色的成就，可以追溯到公元前2世纪最古老的中文记述，比欧洲人记载的最早的观察还要早1000多年。本文因此扩充前一篇论文[1]的研究结果，继续阐明上古和中古中国人对气象学史的贡献。

　　尽管我们作了相当仔细的研究，看来古代亚里士多德或塞内卡（Seneca，前2—65）并没有谈到过雪花晶状体的形状，我们也没有发现其他古代作者做过任何这样的观察。阿拉伯人是否研究过这个问题尚不能断定，然而在欧洲历史中，该课题起始于大圣阿贝特（Albertus Magnus，1191—1280）的著作（约1260）。我们从他的气象学著作中知道，他认为雪花晶状体是星状的（figura stellae）然而他又认为这种规则的形态只出现在2月和3月（Meteorol.，Ⅰ：10）。此后，在欧洲未曾发现有进一步的叙述，直到1555年，在斯堪的纳维亚大主教奥劳斯·马格努斯（Olaus Magnus）的作品《北方民族史》（Historia de Gentibus Septentrionalibus）中才有所述及。他在该书的很短的一章[2]《变化的雪的形状》（De variisfiguris nivium）中谈到这个问题，并用一幅非常粗劣却又常被翻印的木刻画加以说明。在所描绘的23种形态中，只有1种是星状的，还有三四种是星状碎片，其余的都是各种奇形怪状如新月形、箭矢形、钉子形、钟形等，还有一种像人的手。奥劳斯大主教肯定鉴别了大量不同的雪花晶状体的形状，然而他忽略了它们花样的根本一致性——都以六角对称形式存在。对六角对称的认识，以及因此欧洲关于雪花知识的真正的开始，无疑是由于伟大的天文学家开普勒在其事业的鼎盛时期，于1611年元旦作为新年贺礼的

---

　　* 本文是李约瑟与鲁桂珍于1961年合写的。——编者注

一部分，送给他的保护人瓦肯费尔斯的一篇关于雪花的 15 页的拉丁文论文[3]。该论文后来于当年以《把六角形的雪花作为新年礼物》（*Strena, seu de Nive Sexangula*）为题发表。[4] 在开普勒的小册子中，对于雪花星状形态的描述，不如对于用天然获得六角晶状体结构的方法的讨论那样十分引人注目。他试图以与密堆积的数学理论有关的原子论为基础对此加以解释，但他不得不退回到用"可能的形态"（facultas formatrix）的看法来说明这种现象。[5] 这样，1610 年的冬季，欧洲真正开始了对雪花的研究。本文稍后还要谈到文艺复兴后科学方面一些随之而来的发展，现在，我们则回过来看看中世纪中国人的贡献。[6]

最古老的贡献的历史是相当悠久的。10 世纪编辑的《太平御览》为我们保存了西汉韩婴写于大约公元前 135 年的一部书——《韩诗外传》——中的一段话。我们发现记载着：

"草木的花一般都是五瓣的，但是雪花总是六瓣，雪花称为霙。"①

显然，这一发现包含了极细致的观察。而且，知道中国历史上何种放大透镜在什么时候已应用于研究雪花是很有趣的。当然，这里与古代的象数学说直接有关。在这种学说中，把"五行"[7] 及可分为五类的其他事物都与特定的数字相联系。因此在许多经典的中文著作中，我们可以发现数字"六"是五行之一"水"的象数。据说，秦朝凭借"水"而统治，"六"为其象数。这些观念不仅出现在如公元前 239 年的《吕氏春秋》[8] 这样的博物学家的著作中，而且也出现在医学著作中，如可认为成书于公元前 2 世纪的著名的《黄帝内经·素问》卷四。还可以引用许多其他的记述[9]，说明"六"是与"水"和"北"联系在一起的，而"五"则与"土"和"中"联系在一起。

植物构造的五瓣与雪花的六瓣之间的这种对照，在随后的几个世纪中是如此众所周知，以至于几乎成了文学上的习语。例如，萧统（501—531）——博学的梁朝皇太子，曾编撰中国古代最优秀的诗文选集《文选》——在他的一首诗中有这样两句：

"红云飘浮在碧蓝的天空的四方，
白雪显现出它们的六瓣花。"[10]

这节出现在一组诗当中，每一首诗描写一年之中的一个月。从他的诗句中我们可以想象出将要下雪时的冬季日落时分的景象。

任昉（460—508）是与萧统同时代的人，他在 6 世纪初写了一部题为《述异记》的书。他在书中提到天台山有一种特殊的杏，它的花有"六瓣五色"。②863 年段成式（？—863）在他的《酉阳杂俎》中又谈到这个问题，说道：

> "有六个花瓣的花是很少的，而栀子花就是六瓣。"③

这一陈述重现在医生张杲（1189 年时在世）的《医说》中，他的这段话很有意思：

> "舒州医生李惟熙善于讨论自然现象。（在讨论别的事情当中，他说道）双仁的桃和杏之所以对人有害，是因为这些树的花本来是五瓣的，而如果它们长成六重（对称），就会发生双生。草木都是五瓣花样，只有栀子和雪花晶状体是六角形的。此即阴阳原理之一。因此，具有（异常的）六重（对称性）的双仁的桃和杏是有害的，这是由于这些树失去了它们的标准的常态。"④

识别栀子并不困难[11]，因为在中国植物学中它就是为人熟知的栀子属植物（Gardennia jaminodes）或（florida）。它属茜草科（Rubiaceae）。在双子叶植物物种中，人们知道有六瓣的花，虽然并不常见。这位 11 世纪的博物学家对双生原理的叙述，会引起今天的实验生物学家们的兴趣。

一位与张杲同时代（12 世纪）的人是理学大家朱熹（1130—1200），他也许是整个中国历史上最著名的理学家[12]。朱熹是一位深入观察各种自然现象的人[13]。他的两段话很值得我们注意。在《朱子语类》一书中，我们看到：

> "产生自'土'的'六'是'水'的完全数，雪是水冷凝而成的晶花，因此总是六瓣。"⑤

在《朱子全书》中，还有这样一段话：

> "雪晶的'花'为什么总是六瓣，其原因是它们被猛烈的风劈裂为霰（半冻态的雨），因此必然是六瓣。这正像如果你把一团烂泥扔在地上，它就会像花瓣那样呈辐射状溅开。六是阴数，太阳玄精石也是六个尖角，有

锐利的棱柱角的棱。一切都是由于大自然所固有的数。"⑥

这里提到的矿物实际上就是透明石膏，它是石膏即硫酸钙的半透明六角晶状体[14]。朱熹特别进行了雪花与矿物的比较，这是极有意思的，因为它预示了后来播云技术的发展，这点我们下面还要谈到。

所有这些概念在中国博物学家的著作中继续着。14 世纪末或 15 世纪初，王逵著《蠡海集》，其中写道：

> "雪是阴的极端形态，具有完美至极的'水数'。正因为这样，雪花总是六瓣。"⑦

李时珍（1518—1593）赞同王逵的见解，在《本草纲目》（1596）中重述了这段话，的确这是许多世纪以来的传统看法（卷五，8 页）。然而，李时珍也引用了陆农师（1042—1102）的稍有差异的叙述。在一本现今已失佚的书中，这位作者——我们认为陆农师极可能就是陆泳——写道。

> "阴包阳形成雹，阳包阴形成霰。雪六瓣而成为雪花晶状体，雹三瓣而成为实体，这都是起因于阴和阳的差异。"⑧

据说，马可·波罗在中国的时候，即大约 1285 年，陆泳尚在世，他写了一部名为《田家五行志》的书。[15]

后来，明代的唐锦在其著作《梦余录》中对这种古老见解的可靠性有所怀疑。确实，他注意到：

> "草木的花总是五瓣，而雪花六瓣，这是先儒们的一种说法，因为六是'水'的真正的数，所以当水凝结成雪花时，必然六瓣。"⑨

但是他又接着说：

> "春天来临时，雪花是五瓣的。"[16]

谢在杭在某种程度上不赞成这种说法，他著的《五杂俎》（约 1600）中说道：

　　"有一种旧的说法，雪花（常常）是五瓣的。然而每年冬末春初，我
总是亲自采集雪花并仔细检查它们。都是六瓣，五瓣者不及十分之一。因
此可知旧说未必总是全对。"[10]

　　关于最后这个亲自观察的记载，显然与开普勒是同一时期的。我们引用上古和中古
时代中国人的著作就到此为止。我们确信，通过进一步查阅文献可以发现大量的更
多的材料，但是这些已经足够了。

　　回顾整个历史，在中国如此早就作出独创性的发现，而且在随后若干世纪中显
然只有很少的发展，这两方面都是耐人寻味的。当然，可能还会出现一些出色的雪
花晶状体的中古绘画，然而我们总的印象是，发现其六角对称性的中国人满足于将
此作为自然现象的一个事实而接受，并且满足于依照象数理论来解释它。G. 赫尔曼
（G. Hellmann）用地中海地区较少有雪这个事实来解释希腊人缺乏对雪花晶状体形
状的认识，也许是很正确的。毫无疑问这同样也限制了印度人进行这种观察，而在
中国则肯定未受影响。不过，人们可能期望北欧早期或许对雪花晶状体有某些
认识。

　　我们再回到欧洲。开普勒的新年书信之后，勒内·笛卡儿（René Descartes，
1596—1650）使得人们的认识又有了进步。根据1635年进行的观察，他在论文《大
气现象与几何学》（*Les Metéores et la Geometrie*）[17]里画出了雪花晶状体的图形。尽
管只是图解式的，但这些图形比起将近1个世纪之前奥劳斯画的则不知要好多少。
埃拉斯穆斯·巴托利努斯（Erasmus Bartholinus）在描画方面跨出了更大的一步，
1660年他在《关于雪花形状的论文》（*De Figura Nivis Dissertatio*）[18]中第一次表示
出六角星形的分枝，虽然并不十分正确。此后，认识有了迅速发展。5年之后，罗
伯特·胡克（Robert Hooke，1635—1703）发表了《显微图形》（*Micrographia*，*Lon-
don*，1665）[19]，几乎可以肯定为使用显微镜进行的最早观察。10年之后，著名的
博物学家弗里德利希·马滕斯（Friedrich Martens）——他曾作为一艘捕鲸船上的理
发师而去过北极——在一部非常有价值的著作中发表了他对晶状体的分类观察。[20]
马滕斯是第一个在采集样品时进行气象观察的人。如果说1660年巴托利努斯最先画
出了枝形的星，那么，意大利人、里窝那（Livorno）大教堂牧师会会员多纳托·罗
塞蒂（Donato Rossetti）则最早详细地画出了雪花晶状体的六角片晶类型，这正好是
在21年之后（1681）。[21]

　　在18世纪时，前进的步伐又缓慢了下来。许多作者创作了许多图画（常常是
错误的），而进展甚少。1761年，J. K. 维尔克（J. K. Wilcke）似乎是制造人造雪花

晶状体的第一个实验者，这在后一世纪的研究中产生了成果，包括作为成核剂的碘仿和樟脑。[22] 无论是那些因此而首创播云技术的人们，还是那些因此而最终成功地制造出"人造"雨的人们，却都并不知道12世纪时朱熹早已进行过雪的晶状体与一种盐的六角晶状体的根本比较。

随后，我们接近了近代。极其有趣的是，我们发现，刚一进入近代，在东亚就又一次地做出了引人注目的研究，如果不是完全，也几乎仍然是在与西方进行的主要科学传统毫不相关的情况下进行的。近代知识的基础是由威廉·斯科斯比（William Scoresby）奠定的，作为1820年前在北极旅行的一个结果，他做了雪花形状的最早的系统分类。[23] 斯科斯比第一个描述了晶状体柱状的和复杂的形态，例如针状体或棱柱有一个或两个插进片状晶状体中心的端点，实际上，这些形态看起来像穿在一个六角柱上的六角片晶。斯科斯比也是第一个仔细观察雪花形成的温度的人，而且注意到产生的各种形状的联系。而这种联系已由盖塔尔（Guettard）于1762年在华沙提出过，但是直到弗里奇（Fritsch）1853年在布拉格，以及后来的作者们的研究，才得到证明。[24]

威廉·斯科斯比的著作发表12年之后，日本下总国古河的藩主，名叫土井利位（1789—1848），发表了一部极值得注意的书，题为《雪华图说》（1832）。[25] 该书包含了86幅精致的图样，并且在1839年有一续编《续雪华图说》。[26] 土井利位的图样几乎与23年之后的1855年詹姆士·格莱谢尔（James Glaisher）的图样一样好，是显微照相术发明之前最后一次了不起的图片搜集。[27] 土井的一些图画被转载在中谷宇吉郎最近的书中。[28] 土井利位是一位有学问的"大名"，⑪有一位"兰学"学者（也就是对所谓"荷兰学"即近代科学感兴趣的人）鹰见泉石（1785—1858）做他的首席家臣。鹰见曾跟随日本科学家先驱者之一河口信任（1736—1811）从事研究。土井和鹰见两人在1812—1832年都很活跃。非常有可能这批人使用了复式显微镜。稍早一些或许约在1799年，一台这样的仪器已经由另一位日本科学界著名的先驱小野兰山（1729—1810）使用，也是用来研究雪的晶状体，但是小野的研究结果从未发表。非常遗憾的是，赫尔曼未曾知晓日本人的研究，[29] 在赫尔曼19世纪末的书里，收集了甚至我们今天才具有的关于雪花晶状体的最完整的历史知识。

在东西方对于雪花的认识的平行发展中，也许人们认为看到了欧洲的与中国的社会环境之间差异的缩影。中国人的确非常早就首先做了正确的观察，但却听任其成为一个平平常常的话题，而且在许多世纪之中只有相对很少的发展。另一方面，欧洲直到文艺复兴前还谈不上对这种自然现象的认识；文艺复兴之后，随着近代科学的推动，知识迅速增加。如果中国的文明以其传统形式任其继续，那么有理由推测会发生缓慢而持续的进一步发展。土井利位的观察在当时相对孤立的日本文化领域形成了一种对于近代科学的有趣的反响。虽然这些观察只是涉及应用放大透镜——在中国，追溯到唐朝，或者甚至汉朝的几乎任何时候都能制造；然而事实上，这些观察可能是借助显微镜——文艺复兴之后的科学的典型产物之一——完成的。总而言之，必须寻求一种公正的历史的眼光，用这种眼光，那么，早期中国人关于雪花晶状体六角对称的非凡的认识，应当得到其应有的赞赏。

（王 冰 译）

参考资料与注释

〔1〕 J. Needham & Ho Ping-Yü：*Ancient Chinese Observations of Solar Haloes and Parhelia. Weather*，XIV：124（1959）.

〔2〕 Olaus：*Historia de Gentibus Septentrionalibus*，Ch. 22，p. 37（1555）.

〔3〕 最近，施内尔（C. Schneer）对开普勒的论文以及对理解开普勒的想法作了有价值的解释。见：C. Schneer：*Kepler's New Year's Gift of Snowflake. Isis*，LI：531（1960）.

〔4〕 J. Kepler：*Strena*，*seu de Nive Sexangula*（Frankfurt：Tampach，1611），R. Klug Das Kaiserlichen Mathematikers Johannes Kepler Neujahrsgeschenk oder über die Sechse ckform des Schnees. *Jahresber. d. K. Staatsgymnasium zu Linz*，No. 56（1907）. 新版由 H. Strunz 及 H. Born 注释和翻译（Regensburg：Bosse，1958）.

〔5〕 开普勒认识原子论与晶状体学规划性之间的关系的价值，得到劳厄（E. von Laue）的肯定，参看 G. Hellmann（with microphotography by R. Neuhauss）：*Schneekrystalle. Beobachtungen und Studien*，pp. 12ff.，49（Mückenberger Berlin 1983）；E. von Laue：*Introduction to the International Tables for X-ray Crystallography*（Birmingham：Kynoth，1952）.

〔6〕 在新近一本有意思的书中，田村专之助已收集了一些有关资料，这激起了我们对此的兴趣。见田村专之助：『東洋人の科学と技術』，217 页以下（东京：谈路书房新社，1958）。

〔7〕 注意，不是像古希腊人认为的四元。

〔8〕 卫礼贤的《吕氏春秋》德译本：R. Wilhelm：*Frühling und Herbst der Lü Bu-We*（translation of the *Lü Shih Ch'un Ch'iu*，with annotations），p. 463（Jena：Diederichs，1928）.

〔9〕 如：《管子》卷 8；《淮南子》卷四；《前汉书》卷 27。

〔10〕 严可均编：《全上古三代秦汉六朝文》（全梁文）卷 19，10 页正面。原文为："彤云垂四面之叶，玉雪开六出之花。"

〔11〕 也作厄子。参见 B. E. Read：*Chinese Medicinal Plants*，No. 82（Peiping，1936）；G. A. Stuart：*Chinese Materia Medica*，p. 183ff.（Shanghai，1911）；裴鉴、周太炎：《中国药用植物志》，卷 4，No，195（科学出版社，1956）。至今仍不清楚为什么双仁变种有毒，除非能产生氰化物的葡萄糖甙的新陈代谢也受到了影响，结果使得氢氰酸（HCN）的有毒的量积累在果实中。

〔12〕 参看 J. Needham：*Science and Civilization in China*，II.455ff.（Cambridge，1954）

〔13〕 参看 J. Needham：Ibid.，Ⅲ：598ff.

〔14〕 鉴定见 B. E. Read and C. Pak：*A Compendium of Minerals and Stones used in Chinese Medicine*，No. 120（Peiping，1936）.

〔15〕 见王毓瑚：《中国农学书录》，95 页以下（北京：中华书局，1957）。然而，他把陆泳的在世时期定为 1 个世纪以后。

〔16〕 奇怪地附和了大圣阿贝特的见解。

〔17〕 R. Descartes：*Les metéores et la geometrie*；also in Leiden，1637；*Oeuvres*，Paris，1902，6，p. 298；G. Hellmann：op. cit.，pp. 13，50.

〔18〕 E. Bartholinus：*De Figura Nivis Dissertatio*（Copenhagen，1660）；repr. The Hague，1661. Hellmann，op. cit.，pp. 14，50ff.

〔19〕 cf. G. Hellmann：op. cit.，pp. 14ff.，51ff.

〔20〕 F. Martens：*Spitzbergische oder Groenlandische Reise Beschreibung*（Hamburg：Schultzens，1675）；G. Hellmann，pp. 15ff.，51.

〔21〕 D. Rossetti：*La Figura della Neve*（Turin，1681）；G. Hellmann，op. cit.，pp. 15ff.，52.

〔22〕 J. K. Wilcke：Rön och Tankar om Snö-Figurers Shiljaktighet. *Kongl. Vetenskaps Acad. Handlingar*，XXⅡ：1（1761）；cf. J. Dogiel：Ein Mittel. die Gestalten der Schneefloeken Künstlich zu erzeugen，*Mélanges Phys. et Chim. de l'Acad. de St. Petersbourg*，Ⅸ：266（1879）；J. Spencer：*On the Similarity of Form observed in Snow Crystals as compared with Camphor*（London，1856）. 最近的研究表明，来自地球表面的泥土或其他矿物的微粒比大气灰尘更可能是降水（雨或雪、雹等）的起因，参看 B. J. Mason and J. Maybank：*Ice - Nucleating Properties of some Natural Mineral Dusts*，*Quart. J. R. Met. Soc.*，LXXXⅣ：235（1958）。朱熹说到的石膏是一种有效的冰成核剂。

〔23〕 W. Scoresby：*An Account of the Arctic Regions*，*with a History and Description of the Northern Whale-Fishery*（Edinburgh，1820）. cf. G. Hellmann：*Schneekrystalle. Beobachtungen und Studien*，pp. 18ff.，54ff.（Berlin：Mückenberger，1893）.

〔24〕 K. Fritsch：On snow-flake forms and temperature of precipitation. *Sitzungsber，d. K. Akad. d. Wiss. zu Wien*（Math-Naturw. Kl.）. Ⅱ：492（1853）；J. Guettard：*On snow-flake forms and temperature of precipitation*，*Mém. de l'Acad. de Paris*，p. 402（1762）；G. Hellmann：Ibid.，pp. 19ff.，57；B. J. Mason 描述了关于这方面的近代的著作。See B. J. Mason：*The Growth of Snow Crystals. Scientific American* CCI<No. 1>：120（1961）.

〔25〕 参见中谷宇吉郎 Nakaya Ukichiro：*Snow Crystals*，*Natural and Artificial*，p. 2（Harvard Univ. Press，Cambridge，Mass.，1954）；J. Needham：*SCC*，Ⅲ：472.

〔26〕 《雪华图说》《续雪华图说》两部著作都被转载在三枝博音编的《日本科学古典全书》第 6 卷（东京，1948）中。

〔27〕 G. Hellmann：op. cit.，pp. 20ff.，57；J. Glaisher 本人〔Snow Crystals …… *Rep. of Council of Brit. Meteorol*. Soc. 17；abridged in *Quart. J. Mic. Sci.*，Ⅲ：179，Ⅳ：203（1865）〕与 R. Neuhauss 在书中提供了许多显微照片。为后来描述性的研究作了图示说明，参看：A. B. Dobrowolski：*His-*

toria Naturalna Lodu.（Warsaw，1922）；W. A. Bentley and W. J. Humphreys：*Snow Crystals*（New York：McGraw-Hill，1931），and Nahaya Ukiehiro, op. cit.；W. A. Bentley 和 W. J. Humphreys，以及中谷宇吉郎的著作。

〔28〕最后一些图画注明的日期是天保〔日本仁孝天皇 1830—1844 年的年号——译者注〕三年，即 1832 年。

〔29〕更奇怪的是，田村专之助也忽视了日本人的研究。

译　注

①原文为："凡草木花多五出，雪花独六出，雪花曰霙。"（《太平御览》卷 12，2 页背面）

②原文为："六出而五色。"

③原文为："诸花少六出者，唯栀子花六出。"

④张杲：《医说》卷 8，第 4 页背面。原文为："舒州医人李惟熙善论物理，云……又曰桃杏双人辄杀人者，其花本五出，六出必双。草木花皆五出，唯栀子、雪花六出，殆皆阴阳之理。今桃杏六出双仁皆杀人者，失常故也。"

⑤未查到原文，疑为"地六为水之成数，雪者水结为花，故六出"。

⑥《朱子全书》卷 50，48 页背面。原文为："雪花所以必六出者，盖只是霰，下被猛风拍开，故成六出。如人掷一团烂泥于地，泥必溅开成棱瓣也。又六者阴数，太阴玄精石亦六棱，盖天地自然之数。"

⑦王逵：《蠡海集》卷一，第 2 页背面。原文为："雪为阴之极，全得水之成数，雪花每每皆六出。"

⑧李时珍：《本草纲目》卷 5，第 9 页正面。原文为："阴包阳为雹，阳包阴为霰。雪六出而成花，雹三出而成实，阴阳之辨也。"

⑨唐锦：《梦余录》卷 2。原文为："草木之花皆五出，而雪花独六出。先儒谓地六为水之成数，雪者水结为花，故六出。"

⑩谢在杭：《五杂俎》（约 1600）。原文为："至后雪花五出，此相沿之言。然余每冬春之交，取雪花视之，皆六出，其五出者，十不能一二也，乃知古语亦不尽然。"

⑪"大名"，指日本封建时代的诸侯、大领主。

【22】（物理学）

Ⅱ—7　江苏的光学技艺家[*]

　　中国的每一个省，每一个城市，实际上每一个有名的地区，都有由当地学者以书的形式仔细记载的各自的地方史和地方志，它们有时可追溯到中古时代，而且在近代的若干世纪中常常被增补、校订及重编。这些地方史包括了关于科学、技术以及许多其他事物的丰富的资料，但是到目前为止，在对中国文化的这些学科的历史的研究中，它们还很少得到利用。例如，我们知道有一座中古时代的桥使用了铸铁柱和梁。然而罗英通过查找当地的地方志，揭示了整个宋、元、明时代，即从 10 世纪起这种类型的桥有 12 座之多。很遗憾，在我国难于利用这种原始材料，因为一般来说，英国的汉学家们过去不收集这些当地的地方史料，而且图书馆收藏得也相当少。

　　1964 年秋，在参观江苏苏州的地方博物馆期间，我们开始了解到两位 17 世纪人物的身世，他们由于精通制作眼镜和光学器具而在中国东南赢得了巨大声望。他们的传记收录在地方史中，但他们的名字未载入国家文献。尽管他们的生卒年不能确知，然而他们活动的几十年是十分清楚的。比如，较年长的一位，薄珏^①，他的出生不迟于 1610 年，活动于 1628—1640 年之间。较年轻的一位，孙云球，生于 1628—1644 年之间，卒于 1662—1735 年之间。^[1] 孙云球的生卒年份极可能是 1630 年和 1663 年，因为我们知道他很年轻就去世了。因此简直可以确定他活动于 1650—1660 年的 10 年间。

薄珏和孙云球

　　让我们先从《吴县志》^[2] 读一下这两个人的简单传记。两者均在该书第 75 卷

---

　　[*] 本文是李约瑟与鲁桂珍合写的。初刊于《显微镜学会会报》卷 1，59 页（1966）；后收入《中国与东南亚社会史研究》一书（剑桥，1970）。——编者注

下的"艺术列传"中。

　　薄珏，字子珏，长洲人，住在嘉兴。他的学识精深而渊博，懂得各类事物，如阴阳变化，[3] 占星术与天文学，战略与战术，农业与畜牧（屯牧），物品的制造，雕刻等。他还是这样的一个人，即，用手可以表达用口无法解释说明的东西，以及用口可以解释无法笔述表达的东西。人们很为他赞叹，也很尊敬他，然而没有人了解他是怎样得到这么多知识的。崇祯年间（1628—1644），反叛者侵犯安庆（在安徽），② 巡抚张国维命令薄珏制造铜炮。炮射程为 30 里，每当发射，百发百中，因为〔炮手〕有望远镜（千里镜），它可以指出敌人集中之处。薄珏又制造了升水机械（水车）和抽水机（水铳）〔用于灭火〕，以及爆炸地雷（地雷）和弹簧捕机炮（地弩[4]）等，歼灭敌人无数。（张）国维把薄珏推荐给朝廷，但当局未给他奖赏。薄珏退隐回到他的故乡吴门（苏州），住在一间陋室中，在这里他继续制造各种仪器。薄珏曾建造了一架浑仪（浑天仪），圆周不大于 1 尺，对于太阳和月亮的不规则运动，较快或较慢，以及行星过列宿的运动，顺行与逆行，都能显示而没有丝毫不准确。在建造这仪器时，他用了一直线（线）分割圆周，使得角度正确，以这样的方法校准东西南北变化的距离，结果虽然它们的真实距离达亿万里，而在模型上却好像在咫尺之间。简言之，他使用了几何学方法。[5] ……③

　　在对这段有意思的文字进行评论之前，最好先看看孙云球的类似的传记。《吴县志》在同一卷中有：

　　孙云球，字文玉，一字泗滨，住在虎邱（山）。……他曾用水晶为人们制作眼镜以帮助他们的视力。无论是老少视力模糊（花），还是远视或近视等，都分别符合他们的需要，而无丝毫差错。闻此情况的那些人们并不在意昂贵的价格而购买之。天台文康裔为近视所苦，（孙）云球赠送一架望远镜（千里镜），并带他到虎邱（山）顶试验之——结果他们远远地看到了（苏州）：城中所有的楼阁、高台、宝塔和寺庙，就像它们距离极近一样；而且他们还看到了天平（山）、[6] 灵岩（山）[7] 和穹窿（山）[8] 的山顶，在翡翠般的碧蓝色的远方一个比一个更美丽。当文康裔看到所有这些优美的景色，欣喜地欢呼："真是神奇！技艺竟能达到这种程度！"然而

（孙）云球笑着回答："我的神奇的东西还没有完呢!"于是，取出了几十种其他器具给他看：(a) 保存视力的眼镜（存目镜），可增加（大小和）亮度 100 倍，以至东西不管多么微小，只要仔细去看，没有看不到的；(b) 无数变幻的镜（万花镜），可使一种形状变成几十种其他形状；(c) 鸳鸯，即"一副中的一只"镜（鸳镜）；(d)〔一副?〕半镜；(e) 把白天变成晚上的镜（夕阳镜）；(f) 多面镜；(g) 容貌虚幻的镜（幻容镜）；(h) 考察极微物体的镜（察微镜）；(i) 射光器具（放光镜）；(j) 照亮夜晚的镜（夜明镜）等。所有的都是那么不可思议地巧妙，以至人们从未想到过。孙云球亦著过题为《镜史》的一部手稿。他请该城的工匠依照他的方法制造光学仪器，于是它们开始广泛地流行于世……④

除此之外，关于这两个人无论哪一个的生平事迹，我们都实在知道得很少。我们的同行，居住在杭州的王锦光[9]查过其他的地方记载，[10]但是没有多大结果。我们不知道关于薄珏的其他情况；然而看来孙云球家境清贫，年轻时在街头卖草药为生。不过他的母亲受过教育，并为他的书写了序，非常遗憾的是该书未能存留。在以后的年代，苏州是一个特别以其眼镜制造者著称的城市。上海至今仍有一家眼镜店，它起初是建于 1719 年的一家苏州商行的分店。

这就出现了一个问题，即孙云球是否曾直接受教于薄珏。我们知道孙云球在 33 岁时就去世了。因此如果他一生最可能的年代是 1630—1663 年，那么他应在 1650 年才进入他的活动的主要的 10 年，而那时薄珏则大约 50 或 55 岁，已在他的主要活动期（1630—1640）之后。值得注意的是，1644 年清兵的入关对这两个人的生涯好像没有太大的影响。薄珏的主要活动期恰在此之前，而孙云球的则在此之后。如果薄珏的出生早至 1600 年，他就可能有 20 年的活动期，即 1620—1640 年间。极可能薄珏在孙云球去世时尚健在，或许在 1670—1680 年间他 60 多岁时才去世。因此《镜史》的著作年代应大约在 1660 年，我们不知道它是否曾刊行过。

薄珏是望远镜的发明者之一吗？

出现的最有趣和最重要的问题之一，即是否薄珏为中国的利佩斯海（Lippershey）。在此我们不必涉及中国文明中有关透镜和面镜知识的一般历史，因为这在别处已有论述。[11]我们只要稍微提一下就足够了——对于反射和折射现象的大量相当完善的知识从战国时期（公元前 4 世纪）起就已产生，并且到 10 世纪人们就已了解透镜的全部 4 种主要几何形式。[12] 此外还可能认为确定的是，为矫正视力缺陷而发明眼镜是 13 世纪末来自意大利的西方人的一项发明，而且在明朝时迅速传到了东南亚和中国。[13] 把所有这些事实综合起来考虑，显然，在 17 世纪初期的几十年中，对于自然现象感兴趣的任何中国工匠或学者都可以以这样一种方法装配双凸透镜，而产生据说荷兰学徒所得到的"接近教堂尖塔的顶端"的效应。

确切地说出西方谁是望远镜的真正发明者，当然是一件极有疑问的事情，现在或许都不可能确定。[14] 托马斯·迪格斯（Thomas Digges）在他写的《缩放术》（*Pantometria*，1571）的前言中，似乎主张将此荣誉归功于他的父亲，该书的作者伦纳德·迪格斯（Leonard Digges）。他（用赞美的言辞）说：[15]

> 我的父亲以其持续而艰苦的实践，借数学演示，多次以适当角度的有比例的透镜，不仅能看到很远的东西，读信，一枚枚地数他的朋友有意撒在道恩斯平原上的铸有铭文的硬币钱数，还能说出当时七里外私下发生的事情……

这可以认为是 16 世纪 50—60 年代的事，因为在书付印的那年，他的父亲好像已经去世了。在这部书的正文中出现了可能是他自己的陈述：

> 奇怪的是这些结果——可以由圆状和抛物柱状的凹形和凸形透镜产生，用于从前借助透明透镜的光束放大，通过分离以聚合或消散由于其他反射呈现的像。把这些透镜，或者确切地说，把它们的框架置于适当角度，用它们你就不仅可以以你所规定的大小的空间或位置说明整个区域的比例，描述你眼前的每一个城镇乡村等的生动的景象；而且也可以增加和扩大它的任何局部。这样，起初看来，整个城镇本身呈现得如此微小和细密，以至你不能辨别街道的任何不同。你可以以适当的比例应用透镜使得任何特殊的房屋因此而扩大，出现一种放大了的初看整个城镇时的形状。结果，你就可以辨别任何细节，读出那儿暴露着的任何文字，尤其如果有日光照射的话，就会像你身临其境一样清晰，虽然距离你远得用眼睛根本不可能看到……

C. 辛格（C. Singer）认为迪格斯是第一个可被明确地认为建造了一个二重透镜状系统的人；其他历史学家却并没有这种看法。但是，迪格斯的同时代人，如威廉·伯恩（William Bourne），则同意这种看法；而且约翰·迪伊（John Dee，1527—1608，托马斯·迪格斯在剑桥的导师）早在 1573 年就预见到"望远镜"的重要的军事用途。我们认为，伦纳德·迪格斯似乎是一位强有力的竞争者。[16] 如果他真的制造了一架望远镜，那么应该是目镜为双凹透镜的伽利略式望远镜，而不是物镜和目镜均为双凸透镜的开普勒式望远镜，否则物像就会是倒立的。

当时，在意大利是激动人心的。著名的"自然术士"G. B. 德拉·波尔塔（G. B. della Porta，1535—1615）——如果我们也这样称呼他的话——在后来 20 卷版的《自然的魔术》（*Magia Naturalis*，1589）[17] 中，照例说了预言性的话：

> 用一个凹（透镜），你能非常清晰地看到远离的很小的物体；用一个凸（透镜），能看到近的物体变大，但比较模糊；如果你知道怎样使两者配合适当，你就既能看到远离的又能看到近旁的物体，既大又清晰。[18]

他又说道：

> 我谈到托勒密透镜（Ptolomies glass），更恰当地说是眼镜，借助它他看见 600 英里外的敌人的船舰驶来；我尝试着，怎样有可能做到这点，怎样可以认出几英里外的朋友，阅读隔得很远的几乎不可能看到的最小的文字。这玩意儿为人们所必需，其根据是光学。而且它做起来也许很容易，但是向公众阐述清楚却不太容易，只有靠理解力把它搞清楚。[19]

在此之后他接下去谈到了双凹透镜，大概是二重透镜状组合的目镜：

> 假若你知道如何增加双凸透镜，在百步之外你也准能看到最小的字。……[20]

对于波尔塔的论述，看法上有相当大的分歧。波尔塔的同时代人开普勒和弗朗西斯科·斯泰卢蒂（Francesco Stelluti）对此多少有些接受，[21] 而卡斯珀·肖特（Caspar Schott）在《宇宙的魔术》（*Magia Universalis*，1657—1659）中则赞成他的说法。[22] 近代，普赖斯（Price）半信半疑，E. 罗森（E. Rosen）嘲讽，H. C. 金（H. C. King）则非难；辛格认为波尔塔使用的是显微镜而不是望远镜；而斯潘塞-琼斯（Spencer-Jones）则认为波尔塔使用了望远镜，他在很大程度上是根据 1586 年波尔塔写给红衣主教德斯特（Cardinal d'Este）的一封信，信中说到他制造了"眼镜"（occhiali），用它可认出数英里之外的人。

下面是荷兰的情况。1618 年，艾萨克·比克曼（Issac Beeckman）在日记里写道，他看到过一幅有光栅的伽利略望远镜的图画，而且还写道，更早一些时候某人（扎卡里亚斯·詹森，Zacharias Jansen[23]）在荷兰的米德尔堡（Middelburg）制造过一架没有光栅的望远镜。[24] 当然这望远镜放大了远离的物体，然而却使它们不清楚。后来，1634 年，比克曼又记下了另一项情况：

> 约翰内斯·扎卡里亚斯（Johannes Zacharias）[25] 说，他的父亲扎卡
> 里亚斯·詹森（Zacharias Jansen，1588—约 1631）1604 年在此（荷兰）
> 制造了第一架望远镜，这是仿制早先从意大利带来且刻有 1590 年的那
> 一架。[26]

如果这一叙述是确实的，那么它就推翻了这位荷兰人独立地制造眼镜的任何可能。[27] 然而其他人的可能的独创性也由于类似的证据而并不减弱。西尔图里（Sirturi）记载了也在米德尔堡的约翰内斯·利佩斯海（Johannes Lippershy）[28] 于 1608 年把一架望远镜赠献给奥伦治公爵莫里斯（Prince Maurice of Orange）。[29] 按照传统的说法，利佩斯海的发明是孩子们或一名学徒偶然做出的；但是，尚存的证明文件证实，同年他曾申请专利权。[30] 然而，他不是这样做的唯一的一个人。正是同一个月的稍后一些时候，阿尔克马尔（Alkmaar）的雅各布·阿德里昂（Jacobus Adrianszoon）[31] 也提出了一项类似的申请，他是职业数学家阿德里昂·安东尼（Adrian Anthoniszoon，1527—1607）的两个儿子中的一个，以计算圆周率 π 至小数点后第 7 位而著名。[32] 施伊拉厄·德雷塔（Schyrlaeus de Rheita）1645 年的著作中支持利佩斯海的优先权，[33] 而笛卡儿于 1637 年则赞成阿德里昂的优先权。[34] 值得注意的是，到 1645 年时关于优先权的问题就已经是一个激烈的问题，因为皮埃尔·博雷尔（Pierre Borel，1591—1689）当时做了一番专门研究，于 1655 年发表了《望远镜的真正发明者，以及完全理解的简要历史》（*De Vero Telescopii Inventore，cum Brevi Omnium Conspiciliorum Historia*）。一些目击者赞成扎卡里亚斯·詹森，而另一些赞成扬·利佩斯海。当代的人们尚且不能解决这个问题，那么对于我们来说几乎就是不可能的了。[35]

至于伽利略，他的陈述是尽人皆知的。他始终把他在 1609 年春关于望远镜的想法的知识归因于荷兰人的启示，但是又明确声称当时完全是根据光学理论，"利用

折射原则"构造了他自己的仪器。[36] 他承认"确信并非在寻求不可能的东西"是一种安慰，并且承认荷兰人已经做的事情的那些知识"确实激励我致力于（制造望远镜的）想法"，然而他没有模型可以仿效，而从已知的原理通过推论得到了 1000 倍的放大。当年内伽利略就急忙赶到威尼斯，让该城的高级行政官员们从最高的教堂塔顶观察风帆与船舰。航海的意义对于他们并非不起作用，而且他们还使伽利略更确定了他的终身教授职位。[37]

列举这样多众所周知的资料似乎是没有必要的，然而我们这样做是有意图与目的的。望远镜的发明开始看起来越来越像在近代以前很少有的一种现象，即一种概念一旦"流行"，许多人几乎同时取得成就。尽管无疑有可能建立一种年代学上的联系，比如由迪格斯到德拉·波尔塔，由德拉·波尔塔到利佩斯海或阿德里昂（通过扎卡里亚斯·詹森），以及由荷兰人到伽利略（虽然最后这一联系是激励传播的一个非常明显的事例[38]）；然而确实极其可能在 1550—1610 年间，至少有 6 个人利用双凹以及双凸透镜进行过二重透镜状组合，并且得到了远离物体的惊人的放大效应。[39] 如果承认这点，那么薄珏本人是这些人之中的一个的可能性就是非常有理由的。并且由于（知识）传播的困难，甚至通信可以被假定为最易行的。现在我们必须对这些做一番考察。

中文著作中首次述及望远镜是在耶稣会传教士阳玛诺（Emmanuel Diaz，1574—1659）撰著的名为《天问略》（1615）的书中，然而并未说明如何建造或使用。[40] 该书没有译出伽利略的名字，只是说到"西方一位著名学者，尤其精通〔天文与〕历法科学"，⑤而且也没有给望远镜以专门的名称；[41] 但讲到了借助于它得到的一些极重要的结果。[42] 直到 1626 年，另一位耶稣会传教士汤若望（Adam Schall von Bell，1591—1666）著《远镜说》，才说明了望远镜的建造。[43] 该书并不是（如同有时所说的）吉罗拉莫·西尔图里（Girolamo Sirturi）所著《望远镜，新的方法，伽利略观察星际的仪器》（*Telescopium, sive ars perficiendi novum illud Galilaei Visorium Instrumentumad Sidera*，*Frankfurt*，1618）一书的译本，虽然很可能是据此撰写的。书中有说明带有双凹目镜的伽利略望远镜的图，而不是开普勒望远镜的图。[44] 引人注意的是望远镜在战争中可能的应用，[45] 以及巨蟹座（Crab）和猎户座（Orion）星云中众星分解图。[46] 进一步有关的耶稣会士的著作是在 1628 年和 1637 年印行的。[47] 利玛窦（Matteo Ricci，1552—1610）的朋友、著名的大臣徐光启于 1629 年上书请求皇帝建造三架望远镜，并于两年之后应用望远镜来研究日月食。[48]

因此确实无疑的是，在 17 世纪 20 年代，当薄珏还年轻时，中国文化已经有了伽利略天文学的相当多的传播，以及西方光学知识的相当少的传播。遗憾的是，关

于薄珏或者孙云球什么时候接触过耶稣会士这一点，至今没有任何证据，大约自
1610 年起，耶稣会士的科学工作集中在北京，而他们两人则在很远的南方的苏州进
行研究。[49] 当然，也没有理由怀疑在其他方面耶稣会士影响的真实性。例如，非常
著名的学者黄履庄（1656—？）于 1675—1685 年的 10 年间就在（首都）北京，在
那儿他制造过显微镜，或许也制造过望远镜以及许多别的器具，[50] 而那是在耶稣会
士鼓励在官方的钦天监建造之后很久的事。所以整个问题仍然没有解决，尚需进一
步的研究，以便搞清楚 17 世纪的前几十年中，在苏州耶稣会士的科学影响的可能
性。总而言之，到目前为止王锦光还没有能够找到这个问题的证据。

中国与日本的望远镜和大炮

我们应马上转而说明孙云球建造的各种光学器具。然而首先我们必须认识到，
薄珏和孙云球两人都建造过望远镜（千里镜），这是毫无疑问的。这个术语不容作
其他的解释。[51] 1964 年，我们有机会检验孙云球在虎邱山上架设望远镜的可靠性，
因为我们在苏州逗留期间有一个下午是在那儿。这是一个美丽的山丘，顶上有寺庙
和建于 961 年的一座精致的宝塔，位于苏州市西北约三四英里。从那里可以用肉眼
在山顶上观看，显然它是试验一架实用望远镜的本领的绝好场所。

在我们的各博物馆中，为了获得薄珏和孙云球时代的中国望远镜的样品，我们
愿意付出很大代价——当然有中国的、朝鲜的和日本的，但总是相当晚期的。1963
年，牛津的科学史博物馆（Museum of the History of Science, Oxford）得到了一架三
节伸缩的纸板望远镜，它漆成红、黑两色，有金色的凤形纹饰。目镜有一个限定孔
径的角质带孔圆片，两端有盖。中国人或日本人的书写可以根据制作纸板的材料来
辨认。这架望远镜的总的式样是 17 世纪后半叶的特色，因此它可以回溯远至黄履庄
时代，尽管它当然可能制造得晚得多。[52] 在日内瓦的湖珠公园（Perle du Lac Park）
的科学史博物馆（Musée d'Histoire des Sciences），还可以看到另一架望远镜，它是
由航海家、汉学家、天文学史家德索素从中国带回来的，但是显然它是 17 世纪晚期
在伦敦制造而出口到东方的。[53]

到目前为止，我们几乎还是不了解 17 世纪晚期至 18 世纪在中国或日本[54] 对
望远镜的应用。直到 19 世纪下半叶，作为近代世界科学一部分的天文学才在那儿
"开始产生"（由于社会条件的不利，近代大学教育的缺乏等）。然而，如本文中所
能见到的地方记载，以及家族的或私人的文件，才刚刚开始整理，以至使人惊奇的
是可能还在库房里。延续至清朝末年的钦天监也有它的档案，据我们所知，研究这

些档案的工作尚未开始进行。

　　不论薄珏是否是望远镜的一位独立发明者，他把这种仪器应用于炮术方面还是有很大功劳的。从他的传记中清楚地知道，除了其他所有技艺之外，他还是一位成功的大炮铸匠。在中国青铜铸造史以及火药武器，包括金属筒状炮的历史上，自然有大量的著作，它们给薄珏的工作提供了背景。[55] 地方武装的大炮装备起了"瞄准镜"，或更恰当地说落弹观测望远镜，是似乎早在 1635 年就投入使用的一项发明，这种情况的出现早于日后别处战斗中同类器具的任何应用。从上述一些参考书和引文中，显而易见，在欧洲很早就有了对望远镜的潜在的海上和军事价值的认识，但什么时候它在战役中首次得到实际应用呢？我们至今还未能找到西方将落弹观测望远镜首次用于大炮的日期，然而我们相信它显然是在 17 世纪稍后一些时候。[56] 前面那段传记译文中提到的"反叛者"，肯定是李自成领导的农民军，他成功地推翻了明朝末代皇帝的衰败政权，攻夺了首都北京。然而李自成败于卖国将领吴三桂，后者以帮助恢复明王朝为目的，给北方来的满族打开了城门。结果，满族建立了自己的统治。

薄珏的其他成就

　　关于薄珏的传记译文没有多少其他可说的。然而应该指出，提到的抽水机无疑是亚历山大型（Alexandrian type）的压力泵。在中国文化中，它们也是一种相对比较新的事物，由耶稣会士或者比他们还要早的葡萄牙商人传入的，主要作为"救火机"用于灭火。读者可以参考别的有关中国抽水机和升水机械的详细讨论。[57]

　　留下的还有薄珏的浑天仪。进一步拥有大量关于它的材料将是有益的，而其背景又可以通过现已撰写过的关于太阳系仪和天象仪问题的研究来进行评价，这些仪器在中国是由各种类型的钟表装置运行的。[58] 在中国历史上，这样的仪器的概念可追溯得很久远，事实上可以追溯到汉代（2 世纪）；自从 8 世纪初（唐朝时）就建造了比较精密的仪器，那时就有了最早发明的一种擒纵器。至于在西方重力驱动机械钟引进之前的中国 600 年间水力机械钟的历史，读者也可参考另一单独的出版物。[59] 或许应当对薄珏传记的那段文字——其中说到他应用了几何学方法——作一些注释。初看起来，这非常像是耶稣会士影响的证据，因为大家知道，1607 年利玛窦和徐光启翻译了欧几里得（Euclid，约前 330—前 275）几何学的前六卷，名曰《几何原本》。但有疑问的是，这是否能对在苏州的工匠师有影响。[60] 况且，不能忽视中国文化中存在着相当丰富的非演绎的经验几何学，我们也的确注意前已述及的这个事实，即所用的措辞清楚地表明薄珏用的不是欧几里得几何学的方法。1086年韩公廉在开封曾设计壮观而不朽的钟楼——这在苏颂的书《新仪象法要》中有描述，清楚地表明运用了几何方法。这些当然都不是欧几里得几何学方法。[61] 关于中国几何学的早期历史，读者也可参考已发表的著作。[62]

孙云球的器具

现在我们应讨论孙云球的传记，看看从中能得到什么。我们发现，该文中对于他的顾客的视力缺陷所用的词汇，要确切翻译它们还是有一些困难的。[63] 有人提出，"乱视"（花）可能是复视（可能是一种斜视结果）而不是散光，但是我们认为更像是后者。按照中国医学辞典的解释，"花"的基本特征是对所有物体都视觉模糊，不管距离如何。[64] 因为直到 19 世纪才有可能从光学上对此进行矫正，所以人们很想知道孙云球所能取得的成果。"远视"应为远视眼的远视，无疑他用稍凸的透镜来矫正它们。最早的眼镜就是这种类型。无论如何我们可以认为，近视肯定是他必须处理的情况之一，他当然熟悉凹透镜。[65]

下面依次讨论传记译文里我们用字母标记的一系列器具。其中第一种，（a）保存视力的眼镜，即"存目镜"，[66] 我们认为就是放大镜或单式显微镜。[67] 据认为更可能是前者，因为我们知道，具有近乎球形的单个透镜的仪器在欧洲比起复式显微镜要发展得晚；范·列文虎克（van Leeuwenhoek，1632—1723）从 1673 年起用它做了出色的研究。[68] 关于增加亮度 100 倍的说法或许说明它更像是一个放大镜，因为这样一个仪器用作火镜时产生的光线的集中，可能特别使作者印象深刻。但是，中文原文的意思（如果我们按字义理解的话）是指亮度和大小都增加百倍，这就包含了这个透镜要比任何普通放大镜更有效力的意思。[69] 此外，确有证据表明，简单的双凸透镜在宋代（11—13 世纪）就已被鉴定家们习以为常地使用，例如研究某些困难的手稿等，[70] 因此不明白为什么像这样一件东西在 500 年之后还值得特别大惊小怪。况且，明朝时对放大镜就有了一个专门名称"单照"，即"单发光物"，那么若不是别有所指为什么又发明另外的名称？所以，最终作单式显微镜的解释可能是正确的。

然而，有一种应当提及的完全不同的可能。为了理解中文术语，一定的语言学知识是需要的，因此"存目镜"这个词语可能有"不止于所见"之意（如果这样一个隐喻在此范围内不无理由的话）。因为"存"也有检查或考究的意思，它与一个词[71] 可互换，这个词用在于中国极古老又极有名的一部经典中，恰与研究星有关

——《书经》的《舜典》篇就谈到中国最古老的天文仪器拱极星座样板。[72]⑥而且，"目"未必专指眼睛，它还有别的意思，如一览表、索引、目次表[73]、清单或名册，因此这里也可能暗指星的全体。文中清楚地说到亮度增加，很可能是指使非常远的光源更清晰，于是，这个词语就成了"用来检查众多的（或记录）星的镜"。因此很可能这种仪器是一种更强大形式的"千里镜"。在中文措辞中的根本困难，恰恰如同在某些早期欧洲人描述中的那样，人们不明白，"小"是说近处某一物体很小，还是说因为某一物体离得极远而很小。总之，单式显微镜可能是最好的答案。

（b）"万花镜"，即"无数变化的镜"，可以使一种形状变为几十种，据推测可能是万花筒，[74] 或某种或数种式样的哈哈镜。[75] 万花筒通常被认为是戴维·布鲁斯特（David Brewster，1781—1868）在1817年发明的，但事实上在18世纪下半叶已经有了不太完善的形式。[76] 所以它在17世纪早期，尤其在遥远的中国出现，是相当惊人的事情。虽然早在1646年阿塔纳修斯·柯切尔（Athanasius Kircher，1601—1680）就注意到了角度成120°、90°和72°的数面镜子使得生成的像成倍增加的基本效应。然而在下面（f）项中我们马上就会看到，在中国文化中成倍增加成像的实验要比这古老得多。关于第二种可能性，在孙云球时代的数个世纪之前，中国已经知道了在镜面上涂银，[77] 结果，只需要把镜面浇成不同的弯曲，以产生许多扭曲的形象。这样的实验在11世纪末已经由描写不同曲率面镜的那些学者所预言。[78] 但是这可能对下面的（g）项更为适合。当然早期的耶稣会士在他们的各种器具中也带来了光学器具。王锦光注意到有人提到过"万象镜"，可是我们不知道应该把它解释成什么才恰当。[79]

我们不知道（c）"鸳鸯"或"一副中的一只"镜（鸳镜）是什么，除非或许是分离的眼镜或单眼镜，即没有眼镜脚的单透镜而不是有脚的眼镜。至于（d）"半镜"，肯定不是近代意义下的双光眼镜；[80a] 但它们可能是现在有时仍能见到的半平圆形眼镜，即只有透镜的下半部分，戴眼镜的人从它们的上面望出去可以用肉眼看远距离的东西。因此称之为"半眼镜"。它出现在17世纪早期的中国，似乎是一项相当惊人的发展。[80b]

至于（e）"夕阳镜"，即"把白天变成晚上的镜"，我们只能推测为墨镜或"太阳镜"，可能是用烟晶或带色水晶制作的，可以戴在普通眼镜之上。[81] 有证据表明（又由推断），早在宋代就使用它们了，[82] 在我们的博物馆里也不难见到这种样品。在各种形式的眼睛发炎、[83] 虹彩炎以及畏光时，带色眼镜的作用是不应忽视的；而仔细查阅中国的眼科文献，无疑会揭示关于它们的令人感兴趣的考证。[84] 语言学上"夕阳"这说法是一个古语，表达下午和傍晚时分太阳倾斜的光线，以及接受这些光线的山的向西的一面。然而，这不符合上面的解释，它也与"山形"镜片即棱镜不矛盾。但是，是否孙云球用棱镜观察到了陌生的现象，如某个施洗者约翰（a John the Baptist）后来所观察到的那样，尚有待于进一步研究阐明。

关于（f）"多面镜"我们也有疑问。它可以解释为万花筒；但更可能是有许多个面的镜片或水晶，能生成带有谱色的许多像。[85] 在博物馆里，如牛津的科学史博物馆，就有一些 19 世纪制造的这种镜，像袖珍放大镜一样放置着。人们不知道它们的确切用途，假设仅作娱乐之用。当然这样的假设也适用于上述（b）。然而，对于"多面镜"还有不大为人所知的一种奇妙的背景，即在中国中古时代早期（如 8 世纪），一些和尚试验以这样一种方式放置多个平面镜，结果可产生成像无限循环。对于这点的详细情况在其他著作中已进行过讨论，[86] 我们很有兴趣地注意到技术刊物的许多最新的广告，就是应用了这个原理。[87] 佛教哲学家们对此感兴趣是由于他们的世界合一的理论——众生、万事万物都在其他的众生、万事万物中反映其本身。因此我们以为，"多面镜"是可以生成很多像的平面（或曲面）镜的某种组合。

（g）"幻容镜"，即"产生幻想的镜"，似乎尤其应是我们用以理解为某种或别种的哈哈镜［参阅上述（b）］的名称。也许幻容镜的曲率比万花镜的更极端。但是至少还有两种其他的解释。它们可能是"幻镜"——中国人生活中的一个特制品，对此别处已作过充分说明。[88] 整个中古时代，中国人都曾制造过这样的镜，它们的背面铸有文字或画像的图案，正面在受压状态下以特殊方法抛光，结果当光从镜反射到墙上时，人们可以看到镜背面图样的模糊轮廓，虽然在镜面本身根本看不到图样。[89] 有时制造假的、上面有完全不同的画像或铭刻的镜子背面，这就更让人迷惑不解。牛津的科学史博物馆中就有一枚这样的镜。[90] 然而在孙云球时代之前数世纪，这些镜就已称为"透光镜"了。如果这种镜就是幻容镜的话，那么，不明白为什么还要创造新的名称。第三种可能是由某种幻灯投射的一个或数个像，但这似乎更适合解释（i）"放光镜"。

下面一种，（h）"察微镜"是研究非常微小事物的仪器。我们赞成它可能是一种复式显微镜。[91] 在欧洲复式显微镜的发明者自然也不可辨认，就像望远镜有若干种可能性的情况那样；我们只知道威廉·博雷尔（Willem Boreel）1619 年在伦敦拜访科内利乌斯·德雷贝尔（cornelius Drebbel，1572—1633）时曾见到过。[92] 直到 1625 年该仪器才有了显微镜（microscopium）这个名称——其命名者为当时林西恩学院（Lyncean Academy）的一位院士约翰·费伯（John Faber）。[93] 显微镜的第一张图样是 1631 年艾萨克·比克曼在他的日记中画的，他称之为"增量的仪器"（instrumentum aucte quantitatis）。[94] 从孙云球能够制造望远镜这一点来看，似乎根本没有理由说他为什么不能以稍微不同的方式——无论是伽利略式的，还是开普勒式的——组合透镜而翻成复式显微镜。[95] 遗憾的是他去世得太早，否则我们或许还能知道在这样早的年代对很小的物体，诸如雪花（后来由日本人进行了杰出的研究）、植物的局部以及昆虫等的一些有意义的观察。[96]

如同上述望远镜的情况那样，我们很少或者几乎不知道在 17—18 世纪中国对显微镜的应用；但是如果得出结论说我们将永远不会知道什么，那就是最愚蠢的。无论如何，断定为 18 世纪中的一个仪器是由德索素从中国带回来的，并且现在还在日内瓦的科学史博物馆里。很可能这架显微镜是从欧洲出口的，因为在让·安托万·诺莱（Jean Antoine Nollet）的著作的英译本《实验自然科学讲义》（*Lectures in Experimental Philosophy*，London，1752）中图解说明了一个非常类似的仪器。这架显微镜为卡尔佩珀型（Culpeper type），但其筒身可以倾斜。[97] 关于日本，到目前为止有比中国更多的资料。[98] 显微镜的最早图画以及显微镜观察物体的最早说明，出现在医生森岛中良[99] 写作并于 1787 年出版[100] 的名为《红毛杂话》（红毛，即欧洲人，尤指荷兰人）的书中。该书描绘的显微镜为有三角架支撑的[101] 早期卡尔佩珀型或卡尔佩珀之前的形式（即 1730 年左右）——据说在日本仍保存有两架这类的显微镜，[102] 并称器具的名字为"显微镜"，即"使非常微小的物体明显的镜"。然而从其他来源我们知道，典型的欧洲称法"蚤镜"（fleaglass）[103] 直接传到了日本，称作"虫眼镜"。森岛在书里也描绘了许多晶状体、种子，以及昆虫（蚜虫、虱、蚋，带卵和蛹的苍蝇，带幼虫的蚊子，带卵和幼虫的蚁）的图画。据认为，这些画中多数是以 J. 斯瓦梅尔丹姆（J. Swammerdam）的书（*Historia Generalis afte Algemeene Verhandelinq der Bloedeloose Dierkens*，Utrecht，1669）为范本的；尽管极其类似，但是不能完全认为森岛和他的朋友们自己没有进行过观察。

在日本后来把显微镜应用于完全不同的目的，即描绘雪花的图样。当开普勒在 1611 年发表关于雪花的祝贺新年的书信时，他不知道自从大约公元前 135 年，在中国就已了解并不断地评论雪花晶状体的六角对称性。[104] 伟大的博物学家小野兰山（1729—1810）约在 1799 年开始用显微镜检验它们，然而他的研究未曾发表。恰恰在威廉·斯科雷斯比（William Scoresby）奠定雪花形状系统分类的基础之后 12 年，下总国的大名土井利位（1789—1848）发表了一部著名的图集《雪华图说》，这是在 1832 年，而在 1839 年又发表了续集。这些图样与 1855 年詹姆斯·格莱谢尔（James Glaisher）的图样一样，是显微照相术发明之前最好的图样。日本人的研究完全是独立进行的，并且直到很久以后才为西方的显微镜工作者所了解。

（i）"放光镜"，即"射光器具"，我们以为是幻灯。所谓幻灯的发明[105] 又可追溯到科内利乌斯·德雷贝尔，他用不太费解的言辞所作的详细说明印在了 1636 年（正是薄珏的壮年时期）丹尼尔·施文特尔（Daniel Schwenter）的一本书中。[106] 10 年之后，阿塔纳修斯·柯切尔通过利用太阳光透过幻灯片或画在透镜上的图画，或灯光透过幻灯片，说明了"彩色图片是通过望远镜显示在墙上的"。[107] 1671 年当他的书出版第二版时，他利用了 1665 年由达内·托马斯·瓦尔根斯坦（Dane Thomas Walgenstein）采用的一项改进，即把幻灯片嵌在一个滑动的或转动的板上，这样它们可以更迅速地变换。几乎不比德雷贝尔晚的另一位先驱是 J. F. 尼塞隆（J. F. Nicéron），他的著作《神奇光学效应的人造魔术或奇妙景象》（*Perspective curieuse ou Magie Artificielle des Effets Merveilleux de L'optique*，Paris，1638）清楚地描述了幻灯。[108] 到 17 世纪的最后 25 年，幻灯已成为很普通的东西了。[109]

很少为人知道的是卫匡国（Martin Martini，1614—1661）——从中国回来的一位耶稣会士——1654 年在欧洲的一次旅游中曾利用幻灯片进行讲演。[110] 因此我们曾经认为进一步的研究有可能表明，这种使用两块平—凸透镜的光学器具的特例是从远东传到远西的，但是德雷贝尔和尼塞隆所处的年代说明这是不可能的，而且即使孙云球真正用他的"射光器具"把图画投射在屏幕上，那么他也只能又是一位独立的发现者，而不是一位最初的发现者。

最后一种，(j)"照亮夜晚的镜"即"夜明镜"。[111] 对此我们推测是某种探照灯、喷灯或暗灯，[112] 射出的光束不如放光镜那么集中。在《大西洋手稿》（*Codex Atlanticus*）这部书里，达·芬奇画的一幅草图是欧洲最古老的图样，清楚地描绘了单个一块大平凸透镜，一个发光物在它后面，并且在光源之后，估计是一凹面镜；他并没有疏忽画出发散的光线。[113] 同一时期在中国也已熟知凹面镜前方的光，并称之为"含光凹镜"，因此毫无疑问孙云球的新的灯有一块透镜。似乎黄履庄的大约制于 1680 年的"瑞光镜"是依照孙云球的灯放大的，因为其直径有五六尺，且光束射达数里；冬天坐在瑞光镜附近的人感觉到来自它的温暖。[114] 到了近代，这种镜才有了别的名称——"探照灯"或"探海灯"。

我们讨论孙云球的有记载的光学器具就到此为止。概括出我们认为肯定或极可能的解释也许是合适的：

　　　　　　"千里镜"——望远镜

　　　　　　"存目镜"——单式显微镜

　　　　　　"万花镜"——万花筒

　　　　　　"鸳镜"——单眼镜

"半镜"——只有下半部分的眼镜

"夕阳镜"——墨镜

"多面镜"——成像无限循环的平面镜，或多个面的镜

"幻容镜"——哈哈镜，或"幻镜"

"察微镜"——复式显微镜

"放光镜"——幻灯

"夜明镜"——探照灯，或暗灯

后　记

总之，薄珏给人的总的印象是——一位非常聪明的工匠，一位确实非常像那些"数学老手"或"高级技师"的人物，而这些人在西方近代科学兴起的过程中形成了如此极端重要的全体人员中的一部分。显然，薄珏是一位极有实践经验的人；并且他的不善于表达使人联想起中国工程史上的一位杰出人物——马钧，他的有趣的传记是关于这方面的极有价值的读物。[115] 另一方面，孙云球给人以这样的印象——生自一个虽然贫穷然而比较有教育的家庭，更具有学者气，因为我们知道他撰写了一部关于光学器具的书。与薄珏寿命较长成对照，孙云球似乎有些像青年天才，并且在清朝没活多久，而未能在全国范围成名。

真正值得注意的是中国的科学家和技术家如此紧紧跟随着西欧的光学器具先驱者，尽管在字母系统和表意文字学的文化领域之间进行交流困难重重。这些困难事实上反而使 17 世纪早期的江苏"光学技艺家"可能，如同他们确实应该的那样，受到在西方世界近代自然科学伟大时代中正在进行的研究的传闻的激励时，在更大程度上根据其特有的极古老的传统，建造了他们的光学器具。或许，整个事情的主要寓意在于，它表明了中国的数学、天文学和物理学能迅速地与西方形式的这些科学融合而成为近代全世界的科学。这个过程只用了几十年；而后，在 19 世纪，化学知识的融合几乎还没用这么多时间。但是，像植物学这样的科学，则至少用了一个世纪；至于医药学，这个融合过程甚至现在还没有完成。关于这些方面的对比，我们希望另作讨论。

致谢

本文作者感谢上海的胡道静博士和杭州的王锦光教授，感谢牛津的弗朗西斯·麦迪逊先生（Mr. Francis Maddison）、G. 莱·特尔纳先生（Mr. G. L'E. Turner）和 J.

莱文博士（Dr. J. Levene），在阐明 17 世纪苏州的两位"光学技艺家"的工作方面给予过许多磋商与协助。

（王　冰　译）

参考资料与注释

〔1〕提出后面的年代仅仅因为康熙、雍正两朝到此为止，（如同我们将要看到的那样）根本没有理由认为孙云球活到了 18 世纪。

〔2〕该书初版刊于 1642 年，由于太早因此不可能包括薄珏和孙云球的传记。1691 年孙佩进行了修订，无疑这次编纂了他们二人的传记。

〔3〕关于中国的自然哲学一般可参考我们的著作 "*Science and Civilisation in China*"（以下略作 *SCC*）。Vol. Ⅱ，pp. 253ff.，273ff.

〔4〕这个古老的字眼一直用到火器时代。

〔5〕可能值得注意的是，这里使用了措辞"勾股法"。意指传统中国所熟悉的几何学（cf. *SCC*，Vol, Ⅲ，passim），而不是由耶稣会士介绍的欧几里得几何学，后者则称为"几何学"。然而对于整个几何学，"勾股"这一措辞作为一个文言术语被保留了下来，以至于在后来 19 世纪的书名中也可以见到，我们自己工作的图书馆里就有 6 部这样的书。

〔6〕大约距离 6.5 英里。

〔7〕大约距离 9.5 英里。

〔8〕大约距离 12.5 英里。

〔9〕我们在博物馆抄录了书中的两节传记之后，才看到了他写的关于这两个人的一篇令人感兴趣的论文。接着在杭州时我们很高兴地会见了王博士。

〔10〕如《吴门表隐》（很难见到）、《吴门补乘》及《苏州府志》等。

〔11〕*SCC*，Vol. Ⅳ，Pt. 1，pp. 81ff.

〔12〕*SCC*，Vol. Ⅳ，Pt. 1，p. 117.

〔13〕*SCC*，Vol. Ⅳ，Pt. 1，p. 120.

〔14〕参看关于望远镜历史〔A. Favaro：*La invenzione del telescopio secondo gli ultimi studi. Atti del Instituto Veneto di Scienze*，*Lettere ed Arti*，LXⅥ（1907）；H. King：*The History of the Telescope*（London，1955）；V. Ronchi：*Galileo eil suo Cannochiale*（Turin，1964）；F. Rosen：*The Naming of the Telescope*（New York，1947）；C. Singer：*Steps leading to the Invention of the First Optical Apparatus*（1921）〕以及显微镜历史〔Clay & Court：*The History of Microscope*（London，1932）；Rooseboom：*Microscopium. Rijksmuseum voor de Geschiednis der Naturwetenschappen*（Leiden，1956）〕的权威著作。也可参看 E. Gerland：*Geschichte der Physik*……pp. 340ff.（München und Berlin，1913）.

〔15〕"称为《缩放术》的一篇几何学实际应用（论文）……"Bynneman，London，1571，未编页码的前言 p. 5；1591 ed.，未编页码的前言 p. 2。

〔16〕他的儿子托马斯（？—约 1595）是负责建造多佛港（Dover Harbour）的土木工程师，但他也在

海上冒险。"1590 年女王颁布命令，康沃尔州斯图（Stow，Cornwall）的理查德·格雷内维尔爵士（Sir Richard Greynevile），皮尔斯·埃奇库姆（Piers Edgecombe），托马斯·迪格斯，以及其他人，授权他们装备一支舰队，目的为了发现南极海域中的陆地，特别授权他们（航行）至伟大的'中国皇帝'（Cam of Cathaia）的领域。"（D. N. B.）这正是万历皇帝（1573—1620）。据我们所知，这次探险没有任何结果。然而 20 年之后，英国船只开始到达中国和日本的港口，著名的有 1613 年的约翰·塞尔斯号（John Saris）和 1637 年的约翰·韦德尔号（John Weddell）。可进一步参看 H. Cordier：*Histoire géneral de la Chine*，Vol. Ⅲ，pp. 191，198ff.，211，212ff.（Paris，1920）。

〔17〕Cf. L. Thorndike：*A History of Magic and Experimental Science*（New York，1941）。

〔18〕BK. 17，Ch. 10，para. 7।

〔19〕Ibid.，Ch. 11，para. 1.

〔20〕Ibid.，Ch. 10，para. 6.

〔21〕参看 Rosen，pp. 19，21.

〔22〕Thorndike：op. cit.，Vol. Ⅶ，p. 230；Clay & Court，p. 19。

〔23〕实际上 Janszoon 不是姓，姓是 Martens。扎卡里亚斯的父亲 Jan 即 Hans，久居米德尔顿。

〔24〕C. de Waard（ed.），Journal tenu par Isaac Beeckmann de 1604 à 1634，Vol. Ⅰ，pp. 208ff.（The Hague，1942）. 也可参阅他写的关于望远镜历史的书。

〔25〕实际应为 Jan Zachariaszoon.

〔26〕de Waard ed.，Vol：Ⅲ，p. 376；cf. Ronchi，pp. 84ff.

〔27〕1600 年以前在意大利就有了望远镜这件事，出现在 1610 年《星际使者》（*Nuntius Sidereus*）刊行后拉斐尔·瓜尔泰罗蒂（Raphael Gualterotti）写给伽利略的一封信中，信中说起自 1598 年起他就使用了望远镜。参看 Gerland，p. 353，他提到了意大利眼镜制造者移居米德尔顿的证据。

〔28〕即 Jan Lippershey，d. 1619.

〔29〕p. 24，cf. Beeckman，de Waard ed.，op. cit.，Vol. Ⅰ，p. 209. 意图是军事性质的。也可参看 de Waard 的关于望远镜历史的书。

〔30〕参看根据 J. H. von Swinden 研究的 G. Moll 的权威论文；又参看 King，op. cit.，p. 30，Rooseboom，op. cit।，p. 13 等。

〔31〕即 James Metius，之所以这样称呼是因为他的父亲出生在梅斯（Metz）।

〔32〕参阅 *SCC*，Vol. Ⅲ，p. 101. 约在 490 年祖冲之（429—500）早已得到了同样的结果。

〔33〕*Oculus Enoch et Eliae，sive Radius Sidereo-Mysticus*，p. 337.

〔34〕*Dioptrique*，in *Oeuvres*，ed. Adam & Tannery，Vol. Ⅵ，pp. 82，227.

〔35〕然而我们还是要把荷兰搁在心上，应该记得科内利乌斯·德雷贝尔在 1613 年给国王詹姆斯一世（King James Ⅰ）的一封信中明确声称的，他能建造一个可放大远至 10 英里之外的目的物的望远镜（参阅 Beeckman，de Waard ed.，Vol. Ⅲ，p. 440；L. E. Harris：*The Two Netherlanders*；H. Bradley and C. Drebbel，p. 146，cf. pp. 130，182；Cambridge & Leiden，1961）。Harris 说在他定居英格兰之前，德雷贝尔就与阿德里昂·安东尼的两个儿子很友好。

〔36〕 *Sidereus Nuntius*，Venice，1610，以及 *Il Saggiatore*，Rome，1623；两节可见于 Singer，pp. 412ff.

〔37〕 这一事件对 Bertold Brecht 也不无影响，在他的关于伽利略的剧本中用上了它，并取得很大效果。

〔38〕 *SCC*，Vol. I，pp. 244ff.

〔39〕 这实际上是被 A. Favaro（p. 2）和 Gerland（p. 354）两人都承认的观点。

〔40〕 我们已转载和翻译了该书的两页，见 *SCC*，Vol. Ⅲ，Fig. 185，opp. p. 444. 关于伽利略的工作在中国的整个情况，可参阅 d'Elia 的专题论文。

〔41〕 仅称之为"一巧器"，即一种巧妙的仪器。

〔42〕 例如，木星的卫星，金星的周相（对哥白尼理论极重要），土星的光环（未加分析），以及银河中众多的小星。

〔43〕 该书中文本应归功于汤若望的合作者、天文学家李祖白，他是 40 年之后，康熙初期关于近代科学论战的牺牲者之一。

〔44〕 该书 pp. 24，25。目镜与物镜均为双凸透镜的复合仪器出现在开普勒的著作《屈折光学》（*Dioptrice*，1611）中。

〔45〕 该书 p. 13。

〔46〕 应记住蟹状星云被认为是人们最早记载的超新星的残余；它出现在 1054 年，记录它的仅有的天文学家是中国人和日本人（参阅 *SCC*，Vol. Ⅲ，p. 427）。

〔47〕 前者是邓玉函（Johannes Schreck，即 Terrentius，1576—1630）撰著的《测天约说》，强调了金星周相的意义，并且描述了近来借助于望远镜进行的太阳黑子的研究。邓玉函忽略而未提到的仅有的事情是，在欧洲人发现这些之前，在中国早已知道并系统地记录了大约 12 个世纪之久了。伽利略名字首次音译为"加利勒阿"是在 1635 年，汤若望在其著作《历法西传》中谈到的，当时该书作为《崇祯历书》集成的一部分首次印行。

〔48〕 1631 年，（如同朝鲜人所一贯）热心科学的朝鲜使节郑斗源，将耶稣会士关于天文学的一些小册子以及一架实用的望远镜带回国。1634 年另一位近代中国天文学家李天经将一架望远镜及详细说明献给皇帝。

〔49〕 同样，德拉·波尔塔与迪格斯没有、利佩斯海与德拉·波尔塔也没有已经为人们知道的联系。

〔50〕 cf. *SCC*，Vol. Ⅱ，p. 516；详细情况可参阅张荫麟著作。

〔51〕 cf. R. Surer：*"The Chinese Word for 'Telescope'"*，*Isis*，L：152（1959）但他所增无几。另一个随后被普遍接受的术语沿用了耶稣会士的措辞，是"望远镜"。

〔52〕 Mr. Francis Maddison 的私人通信。

〔53〕 Mr. Gerard Turner 的私人通信。

〔54〕 只偶然知道一点情况。1716—1745 年间，开明的将军德川吉宗（1684—1751）命令在神田观象台装设一架望远镜。这个世纪稍后，一台这样的仪器出现在北尾花蓝编撰的名为《絵本世都の登起》的图集中。

〔55〕 在写 *SCC*，Vol. V 的有关章节之前，还没有用西方语言结合当代中国历史学家的所有发现而进行的研究，但是广义地说，王铃的论文〔*On the Invention and Use of Gunpowder and Firearms in China*，*Isis*，ⅩⅩⅩⅦ：160（1947）〕仍然是说明火药武器发展的一篇正确的概要。从更广泛的

比较背景来看，还有 J. Partington 的专题论著 *A History of Greek Fire and Gunpowder*（Cambridge，1960）。关于青铜铸造，Barnard 的书包括了较早的历史阶段，虽然他的某些结论仍在讨论之中。

〔56〕我们的确期望在 W. H. Schukking 编的 Simon Stevin 的 *The Principal Works of Simon Stevin*，Vol. Ⅳ Amsterdam，1964，中能找到一些材料，但是索引中没有涉及，而在我们可以支配的时间里，我们也未能在该书所包含的整个详细文件中找到任何材料。

〔57〕*SCC*，Vol. Ⅳ，Pt. 2，pp. 138，222，Passim，尤其 pp. 141ff.，149.

〔58〕参看 *SCC*，Vol. Ⅳ，Pt. 2，pp. 466ff.，481ff，492ff.

〔59〕Needham，L. Wang & D. Price：*Heavenly Clockwork*……（Cambridge，1960）

〔60〕*SCC*，Vol Ⅲ，pp. 52，106. 没有被普遍认识到的是，欧几里得几何学的一个阿拉伯文译本在大约 1270 年好像就存放在观象台的图书馆里（*SCC*，Vol. Ⅲ，p. 105）。当然来自这一原始材料的影响更是小得对薄珏不会有任何影响了。

〔61〕有关记事在其标题中有"勾股"这个词（*SCC*，Vol. Ⅳ，Pt. 2，p. 464）.⑦

〔62〕*SCC*，Vol. Ⅲ，pp. 91ff.

〔63〕cf. Singer，pp. 317.；C. A. Singer & E. Underwood：*A Short History of Medicine*，pp. 640ff.（Oxford，1962）

〔64〕它相当于较为古典的文学措辞"眴"和"眩"。参看《中医名词辞典》p. 126 和《中国医学大辞典》p. 2662。"乱视"的近代术语为"散光"或"散视"。

〔65〕关于中国的眼镜及眼镜制造者，参看 *SCC*，Vol. Ⅳ，Pt. 1，pp. 118ff.，其中概括和评价了许多文献〔如毕氏：《中华医学杂志》，XLⅡ：742（1928）；裘开明：Harvard J. As. St.，Ⅰ：168（1936）；C. Raku sen：《中华医学杂志》，LⅢ：379（1938）和 O. Rasmussen：Old Chinese Spectacles（Tientsin，1915）〕。聂崇侯的一篇新近的论文〕《医史杂志》，Ⅳ<1>：9（1952）〕确认了总的观点。实物在我们博物馆中并非罕见，如，牛津的科学史博物馆，以及在伦敦威尔科姆历史医药博物馆（Wellcome Historical Medical Museum in London）的中国医药新展览〔cf. F. Poynter et al.：*Chinese Medicine*（London，1966）〕展出了一些。

〔66〕或可以想象为"保存视力的眼镜"——当检查非常小的物体时，防止用眼过度。

〔67〕这也是王锦光的观点。

〔68〕M. Rooseboom，p. 31；R. Clay & T. Court，pp. 32ff. 等.

〔69〕范·列文虎克的单式显微镜放大率为数百倍。

〔70〕*SCC*，Vol. Ⅳ，Pt. 1，p. 121.

〔71〕即"在"，相当于"察"。

〔72〕*SCC*，Vol. Ⅲ，pp. 336ff.

〔73〕如熟悉的"目录"。

〔74〕在中国后来采用的名称是"万花筒"，即"无数变化（花）的筒"。

〔75〕人们也可认为是一块有许多面的镜子或水晶，但比起下面的（f）项，这种可能性不大。

〔76〕F. M. Feldhaus：Die Technik der Vorzeit，der Geschichtlichen Zeit，und der Naturvölker，col. 547（Leipzig and Berlin，1914）.

〔77〕 *SCC*，Vol. Ⅳ，Pt. 1，p. 91.

〔78〕 *SCC*，Vol. Ⅳ，Pt. 1，p. 93.

〔79〕 它是 1643 年送到首都的耶稣会士的一件财物，当时清军攻占了四川，并俘虏了利类思（Louis Buglio）和安文思（Gabriel de Magalhaens，1609—1677）。利类思后来很关心将欧洲人的法则或光学透视法介绍到中国；安文思是一位有技能的仪器制造者和钟表学者。1655 年，他们请求把他们的财产归还。参阅李俨：《中算史论丛》，卷 3，48 页（1955）。⑧

〔80a〕 这种眼镜——用两块分别磨制的透镜的一半组合而成，因为称为"拼合双光眼镜"——的首次采用应归功于本杰明·富兰克林（Benjamin Franklin，1706—1790）。现在这种眼镜是用一块完整的玻璃（完整双光眼镜）磨制的；虽然用不同折射率的玻璃片熔合在一起，有时也能得到同样的结果。

〔80b〕 这的确可能与对远视眼的认识有关，在欧洲直到大约 1750 年才对它有认识。应用"半眼"眼镜的确切年代是约 1880 年；参阅 M. von Rohr & H. Boegehold：*Das Brillenglas als optisches Instrumentes*，p. 9（Berlin，1934）。

〔81〕 为了观察太阳黑子和日食现象，中国人从古代起就用了同类物品（cf. *SCC*，Vol. Ⅲ，pp. 420，436）。我们推测是薄片的玉石或黑云母。

〔82〕 *SCC*，Vol. Ⅳ，Pt. 1，p. 121.

〔83〕 在古代中国颗粒性结膜炎（沙眼病）流行。

〔84〕 这方面也可能成为一个例证，以反对轻率地将戴大的平面"鸳鸯"眼镜（博物馆中也常见到）斥之为纯粹为了装模作样或抬高身价。事实上它们更可能是护目镜的祖先，用于对干燥的风沙的某种防护，在白内障手术之后尤其有用。

　　众所周知，在古希腊、阿拉伯和西方中古时代的医学中，白内障手术可追溯到相当久远，虽然通常是"行拨离术"（将不透明的晶状体移至原先中空的底部）而不是根本摘除〔参阅 Singer：p. 320；Singer and Underwood：op. cit.，pp. 643ff.；C. Mettler：*A History of Medicine*，pp. 1006ff.（Toronto，1947）〕。在中国，白内障称为"内障"，在孙云球时代的许多世纪之前就用手术治疗了。我们至今仍不了解是否在中国"行拨离术"可追溯至后汉——相当于益伦（Galen，2 世纪）和切尔苏斯（Celsus，2 世纪）时代，但是在唐代（7—10 世纪）肯定已经实施。参阅李涛的论文《中华医学杂志》，卷 50，1513 页（1936）。

〔85〕 进一步研究这点将涉及珠宝商的实践及其工具的历史。

〔86〕 *SCC*. Vol. Ⅳ，Pt. 1，p. 92.

〔87〕 特别是由 Messrs. Pilkington & Sons 在《远东贸易和发展》（*Far East Trade and Development*）1964 年 12 月和 1965 年 12 月两期上做的广告。看来一个物体的多次反射为检验平面镜的无瑕疵提供了一种测试手段。人人都可以在法国餐馆老板们心爱的许多镜子中见到此效果。

〔88〕 *SCC*，Vol. Ⅳ. Pt. 1，pp. 94ff.

〔89〕 这是多光束干涉量度学的史前史。

〔90〕 参阅 G. Turner 的说明。*Orient Art*，Ⅻ：94（1966）.

〔91〕 王锦光原则上同意此看法。

〔92〕后来在 P. 博雷尔（P. Borel）的《望远镜的真正的发明者》〔*De Vero Telescopii Inventore*（The Hague，1655）〕一书中详述了他的观点：第一架复式显微镜是由已提到过的同一个扎卡里亚斯·詹森和他的父亲扬（Jan，即 Hans）在大约 16 世纪的最后 10 年期间制造的，而且他们制造的一架为德雷贝尔所有。另外，惠更斯（Christian Huygens，1629—1695）和他的父亲（1621）则认为德雷贝尔本人是发明者（Gerland：p. 363；Harris，p. 183）。参阅诸如 Clay and Court 和 Rooseboom 等人的关于显微镜历史的权威著作，以及 Singer 的论文和专题论文。

〔93〕E. Rosen：*The Naming of the Telescope*，pp. 24，66（New York，1947）.

〔94〕de Waard ed.：op. cit.，Vol. Ⅲ，p. 442。该书附有德雷贝尔给詹姆斯一世国王的著名的信（1613）的复制件。

〔95〕大抵由分开得很远的两片透镜构成。伽利略本人以这种方式把他的望远镜用作显微镜，无疑得到了证明，因为我们有两位目击者关于伽利略实验所作的可靠报道：一位是苏格兰学生约翰·沃德博恩（John Wodderborn），在 1610 年 *Quatuor Problematum quae Martinus Horky contra 'Nuntium Sidereum' de Quatuor Planetis Novis disputanda proposuit Confutatio*，p. 7（Padua，1610）中报道；另一位是萨拉特（Sarlat）的牧师会成员让·杜邦（Jean Dupont），在 1614 年的一封信件原稿〔Paris MS，Bib. Nat.（Fonds Périgord），Ⅵ，cart. 20ff.〕中报道。参阅 Clay & Court：p. Ⅱ；Singer：in *Journ. Roy. Mic. Soc.*，p. 328（1915）.

〔96〕为了验证在欧洲用显微镜进行的最早研究，查尔斯·辛格（Charles Singer）进行了大量的工作；又由于 1592 年乔治·许夫纳格尔（George Hüfnagel），1606 年植物学家法比奥·科隆纳（Fabio Colonna），以及 1646 年弗朗西斯科·冯塔纳（Francesco Fontana）的主张，而且辛格的论文和专题论文对此亦有阐述。我们以为，他的最后的结论是，人们应该把费代里戈·切西（Federigo Cesi）和弗朗西斯科·斯泰卢蒂著《养蜂学》〔*Apiarium*（Rome，1625）〕以及斯泰卢蒂著 *Persio Tradotto*（Rome，1630）中的蜜蜂的微细构造的图画，认为是显微观察的最早图示。伽利略肯定没有发表过这类图画。

〔97〕M. Cramer 和 Mr. Turner 的私人通信。

〔98〕最近在 Van der Pas 的一篇有意思的论文 *Arch. Intern. d'Hist. Sci.*，ⅩⅦ：223（1964）中被宣布。

〔99〕类似笔名。其真实姓名为桂川甫粲。

〔100〕至今发现最早提到显微镜的是一本相同种类的书《红毛谈》，由后藤梨春（1696—1771）著于 1765 年。他使用了"显微镜"的名称。

〔101〕在图画中实际上只表示出了两个支脚。

〔102〕其中之一是在那儿制造的。

〔103〕这普遍适用于欧洲的单式显微镜，我们不知道在日本是否也如此。

〔104〕李约瑟与鲁桂珍在一篇论文中探究了这方面的历史。

〔105〕我们可以不必考虑没有透镜系统的中古时代的幻灯片和影子戏。参阅 Feldhaus：col. 823；Gerland：p. 310；Thorndike：Vol. Ⅶ，p. 496。

〔106〕Deliciae Physico-Mathematicae：p. 263.

〔107〕参见他的有名的著作 *Ars Magna Lucis et Umbrae*，pp. 912，915.

〔108〕参见 Thorndike：Vol. Ⅶ，pp. 594ff.

〔109〕Thorndike：Vol. Ⅷ，p. 223.

〔110〕他是阿塔纳修斯·柯切尔的一个学生。参阅 F. Liesegang：Proteus，Ⅱ：112（1937）；H. Bernard-Maitre：*Monumenta Serica*，ⅩⅢ：127（1947）；J. Duyvendak：*T'oung Pao*，ⅩⅩⅫ：293（1936）；*SCC*，Vol. Ⅳ，Pt. 1，p. 123 中的评论。

〔111〕这个名称的由来可能是这样，古代中秋节时（在地上）挖一凹坑，内蓄一池水，月光映射其中。此称之为"夜明"。

〔112〕这个名称使人联想到 Bow Street Runners 和 Dr. Watson，但它恰是一个带有易于启闭的盖子的灯。

〔113〕参阅 Feldhaus：col. 611.

〔114〕参阅张荫麟：《中国历史上之奇器及其作者》，83 页。《燕京学报》，Ⅰ<3>：359（1928）；重收入《张荫麟文集》，64 页（香港：中华书局，1956）。

〔115〕*SCC*，Vol. Ⅳ，Pt. 2，p. 39.

译 注

①原文误作薄钰。

②误。安庆府，明直隶南京。清康熙年间始有安徽（安庆、徽州二府）之称。

③传记全文如下："薄珏，字子珏，长洲人，居嘉兴。其学精微博奥，凡阴阳、占步、战阵、屯牧、制造、雕镂，皆以口代书，以手代口。远近叹服，然莫知所授。崇祯中，流寇犯安庆。巡抚张国维令珏造铜炮，炮发三十里。每发一炮，设千里镜视贼所在，贼先后糜烂。又制水车、水铳、地雷、地弩等器，歼贼无算。国维荐于朝，不报，退归吴门。萧然蓬户室中，器具毕备。尝造浑天仪，周围不踰尺，而日月之盈缩不朒，星辰之宿离伏逆，不爽累黍。其法用直线分割圆轮，以有定之角絜无定之边，东西南北远至亿万里如在咫尺，即勾股法也。于古来诸历家，独推郭守敬授时历，海外亦重其名，然卒以穷死。"（《吴县志》卷七十五下，列传艺术二）

④传记全文如下："孙云球，字文玉，一字泗滨，居虎邱。母董如兰，通文艺。云球幼禀凤慧，年十三为县学生。父殁，家坠丧乱，常卖药得资以供母。云球精于测量，凡有所制造，时人服其奇巧，尝以意造自然晷，定昼夜，晷刻不违分秒。又用水晶创为眼镜，以佐人目力。有老少花远近光之类，随目对镜，不爽毫忽。闻者不惜出重价相购。天台文康裔患短视，云球出千里镜相赠，因偕登虎邱试之。远见城中楼台塔院，若接几席，天平、灵岩、穹窿诸峰，峻嶒昭苍翠，万象毕见。乃大诧且喜，曰：'神哉，技至此乎！'云球笑曰：'此未足以尽吾奇也。'又出数十镜示之。如存目镜，百倍光明，无微不瞩。万花镜，能视一物化为数十。其余鸳镜、半镜、夕阳镜、多面镜、幻容镜、察微镜、放光镜、夜明镜、种种，神明不可思议。著《镜史》一帙，令坊市依法制造，遂盛行于世。董母序之曰：'夫人有苦心，每不敢求人知，甚至有不欲为人所知者，故无恒产而有恒心者，惟士为能。今吾子不得已，托一艺以给薪水，岂吾子之初心哉！'康熙初卒，年三十三。"（《吴县志》卷七十五下，列传艺术二）

⑤中文原文为"近世西洋精于历法一名士"。

⑥《书经·舜典第二》有："在璿玑玉衡，以齐七政。"又注："在，察也。璿，美玉。玑衡，王者正

天文之器，可运转者。七政，日、月、五星各异政。舜察天文，齐七政，以审己当天心与否。"

⑦〔宋〕苏颂撰《新仪象法要》，在"进仪象状"中写道："……韩公廉通九章算术，常以勾股法推考天度……既而撰'九章勾股测验浑天书'一卷……"

⑧李俨著《中算史论丛》第三集（科学出版社，1955）《明清之际西算输入中国年表》一文中记述（p.48）：顺治十二年乙未（1655）

《明清史料》丙编第四本第372页，有："大西洋耶稣会士利类思等奏本"，末题："顺治十二年二月二十七日大西洋耶稣会士远臣利类思，臣安文思。"据其奏本称："明季东来至蜀，顺治三年（1646）清兵入蜀，被送入京至此已五载。所上各物六件如下：天主圣象西书一本；西洋大自鸣钟一架；西洋万象镜一架；西洋按刻沙漏一具；西洋鸟枪一枝；西洋画谱一套。"

【23】（化学）

Ⅱ—8 火药和火器的史诗*

中国人在使我们 7 月 4 日庆祝仪式①的那次事件以前大约 10 个世纪已开始制造火药。但他们没有限于将其只用作烟火。

火器的发展是中世纪中国的最大一项成就。这里我将谈谈导致火药发明的最初记载的一些实验。

古代中国人习惯于制造烟雾。他们点香，还每年一度在新火节时在住宅内做烟熏消毒。从秦汉时起，中国士大夫用烟熏其书斋以制止蛀虫之侵害。公元前 4 世纪成书的《墨经》中的军事篇，曾谈到攻城战中用唧筒和炉灶产生毒烟和烟雾。12 世纪的宋金水战，当时的内战和平民起义，都提供应用含石灰和砒霜的毒烟的许多其他实例。在 9 世纪的某个时候，震撼大地（字面意义上的震撼大地）的火药本身的发明，确实与此密切相关，因为火药起源于纵火剂的制造，而最早的火药方中有时含有砒霜。

当然，有坏事出现也总会有好事。例如，大约在 980 年僧赞宁写道：“当发热病流行时，病症发作后宜尽可能将患者衣服集而蒸之，可使家中其余人防止传染。”②这必会引起路易斯·巴斯德（Louis Pasteur，1822—1895）和约瑟夫·雷士德（Joseph Lister，1827—1872）的兴趣。

另一重要之点是很早就发现了硝石——硝酸钾。佛教僧在 6 世纪已知此物。唐代麟德元年（664）时有一趣闻，一位来自于今称布哈拉（Bokhara）地区的僧人（支法林）入华，随带翻译用的梵文佛经：

> “当他到汾州灵石县时他说：‘此地必富硝石，何不聚而用之？’那时与他一行共有 12 人，他们都采集某些硝石并试之，发现它不适于用，不能同乌长国所产者相比。他们又至泽州，此僧又云：‘此地必产硝石，我想

*本文于 1983 年发表于《化学工程》卷 13，392 页。——编者注

知道它是否像我们先前走过的那个地方所产者那样无用？'他们到处收集此物，将其燃之，发出不少紫色火焰。僧曰：'此乃奇异之物，可变化五金，而与各种矿石相遇，则令其完全化为水'。实际上其性质确与他们已在乌长所知之物一样。"③

因而这里已谈到钾的火焰，硝石用作熔融剂及其能释出硝酸的能力，可使难溶无机物变成溶液。大约 600 年时在世的医学家孙思邈（581—682），给出许多方子。其中之一是：

"取硫、硝各二两，同研细，置入熔银坩埚或耐火锅中。在地上挖一坑，将锅放入其中，使其顶与地表齐平，周围以土埋之。取好皂角子不蛀者三枚，将其烧焦以保持其形状，而后与硫、硝放入锅内。火焰退后，封上口并在盖上放三斤活炭。在取出前，此物不须冷，它便已伏火了。"④

因之在 650 年，当孙思邈要制硫酸钾时，他却在世界上首先错制成一种先是起火而后是爆炸的混合物。大约在 808 年，赵耐庵描述了伏火矾法，使用硫、硝和作为碳的来源的干马兜铃（Aristolochia）的混合物。这会造成突然起火，但实际上不发生爆炸。

最后，9 世纪中叶成书的《真元妙道要略》中清楚地说，某些丹家将硫与雄黄（硫化亚砷 As_2S_3）、硝石并蜜共热，结果当混合物爆炸时烧了其手和面部，甚至将房屋烧掉。⑤这是在任何文化中关于含硫、硝和碳源的爆炸或爆炸混合物即原始火药的最早文献。

从这以后，事情开始迅速发展。"火药"是中国文化中对"gunpowder"的通行术语，原意是"发火的药"。我们看到在 919 年火药用作喷火筒的慢性导火线，而在 1000 年便将火药用作简单的炸弹和手榴弹。

图 1 为火药和火器发展的大致过程及年代顺序。1044 年的《武经总要》中，提到了"猛火油机"（喷火器）。这是一种类似古希腊人的"虹吸管"的猛火油火焰喷射器。这的确是个有趣的动力唧筒，因为它在一个活塞杆上有两个活塞。它从下面的柜中放出猛火油或低沸点石油馏分。液体引燃后，将其喷至很远。

火药成分的最早的方子，也出现在 1044 年的《武经总要》中，比欧洲最先出现或记载的任何火药方子（1327）早大约 3 个世纪。原始火药的早期形式更类似于带有"哧哧"响声而爆燃的发射剂。在 13 世纪中叶，当蒙古人和宋人酣战时，火药中硝石的比例上升，以至能将城墙摧毁并将城门炸坏。

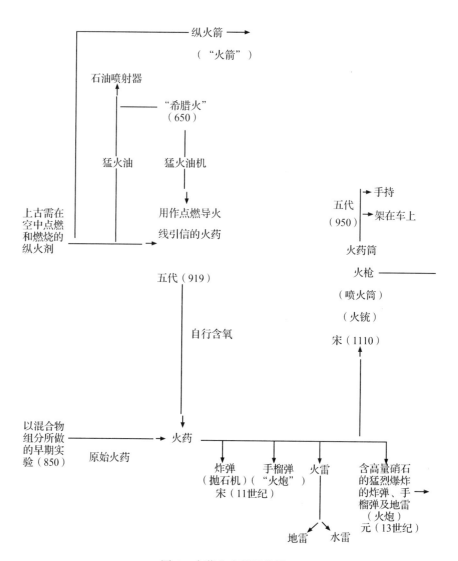

图 1　火药和火器的发展

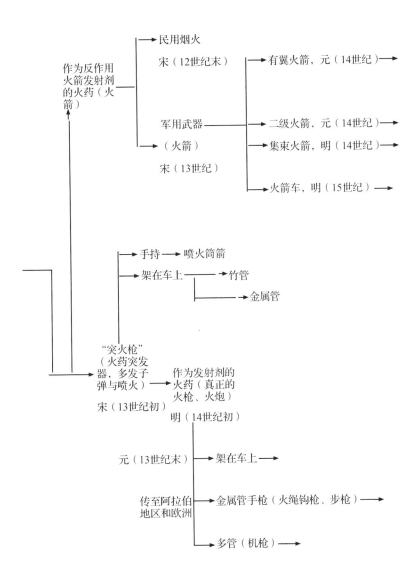

从这里接着发生的是向管状枪的重要过渡，我们现在相信这种过渡发生于 10 世纪中叶，即出现"火枪"之时。一眼就会看到使用自然管状物竹筒的重要性；而我愿坚持说，这实际是一切管枪及各种火炮的始祖。火枪在 1100 年以来的宋、金战争中起了突出的作用。火枪管实以发射药并固定在枪的一端。我以为这种 3 分钟喷火筒满足了肉搏战的需要，必定会有效地瓦解攻城的敌军的士气。

大约在 1230 年，出现了关于真正破坏性炸药的叙述。在大约 1280 年，真正的金属管状枪出现在东半球的某处。我毫不怀疑其真正的祖先是中国火枪的坚硬竹筒。

在我们能谈论与火药有关的其他重大发明以前，我们得要谈谈沿着火枪而完成的几项有重大意义的发展。用"希腊火"（即猛火油）或低沸点的轻的石油馏分发展火枪，是很容易的和合乎逻辑的。首先，石油喷射唧筒能制成手提式喷火筒；其次，火药既已用作慢引燃剂，因之使这种过渡更为容易。有趣的是，"希腊火"可溯源于 7 世纪的一个拜占庭化学家，而阿拉伯人在战争中已随意使用石油。火枪曾被用到近代。六七十年前在南中国海的一个海盗船上所拍的一张传世的照片，说明在用火枪。

在五代时，中国石油用量如此之大，以至中国人必定自行蒸馏它。有 3 种蒸馏器：古希腊式蒸馏器，从末端环状圈中收集馏出液，再从圈中沿边管流出；印度式蒸馏器，也不需要冷却（蒸气向上走，而馏分收集在接收器中）；中国式蒸馏器，头部有冷却管，下部有接受碗。[6]

早期的火枪是手提式的，但在南宋时它们由更大直径的竹了做成，甚至有 1 尺粗，并架在有腿的架子上。它带有轮子，以便可移动。我把这唯一的武器称作"e-rupter"（突火枪），而在西方世界几乎没有与此类似的东西。此武器将弹丸与火焰同时射出。弹丸是些废铁或碎磁，而这种系统与后来拿破仑欧洲的连子枪颇不相同，因为火药在这里是爆炸性发射剂。在古老的中国系统中，碎石块、废蒺藜实际上是与发射剂火药混在一起的，我把这些叫作"projectiles co-viative"（与火焰齐射的子弹）。在突火枪阶段的晚期，点放了作为与火焰齐射的子弹的真正的爆炸性弹丸；而至 13 世纪末，还用过混射箭发射器。

最后，中国出现了具有另外两个基本特征的金属管状火器：应用高硝含量的火药和以弹丸塞住管口使火药充分发挥发射作用。这是真正的枪，我料定这种枪在元初（约 1280）已出现，从最早的火器喷火筒起，大约用了 350 年的发展时间。

臼炮或射石炮（bombard）在欧洲首先出现在 1327 年。这类早期武器是瓶状的，带有圆腹和瓶嘴，瓶嘴向外张开像喇叭。我们找到正好是这种臼炮的中国画，因此很可能它起源于中国并为西方所仿制。中国铜制或铁制臼炮以及火炮的考古发掘物比任何欧洲样品都更早。

现在让我们转而谈谈火箭。没有必要细说当中国人第一次使火箭飞行时，他们开始做了些什么。毕竟只需要把火枪的竹管缚在箭上，使喷射口朝后，并任其飞行以获得火箭作用。似乎火箭的发明更晚于火枪。至12世纪末，有些关于宫内点放烟火的叙述："地老鼠"是装以低硝含量发射药的竹管，而在地板上随处乱窜。我相信火箭首先于13世纪被用作武器[⑦]；在14世纪，元代时火箭已被很好地制成并用作火器。"火箭"这个中文名称说明，它是装有箭头的。

明、清时期火箭获得了进一步的发展。有大的二级火箭，其中发射的箭分两个紧接的阶段点燃，自动向前放出，直到弹道的尽头。一群火箭发射的箭会扰乱敌人队伍的营地。制造了有翼火箭并使之具有类似鸟的形状。还有集束火箭，其中用一根引线点燃50支火箭。后来这些火箭架在独轮手车上使整个一套装置能运到所需地点。

火箭炮兵部队在18—19世纪西方世界的军事史和海军史中起了显著作用，这未必是尽人皆知。在拿破仑战争中，英国海军火箭曾将哥本哈根投入火海；然而这只是一个短期间的情况，因为其命中率不如具有高度爆炸能力的炮弹。到1850年火箭部队在欧洲一度消失，只是在近时又重返于世。

这些发明在何时传到西方世界呢？想必发生在13世纪某个时候。也就是在拔都汗（约1208—1256）率领下的蒙古人长驱直入的时期，但矛盾的是，蒙古人似并无意做这种传播。在多事之秋的13世纪，蒙古人有其自己的事要做。首先要吞并花剌子模领土，然后于1234年推翻金朝的统治，而蒙哥汗（1209—1259）更远至西部于1236年入侵亚美尼亚。下一年看到俄罗斯的梁赞（PHазаHь）陷落，及蒙古人入侵波兰。1241年，随着来格尼查的大捷，又包围并攻占了布达佩斯，但同一年窝阔台汗（1186—1241）驾崩。他的汗位在10年后才由蒙哥继任。在1253年，威廉·德罗柏鲁（William de Rubruquis, 1215—1270）和一些其他的方济各会士前往哈拉和卓的蒙古国宫廷。他们更多地负有外交使命，而非传教，想求助于蒙古人反对法兰克基督徒的传统仇敌穆斯林教徒。确切了解方济各会士在其于蒙古国和契丹漫游时所见火药和火器，肯定是有价值的。虽然他们从职业上可能未必有这种兴趣，但他们必是觉得有义务把这些在与异教徒斗争中会保卫基督教世界的安全和权益的知识和技术带回。

第二个可能的传播媒介是巴琐马（Rabban Bar Sauma）及其友人[⑧]的旅行，这两位中国的基督教景教徒在北京出生并受到教育；他们在前往耶路撒冷朝圣的途中留住下来。但他们从未到达圣地，却在其中之一返国前，足迹遍及东半球。巴琐马的友人出人意外地被选为教皇和所有景教教派教堂的总视察，然而巴琐马却旅行到西方，访问了意大利，并最终到了（法国的）波尔多。这些景教徒，像方济各会士一样，有可能由一名中国火器手伴行，这个火器手懂得已发展起来的各种装置，并且不反对在陌生的外国就地谋生。

最后，还是在 13 世纪，有些旅行的商人，其中最著名的当然是马可·波罗，他声称在中国河流中有几百万只船，而在杭州有无数的桥。其所记并非真的很错误。他为忽必烈汗（1215—1294）效力 20 年，时而负秘密使命，更经常地在盐运司供职，最后于 1290 年借海路离开中国。但他对火药知识的传播来说已为时稍晚，因为罗哲·培根（Roger Bacon，约 1214—约 1292）早在 1270 年已讨论了火药。马可·波罗于 13 世纪在中国时，并非只是唯一的意大利商人。还有一位弗朗西斯科·皮戈罗蒂（Francesco Pegolotti），他写了一部书谈到怎样能到中国又怎样返回。当时扬州有一个欧洲商人及其家眷的整个移民区，且不说 1245—1270 年在哈拉和卓为大汗效力的法国手艺人纪尧姆·布舍（Guillaume Boucher）。总之，欧洲人肯定在 1327 年燃放了火炮。

中国的火术更可能在 1260—1300 年传入西方，这时突火枪和真正的火炮在中国获得迅速发展。当某些重要的发明和发现西传时，我们可以看出特殊的"成串传播"。例如，在 12 世纪伴随着指南针西传的，有船尾舵等发明和发现，而另外一些则随着铸铁用鼓风炉于 14 世纪传来。但我们不知道在 13 世纪后半期火药是如何或何时传入的。

另外一点也必须指出，有一种错误观念或错误印象。整个这件事物的某种阴暗面，已在很大程度上被这样一种思想所抵消，即人类已知的最古老的化学爆炸物不只在战争中，而且在和平技术中也具有无可估量的重要性。没有无数的矿产品，就不可能创造近代文明；没有隧道和路堑，就不能建成我们的交通线。因此我们必须对炸药的发现持公平的观点，而不必被其杀人的用途所烦扰。现在有一种我要提到的错误观念是，人们常常在世界别的地方听到这样一种议论，即虽然中国人发现了火药，他们却从未将其用作武器，而只用作烟火。这种观念从 18 世纪就已产生，那时候欧洲的思想家有一种印象，中国是由哲人们的开明的专制主义所统治。确实不错，中国的军队服从于行政官僚。像第二次世界大战中的科学家一样，他们被认为是"跑龙套的"。因此认为上述那种假定或可能是对的，可是不幸却言之有误。

火药当然也用作娱乐活动的烟火。至今没有人写出关于中国烟火的准确历史。然而，在 10 世纪的隋、唐内府，它们作为花火和焰球可能一定已经盛行，所以我们可以说，一旦发射剂火药可以制得，它必会用在这些表演中。

最后有人必定会问，炸药在传统中国是否曾很早用于工业。在采矿和工程中用热来劈开岩石的操作是古老的，是否也用炸药确实还不清楚。

让我再谈最后两点。火药起源于道家炼丹家的系统的或许是默默无闻的观察。唐代已发展起了关于亲和力概念的完善学说，在某些方面使人想起亚历山大时期的原始化学家的相亲和相憎概念，但是更为发展，更少精灵论，而事实上正指望18世纪欧洲化学家绘制出他们那著名的亲和力表。有一切理由可以相信，中国炼丹术的基本思想传到了西方。汉代以来的许多化学设备流传了下来，诸如带有两个重返器内的上臂的铜鼎，可能用作樟脑的升华，还有与西方所用者很不相同的蒸馏器。

火药史诗中的第二点，是我们遇到不同的情况，即中国无论如何也能对付得了在社会上起破坏作用的发现，而在欧洲却具有革命性的效果。14世纪火炮的第一次轰鸣，敲起了城堡的丧钟，因而也敲响了西方的军事贵族封建制的丧钟。它们还使地中海的多桨奴隶划船变得陈腐，不堪火炮一击。

相比之下，中国的官僚封建制的基本结构，在火药出现500年后，几乎仍处于这项发明完成以前的同样状态。在农民暴动中有很多应用火药的实例，但中国并没有贵族的封建的城堡，因而新武器对古老的行政官僚机器并没有产生显著的效果。

（纪 华 译）

译 注

①指1776年7月4日美国独立庆祝大典，在这个仪式上点放了大量烟火。此后将7月4日美国独立纪念日称为"烟火节"（Firecracker Day）。

②赞宁：《格物粗谈》卷下："天行瘟疫，取初病人衣服，于甑上蒸过，则一家不染。"（《丛书集成》本1344册，32页）。按此书亦称宋人苏轼（1037—1101）所作。

③《金石簿五九数诀》："硝本生益州、羌、武都、陇西，今乌长国者良。近唐麟德甲子岁（664），有中人婆罗门支法林负梵甲来此翻译，请往五台山巡礼。行至汾州灵石县，问云：'此大有硝石，何不采用？'当时有赵如珪、杜法亮等一十二人随梵僧共采，试用全不堪，不如乌长者。又行至泽州，见山茂秀，又云：'此亦硝石，岂能还不堪用？'故将汉僧灵悟共采之，得而烧之，紫烟烽烟冒。'此之灵药，能变五金；众石得之，尽变成水。'校量与乌长，今方知泽州者堪用。"引自《道藏·洞神部·众术类》第589册。按乌长或作乌长（Uddiyana），其国在今印度河上游，此故事所载未必尽信，因唐时印度人或中亚人并不知硝石之为用。

④原文："硫黄、硝石各二两，令研。右用销银锅或砂罐子入上件药在内，掘一地坑，放锅子在坑内，与地平，四面都以土填实。将皂角子不蛀者三个，烧令存性，以钤逐个入之。候出尽焰，即就口上着生熟炭三斤，簇煅之，候炭消三分之一，即去余火。不用冷，取之，即伏火矣。"引自宋人孟要甫《诸家神品丹法》卷五第十，《道藏·洞神部·众术类》，第594册。上述文字在孟著中标以《伏火硫磺法》，未题作者。

⑤《真元妙道要略》："有以硫黄、雄黄合硝石并蜜烧之，焰起，烧手面及烬屋舍者。"引自《道藏·洞神部·众术类》，第 596 册。原书旧题郑思远（晋人）作，经考证乃唐人托郑氏之名而作。

⑥参见本文集所收《对东亚、古希腊和印度蒸馏乙醇和乙酸的蒸馏器的实验比较》一文。

⑦根据李约瑟博士最近的研究，他认为 12 世纪是火箭起源的最合适时期，参见本文集所收《关于中国文化领域内火药与火器史的新看法》一文。

⑧巴琐马（Rabban Bar Sauma），1225 年生于北京，中国的景教徒，维吾尔族人。Bar Sauma 并非其本名，而是诨号，在叙利亚语中意思是"苦行僧"。他与另一中国教友马库（Marcos，1244—1317）相识，1275—1276 年两人从北京出发结伴西行，效法唐代玄奘去西天求法，他们的目标是耶路撒冷，途经巴格达而留居。巴琐马被景教宗长任命为总视察，而马库在巴格达被选为景教总主教。1285 年伊儿汗国阿鲁浑汗（？—1292）遣马库出使意大利的罗马。次年巴琐马又出使意大利，再从意大利进入法国，1287 年 9 月至巴黎，受法王菲利甫四世（Philip Ⅳ le Bel，1268—1314）接见。1287 年 11 月至波尔多，受正在访问的英国国王爱德华一世（Edward Ⅰ，1239—1307）接见，又经意大利返回巴格达。晚年，巴琐马用波斯文写了一部旅行日记。此后两人均卒于巴格达，这两位中国人是与马可·波罗同时代的旅行家，只是他们的旅行方向与马可·波罗相反。

【24】（化学）

Ⅱ—9　开封府的火枪*

火药武器的发展肯定是中世纪中国最大的成就之一。人们发现火药用于军事始于唐末，即 9 世纪。那时，有了将木炭、硝石（硝酸钾）和硫黄混合起来的最初记载。这出现在一部道家的书中，其中建议炼丹家们切勿将这些物质混合，尤其不能再加上砒霜，因为某些炼丹家这样做时曾得到可燃性混合物，烧焦了他们的胡须，并烧毁了他们曾工作过的房间。

我们可将火药的起始追溯到原始宗教和宗教仪式上面，这一般包括"用烟驱逐"不祥之物。点香只是中国风俗中更广泛的内容之一，诸如烟熏。这种具有卫生和驱虫目的的程序，在汉以前即有，并出现在《诗经》这种古典著作中，在其中一首提到每年打扫房屋时的古诗歌中写道：

> "在那十月里，蟋蟀躲在我的床下。
> 百姓们把房里空洞塞住，并用烟熏走老鼠，
> 关闭向北的窗户，用泥土封住所有的口……"①

每到新的一年，就要做这些事情，这可能是公元前 7 世纪或更早的时候的事。这或许是关于"换火"这种后来普遍流行的风俗的最早的叙述，即每年在所有家庭里都进行的"新火"仪式②。在几个世纪以后，在《管子》一书中，提到用梓木封闭所有孔隙后在室内进行医学烟熏；而虽然是在西汉编成，但却包括更古老传统内容的《周礼》，还几次叙述了用植物莽草（*Illicium*）和菊科植物（*Pyrethum*）的杀虫原理掌管烟熏的官员。从后期文献中我们知道，中国士大夫定期烟熏其书斋以驱除蠹鱼的蛀蚀，尤其在华中和华南这种蛀蚀是很大的危害。

---

　*本文又题为《中国发展的人类最早的化学爆炸物》，是 1979 年 11 月在伦敦大学讲座（Creighton Lecture）上发表的演讲，最初于 1980 年 1 月 11 日刊于《泰晤士报》文学副刊（*The Times Literary Supplement*）。——编者注

这种技术是如此古老，以至我们发现早在 10 世纪时在医学消毒中提倡用滚烫的蒸汽，就不足为奇了。因而赞宁（919—1001）大约于 980 年在其《格物粗谈》中写道："当有发热病流行时，在病症发作后要尽快将患者衣服收集起来蒸之。用此法可令家中其余人防止传染。"这必会使巴斯德和雷士德感到兴趣。

此外，古代中国人不只在和平时，而且在战争中都是名副其实的烟雾制造者。在《墨子》（公元前 4 世纪）一书的军事篇中，谈到攻城战中所用由唧筒和灶放出的毒烟和烟幕，特别是用在坑道作业技术上。为此目的采用了含刺激性的易挥发油的芥菜和其他干的植物材料。也许没有比这再早的文献，但肯定在此后有丰富的文献，因为在整个千百年间，这些相当新式的、似乎要受谴责的技术被漫无止境（ad infiniturn）地仔细发展起来。例如，另外的具有同样性质的装置，15 世纪的毒烟弹（火球），使人想起 1044 年的《武经总要》中提供的许多详细的配方。12 世纪宋、金之间的水战以及当时的一些内战和起义，提供了许多利用含石灰和砒霜的毒烟的实例。9 世纪某个时候完成的震撼大地的火药的发明，的确与这些毒烟有密切的关系，因为火药肯定导源于纵火剂的制造，而其早期配方中有时含有砒霜。

整个历史说明，中国有关军事技术和科学的一个基本的特征，是相信远攻。例如，海战史表明，炮弹的威慑力大于近距离的袭击。应用烟雾、香料、蒙汗药、纵火剂、火焰和最后应用火药的发射力，构成了从远古到大约 1300 年射石炮或臼炮、枪和火炮传到世界其余地方的时期内，中国文化的一个首尾一贯的显著倾向。

其次，我们得要考虑硝石（硝酸钾）的限制因素。题为《金石簿五九数诀》的重要炼丹术作品，很可能在孙思邈（581—682）时代（7 世纪或稍后）由无名作者所写成。此书肯定是很有趣的，因为它叙述如何鉴别硝石这种物质，又谈到在用作炼丹以前必须了解其"质量"，还提到其某些产地和性质。其中提到一些外国名，如波斯、越南和乌长国（Udyana），以及外国佛教僧人名。下列段落说明这一点。

"硝石，本由羌人生产于益州，又产于武都及陇西，（但现在）乌长国所出者质量亦佳。近来唐麟德年甲子（664），有一名为支法林的康居（Sogdian）僧人（婆罗门）〔从中亚〕来〔华〕随带某些梵文佛经要翻译。他要求可否去五台山研究〔佛教〕习惯〔并得允〕。当他到汾州灵石县时，他说：'此处富硝石。何不采而用之？'那时该僧由十二人陪同，其中有赵如珪和杜法亮。他们一起共采某些硝石并试之，但发现它不适〔于使用〕，不能与乌长所产者相比。后来他们去泽州，那里有由美丽的树'覆盖'的

山。此僧又说：'这个地区也应出硝石。我想知道一下它是否也像以前
〔我们所过地方所产者〕那样不适用？'他们在那里与中国僧人灵悟共同采
集硝石，并发现将其烧后产生许多紫色火焰（烟）。外国僧又说：'此奇异
之物能变化五金，而当各种矿石与它相遇时，则完全变成液态（尽变成
水）。'它的性质确实与乌长所产者相同，这项事实已由对它与不同金属作
用的几次试验所确证。泽州硝石与乌长所产者相比较，只是略软些。"③

这里已经谈到钾的火焰和硝石作为助熔剂的作用。这一段还提及几个重要事项，即
唐代时中国与中亚之间紧密的化学接触，以及可靠地发现、鉴别和应用硝酸钾的准
确时间。

　　还有一件比从上述和许多其他叙述可以看得特别清楚的事，即采集和提纯硝酸
钾的方法；在阿拉伯和西方最初掌握它以前的几百年间，即 500—1200 年间，并很
可能是在其间的最后三四百年间，已〔在中国〕获得稳步发展。这就是说，在唐代
末期，硝石已由工匠们大量生产，他们获得相当可观的产品，但却未能向学者们准
确说明他们是怎样生产的。因此，为什么要对原始火药方起始于 9 世纪后半叶感到
惊奇呢？

　　"硝石"（"消石"一词可追溯到公元前 4 世纪）常被说成是在燃烧后产生紫青
色火焰的物质，这种说法立即排除了指钠盐和镁盐的可能性。这一试验的最古老的
叙述约源自 500 年，但可有把握地把这再追溯到 2 个世纪前的葛洪时代。公元前 2
世纪以来的许多炼丹和本草著作也都说，硝石能将矿石化为水并将矿物溶解成水溶
液。还有些例子说硝石产生爆炸或起火，而在其中当然有含硝石的火药方子。在这
方面，人们可以从对近代硝石样品的分析结果类推中，完全感到证明无误，因为它
表明是硝石。因而它在阿拉伯语中被正确地称为 thalj al-Sin（中国雪），因为它在
中国被发现和应用比任何别的地方都要早。

　　现存提到硝石的最早的阿拉伯语记载，出现在大约 1240 年由阿卜·穆哈默德·
马拉奇·伊本·白塔尔（Abu Muhammad al-Malaqi Ibn al-Baytar）写的《单药大成》
（*Kitāb al-Jāmi'fi al-Adwiya al-Mufrada*）中。此后不久，还出现在伊本·阿卜·乌
萨比亚（Ibn Abū Usabia）的《医学史》中，但因他引证了另外的一位不知名的伊
本·巴塔瓦伊（Ibn Bakhtawayhi）的《入门书》（*Kitāb al-Muqaddimat or Book of In-
troductions*）。故最好是把阿拉伯人关于硝石的最早知识放在 13 世纪的最初几十年。
另一方面，阿拉伯人对硝石在战争中的用途，特别是在制造火药方面的知识，则大
约始于 13 世纪最后几十年；像我们从哈桑·拉马（al-Husan al-Rammāh）的著作

《马术及战争策略大全》（*Kitāb al-Furūsiya wa'l-Munāsab al-Harbiya or Treatise on Horsemanship and Stratagems of War*）中所看到的，此书成书时间大约在 1280 年前。毫不足怪，古希腊人马克·格雷库斯（Marcus Graecus）的《焚敌火攻书》（*Liber Ignium ad Comburendos Hostes*）也是在同一时期成书的，而在这一时期硝石和火药或至少是原始火药，开始在西方拉丁世界扎根。

某些可能是孙思邈（581—682）的发现，包括在由其他一些书引证的简短的提要中。例如，《诸家神品丹法》有如下引语：

> "取硫黄、硝石各二两，同研细，然后将其置入销银锅或砂罐子中。挖一地坑，将锅放入其中，使其顶与地表平，周围以土埋之。取上好皂角子不蛀者三枚，将其烧焦令保存其形状，然后〔与硫黄及硝石〕放入锅中。火焰退后，封闭上口，并〔在盖上〕放三斤生木炭；当木炭消失三分之一时，将所有部分移去。此物在取出前，不需冷却——它已经'被火所制服'（'伏火'）（也就是说，已发生了化学变化，给出一种新的、稳定的产物）。"④

按以上所述，这里似乎已有某人在约 650 年按设计的程序从事硫酸钾生产，因而此物在当时不足为奇；但他在中途却在所有文明史中偶然碰上了第一次制备一种起火的（而后来是爆炸的）混合物。对这件事的形容必定是很令人激动的。

成书于 808 年或稍晚时的赵耐庵的《铅汞甲庚至宝集成》一书，是由五卷本构成的炼丹作品的集成。此书充满了有趣的东西；它保留了梵文中炼丹术术语 *Mantram* 一词，而其大多数方子中则含有植物成分。因此它自然成为另一个已知最早的原始火药混合物的记载；这描述在"伏火矾法"中，其中含硫黄、硝石和作为碳的来源的干马兜铃（*aristolochia*）。混合物能突然起火，燃成火焰，而实际上不爆炸。这些早期说法的准确程度还有待检验，但如果孙思邈确实是《诸家神品丹法》的实验者，7 世纪中叶就会看到这最初的开端；而它很像古代的程序，因为皂角子中的碳源无疑是因不同的目的而添加的。使用干蜜的《真元妙道要略》，由冯家升有理由地定为 8 世纪中叶至 9 世纪末之间。如果使用另一种植物性碳源的现在这个本子，正确地定为 9 世纪初，它就可能是第二个最早的文献；但如果它属于五代或宋初，它就是 10 世纪前或后半叶，甚至是 11 世纪前半叶之产物。总之，它肯定比 1044 年的军事百科全书《武经总要》早一段时间。最有可能的是，它还应早于 919 年，即第一次出现军用火药之前。

题为《真元妙道要略》的书，被认为由郑隐（3世纪人）所作。虽然我们在《道藏》中看到的本子最可能是8世纪或9世纪之作，假想的作者本身就可能与此书中最早的一部分内容有关。它谈到多达35种不同的丹方，作者指出这些方子是错的或危险的，虽然它们在那时还盛行。它告诉人们说，有人在服用由朱砂、汞、铅和银制成的丹药后导致死亡；另有人服食由汞与硫共热而得到的丹砂后，头部出现疡肿，而背上长斑疮；还有人饮"黑铅水"（可能是石墨的热悬浮液）时，患严重疾病。另外谈到的错误方法如下：（1）煮沸由燃烧桑木而得到的灰，并将其视为"秋石"（尿激素）；（2）将食盐、氯化铵与尿混合，蒸发至干，并将此升华物当成"铅颁"（字面上即"铅和汞"），（3）将硝石与石英在葫芦中〔长时间〕消化，并将产物用作丹药；（4）将硝石与青盐在水中煮沸；（5）用银制成蛋状物保存丹砂、汞和矾石；（6）用铁锈和铜作为制取所谓"金华"的丹药成分；（7）将汞与孔雀石及曾青（碳酸铜及碱式碳酸铜）共热；（8）将雄黄与雌黄加热；（9）将黑铅与银加热；（10）将干粪与蜡在一起燃烧。此书还告诫人们要提防一个很有趣的操作，谈到某些炼丹家将硫黄与雄黄、硝石和蜜在一起加热，结果当混合物起火时烧伤了他们的手面，甚至烧毁了他们的房屋[5]。这一段是非常重要的，因为它是在任何文明史中第一次提到了一种爆炸混合物，即硫黄与硝石及碳源构成的原始火药。此书还提供了试验硝石的方法。所有这些材料中到底有多少可追溯到郑隐那个时代，是很难加以肯定的，但期待着今后的研究会使这个问题更加明朗。同时，既已注意到化学知识发展与应用炸药的一般模式，我们认为这个重要的叙述是唐代的产物。

唐代以后，事情便相当迅速地发展。"火药"或"发火的药"，是为火药混合物取的很有特色的术语，在919年的喷火筒（flame-thrower）中作为引燃剂，而及至1000年火药已开始应用于简单炸弹和手榴弹，它们被掷出或从抛石机（火礮）上抛出。

例如，在李纲（1083—1140）的《靖康传信录》中，我们读到1126年他如何传令开封的守城者用"霹雳炮"迎击金人。

> "初，蔡懋号令军士：'金兵近城，不得用抛石机。'因此那些掌管抛石机的人很生气并殴打他。我（李纲）再次上任并命令他们射出所有的炮弹。至于每个士兵，看来都不错，那些尽力杀敌者被厚赏。夜里放出霹雳炮，击中并杀伤许多敌人，于是他们因恐怖而号叫。"[6]

火药成分的第一个配方出现于1044年。这比欧洲最早记载的任何火药方（1327

年，至早是 1265 年），要早得多。这些 11 世纪初的炸弹和手榴弹，当然并不含后两个世纪当硝石含量增加时那样猛烈的炸药；它更像发射药，发生"呜呜"声音，不给出破坏性的爆炸。这在技术上称为"爆燃"（deflagration），而如果碳源不是木炭，可以将它称为"原始火药"（proto-gunpowder）。

接踵而来的是向管状枪的重要过渡。这发生在 10 世纪中叶，像我们从巴黎的基迈博物馆（Musée Guimet）所藏来自甘肃敦煌石窟中的一面绢旗中所看到的那样。画面描绘菩萨为群魔所困惑，许多恶魔穿军装并携带武器，所有的恶魔都对着菩萨开火。其中一个戴着三头蛇头巾的恶魔在座位上双手持火枪并使火焰向水平方向喷出。这里我们立刻看到利用天然形态的管状物即竹筒的重要性。火枪在 1100 年以来的宋、金之间的战争中，起了很突出的作用。在陈规（1072—1141）写的一本论大约 1130 年保卫汉口北部一个城市的值得注意的著作《守城录》中，叙述了火枪的使用情况——一个装有发射药的不能逸走的〔竹〕管，不握枪的一端。适当地装备这些 5 分钟喷火筒，从甲手传到乙手，必会有效地瓦解敌人军队猛攻城池的士气。

大约到 1230 年，火药中硝石的比例增加，在宋、蒙后来的交战中开始有了真正破坏性的炸药。城门可以被炸开，城墙可以被摧毁。现在可以用"爆炸"（explosion）和"爆轰"（detonation）这样的术语，但火药仍然不是严格的发射剂。此后大约在 1280 年在旧大陆某处出现了金属管状臼炮（bombards）、大炮或枪。在这些武器中使用了炸药的充分发射力量以射出弹丸，这种弹丸充分填塞了管口或嘴的直径。至于这些火器在什么地方首次出现，是否是阿拉伯人的"马德发"（madfa'a），还是可能由西方人发起，一直有很大的疑问。1280—1320 年是出现金属管大炮的关键时期。我毫不怀疑，不管是哪一种，其真正的祖先是中国火枪的有价值的竹管。

这种管也确实可以用纸来做成，而纸是中国人的另一发明。经过适当的处理，纸可以做得如此坚硬，以至它实际上可以用作盔甲。在《金史》中写道：

> "制造〔火〕枪的方法是，取〔厚的〕敕黄纸，并用十六层纸将其制成管状，大约二尺长。然后在管中加入柳炭、铁粉、硫黄、〔硝石〕、砒霜（氧化砷）和其他东西〔的混合物〕。将管用绳子绑在枪端。每个士兵还佩带一个悬挂〔在腰带〕上小的〔藏火种的〕铁制火罐。在适当的时间点燃〔引线〕，火焰射至距枪十尺以外。当药料燃完后，管子却不损坏。当〔1232 年〕开封被围时，曾大量用过此物（火枪），而现在仍在用着。"⑦

这里所说的不过是"开封府的火枪"的一种。

在我们能够谈论与火药有关的另外一些重要的发明以前，我们必须通过几个有重大意义的进一步发展来了解这一点。首先，我愿指出，从应用"希腊火"（即石脑油或蒸馏的轻石油馏分）的"猛火油机"（喷火器）到火枪的发展，是个多么容易而又合乎逻辑的过程。第一，这项发展使石油喷射器转变成手提式武器火焰喷射器（喷火筒）；第二，火药（即使是含硝石量很低）早已用在这种压力唧筒中作为引火剂。因此，这种过渡必定是自然的。有趣的是，"希腊火"本身可以追溯到 7 世纪的拜占庭的一位化学家卡利尼卡斯（Callinicus），石油已在阿拉伯人的战争中大量使用，而同时在 10 世纪时中国五代（907—960）时期的统治者们常常把它作为礼物互相赠送。其传送数量是如此之大，中国人必定已经自己将其蒸馏。

因此，火枪肯定在 950 年就存在了，而到 1110 年则很突出。火枪中所含的火药，显然不是一种含硝石量很高的烈性爆炸混合物，而更像一种发射药，因为在剧烈燃烧并喷出猛烈火焰的"罗马烛"（Roman Candle）中，并不突然发出很大的响声。这些火枪一直用到我们这个时代，尤其在南中国海的海军船和海盗船上。起初火枪由火器兵用手握着，但到南宋（1127—1279）时，则由直径较大的竹子制成，或许有 1 尺粗，并架在有腿的支架上，有时甚至装上轮子，以便可以移动。这种东西发展成一种武器，我们将其取名为"erupter"（"突火枪"或"火铳"），因为西方没有（或几乎没有）与此类似的武器。只有一两个例外，例如，某种这类武器在 1565 年土耳其人围攻马耳他时，由守城者以矮轮带动，它叫作"王牌"，当放出其火焰时，发出一种打鼾的声音。我们还不很清楚，其中是否用低硝石量火药，如果用了，它将似乎同许多这类其他东西一起表明直接受惠于东亚的来源。

甚至更值得注意的，中国"突火枪"或"火铳"的构成原理是火焰与弹丸同时射出。为此，我们再一次需要有个新词，我们决定将其称为"co-viative projectiles"（与火焰共同射出的弹丸）。它们可能是一些废铁，甚至碎瓷渣或玻璃。这个系统与后来拿破仑的欧洲的"连子弹"（chain-shot）有很大不同，因为在这里火药的功能是爆炸性的发射剂，而连子弹是正规的固体炮弹。宋、元时的突火枪的共射弹颇像"霰弹"（case-shot），C. 曼瓦灵（C. Mainwaring）于 1644 年将霰弹定义为："任何种类的废铁、石块、步枪弹或类似物，我们将其放入盒中从我们的大炮中射出。"但还有个区别，在古老的中国系统中，一些硬的带尖的废物实际上与发射药混在一起。霰射弹的别名是"canister shot"和"开花弹"（langrel）或"langrage"，但所有这些东西都不是共射的，因为它属于更早期发展阶段的产物。

一般说"突火枪"或"火铳"由竹筒做成，并架设在车上，但它与最早出现的用青铜或铁铸成的金属筒有联系。一个异乎寻常的事实是，在突火枪阶段的末期，作为与火焰共同射出的子弹放出的是真正的爆炸性弹丸；这必定是其首先发明的时间。带有与火焰共同射出的弹丸的突火枪，还可能小到足以用手握；而在 13 世纪末至 14 世纪初，当所有这一切处于早期阶段时，还用过"火铳箭"（co-viative arrow launcher）。箭也许不能飞得很远，因为火药没有发挥出其充分的发射力，但对于在城墙上的近距离作战而言，它们的作用可能已经足够给人深刻印象，特别是对付穿轻铠甲或不穿铠甲的敌人。

最后，出现了金属管火器，它有两个另外的基本特点：用含硝量高的火药；管口（或前口）被枪弹或炮弹完全塞住，因而火药发挥充分的发射作用。这种类型的火器可认为是"真正的"枪或炮，如果它正如我们所相信的那样，出现于大约 1290 年的元代初期，正好是在最早的火枪喷火筒出现后大约三个半世纪后发展起来的。"臼炮"在欧洲最早出现于 1327 年，如我们从牛津的波德雷安图书馆（Bodleian Library）所藏瓦尔特·德米兰特（Walter de Milamete）的著名手稿中所看到的那样。我们不要设想在这样早的年代里会有一个引导弹丸的长的平滑的膛孔和管壁；欧洲最早的臼炮呈特殊的瓶状，带有一个圆腹和向外张开像是喇叭的嘴。因而射击起来是纯粹"碰运气"的，但很可能由于将火药夯实在臼炮中，弹丸放入最窄的部位——因此即使它不能射准任何东西，也将足以对付攻击城堡墙或城门，以及走动的密集的士兵。

有趣的是，我们发现一些这类臼炮的中国画，在形状上与 14 世纪欧洲产物极其类似；因而它们很有可能起源于中国，并且在西方被原封不动地仿制。欧洲最初了解火药知识只能追溯到 1285 年左右。这就是说，作为纯粹发射剂的火药和弹丸，应用火药的最后阶段，是在中国发展的，并随着那些瓶状臼炮作为火药的最早知识开始传到欧洲。从孙思邈及其友人最初的实验以来的整个发展，已持续了整好 700 年——对中世纪来说这当然不是坏事。

这里重要的是要承认，中国铜、铁铳炮的考古发掘物，已揭示了 20 多个自身带有年代铭文的事例，从 1280—1380 年，因而比欧洲发现的任何事例都早得多。这又大步跨过 1327 年，而在同一世纪的最后几十年又有许多进展。

带有金属筒的臼炮一般说架在炮架上，不久它们在体积上缩小成为可由一个人携带并点放的手炮形式，因而其形状直接转为火绳枪和滑膛枪。后来在 16 世纪，中国人对葡萄牙人的手炮有很深的印象，将其称为"佛朗机"（法兰克人的装置）。中国人很感兴趣的是葡萄牙人的具有旋转台的轻船上用炮或 breechloading culverins（乌嘴机），附有可移动的金属子弹盒。最后，在这以前很久，臼炮和手炮都架在炮架上。但这些革新都在我们要讨论的重要阶段以外。

从旧大陆两端的大量文献特征中，很难判断霰射式臼炮首先在中国出现，还是在欧洲。西方编年史直到很晚时期都没有提供很多报道，使其插图证据有特别重要性；而在中国我们面临的困难是，一些技术书在年代上相距甚远，而几个不同版本又彼此相异，而且常常缺乏准确断代。我们已经谈到曾公亮在 1044 年编纂的《武经总要》。我曾一度在北京的琉璃厂发现了该书的明版，其中缺乏整个火药那一卷，因此在那时期的这种报道实际上仍被"禁止"；最后我把它赠给了中国科学院图书馆。此后下一个路标是《火龙经》。此书有 6 个不同的本子，标以不同的作者名字，有些肯定是靠不住的，例如诸葛亮，另些名字倒有可能，例如刘基，元初的一位有学问的技术将领。此书或许是中国文化中的整个火药史中最重要的一部著作，其文献学与内容已由澳大利亚的何丙郁和王静宁出色地解说过。我相信此书的各种本子都可断代在 1280 年至 1380 年之间。它因而涉及元代和未来的新皇帝朱元璋（1328—1398）指挥推翻蒙古统治的那次使用枪炮特别是新的臼炮的战役的时期。他的一个主要炮手焦玉，可能是明末另一个同姓的人焦勖的祖先，而二者都与《火龙经》传统有关。下一步我们得转向《武备志》，由茅元仪在 1621 年编成的一部很重要的著作，附有丰富的插图，也有不同的版本，有的有略微不同的标题。除这些第一手文献外，某些关于火药武器的报道还可在另外一些技术书中找到，例如宋应星（1587—1666?）于 1637 年撰写的《天工开物》。而进一步的报道，当然可在不同时期的许多类书中找到。

关于这种文献的惊奇的事是，它好像既有以前的东西，也有后来的东西。例如，有些插图显然把时代弄错，例如《武经总要》中的臼炮及长枪图并没有伴之以文字说明，而这些必定是后来的出版者放进去的。反之，《火龙经》和《武备志》，也许为了全面起见，把许多在当时几乎肯定早已过时的东西，也绘图说明。因之，在说明火药武器的起源和发展时，我们得作一些推测性的复原，按这些火器最可能出现的时间顺序，常常借助于原书给出的年代排列不同的表。就是因此之故，很难完全肯定地说，最后的臼炮阶段出现在中国早于欧洲。然而从第一次混合硫黄、硝石和碳源到金属管枪和炮的整个发展系列似乎首先在中国发生，并只是在后来才传到伊斯兰教和基督教世界。总之，枪管原理毫无疑问是属于中国人的，而其起源就在于适用于各种科学和技术目的的自然管竹竿。

至今还一点没有谈到火箭，但在人和某些装置已在月球登陆，而借助于火箭发射的飞船使人类开始探索外层空间的现今时代里，没有必要细说当中国人首次使火箭飞行时，是他们开辟了这一事业。毕竟只需要把火枪的竹管按反方向缚在一支箭上，并使之自行飞去，以获得火箭效果。正是这种"巨大的倒置"在什么时候发生，一直成为有争议的问题。20 年前，当我们为《中国的遗产》(*The Legacy of China*) 一书著文时，我们以为火箭是在大约 1000 年《武经总要》时代首先发展的。不幸的是这里缺乏精确叙述的术语，因而是靠不住的，因为"火箭"(纵火箭，fire-arrow) 这个词与后来的火箭 (rockets) 是同一个词；而后者也被称为"火箭"。

但因前者已被指出像是枪或标枪那样由一个 *atlatl* 或标枪投射器射出，它就不可能是火箭，而是实以纵火物的管子，旨在使敌人城里的茅屋顶及其他屋顶起火。我们已不止一次遇到这种情况，一个根本新的东西却没有产生一个新名。例如，水运机械钟，也是处于这种情况。

因此火枪或火箭何者首先出现？大约 950 年的敦煌旗帜的发现，在某种意义上解决了这个问题。我们现在似乎要从另外一个方面把火箭的起源定为相当晚的年代。12 世纪末，南宋时提到有一种用于宫廷中表演的烟火"地老鼠"，实以含硝石量低的发射药的竹管，能在地上乱窜。它能使人惊吓，而有一项记载，说一位宋代的太后因而"没被逗笑"。这种民间用途使火枪的持用者回想起他们不得不总是忍受的反弹作用，因而某人试着将火枪倒着安在一个箭上，结果它呼呼响地飞去，向着空中的一个目标。我们以为这发生在 13 世纪的某个时候，而火箭在元代，即 14 世纪时肯定很好地被制成并作为火器。

在明、清时期，接着有许多有重大意义的进一步发展。一直到有了大的二级火箭，阿波罗宇宙飞船的先驱，其中运载火箭分两个接续的阶段点火，自动运行到弹道的末端停止。古时一群火箭运载的箭曾使集中的敌人队伍惊慌。在使火箭飞行有某种空气动力学稳定性的早期尝试中，还将火箭装上翅膀，并使之具有鸟的形状。后来还有集束火箭，其中一根引线可以点燃多至 50 支火箭；后来它们还安装在手推车上，使整批火箭能滚动旋转到发射地点，像后来的正规火炮那样。火箭部队在18—19 世纪初的西方世界的军事史和海战史中所起的显著作用，并非众所周知。在拿破仑战争时英国海军的火箭使哥本哈根城陷入火海，而火箭部队在〔所谓〕尊贵的东印度公司与狄波·萨布 (Tippo Sahib, 1751—1799) 交战的日子里是很突出的。但这是个来去匆匆的局面，因为从命中率高得多的更先进的大炮中可以发出威力更大的爆炸性炮弹和烧夷弹；因此，西方火箭部队从大约 1850 年以后便已消逝。只是在我们这个时代，火箭的推力使人类作出离开地球大气层的决定——烈性炸药对此是无济于事的，尽管朱尔·凡尔纳 (Jules Verne, 1828—1905) 的巨型大炮能向上指向月亮。

那么火器是怎样传到西方世界的呢？我们可以很肯定地说，这必定是发生在 13 世纪后半叶的某个时候。这正好在拔都汗 (1209—1256) 率领下的蒙古人向东欧长驱直入之时；似非而是的是，他们好像并没有导致这种传播。他们高度评价火药是后来的事，尤其在忽必烈汗（1215—1294）争夺中国王位的战斗中，但在更早期阶段，他们作为游牧骑马射手和头等的骑兵，在 1241 年莱格尼查（Liegnitz）战役中击溃了欧洲的骑士团，那时对骑兵作战有用的火器还没有达到发展状态。手枪、卡宾枪或左轮枪仍是遥远的未来的产物。希望寄予更不同的方向。

让我们稍微看看在这个多事之秋的世纪里一些事件的进程。蒙古人急转直上。他们首先降服了花剌子模的国土。1234 年推翻了金朝，1236 年蒙哥汗（1209—1259）远至西方入侵了亚美尼亚。下一年（1237）看到了俄罗斯的梁赞（Ryazan）的陷落，以及蒙古人入侵了波兰。1241 年，随着莱格尼查的大捷，又包围并攻占了布达佩斯，但窝阔台汗（1186—1241）也崩于此时，10 年后由蒙哥继位。1253 年左右，威廉·德罗伯鲁（William de Rubruquis）及其他一些方济各会士启程来到哈拉和卓的蒙古宫廷；他们负有外交使命，而不是传教，想求得蒙古人帮助对付法兰克基督徒的传统敌人穆斯林教徒。

这是一个古典的关于包围战略的实例，即远交近攻。人们想必会了解，这些方济各会士在其漫游蒙古和中国时，毕竟看到了关于火药和火器的哪些方面；虽然这些兴趣与他们的习性无关，他们必定觉得他们有义务把这些可能保卫基督教世界的安全和政权以对付异教徒的知识和技术带回去。因而对这些教徒主动进行这种传播的活动，要比至今给以更密切的注意。其中之一甚至还可能由一中国的火器手伴行，这个中国人懂得过去 600 年来和最近发明的各种各样的装置，并且不反对在生疏的外国谋生——但至今还没有找到关于他的历史记载。

至于说到这种远交近攻的战略，它获得出乎意料的成功，尽管蒙古人其实有自己的打算，没有与基督徒结成同盟。蒙古人却在征服了波斯以后，入侵波斯湾以外的伊拉克，而于 1258 年攻陷了巴格达。在这以后不久，建立了以伊朗为中心的蒙古的伊儿汗国，又建立了很大的马拉盖天文台。此后又来了第二个可能的传播媒介，即巴琐马及其友人的游历，其游记很早以前便由沃利斯·巴奇（Wallis Budge，1857—1934）从叙利亚文译出。这些年轻人是两位维吾尔族世系的中国的基督教（景教）教徒，在北京出生并受教育，他们渴望去耶路撒冷朝圣。他们未曾到那里，但他们在其中之一返国前（1278—1290）却漫游了整个旧大陆的范围。巴琐马的友人意外地被选为教皇和波斯的大不里士或某个地方的所有景教教会的总管，而其职责使他无限期地滞留在那里。但巴琐马则漫游至西方，访问了意大利并于 1287 年在罗马受到热烈的接待（在这里没有提出教义上不便的问题）；最后他到达〔法国的〕波尔多（在这里他举行了有英国国王参加的礼拜仪式），而后来他沿全程回到中国。

这次朝圣也许还有一部分政治目的，可能想让西方支持宋对付蒙古人，而如果是这样，则没有一点成功的机会；但那个想象中的中国火器手可能又一次随这两名教徒前来，并将他的知识传给有能力接受的欧洲的有心人。

最后，在 13 世纪不只有方济各教士和景教徒，而且还有——甚至更著名的——旅游商人，其中最知名的当然是马可·波罗，"一个百万富翁"，此人声称在中国河流上有几百万条船，而在杭州有无数的桥——而他基本上没有说错。决定性的日期是马可·波罗最后于 1292 年离开中国。他侍奉忽必烈汗（1215—1294）20 年左右，有时肩负秘密使命，但更经常地是在盐使司工作，而当他借海路离华时，陪伴一个中国公主，她带着一个庞大的舰队登程去嫁给一个中东的君主。这可能是我们所留意的中国火器手登场的更适当的舞台，但不幸的是为时稍晚，因为火药方已大约同时在欧洲由方济各会士罗哲·培根以字谜形式和多明我会士阿贝特大圣分别首次提到。但马可·波罗还不只是在 13 世纪时在中国的唯一的意大利商人；另外有弗朗西斯科·皮戈罗蒂，他写了一本书论如何前往中国及返回；在扬州还有欧洲商人及其妻室的一个移民区，更不要说在哈拉和卓侍奉大汗的法国著名工匠纪尧姆·布舍。因此，有许多可能性可以实现其传播。至 1355 年，对于欧洲人肯定于 1327 年点放臼炮来说，为时过晚。我们需要具体明了中国火术传到西方的突出之点在 1260 年至 1300 年之间，就是说在突火枪和真正的火炮在中国迅速发展的时期。今后的研究无疑会为我们阐明这一问题提供更多的证据。

考察这种传播所发生的环境或伴随的情况，可能也会是富有成果的。从我们的整个工作中我们能辨别特殊的"成串传播"（transmission clusters），也就是说几种重要的发明和发现一股脑儿地西传。例如，在 12 世纪伴随着指南针而西传的几种发明和发现，即风磨和船尾舵等；还有另一些在 14 世纪随着机械钟而西传，即铸铁用鼓风炉、拱形桥和竹蜻蜓（直升陀螺）等。有待于研究的是，到底什么东西随着火药在 13 世纪传到西方；某种形式的织机或许是其中之一；此外尤其是起源于中国的根深蒂固的信念，即懂得化学，就能大大延长寿命。罗哲·培根，言谈像个道家的第一个欧洲人，是这方面的杰出代表——自相矛盾的是，他还是记载火药方的最早的欧洲人之一。

还有一点应当提到，这或者是一种 cliché（老生常谈）、idée recue（流行观点），一种俗套、一种错误印象。我们关于整个这项事物的略带阴暗的方面，在相当程度上由于这样一种思想而冲淡，即人类所知的最古老的化学爆炸物不只在战争中，而且在和平技术中也具有无可估计的重要性。没有它，近代文明所需的无数矿产品就不能获得；没有它，河流、运河、铁路和公路交通线所需的开凿和穿洞就不能实现。像莎士比亚所说，那是何等遗憾，从地里"掘出可恶的硝石"，在林肯草原杀死1/10穿铠甲的骑士和弓弩手；但他绝不可能同产业革命时的工程师打交道，他们对炸药以及后来作为近代化学的自然结果的烈性炸药的功能，持有完全不同的看法。因而我们必须对炸药的发现持更公平的看法，而不要为其军事上的杀人用途所困扰。

在世界其他地方仍常常听到的一个老生常谈是，虽然中国发明了火药，他们却从没有将其用作军事武器，而只是用作烟火。并常常以恩人面孔和小声小气说出这种看法，以为中国人是思想单纯的；这种意见还有一个赞美的方面，从18世纪的"中国热"以来就形成，那时欧洲思想家以为中国是由"开明的专制主义"贤人所统治，也的确是这样。中国军队总是——至少在理论上——隶属于行政官僚。他们像第二次世界大战时英国的科学家那样，是"在其位而不谋其政"（"on tap，but not on top"）。因此认为这种老生常谈可能是正确的，但不幸却言之有误。

如果我们把导致正确的火药方（即使是含硝石较少）的最终的实验的年代定在800—850年之间，正如我们所知道的，在919年这种混合物已用作喷火唧筒中的引火剂，而在950年已完全用于喷火筒的发射药。当然，火药也必然用作娱乐烟火。我们注意到，迄今为止还没有写出一部准确的中国烟火史，虽然钱德明（Jean Joseph Marie Amiot，1718—1793）在18世纪做了某些工作，而冯家升在我们这个时代做了更多的工作；但仍然可肯定说，这些带有彩光和焰球的烟火在隋、唐宫廷中已盛行，因而一旦用得上发射剂火药，就必会在这些表演中应用。正如我们已指出的，唐以后，特别是在五代（907—960）时期，火药本身已经成为军用武器。此后不久，宋代，也就是在大约1000年，半爆炸性火药已被装入炸弹中并借助抛石机〔或有时称作射石机（mangonels）〕投向空中；同样还有用手掷出去的手榴弹。但这并不意味着烟火不再继续发展，而中国的确是以烟火而著称的，如钱德明这类耶稣会士从1584年后来中国时所看到的。这样，火药的民用和军用两种用途齐头并进直到现在。

可能还会有一个问题。炸药是否在传统中国从未用于手工业中。这里由于术语问题出现了一个困难。在采矿和工程中的"放火"技术是很古老的，也就是说用热能将石头劈开，此后便较容易搬动。例如，在《明书》中谈到某个总督让一些"火攻"技术人员工作，将岩石凸出部分清除掉，使某个河流畅通时，这很可能是用火药，虽然这种技术也可能仅仅是放火。这个问题有待更仔细地考察。

关于人类所知道的最早的化学炸药在中国的发展，还有两个重要事项要谈到。首先，它不应被认为只是个纯技术成就。火药并不是工匠、农民或泥水匠的发明，它起源于道家炼丹家的系统的（即使是默默无闻的）研究。我最深思熟虑地使用"系统的"这个词，是因为虽然在 6 世纪和 8 世纪他们没有近代类型的工作理论，但这并不等于说他们工作时没有理论可依；反之，何丙郁和我已经表明，一种关于类别或亲和力的理论在唐代（618—907）已经提出，这会使人想起亚历山大里亚的原始化学家关于相亲与相憎的概念，但中国的理论却是更为发展，而较少精灵论的。古希腊时代的最早的化学家的作品保留在《希腊炼金术大全》（Corpus Alchemicorum Graecorum）一书中，其中虽然对伪金和各种化学与冶金学转变很有兴趣，却并不是为了求得一种长生不老的"哲人石"。这是很好的理由，使人相信从一开始起作为中国炼丹术基本思想的"长生意识"，经过阿拉伯世界传到西方。在阿拉伯人作品以前，人们确实不能在严格意义上谈到炼丹术，甚至还有人说，炼丹术（alchemy）这个词本身和其他炼丹术术语都源自中国原型。

从汉代以来的许多化学设备，部分已流传下来，诸如可能用以升华樟脑的带有两个再入臂的铜鼎，上升的蒸气经过两个管子并在上方的中间冷凝。某种形式的蒸馏器也是典型中国式的，与西方所用者很不相同。由上面冷水管冷凝的馏分，不是在周围滴入环状槽中，而是在中央滴入一个接收器中，并通过边管流出。这是在近代化学中使用的仪器的祖先。人们可以很容易想象到，道家炼丹家将每样东西按各种搭配和组合混合起来，看看将会发生什么情况——至迟从大约 500 年陶宏景时代以来，一旦分辨并分离出硝石，不可避免的事情就会发生。总之，最早制成的爆炸混合物，是希图获得长生不老药而对大量物质的化学和药物学性质进行系统探索的过程中发生的。

其次，在火药史诗中我们还会遇到另外的情况，即中国无论如何能对付得了在社会上起破坏作用的发现，但这种发现在欧洲却具有革命性的效果。从莎士比亚时代以来，有几十年，实际上有几百年，欧洲历史学家已把 14 世纪臼炮的第一次轰鸣，看作是敲起了城堡的，并因而是西方军事贵族封建主义的丧钟。这里用很大篇幅叙述，这些将是令人不耐烦的。只在一年之内（1449），法国国王的炮车光顾了仍由英国人在诺曼底把持的一些城堡，以一个月攻克五座的速度一个接一个地将城堡完全拿下。火药的作用还不只局限在陆地上，它的作用还在海上产生很大的影响，因为一旦时机成熟，就会给地中海的多桨奴隶划船以致命的打击，这些船没有足以抵挡海上炮击和同时侧击的炮台。

较少为人所知，但此处值得一提的事实是，在火药于欧洲出现以前的一个世纪内（13 世纪），其攻坚作用由另一种持续不太久的新装置所预示，这种装置便是配重式抛石机，它甚至对坚固城堡的城墙有极大的威胁。这是一种非常有中国军事技术特色的由阿拉伯人改进的投射装置（礮），而不是亚历山大里亚或拜占庭石弹弹射装置，这是在其长臂末端有一个抛物带并用绑在短臂端部的绳子开动的较简单的类似旋转杠杆的装置。

这里很值得与中国作个对比。中国官僚封建主义的基本结构在火药武器出现500年左右之后，仍然与这种发明得到发展以前处于几乎同样的状态。在唐代已发生了化学战，但在五代和宋代以前没有找到广泛的军事用途，而火药武器的真正的试验场是11—13世纪里宋朝与金人和蒙古人之间的战争。有足够的实例说明农民起义力量使用火器，而它既在水上也在陆上使用，在攻守战中用火器并不少于在野战中。但因在中国没有穿重盔甲的骑士团，也没有任何贵族的或领主的封建城堡，新武器只是单纯补充以前已用过的武器，而没有对古老的民事和军事官僚机构有显著作用，每有新的外来征服者接管后，则又轮流使用它。

最后，刺马针和马镫的应用再次表明，与中国相比，西方中世纪社会是多么不稳定。在对包括游牧民族在内作了许多讨论后，现在的结论是，它是一项中国的发明，因为大约300年的墓画清楚表明这项发明，而最早的文字叙述出现于下一世纪（477），大约这时有无数的雕像——朝鲜的和中国的都对其有所反映。脚镫在西方（或拜占庭）直到8世纪前还没出现，但其社会影响却是非同寻常的；因为它将骑手和马结合在一起，并使畜力应用于冲击。武装有长矛或大枪并越来越用金属铠甲包裹着的这些骑兵，实际上构成欧洲中世纪1000年的众所熟悉的封建骑士精神——但骑士团却被背着弓的蒙古人在莱格尼查战场上击溃，像前面所谈到的那样。没有必要强调骑士的装备对于〔欧洲〕中世纪军事官僚封建主义制度的全部意义。因而人们可以得出结论说，正因为中国火药在这个时期未能帮助打破这种社会形式，而中国马镫却首先帮助其完成了这个过程。但中国的官僚政治却一个世纪接一个世纪地保持下去，甚至在最初的日子里，这种理想的政体便在中国文化区域的千百万人民中间由非世袭的、不贪婪的、非贵族的精华（élite）发挥权力。

（潘吉星　译）

译　注

①《诗经·郑风·七月》："十月蟋蟀，入我牀下。穹室薰鼠，塞向墐户。……"（阮元：《十三经注疏本》）

②古代钻木取火，四季所用树木种类不同，故称"改火"，又有"新火""旧火"之别。

③原文见《道藏·洞神部·众术类》所收《金石簿五九数诀》："硝本生益州、羌、武都、陇西，今乌长国者良。近唐麟德年甲子岁（664），有中人婆罗门支法林负甲来此翻译，请往五台山巡礼。行至汾州灵石县，问云：'此大有硝石，何不采用？'当时有赵如珪、杜法亮等一十二人随梵僧共

采，试用全不堪，不如乌长者。又行至泽州，见山茂秀，又云：'此亦硝石，岂能还不堪用？'故将汉僧灵悟共采之，得而烧之，紫烟烽烟冒。'此之灵药，能变五金；众石得之，尽变成水。'校量与乌长，今方知泽州者堪用。经频试炼，实表其灵，若此乌长国乃泽州者稍软。"（《道藏》，似下，第 589 册）

④取自《道藏·洞神部·众术类》中所收宋人玄真子孟要甫辑《诸家神品丹法》卷五，原文为："硫黄、硝石各二两，令研，右用销银锅或砂罐子入上件药在内。掘一地坑，放锅子在坑内，与地平，四面都以土填实。将皂角子不蛀者三个，烧令存性，以钤逐个入之。候出尽焰，即就口上着生熟炭三斤，簇煅之，候炭消三分之一，即去余火。不用冷，取之，即伏火矣。"（《道藏》罄下第 594 册）。按从原文上下段来看，还不一定能说是孙思邈之作。李约瑟博士在《中国科学技术史》英文版卷五第三分册（137 页）已指出此点，但认为此记载为孙氏时代的产物。

⑤《道藏》，如上第 596 册载《真元妙道要略》中的（《黜假验真镜第一》）云："有以硫黄、雄黄合硝石并蜜烧之，焰起，烧手面及烬屋舍者。"

⑥李纲：《靖康传信录》卷 2 原文为："先是蔡懋号令将士：'金人近城，不得辄施放有引炮。'及发牀子弩者，皆杖之，将士愤怒。余既登城，令施放有引炮自便。能中贼者厚赏，夜发霹雳炮以击，贼军皆惊呼。翌日薄城，射却之乃退。"

⑦原文见脱脱、欧阳玄著《金史》（1345）卷 116《蒲察官奴传》："枪制，以敕黄纸十六重为筒，长二尺许，实以柳炭、铁滓、磁末、硫黄、〔硝石〕、砒霜之属，以绳系枪端。军士各悬小铁罐藏火，临阵烧之，焰出枪前丈余，药尽而筒不损。盖汴京被攻，已尝得用，今复用之。"（《金史》中华书局本，第 6 册，2497 页，北京，1975）

【25】（化学）

II—10 关于中国文化领域内火药
与火器史的新看法[*]

长期以来，中国火药及其发展成为各种火器的历史，一直是中国和西方世界比较科技史上争论得最多的问题之一。但是，我们现在则认为，大量无可辩驳的事实证明：中世纪早期的中国人就首先用硝石（硝酸钾）、硫黄和碳源之一（如木炭）制成了这种独特的混合物。弗朗西斯·培根在 1600 年左右曾说过，在火药、印刷术和指南针这三项发明中，火药的发明对于人类历史所起的影响最大，尽管他本人始终不知道三者都起源于中国。

现在火药史方面的文献极为丰富，其中许多作品都论述了火药在中国的出现与发展，但是以往的作者在理解上存在着不少错误，并且经常看不懂主要的汉文原文。即使他们懂得汉语，他们的译文往往仍使人产生误解。但是在现代，富录特（Goodrich）、冯家升以及王铃等人所写的为数众多的论文，已为研究这个课题奠定了很牢固的基础。然而，我们总是习惯于根据原始资料作出推断，而并不单凭第二手资料。

中国的军事典籍卷帙浩繁，从陆达节所列的那些文献目录就不难看出。但是，就火药技术史而言，以下列四部军事概要最为重要：（一）《武经总要》，1044 年曾公亮主编；（二）《火龙经》，焦玉发表于 1412 年，但是涉及的技术，大部分在 1350 年左右就已采用，当时焦玉是明代第一个皇帝朱元璋的军器监；（三）《武备志》，茅元仪辑于 1621 年；（四）（《火攻挈要》，1643 年焦勗和天主教耶稣会传教士汤若望（Jean Adam Schall von Bell）撰。除这些原始资料之外，我们还可以引据许多别的书，如：（一）《太白阴经》，759 年李筌撰；（二）《虎钤经》，962 年许洞撰；（三）《兵录》，1606 年何汝贤整理。此外，在二十四史以及民间学者所写的许多记

---

[*] 本文是 1981 年 8 月出席在罗马尼亚布加勒斯特召开的第十六届国际科学大会时的讲稿，由李约瑟以他和鲁桂珍二人的名义宣读的。此处的译文转载自《科学史译丛》1982 年 2 期，又由译者重作少许修改。我们又对照原文，将其中误排之处加以订正。——编者注

录和道家炼丹士的著作中，也都有大量记载。所有这些，如同沿途竖立的柱子，或者是标在曲线图上的时间参数的定点，因此我们就可以相当有把握地确定不同的、新的东西是在什么时间被采用的。

我们首先需要考察的是纵火战的由来。古代的中国人与所有的文明国家如古印度、古巴比伦、古希腊和古罗马一样，都掌握和运用过这种战术。但是，由于卡利尼卡斯（Callinicus）于 7 世纪在拜占庭发明了"希腊火"，这方面发生了重大变化。帕廷顿在《希腊火和火药的历史》（*History of Greek Fire and Gunpowder*）一书中令人信服地证明，实质上这是石油轻油馏分的馏出液。在汉文里，"石油"指的是天然石油，因此这种新的希腊火汽油就可以根据"猛火油"这个名称加以确定。在 10 世纪时，中国就已经有石油，而且大量使用。由此可见，在这以前中国人就对石油进行蒸馏加工了。919 年，双动双活塞压力泵被用来喷射石油。这种机器的意义特别重大，因为一直沿用以"火药"（发火的药物）为名称的火药就与它同时首次出现于中国舞台。火药实际上是"点火器"里的缓燃引信，当敌人逼近时，用以点燃汽油。

其次，我们还必须对其由来加以考虑的，是关于硝的识别和提纯。7 世纪时，这在中国已确为人知，而在 4 世纪时，葛洪（约 281—341）也几乎肯定了解，但是阿拉伯和西方世界，一直到 13 世纪上半叶药理学家伊本·白塔尔（Ibn al-Baytar）生活的时代以前，对此则根本没有提及。

在任何一个文明国家中，最早提到火药的，是一部题为《真元妙道要略》的道家炼丹著作，不管作者是否是郑思远，还是什么别的人，但可以确定，其年代为850 年前后。在这本著作中，共罗列了 30 多件道家炼丹术士所决不允许做的事情，其中之一就是把硝石、硫黄和碳源配在一起。据说，这么干曾害得他们的胡子烧焦，在其中工作的房屋也被烧毁，因而这只能败坏道家的名声，奉劝道家炼丹术士不要把这些东西配合在一起。除此之外，在制造火药方面，早期的炼丹术士还做过几次尝试。后来，在 1044 年的《武经总要》中，记载着 3 种关于火药的配方，它们是所有文明国家中最古老的配方。

一切火药合剂，如果不是密封的，只会燃烧而不爆炸，但是它们燃烧的速度则随若干因素的不同而异，其中一个因素是配料中硝酸盐的百分比。毫无疑问，在900—1300 年这一期间，硝酸盐的百分比日趋上升，从而加快了燃烧的速度，终于使火药在密封条件下产生爆炸成为现实。

于是，在最初，火药自然被认为主要是一种新的纵火物。在《武经总要》中我们见到的火球和火箭，便是利用火药来纵火。与此相应，自 10 世纪始，火药被用于制造烟火具，这时它被密封在鞭炮里和用于"罗马焰火筒"。在这之前的许多世纪，中国人就擅长用类似火药的混合物制造烟火，最古老的烟火具也由汉文中"烟火"二字得名。说中国人发明了火药，但是只把它们用于制造烟火具，并不用于战争，从历史上来看，这是十分错误的，毫无事实根据，尽管在 18 世纪及以后，不少著名人士是持有这种看法的。

接着谈谈密封问题。虽然《太白阴经》和《虎钤经》中除纵火物外，对其他一概不知，而《武经总要》则描述了薄壳弹（它有些像现代的爆竹），以及投射薄壳弹时所使用的器具"火炮"。到了大约 1200 年，硝酸盐的比例大为提高，已能在铸铁容器内装上火药，使之成为一种颇为危险的武器。于是，"霹雳炮"便为"震天雷"所取代。中国军事技术专家还把数量大得多的火药放入容器，成功地制造出地雷和水雷。

下面我们谈的是"火枪"，这无疑应看作是一切枪炮的祖先。这是一种能连续喷火 3 分钟的武器，安装在长矛柄的一端，由一名士兵双手拿着。在以前，人们长期以为，这是在守卫湖北德安府时（1127—1132）所发明。正如陈规和汤璹在一部题名为《守城录》的著作中所说，该著作写于 1140 年和 1193 年，合刊于 1225 年。但是，现在却必须把火枪的发明向前推 200 年，因为克莱顿·布雷特（Clayton Bredt）在巴黎的基迈博物馆①（Musée Guimet）里发现了一张佛教的横幅画，其年代约为 950 年，上面画的显然是一支火枪。这支火枪除了装有火药外，里头还塞满金属弹丸和碎瓷，它们随着火焰一起射出。因此，我们觉得必须提一下"Coviative projectiles"（与火焰共同射出的弹丸）了。很明显，它是装在真正的管形枪炮膛内的真正的射弹的祖先。

有时人们把火枪制造得要大得多，它们被放在架子上，只要在架子下面安上轮子，便能移动。这类火枪显然是一切大炮的最早形式，我们给它起了一个名字，叫作"erupter"（"突火枪"或"火铳"）。这个阶段的一个很重要的特点是，在真正的金属管大炮问世之前，人们早已用金属管制造火枪和爆发器了。箭头也在共载抛射物之列，后来同属于真正的射弹。

在这一方面，有必要略提一下西方世界的某些定论。大约在 1280 年，有两部关于火药和火器的名著问世，一部由哈桑·拉马（Hasan al-Rammāh）用阿拉伯文所写；另一部由古希腊人马克·格雷库斯用拉丁文所写，叫作《焚敌火攻书》。两部著作都论述了纵火器，对火箭也可能有所涉及，但是对于真正的金属管枪炮，则只字未提。后来，真正的金属管枪炮于 1327 年首次出现在沃尔特·德米拉梅特（Walter de Milamete）所著 *Nobilitatibus* 一书的两幅插图中……在此期间，罗哲·培根约自公元 1267 年曾多次提到火药，根据他的描述，我们可以假定，他拥有的大概是曾经在蒙古宫廷里服务过的修道士们赠送给他的一盒中国爆竹。

从这以后，我们要研究的金属管枪炮，其年代都可以确定了。在西方，这种枪炮多数属于 15 世纪，属于 14 世纪的并不多，但是在中国，那时却拥有大量的此类枪炮。前不久，我们已能把第一支中国金属管枪的年代追溯到 1290 年，与元世祖忽必烈对一位信奉基督教的蒙古亲王的一次叛乱所进行的镇压联系起来。因此，看来似乎是，与西方世界最古老的同类枪相比，第一支中国金属管枪要早数十年。

后来，在 17 世纪时，欧洲研制的新武器又反过来对中国武器产生巨大影响。例如，在 1511 年，"佛朗机"[②]（Frankish culverin）传入中国，随后传入的还有"鸟嘴铳"和"噜蜜铳"（拜占庭枪）。

然而，如果我们把较早的那些阶段考虑进去的话，便能看出，中国经历了火药武器的每一个时期，从火药的首次出现一直到金属管枪的问世。而在此期间，欧洲对此则闻所未闻。欧洲缺乏中国那种漫长的发展实验技术的经历，这一事实有力地证明了关于传播的问题。我们倾向于认为，传播发生于 13 世纪的最后 10 年。同时我们还设想到有某一个中国枪炮手，他不仅是最新器械方面的行家，而且还懂得不少依然保存下来的过去的实际操作方法。为了想发财致富，来到欧洲，随时准备把他的知识泄露给任何能够接受并且严守秘密的人士。但是，我们不了解他是什么时候来的，以及和谁打过交道。

大家想必已经注意，到目前为止，还没有提到火箭。这是将火药作为一种推进剂的另一发展，其重要性几乎与金属管射石炮和轻便武器不相上下。在过去，许多学者常认为它要早于火枪，但是现在我们可以完全肯定，事实并非如此。虽然在中国明末清初的战争中，各种火枪曾大显神通，它们的历史看来则不会大大早于 13 世纪。它们大概起源于一种特殊的爆竹，叫作"地老鼠"。这是一根装有火药的竹管，一经点着，便在地上向四面八方乱窜。据当时的一段记载介绍，一位太后就在放烟火时被它吓着了。然而，手持火枪的士兵们也许早已感觉到有一种相反的力量，因此很可能是这么回事，火箭的效果是在战斗中有人砍断了上面装有火枪的杆子时观察到的。不管怎样，到了 1350 年，就已有集束火箭和独轮火箭车，以及带翼火箭，甚至二级火箭，即其轨道行将终止时射出大量的小火箭的飞行运载器。也许，12 世纪晚期可以算作是火箭起源的最适当的时期。

如果在我们的心目中，认为火药必然用于战争目的，这就太令人遗憾了。土木工程师对炸药持有迥然不同的态度，因为没有炸药，也就不会有我们的现代世界。然而，不管是在 16 世纪后期以前的中国也好，西方也好，看来都难以找到火药用于采矿或土木工程的例子。尽管如此，我们必须永远记住：人类所知一切化学炸药中最早的化学炸药，在民用方面也许和在军用方面同样重要。

（李天生　译）

译　注

①该馆早先由埃米尔·吉梅（Emile Guimet，1838—1918）于1889年建于里昂。吉梅是一位法国工业家、考古学家与音乐家。他在远东收集了大量的艺术品。该馆于1884年迁至巴黎，1945年成为卢浮宫的亚洲艺术部。

②一种原始的滑膛枪。

【26】（化学）

Ⅱ—11 对东亚、古希腊和印度蒸馏乙醇和 乙酸的蒸馏器的实验比较*

把酒蒸馏得到含高乙醇成分的烈性酒的技术，在几个不同的文明中都得到发展。虽然目的是一样的，但是蒸馏器的结构却是不同的。P. E. M. 贝特罗[1]（P. E. M. Berthelot）和 F. S. 泰勒[2]（F. S. Taylor）已经讨论过西方蒸馏器的演进，李约瑟[3]也已描述过亚洲蒸馏器的发展。就我们所知，以前尚未考虑到的是各类蒸馏器的效率。这与先前讨论过的一个问题有关，即在哪儿、是什么人第一个发现了烈性的蒸馏酒。[4]

我们可以把简单的蒸馏器分为 4 种基本形式。李约瑟已经很详尽地描述并绘图说明过它们，[3] 具体分类如下：

（1）蒙古式蒸馏器，馏出液从蒸馏器凹陷的顶部落入中部的盛液器。

（2）中国式蒸馏器，类似于蒙古式蒸馏器，但增加了一个从盛液器向外部引流的侧管，以便能让馏出液连续流出。

（3）古希腊式蒸馏器，在蒸馏器壁上产生冷凝作用，冷凝液在上部的环形槽中收集，并通过一个侧管连续地引出。

（4）印度式蒸馏器，它是一种真正的曲颈甑，冷凝作用发生在冷却的接收管上。

我们用玻璃复制了这些蒸馏器的实验模型（图1~图3）。在图1b和图2b中蒸馏器的外部尺寸同样大小，以便进行精确的比较。图1b中的设备可以适用于蒙古式或中国式蒸馏器。龙头B是关闭的（同时龙头A打开，以免在蒸馏过程中形成高压），馏出液连续收集，直到盛液器盛满为止。当龙头B打开而龙头A关闭时，馏出液则可连续流出。在全部情况下，被蒸馏的液体都置于一个100毫升的圆底烧瓶

*本文系李约瑟博士与苏格兰圣安德鲁斯大学化学系讲师安东尼·R. 巴特勒（Anthony R. Butler）合著，1980 年刊于《安姆比克斯》（*Ambix*）卷 27，2 期，69 页。——编者注

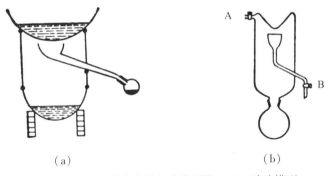

图1 （a）中国式或蒙古式蒸馏器；（b）玻璃模型

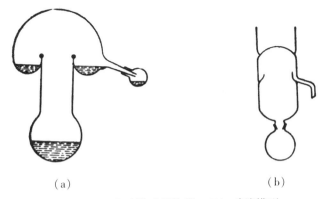

图2 （a）古希腊式蒸馏器；（b）玻璃模型

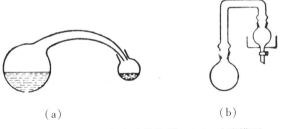

图3 （a）印度式蒸馏器；（b）玻璃模型

中，烧瓶与蒸馏器以磨砂玻璃联结，由一个带有变阻调整器的电炉加热。在需要提供冷却水的地方，一律使用相同体积（50毫升）的水。我们进行了一些包括蒸馏乙醇水溶液和乙酸水溶液的试验，以检验不同蒸馏器的效率。馏出液中乙醇和醋酸的含量用密度法，尤其是用化学滴定法测定。试验结果报告如下。

当用水冷却时，中国、古希腊和印度的蒸馏器全都是高效率的，在这种情况下，蒸馏后残存的液体几乎没有什么可回收的。当50毫升的纯低沸点液体（丙酮，沸点56℃）被蒸馏时，在所有情况下被冷凝的液体的体积都在45毫升以上。就冷却剂的有效利用而言，这足可同现代的李比希式（Liebig）冷凝器相比，在后一蒸馏器中，冷却水以逆流在冷凝表面上流动。在做这些试验时，一个事实逐渐变得明显了。中国蒸馏器的蒸馏作用明显低于印度式或古希腊式蒸馏器。因为前者所有在壁上而不是在顶部冷凝的蒸馏液都要流回蒸馏烧瓶中。古希腊式蒸馏器则能收集全部冷凝液。这或许赋予中国式蒸馏器以某些回流冷凝器的特点。

从只含有稀乙醇的发酵原液中制取乙醇成分高的烈性酒，依赖于蒸馏器使两种组分分馏或分离的能力。蒸馏乙醇的水溶液（46%的乙醇，重量百分比，50毫升），并将收集的馏出液分成5毫升一份的样品系列，从中国式、古希腊式和印度式蒸馏器获得的每一份样品中乙醇的含量见表1。三类蒸馏器表现出类似的作用。馏出液的前50%含有高浓度的乙醇（几乎是原始混合液的2倍），但是，在收集了这一部分之后，乙醇含量就急剧降低了。实际上，几乎原始混合液中的全部乙醇，都已包含在馏出液的前50%之中。

表1　利用不同的蒸馏器蒸馏50毫升46%的乙醇水溶液时，样品乙醇的含量（重量百分比）

样品（毫升）	中国式蒸馏器	古希腊式蒸馏器	印度式蒸馏器
0~5	84	83	82
5~10	83	82	81
10~15	81	81	79
15~20	78	78	78
20~25	74	75	76
25~30	58	67	69
30~35	14	24	23

列于表1的结果有两点应引起特别的注意。第一点，馏出液的成分并不是完全连续的，第一个样品主要含有低沸点的组分（即乙醇，沸点76℃），然后随着蒸馏的进行，其后每一样品中高沸点组分（即水）的含量逐渐增加。这个问题其后我们还要更详尽地讨论。第二点，三种蒸馏器得出的结果是非常类似的。尽管冷凝过程极为不同，但它们的分馏作用却是完全一样的。由于恒沸物的产生，即使用最复杂的设备，通过蒸馏的办法从乙醇中除去最后的痕量水，也是不可能实现的。所以，仅使用简单的蒸馏器，回收浓度为82%~84%的乙醇水溶液，应该说是一个值得重视的成就。

关于蒙古式蒸馏器，有一个特别令人关心的问题，在盛液器周围上升的热蒸气，或许会使馏出物"再次蒸馏"，生成更低沸点的组分。然而，没有发现这一情况。在盛液器盛满之后，使它保持平衡15分钟，这样，盛液器中液体的组成就不再变化。

利用46%的乙醇水溶液，对于直接从发酵原液制备乙醇成分高的烈性酒来说，并不是一个好的模拟方式，因为后者只含有低浓度的乙醇（约 10%）。如果乙醇含量再高的话，发酵就停止了。因而，我们进一步考察了当蒸馏稀的乙醇水溶液（7.5%，重量百分比；50 毫升）时，会出现什么情况。用中国式、古希腊式和印度式蒸馏器分别蒸馏，收集第一个 5 毫升馏出液，我们发现含有如下的乙醇浓度：中国式 59%，古希腊式 60%，印度式 58%。考虑到设备的简陋，在蒸馏中乙醇的浓度增高了 8 倍，这是很了不起的。当然，馏出物的再次蒸馏，将会得到浓度更高的乙醇。因而，从技术的观点上来看是很清楚的，制备乙醇成分高的烈性酒是相当简单的事情，而且没有哪一个文明区域的蒸馏设备显得更优越。

有人认为[5]，在乙醇蒸馏的发展过程中，引进冷却水是一个关键性的因素。当水使冷凝表面冷却时，显然在一次操作中会使更多的液体被蒸馏，但是我们发现，这对于分馏效率并无影响。不用冷却水，用中国式、古希腊式和印度式蒸馏器蒸馏重量百分比为 7.5% 的乙醇水溶液，第一个 5 毫升馏出液的乙醇含量分别为 59%、60% 和 58%，类似于水冷时获得的结果。只收集 5 毫升馏出液也许显得浪费，但是，这 5 毫升却包含了所提供的原始液体中的大部分乙醇。

从稀的水溶液利用蒸馏法分离乙醇是简单的，但是，我们必须考虑这种情况是否也适用于其他液体的混合物。从醋制备浓乙酸，是联系到 6 世纪的著作《三十六水法》中载有的一些将矿物制成溶液的中国炼丹术配方中值得注意的问题之一。[3,6] 分出低沸点的组分（即水），剩下乙酸（沸点 118℃）应该是可能的。中国式的水冷却蒸馏器在完成这一分离方面是相当低效的。稀乙酸（重量百分比 10%，50 毫升）置于一个蒸馏烧瓶中，收集 40 毫升馏出液。馏出液中酸的浓度仅略低于原始混合物（8.5%），剩下的液体是 16.5% 的乙酸。可见这一分离作用显著低于乙醇水溶液的情况。我们必须找到这一现象的原因。

有人认为，水加到乙酸中导致原乙酸 $CH_3C(CH)_3$ [7] 的形成，从而使蒸馏分离成为不可能的事。羰基基团也的确伴随着乙醛发生水合作用。[8] 我们用碳—13n. m. r. 分光镜考察了这种可能性。乙酸中的甲基和羰基碳原子在加入水时的化学光谱波长的变化结果列于表 2。羰基基团非常小的化学光谱波长变化值表明，并未发生水加到羰基上的化学变化。实际上，考虑到连接在水分子上的氢具有结合羰基氧的能力，[9] 这一化学光谱波长的变化出乎意料地小。然而，已经知道，乙酸无论是在溶液还是蒸气中，都是以二聚体存在。[10] 键合两个乙酸分子的氢键是这样强，以至于水的加入对于溶液中乙酸的结构几乎毫无影响。

表 2　乙酸—水混合物的碳—13n. m. r 谱

乙酸的摩尔数/mol	化学光谱波长移动 p. p. m	
	CH$_3$	CO
1. 00	22. 87	179. 89
0. 67	22. 43	179. 05
0. 50	22. 72	178. 81
0. 33	22. 81	178. 67
0. 20	22. 89	178. 70

　　将乙酸—水混合液的蒸馏同两种正规的有机液体（氯仿和苯）的混合液加以比较，有益于问题的说明。这两个体系的数据[11-12] 见图 4 和图 5。让我们首先考虑苯—氯仿混合液（图 4）。在 70℃沸腾的混合液的蒸气，含有 0. 15 摩尔的苯（即含有 0. 85 摩尔的氯仿），而剩下的液体含有 0. 26 摩尔的苯。因而，低沸组分（氯仿，沸点 62℃）在蒸气中的增加并不大，虽然两种组分沸点的差别是明显的（苯的沸点 80℃）。可见，用简单的、单次的蒸馏是不可能分离苯和氯仿的。需要重复蒸馏，而分馏柱可以实现这种操作。乙酸—水混合液的沸点曲线（图 5）类似于苯—氯仿混合液的沸点曲线，并且实现两种组分的分离是同样困难的。这两种混合液都是正常的，不需要用假定形成乙酸的水合物来解释为什么不能用蒸馏法实现分离。

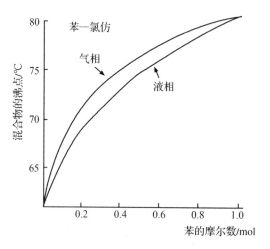

图 4　苯—氯仿混合液的沸点组成图

　　当人们考虑到乙醇—水混合液的沸点图[13] 时，上述看法就显得更有意义了（图 6）。在 86℃沸腾的混合液的蒸气中，含有 0. 52 摩尔的水（即含有 0. 48 摩尔的乙醇），而在此温度下的残留液含有 0. 90 摩尔的水（只含 0. 10 摩尔的乙醇）。因

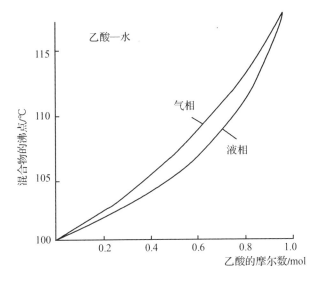

图 5 乙酸—水混合液的沸点组成图

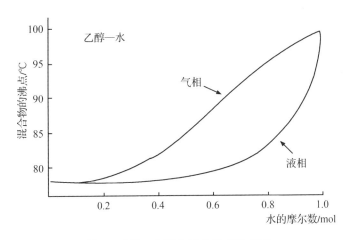

图 6 乙醇—水混合液的沸点组成图

而，乙醇和水的绝大部分分离可以在单次蒸馏中实现。在这一方面，乙醇—水混合液不同于大部分其他混合液。其原因可能涉及存在于乙醇—水混合液中的氢键类型。关于乙醇—水混合液的反常性质已被 F. 弗兰克斯（F. Franks）和 D. J. G. 艾夫斯（D. J. G. Ives）详细描述过。[14] 假若这一混合液没有这种异常的性质，那么在现代蒸馏技术发展之前，含乙醇成分高的烈性酒，还有白兰地、威士忌、杜松子酒和茅台酒，都不可能被人们发现。这一事实在人类历史上或许并不是没有意义的。用蒸馏法便可轻而易举地分离乙醇和水的情况，意味着使用哪一种类型的蒸馏器是无关紧要的。不过，根据本文报告的实验工作，我们可以认为，在分馏能力方面，这些蒸馏器哪一个也不比其他的更优越。

致 谢

感谢圣安德鲁斯大学的史密斯先生为我们的实验制造了玻璃蒸馏器。

（李亚东 译）

参考资料

〔1〕 M. Berthelot：*La Chimie au Moyen Age*，Impr. Nat.，Paris，1893. Photo. repr. Zeller，Osnabruck，philo（Amsterdam，1967）.

〔2〕 F. Sherwood Taylor：*Annals of Science*，No. 5，p. 185（1945）.

〔3〕 J. Needham：*Science and Civilisation in China*，Vol. V，Pt 4，C. U. P.，in press，（a）p. 63（b）p. 167.

〔4〕 Lu Gwei-Djen，J. Needham，and D. Needham：*Ambix*，No. 19，p. 69（1972）.

〔5〕 E. O. Von Lippmann：*Zeitschr. f. angewandte Chemie*，No，25，p. 1680（1912）.

〔6〕 Ts'ao T'ien-Ch'in，Ho Ping-Yu，and J. Needham：*Ambix*，No. 7，p. 122（1959）.

〔7〕 *McGraw Hill Encyclopedia of Science and Technologsy*，4th ed.，i. p. 37（New York，1977）.

〔8〕 R. P，Bell，M. H，Rand，and K. M. A. Wynne-Jones：*Transactions Faraday Society*，No. 52 p. 1093（1956）.

〔9〕 A. R. Butler：*J. Chem. Soc. Perkin* Ⅱ p. 959（1976）.

〔10〕 F. H. MacDougall and D. R. Blumer：*J. Amer. Chem. Soc.*，No. 55，p. 2236（1933）.

〔11〕 G. Povarnina and V. Markova：*J，Russian Physico-Chem-ical Society*，No. 55，p. 381（1924）.

〔12〕 D. Tyrer：*J. Chem. Soc.*，No. 101，p. 1104（1912）.

〔13〕 P. N. Evans：*Industrial and Engineering Chemistry*，No. 8，p. 260（1916）.

〔14〕 F. Franks and D. J. G. Ives：*Quarterly Reviews* No. 20，p. i（1966）.

【27】（化学）

Ⅱ—12　中世纪早期中国炼丹家的实验设备*

一、引　言

炼丹术主要是在中国由道家进行实践的，他们相信以此可以无限期地延长人的寿命。炼丹有若干种方式和方法，其中之一包括丹药（elixir）的制备。为了了解他们炼丹的过程，有必要研究一下他们的实验仪器和设备。在这方面，我们能得到的最丰富的资料就是《道藏》，这是由1000多部道家著作组成的文集。

对《道藏》的起源值得作一个简短的叙述。我们将采用陈国符的研究结果[1]。在唐开元年间（713—741），玄宗皇帝收集了大约3000部道家著作，而在748年就制出了这些文本的若干份副本。几年以后，这些书的大部分在安禄山和史思明发动的两次暴乱期间被损坏了。第二次收集文本是在咸通年间（860—874），收集了大约5000部著作，当黄巢企图推翻朝廷时这些书也遭受了同样的厄运。另一次收集工作是在宋代进行的，宋真宗先命令王钦若，后来命令张君房给文集编排目录。这项工作于1019年完成了，并把它命名为《大宋天官宝藏》。在徽宗年间（1101—1125）进一步发现的著作使文集由4565部增加到5387部。在政和年间（1111—1118），第一次为整个文集的印刷制作了印版，这就是《万寿道藏》。这里我们可以指出，古希腊炼丹家的著作的现存手稿没有早于1000年左右的。然而，古代中国在大约1115年就以印刷形式为我们提供了文本。

很遗憾，《万寿道藏》并没有像它的名字那样是永存的，因为不久以后它成了战火的牺牲品。印版的一部分落入了金人的手中。1164年金世宗编制了《大金玄都宝藏》，它是根据这些印版和一些所能找到的其他的道家著作编成的。在两年之中完成

---

* 本文是李约瑟与何丙郁合写的，原载于 *Ambix* 杂志3卷，2期（1959年6月），原文末还有其他学者参加的讨论，此处略译。——编者注

的这套新的"道藏"包含 6455 部书。但是在 1202 年保存印版的天长观被烧成灰烬。1244 年宋德方印出了《玄都宝藏》包含 7800 部书——在 10 年间其中的一些印版是元朝皇帝宪宗烧毁的。元世祖又一次毁坏了保留的印版和文本,那时道教和佛教的教义在他的朝廷内发生了冲突。这对道家文献造成了最大的毁坏,许多著作永远地消失了。

在明朝(1368—1644),为恢复"道藏"作出了努力。在 1444 年《正统道藏》印刷出来了,1607 年编出了补编《万历续道藏》。这些印版安全地保存到 19 世纪末,到义和团期间全部被烧毁。1923—1926 年间上海的商务印书馆又重新印刷了保存在北京的白云观的《正统道藏》和《万历续道藏》。现在,我们通常所得到的文本都是来源于这最后的一版。

1933 年曹元宇最先研究中国的炼丹设备[2]。他用中文发表了一篇文章,题目是《中国古代金丹家的设备和方法》,在随后的几年里,巴尼斯(Barnes)[3] 和威尔逊(Wilson)[4] 各自写了一篇英文摘要。李乔苹[5] 在他的书中也有几页提到了炼丹的设备。最近黄子卿[6] 和袁翰青[7] 也分别用德文和中文作了进一步的简要介绍。在本文中我们已从《道藏》取得了更多的材料,旨在对这个问题的处理上比曹、李、黄或袁更彻底。我们的一些解释,诸如对东亚类型的蒸馏器的解释,同以前提出的看法有本质的区别,其他方面如下降式(*per descensum*)蒸馏法使用一个竹管子等,以前则从未提到过。

二、史　料

我们的史料来源包括 20 多部不同的炼丹著作,都是来自《道藏》。因为将会经常提到它们,所以给它们编排一个目录将是方便的,只要可能就同时写出著者姓名、各个著作的写作年代以及它们在标准目录中的卷册。

书　名	著　者	年　代	Weiger 目录号码	翁独健 目录号码
1.《还舟秘诀养赤子神方》 (长生不老灵丹之秘方与胚胎营养之妙法)	许明道	12 世纪后期	W/229	E/232
2.《太清石壁记》 (石室内的记载:一篇太清经文)	楚泽	6 世纪早期,含有 3 世纪的材料	W/874	E/880
3.《黄帝九鼎神丹经诀》 (黄帝九鼎神丹经书之解说)	无名氏	唐或宋,但与 2 世纪的古老材料相结合	W/878	E/884

书　名	著　者	年　代	Weiger 目录号码	翁独健 目录号码
4.《大洞炼真宝经九还金丹妙诀》（根据大洞真正宝贵炼丹经书编写之九还金丹之神秘教义）	陈少微	唐朝，不晚于9世纪	W/884	E/890
5.《太上卫灵神化九转还丹砂法》（太上老君九转还朱砂神奇炼丹法）	无名氏	不详	W/885	E/891
6.《九转灵砂大丹》	无名氏	不详	W/886	E/892
7.《玉洞大神丹砂真要诀》（关于玉洞大神朱砂真实要素之解说）	无名氏	不详	W/889	E/895
8.《丹房须知》（炼丹房须知）	吴悞	1163	W/893	E/899
9.《石药尔雅》（矿物与药物同义词词典）	梅彪	806	W/894	E/900
10.《稚川真人校订术》	葛洪	4世纪，但可能还晚些	W/895	E/901
11.《感气十六转金丹》（利用"感气法"炼制十六转金丹）	无名氏	（宋朝）14世纪前	W/904	E/910
12.《修炼大丹要旨》（大力丹炼制要领）	无名氏	（宋朝）14世纪前	W/905	E/911
13.《金华冲碧丹经秘旨》（冲天金花丹经书秘密解说）	彭耜	1225	W/907	E/913
14.《还丹肘后诀》（炼制还丹之手工操作法）	葛洪	4世纪	W/908	E/914
15.《诸家神品丹法》（炼制神丹之各家之方法）	孟要甫，又名玄真子	14世纪前	W/911	E/917
16.《铅汞甲庚至宝集成》（铅汞金丹佳文集成）	赵耐庵	808	W/912	E/918
17.《通玄秘术》（探索奥秘之秘诀）	沈知言	864	W/935	E/941
18.《太极真人杂丹药方》（太极真人关于杂丹药方的专题论文）	无名氏	不详，但根据冒名作者的哲学的含义可能属于宋朝	W/939	E/945
19.《庚道集》（炼丹术步骤文集）	无名氏	不详，但在1144年后	W/946	E/952

续表

书　名	著　者	年　代	Weiger 目录号码	翁独健 目录号码
20.《周易参同契》	魏伯阳	2 世纪中叶，相传的年代是 142 年	W/990	E/996
21.《云笈七签》	张君房	998—1022 年之间	W/1020	E/1026
22.《上阳子金丹大要图》(上阳子的金丹要旨论文的插图)	陈致虚	1331 年	W/1054	E/1060

三、设　备

1. 实验台

中国炼丹家所用的新式实验台是"坛"（平台或祭坛）。关于它的大小和结构没有作什么特别的规定。W/904 是一本宋代的书，W/904（第 8 页正面）给出了它的一个图解说明（图 1），同时给出了下面的注释：

"灶（炉子）是'药炉'（化学炉），'鼎'（容器）被称为'砂盒'（封入了朱砂），'神室'（有魔力的反应室）是'混沌'（混沌的世界）。"①

同一部著作（第 7 页背面）描述该图解时说：

"造一个三阶坛（平台），其高（总高）三尺六寸，平台是正方形的，它的周长是十尺。"②

注意这段描述与图解本身中给出的尺寸并不相符。

W/893 这也是一本宋代的书，在 W/893（第 5 页背面）中我们找到了龙虎丹台（龙和虎图案的平台）的两个图示说明（图 2）以及下面的叙述：

"《参同录》说：'在炉下面是坛（平台），坛由一级叠一级的三级组成，每级面向八个方向，有八个口子'。"③

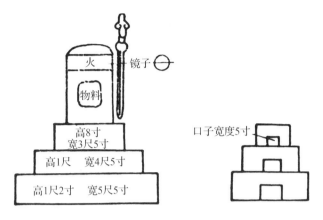

图 1 炉形台，取自 W/904（宋朝）

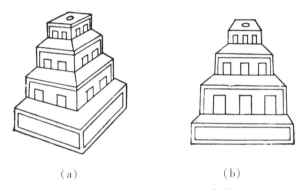

（a）　　　　　　　　　　（b）

图 2 炉台，取自 W/893（宋朝）

在宋代，坛的建造绝不是标准化的，从图 3 给出的另一个例子我们可以看到这一点，图 3 取自 W/1020（卷 72，11 页背面）。文中说："坛可根据各人的方便而造。"（"坛随便宜"，见《云笈七签》）这意思是建造坛并没有固定的规则，但它可以为适应某种情况，例如炉子的大小及实验室的大小，而造成不同的形式。

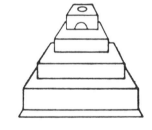

图 3 炉台，取自 W/1020（宋朝）

看到一个阶梯形炉台是令人奇怪的，这炉台看起来就像贝特罗（Berthelot）及杜瓦尔（Duval）研究的 10—11 世纪的叙利亚的炼丹术著作（尽管手稿直到 16 世纪才写出来，p. 113）中所描述的那样。

2. 炉和灶

尽管"灶"这个字一般指的是厨房的炉子，但此处"炉"和"灶"这两个字都指的是炼丹家的加热用具，它们有多种不同的形状。由于文本中没有使用前后统一的专门名词，所以在某些情况下加热用具表示火炉，在另一种情况下，它又必须表示烘炉或燃烧室。

W/1020，一本宋代的著作，在 W/1020（卷 72，11 页正面）中描述炉子的一种形式时说：

> "炉子形成了鼎（反应器）的保护壁。如果没有这些壁，就会出现有害的影响（来自外部）。从顶到底，从一边到另一边来看它都像一个蓬壶，它象征着五神山（五岳）。平台由三阶组成，燃烧室有八个口子。十二支标志和月份按北斗（大熊座）方式安排……华池炉（蒸发醋的炉子）高四尺、厚六寸，内部周长三尺五寸，口子的尺寸是二寸，共有八个。"④

同书（第 11 页背面）还告诉我们有关"太一炉"的情况。书上说：

> "太一炉放在平台上面，它高二尺，厚六寸，内部周长三尺五寸，每个口子高二寸，宽半寸，在周围的十二个凸出物（支）都是一寸宽。平台可以为适应某种情况而造。而华池炉高四尺，厚六寸，有八个口子，它还有一个二寸的边……"⑤

下面是 W/904（第 7 页背面）中的另一处描述：

> "在平台上面的是灶（炉子），在灶上面的是鼎（反应器），在鼎里面放的是神室（有魔力的反应室）。"⑥

梁朝的一篇文字 W/874（第 14 页正面）描述了丹炉（炼丹炉）的结构，书上说：

> "铁棒（铁镣）被固定在炉子的底部，应该有，比如说，十二根或十三根，每根都是一尺长，截面为四平方分。它们被排放在凹陷的空间（堑）上方的位置上（为了形成一个炉栅），彼此相距二分。在铁棒的下方有一个空间，铁棒被放在地面之上（更确切地说是在炉基之上）二寸的地方。丹炉中心有一个宽四寸半的通道。炉子前后的口子使空气能够进出。火在铁棒的上面被点燃了，气流把它吹旺……"⑦

图 4 给出的是"偃月炉"（倒月炉），取自 W/1054
（第 9 页背面），W/1054 代表的是一本元代的著作。这炉
子顶部是平的，在顶的中央有一个为容器或坩埚而开的
口，以便火焰可以蹿出来。文中说：

图 4　炉子，取自 W/1054
（元朝）

> "炉的（上）表面周长（也许是指直径）接近一
> 尺二寸，它中央的口子从一头到另一头共是一尺。它
> 周围的边是二寸宽，二寸厚。口子是向上开的（托
> 住）锅釜（锅和坩埚），就像一个倒月，因此得名偃月炉（倒月炉）。在张
> 随的注释中它也被称作威光鼎（强光反应器）。"⑧

偃月炉可能就是在 2 世纪中期魏伯阳在 W/990（卷 1，第 32 页背面）中提到的
那种炉子。

W/878 中解释了如何把坩埚放在灶（燃烧室，烘炉）内鼎的上边，书上说（卷
7，4 页正面）：

> "在灶（燃烧室）内放有一个铁制的鼎，最好是由生铁做的。药釜
> （密闭的容器）放在鼎的上边并把它调整到燃烧室的中部为止，应该小心
> 以便它不会向一边倾斜。这四边距燃烧室的壁应该大约是三寸半远，燃烧
> 室应该比容器高二寸。米糠（燃料）应定时地放在坩埚的四边，并在加热
> 过程中随时添加米糠，这是必要的，以免由于火焰的强度不同而使加热不
> 均匀。"⑨

就一般的加热来说，容器只要放置在炉子的上边，火由
下边提供就行了。见图 5 所示，图 5 取自宋代的著作 W/1020
（卷 72，20 页背面）。另一个例子是由 W/939（第 5 页正面）
给出的。它给出的阳炉（图 6）可以提供更强的火（武火）。

在中国的博物馆里可以看到具有很好的炼丹用途的神
炉。例如，在北京的中国科学院考古研究所有一个扁平的圆
锥形的陶制物，它很像一个有着洞穴的山，这些洞是为了让
木炭或其他燃料燃烧后产生的烟跑出去，4 个杯状的托架支
承着一个有盖子的蛋形的壶，在炉子的顶部安装了一个烟

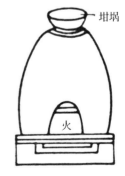

图 5　炉，取自 W/1020
（元朝）

囱。在河南中部禹县发掘出来的这种设备很适合于持续的缓慢加热过程（1955 年的《考古通讯》上有插图）。

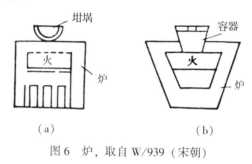

图 6　炉，取自 W/939（宋朝）

3.　反应器 "鼎"（三脚支撑物、容器、锅）和 "匮"（盒子、容器、坛子）

"鼎" 这个字通常代表三脚支撑的锅，例如中国考古学中的青铜鼎是很著名的，但炼丹家的以这种名称而著名的器具，不仅代表这种反应器而且代表其他各种可以在外面用火加热的反应器。也许炉和鼎最大的区别在于前者在其内部有火，而后者在其外部被火围着。鼎本身可能有一个内反应室，物料就放在内反应室中。

最早的关于这种反应器的叙述是在 2 世纪魏伯阳所著的《周易参同契》（W/990，卷 3，11 页背面及以下各页）中找到的。书上说。

"鼎颂：它的周长三五（即一尺五寸），（它的厚度是）一寸一分，口的周长是四和八（即十二寸，此处英文误译，应为三寸二分）。它的凸缘厚二寸。总体高十二寸（即一尺二寸，中国十寸为一尺），各处厚度都是均匀的。……阴〔气〕（即反应器）待在上面，而阳〔气〕（即火）在下面燃烧。在每个月（阴历）的月初和月末都用武火，但在月中用文火。开始加热 70 天，再过 30 天之后，里面的东西完全混合好了，并再加热 260 天（总共是 360 天，即 12 个月）……"[10]（此处译文不同于吴鲁强和戴维斯的译文[8]）。

W/889（第 2 页背面）提到 5 种类型的鼎：

"第一种叫金鼎（金制的容器），第二种叫银鼎（银制的容器），第三种叫铜鼎（铜制的容器），第四种叫铁鼎（铁制的容器），第五种叫土鼎（陶制的容器）。"[11]

图7取自宋代著作 W/1020（卷 72，10 页正面、10 页背面），展示的是金鼎（金制的容器）。该书还给出了下面的一段描述：

"根据规格，鼎的高度为一尺二寸，重七十二两。鼎的总数是九（或译为：'它们共有九个'）。内部周长是一尺五寸。鼎被腿支承着。这样它离地面二尺半。基部厚二寸，壁（或外壳）厚一寸半。高度填充至六寸高时，它的容积是三升半（接近 100 立方寸）。盖子一寸厚，耳形捏把一寸半高。"[12]

在该书的同一卷（第 24 页背面）里我们发现了鼎的另一个图（图 8）。它有一个盖子，它的装饰物更是精心制作的。

图 7　金反应容器，取自 W/1020（宋朝）　　图 8　带盖的反应容器，取自 W/1020（宋朝）

元代的著作 W/1054（第 8 页背面）给出了一幅悬胎鼎的插图（图 9）及下面的一段说明：

"这种鼎的周长是一尺五寸，它是中空的，内部直径是五寸。它有一尺二寸高。像一个蓬壶，它也象征着人的身体。它由三层组成，对应于三种力量（三才）——天、地和人。鼎的上部和中部由同一条竖直的通路连接起来。上部、中部和下部必须放置吻合。（鼎）被放到一个炉中深度为八寸的地方，或者被悬在一个灶（燃烧室）内，以便它不与（炉，或灶）底部接触。因此有了悬胎鼎的名称。它也被称为朱砂容器——朱砂鼎。在张随的注解中它也有'太一神炉'的名称。"[13]（曹元宇混淆了"悬胎鼎"和"偃月炉"，他称前者为"威光炉"，称后者为"太一神炉"）

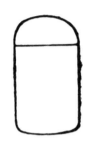

图 9　"悬胎"反应容器，取自 W/1054（元朝）　　　图 10　坛子，取自 W/904（宋朝）

　　从上面的引文我们能够看出有时要想区别"鼎"和"炉"是很困难的，因为这两个词可以指同一种器具。

　　就所有提到的例子来说，鼎都是以三条腿的锅即三脚支撑物的形式来表现的。但是腿经常被省掉了，因为人们在中国的博物馆（例如在西安和在郑州的博物馆）可以看到相当大的铸铁锅，其口处的直径大约一尺，它始于汉朝，一定是被用作炼丹或工艺制剂。再则，正像我们前面指出的那样，"鼎"这个词具有较广泛的含义。例如，"混沌鼎"就没有附着的腿，这是取自宋代的著作 W/904（第 6 页背面），如图 10 所示。事实上，现在它成为普通的反应室。

　　按照一种"养火"（保持旺火）方法，我们可以看到在反应室上方及周围都有火，在反应室下边放置一个装有水的接收器，燃烧室内的空间充满了灰烬。根据一本唐代的书 W/912 中描述的另一种方法，我们发现在反应容器的四周各处都有火。图 11（取自这部著作的卷 1，9 页背面）展示了炉和鼎及如何保持旺火。在这种情况下用的燃料是木炭。

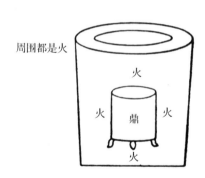

图 11　炉与反应容器，取自 W/912（唐朝）

　　其次，我们知道了称作"匮"（盒子、外罩、容器）的是什么，它的作用跟鼎（反应容器）极为相似，因为在匮中安置了一个反应室。有时匮本身形成反应室。在 W/939 中有几种匮的插图，如图 12（a）取自第 4 页背面，（b）取自第 5 页背面，（c）取自第 8 页背面，（d）取自第 10 页背面。有些匮纯粹是容器，结构简单。同一部著作（第 14 页背面和第 15 页正面）也提到了下面类型的匮：黄芽匮、白虎匮、黄匮、悬针匮、立制匮、糁制匮、涌泉匮、天生黄芽匮等。在 W/946 中有对其他类型的匮的进一步叙述。图 13 就是取自这部著作（卷 1，3 页正面）中的一个例子。在同一著作中（卷 2，15 页正面）我们也发现了对砒匮的描述：

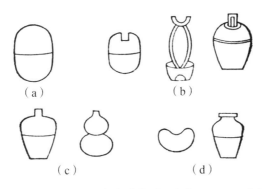

(a)　　　　　　　　　(b)

(c)　　　　　　　　　(d)

图 12　坛子（匦）和反应容器类型，取自 W/939（宋朝）

"把紫河车（铅制品）制成粉末。每两砒末用一两半河车（铅制品）粉。搅拌混合之后把它们放进一个坩埚中。开始是弱火，逐渐增加火的强度，煅烧过后用残渣制成一个匦，对保持（'养'）粉霜（甘汞）来说，这是最好的办法。"[⑭]

图 13　反应室，取自 W/946（宋朝）

在同一部专著（卷 7，11 页正面）中提到的另一个例子是一种用"青盐"（蓝色盐，岩盐）和白盐及从竹竿中榨出的汁而制成的匦。这种方法最初一定是采用了一种耐火黏土。在这方面，在中国中古时代后期关于鼓风炉的叙述通常提到"盐"以及黏土、石灰和沙子，这是有意义的。在别处提出了这样的看法：在这些情况下确实是指石膏（硫酸钙），因为在它的传统的名字中有"盐枕"和"盐根"之说，这两个词可能都是从地层关系衍生出来的（李约瑟[9]：Vol. V，Pt. 1）。石膏仍然用于制作灰浆和水泥。除非文中漏掉了一些字，我们这里所引的直截了当的陈述对不具备这方面知识的人来说可能意味着令人失望，而对那些受过炼丹训练的人来说则可能意味着可以完全理解。在 W/912 唐代一部重要的著作中给出了匦的其他的例子。

4. 密闭的反应容器或皮应弹——神室和药釜（由两个类似坩埚的口对口放置的碗构成的容器）

除了更多坩埚或者碗形的反应容器外，还使用过多种密闭容器。无疑它们与阿拉伯—西方炼丹术所用的坛子有关。在某些情况下，如果它们是用金属制作的，在它们当中产生比大气压高得多的压力，这是很可能的。在其他情况下，它们被用作升华。图 14 取自 W/907（卷 2，2 页正面），是在宋代使用的反应室的插图之一。

另一个重要的封闭容器是"药釜"（由两个类似坩埚的口对口放置的碗构成的

容器）。下面是对它结构的一段叙述，取自 W/874（第 14 页
正面和背面），这部著作可能是在梁朝时写成的（6 世纪）。

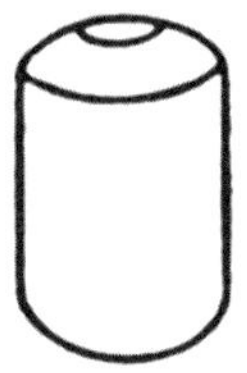

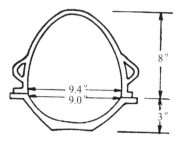

图 14　反应室，取自 W/
907（宋朝）

　　　"制作药釜的方法：

　　　　下部的铁碗（'铁釜'）的容积为一斗，其直径九
寸，高度三寸。在其底部，与火相接触的地方，厚度是
八分，在四边厚度是三分。上部和下部的碗是等厚的。
基部是平的。各处的凸缘都是一寸半宽，三分厚，它也是平的。两边的把
手三寸长，三寸半宽，它们位于凸缘之上（英译文有误，应为……三寸
长，距上部凸缘三寸半）。上部的碗（即盖子）是陶制的。它的直径是九
寸四分，高是八寸，厚是三分。因而盖子（比下部的碗）曲率更大，它的
凸缘也做成平的。药釜用作初步处理物料，因而制成这样大小。物料被精
炼之后，就被送到一个小釜（小容器）。（它的大小是）口部直径六寸，釜
高二寸半，此外（其下部碗的）形状和其他尺寸同药釜的完全一样。它盖
子的直径是六寸二分，高六寸，而且它的形状和其他的尺寸与药釜的没有
什么区别。"[15]

推测的药釜的图形如图 15 所示。

　　药釜的尺寸肯定不是标准化的。例如在宋代著作
W/1020（卷 68，27 页正面）中讲述药釜时给出的数
值是不同的。

　　中国炼丹家在描述药釜时提到当时使用了紧密贴
合的表面。具有平滑的包边的铁碗在中国早就进行生
产了。唐代的李皋（733—792），用贴合得很好的铁
碗和盘来进行实验，以至没有空气能够进去，而且不
至转移其中容纳的液体。李皋曾使用边缘磨得很光滑

图 15　"弹"式药釜复原图，
取自 W/874（梁）

的铁碗。任使君大约在 780 年也做了类似的实验。按照这种做法，在为乐器调音时
可以通过用不同量的水填充到完全合适的各套容器的方法来测定调音的准确度，要
想进一步了解详细情况，可参看李约瑟作品（Vol. Ⅳ, Pt. 1）。但是到一定时候就会出
现不吉祥的发展趋势，那时在地球的这一边第一次出现了有烟火药弹，这发生在 12—
13 世纪。在同一部著作中将讲述这段史话（李约瑟。Vol. Ⅴ, Pt. 1）。

5. 蒸汽设备、水浴器、冷凝器和冷却套

在这一点上，我们的讲述必须从炼丹术和化学还没有从烹调技术发展起来以前的史前时期开始。在新石器时代（公元前 1500 年以前），中国人发明了一种独特的容器——鬲，它的形状像一个做得很坚固的陶壶，鬲有（或没有）提把，但是它的底部平稳地陷入三个中空的、鳞茎状的腿中，往往像人的乳房。这种烹罐的用处大概就是使食物与火提供的热更多地接触，而不是为了可以在同时分别烧三种不同的食物。图 16a 所示的是两种典型的陶制的鬲（据 de Tizac 的文献）；此外在世界各地的博物馆还保存有丰富的样品。这种形状的鬲持续使用到商朝和周朝，而后用青铜器代替了陶器。有时这种容器可以有一个固定的盖子，盖子上有一可以填充东西的洞和一个可以倒出东西的嘴。有一个令人信服的考证是，三脚锅（鼎）来源于鬲的鳞状腿的收缩。

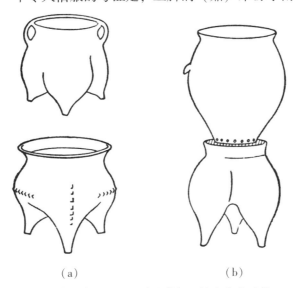

（a）　　　　　　　　　（b）

图 16　（a）陶鬲容器；（b）陶甗蒸锅。皆出自公元前 3000 年

正如大家所知，许多世纪以来，用谷物（面粉）做馒头的这种典型的中国方法不是烤而是蒸。所以鬲是一种二层容器的形式，在其顶部有一个简单的锅，锅的底部有一些孔使蒸汽上升来蒸熟生面团。但关于这些容器的类型，我们不能谈得太远。也就是说可以通过顶部的容器是否与底部的分离来区别（例子可参阅朱槿的文献[10] 及 Willetts 的文献[11]：Vol. I，pp. 125ff）。前一类型的蒸汽锅叫"甗"，而后一类型叫"甑"。在商周时期早期的粗制的陶器制品以精制的青铜器形式而保存下来，它有可活动的环形捏把。在陶器时代，"甗"比"甑"更普遍。安德生（Andersson）1947 年发现了其底部打孔的上部容器，显然是想把它放在口有凸缘的鬲的上边（参见图 16b）。我们今天在中国的博物馆（例如在西安的中国科学院考古

研究所）里就可以看到这些样品。

　　大约公元前 1300 年商朝的一种青铜甗的样品，如图 17a 所示，图 17b〔前者据 Bushell（1914），后者据 Bishop（1956）〕给出的是周朝早期的类型。上部容器的底有孔，还有一个可移动的盘子，（当整个容器是一个整体时）格栅呈各种形式，圆洞形，狭缝（长条）形，十字形等，呈现五花八门的图案。一种可能曾构成甗的底部的青铜鼎的样品，是大约公元前 500 年的鼎（现在山东省博物馆），在有鳞茎状的下部容器的顶部周围呈现出成形很好的水封边缘。

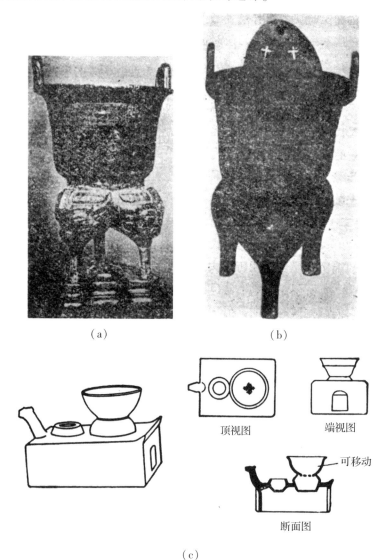

（a）　　　　　　　　　　　　　（b）

顶视图　　　　　　　端视图

可移动

断面图

（c）

图 17　（a）商代的青铜甗，约公元前 1300 年；（b）周朝早期的青铜甗，约公元前 1100 年；（c）长沙出土的炉与蒸汽锅墓葬模型（西汉）

在秦汉时期，就有很多书提到这些容器。例如，在《周礼》中——这本书可能是公元前 4 世纪的，至少是公元前 2 世纪的，甑和与它密切相关的鬲（《周礼》卷 12，7 页；Biot 的译文，卷 2，537 页）一起被提到了。此类很多青铜容器在商朝、周朝和汉朝就有了，现在还陈列在博物馆里或被私人收藏着。

汉代陶制或青铜制的墓葬炉，在它的顶部普遍都有一个有专门用途的孔，设计这个孔是为了把甑或鬲的下部容器搁在炉子中部的凸缘上。在西安的中国科学院考古研究所的这些炉子之一，有一套装置三个顶的容器，第一个容器有供蒸汽通过的粗糙的孔口，第二个容器有一些细孔，第三个容器没有孔而为水浴加热[12]（图 17c）。因为这些容器年代为公元前 2 世纪到 2 世纪，如果它们确实不是先于亚历山大里亚（Alexandria）的犹太女人玛丽（Mary）所创制的水浴器（玛丽浴盆，the "bain-marie"）[13]，那么它们就是同时期的。另一个例子是，在甘肃省博物馆，有一个有长条孔的三条腿蒸汽盆，它装在一个放在炉子上的大盆里，在这些之上还有一个有三条腿的小盆，小盆的坚固底部是无缝隙的，只受蒸汽供热。所有这些烹饪用具与炼丹术士的实验室设备之间的密切联系是显而易见的。

甑呈两个坩埚的形状（上部坩埚有带孔的底）之后就会在冶金上（特别是有色金属）有很大的用途。当热到足够程度，熔化的金属就从上边放物料的地方落下来，而不易熔的金属氧化物残渣和熔渣则留在上部的容器中。在叙利亚，这整套装置叫作 bot-bar-bot（大坩埚小坩埚），这个词变成拉丁文就是晦涩的 botus barbatus（Berthelot & Duval 的文献[14]：pp. 58，149）。它被用作制备铜、铅、铁、锡、汞等的合金，其中的一些很像银。对于这种器具来源，更多的线索包含在贝特罗和杜瓦尔翻译的从 9—11 世纪的阿拉伯—叙利亚的无题目的炼丹术论文中，文中说："它将落下来形成一个像中国铁的块。"这种"中国铁"（Khār-Sini）或者是金属锌的或者是著名的白铜合金（铜锌和镍的混合物），中国制造这种合金几个世纪之后西方才知道它。最早提到白铜的参考资料之一可能就是大约 230 年张揖编的字典《广雅》。它在 9—10 世纪的阿拉伯人贾比尔文集中的出现，就是说明当时中国的影响的证据之一。但是这可能更早时就被使用了，故另一部纯粹的叙利亚论文集——这也是由贝特罗和杜瓦尔翻译的，年代为 7—9 世纪，而且它与早期古希腊文献密切相关——就曾谈到"两个双耳细颈酒坛，其中之一被穿了许多孔"。

在这些文本中，把鼎分成两类——"火鼎"（热反应容器）和"水鼎"（冷却容器）。火鼎的热量是由外部提供，有时在鼎的四周各处，有时只在底部供热。这实际上是上面已经描述过了的鼎。但水鼎含有水，可以连同火鼎一起使用。根据它所处的位置，它可以使火鼎内部局部冷却以便于升华和冷凝，或者可以阻止在沸水

和蒸汽之上的反应物的温度升高。图 18 取自 W/908（第
1 卷，第 25 页正面），可能是晋代（265—420）的一部著
作，它用图解表示了水鼎在一次炼丹过程作为冷凝器所
处的位置。这种排列方式使我们很清楚地看到了蒸馏的
早期阶段，我们下面就要更详细地提到。

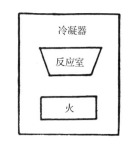

图 18　带有凝结器的炉的图，
取自 W/908（秦朝）

　　W/907 描述的水浴器就是如同宋朝炼丹术士使用的
叫作"火盆"（火碗）的东西，它只不过是有三条腿支
撑的装有木炭的盆。图 19 取自这部著作（第 4 页正面），
展示火盆和叫作"甑"的东西组合在一起，尽管实际上显示出的只有炉子，而蒸锅
并没有画出来，留给读者去想象。此文对这种器具作了如下描述：

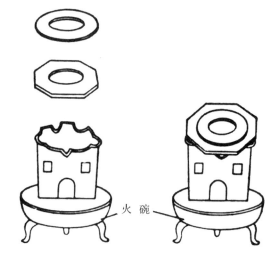

图 19　炉与蒸锅，取自 W/907（宋朝）

　　"（蒸锅）下面放置一个火盆。砖直到放平为止。在（火盆的）顶部造了一
个甑（蒸锅），它高一尺五寸，直径一尺二寸。在中部东、南、西、北
（子、午、卯、酉）四个方向各开一口子，在顶部与蒸锅的口连通。这五
个口子能使火从顶部的口子蹿出来，（壁）应该是很厚的。蒸锅的口是圆
形的，其直径五寸，一块方瓦切成两半，方方正正地放在加热器上，而另
一块边长为一尺二寸的瓦在顶部。（这套器具）既要用水也要用火。'丹
鼎'（反应容器）悬在中心（大概是在蒸汽包围之中）"。[16]

　　在宋代炼丹术著作中讲述了凝结器和水套的非常特殊而复杂的结合。从 W/907
中可以非常容易地看到，为了进行更复杂的实验是如何把这些设备的不同部分装配
起来的。书上说（卷 1，1 页正面）：

"神室的建造方法:

八两纯金(足色的金)用来铸成'混沌胎元合子'(混沌的胎形的密封的容器;反应室),它呈一个蛋形或圆球形。然后再用一两纯金制成一个有孔的管子('气管'),其孔与硬币的孔一样大,气管的长度应超出反应室约半寸。反应室(的容积)应足以容纳'丹坯'(炼丹药坯,即物料),它应该既不太大也不太小。当物料被放进去以后,就用赤石脂(红玄武土)同金土(一种土)和醋混合,将接合处封起来,并晾干。

八两银子(白金)用来作水海(漏斗形的蓄水器)。下端从鼎(反应容器)的口上伸进去到达深度约为二寸的地方。当这两者很合适地结合起来之后,水海的下端与金管相连接,以便水可以(向下)流进(金管)。接合处被赤泥(一种封泥或者说由红玄武土和泥土构成的密封用的一种混合物)封得很结实,在灌水以前要晾干。

外鼎(外部的容器):这是用陶器制成的,它容积的大小应足以嵌入反应室和两斤银('白金'),因此它必须既不太宽也不太窄。如果它太大了,那么空间就要由与醋混合的黄土来填充并把它晾干。然后在金反应室嵌入之前再放进银来调整,直到把空隙填塞满了,并且各处是均匀的。银再放在顶部直到(反应室)被覆盖起来。在反应室上面放一个纸环来标记水海(蓄水器)的位置。用银填充了(鼎)之后,银水海经过一个洞放到纸环标记的位置上,然后摇动鼎直到每件东西都完全挤塞在一起,外边被紧密地封好以后才把(容器)悬浮在燃烧室中。"[17]

图20取自这部著作(卷2,2页正面),它用图示说明了反应室(b)和水海(a),也说明在火鼎(c)中它们是如何装配起来的。其图例跟我们看到过的很类似。文中说:

"八两纯金用来铸成'混沌鸡子神室'(神奇的混沌蛋形反应室)。再用一两黄金来制作水管('水管子'),其底端是封口的,阻止水通过。它长约四寸,向下插入'混沌盒'(混沌的封密容器;反应室)的基部。其顶端附着于由八两银制成的水海,接合处都用赤石脂(红玄武土)和矾石(明矾)紧密地封起来并晾干。管子在反应室内的部分充满了水。"[18]

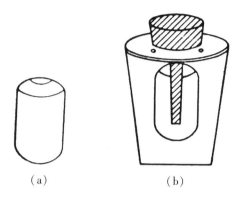

(a)   (b)

图20　水冷却反应容器，取自 W/907（宋朝）

这部著作随后又讲了配料装进之后的过程。文中说：

　　"（反应室的）接合处被封死了。然后把它放到一个陶制容器（'土鼎'）中，内部空间用银珠来填充以便不留下任何间隙。在银水海贮水器被放置在顶部之后，外部（用封泥）涂上一指厚的一层。晾了半天之后就把（容器）悬在燃烧室中。在（容器）的下边及四壁供火，首先用五斤木炭。当烧掉一大半的时候需要再加五斤（英译文有误，应为"三斤"）木炭，每一昼夜需要添加两三次。"[19]

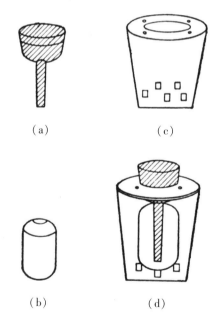

(a)   (c)

(b)   (d)

图21　另一种带有中心冷却柱的水冷却反应容器，取自 W/907（宋朝）

另一个例子也取自同一部著作（卷2，18页正面，如图21所示）。关于这些器具特别值得注意的是，在这套器具顶部的大容水器，因为它与独特的东亚类型的蒸馏器中主要的冷凝盆的位置完全一致（参见下文）。

水海贮水器和附加管子的效用一定要受温度的控制，以保证从反应物中放出的处于沸点的水的存在。把一端堵死的管子插入反应室中心就意味着反应物可以在中心被冷却。我们在同一部著作中发现了许多其他的恒温技术的近似方法。第一个精心的做法是在中部冷却柱引入一个球状物，如图22（第2卷，第16页背面）所示。第二个精心的做法是采用两个球，如图23（第2卷，第10页正面）所示。在同一卷（第5页背面和第6页正面）中给出了这套设备中更复杂的器具，中心管子把上部的水海贮水器或冷凝器与其下边建造在反应室侧壁内的水隔连接起来（图24）。

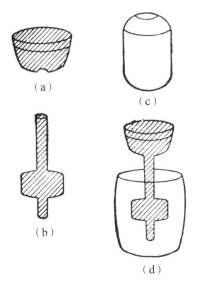 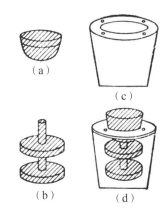

图22　带有圆球的中心冷却柱，取自　　　图23　带有两个圆球的中心冷却柱，
W/907（宋朝）　　　　　　　　　　　取自 W/907（宋朝）

几种其他类型的冷凝系统与已经提到过的那些有关，呈现出真正的冷水套的形状，并在同一著作中作了描述，如图25~图29所示。人们可以看出增加冷却表面的目的是怎么样的。显然13世纪炼丹家关心的头等要事就是控制反应物的温度，防止它升得太高。由于扩大了冷水套的范围，他们可以为反应物选择任何希望达到的温度。图25（卷2，8页背面，第9页正面）给出了一种冷水套，在其另侧装有上部充水的管子。图26（卷2，7页正面）给出了外部水套的另一种形式。图27（卷2，11页背面，12页正面）所示的是一个冷水套形成一种更复杂类型的冷凝器。图28（卷2，13页背面）所示的是一种完整的冷水套。在"三水筅"（三水管）反应器中，由三个管子从外边提供冷却水，正如图29（卷2，3页背面，4页正面）所示。

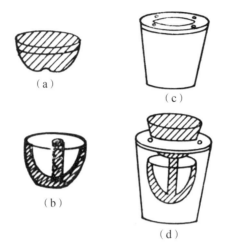

图 24　中心冷却柱与冷水套，取自 W/907（宋朝）

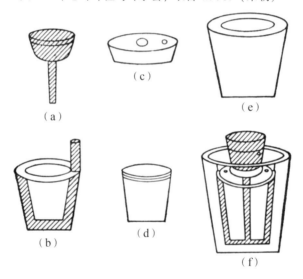

图 25　一项类似的设计，取自 W/907（宋朝）

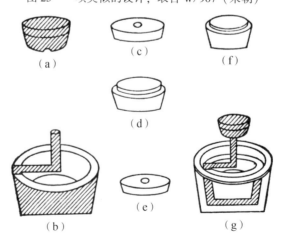

图 26　进一步的冷水套设计，取自 W/907（宋朝）

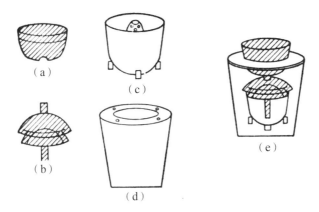

图 27 带有冷水套的反应室，取自 W/907（宋朝）

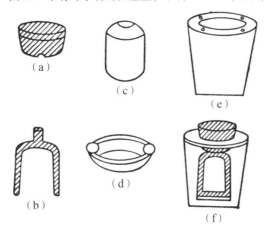

图 28 全套的冷水套，取自 W/907（宋朝）

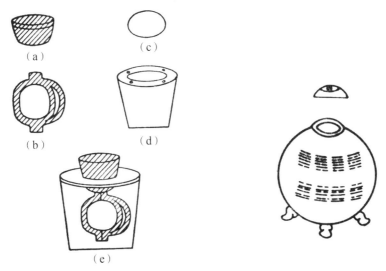

图 29 利用三个管子对反应容器进行周界冷却的系统，
取自 W/907（宋朝）

图 30 升华器，取自
W/905（宋朝）

6. 升华器

升华容器的最简单的形式就是有一个可移动的盖子的罐，在其底部局部供热以便使盖子下表面上的易挥发物能够冷凝下来，因此可以很容易把它取下来。图 30 所示的是一种"汞容器"（汞鼎），这是取自一部宋朝的书 W/905（卷 2，第 3 页背面）。它当然是用作升华的器具。升华物附着在盖子上（银盖），在工作结束时用一根羽毛把它刮下，收集起来。似乎药釜类的容器（参见前面）通常用于这种操作。周朝和汉朝的具有可移动盖子的青铜的三脚罐在博物馆中是相当普遍的，它们通常呈球形，有时在盖上有环形把，好像是为了系上提链。

如果我们的阐述是正确的话，那么所有最有意义的中国古代化学器具中的一种就是用作升华的器具。在第二次世界大战时（1943）南京大学文学院（后来迁到四川成都）曾展出了不平常的青铜器，从它的铭文中可以得知它的名称是"虹器"（钉镫）[15]。我们在图 31a、b 复制了它〔承李晓园（Li Hsiao-Yuan 之音译）博士提供样品〕。在同一个呈扁平球形的圆三脚容器之上，有一个具有被半球形圆盖覆盖的滑动壁的圆柱形隔间。两个有宽大空腔的管子与下部容器相连，一边一个，管子的顶部与圆盖的顶部相连。管子上面的一半和盖子可以卸下来；卸下来之后，与底部不直接相连的中心圆柱体可以被边上的把手抬起来拿开。铭文中写道，"阎翁主铜钉镫一具"，即"一个属于阎翁的虹器"。在湖南长沙的一个墓中发现的这类东西据考证是后汉时期（1—2 世纪）的。

图 31a "虹器"（"钉镫"）（约 1 世纪，后汉），可能用于升华（正面图）

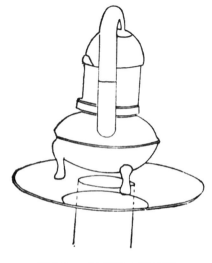

图 31b "虹器"（侧面图）

最近，在长沙的进一步发掘提供了另一个例子（参见图32）。其大小与前面提到的很类似（例如高度大约34厘米），但是在年代上更早一些（前1世纪）（《长沙发掘报告》，1957年，115页）。它没有任何铭文。报告的作者认为这个东西是一种灯，但这难以令人相信，因为没有任何空间可供光照射。我们必须选择这种观点：把要挥发的物质放在容器的下部，以便蒸气通过管子上升并在上部的隔间冷凝下来，也许要用冷的湿布包着。写报告的作者说在发掘出容器时，在上部隔间发现了一些蜡制样品，这一定意味着是被混合而成的汞膏。

其他仅有的例子，在很久以前就已在一部研究文物的著作中用图作了说明。这部著作就是《西清古鉴》。它是梁诗正在1751年写成的（卷30，第二次增补是在1793年完成的，卷13，33页背面，34页正面）。在这里我们绘制了后者的图（图33），我们可以看出它失去了中心圆柱形的壁。编者把前者叫作"镫"，而把这后者叫"锭"，即一个热盘（这是此字最早的含义之一，后来意思是锭，最后意指锚）。

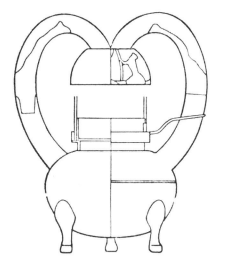

图32　最近（1957）在长沙出土的另一个"虹
　　　器"，大约在前1世纪。前汉时期

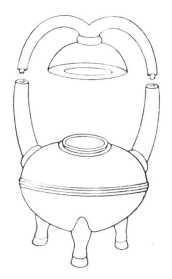

图33　"虹器"，取自汉代内府藏品

7. 蒸馏器和萃取器

西方关于用升华法从朱砂中提取金属汞的过程的最早描述者，通常认为是狄奥斯科利德（Dioscorides）。他说把朱砂放在一个铁碟中加热，此碟则是放在一个罐中，在此罐上边还盖有一个罐[16]。在整个历史中朱砂是中国炼丹家为制备丹药而使用的最重要的天然原料之一。尽管我们不能确切地知道他们何时开始把朱砂转变成汞，但我们有证据可以证实，在汉朝（公元前2世纪）初期他们就知道了这种方法。《神农本草经》清楚地表述了朱砂可以转变成汞[17]。可能最早的记载是在大约公元前 120 年的《淮南万毕术》中，因为此书作了同样的陈述（《太平御览》，卷988，6 页）。在前节中，我们已经谈到在中国古代为这个简单的过程而使用带有可移动的盖子的各种密闭容器。

（1）下降蒸馏法。

古代或中古早期的另一种方法是"下降蒸馏法"。一些长颈罐装满了朱砂矿，并用泥将其口松松地堵住，然后把它倒扣于另一些罐上，再把它们埋在地下。在来自上部的热量的作用下，由于氧化作用而放出的汞落入下边的接收器中，二氧化硫则通过"曲颈甑"的多孔壁逸出。我们不知道欧洲何时第一次用此方法。然而这种方法无疑出现于 W/884（第 1 页背面）中，这是唐代的一部著作（7—10 世纪）。文中说：

图 34　用于下降蒸馏法的竹筒，取自 W/884（唐朝）

　　"十六两光明砂（一种高级的朱砂）可以提取十四两汞[18]。这种方法就是用竹做个筒子，经修切后只留下三节，在中部隔片上打上药丸大小的孔，或者与筷子粗头那样大的小孔，使水银可以流下来。首先把两层蜡纸放在中部隔片的上面。然后把朱砂磨碎了并注入（竹筒的上部，最上层的隔片当作盖子）。随后把竹筒用麻布裹起来，把它蒸一天，然后用黄泥整个涂上厚约三寸的一层（此处英文错译，中文原书为'可厚三分'）。把它埋在地下，使顶端与地表面一样高。竹筒的各方向必须封严防止漏失，然后把柴火堆积在顶上烧一天一夜，直到热已渗透到（竹筒的）上部，汞将全部流入下部而没有任何损失。"[20]

在一部宋代著作[19] W/1020（卷 68，9 页正面）中重复了同样的说明。关于这种器具的一幅推测出来的图，示于图 34 中。

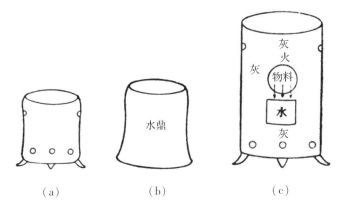

图 35　为下降蒸馏而设计的炉子，取自 W/904（宋朝）

在另一本宋代著作 W/904（第 2 页正面，第 2 页背面）中，我们发现了一种三腿炉子的插图，另一个图告诉我们在设备中火力是如何保持的，估计可能产生低的但均匀而持续的热。图 35 所复原的同样的一套图也包括了水鼎的图形，水鼎在此情况下可能是一个部分充水的接收器。文中解释说：

> "这炉子是用土或烧过的黏土制成的，其内部是空的，高二尺二寸，直径一尺二寸。靠近顶部有两个口子，靠近底部有三个口子。水鼎（水接收器）是瓷制的，它的容积大约有三升，水鼎的口部与反应容器大小完全合适。无论何时用水鼎（水接收器）都要用沸水充到其容积的十分之六或十分之七。燃烧室内的灰是由于纸的燃烧而产生的。"[21]

所有这些清楚地表明了另一种"下降蒸馏法"。顺便说一下，它也可能为上面我们提到过的紧凑的表面或凸缘提供了进一步的证据。

在一部 808 年的唐代著作 W/912 中，我们发现了另一种"养火"（保持火力）方法的图示说明（图 36）。这里反应室各边除了底部之外都被火包围着，底部与一个埋在地下的水接受器相连。

在一部我们经常引用的宋代著作 W/907（卷 2，42 页）中，我们能看到关于"下降蒸馏法"的另一个例子，这与阿格里柯拉（Agricola）描绘的设备极为相像，而且和舍伍德·泰勒（Sherwood Taylor）[20] 复原的狄奥斯科利德（Dioscoridean）设备非常相像。它给出了"磁石榴罐"（石榴形的瓷制容

图 36　下降蒸馏法用炉，取自 W/912（唐朝）

器，图 37）。这只是一种带一个多孔塞的瓷长颈甑［实际上是一种石榴罐（am-bix）］，可用于把朱砂转变成汞并可用于下降蒸馏。这个装有朱砂的长颈甑倒置于一个坩埚子上，类似陶罐 lopas，其中装一些醋。连接处用封泥（相当于 pelos）封得很严密。然后在上面加火。这样汞就生成了，并通过多孔塞流入（下面的）坩埚中。当然，尽管这种设备与狄奥斯科利德的类似，但是却有相反的用途，即它是作为一种下降器具而不是一种升华器具来使用。

作为结束关于"下降蒸馏法"的讨论，我们给出另一个例子，取自《岭外代答》。此书是周去非于 1178 年写的。书上说：

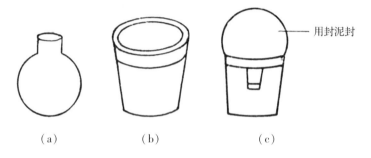

图 37　下降蒸馏法使用的"石榴"容器，取自 W/907（宋朝）

"邕州（在今广西壮族自治区境内）的人把朱砂转变成汞。他们用铁来做上部和下部的碗状容器（釜）。上部容器盛放朱砂，用一个有小孔的铁盘使朱砂与下部容器隔开。下部容器盛水，并埋在地下。这两个容器口对口结合起来，就在地平面密封在一起。然后用强火加热，加热到朱砂变成蒸气并与水接触的时候，它冷凝沉降下来成为（液）汞。"[22]

（2）东亚型的蒸馏器。

现在我们必须讲述至今在传统方法中仍在使用的两种最有特色的东亚蒸馏器的类型。最简单的形式就是我们知道的蒙古式蒸馏器，参见图 38，这是取自霍姆尔（Hommel）的著作。[21]

由下面的盆（釜）中的沸腾液体产生的蒸气再置于上面的盛有冷水的类似的盆的下表面冷凝下来，汇集到放置在一个架子上的碗中，这个架子建在由木质圆柱形桶状壁（桶）组成的空间的中部。这样的蒸馏器是用于制备从发酵的马奶中馏出的乙醇。比较进步的形式（图 39），就是全中国都知道的用于从发酵的糯米、高粱、小米或其他谷物制取类伏特加酒，实际上它跟前面摘录的材料讲的一样，只不过在锡镴收集碗上装了一个侧管（漏斗），形成像老式陶土制的长烟斗那样形状的东西，使馏出物穿过木制的壁而转移到接收器中。一个木制的漏斗（木筒）可以把馏出物

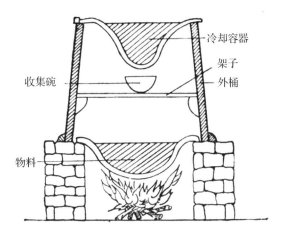

冷却容器

架子

外桶

收集碗

物料

图 38 蒙古式蒸馏器（据 Hommel 的著作）

导入一个立着放在盛有冷水的小桶中的陶制容器里。我们将把它作为中国式蒸馏器。当然，这两种类型的蒸馏器都需要放置在灶上。图 40 展现的就是一种中国式蒸馏器，是在安徽省桐城市附近拍摄的，在左边可以看到传送管，在右边可以看到从水冷却器伸出来的溢流管，以保证冷却水平面不变[22]。图 41 摄自江西省樟树市临江镇，示出冷凝器倒置着，它有两个把，其中之一是空的，用作溢流管。图 42 亦摄自同一地方，它示出了收集碗和倒置的侧管。

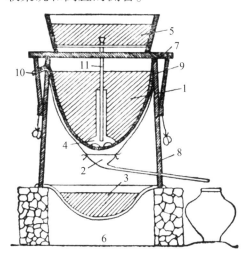

1. 锡镴冷凝器 2. 锡镴收集碗和侧管 3. 铸铁碗形成蒸馏器的底部 4. 锡镴漏斗 5. 木质贮水器 6. 火 7. 木框架 8. 蒸馏器的管形侧面 9. 装满沙的缝合布垫 10. 溢流管 11. 冷凝器加水用的带有木塞的木管

图 39 中国式蒸馏器（据 Hommel 的著作）

文献中对这些蒸馏器的描述看起来是很稀少的。我们发现的中国式蒸馏器的唯一的中国风格的插图刊在《农学纂要》上，这部书迟至 1900 年傅增湘才写成，但在写法上是传统方式的（卷 2，31 页背面）。在图 43 中我们复制了这个插图。这里

图 40　安徽省桐城市中国式蒸馏器（Hommel，p. 142）

图 41　江西省樟树市临江镇中国式蒸馏器（倒置）的锡镴冷凝器（Hommel，p. 144）

图 42　江西省樟树市临江镇中国式蒸馏器（倒置）的锡镴收集碗和侧管（Hommel，p. 144）

显示出与精薄荷油的制法有联系。宋应星在 1637 年写的著名的《天工开物》卷 17 中，涉及酒的制法，却没有给出中国式蒸馏器的插图，这是令人遗憾的。

　　除了《道藏》中炼丹术的著作以外，我们知道关于蒸馏器没有任何其他的中国中古时期文献进行过描述。但是我们希望对寺庙壁画及中国各地石窟壁上描绘的日常生活的壁画的进一步研究可以发现一些蒸馏器具图。这里我们能够提供的只有一个例子，图44所示的是甘肃省万佛峡（榆林窟）石窟壁画中的一个酿酒场景（取自敦煌文物研究所1957年发行的复制小册子，段文杰编）。其年代可追溯到西夏时期（1032—1227）。我们猜想对壁画的进一步研究将会发现在右边有一个连接冷却桶的侧管；如果不是这样，那么它就是一幅蒙古画，而不是中国式蒸馏器的画，而且在其中部还放置了一个收集碗。

欧洲人画的中国式蒸馏器的图画，或者欧洲风格的图画，在过去的200年里是相当普遍的。通常人们只能看到在器具的顶部有一个侧管和一个盛放冷却水的大碗状物。图45示出一幅收藏在维多利亚-阿尔伯特博物馆（Print Room 11—12，no. 31，D83—1898）的18世纪后期的彩画手稿，它无疑是收录在梅森（Mason）的书[23]（pl. XXIV）中的彩色图片的原作。容器的背面刻着"常醴"（一种普通的祭祀用的酒）这两个字。（在）李乔苹的（英文版本而不是那两本中文版本）书中199页我们可以看到一个完全不符合传统的、粗糙的图。但是未提及它的来源。

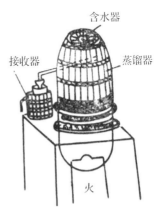

图43　中国式蒸馏器，取自《农学纂要》

图44　酿酒景象图，西夏时期

（3）蒸馏器的发展。

这些事实是如何与已知的关于蒸馏器的一般发展史相适应的？奇怪的是在贝特

图45　18 世纪晚期中国酿酒蒸馏器手稿图

罗和谢伍德·泰勒（Sherwood Taylor）的关于蒸馏器演变的经典理论中却没有考虑纳入东亚的这两种类型的蒸馏器[24]。应该记住的是，他们把狄奥斯科里德（Dioscorides）描述的汞升华过程作为他们的出发点，而长颈甑状的容器即 *ambix* 倒置于一个盛朱砂的铁碟上，此碟放在陶罐（*lapos*）中，参阅图 46（b）。这个阶段本身就是从可能的最简单的加热锅和盖的结合产生出来的，参见图 46（a）。下一步发展是把两个器皿的口更合适地对接在一起，上部的那个器皿的边缘向里折而形成一个环形的槽来接受冷凝液，这大概可以被看作是所有蒸馏头的原型，参见图 46（c）。尽管我们已表明它是这样安排的，但是最先达到同样的目的毫无疑问是给下部容器一个有环形边缘的圆顶盖就可以，在四周把冷凝液流入这个环形边。早在公元前 3000年，这种类型的美索不达米亚蒸馏器实际上是由利维（Levey）复原并研究的，这可能说明前面提到过的有一个环形边的周朝青铜鼎（约前 500）是这类器具的一种，不过它很像 Tepe Gawra 锅，它的盖已不存在了。利维也描述了类似的器具通过孔把环形槽与主体连接起来；它们可能是用作提取器，用于提取的原料放在边缘里。毫无疑问，这种类型的器具就是"带架子的坛子"的原型。阿拉伯和后来拉丁的炼丹家把带架子的坛子用作升华器。再往后增加一个或更多的侧管，把馏出液从环形槽传送到一个较冷的环境中，参见图 46（d）。也许可以说蒸馏工艺在这里才真正开始，因为在此时才认识到，尽可能快地从热蒸气中把冷凝液抽走，蒸馏过程就可以连续进行下去，直到完成。在第一批古希腊炼丹家，像犹太女人玛丽（Mary）、克利帕特拉（Cleopatra）和伪德谟克利特（pseudo-Democritus，1 世纪）（见 Taylor 的文献[25]、Berthelot 的文献[26]：pp. 127ff.，132，136，161，163）的时期，这方面的技术已经发展到这个阶段；的确，进一步说，关于玛丽（据 Zosimus 的文献）所描述的备有作为回流冷凝器外部水槽（参见：Berthelot 的文献：p. 138；Taylor 的文献：pp. 195，196）的蒸馏器头，参考图 46（e），后来在 4 世纪，葛洪的同时代人佐西摩（Zosimus），则增加了一种形式的蒸馏器，就是用一个直径大的容器以便蒸发表面，以适合于在较低的温度下也能够进行蒸馏（Taylor 的文献：pp. 198ff.）。这些设计式样一直使用到 18 世纪而基本上未变[27]。

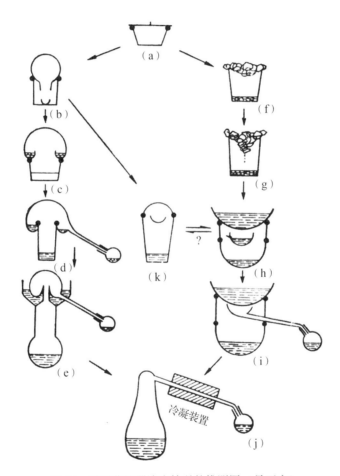

图 46　说明蒸馏器演变情况的推测图（见正文）

　　所有这一连串发展阶段（这是完全可以接受的）都是以引致蒸馏器头出现的盖子最初凹向蒸馏空间为先决条件的。冷凝液就要沿各个方向向下流到边缘，这就促进了环形槽的发明。如果原始的盖子凸向蒸馏空间，那么就可以看到冷凝馏出液流向中心点，并到达最低点才落回到蒸馏器主体内，这样就引起了收集碗的产生，参见图 46（h）（蒙古式蒸馏器）；后来收集碗又接上一个侧管，参见图 46（i）（中国式蒸馏器)。按惯例凸碗应盛放冷水,但是这种设计的起源是什么呢?也许谢伍德·泰勒在提到获取 pisselaion (柏油) 的技术时已经给出了答案,而且狄奥斯科利德 (Dioscorides) 对此问题也作出了回答 (见其所著的 *Materia Medica*,Ⅰ:205)。这种方法就是把一团干净的羊毛放在热的柏油的上方,通过挤压而回收蒸馏油,参见图 46 (f)。采用这种方式,可以很容易得到我们需要的凸面。观察蒸馏液从这样一个大的羊毛塞或毡塞的中部回流是不难想象的,参见图 46 (g)。具有特色的东亚蒸馏器的形式 (图 46h、i) 可能来源于此。为了完善这个论点我们很高兴引证从该文化区得来的有关的具体的证据,就是以丝棉塞住用于溶解反应的竹管。在大约成书于梁代即 6 世纪初期的《三十六水法》中,对此有所叙述 (对此书的研究将是曹天钦、何丙郁和李约瑟的另一论文题目)。

发展的最后一个阶段 (图 46j)——此时蒸馏器头被省去了,或者说其重要性大大降低了,冷凝器的部件全部用到侧管——这很自然地成为两条发展路线的最后结果。由于有一度侧管成为器具的一个固定的组成部分,因而可以逐渐看出来,如果蒸气一形成就马上移开,这样就可以大大提高产率,以至蒸馏器头和收集碗都可以省去。如果"侧管"足够长的话,本身就可以发生冷凝作用。而且我们发现,在某些情况下古希腊炼丹术士很早就不用蒸馏器头了,因为又出现了一套器具,在这套器具中蒸馏器的颈部大大地延长了,并拐成一个直角,再延伸进一根管子,在管子的底部是一个接收器 (参见:Berthelot 的文献:pp.140,163;Taylor 的文献:p.192)。然而这种方式会促使蒸馏产物在侧管沉积,而将其移开是困难的。不过它直接导致产生古时在化学上称作"曲颈甑"的这类器具。在产生这种器具的年代,西方最典型的形式还不清楚,尽管在贝特罗和杜瓦尔[28] 研究的叙利亚一个手稿中有个很好的插图。可惜的是,尽管这些手稿断代为 10 世纪左右,并且含有某些老的材料,但是有关的手稿不会早于 16 世纪,所以该图可能是那个时候的。实际上画这幅图用的是与绝大多数插图完全不同的另一种风格。我们知道,关于典型的"曲颈甑"没有任何中国画。

欧洲最早的靠水套冷凝,而且带有侧管的蒸馏器的插图似乎是约·魏诺德·德维特利·卡斯特罗 (Joh. Wenod de Veteri Castro) 在 1420 年画的,它展示的是从啤酒提取乙醇的蒸馏装置 (参见:Ferchl & Süssenguth 的文献[29]:p.48;Forbes 的文献[30]:p.85)。盘绕的或螺旋形的侧管似乎也是 15 世纪的一项进展,因为它出现在希伦尼默·布伦斯奇威克 (Hieronymus Brunschwyk) (参见:Ferchl & Süssenguth 的文献:p.47;Forbes 的文献:p.84) 的著作《蒸馏的艺术》 (*Liver de Arte Destillandi*) 中。现代的回流冷却器是 18 世纪末期发明的,这除了其他人外还应归功于冯·魏格尔

(C. E. von Weigel)，大约在 1771 年（见 Forbes 的文献：p. 255）的研究。

不应该认为在近代化学工艺中东亚蒸馏器类型没有起什么作用，也不应该认为所有的蒸馏器都是从古希腊炼丹术士的蒸馏器派生出来的。由布雷斯福德·罗伯特逊（Brailsford Robertson）和赖伊（Ray）[31] 1924 年为在溶剂的沸点温度下连续提取固体物质而设计的器具与蒙古蒸馏器大致相同，只不过在提取布氏漏斗中的固体之后（这些工匠很惊奇他们的方法类似于阿尔及利亚的阿拉伯药剂师传统应用的方法；参见下文），馏出液可滴回到蒸馏器主体内。实际上东亚蒸馏器的原理就是最近代化的高真空分子蒸馏器的基础。在这样的条件下，非水或接近非水介质中有机化合物的分馏就可以完成了，因为每种物质的分子都有一个特定的平均自由程。通过调整给予体和接受体表面之间的距离就可以做到准确分离。在华希博恩（Washbourn）蒸馏器中，物质升华到冷却管的凸底上，在希克曼（Hichman）蒸馏器中收集碗和管子完全是中国风格的，用于去掉"蒸馏—升华物"，此产物在上部冷却，器顶部凝聚下来并向下流到它的中心点。在莫顿（Morton）作品[32]（pp. 118ff）中我们可以找到对这些蒸馏器的一般描述。在莫顿和莫里森（Morrison）[33] 的著作中我们看到了一幅"中国"类型的高真空蒸馏器的很好的照片图。

（4）中国炼丹家的蒸馏器。

现在我们能够研究中国中古时期炼丹术著作中描述和描绘的蒸馏器具了。一般说来，我们有两种经常提到的器具形式，即"未济炉"（初级炉）和"既济炉"（完成炉）。图 47（a）和（b）取自 W/893（第 9 页正面），一个 12 世纪的文本。可惜流传到我们手里的这部著作并没有描述器具的这两个复杂部件的作用。但是根据曹元宇、李乔苹和黄子卿的观点，在未济炉中，反应配料装在 A 中，冷水器在 B 中，而 C 则用作水的入口和蒸气的出口。炉的上部（他们认为在此供火）有一个带孔的顶。于是在 A 的周围加热，与此同时在 B 的四周的空间充满着灰。应该强调指出，这些解释是上述三位现代作者提出的，而不是那本著作本身告诉我们的。我们将表明，对于在已经描述过的"下降蒸馏法"的各种形式的器具中，水和火相应的位置，他们搞混了。在既济炉中反应配料装在 B 中，冷水装在 A 中，他们认为（我们相信这是正确的）从 B 下面供火。所有这些形式的器具都用一种封泥或密封剂封起来。

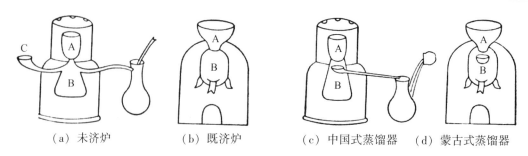

　　　(a) 未济炉　　　　(b) 既济炉　　　　(c) 中国式蒸馏器　　(d) 蒙古式蒸馏器

　　　图 47　东亚蒸馏器示意图（a、b），取自 W/893（宋朝）；c、d 为示意重绘图

　　从曹、李、黄的解释中，要想看出如此清晰地绘制在图 47（a）右手边的容器的使用目的是比较困难的。但可以肯定它一定是蒸馏器的接收器。此外，右边初看起来像管子的尚未解释的两条斜线肯定可以解释为水流源源不断地流到接收器中而使它冷却。下面提到的印度的一幅画与上述情况完全一致。我们的中国式图样可能被制图员歪曲了，他们并不很明白他们复制的是什么。另一方面"入口" C 可能已画成向外伸出，而横卧式的管子则画成作为蒸馏器主体的延伸部分，并没有过分"使专家失望"（正如古希腊炼丹术士所做的），而是"使外行泄气"。我们从 W/894（一部 806 年的文本）中引录下面一段话：

　　　　"因此我认识到，圣贤们并不希望他们的精妙而有效的方法能够为碰巧无意中发现它们的一般人所理解。他们有意识地使他们的过程复杂化以使智者能够孜孜不倦地研究它们，而一般人舍弃它们，实际上是轻视它们。"[23]

如果我们的猜测是正确的，那么我们可以马上得到这两种类型的东亚蒸馏器，如图 47（c）和（d）中两种推测的图所示。在两种情况下，A 是水冷凝器，而 B 则是蒸馏器的主体。既济炉实际上是蒙古式蒸馏器，在其中心有一个简易收集碗；而未济炉是有较多改进的类型或中国式蒸馏器，在其中的馏出液由一个侧管从收集碗引出。

　　在另一个文本（W/895，第 1 页背面）中我们发现了另一种式样的未济炉的图，如图 48（a）所示。这部著作的年代是 4 世纪（晋朝），是葛洪和佐西摩所处的时代。在一部肯定是宋朝的文本 W/907 中，我们也发现了两个图，一个是未济炉，如图 49（a），另一个是既济炉，如图 49（b）。如果我们假定中国式蒸馏器就是我们所描述的那样，由此我们重新复原了这两幅未济炉的图，那么我们就可以得到图 48（b）和图 49（c）。对于前者，人们可以设想，在画家画它以前，陶土制烟袋锅状的收集碗和侧管被吊在器具前面，毫无疑问在某些道观的炼丹室里是这样。对于后者，我们需要讨论，要么是它的变体，在其变体中心收集碗有两个侧管，正如我们重绘的图 49（c）中所示那样，要么就是在画家画它以前碰巧有两个收集碗吊在蒸馏器前面。如果前一解释是正确的话，那么它本身就表明它与古希腊炼丹家的器具极其相似，因为人们经常会看到备有两个侧管的蒸馏器，即 *dibikos*（参见：Berthelot 的文献；pp. 132，138；Taylor 的文献：pp. 117，136，137）。实际上它出现在一部最古老的文本 *Chrysopcia of Cleopatra* 中，现在只留下一页插图。采取这种安排大概是为了尽快地把馏出液从蒸馏器内的热气中转移出去。

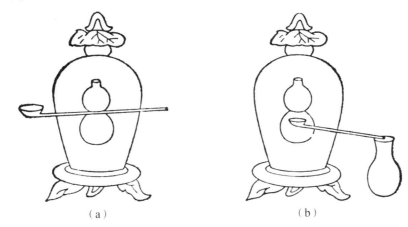

（a）　　　　　　　　　　　　（b）

图 48　中国式蒸馏器（a），原载 W/895（晋朝），（b）重绘图，如文中解释

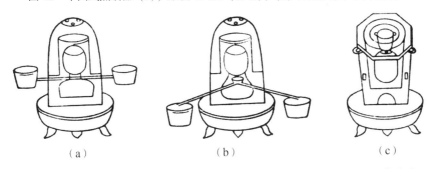

（a）　　　　　（b）　　　　　（c）

图 49　东亚蒸馏器，取自 W/907（宋朝），（a）中国式蒸馏器；（b）蒙古式
　　　蒸馏器；（c）中国式蒸馏器（作为 *dibikos* 这种形式的示意图）

我们的假定是，图 47（a）、48（a）和 49（a），所示的是还没有为使用而装配好的中国式蒸馏器，这个假定在道理上似乎是相当正确的。但是在它们和古希腊的回流冷凝器（Kerotakis）的一幅插图（图 50）〔参见：Marc 的文献 299；Berthelot 的文献：p. 146；Taylor 的文献：p. 134〕之间仍然存在着令人感到迷乱的相似。众所周知，这种回流冷凝器的基本形式是：中部有一个长的圆柱形容器，其下盛有沸腾的水银（汞），顶部有一个调色盘式的冷凝器，放着一些小铜片或铜合金片；于是，由于其作用像回流提取器，这种器具可用来制备金黄色的合金或含汞量为 13% 的铜汞合金[34]。在手稿中许多地方这种容器都是以球形出现的（参见：Berthelot 的

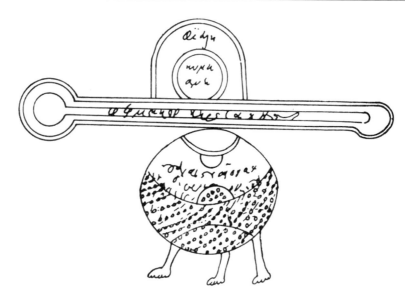

图 50　古希腊炼丹家（Marc，299，f. 195v.）的回流冷凝器的形式之一

文献：pp. 148，149；Taylor 的文献：p. 134），只在一幅图中，"冷凝器"作为一个被大大拉长的物体而出现，把两个圆的部分分开，正如我们在图 50 中所见。在这幅图中，它的说明与其他图的说明也有一点不同。最上面的一圆形物标明为 *Phiale*，这是蒸馏器头的标准术语，最下面的一个称为 *Palaistiaion Kaminion*，即"直径为一掌长的小炉"。在这个空间下面，容器最底部的火罐，可以推测为放灰而穿了一些孔。"回流冷凝器"上载有这几个词：*Pharmakon Kerotakes*，即"药物的冷凝（*kerotakis*）"；就在它的上面，那个小内圆标明为 *Kumbane*，即杯子。因此就产生了这样的想法，即这个杯子可能和那长的卧式组件的左手端球状物本身是一种东西，在此情况下就可以认为这整套器具与我们已经介绍过的中国式蒸馏器非常相似。古希腊炼丹术士很随意地用的 *kerotakis* 这个词在其他地方也提到过，例如《西尼修问答》（*the dialogue of Synesius*）（4 世纪），在这里他指出蒸馏器置于一个热灰浴槽上"这种槽就是 *Kerotakis*"；这里这几个字仅指像现代沙浴槽的槽台（Bevthelot & Ruelle[35]，Vol. Ⅲ，第 65 页确实译得不同，"这是用于 *kerotakis* 的"）。一个收集碗和一个侧管（或者至少它总长的一部分是侧槽），而且有可能中国式蒸馏器是古希腊炼丹家所知道的。如果是这样的话，那么它在后来的古希腊传统中就没有得到发展，较简单的做法肯定是假定如同图 46 所设想的两条完全分离的发展路线。也许那些比我们更通晓古希腊炼丹术著作的人能够解决这一点。

　　另一方面，也有这样的可能性，即中国画表示回流冷凝（*kerotakis*）提取器是为了制备金黄色的铜汞合金而设计的。无疑，汞合金是中国炼丹术士所熟知的。但是目前我们还不能提出确凿的证据。然而，中国器具的绘图，在所有情况下都可看到如此清晰的管形，甚至在图48（a）这一情况下，还如此清晰地看到收集碗，对我们来说，中国式蒸馏器似乎不大可能是回流提取器，而古希腊特殊形式的 *kerotakis* 却可能是一种中国式蒸馏器。

这里人们可以看出在 *kerotakis* 和东亚蒸馏器之间"起源上的联系"的奇异可能性。两者在"哈得斯"（the "Hades"）下面都有沸腾的液体，在上部都有一个物体处于蒸气区中部。在 *kerotakis* 中这样安排的意图是在蒸气作用下完成物体内部的物质的化学反应，同时有可能逐渐提取所形成的产物，并使之积聚在溶剂底部；或者仅仅提取可提取的组分。因此 *kerotakis* 是索克斯利特（Soxhlet）和现代所有回流提取器的原型。另一方面，东亚蒸馏器使用中心物来收集滴液，它从最上面的（天上的）冷凝器中落下，像气象学上的水循环的雨水一样。因此它是今天分子蒸馏器的原型。但是，这种结构方式的逻辑相似性就两种文化之间的借用来说，是否意味着什么，在目前来讲还很难说。因为还不能选定"炼丹术"或者说炼丹技术的起源是在中国还是在使用希腊语的世界，其相互影响尚待发现。作为一个焦点日期，这里我们仅需回顾在公元前110年古老的丝绸之路的开辟，从而促进了文化和知识交流。

现在我们来看中国著作中描绘的蒸馏器的类型，它们没有收集碗，而依靠抽走蒸气在一个分离接收器中进行冷凝。《道藏》中所载可能属于这种类型的唯一的器具出现于W/893（第7页正面）中，这是一部12世纪的文本（图51）。有下面一段说明：

"葛仙翁（即葛玄，238—250年是其鼎盛时期，是葛洪的叔祖）说：'为了蒸馏汞，炉子有一个木架子（木床），（周长）四尺，架着炉子的木腿一尺多高，以便避免地面的潮湿。中空的部分（由于蒸馏器置于架子上面）被占据了，釜（密闭容器）容积为两斗，火离容器不小于八寸的距离，架子上的炉子是根据密闭容器的大小而制成的。'注释说：'容器的最上部用封泥严实地覆盖起来，使得它不漏，气管通常附着于盖子。顶部的水海（贮水器）中充满了水，这就防止了汞渗漏。'"[24]

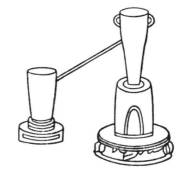

图51 中国式的汞蒸馏器，也许在侧管的顶部没有收集碗，取自 W/893（宋朝）

这段引文意指葛玄熟悉 3 世纪的汞蒸馏法。可惜，由于侧管的蒸馏器头那一端在画中并没有表现出来，所以我们无法指出究竟侧管在水容器下面的收集碗中引出还是直接源于蒸馏器的壁中。

当我们在 1637 年的《天工开物》（卷 16，5 页背面）中看到制汞的曲颈甑时，我们不再怀疑冷凝器的分离作用了。在蒸馏器头上没有装水容器，侧管的形状表明它不可能有收集碗。在一本更老的宋代的 1178 年的著作《岭外代答》中，有对这个仪器的完善的描述。下面的描述有力说明当时使用了曲颈甑形的蒸馏器：

> "桂（州）（现在广西壮族自治区境内）的人加热汞制银朱。他们用铁做上部容器和下部容器。下部容器像一个碗，盛放汞。上部容器作为盖子，它有一个孔使管子穿过去。管子的上端是弯的，管子从容器向下吊去。两个容器紧密地牢固地装配在一起，管口被放进水里，在下部容器下面供火。在热的作用下，汞便蒸馏出来（向上跑），但是当与水接触时（这个过程）就被阻止了……"[25]

（5）蒸馏器类型的地理分布。

对于东亚类型蒸馏器的历史和地理分布范围应该进行专门的调查研究。我们已经引用了一段关于现今所采用的这些类型蒸馏器的传统应用方法的描述，下面我们将非常概略地叙述它们传播的程度。

关于蒙古人的蒸馏法，也许写得最好的文章要算是孟泰尔（Montell）[36] 的那篇了，他描述了 3 种类型的蒸馏器（bur chur）。蒙古类型的带有中心收集碗；中国类型的带有一个侧管，或带有一个从碗引出的槽，或带有一个浅的开槽矩形木盘；最后一个类型——曲颈甑形，已加热的锅由一个拱形的裹着皮革的木管与一个铁接收罐简单地连接起来，这个接收罐立放在一个冷水盆里。值得注意的是，在这里使用了黏土涂过的毡来使接合处不漏气，因为毡是蒙古最有特色的发明物之一[37]。所有这些类型的器具，过去和现在都用来从发酵的只含 2% 的乙醇的马奶中提取乙醇（arihai），或经过两次或三次蒸馏的乙醇。

对于蒙古式蒸馏器本身，我们无须进一步引证它的史料，但是帕拉斯（Pallas）[38] 在他的著名的 1776 年的著作《旅行记》上，画了两个从发酵奶制乙醇的蒸馏器，这是很有趣的[39]。卡尔莫克（Kalmuk）类型，没有蒸馏器头和收集碗，只有两个简单的釜与一根管子相连（PL. Ⅲ and pp. 205ff.），但它表明，正如蒙古人、布里亚特人（Buriats，蒙古的一个族）和通古斯人（Tungu，阿尔泰语的某些民族）

使用的那样，显然备有上部冷却水碗和带有收集碗的侧管，它实际上是中国式蒸馏器（PL. Ⅶ and p. 272）。这种类型的蒸馏器中比较大的一种载在一本最近出版的、取材于门晨—赫尔芬（Maenchen-Helfen）在坦努吐瓦族（Tannu-Tuva，游牧民族之一）的游记的书中（Opp. p. 53，p. 57）。赫尔曼（Hermanns）[40] 在他的关于与蒙古人的经济非常相似的西藏游牧民族的描述中扩大了它的范围。我们还没有发现与中国文化地区相邻的其他地区，如朝鲜的有关资料。

就印度而言，资料是错综复杂的。关于经典的化学文献，赖伊[41] 从大约是 15 世纪的一本书 *Rasaratna-Samucchaya* 中摘录了几段，有关器具的章节显然大部分是抄录于 12 世纪或 13 世纪索马德瓦（Somadeva）的 *Rasendra-chudamani* 中。描述和插图（修订版，pp. 151，158ff. 190）只表示了两种正规的汞蒸馏器（the *dheki yantra and the* tiryakpatanayantra），它们都带有侧管和接收器，但是在蒸馏器头上没有冷却器，而且也肯定没有有关收集碗的任何证据。古希腊人的影响，正如所预料的那样[42]，显著地出现于 *dhupa yantra*（修订版，p. 191）中，这是玛丽的回流冷凝器的非常精确的复制品。没看到什么东亚类型的蒸馏器。而且在像格里尔森（Grierson)[43] 所著的那样的一部书中，对印度比哈尔的技艺的描述，为传统的液体蒸馏器的各部分提出了技术专有名词（pp. 77ff.），这种器具显然是西方类型或古希腊类型的。另一方面，某些原始民族中，像俾尔族人，他们从发酵的 *mahuda* 花中蒸馏出乙醇，广泛用于他们的各种仪式上。其唯一使用的蒸馏器，也是唯一正确的蒸馏器类型，是蒙古式带有收集碗的蒸馏器[44]。这种技术是如何传到印度拉杰普塔纳和马尔瓦的呢？

对于在莫卧儿时期的印度，我们在《阿克巴皇帝的治国方法》（"A'ln-l Akbarl" *Admimistration of the Emperor Akbar*）中找到了重要的史料。此书是大历史学家阿布尔·法兹·阿拉密（Abū'l Fazl'Allāmī）写于大约 1590 年。在他的关于皇家蒸馏器室的描述中，他讲了 3 种类型的蒸馏器。蒙古的悬吊收集碗式的蒸馏器；中国式蒸馏器，有一个"装有伸进坛中的中空手把的大匙"；古希腊式蒸馏器，其蒸馏器头有两个管子和两个接收器，实际上就是 *dibikos*[45]。当然在这样晚的时期，要想追究出较早时期技术交流的情况是困难的。

从中世纪阿拉伯商人和中国商人密切的商业交往中，人们希望在伊斯兰文化地区能够发现东亚蒸馏器的形式。然而，在目前（除了刚给出的例子以外），我们还不能证实这一点。但是我们很愿意引起人们对于希尔顿·辛普森（Hilton-Simpson）描述的阿尔及利亚药用蒸馏器和提取器的注意。这种蒸馏器（p. 20. PL. Ⅲ）跟前面已经提到过的古希腊炼丹家的水套头形式的蒸馏器非常类似。但提取器（图 52）是东西方设计形式的难以理解的结合，因为这种蒸馏器有一个凹顶，但是为收集已冷凝之提取物的中心收集点被管子围着，而让蒸气上升以进入上部空间。

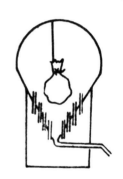

图 52　取自阿尔及利亚的阿拉伯提取器，它结合了东西方的特点

典型的中国式蒸馏器出现于一个令人感到相当意外的地方，即墨西哥。在那里从发酵的仙人球（*Maguey*）的汁蒸馏出酒 *tequila* 的具有特色的器具，上部备有一个冷却水盆，下部有一个收集碗和一个侧管。芬特（de la Fuente）[46]（fig. 2, p. 97）给出了详尽的描述。似乎产生此结果的唯一的路径是通过穆斯林在西班牙的影响。而魏伯格（Wiberg）[47] 有证据表明在墨西哥休科尔（Huichol）印第安人中发现了真正的蒙古式蒸馏器。

相反地，西方或古希腊类型的蒸馏器，特别是用来制备香料油的蒸馏器，是在中国发现的。或者从肉桂油蒸馏器的图示说明我们也必须作出上述假定。在李乔苹的书中印出这种蒸馏器，它有一个环形的边，在其顶部设有冷却盆，侧管通过 3 个连续的浴器[48]。古佩（Guppy）[49] 对 19 世纪 80 年代中国北方三烧蒸馏法的描述是针对像他所提到过的水槽那样的东西。关于"发酵的小米"他写道："放在一个大的木制的桶或盆里，它的底部是一种格栅，紧靠着桶或盆的底下有一个由邻近火炉加热的大锅炉。蒸气穿过格栅上升，并通过发酵的小米最后接触到盛放冷水的圆柱形容器，在那里蒸气被冷凝并滴入一个小水槽，以一种纯净的真正三烧蒸气形式通过一个长的流出槽。"这些词是有意义的，不仅在于对暗边槽的描述上，而且也因为它们把周朝和汉朝的古代"蒸锅"与这种器具联系起来了。

因此，显然需要进一步研究，我们才能把图 46 所示的蒸馏器的发展的推理图式转变成为具体出现的专门名词和在后来历代各种人所创造的不同形式。而这项工作总是相当吸引人的。

8.　附属品

在梁代的一部书（W/874）提到了许多附属品。为了捣碎和碾碎，中国炼丹家使用不同类型的玉槌或石槌。W/886 提到了柳木槌，同时 W/885 也提到了用羚羊角来碾碎。取自 W/893（第 11 页背面）的图 53 显示出宋代炼丹家使用的研钵。

碾碎或捣碎的过程完毕以后，用各种筛子把小细粒与粗粒分开。有一种筛是用马尾制成的，叫马尾罗；另一种筛用上等丝绸制成，叫轻纱罗。这两种罗都在 W/874 中提到，这本书写于梁代。

为了转移或取出物料，这本书描述了铁匙和铁筷（铁箸）的使用。在中国博物馆（例如在重庆的博物馆），人们可以看到一个有把手和三条腿的长柄勺子。为了收集黏附在容器表面的物质，用一根羽毛（通常用公鸡毛）作为刮器。W/885 告诉我们附属品中还有一种银匙。

图53 杵（碾槌）和臼（研钵），取自 W/893（宋朝）

通常炼丹家不得不对它们的反应器进行密封，使用了几种形式的封泥材料。这封泥包括普通的黄蜡以至著名的"六一泥"（由 7 种不同的物质制成的封泥）。我们打算在别处讨论这个问题。

对液相反应来说有时用到竹筒。竹筒由一段竹子组成，其壁经过削磨而变薄，并浸在一种液体例如醋中。在《三十六水法》（W/923）中有它的广泛应用。这本书可能是梁代的。这也将成为另一篇论文的课题。W/874（另一本梁代的著作）介绍了为达到同样目的而用的布袋。

道家著作，例如 W/885，经常提到称量，但是还没有发现对秤或量具有什么特别的描述。可能炼丹家用一般的提秤，它总是中国最普通的秤的形式。注意到漏壶（水钟）和日晷用来记录炼丹实验开始和持续时间也是有意义的，正如宋代著作 W/229 及其他著作中提到的那样。

似乎大量炼丹器具在急需情况下都可暂用一般的家常和厨房用具来代替。在提及铁筷、铁匙和银匙、石槌等的使用时，其他的东西，例如大坛子、木盆、瓶和铜盆在 W/935 中也都提到了，这本书大约是 864 年写成的。W/874 也告诉我们这样的一般的家常用具：象铛，这种器具带脚，通常用来温酒；铁器，一种用铁做的容器；锅，可能是通常在中国家庭厨房中可以看到的用来油煎或煮食物的一种大薄壁铸铁平锅。

毫无疑问，以相当抽象的方式（我们眼下的目的一直使我们束缚于这种方式）去考察中国炼丹设备，特别是蒸馏器，似乎是不能令人满意的。我们毫不怀疑中国文献从汉代起含有大量的确助于说明在那个伟大的文明古国里化学技术进步的文字参考材料。其中的一些我们已经知道了[50]。但是这必须留给另一篇论文去讨论。这里我们只能记下我们的看法，中国炼丹术的发展是与欧洲炼丹术的发展同时进行的。葛洪对化学操作的了解程度大概像佐西摩（Zcsimus）所了解的那样多。一些较老的权威只从印象出发，他们根本没有接触过原始文献，只会写这样的话，例如，"他们（中国人）既没有他们自己独特的化学方法，也没有发源于他们自己的文化的任何设备"（Von Lippmann[51]：Vol. Ⅰ，p. 456，459）。无论如何，我们希望，关于中国的炼丹设备，我们所说的这一切足以消除他们的这种印象。

致　谢

作者非常感谢帕廷顿教授提出的有益建议和宝贵意见。

（陈小慧　陈养正　译）

参考资料与注释

〔1〕陈国符：《道藏源流考》（上海，1949）．

〔2〕曹元宇：《中国古代金丹家的设备和方法》，（《科学》 XVⅡ：31 （1933）．

〔3〕W. H. Branes：*Abstract of Ts'ao Yuan-yu's paper*，*Journal of Chemical Education*，Ⅺ：655 （1934）；Ⅷ：453 （1936）．

〔4〕W. J. Wilson："*Alchemy in China*"，*Ciba Symposia*，Ⅱ<7>：595 （1940）．

〔5〕李乔苹：（《中国化学史》（长沙，1940）；修订版 （台北，1955）；英译本，*The Chemical Arts of Old China*，（Easton，Pennsylvania：Journ. Chem. Ed. Pub.，1948）．

〔6〕黄子卿：*Über die alte Chinesische Alchemie und Chemie*，*Wissenschaftliche Annale*，Ⅵ：721 （1957）．

〔7〕袁翰青：《中国化学史论文集》（北京，1956）．

〔8〕吴鲁强 and T. L. Davis："*An Ancient Chinese Treatise on Alchemy entitled Ts'an T'ung Chï*"，《中国古代炼丹著作〈参同契〉》，*Isis*，XVⅢ：210 （1932）．

〔9〕J. Needham，*Science and Civilisation in China*，7 vols.，（Cambridge：Univ. Press，1954-）．已发行 Ⅰ、Ⅱ、Ⅲ卷，其他卷正在印刷。

〔10〕朱楔：《青铜器名词解说》，《文物参考资料》，1958 年，2 期，55 页。

〔11〕W. Willetts：*Chinese Art* （London：Penguin，1958）．2 vols.

〔12〕公元前 1 世纪其他的例子在《长沙发掘报告》（北京，1957 年，第 100、101 页，图版 53）中作了说明。

〔13〕除了它本身的现代名称和古老传统的要求外，当然没有其他理由是形成这一名称的原因。Berthelot （第 146 页及以下各页）取名 "bain-marie" （玛丽浴盆）的设备似乎更像回流冷凝器 （Kerotakis）下面的穿孔炉。另一方面，一幅奇异的图 （第 141 页）也是取自 Ms. Marc 299 页 （文中未附解释）的一个称作 "Pontos" （海）的浴器，但它似乎是一个蒸馏冷凝器的冷却装置的一部分。

〔14〕M. Levery："*Evidences of Ancient Distillation，Sublimation and Exraction in Mesopotamia*"，*Centaurus*，Ⅳ：23 （1955）．

〔15〕通常彩虹这个字具有 "虫" 字部首，词典编辑者的意思是虹，它是古代双轮马拉战车轮毂的铁轴承或妇女腰带上的装饰物。但此文义是独一无二的。同样，镫这个字后来用来表示马镫，而不是灯或容器。

〔16〕 *Materia Medica*，卷 5，110 页。参见 Taylor，第 52 页；Forbes，第 17 页。这种方法 Agricola 在 1556 年肯定作过详细的描述和说明（Hoover & Hoover 编，第 426 页及以下各页）。

〔17〕 参见经现代学者整理辑本，特别是森立之整理的（1845），第 22 页；缪希雍（1625），卷 3，1 页背面。刘文泰在他的《本草品汇精要》（1505，卷 1，1 页正面）中也引用过这方面内容，并且这方面的内容也被许多其他药典学作者引用过。

〔18〕 注意关于炼丹和化学技术的定量数字，这在中古时期中国的著作中相当普遍。在 W/1020，卷 68，9 页正面也引述了一段。

〔19〕 我们总是非常注意发挥在技术上永远有用的竹子的效用。我们将很快在下面提到竹筒对中国炼丹家和化学技师的价值。作为一种自然的筒子，它的可用性大概导致了中国天文学中观测筒的普遍的和特殊的使用（Needham：Vol. Ⅲ，p. 352）。并用它来做最早的"管枪"（以"火枪"的形状出现），这种管状枪是在宋代由火箭发展起来的（参见 Needham：Vol. Ⅴ，Pt. 1）。

〔20〕 F. Sherwood Taylor："The Evolution of the Still"，*Annals of Science*，Ⅴ：185（1945）。

〔21〕 R. P. Hommel：*China at Work*（New York：Day，1937）。

〔22〕 关于溢流管保证贮水器中水平不变的情况，参见 Needham 的著作卷 3，316 页及以下各页和 324 页，这种进展对于中国水钟（漏壶）技术具有极大的重要性。

〔23〕 G. H. Mason：*The Costume of China*（London：Miller，1800）。

〔24〕 在古希腊、叙利亚或拉丁炼丹著作和设计图中，或（就我们所知的来说）在阿拉伯的原始资料中没有发现任何与中国式蒸馏器有一点类似的东西，上述情况是确实的。除了给出的其他材料外，还可以参见 Berthelot、Berthelot & Houdas 等的著作。

〔25〕 F. Sherwood Taylor："*A Survey of Greek Alchemy*"，*Journal of Hellenic Studies*，Ⅼ：109（1930）。

〔26〕 M. Berthelot：*Introduction à l'Etude de la Chimie des Anciens et du Moyen-Age*，首次发表于 *Collection des Anciens Alchimistes Grecs*，Vol. Ⅰ（Paris：Steinheil，1888）；re-issued（Paris：Science et Arts，1938）。

〔27〕 这里需要回忆的是，对 11 世纪以前的器具的这些部件我们没有任何图示说明，11 世纪是最重要的古希腊炼丹术手稿（M. S. Marc299）写出的时代。接下来重要的是两份巴黎的手稿（2325 和 2327），它们分别是 13 世纪和 15 世纪的。当然，应该承认他们描绘的这种器具与古希腊炼丹术士自己的著作完全一致。相比之下，就中国而言，我们手中已有的图示说明可以追溯到一本早在 12 世纪早期的印刷文本，不过早期的版本没有一个保存下来。与玛丽以及伪德谟克利特同时代的或者更早些的炼丹术士，在中国并不缺乏（例如李少君、刘安、刘向等）。但在魏伯阳（2 世纪）和葛洪以前，他们没有留下流传至今的炼丹术著作。然而，在公元前 4 世纪《考工记》中写入的冶金材料，与公元前 2 世纪《周礼》中写入的这方面材料，同显然从公元前 2 世纪门德斯（巴西）的波鲁（Bolus of Mendes）的著作《物理学》（*Physica*）和（*Baphica*）中所阐述的分类学导出的 3 世纪莱顿（Leiden）与斯德哥尔摩（Stockholm）的文稿中写入的合金材料，存在着一定的相似之处。这里不可能试图描述中国炼丹术与化学工艺的通史而把它同欧洲这方面的通史进行比较。在目前，我们把所有要优先考虑和单独阐述的问题都留给大家研究讨论。

〔28〕 M. Berthelot & R. Duval：*La Chimie au Moyen Age* Vol. Ⅱ，*l'alchimie Syriaque*（Paris：Impr. Nat.，

1893）.

〔29〕 F. Ferchl & A. Süssenguth：*A Pictorial History of Chemistry*（London：Heinemann，1949）.

〔30〕 R. J. Forbes：*Short History of the Art of Distillation*（Leiden：Brill，1948）.

〔31〕 T. Brailsford Robertson & L. A. Ray："*An Apparatus for the Continuous Extraction of Solids at the Boiling Temperature of the Solvent*"，*Reports Australasian Assoc. Adv. Sco.*，XVII：264（1924）.

〔32〕 A. A. Morton：*Laboratory Technique in Organic Chemistry*（New York：McGraw Hill，1938）.

〔33〕 P. Morrison & E. Morrison："*High Vacuum*"，*Scientific American*，LCXXXII <5>：20（1950）.

〔34〕 Berthelot Taylor 上面的解释是 Sherwood Taylor 的一种解释，后来的作品是他同别人合著的，例如 E. J. Holmyard。他们认为在回流设备的底部的物质是沸腾的硫而不是汞。值得注意的是，类似的印度 *dhupa yantra* 清楚地表明是用硫和硫化砷作 "溶剂"。

〔35〕 M. Berthelot & C. E. Ruelle：*Collection des Anciens Alchimistes Grecs*，3 vols.，（Paris：Steinheil，1888）.

〔36〕 G. Montell："*Distilling in Mongolia*"，Ethnos II <5>：321（1937）.

〔37〕 L. OIschki：*The Myth of Felt*（Los Angeles：University of California Press. 1949）.

〔38〕 P. S. Pallas：*Sammlungen Historischen Nachrichten ü. d. Mongolischen Völkerschaften*（Frankfurt und Leipzig：Fleischer，1779）.

〔39〕 很遗憾，尽管亚历山大·冯·洪堡（the great Alexander von Humboldt）于 1829 年亲自看到了卡尔莫克人（Kalmuks）进行的蒸馏，但是他没有想到发表他对蒸馏的历史进行的长篇论述，即对用过的这种器具没有作确切的叙述。

〔40〕 M. Hermanns：*Die Nomaden von Tibet*，Wien，1949.

〔41〕 P. C. Ray：*History of Hindu Chemistry*（Calcutta：Chuckervertty and Chatterjee，1st ed.，1902，2nd ed. 1904，两卷重印 1925）. 增订，修订，重印，书名均改为 *History of Chemistry in Ancient and Medicval Indis*，ed. P. Ray（Calcutta：Indian Chem. Soc.，1956）.

〔42〕 古希腊的数学和天文学也存在类似的传播情况，这是大家所熟知的（参见 Needham[25]：Vol. III pp. 146，176）。

〔43〕 G. A. Grierson：*Bihar Peasant Life*（Patna：Govt. Printing Office，1925）.

〔44〕 参见（PertoId）。某些作者，例如威伯格（Wiberg）依旧把印度作为各种蒸馏器的发源地。很遗憾，我们不能评价他的瑞典语的论文，因为我们难以理解它。

〔45〕 Blochmann 卷 1，69 页。相当值得注意的是，Forbes 一部关于蒸馏法历史的重要的论著中唯一涉及中国式蒸馏器的是引自阿布尔·法兹（Abūʾl Fazl）的著作。

〔46〕 J. de la Fuente：*Yalalag；una Villa Zapoteca Serrana*（Mexico City：Museo Nac. de Antropol.，1949）.

〔47〕 A. Wiberg："*Till Fiàgan om destilleringsförfarandets Genesis*"，Svenska Bryggareföreningens Månadsblad，<2—3>（1937）.

〔48〕 他的图 73，第 148 页的对页；同样这是唯一的英文版，也没有说明最初是何处印的。但在 Forbes 第 7 页中它出现的形式不同。此图得自于阿姆斯特丹印度学会。

〔49〕 H. B. Guppy：“*Samshu-brewing in North China*”，*Journal of the Royal Asiatic Society*，*North China Branch*，ⅩⅧ：63（1864）.

〔50〕 参见大约13世纪的一种管子，敲它听起来很像冷凝器中的一种金——汞合金，引自 Needham 的著作，卷2，333 页。

〔51〕 E. O. von Lippmann：*Entstehung und Ausbreitung der Alchemie*（Berlin：Springer，1919）.

译 注

①原文：“灶乃药炉也，鼎乃砂合也，神室乃混沌也。”见《道藏》洞神部，众术类，兰下，第五百九一册，《感气十六转金丹》，8 页（1924 年 8 月上海涵芬楼影印）。

②原文：“建坛三层，高三尺六寸，其坛方，圆一丈。”同①《感气十六转金丹》，7 页 B。

③原文：“《参同录》曰：炉下有坛，坛高三层，各分八面，而有八门正开。”见《道藏》洞神部，众术类，似上，第五百八八册，吴悞：《丹房须知》，5 页 A 和 5 页（上海涵芬楼影印）。

④原文：“夫炉者，是鼎之城郭。如无城郭，为邪气所侵。高象蓬壶，横象五岳。有三层，炉有八门。十二支月随斗建，……高四尺，厚六寸，内围三尺五寸，门周二寸，亦有八门也。”见《道藏》太玄部，政上，第六百九二册，张君房：《云笈七签》，卷72，11 页 A（上海涵芬楼影印）。

⑤原文：“太一炉于坛上，高二尺，厚六寸，内围三尺五寸，阔半寸，十二支周回一寸阔。坛随便宜。又华池炉高四尺，厚六寸，八门，周回二寸……”同④《云笈七签》，卷72，11 页 B。

⑥原文：“坛上有灶，灶中安鼎，鼎中安神室。”同②。

⑦原文：“其炉下须安铁镣，可十二三条，长一尺，四方厚四分。布其埏上，相去可二分，镣下悬虚，去地二寸。中开阔四寸半。前后通门，拟通风来去。其镣上着火，其火为风气所扇……”见《道藏》洞神部，众术类，兴上，第五百八二册，楚泽：《太清石壁记》，卷上，14 页 A（上海涵芬楼影印）。

⑧原文：“炉面周围约一尺二寸，明心横有一尺。立唇环匝二寸，唇厚二寸。炉口偃开锅釜，又如仰月状，故名偃月炉也。张随注又名威光鼎。”见《道藏》太玄部，夫上，第七百三八册，陈致虚：《上阳子金丹大要图》，9 页 B（上海涵芬楼影印）。

⑨原文：“泥之灶内安铁三脚，其脚器以生铁为之佳。以药釜置三脚上仡，使釜置在灶中央，勿倾邪也。四边去灶壁各三寸半，令灶出釜上二寸。绕釜四边宜恒下糠，续火增之，恐火之强弱不均也。”见《道藏》洞神部，众术类，温下，第五百八十四册，《黄帝九鼎神丹经诀》，卷七，4 页。（1924 年 8 月上海涵芬楼影印）。

⑩原文：“鼎器歌：圆三五，器腹圆处围之而有一尺五寸；寸一分，器口明间阔一寸一分；口四八，从口上际至器下底长三寸二分；两寸唇，器唇横阔二寸；长尺二厚薄匀，器顶弁腹并一尺二寸，令厚薄匀平相似；……阴在上，器中流水；阳下奔，器下有火密塞炉，令火气下奔；首尾武，初时及欲终并皆用武；中间文，中心用文火也。始七十，初以七十日武火也；终三旬，欲终时三十日还用武火；二百六善调匀。初七十日武火，中间二百六十日文火，终三十日武火，通计三百六十日，即一年功毕矣。”见《道藏》太玄部，映中，第六百廿一册，魏伯阳：《周易参同契》，卷下，11 页 B 及以下各页（1924 年 2 月上海涵芬楼影印）。

⑪原文："一曰金鼎，二曰银鼎，三曰铜鼎，四曰铁鼎，五曰土鼎。"见《道藏》洞神部，众术类，第五百八七册，张果：《玉洞大神丹砂真要诀》，3页（上海涵芬楼影印）。

⑫原文："鼎法高一尺二寸，重七十二两。其数有九。内围一尺五寸当有放脚。下去地二寸半。底厚二寸，身厚一寸半。深六寸，内受三升半。盖厚一寸，耳高一寸半。"同上④《云笈七签》，卷72，10页。

⑬原文："鼎周长一尺五寸，中虚五寸，长一尺二寸。状似蓬壶，示如人之身形。分三层，应三才。鼎身腹通直。令上中下等均匀。入炉八寸，悬于灶中，不着地。悬胎是也。又谓之朱砂鼎。张随注云，又名太一神炉。"同⑧《上阳子金丹大要图》，8页B。

⑭原文："紫河车为末。每砒末一两，河车末一两半。拌匀入坩埚内。用火从微至猛，火煅立死作匮，养粉霜最灵，皆胜他方。"见《道藏》洞神部，众术类，盛上，第六百零二册，《庚道集》，卷2，15页（1924年上海涵芬楼影印）。

⑮原文："又造药釜法：其下铁釜受一斗，径九寸，深三寸。底拒火处厚八分，四畔厚三分。上下阔狭相似。平作底。周回唇阔一寸半，厚三分，亦平。两畔耳长三寸，去上唇三寸半。上盖烧瓦作之。径九寸四分，深八寸，厚三分。上盖稍圆，平作之。此釜样是初出精药，所以大；若出精药，后宜用小釜转之。小釜样径口六寸，深二寸半，自外形势厚薄同前大釜。上盖径六寸二分，深六寸，自外形势与前不别。"同⑦《太清石壁记》，卷上，14页。

⑯原文："下用火盆一个。平铺砖，砌满。上造一甑。高一尺五寸，径一尺二寸。中间子午卯西四门，上至甑口。开通五穴出火，气出甑口，厚砌之。一砖开口子五寸径圆孔，方砖一片凿之置炉匡，一个阔一尺二寸罩定顶上。通用水火也。中挂丹鼎。"见《道藏》洞神部，众术类，斯上，第五百九二册，彭耜：《金华冲碧丹经秘旨》，卷上，4页（1924年8月上海涵芬楼影印）。

⑰原文："神室法象：足色真金八两，铸成混沌胎元合子一具，形如鸡子，或若圆球皆可。又足色真金一两，打作一气笊子，中心如钱眼大，长出合子两头各半寸许。其合恰好安置丹坯，不可宽窄。入丹毕，合定赤石脂包金，土醋调，固口缝，令干。白金八两，打作水海。下底嵌入萧口二寸许。底相顶了，令合底面透入金笊子，于内通水，入中宫。口缝用脂泥固塞，令干，方下水入。外鼎：瓷器为之，可容神室并白金二斤，不可宽窄。内若宽，可用黄土醋调内固之，令干。次入白金大半，握令平稳，方下金合子。再白金撒，令遍盖。复用一纸作圈，代水海。安金合，上妆白金满了，次下银水海插入圈子内，摇令平实，外固令紧密，挂入丹灶之中。"同⑯《金华冲碧丹经秘旨》，卷上，1页，2页。

⑱原文："足色黄金八两，铸成混沌鸡子神室一枚。又金一两，打作水笊子，一条有底不过水。出约长四寸许，插入混沌合内至底。上接入八两银水海，内各用纸矾，固塞口缝，令干。通运水直至合内。"同上《金华冲碧丹经秘旨》，下卷，2页B。

⑲原文："仍封口缝。外用已固毕瓷鼎一具，悭安银珠，与金室不令有空处。坐上银水海，通身固密令厚指。半日干，挂入丹灶之中。发底并四围火，五斤生炭簇煅。消去大半，再火三斤生炭，作二次或三次添火消一昼夜间。"同上，卷下，2页B及3页A。

⑳原文："而光明砂一斤，其中含汞十四两，抽砂出汞，品第一。抽出汞，诀曰：先取筋竹为筒，节密处全留三节，上节开孔，可弹丸许，粗中节开小孔子如箸头许，大容汞溜下处。生铺厚蜡纸两

重，致中节之上。次取丹砂，细研入于筒中。以麻紧缚其筒，蒸之一日，然后以黄泥包裹之。可厚三分。埋入土中，令筒与地面平。筒四面紧筑，莫令漏泄其气，便积薪烧其上，一复令火透其筒上节，汞即流出于下节之中，毫分不折。"见《道藏》洞神部，众术类，清上，第五百八六册，陈少微：《大洞炼真宝经九还金丹妙诀》，1页及2页（1924年8月上海涵芬楼影印）。

㉑原文："炉用土作或以瓦烧成器，通身要高二尺二寸，径一尺二寸。上两窍如折二钱大，下三窍如小铜钱大。水鼎乃磁器，可贮水三升者，要鼎口与合子底一般大。每用水鼎入沸汤六七分满。炉中所用灰乃用纸钱灰。"同①《感气十六转金丹》，2页A及2页B。

㉒原文："邕人炼丹砂为水银。以铁为上下釜。上釜盛砂，隔以细眼铁板。下釜盛水埋诸地。合二釜之口于地面而封固之。灼以炽火，丹砂得火化为霏雾，得水配合转而下坠，遂成水银。"见（《知不足斋丛书》，卷十七，周去非：《岭外代答》卷七，11页A）。

㉓原文："故知圣贤至道玄妙之法，不欲流俗偶然之所闻解也。故委屈其事，令上士勤而习之，使下士弃而笑之。"见《道藏》洞神部，众术类，似上，第五百八八册，梅彪：《石药尔雅》之序1页（1924年上海涵芬楼影印）。

㉔原文："葛仙翁云：飞汞炉，木为床，四尺如灶，木足高一尺已上，避地气。揲圆釜容二斗，勿去火八寸，床上灶依釜大小为之。……注云；鼎上盖密泥，勿令泄气，仍于盖上。通一气管令引水入盖上，盆内庶汞不走失也。"同③《丹房须知》，7页B。

㉕原文：桂人烧水银为银朱。以铁为上下釜。下釜如盘盂，中置水银。上釜如盖顶，施窍管。其管上屈曲，垂于外。二釜函盖，相得固济，既密则别，以水浸曲管之口，以水灼下釜之底。水银得火则飞，遇水则止……"同㉒《岭外代答》，卷七，12页A。

【28】（化学）

Ⅱ—13　东西历史中所见之炼丹思想与化学药物[*]

引　言

虽然在欧洲和阿拉伯文化圈内，炼丹术和早期化学的研究者们已经写出了大量的论著，但当试图对中国和印度的类似东西加以对比时，就会遇到甚至更为复杂的情况。我们的经验是，要做必要的澄清，就得引入几个目前尚不太流行的技术名词。而且，我们还必须确定，在我们的讨论中所用的"炼丹术"一词的含义是什么。正如我们今天所了解的，化学当然是类似于物理学的一门学科，而物理学则研究电学——这完全是文艺复兴之后，确切地说是 18 世纪的特点。但是，化学的前史则可追溯到古代和中世纪，而"炼丹术"则是当时人们积累化学观察知识的体系。这一概念有必要比以前更为严密地加以分析。

在西方和古希腊后期的原始化学家中，让我们限定于 1—5 世纪之间，有两类人具有完全不同的企图——它们体现在是炼金术还是"变金术"（aurifiction）这两个不同的方面。这是在每一文明中都能识别出的模式。

我们把"变金术"定义为有意识地伪造黄金（随着适当地变更名称，可扩充为包括伪造白银和诸如美玉、珍珠一类的其他贵重物质）。它常常带着特殊的行骗目的——或者是用其他金属来"稀释"（diluting）金和银，或者是用铜、锡、锌、镍等来制造类金或类银的合金，或者是用含金的混合物装饰表面，或者用汞齐法镀金，或者是将金属暴露于硫、汞和砷的蒸气或含有这些元素的易挥发性化合物中，以使表面产生适当色泽的表面膜沉积。顾客的受骗，或者行骗的目的，对这一定义并不重要。因为顾客或许完全满足于外表上看起来类金的物质——一种对行骗者的目的来说成功的伪造物。但是，原始化学工匠肯定知道，他的产品经不起基本的烤

* 本文是李约瑟 1974 年 5 月 2 日在香港中文大学的演讲。——编者注

钵试金术的检验。因而，他肯定了解，这种东西在作坊的意义上是"假的"，虽然富于哲理的原始化学家利用完全相同的程序把所得的结果看作是哲学意义上的"真的"。

另一方面，我们把炼金术定义为一种信念，即认为可以从其他完全不同的材料，主要是贱金属中，有可能制造出黄金（或者说"一种"黄金，或者说人造"黄金"），而且与天然金一样好（如果不是更好的话）。正如我们将会看到的，这是哲学家的，而不是手艺人的观念。原始化学哲学家的这种自我欺骗是这一定义的实质。从他那一方面来说，这并非由于轻信或卑劣，而是由于在认识到合金中单种金属的原子是固定不变的观念之前的时代里，人造"金"的某些特征或者性质恰与其名称所代表的东西相符合。他认为，黄色金属的性质并不需要全都与天然金相一致，只要至少有其中之一——诸如重、软、韧、可锻、内部均匀一致就可以了，但是，颜色的一致总是最重要的。正如诗人所说的："闪光的东西是金子。"我们相信，东西方的原始化学哲学家们往往不知道烤钵试金法（对于这一点可以提出一种社会学的因素），但是即使他们知道，他们也很可能将其看成是与他们的术语并不相干，他们把"金"看作是或多或少地具有金的形状、特性或属性的任何东西。这些思想的综合，过去往往被想当然地认为构成了整个"炼丹术"。但是我们发现，将炼金术部分和长生不老术部分区分开来，十分有助于问题的阐明。

长生术（macrobiotics）是一个合适的词汇，用以表述那么一种信念，即认为借助于植物的、动物的、矿物的以及上述所有的化学知识，有可能制出药或丹，这种丹药能够延长人的生命，使人的肉体和精神返老还童，以至真人得以长生，最终获得永恒的生命，并以缥缈的身体上升到天界成为仙人（升仙）。这是道家躯体不朽的思想。但是，中国炼丹术思想存在着另一种倾向，即不像在盖仑①思想控制下的欧洲曾长期存在过反对使用矿物药的看法。的确，中国人走向了另一个极端，他们在很长一个时期内一意孤行，合成了各种危险丹药，它们含有金属元素和其他元素（汞、砷、铅等，以及金），这些丹药会对那些坚决服用的人造成极大的危害。然而，如果道家愿意的话，他们能够避免这些危险，因为还有许多其他技术可用来寻求躯体的不朽，不仅有炼丹术和药物学技术，还有食疗、气功、导引、房中、日光浴和打坐。利用所有这些技术，他们能企冀跻身于天地万物主宰之列，或者变成仙人；他们将是不朽的、清净的、缥缈的和自由自在的，他们能像清风一样徜徉于高山丛林，消磨永恒的宁静，享受着与同样光明喷薄的同伴为伍的乐趣。带着常新的光环，任凭四季更替。

我们相信，我们现在描述的这三个关键性的概念，适用于每一个文明中的早期化学的所有方面，能够最好地阐明它们之间的相互关系。从这些定义出发，炼丹术应当与变金术和炼金术区分开来，显然是很重要的。如果这样，那么，古希腊的原始化学家就不应该被称作"炼丹术士"，因为他们的思想中几乎没有或者说完全没有长生术的观念。许多人认为，"丹药"（elixir）这个词，用来为"炼丹术"（alchemy）本身下定义是蛮适合的。因为长生术的思想，只是从 12 世纪开始，随着阿拉伯化学知识的传播才进入欧洲的，并且炼丹术一词终归带有一个阿拉伯语的词头（alchemy），所以说直到这一时代出现的时候，它才在欧洲语言中出现是适当的。然后，又过了一段时间，它才发挥出充分的影响，但是，强调化学能够长寿是在罗哲·培根的著作中才得以充分发挥。一般地说，在此之前，西方存在着大量的变金术、炼金术和原始化学，但是并没有试图制造延长寿命的物质，或者我们可以方便地把它称为"长生不老药"（macrobiogens）的东西。另一方面，中国的原始化学从它萌生时就是真正的炼丹术，这完全是由于躯体不朽的概念在中国处于支配地位，也只有在中国处于这种地位。在上一段的开始，我们用中国的技术术语说明了"长生不老"一词，这并非偶然，因为在中国文明中，某些词的确意味着某些实在的东西。虽然在古希腊化学世界中，也的确存在着诸如《雅典药典》（*pharmakon tēs athanasias*）中一类的极相似的东西，不过更严密的考查证实，它们更多的是隐喻性的。

长生术和炼金术这两种思想，从公元前 4 世纪的邹衍（约前 305—前 240）时代开始，在中国炼丹术士的思想中结合在一起，这似乎是所有文明中的第一次。正如我们将会看到的，中国也有变金术，并曾广泛地传播，以至引起皇帝在公元前 144 年发布敕令，严禁未经许可就私下铸造或制造"假黄金"[②]。如果这些原始的冶金化学家没有其他方面的兴趣的话，他们的确不是我们所谓的炼丹家。但是，仅仅在几十年之后，到公元前 133 年，当李少君（汉武帝时人）请求皇帝支持他的研究时[③]，以及到公元前 125 年，当刘安（前 179—前 122）门下的自然科学哲学家小组编辑《淮南子》一书时，炼金术和长生术（可能发源于邹衍较早的学说）之间的结合就可以清楚地证实了。就这样，制造不朽的金属——金，和达到尘世的人的不朽，开始结合在一起。在其后几个世纪中，这一思想传播到全世界。最初的形式是，人造金被制成杯、盘等器皿，它们具有赋予用它们饮食的人以长生不老的神奇性质。这一功能无疑是由于它们盛有植物性来源的丹药的性质，即自从公元前第一个 1000 年的中期开始，战国时代的原始封建王公以及第一个皇帝——秦始皇曾经热切寻找的"不死之草"。炼金术中的"黄白之术"似乎创始于邹衍和他的门徒，并且明显地集中于李少君和刘安，还有刘向和茅盈身上。更为重要的是，"金属的嬗变"过程仅靠少量的强力药物或粉末（类似于中世纪的"哲人石"）来实现的想法，至晚在公元前 1 世纪末就已在中国出现，虽然我们还不能肯定把程伟（约活跃于公元前 95 年或公元前 20 年）的故事放在约 15 年还是公元前 95 年。同时，人造金或天然金不应当仅被限于制造不生锈的容器，而且应当被真正服食，使它们以某种形式进入人体的思想，也开始发展起来。服食金的最早记载之一，见诸西汉时期的《盐铁论》④。到 1 世纪，封君达（1 世纪或 2 世纪）开始服食汞，而王兴（1 世纪）却服食某些难以描述的"金液之丹"的制剂。较早的术士们曾经试图服食粉末状的朱砂，连同其他矿物或金属物质。对于这种实践，我们比道家的神仙传拥有更好的证据，因为一位名叫淳于意（前 215—前 140）的医生曾正式谈到，他曾怎样医治过另一位因服过量矿物药而致病的医生⑤。

　　总之，中国古代炼丹术传统能够被证明发端于三个不同的来源：（a）对于长生不老植物的药物学——植物学研究；（b）变金术和炼金术过程中的冶金学——化学的发现；（c）在医疗术中对无机物质的医学——矿物学的利用。所有这三者肯定至少早在战国时期已经开端，在秦汉之前得以发展，并且这一统一的传统肯定到 1 世纪末，如果不是到 1 世纪初的话，形成了它永久的形式。它经过早在 4 世纪的葛洪（约 281—341）的系统化，以及经过 5 世纪的陶弘景（456—536）和 7 世纪的孙思邈（581—682）这些人的扩充，必不可免地形成了中国早期化学史的基础。

　　这样，就确立了"黄金"和"不朽"之间的思想联结，它注定享有几乎 20 个世纪的生命，并在适当的过程中形成这样的公式：所有其他的生锈和易蚀的金属，和世间的凡人一样会患同样的疾病，所以哲人石对于人和金属都是最好的药。它将使金属和人获得不朽，它本质的趋势是将"不完善"的东西变为"完善"的。阿拉伯炼丹术比起古希腊的原始的冶金化学具有多得多的医药学特征，这是众所周知的。但是，有一点甚至更为真切，即对于道教来说，医药学和炼丹术总是密切地结合在一起，不仅是在理论上，而且一次又一次地在自己身上结合。毫无疑问，阿拉伯的实验家和著作者们曾深受中国思想和发现的影响，或许这一影响的确并不比他们所受的拜占庭文化曾保存的古希腊炼金术的原始化学的影响小。人们甚至还可以进一步说，在东亚发生的那些事情，对于确立最后的炼丹术模式具有更大的关系，这一模式在欧洲文化中从大约 1150 年一直延续到 A. 李巴维（A. Libavius）、波义耳、J. 普利斯特烈（J. Priestley4）和 A. L. 拉瓦锡（A. L. Lavoisier）时代（1600—1800），成为所有三大文明中无数化学和化工发现的源泉。在 1500 年之后不久，P. A. 帕拉塞斯（P. A. Paracelsus）发表了他伟大的格言："炼丹术的职责不是制造黄金，而是制备药物。"就这样，他把古代中国的长生术与现代西方目前流行的化学治疗术不可分割地联系在一起。

古希腊的原始化学

　　如果将黄金、制金和不朽联系在一起的这一事实，的确首先产生于中国文化中，那么它指的是哪一种长生不朽呢？关于死后的生活和有可能逃避死亡的概念，自然在所有早期文明中都是模糊不清的。但是通过一个简单的比较研究有可能证明，中国固有的思想与某些其他文化中的思想有着多么大的差别。我们还能对这些思想的各个发展阶段给出一个大体的时间界限。实质上，必须予以证明的是，在中国文化中，也只是在中国文化中，来世论的条件恰好是真正相信长生不老药，即躯体不朽的化学和生理学的灵药的存在和效力的根源。不存在来世天堂或地狱的尖锐的道德上的对立，并且，"真人的灵魂趋于完善"，将同他们充分净化、虚无缥缈的躯体，得以享受永生，无论是在地上，还是在天上的星宿中间——无论哪种形式，仍然完全是在自然界的范围之内。这一点与印度——伊朗——欧洲的文明有根本的不同。虽然丹药的思想通过一定的过程传遍了整个旧世界，但它的形式却被修改和冲淡了，所以，它是怎样在第一个地方形成的，关系重大。然而，在谈论一般的思想范畴的比较和描述阿拉伯及拉丁世界对中国思想的反应之前，应该首先指出一点，即是说，尽管有时会有一种模糊的观念，实际上在古希腊原始化学家们的文献中几乎没有什么丹药或长生不老药的记载。

　　那些被认为是这一思路的段落，在严格的考查下趋于烟消云散。例如，在《哲人和高僧科玛里乌斯（Comarius，2 世纪）之书，对于克利奥帕特拉（Cleopatra）有关哲人石之神圣技艺的指示》（*Book of Comarius*，*Philosopher and High Priest*，*instructing Cleopatra on the Divine and Sacred sArt of the Philosopher's Stone*）一书中，提到了一种"生命之药"（*pharmakon tēs zōēs*）。这本书的题目可能是后加的，但从其内容来看，它肯定不属于《全集》（*Corpus*）中的较早期的著作，我们可以容易地将其判断为 2 世纪的作品。有一处，奥斯坦尼斯（Ostanes，生卒年不详）和他的同伴在写给克利奥帕特拉的信中说：

　　　　"汝藏有全部神奇的、令人敬畏的秘密。开导我们，用你无比灿烂的
　　　　光辉，阐明本质。让我们知道，最高怎样降到最低，最低怎样升到最高，
　　　　中央如何接近（最低和）最高，以至它们与它合而为一（并且，激励它们
　　　　的要素是什么）。明示我们，圣水怎样自天而降，唤醒横卧于冥府之内、
　　　　囚禁于黑暗之中的死者；生命之药怎样降临于它们，并唤醒它们，使它们

于长眠之地觉醒；当它们匍匐跪拜之时，新水怎样由火（点燃的火，其实
是光）渗入它们的作用而产生。蒸气支持着它们；它从海面升起，提供
圣水。"

并且稍往后又说：

"它们（指已经升起的物质）就如来自水之源，来自服侍它们的空气
之体；它带领着它们，从黑暗到光明，从哀痛到欢乐，从疾病缠身到生龙
活虎，从死到生。它已使它们享有前所未有的神奇和圣洁的光荣……它们
已经从长眠中苏醒，全都从地狱中升腾解脱……"

尽管是隐秘的语言，但人们一般都赞同这些段落是描述用调色盘式蒸馏器逆流
蒸馏的过程。汞、硫或砷的蒸气从瓶底的物质中升起，与放于上层的某些金属发生
化学反应，然后冷凝流向容器的侧面，只要愿意，可使这一循环过程不断进行。这
种语言与神秘宗教的语言密切相连，也与炼金派与诺斯替教派的思想和著作一脉相
通；据说，没有什么东西比它与《圣经》保罗书中的神秘部分在词汇上更为接近的
了。"在生命之水中"再生，类似于给新入教的教徒涂身的圣油，蒸气则类似于诺
斯替教派的香气或香水。这一切全都证实，古希腊的原始化学家与他们那个时代的
宗教思想是多么接近。但是，"水生药"，甚或"不朽之药"，在世界的这一部分仍
然是一种比喻，并且常常被基督教徒和诺斯替教信徒用作对神圣事物的富于诗意的
描述，无论是洗礼还是圣餐。在这方面基本上指的始终是"来世"，没有一种古希
腊宗教设想过的今世的永生。

另一个适宜于作例子的古代文献出现在《奥斯坦尼斯致彼塔修斯的信》（*Letter
of Ostanes to Petasius*）[6] 中。"神圣"（或者含硫）之水，也即多硫化钙的混合物，被
认为是一种万应灵药。奥斯坦尼斯说：

"正是用这种贵重的神水，疾病得以治疗。用它，可使瞽者重明，聋
者复聪，哑者讲话……这儿是神水的配方……这种水使死者复生，生者死
亡，它使黑暗变为光明，使光明陷于黑暗，它夺取海水，熄灭火焰……"

毫无疑问，这段话讨论的是在金属上产生的硫化物表面膜的颜色，但是，最后
一句中谈论的双重性质，完全打破了任何可以得出丹药思想的印象。实际上，作者

不过是以诗的语言，简单地描述了硫化物薄膜变黄、变红和变黑的效应。

第三本提到长生的著作被认为它的标题就是长生的一部分，但实际上，那不过仅仅是对读者的致辞。这是一本奇特的书，P. E. M. 贝特罗（P. E. M. Berthelot）和C. E. 鲁埃尔（C. E. Ruelle）称其为《摩西化学》（*The Chemistry of Moses*），并恰当地把它比作"第十号莱顿纸草文书"，虽然它也收录了伪德谟克利特的一些片断和有关鸡蛋干馏的材料。毫无疑问，这本书属于原始化学实践的犹太——亚历山大的传统。在涉及伪造的《伊诺克之书》（*Book of Enoch*）和"化学"一词的起源问题时，人们会遇到这一问题，即虽然这本书既无标题也无作者的名字，但它肯定不归属于《全集》中的《先知摩西之家庭化学》（*Domestic Chemistry of Moses the Prophet*）或者《摩西之发酵术》（*Fermentation Technique of Moses*）。它以这样的话来开头："上帝对摩西说：'我已选择了犹大一族的贝尔斯利僧侣作为金、银、铜、铁和所有可以加工的石头木头之匠师，作为所有手艺的师傅。'"然后就投入许多配方中。但是，在开头有一篇为读者的祈祷："工作顺利，制造（的过程）取得圆满之结果，达到努力之目标，寿如南山！"这种"人人万福"式的套话在每一篇的结束都重复一遍。所以，它绝非标题的一部分，而且与长寿药或不朽药毫无关系。

从古希腊和拜占庭时代，人们能找到的东西也就是这些了。当然，到13世纪，特别是由于罗哲·培根，丹药的思想明显地在欧洲扎了根。它虽然必定受到西方的宇宙论和神学的限制，仅限于获得长寿而不是躯体的不朽，但是，在阿拉伯人的"不死之药"观念传入之后，它就在可能的限度上与欧洲思想结合在一起。并且在帕拉塞斯写于约1526年、刊于1562年的《论长寿》（*De Vira Longa*）一书中可见其结果之一。他说，生命不过是"某种涂上防腐香料的木乃伊，利用一种混合的盐溶液，可以防止躯体受致命的蛆虫之毒害，可以防止躯体腐朽"——多么勇敢的话语，它带来了现代科学黎明的全部朝露般的清新空气。现在我们需要的是，综观不同文明的来世论观点，以阐明为什么长生丹药的思想在中国如此走红运，又为什么欧洲仅能部分地与之结合。然而，就在那个时候，已经完成了炼丹术诞生的任务，因而，或许也完成了人类探索自己周围化学世界的最伟大的、独一无二的促进过程。

中国和阿拉伯世界

在635—660年这段时间，阿拉伯沙漠的部落民族已被先知穆罕默德的新宗教所唤起，决心以更富足的生活来摆脱贫困。就这样，一个源源输入周围悠久文化区域的、带有自己的语言和特色的新的文明诞生了。众所周知，它注定要继承古希腊科学与技术的主要部分，并届时将其传布到西方的拉丁区；其吸收、丰富和传播的过程，由于伊斯兰教不仅征服了中东和近东，而且征服了北非和西班牙这一事实所带来的地理学因素所促进。然而，它的文化边界甚至向东伸展得更远，到达印度边境和新疆一带；实际上向东远达罗布淖尔一线，囊括了乍得和里海之间的所有地方。所以，很易于理解，古希腊的知识并不是注入伊斯兰之湖的唯一河流——波斯和伊朗的传统也被淹没于其中，并且，强大的有影响的潮流时而从印度、时而从中国向西流动。显然，当阿拉伯文化开始关心自己的化学问题时，古希腊世界的原始化学将增添许多东西，下面，我们必须尝试专门探溯一下中国炼丹术理论和实践的西传。

阿拉伯炼丹术直至 9 世纪才真正开始。但是，或许有意义的是，我们拥有一份有关 8 世纪末，一位来到拜占庭的阿拉伯使者见到炼金术的详细记载。他的名字是乌玛拉·伊本·哈默扎（Umara ibn Hamza），他于 772 年受哈里发曼苏尔（Mansūr，754—775 年在位）之命被派遣到拜占庭，他曾被引入皇宫中一个秘密实验室观看演示，怎样用一种白色的药物点化铅变为银，用一种红色的药物点化铜为金。这一故事记载在约 902 年哈马丹（Hamadan）的伊本·法基赫（Ibn al-Faqīh）写的一本地理学著作《旅行给养之宝囊》（*Kitab al-A'laq al-Nafisa*）[⑦] 之中。在他叙述的末尾，乌玛拉断言，正是这件事引起了哈里发对炼金术的兴趣。没有特别的理由不相信这一故事，但是，是否炼金术真的是引起阿拉伯人兴趣的第一个化学实验，这一点是值得怀疑的。正如我们到时候将会看到的，寻求炼丹术至少与它同样早就已为阿拉伯人所知晓了；并且这一点肯定是来自完全相反的方向。

随着以"贾比尔·伊本·海扬"（Jābir ibn Hayyān，约 721—约 815）的名义发表的书籍和论文的大量涌现，阿拉伯炼丹术的辉煌时期来到，完全可以确定，它是在 9 世纪后 50 年到 10 世纪前 50 年。理解了这一点，就解决了化学史上最费解的难题之一，即在 13 世纪末用拉丁文写作的"贾伯"（Geber）与生活在阿拉伯阿拔斯王朝（750—1258）的黄金时代的"贾比尔"的关系问题。对此，J. 拉斯卡（J. Ruska）和 P. 克劳斯（P. Kraus）在 1930 年相继发表的两篇经典性论文已作出了突破[⑧]。19 世纪的历史学家通常将贾伯（Geber）与贾比尔（Jābir）混淆，虽然 H. 柯普（H. Kopp）首先发现贾比尔著作的题目不能在阿拉伯书目中找到；而贝特罗和 M. O. 霍德斯（M. O. Houdas）[⑨] 不仅认识到两类文献的重大差别，而且还了解到早在 987 年《科学书目》（*Fihrist*）一书的作者就已对贾比尔的著述活动和他的历史真实性表示过严重的怀疑[⑩]。贾比尔不知道贾伯著作中的许多东西，贾伯也未表露出有从阿拉伯文翻译的迹象，虽然已经发现过一些贾比尔著作的拉丁文译本。事实是贾比尔的著作形成了一本《全集》，它是许多持有共同的哲学观点的不同作者的集体著作；其中没有一个人早于约 850 年，并且收录的全部文章不仅在 987 年，而且是在约 930 年之前完成的，因为伊本·瓦西亚·纳巴提（*Ibn al-Wahshiyaal-Nabati*）曾引用过它[①]。至于贾比尔·伊本·海扬本人是否确有其人，则一直是，至今仍然是一个争论中的问题。但是，如果把他看作是一个历史人物，那么他活动的时期不会离约 720—815 年太远，或许会晚几十年。他是否写过《全集》中的任何文章，甚至其中最早的文章，仍然无法断定。

丹药的名称与概念

在阿拉伯炼丹思想中，丹药（*al-iksir*）是这样一种物质，当加上它以点化（*tarh*）任何不完美的东西时，它就会引发质量的平衡（*krasis*）发生较好的改变，即嬗变（*qalb* 或 *iqlab*）。甚至有可能变为只有在黄金中才能见到的完美的平衡。有生命的东西也能实现类似的完美化，在这种情况下就意味着健康和长寿，所以阿拉伯人的丹药很自然地被认为是一种药物，一种适用于"人类和金属的药物"。并且正由于丹药对于植物、动物和人类产生的强大作用绝不次于对矿物或金属物质所起的作用，所以，在对后者的转化中，丹药可以用一种技艺从上述三个天然领域中的任一个制备——这正是中国的而不是古希腊的特点。不同的学派（*tawa'if*）强调这些领域中的这一个或那一个作为原料的起点，对此，《贾比尔全集》（*Jābirian Corpus*）中的一部著作《神力书》（*Kitabal-Lahut*）[⑫]曾给予详尽的讨论。另一部或许更早的著作，《巴利纳斯关于矿物质之观点》（*Kitāb al-Ahjār'alā ra'y Balinās*）[⑬]，宣称存在着七类丹药，其中一种是用全部三种天然领域中的物质制成的，有三种是用其中两种物质提取的要素以不同的配方制成的，另三种则只用其中一种物质制成。蒸馏操作几乎总要包括在制备过程中。

阿拉伯语中的丹药一词已引起了大量的讨论，因为它不具备明显的阿拉伯语词根。《贾比尔全集》的作者们对此几乎毫无帮助，他们以当时的方式假定了一种幻想式的语源学。例如，《大慈大悲书》（*Kitāb al-Rahma al-Kabir*）[⑭]说：

> "丹药之命名源于其对被点化之物质具大效力，它变化它们，将自己的性质赋予它们。有的人主张，这一命名来源于丹药本身要打碎和分散；另外一些人则重申，是由于它的贵重和高级而得名的。"

无论怎样，上述的第二种说法看来相当接近于正确的目标。因为自从 H. L. 弗莱谢尔（H. L. Fleischer）1836 年提出第一个建议以来，人们一般都假定 *iksir* 完全来自希腊词 *xerion*，它在希腊文的《全集》中相当频繁地出现。在奥林匹奥多鲁斯（Olympiodorus，6 世纪）的一篇明确的论述中，它被定义为一种"干燥的点化粉末"（*epiballeis to xērion*，即是说加到铜里去的砷[15]）；在许多其他的情况下，贝特罗和鲁埃尔用"点化"一词来代替它，并不是没有道理的。甚至有一篇题为《论粉末》（*Peri Xērion*）[16] 的片断，大概是一篇佚文的一部分，它指出，最纯净的粉末（*alethestaton xērion*）具有三种效力，即渗透、着色和凝固。令人感兴趣的是，这个词原先可能是指任何干燥的粉末，具有轻微的医学含义，因为医生用这个词来表示一种适于敷在开放性伤口上的止血剂。

在一些 7—9 世纪的叙利亚文献中，但是它们大量以更早的古希腊材料为基础，这个词以它的新形式——*ksyra*，*ksirin*，*ksyryn*，*iksirin*，*eksirin* 被很完美地辨识出来，并且同点化（*arma*，从 *rma* 演变成的，即投入）联系在一起。的确，它甚至被用得更为频繁了。但是，它似乎不再仅限于指一种干燥的粉末，也包括了像蜂蜜、冰、金属、铁锈，或者馏出液，甚或油这类东西。由此可以假定，到 8 世纪初，来自某些完全不同的方向的一些别的思想潮流正在涌进阿拉伯世界，或许伴随着一些可以辨别出来的带有 *x* 或 *kx* 音素的类似发音，并且给它带来了一种有力的思想强化（它是这样强大，以至从本质上看形成了一种新的东西），因而丹药就带有了一种医药的本性。

这种考虑使我们看到，认为 *iksir* 一词来源于中国词根的建议，是有某种价值的，正如我们在别的文章中已经考查过的"Chem-"起源的情况一样。S. 玛迪哈桑（S. Mahdihassan）不满足于单纯的阿拉伯语或希腊语的词源学，他在 1957 年提出，对于诸如"药剂"或"药芝"一类的中国词应给予仔细的考虑[17]。前者的唐音有些像 *iäk-dziei*，后者的唐音可能是 *iäk-tsi*，但很遗憾，这两个词都不是古词。几年之后，玛迪哈桑改变了想法，提出了一个更不相似的词"一气"[18]，这个词指的是类似于"单一气体"的某些东西（其中世纪的发音是 *ik-si*），它并不是一个与炼丹术关系很密切的词。其后不久，著名汉学家德效骞（H. H. Dubs，1892—1969）进一步提出了另一个建议，即"液汁"，字面上的意思是"液汁之精华"[19]，或者如德效骞所解释的"一种流体的分泌物"[20]；它的唐音类似于 iäk-ts'it。除了由玛迪哈桑对此作出过评论之外，从那以后这一问题的讨论就沉寂了。正如将"金"（chin）附会为"chem-"的起源一样，上述建议整个来看是没有什么分量的，但是，它也许值得保留一个时期，如果仅仅把它作为一种错误的但却是富于启发性的语言考证的可能情况。如果人们想象，一个 8 世纪的阿拉伯商人，在广州、杭州或新疆，在同令人愉快的道士的交往中谈论到炼丹术，人们可以想象，他的兴趣在于发现了一个词的声音那么像叙利亚语中的 *iksirin* 或阿拉伯语中的 *iksir*，这两个词是他早已熟悉的。我们知道，在这种情况下是多么易于作出一个不正确的并认为这些词是一致的判断。"多么奇怪——这正是我们说的那些词！"但是，在这种难于察觉的过程中，他吸收了许多以前在古希腊人、叙利亚人和阿拉伯人中没有的思想，即点化的粉末也是一种强力的药物，一种医治人类和金属的万应灵药。

伊斯兰世界的丹药

　　为了证明阿拉伯人是如何看待炼丹术这件事，有必要引用一些第一手材料。

　　第一段引文来自《论宗教与非宗教的权威》（*Kitab al-Imāmawa'l Siyāsa*）一书，该书被认为是死于 889 年的伊本·库塔巴（Ibn Qutayba）的作品，但也许更可能出自他同时代人之手。哈里发阿卜杜勒·马利克（Caliph'Abd al-Malik，685—705 在位）委任他的兄弟波西·伊本·马尔万（Bishr ibn Marwan，？—694）为巴士拉（Basra）总督，而穆萨·伊本·努沙尔（Musā ibn Nusair，生活于 690 年前后）做他的首席顾问。波西喜欢享乐，把所有政务都委托给了穆萨，而自己则无所事事：

　　　　"一个伊拉克人来到他面前说：'以真主的名义，这正是你所热望的，我要给你一种饮料，它将使你永葆青春，不过，你能服从我给你提出的一些条件吗？''什么条件呢？'波西问。'在四十个（昼）夜中，你不能生气，不能骑马，不能近妇人，也不能洗澡。'波西接受了这些条件，喝下了给他的饮料，隔绝所有的人，无论亲疏，一直隐居在宫殿里。他就这样一直待着，直到突然传来一条消息，他已被授予库法（Kufa）和巴士拉两地的总督职位。听到这消息，他高兴得无法自制。他叫人备马动身去库法，但是那个伊拉克人出现了，极力劝他不要前去，不要有一丝一毫的活动。但是，波西怎么能听他的话呢？当那个人明白他已下定决心，就说：'你自己得给我做证，是你没有服从我！'波西这样做了。表示此人不负任何责任。

　　　　然后，他骑马去库法，但是，他并没有走出多远，当他用手摸胡子时，呀！胡子脱落下来掉在他的手中。看到这种情况，他转回了巴士拉，但没过几天他就死了。当波西去世的消息传给阿卜杜勒·马利克时，他任命哈贾义·伊本·优索福（al-Hajjāj ibn Yūisuf）继任总督。"

这一故事或许有某种程度的虚构，但是，这一事件传播得如此快这一事实至少可以使人认为，在波西·伊本·马尔万死亡的那个时代前后（他已被确定死于694年），人们已不断地谈论永葆青春或长生不老的丹药。这个引人注目的故事在一本明确是由伊宾·奎塔巴（Ibn Qutayba）写的《知识大全》（Kitāb al-Ma'ārif）一书中重述，在这本书中作者说波西是在饮了一种称作 adhritūs 或者 adhritūs 的药物而死的。

上述的专门术语肯定来源于希腊语，它引自上书中的一页，在这一页之末，作者甚至用一种富于诗意的言辞介绍了一种药物。但是，永葆青春之药的思想却完全是非希腊的，而且，这一故事带有某些引人注目的、典型的中国特点，特别是在治疗或恢复过程中，必须戒绝一切情欲——这对于生理炼丹术是至关重要的，并且它十分类似于道教行家们奉献长生丹药时的规定。当然并不需要假定在这一事例中的那位医生——炼丹家真是中国人，不过他肯定同中国文化有所接触；有人认为[21]，有一个人参与了这一事件，他就是那位巴士拉城的讲叙利亚语的犹太医生玛沙加瓦（Masarjawayh，生活于684年前后），这倒有可能是真实的。此人其后常常被阿拉伯科学家提到。的确，生活在巴士拉这样一个巨大的贸易中心，同中国人有深入的接触是完全可能的。

另一个早期的故事涉及一位8世纪的景教主教，海拉恩（Harran）的艾萨克（Isaac，8世纪时人）。它引自一部由 E. W. 布鲁克斯（E. W. Brooks）编辑并翻译的无名作者的叙利亚文残卷[22]。这个艾萨克是一个坏家伙，一个被破格授予最高级的主教头衔（budmāsh）的人。一个奇怪的游方僧来见他，在他面前用一种丹药表演了炼金术。一两天之后，艾萨克和他一起走路时，把他推进一口井里谋害了他，但是在他的斗篷里既没有找到丹药（eksirin）的存货，也没有找到制丹药的配方。由于艾萨克冒充掌握了炼金术，他终于当上了最高一级主教，但是，当他无法证明能将其教授给世俗的穆斯林统治者时，酋长就于756年将他处死了。这里除了没有提到那种物质的名称之外，也没有什么东西明显地提到长生不老术，但是这个故事却令人不可思议地类似于在中国较早或较晚的典籍中可以找得到的100个另外的故事。

阿拉伯人远远超过西方任何更早的东西之处，是他们真正让垂死的病人服用丹药制剂——这使他们完全跻身于中国的炼丹家——医生的世系之列。三个引人注目的贾比尔的故事已从他众多的故事中译出，它们都富有特色和革命性的本质，值得给出全文。这三个故事均出自《性质全书》（Kitāb al-Khawāss al-Kabīr）[23]。

"（贾比尔说，）在我作为一个博学的人和我师傅的真正门徒的声誉已经为人所知时，有一天我发现自己在叶海亚·伊本·哈利德（Yahyā ibn Khālid）家里。这个人有一个极为出色的女奴，她有十分颜色，聪明智慧，富于教养，精通音乐；其他任何人也无法与她相比。但是，由于患了某种病，她服了泻药，这使她那样地衰弱，以至从她的身体状况来看，似乎她已很难复原了。她呕吐得十分厉害，使她几乎无法呼吸和说话。

"一个送信的把她的情况报告给了叶海亚，他就问我这种情况该怎么办。由于我不能见她，我就建议用冷水疗法，因为那时这是我所知道的最好的解毒办法。然而，冷水疗法并不见效，热疗法也不行，因为我已建议用热盐热敷她的腹部并用热水洗脚。

"由于她的病情继续恶化，叶海亚就让我去看她，我发现她半死不活，极度衰弱。我随身带着一点这种丹药，就让她用三盎司（1 盎司≈28.35克）纯净的 sukunjabin[24]喝下了两小粒丹药。多亏了真主和我的师傅，没有多长时间我就不得不在这位姑娘面前遮住自己的脸了，因为还不到半个钟头，她已恢复了全部的姿色。

"其后，叶海亚跪倒在我面前，吻我的双脚，这时我请求他，把我看作兄弟，不要这样做。由于他询问我这种有效的丹药的情况，我就把剩下的丹药都送给了他。然而，他并没有接受，不过从此他就开始研究和实验科学，终于获得了许多知识，并且他的儿子贾费尔（Ja'far）的才智和学问还超过了他。"

不必苛求这类故事能够具有准确的历史真实性，重要的是它证实了这种化学药品能够以这种方式使用。"贾比尔"对于自己的女奴有一个类似的经历。

"据她所说，她无意中吃了多达一盎司的黄色砒霜。虽然我试了我所知道的所有解毒药，我仍然没能找到治疗她的办法。最后，我让她用蜜水冲服了一粒丹药。她刚吃下丹药，砒霜就吐了出来，她也就恢复了健康。"

第三个故事，是被蛇咬中毒的病例。

"一天早晨，我出门去贾费尔老师（愿真主保佑他）家，我碰到了一个人，他的右胁肿得吓人，毫不夸张地说，已经绿得像甜菜根，有几处已经发青了。我问他这是怎么一回事，他告诉我，自从被一条毒蛇咬了之后，就逐渐变成了这个样子。因为我确信他已处于死亡的边缘，就用凉水化开了两粒丹药，强令他喝下。感谢真主，绿色和青色的污斑都消退了，身体恢复了正常的颜色；过了不一会儿，肿块消退了，他的右胁恢复了正常。在他复原到能够说话之后，他站起来回家去了，他完全被治愈了。"

人们会禁不住想到，在中文中对于丹药和合成的药物都不加区别地使用"丹"这个词。

以贾比尔名义写作的作者们的另一个特点，是他们确实一次又一次地提到令人不可思议的长寿的能人。希米耶里泰的海尔比（Harbi the Himyarite）就是这种情况的一个实例。据称，在《结论书》（*Kitab al-Hasil*）中有关平衡理论的字义平衡（glyphomantic）部分提到，"贾比尔"曾向这位享寿463岁的教长学习过一些希米耶里泰语中金属的名称。然后，就能把它们与阿拉伯的、古希腊的、亚历山大的和波斯的这类表并列放在一起。海尔比在其他一些贾比尔的著作中再次出现，被贾比尔称作自己的师傅，并且实际上其中一部著作的题目就有海尔比的名字，所以他肯定是，或者说被认为是一位炼丹术的行家。这种长寿的教长几乎可以进入仙人的行列了。

现在，我们已经看到，事实上在阿拉伯炼丹术文献中存在着大量有关长生丹药和长生不老的记述。当然，在一般特点和细节上，与我们在中国文献中所看到的任何东西都不一样——这也正是意料之中的——但是，很明显，从700年以来，阿拉伯世界与古希腊原始化学的研究气氛是完全不同的。如果我们仅仅是在研究了那些用现代手段进行过调查并已译为西方语言的文献的基础上，就意识到了这一点，那么，当不下几千部尚未被研究过的阿拉伯炼丹术著作，一旦被全世界的学术界进行处理，我们还可以期望些什么呢？但是，有一点必须肯定，即长生或长寿丹的思想并不是仅仅通过伊斯兰文化才传到欧洲的。景教徒有时与它发生直接的接触和传播，亚美尼亚王国有时成为这一思想的中心。在磁罗盘的传播中，我们在别的文章中已看到通过12世纪的西辽国，即哈喇契丹（Qarā-khitāi）传播的明显可能性。13世纪中期对此产生直接的影响为时也不太晚，那正是方济各会修道士罗伯鲁（William de Rubruquis-Ruysbroeck，13世纪）在中国讨论脉学[25]，也是方济各会修道士波代诺内（Pordenone）的奥多利克（Odoric，13世纪）同大乘教派的和尚争论肉体再生问题的时候[26]。14世纪在扬州的意大利商人或许在较晚时期曾作出过少许贡献，甚至马可·波罗和他同时代的人也作出过贡献。但是，无可怀疑的是，在伊斯兰国家和印度两者之间存在着短程的传播渠道。至于他们将我们此处论及的思想带到多么远，这仍然是不清楚的。

贾比尔的试管婴儿

阿拉伯炼丹术中有一个非常重要的课题，似乎过去从未就丹药学说方面进行适当的研究，虽然克劳斯曾对此作过严密而广泛的探讨[27]。这就是所谓的生殖科学（*Ilm al-Takwin*），即应用无性生殖的原理在玻璃容器（*in vitro*）中产生植物、动物，甚至人，以及在自然界和实验室里生产矿石和矿物，包括从贱金属生产贵金属的问题。不应该仅仅把这种思想看作是"中世纪的胡言乱语"。它们可以使我们深入洞察那个时代人们的思想，也可以使我们明了在许多人与人之间流传的东西。

因此，让我们更加严密地探讨一下这一不寻常的发展，因为我们在最清楚的原始文献，即《贾比尔全集》中的《浓缩之书》（*Kitab al-Tajmi*）中找到了有关记载。借助于人工的作用（*sani'*），模仿造物主（*bari'*）或世界创造者，用人力创造矿物（*takwinal-ahjār*）、植物（*takwin al-nabāt*）、动物（*takwin al-haya-wān*），甚至人和先知（*takwin ashāb al-nawāmis*），是9世纪的人们的一个基本信念。在拜利纳斯（Balinas，即 Apollonius of Tyna）的著作中，分成两类生殖（*kawn*）或者创造（*khalq*），第一类是由上天做的，第二类是由人类做的。一位贾比尔派的作者在谈到丹药时说[28]：

> "如果你能成功地组合（或者综合）孤立的东西，如果你假定（世界的）灵魂同实体之间的关系是确定的，那么你自己就掌握了独立的东西与（四种）特性（或本性）之间的关系——这样，你就能够把它们转变成你想要的任何东西。"

并且，炼金术仅仅是这个一般原理的一个特例。伊本·卡登（Ibn Khaldūn，即 Abd al-Rahmān ibn Muhammad）对炼丹术所下的定义是[29]：

> "它是一门研究物质（即丹药）的学问，利用这种物质，金和银的生殖可以由人工实现，这门学问论述达到这一目的的操作方法。"

而且，人工生殖（*takwināt*）植物和动物的可能性并不局限于贾比尔学派，它得到了广泛的信任和讨论。伊本·瓦西亚（Ibn Wahshiya al-Nabati）约成书于 930 年的《论腐烂》（*Kitāb al-Ta'fin*）中对这一问题谈论了很多，并且在地中海的另一端，在穆斯林统治下的西班牙，它已是众所周知的事情，这一点已为 1000 年或稍后几十年间成书的迈斯莱迈·迈季里提（Maslama al-Majriti，即伪迈季里提）的《论圣贤之目的》（*Kitāb Ghāyat al-Hakim*）一书所证实。这当然与天然的、自发的生殖有联系，这在《论创造的秘密和复制自然界之术》（*Kitāb Sir al-Khaliqa*，约成书于 820 年）一书中表现得很明显。或许更有意义的是，在《真诚教友通信集》（*Rasā'il Ikhwān al-Safā'*）和许多别的著作中都认为这一思想出自印度（或者更远的东印度群岛），甚至还认为用这种方法创造的第一个人就在印度或者锡兰。因而，人们应当更严肃地对待这全部情况。并且，在有关实际操作的指示中，包含着一些极为吸引人的细节。

它们包含着哪一类东西呢？在《论浓缩》（*Kitāb al-Tajmi*）一书记载的一个程序中，包括一个按照所要造的动物形状仿制的玻璃容器，里面含有精液、血和要复制的许多组织的样品，将它们按平衡法所要求的种类和数量与所选定的药物和化学制品放在一起；将所有这些东西密封在一个宇宙模型，即一个球形的、格状的、带环的天球（kura）之中心，用一个机械装置使其连续不断地运动。同时，用强度适中的太初或唯一之火在下面燃烧加热。如果达不到高度准确的时间，或者超过了时间，那么无论如何都不能取得成功。其他的学派是"腐烂"说的坚决支持者，他们或者强调通气与强热的重要性，或者认为血比加入的化学制品更为重要；有的认为，如果要想使新造成的人具有说话的能力，精液是必不可少的，如果要想赋予它思维、记忆和想象的能力，则脑子的各部分是必不可少的。有人甚至断言，更高级的生物能从用所有科学知识装备好的仪器中制造出来。毫无疑问，帕拉塞斯宣称的著名的侏儒就发源于此。但是，当奥尔德斯·赫克斯利（Aldous Huxley，1894—1963）发现，他在《大好的新世界》（*Brave New World*）一书中所描述的独立的胚胎基和人工孵育的"试管婴儿"，早在阿拉伯炼丹家的梦想中已出现过，该是何等惊奇。这一点我们就无须多言了。

关于在一个不断旋转的球形宇宙模型中，贱金属被转变为黄金的类似记载，见诸《论过滤》（*Kitāb al-Rāwūq*）一书中，此书有赛伊德·胡赛因·纳赛尔（Said Husain Nasr）和克劳斯的译本可读[30]。

所有这些观点似乎完全是非古希腊式的，但是它们却的确使人明确想到中国的由水力推动不断旋转的浑仪和天球仪，这些仪器起源于天极—赤道天文学，而非黄道—行星天文学，并且其中的任一种都比西方用得早得多。类似的印度思想，特别是有关不断运动的观点，也令人回想起来。有关这类炼丹术的宇宙模型，中国也存在着大量类似的东西及先驱者。关于旋转的天穹就谈这些。

至于中心复生的思想，克劳斯充分发挥了自己的聪明才智，找到了古希腊的先例，但是，除了天然生殖、自动装置和宗教偶像显灵的仪式之外，几乎没有什么有用的东西，它们也没有一个非常符合这种观点。克劳斯承认，阿拉伯观念中的人工生殖不见于古希腊著作中。另一方面，当然天然生殖得到普遍的相信，例如相信蜜蜂是从狮子的死尸中产生出来的，这种观点在欧洲持续了许多世纪，只是在启蒙运动时期，随着现代生物学的兴起，这种信念才消失。在中国文化中，这种观点也曾同样的广为传播，但是，这种生殖被认为是人所不能控制的。至于能运动会唱歌的自动人或傀儡人，的确不需要去提亚历山大城工匠们的成果；但是，还有其他更多的神奇的古希腊—埃及能说话的雕像和永远旋转的圆柱的故事，这些都被阿拉伯人继承下来了。然而，这里甚至又再次涉及发明权的荣誉问题，因为中国文化中也有丰富的有关自动装置的传说，其中的一些，像周穆王的道教机器人[31]，就确实非常接近于人造的有血有肉的人。第三点，"贾比尔"将人工生殖学派与偶像制造者（*eidolopoioi*，*musawwirūn*）联系在一起，因而提出了通灵激发技术的问题。它未必单单是一个引发神像运动的问题，而更多的是以这种方法装备神像，以使它好像真有神灵附体，让那些顶礼膜拜的人们确信神灵确实存在。新柏拉图主义者接受了这种思想，并且写了许多有关实际操作的著作；从一个原始材料我们了解到，膜拜者们观察天空以确定适当的时间，然后将一些适当的香草、美玉和香料放进神像里，而神像本身是用黏土同神水、芳香植物和其他粉碎过筛的材料，连同碾碎的金属和宝石混合在一起塑成的。这又一次显示出古希腊的和东亚的实际操作没有多大差别，因为中国和日本在制备神采奕奕的天神、护法神和菩萨等神像时，甚至放进内脏模型使其完备，然后安上瞳孔，这样才算完成正式的就任神像仪式[32]。人们只能得出结论，阿拉伯人并不一定完全依赖古希腊文化，因为他们知道（或者自认他们知道）天然生殖，机械操纵的幻影，或者宗教偶像的显灵，所有这一切也许都有一定的关系，然而这仍然未能找到问题的根源。

阿拉伯从帽子下面创生兔子的基本特点，正如我们所了解的，在于那些加入中心容器内动物材料之中的化学物质，因为它除了长生丹之外，不能代表任何东西，并且这种伪科学操作的整个模式——在实际上究竟试验过多少仍然有些含混不清——只不过是利用赋予生命之丹的力量所作的一种新的、原始的、阿拉伯式的运用。中国的丹药思想是其核心，中国的不断运动的宇宙模型环绕着它，在我们正在讨论的课题中，超出这一范围的某些部分无疑受到较早期的地中海思想的影响。因而，我们可以作出结论，总的来说，利用化学方法赋予无生命的东西以生命是阿拉伯人对带有东亚特色概念的特殊应用，而东亚的概念本身是用化学方法使有生命的东西得以长生不老。这使人记起公元前 4 世纪的公孙绰用典型的中国人的乐观主义口气说："我能治愈瘫痪。如果我用双倍剂量的同样药物，我就能使死者复生！"[33]

综上所述，我们认为可以说，阿拉伯炼丹理论是服食化学制品可以长生和不朽的道教思想，与按照四种基本特性（或本性）的平衡（krasis）而估计药物效力之盖仑学说的密切结合的产物。G. J. 格鲁曼（G. J. Gruman）认为，阿拉伯炼丹家通常强调他们与古希腊文献和传统的纽带关系[34]，这是完全正确的，这的确是人们在研究他们的著作时得到的主要印象——但是，或许他们读的是那些书，而谈论的却是波斯的、印度的，特别是中国的思想和实践。因为在任何时期都极少，或者说完全没有来自这些地区的著作的阿拉伯文译本。中国的长生术宛如是通过一个过滤器而西传，如果假定是这样的话，那就会无可避免地将物质不朽的概念留在地上，或者留在云彩和星辰之间；归根到底，穆斯林们的天国和基督徒们的天堂是非常类似的，这就无可避免地受制于"伦理学上的两极分化"思想（参见上文）。然而一些极其重要的较小的分子总是穿过了滤网——（a）确信可能用化学方法导致长寿，并总是引用《旧约全书》（Old Tostament）中的那些族长为证；（b）希望以类似的方法永葆青春；（c）思索怎样才能达到特性之间的完美平衡；（d）将延长生命的思想扩展为在人工生殖系统中创造生命的思想；（e）不受约束地将丹药用于治疗疾病。上述最后一项的新进展是 O. 特姆金（O. Temkin）一篇经典性论文的主题[35]，他强调古希腊原始化学的全过程基本上是冶金学的，也就是我们所说的变金术和炼金术。而阿拉伯原始化学却与其观点具有意味深长的医学本性的中国炼丹术相结合。葛洪、陶弘景、孙思邈有了具有相同思想倾向的肯迪（Abu. Yusuf Ya'qub ibn Ishaq ibn al-Sabbāh al-Kindi）、贾比尔们、拉济（Abū Bakr Muhammad ibn Zakariyāa al-Rāzi）和伊本·西纳（Abū Ali al-Husain ibn Sinā）这样一批光荣的继承人。特姆金发现，直到西奥菲拉斯特（Theophrastes）和赫利欧道乌斯（Heliodorus）在他们的诗中谈到之前，古希腊的化学和医学没有联系，虽然迪奥斯科里德斯（Dioscorides）和埃伊纳岛的保罗（Paul of Aegina）当然知道矿物药，诺斯替教哲学同古希腊的传统正好像油与水的关系一样，并且化学长生术对于古希腊世界来说，完全是一种外来的东西（参见上文）。然后，在 12 世纪兴起的译书时代，上述的前两种和第五种思想，终于进入西欧的拉丁文化之中。如果从贾比尔·伊本·海扬的宇宙试管中没有看到任何有生命的东西产生出来，那么今天的化学治疗术连同它所带来的奇迹般的成就，的确是从中国—阿拉伯传统中诞生出来的，而帕拉塞斯则是它的助产士。

拜占庭的丹药

如果我们迄今对一般情况的概述大体是正确的话，也就是说，丹药思想曾经从阿拉伯炼丹家传到拉丁炼丹家，并且在罗哲·培根时代，拉丁人按照自己的见解，充分接受了这种思想；那么，或许可以期望类似的长生不老的企求在早2~3个世纪的拜占庭文化中也应当是为人所知的。这正是我们所发现的情况。如果我们翻开迈克尔·普塞卢斯（Michael Psellus）大约在1063年写的14个拜占庭统治者的历史，即他的《编年史》（Chronographia），我们就能读到关于西奥多拉女王（Empress Theodora）统治时期的一段极为奇特的记载。普塞卢斯写道：[36]

> "那些极其慷慨的人们（是她把他们安置在教会掌权的职位上的），他们不受任何约束地慷慨地大量施舍礼品，他们并不是从上帝那儿给她带来信息的天使，这些人表面上装得像天使一样，可在心里却是一批伪善的家伙。我所说的是当代的拿撒勒派僧侣们（Naziraeans）。这些人把自己打扮成神的样子，而且他们还有一部法典，那就是只在表面上模仿神。而同时却仍然屈从于人类天性的局限，他们的举止宛如他们是我们中间的半神半人。对于神的其他品质，他们却做出完全蔑视的样子。他们不致力于使灵魂同神圣的事业和谐一致，不约束人的欲望，不试图用雄辩术去控制一些人，鼓舞另一些人。他们认为这些事情都是不重要的。他们中的一些人带着神谕使者般的狂妄发表预言，宣告上帝的意志。其他一些人宣称要改变自然规律，完全废掉一些，并且扩充其他的范围；他们声称要使必然死亡的人的身体不朽，阻止影响它的自然变化。为了证明这些主张，他们说，他们像古代的阿卡纳尼安人（Acarnanians）一样，总是穿着盔甲，并且长时间地在天空中漫步——然而，当他们闻到地上的肉味时，却那么飞速地降下来；我知道这类人，也时常见到他们。好了，就是这些家伙告诉女王她将长生不老，把女王引入了歧途；由于受到他们的欺骗，她几遭不幸，并且帝国也几乎毁灭。

> 他们预言她会永远活着，然而事实上她天数已尽，死期将临。我不应该用这种贬义的措辞——我的意思是她已接近走完她的生命之路，终点即将到达。事实上，她已病入膏肓……"

果然，她在她统治的第二年夏天死去，终年 76 岁。

这段话似乎明确揭示了，西奥多拉女王受到了一帮自称掌握了长生不老术的僧侣们的影响。虽然没有描述这些技术，但它们很可能是心理—生理疗法和化学疗法，并且整个这一段文字具有一种真正的道教特点，或者也许人们宁可说在这种时间和地点，它具有伊斯兰教的苏菲（Sufi），甚至印度宗教的悉达希（Siddhi）的特点。在太空中漫步，这正是人们意料中道教的仙人的行为，至于谈到不能抑制人的欲望或暗指某些类似于生理炼丹术（即内丹）的东西，它在中国是很重要的。遗憾的是没有一个注释者谈到关于这群奇怪的基督教僧侣的任何事情，所以我们就只能记载有过这件事。

在熟知古希腊原始化学著作的任何人的头脑中，迈克尔·普塞卢斯应当是一个人人皆知的名字。因为他不是别人，正是那位在 1045 年或 1046 年以"论黄金之书"（*Epistle On the Chrysopoia*）为题上书拜占庭主教的普塞卢斯[③]。他为古希腊原始化学的《全集》（*Corpus*）写了一篇序言，并且的确很可能是这部书的第一位收集者。他与阿拉伯学者有所接触，并且他的学生中就有阿拉伯人，这正是大批阿拉伯著作被译为希腊文的时代。在《编年史》的另一处，他专为佐伊王后（Empress Zoe）对化学感兴趣写了一段有趣的文章，这位王后在康斯坦丁九世（Cons-tantine Ⅸ，1042—1055 在位）治下于 1050 年去世，终年 72 岁。她把自己的房间变成了一座真正的实验室，不厌其烦地研究香料的性质以及它们之间的配合。迈克尔·普塞卢斯是这样一个人，他的生平和他的时代似乎值得科学史家作更深入的研究。

西方拉丁世界的丹药

我们终于要谈到西方拉丁世界了。大圣阿贝特已经清楚地表示炼丹术的丹药与医药一样有效力。罗哲·培根表现得更为大胆，他多次断言，当人们全部揭开炼丹术的秘密的时候，他们将能获得几乎没有限度的长寿。当然，这仅是他总的科学技术的乐观主义的一个部分，这种乐观主义使他似乎显得是那样现代化的一个人物，那样远远超过了他的时代。他在 1266 年或 1267 年上书克莱门特四世（Clement Ⅳ），在一部题为《大书》（*Opus Majus*）的著作后一部分，有一段题为"略论实验科学之第二特性"（*Capitulum de secunde praerogativa scientiae experimentalis*）。在其中的第二个"例子"中，他写道：[⑧]

　　"在医学领域中还能举出一例，它涉及延长人类寿命的问题，因为医学技术除了让人们健康生活的摄生术，不能提供别的任何东西。而事实上，有可能极大地延长人类生命的限度。在混沌之初人类的生命比现在长得多，生命已经被大大地缩短了……"

罗哲·培根继续说，许多人相信这是出于天意，再加上一些占星学关于世界开始衰老的含糊论点，但是，他对这些观点一个也不赞同，并且不仅介绍了卫生学的摄生法，还介绍了一些奇异的药物，有些是已经知道的，而有些仍然没有被找到。

罗哲·培根并不轻视从古代传下来的希波克拉底和盖仑的摄生体系。他对此增加了有关罪孽的效果的部分，这可能是出于对他自己教士身份的尊重，并不完全避开心理作用的有效性。但是，在他思想中最主要的是用天然的或化学的方法来真正地延长人类寿命的期限。传统摄生术的目标不过是实现人的"自然"寿限；而罗哲·培根所提出的，正如格鲁曼所指出的，是西方世界中一些全新的东西，是一种延长人类寿命超过"自然"限度的有条理的基本原理。

毕竟整个基督教世界是赞同灵魂不朽的，那么为什么不能用一种技术使它在凡人的躯壳中保持更长久的时间呢？这正像罗哲·培根在另一处写道的：[39]

"延长人类的生命已为灵魂是天然不朽的、永远不死的考虑所肯定。所以，在亚当与夏娃堕落之后，人类还可活到上千年；仅仅从那时以来，人的寿命逐渐缩短了。所以说，这种缩短是偶然的，可以全部或部分地医治。"

此处指的是梅休塞拉（Methuselah，生卒年不详）享寿 969 年的事，但是毫无疑问，罗哲·培根把《旧约全书》中所有族长的例子作为论述的核心，这可见于他的其他论述，这一点正像在他之前的阿拉伯炼丹家所作的一样。就是以这种方式，中国的躯体不朽学说在欧洲找到了一个立足点。

在几页后，罗哲·培根论述了炼丹术的效力。文字写得热情洋溢，其结尾如下：

"（未来的）实验科学将从亚里士多德的《秘密中的秘密》（Secret of Secret）一书中得知，怎样去制造黄金，不仅是 24K 的，还有 30K 或 40K，甚至想要多少 K 就有多少 K 的黄金。这就是为什么亚里士多德对亚历山大大帝说'我想把最大的秘密揭示给你'，的确，这是个最大的秘密。因为它不仅有助于国家的福利，能用充分供应的黄金购买任何想要的东西，而

且尤为重要的是，它将延长人的寿命。因为这种能从贱金属中除去全部杂
质和腐朽物质，使其变为白银和最纯净的黄金的药物，被那些智者们认
为，也能除去人体中的腐朽物质，使人的寿命能够延长好几百年之久。这
是由于人体是由同质的元素构成的，关于这一点我以前已经讲过。"

　　就这样，在这儿说话的简直就是穿着拉丁人衣服的葛洪（并且也像贾比尔）。
罗哲·培根还提出了许多历史上的实例来证明异常长寿的可能性，尽管这些话对于
我们来说听起来很难相信，但它们对罗哲·培根同时代的人却是很有分量的。例
如，他提到的那位"东方人"——阿特菲斯（Artephius，生卒年不详）的事迹就很
有意义，此人走遍了东方各地寻求知识，他从印度王的教师坦塔鲁斯（Tantalus，生
卒年不详）那里得到了许多知识，以至他通过"有关事物本性之秘密实验"⑩而能活
到 1025 岁。

　　在其他书籍中，这些观点以另一种方式显露出来。例如在《第三书》（*Opus
Teritium*，成书于 1267 年）中有一段有趣的章节，就谈到了思辨的和实践的炼丹术。
其中明确提到这种炼丹术可"从组成它们的元素生殖出东西来"，不仅可生殖无生
命的矿物和金属，也能生殖植物和动物。这是真正的阿拉伯"生殖"（*takwin*）的思
想。我们还能不时地发现，罗哲·培根在使用"真主会保佑"这种典型的阿拉伯语
汇。相信利用技艺，只在一天中就能产生自然界要花费上千年才能完成的事，倒不
是一种很新的思想，但是，我们不应当忽略罗哲·培根对不断运动的机器的可能性
也极感兴趣这一点。这种机器可能是用磁铁获得动力的，他的朋友皮埃尔·德马里
库（Pierre de Maricourt，13 世纪）一直在从事这种尝试。这就是阿拉伯炼丹家人工
生殖系统的两个组成部分，虽然罗哲·培根可能并不知道它的全部详情；如果他知
道的话，他将是非常兴奋的，并且他的确会找到某种方法使它与基督教神学和谐
一致。

　　另一本有趣的小册子被称为《论延缓衰老》（*De Retardatione Accidentium Senec-
tutis*）[41]，它被断代为在 1236—1245 年间成书。其中的 7 个"隐秘"已被证实如
下：第一为金（正如刚刚谈到的）；第二是龙涎香或鲸脑油（它漂浮在海面上，或
者被海水冲到岸边）；第三是产于埃塞俄比亚的毒蛇或蜥蜴，也就是"龙"的肉；
第四是迷迭香；第六据信是来自牡鹿心脏的骨头；第七是芦荟木（来自印度的"植
物"）。第五种表明的是一种比其他任何一个还要奇怪的东西，名字叫作"青春气"
（*fumus juventutis*），即健康年轻人呼出的气或发散的气息。这正像《秘密中的秘密》
（*Secretum Secretorum*）所说的："若尔无明业火升腾……欲疗之，需尔拥一情热而貌

美之处子则善矣"（*Si sentis dolorem in stomacho…tunc medicina necessaria tibi est am-plecti puellam calidam et speciosam*）。这是一种有感染力的气息，因为罗哲·培根还说过："令疾者与健者处，则疾者得以健"（*Infirmitas hominis tra-nsit，ita est santitas*）。人们认为，防止衰老的办法就从亲近健美的少女并吸入她的气息而得到，这大概是一种和大卫王（King David）一样古老的思想，并且的确在 16—18 世纪仍然流行。但是，当我们继续读下去的时候，看到性交会完全毁坏其效力，我们禁不住想到了中国的生理炼丹术（即内丹）。看起来罗哲·培根是在推荐"气"的传递，因为若不然，那"青春气"又能是什么呢？还有奇怪的是，如果这种妙法做不到的话，罗哲·培根推荐用某种人血制备的秘方代替。因而，出于不止一种理由，他可能在同教皇和方济各会的同事们讨论丹药时尽可能地考虑周到。但是，他的著作仍然留给我们西方世界中第一个最重要和伟大的有关仙药和仙人传的实例。在随后半个世纪左右，人们能在欧洲找到的任何有关化学长生术的暗示，都增强了罗哲·培根的信念，也显然对它们传自东方的主题有极大的影响。在此，我们不应忽略马可·波罗在有关印度（马巴儿）的记述中一段引人注目的文字。当他谈到我们可以认为是"印度的仙人"（*sadhus*）的人时，他说：[42]

> "这些婆罗门比世界上任何其他人都活得长久，这是由于他们几乎不吃不喝，并且他们实行比其他任何人更严格的禁欲……
>
> "而且，在他们中间按照忠诚程度分为固定的僧侣等级，他们服务于他们的偶像所在的庙宇；他们被称为'瑜伽'（*cigui*），他们确实活得比世界上所有其他人都要长久，他们通常都活到 150~200 岁。并且他们身体全都很好，以至于他们想去哪儿就能到哪儿，虽然他们那样老，但仍像更年轻的人一样很好地服务于需要他们的庙宇和神像……
>
> "我要再一次告诉你，这些活得如此长久的瑜伽们……吃一些我将要予以解释的东西，这对于你来说似乎的确是太妙了，听起来觉得很奇怪。我告诉你，他们取来水银和硫黄，把这两种东西同水混在一起作饮料；他们喝这种饮料，还说这对于他们的生命是必需品，他们就是靠这些东西长寿的……他们每周喝两次，有时是每个月喝两次，你也许知道，那些从幼儿时期就喝这种饮料的人会活得更长久，的确，那些活得如此长久的人就是饮用这种硫汞饮料的……"

接着，他又详细论述了印度的隐逸派哲学家（gumnosophists）。这一段文字特别有趣，因为它把饮食——卫生学因素和丹药——药物学因素同时突出地提了出来；李少君的丹砂又一次在古朴的（Rusticianus）拉丁语中复活了。马可·波罗是罗哲·培根的同时代人，他于 1275 年抵达中国，在罗哲·培根逝世的那一年，即 1292 年离开中国赴印度，在 1295 年回到意大利，所以他口述回忆录是此后 10 年间的事。当然，马可·波罗的见闻不会像现代大量生产的平装书那样迅速地传播，但仍以相当数量的手抄本流传开来，得到广泛的阅读，他所报道的有关亚洲圣哲们利用化学方法达到长寿的情况，至少是同其他明确出自阿拉伯文献的记载相一致。

　　从那以后，丹药思想成了一个常见的话题。托马斯·诺顿（Thomas Norton）在他写的《炼丹术之仪式》（Ordinall of Alchemy）一书中，谈到红色哲人石时写道：[43]

> "艾伦之妹玛丽讲，
> '生命短暂科学长'，
> 此石可令人增寿，
> 不妨勇敢尝一尝……"

卫生学家和医药化学家，现代化学医疗的先驱者

　　在此之后，在快要作结论时，我们几乎没有更多的话要说了。在我们所关心的长生术的领域中，在科学革命期间有过两个伟大的运动。第一个，是从未被罗哲·培根和追随他的炼丹术士们抛弃过的医疗卫生学传统，从他们对于丹药的信任，获得了新生和新的动力。在 1550 年，路济·科纳罗（Luigi Cornaro）出版了《论生活之节制》（Discorsi della Vita Sobria）一书[44]；虽然他大量谈论的是饮食的节制，但是他也特别强调避免心理过度紧张和屈从于情欲。用他提供的那些方法，就能保持元气。科纳罗的书被广泛地翻译，得到人们的赞许，并有了许多后继的著作，最有名的是莱昂纳德·莱修斯（Leonard Lessius）在 1614 年发表的《卫生学》（Hygiasti-con）和威廉·坦普尔爵士（Sir William Temple）的一篇论健康与长寿的论文（1770）。在 1796 年出现了克里斯托弗尔·赫弗兰（Christopher Hufeland）的《长生术》（Art of Prolonging Life），在该文中第一次使用了长生术（macrobiotics）这个词汇，并明确出现在德文原版的标题中。赫弗兰是约翰·沃尔夫冈·冯·歌德（Johann Wolfgang von Goethe，1749—1832）、弗里德里希·席勒（Fredrich Schiller，1759—1805）和 J. G. 海德尔（J. G. Herder，1744—1803）的朋友，他的影响遍及整

个世界，他的颇为合理的长寿处方通过绪方洪庵的翻译而传入日本[45]，这一点已为阿知波五郎一篇有关兰学时期自然治疗理论的有趣研究论文所证实[46]。他也对那些追随着威廉·戈德温（William Godwin，1756—1836）和 A. N. 德孔多塞（A. N. de Condorcet，1743—1794）思想的、论述医学卫生学和长生术的许多 19 世纪的作者产生了巨大的影响。

刚才谈到的另一个伟大运动，当然是医疗化学，特别是由于它以帕拉塞斯的方式而发展得很充分。这是化学发展为与盖仑—牛顿的机械论相对立的伟大的经验阶段，同时发展的还有诸如具有生物学思想的剑桥柏拉图主义者们的一些规模较小的运动。它必然也有毕达哥拉斯主义和新柏拉图主义的根源，不用说诺斯替教[47] 和炼金术的根源了。它有多少确实的东亚根源，不管是从阿拉伯传来的，还是在 13 世纪及其以后的时期通过直接接触的方式传来的，都是很难说的。不过，帕拉塞斯的思想世界中有一种奇特的中国气氛却是确实的情况。例如，一种真正的有机宇宙的思想，连同万物都有内部联系，突出极大和极小的类似性，以及敏捷地想象出奠基于共振和"磁性"现象基础上的超距作用——所有这些东西，人们应该说至少是同中国传统的世界观很类似的。但是，还有一些更详细、更激动人心的类似东西。罗伯特·弗拉德（Robert Fludd）创造了"voluny"和"noluny"这两个新词[48]，前者表示赞同、光明、温暖、生命和扩张，后者表示厌恶、黑暗、寒冷、死亡和收缩——它们除了分别代表"阳"和"阴"之外，还能是别的什么东西吗？到这个时候，耶稣会传播的知识可能已经到达，这一方面的接触也许对于他提出"清""浊"对立的宇宙起源说发挥了影响。在了解了这种平行现象之后，当人们再次发现弗拉德迷恋于空间的方位与人体的内脏之间的象征性联系时，就不会感到奇怪了；同时，所有的帕拉塞斯派学者都写过论述同情与厌恶、反应的类型，以及命理学而不是数学的文字。这些论述全部充满了一种他们特有的经验主义和强调炼丹术的医药学和长生术方面的气氛。我们不能说所有这些特点就是未来的现代科学将会具有的标志，显然在许多方面情况是完全相反的，但是在它们中间某些伟大的信念是很突出的。最值得注意的是认为具有非凡效力的化学疗法是人类可以实现的目标；如果这些思想确有来自东亚的贡献的话，不管是怎样的间接，那么，一些极有价值的观念就可以从伴随着的废话中得到。关于阿拉伯人的媒介作用我已经说得够多的了；对于这一时期人们或许应当去寻找更直接的接触。

作为结束语，让我们阅读一下伟大的帕拉塞斯派医生之一、丹麦国王的御医彼得·塞弗里纳斯（Peter Severinus）的一段微妙的道家言论。在他的《医学哲学思想》（*Idea Medicinae Philosophicae*）（1571）一书中，他写了用对自然现象的实际经验和实际实验取代书本学习和经院哲学的必要性。认为只有这样，激动人心的帕拉塞斯的目标才能达到，炼丹家应该制造的不是黄金而是医药。他对他的读者这样说：

> "卖掉你的土地、你的房屋、你的衣服和你的珠宝；烧掉你的书籍。代替这一切，给你自己买一双结实的鞋子，到高山去旅行，到峡谷、沙漠、海滨和大地上最低洼的地方去探索；仔细记下动物之间的差别，植物之间的不同，还有各种各样的矿物，以及世界上每一种东西的性质和起源的方式。不要羞于勤奋地学习乡下人的天文学和地球哲学。最后购置煤炭，建造火炉，毫不疲倦地观察和用火来操作。用这种方法，并且只有用这种方法，你才能得到有关事物和它们的性质的知识。"

附　记

这一材料的全文，连同完整的文献和所有必要的中文人名，将发表于《中国科学技术史》第五卷的第二、三、四、五分册（*Science and Civilisation in China*，Vol. V，Pts. 2，3，4and 5，Cambridge University Press）。作者希望对他的同事鲁桂珍博士和何丙郁教授表达最诚挚的谢意。

（李亚东　译）

译　注

①盖仑，古罗马医学家，对比较解剖学有重大贡献，并发展了动物体液学说，创立了医学知识和生物学知识的体系。他的观点在2—16世纪成为西方医学界的信条，产生了很大的影响。

②见《汉书·景帝纪》："六年……十二月，改诸官名。定铸钱伪黄金弃市律。"应劭注："文帝五年，听民放铸，律尚未除。先时多作伪金，伪金终不可成，而徒损费，转相诳耀，穷则起为盗贼，故定其律也。"孟康注："民先时多作伪金，故其语曰'金可作，世可度。'费损甚多而终不成。民亦稍知其意，犯者希，因此定律也。"（中华书局版）

③见《史记·孝武本纪》："少君见上（武帝），上有故铜器，问少君，少君曰：'此器齐桓公十年陈于柏寝。'已而案其刻，果齐桓公器。一宫尽骇，以为少君神，数百岁人也。少君言于上曰：'祠灶则致物，致物而丹砂可化为黄金，黄金成，以为饮食器则益寿，益寿而海中蓬莱仙者可见，见之以封禅则不死，黄帝是也。……于是天子始亲祠灶，遣方士入海求蓬莱安期生之属，而事化丹砂诸药齐为黄金矣'。"（中华书局版）

④见《盐铁论》卷六，"散不足"篇："当此之时，燕齐之士释锄来，争言神仙方士，于是趋咸阳者以千数，言仙人食金饮珠，然后寿与天地相称。"

⑤见《史记·扁鹊仓公列传》："齐王侍医遂病，自炼五石服之，臣（淳于）意往过之，遂谓意曰：'不肖有病，幸诊遂也。'臣意即诊之，告曰：'公病中热'，论曰：中热不溲者，不可服五石。石之为药精悍，公服之不得数溲，亟勿服。……意告之后百余日，果为疽发乳上，入缺盆，死。"（中华书局版）

⑥M. Berthelot and R. Duval：*La Chimie au Moyen Age*，Vol. Ⅱ，*l'Alchimie Syriaque*.（Paris：Impr. Nat.，1893）；Photo. repr. Zeller，Osnabrück；Philo，（Amsterdam 1967）；Rev. W. P（agel），*Ambix*，XⅣ：203（1967）.

⑦D. M. Dunlop：*Arab Civilisation to A. D.* 1500，p. 217（London：Longman and Beirut，Librairie du Liban，1971）.

⑧J. Ruska："*Der Zusammenbruch der Dschabir-Legende；*Ⅰ，*die bisherigen Versuche das Dschabir-problem zu loösen*"，*Jahresber. d. Forschungsinstitut f. Gesch. d. Naturwiss.*（Berlin），Ⅲ：9（1930）；P. Kraus，"*Der Zusammenbruch der Dschābir-Legende，*Ⅱ，*Dschābir ibn Hajjan und die Isma'ilija.*" Ibid，Ⅲ：23（1930）.

⑨M. Berthelot and M. O. Houdas：*La Chime au Moyen Age*，Vol. Ⅲ，*l'Alchimie Arabe*，p. 17（Paris：Impr. Nat.，1893）.

⑩Bayard Dodge（tr.）：*The Fihrist al-'Ulūm（Bibliography of the Sciences）；a Tenth-Century Survey of Muslim Culture*，Vol. Ⅱ：855（New York：Columbia University Press，1968）.

⑪P. Kraus："*Jābir ibn Hayyān；Contributions à l'Histoire des Idees Scientifiques dans l'Islam；*Ⅰ，*Le Corpus des Écrita Jābiriens*"，Memoires de l'Institut d'Egypte（Cairo），XLⅣ：1—214. Rev. M. Meyerhof：*Isis*，XXXV：213（1944）.

⑫原文第 123 页。参见 M. Berthelot："*Archéologie et Histoire des Sciences；avec Publication nouvelle du Papyrus Grec chimique de Leyde，et Impression originale du Liber de Septuaginta de Geber*"，p. 310，*Mémoires de l'Acad. Royale des Sciences*（Paris），XLⅨ（1906）. Sep. pub. Philo（Amsterdam，1968）.

⑬原文第 307~310 页。

⑭同⑨，第 181 页。

⑮见 *Corp. Alchem. Gr.* Ⅱ，Ⅳ：12.

⑯Ibid，Ⅲ：XXXⅠ.

⑰S. Mahdihassan："*The Chinese Origin of Three Cognate Words：Chemistry，Elixir，and Genii*"，*Journ. Univ. Bombay*，XX：128（1951）.

⑱S. Mahdihassan："*On Alchemy，Kimiya and Iksir*"，*Pakistan Philos. Journ.*，Ⅲ：75（1959）.

⑲H. H. Dubs："*The Origin of Alchemy*"，*Ambix*，Ⅸ：35（1961）.

⑳D. M. Dunlop：*Arab Civilisation to A. D.* 1500，pp. 208—209（London：Longman and Beirul；Libraire du Liban，1971）；*Arabic Science in the West*，pp. 3—4（Karachi：Pakistan Historical Soc.，1966）.

㉑同⑦，第 213 页。

㉒E. W. Brooks：*"A Syriac Fragment（a chronicle extending from A. D. 754—813）"*，*Zeitschrift d. deutsch. Morgenlandisehen Gesellschaft*，LIV：195（1900）.

㉓P. Kraus：*"Jābir ibn Hayyān；Contributions à l ' Histoire des Idées Scientifiques dans l'Islam：I，Le Corpus des Écrits Jābiriens"*，*Memoires de 'Institut d'Egypte*（Cairo），XLIV：1—214；G. J. Gruman：*"A History of Ideas about the Prolongation of Life；the Evolution of Prolongevity Hypotheses to 1800"*，*Inaug. Diss.*，p. 61（Harvard University，1965）；O. Temkin： *"Medicine and Graeco-Arabic Alchemy"*，*Bulletin of the（Johns Hopkins）Institute of the History of Medicine（cont. as Bulletin of the History of Medicine）*，XXIX：145（1955）.

㉔一种用醋和蜜炼制的浆汁。

㉕Joseph Needham：*Science and Civilisation in China*，I：224（Cambridge University Press）.

㉖Ibid，p. 190.

㉗同⑪，第 97 页。

㉘In *Kitāb Maydān al-AqI*（Book of the Arena of the Intelligence），Kr 362.

㉙*Muqaddima*，Rosenthal tr.，Vol. III：227.

㉚Said Husan Nasr：*Science and Civilisation in Islam*，pp. 53—54（Cambridge，Mass.：Harvard University Press，1968）；Ps. Kraus：refr.（11），p. 57.

㉛Refr.（25），Vol. II：53—54.

㉜例见现存于日本东京近郊之佐贺清凉寺中释迦堂所供之神像。

㉝事见《吕氏春秋·别类》："鲁人有公孙绰者，……曰：'我固能治偏枯（即瘫痪），今吾倍所以为偏枯之药，则可以起死人矣'。"参见⑪Vol. II：72.

㉞G. J. Gruman：Refr.（23），p. 59.

㉟O. Temkin：*"Medicine and Graeco-Arabic Alchemy"*，*Bulletin of the（Johns Hopkins）Institute of the History of Medicine*，XXIX：134（1955）.

㊱E. R. A. Sewter：（tr.），*Fourteen Byzantine Rulers；the'Chronographia' of Michael Psellus*（1063，the last part by 1078）.（London：Routledge and Kegan Paul；New Haven：Yale University Press，1953）；2nd revised ed.（Baltimore and London：Penguin，1996）.

㊲J. Bidez：*"l'Epitre sur la Chrysopée'de Michel Psellus（with Italian translation）；（also）Opuscules et Extraits sur l'Alchimie，la Météorologie et la Démonologie···*（Pt. VI of Catalogue des Manuscrits Alchimiques Grecques）"，Lamertin，for Union Academique Internationale（Brussels，1928）.

㊳R. B. Burke（tr.）：*The "Opus Majus" of Roger Bacon*，Vol. II：617—618（Philadelphia and London. 1928）.

㊴Tenney L. Davis（tr.）：*Roger Bacon's Letter Concerning the Marvellous Power of Art and Nature，and Concerning the Nullity of Magic···with Notes and an Account of Bacon's Life and Work*，p. 35（Easton，Pa.：Chem. Pub. Co.，1923）.

㊵J. S. Brewer（ed）：*Fr. Rogeri Bacon Poera quaedam hactenus inedita*，p. 39（London：Longman，Green，Longman and Roberts，1859）.

㊶A. G. Little and E. Withington（ed.）：*Roger Bacon's "De Retardatione Accidentium Senectutis"*，*cum aliis Opusculis de Rebus Medicinalibus*，pp. 15，57，140（Oxford：Pubs. Brit. Soc. Franciscan Studies，1928）.

㊷A. C. Moule and P. Pelliot（tr. and annot.）：*Marco Polo（1254 to 1325）：The Description of the World*，Vol. Ⅰ：403—404（London：Routledge，1938）.

㊸E. J. Holmyard（ed.）：*The "Ordinall of Alchemy" by Thomas Norton of Bristoll*（c. 1440；facsimile reproduction from the *Theatrum Chemicum Brittannicum*（1652）with annotations by Elias Ashmole），p. 87（London：Arnold，1928）.

㊹Henry E. Sigerist：*Landmarks in the History of Hygiene*，（London，1956）.

㊺如《病学通论》和《扶氏经验遗训》。

㊻阿波知五郎：《蘭学期の自然良能説研究》，《医坛》，第 31 期，第 2223 页（1965）.

㊼诺斯替教，意译为"灵智派"，是一种神秘主义教派。1—3 世纪流行于地中海东部沿岸各地。它的教义认为物质和肉体都是罪恶的，只有领悟神秘的"诺斯"（gnosis，意为"真知"），才能使灵魂得救。掌握这种"真知"的人叫作"诺斯替葛"（gnostikoi，意为"真知者"）。诺斯替教并不是一个统一的教派，而是许多互相独立、大同小异的教派的统称。

㊽A. G. Debus："*The Sun in the Universe of Robert Fludd*"，Art，in Le Soleil a la Reaissance：Sciences et Mythes，Colloque International，p. 272，April 1963（Brussels，1965）.

【29】（化学）

Ⅱ—14　《三十六水法》
——中国古代关于水溶液的一种早期炼丹文献[*]

《三十六水法》一书所载溶解反应的类型多种多样。但不难把它们分成若干组，以便分别进行讨论。

无机酸的应用

如我们在引言（略）中所指出，《黄帝九鼎神丹经诀》对《三十六水法》曾作了非常重要的阐述。它说："矾石、雄黄、丹砂化之为水（溶液），一依八公[①]三十六水正经。其法皆用硝石乃成之。又，化丹砂即须石胆。"这里虽然没有提到醋，但显然在大多数情况下都明确指出须加醋进去。硝石与醋同时出现的有17方，而在总计42方中的引方里面，两种东西中总有一种出现。可以这样猜测：在硝石单独出现的7方和醋单独出现的7方中，原来可能是两样并用，而抄写时遗落了一种。同时有这样的例子，如第8方及第24方[②]，其中硝石或醋只要有一种就可以很有效地起作用。还有另一种例子，如第1方（乙）及第17方，原来似乎一定有硝石和醋，后来都被遗落了，如果不是如此，方子便没有意义。其他一些方子，有些两物并列，如第36方及第40方；有的单列硝石，如第37方及第38方，而实际上两物都非必需。总之，我们最关心的仅仅是稀硝酸对一些化合物或单质所起的氧化作用，如现代化学实验室中所进行的那样。

文献中所载的这一组反应，包括在乙酸存在的情况下利用硝酸盐的作用来氧化不溶的砷和汞的硫化物，不溶的单质硫和不溶的金属等，大多数是很可能的。然而，（a）乙酸所引起的酸度很低，因而反应速度便相应地缓慢，所需时间将不是几

---

[*] 本文是李约瑟与曹天钦、何丙郁合写的。原文共分四节。1. 引言；2. 文献年代；3. 译文及诠释；4. 讨论。此处译文只是其中第四节即讨论部分，转载于《科学史集刊》，第5期（1963）。——编者注

分钟而是几星期；（b）在大多数情况下，水和 H^+（及其阴离子 Ac^-）不是直接加在那些固体物质上，而是透过构成反应器的竹"膜"（虽经削皮，仍然很厚）接触到它们的，因此反应也必然很慢。有些反应生成物无疑也会成为离子而扩散出来，消失在周围的醋中。但是，这不曾使炼丹家们感到烦恼，因为他们的首要目的是要看到那些不溶的固体化为水溶液而消失。至于那些变化和生成物的性质，不是他们所能测度的。

成为反应生成物一部分的胶体硫，由于粒子过大而无法自由扩散，势将留在竹筒里面。因此，这竹制容器起了"半透膜"的作用，留下了那些胶状生成物。炼丹家们在所得的液体中能观察到黄的颜色和浑浊的状态，可能即由于这一原因。当然，在瓷器或金属器中进行的反应，包括预先加醋，基本上都是在封闭系统中进行的。

现在对几种用硝酸盐和醋制成的水溶液个别谈一下。在表示基本氧化—还原反应时，我们一般省略掉在等号两边同样出现的离子。第 1 方，由于硫酸铁〔$Fe_2(SO_4)_3$〕本来能溶于水，所指似乎是黄色的铁矾。因此，溶解后的生成物可以假定为钾和铁的乙酸盐和硝酸盐的复杂混合物。第 7 方中也有矾，可以设想它在弱酸中能溶解一些。《黄帝九鼎神丹经诀》卷 19 载有制青矾石水法，青矾石可能是绿矾或硫酸亚铁。书中说：

> "取吴矾中择取青色者一斤。先以淳酢渍、令淹淹，乃盛之。用硝石二两，漆固，埋之地中三尺，十五日成水也。"

又由于硫酸亚铁这种盐类本来十分易溶，此处所指可能是某种矾。

另一含有铁的方子是以乙酸亚铁（铁华）开始的第 40 方，这种亚铁盐不难溶解，在所给条件下大约会氧化为碱式乙酸盐的血红色溶液，加热后乙酸盐可能沉淀出来。如果是稀溶液，这可以说明在炼丹术中为什么把这种生成物称为"玄灵金慈汐水"。[③]

磁铁矿方（第 8 方）不同，因为其中没有硝酸盐。在这方子里，磁性氧化铁必然起氧化剂的作用，雄黄必然起还原剂的作用，生成物是铁的硫酸盐、砷酸盐或亚砷酸盐。写成这样的方程式似乎是合理的：

$$3Fe_2O_3+As_2S_2+18HAc \longrightarrow 6Fe^{2+}+2S+2As^{3+}+18Ac^-+9H_2O$$

因为 Fe_3O_4 可视为 $FeO \cdot Fe_2O_3$，为了使方程式简单化，只列入了起氧化作用的 Fe_2O_3。

把这些金属盐溶液继续一一研究下去，就轮到第5、第6两方里的碳酸铜（曾青及白青）了。这里汞不起作用。碳酸铜当然是能溶于稀硝酸的。此方又见于《本草纲目拾遗》，说是出于朱权的《神隐》（见下文）。它被当作眼药介绍出来——很可以理解，这是着眼在铜对细菌的淦阻作用（Oligodynamic action）方面。

铅盐的方子（第41方），虽说肯定有中国自古用作化妆品的碳酸铅参与反应，但未能对证出反应物到底是什么，因而令人感到困惑。如果"蜚霜雪"是氯化亚汞或氯化汞（看来相当可靠），那么除去盐酸的佐使作用以外，在生成碱性乙酸铅和少量硝酸铅的氧化反应中，汞就很像起着催化剂的作用。这些过程正是铅白古典制法第二阶段的反转。中国远在公元前4世纪已经认识并利用了铅白，至少同泰奥夫拉斯图斯（Theophrastus）在欧洲第一次记载它一样早[1]。的确可用这方子配成一种剧毒饮料，但不可能让那些指望长生不老的人们服用它，这倒是让人感到有趣的事。

使金属单质溶解在硝酸盐和醋的溶液中，如第29、第30，第31及第42各方，可以表示如下。

（1）铅和铁。

$$3Pb+2NO_3^-+8H^+（来自醋）+（2K^+）+（8Ac^-）\longrightarrow 3Pb^{2+}+2NO+（2K^+）+（8Ac^-）+4H_2O$$

（2）银。

$$3Ag+NO_3^-+4H^++（K^+）+（4Ac^-）\longrightarrow 3Ag^++NO+2H_2O+（K^+）+（4Ac^-）$$

那么一般地说，留在溶液中的是金属和碱金属乙酸盐的混合物，放出去的是所生成一定数量的氧化氮。第42方中还有水银与金属铅同时存在，所生成的汞齐必然会使反应速度加快。但在黄金方（第29方）里，纵然加了硝酸盐，看来也不可能使炼丹家们得到很满意的结果。

现在谈到炼丹术里很重要的硫化汞溶解问题，即第4方（甲）。反应似乎是：

$$3HgS+2K^+NO_3^-+8HAc\longrightarrow 3S+3Hg^{2+}+2NO+2K^++4H_2O+8Ac^-$$

或者是：

$$3HgS+2K+NO_3^-+8HAc\longrightarrow 3SO_4^{2-}+8NO+8K^++3Hg^{2+}+4H_2O+8Ac^-$$

至于硫酸铜所起的作用（《黄帝九鼎神丹经诀》特别指出），我们认为应当是一种催化剂的作用。

第4方（乙），反应与前一方相似，但是那红色需要解释。我们猜想是由于有硒作为杂质存在之故。硒与硫在周期表上属于同一族，性质非常相似。大多数硒的化合物遇到酸便会分解出鲜红色的单质硒。第4方（乙）可能是无意中漏掉了醋的。

炼丹家把硫化汞的溶解看得非常重要，因而其他古书对此也都有所记载。这里可以举出一例。《抱朴子内篇》卷16载有一方与第4方（甲）相同，只是硝石分量不一样。《黄帝九鼎神丹经诀》（卷8）和《诸家神品丹法》卷1也都载有此方。这两部书都是唐、宋古籍，更早和更不为人所知的则有《上清九真中经内诀》第1页正面。此书旧题赤松子著，这是4世纪炼丹家黄初平的别号，内容没有什么可以使人疑为后人所作的地方。书中除记述仙药功效，指明炼丹吉凶日期以及必需的祭物以外，只提出了一种实用方法，即用醋中长时加热法把朱砂溶入溶液中，漆乳液则可以加进去，也可以不加。这方子在漏掉硝石一点上与第8方相似，但没有硫酸铜参与反应。然而乙酸汞也许会慢慢生成的。与此相反，赵学敏《本草纲目拾遗》卷1（1765）所载的方子却漏掉了醋，只有朱砂、硫酸铜和硝酸盐，正和第4方（乙）相同。这里也没有提到醋，如果不是偶然漏掉，就不能使人无疑了。令人感兴趣的是，据赵学敏说，此方似出自明代名士朱权（1378—1448）[④]的《神隐》。这人是炼丹家，又兼植物学家、地理学家和音乐家。赵氏说这种溶液（主要是乙酸汞）能延长寿命，祛除邪恶，滋养精神，安定神经。

第9方和第17方的硫黄水，使人联想到古希腊炼金家所感兴趣的含硫液体[2]。用白垩、硫黄、醋和尿氨配成的"神水"或"硫黄水"显然含有多硫化钙，其效力很能打动古人，因为这种液体能和金属盐生成有色沉淀，能使金属改变颜色，甚至还能侵蚀贵金属。现在我们在《三十六水法》里又发现了醋的应用。在第9方（甲）里，所生硝酸只能使一小部分硫黄被氧化，但反应容器并没有被埋起来，空气的氧化作用可能在亚硝酸酐 N_2O_3 催化之下变硫黄为硫酸盐。这种变化可以视为：

$$S+2K^+NO_3^- \longrightarrow 2K^+ + SO_4^{2-} + 2NO$$

如第9方（甲）所用的"露"里面含有很多有机物，可能发生由于细菌的作用而被还原为硫化物的现象。我们不久就要谈到有机成分所起的作用，但对硫黄说来，细菌的作用是尤其重要的。第21方，有硫酸钙悬浮在鸭血里面，腐败菌无疑会把硫酸钙还原为硫化钙然后形成硫氢化物和多硫化物，同时还生成一些碳酸盐。

第2方（甲）是使砷进入溶液中的例子。可以设想硫化物和硝酸盐形成了砷酸盐或亚砷酸盐。这一氧化—还原反应可以写成以下的式子：

$$3As_2S_2+22K^+NO_3^-+4H_2O \longrightarrow 6AsO_4^{3-}+6SO_4^{2-}+22NO+8H^++22K^+$$

在第2方（乙）的条件下，硫似并未被氧化成硫酸盐，而成为游离的硫了。例如：

$$3As_2S_2+10K^+NO_3^-+4H_2O \longrightarrow 6AsN_4^{3-}+6S+10NO+8H^++10K^+ \quad 〔胶体硫〕$$

颜色黄浊和带有甜味的现象从这里可以得到解释。当使用雌黄时，如第3方（甲），反应大概是：

$$3As_2S_3+28K^+NO_3^-+4H_2O \longrightarrow 6AsO_4^{3-}+9SO_4^{2-}+28NO+8H^+28K^+$$

在第 3 方（乙）中，黄色无疑也是因胶体硫生成而出现的。所加的矾大概能影响介质的 pH 值，从而控制氧化作用的进程，生成亚砷酸盐。反应可能是：

$$3As_2S_2+8K^+NO_3^-+2H_2O \longrightarrow 6AsO_3^{3-}+9S+8NO+4H^++8K^+$$

作为东西方古代化学发展限制因素的硝石

关于《三十六水法》所载氧化—还原反应的研究，我们就讨论到这里。要谈的只剩以下两点。

首先，这部古书给我们提供了显著的证据，按最低估计，中国炼丹家早在 5 世纪已经熟悉了硝酸钾（硝石）。看来此书所载药物与《计倪子》（卷 3 第 3 页）所载确实很相似；而《计倪子》那部书可以颇有把握地认为是公元前 4 世纪的作品[5]，所载药物表是中国文献中最古药物表之一。然而我们也不能肯定地这样说，因为像古西方 nitron[3] 那样的术语含义是模糊的；硝石在秦汉时代可能指碳酸盐，而不是指硝酸盐。不过话得说回来，对于处在此种情况下的药物是只能根据其功用加以判断的；而本书却已清楚地表明，晋、梁的硝石确是硝酸盐。此外，从这部书所提供的一些片断证据来看，读者当不会忘记，这些"水法"原是公元前 2 世纪八公和刘安传下来的。到 970 年，马志就在《开宝本草》里按照硝石的性质给它下了个定义，说："以其消化诸石，故名'消石'[4]。"[6]

以上所述，都给中国首先发明火药所已知的证据作了更有价值的说明。在西方，历史上没有明确证据可以把火药的出现推到药学家伊本·白塔尔（Ibn al-Baitār，1197—1248）和军事著作家哈桑·拉马（Hasan al-Rammāh）以前；在西方，看来缺少硝石是限制发展的重要因素之一。而另一方面，在中国，我们则拥有 8 世纪或 9 世纪的最早的火药文献，火药用于战争早在 10 世纪，其广泛应用在 11 世纪或 12 世纪，都在 13 世纪或 14 世纪传入欧洲之前[5]。

其次，本文在此已用一节的篇幅谈过最早无机酸应用的历史，但所说的无机酸不是指经过分离、精制的产品，而是作为一个很古老、很原始的流程的一部分来说的。这一流程并未包括蒸馏在内。如果说硝酸和盐酸必须经过蒸馏才能制得，我们说硫酸是可以用燃烧硫黄的简单方法制得[6]。古西方人或古阿拉伯著作家对无机酸很不了解，这是一般都同意的看法[7]。人们常把贾伯（Geber）《论真实的发明》（De Inventione Veritatis）[8] 卷 23 中所载说成是硝酸（强水，aqua fortis）制法最早的记录，这部被认为属于来历不明的阿拉伯人贾比尔·伊本·海扬（Jābir ibn Haiyān）的著作，大概还是 14 世纪初在西方编成的。帕廷顿却又指出，最初是在法国方济各教派维塔尔·居·富尔（Vital du Four，约 1295）的 "*Pro conservanda sanitatis*" 里面出现的[9]。硝酸在当时总是硝酸盐跟明矾、硫酸亚铁一起蒸馏的产物。过了很久，可能是 16 世纪初，才出现了硫酸（被当作"矾油"），盐酸则在 1640 年以前还没有出现[10]。由此看来，硝石的应用肯定还是个首要的限制因素。有趣的是，对于早为东亚所知[11] 的一种盐类的新认识以及精制法的传播，竟在西方引起了像制造火药和硝酸那样重要的两种发展。

西方中世纪早期药物中缺少硝石，就减少了古希腊炼金术文献中关于醋的记载的意义。含糊的记载的确是有的，例如 5 世纪大祭司约翰（John the Archpriest）的论著中就讲到"最强烈的白醋"（$τό\ λευκόν\ ὄξος\ δρμντατον$）[12]，这在大约为 8 世纪作品的《皇帝查理丁尼起居注》（*Practice of the Emperor Justinian*）[13] 中也有所提及。M. 贝特罗（M. Berthelot）认为这类文字含有应用无机酸之意；李普曼（E. O. von Lippmann）对这种说法已经给予驳斥，他的意见无疑是正确的。至于把无机酸同硝酸盐一起明显记载下来的古希腊文献，其年代不早于 1300 年[14]，那倒是可以同意的。

中国在什么时候首次知道了"强水"（硝酸），我们现在还不能说，但下面的故事可提供一种可能性。我们曾在中、印两国化学工艺交界线上做过一些有趣的研究。如果不是还要早得多的话，在故事发生的时代，即唐朝，中国文化领域内所有科技人物就都已准备好发挥他们的作用了。他们从公元前 4 世纪起就知道各种矾⑦；硝酸盐在葛洪的时代就出现了，在《三十六水法》里也有某种鉴定；还有硫酸亚铁（绿矾）和氯化铵（硇砂，制王水用[15]）在 660 年的《唐本草》[16] 里都已出现了。那时，合用的蒸馏设备在中国早已经行世[17]。因此，有许多理由可以预期，如果继续探索下去的话，我们会找到足以说明中国在 13 世纪以前，甚至远在唐代已经制成硝酸和硝酸、盐酸混合物的证据。研究宋代的炼丹术文献，可能会证明是有成果的。现在就讲那个故事：

王玄策是 648 年作为中国使臣派往摩揭陀（Magadha，今印度恒河南岸巴特那地方）朝廷的官员，当时正是伟大的取经者玄奘的朋友——尸罗逸多王（Harsha Vardhana）在位的时候。但这时尸罗逸多死了，一个篡夺王位的大臣（中国史书所载是阿罗那顺）乘机袭击中国旅行队，抢劫财物，杀掉使臣的大部分随员。王玄策到底是个有权谋的人，他逃到山里去，跟尼泊尔王和藏王取得联系，然后带着人数相当多的军队重新下山，和篡位者作战，并彻底推翻了他。于是这位使臣带着阿罗那顺以及其他印度俘虏从另一条路回国，在长安（今西安）把他们连同报告经过的表章一起献给了皇帝。

关于这件事，经过两个世纪稍多一些的时间以后，有一篇文章写得很有趣，其中有些话可能是无机酸的最早记载之一。段成式在 863 年写的《酉阳杂俎》卷 7[18]里面有这样一段话：

> "王玄策俘中天竺王阿罗那顺[19] 以诣阙，兼得术士那罗迩娑婆，言寿二百岁。太宗奇之，馆于金飚门内，造延年药，令兵部尚书崔敦礼监主之。言：'婆罗门国有药名畔茶佉水[20]，出大山中石臼内，有七种色，或热或冷，能消草、木、金、铁。人手入，则消烂。若欲取水，以骆驼髑髅沉于石臼，取水，转注于瓠芦中[21]。每有此水，则有石柱——似人形——守之。若彼山人传道此水者，则死……' 后死于长安。"

这项记载的好处之一是年代明确。这番话也许就是后来的神水（alkahest）或帕拉赛斯（Paracelsian）的万能溶剂的预兆，但不管怎样，它暗示在 7 世纪中已经有一种无机酸为人所知了。这使 P. 赖伊（P. Rāy）的印度化学史暗指强酸的话生色不少。《水银海》（Rasārnava Tantra）〔勒努（Renou）及费利奥扎（Filliozat）定为 12世纪的书〕中说到用"维陀"（vida 溶剂?）"杀"铁及其他金属，"维陀"是用绿矾（Kāsisa）、硫化矿等制成的[22]。《水银宝积》（Rasaratna-samuccava）（据勒努及费利奥扎，约 1300）中载有 12 世纪或 13 世纪梭摩提婆（Somadeva）所作《水银摩尼宝髻》（Rasendra-cūdamani）一书的材料，据说"杀"的过程的确像是从金属转化成盐的过程[23]。

利用铁从铜盐溶液中沉淀金属铜

第 1 方告诉我们："以华池（醋）和（即与溶液混合），涂铁，（看来）铁即如铜。"由于此法与铁矾（也许即硫酸铁）的溶解有关，因而这种叙述从文字上看来没有什么意义，这无疑是因为讨论硫酸铜（矾石与胆矾命名相似，故常与硫酸铜相混）的事是误载在这里的。虽然如此，这些话却使人颇感兴趣，因为它跟中国利用金属铁从铜盐溶液中沉淀金属铜这一极为古老的工艺流程有关。

1086 年，大科学家沈括（1031—1095）在他的《梦溪笔谈》卷 25 中写道：

　　"信州铅山县有苦泉，流以为涧。挹其水熬之，则成胆矾[24]，烹胆矾

则成铜。熬胆矾铁釜，久之亦化为铜。水能铜，物之变化固不可测。按

《黄帝素问》有：'天五行，地五行。土之气[25] 在天为湿。土能生金石，

湿亦能生金石。'此其验也……"

　　这一段话清楚地表明，沈括不加批判地接受古典的五行学说，阻碍了他对溶液和混合物真实性质的了解。对于这种 11 世纪的见解，如果我们不同时研究欧洲同它相似的思想发展，我们就不可能对它加以正确估计。在那个时代，观察金属铜（粉末状态或固体状态）被铁沉淀出来并同时生成硫酸铁这一现象，而且专文加以记述，这是了不起的。T. T. 利德（T. T. Read）不晓得在摩尔人的西班牙时代就已知用铁屑从矿泉中沉淀铜的方法，还告诉我们说，这方法是在我们这个时代如何从美国蒙大拿州布特城发展来的。巴西尔·瓦伦丁（Basil Valentine）在他的《锑之胜车》（Currus Triumphalis Antimonii）一书中记述了铁从"匈牙利苦泉"中沉淀出铜的作用[26]。对于这种作用，帕拉赛斯在 16 世纪，施提塞（Stisser）在 1690 年那样晚的时候，还都以为是金属互相转化的现象[27]。海尔蒙特（Van Helmont）曾猜想是溶液中原来有铜，1675 年波义耳在《论化学沉淀的机械原因》（Treatise on the Mechanical Causes of Chemical Precipitation）一文中证实了这一点。由此可见，如因为沈括把直到他自死去 600 年后才搞清楚的一种化学过程当作元素互变，而对他加以责备的话，那是没有什么道理的。

　　所没有加以大概估计的，是这项技术在中国已经存在了多久。两种汉代文献开始讲到这件事。《淮南万毕术》[28] 说："白青（碱式碳酸铜，蓝铜矿）得铁，即化为铜。"这部书可能没有淮南王刘安（前 179—前 122）本人那么早，但也不会晚得太多。《神农本草经》在石胆项下又重复了这些话。这部最早的药典，如果不属于前汉（公元前 2 世纪至 1 世纪），便无疑地是后汉（1—2 世纪）的著作[29]。这两种记载都比普利尼（Pliny）所说铁"如涂以醋或矾，外观即化铜"[30] 的话（约 77）要早，同时也比较好一些，因为两者都明确指出是铜盐，而普利尼的话则可以解释为不过是生锈的结果[31]。关于铜的沉淀效应的知识在《抱朴子内篇》卷 16 里也可以找到，葛洪在书中说："以曾青涂铁，铁赤色如铜。"再往后，就是《三十六水法》里的记载了。如果我们注意到晋、梁记载中用字的细微差别，便会感到颇有意味，因为这种谨慎的措辞避免了涉及真正的金属转化。

　　我们从宋代（10 世纪以后）起开始找到这种方法在工业生产上应用的证据。沈括书中的一段，我们已经在上文读过了。苏辙（1039—1112）的《龙川略志》卷 5

里有一则有趣的故事，说到他对这种方法的怀疑。苏辙做地方官时，曾经和一个商人打交道，这商人来拜访他，说有一种用硫酸铜（胆矾）使铁化为铜的秘法。苏辙说秘法是应当禁止的，如果法子确实有效，就应当公诸人民，使公众得到好处。那商人不同意这样办，走开了。后来苏辙和他的朋友们用一把旧刀子试验硫酸铜的作用，没有成功。这大约是 1080 年的事。但是，其后不久，此法便为大家所知了。按照中岛敏的专著[32] 所说，湿法制炼大约从 1090 年发端，由于一时铸币乏铜而得到广泛应用。这是一种大量生产的方法，既可从含有铜盐的泉水又可从浸渍贫矿所得的溶液中提炼铜。《宋史》卷 180 说：

> "浸铜之法：以生铁锻成薄片，排置胆水槽中，浸渍数日，铁片为胆水所薄，上生赤煤。取刮铁煤，入炉三炼，成铜，大率用铁二斤四两，得铜一斤。饶州兴利场、信州铅山场各有岁额；所谓'胆铜'也。"

这大约是 1100 年的事。

到 14 世纪，在元朝统治之下，纸币日渐通行，"湿法"炼铜渐趋衰落，较晚的材料指出，这法子已经不再用于生产，只见于文献记载了。然而它并没有完全消灭，从《天工开物》（1637）卷 11 的记载中可以推知这一点："烧铁器，淬于胆矾水中。即成铜色也。"

腐败有机物的作用

从《三十六水法》所载各方看来，细菌的参加显然不可忽视，而且往往是要它们起作用的。即使有机物不存在，它们也可以起作用，如第 5 方（乙），土壤中具有去氮作用的细菌能使硝酸盐还原而产生氨，因而有蓝色的碳酸铜铵生成。至于硫酸盐被还原为硫化物和多硫化物的现象，已经在上文谈过了。

总之，当加入混合物中的有机物（数量常很可观）腐败时，细菌大概总是扮演着重要角色。我们在所载各方中注意到，植物性物质方面，从根、木材、果实中榨出或是浸出的液汁出现 4 次〔第 16 方、第 28 方（乙）、第 30 方、第 32 方（乙）〕，榨出的油出现 1 次（第 18 方），树液出现 2 次（第 25 方、第 26 方）；动物性物质方面，提到 8 次〔第 6 方（甲）、第 11 方、第 13 方、第 21 方、第 32 方（甲、乙、丙）、第 38 方〕，最常用的是血，但也有 1 次用甲虫的幼虫〔第 32 方（甲）〕，1 次用粪（第 22 方）。在这些例子里，显然可以产生由蛋白质部分分解而成的高度胶状溶液，如把石英、玉石等〔第 11 方、第 13 方、第 18 方、第 21 方、第 22 方、第 25 方、第 26 方、第 28 方（乙）、第 32 方（甲、乙、丙）〕不溶性矿物研成极细粉末加到溶液中去，由于粉末微粒带有电荷，大概就会形成乳状悬浮体。炼丹家们永远不会把这种乳状悬浮体和真溶液区别开来；即使在今天，我们也只有借助于离心器，才能把那些微粒除去。

应当谈谈所加有机物的一些特点。有些树液（如第 25 方）可能富于单宁，能加强形成永久性悬浮体的作用。还有和金属银溶解有关的第 30 方，因为用了灌木牡荆的果实，引起一些疑问。不管我们说它是牡荆属的一种是不是正确，总之有不少果实、青草等含有大量能产生氰的葡萄糖甙，这是没有疑问的。从自溶到腐败作用来看，可能产生足够的氰化物作用于贵金属的溶液。这样看来，第 30 方略去硝酸盐可能是有意义的，虽然我们在上文曾经假定这不是它原来的意图。

第 34 方是特殊的——只是一种有机物质的提取物。

石核和强壮剂

砾岩石核或晶球之类（第 25 方及第 27 方）的采用使人感到很有趣。其中第一种，九子石，是从砾岩中找到的一种石核或带有松动核心的晶球，至少按章鸿钊《石雅》第 270 页的说法是如此。这种石核似与欧洲古代博物学家[33] 所感兴趣的褐铁核（鹰石）有关。77 年前的普利尼[34] 多少曾谈到过晶球和褐铁核，他郑重地说，人们相信褐铁核可以作为妇女生育的护符。我们把《证类本草》（1249）中的一幅石核图复制在这里，那土或砂是石核外壳被打破后从里面迸发出来的（图 1）。炼丹家打算把这种东西的精华弄到溶液中去，无疑是因为他们以为土地变肥的现象与它有关。

乍看起来，第 27 方的"石脑"是个难题。伊博恩（Bernard Emms Read）和朴秉住（C. Pak）[35] 认为"石脑"即石蜡，不过是一种靠不住的现代想法，就是在他们自己所援引的《本草纲目》（1596）里也找不到根据。不错，石脑油是指原油及其轻分馏物，如石蜡、粗挥发油之类，但在此处这些东西与我们无关。伊博恩和朴秉住又认为"石脑"是"握雪矾石"（片状砷华）的异名。可是，如果仔细读一下李时珍的书，就会知道李氏曾明确否认这种说法达 4 次之多（《本草纲目》卷 9 及 10）。从命名本义来看，"石脑"与泥铁岩中的赤铁矿核有关，那么，我们似可说它和"太一余粮""禹哀"（《本草纲目》卷 10）是同一物质。F. 德梅利（F. de Mély）[36] 对"哀"的解释虽然错了，可是把它和称为 aetites 的石核联系起来是正确

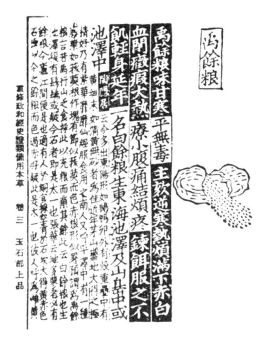

图 1　含铁黏土中的石核（引自《证类本草》卷 3 第 91 页，人民卫生出版社影印版）

的。李时珍意味深长地把关于此类矿物的种种说法详细记下来。他说（《本草纲目》卷 9），"石脑"属于钟乳石类，略似人的脏腑，是"其状如脑"的化石，而不是无定形的矿物。他引用陶弘景的话，说这味药俗方不见用，只见于仙经。又引苏恭所说隋朝（6 世纪末）化公服此药得到好处的话，并提到许多更早的事例，总之，这类矿物是被认为适于配制长生药的。1249 年成书的《证类本草》（政府修订的药典）以及其他许多同类著作，也都把此类矿物列入。因此，我们似乎必须跟 *aetites* 之类的矿物打交道，而且更必须跟炼丹家们所念念不忘的，把强身长寿妙药配成液剂这类事情打一番交道。

漆的稳定乳状液与永在的青春

　　现在我们来谈漆的奇异现象。这一次不是如何把坚硬不溶的物质弄到溶液中去的问题，而是如何阻止液状或膏状物质像寻常那样凝结和硬化的问题了。汉学家们在中国文献中遇到关于蟹对漆的破坏性作用的记载，便会想起一个老妇人的故事，故事里提到盛有甲壳类动物的漆碗或漆碟。关于这方面的研究表明，书里所讲的确实完全是对于没有凝结的漆汁所起的作用。因此，这故事就更富于化学趣味和哲学意义了。

　　关于蟹对漆的作用的论述，在中国古代文献中是常见的。最古资料大概是《淮南子》卷 6 及卷 16 的记载，说蟹能破坏漆，使漆不干，因而不能再用。张华《博物志》卷 4 说，蟹与漆相合是"神仙服食方"。稍后的葛洪不止一次说到这方子。《抱朴子内篇》卷 11 中讲到蟹与漆的话是：

> "淳漆不沾者，服之令人通神长生。饵之法，或以大无肠公子（或云大蟹）十枚投其中，或以云母水，或以玉水合服之。九虫悉下，恶血从鼻出。"

E. 菲费尔（E. Feifel）的译文[37] 是颇不能令人满意的。还有简单提到蟹对漆的作用的一段，完全被他译错了。

宋代的文献很不少。傅肱的《蟹谱》引用陶弘景（5 世纪）的话：

> "仙方：投蟹于漆中，化为水，饮之长生。"

大诗人苏东坡两次提到这个现象。他在《物类相感志》里说，起作用的是"蟹膏"；苏颂在《本草图经》里则提到"蟹黄"的功效（引自《证类本草》卷 21）。蟹黄可能是卵，但苏东坡所说的似乎是肝脾。苏氏的另一著作《格物粗谈》卷 1，说把蟹身上的东西和"湿"（未凝固的）漆相混，结果漆就会长期保持液体状态。《三十六水法》跟蟹有如许姻缘，可能是此书年代久远的一项标识。12 世纪后的其他宋代文献，如李石的《续博物志》，只是简单地说"漆得蟹而散"罢了。

漆能引起一种有名的过敏性反应，使人皮肤肿痛发炎。因此，人们求助于蟹，用它的组织作为治病的药，是毫不足怪的。李时珍在《本草纲目》卷 35 中，把加了几味草药的蟹汁或蟹糊列为解毒剂。他用宋朝洪迈（1123—1202）所写《夷坚志》（《本草纲目》卷 45 引证）所载的一个故事说明这种解毒剂的疗效，故事说，有个被漆弄瞎了眼的贼，由于用了蟹糊而得以治愈。

只要把漆的基本情况想一想，这一切都不难理解。灰色膏状的乳汁从树中淌出来，渐分成四五个性质不同的层。如把它放在完全黑暗而且潮湿的地方，几乎可以毫无变化地保存许多年。但是，一经在日光和较干燥温暖的空气中暴露，就变成巧克力糖般的棕色，最后成为一种黑而硬的东西，具有极强的抵抗力[38]。这就是 2000 多年来中国漆器工业的主要原料，人们先用各种颜料以及金、银粉之类跟它调在一起，然后再用各种方法加以雕镂和处理[39]。

漆，可以说是人类所知最古的工业塑料。漆器制造的化学原理也很有趣。漆汁的 75% 是苯二酚衍生物，例如漆酚（urnshiol）、葛漆酚（laccol）、摩利阿可尔（moreacol）等[40]。此等物质的分子具有带两个羟基的单环和一个至少包括一两个双键的长（如"C"）侧链。漆氧化酶（漆酶，laccase）是漆里面的氧化剂和聚合剂，氧和锰则起着辅酶的作用。1894 年,，加布里埃尔·伯特兰德（Gabriel Bertrand）发现漆酶，是酶化学发展史上的一个里程碑[41]。如从它们广泛的生物学意义来看，就更加有趣了。首先，葛漆酚（laccol）跟毒檞、毒藤（如 lobinol）的有效成分有密切关系，它们对人体也有毒性。其次，漆酶（laccase）作为一种苯二酚氧化酶，同很多酚氧化酶有密切关系，后者不仅在植物组织变黑时，而且在一切昆虫的外骨骼或表皮由于蛋白的鞣化和黑朊（melanin）的作用而变黑时，都起着重要作用[42]。各种作用相似的多酚以及它们的各种氧化酶，在无脊椎动物中真是分布太广了。此外，由酪氨酸酶作用于酪氨酸而形成原始黑、棕色素——黑朊过程，在较高级动物中也有相似的发展。因此，虽然在工业上看来漆的化学过程具有突出的重要性。但也不过是像动、植物生活本身那样的普遍情况中的一个特例罢了。

那么，蟹的组织究竟起着什么作用？无可置疑，在公元前 2 世纪以前，中国人曾经偶然发现一种强力的漆酶阻化剂。阻止了漆酶的作用，自然也就阻止了漆汁颜色的变深，阻止了漆的聚合作用。这种对自然进程的重大干涉，跟阻止人体自然出现僵硬、衰老现象的过程很相似，从脑中装满延年益寿、永驻青春之类的想法的炼丹家们看来，当然是意义重大的。何况这并不是甲壳类的组织的唯一作用，新近的研究表明，它们含有一种效力强大的神秘阻化剂，能抑制右旋氨基酸氧化酶的作用[43]。现在，只要还没有完全凝固，像那个贼的情况，蟹的组织的上述疗效是可以理解的，不过，据想象，漆对皮肤所起的毒性作用大约来自漆酚本身，与漆酶或聚合物无关。也许有人相信云母和玉的粉末也能阻止漆汁凝结，因而怀疑是否确实加入了蟹的组织。当然，如果矿物呈极细粉末状，漆的胶状溶液可能受到微粒所带电荷的影响，这可能恰好阻止了漆酶酶蛋白同下一层的接触。

（王奎克　译）

参考资料与注释

〔1〕李约瑟所著《中国科学技术史》（*Science and Civilisation in China*）第 5 卷将提出证据。此处只需参阅《计倪子》卷 3 第 1 页背面（《玉函山房辑佚书》卷 69）全文即可。

〔2〕M. Berthelot：*Introduction à l'Etude de la Chimie des Anciens et du Moyen-Age*（1888 年初版，1938 年巴黎重印本）第 1 卷第 46、47、68、69、139 等页。方子首见于 3 世纪的《莱登古抄本》（*Leiden Papyri*），不比《三十六水法》早多少。

〔3〕关于这一问题及硝石的一般历史，见 J. T. Reinaud & I. Favé：*Du Feu Grégeois, des Feux de Guerre, et des Origines de la Poudre à Canon*，p. 14ff.（Paris：Dumaine. 1845）；K. C. Bailey：*The Elder Pliny's Chapters on Chemical Subjects*，Vol. Ⅰ，pp. 49ff.，169ff.，173（London：Arnold，1932）；J. R. Partington：*A History of Creek Fire and Gunpowder*（Cambridge：Heffer）.

〔4〕李时珍：《本草纲目》（1596）卷 17。

〔5〕全部证据将见于 J. Needham：*Science and Civilisation in China*，Vol. Ⅴ，Pt. 1.

〔6〕但并非直至 17 世纪始知"硫黄油"（oil of sulphur）与"矾油"（蒸馏硫酸铜或硫酸亚铁的产物）是同一物质，两者的年代似均应提前至 1530 年。

〔7〕当然问题并未达到最后解决。E. J. Holmyard 博士（已故）坚持硝酸制造见于 10 世纪的《贾比尔集》（*Jābirian Corpus*），但据我们所知，此书从未出版。J. R. Partington 教授又将我们的注意引到某些古希腊炼金术著作（特别是 Zosimos 的著作）方面，可能也被译出，但在这种意义上好像尚有疑问。

〔8〕Russel：tr.，p. 233；Darmstädter：tr.，p. 113。关于 Geber 书的拉丁译本，参阅 G. Sarton：*Introduction to the History of Science*，Vol. Ⅱ，p. 1043（Baltimore，1931）.

〔9〕cf. G. Sarton：op. cit.，Vol. Ⅲ，p. 531（1947）.

〔10〕关于无机酸工业制造史，见 F. Sherwood Taylor：*A History of Industrial Chemistry*，pp. 90，99（London：Heinemann，1957）.

〔11〕须知 13 世纪硝石的阿拉伯名称之一是 *thālj al-Sīn* 即"中国雪"。

〔12〕M. Berthelot：*Introduction à l'Erude de la Chimie des Anciens et du Moyen-Age*，Vol. Ⅱ，p. 266；Vol. Ⅲ，p. 255；cf. E. O. von Lippmann：*Entstehung und Ausbreitung der Alchemie*，S. 71（Berlin，1919）.

〔13〕M. Berthelot：op. cit.，Vol. Ⅱ，p. 386；Vol. Ⅲ，p. 369；cf. E. O. von Lippmann：op. cit.，p. 114.

〔14〕M. Berthelot：op. cit.，Vol. Ⅱ，pp. 326，332，333；Vol. Ⅲ，pp. 312，317，318；cf. E. O. von Lippmann：op. cit.，S. 114.

〔15〕2 世纪魏伯阳在《参同契》中曾有记载，说硇砂不能用于治疮。（《参同契》中篇）（《周易参同契分章注解》，卷 2，26 页背面；《参同契》道藏本，卷 2）

〔16〕《本草纲目》卷 11。重要文献《真元妙道要略》记载了硝酸盐和硇砂。这是古书所载最早的火药方。虽然此书上述部分是在 8—9 世纪写成，但较古老部分则属于 4 世纪，即此书伪托的作者郑思远的时代。

〔17〕See Ho Ping-Yu and J. Needham：*The Laboratory Equipment of the Early Mediaeval Chinese Alchemists. Ambix*，Ⅶ：57（1959）.

〔18〕《旧唐书》卷 198 有相同记载。

〔19〕据推测，印度读音可能是 Nārāyanasvāmin。

〔20〕据推测，可能是"*Punjad*"水，也有人说是"*Phāmtā*"水，是一种用过滤法制成的液体。

〔21〕可能暗指蒸馏？

〔22〕P. C. Ray：*History of Chemistry in Ancient and Mediaeval India*，p. 138（Calcutta：Indian Chem. Soc.，1956）.

〔23〕 P. C. Ray：op. cit. , p. 188.

〔24〕 "苦矾"（bitter alum）即不纯的硫酸铜。见 B. E. Read & C. Pak：*A Compendium of Minerals and Stones Used in Chinese Medicine*，*from the' Pên Ts' ao Kang Mu'*〔原载于 *Peking Natural History Bulletin*，Vol. Ⅲ，No. 2（1928）〕，No. 87（Peking：French Bookstore, 1936）.

〔25〕 相当于 *Pneum*；cf. J. Needham：*Science and Civilisation in China*，Vol. Ⅱ，p. 369（Cambridge，1956）.

〔26〕 "巴西尔·瓦伦丁"的年代当然大有疑问。其著作与其按一般说法定为 15 世纪作品，不如说是 16 世纪末、17 世纪初的更可靠。其中无疑有较早的材料。见 J. Read：*Prelude to Chemistry；an Outline of Alchemy*，*Its Literature and Relationships*，p. 183（London, 1936）；E. O. von Lippmann：op. cit. , S. 640。

〔27〕 H. E. Roscoe & C. Schorlemmer：*A Treatise on Chemistry*，Vol. Ⅱ，p. 413（London, 1923）.

〔28〕 《太平御览》（983 年成书）卷 988 引此书。

〔29〕 森立之在他的辑本（第 24 页）中认为原书可靠。

〔30〕 Pliny：*Historia Naturalis*，ⅩⅩⅩⅣ：149. See K. C. Bailey：op. cit. , Vol. Ⅱ，p. 61.

〔31〕 See K. C. Bailey：Ibid. , Vol. Ⅱ，p. 188.

〔32〕 《支那に於ける犀式收铜法の起源》（《加藤博士还历纪念，东洋史集说》），又见《东洋学报》，27（第三期）。

〔33〕 See C. E. N. Bromehead：*Aetites*，*or the Eagle Stone*，*Antiquity*，ⅩⅩⅠ：16（1947）；J. Needham：*Science and Civilisation in China*，Vol. Ⅲ，p. 652（1959）.

〔34〕 *Historia Naturalis*，ⅩⅩⅩⅥ：140, 149. cf. C. E. N. Bailey：op. cit. , Vol. Ⅱ，pp. 123, 127, 257, 262ff. ；J. Bidez & F. Cumont：*Les Mages Hellenisés*，*Zoroastre*，*Ostanés et Hytaspe d'a près la Tradiction Grecque*，Vol. Ⅱ，pp. 201, 346（Paris：Belles Letters, 1938）.

〔35〕 B. E. Read and C. Pak：op. cit. , No. 67.

〔36〕 F. de Mély：*Les Lapidaires Chinois*，pp. 111, 225（Paris, 1896）.

〔37〕 E. Feifel：*Pao P'u Tzu*，*Nei P'ien*，Ch. 11，Translated and Annoted. *Monumenta Serica*，Ⅺ，1，p. 20（1946）.

〔38〕 漆凝固后几乎不能被强酸、强碱侵蚀，在一般溶剂中一概不溶，对细菌侵害有极强抵抗力，可耐热 400～500℃，电绝缘性与云母相比只差 10 倍——事实上在植物性产品中很特殊。

〔39〕 中国的博物馆（如成都）藏有各种古代漆器，不但有汉以后的，还有公元前 4 世纪（战国时期）的。

〔40〕 此类化合物按其所产生的树种命名，*Rhus vernicifera* 产于中国和日本，*Rhus succedanea* 产于越南，*Melanorrhoea Iaccifera* 产于柬埔寨。

〔41〕 最新及最完整的研究见 D. Keilhl & T. Mann：*Laccase, a blue Copper Protein Oxidase from the Latex of Rhus succe danea*，*Nature*，CⅩLⅢ：23（1939）. 他们认为漆酶 *laccase* 是带蓝色（可能来自非朊基）的含铜蛋白。

〔42〕 见下列评论 V. B. Wigglesworth：*The Insect Cuticle*，*Biol. Reviews*，ⅩⅩⅢ：408（1948）；

H. S. Mason：*Comparative Biochemistry of the Penolase Complex*，*Advances in Enzymology*，XVI：105（1955）；P. Dennell：*The Hardening of Insects Cuticles*，*Biol. Reviews*，XXXIII：178（1958）最早发现鞣质的是 M. G. M. Pryor〔*On the Hardening of the Ootheca of Blatta orientalis and the Cuticles of Insects in general. Proc. Roy. Soc. B.* CXXVIII：378，393（1949）〕指出昆虫及植物体内极富于多酚氧化酶的是 K. Bhagvat 和 D. Richter〔*Animal Phenolases and Adrenalin*，*Biochem. Journ.* XXXII：1397（1938）〕。

〔43〕See H. Sarlet，J. Faidherde & G. Frenck：*Mise en évidence chez differents Arthropodes d'un Inhibiteur de la Dacidaminoxvdase*，*Archives Internat. de Physioi.*，LVIII：356（1950）.

译　注

①李约瑟等将"八公"作为人名，英译为 Pa-Kung，其实指汉淮南王刘安之客左吴、李尚等八人。

②本文作者在"译文及诠释"部分将书中所列各方顺次编号（括号中是作者的解释）如下：

1. （黄）矾石（硫酸钾和硫酸铁的复盐，或硫酸铁）水——有甲、乙、丙三方

2. 雄黄（二硫化二砷）水——有甲、乙二方

3. 雌黄（三硫化二砷）水——有甲、乙二方

4. 丹砂（硫化汞）水——有甲、乙二方

5. 曾青（碳酸铜）水——有甲、乙二方

6. 白青（蓝铜矿）水——有甲、乙二方

7. 矾石（钾矾）水——有甲、乙二方

8. 磁石（磁铁矿）水

9. 硫黄水——有甲、乙二方

10. 硝石水——有甲、乙、丙三方

11. 白石英水

12. 紫石英水

13. 赤石脂（红黏土）水

14. 玄石脂（石墨）水

15. 绿石英（绿晶石）水

16. 石桂英（白垩或化石）水

17. 石硫丹（赤硫黄）水

18. 紫贺石（紫玛瑙）水

19. 华石（大理石等）水

20. 寒水石（石膏）水

21. 凝水石（方解石）水

22. 冷石（块滑石）水

23. 滑石水

24. 黄耳石（方解石）水

25. 九子石（砾岩核等）水

26. 理石（石膏）水——有甲、乙二方

27. 石脑（赤铁矿核）水

28. 云母水——有甲、乙二方

29. 黄金水

30. 白银水

31. 铅锡（铅）水

32. 玉粉水——有甲、乙、丙三方

33. 漆水——有甲、乙、丙、丁四方

34. 桂（肉桂）水——有甲、乙二方

35. 盐（粗盐）水

36. 石胆（硫酸铜）水

37. 铜青（乙酸铜）水

38. 戎盐（池盐或岩盐）水

39. 卤咸（粗池盐）水

40. 铁华（乙酸铁）水

41. 铅釭（铅）水

42. 釭（铅和汞）水

③此名含有"神秘的金色"之意，而碱式乙酸铁的稀溶液呈金红色。

④朱元璋第十七子。

⑤《玉函山房辑佚书》卷69。李约瑟等关于此书的意见，见所著《中国科学技术史》第2卷第
275页及第554页。但《计倪子》书中引用了《周髀》（约公元前1世纪）后半部关于西汉
历法的内容，这样，该书是否确为公元前4世纪作品，还有待于进一步考证。

⑥硝石在古书上原作"消石"，直至《本草纲目》（1596）仍然如此。但后来改称"硝石"。

⑦作者根据的是《计倪子》卷3所载。但此书年代尚有疑问，详见译注⑤。

【30】（化学）

Ⅱ—15　欧洲与中国的伪金[*]

　　实验研究有时比化学史家们的推测更能说明问题。虽然今天我们并不赞同炼金术士们制造黄金的目的，但是他们的某些观察仍然要很费力才能理解。四价锡硫化物的制备就是一个恰当的实例。特别引人注意的是，这个化合物的制备在东西方采用了完全不同的配方。

　　结晶态的四价锡硫化物看起来很像黄金，因而它的旧称是伪金（*aurum musivum*）。除了炼丹家对之感兴趣外，SnS_2 的重要性还在于许多世纪以来它被广泛地用作颜料。[1] 在炼丹术著作中，从锡汞齐、硫和氨的氯化物制备 SnS_2 的记载相当丰富。[2]

　　已知的欧洲人有关 SnS_2 的最早记述，出现在一部匿名作者所编、没有题目的 14 世纪手稿中，它被那不勒斯的国立图书馆（Biblioteca Nazionale）以《彩饰技术》（*De arte illuminandi*）为题编目，并且帕廷顿已经讨论过这一配方的译本。[3] H. 戴维[4]（H. Davy，1778—1829）和 O. J. 贝采利乌斯[5]（O. J. Berzelius，1779—1848）证明，这个反应的产物是四价锡的硫化物，但是，他们仍然没能确定反应的机制。P. 沃尔夫[6]（P. Woulfe，1727—1803）广泛地研究了这一反应，证明汞对于形成 SnS_2 并不是必需的。然而，加热只含有锡和硫的混合物并不能导致生成 SnS_2，除非是在高压条件下操作。[7] 为了在常压条件下生成 SnS_2，氯化铵的存在是必不可少的条件。氯化铵在反应中的作用，是我们实验研究的第一个课题。

　　L. 格梅林[8]（L. Gmelin，1788—1853）指出，这个反应的第一阶段是生成氯化锡铵：

$$Sn+4NH_4Cl \longrightarrow (NH_4)_2SnCl_4+H_2+2NH_3$$

---

　　[*]本文系李约瑟博士与圣安德鲁斯大学化学系讲师 A. R. 巴特勒（A. R. Butler）、C. 格利德韦尔（C. Glidewell）以及研究生谢莉·普里查德（Sharee Pritchard）合著。1983 年发表于《英国化学》。——编者注

在上述方程中，氢的生成是出人意外的，尽管我们进行了广泛的实验，仍然没能找到证据来支持上述观点。然而，我们发现，其他氨的卤化物促成这一反应的进行，而 NH_4NCS 和 KCl 则不行，特别是利用 NH_4I 会生成漂亮的 SnS_2 结晶。我们认为，卤化铵的关键作用是在于形成多硫化铵，接着它转变为 SnS，SnS 再进一步转变为 SnS_2，这是一个广泛用于无机定性分析方案的事实。[9] 锡和硫在加热条件下反应生成二价锡的硫化物，同时我们发现，二价锡的硫化物同气态 HCl 反应生成 H_2S。另外，H_2S、NH_3 和 S 反应，会生成多硫化铵（NH_4S_x）[10]，然后，就能产生 SnS 氧化为 SnS_2 的反应。

$$Sn+S \longrightarrow SnS$$

$$NH_4Cl \longrightarrow NH_3+HCl$$

$$2HCl+SnS \longrightarrow H_2S+SnCl_2$$

$$H_2S+NH_3+xS \longrightarrow NH_4S_x$$

$$SnS \xrightarrow{NH_4S_x} SnS_2$$

能够产生这种反应的唯一的盐，是强酸的铵盐。因而，氯化铵的作用就得到了解释。

中国的硫化锡

在欧洲化学中，伪金是最成功的早期实验室合成产物之一。但是，早在欧洲首次出现伪金之前许多世纪，中国人就已经知道它了。不过，中国的产物是以完全不同的方法制成的。在炼丹术著作，即葛洪[11] 的《抱朴子》一书中，有一个将锡转变为类金物质的配方。吴鲁强（1904—1936）和 T. L. 戴维斯[12]（T. L. Davis，1890—1949）首先认为，这种物质是四价锡的硫化物。下面是由 J. R. 韦尔（J. R. Ware）作出的节译：[13]

　　　"用含有红色结晶盐的湿黏土覆盖锡锭，放进一个密闭的坩埚中，用马粪火加热 30 天。从火中取出，整个锡锭的内部将看到像含有一簇金豆子的石灰。红盐是通过在一个铁坩埚中加热等量的寒盐和寒水石，或者寒羽涅，或者白矾制成的。"①

韦尔的译文在两处对原文作了更动。第一点，红色结晶盐中的后三项材料，被改为可以选择其中之一，而不是一种复杂混合物的组分。第二点，我们不能接受韦尔对某些材料的翻译，尤其是将寒盐译为紫水晶。上述三种成分能够很容易地鉴别。寒水石是 Ca、Mg 和 K 的硫酸盐的混合物[14]；白矾是明矾[14]；寒羽涅是明矾石（一种碱式明矾）。[15] 寒盐的成分从其他书面原始资料中无法得知。紫石英[16] 是紫水晶的正规名称，所以，我们认为没有理由接受韦尔的译名。有一个特别重要的方法——利用这一方法，中国炼丹术的一些材料已经得到鉴定——这是借助于新近发掘和研究的两个窖藏中带有名称标签的化学物，这些窖藏是 8 世纪埋藏的，一个在西安，另一个在日本的奈良。

葛洪的配方

葛洪配方的实质，是四价锡硫化物的结晶能够通过锡与硫酸盐（即矾）和寒盐长时间加热而得到。在这个反应中，硫的氧化态从硫酸盐中的正六价变到 SnS_2 中的负二价。无论寒盐的本质是什么，在这个反应中它都是出乎意外的配料，同时，我们在第一次查阅有关化学文献过程中，未能找到先例。我们初步的结论是，这个配方已被葛洪改过，以防止制造黄金的秘密泄露给世人。然而，通过对 6 世纪的炼丹手册《三十六水法》的实验研究[17]，我们曾成功地溶解了某些矿物，这使我们持这样一种观点；在证明其错误之前，应该以一种十分严肃的态度对待中国的炼丹术著作。

因而，我们再次检验了葛洪的方法，并且仅仅与欧洲的配方加以比较，假定寒盐是氯化铵。然后，我们将锡屑、干燥的矾和氯化铵的混合物放入坩埚，密闭在一个铁制容器中，在 500℃ 的温度下，加热 5 天。在冷却和打开之后，我们的确发现，铁容器的内部覆盖着漂亮的金色结晶状体，通过 X 射线粉末衍射仪的检验，证实它是 SnS_2。进一步的实验证明，虽然对于生成 SnS_2 来说，氯化铵并不是必不可少的，但它却使生成的硫化物形成更多的结晶并更具光泽。这样，我们把寒盐定为氯化铵的观点，就得到了实验的确认。

寒盐意味着"冷的盐"，众所周知的氯化铵具有的制冷性质支持了上述鉴定。把 10 克氯化铵加到 100 毫升水中，可使水的温度降低 8℃。在中国的西北诸省和新疆，存在着天然氯化铵，称作"硇砂"，在断代为 142 年的魏伯阳的《参同契》一书中，曾经谈到过它。因而，生活在 150 年之后的葛洪，应当知道这种东西。令人十分惊奇的是，在《抱朴子》中没有谈到硇砂，虽然人们认为，硇砂的性质应当引起葛洪的注意。我们认为，他知道这种东西，但却是以另一种名称出现的。

接着，我们利用各种热分析方法，考察了锡和矾的反应。锡和干燥矾的混合物以每分钟提高 5℃ 来加热。在 218℃ 出现一个不可逆的放热反应，生成一种暗淡的、深黄色的粉末。在冷却条件下，没有反应发生。毫无疑问，这一温度利用葛洪谈到的马粪火可以达到，虽然我们对此没有直接的实验证据。锡和矾反应的方程式如下：

$$6Sn+2KAl(SO_4)_2 \longrightarrow \frac{3}{2}SnS_2 + \frac{9}{2}SnO_2 + Al_2O_3 + K_2SO_4$$

同时，也会生成一些单质硫。

没有证据证明在中国的程序中氯化铵有类似于它在欧洲配方里的作用。我们认为，它的作用是助熔剂，用以清除锡表面覆盖的保护性氧化层，使它同矾的反应进行得更迅速。在许多操作中，氯化铵都是这样被使用的。

热力学

我们利用埃林厄姆（Ellingham）图，考察了锡同硫酸盐的反应中，由单质锡氧化为 SnS_2 的热力学（图1）。[18] 我们假定矾是等当量的 $[Al_2(SO_4)_3 + K_2SO_4]$，并且整个反应分为两步：

$$Al_2(SO_4)_3 \longrightarrow Al_2O_3 + 3SO_3$$

$$SO_3 + 2Sn \longrightarrow \frac{3}{2}SnO_2 + \frac{1}{2}SnS_2$$

在图1中，每摩尔 SO_3 的自由能从下式求出：

$$\triangle G_T^\Phi = \triangle H_{298}^\Phi + \int_{298}^T \triangle C_p dT - T \triangle S_{298}^\Phi$$
$$- T \int_{298}^T (\triangle C_p / T) dT$$

令每一组分的 C_p 为下式：

$$C_p = a + bT + cT^{-2}$$

$\triangle H_{298}^\Phi$、S_{298}^Φ、a、b 和 c 的数值采用文献值。[19] 在整个予以考虑的温度范围之内（200~800K），我们的计算证明，生成 SnO_2 和 SnS_2 比起分解 $\frac{1}{3}Al_2(SO_4)_3$ 的 $\triangle G^\Phi$ 要负得多，因而，在这整个温度范围内，$Al_2(SO_4)_3$ 将把锡氧化为硫化物。这一计算证明，SnS_2 的形成具有热力学的可能性，我们的实验，以及葛洪的实验也已经证实它在热力学上的可行性。

其他的数据见图1。对于下述反应。

$$4H_2 + SO_3 \longrightarrow 3H_2O + H_2S$$

$\triangle G^\Phi$，也比 $Al_2(SO_4)_3$ 分解的值要负，所以，氢被 $Al_2(SO_4)_3$ 氧化为水和 H_2S 具有

热力学的可行性。的确，这一点已见诸报道[20]。下述反应的值也处于 $Al_2(SO_4)_3$ 的分解值之下：

$$4Pb+SO_3 \longrightarrow PbS+3PbO$$

所以，和锡一样，铅被氧化为硫化物具备热力学的可能性。

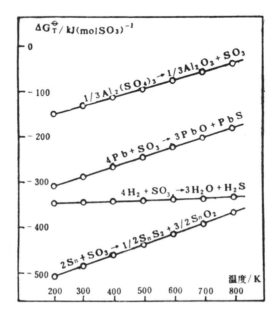

图 1　在某些包含 SO_3 的反应中，自由能随着温度的改变而变化

我们也通过类似的但却是近似的处理，考查了许多其他的硫酸盐。这一选择取决于是否能得到可用的、恰当的数据。下述金属的硫酸盐，以及氨的硫酸盐，能够将 Sn 氧化为 SnS_2：Li、Be、Mg、Ca、Sr、Ba、Mn、Co（Ⅱ）、Ni、Cu（Ⅱ）、Ag、Zn、Cd、Hg、Tl（Ⅰ）、Pb、Sb、Bi、Nd 和 Th。只有 Na、K、Rb 和 Cs 的硫酸盐对这个反应没有影响。

显然，葛洪应当被看作是一个不寻常的、才华出众的实际化学家。

（李亚东　译）

参考资料与注释

[1] Mrs Merrifield：*Original treatises dating from the* Ⅻ *to the* ⅩⅧ *centuries on the arts of painting.* (London，1849).

[2] eg J. Kunckel：*Ars vitraria experimentalis*，Part Ⅱ，p. 95.（Frankfurt and Leipzig，1678）.

[3] J. R. Partington：*Isis*，Vol. 21，p. 203（1934）.

[4] J. Davy：*Philos*，*Trans. R. Soc. London*，Vol. 102，p. 169（1812）.

[5] J. J. Berzelius：*Ann. Chim*，*Phys.*，Vol. 5，p. 141（1817）.

〔6〕 P. Woulfe：*Philos. Trans. R. Soc. London*，Vol. 61，p. 114（1771）.

〔7〕 D. N. Klushin, O. V. Nadinskaya, and K. G. Bogatina：*J. Appl. Chem. USSR*，Vol. 38，p. 962（1965）.

〔8〕 L. Gmelin：*Handbook of chemistry*，Vol Ⅴ，p. 79.（London，1851）.

〔9〕 A. I. Vogel：*A textbook of macro and semimicro qualitative inorganic analysis*（4th edn. London，Longmans，1954）.

〔10〕 J. R. Partington：*A textbook of inorganic chemistry*，p. 712（London，Macmillan，1961）.

〔11〕 除了一些人名保留了旧的、约定俗成的拼法之外，其他词采用汉语拼音拼写。

〔12〕 Lu-Chiang Wu and T. L. Davis：*Proc. Am. Acad. Arts Sci.* Vol. 70，p. 221（1935）.

〔13〕 J. R. Ware：*Alchemy, medicine, religion in China of A. D. 320*（London，MIT，1966）.

〔14〕 J. Needham：*Science and Civilisation in China*，Vol Ⅴ，Pt 2，p 164（London，CUP，1974）.

〔15〕 Chang Hung-chao：*Lapidarium sinicum*（Peiping，1924）.

〔16〕 Ts'ao Tien-ch'in, Ho Ping-yu and J. Needham：*Ambix*，Vol. 7，p. 122（1959）.

〔17〕 A. R. Butler, C. Glidewell, and J. Needham：*J. Chem. Res.*，1980，（S）47，（M）0817-0832，S. E. Pritchard unpublished observations.

〔18〕 C. W. Dannatt and H. J. T. Ellingham Discuss：*Faraday Soc.*，Vol. 4，p. 126（1948）.

〔19〕 O. Kubaschewski, E. L. Evans, and C. B. Alcock：*Metallurgical thermochemistry*（Oxford，Pergamon，1967）.

〔20〕 F. Wohler：*Annalen*，Bd. 53，p. 422（1845）.

译　注

①原文："金楼先生所从青林子受作黄金法，先锻锡，方广六寸，厚一寸二分，以赤盐和灰汁，令如泥，以涂锡上，令通厚一分，累置于赤土釜中。率锡十斤，用赤盐四斤，合封固其际，以马粪火煴之，三十日，发火视之，锡中悉如灰状，中有累累如豆者，即黄金也。合治内土瓯中，以炭鼓之，十炼之并成也。率十斤锡，得金二十两。""治作赤盐法"用寒盐一斤，又作寒水石一斤，又作寒羽涅一斤，又作白矾一斤，合内铁器中，以炭火火之，皆消而色赤，乃出之可用也。"见葛洪的《抱朴子内篇》，卷十六黄白（1980 年中华书局出版，王明校释本第 264—265 页）。

【31】（生物学）

II—16 中世纪中国食用植物学家的活动*
——关于野生（救荒）食用植物的研究

我们在这里需要回顾到明代初期，即 14 世纪后期的情况，人们通常认为这个时期是中国科学已经进入"停滞"的阶段，我们回顾这个时期的目的是探讨中国植物学中的一个极为值得注意的发展、一个沿独特方向的运动，或不妨称为"寻找食用植物"的运动。从 14 世纪下半叶开始至 17 世纪中叶，这个运动产生了它的所有主要著作，此后就很少有所作为了，但是，它终于建树了应用植物学的一些有长远价值的丰碑和杰作。其关键是，食物短缺或饥荒时怎么办？正如我们现在所熟知的那样，中国那时的气候因其季风特点，有比欧洲剧烈得多、起伏性大得多的季雨，在这些岁月经受着比正常时候剧烈得多的天气变化，很容易引起严重的干旱或洪水。因此，尽管农民和农业专家具有非凡的技能，尽管水利工程师可在河流管理和运河灌溉方面做出一切努力，但是几千年来，中国仍然不得不遭受周期性食物匮乏和频繁的灾难性饥荒的痛苦。

在这些艰难的岁月里，当人们寻找一切用以充饥的东西时，他们利用了许多非栽培的以及在偏僻森林中的野生植物，然而这又要冒着新的风险——来自根或浆果中有毒活性物质的各种毒害或叶中"针晶束"（raphides）[1] 不堪忍受的刺激。因此植物学家"奋起援救"，以造福于人民。他们开拓新的知识领域以确定哪些植物是安全的和有助于健康的，哪些植物是危险而有害的。此外，区别植物是否可食用是很微妙的，像古代美洲印第安人对待木薯植物一样，如果他们能够准确地知道哪一部位可食用或者如何处置根或叶以除去有毒的生物碱，那么许多含有毒性物质的植物是有食用价值的。这样，14 世纪时，中国的植物学家便进入药化学（即今天所说的生物化学）领域；显然他们进行了细微而广泛的实验。一些植物因为它们含有

---

* 本文是李约瑟与鲁桂珍合写的，它是《中国科学技术史》巨著的即将问世的第六卷第一分册有关生物学部分章节的初稿，译文转载自《科学史译丛》1985 年第 3 期，转载时我们又据原文作了一次校订。——编者注

"黏液胶质"[2] 可食用，而另一些植物虽然包含较多难以消化的纤维素（像稻谷本身）或不能消化的多糖物质（像石花菜和其他海生植物）也可加以利用。总之，当时人们总是寻找每一种可能充饥的东西去渡过难关，直到他们重新获得正常的食物。

毫无疑问，食用植物学家的活动是中国人在人道主义方面一个很大的贡献。我们不知道在欧洲、阿拉伯或印度中世纪文明中有任何类似情况。当然，对于欧洲来说，也许可用较为良好的气候来部分地解释其原因，然而没有理由否认中国学者主要是出于孔夫子所说的"仁爱"思想。也许因为这种思想那么注重现世，而不同于基督教徒和佛教徒只关心来世，因而它越发富有成效。像所有第一次探索新领域的行动一样，这些食用植物学家的工作赢得极大的赞赏。W. T. 斯温格尔[3]（W. T. Swingle）写道：

> "已知最早并仍然是今天最好的这类著作，是由一位王子为努力减轻中国由于饥荒频繁造成痛苦与死亡而经多年艰苦的研究之后写下的。研究中国食用植物的专家认为，周而复始的饥荒促使中国人注意到可能用以充饥的每一种植物。由于不得不食用野生植物，所以其中最好的植物进而被栽培了，在技艺娴熟的中国农民和园丁手中迅速得到改良，使之成为标准的栽培作物。中国有极丰富的植物群落，栽培者把大量的植物用来从事试验，从而使中国人今天拥有非常大量的栽培作物，很可能是欧洲的 10 倍和美国的 20 倍。也许正是饥荒所推动的这种试验，使人们发现了一些有效的，以及容易被忽视的药用植物。在很大程度上，中国人对食物和药用植物没有严格的区别；实际上，几乎所有的食用植物同时也作为家用药物，或是被医生用于预防、治疗、减轻疾病的处方之中。"[4]

似乎直到 18 世纪，相似的兴趣始流行于欧洲。例如，1783 年我们看到查尔斯·布莱恩特（Charles Bryant）著的《植物饮食学，或国内外食用植物史》[5]（*Flora Diaetetica*, *or History of Esculent Plants*, *both Domestic and Foreign*）一书，在该书导言中一种雷同的说法给人的印象是深刻的。他在不知道我们现在将要述及的那个时代背景的任何情况之下写道：

> "无论我们从人类处在自然的或文明的状态的角度来看，我们都会发现，人类日常食物的主要部分以及为享受舒适生活所必需的大部分物品是

取自植物界的；因此，精确地指出直接适用于人类使用的植物种类的每一次努力，必定会同时推荐一些植物；因为通过给人类提供清楚地区别不同的、植物种类的手段，人们才能选择最适于健康的、最合口味和体质的一类植物，并且摒弃那些不适宜的和有害的一类植物。"

对无论是迁移的或是"定居的"所有先生们介绍了林奈体系的知识之后，他继续写道：

"在指出了基本纲要之后，还要提一下与后面几页更有关系的一种情况：那就是在本书插页中的几种植物一直未被普遍地引进厨房中，但是它们全都曾被私下尝过，并且证明它们和那些长期被人们食用的植物相当，甚至于更好。在特殊的季节里，这肯定会给人人带来好处，因为在这批植物中，即使一些植物歉收的话，另一些就会获得收成；从有助于丰富生活的观点出发，肯定不会有人反对增多食用的植物，尤其是如果他考虑到若不经常食用植物食物，人类绝不能维持如此之好的健康状况，以及充满活力，由于所拥有的品种繁多，可供选择，那么不同人的口腹会得到更好的满足。"

道家指引着布赖恩特写作，但是当他获悉，大约 400 年前，在东半球的另一端，一部完全合乎他心意却比他本人的著作伟大得多的著作已经出现时（这部著作不是靠园艺学家在升平岁月的兴致，而是出自一块人口稠密的国土上的勤劳人民抵御险恶因素的需要），他会多么吃惊。

谁是斯温格尔神秘地提到的帝国王子呢？他是明太祖（洪武皇帝）的第五个儿子，叫朱橚（1360—1425）。他写的著作题为《救荒本草》。朱橚约生于 1361 年，1378 年被封为周王，死后谥称为人所熟知的周定王。1381 年被授予河南的开封为封地，这是过去宋代的都城，在开封，他被赐以从前的皇宫作为王府[6]。除了两次的贬黜或流放岁月之外[7]，他一生的其余时间都是在那里度过的。由于他对科学的兴趣不断增长，他逐渐设立了不仅是一个植物园，而且也是一个对尽可能多地在饥荒时[8] 可作食用的食物进行水土适应和研究的实验场所。它肯定包含能进行生化和医药试验和制备的实验室。《救荒本草》的第一版刊于 1406 年[9]，由王府的学者卞同作序，卞写道：

　　"周王设立一个私人种植园（苗圃），对 400 余种从田野、沟边和野地收集来的植物进行了试验种植。他亲自从头到尾观察植物生长和发育的全过程。请了专门艺术家（画工）为每种草木绘图，他自己记述了植物各个可食部分的细节，无论是花、果、根茎、皮还是叶，编成《救荒本草》一书。他要我写一序，我欣然从命。人的本性是在丰衣足食之时，不会考虑那些正在或可能会挨饿受冻的人们；而当这一天来临时，他们只能无可奈何。因此，欲治民得治己，时刻切不可忘。"[10]①

　　卞同无疑是朱橚最亲近的助手之一，但朱橚还可能得到其子朱有燉，另一个周王（周宪王）的帮助。朱有燉在其父于 1425 年死后还活了 14 年。据我们所知，尽管这个年轻人因围绕着继承权的争吵而深感忧虑，他仍对植物学很感兴趣，因为在他的作品当中，流传下来一本有关牡丹的书，题为《诚斋牡丹谱并百咏》。[11]②很遗憾，到目前为止，对朱橚身旁的一群学者还没有深入的研究，因为在他与开封犹太人集团的关系中，可能有很吸引人的情况，以及他的一个弟弟朱权（1378—1448）也是一个杰出的科学家和文学家，虽然他的兴趣主要在炼丹术、矿物学、声学及地理学而不在植物学或园艺学。诚然朱权在《救荒本草》草案全面展开时，不过是个孩子，但他后来可能受过开封那批科学家很好的影响。除我们将要较仔细地探讨的这本植物学著作之外，朱橚还是一部大部头医方剂集的作者，这就是仍在流传的《普济方》。我们知道编这部书时，他得到教授藤硕和王府长史刘醇即朱橚儿子的老师的帮助。因此，藤、刘二人也可能参与了这个食用植物研究项目。

　　《救荒本草》[12] 的第一版载有 414 种植物的记述和插图，其中 276 种完全是新的，仅 138 种见于以前的本草。正文前有分项目录：

草类植物 …………………………… 245

木类 ……………………………………　80

谷物种子、豆类 ………………………　20

果类 ……………………………………　23

蔬类 ……………………………………　<u>　46　</u>
　　　　　　　　　　　　　　　　　共 414

　　另外，还列举了经证明是有益于健康的可食的植物的各个部位。该表按叶和种子都可食的与仅叶可食或种子可食的植物以复合形式分别列出，为了搞清有用部分的比例，对此细分是有指导意义的[13]。

根类 ……………………………………… 51

茎苗类 ……………………………………… 8

皮类 ……………………………………… 2

叶类 ……………………………………… 305

花类 ……………………………………… 14

果实和种子 ……………………………………… 114

我们即将说明一些典型记载的例子，这里首先应指出这位王子所用的插图极为出色；他肯定曾不遗余力地收罗当时最好的画家和木板雕刻家。1525 年，由于原版几乎绝迹，山西地方长官毕蒙斋乃命刊第二版，[14] 由医生李濂作序：[15]

> "五方的土壤和气候各不相同，因而各地的植物形状和性质也大不相同。名称繁多复杂，区别真假也很困难。如果没有图解和说明，人们会混淆蛇床（*Umbelliferous Selinum*）和蘼芜（*Selinum sp.*）、荠苨[16] 和人参（*Panax ginseng*）。这种错误足以置人于死地。这就是写作《救荒本草》用图说明植物的形状和记载其使用方法的原因。作者对每种植物首先叙述其生长的地方，随后说明它的同义名称及其属性是凉还是热，气味是甘还是苦；最终讲述所用部分是否应洗（及多长时间）、浸、炸、煮、蒸、干晒等，以及详述必需的调和法……如果在饥荒时人们根据本地的植物资源采集（救荒植物），将没有什么困难，许多生命将因此得救。"③

这里出现命名的重要问题——朱橚如何为他记载这数百种对科学来说是陌生的植物选定名称？深入地回答这个问题，需要专门的研究，我们猜想他多半采用或修订了民间原来就已存在的名称。如果是这样，我们又获得一个新的认识，即中世纪中国在植物学方面总的知识蕴藏要远远大于仅在一些本草书中之所见。下同在上述的序里，表达了期望《救荒本草》与《本草图经》一道传于后世的想法，而结果却获得了巨大的成功[17]。它的价值已为现代科学史家[18] 所充分认识，其中87%的植物在乔治·伊博恩[19] 的专著中已被鉴定（至少是暂定的）；萨顿（George Sarton，1884—1956）则恰当地给它最高的赞扬，称之为"中世纪最卓越的本草书"。[20]

回顾朱橚的著作，人们会对其巨大创造性留下深刻印象。肯定没有更早的类似著作流传到今天，尽管在政府档案里可能有我们现在没有看到的资料。由于一个世纪接一个世纪人们对饥荒问题予以严重关注，有时这种关注的生物学方面会明显地露头。比如在 21 年，北方曾有一次可怕的饥荒。《前汉书》[21] 说：

> "洛阳及以东一带，谷售二千石，（因此王莽）派（一个）重臣和一个将军去那里把各公仓打开，将谷物分发，借给那些处于绝境的人们。同时派遣一些专门官员和传达官员去教人们怎样煮草木（的部分）做汤或混合植物材料的糠糊（酪）[22]。结果这些制品不但不能吃，而且造成更多的烦忧。"④

通过这段记载，我们了解一些王莽（前45—公元23）时期依靠当时科学知识的特点，但不幸的是这种知识不是像朱橚所进行的基于可靠的试验[23]。汉代末期，154 年由汉桓帝下诏推荐栽培芜菁（*Brassica Rapadepressa*）作为补充食物——这仅是不断关注民食的一个例子（《后汉书》卷7）。正如我们马上就会看到的，这种关注到了唐代后则以论述食物与养生的关系的专著形式出现，像 670 年孟诜的《食疗本草》和大约 895 年陈士良的《食性本草》，但这些著作未讨论救荒植物。因此朱橚似曾是一个伟大的开拓者，也是救荒著述流派中最重要的作者。此外，我们认为他也是一个伟大的人道主义者。诸如灾荒、洪水、干旱、歉收、地震、战争和瘟疫等论题，必然要以科学客观性来讨论，但若我们不同时体会到这些字眼意味着人们正处在痛苦、恐惧和绝望之中，那我们将是冷漠无情的。伟大的人道主义者萨顿写道："古代编年史经常使用像'某地正闹饥荒……'这样的句子，我在读这行普通的文字时不能不联想到挨饿的孩子、发狂似的母亲、漠然的或愤愤不平的男人们的骇人听闻的情景，以及自己被人类无边苦难的鬼魂所包围。"[24] 当今，邪恶之手中的科学也曾造成了新的饥荒，并进一步加剧着世界食物的匮乏，萨顿的话越发令人觉得意味深长，字字千钧。

但是，朱橚本人又说了些什么呢？尽管朱橚的著作被广泛评价，他的话却极少被重复。随便浏览一下他的著作，让我们举出三段他对分属桔梗科（*Campanulaeae*）、萝藦科（*Asclepiadacaeae*）和泽泻科（*Alismataccae*）的植物描述。该著载有杏叶沙参图，其描述为新增。《救荒本草》卷 1 下第 63 页的述文如下：

> "杏叶沙参，亦名白面根。生于密县（河南靠近开封处）山野；茎高一至二尺，苗蓝绿色，叶像杏叶而小，边有齿。又似山小菜叶（*Campanu-*

la punctata），但更尖而背面白。茎端开出五瓣白碗子花。根的形状像胡萝卜（carrot）[25] 但更厚而灰色，中间白，有甜味。性（根）微寒。本草有沙参[26]，但茎、叶、根、苗的描述与此都不同，因此不能并在同一条，分列在此。这种植物又有深绿或碧色花的变种。

救饥：首先采集茎叶，在筛上用水漫洗冲净；随后用油盐拌食。对于根，应很好洗后煮食，亦很佳。"⑤

从记述中人们马上可以看出朱橚方法的几个特点。首先是生态特征，通常是涉及河南的分布；接着一段非常清晰的描述，在很大程度上这种描述自然是相互参照的，以帮助黎民准确识别。在这段描述中，他所追求的精确性得到充分的体现，在此我们发现他区别开了现在称之为沙参属的几种植物。最后是生物化学技术——一些物质在细胞壁破坏后用水提取时显然被除去，像一些苦的、味道不佳以及可能有毒的化合物。

另一则图说阐明了萝藦科的牛皮消（*Cyanchum caudatun*）[27]，是人们或许可称之为"木薯类植物"的一个很好的例子。在牛皮消中，一种危险的毒性必须除去。我们在《救荒本草》卷1下第64页看到：

"牛皮消，生密县山野，藤本；茎长四至五尺。叶似马兜铃（*Aristolochia dibilis*）而宽大、薄。也像何首乌（*Polygonum multilorum*）而宽大[28]，开白花，结小种子。根类葛根（*Pueraria thunbergiana*）而瘦小，皮黑肉白。味苦。

为救饥采叶烫洗，漫在水中除去苦味，油盐调食。除去根黑皮，切成薄片，换水煮，洗净并煮除苦味。通过一格筛再洗直到冲洗干净，（最后）用水煮它们（一段时间）直到彻底煮熟备食。"⑥

这里，反复用水抽提对除去活性天然氰化物是必需的，否则它会引起大脑麻痹。一个更突出的例子是章柳根（*Phytolaccaacinosa*）[29]，为粗大无毛多年生属，美洲与东亚均产。商陆是种毒性大的植物[30]，因此，在食用前必须仔细制备。

朱橚在《救荒本草》卷1下第24页说：

"章柳根也叫商陆……（还有几个同义词以及见于《尔雅》《广雅》等的其他别名）。生成阳川谷，今到处很多，苗高三至四尺。干粗似鸡冠花（*Celosia cristate*），有棱，紫红色。叶青色，形似牛舌（*Plantago major*），稍大；长根有时像人，效果尤其好，有红、白两种。花红根也红，花白根也白。红的变种对人体有害，绝不能吃，吃了会血痢不止。可食的是白种。还有另一种叫作赤昌[31]，苗叶非常相似，但不能食用，因此一定要仔细区分。味（阴）是辣酸，一说苦，性（阳）平，一说寒，有强力活性物质。就蒜食之颇佳。

当饥荒时，采白色根，切成薄片开水烫、浸和重复地洗（弃去废物），直到干净；淡食。薄片最好这样制备，将它们放（在篮子中）流动的水（东流水）中冲洗两天两夜。然后与豆叶放在甑里蒸，从午时至亥时（即中午至晚上十点钟）。如果无豆叶，可用豆皮。

开白花的植物（据说）能使人长寿；神仙把它采来作佳肴下酒。治病用时，参看'本草''草部'商陆条。"⑦

这里说明移去毒性物质的细节给人以深刻的印象，因为它包括了提取的具体方法。大概豆类植物物质具有吸收被汽热驱出的商陆余毒的特性。

豆科（*Leguminosae*）植物尽管对人如此有用，偶尔也隐含着严重的危害。野生和栽培的山黧豆属（*Lathyrus*）为攀缘植物，广泛地分布在整个东半球，种子含有一种麻痹毒性，这种毒性通常仅在饥荒年代人们专依靠这种豆子时才显示出来，例如在印度，那里的"*khessary pea*"就是 *L. sativa*（草香黧豆）。食之会发生肌肉活动受损或下部末端的完全抑制。这在今天已被称作山黧中毒。在西方，此病于 1690 年在摩德纳（Modena）突然蔓延，由拉马齐尼（Ramazzini）作了最早描述。标准的描述由坎塔尼（Cantani）于 1873 年完成。朱橚列了两个野生种作为救荒之用，*L. palustris*（山黧豆[32]）和 *L. maritimus*（野豌豆），但对潜在的危险没作什么说明，也可能因为在中国的情况下从不专门依赖它们。关于前者，他在《救荒本草》卷 1 下第 46 页写道：

"山黧豆也叫山豌豆；生在密县附近山野，茎高约一尺，茎的一面有沟槽，形类剑的纵脊，叶（小叶）像竹叶而短，互相对生。开紫花，结小荚（角儿）味甜。种子扁似蹐（*Glycine ussuriensis*）。饥荒时采荚煮食或壳和豆分开吃。"⑧

关于后者，《救荒本草》卷一上第 53 页写道：

"野豌豆，长在田野中；苗靠地蔓延而生，后分生成几个可长二尺余的苗。小叶似胡豆（*Indigofera decora*）而稍大，像苜蓿（*Medicago sativa*）也稍大。开淡紫色，结荚似栽培豆（*Pisum sativum*），只是像不成熟的，而且味苦。饥荒时采嫩荚或豆煮吃，或（晒干）磨面像栽培豆那样食用。"[9]

在此，有几点值得注意。朱橚显然能很好地辨认出豆科植物，并准确地将之归为豆类。更难以看出的是两幅绘图所提供的区别，也就是山䕅豆的总花柄比叶长，而在野豌豆中则比叶短。在制备时，煮沸可能是很重要的方面，因为这在中国的烹调上是相当不寻常的；一些苦的，即使没有什么毒性的物质也会因热水的作用而除去。这两个品种也都分布在英格兰，值得注意的是后者为 J. 凯厄斯（J. Caius，1510—1573）博士（我们写此论文时所在学院的第二个奠基人）提到，他所谈的情况对朱橚来说，也正是会特别感兴趣的。凯厄斯于 1570 年发表了一部关于罕见动植物的著作——《稀有动植物志》（*De Rariorum Animalium atque Stirpium Historia*）题献给他的友人康拉德·格斯纳（Conrad Gesner）。他在该著作中讲了一个关于非常大量地生长在奥尔德堡和奥福德一带，我们的萨福克海滨的鹅卵石上的海豌豆的故事[33]。在 1555 年饥荒时，人们以这种植物为食获救，尽管它的味道使人恶心，但他们认为海豌豆出现在那里简直像是奇迹，虽然无疑在此之前它并不怎么引人注目。这样，中国的王子和英国皇家医生在他们所关心的救荒植物学方面不谋而合了，尽管他们彼此都不可能知道对方的存在。

我们最后的例子将阐明被朱橚首先描述，但最后成为一种驯化的中国栽培植物。这就是泽泻科的慈菇（*Sagittaria sagittifolia*）。这不禁使我们回想起有独创性的布赖恩特先生。朱橚在《救荒本草》卷 1 下 80 页中说：

"水慈菇，通常叫剪刀草，也叫剪塔草，生水中，茎有纤维构成的槽和背面有线棱。叶三角像剪刀。在叶柄中间长出花葶，分叉开三瓣白花，黄心。结蓝绿色蓇葖果，像青楮桃[34] 而小；根像葱[35] 而粗大，味甜。
饥荒时采近根的小嫩苗开水烫熟，油盐调食。"[10]

这在几个方面来说是饶有兴味的。第一，是叙述植物学的语言在元末已经很准确。第二，淀粉球茎并没有作为整体被推荐为食物，而仅推荐苗或茎出条（现在的术语），这是令人费解的，虽然这些部分也肯定富含淀粉；但关于这个中国品种，也可能有着一些充分的理由，这种理由现在仅能用实验去解释。第三，慈菇在中国

成为一种作物，布赖恩特很乐意将它引进到英国。他在关于慈菇的论文中，这样写道：[36]

"这种植物通常生长在小河和水沟中，它的叶子大小和形状通常变化很大。P. 奥斯贝克（P. Osbeck）在他的中国游记中，说他看见慈菇、水稻和睡莲（*Nymphaea Nelumo*）栽培在同样的水地里；它类似于欧洲的慈菇但更大，这可能是由于栽培的结果。中国品种的球茎有拳头大小，椭圆形，瑞典的是圆的，比豌豆大不多少。他谈论道，我们通过排水和其他技术改变土壤直到使其符合于我们极少的几种谷类庄稼。而中国利用那么多的植物为生，他们的土地总会有一些植物能适应，一点也不会空闲。因此，他们不为种子改善田地，而为田地选择合适的种子。

"慈菇长进泥里很深，细长易碎的须根在每一端点结着一球，[37] 八月份时约有橡树子大小，具一层很悦目的蓝色，还杂着黄色。里面是白的，结实；面质的味道，略有泥土味。在这束须根系着的球隆起部分，抽出许多很长的主茎，支撑着巨大的箭形叶，呈绿色，很好看，叶面光滑。在这些叶间，长出花葶，比叶高，节上开着三四朵白花。在长花柄上，每朵花由三圆瓣组成，辐射张开，最上面的花雄性，有许多锥状雄蕊，下部的花是雌性，花瓣似雄花，周围有许多紧缩的雌蕊，聚集在顶部，其花柱甚短，有尖锐的柱头。开过这些花后，粗糙不平的顶部结着许多小种子。

"我用和色露（Saloop）[11]相同的加工方法，曾对一些这种植物的球茎进行了处理，使它们呈透明状。后来煮的时候，它们破碎成黏糊，味道像煮了的陈豌豆。"

比较一下1783年和1406年这两则叙述，看看哪里有了改进是很有益的。同样值得注意的是，由于奥斯贝克1751年做的观察，人们对中国多种形式的农业生产表示赞叹[38]。奥斯贝克在书中也确实对之用了溢美之词，并在谈到三种产生于水中的植物之后，接着说：

"甘蔗和马铃薯需较小潮湿度的土壤。假如土壤较干燥的话，是适合种薯蓣属植物的。靛蓝植物和棉花适合长在高山。如果一座山很干燥，它可作为墓地。但如果一块地从来没这么湿过，中国人还会用来栽培某种作物以生产食物。在我们的耕作中，纵使不能仿效中国，我们也可以用相同

的方式管理牧场。……要是农民把一些适合于各自土壤的植物带到他的牧
草地，这样既补了缺，同时又能腾出原来这种植物所占的地。"

到现在为止，我们所谈的只是植物学故事的自然发展，一切都很简单明了，但
西方人至今未必熟知。下面我们要从横里杀出一笔，谈谈下面这两个问题。这就是
朱橚的创造性会不会有那么一丝一毫源自与居住在他的王城的犹太族医生的接触
呢？还是相反，他的某些观点曾因他们而西传？虽然到目前为止，我们所能得到的
回答仍是模糊和推测性的，但这两个问题太有诱惑力了，以至不能不加以评论。

朱橚 1406 年著作中的插图[39] 先于欧洲的木刻植物图，即巴托洛缪·德格兰维
尔（Bartholomew de Glanville）的 1470 年版大全（*Liber de Proprietatibus Rerum*）[40]
中的图约 64 年[12]。这段时间正好足以使一种观念从开封传到科隆（Köln），当然这
与印刷术本身的传播相平行。印刷术在欧洲始于 1440 年前后[41]。随后，在 1475 年
欧洲另一本大全，米根堡（Megenberg）的康拉德的《自然志》（*Puch de Natur*）中
首次真正有意用植物木刻图来作为说明内容的插图；接着从 1484 年起这段初期的年
代里，草本植物集的印刷突然猛增。人们可能说，这种有科学意义的图在欧洲得到
公认始于 1475 年；而第一批自然主义的、清楚可鉴的图出现在德国的《植物品汇》
（*German Herbarius*，1485）中；纯自然主义的图则见于 O. 布伦弗尔斯（O. Brunfels,
1488—1534）的《草木植物志》（*Herbarum Vivae Eicones*），直到那时才达到中国的
水平。较早讨论这一时间关系的人，不了解在中国居住的犹太血统医生的情况。

这里主要有这样一些事实，那就是从 1163 年起，一个有自己教堂的犹太人集团
活跃在开封，产生了几个被认为很有名的医生[42]。正如我们从可靠的阿拉伯资料中
所知道的那样，他们可能源于早在 9 世纪时经常经商于中国和普罗旺斯（Provence）
之间的叫作拉德罕尼亚（al-Radhaniyah）的犹太商人集团。现存的碑刻表明，开封
的犹太教堂被重建了许多次，特别在 1279 年、1421 年、1489 年和 1633 年。1421 年
的重建权落到一个名叫俺三的犹太人手中，他曾经在河南某个卫队中当卫士，给他
权力的恰恰是我们所说的朱橚；当时皇帝授给俺三几种特殊的荣誉，包括使用中国
姓名"赵诚"的权利。由房兆楹所发现和研究的史料表明，这是因为这个犹太卫士
密告朱橚（他的主人）进行阴谋活动。事实上，《明史》本身也证实，在 1421 年朱
橚被传讯到皇帝跟前，由于坦白供认而被原谅，并允许归回封地。现在无法判断，
究竟是因为什么严重事情，弄得朱橚陷入第三次麻烦[43]；证据确实表明的是，他和
这个城市的犹太人有某种联系。有关教堂碑刻（1489）称呼俺三（赵诚）用"俺
诚"这一混合的姓名，并称之为医生。因此他也可能是某类医生，但我们对他技艺

的熟练程度和业务情况却一无所知。尽管因为年代关系没有理由去认为俺三（赵诚）对《救荒本草》工作或朱橚以后的医学著作（1418）起过什么作用，以及尽管到目前为止在这些作品中未发现证据表明其科学或医学内容与希伯来知识有任何联系；但仍可能有其他中国犹太教士或医生帮助这位王子；并且，知道他的藏书室里有哪些希伯来、古叙利亚或阿拉伯的书籍，肯定是有意义的。反过来说，犹太集团与远方来的商人有何联系，我们知之甚微，无疑这些商人有些是和他们信同一宗教的[44]。因此总的说来，结论肯定是"未被证实"。但许多事情确实仍在激发我们的好奇心，而进一步的研究也许将更清楚地显示出相当重要的东西方之间的交流渠道。关于开封的犹太人就说到这里。

　　这种对于救荒的想法和关注一旦深深扎根于人们的心中，在随后的两个多世纪中，便有许多人仿效朱橚的做法。我们可以看看他们做了些什么，来结束这个议题。首先是 1524 年时，王磐在他的《野菜谱》中，描述了 60 种无毒植物，并附有插图，其中许多，甚至可能大部分为前所未有[45]。他的序告诉我们，他个人的经历如何导致他做这项工作：

　　　　"不使谷成熟（这种灾害）叫作饥，假如不使蔬菜成熟就叫作馑。这种情况发生的年岁，即使尧汤（传说中的圣贤帝王）也不能幸免。正德年间（1506—1521）江淮流域发生洪水和干旱，饥饿的人群精疲力尽横卧道边，官府虽然救济，但不能使每人都得到。所有的人都采集野生植物充饥，很多人活下来了。由于植物的形状、种类间很相似，而实际上在有益和有害方面差别很大，一旦弄错，很快就能使人丧生。因此，有一本野生食用植物手册是很重要的。我虽然从未对这世界有多大用处，但始终没有忘记在民众痛苦时予以救助。在乡村居住时，我用早晨、傍晚的时间进行广泛细致的调查，终于找出 60 余种（食用野生植物）。根据它们的形状充分表达在图解上，便于人们认识，避免致命的错误。另外，我根据它们的名称以散文诗的形式叙述它们，这样人们可以记住它们并使之流传下去。我所做的事情不仅是为当地的民众，而且也为各地那些对食用植物学有兴趣的人；无论如何，这就是一个乡村学者的本意。若远方的志同道合者，觉得这种做法有助于增进其实践知识，我将感到幸运。"[46]⑬

　　然而，就王磐描述的植物而言，我们就已受到以现代术语确定中国植物这方面知识的限制。他本身肯定也不得不面临朱橚也遇到的命名问题；大概是用相同的方法去解决的，但现代植物学家在王磐和他的后继者的植物学名鉴定方面没予以足够的注意。朱橚所描述的植物大多被收编在贾祖璋和贾祖珊[47] 以及孔庆莱[48] 等人的著作之中，但其中没有王磐和以后作者的那些植物。因此，在植物学史这方面，还有一项很有意义的任务仍要完成。翻开《野菜谱》，我们可看到一种叫苦麻苔的植物，看来有些像蓼科（*Polygonaeous*）植物，它的正文叙说具有节奏感，很容易记住：

> "苦麻苔（叶和苗的）味相当苦，它们味道不佳，但可填饱肠肚。我们多么希望获得丰收以交官租，而不受这种田人日子的苦。
> 　　救饥：三月时收，捣碎叶混合（少许）面做馒头，叶也可生吃。"⑭

下一部这种类型的著作是《茹草编》，由道家博物学家周履靖在 1582 年编成和作序。它是一部关于所有可食野生植物的著作，范围不限于在救荒时需用，这些植物周履靖均见于浙江。未描述过的植物达 105 种⑮，四卷中的两卷有很好的插图，所以这部书值得在已有的基础上做更深的研究。1591 年另一位道家博物学家高濂在他的《饮馔服食笺》记下 64 种蔬菜和另外 100 种，以《野蔌品》的题名再次发表。在这时强调的重点已有所改变，即劝告人们把寻找野生食用植物不仅作为对付饥荒的一个措施，而且也根据道家一直谈论的素食和忌过多谷类而作为多样化的养生食物。其他人也都以本地植物区系为重点作著。约 1600 年时，浙江屠本畯为周履靖的著作写了一个补篇，叫作《野菜笺》，他在该著中仔细摒除了王磐和周履靖收录过的植物，对该省 22 种新的植物作了描述（像高濂的书一样无图）。

这些著作的两种倾向被结合在鲍山 1622 年完成的题为《野菜博录》的重要著作中，其中的插图被认为仅次于朱橚著作中的图。鲍山论述的植物不下 435 种，有 43 种未被以前的学者描述过。虽然总数比《救荒本草》多，鲍山的著作只包括草本（316 种）、树木（119 种）两类，已被弄清的不同植物可食部分的统计数字非常接近前面所细分的数据。书的编排也类似朱橚的著作。鲍山结交的却是和尚而不是道士。阅读王磐的作品《野菜谱》之后他深有感触。他在安徽南部的黄山自建了一座房子，过隐士的生活，与那些云游来访其友普门住持的和尚谈论植物学。他花了 7 年时间收集、考证植物，并在家圃栽培，试验它们的营养性和绘出可供鉴别的图。最后完成了他"以防荒岁，随处便于民取"的这部著作。他的友人为此所作的两个跋，详述了鲍山的传奇式隐士生活[49]。其中之一这样说道："这些植物在饥荒时不仅适于充饥，而且由于它们食之无害，还可延长生命，神清气爽，打开长生不死之路。"（凶荒足以当裹粮，且不伤生果腹而神清气爽，足以导引霞地。）他说，鲍山知道另一些植物，包括芝，确信行家服之能使人长寿而不食谷物"（能引长年而辟谷），但他感到，在上述效果尚未进一步完全证实之前，略去这些植物的记述才是较妥当的[50]。

　　20年过后，于1642年另一次毁灭性的灾荒之后，又一个植物学者姚可成发表了一本类似的名为《救荒野谱》[51] 的书。他从一本当时刚发表不久的《食物本草》中选取了60种草本植物，又增加自己的45种草本植物和15种树木类植物。每种植物配有插图（不怎么精美），也有歌谣述说，以帮助黎民记住植物的形状和性质。指望对姚可成使用的"营养自然史"《食物本草》有更多了解的任何人，会发现自己将陷入目录学的泥潭[52]。该书的明代版本有一段奇特的历史，始于1571年或稍早由卢和写的一部真作。似乎是几年后，这部著作被汪颖以自己的名字翻刻和发行。随后它落到热忱而不讲道德的自然学家钱允治的手中，在晚年时，他从李时珍的《本草纲目》取来材料补充后，在1620年以金代真定名医李杲（1180—1251）的名义将所有这些内容发表，并饰以一篇假托李时珍的序。姚可成所深信不疑地使用的可能是这个本子（虽然在植物学方面无疑比在语言学方面更可信赖）——但他可能自己也干这样的勾当，因为1683年版的另一本托名李杲所作、李时珍为校订者的《食物本草》被怀疑为姚可成所汇编。无论如何，欧洲的植物学史家会立即承认，在欧洲这种情况并不是没有出现过。

　　究竟是否因为最合适、较常见的野生食物植物此时已被全部收集，还是其他原因，这个运动在将近17世纪中叶时，开始消失。勉强可算为它的最后代表是学者和诗人顾景星，他是湖北蕲州人，李时珍的同乡，写过李时珍的传。顾对野生植物产生兴趣，有几分是由于1652年偕同妻子回故居时，所遇到的一次严重饥荒，他们和当地的百姓一起，通过采集野菜活了下来。不出这年，顾景星置44种最好的植物于一书，并为每一植物作一赞，书称《野菜赞》。这本著作尚存，但我们不能肯定下一本（我们将提到的最后一本）是否幸存下来，然而正如我们在开头谈到明朝的一位王子那样，最后我们不妨再提一位来作为我们的结尾。约在1630年明宗室的一个不引人注目的后代朱俨镨[53] 写了一本《野菜性味考》。他是一个值得注意的博物学家，关于他的情况，人们会乐意了解得更多些，因为除了这本著作之外，他还写了一本鱼类方面的书，一本关于观赏植物的书和一本造林学方面的书。我们主要通过湖北省地方志条目的记载才知道这些书，不管它们是否付印，很有可能失于明清之际的动乱中。总而言之，我们仍持这样的观点，对于那些认为明代是中国科学走下坡路或"停滞"的人来说，人们可以这样回答：将植物学领域从只含药用植物学意义扩展到包括所有可用作人类食用的植物学意义这一伟大而前所未有的成就，几乎全部发生在明代。

（罗桂环　译）

参考资料与注释

〔1〕针晶束是草酸的针形结晶，我们有由约翰·科纳（John Corner）教授提供它们潜在毒性的第一手描述。

〔2〕这已成为今天用得很多的黏质缓泻的一种要素。这里指的是车前属，特别是亚麻子车前的种子。事实上，大车前（*P. major var asiatica*）确实见于中国的书中，作为有价值的备荒植物，主要取其苗和叶（伊博恩）。另一种（植物）吸胀黏质来自 *Firmiana lychnophora* 的坚果；这不是中国产的，但与 *Firmiana simplex* 相似。

〔3〕W. T. Swingle：*Noteworthy Chinese Works on Wild and Cultivated Food Plants. Ann. Rep. Libr，Congr.，Div. Orient*，p. 193（1935）.

〔4〕斯温格尔约在 35 年前写这些东西，他的估计今天可能要做些改变。

〔5〕我获得此书的知识是依据我的前任马丁·大卫（Martin Davy）博士在凯厄斯图书馆留下的一个本子。它的分类主要是有中国味的形态法，共十一章——根、茎、叶、花浆果、硬果、苹果类、谷物类、坚果、菌类等。

〔6〕周定王朱橚的传，见《明史》卷116，第3页正页，第9页反页。

〔7〕从 1389—1391 年及 1399—1403 年，其中 1403 年是明成祖朱棣登基后的永乐元年，永乐皇帝对朱橚极为赞赏。

〔8〕根据现存的记录，可以确定发生在朱橚早年并导致他想到他这个最伟大著作主题的部分普遍灾难。1376 年及 1404 年这个国家各地发生洪水；1370 年、1371 年（河南）和 1397 年发生干旱；1373 年、1402 年（河南）发生蝗灾。

〔9〕《救荒本草》初刻本今天可能一本也没有留存下来。斯温格尔于 1935 年从国会图书馆提到了它，经王重民、袁同礼重新考证表明，那是 1555 年版本。

〔10〕这个引喻是取自《大学》中的著名复后三段论。参看 Legge *The Chinese Classics*，Vol. Ⅰ：Confucian Analects，p. 221（Hong Kong，1961）.

〔11〕在后来的岁月里流传了一个错误，认为《救荒本草》的作者是朱有燉而不是朱橚。这可追溯到陆柬——第三版的刊者。李时珍和徐光启二人沿袭了这个错误。因为在卞同作序时不可能使用（周定王）谥名，仅用"周王"可供互相区别。《普济方》的作者也被类似地弄错。一两个小册子，像《袖珍方》在李时珍的索引中作者为朱有燉，很可能就是他著的。

〔12〕词组"救荒"意为灾荒时赈济，"荒"指从收获角度而育的荒芜，因此饥荒带有可怕的后果。虽然中国书店的架子上可找到许多以"救荒"一词为题的书，但不都对科学史有直接的意义。在大量的作品中，官府学者讨论了许多当有饥荒威胁或成为现实时作为民政部门采用的必要措施。诸如必须作出的严格控制、运输等经济决策，设立免费发放粮食的政府仓库（义仓）和长

远正常仓（常平仓），做救荒时人口流动控制的安排，建立巡警组织镇压盗匪，有关公共工程的救灾劳动必须计划和实施。最早这类书是 12 世纪董煟写的《救荒全书》和《救荒活民书》。1690 年俞森将 13 种这类关于救荒和管理的著作收入他的《荒政丛书》之中，包括魏希约写于 1665 年的一篇《救荒策》。另一本相同题目的书是由持怀疑论的大语言学家崔恕所作，他于 1774 年经历了东部平原家乡附近洪水和干旱的痛苦。cf. Hummel：*Eminent Chinese of the Ch'ing Period*，p. 770 （Washington，1944）。

〔13〕加起来的数字自然是大些，为 494，因为一种植物可有多至三种方式应用。

〔14〕《救荒本草》的第二版极其接近原版，1959 年曾影印。

〔15〕李濂约于 1540 年写了中国最早的一部医史，其编排是传记体的。根据历代史书上有关名医的记载作成。

〔16〕荠苨，即桔梗，*Platycodon grandilorum*，*Campanulaceae* 圆叶风铃草。但更严格地说来，荠苨是桔梗科沙参属的钓钟柳，《救荒本草》也收载，那里称"地参"和"山蔓菁"。

〔17〕除了提到的《救荒本草》1406 年、1525 年和 1555 年的版本之外，还有 1586 年的另一个本子。这个本子把陆柬提出的 440 种减少到 411 种，接着又有几个版本，包括日本的几个，日本刊的第一版年代为 1716 年。其间，在 1628 年，徐光启认为这著作非常重要，所以把它收入《农政全书》。1634 年他死后，此书由出版者陈子龙（1639）作为《救荒》篇刊出，从卷 46 到 59 共 413 条。近来发现了许多徐光启的论文。严敦杰得以说徐曾对朱橚关于营养的结论进行过实验验证。只要比较一下插图，便可看出《农政全书》重刻的图通常是简化易懂的。

〔18〕人们会提到贝勒（Emil Bretschneider，1833—1901）的 *Botanicon Sinicum*，Vol. Ⅰ，pp. 49ff. （London，1882）。他对其中的 43% 植物进行学名鉴定，首次指出《救荒本草》木刻图的出色和早于别处。然后有 Liu Ho & Roux：*Apercu bibliograpfique sur les anciens traités Chnois de Botanique d'Agriculture…*（Lyon：Merrillet Walker，1927）；*A Bibliography of Eastern-Asiatic Botany*，Vol. 1，pp. 553ff. （Cambridge；Mass.，1938）；Reed：*A Short History of the Plant Sciences*，p. 14 （Waltham，1942）；G. Sarton：*Introduction to the History of Science*（Ⅲ：1170，1177，1644）。

〔19〕*Famine Foods Listened in the Chiu Hung Pên Ts'ao*，雷士德医药研究所（上海，1946）。

〔20〕G. Sarton：op. cit.，Ⅲ：1170。

〔21〕*Ch'ien Han Shu*，Ch. 24，p. 20，tr. auct. adjuv. Dubs. （德孝骞：英译《前汉书》）

〔22〕确切地说来，"酪"这词意为某些类型的奶制品，指酸奶、霉乳酒（Kumiss）、奶油、干酪、干凝乳，甚至酸乳酪。但有时也指例如杏仁制成的乳状饮料，像今天西班牙所见的。这里纯粹是引喻，我们的翻译也如此。

〔23〕根据伊博恩所说，朱橚所描述的植物至少有 73 种已驯化成为园艺植物，另有 16 种在日本或欧洲作为食物。在印度，瓦特（Watt）列了 280 种在印度传统地用为饥荒食物的植物。其中许多与朱橚的相同。

〔24〕G. Sarton：op. cit.，Ⅲ：281.

〔25〕胡萝卜即 *Daucus carota*，栽培胡萝卜，R/219，元代时从西方经波斯引进，故有此名。参看 B. Laufer：*Sino-Iranica*. Field Mus. Nat. Hist.，Anthrop. Series，pp. 451ff. （1919）。

〔26〕 沙参可能是 *A. verticillata*。风铃草这个属至少有 35 种在欧亚分布。就其名称而言，"人参"一词无疑源自根的形状（像人）。

〔27〕 牛皮消对中国当时植物学来说也是新的。

〔28〕 如果是在现在，那就应该说是"心形"（cordate），但这不是传统的类此引证。

〔29〕 章柳的叶长期被日本和喜马拉雅山脉的居民用作蔬菜，在此用淀粉根，属于商陆科。

〔30〕 商陆作用于脊髓和脊索，少量服用刺激疼挛、抽搐、恶心等，大量服用引起瘫痪。参看 Sollman：*Texbook of Pharmacology*，pp. 191（Philadelphia，1901）.

〔31〕 关于赤昌，朱橚很相近地沿袭苏颂及更早的自然科学家的描述，像《证类本草》卷 11 所集录的。这不是他新介绍的。

〔32〕 山黧豆 *L. japonicus* 是现在的命名。

〔33〕 在 *De Pisis sponte nascentibus* 的标题下，凯厄斯的原话如下："Pisa in littore nostro Britannico quod orientem solem spectat，certo quodam in loco suffolciae，inter Alburnum et Orffordum oppida，saxis incidentia（mirabile dictu）nulla terra circumfusa. autumnali tempore anni 1555 sponte sua nata sunt，adeo magna copia，ut suffecerint vel millibus hominum."Orig. p. 296，in E. S. Roberts：*The Works of John Caius*，p. 63（Cambridge，1912）.

〔34〕 "楮桃"是 *Broussonettia papyrifera*，构树。这里用作蓇葖果的专门技术术语值得注意，朱橚并非在狭义上使用这一术语，即今天所称单心皮单室一个种子的果实。

〔35〕 葱 *Allium fistulosum*，小葱。朱橚当时未作出球茎（现在术语）和鳞茎之间的区别。

〔36〕 Ch. Bryant：*Flora Diaetetica*，p. 3（London，1783）.

〔37〕 这里，布赖恩特不比朱橚的描述更准确。

〔38〕 P. Osbeck，Toreen & Eckeberg：*A Voyage to China and the East India*，Ⅰ：334（London，1771）.

〔39〕 朱橚的 1406 年著作中的插图已发行。请记住它不是一本无名出版物，而是一个可能流传很广的、极好的版本。

〔40〕 de Glanville 书中的植物图，几乎不过是装饰品。

〔41〕 此处的印刷术指活字印刷，谷腾堡于 1436 年和 1450 年进行试验，在欧洲最早的木印版是 1423 年。

〔42〕 我们所知关于开封犹太人情况大多数载在怀履光（W. C. White）及威廉斯（R. J. Williams）的经典专著（*Chinese Jews*，Toronto，1942）中。但后来特别是莱斯利（D. Leslie）的研究（ibn *Abr Nahrain*，1964—1966）曾修改某些结论性的细节。

〔43〕 朱橚在 1421 年遇到的这次麻烦可能仅是形式上的，似乎与这些卫队的勤务有关。就我们所知，朱橚可能役使他们做园丁或植物采集者。皇帝继续增加他的俸禄，从这一点也可看出他所犯的是什么样的"错误"。

〔44〕 然而人们必须记住，朱橚所处时代的中国，已不复存在蒙古人统治时所特有的世界性。

〔45〕 徐光启认为《救荒本草》值得收进《农政全书》，因此，把它放在《全书》后面，作为第 60 卷。

〔46〕 Tr. auct.，adjuv. Hagerty，in Swingle：*Ann. Rep. Libr. Congr.*，*Div. Orient*，pp. 311ff.（1928—1929）.

〔47〕贾祖璋、贾祖珊：《植物学图鉴》中文版（北京：中华书局，1936，1955，1958 年重印）。

〔48〕孔庆莱《中国植物学大辞典》中文版（上海和香港：商务印书馆，1918，1933 年重印）。

〔49〕在《野菜博录》一些版本中，部分地由哈格蒂（Hagerty）翻译，见于斯温格尔的文中：Ann. Rep. Libr. Congr. , Div. Orient. , pp. 184ff. （1938）.

〔50〕在有关自然科学问题上持审慎态度，始于明末，在时间上平行于（事实上甚至有时早于）在欧洲伴随现代科学的产生和发展的科学怀疑主义的形成，鲍山（虽有其理，而未征其事）的做法难道不正是这种审慎态度的又一事例吗？

〔51〕《救荒野谱》书名不一，因为在一些版本中，姚书被当作附录加入王磐的《野菜谱》，该书被易名《救荒野谱》，而在另一些版本中，姚书则单独用其原名。问题很复杂。

〔52〕问题极端复杂，部分地由于全世界图书馆各种版本的分散。

〔53〕朱俨锷似乎是辽王之后代，湘阴王之弟。

译　注

①《救荒本草·序》，嘉靖四年刊本（北京：中华书局，1959 年影印本），原文为：“购田夫野老得甲坼勾荫者四百余种，植于一圃，躬自阅视，俟其滋长成熟，乃召画工绘之为图，仍蔬花实根干皮叶之可食者汇次为书，帙名曰《救荒本草》，命臣同为之序，臣惟人情于饱食暖衣之际，不以冻馁为虞，一旦遇患难，则莫知所措，惟付之于无可奈何，故治己治人鲜不失所今。”

②这里应有“谱”字，见黄虞稷：《千顷堂书目》（“适园丛书”第二集）。

③《重刻〈救荒本草〉序》（余同①）：“五方之气异宜而物产之形质异状，名汇既繁，真赝难别，使不图列而详说之，鲜有不以蛇床当蘼芜，荠苨乱人参者，其弊至于杀人，此，《救荒本草》所以作也。是书有图有说，图以肖其形，说以著其用，首言产生之壤，同异之名，次言寒热之性，甘苦之味，终言淘浸晒调和之法……或遇荒岁，按图而求之，随地皆无难得也，苟如法采食，可以活命。”

④《前汉书》，卷24上，400页，（《四部备要》本）：“洛阳以东，米石二千，莽遣三公将军开东方诸仓振贷穷人，又分遣大夫谒者教民煮木为酪，酪不可食，重为烦扰。”

⑤朱橚：《救荒本草》，卷1下，63页，“杏叶沙参，一名白面根，生密县山野中。苗高一、二尺，茎色清白。叶似杏叶而小，边有叉芽；又似山小菜，叶微尖而背白。梢间开五瓣小白碗子花，根形如野胡萝卜，颇肥，皮色灰黪，中间白色，味甜，性微寒。本草有沙参苗叶根茎，其说与此形状皆不同，未敢并入条下，乃另开于此。其杏叶沙参，又有开碧色花者。

　　救饥：采苗叶煠熟淘净，油盐调食，掘根换水煮食亦佳。”

⑥同⑤，64页。“牛皮消生密县山野中，拖蔓而生，藤蔓长四、五尺，叶似马兜铃，叶宽大而薄，又似何首乌叶亦宽大开白花，结小角儿，根类葛根而小，皮黑肉白，味苦。

　　救饥：采叶煠熟，水浸去苦味，油盐调食及取根去黑皮切作片换水煮去苦味，淘洗净，再以水煮极熟食之。”

⑦同⑤，24页，25页：“章柳根，本草名商陆……生成阳川谷今处处有之，苗高三、四尺，干粗似鸡冠，花干微有线棱微紫赤，叶青如牛舌微阔而长，根如人形者有神，亦有赤白两种，花赤根也赤，花白根也白，赤者不堪服食，食人乃至痢血不已，白者堪服食。又有一种名赤昌，苗叶绝相类，不

可用，须细辨之。商陆味辛酸，一云味苦。性平有毒，一云性冷，得大蒜良。

　　救饥：取白色根切作片子煠熟，换水浸洗，淡食，得大蒜良。凡制备薄切以东流水浸二宿捞出与豆叶隔间入甑蒸，从午至亥，如无叶用豆依法蒸之亦可。花白者年多，仙人采之作脯下酒。

　　治病：文具'本草''草部'条下。"

⑧同⑤，46页B，47页："山馯豆，一名山豌豆，生密县山野中，苗高尺许，其茎窊面脊叶似竹叶而齐短，两两对生，开淡紫花，结小角儿，其豆扁如䖆豆，味甜。"

⑨同⑤，卷2上，53页上："野豌豆生田野中，苗初就地拖秧而生，后分生茎叉，苗长二尺余，叶似胡豆叶稍大，又似苜蓿叶亦大，开淡粉紫花，结角似家豌豆角，但秕（音比）小，味苦。

　　救饥：采角煮食或磨面制造食用与家豆同。"

⑩同⑤，80页下："水慈菇，俗呼剪刀草，又名剪塔草，生水中，其茎窊背皆有线棱，其叶三角似剪刀形。叶中串生茎叉，梢间开三瓣白花，黄芯。结青蓇葖如楮桃状、颇小；根类葱根而粗大，味甜。

　　救饥：采近根嫩笋、茎煠熟，油盐调食。"

⑪一种黄樟皮所浸的英国酒。

⑫如萨顿在《科学史导论》（Vol. Ⅲ，p. 1646）一书中指出的那样，《救荒本草》的木刻图仅是继承了宋代本草的传统，也就是说木刻图在中国的历史还要早。

⑬见《古今图书集成·草木典》，80卷，杂蔬部，艺文1："谷不熟曰饥，菜不熟曰馑。饥馑之年，尧汤所不能免，惟在有济之耳。正德间，江淮迭经水旱，饥民枕籍道路，有司虽有赈发，不能遍济。率皆采摘野菜以充食，赖之活者甚众。其间形类相类似，美恶不同，误食以致伤生，此《野菜谱》不可无也。予虽不为世闻，济物之心未偿忘。田居朝夕，历览详询，前后仅得60余种，取其象而图之，俾从易识，不致误食伤生。遮几乎因是流传，非特吾民有所补济，抑亦可备观风之采择焉，从野人本意也，同志者因其未备而广也，则又幸矣。"

⑭见石声汉校注：《农政全书》下，卷60，上海古籍出版社，1979年，1786页："苦麻苔，蒂难偿，虽逆口，胜空肠，但愿收租了官府，不辞吃尽田家苦。

　　救饥：三月采，用叶捣和面做饼，生亦可食。"

⑮周履靖的著作至少有50种植物是前人描述过的。（见《夷门广牍》本）

【32】（生物学）

Ⅱ—17　古代和中世纪中国人的进化思想[*]

摘　要

公元前 3 世纪到 14 世纪之间，中国著名学者所揭示出的中国人的早期进化观，表明其十分留意于生物的发育方式：生物进化、变异、动物转化、重复进化及物种形成。而同期印度类似的观点使人联想到的亚洲生物学思想的有趣相关性，则值得我们进一步认识。

导　言

　　在中国，很早就出现了关于进化和物种固定的观念。从周代（公元前 5 世纪至公元前 3 世纪）持不断消长和交融理论的道家那里，我们发现许多关于变异的普遍性以及与现今的神秘转化信念有关的早期生物进化概念的很好表述。另一方面，儒家以人为尊对生物进行的分类和等级区分，反映了他们对"封建制"社会不变性和认为人各有等级名分的信条，这是一种仿效人类等级的自然模式。

　　东汉时期，王充（27—97）提出了一种有关物种遗传固定的理论，他用很近乎突变的机制来解释遗传上的变异。到了宋代（10—13 世纪），由于长期以来道家和佛教思想的影响，理学家提出了一个中国传统哲学从未提出过的综合理论，这是一个有机的自然观，其中进化概念和整体水平十分重要；它与当今科学宇宙观的主要区别在于，认为进化过程在每一次连续的世界大变动之后周而复始。

　　在给山达·拉·霍勒（Sundar Lal Hora）召集的这次专题座谈会提供的本篇短

---

* 本文是李约瑟博士与剑桥大学的唐纳德·莱斯利（Donald Leslie）博士合写的，发表于《印度国立科学研究所所刊》（新德里，1952）。——编者注

稿中，试用如下几节阐明上述的论题[1]。

荀卿（公元前 3 世纪）、戴埴（13 世纪）和"性品"

众所周知，亚里士多德使用"赛基"①（*Psyche*）一词来作为区别生物与非生物的要素，并得出一个结论说，有不同类型或层次的赛基或灵魂（*soul*）。根据由亚里士多德著作发展起来的学说，亦即在随后的年代里支配所有生物学的学说，认为植物只有一个植物性或称营养性的灵魂，动物另有动物或称感觉的灵魂；而人则被赋予理性的灵魂。如果说这些术语已被今天的科学所摒弃的话，那么仅仅是因为实验和术语学增加了准确性才使它们变得过时的，而并非由于它们同用各种方式说明生物活动的目标相距甚远。

我们认为，到目前为止还未有人指出[2]，中国人为同样目的而发展的一个非常相似的系统。下面是与亚里士多德学说进行比较的一个表。

"性品"说表

亚里士多德（公元前 4 世纪）

  植物 *Psyche threptike*
    （植物灵魂）
 动物 *Psyche threptike*，*Psyche aisthetike*
    （植物灵魂）和（动物灵魂）
  人 *Psyche threptike*，*Psycha aisthetike*，*Psyche dianostike*
    （植物灵魂）和（动物灵魂）及（理性灵魂）

荀卿（公元前 3 世纪）

  水和火 气
  植 物 气和生
  动 物 气和生及知
  人 气和生及知加义

刘昼（6 世纪）

  植 物   生
  动物   生和识

王逵（14 世纪）

  天、雨
  露、霜
   雪 气
   地 （气）和形
   植物（及一些矿物）
     气和形及性
   动物 气和形及性、情
   人 气和形及性、情、义

下面是从荀卿（《荀子》）那里引来的一段话，他认为：

"水和火有灵气（'气'通常被译为类似于古希腊的元气，*pneuma*）而无生命。草本植物与树木有生命而无知觉；鸟和兽有知觉[3]而无正义感（义）。人有灵气、生命、知识以及正义感；因此，他是世上最宝贵的。人的力气不如牛，跑的能力也不如马，然而人能役使牛马；这是为什么呢？因人能形成社会团体（群），但动物不能。人为什么能？因为他能作社会区分（分）。这些社会区分为何能进行呢？因为有正义（义）的缘故……"[4]②

这就产生了在历史上屡见不鲜的那种有关时间先后问题的难以判断的局面。因为亚里士多德（前384—前322）生活的年代只略先于荀卿（约前313—前238）。这是在"丝绸之路"开辟之前一个半世纪，所以我们认为很难使人相信这一系统可能是由另一方传来，宁可认为二者是独立的，尽管在同样的现象上得出的结论颇为相似。把具有特殊素质的人类说成深明大义，而非倚仗权势，也许正是中国人的传统思想。

在中国晚期的文献中，肯定有许多其他类似观点的表达[5]。目前为止，我们见到的最好表述之一，是在明代生物学家王逵可能于14世纪末完成的《蠡海集》中，他说：

"天有气，但这些气不具有天性（'性'）[6]或感情（'情'），如雨露霜雪就没有天性和感情。地有形状。有形的物体有天性而无情，如草、木和矿物有天性而无情。天、地交融形成气与形，有了气与形则有了天性和情，如鸟兽和虫鱼有情。它们分泌和排泄的液体得之于天的气；它们的羽毛、毛发、鳞、甲的形状得之于地。我们怎能否认气和形结合能形成性和情呢？"③

他的学说似乎比荀子的观点更为精练。

所要注意的是，我们把刘昼的表述列入表中，作为一个联系环节。刘昼的书《刘子》为《道藏》所收（第1018册）。从他使用"识"这个字，便可看出他受到佛教的影响，因为这是"十二因缘"（*nidānas*）之一。

在刘昼的时代和王逵的时代之间，理学家关于这一问题有许多好的想法。程颐

（1033—1107）遵循的是与刘昼和王逵一样的系统，但加进了"本能"（良能）到动物和人的"知"之中。朱熹（1130—1200）有更为复杂的观点[7]。除了气或称之为构成每一种东西的"物能"之外，还有通用的使之成为有机体的要素——"理"；无机物则只有质和量（即形状、本质、气味）。植物除此之外还有"生气"或生活力。而动物和人则还拥有植物等所没有的血"气"和不同程度的知觉和感觉（血气知觉）。

下面，我们考察一下13世纪末戴埴提出的综合观念。越来越明显，人的品性构成比古典哲学所考虑到的还要复杂得多。哲学家们对人类具有的能力总是感兴趣的，从汉代以来就把人划分为三种类型：其中少数是极坏的，属于朽木不可雕者；而另外一些人则是好的，只需要很少的教导；大部分是中游者，经教诲可成为有用的人。此说见于《淮南子》[8]、董仲舒[9]的《春秋繁露》和王充的《论衡》[10]，并由唐代韩愈在《原性篇》推而广之。这被称为"性三品"理论。在《论衡》中，荀子的人性本恶的观点仅被用于下等人，而孟轲的相反观点被用于上等人，杨雄、的"适中"观点则应用于中等类群的人。

在戴埴约于1260年刊行的《鼠璞》一书中，可看出人的较高社会倾向性是只有人才特有的，而人的反社会倾向性则与其同较低级动物所共有的本性因素有关。他写道：[11]

"人们谈论人的本性——有人说它是善的，有人说它是恶的。人们通常取孟子的说法而摒弃荀子的说法。其实，在研究了两本书之后，我认为孟子谈论的是天性，他所谓的人性善指的是来源于人（内部）的正直、崇高的方面，他主张发扬它。这正是《大学》中所说的'诚'的意思。

而荀子所说的是物性（'气性'），指的是人性中错误和粗暴等坏的方面。他希望纠正和控制它，这就是《中庸》中所谓的强行改正（强矫）……因此，孟子的教诲是主张发扬原有的纯正的性，以便使那些污浊的性自行消失。而荀子的教诲则主张除掉脏浊的性。二者对于后学都同样有帮助。"④

现在已诸事俱备，所缺的是只有近代生物进化知识所能提供的时间因素。虽然有我们马上要提到的其他思想，但中国科学思想从未自发地达到这种知识高度。

可能在最早的作者中已有这种预言。冯友兰让人注意《孟子》[12]中的一段模糊的话，在这段话中，他看出人性分为高尚的和渺小的两部分，前者为人类特有，后者连动物也同样具有。约在公元前120年董仲舒的《春秋繁露》中的议论较为中肯[13]。他说：

"如今讨论人性的人，各从不同的角度出发，所以彼此的看法毫不相同……人的生性（'自然之资'）我们称为先天性（'性'或'质'）……将人性较之于鸟兽之性，则人性是善的，若较之于人道之善，则还不善……我所认识的天性与孟子不同，他按照鸟兽之性，从低水平的角度出发说性是善的。但我以圣人所具有的性为基准去看人性，却是很糟糕……正确定义天性，不应当采用过高或过低的标准，而应采取恰到好处的中等水平。所谓'天性'，如像茧或卵一样，卵经一段时间后能孵出小鸡，茧经沸水浸泡，可以缫成丝。天性要经过带来善性的权威教育。"⑤

这段引语的主旨正是董仲舒时代儒学受道学极大影响的典型表述，但其立足点稍偏于人性和性品思想发展的主线。董仲舒还说动物只顾自身的生存和利益；并用动物分别受到的阴、阳影响来比较人类中的"贪"和"仁"。

另一些有某种意义的动植物分类见于西汉的《淮南子》[14]。它将动物置入随意的范畴以适应流行的五行论和二元的阴阳概念；兽类、哺乳类及飞禽类与阳和太阳相联系，而甲壳动物类（包括水生）则与阴和月亮相联系，凤是鸟的原型，龙是鱼的原型等。事实上，它已粗略地勾画出了生物学的门类。《淮南子》（一部道家杂书）的基本观点是物种不变。

庄周（公元前4世纪）和动物转化

从科学的观点看，令人感兴趣的是道家发挥的接近于进化论叙述的有关事实。至少，他们坚定地否认生物种是不变的。这一论述见于《庄子》中的第十八篇。这段话颇令释者费解，有幸的是，我们有胡适这位大师的高超的译文。

"所有的种包含着胚原基（'幾'）。幾遇水变成'䜌'[15]。于水陆之间的地方变成（如我们所说的地衣或水藻）'蛤蟆或蠙的衣'。若生于边坡上，它成为陵舄[16]。在肥沃的土壤里，陵舄变为乌足[17]。其根产生蛴螬[18]；叶变成蝴蝶[19]，或胥[20]。蝴蝶随后在灶晃旁变成昆虫，并长出斯的外膜。它的名字叫鸲掇[21]。一千天以后，鸲掇变成一种叫干余骨[22]的鸟；干余骨的唾液变成斯弥[22]。斯弥变成酒飞虫（食醯）[22]，接着它变成颐辂[22]。从九猷产生黄軦[22]。从腐败的蠸产生蚊子（瞀芮），羊奚和不筍久竹[23]交配生青宁[24]，青宁生程[25]，程（最终）生马，马（最终）生人。人回到胚原基，所有的东西均来自胚原基并回到胚原基。"[26]⑥

道家观察家们肯定对于昆虫变态这类现象很熟悉，无疑像早期西方人那样，根据昆虫出现在腐烂动植物尸体中的现象而作出同样不准确的结论（自然发生说）[27]。然后他们把关于可能发生在自然界中令人吃惊的转化概念扩大到其他地方，大部分是其想象或很少有充分根据的例子[28]。一旦确立了这种转化的基本概念，也就很快产生了缓慢的进化转变的信念，即动物或植物是由另一类物质产生的信念。从上面的这段值得注意的引文可以清楚地看出这种思想，并且被进一步认为生物（如《淮南子》所表明的）[29]是由地球中的矿石和金属不断变化而引起的缓慢生长和孕育。上面把这样一种转化概念应用到我们现在称之为无机界的做法，也见于欧洲思想中。但中国出现得非常早，并且为庄子的生物学概念和借积极的干预（即炼丹术）[30]来加速这些转变的企图之间提供了联系。

值得注意的另一点是，此文使用了术语"胚原基"，即可以想象的最小生物体微粒——"幾"。此词的出现并非寻常，而是以生物小胚性原的意义出现在《易经》中。从词源学考察，"幾"由两个胚胎的象形字所派生，中国人通常缺乏原子观，在这个意义上说，庄子使用这个词的事实极为重要。

这不是见于《庄子》中有关生物转化的全部观点。有几段表明庄子已认识到由于适应不同环境，现有生物才具有不同特性，例如第十七篇（马、野猫及猫头鹰）及第二篇（"正常"栖息地），甚至还有接近自然选择的观点。这可从书中论述无用反而有利的几段章节看出[31]，如树长得很高大，仅由于对人无用才不被砍伐。还提到了一种古老的祭祀仪式禁止将有缺陷的动物和人作为牺牲品。灵龟本可以享其天年，但由于其壳被认为对占卦有用，所以它就被挂在王室的祖庙而被杀死。猪宁愿吃得很差来选择活路，而不愿被饲肥在祭祀仪式上担任主角。这些章节无疑是道家超脱实际社会生活的论据部分，然而它们却意味着在一定程度上对于"适者生存"的认识[32]。

我们很怀疑写过进化论历史的那些人是否提到了道家思想的这些方面。

王充（1世纪）和物种

王充，通常称之为中国的卢克莱修⑦，在他约于公元前83年写的《物性论》中与我们本文有关的观点是他谈到自然发生的那些方面[33]。在此，他发展了道家"物种"的观点，使用了生物学的论据，抨击了当时流行的迷信意识。

同当时中国人通常的见解一样，王充把天地看作万物之父母。但他不接受那流行的认为天爱护所有生物的儒家（和墨家）观点；他认为符合道家的观点，指出天地的种子（精）结合所产生的后代（像男女之间一样）是一个无意的自发作用[34]。一旦生物形成，天就不再干预（正如婴儿在子宫里不受母亲控制而自动成长一样）。此后，生命的自然过程不可阻挡，生物不可抗拒地继续其行程直到死去，每种生物因其形体特点各有其性而适度地控制生命过程的长度（与当时道家所主张生命不朽相反）。生命的形式和长短依赖它与生俱来的元气[35]。动物为生存而斗争，体力、胆量和技能极为重要。人本身也不例外，因为粮食并非因人而生，正像人不是为老虎而生一样[36]。

事实上，他坚持认为，尽管其尊贵，但人还是与动物同属一类，在其对天的关系中，他把人比作像长在人身上的虱子一样。他说人也像其他生物一样产生后代；并把这一过程与动物比较，认为胎盘有如蛋壳和水果外皮一样。他说死就是返回到无形物中。将它比作一个未经孵化的卵。一旦气息消失，身体垮掉就正像一个里面东西被拿掉的袋子一样[37]。人死后不可能再有灵魂存在。

遵循着这样的自然规则，他驳斥了通常为人们所接受的看法，即认为帝王的诞生是奇迹，并说明伟人的降生或受孕与一些被当作预兆的有关现象的发生，纯属巧合。他最有意义的理由见于第 15 篇的以下这段引文中[38]。

> "假若巨人曾使姜原受孕，那么姜原如此瘦小的身体怎能接受巨人的全部精气呢？要缺乏这个，后稷不可能成为正常的人。如果尧和高祖真是龙子，由于儿子的特性像父亲，他们应当像龙一样能驾云。所有的植物都由大地上类似于它们的原种生出；如大地上没有相同的原种，则它们的生命就不是来自大地，大地仅养育它们而已。母亲怀孩子正像大地生育着植物一样。尧和高祖的母亲受孕于龙，正像把种子播在地里一样[39]。由于植物自然地应像它们的同类原种，因此，两位皇帝应当像龙。加之，含血的动物以雌雄配对，当雌雄相遇时，都需要精的交合（'感'），在它们交合前，只有同类动物相见才能引起偶欲。因此，当公马看见母牛，或雄雀看见母鸡时，它们是不能配偶的，因为它们并非同类。现在，既然龙与人不是同类，怎能与人交合而授生命流质（精）呢？"⑧

很清楚，王充对种作了很好的记述。显然他相信自发生殖和接受当时生物学还不清楚的转化说[40]。但我们必须认识到，对于一个不是博物学家的人来说，鸟的变态并不比昆虫的变态更令其惊奇。我们认为，中国人相信奇异的转化是由于他们认识到环境的极端重要性。在道家和其他人的著作中常见的"雀化为蛤"这句话，指的是从空中移动到水里的过程中产生的变化。王充通常不相信人的转化，因为变形的动物不能转化，反之亦然[41]。因此，他的出发点很清楚，即所发生的那些转化是天然的和固定的，遵循着一定的模式。他之所以对这一切感兴趣，其目的在于说明人不能通过当时道家所说的各种方法延长寿命。物种固定而且生命寿限不可更改。当我们发现这些企图是适应他看待鸟类迁徙[42]，由动物和植物的趋日性[43]预言[44]气候时，也许我们可以原谅他缺乏实际的生物学知识[45]。

即使关于神灵动物的讨论，对我们也很有意义。在第 50 篇[46]关于吉兆的充满幻想的讨论中，他重复了他从被当作不祥征兆生物中得出的龙生龙、凤生凤的观点。认为麒麟和凤凰并非单独的种，而是由通常的鹿和鸟因时机凑巧而产生的变态。他坚持认为它们不能产生另一"类"，它们的后代（不过他可能认为它们根本就不能产生后代）只能恢复到正常状态。他用这种机制去解释贤明皇帝生出低劣后代的现象。我们引用第 50 篇的原文如下。

"白雉生出短而白的雉，并非白色的雉种。鲁人捉到一只角的鹿，称之为麒麟，它可能是由鹿所生，但并没有（专门的）麒麟种。同样的，凤凰也许是由天鹅或鹊所生，仅由于羽毛不同于其他的鸟才被称为凤凰。为什么要把它当作是与众鸟不同的种类呢？

一说：'四足动物中的麒麟，鸟类中的凤凰，小山中的泰山，诸水中的河流与海洋，这些彼此都是同类'。因此，凤凰和麒麟都与鸟兽同类，只是形体与颜色不同，为什么要认定它们为不同的种类呢？它们是同种类中的异常动物；这种异常不能传给后代。证明不遗传虽难，但我们知道（通过下面的例子）肯定是这样。

尧生丹朱，舜生商均。丹朱和商均与尧和舜是同类，但他们的模样和品性不同。鲧生禹，瞽瞍生舜。舜和禹是鲧和瞽瞍的同种，但他们的知识和德行不同。（类似地）假如我们试图种植'嘉禾'，但实际上不一定能收获到'嘉禾'。因为我们常常见到的却是其茎与穗均已变态的粟。"⑨

十分清楚，王充这里所关心的是遗传谱系的遗传特性。在我们作出他早就讨论过现代的突变论的结论以前，必须注意到他也通过水生之鱼无祖这一类推来解释这些事实。实际上，他的思想是如此丰富，以至我们可以发现许多辉煌的和荒谬的推测并存的现象。

郑景望（12世纪）和变态

至于谈到佛教与中国科学思想的联系——要是认为佛教在这方面刺激了科学思想或给它增加不少内容，就有些过分了——充其量它只表现在生物学变化的过程中。这显然涉及系统发生学和个体发生学两个方面。再生或变态的学说自然在那些一直相信这种显著转化的中国人中，始终引起兴趣。他们以对昆虫变态的正确观察去想象蛙和鸟的变态。假如鸟真的可以变成蠓，那就不足为奇，人也可以这样变（如果人被"恶魔"缠得很重），或可成为"饿鬼"，如果更糟糕的话。

生命轮回的结尾是如此，轮回的开始也同样有趣，因此，出现了重新研究发生学的某种倾向。尽管中国科学的抑制因素使其未能做出更多的更重要的工作，我们还是可以探索出佛教思想在中国对这方面的影响，和基督教神学理论（灵魂进入胚胎及原罪的遗传等）[47] 对欧洲17—18世纪发生强有力影响之间的鲜明对比。让我们举出一个例子。

在郑景望[10]的《蒙斋笔谈》中，我们见到了12世纪早期（宋），在《庄子》中所引用的对生物转化方面的有关著名章节的概括。作者沿着庄子的思路，试图分析这种变化，将它们与"性品说"概念联系起来，得出固有遗传趋向的概念，最后作了显然带有佛教思想的解释。

> 郑景望说：[48]
>
> "庄周说：'所有的东西均生于胚原基（幾），并回到胚原基。'这也见于《列子》一书，它有更完整的记述。我在山中居住时，静静地观察诸物的转化，看到许多这样的例子。
>
> 最突出的例子是蚯蚓变成百合[49]，以及麦子腐烂变成蛾子[50]。用事物的常理（'物理'）是不能解释这些现象的。
>
> 无论何时发生这种转化，一定有带来这种倾向（'向'）的生命力（'知'）。蚯蚓变为百合是从有感觉（知）[51]的物变成无感觉的物。而麦子变成蛾子则正好相反[52]。当蚯蚓转变时，它在地里盘成一球，形成了百合的形状。麦子一夜之间变成蛾子，它们像飞尘一样出现。
>
> 据佛教学说，这类变化是由极端纯真的意念所致，由于各种普通的或特殊的原因而产生了此种现象。以母鸡孵蛋这一日常事实作为例子，我们

知道蛋是母鸡本身所产，但如何解释鸡还能孵鸭蛋，甚至如《庄子》所载[53]，母鸡能孵天鹅蛋这一事实呢？

至于从麦子（谷物）变蛾子，实际上蛾子是从蛾子（种）的种子产生的，麦子得先起变化[54]；若非如此，麦子不可能变成蛾子[55]。

从以上论据可知，无论何时意念萌发，无论好坏，必有结果。后稷[56]由脚印而生，启[57]由石生出，这些无疑是真的。

《金光明经》[58]记载，由于水不断流动而能化成鱼，它们全都从天获得生命；这毋庸置疑。不幸的是，我恐怕许多人不会相信这一点。"[⑪]

在此，我们看到了12世纪初期一个真正试图去观察、理解生物转化的尝试，它明显与佛教的有关变态观念相联系。

吴临川（14世纪）和重复进化

宋代初期，科学哲学的一般状况如何呢？一方面，有道家的自然观，其缺点在于不是，或者从来不对人类社会构造有多大的兴趣。由于它显然认为伦理认识对于科学观察和科学思想是无关的，所以它未解释最高级的人类在社会中显示的重要性能为何与人以外的世界相关。荀卿说："他们见自然而看不见人。"

另一方面有佛教的形而上学的唯心主义，这是更糟糕的一个层次，因为它对自然和人类社会都不感兴趣。基本出发点是用大量的祈祷把戏对一切现实进行逃避或者帮助人们去逃避现实。这种迷惑人的幻觉，既不能促进科学研究，亦不能鼓励公众的正义事业。即使起用旧儒学也无济于事，因为它完全缺乏宇宙论和哲学，不再适应更为成熟的时代的要求。根据这一切，只有一条出路，那就是采用以朱熹为首的理学家的方法，即力图以哲学的眼光和想象力，在人以外的自然界或更确切地说在整个自然的巨大框架（或朱熹自己所说的巨大模式）内，去适当地确立人的最高伦理价值。

按照这一观点，天地万物的性质在某种意义上说是道德上的，并非因为时空之外某处存在着一种操纵一切的、道德上的神化的个人，而是因为在社会构造达到一定水平，道德价值会自己显示出来之时，天地万物才具有产生道德价值的特性。虽然现代进化论的哲学家们倾向于把这个过程看作是一个长期的发展过程，但我相信基本概念是相同的。因此，西方研究理学的学者对此感到困惑不解。耶稣会士曾因为理学家用那样多的言词否认一个人格化的上帝而感愤然。新教徒神学家亦曾试图从理学思想中发现某种泛神论[59]。其中一个指出，朱熹的唯物主义和西方的唯物主义不同，后者认为物质服从其自身规律，这种规律不受伦理的影响，而对理学来说，物质是受伦理支配的。事实上，理学的唯物主义不是机械的。偶然集合的弹子从来不是中国人思想的要素。理学学派所作的是试图认识基本上植根于自然的伦理，必然的进化是自然产生出来的，应当说当时这种伦理学出现的条件已经具备。我们认为，尽管理学家们对黑格尔辩证法一无所知，但理学却相当接近辩证唯物主义世界观和与怀特黑德[12]（Whitehead，Cafred North，1861—1947）学派极为相同的生物哲学。

认为宇宙处于凝聚和消融的周期变化过程是大多数理学家的共同点[60]。可能是邵雍（1012—1077）首先予以系统化，他着手将时间和地平经度的十二分性应用于各个方面[61]。随后又有关于它的许多说法。勒·高尔（Le Gall）重复了其中的两种说法，一个出自许鲁斋（1209—1281），他是紧接朱熹之后出现的思想家，另一个出自吴临川)[62]，他的大部分活动延续到元代。这里举出后者的一段论述当是有意义的[63]。

"宇宙周期（元）为 129 600 年，划分为 12‘会’，每会为 10 800 年[64]。当天地运行到 11 会（成位）时，万物封闭，在天地之间没有人和任何物。5400 年以后成位结束。当到 12 会（亥位）中期时，那形成大地的重物质，逐渐消融纯化和形成天空的纤轻之物混合，这称之为混沌[65]。然后这个混合物加速旋转运动，当亥会结束时，它变得极端昏暗。此为天地的一个周期终结。

从贞点起[66]，又开始了另一个周期（元）的新阶段，这个新时代由首会（子）开始。但混沌依旧，称为一元的开端（太始），也称为太一，是说清浊之气混合一起尚未分开。从那时起，渐渐明朗。又一个 5400 年之后，在子会中期，这个混沌物的轻清之气分离上升，形成太阳、月亮、行星和恒星，日月星辰四者共同成为天的标志。再 5400 年子会终，因此称为‘天开（构成）于子’。而气的重浊部分虽仍在中间，但尚未凝结坚实，所以还没有地。

当第二会（丑）中期到来时，重浊之气逐渐凝结坚实而形成土和岩石，其湿润之气形成水，它流动而不凝固。其燥烈之气形成火，燃而不熄。水、火、土、石四者各自成形而构成地。因此说，‘地辟（构成）于丑’。再过 5400 年，丑会结束。

又一个 5400 年，当到第三会（寅）中期时，人开始生于天地之间。故称'人生于寅'。[13]

除了在两个地方使用了《易经》中的两个符号（卦）名称之外，许鲁斋[67] 在这方面的叙述极为相似。演变、修复、发展的时期归入第 11 卦（泰）；非演变、销毁、倒退的时期归入 12 卦（否）。人们不可忽视这些概念与中国人特别喜爱以波动形式考虑问题之间的关系，像在阴阳中矛盾的均衡优势循环一样。总之，这些宇宙论的叙述流于令人乏味的无据推测循环。但若说它们对中国科学毫无作用，则未免太过，因为除它们含有朴素的自然观外，它们还有助于得出先进的地质学概念，中国人对化石真实性质的认识，肯定早于欧洲。朱熹本人清楚地阐明过化石，有关宇宙形成年代的准确时间讨论也见于《朱子全书》[68]。

正如佛尔克[14] 在 1938 年所写："当朱熹及其学派对其深信不疑的世界周期性灾变进行考虑时，世界构造的'火成论'和'水成论'观点清楚地出现在他们的思想中。离心宇宙起源说自然地被认为发生在每一新纪元的开始阶段。水和火的分离引起地震，正如光和运动战胜黑暗与静止一样。"

朱熹（12 世纪）和有机体的发展

朱熹对生命起源的看法是什么呢？他认为在产生生命的过程中，自发起源起着非常重要的作用，现在也仍然在一定范围内发生。

"有人问，第一个人是怎样产生的？哲学家回答道：他们是由气通过阴阳五行之精转化合而生形这样的方式产生的。这是佛教所谓的自然发生（化生）。现仍然有许多生物这样形成，例如虱子[69]。"[15]

"在第一代生物开始生成之初，阴阳之精自身凝结形成（每个物种的）两个个体，这是自发产生的，有如虱子爆生出来（在暖气的影响之下）一样。但当一雌一雄的两个个体产生后，他们的后代则由种子渐渐产生。万物大都如此[70]。"[16]

在看待较低等动物的性质时，他清楚地认识到适用于人类社会范畴与价值的东西对它们是不适用的。他用相当现代的方式指出。群体膜翅目（蜂蚁）的行为显示了一点"义"；哺乳动物在关心后代方面也显示出一点爱（仁）[71]。动物的基本属性是昏钝（气昏浊）——（即今所说神经组织的低水平）——因它们的一切行为都是通过其完备的本能（性）去完成的，自身并没有任何意识。正如太阳或月亮光被茅屋部分遮模糊一样[72]。所有的动物所具有的行为，并非它们有什么意识或选择，而是因为它们必然要遵循的道和理[73]。因此，出现人类水平的意识，是与人的属性相联系的。

> "有人问是否知觉是一种精神内部的冲动（心之灵）或由于气的活动（气之为）所产生？哲学家回答道：'它不完全是气（物能）的问题，因为知觉的原则先已存在。理没有知觉（理未知觉），但当理和气结合时，知觉产生。举一蜡烛生火的例子，正是因为它聚集了这些脂膏，才能发出这么多的光[74]，'"[17]

现代科学将发现，对这些观点几乎无可挑剔，因为必须记住，这是 12 世纪中期。人类最显著的长处是属性是完全自然的，而非超自然，（即我们今天说的）这是进化过程的最高体现。

与欧洲浸透奥尔菲斯（Orphic）和前苏格拉底思想训练的学者相似，朱熹有时也能讨论爱作为万物的动力（万物同理）。他说天地的意念（天地之心）给生出的所有东西以爱[75]（仁），因此仁慈和爱是生命的最根本部分（生道也）。朱熹坚决主张天地同一理[76]——"天人无二理"。

在这个生物哲学中，宇宙万物皆被归结为：天地人同理。这个警句的准确含义对我们的论据极为重要。如下的引文[77]可为解释：

> "有人问：虎狼类有父子关系，蜂蚁类有君臣关系，豺獭[78]有报本习性，水禽和野鸽[79]有识别固定配偶的能力，它们虽然仅仅具有伦理原则（'义理'）的一个方面，但如果我们彻底地考察这个现象，就会发现这些生物确实具有这些伦理原则。
>
> 另一方面，虽然所有的人都具有其天命，但由于包含了动物的欲望和物性，反而被这些兽性弄糊涂了，以至于人不能像动物那样专一而得到充分发展。你是如何解释的呢？
>
> （哲学家）答：这是因为动物仅在某些方面是灵敏的，那一点正是动

物天性的集中之点。而人的灵敏却广泛得多，什么事都能领悟一点，但较为泛泛，因此容易弄混。

有人又问：干枯物（即今所谓无机物）也具有赋性（像人一样的性）吗？

（哲学家）答：它们从存在的那时起即有理；因此说天底下无物会没有其自身的赋性。

走上台阶时，哲学家又说：这些台阶的砖有砖的理。他坐了下来，又说：竹椅有竹椅的理。所以如果说干枯物（枯槁之物）没有生命力是可以的，但不能说它们没有存在之理。例如腐朽的木头除了放进炉灶之外没有其他用处。是由于它没有生命力。然而每种木头各有其自己的气味，互不相同。这便是理之所以为理。

若进一步问：在干枯之物中有理吗？

（哲学家）答：一旦物存在，理就存在于其中，譬如笔——不是天（直接）生成的，而是人用长软的兔毛制成，于是便有了笔，有了笔便有了理。

若进一步问：在笔上如何去区分爱（仁）和正义呢？

（哲学家）答：在像如此小的物上无须区别爱和正义。[18]

有人问：鸟兽以及人都有知觉和感觉，尽管程度有差异。那么植物界也有知觉吗？

（哲学家）答道：有。举例说，当给植物浇水时，它的花就开得艳丽；当把它掐坏时，它就枯萎了。能说它没有知觉吗？周敦颐不让将其窗户前的草除去，他说'它们的知觉和自己一般'。这便是植物有知觉。但动物的知觉不如人，植物的知觉又不如动物。例如服用药物大黄[80]时，它作为泻药起作用，而乌头属植物（附子）[81]则表现为热性——这是因为这些专门的自然赋性是沿其特定的路线发挥作用的。

如果问：是否腐败的（植物）物质（腐败之物）也有专门的赋性？

（哲学家）答：对，的确有。假如将它用火烧成灰，然后和水一起煮，这汤液便苦而含焦味。

接着他笑着说：今天刚刚会见信州诸先生，他们坚持说植物无性，现在——今晚你又说植物没有专门的品质。"[19]

这些引文在许多方面都很有趣。我们看到朱熹像早他 1400 多年的庄周一样，用道（这里是理）来贯穿宇宙间的万物，坚持宇宙有序，而且在某种意义上说是合理的。但是科学的含义并不因此而明白易懂，与此相反，哲学的含义倒容易懂些，没有必要遵循由人用正规的和抽象的方式所确立的公式化的规律。然而，朱熹用生物的等级术语对道德概念作了阐发。在整体蓝图中"无机"物也有其相对低的地位。朱熹明显地走向按化学性质分类——这体现在钾碱和生物碱药的例子中，他步进了通向我们今天称之为有机和无机化学途径的开端[82]。

严格说来，只有当达到足够高的等级时生物体才开始出现伦理和道现象，最初在动物身上是不完全的和片面的，然后在人类中得到了完善。朱熹认为许多道德概念不适用于"无生"物体，然而当他自己要描述存在于自然物中化学物质的性质时，他也像古代道家那样[83]，只能用"气"和"性"这两个词。

结　论

这里收集的例子，虽然为数很少，但从中可以清楚看出，当亚洲各民族的著作被充分发掘和了解时，通常的生物学思想史必须在很大程度上重写一遍。这将大大提高对于欧洲和亚洲在增进人类生物界知识方面所起的有关作用的认识。

（罗桂环　译）

参考资料与注释

〔1〕第 2 和 4 节由唐纳德·莱斯利执笔，其余由李约瑟执笔，但我们一起讨论了所有的资料。

〔2〕只有鲁桂珍和李约瑟所写的 *Acontribution to the history of Chinese dietetics*，*Isis* XLⅡ：3.（1951）中才指出过。

〔3〕这里用"Instinct"一词翻译可能是更合适的，也许荀子的意思是指不自觉的反射行为。

〔4〕H. H. Dubs：*Words of Hsün Tzu*（tr.）（德孝骞译：《荀子》英文版）Ch. 9（London，1928）。

〔5〕正像欧洲有些作品那样，例如 Bartolomaeus Anglicus（fl. 1236 A. D.）的作品。

〔6〕例如大黄的泻下性能是它的"天性"。"性"通常译作"性质"（nature），但这里肯定指的是"活性"或"突出性能"。

〔7〕朱熹：《朱子全书》，卷 42，34 页正面。

〔8〕《淮南子》，卷 19。

〔9〕董仲舒：《春秋繁露》，卷 19。

〔10〕王充：《论衡》，卷 13。

〔11〕戴埴：《鼠璞》，44 页正面。

〔12〕*Mêng Tzu*（《孟子》）：Ⅵ，(1) xiv，2 and xv；cf. also Ⅳ，(2)，xix，1.

〔13〕董仲舒：《春秋繁露》卷 35，14 页正面。

〔14〕《淮南子》卷 4。又见《大戴礼记》卷 81 及 58；又见《淮南子》卷 3 和《论衡》（英译本），

A. Forke：*Lun Hêng*（tr.），Ⅰ：336（Lodon & Leipzig，1907）.

〔15〕一种微生物，像断丝一样细。

〔16〕一种未明植物（如果是的话）。

〔17〕字面意思为"乌鸦脚"，但此种植物现在无法确认。

〔18〕这个复合名字现在应用到 *Cerambycid*（钻木甲虫幼虫）上，但不知庄子所处时代的含义。

〔19〕指现在蝴蝶形的或粉蝶属蝴蝶，庄子注意到（和错误理解）这些叶的一些鳞翅目昆虫的拟态。

〔20〕现在的意思是咸蟹制品，或许在此指一种特殊的蟹。

〔21〕此名颇费解。鸲从 16 世纪始是鸟的名称，椋鸟之一种。

〔22〕意思不明。一般认为首先转变成的所有这些动物应该是昆虫。

〔23〕一种寄生在竹叶上的昆虫。

〔24〕照理说应写有"虫"字旁（Rad. 142），但原文中却没有。"蜻"是指蜻蜓，"宁"指蝉。庄子没指出是什么昆虫。

〔25〕后来指豹。

〔26〕《淮南子》卷 4 及《列子》卷 1 有类似的章节，《列子》中对之作了阐述，但动植物名称颇不相同。

〔27〕参看下文对该观点所作的表述。

〔28〕罗列在《太平御览》这部类书卷 887 和卷 888 中。

〔29〕《淮南子》，卷 4。

〔30〕注意葛洪这个大道家炼丹家（约 300）如何找理由反驳王充的物种不变观点，及强调半传奇的动物的转化，以支持其可能转变即（延长）人的自然寿命长度的观念（E. Feifel：*Pao P'u Tzu* (tr.).（《抱朴子》英文版），Ch. 2，*Monumenta Serica*，Ⅵ：142（1941）。

〔31〕《庄子》第 1 篇及第 4、17、19、26 篇。

〔32〕参阅 *Lieh Tzu*（《列子》）卷 8 和 *Lun Hêng*（《论衡》）。A. Forke：*Fun Hêng*（tr.）Ⅰ：92 & 105；Ⅱ：367（1911），其中有明确的自然界中生存竞争的认识。法则的严苛和动作的迅速对生存有利。

〔33〕主要见于原文第 4、7、12、14、15、24、50、54 和 62 章。

〔34〕A. Forke：op. cit.，Ⅰ：92—93；Ⅰ：99；Ⅰ：103. cf. Ⅰ，101—102 他解释说牛生马是由于天对生育缺乏控制。关于对杂种的看法，见 R. C. Rudolph：*The Jumar in China*，Isis XL：35（1949）。

〔35〕A. Forke：op. cit.，Ⅰ：325 & Ⅰ：315，对于人来说，100 年是期限，如无别的因素影响（干涉）使其变短，这是其近似的最大值。

〔36〕A. Forke：op. cit.，Ⅰ：92；Ⅰ：105—107 参照《列子》，其中第 8 章有相同的观点。

〔37〕这种把生命看作"形态"的观点非常有趣，如果我们将它与道家的以柔克刚和返老还童的要求相联系（例子见 A. Forke：*Lun Hêng*，Ⅰ：349；Ⅱ：113 以及《道德经》和《庄子》），我们可发现早期中国人几乎真正理解生物形态。

〔38〕A. Forke：op. cit.，Ⅰ：318—324，从中可以发现更多有价值的例子，虽然它们并不完全与这段引文同一口径。

〔39〕 cf. J. Needham：*History of Embryology*，pp. 25—26（Cambridge，1934）. 埃及和古希腊也有类似的观点说到母亲的功能。而亚里士多德相信雄的给予"形式"，雌的给予"物质"。中国人的"阳是精神的，阴是物质的"，而且气来自天、形来自地的观点与后者的观点相似，实际上，这两种理论并不像人们想象的相隔那么远。

〔40〕 A. Forke：*Lun Hêng*，ii：364—6 & elsewhere.

〔41〕 A. Forke：op. cit. Ⅰ：325—329，但有与此相反的观点，见Ⅰ：195，Ⅰ：323 和Ⅱ：359。

〔42〕 Ibid.，Ⅱ：4, 5.

〔43〕 Ibid. Ⅱ：320—322.

〔44〕 Ibid.，Ⅱ：124, 368, Ⅰ：109.

〔45〕 例如王充相信野兔舔植物的绒毛而受孕，以及由口中分娩（A. Forke：*Lun Hêng*，Ⅰ：319）。

〔46〕 Ibid, Ⅰ：365—369.

〔47〕 cf. Needham, p. 182.

〔48〕 郑景望：《蒙斋笔谈》，卷 2，2 页正面。

〔49〕 这种植物叫百合（*Lilium ligrinum*）。不知这种昆虫变草的错误观念是否依据令人极感兴趣的"夏草冬虫"而来；夏草冬虫是一种昆虫幼虫，为真菌寄生生长，在虫体上长出一个菌杆，这个双体（植物—动物）药不见于《本草纲目》，而是见于《本草纲目拾遗》，这是一本 1769 年由赵学敏所写的补编。有趣的是史迪威（Stilwell）的回忆录中记载有他的中国军队同僚曾告诉过他这个现象，但他不信。如果郑景望能在四川做一些观察，也许很可能会看到这个现象。

〔50〕 人们应当记住，直到 17 世纪后期意大利的方济各会士雷迪（Radi）的试验才指出昆虫的自然发生不足为训。

〔51〕 我们起初把"知"译作"vitality"，但后来我们干脆给出其原字含意，相应于亚里士多德的"*anima sensitiva*"，见本文前面"荀卿、戴埴和'性品'"一节中所列之表。

〔52〕 因为有鉴于蚯蚓—百合的转化用造物的尺度衡量是向下的一步。而麦—蛾的转化是向上的一步。在第一种情况下，感知灵魂消失，新个体仅有植物灵魂；在第二种情况下，新个体将需要新的感知灵魂。

〔53〕 《庄子》，卷 23。

〔54〕 作者思想中似乎有初步的腐烂观念。

〔55〕 也许这位作者指的是，在"向下"转化方面，较高的存在物有一种向下发展的"意愿"。由于他提到"极真诚而纯洁的"意愿，因而他所想到的，必定是摩诃衍自愿舍身成为比其悟性所属等级更低的生物，而不是命中注定的高等人物。另一方面，在向上转化中，如所谓麦子转变成蛾子，实际上麦子本身不能变成蛾子，而是"蛾种"变成的蛾子，也就是使用了麦子。在这方面郑景望对于昆虫卵一无所知，这一眼就可看出，他想到在麦子上一直存在的蛾卵，它开始发育是由于当时受到来自外部一些气味的刺激。也许这里根据另一个大乘教义，即对于精神世界的向上转化，有道的菩萨的帮助是必不可少的。

〔56〕 后稷是传说中半人半神式的农业英雄。

〔57〕 启是传说中的统治者。

〔58〕《金光明经》原文作 *The Suvarnaprabhása Sūitra.*

〔59〕理学家把逻辑、道德和科学的概念混为一谈，甚至连中国学者都感到惊讶和遗憾。而最科学的哲学必然是逻辑地说明自然界中道德出现的原因。

〔60〕无疑这来源于印度。可能这是从大多数古老民族中常见的观念出发，即，是摆动或转动而非连续变化。因此，柏拉图提出有时上帝停止转动地球，于是地球就会倒转，直至上帝重新转动它。

〔61〕A. Forke：*Geschichte der neueren Chinsischen Philosophie.* （Hamburg, 1938）.

〔62〕Ibid. , p.286 （1938）.

〔63〕《性理大全》卷 26.

〔64〕Cf. the Indian Kalpa.

〔65〕注意这个古代道家术语的反复出现。

〔66〕这是宋代学者所赞同的体系的四个宇宙循环点——元、亨、利、贞之一。第一点对应于春季的开始，其他分别是夏、秋、冬季的开始。

〔67〕也在《性理大全》中。

〔68〕《朱子全书》卷 49，20 页正面。

〔69〕朱熹：《朱子全书》，卷 49，20 页正面。

〔70〕同上，卷 49，26 页正面。

〔71〕同上，卷 42，26 页正面。

〔72〕同上，卷 42，27 页正面。

〔73〕同上，卷 46，9 页正面。

〔74〕同上，卷 44，2 页正面。

〔75〕同上，卷 44，13 页反面。

〔76〕重复王充强调的相同主题的表述。

〔77〕朱熹：《朱子全书》卷 42，29 页正面及以下。

〔78〕认为这些动物在吃食以前，将捕获的动物铺开，像是对神进行祭祀一样。事实上獭习惯于仅消耗一部分捕获的动物，其余的剩在河滨；这个错误注释的开始时间与《礼记》出现一样早，它被其他宋代哲学家所引用，特别是程颐。

〔79〕这些动物以有单配的习性而著称。

〔80〕*Rheum Officinale.*

〔81〕*Aconitum autumnale.*

〔82〕朱熹也许会对有机化学公式是一些模式这一事实大为赞赏。

〔83〕道家未能详尽阐述矿物学技术术语。

译　注

①赛基：灵魂、心灵、精神。

②原文："水火有气而无生，草木有生而无知；禽兽有知而无义；人有气、有生、有知亦且有义，故最为天下贵也。力不若牛，走不若马，而牛马为用，何也？曰：人能群，彼不能群也。人何以能

群？曰：分。分何能行？曰：义。"见《荀子简注》，九，王制，85 页（上海人民出版社，1974）。

③原文："天赋气，气之质无性情，雨露霜雪无性情者也。地赋形。形之质有性而无情，草木土石无情者也。天地交则气形具，气形具则性情备焉，鸟兽虫鱼性情备者也。鸟兽虫鱼之涎涕汗泪得天之气。鸟兽虫鱼之羽毛鳞甲得地之形，岂非其气形具而备性情乎。"见王逵《蠡海集》32 页（《荀丛书集成初编》本）。

④原文："世之论性者二，善恶而已。人往往取孟而辟荀。予合二书观之，孟子自天性见所谓善，必指其正大者，欲加特养之功，《大学》诚其意之谓也。荀卿自气性见所谓恶，必指其缪戾者，欲加修治之功，《中庸》强哉矫之谓也……孟子之学澄其清而滓自去，荀子之学去其滓而水自清，有补于后觉则一。"见戴埴《鼠璞》，39 页（《丛书集成初编》本）。

⑤原文："今世闇于性，言之者不同……如其生之自然之资谓之性，性者质也……质于禽兽之性，则万民之性善矣，质于人道之善则民性弗及也……吾质之命性者异孟子，孟子下质于禽兽之所为故曰性已善；吾质于圣人之所善，故曰性未善……名性者，如茧如卵，卵覆二十日而后能为雏，茧待缲以涫汤而后能为丝，性待渐于教训，而后能为善。"见董仲舒《春秋繁露》卷 l0，60—61 页（《四部备要》本）。

⑥原文："种有幾，得水则为㡭，得水土之际则为蛙蠙之衣；生于陵屯则为陵舄，陵舄得郁栖则为乌足。乌足之根为蛴螬，其叶为蝴蝶。蝴蝶胥也化而为虫，生于灶下，其状若脱，其名为鸲掇。鸲掇千日为鸟，其名为干余骨。干余骨之沫为斯弥，斯弥为食醯。颐辂生乎食醯。黄軦生乎九猷。瞀芮生乎腐蠸。羊奚比乎不箰久竹生青宁；青宁生程；程生马；马生人；人又反入于机。万物皆出于机，皆入于机。"见《庄子浅注》，至东第十，267 页（中华书局，1982）。

⑦卢克莱修，古罗马诗人，唯物主义哲学家。著作有《物性论》。

⑧原文："使大人施气于姜原，姜原之身小，安能尽得其精？不能尽得其精则后稷不能成人。尧高祖审龙之子，子性类父，龙能乘云，尧与高祖亦宜能焉。万物生于土，各似本种。不类土者，生不出于土，土徒养育之也。母之怀子犹土之育物也。尧高祖之母受龙之施，犹土受物之播也。物生自类本种，夫二帝宜似龙也。且夫含血之类相与牝牡，牝牡之会皆见同类之物精感欲动乃能授施。若夫牡马见雌牛；雀见牝鸡不相与合者，异类故也。今龙与人异类，何能感于人而施气？"见王充《论衡》卷三（《四部丛刊》本）。

⑨原文："白雉生短而白色耳，非有白雉之种也。鲁人得戴角之獐谓之麒麟亦或时生于獐，非有麒麟之类。由此言之，凤凰亦或时生于鹄鹊，毛奇羽殊出众鸟则谓之凤凰耳，安得与众鸟殊种类也。有若曰麒麟之于走兽，凤凰之于飞鸟，太山之于丘垤，河海之于行潦，类也。然则凤凰麒麟都与鸟兽同一类，体色诡耳，安得异种？同类而有奇，奇为不世难审，识之如何？尧生丹朱，舜生商均。商均丹朱尧舜之类也。骨性诡耳。鲧生禹，瞽瞍生舜。舜禹鲧瞽瞍之种也。知德殊矣，试种嘉禾之实不能得嘉禾，恒见粢粱之粟茎穗怪奇。"见王充《论衡》，卷 16（《四部丛刊》本）。

⑩当为叶梦得。

⑪原文："余居山间默观物变固多矣。取其灼然者如蚯蚓为百合，麦之坏为蛾，则每见之物理固不可尽解。业识流转，要须有知，然后有所向。若蚯蚓为百合乃自有知为无知；麦之为蛾乃自无知为有知。蚯蚓在土中知其欲化时蟠结如毬已有百合之状。麦蛾一夕而变，纷然如飞尘。以佛氏论之，当

须自其一意念真精之极，因缘而有。即其近者，鸡之伏卵，固自出此；今鸡伏鸭，乃如庄周所谓越鸡伏鹄者，此何道哉。麦之为蛾盖自蛾种而起，因此化麦，非麦之能为蛾也。由是而言之，一念所生，无论善恶，自有必至者。后稷履人迹而生，启自石出，此真实语。《金光明经》记流水长者尽化池鱼，皆得生天，更复何疑。但恐人信不及尔。"见《蒙斋笔谈》，易二十九（《说郛》本）。

⑫怀特黑德是英国逻辑学家与数学家，数理逻辑奠基者之一。

⑬原文："一元凡十二万九千六百岁，分为十二会，一会一万八百岁。天地之运至戌会之中为闭物，两间人物俱无矣。如是又五千四百年而戌会终。自亥会始五千四百年当亥会之中，而地之重浊凝结者悉皆融散与轻清之天混合为一，故曰'混沌'。清浊之混逐渐转甚，又五千四百年而亥会终。昏暗极矣。是天地之一终也。贞，下起又肇一初为子会之始，仍为'混沌'是谓'太始'，言一元之始也；是谓'太一'言清浊之气混合为一而未分也。自此逐渐开明。又五千四百年，当子会之中，轻清之气腾上，有日有月有星有辰。日月星辰四者成象而共为天。又五千四百年当子会之终，故曰天开于'子'。浊气虽搏在中间，然未凝结坚实，故未有地。又五千四百年当丑会之中，重浊之气凝结者，始坚实而成土石。湿润之气为水，流而不凝。燥烈之气为火，显而不隐。水火土石四者成形而共为地，故曰地辟于'丑'。又五千四百年而丑会终。又自寅会之始五千四百年，当寅之中，两间人物始生，故曰人生于'寅'也。"见胡广等撰《性理大全》，卷26。

⑭佛尔克，德国汉学家，研究中国哲学。

⑮原文："又问，生第一个人时如何。曰：以气化二五之精，合而成形。释家谓之化生。如今物之化生者甚多。如虱然。"见《朱子全书》卷49。

⑯原文："生物之初，阴阳之精，自凝成两。盖是气化而生，如虱子，自然爆出来。既有此两个，一牝一牡，后来却从种子渐渐生去，便是以形化。万物皆然。"见《朱子全书》卷49。

⑰原文："问知觉是心之灵固如此，抑气之为耶？曰：不专是气，是先有知觉之理。理未知觉，理与气合，便能知觉。譬如这烛火，是因得这脂膏，便有许多光焰。"见《朱子全书》卷44。

⑱原文："问虎狼之父子，蜂蚁之君臣，豺獭之报本，雎鸠之有别，物虽得其一偏，然彻头彻尾，得义理之正。人合下具此天命之全体，乃为物欲气禀所昏，反不能如物之能通一处而全尽。何也？曰：物只有这一处通，便却专；人却事事理会得些，便却汎汎，所以易昏。

　　问枯槁之物亦有性是如何？曰：是他合下有此理。故云天下无性外之物。因行阶，云阶砖便有砖之理。因坐，云竹椅便有竹椅之理。枯槁之物，谓之无生意，则可；谓之无生理则不可。如朽木无所用，止可付之爨灶，是无生意矣。然烧甚么木，则是甚么气。亦各不同，这是理元如此。

　　问枯槁有理否？曰：才有物，便有理。天不曾生个笔，人把兔豪来做笔，才有笔，便有理。又问笔上如何分仁义？曰：小小底不消恁地分仁义。"见《朱子全书》卷42。

⑲原文："问人与鸟兽，固有知觉，但知觉有通塞，草木亦有知觉否？曰亦有。如一盆花，得些水浇灌，便敷荣；若撧折他，便枯悴，谓之无知觉，可乎？周茂叔窗前草不除去，云与自家意思一般。便是有知觉。只是鸟兽底知觉不如人底；草木底知觉，又不如鸟兽底。又如大黄吃著便会泻，附子吃著便会热，只是他知觉只从这一路去。又问腐败之物亦有否？曰：亦有。如火烧成灰，将来泡汤吃，也焦苦。因笑曰：顷信州诸公正说草木无性，今夜又说草木无心矣！"见《朱子全书》卷42。

【33】（生物学）

Ⅱ—18 中国植物分类学之发展[*]

　　究竟从何时起对植物和动物有兴趣的中国学者们开始把它们按树枝状或以等级方式来分类的呢？今天下午我们就准备讨论这一点。更具体地说，由何时起从三级水平上去区分种群或纲以及亚纲的？

　　以现代中国植物学与动物学对各种水平的分类方式的术语为讨论的出发点，也许最为适合。我们可以把这些术语列表如下。

　　　　界
　　　　门
　　　　亚门
　　　　纲　｝
　　　　亚纲　｝类
　　　　目
　　　　科
　　　　亚科
　　　　属　学名
　　　　种

　　最后是变种——几个术语：

　　　　　　小种
　　　　　　亚种
　　　　　　（园艺）品种
　　　　　　（理论）基本种
　　　　　　（俗称）种类

＊本文是李约瑟博士出席第十二届国际科学史大会（1968，巴黎）时所作的讲演提要。——编者注

今天，人们非常有兴趣地注意到，几乎在今天严格地按等级顺序定义的这些术语中的任意一个，都在公元前 5 世纪左右的古籍中出现。然而，十分自然的是，在古代或中古时代，这些术语并不总是按照同样的顺序排列的，或者说不具有在现代它们所具有的准确含义。此外，术语中还有一两个在东周或战国时期哲学家的讨论中非常重要，而在现在的系统中不再出现的分类术语。

我们先从"科"这一词开始，当前这个字是自然科的意思。这个词今天正是中文里关于分类学的最基本词汇。并且，就是自然科学本身这个名字（科学）也是从这里直接导出的。"分类学知识"这个表述，不是出现于中世纪，而似乎是在 19 世纪初的某一时候杜撰出来的。可是我们还不可能追述出究竟何时第一次使用这个表述。"科"这个字本身来源于植物象形文字。在表意字的左边的"禾"表示正在生长的谷类，明显地表示是某种植物，最可能是谷类植物；禾描绘它的根，分枝或叶，下垂的花序。科字的右半边来源于古代另外一种量度谷物的容器，读作"斗"。在具有现代的意义之前，"科"的基本意义是为了进入官场，由成功的候选人们参加的，由皇帝组织的考试。因而它的意思是等级或级别。然而，科的最古老的意义是空洞，譬如树洞。因此，可以推测，这个字的原意是从植物导出的不同物品的分布，从植物引申到一系列的"文件架"，以便于归类和区分它们。

在古汉语中另一个十分重要的分类学词汇无疑应是"类"（级别，种类）。这个字由三部分构成，意义分别是"米"、"犬"和"头"。我们不掌握它在卜骨上的形式，因而至今尚未有对这个字从语源学上可靠的解释。可是，这个字可能是在下述诸方面最常用的一个，它不仅仅应用于植物学和动物学，而且大量应用于这样一些学科，如炼丹术和最早的化学，以及生理学和医学。"种类"或"相类"这一表述，用英文说就是"相同的种类"。这一表述则完全贯穿于中世纪的中国自然科学中。现在还有另一个字，"畴"，其意义同"类"一样，这个字广泛应用于公元前 3 世纪。我们发现它在《尔雅》全书中起了很重要的作用。上述时间内的这一著作，以后若干世纪中都有许多人加以注释。可是至今只有郭璞（276—324）在 300 年所做的注释流传了下来。没有他的注释，我们就不可能理解原文。

由于《尔雅》中用了几章专门来写草、树和动物，从而使得它在中国文化中，在生物学史上具有极重要的地位。在原文中除了"畴"这个字外，还有"类"和"属"（现在也指属的水平）和"种"（现在特指种的水平）。

这一时期，即公元前 3 世纪，就在汉朝建立之前，事实上有了对上述问题的第一个回答，在《尔雅》中已有了确定的事例。书中已按三个水平分类——非常粗糙，即科、属和种。这一点在芦苇和灯芯草条目中表现得特别明显，这就很容易得到一个初步的表来。人们可以看到可观的同义词，而《尔雅》的作者事实上有一个伟大的目标，即统一分类学术语。这些术语总是因方言的分歧而显得各不相同。另一个例子是，由公元前 3 世纪的文献中，从树和灌木这一部分中，可以看出畴这个字的应用。"椒樧醜莍"，这句话可以译为"椒（*Xanthoxylum piperitum*）和樧（*Evodia rutaecarpa*）同属有'莍'果实的一类（即有芸香科特征的果实）"。还有"桃李醜核"表示桃和李属于有硬核的树类。当然，不能指望在古代和中世纪中国的书中见到等级图。更不用说见到"关键字"，如现代植物学所编辑的那样；但是，如果人们查找出分类学的关键字，其中有些在上面已经提到过，就能清楚地看到原来的作者们的意思是什么。

只应用这些同样的字，我可以举出另一应用实例，就是这些字在韩彦直（南宋人）的《橘录》（1178）中的应用。此书写于 1178 年。这是一部关于芸香科果实的橘树这一重要的经济作物的植物学与园艺学方面的专著。我们总是认为这是一部从 5 世纪左右起，在中国的大量的关于个体植物和一类植物的植物学专著中的一部典型作品。这些字在宋朝初期以来，也就是说从 10 世纪中叶变得丰富起来，而当时欧洲正处在黑暗年代中最黑暗的时代。再来看那些由韩彦直所引证和列举的，我在这里也展示的事例，人们就可以产生"类"这一概念。如"橘树"一般分为三类，即"柑""橘"本身和"橙"。在书中他有时用"种"这个术语，有时则又用"属"这个字。每一类都有不少种和变种，但他都用"种"这一术语。我在这里还必须提出下面的问题，即这些是不是真的变种或独立的种。因为我们已在植物学专著中的补充部分内讨论了这一点。毫无疑问，我们完全可以说韩彦直的最低水平的类别就和林奈现代的种是一样的。

现在，让我们略过第一个表去谈论另一个等级分类的术语"界"。界就是"世界"这一词的一部分。对动物或植物总体这个"王国"，界是一个非常适宜的术语。紧接着的是"门"这个字，它来源于哲学文献，它总是表示文章中的各种事物的下属部分。我想，门这个字是为宋代的理学家特别广泛地应用的。众所周知，这一时期正是欧洲中世纪经院哲学的时代。对"纲"和"目"这两个字，我们再次从和生物学接近的领域谈起。"纲—目"的意义是"标题和副标题"，在 1596 年刊出的李时珍（1518—1593）的《本草纲目》这一最伟大的中国本草学著作中就应用了它们。《本草纲目》这书名无疑取自朱熹（1130—1200）及其弟子们的《通鉴纲目》这一史书。《通鉴纲目》写于 1189 年。之前的生物学中确定的"纲"是指级，"目"是指次序，这是一个很好的选择。这使我们想起了李时珍的伟大著作。对李时珍来说，"纲"这个字和另一个字"部"字是同义词。部指一个部门。这又使我们想起中国的官僚机构。现代汉语中"部"指某个部门，比如外交部。同样，对李时珍来说，他的副标题"目"，李认为目和"类"相当。在类以下是"种"，它和李的个别的特殊条目是同义的。在类以下李没有采用任何变种的现代术语，当然，无疑李还有许多其他自己的术语来表示许多种之间的亚种群。《本草纲目》共有 16 "纲"（部），其中包括矿物和动物；有 62 "目"（类）总共约 2000 种。在 16 "纲"（部）之中有 5 纲、62 "目"（类）中有 31 目属于植物界。

李时珍的各类和现在的自然科不同，部分原因是他的类意义更为广泛，并且来源于不同的思路。譬如，他有一类是攀缘植物（蔓草），另一类则为苔藓和地衣（苔），另一类他把芳香类果实分在一类（味果）或把果实生长在地上的叫瓞果类（蓏果）。然而，当我们详尽讨论这个题目时，我们愿意指出李时珍和他的前人是比这种分类表现还要好的植物学家。事实上，人们应当从"潜科"的原理来考虑问题，因为人们可以见到在很大一部分本草著作中，经常把现在看来是属于同一自然科的一些植物类别放在一起。竹子和棕榈在这方面是非常明显的例子。可是如果你与一个专业的植物学家一同看这类著作上的图，你就会立即发现某些植物的很近的相似性。例如，我们的一个精通植物学的法国友人安德烈·奥德里库特（André Haudricourt）就立即从《本草纲目》中的一页插图上发现四种植物显然均为天南星科（*Araceae*）一类。类似地，伞形科（*Umbelliferae*）和大戟属（*Euphorbiaceae*）明显地出现在一块。当然，同样可以说，羊齿类、真菌类等也如此。这一"潜科"原则不仅在 16 世纪末为李时珍应用，而且在他以前的许多本草著作中就已应用了。譬如，1249 年版的巨著《证类本草》[①]。

有趣的是，李时珍所采用的这种半生理学的分类方法，和与他同时的法国人德·阿尔尚（d'Alechamps）十分相似。在所列植物所反映的自然科方面，德·阿尔尚是否与李时珍同样成功，这一点尚有待于去发现。

自然，李时珍的分类是悠久历史的结果。它必然遵循这两个途径，一是要看基本原则，二是遵循不同部分的数目的缓慢而逐渐的增长。

至于最初的分类原则，最早的著作是《尔雅》，基本上按博物学线索，只区分木和草。接着的最伟大的著作在秦汉时代，即《神农本草经》。它是用药效来分类所有的药用植物的。这里有三类（品）药物。后来又有多种其他的药用植物分类法。例如，用它们在治疗某种疾病（譬如风湿、癫痫、疟疾）上的作用来区分。在中世纪的中国书中，还有一类是用药理反应来区分的（如"寒"、"热"、驱虫或利尿）。现在，当然反应原则又由其作用的生理系统（如肾系统）或反应原理的类型（如毒扁豆碱状）来区分。然而，这二者在现代科学发展之前实际上不可能有，故而在传统的中国古代科学著作中不可能发现它们。当然，在用现代有机化学，用其结构式去分类反应原则之前更不可能发现它们。

到了汉朝末年，博物学分类法在另一本书中重新建立。可我们今天只知书名为《神农本草属物》，写于200年，它把《神农本草经》中的素材以某种博物学的顺序重新加以安排。由伟大的医学家陶弘景（456—536）所著的《本草经集注》中可以看到，已有了后来为李时珍所用的粗线条的分类方法。因为除了矿物和动物之外，陶弘景把他所编辑的所有植物分为草、木、果、蔬菜和谷类作物，并把谷物又细分为二"部"（"米"和"谷"），菜分为二"部"（"蔬"和"菜"）。随着时间的流逝，部数不断增加。譬如在唐代的博物学巨著《新修本草》（比任一文明政府当局公布的药典早得多）之中就把种部数增加到9。同理，更细致地直接追寻的结果，使部数从2增至62或更多。无疑地，这些的确构成了自然科的鉴别的近似性。这就是我们认为中国植物学是属于皮埃尔·马尼奥尔（Pierre Magnol）[2]或约瑟夫·皮顿·德纳福（Joseph Pitton de Tournefort）[3]的水平，而不是林奈水平的理由。

对分类学原则的讨论在中国文献中可以见到。虽然有时并不总是在你想找到它们的地方。而当我们充分地研究这一点之后，我们当然要引用一些例子。在儒家学派中就可以看到开始讨论分类学了。这一点与孔子（前551—前479）的门徒曾参（前505—前436）的名字相联系着。在90年出现的《大戴礼记》中就表明了这一点。在《中国科学技术史》卷二，第271页以下，我们已经从生物学角度的兴趣出发进行了相当数量的引用。相似的材料在《淮南子》一书中以及丁氏的《周易丁氏传》中也都出现过。另外，在崔豹（西晋人）的《古今注》第八卷中还有相当有意义的论述。特别应指出，他专门用一卷来和至今我们尚不知的一个牛亨讨论生物学的分类。我还要提及《纂要》，由梁元帝萧绎（508—554）作于550年左右。上述著述都足够古老了，因而是十分令人感兴趣的。

再往下，对分类学命名法还有许多要说的。我们在此已考虑了单个、两个和三个汉字构成的植物名，它们在数百年间确定为某些特定植物的名称。和西方一样，我们也看到这里有学名和俗称之别，我们又说明了在中国和欧洲之间，构成这些名字的方式并无区别。例如，从结构、形状、高度、色泽、气味及味道，应用上的特点等出发，人们就可以判断出14种命名的可能起源。对这些范畴中的每一种，人们都可以发现在中文和拉丁文中有平行的例子。因此，除了以现代植物学为出发点，从林奈的基点出发，由于应用过，并且仍在应用着拉丁文双名命名法这一点之外，没有任何更本质的东西能使人认为用拉丁文命名比用中文更"科学"。人们接着可以见到，在传统的中国分类学上也有双名系统存在。人们可以从特殊的典型植物对此加以讨论。例如"梅"即中国的杏子（*Prunus mume*），或大"麻"（*Cannabissati-va*），或"桐"，一种美丽的树（*Paulownia tomentosa*），或"蒿"（*Artemisia vulgar-is*），一种用以抽签问卜和制香的植物。而且，在每一种情况下，我们都能找出 5、10、15 或 20 甚至更多的"梅""麻""桐""蒿"来，而且每个都有不同的特殊的名字——例如，梧桐、罂子桐、海桐、刺桐等；关键在于这些是类属而不是现代意义上的"科"。因为中国的植物学不仅先于林奈，而且也先于鲁佐尔夫·卡美拉利乌斯（Ruzolph Camerarius）④，并且没有适当地了解花的功能，也不涉及任何微观组织。决定了中世纪中国的这些植物名称构成的相类似性和决定它们在今天的科中的位置的相类性不同，然而等级或"树状"的原则确实来源于中国古代植物学。我们冒昧地把中国命名方式译成拉丁文，因而用 *Cannabinoides* 这一通名，也就是"麻类"，你可以列出一系列适用的中国名字。你必须十分小心地应用中文，以避免由于年代久远而造成的中文名的重复。例如《尔雅》的作者就曾被方言所困扰而力图克服这一困难。为了同一目的，李时珍在 16 世纪末给出了不希望有的同义词的详细的表。由于容易引起混乱，这些词应当抛弃不用。

最后，我们或许要提出一个问题，即是否表意文字不论现代或将来都对现代植物学没有什么好处？林奈双名法的最大问题是它不能向读者指明是动植物界的哪一部分。我还清楚地记得我遇到的一个麻烦。那是当我研究化学胚胎学时，当读到 *Pi-la globosa*（球状柱）卵这个词时，并且知道它是用于某个实验的，可我发觉要从字义上知道这卵属于哪一门是十分困难的，当然，事实上它属于软体动物。这一缺欠总是引起麻烦。今天，为了计算的目的，有些出于为了鉴定某些特殊的植物或动物的种，而用码、字母和数字的建议。但这也有同样的缺点，即同类生物的名没有共同点。而用表意文字，这些缺点就不存在了。字的形状可能一下子就揭示出某一生物是动植物界的哪一部分。如果计算机能辨认图形，而不是去追随二进制数学的常规，那么，用表意文字去帮助生物学家的方法就会有远大的未来。

这样，最终我们就不会奇怪为什么在中国那么早就开始了植物分类学的研究，并且为什么继续下去。中文词典的编辑法本身就实在是一个分类学。植物世界的分类学实际上就像是表意文字自己的分类和研究。因为你只需处理有限量的孤立的图形，它可以造出可交换的结构（花型、植物习性、叶的特征、果实形状等），并类比词根，发音即可。而与字母结构相关的词就很难有这种平行性。

（周增均　译）

译　注

①《证类本草》成书于 11 世纪末，此处指晚期版本。

②马尼奥尔，法国生理学家和植物学家。

③约瑟夫·皮顿·德纳福，法国植物学家，近代系统植物学奠基人之一。

④卡美拉利乌斯，德国杜宾根的植物学家。

【34】（生物学）

Ⅱ—19 汉语植物命名法及其沿革*

一、俗称及学名;双合及多合名称

汉语中区别一种植物与其他植物的方式,由给以专门名称,进而把命名法加以系统化的这一天,终于来到了。用一个汉字来表示的植物名称,无疑最为古老;造字之始,必然是具有一定风范的图画字或表音字,至于详细的起源,则由于必须上溯殷商、周初,难以穷究了。其后,由于人们对植物的知识逐渐扩大,纵使汉语各单音节有声调上的变化,限用单字来命名,自然也是不敷使用,以至到了战国时代,用两个音节来排列组合成双合名称的整套办法,就业已见诸使用,并且作出贡献了。单个汉字形成的事物名称,虽然有不少一直保留到了今天,但早在公元前 4 世纪,《尔雅》的作者,就已经认为有必要对单字名称加以解释,所采用的是这样一些体例,如:"甲,乙(也)",或者更为常见的"甲,乙——丙(也)"。到了 3 世纪,晋朝的郭璞为《尔雅》作注的时候,注中就几乎完全是用双合名称来解释了。在"释草"第十三卷和"释木"第十四卷中,除了郭璞自己认为不懂的和其他迥异常例的名称外,在 251 项草木名称中,估计不下 207 项,即 82%,都是需要注解的单字名称。

重要的是,要注意到在注中时常针对同一物举出不止一个同义词来,特别在郭璞或别的早期注释家所作的注中,更是如此。晚周及秦汉时代,像以前提到过的那样,由于各地方言间的不同,出现了丰富的同义词;一部分出现在单字名称中,大量的则出现在复合词、同源词和双合词中。然后,由于学者间逐渐取得了某种一致的见解,从众多的同义词中选定一个作为主要的学名,得以在《本草》和别的植物文献中流传下来。在郭璞为《尔雅》所作的注中,可以清晰地看出这种过程。他特别指出某些名

* 此文是李约瑟博士 1984 年 8 月 21 日在北京第三届国际中国科学技术史讨论会上所作的英文演讲,转载自《中华文史论丛》1985,1 辑。——编者注

称是"俗呼"(通称)。例如他说到葫芦科植物蔓的特性时,说"瓝"是学名,"㼖"是俗呼(俗呼㼖)。又如他在"红,茏古……"的这一条下面,说普通人把红草叫作茏古,是由于口语声调转变的缘故(俗呼红草为茏古,语转耳)。至于取舍的考虑和命名法最终稳定了下来的经过,则只有先作专门的研究才能说得清楚。但是至少可以这样说,只要是中国人所知道的植物,就必定能在汉语文献中找得到一个代表它的主要名称,一般由两个汉字组成,而且总还有一些同义词在它周围可供候补。促成主从选择的详细原因,则已在岁月流逝中湮没,无从考证了。

植物名称一分为二地分成学名和俗称,又有什么重要的意义呢? 问题不在于自然科学应不应该有优雅的、深奥的或是权威性的语言,而在于应不应该为了技术的目的,培养出一套精确的命名法则,以免放任口说或笔写的名称自流。对于古代的中国人说来,要做到这一点,显然需要有意识地创造汉字,而且必然要求当时就已经具备科学的或至少是某种原始科学的传统,使人人对别人所谈论的究竟是什么,有问难辩驳的兴趣。这是一种循名责实的认真态度,可以和公元前500年以来构成儒家哲学基本论点的"正名学说"比拟。儒家的"必也正名乎"当时在政治上一直极为重要,是什么就是什么,不论企图鱼目混珠者的权势多么显赫。这一伟大的叛逆性的原则,在西方很难找得到能与之相当的。这种传统,当然也在中国古代的植物、药物和博物学家身上得到发扬光大。

经常流传着一种观念,认为传统的汉语植物命名法在某种意义上说不科学。这种观念是和某些欧洲人和现代人头脑里的偏见紧紧地联结在一起的,他们认为任何事物除非具有一个拉丁文名称否则就无法科学地加以辨认。但是在欧洲,植物俗名和学名命名法的区分,要到很晚才出现。据格林[①]说,在奥托·勃伦菲尔斯(Otto Brunfels)以前,几乎看不到拉丁文名称与欧洲各国通俗名称之间有什么区别。原因是不难了解的。在中世纪,拉丁语还是活语言,是受过教育者进行论述时通行于国际间的口语和文字媒介,经过基督教改革运动和民族主义、资本主义的兴起,这种状态就终止了,残余的零星领域,就如同大海中冒出来的小岛山头一样,那些18世纪末以前写的医学论文和植物学动物学上的专门术语,就是例子。林奈时代,曾经赋予这类术语非凡的魅力和声誉。但是不难看出,通常欧洲人对汉语生物学命名法的评价,需要修正。所谓"没有科学性",实在是错觉,只是由于中国未曾有过属于另一种文化的拉丁语同汉语并存。要说汉语中学名与俗名的区分,则早在勃伦菲尔斯出生1000年以前,从《尔雅》的注中,就已经开始出现这样的过程。它为后世的汉语文献解决了植物的主要和次要名称问题。

汉语的俗话或普通话,在今天当然还是生机勃勃。它是赵元任分析过的那种通俗语言。赵元任在他所列出的约200个复合词中,找出40%左右是由两个名词合并的[例如"瓦松"由"瓦"和"松"合并(*Orostachys fimbriatus*)];30%虽然也由两个名词合并,但是这两个名词却是近似的同位语(例如"松树"的"松"和"树"是近似同位语);27%是形容词加名词(例如"香菜"是"香"的"菜");最后的20%则是属于"动—名"或"名—动"型的"外向结构词"(例如:"防风","防"着"风";"花生",有"花"而"生")。又在许多情况下,只是按照汉语习惯添加了本身没有意义的称谓后缀"子"或"儿"。对外行人来说,区别这类普通话中的俗称和标准学名,显然要比区别拉丁名称和英语名称困难得多。如果能把汉语标准名称或学名和其他名称也像拉丁名称和英语名称一样对照区别进行研究,当然极其令人欣慰,可是作者还不知道有谁作过这项研究。在本文范围内也无法作这项研究。

汉语植物标准名称是怎样逐渐筛选出来的,现在固然无从考证,就连这些名称最初的含义是什么,也不一定完全弄得清楚,甚至连一般可以弄清楚的把握也没有。从《尔雅》中可以看得出来,最初,植物的双合名称是不加草字头和木字旁的;汉和六朝之后,具有这类部首的名称就普遍了;很多由一对草字头的字组成,由一对木字旁的字组成的则较少。这类名称,在本文中随时会谈到。要想望文生义,给这种汉语双合名称杜撰一些历史来源,真是不费吹灰之力。《本草》条目中,就充斥着这类可信可不信的传统解释。就说茺蔚吧,如果把这两个字看成是形容词加名词,就很可以臆想它是充实的或令人充悦(满意)的蔚,或某种能够充任或充当蔚的草本植物。李时珍无疑是在他以前久已存在的传统的代表,他把茺蔚看成是形容词加形容词,所形容的不单是草本身,也连带它的籽实;他写道:"此草及子皆充盛密蔚,故名茺蔚。"还有,与香蕉(*Musa sapientum*)同科的芭蕉(*Musa basjoo*),它的名称可能使某些人误认为包含了一个地理方面的形容词,说明它的原产地是"巴"(四川);但是李时珍解释说,"干物为巴",又说,"蕉不落叶,一叶舒则一叶焦,故谓之焦"。

在欧洲古代和中世纪的双合名称中,也许能够找到和汉语双合名称最为相似的例子,它们都是真正双重的属名,而不是林奈学派前"属"后"种"的双名法名称(译者注:林奈双名法中,前一个拉丁字代表genus"属",后一个拉丁字代表species"种")。这些真正的双重属名,直到今天还以颇为受到轻视的、肯定是贬了级的种名流传着。希腊语在把单词聚集为复合词方面,确有独到之处,表现了强大的黏着倾向,例如黑色堇的拉丁文学名是两个词"Viola"和"nigra",但是在希腊文中却一直是一个复合词Melanion。即便是古希腊哲学家狄奥弗瑞斯特斯(Theophrastus)也不时使用双合名称:如 *Calamoscuosmos*[②]英语叫作 *sweet flag*,正式的学名是 *Acorus calamus*;又如 *Syce Idaia*[③],拉丁学名是 *Amelanchief rotundifolia*(*Amelanchier* 指棠棣属,全名是卵圆叶棠棣)。

希腊语之外,当拉丁语还是活语言时,英语通称 *dogtooth violet* 的拉丁语俗称就是 *dens-canis*,而林奈拉丁法双名是 *Erythronium Denscanis*,*Erythroniurm*,指赤莲属,全名是犬齿赤莲。任何人都想得起几十个在欧洲逐渐由双合俗名演变为拉丁文双名法学名的实例,如英文 *shepherd's purse*,拉丁文学名是 *Capsaella Bursapastoris*,*Capsaella* 指荠属,今名是荠菜;我们熟知的蒲公英英语通称 *dandelion*(法文为 *dentde-lion*,意思是"狮齿"),拉丁文学名为 *Tarxacum Dens-lionis*,*Tarxacum* 指蒲公英属,全名是蒲公英;再如寄生在树干上的真菌黑木耳英语俗称 *Jew's ear*(犹太人的耳朵),拉丁语俗称也是 *Auriculae-Judae*,与英语俗称雷同,而拉丁文双名法学名是 *Auricularia auricula*,*Auricularia* 指木耳属,全名是黑木耳,它是中国烹饪中著名的佳肴。格林说过,在用拉丁文写成的植物学中,由两个词复合成的双合属称(two-worded generic names)和由一个词形成的名称共存达 1700 年之久;自从拉丁语变成死语言以后,双合属称才逐渐消亡,让位给单词名称。林奈在 1751 年出版的《植物学的哲学》(*Philosophia Botanica*)中第 242 条规则下提出了淘汰冗名的办法。然而淘汰冗名之举,即使没有能更早地在理论上得到反映,实际早就开始了。这一点,可以从奥托·勃伦菲尔斯 1530 年的著作中看得出来。汉语从来没有沦为死语言,因此在中国文化中,也就从来没有必要经历类似的淘汰过程。淘汰冗名在欧洲的成效是扫清了道路,以便后来缔造物种名称时,有余地做愈分愈细的调整。伴随着科学的进展,新名称大量涌现。即使在过去的中国,也早已开始出现各种专门名称。我们即将谈到这一点。

凡是研究汉语植物学双合名称的学者,都容易发现自己已经陷入一场语文学和语言学上的传统论战:有过悠久历史的汉语,以前到底是不是严格的单音节语言?汉语双合名称中,是否至少有一部分是远古多音节词的残余?按照赵元任的说法,一个由双音节组成的双合名称,它的两个音节就不再分为两个自由词素,即便它们过去曾经分别是两个单音节词。G. A. 肯尼迪则在他写得最精彩的一篇论文中说,很多双合名称历来就是双音节或多音节词,根本就没有分析为两个单音节词,也不可能这样做。他引蝴蝶为典型,蝴蝶在汉语中是整个一类昆虫的总称。肯尼迪的这篇论文就以"蝴蝶辩"为题。任何人只要像我早年做过的那样,查一下传统汉语词典第一百四十二部首虫部,就会发现这些字有很多都已经复合为双合名称。它们和这里所研究的草字头和木字旁植物名称相当。肯尼迪所提出的问题是:组成双合名称的两个成分是否能单独表达整个双合名称的含义?是否真正这样通用过?他首先考虑了瑞典汉学家高本汉(Bernhard Karlgren,1889—1978)的观点,认为这些双合名称是同义词复合名称,其组成成分是两个意义相同的名词。这是由于汉语中单音节音不多,由于同音异义或同音异形词的大量存在,迫使口语(和书面)中使用双音节词以求表达得更清楚一些。但是他也发现这些名称总是由两个音节组成,就像基督教《圣经》中所说的从诺亚方舟中释放出来的动物一样成双成对,实在非常奇特。他翻开一部中国现代的百科全书,把所有虫字部首下的汉字统计了一下,发现单独有定义的不超过一半(186 个),其余 187 个只能和别的汉字配对组成名词。因此他坚信不论是"蝴"字还是"蝶"字都未曾单独使用过;任何字典也没有单独给其中之一下过定义。他指出西方编汉语词典的人都犯了"肢解活体"的错误,把代表完整意义的"蛋"肢解成了两半。肯尼迪还举出了一些别的例子。后来,由于赵元任和富录特(L. C. Goodrich)的规劝,他才被迫对这些说法作了很大的修正。赵元任和富录特从古代和中世纪的典籍中,找出许多"蝶"字单独代表蝴蝶全部含义的证据。最后肯尼迪只好提出两项说法:如果确能证明"蝶"字先于"蝴蝶"出现,则"蝴"字就只是描述词或性质形容词,也许指的是"长了胡须"的意思,但是如果证明"蝴蝶"先于"蝶"出现,则"蝶"字只能是"蝴蝶"的缩写形式。此外,他就说不出什么来了。他始终写不出论文的续篇,我们对这个问题也就做不出肯定的答复。

在这种情况下总能找到几种途径来解释词的复合方式:一种是看作两个名词的并列复合,如把针叶树统称为"松柏",把肯尼迪举的例子称为"蝴蝶"(李时珍认为这个名称还应包括蛾类);第二种是认为两个成分指出了两性的区别,如"凤凰"的"凤"指雄鸟,"凰"指雌鸟。至于"蝴蝶"的"蝴",又可以写成"胡",其所能臆想的含义,则绝不止于性质形容词"霸",还可以与"胡粉""胡考"甚至"胡域"联想。本文作者认为,世间对这些多音节名称词义的各种臆测,多不可信,要考证汉语植物学的原始命名法则,循名责实,恐已为时过晚。汉字的宝库,就像满装算筹的大柜,每根算筹有独立的意义,但多根算筹的组合方式则难以罄述。推而及之植物名称,汉字的实际组合方式,与正名法的意图会有很大的出入。例如《尔雅》中的"蘠蘼"几乎可以肯定就是天门冬(*Asparagus lucidusa*),而拉丁学名写成 Cnidium(= Selinum)Monnieri 的伞形花序植物,它的正当汉字写法是"墙蘼"(蛇床子)。但是"蔷薇"就又有另外的意义。"蔷"字本身是水生植物水辣蓼(*Polygonium Hydropiper*),英文俗称 smartweed 或 water-pepper(这两者又是英语双合名称的例子)。汉字"蔷"还有自己较为可取的读法 sè 或 Shin,而"薇"字本身的意义可以指两种植物:一指巢菜属的大野豌豆(*Vicia gigantea*),二指蕨类的王紫萁(*Osmunda regalis* =japonica)。"蔷"和"薇"合在一起成为双合名称则指观赏花卉多花蔷薇(*Rosa multiflora*),它是西方一切蔓生蔷薇之祖。不管人们对于汉语植物学命名法如何求全责备,也肯定不能说它忽略了各种植物之间的细微差别。

读者对双合名称也许有点厌烦了,那么再看一下三合和四合名称也许有趣味一些。由三个汉字组成的植物名称很有一些,如散沫花属的指甲草或指甲花,拉丁学名为 *Lawson lnermis*,它的汁可以用来化妆染指甲,2 世纪时,广州等地已经知道这种植物并且在使用它了④。另外一个例子是丁香花属而更像风信子的万年青,中国城镇园林中多有培植,因为它总是按时萌发而长期青翠欲滴,拉丁学名为 *Rohdea japonica*。还有,我们既然谈到过芭蕉,就可以再加上由它衍生出来的三合名称扇芭蕉。这是一个新的属,拉丁学名为 *Ravenala madagascariensis*,叶子可以制成扇子。由四个汉字组成的名称比较少见,但是有一种植物的名称,由于它蕴藏的中国古时的科学哲理,不能不在这里提一下,它就是王不留行,肥皂草属(*Saponaria*),归入石竹科(*Caryophyllace-ae*),由于它含有皂角苷(saponin),早在中世纪就已经为人们所利用。这四个汉字组成了短语,意思是帝王也留不住。李时珍用了以下一小段文字来解释:"此物性走而不住,虽有王命不能留其行,故名。"我们追究汉语植物名称有记载以前的历史就到此为止,下面给出一些简单的例子,来说明西方命名的每一种原则,都可以用中国过去的实例来与之媲美。

二、派生词的芜杂和编目方面的累赘

在结束这一篇关于汉语植物命名法的论述之前,只剩下三件事要做了。首先要说一下衍生词的芜杂;梅并非真正的梅,麻也非真正的麻。其次要举例说明汉语命名体系中也偶然有严重的累赘和混乱。最后要指出上面已经暗示过的一点,对迄今还没有想到过这一点的人说来,有些不可思议,就是:在对自然界的物种进行分类命名方面,采用意符文字比采用其他方式有优越之处。

谈到某些欧洲语言的植物名称,我们都很熟悉,俗名往往违犯了严谨的分类原则。格林写道:"命名法和分类学总是相互关联不能分割的。名称不过是分类思想的体现。个别在历史上有名的树木,从一开始就获得了正确名称,这种情况并不多见,应属例外。任何语言中,每种植物过去所获得的名称,今天所代表的,必然已经是一群植物了;这样,当时的命名,到现在来看就已经成了分类。"例如,英语中 *cranesbill*(斑点老鹳草)这个俗名,现代就已经包括了 *Geraniaceae*(牻牛儿苗科)的两个属(genera),如:

crane's bill   *Erodium cicutarium*

dove'-foot crane's bill   *Geranium molle*

柔毛老鹳草

meadow crane's bill	*Geranium pratense*
	草原老鹳草
shining crane's bill	*Geranium lucidum*
	亮叶老鹳草
musk crane's bill	*Erodium moschatum*
	麝草牻牛苗
sea crane's bill	*Erodium maritimum*
	海滨牻牛苗

为了进一步证明欧洲俗名的芜杂,要举出另外的例子来说明有些植物虽然俗名相同,其实却代表了许多属的植物;例如下列 5 个都叫 parsley 的植物,却分为 5 个不同的属,虽然它们都归伞形科(*Umbelliferae*):

parsley	*Petroselinum crispum*
	皱叶欧芹
fool's parsley	*Aethuse cynapium*
	毒芹
milk parsley	*Peucedanum palustre*
	沼泽前胡
hedge parsley	*Torilus japonica*
	窃衣(南鹤虱,破子草)
cow parsley	*Anthriscus sylvestris*
	峨参

这种情况和以前汉语植物学命名法发展起来时的情况很相似,可能在很大的程度上是反复比较所形成的,以至窃衣真的被当作篱笆下的欧芹了。窃衣在外表上和欧芹很相似,但是它喜欢长在篱笆下的阴凉处。如果当初那些能识别草类给它们创造名称的人也熟知拉丁文,则可能会把这种植物称作 *Caroides septaceous*。

　　汉语植物名称中也有同样的杂乱情况,例如高雅的梅花,它的拉丁学名是 *Prunus mume*(经常为某些人不正确地称呼为日本杏,固然它的学名的后一个拉丁字 *mume* 是来自日语对梅字的发音"うめ"。作者写到这里时,正是二月,蜡梅在剑桥大学的植物园中怒放,而蜡梅的拉丁学名却又是 *Chimonanthus fragrans*,属蜡梅科(*Calycanthace-*

ae）。一般以为蜡梅的蜡字是由于它过于艳丽而近乎透明的花瓣"色似蜜蜡"，但是实际"蜡"可能只是"腊"的误写，"腊"指中国阴历的最后一个月，是这种花盛开的月份。古老的冬至之月已是阴历新年将至，汉字因此采用了"肉"字旁。这种花香气浓郁袭人，妇女们常常在过阴历年时把花用细线穿起来别在头发上，显然蜡梅的"梅"是借喻，等于说此花颇似梅花。李时珍对蜡梅（*Chimonanthus*）说得很清楚："此物本非梅类，因其与梅同时，香又相近……故得此名。"

　　和汉字"麻"有瓜葛的植物，情况还要复杂得多；有不下 20 种的植物，它们的名称中都含有这个字，虽然它们在现代植物学中分别归入十几个科。这些植物的确很相似：纤维宜于纺织，种子可以榨油，叶子形状一致，茎断面呈多边形，种子都包在蒴果内。这个"麻"字看上去像个名词，其实最好把它看成 cannabinus 之类的形容词，表示像麻就行了，这是由于其中确有一个品种今天在它的拉丁文双名法学名的一半用了 cannabinus 来表示像麻，这一点我们即将谈到。汉语中用"麻"字作为名称的植物确实复杂，有好几种办法来进行整理，或是译成拉丁文，或者利用罗马拼音按字母顺序开一张单子，或是画一张表格。但是我们如果在这里采用另外一种办法，用历史的眼光来从古时谈起，依次分为五个历史阶段，也许饶有兴味。

　　如果把"麻"字的正宗认定是"大麻"，则它的拉丁学名正是 *Cannabis sativa*，归入桑科（*Moraceae*）。这是有可靠而历史悠久的根据的。商周秦汉时代，除了贵族和官僚所穿的绸缎是动物蚕的产物外，中国标准的纤维来源是植物大麻。这种情况，正像继承了古埃及文化的西方人，在纺织的植物来源方面以亚麻（英文俗称 flax）为特色一样。在《诗经》和《书经》中，都提到后来叫大麻的"麻"。公元前 1 世纪中出现的第一部药典《神农本草经》中也列入了大麻的"麻"。接着，涉及到麻字的各种名称陆续出现，最初的"麻"从此得到各种双合名称，例如大麻、汉麻、火麻和线麻。野麻在中国也已经至少有 3000 年的历史，《尔雅》中称之为薜（山蒜），人们也就很自然地把它叫作山麻了。

　　我们接着谈这第一个历史阶段。它多少延续到西汉末年，这时又出现了另外一种植物的名称。如果说对"麻"的鉴定最初是直截了当的，则对另一种植物的识别从一开始就碰到了困难。这就是巨胜，又名钜胜或苣胜，出现在《神农本草经》里。也许在很古的时候它还曾叫作"胡麻"。"胡"在当时指"上品"，胡麻即上品的"麻"，后来与指"外国来的""麻"的胡麻相混。中国古代的药物学者和别的植物学者在对巨胜（可能是指它的子大而多）的识别方面连篇累牍地讨论了几个世纪，现代植物学家（也许是对从药铺偶尔买到的品种进行猜测的结果）把它试着归入菊科（*Compositae*）中去，建议它的学名是 *Lactuca sibirica*（北山莴苣）或某种 *Ixeris*（苦荬菜），这个问题也许终究无望解决。

《神农本草经》正是在这一历史阶段将近结束时编成的,虽然它里面所记载的事物比它编成的时候早得多。因此我们在这里还得加上《神农本草经》所提到的其他 4 种具有像"麻"一样性质的植物来。其中两种在汉语学名中含有麻字,另两种则只在半通俗的称呼中才有这个字。前两种分别为:(甲)升麻,拉丁文学名为 *Cimicifuga foetida*,归入毛茛科(*Ranunculaceae*),又名周麻,因为它盛产于古代的周国;以及(乙)麻黄,"像麻那样而黄色",它是买麻藤科有名的拉丁学名为 *Ephedra sinica* 的植物。后两种分别为(甲)野天麻,它是唇形科(*Labiate*)拉丁学名叫作 *Leonurus sibiricus*(益母草)的那一种植物的辅助名称,又名猪麻,因为猪爱吃它;以及(乙)天麻,"天上的"或"天生的""麻",它是兰科(*Orchidaceae*)拉丁学名为 *Gastrodiaelata* 的植物的辅助名称。它们大多叫作麻,是由于它们的茎的横断面都是多边形的,这一点是几乎不容置疑的了。

我们现在要谈到最后一种真正古老的植物名称了,它就是苎,或纻,通常叫作纻麻或苎麻,英语俗称 ramie 或 Chinagrass,它可以用来织出一种粗糙的织物。它就是上文提到过的荨麻科(*Ulticaceaus*)拉丁学名为 *Boehmeria nivea* 的植物。最初它一直未见收入各种本草典籍,直到 500 年才为《名医别录》收录,然而在此以前整整 1000 年时,就早已经为人所熟知而且为沤麻和纺织者提供加工原料了。关于这一点,我们是从《书经》的"禹贡"篇中读到的。在伦敦切尔西(Chelsea)植物园里它长势良好。也许在秦汉以前它还不曾叫作"麻"。

第二个历史阶段,我们可以认为是从东汉初年开始一直到六朝末年为止。在这一阶段中,又有三种植物加入了麻的行列。其中最重要的是从外国引进的胡麻,拉丁学名为 *Sesamum indicum*(脂麻、芝麻),它可能原产非洲,由于在古印度得到培植而传播于整个欧亚大陆。当陶弘景 500 年在《神农本草经》中谈到它的时候,它当然早就传到了中国。陶弘景说它来自大宛(Ferghana),然而我们还是无从得知它传入的年代。中国学者过去就已经意见一致,认为它的传入引起了上面提到过的关于"麻"的各种不同名称的纷纷出现。这种胡麻之所以重要,与其说是由于它的纤维,还不如说它提供了多油的种子。它因此又名油麻和脂麻。又由于它的茎断面是方形的,225 年吴普修《吴氏本草》时称它为方茎。陶弘景还记下了它的另一个名称——狗虱。这是由于它的种子形似狗虱之故。

在这一个历史阶段中,加入了"麻"的行列的第二种植物,是锦葵科(*Malvaceous*)纤维丰富的苘麻或檾麻,拉丁学名为 *Abutilon Theophrasti*,英语通称 jute(黄麻)或 Indian mallow。它在中国种植的年代很早,因为 1 世纪的古籍《礼记》中就提到用它来织造丧礼中用的腰带。苘麻还可以写成檾麻、蕡麻或青麻。苘麻则又可以称为白麻。应该注意不要把它和拉丁学名为 *Hibiscus cannabinus* 的洋麻或槿麻混淆。后者英语中通称 Bimlipatum jute 或 Deccan hemp，它在中国获得一定数量的培植，但却是近代才引进的，这说明它为什么在汉语中叫作洋麻。"洋"这个字引起人们对硬顶大礼帽和火轮船的联想。苘麻在当时作为纤维作物，显然足以使它列入麻的一伙。最后要提一下 3 世纪时出现的混乱现象（它也许是由于三国鼎立时代各地不同的方言或习语所造成的）。这就是：升麻的一个次要辅助名称周麻在《广雅》中被用到和升麻属（*Cimicifuga*）无关的一种植物上去。这种植物汉语通称虎耳草（英语叫 saxifrage），拉丁学名为 *Astilbe chinensis*（落新妇）。它从来不是重要的药物；种植它也许主要是为了观赏。

假如把唐代看作第三个阶段，则在这整个阶段中只有一个新的麻有记载；然而它是一种重要的植物，拉丁学名为 *Ricinus communis*，是药用蓖麻油的来源，就叫作蓖麻。659 年苏敬主持编写的《唐本草》中第一次提到这种大戟科（*Euphorbiaceae*）植物。至于当时它在中国已经为人们熟悉了多久，则不详。当时称它萞麻或蓖麻，显然是由于它的种子形状宛如水牛身上的虱子牛虱或牛蜱。一般认为非洲是这种有用植物的原产地，在本历史阶段的初年从非洲传播到了印度和伊朗，也许又从波斯文化区传到了中国，因为苏敬说它"来自胡中"。

我们划分的第四个历史阶段是宋朝。约 1062 年，在苏颂主持下编撰的《本草图经》中，又开始提到另外三种也叫作麻的植物。三者之中，最重要的无疑是我们所熟悉的拉丁学名为 *Linum usitissinum* 的亚麻科（*Linaceae*）植物，汉语的科学名称是亚麻或鸦麻，虽然有时也叫作山西胡麻，或者由于它的种子的形状而形象地叫作壁虱胡麻。中国人种植它主要是为了榨取亚麻子油，其次才是利用它的纤维。由苏颂和他的同事首先介绍的第二种植物是荨麻，拉丁学名为 *Urtica Thunbergiana*，归荨麻科（*Urticaceae*）。没有根据认为它是由外国引进的。它早就生长在江苏省，只是未能更早地广为人知罢了。它对鱼来说有毒，对人则除了应用于皮肤病以外很少用于治疗。它之得名，多半是由于从它的茎秆上可以剥取纤维。苏颂等首次介绍的第三种麻也是属于这样的性质。它的拉丁学名是 *Corchoropsis tomentosa*（ = *crenata*），是一种和黄麻一样归入椴科（*Tiliaceae*）的植物，汉语称作田麻。作为一种草本植物，它并没有什么重要性，但却在中国植物学中，使整个欧椴和椴科植物因它而得名。

第五个历史阶段包括明代、清代和现代。我们把李时珍推崇为文艺复兴的巨人时，当然不能不提到是他在 1596 年第一次把黄麻列入他的著作。黄麻的拉丁学名为 *Corchorus capsularis*。黄麻属植物遍布整个热带地区，在印度商品作物中占有 90% 的比例。一般认为它是通过明代的海上贸易引进中国的，然后以黄麻为名在长江下游得到相当规模的培植。说到这里，关于麻的论述可以结束了，但是还可以补充几点。李时珍的《本草纲目》问世不久,又发现了土生土长于中国的另一种黄麻属植物;它是一种蔓延得快而其纤维颇不足取种名 *acutangulus* (= *aestuans*) 的植物,汉语通称椴黄麻 (*Corchorus acutangulus*) 。接着,还要提一下上文谈到过的一些树种,大多是不太久以前由森林植物学家在中国西部发现的:一是山麻柳,为胡桃属植物,拉丁学名是 *Pterocarya paliurus*;二是山黄麻,为榆科植物,拉丁学名为 *Trema orientalis*;三是山麻子,又是一种榆科树木,拉丁学名为 *Celtis koraiensis*;四是一种大戟属植物山麻秆,拉丁学名为 *Alchornea davidi*。不能简单地把上述汉语名称都一笔带过说成是现代新造出来的,至少有一些可能已经在当地人民之间流传了几代乃至几个世纪了。有必要考证这些名称出现的年代,找到确实的根据。其中第一、三、四 3 种名称很可能上溯至汉代;第二种名称的出现,则似乎不能认为早于明代的引进黄麻。我们只能这样来考虑这些名称的年代问题。

以上所作的探讨冗长了一些,但是如果它有助于确定传统中一国植物学在接触现代科学以前取得了什么水平的成就,则这种冗长的探讨还是非常值得的。确实可以这样说,在不能得到现代科学所提供和使用的工具的情况下——例如对植物解剖学和比较形态学一无所知,不能利用放大镜和显微镜来观察细部,以及不了解花、花粉和种子的生理作用等——取得这样的成就则无疑已尽可能做到完美了。这一点可以举出谷部的麻类作为例证。在对麻类各种植物命名时,肯定是曾经进行过详细的参照比较,俟心中有了全局后才着手的。我们把以上几段中提到的汉语名称的含义再过一下目,然后按照拉丁文双名法规定的办法逐个翻译成拉丁文,看看是个什么样子。如果以大麻(*Cannabis sativa*)为基本植物,则:

升麻 (和落新妇)	成了	*Cannabinoides exsugens*
麻黄	成了	*Cannabinoides luteus*
益母草 (猪麻)	成了	*Cannabinoides porcallector*
天麻	成了	*cannabinoides celestis*
苎麻	成了	*Cannabinoides textilis*
芝麻 (脂麻)	成了	*Cannabinoides Persicus* 或 *Cannabinoides oleaginus*
苘麻	成了	*Cannabinoides fritillarius*
槿麻 (洋麻)	成了	*Cannabinoides barbaricusoceanicus*
蓖麻	成了	*Cannabinoides ricinus*
亚麻	成了	*Cannabinoides foetidus*
荨麻	成了	*Cannabinoides ulna*

田麻	成了	*Cannabinoides campestris*
黄麻	成了	*Cannabinoides flavus*[⑤]

在当时,这已经是非常完善的分类了,而且完全实用。当然,从现代植物学专门术语的观点看来,这还不是自然分类。然而18世纪的林奈所试图推行的生殖器官分类体系,完全从花各局部的安排出发,也不是自然分类。我们今天虽然在应该以植物的这一或那一结构或特征为研究的重点,或是应该以结构和特征的综合为重点方面,还不能取得完全一致的意见。然而如果每人都同意想要求得一种合乎自然分类的命名方法,最好能反映进化论的各种观点,那只是由于在我们的心目中,每一种植物,作为一种有机体结构,已经比起现代植物形态学发展以前,复杂精细得多了的缘故。也许关于中国人过去对麻类植物所能作出的最惊人的评价是:中国植物学不但最早能对麻的雌雄异体性作出鉴别,而且一直到接触西方植物学以前,都从来没有误把麻属(*Cannabis*)列入桑科(*Moraceae*)。我们又有多少人知道,这种鉴别在欧洲要晚到什么时候才做到了呢?法国的约瑟夫·皮顿·德纳福直到1700年和1719年对麻属和桑属(*Morus*)才达到李时珍在1578年以前所能区别的程度,而把麻列入第十五(草和开无瓣或雄蕊花的半灌木状植物)纲第六组第五属(genus 5 of section 6 of class 15),把桑列入第十九(开菜夷花序花的树和果树)纲第四组第四属(genus 4 of secfion 4 of class 19),可是直到1763年,米歇尔·阿丹逊(Michel Adanson)依旧把桑和麻共同列入他所说的栗科(*Castaneae*)。因此我们的印象是:传统中国植物学以往所达到的绝不止是阿丹逊的水平,而是皮埃尔·迈格诺(Pierre Magnol)或约瑟夫·皮顿·德纳福的水平。在植物方面,近代科学迟到18世纪中叶才开始,不是17世纪。

汉语植物命名法这样一个庞大的体系,由于在过去长期自然发展,不可避免地会产生一些从现在看来可能属于编目累赘的毛病——混乱和交叉的同义名称。其实,以往在古希腊和拜占庭的命名方面,同样产生过这些毛病。今天,即使采用了林奈的双名法,还必须通过各种常设的国际委员会,作出巨大的努力,来把众多的名称精简为规范的用语。如果有人认为过去中国人对这方面的困难无所察觉的话,请他看一看李时珍《本草纲目》序例中的一卷,就可以看到他把与他选定为标准名称药物同名而实质不同的其他药物,按照数目的多寡,排列出来;最多的有五种同名药物,最少的一种。最复杂的有一例;在一种由他选定并由三个汉字组成的药物名称下,列出了五种不同的其他药物(下文即将谈到它们)。至于复杂程度略减一些的,例子就太多了。我们可以简单地画一张表。

　　　　　　　与标准名称药物同名的其他药物数　　　　　　　例数

5	1
4	6
3	32
2	191
1	76

产生这些困难的部分原因,无疑是由于各地方言的不同,以至于引起了写法上的不同;但是也还有另一部分原因是药理作用的近似以及解剖后发现的相似之处。上述最复杂的一例是独摇草,它的正当名称是独活,拉丁学名为 *Angelica grosse-serrata*(伞形科 *Umbelliferae*,R 208),它曾经表示过五种不同的药物(但是对这些药物说来"独摇草"都不是主要名称):

> 羌活,*Angelica sylvestris*(伞形科 *Umbelliferae* R 211)
>
> 鬼臼,*Diphylleia sinensis*(小檗科 *Berberidaceae* R 520)
>
> 鬼督邮,*Macroclinidium verticillatum*(菊科 *Compositae* R 41)
>
> 天麻(赤箭),*Gastrodia elata*(兰科 *Orchidaceae* R 636)
>
> 薇蔄衔,*Senecio nikoense*(菊科 *Compositae* R 43)

李时珍《本草纲目》的序例卷二,就这样排列下去。在现代的各种国际委员会想到这些问题的很久以前,李就忙着解决它们了。很多这方面的成就应当归功于他。

三、分类学和表意文字的应用

运用表意文字来作为系统命名的工具,颇有价值(甚至可以想象将来也会有价值)。本节就将以作者在这方面的见解作为结束。可以这样说:如果有一种语言,它的各类词典必须根据分类学的原则来编目,则这种语言就和生物学的性质非常一致。我敢说目前很多正在从事实际工作的生物学家,都和我一样,多年来对拉丁文的双名感到很不满意,即便组成这些双名的古希腊或拉丁词根各自具备一定的意义;至于那些偶尔因某些杰出的分类学家或者其他知名人士而以他们的姓名命名的名称,就更不能令人满意了。理由是:在这些双名法名称中,找不到任何根据来说明它们所代表的生物到底归入哪一界、纲和目;它们无从传达必要的信息;名称本身提供不了任何线索。我记得有一次收到一份有趣的化学胚胎学论文的复印件,文中谈到用去了多少百个 *pila globosa* 的卵。我是一个生物学家,可是我只是在克服了很大的困难后,才弄清楚这个名称所指的生物,实际是一种陆栖的软体动物(球螺。但是 *pila* 在拉丁文中只代表"柱"或"球",而 *globosa* 的意思是"球形",两个字合起来所能表达的信息量很少）。还有一次，大约在 15 年以前，我听过一次关于 *Poseidonia australis* 所形成的纤维球的报告。我受过希腊文和拉丁文的教育，意识到这个双名法名称肯定和海洋有关[⑥]，但是它到底指一种鲨鱼、软体动物还是原生动物，我就无从得知了。后来才知道它实际是一种眼子菜科（*Potamogetonaceae*）的植物，一种和大叶藻属（*Zostera*）同类的单子叶植物纲的（*monocotyledenous*）被子植物（*angiosperm*），在水下环绕澳洲大陆生长得很茂盛；它无比坚韧的纤维用来包扎玻璃，在生物化学上肯定能引起人们的兴趣。但是，假如当时它的名称上带上一个草字头，归艸部，则我早该会有比较清晰的概念了。的确，在拉丁文双名法中，名称是有了，而且在植物和动物界代表了一定的意义，但是，例如 *Liparis* 这个拉丁词，它却既可以指一种羊耳蒜属的兰花，又可以指一种蝴蝶（译者注：毒蛾）。这种情况可能会使李时珍感到很有趣，甚至很吃惊；由于他使用的汉文有确切意义的字根，就使他能够应付自如。

关于这方面，也许有一点过去没有提到过：以往的植物学家（部分由于受到早期炼金术者和化学家的启发）曾经于 18—19 世纪初期建议并实际使用过表意符号的丰富信息内容来说明植物。林奈还在少年学生时期，就曾于 1725 年在他的《植物志》手稿（*Ortabok*）中，从 1687 年专为荷兰利欧瓦登大学（Leeuwarden University）医学院所发行的《利欧瓦登药典》（*Pharmacopoeia Leovardensis*）中抄下炼金术的一些符号，后又加上一些别的符号来为植物学服务。到了 1839 年，英国植物学家约翰·林德利（John Lindley，1799—1865）就不得不用好几页密密麻麻的文字来解释维尔德诺（Willdenow）、德康多尔（de Candolle）、屈拉铁尼克（Trattinick）、楼隆（Loulon）和别的一些人所使用过的一切意符了。今天，这些符号已经不大使用了，但是这并不说明过去它们没有用处，也不能证明今后不再有用处。不过这些意符所代表的只是一些术语，而并不属于命名法的范畴。据我所知，还没有哪一位西方植物学家曾经设想，假如采用"古雅的中国佬"使用的表意文字来指明植物的种和属，也许会非常方便。这些中国人的苗圃中培养出了多么有价值的珍品，他们的森林中又蕴藏了多么诱人而成千上万个西方科学界至今还不知道的植物品种啊！他们所使用的表意文字使人一眼就可以看出某种生物应该归入植物界还是动物界，以及应该归入哪一个门类。西方植物学家之所以想不到这一点，不仅是由于欧洲用语早已在一些人心目中理所当然地成为现代科学的当然用语，用不着再另辟蹊径，同时也由于他们不是汉学家，对汉字的偏旁部首毫无所知，当然更不明白这种表意的偏旁部首还大有改进的余地，将来还可能达到中国人自己未曾取得过的有用程度。

近十几年，有一些生物学家已经在关心如何使编目的体系更趋完善，来对双名法名称作永久性的补充，以便能使用计算机或至少是卡片凿孔机来处理植物分类的信息,进行贮存和检索。其实,早在1907年,已经有人开始改进编目,例如C. G. 达拉·多尔(C. G. dalla Torre)和H. 哈姆斯(H. Harms)在写《粉管授精诸属》(*Genera Siphonogamarum*,Berlin,1900—1907)这本专著时,对于具维管束植物的各科各属都规定了代号,然而他们却没有制订计划来扩大代号的使用范围。代号还曾在许多植物标本室以及在例如C. C. 狄姆(C. C. Deam)所编的植物志(*Flora of Indiana*,pr. pr. Indianapolis,1940)中得到使用。近来,代号已经更完备,戈尔德把代号应用于植物[1],麦令斯和尼格尔逊把它应用于昆虫[2]。例如,按照戈尔德的方法,驴蹄草(marsh marigold,拉丁学名为*Caltha palustris*)用下列公式来代表:

$$PA/1-21:53-2369-4-x$$

P代表植物界,A指出是哪一门;以下依次"1"是纲的序数,"21"是目的序数,"53"是毛茛科,"2369"代表驴蹄草属,"4"说明是长在沼泽地带的品种,至于"x"则是备用号码,必要时可用来指明是哪一个变种。又例如,麦令斯和尼格尔逊使用过下面的编号:

$$14 \cdot 13 \cdot 2 \cdot 9/1 \cdot 2/2/3 \cdot 1 \cdot 1$$

这些数码依次说明:节肢动物门(*phylum Arthropoda*),六足纲(*class Hexapoda*),有翅类副纲(*sub-class Pterygota*),蜻蜓目(*order Odonta*),差翅亚目(*sub-order Anisoptera*),蜻科(*family Libellulidae*),蜻亚科(*sub-family Libellulinae*),蜻族(*tribe Libellulini*),蜻属(*genus Libellula*)和织蛾种(*species depressa*)。任何无辜的生灵,对于自己的大名被贬低为一连串死板板的号码,也许会感到沮丧。事实上不止是生物,就连有机化合物中的分子也用号码来代替了。在雷德伯的近著中[3],他依靠拓扑学的帮助,把一切可能的分子结构,无论是枝状结晶的烷烃类(dendritic alkanes)还是复杂得多的芳香环烃(aromatic ringsystems)都用代号来表示。例如他把吗啡烷高度复杂的五环结构写成:

$$(8H N3, \$, ,3,0,3,,1)$$

这样的一串数码、字母和符号。这些办法,很可能在未来的几百年中,被应用来标明各种新发现的事物,使人一眼就立刻明了是什么。这正是我当年碰到Pila和Poseidonia时梦寐以求的一种命名法。但不管从事计算机扫描程序的人有什么癖好,我还得承认我个人所渴望的是一种符合生命有机体本身模式的具体图形。这是表意体系信息量特别丰富的优点。当然,还有必要把目前的表意文字,针对今天和将来国际间的需要,加以改进,以便于应用;还得根据精确的语义学定义,采用具有限定修饰作用的偏旁部首,使它臻于严谨。但是例如

　　　　　椴　　　窄核椴

这样的模式和图形,即便我对这几个汉字的发音很差,已经能够清楚地知道,它就是

拉丁学名称之为 *Tilia leptocarya* 的树木(译者注:又名糙皮椴),归入椴科(*Tiliaceae*),通称椴树(linden tree)的那一个品种,它的果实很细弱。这几个汉字比拉丁文表达得更清楚。我过去学拉丁文时,早知道 Tilia 既可代表一种蛾类,又可指一种哺乳动物。然而"椴"这个汉字却只代表一种树木,一种乔木科的树种。如果坚持用标准的拉丁文双名法,也应当尽可能先弄清植物的特征,再针对特征来命名。切忌先命名然后再去弄清特征。这样,即便我所知道的拉丁文名称不少,要是万一我不了解 *leptocarya* 中 *leptos*(希腊文 λεπτοs)和 *caryon*(希腊文 καρυον)的意义时,我只要查一下词典,还可以弄清它们分别是"纤细的"和"坚果"的意思。可是如果把这种树称作 *Tilia Rehderi*,来纪念一个叫 *Rehder* 的人(这是很可能的),则我就无能为力了。相形之下,如果采用表意文字,只需要有足够的字来代表自然分类的科目就行了;万一不够,尽可巧妙地创造出一些来。也许今后几百年中,生物科学的发展更会突飞猛进,迫使从事计算机扫描的人对信息量丰富的图像,比对数字更感兴趣。如果出现了这种情况,则表意文字终将为全人类服务,是不难想象的了。

(刘祖慰　译)

参考资料与注释

〔1〕见 S. W. Gould,"*Permanent Numders to Supplement the Binomial System of Nomenclature*".

〔2〕见 L. J. Mullins & W. J. Nickerson,"*A Proposal for Serial Number Identification of Biological Species*〔*Zoological*〕",Chronicle Botania OT 1951,12〔no. 416〕,211.

〔3〕J. Lederberg,"*Dendral-64;a System for Computer Construction,Enumeration and Notation of Organic Molecules as Tree Structures*",〔U. S.〕Nat. Aeronautics & Space Administration,Washington,1964,CR Report 120. 57029.

译　注

①E. L. Green,"*An Unwritten Law of Nomenclature*"(1906)的作者。

②希腊原文为 Καλαμ Sκυοsμοs,意思是"管茎—根茎",并非前"属"后"种"的林奈双名法名称。

③花楸果,希腊原文为 Συκη´ζδαια,意思是"艾达山上的无花果"。

④一般认为茉莉 *Tasminum sambac* 或凤仙花 *Impatiens balsamina* 是指甲草或指甲花,作者所说的 *Lawson inermis* 为散沫花,似与晋嵇含《南方草木状》卷中所云指甲花相符。

⑤拉丁文名词词基–*oides* 表示相似,*Cannabinoides* 作为属 *genus* 的含义是麻类;*exsugens*,*luteus*,*porcallector*,*celestis*,*textilis*,*persicus*,*oleaginus*,*fritillarius*,*barbaricusoceanicus*,*ricinus*,*foetidus*,*ulna*,*campestris*,*flavus* 的含义依次是升、黄、猪、天、织、波斯、油、苘、蛮—洋、蓖、臭"虫"、长度"寻"、田、黄;合起来就是作者按照汉语麻类各种名称的含义拟译的拉丁文双名法名称。

⑥Poseidonia 原来是古希腊海神之名,因此作者肯定这个名称与海洋有关。

Ⅲ

·技术史与医学史·

李约瑟博士在四川农村考察水车(相片拍摄于 1944 年)

潘吉星设计,王存德绘

【35】（冶金）

Ⅲ—1 东亚和东南亚地区钢铁技术的演进[*]

引　言

东亚冶铁术发展与所有其他文化区不同的最基本特征是，几乎在发现铁的同时，就能炼铁和铸铁[1]。在西方，最早的炼铁[①]和最早的铸铁中间相隔将近 3000 年，而新大陆对铁则完全不是独立认识到的。

对这一问题的兴趣，使人们不得不重新想到关于铁的基本性能，这种金属的属性并不由它所含的少量金属或与其混合的非金属物质来决定，而是由它自身的生成史，即对它的一系列处理过程所决定的。首先，铁矿石被置于一个炉温不低于 1130℃ 的熔炉内进行处理。在炉内铁矿石失去了氧得到了碳，变成液态金属，一经冷却便成了生铁。这种生铁硬而脆，不易焊接和锻造，只能用来制造一些不易受到震动和撞击的物品，其含碳量在 1.5%～4.5% 之间。碳常以单独的石墨形式或碳化物 Fe_3C 的形式存在。也就是说这种被称作碳化铁的化合物，使得该类生铁有了坚硬和易碎的两种属性。

要使生铁脱碳，必须先在氧化条件下处理。近代西方是在反射炉或"搅拌"炉内进行这一氧化过程的。在这种炉子中，燃料和要脱碳的生铁是分开的，生铁由吹到它上面的火焰加热。炉中的碳、硅、硫和磷都被氧化而变成炉渣或炉气排出炉外，于是就得到了"纯铁"或称"熟铁"（Wrought iron）。纯铁[②]的熔点是 1535℃，远远高过了生铁的熔点。但在反射炉中，纯铁绝不会成液体状，它仅会成胶融状。这种形态的纯铁可制造成铁板、铁球或大铁块。和西方一样，在古代和中古时期的中国，在人们发明反射炉之前，脱碳过程是由反复地锻打、锤击，并在鼓风加热的条件下完成的。纯铁

[*] 李约瑟博士此文原载《铁器时代的到来》一书 1980 年版第 507—541 页〔*The Coming of the Age of Iron*, ed. T. A. Wertime & J. D. Muhly, pp. 507—541（New Haven & London: Yale University Press, 1980）〕，原文无参考资料，由译者补出有关中文文献。何堂坤先生帮助我们校稿，谨致谢意。——编者注

具有与生铁完全不同的属性,它坚韧,具延展性,可锻造,能用来制造导线、铁钉、铁链、铰链、铁马掌和农具。这种铁的含碳量不超过 0.06% ,比生铁的含碳量低好多。在中古时期和后期,中国就有"生铁""熟铁"的名称。

钢的基本特点是,它的含碳量介于生铁和熟铁之间。低碳钢的含碳量为 0.1%~0.9% ,高碳钢中碳含量达 1.8% 之多[③]。一般说来,含碳量越高,钢就越硬。所有切削刀刃都需要用硬质钢,而刀的其余部分却需要带有韧性并有一定弹性的钢来制造。很早以前炼钢工人就认为这种相互关联的特征不仅仅是由钢本身所决定,制作过程中的加热和冷却以及加热冷却的时间也对这种关联特征起作用。"淬火"也就是把烧红的钢突然投入冷液中,这是很早以前就发明的。低温退火或让金属缓慢冷却,是使金属更具韧性的方法。通过回火(即在淬火后又把金属升到相当高的温度,然后再慢慢冷却),铁匠就能获得任何所希望的硬度和韧性的结合。

铁由一种形式转变为另一种形式,实际上可以通过多种方式进行。在西方,生铁的脱碳是通过精炼法或者搅拌法进行的。古时候,在生铁中渗入较多的碳,是在称为渗碳的过程中进行的。在这个过程中,铁和碳被放在一起,并使其在 1100℃ 的温度下加热一定时间。在这种情况下,碳进入铁中,产生一种被称为"泡钢"(blister steel)的钢。它是一种具有坚硬外层的钢,这就是西方最古老的炼钢方法。近代当人们能够得到足够的热量在熔炉里把钢熔化的时候,在钢中加进一定量的碳就更是顺理成章的事了。同样道理,一旦各种不同类的铁的含碳量为人们所知,而高效率的熔炉能被人们利用时,把生铁和熟铁或者生铁和铁矿石各按一定比例放在一起冶炼,就成为可能的了。这就是西门子-马丁炉或平炉法。这一点我们将在下面介绍。这种原理,中国人在 500 年前就已经知道并应用了。1860 年以后,西方用贝塞麦法将空气吹入转炉中的炽热金属,氧化其中的碳,从而将生铁直接转变为钢。这种方法中国人早就使用了(见下文)。

从古代、中古时期直至 14 世纪,炼铁过程是在小规模的熔炉里进行的,其中铁矿石和木炭是一层一层地交替放置的。在这里除了可分离出炉渣之外,什么也没熔化,铁处于胶融状,需要用长时间的锤打才能把其中残存的渣滓去掉。在罗马时代,生铁的产生似乎是无意的,也许是那些土法生吹炉过热的意外产物。从古代和中古时期的熟铁吹炼炉里生产的熟铁,是有各种碳含量的。也许一般说含碳量都低,但是通过渗碳法还可生产出钢来。当然,不管是东方还是西方的古代铁匠,在渗碳和脱碳或增减其他成分时,并非懂得其中的化学原理。但他们却知道怎样生产他们所需要属性的金属。而且他们还有自己一套简陋的检验方法和一双经验丰富的眼睛。在欧洲的罗马和卡洛琳王朝(Carolingian)时代,有铁被偶然液化的记载,但这很可能是例外,并不是当时冶炼的目的,而且不可能随意出现。直到 14 世纪,鼓风炉才在欧洲出现。

关于鼓风炉的产生,西方没有准确年代的记载。有手稿上记录的是 1380 年,但在什么地方出现却未记载清楚——也许是莱茵河流域,也许在比利时的列日(Liège)地区。第一张鼓风炉图的出现是在很晚以后了,可能在 16 世纪。这些鼓风炉高达 6 米,有的要矮小些。事实上,有的仅 2 米高。在观察中国的远远早于此类鼓风炉的炉子的时候,我们应该记住这些小型鼓风炉的规模。

中国早期的发展情况

与其他地区的文明发展一样,中国从公元前 20 世纪中期就开始用赤铜和青铜来制造武器、农具,祭祀用的器皿及家用物品了。在那个时候,铸铜的物件在中东已出现 1500 多年(前 3000),而且对贵金属的铸造工艺比铸铜物件的出现还早 1000 年(前 4000)。商代赤铜和青铜的出现最早能追溯到公元前 2000 年。人们必须以中国青铜时代所使用的生产技术知识来作为中国炼铁和准备炼钢的技术背景。在这里人们必须记住,西方真正的铁器时代是在公元前 1100 年开始的。

让我们从公元前 239 年的《吕氏春秋》中提示的直身双刃青铜剑为重点来作讨论的开始。这可能是公元前 10 世纪中期的一种标准武器。这是一种引起诡辩者和制剑匠争论的物品。

> "制剑匠认为:'白色的金属(锡)造的剑很硬,黄色金属(铜)造出的剑有韧性。一当黄色和白色的金属混合在一起,那么造出来的剑就又硬又富有韧性。这种剑就是最好的剑。'可是有人却反驳说:'白色金属就是剑无韧性的原因,黄色金属就是剑不硬的所在。如果你把白、黄金属混在一起,剑既不可能硬也不可能有韧性。此外,如果剑软了,就易弯曲;硬了,就易折断。一把容易变形又易折断的剑,怎能称之为锋利的剑呢?'剑的性质并未改变,而对其的评价却好坏不一。这种评价只不过是表明某种观点而已。假如你知道如何区别正确与谬误,谬误的说法就会终止。如果你无法辨异,那么尧和桀就无法区别了。"④

这里说明了三个问题。第一,在青铜时代,造剑工匠们几乎无法改变那些武器的性质,而只能改变制剑金属的配比;第二,诡辩家们是应用缺乏准确含义的语言来辩解的,他们混淆了硬与脆、韧性与可锻性的区别;第三,它包含了整个古代冶铁术的核心,即通过由实践获得的知识与纯推理之间的比较而证明了经验的主导作用。只有在焊接钢的生产和使用时,才解决了工匠要求既硬又韧的问题。而这个问题的解决经历了一个相当长的时期。

此外,一种有根据的想法认为,熟铁和生铁单独使用时,由于一种太软而一种太脆,青铜就显示出它的某些优越性,至少是制造兵器的优越性。因而青铜到铁的过渡就远没有由青铜过渡到钢那么有意义。

但有记载证明,有好几个世纪是铁取代铜的转换时期。有许多为人们早已知晓的例子:用铁做刃口的铜斧,长柄的铁芯铜包皮的剑形斧头,还有铁铤铜镞。这些东西表明了铁器的生产。但远在公元前 1030 年的这种技术还不能说是真正的炼铁技术。这些兵器上铁的出现仅是昙花一现。最近在晚商的遗址台西村又发现了另一种双金属的钺(斧)。这个钺上的铁毫无疑问是熔化过的⑤。这一例子把我们带回到公元前 1300 年或公元前 1200 年,与小亚细亚东部和叙利亚北部的古代部族“赫梯”(Hittites)时期差不多的时间。虽然这一时期铁器的生产未必像他们的铁器生产那样系统。

东南亚地区钢铁生产技术的发展情况

带有铸制青铜套和人工冶炼过的铁质锋刃的矛头在泰国东北班昌(Ban Chiang)地区的墓地里被发掘出来了。这些东西的制作要追溯到前 1600—前 1200 年的那个时期。那就是说,他们是赫梯铁匠的同代人,或者可以说是更早一些时期的人。但对这些物品的制作年代还存在着疑问。近年来,在这一地区和泰国东南部另一处叫作农诺达(Non-Nok-Tha)的地区发掘出了大批青铜器。这些青铜器据称能追溯到古远的公元前 3000 年的生产水平。那时合金在中国还无人所知,在中东也是罕见的技术。中东和欧洲的炼铜技术发展高峰是在公元前 30 世纪。而中国,我们已知道是在公元前 20 世纪,也就是伟大的商代铸铜者的时代。这些泰国的铜器有的含有很高的锡成分在内。与中国和西方的冶铸技术无甚区别。在墓内发掘的其他铁器据称是公元前 1600 年或稍后一些时期的产品。

确定这些泰国出土物年代的障碍在于这一墓地地层的问题。班昌和农塔达墓地都是一些大型的低矮的土堆。这里许多世纪以来就是墓地。一个主要的发掘人说过这块地方“由于长期的墓地历史,后来又被作为制作骨灰罐的取土场地,已被搞得乱七八糟,土层也因此被搞得很混乱,因而随葬品也混淆不清了……也有可能是由于墓葬之后,发掘之前植物根部的渗透作用”。这就表明,这个地方 1000 多年来由于各种不同深度墓穴的掺入,土层已经混乱了。更何况这些坟墓从来就没有用砖石把它同周围的泥土隔开过。现在人们趋向于用放射性同位素碳来测定邻近小块木片的年代从而推断出坟墓及随葬品的年代。很显然,这种推测是不可靠的。所有的坟墓都是土葬的,而不是火化的。从逻辑学的观点来看,通过测定同一墓地里的陶瓷碎片的年代来判断坟墓及随葬品的年代倒还比较可信。但热致发光的方法运用在这些几乎不含长石和石英石的陶器上,结果也是不明朗的。最好的方法是使用放射性碳法来测定骷髅中骨的有机质来确定年代。这样做的结果,推测到这些物品的年代是在前750—前50年。这段时期完全和中国的铜器和早期铁器时代的时间是一致的。这样,泰国远古时代就产生铜器的说法就没有得到证实。

如果已为人们所知的马来西亚出土的大量锡制品能在这里出现,则我们就可能证实泰国的冶金术比中国发展得早。但就炼铁的生产技术来说,我们没有理由证明泰国能在中国之前。这里的哥磅(Gò-Bông)时期(早期铜器时代)是在前2000—前1500年,东陶(Dông-Dâu)时期(中期铜器时代)是在前1500—前1000年,哥蒙(Gò-Mun)时期(晚期铜器时代)是在前1000—前500年,而出产享有盛名的铜鼓的东松(Dóngsón)时期是在前500—前258年。公元前5世纪铁器时代在越南就开始了。这些时期是运用了放射性碳法测定的。与泰国相比,越南铜器时代的区域要广些。在缅甸,铁器生产之前没有被人知晓的铜器。但在唐塔曼(Thaungthaman)热致发光方法测出的早期铁器时间是前500—前400年。这样就又和我们所知的中国的铁器生产时间相吻合了。

近来,关于放射性碳法测定的时期和冶金术在东南亚的开端的争论,实际上是对中太平洋及南太平洋各国文化和中国文化的史前关系的一个主要的重新评论。各家论点都包括了很多纯理论的东西,其中有些是与语言学有关的。这部分是我们无法讨论的。但有一点是毋庸置疑的,那就是南亚在中国古代文化的发展中起着重要的作用。汉学家许多年前在本地文化(Lokalkulturen)概念中已经承认了这一点。

至今对于东南亚钢铁技术的后来的发展,只作过很少的研究,但就解释铁铸造在这一地区特为突出而言,中国冶金术的传播可作出最好的解释。因此,钢的生产可能是采用脱碳法而不是增碳法。至于那种共融法是否在后来又传到了东南亚,这又是一个尚未解决的问题。中国铁的商业出口的证据是在靠菲律宾的塔班(Tabon)山洞中找到的。在山洞里,人们发现与交换念珠相关联的,可以追溯到公元前180年的铁用具。

中国钢铁冶炼技术的发展

现在要阐明的主要问题是冶铁术是什么时候在中国的文明中兴起,以及铁制兵器是什么时候广泛使用的。我们的研究就集中在中国的冶炼技术上。我们先来了解一下中国的一些有关技术词汇。因为这些词汇为我们提供了重要的线索。

中文中是用"铸"和"冶"这两个字来概括冶炼的。"铸"是金属偏旁加上长寿的寿字。而"寿"字是一块犁过的土地象形加上"老"字的简写形式。老表示年纪大,是一个手拿拐杖的老人象形。通过象形推测出来的意思是,犁过的一道道土地可能是代表开采出的矿石。也的确是有某些矿石是犁地时发现的。这就是一种最早的露天采矿法。但"铸"这个象形文字含有一种新的意思,即在装料斗或开口的上方,有一双手在炉子的顶端。炉子下面是一个容器(一个精制的铸模)。这个铸字又是东北部齐国以北的一个古代小国的名字。人们不禁会联想到铸铁是否是那个地方的一个铸铁生产地传出来的。

另一个"冶"字,是中国古代人称代词"爷"的同声字,以意谓"冰"的"冫"作偏旁,突出了该字的主要意思。奇妙的是,这个字预示了我们现代讲述金属凝固点的复杂方法。

尤为重要的是,这两个字的主要意思是指把矿石熔化成一种能进行液态浇铸的金属,而不仅仅是指成品金属的熔化。若是单指熔化制作过的金属则称作"铄"或"链"。此外"铸"和"冶"与"锻"有明显的区别。"锻"表示用锤子不停地锤打。而且从"锻"这个象形字来看,也像是一只拿着铁锤的手及两条放在砧子上的铁杆。所有这些字都是有意义的。把它们记住,我们才能理解中国最早时期的有关铁的记录。

首先,有一首赞颂秦襄公的诗歌,他于前 777—前 766 年在位。诗里谈到四匹深灰色的马,"驷骥"。"骥"这个词的原意是指深灰色。但最早对该诗的评论里谈到"骥"这个词时是指"铁色"。如果是这样,那么这首诗就是最古老的有关铁的文字记载之一。其次,我们在周朝的文字记载中发现"锻"表示锤打。但由于铜通常不是锻打的,这个"锻"可能是指制铁。如果我们接受那个时期(前 900—前 700)的这种含义,那么这个词可能表示铁的短缺和后来铜的大量出现。

当我们看到公元前 5 世纪或更早些日子的记载时,我们就有更充分的依据。在《月令》这一最古老的日历中,谈到了"金铁"。似乎当时人们认为铁和其他的普通金属,如金、银、铜、锡是不相同的。另外,公元前 3 世纪的著作《左传》中指出公元前 512 年的晋国以铁铸刑鼎。[⑦]

这个世纪也应归功于著名的铁兵器制造者们。正是由于这个原因,《吴越春秋》里有一篇饶有兴趣的记载。此书叙述了吴国和越国地区(后来称为浙江、江苏、江西和福建)的历史,是 2 世纪时赵晔所著。这部书里记载了不少地方的传说。

"阖闾(前 514—前 496 年在位的吴国国君)请干将为他打两柄宝剑。干将是吴国人,他与欧冶子从师一人,两人都是有名的制剑工匠。以前越国曾赠与吴国三柄宝剑,阖闾十分珍爱这几柄剑。因此他又令干将为他再打两把。一把以干将的名字命名,另一把则以他的夫人莫邪的名字命名。为了制这两把剑,干将从五大名山收集来最好的铁('铁精')以及世上最好的金属('金英')。他选择了良辰吉地,有着协调的阴阳,并有上百的铁精聚集守卫,而且天上的神将也下凡来帮忙,但铁矿石总是不熔化。干将不得其解。

莫邪对干将说:'由于你的造剑技术出名,国王知道了你。但你造剑三月而无成,这是为什么呢?'干将回答说:'唉,我也不知道是什么道理。'莫邪又说:'这些神秘东西的变化与同它们有关的人很有关系。如果你选人得当,这项工作就能成功。'干将说:'我记得有一次,我师父无法熔化铁时,他和师母就纵身跳进炉子里,于是铁就熔化了。因此现在人们在山旁炼铁时,总是穿着大麻织的饰带和水浸麻纤维布制作的衣服。只有这样,他们才敢去熔化金属,现在我想炼铁制剑,但铁总不熔化,是不是这个原因呢?'莫邪说:'你师父知道在适当的时候把自己献给炉焰使自己的工作圆满结束。我也会毫不犹豫地做的。'于是她剪下了自己的头发和指甲,并把它们抛进了炉子里。而且三千名男女(炼铁工人)受命不断地拉风箱,并往炉里加木炭。最后铁剑淬了火,剑就造成了。"[⑧]

这段文字的意义远比字面深刻。第一,投身于熔炉使铁熔化这种传奇说法,在各个文明发展中都有过。西方造钟过程中,也有类似的传说。这并不意味着有任何必要认为干将、欧冶子的故事全是传说。在人们推测存在制剑匠的生活年代里肯定已有了制剑工匠。第二,穿那种服装并没有什么特别。日本的制剑工匠流传至今仍穿着那种服饰。第三,也是较重要的一点,记载上提供了有力的证据证明,战国时期人们已能进行相当规模的铸铁冶炼了(公元前 5 世纪到公元前 3 世纪)。但最为有趣的是描述莫邪把一些东西抛进炉子里使金属更易于熔化。这点我们等一会儿再讨论。

我们发现了公元前 4 世纪好些记载铁的真实记录。尽管多数事实可能追溯到公元前 8 世纪,但《尚书》中的《禹贡》篇应该在这里引用出来,因为这里面提到了铁和钢。书中还有好几处提到了四川的丰富的铁矿石。在《孟子》中有一章,孟子(孟轲)谈到了许行在金属锅和陶瓷器皿中烹调以及用铁器犁田,⑨有趣的是许行是来自炼铁工业发祥地楚国的一位思想家。几乎在同一时期(假设管子的书是在前318—前290之间完成的)有一篇著名的论铁税的文章谈到妇女需要针和刀,农夫需要锄头和犁铧,修车工需要斧头、锯子、钻和凿。⑩

从河南辉县和其他地方出土的铸铁农具也可以追溯到公元前4世纪。这些文物在北京故宫博物院和其他许多中国博物馆里展出。这些农具的金相结构区别很大。有从珠光体铁素体基体的片状石墨的灰口铁到含菊花状或球状石墨的低碳铁。另外,最近在热河的兴隆发现了铁范。

孙廷烈根据辉县材料得出结论说,这些农具是用压模成型的。⑪即是把胶融状的生吹铁压到铸型中去,而不是把铁水浇进铸型中去成型的。没有一本中国古书明显地提到这种土法熟铁的冶铁炉。有一个意义不清楚的词,但这个字是真实的,"泻"可能表示当时的胶融状铁。如果压模铸造确实是辉县当时采用的技术,这一定是一种十分古老的技术。它一直被沿用到铸铁技术非常发达的时期。这一点,兴隆的农具和燕国的铁范能够加以证明。当然这些铁范能用来铸铜,但同样也很适用于铸铁。这种方法具有生产高硬度、耐磨的冷硬铸铁的优点(至今人们仍然采用这种方法),因此沿用至今。使用这样的型范,对于公元前4世纪而言,是一个惊人的技术发展。

下面对于钢的介绍,又把我们带到兵器上来了。大约在公元前250年,古代哲学家荀卿说过,军队不振,军事技术是无用的。他说:

> "楚人用沙鱼或犀皮来抵挡宛国(齐、魏、韩)军队坚硬如铁石的铠甲,锋
> 利如蜂针的铁矛。('宛钜铁釶,惨如蜂虿')宛国军队机智、灵活、势如旋风,
> 使楚国几乎全军覆没在垂沙,将领唐蔑也战死。"⑫

从4世纪的徐一广到12世纪的任光(音译),所有的注释者都认为"钜铁"即"大刚",是代表硬铁(钢铁),或换句话说是代表钢。但不仅是这些铁或钢制的矛在公元前3世纪已普遍使用,而且这种钢制的剑也在那时盛行。这一点我们可在博物馆里见到。广泛地使用铁和钢制剑使得剑身加长,95~120厘米长的钢铁剑代替了80厘米长的青铜剑。

秦代钢铁生产发展的又一例证是,人们在公元前211年的一颗陨石上刻下了文字。这项工具需要使用某种钢铁工具才能完成;另外,用钢刀或刮胡刀刮胡子,这在现在是很普遍的事。可在当时是一种惩罚形式。雕刻玉器在当时也需要一种高硬度

的金属工具。虽然我们无法描述秦汉时期钢铁生产的情况,但我们应当记住,在 3 世纪的后半叶,有一批早期的作坊主,他们通过几近工厂规模的生产发展而致巨富。他们有的通过控制钢铁业,甚至达到在国民生活中起着重要作用的地位。在四川有一位作坊主就造了一座雇佣青年工人近千名的冶铁作坊。在汉代,大约公元前 130 年,从中国使节随员中逃亡的冶金者们把铸铁技术传入大宛(Ferghana)和安息(Parthia)。

对于公元前 91 年和公元前 27 年铸铁炉爆炸的记录,我们有一些零星的材料。[13]一个世纪以后,也就是 84 年,王充在打雷原理的描述中,就谈到了把一桶水泼进熔炉中的结果。

> "雷是热体受激而爆炸。……我们怎么证明这点呢?可把一桶水泼进熔炉里,热体被扰动而爆炸。站在炉边的人会因此而受到烧伤。……冶炼工人炼铁时,用土做成铸型,等铸型干燥后,金属才能倒入型范中。如果型范未干,铁水就会飞溅出来,四处喷射。如果烫着人,皮肤就会烧伤。"[14]

比这更加形象的描述恐怕是难以找到的了。

在汉代浮雕上,我们可以看到炼铁是沿用下来了的。[15]浮雕上有锻打和熔铁倒出炉外的画面。炉子上还有通风管鼓风进入炉内。汉代的文字里也保留了一些类似的词汇。从汉代末年起,开始出现最古老的复杂的铸铁法,用一个墓穴似的熔炉铸铁。从汉代初期起,好多世纪以来都铸造了铸铁的大、小塑像。这些塑像已传世至今。在那些有关重大事件和离奇事件记载的书里,也常发现汉代铸铁的记载。

汉代鼓风炉的遗物是另一例证。其中最有趣的是在鲁山(河南省距洛阳 112 千米的一个城市)由何桂洁发现的。[16]由这里的物品可以推断鼓风炉一直在这里使用着,可能沿用到 13 世纪。有 5 座炉子已经由这里的汉瓷砖和汉陶器及其熔炉渣证实是汉代的鼓风炉。炉子进料口直径达 1.4 米,炉身是由大块的各种形状的、长为 46~90 厘米的耐火砖砌成。耐火泥做成的风口外面有很厚的墙围着。本来风口是白色的,可外面已烧成紫黑色,里面也烧成了黄色。风口有 1.4 米长。出铁口直径 28 厘米,另一端直径 61 厘米。在炉旁挖出了 6 厘米×60 厘米的铸铁块。除了木炭和用以带动风箱的牲口和水的动力之外,别无其他燃料。还可见到一堆堆的铁矿砂,可能是官府的奴仆在这里工作的。

鲁山炼铁场采用两个地区的矿源。一个地区出产的是赤铁矿(氧化铁),另一个地区出产磁铁矿(氧化亚铁)。这两种矿石在当时可能是混合使用的。在一些炉底可见一块块未经处理或部分处理的矿石和铸铁。

中国的坩埚冶炼

在中国,坩埚冶炼也是十分突出的。有些省份,如山西省,铁矿石就是放在一排细长的管状坩埚中处理的。这些坩埚被放置在煤堆里。中国起码在 4 世纪已用煤炼铁了。用煤冶炼铁在中国起着重要作用。坩埚生产出来真正的生铁,但有时也生成生铁块与生吹铁的混合物,冷却后可用手予以区分。这是局部的现象,它的例证主要来源于现代观察家的述说,虽然进一步的研究能从文献记载中找出帮助我们断代的证据来,但现在我们不清楚这种坩埚冶炼是从什么时候开始的。

在山西,人们习惯地在炼铁时加进一点"黑土",以便金属全部熔化并顺畅地流入铸型。这种黑土已被证明含有大量的蓝铁矿(磷酸盐铁)晶状体,它与使用的也含磷酸盐的煤有密切关系。若铁中含磷酸盐达 6% 以上,铁的熔点就会从 1130℃ 降到950℃,尽管人们当时这样做是不知其所以然的。这也许就是古代炼铁成功的秘诀。这也可能是莫邪把她的黑发抛入干将的炉内所产生结果的真实依据。

中国的鼓风炉

除了西方之外,在一个较早的时期里,其他任何地区再也没有发现类似西方那样的土法鼓风炉了。这种看法很难使人信服。但的确不论是考古方面还是文字记录方面,在东亚这种炉子的例子是没有的。而在中国,小型的鼓风炉则是最典型的铁的生产方式。宋应星在他 1637 年出版的《天工开物》里有一幅这种炉子的古典图画。这幅插图的题目叫"生熟炼铁炉",插图上的炉子有一米左右高,风是由双活塞风箱鼓进炉内的。图中的铸铁水是经导液后流向铸型槽或搅拌池中去的。脱碳过程在这里是通过搅动和加入泥土而进行的。这张著名的插图既不是最早的图,也并非画得很漂亮。1334 年有一名叫陈椿的下沙场盐官出版了一个集子,这里面有一张与《天工开物》类似的图画。[17]也许这就是宋应星描绘的样本。宋应星还有以下值得引出的描述。

"铁有两种:即生铁和熟铁。生铁就是鼓风炉产的未经炒的铁,熟铁是炒过的铁。生铁和熟铁混合在一起炼就成了钢。

鼓风炉用'盐'和泥土造炉身,大多是靠着山洞砌成的,有些也用巨木围成炉身的框架,再加盐泥。建造此炉需月余时间(必须尽可能干透),匆忙图快是不行的。如果盐泥出现裂缝,那就前功尽弃了。

一个炉子可以容纳铁矿石两千多斤。燃料有的用硬木柴,有的用煤或木炭——总之,就地取材。……鼓风用的风箱需要四人或六人共同推拉。当矿石化成铁水后,就会从炉子的腰孔流出来,这个孔要先用泥塞住。在白天十二小时中,每两小时能炼出一次铁来,每次出铁后又用泥把孔塞住。然后再鼓风熔炼。如果是供铸造用的生铁,就让铁水注入长圆条形的铸型里待用。

如果要炼成熟铁,则让铁水流入四周砌有短墙的方塘内,方塘筑于离炉子几尺远并低几寸的地方。当铁水流入塘内,一人将晒干、舂细、筛成粉末的污潮泥迅速撒在铁水上;同时,站在墙上的其他人用柳木棍猛烈搅动铁水。这样很快就炒成了熟铁。每用一次柳木棍就会烧去末端好几寸,再用时就要换一根新的。当炒过的铁稍微冷却时,有的就在塘里划成方块,有的则拿出来捶打成圆块,然后出售。"[18]

综上所述,我们可知生铁在中国的正规生产肯定是在公元前 4 世纪就出现了。由于这个了不起的生产发展所引起的其他发明创造,都远远比不上那个为鼓风炉源源不断地送进风力的风箱的创造。也许其中最关键的是双活塞风箱的发明。这项发明的插图在《天工开物》的冶炼插图中可以见到。

中国的铁器文明及其西传问题

当今人们认为中国的文明是竹器和木器的文明,这一点是和欧美不同的。欧美文明都是以其丰富的钢铁为主导地位的。但若我们倒回 3 个世纪来看,就会发觉这种提法是矛盾的。恰恰相反,在 5—17 世纪,是中国人制造了他们所需的大量铸铁而不是欧洲人。并且是中国人在那时就熟悉了那种先进的炼钢法。而西方人当时是一无所知,就是说在过了好多年之后,他们才知道了这种方法。

以佛教建筑师们采用铸铁造塔为例,我们就可以看出中世纪中国的铸铁量已相当丰富了。例如湖北当阳玉泉寺中的塔建于 1061 年,塔高 21 米。13 层塔楼估计用铁 53 吨。塔身是由铸铁板固定在框架上造成的。另一座相同的塔在江苏镇江的甘露寺中,现在只剩下 2 层塔楼了。还有一座在山东的济宁,有 11 层塔楼,屋顶的瓦也是用铸铁做的。

中国中世纪大量使用铸铁的另一例证是悬桥上的铁链。西藏周围地带是东半球悬桥的发源地,古时候的缆绳是用竹子编的。在中国西南部有许多悬桥。由于要不断地更换缆绳,从 6 世纪开始,原来的竹子缆绳就换成了铸铁(cast iron)链和钢筋链。12 世纪过后,悬桥才在欧洲出现。

铸铁也是中国艺术家们喜用的材料。遗留下来的大小塑像的最早塑造年代,要追溯到汉代。最大的铸铁塑像是由 954 年后周的皇帝造的。铸铁还常用以制造大钟。在同一世纪为乾和宫铸造的 12 根铸铁大柱子,每根周长 2.25 米,高在 3.5 米以上,是一个很典型的例证。但在这些铸铁构件中,最杰出的要数唐代女皇武则天倡导兴建的了。武则天直到她于 705 年去世以前,独统天下达 10 余年。688 年完工的庙宇,是个大型的三层楼的塔,约 9 米高。最高一层建筑在 9 条铸铁巨龙身上,顶端的大盖上立着一个镀金的铸铁凤凰,约 3 米高。但这个建筑物就冶金角度来讲也为"大周万国颂德天枢"所超过。这是一个富丽堂皇的、竖立在一座铸铁小山上的纪念碑。在这个宏大的建筑物中还造有铜龙。整个纪念碑用了 1359 吨金属。[19]

同时,小型的炼铁厂遍布中国各地。从公元前 3 世纪第一个统一的大帝国开始,多少世纪以来中国还在继续用铁制造犁铧和其他农具。在造大的生铁锅时,高超的技术得到了发展。这种铁锅壁很薄,很省燃料。在化学工业和家庭中都使用这种锅。这些炼铁的作坊为造船提供了相当数量的铁,也为小型的家庭工业如拉金属丝、制造铁针等提供了原料。当然,铁也用在军事上。

就我们所知,从古代一直到中古世纪,用鼓风炉把铁炼成铁水,这在中国之外也为人所知。在伊朗东部的小型鼓风炉是中国卧式水排带动的双风箱鼓风的。这有可能是从中国传来的。而且如果它们是用于 1400 年以前,那就可能成为促成中世纪欧洲开始铸铁生产的因素。另一个在中国和欧洲之间的中间地带是土耳其文化区。用安德烈·奥吉库特(André Haudricourt)的语言学方法来研究这个地区是很有价值的。他指出西方的语言中没有特殊的铸铁生产的词汇,而许多中亚地区的语言却有这方面的词汇。他从 14 种与东土耳其有关的语言中引用了 20 多个这样的词汇。这些词汇包括如俄语、保加利亚语、卡莱特土耳其语、鄂图曼土耳其语和乌兹别克语等。他认为这些词代表了一个原始的借来词,是中亚语言从中文中借来的词(有点像 chu-jun)。这个词使得铸铁产品得以传播,这样铸铁生产技术才能传到西方。

钢的制造和硬化

关于中国文明区域中钢的生产的最重要因素,是由于这里有大量的铸铁。因为中国已有高含碳量的铁,所以锻打过的铁块并不是唯一的生产钢的开端,渗碳过程也不是唯一的产钢方法。渗碳法可能在中国古代就采用了,但明显的是,相当早期的许多钢的生产都是通过在铸铁上鼓吹冷风的巧妙方法来直接去碳的。后来在 4 世纪有些天才的冶金学家设想把熟铁和生铁放在一起加热处理,这样平均了两种铁的含碳量,而用不着去降低或升高一种铁的含碳量;因对此缺乏较好的名称,我们称这种方法为"合炼钢"法(co-fusion)。由于当时完全不知道冶炼技术中的化学原理,所以这种发明堪称是奇迹了。正是由于这种方法,才打破了铁和钢的生产界限。中世纪的欧洲盛行着这种冶炼方法;就是在繁华的城市,如给马可·波罗留下那么深刻印象的杭州,也和当时在世界上首屈一指的大规模的冶金工业生产有紧密的联系。下面的引文能说明这些事实。

首先,有关汉高祖剑的故事的传说为此提供了线索。王嘉在 370 年左右对这个发生在公元前 230 年左右的事件作了记载。

"当皇上在酆和沛附近的山区里游历时,在一个偏僻山谷的坡上休息。在那儿他遇到一位欧冶派的铁匠。于是皇上便上前问他是为谁铸造兵器。铁匠笑着说:'我炼铁为皇上造剑,但我请你务必保密。'皇上认为这是个笑话,并未生疑。铁匠又说:'我现在已把铁熔化了,可要得到钢,要锻打是很难的事。如果你能把你腰上佩带的兵器给我,我把它炼化和这些铁水放在一起,这样造出来的剑在世界上将是无与伦比的……'(皇上不愿意这样做)。他对铁匠说他的佩器是一把锋利无比的短剑,用它来降妖、杀人,刀刃都不会有丝毫损坏。但铁匠坚持他的主意说:'如果没有这短剑合在一起炼,就是欧冶子和越国的名匠也只能打出低劣的剑来。'于是,皇上就取下剑来,掷进炉内,一瞬间只见火焰和烟云从炉内冲向天空,顿时天空漆黑如夜。"[20]

这段记载的真实性是表明炼铁工人想调节好铁的含碳量,以炼出好的钢来。从故事中可以看出这种混合脱碳的方法是成功的。比王嘉早一个世纪,有一位叫阮师的名匠曾宣称他是从一位来访的神仙(铁神)那里学到技术的。铁神教会了他淬火的方法,给他讲解了合金的性质并教给了他"恰当的硬性和软性"。[21]这话肯定是表示生熟铁混合在一起,可用长时间的加热来炼取钢,也可能表示(在那时可能性很大)是用硬软钢混合来制造焊接式剑的。

要制造一种金相结构理想的金属,可用快速冷却的方法来生产。即把烧红或白热化的金属骤然冷却,这就是淬火。古代人通过经验发现,用油来冷却速度缓慢,而且他们非常重视淬火时水的种类。虽然有些是迷信起了一定作用,但用些熔盐或悬浊材料能对金属的散热速度产生影响。于是在《蒲元别传》即蒲元传记中记载了：

> "蒲元是个天才。……他短期内在斜谷地区为诸葛亮造了三千把军刀。他炼铁的方法和普通的方法大不相同。等军刀都打好(在一定程度上讲是打好了)，他说汉水纯清，作用弱，不适于淬火。而四川的河流湍急，作用力强，称为'获取优质金属的基本条件'，是上天创造的地理差别，于是蒲元就派出人从成都取水来。当用剑在水中淬火检验第一个人取回的水时，他说这个人取回的水中混有涪江的水，不能用。那个人极力否认，说水是纯的。但蒲元用一把军刀指着水的一部分坚持说，这里加进了八升涪江的水。并说他根本不相信那个人的否认。最后，那个人低头认罪，承认了在涪江过河的船上，四川的水翻掉了一些，害怕回来后无法交差，就加了些涪江的水进去。从此，人们对蒲元神秘的炼铁技术惊叹不已，并对他佩服备至。"[22]

蜀国的兵器生产就是这样的。还有另一个比这更早的用特殊水淬火的例子。福建省边界地区的龙泉[23]是战国时期(公元前4世纪)享有盛名的淬火好水。这里也确是欧冶子炼铁场的传统地区。

合炼钢(灌钢)

下面这段从《北齐书》里摘录的文章把我们带入了问题的中心，而且它还给我们介绍了更为基本的炼钢过程。虽然这里面也提到了用油淬火生产"硬度不太高的钢"(mild steel)和利用钢的多种性质产生焊接刀刃的方法，但最核心的问题还是这里对灌钢生产过程作了最早的记录。

> "綦毋怀文也用宿铁('通宵铁'，即连续几天几夜不断加热得到的铁)来制造兵器。他的方法是把最纯的生铁拿来烧。把生铁和软金属块(熟铁类)一块块堆起来加热几天几夜，最后都变成了钢。
>
> 用来做军刀刀背的材料是软铁，它用各种牲口的尿来淬火。另一种淬火剂是用各种牲口的油脂。这种剑能砍断三十块叠在一起的甲片。
>
> 綦毋怀文常说广平郡南干子城是干将造剑的地方，这个地方的土会使剑更具光泽"[24]。

很明显,早在 6 世纪,平炉法的先驱就已出现了。我们下面要讨论的例证清楚地表明了铸铁是熔化了的,而和铸铁堆在一起的熟铁最多只熔成一种胶融状。

以中国的生铁来看,这种混合冶炼法也许是由把生熟铁放在一起炼,以求得降低一种铁的脆性,而增加另一种铁的硬度的想法而产生的。正如《吕氏春秋》中的工匠长久以来想把锡和铜的优越性结合在一起的想法一样。人们会认为綦毋怀文就是这种灌钢冶炼的始祖,但实际上不是他。因为有资料表明在他之前就有这种方法了。有一个清楚的记录记载了 500 年的这种方法,约比綦毋怀文早 50 年,它已传世至今。这个记载是由著名的炼丹术大师、医师陶弘景(456—536)所作的。

> 陶弘景说:"生铁是用来做锁的插销、鼎和釜的。这些东西在火烧时是不易破碎的。钢是熟铁生铁混合在一起加热熔化而成的,用来制造兵器和镰刀。"[25]

这段引文是在 659 年官方出版的本草书〔唐《新修本草》〕里找到的。这就证实了它的真实性。后来在 918 年日本出版的本草书中也发现了这个记录。

但关于灌钢冶炼法常引用的参考材料是从《本草图经》中摘录的。这本书是在大名鼎鼎的集天文学家、工程大师、钟表大师于一身的苏颂领导下编写的。在书中我们可以看到;

> "从各个地区来的铁不用分别记录。因为这些铁如同在一个地区生产的一样。江南四川到处都有鼓风炉,它们都生产铁……炼铁的第一个程序是去渣。那种经熔化后倒入模子铸造东西的铁叫生铁。不断地熔化锤打后能制造成铁块。这种铁叫镼铁,也叫熟铁。把生铁和熟铁放在一起炼后就可用来制造刀刃和剑头等,这种铁就称为钢。"[26]

这个记载是非常清楚的了。宋应星在 1637 年又补充了一些重要的细节。

> "炼钢的过程如下所述。先把熟铁锤打成不过一指宽、一寸半长的薄片和铁鳞片状,然后用熟铁皮把它们包起来,用堆起来的生铁把它压在下面。整个炉子用泥土和破草鞋的混合物涂盖起来,铁堆的底部也抹上泥。再带动巨大的风箱。当火焰到了适当的温度时,生铁就先熔化。生铁水流下来,浸入熟铁包里去。当两种铁完全混合在一起时,就取出来锻打。然后再加

热处理,再锤打。这样反复多次。这种产品通常称为'团钢'或'灌钢'。"[20]

于是,在这种相当先进方式的炼钢过程中,为使两种铁能完全混合,导致人们使用了非液化状态的小铁片。用这种小叶片或小鳞片的设想可能是由铁甲上的小鳞片引起的。摘引的文章也表明了这种丰富的含碳状态是液化了的。的确,宋应星的典型的技术词汇"灌钢""渗淋""投合",明显地表明了液化的意思。从字面上看,"灌钢"的"灌"就是"水"字旁。綦毋怀文对炉子或坩埚加热几天几夜的记载表明了它的炉温没有达到1130℃。如果他的铸铁充分液化了,也不会用这么长的时间。但液状铸铁早在他们那时间之前就商业化地存在了。退一万步来讲,铸铁在他的炉子中不曾液化,那么事隔不久就会炼成液体,因为在綦毋怀文和宋朝明朝之间的几个世纪中,人们都在进行这项工作。

在合冶炼的最精华的加工过程中,铁件先锻成熟铁,然后把刀刃部分放进熔化的生铁中去。这种方法称为"苏钢法"。因为这种方法主要是在江苏省内发展起来的。这种方法前些年还在采用。

1954—1955年间,在苏格兰,人们做了中国灌钢法的试验研究。在炉膛中的反射层上放置一堆细铁条,加热到大约750℃就取出来用铁锤锻打,因为炉膛里有石墨画的线,气压下降很快(主要是一氧化碳的作用)。各种不同数量的白色粉状铸铁加进各层之后的结果是由一个金相显微镜来观察的。人们看到随着粉末铸铁增加,碳在这种结成块状的铁内分布就越均匀。在每块铁连接的交结处,都有好些没有吸收的白色铁粉末。正如綦毋怀文炼他的宿铁一样,在900℃的温度中继续加热8小时,一种均匀的共析混合结构的钢就产生了。这种钢强度大,和优质工具钢差不多,有时表面还有雪状花纹。这次试验是对最古老的冶炼方法的有趣模拟,也就是那种生铁在其中没有完全混合的方法。

"綦毋"这个姓听起来有些粗野,但意思并非如此。綦毋当时肯定在不开化的朝代拓跋魏国供职。不低估中国文明发展了边远地区的冶金技术是非常重要的。当那儿的冶金技术为人所知时,人们发现他们已对冶金技术的发展作出了杰出的贡献。下面这段引文不仅描述了那些人的工艺,而且还附带揭示了一个具有深刻意义的冶金术现象。这段引文摘自曾敏行所著的《独醒杂志》。

"我住在湖南时,常见瑶族人到庙里去拜神,他们每个男人都有佩剑。这些剑是黄色的钢制成的,也只有蛮族部落的人才会造这种剑。他们还有个奇怪的习俗,即每当有人生了儿子,所有来看孩子的亲属们必须带上一块铁,掷到(木盆中的)水里去。孩子长大成人后,在他的婚礼上,他的朋友们就把铁拿出来反复炼上一百次,就变成了最优质的钢。剑打好后,剑上没有一点多余的重量。于是,开始有那么多铁的他就获得了一把锋利无比的剑。他若一挥剑,一头牛就会被拦腰斩断。就是他们的第二流的剑,汉人也是造不出来的。这些部落的人,终身都佩着自己的剑。想得到剑的汉人必须杀死佩剑者才能如愿以偿。邻近地区的铁匠们经常试着造这种剑,老铁匠告诉我们,他们称这种仿造出来的钢为'到了一定程度'的钢,因为精炼过程只进行到一定的程度。"[28]

在这个记述中,我们要研究完全不同的两个过程。这些瑶族人的方法是古代中国人广泛传播的一种方法的记述,也就是让一块纯铁和含钢的混合铁处在锈蚀的状态,铁就先锈掉了,然后剩下能锻打成武器的钢。但中国人在模仿"西戎"时就完全不同了,因为开始就不是采用一块含钢的铁,而是铸铁块。用这种铁炼钢的方法是合冶炼法。另一种则是"百炼"法。这百炼法也许是采用对熟铁或生吹铁块的渗碳法,但也可能不是,因为在装进木炭时并没有说要对铁加热。另外,有理由使人相信中国的方法不过是鼓风炉产品的直接去碳法。这种方法是很难的,因为生产钢而不是生产熟铁,仅仅需要部分地脱碳,的确,后来中国的炼铁工人好几个世纪都采用了这种方法。

为了把合冶炼法和直接脱碳法炼的钢作一比较,我们最好先参考宋代寇宗奭在1116年献给皇上的《本草衍义》。

"铁矿石是从矿里开采出来的,因此初始炼出的铁称为生铁;镶铁是烧炼过的铁,又称为熟铁。钢铁是去掉渣滓的精炼过的铁。……由于生铁是矿石经鼓风炉炼出来的,所以人们称它为生铁。

炼钢就是把'熟铁片'曲盘成圈,在圈的每一层里插进生铁,然后用泥把炉子封起来加热,而后再锻打这些铁,直到两种铁完全混合,这种产品称为'团钢',又称为'灌钢'。这种钢很粗糙(质量低劣,只能临时使用)。也的确,人们容易把它看成是假钢。生铁虽然硬,但几经精炼之后也就成了'熟铁',然而,却没有人认识到团钢是假钢。

但在磁州的炼铁厂里,人们认识到了什么是真正的钢。

铁里含钢就像面粉里含面筋一样。面筋也就是面粉经冲洗和搓过之后剩下的东西。精炼的过程与这过程一样。如果某人有一百多斤生铁,每次锻炼(放进炉中再进行氧化)之后称重都会发现重量下降。到最后重量不再下降了,这就是纯钢。这是因为铁的核心是纯的,再炼一百次也不会失去重量。钢的颜色是纯正而熠熠发光的,擦过之后会呈现漂亮的蓝黑色。有的铁反复精炼后还是得不到钢,含不含纯铁要取决于这种铁是产于何地。"㉙

从这段生动的描述中,我们可以见到作者与 1070 年的苏颂不同,他显然对灌钢法炼出的钢有成见,虽然他很好地叙述了这种方法。也不止他一人如此,他和当时的其他人一样,理解不到灌钢的原理,因为他不明白为什么软铁会变硬,而硬的却在适当的条件下变软了。虽然寇宗奭堪称当时一位具有科学头脑的人,但他的观点也和那些铜器时代争论的诡辩家一样。这是又一个证明在某些时期技术实践远比理论推理更能取得成果的例子。

在这里和其他地方提到的反复称重和确定最后不变重量的方法是很难解释清楚的。当时用的秤几乎无法测量失去的碳和其他成分。但它也许能用来测定赤热小铁片中失去的氧化物,而在这种情况下要测定一个不变的重量是不大可能的。对有些铁不可能有一个不变的重量。记述就使我们联想到那个不变的重量仅仅是一种假设。无论如何,中国在 11 世纪就有在冶金上用秤的记录是非常了不起的。

下一段引文是从明代的数学家、诗人唐顺之 1550 年的记载中摘录下来的。这个记载被王圻搜集在 1609 年出版的《三才图会》的百科全书中。唐顺之有关直接脱碳法的记载,是传到今天的最好纪录。

　　"钢,《武编》说有两种,一种叫'生钢',另一种叫'熟钢'。生钢产在处州,其性易碎,技术不高的工匠认为很难炼。因为生铁从熔炉中流出来时,常有许多铁渣子和木炭渣('粉炭灰'),结成的块又大又粗糙。因此只有熟练的工匠('巧工')才能把它锻打成材。他们不慌不忙,也不拖拖拉拉,'火候'恰当。如果加热时间长,钢就会和铁渣一起流掉;如果加热时间不足,内部的金属物质('本体')就难以充分熔合,于是就不能使其相合成钢。"㉚

毫无疑问,这是个脱碳过程,因为生铁是原料。因此炼铁炉肯定和后来一些时期采用的 Styrian 方法的炼炉存在相似之处。并且沈括认为这种精炼方法肯定是从 11 世纪冶炼技术中发展起来的。

这里还有两段引文,其一要迟些,另一段时间早些。第一段摘自 1690 年的《广东新语》:

"炒铁就是把生铁制成团状放进熔炉去烧(和燃料保持最小接触),把铁团的里里外外都烧红;然后从炉中取出放在铁砧上,一人用钳夹着,另外两三个人就用锤子锻打。在这同时,十名青年从一个方向用扇子把冷风直接扇在团铁上,他们必须边干边唱,一刻也不间息。这样团铁最后锻成了熟铁,成了块铁(或变成钢)。有几十个这样的炼铁店就有几千个炼铁工人,因为每个店有好几个砧子,而每个砧子又需要十多个人,这些店被称为'小炼炉'。"㉛

显然用生铁作原料,用人工巧妙地鼓冷风的方法是有可能生产出钢来的。这种炼钢法中国人用了 18 个世纪。这一点可由下面的《淮南子》中摘录的简短记录所证实。

"如果你有炉子、风箱、通风管和模子,但无有技巧的炼铁匠,你就炼不熔金属。正是由于这些铁匠不断地拉风箱,把风从通风管送入炉子才得以使铜或铁熔化,于是铁水才能流出来,然后再经锻打,直到它变硬。这些铁匠成天地工作,不觉疲劳。"㉜

如果我们认为"百炼"是个用来指这种方法的特殊技术词汇,我们就能把百炼这个技术的使用追溯到从《淮南子》(公元前 2 世纪)到宋应星(17 世纪)之间的时代里了。

综上所述,我们知道古代和中世纪中国生产钢的过程与韦兰·史密斯(Wayland Smith)和高卢-罗马(Gallo-Roman)行会用的钢的制造过程完全不同,也和他们史前祖先的束铁(增碳法)不同。这也许是由于中国人从公元前 4 世纪起就有丰富的任他们使用的铸铁的缘故。也许中国人先发明了这种直接用生铁加热后细心鼓上冷风的氧化法生产钢;然后他们发现把生铁和熟铁放到一起的混合冶炼法,可以生产更多的钢。前种技术似乎早在公元前 2 世纪就采用了,而后种技术不可能晚于 5 世纪。在欧洲这种技术的年代则很不相同。冶炼熟铁显然在 14 世纪末或 15 世纪初的第一个鼓风炉之后;而直接脱碳钢显然出现在 16 世纪,差不多与欧洲记载混合冶炼法的同一时候。在这样一个短时期内,这些相关技术的出现似乎令人生疑,但是没有直接的迹象表明在那时中国的诀窍向西方传播。

然而,奥托·约翰森(Otto Johannsen)设想,在鼓风炉发明方面,至少受到东亚的刺激,而引起技术扩散。这些炉子并非首先出现在莱茵河流域,他指出这是首先提供黑火药和印刷术发明的同一欧洲地区。虽然这里并非它们的老家,但是把这三种技术并列在一处或许是非常意味深长的。事实是欧洲掌握镂铁生产技术是通过欧洲人对所谓"14 世纪成串"的东亚技术的模仿过程中发生的。

　　在谈到生产技术从东亚传到西方的时候,我们必须参考更多的表示这一奇妙联系的事实。1639 年一位名叫 J. A. 万·曼德尔斯罗(J. A. von Mandelslo)的荷兰商人游访日本,后来他在其回忆录中写道:

> "他们(日本人)有一种炼铁的特殊发明。不用火,把铁倒进一个半英尺泥做的大桶内,让铁水在里面保持沸腾状态。然后用瓢舀出来,铸成他们所需的形状。这远比列日人的技术工艺水平高,造的铁器也好。"

200 多年来没人注意到这个记录。这个记录意义重大的部分原因是基于一个事实,即在贝塞麦转炉法中保持金属温度是不需要燃料的。直到 18 世纪 60 年代,这种观点才为人们重视。于是一个明显的结论是,日本人可能是从炼铁之乡中国学来了这种技术。另外有两个例子也很有意义。第一个例子是在大不列颠和爱尔兰,铁钉工匠们长期以来就采用了在赤热铁块上鼓冷风以提高铁的温度的方法,这样铁就非常像钢了。第二个例子是中国炼铁能手 1845 年被带到美国肯塔基西部(West Kentucky)炼铁,据说他们去时带去了炼钢的"神奇原理"。我们这里谈到的就与贝塞麦转炉法很近似。如果这个记录能证实中国和日本的鼓风直接脱碳法像贝塞麦转炉法一样是祖传的,证明西门子–马丁平炉法是从古老灌钢法中演进的,那么这个记录就是了不起的了。

硬钢与软钢的锻接

　　在中世纪末期的日本,采用锻接多片各种不同的铁和钢制造兵器的技术已经十分高明了。软钢片是核心,在软钢片上焊接好多淬过火的硬钢片,然后经反复处理,最后把它们打成一块有 16 层以上薄片的材料,这种材料包在一片软钢和一条特别硬的作为刀刃的硬钢外面,这种制成薄片的多层钢主要用来做兵器。但也不只限于此。

　　虽然在日本的这个制刀过程里,其他工艺水平也是非常高明的,但其始祖却在中国。到 17 世纪,中国人认为日本刀比他们的好,虽然不清楚日本人造刀的具体过程,可基本原理是不神秘的。宋应星是知晓其原理的,他在 1637 年出版的《天工开物》中写道:

　　"最好的刀剑用百炼钢作外表,而里面的'骨架'则是用还没有制成钢的铁作材料的。如果不是钢作外层,铁作骨头,这刀猛一用力就会折断。即使能够切断铁钉的宝刀,在磨石上磨过几千次以后,就会把钢磨尽而露出铁来。日本的一种刀,刀背不过两分宽,但把它架在手指上还可以立着不倒;……要使刀、斧的硬度加强,则先要嵌钢或包钢,然后掷入水中淬火。"⑬

追溯一下我们查过的书,我们又发现另外的记载。一个 12 世纪的记载表明了人们已充分掌握了各种不同硬度的钢锻接在一起的原理。另一个更为有用的章节出现在沈括于 1083 年论中国古代剑的文章之中。他在《梦溪笔谈》中写道:

　　"古代宝剑中,有名叫'湛卢'和'鱼肠'的。'湛卢'是指这种剑有深黑色的光泽。古代人用剂钢(焊接钢)做剑刃,用柔铁(熟铁)做剑身;否则剑往往容易折断。全用硬度高的钢做成的剑,剑刃容易砍出缺口,像'巨阙'就是这样,所以做剑不能完全用剂钢。'鱼肠'就是现在的'蟠钢剑'又叫'松文'。"⑭

这里又一次清楚地表明,锻接钢的应用是早期的一种生产技术。这个时期复杂工艺过程的抛光技术也被采用了。这样纹路就更清楚了。

　　我们还没有资料证明中国和日本谁最先采用这种方法。但根据日本的记载,这种锻接兵器的制造者是从 607 年外来的铁匠在押海(?)传授这种技术开始的。在那个时期,中国成群结队的工匠从梁和魏国都取道朝鲜,涌进日本。这种技术的细节在《东乡司命经》中有所记载,一些类书都长篇地摘录了这些细节。该书的年代几乎可说是唐以前时期,而原著断代很近于像綦毋怀文时代(545)。早些时候,约 3 世纪,据说铁匠阮师能有把"硬软铁均匀锻接起来"的本事,可能这是指多层锻接刀的技术。从所有这些情况看来,我们可以断定,这种技术的基本方法完全是在中国发明的。

　　假如仅仅是在东亚才使用这种方法,确定这个方法的发源地就比较容易了,可事实上这种方法传到了西方的整个北部地带。这种技术不是罗马帝国人所特有的,而是凯尔特人、日耳曼人、斯堪的纳维亚人和斯拉夫人所特有的。11 世纪时阿拉伯人也学会这种技术。如果这种技术的发源地不是在中国,也不是那个 1—9 世纪就采用这种技术的凯尔特人,那么,我们就只得在萨马甸人(Sarmatians)、匈奴人或古代土耳其人中去寻找了。

花纹钢和乌兹钢在中国

在上一节的引文中,沈括指出了"鱼肠"作用以及剑上的蛇卷式或松纹式的花纹。它所指的就是钢上出现的花纹,也就是金属出现的无数的纹理,弯弯曲曲,像云纹绸,又像彩色内变的丝绸。这种现象在刚讲过的锻接刀剑上能见到,也能在用中国混合冶炼法炼出的钢和印度的乌兹钢打出的刀剑上见到。乌兹钢是由生吹铁或磁铁矿石直接冶炼出来的。把铁块或磁铁矿石同一种特殊植物的木屑和树叶放进土制的反射坩埚里,使其能得到恰当的碳。这样就会产生出共析钢。整个中世纪,高质量的坩埚乌兹钢,都是产在印度的土人州(海德拉巴)。穆斯林人造大马士革钢刀的主要原材料就是从印度进口的这种钢。但是,中国和日本在他们锻接技术中用这种乌兹钢吗?

日文有一个词"从南蛮国来的钢"表示这种乌兹钢。因此就可能存在向东方的某种输出。1590年李时珍列举了三种钢,"其中有从西南海中部岛上采来的,以及和紫石英(紫色的石英或绿色的有紫纹理的萤石)很相像的。"更有意思的是李时珍从《宝藏论》摘抄的一段引文:

> "铁有五种。荆地区的铁来自当阳(湖北),呈紫色,又硬又利。另一种是上饶(江西)铁。镔铁来自波斯,又硬又利,能砍动金和玉石。太原和四川山区的铁是坚硬而难于处理的。钢铁取自疟疾区的西南海地区的山中的岩石中,外观像紫石英,水火不熔,能劈开珍珠,砍断玉石"。[35]

《宝藏论》已失传,但我们知道这书的完成日期是918年,这本书里的最早资料是3世纪或4世纪的。因此书里记载了前唐时期从印度进口乌兹钢的事(即6世纪或6世纪以前的事)。后来的记载就更清楚了。因此在1387年《格古要论》中记载有镔铁是西部蛮国生产的,其表面有的出现贝壳似的花纹,有的像芝麻,也有的像雪花[36]。有人认为,"镔"这个字是中文从土耳其语或伊朗文中借来的译音字。把它看成指乌兹钢的技术词汇是不会太离奇的。但在中国,一定数量的乌兹钢生产是不大可能的。

我们不能认为铁的锻接法和乌兹钢纹理仅仅是历史意义上的古代方法。这些技术在最现代的钢铁生产的产品中也不乏后继者。阮师在3世纪把"硬"和"软"均匀混合时,就创造了一种他所不知道的技术。

结　语

尽管在中国,系统的冶炼技术大约是从公元前 7 世纪开始的,而事实上从公元前 12 世纪开始,陨铁和人工冶炼铁已被他们先后了解和运用了。假如说熔炼的最初产品和西方世界的西部的产品一样是无碳铁块,那么不论在考古学还是文字记载上都难以找到这样的证据。

据推测,中国利用铸铁来制造农具、工具型范和打仗的兵器最迟是从公元前 4 世纪开始的。而西方在 17 世纪以后才能生产。在那么早就能生产液化金属可能与下列因素有关:冶炼材料是含磷特别丰富的矿石或者是在鼓风炉中加进含磷丰富的矿物质,有效地利用了耐火的白黏泥,这使得在一些地区生产的小型鼓风炉和坩埚能胜任这一冶炼;在公元前 4 世纪的冶炼中采用了双筒活塞风箱,能往复地鼓风;约在公元前 2 世纪就发明了能不断鼓风的单箱双活塞风箱;而铁通风管的采用不晚于 3 世纪;1 世纪或更早些时候,在这些风箱或更大的组合风箱上应用了水力;煤的使用不晚于 4 世纪或更早些时候,它使得坩埚周围能堆满烧红的煤,而坩埚内的物质由泥封保护不受硫黄的影响。中国在古代和中世纪大量使用铸铁,使得中国的冶炼工业和西方世界其他地区有着根本的区别。

我们没有考古和书面记载的证据证明中国在周秦时期就用熟铁增碳法炼钢。中国炼钢的特点是采用了对生铁直接脱碳的方法进行的,即多少世纪以来就为人们所知的“百炼法”。这种方法采用了直接鼓风氧化法。中国也同时发明了把生铁炼成熟铁的精炼法,这种方法也许从公元前 2 世纪起就充分地采用了。到 17 世纪,氧化法促使中国和日本发明了一种生产类似铸钢的生产方法。中国熟练技术工人的移居,稍早于那些与贝塞麦(Bessemer)名字有关的发明。从 5 世纪开始,中国大量的钢是由所谓“合炼法”生产出来的。虽是在 11—12 世纪,人们有时认为合炼法生产的钢比直接去碳法生产的钢质量低,但适当的生产情况下,这种钢也可和直接去碳钢媲美。合炼法从理论上来说是开膛式平炉法和其他类似方法的祖先。

用锻接软硬钢来制造兵器在中国至迟是 3 世纪就开始的。7 世纪这种方法传到了日本。鉴于这种方法从 1—9 世纪也在西方欧洲某些国度流行,因此这种方法的发源地可能是中亚地区。从这点来看,它在 2 世纪才能传往西方。中国文明的花纹钢不仅是从锻接法中产生出来的,也还是从 6 世纪那虽不大广泛的印度海德拉巴州的乌兹钢进口中发展出来的。一当铸铁从 1380 年在欧洲开始使用,所有要用铸铁的冶炼方法都在两个世纪内相继出现。假如这些方法和鼓风炉是分开单独发明的,则通常人们认为冶炼技术的演进就不会这样快了。

致　谢

这篇文章虽然署我的名,但如果没有我们小组的资料搜集者们,特别是王铃教授和鲁桂珍博士,我的工作是不可能完成的。谨向诸位深表谢意。

（王渝生　史放歌　译）

注　释

〔1〕许多文献资料和中国人物的出处,参见李约瑟的《中国钢铁技术的发展》一书:*The Development of Iron and Steel Technology in China*(London:Newcomen Soc. ,1958),1964 年剑桥的赫弗出版社(Heffer)再版,现在还可用剑桥大学出版 1975 年的本子。所有这些均见于《中国科学技术史》卷五,即将由剑桥大学出版社出版。

译　注

①指块炼铁,往往是一种含碳量很低的熟铁。

②原文为"熟铁"(Wrought iron),或为"纯铁"(pure iron)。

③比较通用的说法是,低碳钢的含碳量为 0.05%～0.25%,高碳钢的含碳量为 0.6%～2.0%,通常使用的高碳钢含碳量都低于 1.4%。

④原文为:"相剑者曰:'白所以为坚也,黄所以为韧也。黄白杂则坚且韧,良剑也。'难者曰:'白所以为不韧也,黄所以为不坚也。黄白杂,则不坚且不韧也。又柔则锩,坚则折,剑折且锩,焉得为利剑?'剑之情未革,而或以为良,或以为恶,说使之也。故有以聪明听说。则妄说者止。无以聪明听说,则尧桀无别矣。"见〔秦〕吕不韦:《吕氏春秋》卷二十五"似顺论"(中华书局《四库备要》本第 35 册,183 页)。

⑤据北京钢铁学院鉴定,这是一件陨铁。

⑥先秦《诗经·秦风·驷驖》有"驷驖孔阜"句。南朝顾野王《玉篇》释"驖"为"马如铁赤黑色"。唐代孔颖达:《毛诗正义》把"驖"字径写成"铁"。

⑦先秦《左传》记鲁昭公二十九年(前 513)晋国军队在汝水旁筑城,"遂赋晋国一鼓铁,以铸刑鼎,著范宣子所为《刑书》焉。"

⑧原文为:"(阖闾)请干将铸作名剑二枚。干将者,吴人也,与欧冶子同师,俱能为剑。越前来献三枚,阖闾得而宝之。以故使剑匠作为二枚。一曰干将,二曰莫邪。莫邪,干将之妻也。干将作剑,采五山之铁精,六合之金英,候天伺地,阴阳同光,百神临观,天气下降而金铁之精不销沦流,于是干将不知其由。莫邪曰:'子以善为剑闻于王,王使子作剑三月不成,其有意乎?'干将曰:'吾不知其理也。'莫邪曰:'夫神物之化,须人而生。今夫子作剑,得无得其人而后成乎!'干将曰:'昔吾师作冶,金铁之类不销,夫妻俱入冶炉中,然后成物。至今后世即山作冶麻绖蓑服,然后敢铸金于山。今吾作剑不变化者,其若斯耶。'莫邪曰:'师知烁身以成物,吾何难哉!'于是干将妻乃断发剪爪,投于炉中,使童女童男三百人鼓橐装炭,金铁乃濡,遂以成剑。"见〔东汉〕赵晔:《吴越春秋》卷四"阖闾内传"(中华书局《四部

备要》本史部 44 册 13 页）。

⑨《孟子·滕文公章句上》有"许子以釜甑爨,以铁耕否?"句。

⑩《管子·海王》有"今铁官之数曰:一女必有一针一刀,若其事立;耕者必有一耒一耜一铫,若其事立;行服连轺辇者必有一斤一锯一锥一凿,若其事立。"句。

⑪详见《考古学报》,1956 年 1 期。

⑫原文为:"楚人鲛革犀兕以为甲,鞈如金石。宛钜铁釶,惨如蜂虿。轻利僄遨,卒如飘风。然而兵殆于垂沙,唐蔑死。"见〔先秦〕荀卿:《荀子》"议兵"篇。

⑬见《汉书·五行志》。

⑭原文为:"雷者,太阳之激气也。……何以验之?试以一斗水灌冶铸之火,气激毁裂,若雷之音矣。……当冶工之消铁也,以土为形,燥则铁下,不则跃溢而射,射中人身,则皮肤灼剥。"见〔东汉〕王充:《论衡》"雷虚"篇。

⑮指山东滕县出土的汉代冶铁画像石。

⑯参阅赵金嘏:《河南鲁山汉代冶铁厂调查记》一文,载于《新史学通讯》1952 年 7 月号。

⑰见〔元〕陈椿:《熬波图》中第三十七图（铸造铁柈图）,系宋元以来土高炉的图形,后有说明:"镕铸柈（即盘）,各随所铸大小,用工铸造,以旧破锅镀铁为上。先筑炉,用瓶砂、白墡、炭屑、小麦穗和泥,实筑为炉。"（《吉金庵丛书》本）

⑱原文为:"凡铁分生熟。出炉未炒则生,既炒则熟。生熟相和,炼则成钢。凡铁炉用盐做造,和泥砌成。其炉多傍山穴为之,或用巨木匡围。塑造盐泥,穷月之力,不容造次。盐泥有罅,尽弃全功。凡铁一炉,载土二千余斤,或用硬木柴,或用煤炭,或用木炭,南北各从利便。扇炉风箱,必用四、六人带拽。土化成铁之后,从炉腰孔流出。炉孔先用泥塞,每旦昼六时,一时出铁一陀。既出,即又泥塞,鼓风再熔。凡造生铁为冶铸用者,就此流成长条、圆块,范内取用。若造熟铁,则生铁流出时相连数尺内,低下数寸,筑一方塘,短墙抵之。其铁流入塘内,数人执柳木棍,排立墙上,先以污潮泥晒干,舂筛细罗如面,一人疾手撒掺,众人柳棍疾搅,即时炒成熟铁。其柳棍每炒一次烧折二三寸,再用则又更之。炒过稍冷时,或有就塘内斩划成方块者,或有提出挥椎打圆后货者。"见〔明〕宋应星:《天工开物》卷 14 "五金"。

⑲关于武则天造天枢的情况,可参阅《新唐书》卷 76 "后妃传"以及《资治通鉴》卷 205 等。

⑳原文为:"（汉太）上皇游郑沛山中寓居穷谷里,有人欧冶铸。上皇息其傍,问曰:'此铸何器?'工者笑而答曰:'为天子铸剑,慎勿泄言。'上皇谓为戏言而无疑色。工人曰:'今所铸铁,钢砺难成。若得公腰佩刀杂而冶之,即成神器,可以尅定天下。……'上皇曰:'余此物名为匕首,其利难傅,水断虬龙,陆斩虎兕,魍魉罔两,莫能逢之,砍玉镳金,其刃不卷。'工人曰:'若不得此匕首以和铸,虽欧冶专精越砥敛锷,终为鄙器。'上皇则解匕首投入炉中,俄而烟焰冲天,日为之昼晦。"见（东晋）王嘉《拾遗记》卷 5 "前汉上"（见《百子全书》,上海扫叶山房石印本,1925）。

㉑杨泉:《物理论》曰:"阮师之作刀,受法于金精之灵,七月庚辛见金神于冶监之门,向西再拜金神,教以水火之齐、五精之练,用阴阳之候,取刚柔之和,三年作刀千七百七十口,其刀平背夹刃方口洪首截轻微不绝丝发之系所坚刚无变动之异。"

㉒原文为:"（蒲元）性多奇思,得之天然,忽于斜谷为诸葛亮铸刀三千口,熔金造器,特异常法。刀成,自

言:'汉水纯弱,不能淬用。蜀江爽烈,是谓大金之元精,天分其野。'乃命人于成都取之。有一人前至。君以淬刀,育杂涪水不可用。取水者犹悍言不杂。君以刀画水云:'杂以八升,何故言不?'取水者方叩头首伏云:'实于涪津渡负倒覆水,惧怖,遂以涪水八升益之。'于是咸共惊服,称为神妙。"见〔唐〕虞世南:《北堂书钞》卷123"蒲元别传"。互见〔北宋〕李昉《太平御览》卷345"蒲元传"。

㉓龙泉在今浙江省,古越国之地。

㉔原文为:"(怀文)又造宿铁刀,其法烧生铁精,以重柔铤,数宿则成刚。以柔铁为刀脊浴以五牲之溺,淬以五牲之脂,斩甲过三十扎。……怀文云,广平郡南幹子城,是干将铸剑处,其土可以莹刀。"见〔唐〕李百药《北齐书》卷49"方伎列传",互见(唐)李延寿:《北史》卷89"艺术列传"。

㉕原文为:"陶隐居云,……生铁是不破鑐、枪、釜之类。钢铁是杂炼生鍒作刀镰者。"见《重修政和经史证类备用本草》卷4"玉石类"(商务印书馆《四部丛刊》本第109页)。

㉖原文为:"……诸铁不著所出州郡,亦当同处耳。铁今江南西蜀有炉冶处皆有之。初炼去矿,用以注泻器物者为生铁;再三销拍,可以作鍱者为鑐铁,亦谓之熟铁;以生柔相杂和,用以作刀剑锋刃者为钢铁。"转引自《重修政和经史证类备用本草》卷4"玉石类"(商务印书馆《四部丛刊》本111页)。

㉗原文为:"凡钢铁炼法,用熟铁打成薄片如指头阔,长半寸许,以铁片束包夹紧,生铁安置其上,又用破草覆盖其上,泥涂其底下。洪炉鼓鞲,火力到时,生铁先化,渗淋熟铁之中,两情投合,取出加锤。再炼再锤,不一而足,俗名团钢,亦曰灌钢者是也。"见〔明〕宋应星《天工开物》卷14"五金"。

㉘原文为:"予居湘时,时见徭人岁来谒象庙,各佩一刀,所谓黄钢者,惟诸蛮能之。其俗,举子,姻族来劳视者,各持铁投其家水中。逮子长授室,大具牛酒,会其所赏往来者,出铁百炼,尽其铁以取精钢具一刀,不使有珠两之羡。故其初偶得铁多者,刀成铦利绝世,一样能断牛腰。其次亦非汉人所能作。终身宝佩之。汉人愿得者,非杀之不能取也。往往旁郡多作膺者。予尝访老冶,谓之'到钢',精炼之所到也。"见〔南宋〕曾敏行:《独醒杂志》卷4。

㉙原文为:"铁矿,于矿中炼出者,谓之生铁;铁落,断而落者也;鑐铁,炒熟铁也;钢铁,炼铁去渣者也。……其生铁既自火中炼石而出,世谓之生铁。……钢铁,今用柔铁屈盘,乃以生铁陷其间,泥封炼之,锻令相入,谓之团钢,又曰灌钢。此盖草创之钢,亦不免伪也。盖生铁之坚及三四炼,则生铁亦自熟,却是柔铁,而天下莫以为非。磁州炼坊,方识真钢。凡铁之有钢,如面之有筋,濯洗、揉面既尽,筋乃见。炼钢亦然。恒取精铁一百余斤,每锻一火称之遂轻,累锻称之,至于不减耗,此则纯钢也,实铁之精纯者,虽百炼不能耗也。其色清明,磨莹之,则黯黯而清且黑。亦有炼之尽,全无钢者,系地之所产精粗尔。"见〔南宋〕寇宗奭:《本草衍义》卷5第32页(商务印书馆,1957)。

㉚原文为:"……钢出处州,其性脆,拙工炼之为难,盖其出炉,冶者多杂粪炭灰土,且其块粗大。惟巧工能看火候,不疾不徐,捶击中节。若火候过则与粪淬俱流,火候少则本体未熔而不相合。"见〔明〕唐顺之:《武编·前编》卷5"铁"。

㉛原文为:"其炒铁,则以生铁团之入炉,火烧通红,乃出而置砧上,一人钳之,二三人锤之,旁十余童子扇之。童子必唱歌不辍,然后可炼熟而为鍱也。计炒铁之肆有数十,人有数千,一肆数十砧,一砧十余人,是为小炉。"见(明)屈大均:《广东新语·货语》卷15"铁"条。

㉜原文为:"铲橐埵坊设,非巧冶不能以治金。……若夫工匠之为连鑐运开,阴闭眩错,入云冥冥眇,神调之极,游乎心手众虚之间,而莫与物为际者。……"见〔西汉〕刘安:《淮南子》卷11。

㉝原文为:"刀剑绝美者,以百炼钢包裹其外,其中仍用无钢铁为骨。若非钢表铁里,则劲力所施,即成折断。(其次寻常万斧,止嵌于其面。)即重价宝刀,可斩钉截凡铁者,经数千遭磨砺,则钢尽而铁现也。倭国刀背阔不及二分许,架于手指之上,不复欹倒。……凡万斧。皆嵌钢、包钢,整齐而后入水淬之。"见〔明〕宋应星:《天工开物》卷10"锤锻"。

㉞原文为:"古剑有湛卢、鱼肠之名。湛卢谓其湛湛然黑色也。古人或以剂钢为刃,柔铁为茎幹,不尔则多断折。剑之钢者,刃多毁缺。巨阙是也,故不可纯用剂钢。鱼肠即今之蟠钢剑也,又谓之松文。"见〔北宋〕沈括:《梦溪笔谈》卷19"器用"。

㉟原文为:"铁有五种。荆铁出当阳,色紫而坚利。上饶铁次之。镔铁出波斯,坚利可切金玉。太原、蜀山之铁顽滞。钢铁生西南瘴海中山石上,状如紫石英,水火不能坏,穿珠切玉如土也。"见〔明〕李时珍:《本草纲目》卷8"金石部·铁"条。

㊱原文为:"镔铁出西蕃,面上有螺旋花者,有芝麻雪花者。"见〔明〕曹昭:《格古要论》卷6。

【36】（冶金）

Ⅲ—2　中国在铸铁冶炼方面的领先地位*

　　拜读了约翰·斯宾塞（John Spencer）教授报道安东尼·菲拉列特（Antonio Fil-arete，1400—1470）于1463年参观一座意大利鼓风炉（可能是在阿普安·阿尔卑斯山）的文章后，承编辑先生的美意，向我出示了西里尔·史密斯（Cyril Smith）教授、T. A. 沃泰姆（T. A. Wertime）先生和L. C. 艾克纳（L. C. Eichner）先生就此发表的评论。这确实构成了一次很有意义的小型专题讨论。本人应邀参与，深感荣幸。

　　我确信，所有人都会倾向于接受史密斯教授和艾克纳先生的阐释，即菲拉列特所描述的是一种粒化法。"金属所具有的形状是借助于它作为金属的特性"而不是在铸型中浇注。这句话肯定是非常有意义的。毫无疑问，在该时期和其后很长时间内，使铸铁的最终产品呈小块状而不是锭状，更适于多种应用。迄今为止，我记不起在中国文献中有任何有关粒化法的类似记载，但我们随时有可能发现它。虽然中国铸铁术的悠久历史——沃泰姆先生完全同意这一点，例如在其《钢时代的来临》（*The Coming of the Agp oy Steel*）一书中所说的——使我们有可能在汉代的而不是从宋代或明代的典籍中找到它。

　　我们高兴地看到史密斯教授把菲拉列特所绘图2中的物件（它看起来颇像是安装在输送器支架上的炊事用擀面杖）认作是风箱装置的一部分，而不是通向风嘴的两根风管。确实，后一种解释是我从未设想过的。但他把"中心圆木"设想为两端有轴颈的水轮轴，我却未敢苟同。因为，这里需要的是交替的往复运动而不是连续的旋转运动。我倾向于认为"中心圆木"是一种曲柄摇摆轴。它与我们在阿戈斯蒂诺·拉美利（Agostino Ramelli）①的设计图（1588）中所见到的几乎完全一样，见《各类人造机器》（*Le Divers et Artificiose Machine*）图版137，由弗莱蒙（Frémont）、R. J. 福勃斯（R. J. Forbes）等人复原，同类构件见《中国科学技术史》第4卷第2册图608。它们同

---

*　本文发表于《技术与文化》（*Technology and Gulture*）季刊卷5，3期（1964），文内草图（图1）由杜尔诺学院（College Le Tourneau）和凯斯工学院（Case Institute of Technology）的罗伯特·H. 塞尔比（Robert H. Selby）所重绘。——编者注

1313 年以后在中国冶铁鼓风机图中不断出现的装置亦极为相似(王桢《农书》卷 19 第 5 页反面,第 6 页正面;王圻《三才图会》,1609 年,器用卷 10,第 30 页双面;陈梦雷等辑《图书集成》,1726 年,艺术典,卷 6,案考 4,第 2 页;参看鄂尔泰等辑《授时通考》,1742 年,卷 40,第 30 页正面)。《农书》中的鼓风机,即"水力驱动的往复运动装置"(水排),已由我在《中国钢铁技术的发展》(*The Development of Iron and Steel in China*)一文中予以复原(图版 19,图 31,又见由南希发行的法文版),从而为冶金学家们所熟知。因此,我料想,菲拉列特的两具皮木结构的方形鼓风器是直接由摇摆轴驱动的,其驱动方式见图 1。

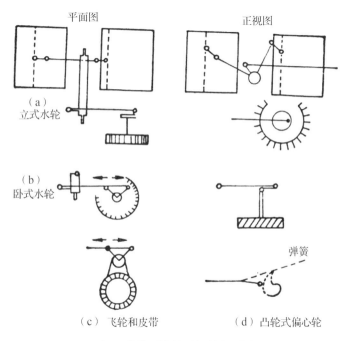

图 1 菲拉列特鼓风机的复原图

史密斯教授认为菲拉列特的鼓风机和中国的一样,都由卧式水轮驱动。对此,本人深表赞同。然而,我不明白为什么鼓风器是方形的而不是通常的楔形皮木结构的。后一种结构在毕林古乔(Biringuccio)[2]、塔科拉(Taccola,1381—1453)以及其他许多 15—16 世纪欧洲设计家的著作中,我们是很熟悉的。我认为,史密斯教授想到的是在竖轴上的凸轮。而我必得说,我还从未见到过在任何文明中有这样的实例。方形皮木结构的鼓风器也同样并不代表中国的特色。中国从未用过楔形鼓风器,而经常是使用长方形的风箱。这类风箱首见于 10 世纪或 11 世纪西夏榆林窟壁画(《中国科学技术史》卷 4,第 2 册,图 430)。它无疑是日本脚踏大风箱(たたら,踏鞴)的先导。奇怪的是,至迟始于 1280 年的往复式活塞鼓风器(我们有该时期印在书中的插图,见上书图 427)虽常用于人工操作的熔炉和锻炉,但在有关机械鼓风的中国文献和绘图中,却至今未见到过。我们看宋应星《天工开物》（1637）中的铸鼎图（图2），就会发现书中奇怪地略去了熔铁鼓风机的图。[1]

很遗憾，埃里希·伯内（Erich Böhne）在他就波斯马赞达兰省的鼓风炉所作经典性记录中〔《钢与铁》（*Stahl und Eisen*）卷48，1928年，第1577页〕，没有说清楚卧式水轮和通向楔形（显然不是锥形）皮木结构鼓风器的连杆之间的连接情况。显系同一类型但用人力驱动的锻炉用波斯鼓风器，最近已由 E. C. 沃尔夫（E. C. Wulff）拍摄。由于伯内的示意图有两根连杆但仅有一具水轮，想必另有一根装在轴上的中间杆，以便依靠两根连杆来作进程或返程。在重新绘制的菲拉列特图（图1）中，图1a 为通常的立式水轮，附有曲柄和连杆。由于此种偏心连杆和活塞杆相结合的描述，最早可在安东尼·比塞尼洛（Antonio Pisanello）的著作（约1445）中见到，因而此图是无可非议的，当然这是指欧洲而言。至于这种标准装置在中国的使用，则至少可向前追溯2个世纪。

图2　《天工开物》（1637）所刊青铜铸造图。三具人力驱动的往复式活塞风箱用来熔化青铜，供铸造大鼎之用。这种风箱的图最早见于13世纪末，但文献记载可追溯至汉代

我在纽卡斯尔举行的格雷伯爵讲座（Earl Grey Lecture）和纽可门（Newcomen）百年纪念讲座中已阐述了这一观点〔《纽可门学会学报》（*Trans. Newcomen Soc.*），1964年，特刊〕。

此外，凸轮或偏心轮（常见于毕林古乔的著作）也可能被使用（图1d），但此时其回程须借助弹簧来进行，就像著名的维拉·德翁尼库尔（Villard de Honnecourt）锯床一样（1237）。相应的卧式水轮装置见图1b。中国的这类机械常以使用安装于辅助轴上的偏心装置而见长，辅助轴依靠传动带由主轮上方的飞轮带动。而菲拉列特鼓风机是否应用此种装置则没有说明（图1c）。

我们要感谢沃泰姆先生提出的于某部位设有极具价值的后护卫装置的设想。可惜，旧有痕迹多已永远消失了。虽然如此，他还是提出了若干很有意义的并列联系，一方面是粒化法把马赞达兰式与菲拉列特式联系了起来，另一方面则是中国的卧轮鼓风机和立轮舂米杵锤并存。我确信，无论是欧洲的卧式小型马丁机，还是塔科拉和

毕林古乔的高炉用凸轮鼓风器,都源自中国汉代的杵锤。我高兴地获悉,沃泰姆先生认为菲拉列特的描述"再次引起了有关亚洲对欧洲冶金术影响的争论"。因为,我还从未见到有任何人像沃泰姆先生在他的《钢时代的来临》一书中所说的那样,走向了另一个极端,以否定中国的技术传播对欧洲的关键作用;例如否定中国对欧洲于1380年开始铸铁生产的作用,而无视他本人收集与列出的众多资料。的确,关于这个问题,目前还没有确凿的证据,但已有了许多线索。再则,人们的观点将主要取决于中国在铸铁技术上的长期领先地位对他们所产生的影响,以及他们在多大程度上认为这基本上是欧洲的独立发明。我是倾向于前一观点的,因为中国自公元前4世纪起,就经常用铸铁制造农具以至武器〔见《汉学文献评论》(*Revue Bibliographique de Sinologie*)卷2,1959年,第638、639号有关孙廷烈最近对早期块炼铁所作冶金分析,以及杨宽有关铸铁的著作〕。两年前,发掘了汉代初期(公元前2世纪至1世纪)两座有重大意义的冶铁作坊遗址,《巩县铁生沟》曾对此作了详细报道(中国科学院,北京,1962)。遗址中发现有冶炼炉17座,低温炒炼炉1座,熔炉1座和精炼炉1座。在17座冶炼炉中,有3座是块炼炉(第12、13、14号),2座是方形鼓风炉(第15、16号),6座是圆形鼓风炉(第2、3、4、5、18、19号)。有5座炼炉紧密地排成一列(第7、8、9、10、11号)。最令人惊异并且确凿无疑的是一座反射炉,燃料和矿石在炉中是严格分开的(第15号)。筑炉材料为耐火砖,并用耐火黏土作衬,报道中还附有金属和炉渣的分析说明。

作为一项总原则,我认为,一种工艺或发明在某一地区的最初完成到在另一地区出现之间的时限越长,则二者为完全独立的发明的设想就越是难于接受。我也不相信如果没有来自东方的刺激,欧洲文艺复兴前的炼炉和鼓风器能够轻而易举地熔炼铸铁,特别是鼓风装置的机械化。我完全同意沃泰姆先生关于波斯是最可能的传播中心之一的观点。无论是保存伊朗传统制铁业的遗迹,或是研究波斯人和其他旅行者的著作,以进一步探索中国的技术知识是怎样传到西方的,这两件事都值得花费时间和精力去做。这就是为什么我迫切等待着我的朋友沃尔夫先生的《波斯的工业技艺》(*The Industrial Arts of Persia*)一书出版的原因。沃尔夫先生可以说是伊朗的汉默尔[③]。

我希望比沃泰姆先生在其著作中向我们提供的更多地了解有关勃列西亚-布加来的互熔过程〔我并不喜欢"互熔"(cofusion)这个词,但鉴于没有更好的术语,只好先用它。由于熟铁在当时不能熔化,我也不准备用沃泰姆先生的"交熔"(interfusion)一词来代替它〕。如果能知道它的确切的引进年代,就可能有助于确定其中国来历。大可怀疑的是,这些城市是否均为威尼斯的客户,而威尼斯是最著名的面向东方的国家,是马可·波罗本人的故乡。我还希望更多地了解坎内乔(Canecchio)鼓风炉的情况。如果这种炼炉是倒锥形的,那么它就确实不是中国式的。因为,就我所知,中国的锥形炼炉总是上小下大的(为此,我确实不敢苟同沃泰姆先生在其著作中所表述的观点,即中国的鼓风炉实际是源自其坩埚还原工艺所采取的细长的圆筒形坩埚)。然而,把炊具和火炮联系起来的铸铁生产,清楚地表明了它渊源于中国的工业传统。而意大利在15世纪获知并予应用的"中国火药"(铸铁屑和火药的一种混合物)的证据又是什么呢?本文不准备对"成串技术"传播的观念予以评论,但我认为这是一个极重要的问题,并已在即将出版的拙著《中国科学技术史》卷4第2册中详加阐明。

(周曾雄 华觉明 译)

参考资料与注释

〔1〕作者最近在斯德哥尔摩技术博物馆发现一件鼓风器(风箱)模型,呈方形,皮边,供锻炉或鼓风炉〔或奥斯曼炉(Osmund furnace)〕使用,正如1766年威尼斯的雅各布·温杜拉(Jakob Ventura)在《皇家科学院学报》(Vetenskapsakademia Handlinger)中所描述的那样。

译 注

①拉美利(1531—1600),意大利工程学家,文艺复兴时期的代表人物。他的《各类人造机器》一书致力于数学在机械学中的应用,并有许多有关水力机械和兵工器械的插图与说明,常为学者们所征引。

②毕林古乔(1480—1539),意大利冶金学家。他在青年时期曾周游意大利和德国,考察冶金作业,后在铁矿、锻造厂和兵工厂工作。1513年主管造币厂,后又曾在威尼斯和佛罗伦萨共和国铸造火炮,修建城堡。1538年,出任教皇的铸造厂与兵工厂的主管人。他的名著《炉火术》于1540年出版。该书共10卷,其中详述各种金属和非金属矿物及其提炼、制备,以及铸像、铸炮、造币、金银工、铁工等金属工艺,制陶、制砖、火药制法等,并附有插图83幅,保存了早期化学和冶金工艺的许多珍贵资料。

③汉默尔,著名汉学家。他于1921—1926、1928—1930年在华居住期间,广泛考察了中国的传统手工业,并于1937年出版了《中国手工业》(China at Work,一译《中国工具文化史》)一书。该书共五章,分述制作工具的工具以及为衣、食、住、行所需的各类工具装备,并有大量实物照片与插图,从而具有重要的文献价值,被学术界公认为研究中国传统物质文化史的必备参考书。

【37】（机械）

Ⅲ—3　中国古代对机械工程的贡献*

一

有人认为科学技术的历史是获取自由的保障。它意味着当我们获知人类对自然的认识及其起源和发展时，我们就从一些极易形成的成见之中解放出来；我们就能进一步理解所有臆说的有限"生命和价值"；我们看到误解如何发生又如何消除，就能将我们当代的成就置于更适当的历史背景之中。有一种很固执的偏见可以就此矫正过来，那就是一般认为机械方面的发明是在西方文化之中的，它不为其他任何文化所共有。相反地，我们愈加了解古代世界中其他伟大的文明，我们就愈加感觉到它们在这方面曾起过重要的作用。它们有的方面在公元前 2 世纪至 15 世纪之间实际上比欧洲进步得多。我今晚就要向诸位谈谈中国古代对机械工程的贡献。

像所有科学长河一样，中国科学的长河在流向现代科学之海以前，在数学方面曾有显著的成就。[1]十进制和零的空位开始于黄河流域，较其他任何地方为早，而十进计量制即由此发展。1 世纪中国工匠用十等分的滑动卡尺来检测工件。意味深长的是，中国数学思想在很大程度上总是代数性质的而不是几何性质的。在 12—14 世纪中国学术界在求解方程方面居于世界首位，所谓巴斯加三角，中国早在 1300 年就有了。在天文方面我只要说一下在文艺复兴以前，中国人是最持久最成功和最精密的天象观测者。[2]尽管几何的行星理论在他们中间并未发展，他们却设想了宇宙论以解惑，并用我们近代的坐标画出了天体图；又保持了日食、月食、彗星、新星和流星的记录，这些记录在今天仍然有用，例如对射电天文学家而言。后来在天文仪器方面出现了一项卓越的进展，包括赤道装置和时钟驱动的仪器；此项进展与当时中国工匠的才

---

* 本文是李约瑟 1961 年在纽卡斯特尔大学格雷伯爵纪念演讲会上作的演讲。——编者注

能紧密相关。在这个讲稿末尾要提到这一方面。这种技巧也影响到其他学科,如地震学[3],有一位中国科学家张衡,在132年建造了第一座实用的地动仪。

物理学的三个分支,光学、声学和磁学在古代和中古的中国特别发达。这和西方形成了鲜明的对照;西方的力学和机械学比较发达,而对磁的现象则几乎一无所知。中国和欧洲最显著的区别在于连续性与非连续性的讨论,因为正是中国数学在本质上与其说是几何的毋宁说是代数的,因此中国的物理学相信原始类型的波动理论,并在一个较长的时期内厌恶原子。[4]在机械领域里人们能找到一些中国的偏爱,在我们的祖先目睹典型水磨和风磨而宁要竖式装置时,中国古代的工匠能装置其所要做出的卧式轮。

人们永远必须联系其他文化的成就来考虑中国的贡献。在科学技术史中古代世界应当看作是一个整体,这是十分清楚了。但在这样做时,一种很奇怪的现象却出现了,何以近代科学、关于自然界假说的数学化以及有关的当代技术产生于伽利略时代的西方?这是最突出的问题,很多人提出这样的问题而很少得到解答。但还有个同样重要的另一问题,何以在公元前2世纪至15世纪之间,就利用人类对自然的知识来说,东亚文化比起西欧要有效得多?只有对东方和西方文化其社会和经济结构作出分析,而又重视思想体系的重要作用,才能提出对这些问题的解释。

今晚我们不能占用更多的时间讨论这样重大的问题,可以就更具体的事物、发明和机具等作一些并非无益的讨论。我建议以水轮和水磨开始,从中还会产生一些关于蒸汽机系统的出乎意外的论断。在中国,水轮用于冶金鼓风比用于磨碎谷物更早并且更重要。一开始我们必须对水前轮和水后轮加以区别,前者以水流下降之力转动,而后者则传达运动于水,亦即用他力来传输水流。船碇泊于水流中而船上装磨,这当然是水前轮。但在其引起水后轮向自动桨轮船的过渡中其所占有的地位是不明确的。除去装在船上的磨以外,在中世纪中国还有用于计时的水轮。在古代的漏壶与欧洲14世纪纯粹的机械钟之间所缺失的环节在中国出现了,那就是擒纵机构首次应用于平水壶向水轮上水斗注水(或水银),在我们的安排中要就这个卓越的进步作专门的阐释。

二

作为开场白先用一两句话来描述水轮的最初起源。无人能确切地知道这一点,但在东亚直到今日还残存着一种精巧装置,我们称之为勺碓,它们可能是一种世代流传下来的形式。它用连续的水流注满空勺,周期性地排空,正像碓槌一样操作,这就是槽碓。最古老的中国槽碓图在 1313 年就出现了,它可见于一本农业和农村手工业的摘要,即王祯所编纂的《农书》。可以认为其内容最晚是 1300 年,因为作者若干年后曾相当详尽地描述了这一装置,因而如果认为其出现至少是一个世纪前的事,也许是恰当的。这种非常简单的装置是古朴的,多半是很古老的,它保留到了今天。特鲁普(Troup)于 20 世纪初曾在日本发现若干例证,其勺数增加到两具,随后又增至四具和六具、八具,形成一斗式水轮。这种倾斗式的简单装置遍及于整个中世纪的机械工程,特别流行于阿拉伯国家。在 18 世纪(1736)马丁·特里瓦尔德(Martin Triewald)使用同样的水斗装置在瑞典建造了冶金鼓风设备,它交替地降低两个盖子压送空气以鼓风。

正如我们从诸如佚名的约翰霍斯信徒工程师(1430)的手稿中所示图画上获知,在西方中世纪典型的重压机是一种竖式装置,而中国很早就将水力应用于完全不同形式的冲压机,称之为水碓。当主轴旋转一周,主轴上的凸耳即逐一将槌举起。20 年桓谭的文章首先提到这一简单机具,这证明了其时已将水力应用于舂击。虽然在中国,实际上卧装式水轮后来一直都获得最广泛的运用,直立水轮由于比较简单此时即已开始使用。我在中国农村旅行时即很熟悉水碓,有照片为证,它与《狄德罗百科全书》(Diderot's encyclopaedia)(1765)中有名的插图相比较,人们不难立即看清这些古代机具是现代正规锻锤的直系祖先。12 世纪楼璹为这些除去稻壳的机具写下了耕织图诗,以之与 18 世纪的工业图景相比,又是何等优美的境界。他写道:

娟秀的月儿已爬上墙头,
树叶儿在微风中簌簌地颤抖;
此时此刻的乡村田园,
像互相问答一般——
　　回响着冲击的杵和臼。
那玉粒般米饭底芳香啊,
　　让您欣赏这晚炊之候;
当您注视着勺中的水流进复流出,
抑或聆听那水轮的回转,
　　它象征着勤劳奋斗!①

我们注意到在中国迄今流传的典型的卧式水磨,与欧洲称之为诺斯(Norsa)、斯堪的纳维亚或设得兰(Shatland)磨[5]非常相似。在欧洲叶片一般是斜嵌在桨轮上,在中国却不是这样,在那里叶片作为水车侧板用轮辋整个包起来,而不是自由地直立着。这种最典型的中国水轮在 1300 年的《农书》中曾加以描绘。两年前当我再度到中国的四川和甘肃时,我得以对这些磨加以研究并爬到下面去检视其结构。卧式水轮总是装置着水槽和管口。这种磨曾经是相当重要的,看来,很有理由认为汽轮是从卧轮经 1563 年贝森(Besson)的盆轮而不是从竖式轮发展而来。在西方具有直角磨轮齿的维特鲁维厄斯(Vitruvian)竖式水轮〔以维特鲁维厄斯(Vitruvius)在公元前 25 年成书的巨著中曾加以描述而如此称谓,比本文前述之桓谭的文章仅仅略早几年〕,它传布较广并较为人们所熟知。不过,在整个中世纪,中国人也使用竖式轮,《农书》中所示之例证,其中九个一组的石磨用齿轮彼此连接,并由一个竖轮带动。使经济史学家为之惊异的也许是在整个 13 世纪中国已将水力应用到纺织机具。《农书》中还示及一竖式水轮带动一具捻丝机或纺制大麻、苎麻之纺车,并且书中说明这是常见的做法。中国是劳动力丰富的地方,但从中国文化看来,却并未排斥节约劳动力的发明。

三

我现在转入另一个完全不同的题目,即在中国冶金鼓风机上对于水力的使用。西方人极少认识到这一点,实际上在最近 4 个或 5 个世纪以前中国已是钢铁时代的文化,而西方则不然。[6] 在 1380 年以前西方没有人能够获得一小块铸铁,不管他出多大代价;而中国在公元前 4 世纪已在工业生产的规模上井然有序地生产铸铁了。撇开令人难以忘怀的文字证据,过去几十年从这一时期的墓葬以及汉以后的墓葬中,发现了许多铸铁件,大多数是农具以及农具的型范。我们不知道这些型范是否用于青铜或其他合金,但用于铸铁本身则是十分可能的。

当人们接触到中世纪时,就会开始找到良好的小型鼓风炉的图画。就我所知,最古老的是一本名为《熬波图咏》的书,该书由陈椿完成于 1334 年,并由瞿守仁兄弟作插图。它涉及制盐业,而盐与铁总是并提的,因为盐民们需用大锅蒸发海水,而大锅是铸铁制成。借助于 14 世纪的中国鼓风炉,人们可以看到活塞风箱或风扇形式的鼓风设备。整个中世纪无论 550 年北齐王朝的铁观音或 954 年的沧州铁狮子(为纪念后周抗辽的胜利而制作),都证明了中国所掌握的钢铁技术。在 1061 年正当西方的征服者威廉一世(William the Conqueror)的时代,中国人实际上已用铸铁铸成了宝塔,例如保留到现在的湖北当阳铁塔。而且钢铁是如此之丰富,它不仅用以建造宝塔,也用以建造寺庙的屋顶。在神圣的泰山之巅,其地风势凛冽,早在 15 世纪一些寺庙的殿堂就以铸铁为顶,以避免经常修理屋顶。

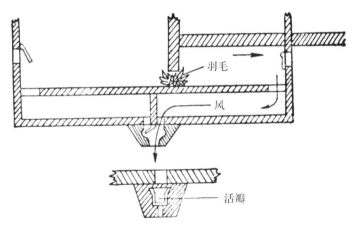

图 1　中国双动活塞风箱

　　毫无疑问,中国人发展的双动活塞风箱是使铸铁技术有可能早期发展的诸因素之一(肯定不是唯一的因素,但确是一个重要因素),图 1 所示的是它的剖面图,其模型是奥布雷·伯斯塔尔(Aubrey Burstall)教授的收藏品之一,见图 2。用一个简单而巧妙的活瓣装置即可获得连续鼓风。中国铁匠们迄今仍使用这种风箱,人们到那里就会熟悉它。如活塞铰链并沿弧线运动,像后来中国和日本的风箱那样,这一基本原理却丝毫并未受到影响。

图 2　王祯水力冶金鼓风机(1313)

　　最古老的用于铸铁的水力鼓风机有关文献,出现于 31 年。《后汉书》(东汉王朝的历史)称:

　　"建武七年,杜诗升任南阳太守,他生性节俭而在政治上也造成了清静安平的气氛;他除暴安良,从而建立了政府的威信,呈现出一派公平合理清简端肃的气象。他善于安排计划,又爱惜民力,减轻他们的负担。他发明水排用于铸造农具,使人们费力较少而收效很大,水排获得了广泛的采纳和使用。"②

　　杜诗所用确系何种装置尚属未知,很有可能就像为碓槌安装凸耳一样,在轴上安装一些凸耳,作用于一组传动机构以操作风箱,由一组强劲的竹制弹簧恢复原位。如果是这样,它可能是靠竖式水轮驱动。1300 年王祯也曾对这种设计加以描述,但其时显然已广泛使用的其另一设计却更加重要并令人更感兴趣。按照其著作中的原文加以引述是相宜的,我朗读如下。他说:

　　"根据晚近的研究,在古老的岁月里使用皮囊鼓风器;如今则常用木制风扇(或活塞)。选择湍急的河旁,在底座上安装木轴,它具有两只水平轮,下边一轮由水力来推动;上边一轮则用弦索连接于旋鼓,主轮转动时所有运动部件都随之而转动,包括旋鼓和棹枝。则水平杆(即连杆)即由凸耳(即凸缘)的推动作左右方向的来回推拉,而活塞杆也随之向前向后来去运动,极为迅速地(剧烈地)操纵鼓风器,而甚于人力之所能。"③

　　然后他继续说道:

　　"一般地说冶金工艺最有利于国家……它真是一种有惠于人世的秘术,谨愿有人能加以传述。赋诗如下。

　　　　　　常聆悉那古代的良吏,
　　　　　　　　为农民们铸造农器;
　　　　　　祈愿使铁匠们少流汗水,
　　　　　　制造了——
　　　　　　　　水力驱动鼓风器。
　　　　　　送气、吸气
　　　　　　　　是自然底趋势。
　　　　　　正如古文字所示例;

　　　　　看哪,熔金正在流,

　　　　　火势已煽起;

　　　　　减轻了劳费,

　　　　　冶铸出农器。④

　　尤其是用《农书》里的插图与其后中国书上相似的插图互相比较时,机具的结构就十分明白易懂了。有一张复原线描图也许是有用处的(图3),卧式水轮通过上轮和驱动皮带带动小滑轮,其上装有凸耳,凸耳连着连杆,再通过摇杆或曲拐使风箱的活塞杆动作起来。这就有了偏心轮、连杆和活塞杆组成的整个系统,它构成了可称之为将旋转运动转变为往复运动的标准方法。在 1565 年由奥劳斯·马格努斯(Olaus Magnus)所著的 *De Genhbus Septentrionahbus* 一书中可以看到欧洲最古老的水力驱动冶金鼓风器图,这种简单的水碓式鼓风器迄今仍在使用。无论如何,1588 年拉美利(Ramelli)书中的插图所示曲拐摇杆和偏心装置(拐)与中国的设计中那些装置实在相似。其基本原则保留在 1757 年约翰·威尔金森(John Wilkinson)设计的鼓风机中的同样装置。其仅有的差别是这时有了一个真正的曲轴。

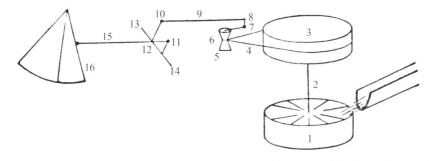

卧轮式:1.水轮(下卧轮),2.轴(立轴),3.驱动轮(上卧轮),4.驱动皮带(弦索),5.副轴,6.惰轮(旋鼓),7.曲柄(棹枝),8.曲柄接头,9.连杆(行桄),10、11.摇杆曲柄(攀耳),12.摇杆(卧轴),13、14.轴承,15.活塞杆(直木),16.风扇(木扇)

图 3　鼓风机单线图

　　当我们认真地考证曲拐或偏心的连杆和活塞结合在一起的年代时,我们认为那是 1200 年,至迟不过 1300 年在中国所发展起来的。我们惊愕地认识到那真是在形态上与往复式蒸汽机相当的东西。但它是以相反的方式工作的,由水流之力带来旋转运动,又转变为直线运动而作用于活塞风箱。蒸汽机上的问题是传输蒸汽动力至活塞,通过活塞杆和连杆使飞轮与轴得以连续运动。几乎可以说正是同样的类型,“前活塞”的欧洲的巨大的“生理学”的成就,是建立在 5 个或 6 个世纪前已在中国发展起来的“后活塞”的中国的“形态学”基础上的。如果说它们之间有什么继承性的联系,正应在这里寻找,而不是在蒸汽喷嘴或风神轮上寻找。诚然,中国的鼓风机在连杆与活塞杆之间插入了曲拐摇杆,但这并不影响其价值,这种装置实际上可以认为是采用了最终用十字滑块以获得稳定运动之前的中间解决办法。人们可以回顾直梁发动机中的直梁只是一个简单的直式摇杆,而王祯的设计每一局部构件的图形都流传下来了,结果是一直流传到直梁发动机的最后使用(它几乎一直流传到现代)。在 13 世纪的中国,所缺少的仅仅是正式的曲轴,那是 15 世纪欧洲人的发明,在 4 个世纪后约翰·威尔金森的时代之前,它没有在任何地方的鼓风机里出现过。

下面让我们对连续旋转运动与直线往复运动之间的互变的历史概况作新的一瞥。无疑地这项成就最古老的例证是弓钻,即筒钻与盘车,但它们全都包含非连续性的皮带传动,也未能有很大的进展。其次是在回转轴上安装凸耳,在回程则利用弹簧。但伯特兰·吉尔(Bertrand Gille)也许只知其一,他声称转换该项运动的唯一方法在中世纪是利用弹簧。[7]当然他指的是维拉德·达昂内库(Villard Honne-court)的水力锯床(1250),它是由水力驱动使轴上的凸耳来操作锯,并用一弹簧使锯返回原处。然而吉尔未曾提到在连接上下关系方面使人更感兴趣的东西。至于中世纪的成就,首先我要提到伟大的阿拉

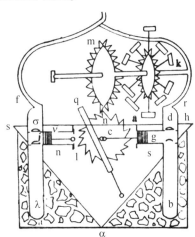

图 4　加塞瑞(Jazari)的槽杆
式泵(1206)

伯工程师加塞瑞在其著作《精巧机具概览》中所描述的槽杆式泵,该书系 1206 年写成。根据原稿[8]重绘的图样见图 4。图中竖式水轮(k)带动同轴(m)上的大齿轮,大齿轮又与另一齿轮(n)啮合。其轴不是在齿轮中心而是偏心的,一端装在一万向节上,而另一端则在环形槽内,做圆周运动。这一异常的偏心杆代替了联杆在一槽杆(q)的槽内上下滑动,槽杆的下端用支销固定,并在其中段的两侧各连接一活塞杆。当下轮回转时,槽杆就被迫左右摆动使活塞相继地前后移动。这是 13 世纪初期的精巧机构,但它不是往复式蒸汽机连杆系统的直系祖先,它不像中国机器那样,中国机器在同一时期即 1200 年肯定是在实际使用。

在蒸汽机的祖先中另一个需要考虑的是中国的卷丝机或绕线机。我之所以要回溯到 11 世纪,乃因其时有一本著作中对此已充分加以描述,即秦观(1100 年逝世)所著的《蚕书》。试览"缫车图"(图 5),采自中国 18 世纪或 19 世纪初期关于传统的丝作坊的文献,如何石安、魏默深之《蚕桑合编》。其中有曲拐、偏心和连杆,但没有活塞杆。蚕茧是在左侧的热水锅中抽取,刚抽出的蚕丝则经过架上的"眼"并通过一组"罗拉"而卷绕到大缫车上,为了使其规整地卷取,用一个"跳臂"向侧面前后移动,那是自

动操作的"锭翼"的祖先。踏板通过曲柄操作主绕丝管,主绕丝管的轴通过小滑轮与皮带连接,滑轮上的偏心凸耳则使跳臂往复移动。

这样我们得以提到了蒸汽机机型的两个组成部分,但还不是全部三个部分。我们立即可以看到在 15 世纪的欧洲仍未超越这个限度,然而 11 世纪的中国缫丝机已充分发展了。尤其是在中国丝业悠久这一点上,早在商朝(公元前 14 世纪)[9],已经发展得不错了。缫丝机的出现比我们所知的第一次有文字记载的时间还要早几个世纪,应是完全可能的。关于 13 世纪达昂内库的水力锯床,林恩·怀特(Lynn White)已经指出,它是包括两种既分离而又相关联的运动的(锯的运动和进给运动,给料)[10]完全自动的工业机器之最早实例。它在机械装置的发展上开创了一个新时代。我确信,缫车是获得这项荣誉的更适当的候补者,因为它肯定有一种自动的第

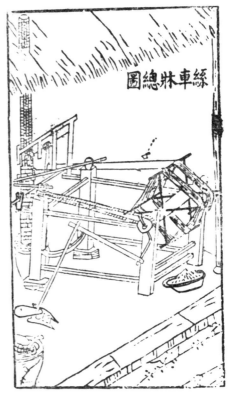

图 5 《蚕书》中描绘的中国缫丝机
（1080）

二项运动。正如我们已经看到,水力于 1300 年在中国已广泛地应用到纺织机械,因而很可能早于昂内库时代 50 年。的确,我们不知道这种动力其时是否应用于这种特殊的机器,但总有某种动力,并且使这种既分离而又相关联的运动准则是充分满足了的。

当达·芬奇在 15 世纪晚期面对着运动转换的问题时,他竭尽所能避免采用我们自然会想到的办法。在此以前两个世纪的德国和意大利工程技术著作中往往示出偏心及连杆,但其末端却没有活塞杆,达·芬奇虽知这项组合足以构成却尽力避免使用这个系统。[11]关于他使用这种完全的三件式系统的仅有例证是一项机械锯床的设计,他巧立的名目很多,一种方法是用一组交互往复运动的棘轮对绳索或链条授予一连续之卷绕运动。在别处他又用一种更巧妙的方法,在一可称之为旋转圆柱上的螺旋线沟槽中杆子在其中滑动;他发现仅用连杆即可达到目的,以凸轮的回转运动使连杆前后移动,最后他像 16 世纪的工程师们常常做的那样,求助于半齿轮。无须详述,那是将连续旋转变为交互旋转,然后采用辘轳链条将其变为直线往复运动的一种方法。人们必须再次强调 15 世纪的欧洲工程师对三部合成的"蒸汽机"(机构)尚无所知晓,

达·芬奇(1480)已经知道三部合成的机构,但却很谨慎地加以使用。何以如此迄今仍是一个谜。困难之处很有可能在于轴承的过量磨损。在康拉德·凯塞尔(Konrad Kyesar)时代(1400)的欧洲,铸铁还是比较新的东西,但在中国当秦观写作时它已经是很古老了,钢质枢轴在铸铁轴瓦中旋转,这在王祯的水排鼓风器中早已出现了,但在欧洲还缺乏经验,因而阻碍了蒸汽机的发展,12世纪的中国却已开始了这种发展。

在这全部历史之中最不寻常的事也许是迫使詹姆斯·瓦特(James Watt)发明行星式齿轮系统,因为在1780年詹姆斯·皮卡德(James Pickard)利用偏心及连杆将旋转运动转变为直线运动的基本方法已经获得专利。瓦特知道它是古老的方法,但不管是皮卡德或瓦特却一点儿也不知道早在1300年中国人已经使用了。

四

典型的文艺复兴后的产物蒸汽机于19世纪40年代传到中国。关于机车的第一张中国画出现在1843年出版的丁拱辰所著的《演炮图说》中。大约同时郑复光在其著作《火轮船图说》中又绘制了第一幅其时见于中国水域的"蒸汽桨轮船图"[12]。应能记忆其时英国人不顾中国政府的反对做传播麻醉剂的贸易,并于鸦片战争中在长江口吴淞炮台附近的战役中使用蒸汽桨轮船。中国人确曾使用人力推进的桨轮战船进行了不成功的抵抗,当英国军官们俘获并检视这些桨轮木船时,这些船成为最感兴趣的对象。每一个英国人当然都相信中国人是模仿了蒸汽轮船,并摆出一副屈尊俯就的样子对这种模拟技巧来表示祝贺。然而这完全是一种误解。

在演讲的开始我提到了磨船,即磨的水前轮装在船上而船停泊于流水之中。这可追溯到历史学家普鲁科皮厄斯(Procopius),他谈到当哥特人于536年围攻罗马的拜占庭将军贝利萨(Belisarius)时,哥特人切断该城水车的水源。贝利萨将军以台伯(Tiber)河之水驱动装在船上的磨轮,从而挽救了危局。我们从桑盖洛(Giuliano di San Gallo,1445—1516)的画中可以看到这种磨,它使用了很长时间。在欧洲其他河流中,如多瑙河与波河之上,这种船迄今还是河上的常客。但在中国河流上这样的船舶也一样出名。我未曾亲见,但它们在长江峡谷中,尤其是在涪州附近特别出名。武斯特(Worcester)绘制了工程图,每只船上安装四个磨轮及其机构。[13]当然还有另一种想法,即在船上装一竖式水前桨轮并与测程计有关。提到测程计则公元前25年维特鲁维厄斯曾有一节文章叙述到在船上装一轮以记录航程;在维特鲁维厄斯著作的文艺复兴时期印行的各版中有图,也许曾经不时地进行试验而成果欠佳。牛顿爵士亲自作了关于索玛雷兹(Saumaraz)桨轮测程计的报告,那是不能加以恭维的。[14]甚至连斯米顿(Smeaton)也做过这方面的试验,但未能成功。它不得不等待着螺旋桨的出现。让我们回到本讲演的主要思路上来吧。

关于船上水后轮的最早的概念,出现在一份称为 *Anonymus'De Rebus Bellicis*[15] 的拜占庭手稿中,该手稿经近人考定约为 370 年,其最古老的图像来自 1440 年,但无疑原来的手稿中有其说明,其时间是在那个阶段。无论如何,建造船的证据却是一点也没有;看来手稿是搁在拜占庭内府档案处的文件架上而迄未付诸实行。直至 1543 年,布拉斯科·德加里(Blasco de Garay)在巴塞罗那的卡塔兰港才建造了桨轮驱动的磨,而同时期的文献表明了这还是一种模糊的想法。而在中国这种模糊的想法要早得多,而且多少是清楚的。大约 494 年以后确实建造了桨轮船,中国的著作中有所记载,在唐朝实际桨轮船的证据是不容置疑的。关于 783 年洪州刺史曹王李皋,我们可以引述其真实记录,《唐书》(唐朝的历史)称:

"常常热衷于精巧的机器,李皋主持了战舰的建造;每艘有两轮安装在舷侧,踏轮旋转,则船舶如风驰一般,像挂帆航行一样鼓浪前进,如此建造则简易坚固而能经久不坏。"⑤

与李皋轮船极相似的是 1726 年的《图书集成》(皇家百科全书)中的例证。在这里我要插一句话,我相信我的听众们已宽容我举出这么多的年代,然而,从技术史与科学史的观点来看,人们终究不得不进行定量的研究。如果人们对一种文化与另一种文化用滴定法来进行对比,则总要知道滴定终点在哪儿。看过此图的欧洲学者都认为它肯定是 17 世纪或其后从耶稣会传教士那里传来的。而这种看法是非常错误的,目前我们拥有从 1130 年起在宋朝水军中备有足踏桨轮战舰的大量证据。[16]

其时南宋政府对杨么的大规模起义进行镇压,我们从文献中可以看到:

"军士之一曾经从事这些工作,即高宣,先前原是黄河护岸水手中的木工头目。他献出了车船船式,并宣称可以用来对付敌军。首先他建造了八车船作为船样,几天之内就造成了。命人踏动船车在江河中上下往来,船只两侧有护车板,因而不见车轮,看到船只自行如龙,旁观者都十分惊奇。车数及其尺寸逐渐增多,一直增加到具有二十车和二十三车的大型车船,可以乘载二百人或三百人,由于盗船是小型的,因而不能抵挡这些大型车船。"⑥

不久,叛军捕获了一队车船,高宣本人也被俘,因而在其余的战斗中,高宣即为他们建造桨轮战舰。最后,起义是失败了,而这一卓越的海军工程师的结果如何也未能记录下来。知建康(南京)府事史正志在 1168 年曾建造一艘战舰,该舰仅有一具 12 桨叶的桨轮,说明其设在船尾。如未知悉此种情况,则在各种资料来源中所提到的单数轮将使人迷惑,这样看来高宣的 23 车船,即每侧 11 轮,再加一尾轮。至于采用多轮的理由则非常明显,在未能建造铁轮时,其形制大小是受到严格限制的,因而人们只能增加车数。单一战船所需的踏车水手其最大数约为 200 人。无疑这些船装备了弹射器用以投掷火药弹,以辅助水师中的战士和弩手。

这些中国桨轮船一直流传到现代却非一般人所习知。仅仅几年前还能乘桨轮船旅行,它一夜之间由沪抵苏,其间约夜航 100 英里,船上有宽敞的房舱可供卧息。现存的样船表明三排操作人员可以同时操作,轮轴像一根火车上的连接杆一样与尾轮轴连接。晚近其他桨轮在广州附近珠江中是寻常的,仍像帕里斯先生(P. Paris)30 年前在其地拍照时一样。两年前我在广东时曾尽力搜寻这种遗留下来的旧式桨轮船,尽管有中国科学院广州分院和广州港负责人的慷慨帮助,不幸却未能寻到。

我只想对中国桨轮船这种史诗般的事迹加几句结束语,在长达 1 世纪之久的宋金(女真)战争中,它发挥了良好的作用。北方人在 1130 年一旦被驱回长江彼岸,就再也未能来到长江以南。其时唯一的严重危险是 1161 年采石之战,它是宋水师及其桨轮战舰的一次大捷。如宋军仅仅凭借帆船,金军也许可能在无风之夜以小船渡江,而在满载射手、炮手和水手的自动桨轮船在长江上那样巡逻侦察时,金军却一筹莫展。如前所述其时已经使用火药,尤其是炸弹与火箭。[17] 所以桨轮战舰的历史作用是十分重要的,其兴起与衰落之因由也不难发现。在正统的中国文化与游牧民族统治的北方之间,长江一旦成为两个王朝的边界,造船工匠立即得到他们应有的地位,光辉盛大的水军随之而兴起。但当宋王朝被征服,中国为游牧的蒙古族所统一,在元朝统治之下,河川与湖泊上的战斗失去其重要性,注意力从而转移到海上。于此,作为蒸汽机前身的桨轮船已不适用,而帆船乃重新居于前列。

五

下面,我们行将讨论最后一个题目,即计时器问题。前已论及船装水轮及其结果,现在则要讨论守时之水轮。我们都很熟悉 14 世纪在西方首创的机械钟,它有主轴和摇杆擒纵机构、小掣和冠轮。需要解决的问题是如何有效地使一组齿轮减速,以达到与天体每天的回转同步,成为人类第一具时钟。无须提醒听众伽利略(Galileo)在 1641 年和惠更斯(Huygens)在 1673 年将摆应用于同样的机械;对威廉·克莱门特

（William Clament）大约在 1680 年所引用的为大家同样熟悉的锚状擒纵器也无须赘述。我要叙述的是相当异趣而又很古老的——8 世纪早期起在中国发展的水轮连杆式擒纵器。[18]奥布雷·伯斯塔尔（Aubray Burstall）教授收藏了极好的模型，它本质上是带斗水轮。水斗由来自平水壶的连续水流所充满，当一斗充满时，挑动一挑杆而下沉，以使下一斗充满。这是最简易的方法用以示知计时水轮之工况。实际上在 700—1400 年之间在中国建造的巨型天文钟，具有非常复杂的擒纵器，它包含两具擎杆或秤杆，后者司轮顶的天关，俾次一水斗可以向前移动。

中国钟表机械方面最伟大的不朽著作是宋代大科学家苏颂所著的《新仪象法要》（天文钟的新设计）。它记载了为宋天子在开封建造的天文钟楼，它是卓越的机械工程师和数学家韩公廉协助苏颂制造的。这本奇书的说明和图解显示出时钟的形象。安排了层次不同的一圈圈的木偶，穿着不同颜色的服装，以标示牌宣告时间。楼的第一层是浑象，以时钟机构连续驱动。顶层则有一座浑仪用以观测天象，乃用青铜制成，重约 20 吨；由时钟驱动以供大略地校正。从天池经平水壶，水（或水银）连续地注入枢轮的水斗，枢轮以直角齿轮转动天轴，天轴转而带动另一轴（计时轴）使轴上的全部木偶轮转动，计时轴顶端有斜齿轮以驱动浑象；同时天轴的顶端有另一斜齿轮以驱动浑仪。在整个设备当中最引人注目的是天条的用途。已经证实很长的天轴未能适其用，因为它肯定是木制的，因而中国工匠以铁制天条代替，这或许在历史上是首创的以驱动链条作动力传输。他们也是用一个长的天条，随后用一个较短的，以至"Mark Ⅲ"是对原图的重大的改进。驱动链条称为天条或天梯，书中也描述了联结的铁杆。在其顶端有一小齿轮箱。历史上的证据表明了这座巨型钟一直运行到 1126 年，被金军夺得以后送至北京。然而金人未能捕获工匠，彼等逃到南方，仅获得一些第二流的工匠，他们未能使钟运行 20 年以上。无论如何在征服王威廉（William the Conqueror）的时代，那是一个相当长的运行期。

苏颂著作中部件图所描述的擒纵机构远较上述模型复杂。模型的工作原理是依靠水斗与枢轮沉入平水池时的抑止作用，而苏颂的叙述中并未提到这一点。它的确准确地谈到每斗需要拨开的秤杆是两具而不是一具。每一秤杆都有适量的负重，当第二秤杆跳动时，它拉动天条以开启天关，俾次一水斗得向前移动，直到用诸如伯斯塔尔（Burstall）教授的模型作了实验，[19]我们才能充分理解到它是如何工作的；以两具水轮将水提升至天池，每 24 小时约为一吨半，备次日之用以开动苏颂钟；假定工部以一班人每夜轮班来到这宏伟的建筑，这一工作就能完成。它使人联想到这种钟楼确实正好体现了持续运动的思想，虽然印度使节或阿拉伯商人也许在苏颂时代之前几个世纪很可能已看到这些装置在运行，但不知其所以然；因为在我们接触到的印、阿文献中,没有看到过有关使用这种自转水磨的记述。他们也许会想到符合每天天体运动的某种方法是用幻术或磁而莫名其妙地完成的。总之,在最古老的巴比伦(Babylonia)和埃及(Egypt)的水钟与我们今天都带着的弹簧驱动手表之间所缺失的环节上,中国的水轮擒纵机构时钟占据了一个很重要的历史地位。因为其操作既不完全依靠水流,也不是纯粹的机械(摆动)装置。这样钟表的历史最后就成为一部连续不断的、完整的史实。

正如我已经提到的,水轮连杆擒纵器出现得比苏颂的时代早得多,实际上是唐代,约在724年。正是该年,天才的佛教天文学家、唐朝的和尚一行与机械家梁令瓒首次提出并用于驱动天象仪。这些兼有出众的工程师与数学家才能的人(韩公廉与梁令瓒)均为政府中的低级官员,直至其天才被发现后,才由原位提升,给予适合的工作。一旦我们熟悉了苏颂书中的技术术语,就能以追寻这些早期的成就,并从其著作中的历史叙述和鉴定进行探究,否则一直追溯到8世纪初就令人非常难以理解了。

最后提到的问题是水轮钟对欧洲钟表的发展是否有任何影响?这一点我们并非确知。我们可将西方机械钟和"立轴及摇杆"擒纵器的开始日期,颇有把握地定为1320年左右。当然它是重力驱动而不像中国钟那样。然而在这以前一个世纪,人们找到大量的钟表的参证,它肯定不是后来的机械钟类型,但却似乎又不像日晷和漏壶。它所提到的不仅有水轮,而且还有其他各种轮,有重物,有带孔的管子,因此在1220—1320年这一期间多少有一些东西还是不能解释的。并且很可能当时欧洲就知道并使用了水轮钟。可举一例关于圣·埃德蒙修道院(St. Edmund)修道士们的事迹,在1198年这些修道士曾在火焰中跑出来冲向时钟取水。博德林(Bodleian)图书馆的一份1285年的法文手稿中有一幅图展示出以赛亚(Isaiah)预言家在赫齐卡亚王(Hezekiah)病中将时钟拨回了10个分度。[20]它看来非常像一个斗式水轮,有管口送水到似水窝的斗中,其上有一排铃,其中有一两处有绳索来回捆缚着。全部机构难于绘出,但它肯定不是漏壶式水钟。一排铃又奇巧地在其他时钟的近似地位出现,那是在1320年雕刻在奥菲弗(Orviefo)地方大教堂正面的吐贝尔·凯恩(Tubal Cain)的浮雕上,它是和一组直角齿轮结合在一起,想象得到它是用重力驱动的。[21]因此,对于中国水轮连杆式擒纵器系统,在欧洲是在12—13世纪间知道和使用这一点,我们必须保留其可能性。如果要反过来说并非如此,那么这种擒纵器的概念作为促进因素而传播则是明显的事实。

六

作为结论,我只想提两件事,首先是有关我们想象中存在于东西方之间的这些促进因素的传播,其性质和形式。如果以 1320 年为欧洲第一具机械钟出现的焦点,应能记得在 1327 年则是火药出现的焦点,其故乡无疑是在 9 世纪或 10 世纪的中国。及至 1380 年,我们也在这同一世纪之中在欧洲找到生产铸铁的第一座鼓风炉,虽然在世界的另一端,在东亚这种技术追溯起来要早很多。及至 1375 年(也包括莱茵河地带)第一项欧洲雕版印刷产生了,它是自 9 世纪起就在中国流行的一种技术;在时间上很接近的还有欧洲的弓形拱桥,约在 1340 年首创,虽然在中国这种结构很早即已出现在天才的桥梁建造家李春的成果之中。14 世纪本身就表明了它是一个采用了一系列重要技术的时代,在中国文化区域之内这些技术已经普遍被接受和使用了若干世纪。人们实际上可以相信欧洲人并不真切地了解这些技术从何处而来,但意味深长的是所采用的技术正好出现在蒙古时代鞑靼统治下的和平之后,其时在旧大陆的东端和西端之间的交流是如此之轻而易举。在 1275—1292 年,马可·波罗毕竟在中国,而他只是欧洲许多旅行家和商人之中最享有盛誉的人。尤有甚者,多多少少相似的浪潮或技术采用群集在 12 世纪之末,这我们有证据,在 1180 年以后几十年之内,欧洲人逐渐知道和使用磁罗盘、船尾舵和风磨,人们面向 12 世纪之末以及 14 世纪期间,这些事物就是捆起来的一束,群集而来,真是稀奇古怪的事;我们希望通过进一步研究,对旧大陆两端的科学技术史,尤其是两者之间的交流会揭示出更多的事实。

其次,今晚最后用以飨诸听众的是我们的中国同事们和朋友们对上述这些事实所采取的措施。今天在中国有过去成就的强有力的复兴,在古典文化的科学技术方面在进行着大量的工作。中国科学院设置一个科学技术史的专门研究机构已有一些时间了,它是以出众的数学史家李俨博士为首的。当前中国正在大搞科学研究,把科学视为提高一般生活水准,以赶上世界其余部分水平的必不可少的手段。科学得到充分的支持,新生的精干的年轻科学家正在成长,中国人民为其祖先大量的观测、发明和发现而骄傲。他们正在发掘有关被历史的沙漠埋藏几世纪之久,以及有些西方历史学家并不总是乐意去发现的那些事实的真相。被剥夺继承权的亚洲思想家和技术专家被过分的欧洲文化的高度声望压得太久了。(例如)尽管西方关于幻日现象、光环和奇怪的亮度是高层大气中冰粒所形成的整个描述是在 17 世纪给出,但这种复杂效果的每个单项组成却差不多在 1000 年前就为中国天文学家观测到,并为之命名,认识到这一点对他们难道不重要吗?同时并非在 7 世纪,而是在公元前 4 世纪,中国的博物学家就已经认出雪花结晶的六角形体系。在今天了解到现代天文学的天文坐标既不是古希腊的也不是阿拉伯的,而是中国的。这难道不是对中国理科学生的鼓励吗?今晚我们所讨论的名之为曲拐、连杆与活塞杆的组合,不是 15 世纪在西方出现于达·芬奇或德国工程师之手,也肯定不是出自古希腊人或亚历山大的机械学家之

手,而是源于13—14世纪的中国水力鼓风机,对此难道他们不应引以为真正的骄傲
吗?当今在中国甚至能找到为小学生编的关于张衡与地动仪,或蔡伦在2世纪发明造
纸术,以及毕昇在11世纪创制活字印刷术的小书。如今所有这些成就都被充分地予
以确认。因此在中国或其他亚洲人民中再也不必将科学及其应用看作他们自己受惠
于西方的慷慨,而不是植根于他们自己的文化。相反,它有许多巨大而优秀的根源,
此根源有助于养育科学的文艺复兴本身;虽然近代科学是起源于欧洲,但近代科学最
终靠每个人所做出的贡献。最后我认为我们的研究不仅成为对客观历史的贡献,并
且也有助于国际间相互了解和友谊。当所有债务被承认时(肯定没有一人能偿付),
在公正和相互欣赏的基础上,亚洲人和欧洲人将毫不犹豫地并肩向前,不分先后,真
正地没有任何差别和不平等。

附　记

　　本讲稿的材料是《中国科学技术史》内容的一部分,该书各卷目前正由
剑桥大学陆续出版,此处所有参考资料将能在该书中找到。演讲者也乐意
对他的中国同事表示感谢,特别是王静宁博士和鲁桂珍博士,他们参加了多
年的研究工作。

(周世德　译)

参考资料与注释

[1] J. Needham: *Science and Civilisation in China*. Vol. III, pp. 1ff. (Cambridge, 1954)

[2] Ibid., Vol. III, pp. 171ff.

[3] Ibid., Vol. III. pp. 624ff.

[4] Ibid, Vol. 4A, pp. 3ff., 126ff., 229ff., Also J. Needham, & K. Robinson: *Ondes et Particules dans la Pensée Scientifique Chinoise*, *Sciences*, I <4>; 65(1960).

[5] P. N. Wilson: *Watermills with Horizontal Wheels. Society for the Protection of Ancient Buildings. Watermills Committer Booklers*, No. 7(London, 1960).

[6] J. Needham: *The Development of Iron and Steel Technology in China. Second Biennial Dickinson Lecture*(London; Newcomen Society, 1956).

[7] B. Gille: *Machines*(in the Mediterranean Civilisations and the Middle Ages), in *A History of Technology*, ed. C. Singer et al., Vol. II, pp. 629ff. (p. 652) (Oxford, 1956).

[8] E. Wiedemann & F. Houser: *Ueber Vorrichtungen zum Heben von Wasser in d. Islamiehen Welt. Beiträge zur Geschichte der Technik und Industrie*, VIII: 121(1918).

〔9〕郑德坤：*Archaeology in China*，Vol. Ⅱ，*Shang China*，pp. 198，241（Cambridge：Heffer，1960）．

〔10〕Lynn White：*Review of the Second Edition of A. P. Usher'S History of Mechanicol Inventions*，*Isis*，XLⅥ：290（1955）．

〔11〕T. Beck：*Beiträge zur Geschichte der Machinenboues*，esp. pp. 323，417，419，421（Berlin：Springer，1900）．

〔12〕陈继恬（音译）：《林则徐：中国提倡西法海防的先驱者》（北平：法国书店，1934）．

〔13〕G. R. G. Worcester：*Junks and Sampans of the Upper Yangtze Chinese Maritime Customs publications*，Series，Ⅲ（Misc，No. 51），pp. 24ff.（Shanghai，1940）．

〔14〕H. R. Spencer：*Sir Isaac Newton on Saumaraz' Patent Log*，*Amer. Neptune*，XⅣ：214（1954）．

〔15〕E. A. Thompaon & B. Flower：*A Roman Reformer and Inventor*（Oxford，1952）．

〔16〕罗荣邦：《中国之车轮船（鸦片战争中使用的机械化船舶及其历史背景）》，《清华学报》（台北），Ⅱ<1> 189（1960）．

〔17〕王铃：*On the Invention and Use of Gunpowder and Firearms in China*，*Isis* XXXVⅡ：160（1947）；Also J. R. Pattington：*A History of Greek Fire and Gunpowder*（Cambridge：Heffer，1960）．

〔18〕J. Needham，Wang Ling & D. J. de Soola Price：*Heavenly Clockwork*，*the Great Astronomical Clocks of Mediaeval China. Antiquasrian Horological Society Monographs*，No. 1（Cambridge，1960）．

〔19〕本讲稿所提到的中国水轮连杆或擒纵器的优秀模型，是 G. P. O. 工学院的约翰・坎布里奇（John Cambridge）先生制造的，每小时±14 秒误差之内守时，它阐明了苏颂书中一些难解之点，但不包括那些已经理解而不同意的部分。

〔20〕C. B. Dryer：*A Mediaeval Monastic Water-Clock*，*Antiq. Horol.*，Ⅰ；54（1954）．

〔21〕J. White：*The Reliefs On the Facada of the Duomo at Orvieto*，*Journ. Warburg and Courtauld Institutes*，XXⅡ：254（1959）．

译　注

① "娟娟月过墙，簌簌风吹叶；田家当此时，村春响相答。行闻炊玉香，会见流匙滑；更须水转轮，地碓劳蹴蹋。"见〔宋〕楼涛：《耕织图诗》第 4 页（《艺苑捃华》丛书本）。

② "建武七年，杜诗迁南阳太守。性节俭而政治清手。诛暴立威，善于计略；省爱民役，造作水排，铸为农器。用力少而见功多，百姓便之。"见《后汉书》卷 61（《四部备要》本第 514 页）。

③ "以今稽之，此排古用韦囊，今用木扇。其制当选湍流之侧，架木立轴，作二卧轮。用水激转下轮，则上轮所周弦索通，上轮前旋鼓棹枝，一例随转。其棹枝所贯行桃因而推挽卧轴左右攀耳，以及排前直木，则排随来去，扇冶甚速，过于人力。"见王祯：《农书》卷 19。

④ "夫铜铁国之大利，……诚济世之秘术，幸能者述焉。诗云：尝闻古循吏，官为铸农器；欲免力役繁，排冶资水利。轮轴即旋转，……呼吸惟一气。遂致巽离用，立见风火炽，熟石即不劳；……"见王祯：《农书》卷 19。

⑤ "常运心巧思，为战舰，挟二轮踏之，翔风鼓疾，若挂帆席，所造省易而久固。"见《旧唐书》卷 131，1125 页（《四部备要》本）。

⑥ "偶得一随军人，原是黄河埽岸水手木匠都料高宣者，献车船样，可以制贼。先打造八车船样，只数日

并工而成。令人夫踏车,于江流上下往来,极为快利。船两边有护车板,不见其车,但见船行如龙,观者以为神异。乃渐增广车数,至造二十至二十三车,大船能载战士二三百人,贼船甚小,力不能敌。"见〔宋〕鼎澧遗民:《杨么事迹考证》,21 页(商务印书馆《史地小丛书》,1935 年版)。

【38】（航运）

Ⅲ—4　船闸的发明与中国*

人们在认识到水(甚或大量的水)可以沿着永久性的田埂之间的渠道流动而加以利用之后，很快就会察觉到需要有某种非永久性的但是又能随意方便地移动的阻挡物来控制水，于是就出现了水闸。为了灌溉和控制洪水而兴建水闸，为满足渠道运输功能的需要则产生了船闸。两者之间唯一的根本不同点是船闸必须造得能允许船只通行。在阐述船闸发明时可以考虑分为几个阶段。起先是沿着渠道或者渠道化的河流(渠化河道)设置间距颇大的堰闸，接着出现了间距稍长于欲升降船只的船闸(这样布置显然大大地缩短了船只过闸时等候水位改变所需要的时间)；最后是船闸结构的改进。例如，采用人字形的闸门结构，使其在关闭时能以最大的强度抵抗水流(参见下文)，或采用底部泄水闸门，[1]或采用船闸旁水池。[2]本文目的是在于阐明古代中国工匠发明船闸的背景，而此发明却被某些著者确认为是他们的发明。[3]

《史记》河渠书或其余章节均未提及水门，也许是值得注意的。然而《前汉书》就有些材料了。公元前半个世纪(约前36)召信臣在南阳附近修建的钳卢陂和渠道中就设有多处水闸。[4]另外，以下所引的公元前6年时贾让的话表明了使用闸门在当时并不是一种新主意。[5]当时皇帝下诏征求治理黄河之策。贾让上书献治河上、中、下三策。中策是采用一套灌溉用的水渠网络。

"(他说)现在我们可以从淇口向东边修造一条石堤，并且建造很多水闸('水门')……我担心批评的人会认为(黄)河太大了而没有办法治理。然而我们可以根据荥阳汴渠(漕渠)的经验进行预测(我们的可能性)。那地方的闸门或者水闸仅是用木头打进地里而做成的(堤，但是却持续了很长时间也没有毁坏)。现在我们如果在这里造起石头的堤岸，下面又是坚实的地基，那么肯定是安全的。冀州地方的渠首可以按照荥阳的汴渠作为模型。

---

*本文是李约瑟1964年4月4日在伦敦科学博物馆作的演讲。——编者注

> 控制渠内水流的正规办法不只是挖地而已。……旱季时可以打开下游或东
> 面的水闸,引水灌溉冀州的田地。来洪水时可以打开西面的大水闸,使水流
> 改道和排去一部分的河水……"①

就我们的研究目的而论,没有必要再去仔细研究贾让建议的方法的详情。关键是贾
让所设想的石砌护岸里的大大小小的水闸并不是一种新建议,而只是作为一种改进
方案而已,用以改进长期以来一直使用着的造在土木护岸里的水闸。就遗存物而言,
这一种实践的最早日期能定在什么时间还是不确定的。《史记》中未提及水门,这并
不是结论性的。因为《史记》也只字未提及史禄的"灵渠"。然而灵渠却是所有古代文
明中最古老的等高通航运河。它最初是在公元前219年由史禄修建的,位于广西壮族
自治区东北部的崇山峻岭之间,它把一条向北流的、另一条向南流的两条长河的上游
连通了起来,盘旋迂回地流经鞍形的山脊。最早的运河有无渠口,或是否存在闸门还
不清楚。然而确实知道的是825年李渤在渠口上设置了18座堰闸。而后,在1170年
以前(似乎是1059年)李师中做了广泛的改进,用船闸替代了堰闸,共设闸36座。下
面将予以说明这是如何与其他的证据相吻合的。这条运河上有堰闸的最早而确凿的
证据是开始于9世纪。并且当12世纪晚期周去非和范成大经过这条运河时,那里确
实存在着船闸。假如在公元前2世纪或者公元前1世纪时汴渠[6]的渠口和沿渠的不
同点处曾有过闸门的话,那么早至公元前3世纪时史禄在灵渠渠口采用闸门也是存在
着某种可能性的。无论如何,不容置疑的是公元前50年左右时中国水利工程中的水
闸和堰闸已经非常出名了。

没有必要再过分详细地加以阐述了,但是或许还可以再增加一些资料。70年汉
明帝视察王景主持整治的汴渠之后所下诏书中有一段话如下:[7]

> "自从汴渠(开口处的堤)决口以来,六十多年过去了。在这段时间内,
> 雨水也不按照它们正常的季节了。汴渠的水流向东蚕食,情况一天比一天
> 恶劣,一月比一月严重。原先堰闸('水门')的基础现在都位于河中间了。
> 整个乡村景象是一片极度的混乱……
>
> 但是现在(工人们)已经重修了堤岸,整治了渠道,切断水流,并且修建
> 了堰闸('立门')。[8](黄)河与汴(渠)的水流分开了,并且重又回到了它们
> 原来的河床上……所以(我们)用上好的玉器和纯洁的牲畜祭献给河之
> 神灵。"②

这样就弄清了一个事实,至迟在 1 世纪末,汴渠上已设有堰闸,王景修复并增加了堰闸数。[9]而后在 7 世纪晚期的唐代水部式残抄本中可以找到许多处理水闸和堰闸的条文,[10]这是重要的。人们可以在该残抄本中读到:

> "蓝田的东边有水磨,磨坊主必须建造闸门来调节水的流量,并要求能够允许沿水道自由地通过(交通)。"③

这是属于 737 年的事。[11]然而 16—17 世纪时的欧洲也正是这样进行的,那里的磨坊堰坝装有堰闸使上下水的船只可以通过。从闸门开口处流出的为了帮助行船而灌注的水,对于浅水处的船只来说是至关紧要的。然而在闸门打开后,船只能够过闸之前,可能要等上数小时之久。这是为了等候水位的"落差减小"。[12]兰田渠是 623 年时颜昶修建的。它和一条穿过秦岭山脉的、子午道东边的道路相连,实际上是泸水上游的通航河道,可以使船只顺流而下直抵长安近郊。

往后的文献中有许多提及堰闸的诗歌。1200 年张镃的一首诗,描写的是灵隐山的寺院附近一条河(或者是一条运河)在打开闸门让舳板经过时,水流倾泻时发出的轰雷般的巨响。[13]

17 世纪时外国旅行者开始注意到中国的大运河以及其他水道上的堰闸的使用,[14]那以后还留下了很多 19 世纪时栩栩如生的描绘。[15]当时的习惯做法是将船只拖曳着通过上游,通常是利用人力绞车和纤绳,逆流而上时的速度可达 9~10 节④。然而在相反的方向时,则可使船只"迅若飞矢"地顺流而下。图版 X X Ⅱ(a)是一幅附在 1793 年马卡尼(Macartney)使者斯当东(Staunton)报告中的素描画。

毫无问题,中国历史上最典型的水闸和闸门是所谓的叠梁闸或板闸。图 1 所示的是《天工开物》中的一例农田用的小型水闸。[16]⑤图版 X X Ⅱ(b)则是运河和渠化河道中用作堰闸的一种较大的类型。两个用木料或石料制成的垂直槽座,槽面对槽面地分别设置在水道的两旁,槽内有一组可以滑动的大木头或大木梁,根据需要可以用系在木梁两端的绳子把它们提起或放下。两岸各装有吊车般的木制或石制的绞盘或滑轮,用来放入或移去闸门板。有时对这种方法加以改进,把所有的大木梁连成一体,再在每根绳子的另一端加上平衡重物,然后在槽内提起或放下。在不少地方还可以看到安装在倾斜地设置着的石吊臂上的滑轮或滚子,例如在北京附近的高碑店[17]〔图版 X X Ⅲ(a,b)〕。根据《行水金鉴》上画的很多带凹槽的闸门图,[18]可以推知它们在以前是常用的。在其图上所画的凹槽几乎已经成为一种标志闸门位置的符号了。显然我们所熟悉的欧洲惯用的那种向两边转开的闸门,在中国是到近现代才应用的。

然而，如今全世界各地水道上的闸门却又都采用了中国式的加有平衡重物升降的百叶式铁闸门了。

　　中国文献中水门的最简单名字就是"水门"。随着时间的流逝，采用过不少其他术语。例如"斗门"，意思是下沉的闸。后来又有"陡门"，意思是水位突降或"水头"闸。陡门或者是因为水位差有时可达 10 至 20 英尺，给人以特别深刻的印象而得名的。又可以看到用术语"闸"来表示闸门（在语源学上"闸"的含义是门的铠装）。又有"板闸"，指用板梁构成的闸门，即叠梁闸。随之而来的有"牐"，指"插入式"闸门，这是一个古老的语音学的词，释作碾捣谷粒用的杵臼。[19]还有牐的复合

图 1　　一灌系中的小型叠梁闸（《天工开物》,1637）

词；"堤牐"（堤中的闸门）、"水牐"（水闸门）、"坝牐"（坝中的闸门）。术语"悬门"或"悬挂式闸门"就我们所知始见于 984 年，它表明了永久性的绞车装置，这一点是值得注意的。事实上重要的是研究这些术语在整个历史年代过程中的使用情况。"水门"一词是最古老的形式，这或许是没有异议的。"水门"一词流行于汉代和三国时期，但是随后就用得不多了；[20]其后是"斗门"一词，但是到了 14 世纪就废弃不用了。[21]这些术语都可以不加区别地用来表示水闸或堰闸；宋代时，约在 11 世纪初，第一次出现了"闸"[22]和"牐"[23]两个术语，[24]它们出现的时间恰好正是发明船闸的大约时间，但是这种吻合似乎是同时发生的；"陡门"一词很迟才普遍使用，假如不是开始出现在明代，那么在明代以前也是异常罕见的。[25]在许多的术语学的变幻中想要确定一时期内不同术语所意味着的细微而精确的差别是困难的，并且想要确定它们是否有那样的区别也是困难的。可能"闸"或至少"牐"是意味着装有永久性绞车装置的叠梁闸。与之相对照的比较简单的形式则是采用人力把闸梁板一块一块地放入闸槽内或起出。[26]这些术语在缺乏任何修饰时，一般可以认为指的是堰闸（除非在上下文的意思中明显地表明指的是船闸），这是因为在涉及船闸时使用了更进一步的修饰用语，正如我们将可以看到的情况。

　　船闸的发明在土木建筑工程史上是一个具有重大意义的问题。欧洲古技术的工商业受此种简便设施的影响极大。这些闸门排列的间隔只能容纳 1～2 条船，所以能够在最短时间内得到所需的水位改变，且上游水的流失也可以减少到最低限度。[27]这

个关键性的发明对于山地乡村中逐渐兴旺了的水运来说,是如此地简单而又如此地
必不可少,这就引起了我们的注意,因而有必要对它在不同文明中的出现进行比较
研究。

17—19 世纪时,在大运河上旅行的外国人只提到堰闸,或双向滑道,[28]这类事实
似乎足以证明在中国根本没有研制过船闸。然而,这种想法正是上了一种假设的当。
这种假设认为,在中国文明中一旦发明了的东西,不管它们是否继续需要,就一定要
使用下去。事实表明,船闸实际上的的确确是起源于中国,比在其他任何地方出现得
都早;但是在后来的岁月中几乎停止使用了。这是由于情况发生了变化,对这种装置
的需求终止了。我们也许可以来设想一下,这一情况是怎样发生的。

中国船闸的最早实例是在宋初,而且是与乔维岳的名字有关。983 年时,乔维岳
任淮南副盐运使,他是一位值得纪念的人物。乔维岳十分关心汴渠或大运河的长江
淮阴之间山阳运道北段的船只交通问题。颇有意义的是,发现了他的发明是由一种
社会原因引起的。由于船只通过双向滑道时失事率高,而可能造成税粮丢失,这使他
感到愤慨。《宋史》记载[29]在 984 年:

> "乔维岳又造了五座双向滑道(字面上含义是坝、堰)在安北与淮澨(或
> 淮河水边的码头)之间。各有十条通道使船上下。皇家税粮的船载货沉重,
> 在通过双向滑道时经常失事、损坏或沉没。而且由于漏船上的人员以及附
> 近隐藏出没强盗的联合,造成了粮食的盗失。乔维岳因而下令,先在(近淮
> 阴的)西河上建造两座闸门('斗门')。两闸相距五十多步(250 英尺),整个
> 地方用一个大屋顶遮盖起来,如同棚屋。闸门是'悬挂式闸门'('悬门');
> (在闸门关闸时)水似潮水般地积集起来,直到所需的水位,然后到时间就
> 让水流走。他又在两岸之间建造水平横桥,而且增加了石砌的护岸用以保
> 护它的基础。(对所有的双向滑道)这样做了以后,以前河岸的侵蚀就完全
> 消除了,并且对船只的通行没有丝毫的妨碍。"⑦

这就是一切文明史中的第一批船闸。船闸大到一次可以容纳数条船。这些船闸必然
有点像宗卡(Zonca)在 1607 年一幅大家都熟悉的图画上所绘的那些船闸,这幅图画上
绘出了连接伯豆(Padua)与 R. 布伦塔河(R. Brenta)的运河上的一个水坞(系船
池)。[30]它们悬挂式闸门或"城堡吊闸"似的闸门,确是多少有点像另一幅人们所熟悉
的图画上所绘的堰闸般的建筑物。那幅图画是劳伦齐亚纳·柯特克斯(Laurenziano
Codex)在 1475 年左右创作的通航运河图,[31]其中可见滑轮、绞车,或许还有平衡

重物。

与某些时候所流行的印象刚好相反,是乔维岳的开创性工作导致了具有重要意义的新技术浪潮。我们部分地是从沈括《梦溪笔谈》(1086 年完成)中提供的资料获知的。如通常所引述的,书中有:[32]

> "在淮南的大运河(汴渠)[33]上建有双向滑道('埭')以防止水的走失,没有人知道这个方法最早发明的时间。据传,召伯的双向滑道是谢公(即谢安,385 年时曾经为东晋之宰相)时代所造。[34]但是根据李翱《来南录》(描述了 809 年时他在这一段运河上的旅程)[35],唐时还没有阻碍的水道,没有曳越的记载。所以这种双向滑道不可能是谢公时代造的。[36]
>
> 天圣年间(1023—1032),监真州[37]排岸右侍禁陶鉴建议修造'双重闸门'('复闸')[38]以防止水流失和节约船只通过时的劳动力。其时,工部郎中方仲荀、文思使张纶被任命为正、副发运使,受命继续(双闸)的修造。他们开始在真州建闸[39](发现)每年可以节省五百人工和一百二十五万(现金)的杂费开支。用老办法曳越船只时,每条船装米不超过三百石。自从(双)闸完成后,开始使用能装载四百石的船。此后,船的装载量越来越大。(现在)官船装载达七百石;私船载米可达八百多包,每包二石。自从那以后,北神、召伯、龙舟、茱萸地方的双向滑道都废弃不用了,一个接着一个地被(双闸,即船闸)取代了。其方便则一直继续到当今。
>
> 元丰年间(1078—1085),有一次我自己路过真州,看到在江亭背后的粪土堆中躺倒着一块石碑。这块石碑上刻有胡武平写的题为《水闸记》的有关真州(首次)建造(双重)闸门的碑文。写得不详细,仅是记录事情经过而已。"⑧

胡写的碑文实际上是留存下来了,[40]委实是诗意多于准确的描述。我们对碑文中技术性资料的缺乏,同沈括感到一样程度的失望。胡的碑文没有提及乔维岳的名字,而是在一开头就说,本朝初数十年以来,与运河交通有关的人对用牛转绞车的双向滑道(牛埭)变得极为不满,[41]而且堰闸水的流失造成了运河多年的干涸,以至于河堤看上去像一堵千里长的墙壁。但是在陶鉴坚持双重闸门是解决的办法后,方仲荀和张纶作了计算并筹集了资金。接着胡又说:

> "他们用优良的圬工堆砌成外闸的基础,建造坚固的堤岸以承受水的力

量,造起水平的大木梁(横跨在入口处),两根柱子(吊臂)耸立(一边一柱),水坞深若如沉睡着黑龙的洞窟,水像蛟龙似地在池中升起,所以船只可以络绎不绝地往来,随着潮水的涨落在波浪上运动。大闸关闭后,水在灌满水坞时形成了一个大漩涡,白色的水沫冲刷着始终干不了的两壁。船只通过时毫无阻力。消耗很少的能量却能获得巨大的收益。北端有一道内闸,修造良好的岸壁形成一个水坞……在(其中一道)水闸门打开后,船只划着桨楫轻捷地通过——不像通过旧滑道时那样地麻烦。"⑨

因为胡的碑文所署日期是 1027 年,所以真州船闸的第一期工程可能完成于 1025 年。沈括叙述中最重要的部分可能是他所提到的运河船只吨位的增长。无疑这问题是与上游水的流失、船只过滑道时的损坏等问题属于同等重要的一个经济问题。我们将又回到这一点上来。

　　这样明晰的描述使我们确定地预先就能识别出此后三四百年内,中文叙述中的船闸。即便是在不甚明确时,也能加以识别。另外一个证据,然而同样是实证性的证据,是一位日本僧人成寻的旅行日记。1072 年时,成寻顺汴渠北游,翌年再次循运河南归。[42] 以下诸条见之于他的旅记,根据朝觐地点题名为《参天台五台山记》。他从杭州沿江南运河段北上。

　　　　"熙宁五年八月二十五日,天晴。卯时(约上午五时)开船。午时(上午十一时)抵达盐官县长安双向滑道(堰)。[43] 约未时(下午一时)知县来,我们在长安休息室用茶。大约在申时(下午三时)两道闸门('水门')(按先后次序)开启,让船只通过。船通过后,叠梁闸板('关木')落下而关闭(中间闸门)。接着第三道闸门的叠梁闸板(提起)开闸,让船只通过。相邻段的运河水位面(比上游段)约低五英尺许。(在每一道)闸门打开后(水从)上游段流下,水位变平,这样船只就可以前行通过。"

由此得知这是座两级船闸(配备有三道隔水闸门),[44] 闸门间距设置得很小,所以只能单独容纳成寻乘坐的船,或几条别的船。随后一个月日记中,成寻描述了三座更加正规的双闸门型船闸。

　　　　"九月一日。申时(约下午三时)开船(离秀州,今嘉兴)。通过北门,经过六里后到达三棵树坝('三树堰'),命令下达后,开两道闸门让船通过。

"九月八日(在常州,今武进,位于无锡丹阳之间)。午时(上午十一时)离北门(并且通过)两道闸门,北边的和南边的,(像)两个台阶,在望塔门外。

"九月十四日。天晴。卯时(约上午五时)开船,到辰时(上午七时)船停泊邵伯镇……近未时(下午一时),开两道闸门,在第二道闸门打开后,船就通过了。"

值得注意的是,成寻在他的旅记中自始至终保留了"水门"这个词。对于显然是船闸时,仍同样记录成水门。然而,在提到"闸头"时,意思则是指甚大的船闸内水坞一端的闸门,或者是指堰闸时的"闸"。下面是第二种情况中的一例:

"九月十七日。巳时许(上午九时)开船,返回楚州(城,今淮安),抵达一座'闸头'。位于距城九里三百步处……行十里后抵达(相邻的)闸门,但是因为缺少水而不开闸门……到戌时(下午七时)水足够后才开闸门。先过了一百条船,花费了一个时辰(两个小时),这样轮到我们的船时,是到亥时(下午九时)才通过。当天晚上,该处的第二道闸门不开,只好在(水坞)内过夜。"

在回程时,又说:

"(1073年)三月二十三日。天晴。辰初一点(上午七时三十分)开船。至申时(下午三时)已行六十里,抵达楚州(今淮安)停船。申时三点(下午四时三十分)开闸门('闸头'),数百条船通过。酉初一点(下午五时三十分)进入南(航道)闸门,并在此过夜。这座城市恰好是我们官方向导的家乡,所以我们逗留了一段时间。"

至于第三种情况,也可以从他的回程中取一条来看:

"(1073年)四月二十五日。转运司来函说,管闸门的人必须等停满一百条船,或者船数虽不足但已等满三天时,才准许开闸门('闸')。因为灌溉的需求是不容许忽视的。因为今天已经是第三天了(我们想)在晚上应该可以开了,但他们仍不开。"

在去程中也有记叙说：

> "九月十八日。天阴。整天都在市场旁边的闸门（'闸头'）等待。戌时（下午七时）闸门打开，我们的船通过。"⑩

在成寻记录的数年之后，我们可以从一个中国官方的资料中看到另一个船闸。《宋史》[45]说：

> "元祐四年（1089），京东转运司说，清河（淮河流域）与江苏、浙江、淮南的许多地方的交通（极为有用）。但是自从徐州的吕梁和百步两处遭洪水之后，河道变浅，到处是危险急流，以致许多船只失事。所以，船工、赶牵挽用牛驴的人以及沿岸装卸搬运的人们都利用各种方法阻碍商船走这条航路。现在官府已经任命齐州通判滕希清、常州地方官晋陵的赵竦以工程规划为目的丈量地形。假如证实能恢复月河的石砌护岸，并沿河上下设置船闸（'牐'），按时启闭使船只通过。这是一个长期的计划，能带来很大的好处。他们（官员们）因而乞求派遣监督官员来开工修建。皇上同意了，建议执行了。"⑪

所以，这是通航运河上船闸的一个明证，刚好是在征服者威廉（William the Conqueror）时代之后。[46]100年以后，我们又回到了灵渠上的船闸了。没有必要再进一步地加以证明，而且我们还可以再增加一个例子。1293年，郭守敬在大运河北京通州之间的通惠河上修造的建筑物，耸立在这一片田野上，高达30英尺。《元史》记载了郭守敬对运河上闸门的详细说明：[47]

> （从北京到）通州每十里建造一座堰闸（牐）。因此，总共有七座牐。[48]在距离每座牐一里多一点的地方（600码以上）设置双重闸门（'重斗门'），布置得当开启（字面上是举起，'提'）与关闭（'闭'）时候，相互联系而能使船只通过，水被止住。"⑫

因此，各船闸处水头的数量级是4~5英尺。

《元史》在另一处复述了所有闸门的名称，从都城的西边开始一直到通州以远的大运河相邻一段连接处为止。这些闸门如下：

"(通惠河上的)闸门('坝牐')名称(是)。

（1）广源牐。

（2）西城牐两座,上牐(即上游)在(都城)和义门外一里(1800 英尺)处,下牐(即下游)在(都城)和义水门以西三(百)步(1500 英尺)。[49]

（3）海子牐,在(旧都城)内。

（4）文明牐两座,上牐在丽正门外水门东南,下牐在文明门西南一里。

（5）魏村牐两座,上牐在文明门东南一里,下牐在(相邻的)上堰闸('闸')以西一里。

（6）籍东牐两座,皆位于都城东南王家庄。

（7）郊亭牐两座,皆位于都城东南二十五里的银王庄。

（8）通州牐两座,上牐在通州西门外,而(相邻的)下游闸('闸')在通州南门外。

（9）杨尹牐两座,皆在都城东南三十里。

（10）朝宗牐两座,上牐在万亿库南一百步(500 英尺),下牐距(相邻的)上堰闸('闸')一百步。"⑬

很遗憾这条运河很早就被淤泥堵塞了。它在马卡尼时期就已废弃了。1793 年时,马卡尼使节途经整条大运河,但是没有经过这一段运河。对它的遗存似乎没有近现代的研究成果发表,但是要证实上述大部分的地点却是十分可能的。[50]运河从西边很远的山谷的泉水中引出水,船坞是建在北京西郊(因而命名为"西城牐"),从那里运河转向城南,流经古代女真族金人的都城(元时成为有墙围场向东南突出的扩大部分),然后流经乡村流向通州。[51]以上列举中清楚地提到了八座双闸门船闸并暗示了另外两个,但是间距较大的堰闸却什么也没提及。应记得在第一个史料中提到了点缀着双闸的七座堰闸,而且是相距一里多些,所以可能有七八座船闸。然而,另一个史料来源,《新元史》中提到了。牐坝十处共二十座",这符合得很好。应该记得,第一个史料来自于郭守敬的上书,说的是他计划想做的事。所以,看来他原先是提议造七八座船闸,实际上修造了十座。

第一个史料中提到"牐"和"斗门"的地方,在第二个史料中相应地成了"闸"和"牐"。在各种情况下,前者明显地含有堰闸的意思,而后者则是双闸或船闸。虽然用语术语上的变化有时会造成混乱,但是仔细研究它们的意思时,还是能够加以区别的。第二个史料中的第 5 条中清楚地证实了两个术语之间的区别。由于运河的水是由西向东流的。所以"下游"的闸不可能位于成对的两座闸中"上游"闸的西边。因此

"闸"一定不是"牐",而是别的东西。它只可能是堰闸。实际上,在古代中国的水利工程史籍中始终存在着一种双名的表达法,虽然内容有所不同。例如,1118年柳庭俊提到淮阴扬州间汴渠的山阳运段曾有79座"斗门水牐等",但是多数已年久失修,所以他受命修复。在缺乏进一步资料时,人们无法鉴别它们究竟是水闸,或是堰闸,还是船闸。然而,人们觉得无论如何,历史学家并非平白无故地提到这两样东西的。但是,我们现在到了欧洲有最早船闸证据的确定年代的100年内了,所以也应回过来谈谈在旧大陆另一端所发生的事。

就所谈的事实而论,对那些仅局限在欧洲范围内探究问题的人们所作出的结论,显然应该做很多的修正。例如符雷登[52]这一类的论文中所表明的,一般的看法是水闸和单闸的出现至迟可追溯到13世纪,船闸的主意应归功于 W. B. 帕森(W. B. Parsons)的精心而有限的研究,把问题的解决归结成为:确定达・芬奇的后继者是谁?他说:"船闸这一个水工结构之极为重大贡献,毫无问题是起源于意大利的。"(op. cit.,p. 372)这里,他忽视了荷兰人的成就。而且现在很清楚在这一方面没有任何能和中国人的成就所相提并论的。

在作进一步讨论前,应对一个名词作出判断。这就是古代连接尼罗河和红海的古埃及运河上的"船闸(ship locks)"。[53]这一工程始于尼科(Necho,前610—前595在位),继之于大流士一世(Darius Ⅰ,前522—前486在位),然至托勒密・费拉德夫斯(Ptolemy Philadephus,约前260)才竣工。虽然总是说,至少在苏伊士的一端曾经有过一座双重闸门的真正船闸[54],但是就连最著名的权威们(de la Blanchère 等)也是除了简单的防洪闸门以外,别的什么证据也没有("精巧的屏障",Diodorus Siculus 的 φιλότεχυου διαφραγμα。[55]这些防洪闸门已经足以控制阿尔西诺〔Arsinoe(苏伊士)〕地方的潮差,以及在尼罗河一端洪水或干旱季节进行控制调节。[56]

在这以后,在水闸和闸门方面西方世界一直是默默无闻的。直到11世纪,荷兰人才在档案材料中开始提供他们的资料。[57]一开始当然是堰闸。1065年 R. 罗特(R. Rotte)在荷兰,以及1116年 R. 斯卡帕(R. Scarpe)在佛兰德所造的已经证实是堰闸,但是确定不了这些堰闸是否是用于航运的。十分有可能他们是这样做的,就像1198年意大利曼图阿(Mantua)附近明乔河上的堰闸(A. Lecchi;Trattato de Canali Navigabili. Milan,1776),以及在低地国家中早就发展了的允许船只在运河与潮汐河流之间通过的防洪闸门或潮汐水闸。例如1168年布鲁日(Bruges)附近达梅(Damme)坝闸[58],1285年后不久在须德海(Zuyder See,即荷兰艾瑟尔湖)上斯派尔恩丹坝闸(Spaarndam),以及1184年在新普尔特(Nieuwpoort)使用的著名"大闸"。[59]总的说来,13世纪末时,欧洲运河和渠化河道上的堰闸已经是很常见的了。[60]

接下来就可以按一定的准确性来着重叙述船闸的发展了。它们起初只是出现在有水位差的地方，即是位于北海高潮位海岸和河口湾。最早可确定的日期是 1373 年，当时在一条来自乌得勒支（Utrecht）的运河汇入莱克河处的费里斯威克（Vreeswijk）地方兴建了一座船闸。在斯派尔恩丹从 1315 年起就可能存在一座类似的水坞（代替潮汐水闸），而在 1375 年确确实实是在那里了，这样所确定年代较好。[61] 这两座船闸均为大型水坞，可以容纳二三十条船，因此有点像乔维岳或宗卡的船闸，只是更加大些。欧洲最古老的小型水坞，然而又是真正的船闸，当属 1396 年布鲁日的达梅闸。它也是用来代替潮汐闸门的，长度恰为 100 英尺整。单纯从水位的变化来说，它正是欧洲当时为了克服地形高低不平的差异而做出的努力中最早取得成功的，也就是说是修成了一条真正的越岭运河。这一次又不是在意大利，却是在德国实施的，很可能是为了和低地国家的汉萨同盟的联络。1398 年竣工的斯泰克尼茨（Stecknitz）运河借助于两个相当大的船闸（Kammerschleuse）跨越了标高达 56 英尺的分水。[62] 直到此时，意大利土木建筑工程的高潮才到来，并且命中注定要导致产生实质性的改进。贝尔托拉·达诺瓦脱（Bertola da Novate，约 1410—1475）是位船闸的建筑大师。他在贝雷瓜尔多（Bereguardo）运河（米兰水渠的一部分）上建造了十八座船闸（1452—1458），1456—1459 年间又在帕尔马（Parma）附近建造了五座船闸。那也许就是 L. B. 阿尔贝蒂（L. B. Alberti）在《建筑师》（De Re Aedificatoria，约完成于 1460 年，但在 1485 年才付诸印刷）中所描述的船闸。[63] 他提议采用水平移动的闸门，而不是采用垂直移动的方式。这一建议被达·芬奇所接纳。达·芬奇确实发明了人字形闸门，[64] 并且在 1497 年以后建造了数座闸门。那时他担任米兰的公爵之领地的工程师已有 15 年了。他在闸门上又装了小闸门用以进水，并装有一个类似中国船尾舵似的偏心平衡闸阀。

1497—1503 年之间，达·芬奇在为佛罗伦萨市规划阿尔诺的通航问题和防洪事宜时，提议在分水最高处设置一系列的闸门以实现运河的通航。[65] 有一项建议中包括有凿通深达 225 英尺的丘陵，[66] 另一项建议是在最高点的两边建造一系列的闸门。帕森说，那"是一个采用双向船闸或反向船闸最早的建议，但是直到布里亚雷运河（the Canal de Briare）时才付诸实践"。[67] 我们又知道佚名工匠们所修建的斯泰克尼茨运河（the Stecknitz Canal）是比这早了 100 年的成功之作，然而元代大运河则是又比达·芬奇的建议还早了 200 年，灵渠转变成越岭运河则更是早 300 多年。

我们在这一特定领域内的文化滴定的一系列的终止点现在开始显露出一定的清晰度了。中东所有的古代文明在可能是普通小型水闸的出现之后，则是公元前 3 世纪尼罗河—红海运河的可通航的潮汐水闸或防洪闸门。这些均足以与中国周代、秦代和汉代时汴渠河口水门相媲美，虽然其分隔的原理非常迅速地用竖起众多的堰闸加以普遍化了。1000 多年过去了,这些东西才开始在欧洲渠化河道上逐渐地多起来,也许实际上中国人在汉末(约 200)以前就修建了很长的纯粹人工水道。十分有可能的是,公元前 3 世纪的灵渠上也曾安装过进出水门。灵渠是所有文明中最古老的等高运河,唯有锡兰的灌溉用等高运河才能与之相提并论,而任何的欧洲水利工程则均是望尘莫及的。大约在 1100 年时,灵渠中合并采用了船闸而使它转变成为越岭运河中最古老的实例。自然,这两项发明是有内在联系的,但是在东西方出现的时间各不相同,并且是很有意思的。在中国最早的可以鉴定为船闸的出现,日期可定在 980 年以后的 10 年之内,但是在欧洲最早的则要晚到 1370 年以后了。前者尽管其水位升高相当小,但毕竟是用在越岭运河上的;而后者则只是用于潮汐差的水位。除了灵渠转变成的越岭运河之外,中国最古老的越岭运河(从严格意义上说)当属隋代的汴渠。但是因为它的分水是如此地平坦,所以定为 1280 年以后的元代大运河为好。这必须与欧洲第一条成功的运河(斯泰克尼茨运河)加以比较,那是 1390 年以后 10 年内的事了。所以这些方面的优先权均落入中国人手中。[68]

此后,却又是多么地自相矛盾(如我们在前文所见)。欧洲文艺复兴时期以前的旅行者在中国大运河上旅行时只看到了堰闸和双向滑道。我认为对于这一情况的解释已经暗中包含在前面所引的沈括关于汴渠上纳税粮船吨位增加的记叙中了;尤其是提到用船闸代替滑道后,粮船吨位增加得异常迅速。[69]《宋会要稿》有一段记载[70]提到了"成对的闸门"(闸—重)。并说,以前仅有官方船队和重载船队才能过船闸,而其他船只则由滑道上曳越通过,但是现在(1167)地方当局急切期望从过闸纳税中增加税收,所以让一切船只(无论官船私船,也不论其装载轻重)都经过船闸,并且废除了滑道的使用。[71]事实上船闸在运河上是应重载船只的需要而产生的,所以一旦某一时候这种刺激因素不存在了,那么船闸就很可能不再加以更新了,运河交接的地方就又会恢复到堰闸和滑道的状况。的的确确发生了这种情况。13 世纪晚期元政府定都北京,运河系统在一开始时就未能承担起向北方运输的重任,实际上运河在元代自始至终都没能全程通航,以至于向北方运输任务的大部分是经由海运。虽然,年海运量从未超过运河在其效率最高状态时的年运量;但是却经常相等于或超过内河运输的总量。1450 年以后的明代统治使宋元王朝历经艰辛而建立起的海上势力衰落。大约300 年间,由于在大运河上类似于在北宋时曾经加以应用而带来惊人收益的繁忙交通运输的需求已经中止;因而,采用大批量较小型的船只成了习惯。而这传统本身之确立,使船闸日复一日地衰落而不再修复了。[72]

尽管船闸在中国是衰落了,然而在上述经证实被确定的年代中,中国的水利工程到底对欧洲产生了些什么影响呢?这种船闸和越岭运河是否必定被刻画成为属于我们在别处称之为"11世纪的成串"技术向西方传播的浪潮之中呢？如果是肯定的话，这些想法是怎样传过来的呢？人们一般相信，12世纪时挪威人和意大利人曾经从十字军从军骑士的闲聊中了解到王景、李渤以及他们许许多多同僚们的中国式堰闸（这种堰闸至迟可以追溯到1世纪）。然而，这种堰闸本身就十分简单，所以它们的确可能有各自的起源。但是，船闸则可能是另一回事儿了，它不可能是单纯的巧合。船闸和越岭运河在欧洲开始于14世纪，恰好正是在蒙古人容许以马可·波罗为典型的商人自由旅行和交往的时间以后。我们在研究工作的早期曾注意到H.玉尔（H. Yule）的说法[73]。他说，13世纪后期"底格里斯河的两岸雇用了中国工匠"。这一点经常被汉学家们重复引述。[74]遗憾的是，尽管水利技术西传推测正是在这段时间内，但是仍然没有一个人能够从玉尔所引用的来源中得到确凿的依据。[75]在蒙古人征服伊朗和伊拉克的第一个浪潮中，许多中国人确是为人们所熟悉。一名中国将领郭侃，和一位乃蛮人将领怯的不花，是1258年旭烈兀汗攻陷巴格达后的首任总督。[76]那些中国特有的抛石机手和粗挥发油掷弹兵组成了旭烈兀军队的一部分，这也是千真万确之事。[77]因为蒙古人有一种毁坏所有各种灌溉和水利保持工程的习惯，因而激怒了他们的较为农业化的敌人。所以他们在政府一旦以开拓替代军事行动时，很自然地就转向中国技术同僚们以复兴美索不达米亚。据说一位更早的阿拉伯作者贾伊兹（al-Jāhiz, 869年去世）曾经提起说，在他那个时代中国工匠曾被带到过伊拉克。这实际上仅有一处印刷符号上的差错。他的文章中实际上说的是，中国人被带到了拜占庭。然而，在八九世纪时，确实有中国工匠在巴格达，出名的是造纸工匠、纺织工匠以及其他的人们。中国人是在751年怛逻斯河（Talas）战役后定居在那里的。很可能定居的人中有匠师在内。总之，虽然几乎提不出什么专门的特别的证据，但是有充分的理由可以认为中东是一个技术传播的中继站。中东是在李渤和贝尔托拉·达诺瓦（Bertola da Navate）两人之间的这一段时间内，使船只能在山谷内上山下山的想法得以传播的中继站。从现在已经确切肯定的日期而言，这些想法极不像是由西向东传播的。

无论在广西灌溉系统中，或者在灵渠通航运河中，溢流道都是指一种把水位保持在所需高度的稳定装置。除了在这几个例子中所用的术语，别的术语亦较常见。例如，有一个术语是"石哒堰"（按字面含义是石制的堰闸坝）。这是公元前120年汉武帝为了计划训练海上作战而在长安的西南修造人工的昆明湖蓄水用的。[78]同一术语后来曾再次出现。1020年王贯之在海州时曾想利用这种溢流堰坝把水引进汴渠。[79]最常见的术语或许是"石哒"和"水哒"，均曾在宋代史籍中多次见到，总是与汴（渠）有关。它们沿着汴渠一个接一个地延亘了十行或十三行。[80]

很早的时候想必就已经认识到，如果把这样一条溢流道的斜面做成平缓适宜的坡度,则就可将运河中的船只曳越坡道而进入较高水位的河道。同时也可防止水的流失。于是就出现了双向滑道,古希腊人称之为"diolkos($\delta\iota o\lambda\kappa o s$,意即双斜面圬工结构的斜坡道)"。无疑,借助于这种双向滑道产生了两条水道之间原始而笨重的陆运。船只可以从双向滑道上曳越,在中国一般是采用绞车把船只从一个水道曳越双向滑道而进入另一个水位不同的水道。这类设施在中国最常用的术语是"埭"。然而遗憾的是"埭"在有些时候又可以指坝或者堤,是一个意义较广泛的词。所以对埭具体确切的解释可能会有困难。然而,晋朝将军兼哲学家谢玄在吕梁(今铜山附近)的汴渠上所修建的七座埭确实是意味着双向滑道,因为这是他采纳了闻人奭的"便利运输"的建议而修建的。[81][14]当时的一位作者曾经提到用牛转绞车将船曳越过这些双向滑道,因而称之为"牵埭"。[82]这一术语尔后常可见到。例如在王安石的诗中就有。宋人曾把滑道名之曰"埭城"。[83]它们极其富有中国交通运输的特色,所以1307年刺失德丁(Rashīd al-Dīn)在描述大运河时就曾提到它们。

欧洲旅行者开始撰写他们在中国的旅游见闻时,这类滑道仍在广泛地使用着。例如1696年时李明(Lecomte)曾写道:[84]

"我曾观察过中国有些地方,那里的两条运河或两条渠道的水是不相连通的,有的地方的水位差可达15英尺以上。尽管如此,他们仍能使船只从一条河道过到另一条河道。他们是这样做的:在运河的终端修建双向斜坡道,或者乱石砌的斜坡岸,它的顶部相汇接于一点,向两边延伸到水面。当船只处于下游河道时,他们用几个绞车把船只绞曳到第一个斜坡上,一直升到顶部汇合点处。然后由于船只的自重而落入第二个斜坡,在斜坡上滑动相当的时间,好像离弦之箭般地进入上游河道。他们按照同样的方式使船只从上游河道降到下游河道。我简直无法想象,这些通常船身很长,装得又很多的船只,在它们以那样一个锐角悬在空中时,怎么会不从中间断裂成两半的?因为考虑到那样的长度,撬杠必然地会对船只产生无法想象的影响。然而,我却从来没有听到过发生任何意外的事故。我曾经这样地往返经过了好几次。当他们想要上岸的时候,他们采取的全部谨慎措施是在自己身上系上一根缆绳,以免从船上晃下。"

人们常常描述这些滑道,并且用插图加以说明,例如,Davis、[85]T. Allom & C. Pellé、[86]Staunton、[87]J. Barrow、[88]Dinwiddie[89]等的著作[图版ⅩⅩⅣ(6)]。

类似的装置在欧洲也有漫长的历史。一个古老的例子是穿过科林斯地峡的滑道。虽然这一工程或许未能由它的首任设计师、暴君皮里安德(Periander,前625—前585)所完成,但其日期是在公元前6世纪,这一点是不容怀疑的。[90]这是独创性的工作,并且长久地保存下来了。这是一条横跨地峡大部的石砌路面,两端各以一条真正的滑道作为终端。N. 梵德利(N. Verdelis)的最近发掘报告说,那条石块砌的路面宽13英尺,长3.75英里,通过高出海平面约260英尺的垄。还有两条互相平行的槽,沿其全长皆相距4.5英尺。所以一定是把船只装载在装有轮子的托架上后,在这种名副其实的铁路轨道上移动的。[91]甚至在弯道的某处有一条让车道,有双轨的遗痕。这一著名的双斜面的坞工结构滑道连接了科林斯湾与萨罗尼克湾(Saronic Gulfs),至少一直使用到9世纪。[92]此后,在荷兰立即出现了类似形式的双向滑道。1148年在荷兰有两例,是用于乌得勒支附近的新里英运河(Nieuwe Rhijn canal);1220年在斯派尔恩丹可能还有一例;1298年在伊普尔肯定又有一例。[93]尤其为人们所熟悉的是1437年耸立在威尼斯附近富西纳(Fusina)的布伦塔运河上的一例,宗卡在1607年曾用图表示它的重建。[94]从这一点来看,欧洲的连贯性似乎排除了中国人影响的可能性了。但是皮里安德的工程是否在中国得到共鸣也可以容许有一个广泛的解答。这一类设计中最为宏大的继承者是1884年J. B. 依德斯(J. B. Eads)建议在墨西哥的特万特佩克地峡修建运送船只的铁路。拟议的计划是准备用三台双头的2-14-0×2马莱(Mallet)机车在平行的轨道上牵引放在铁路敞车上的海船。[95]但是,巴拿马运河使这一宏伟的计划化为泡影。然而,倘若它一旦修建的话,那么它实质上将是皮里安德所心爱的双斜面坞工结构滑道和谢玄所心爱的"埭"的登峰造极之作了。

讨　论

由于作者迫不得已的缺席,论文由拉克斯·韦尔斯(Rax Wailes)先生(前主席)代为宣读。讨论的录音带送交李约瑟博士以后,他的答复如下:

我很高兴听了讨论的录音。我们的祖先对于技术能使这样的事成为可能,一定会感到非常的惊奇。

第一点,D. H. 图(D. H. Tew)先生提出的问题。中国的工匠是怎样在同一条运河(通惠河上)安置堰闸和船闸的?依我之见,此问题的大部已由到会的其他诸位作了回答,实际上较之我本人在场时还答得好得多。诚如主席所言,类似的组合在英国运河上也有存在。因此,有相同的充分的理由是没有疑问的。其中有一成本比较问题,此为艾伦先生所提。当然坞工船闸价格更昂贵些。韦尔斯先生和 E. J. A. 肯内

(E. J. A. Kenny)先生所提的冲刷性的水流问题,显然在今日之水利工程中乃是一种极为常见之实践。最后,N. 纽(N. New)先生所提的升船高度问题,以及由第一位发言者所提到的水的保持问题。我以为把所有诸因素叠加在一起后,便易于理解在某一特定水道中的情况了,尤其早期可能有过堰闸和船闸的组合应用。

关于官僚政府这一问题,很多与会者均注意到中国文明中传统的政府管理方式的此一特点,这是很重要的。的确,众所周知,有纪元以来,中国没有经历过西方意义上的封建军事独裁主义,而产生了一种所谓封建官僚主义的形式。帕金森(Parkinson)教授自己也到过远东,这是千真万确的。虽然我对教授的观点表示怀疑。教授认为官僚主义的根源是始于远东,而不是始于我们自己的近代文明。然而,事实上,重要的是我们已发现,汉代的产品中,已开始了白领阶层的过剩。例如,当时宫廷作坊中有漆罐的生产。有四种不同的专职漆工的名称,但竟有多达七种名称的监工、文官、总监及副监等。可见在宫廷作坊中诸事均加以良好的组织。在我看来有另外两个问题。作为古代中国社会而来的近代社会的遗传特征,已以确切依据表明了,19世纪时西方欧洲所采纳的民用事业政府检查体制,从所有意义上说,是直接从2000年前中国宫廷检查中派生出来的。这是欧洲真正要大大地感谢中国的。因而,中国传统的官僚机构虽然是一庞大的剥削组织,然而从许多方面的结果而言还是带有高度的慈善性。最初构想出的用于向都城运送税粮用的运河,证实了在平民百姓运输货物时有极高的价值,也证实了对灌溉规划用水有极高的价值。而且后者对每一个个体农户是至关紧要的。我本人认为,官僚是与我们共存的。我相信在一个以现代科学技术为基础的世界上(因而是高度有组织的世界)官僚统治的某些方法,从这词的最好的意义上而言,是永远不能没有的;问题在于怎样在现代条件下实行官僚的博爱化,致使其有利于人民大众;问题是在于应该懂得这一点,并且实现之。我认为近现代技术已经置身于官僚组织的技术工具范围了。这将使这一问题以某种方式予以解决,而决不再是以古代的方式了,我甚至居然要说,从古代中国的官僚的管理方式中可以学到许许多多东西。从社会制度的精神上而言,它本质上是平民百姓性的,是人道主义的,而且从总体上常常主要地是为人民行使权力的。我认为对它的研究将大大地有助于对当代和未来的官僚的社会学问题感到兴趣的人们。

至于J. H. 博伊斯(J. H. Boyes)先生提的问题,即世界上最古老的等高运河,公元前3世纪时史禄修建的"灵渠"的水源供应问题,我无法如我所希望的那样加以回答。战时我在中国的期间,曾数次坐着火车在衡阳到桂林的铁路线上跨越灵渠,但那时我还没有认识到灵渠工程的重要意义。就我所读过的有关灵渠的记叙而论,似乎大部分的水量是来自东面的那条向北流的河流。但是在没有对这方面的遗存作彻底的调查研究前(我也许能在今年夏天就此作研究),是无法作出十分肯定的答复的。

我全然赞同 A. L. 李特尔(A. L. Little)先生的看法:从 18 世纪最后的几十年以来,西方国家的使节络绎不绝地在大运河的上上下下往来通行,这很可能对当时欧洲的运河修建起了相当大的刺激作用。诚然,西欧运河的兴建开始得相当晚,但我可以毫不费力地找出正面肯定的文献证据来证实当时的欧洲人对于他们所听到的大运河有着极为深刻的印象。例如,1751 年,狄德罗的大百科全书的最初几卷问世时,我们可发现其中有关中国的条目连半行都不到,然而在这寥寥无几的叙述中重点讲的内容之一,就是整个中国国土上的运河,特别是横贯全国的"皇家运河"。

李(Chas. E. Lee)先生希望能有关于这些发明的经济、社会和文化背景方面更多的材料。当然,我不可能在这简短的篇幅内囊括中国的全部社会史和经济史。无疑以社会的官僚组织为一方,与文明对于水利工程的需求之间是存在着密切的关系的。水利工程的形式有:(a)河流的防护和控制。(b)通过运河运送税粮。(c)农业灌溉。实际上我正是在寻找其中的关系用来解释船闸系统在其开始发明以及广为传播之后的衰落,并试图指出这是由于元代掌权后将大量注意力集中在开辟海道上。这是元代统治者鼓励海军的一种形式。与此同时,通过运河系统的交通就减少了,我认为特别是运河船只的吨位下降了,所以结果是一些专门适用于大型内河船只的设施就逐渐废弃不用了。明代晚期,仍常大量地利用运河运输,但据我推测,在那时传统的内河水路运输吨位固定在一个比先前曾达到过的最高水平的远为低下的水平上,所以船闸再也不如它曾经达到过的那种繁荣景象了。李先生还提出了一个技术成就由一个文明向另一个文明传播的问题,以及拒绝革新的问题(人们有时发现,甚至于在某一特定的文明也许已知道某些东西在别处已经做了的时候,仍拒绝改革)。但是我们要深入到所有的问题的话,要花费的时间实在是太可观了。因此我只得建议他在多数情况下,去查阅我们的主要的多卷本《中国科学技术史》中所讨论的那些问题。

最后,借此机会,谨再次向学会表示本人未能出席会议的歉意。同时,谨此对我的老友韦尔斯先生代为宣读论文以及精通所有的中文姓名和术语致以衷心的感谢。

(徐英范　译)

参考资料与注释

〔1〕闸门圬工中砌出的通道,无须移动闸或闸门中的小闸,就可以进水或排水。

〔2〕闸门两边的蓄水池,用来贮存每次开闸后的 2/3 的水。

〔3〕参阅 1955 年 Herbert Chatley 向学会递交的论文,以及本文最后的讨论。其后所交换的意见已被现在所提出的材料代替,这些材料可在我们的《中国科学技术史》SCC, *Science and Civilisation in China*(Cambridge Univ. Press, 1954—)卷 4,第 3 分册中找到。读者可在该书中读到中国的史籍、专有名词

的中文等的准确资料。尤其高兴的是写下我对中国合作者王静宁博士(王铃教授)和鲁桂珍博士的
深切感谢! 我们最热烈地感谢 A. W. Skempton 教授 1955 年在长时期讨论中所给予的帮助。

〔4〕《前汉书》卷 89,14 页背面。提到"几十个"水闸。

〔5〕《前汉书》卷 29, 15 页背面。参阅 L. Wieger: *Textes Historiques*. 2vols. p. 586, Chinese and French
(Hsienhsien:Mission Press,1929)。亦见严可均《全上古三代秦汉三国六朝文》全汉文,卷 56,6 页
正面。

〔6〕汴渠是大运河的前驱。由于古代的都城不是在北京而是在长安(西安)或洛阳,所以它与洪泽湖的
连接处要在西边得多。最古老形式的汴渠至迟出现在公元前 4 世纪。汴渠在黄河的荥阳稍西边处
分流(荥阳是汉初著名的谷仓,粮食运输的枢纽),然后流经几乎难以觉察的分水,南端与淮河及洪
泽湖相连。

〔7〕《后汉书》卷 2,15 页正面以下。英译本:H. Bielenstein:"*The Restoration of the Han Dynasty*",*BMFEA*(*Bulletin of the Museum of Far Eastern Antiquities* (Stockholm)),ⅩⅩⅥ:1-209;(1954); and sep. Göteborg,
p. 147,mod. auct.

〔8〕由《后汉书》卷 106,7 页背面,可知王景每隔十里修建一座水门,至少建有 202 座水门。又,同书卷
100,6 页背面所述,将作谒者王吴也曾经采用过王景的"墕流法"(测量溢流的方法),由此可见王景
在此项工程中的重要作用。这些水门在 171 年时曾经用石头砌的座子进行了加固(《宋史》卷 93,17
页正面以下)。

〔9〕72 年,王景任河堤谒者。皇帝赐给他许多的丝、钱、车、马和很多书籍。其中有《山海经》,《河渠书》
(即司马迁论述河流和渠道的著作,今收入《史记》),以及一套题为《禹贡图》的地图(描述《书经》中
《禹贡》的地图)。

〔10〕Nos. 1,2,4,6,7,8,10;见 D. C. Twitchett:"*A Fragment of the Thang Ordinances of the Department of Waterworks discovered at Tunhuang*",*Asia Major*,Ⅵ:23(1957)。

〔11〕所以磨坊主与运输官员之间旷日持久的摩擦经常反映在王朝的历史中(参阅《宋史》卷 94,3 页背
面至 4 页正面,1086 年记事;卷 96,5 页正面,1097 年记事)。

〔12〕参阅 A. W. Skempton:"*Canals and River Navigation before* 1750",in *A History of Technology*, ed. C. Singer
et al. ,Vol. Ⅲ(Oxford,1957)。又"*The Engineers of English River Navigations*",*Transactions of the Newcomen Society*,ⅩⅩⅨ:25(1954)。类似的但可能附有船闸的实例将在第 93 页以下提及。

〔13〕《南湖集》卷 2,4 页正面。

〔14〕参阅 L. Lecomte:Memoirs and Observations…made in a Late Journey through the Empire of China,p. 104
(London:Tooke & Huddleston,1698)。又 J. S. Cummins(ed. and tr.):The Travel and Controversies of
Friar Domingo de Navarrete, A. D. 1618 to 1686. 2vols. Vol. Ⅱ , pp. 225ff. (Cambridge:Hakluyt Society
Pubs. ,1962,2nd ser. nos. 118,119)

〔15〕参阅 Macartney:pp. 169ff. p. 268(J. L. Crammer-Byng ed.);An Embassy to China,being the Journal kept
by Lord Macartney during his Embassy to the Ch'ien-Lung emperor, A. D. 1793 to 1794(London:Longmans,1962). Sir George Leonard Staunton:An Authentic Account of an Embassy from the King of Great
Britain to the Emperor of China…, figs. 34, 35, 2vols. (London:Bulmer & Nicol, 1797, repr. 1798);a-

bridged edition in 1vol. (London:Stockdale,1797).

J. F · Davis: The Chinese …, Vol. Ⅰ, pp. 141, 143, 2vols. (London: 1836), 3vols. (London; Knight, 1844).

Herbert Chatley 博士对我说,他时常在中国的运河上等候闸门的开启,一般大约1000米设有一闸。

〔16〕宋应星《天工开物》(1637)卷上,15页之背面。这一类型最古老的图见之于《农书》卷18,4页背面。《农书》的年代(1313)早于 Sarton 所认为的最早的绘有带水闸的坝的 Jacopo Mariano Taccola 1438 年的画稿(见 G. Sarton:*Introduction to the History of Science*,5vols. Vol. Ⅲ, p. 1552(Baltimore:Williams & Wilkins, 1927—1947)). 也可以参阅《农政全书》56,6页正面。

〔17〕见王璧文的研究(《清官式石闸及后涵洞做法》,《中国营造学社汇刊》(北京),1935,卷6(第2期),49页)。这地方位于郭守敬的通惠河的位置线上或附近。

〔18〕傅泽洪《行水金鉴》(1725)卷1,141页。B. Karlgren:"Grammata Serica"Dictionary giving the Ancient.

〔19〕*Form and Phonetic Values of Chinese Characters. BMFEA*,1940,12. Revised ed. BMFEA,1957,29. BMFEA 见注释〔7〕。

〔20〕例见《前汉书》卷29,15页背面;卷89,14页背面。参阅《后汉书》卷2,15页正面;卷106,6页正面以下。在邓艾的坝中(约235)用作水闸。

〔21〕例见唐代水部式残抄本(737年)。Twitchett 英译本(op. cit.)此术语在唐代史籍中十分常见。《书叙指南》(1126)卷14,6页背面,定义水闸(斗门)用法是根据季节蓄水和放水(时其钟泄)。"时其钟泄"见"高璃传",他在768年修建了长180里的灌溉蓄水用的堤塘(《旧唐书》卷162,7页背面;《新唐书》卷171,6页背面。)参阅《唐语林》卷3,29页背面所谈的都城水闸。13世纪初的《四朝闻见录》丙集,46页背面所谈到的988年常德的城渠装有水闸或堰闸。约1190年时,陆游曾说过郑国渠上曾经有170多座"斗门"水闸(《老学庵笔记》卷5,15页正面。)《霁山集》卷4,1页正面,叙述了1203年汪令君在一条渠中修建8座堰闸,1305年皮侯元按照"板闸"重修,每座各用24块叠梁闸板。⑥术语"斗门"曾用来指385年谢安在汴渠或大运河的山阳运道上修建的双向滑道中的有关水闸。

〔22〕按朱骏声(《说雅》,1840)解说,此词最初是动词,意思是打开一道紧闭的门。

〔23〕古书中,此词意义是木制的分割物或分隔物。

〔24〕"闸"在《梦溪笔谈》卷12,第1段中可见到。原文见译注⑧(即在1084年时谈到的1025年事)。汴渠的堰闸在游记中反复地被提及。例如,1169年《北行日录》卷下,13页正、背面。1170年《入蜀记》卷1,3页正面、7页背面、8页正面、10页正面。其中有些很可能就是船闸。然而"闸"也可以明确地指水闸,例如约1200年龚明之《中吴纪闻》卷1,14页正面中是指江苏一个灌溉系统上的水闸。也用来指1270年左右时杭州控制湖水水位的水闸门(《武林旧事》卷5,22页正面;《梦粱录》卷11,14页正面)。类似用法在约1585年谈到桂林附近水程时可以见到(《赤雅》卷中,18页背面)。"牐"不常见。但《宋史》卷91以下谈到闸门时常用此术语(1345)。13世纪初《枫牎小牍》卷上,12页正面,记叙了极端卑劣的朱勔是如何在1123年为给宋徽宗的御花园和藏品运送巨大的石块而拆毁了闸门和桥梁。

〔25〕在描述宋礼的供水闸门中可见此词(《宋史》卷85,5页正面)。亦见之于约1585年成书的《赤雅》

中有关灵渠渠口处船闸的叙述(卷中,21 页背面)。《梦溪笔谈》卷 24,第 10 段,也可见到此词。那是提及汴渠水的灌溉用水闸,并且据碑文记载显然其至于唐代已经有了。

〔26〕王壁文(op. cit.)作了一个重要的报道。清代设计闸门和涵洞的法式中,闸门均为叠梁闸型的。

〔27〕上游水短缺是古代中国运河的慢性疾患。有时需要借助龙骨水车从附近田地里"戽上水"而使船只得以通行。因此叫作"车水"(见《宋史》)卷 96,5 页背面,1098 年一例。又一例见 10 页背面、11 页正面,1120 年。参阅郑肇经《中国水利史》,商务印书馆,长沙,1939,第 210 页)。故有"水贵似金"之说(《宋史》卷 96,11 页背面),而且闸门只许三天开启一次。此处又可以见到"归水澳"的说法,这可能意味着某些船闸中安装在浮船上的水车是一种永久性设施,在每次船只通过后把水送回上游河道。

〔28〕L. Lecomte. op. cit. ,pp. 104ff. 可以见到 1698 年时的一篇生动的报告。作者不喜欢堰闸,但是盛赞双向滑道。Dinwiddie 博士同样如此,见马卡尼大使(1793)附在他的《观察》(observations)的一条注解中(p. 269)。他的《旅途》(Journal)中有许多关于堰闸的资料(pp. 169,171,173 等)。他提及"美丽而操作简便的水闸和桥"。他说:"每隔数英里距离"就出现水闸,"在这段距离中正好形成船闸。船只大量地聚集在闸前。闸门打开后,数分钟内整个船队就过完了。防洪闸门随之落下。运河很快地就恢复到原先水位。"Dinwiddie 对船闸的论述,请见 W. J. Peoudfoot; *Biographical Memoir of James Dinwiddie*…pp. 59ff. (Liverpool;Howell,1868)

〔29〕《宋史》卷 307,1 页背面以下。参阅卷 96,1 页背面。

〔30〕参阅 T. Beck;*Beiträage z. Geschichte d. Maschinenbaues*,p. 316(Berlin;Springer,1900). W. B. Parsoas;*Engineers and Engineering in the Renaissance*,p. 396(Baltimore;Williams & Wilkins,1939). R. J. Forbes;*Studies in Ancient Technology. Vol. Ⅱ* ,Irrigation,Power,Transport,Roads and Canals. (Leiden; Brill,1955). 又"*Hydraulic Engineering and Sanitation*" ,in A History of Technology,ed C. Singer et al. ,Vol. Ⅱ ,fig. 625(Oxford,1956)亦见于 Skempton,op. cit. p. 451 以及 figs. 284,285 中的 16 世纪的船闸。

〔31〕参阅;Parsons,op. cit. ,fig. 132;Forbes;op. cit. ,fig. 626;Skempton,op. cit. ,fig. 281. 此抄本(Ashburnham 120. 361) 题作"*Trattato dei Pondi*,*Levie Tirari*" ,是达·芬奇的手稿。

〔32〕《梦溪笔谈》卷 12,第 1 段。参阅;胡道静《梦溪笔谈校证》两册,上海出版公司,上海,1956,卷 1,第 432 页以下;方楫《我国古代的水利工程》,新知识出版社,上海,1955,第 53 页。又见《续资治通鉴长编))卷 104,23 页正、背面。

〔33〕山阳运道段的南端和中间数处。

〔34〕参阅;郑肇经(op. cit.)第 197 页。

〔35〕参阅;*SCC*,Vol. Ⅱ ,pp. 452,494.

〔36〕尽管沈括抱有怀疑态度,但是我们仍有充分根据可以相信谢玄(谢安的侄子,将军兼哲学家)384 年时在汴渠的泗水段上造了七座双向滑道。

〔37〕今仪征,位于长江的扬州和瓜洲的上游。

〔38〕语源学上,"复"是外表物之衬里、内裱衬。

〔39〕推测起来,瓜洲的闸是为连接运河和长江所设的,该处水位变化甚大。

〔40〕原名胡宿,是位兴办学校和兴修水利有功的官员,又是位对地震持自然主义看法的人,对炼丹术感

兴趣,曾向一名僧人学过炼丹。此碑文已收入他的文集,《文恭集》卷 35。见胡道静(op. cit.)第 435 页。

[41] 1018 年贾宗的话也是明证(《宋史》卷 96,1 页背面)。

[42] 我们非常感激 E. Pulleyblank 教授告诉我们有关成寻的叙述,并解释了僧人的日文与当时中文俗语的混合文体。

[43] 此小地方仍以同一名字存在。参阅《宋史》卷 97,9 页背面以下。

[44] 害怕闸门处水头过大,或是两水坞或其中之一的辅助供水。1413 年 Jan van Rhijnsburch 在 Gouda 地方曾经建造过类似的三道闸门的船闸(Skempton,op. cit. ,p. 442)。

[45]《宋史》卷 96,14 页背面、15 页正面。参阅郑肇经(op. cit.)第 209 页。

[46] 该时运河船闸的更多的资料请看长濑守的文章《北宋末における赵霖の水利政策について》,《中国の社会と宗教》,山崎宏编,东京教育大学,东京,不昧堂书店,1954,121 页。颇感兴趣的是又一次可以看到社会压力在起作用,如同乔维岳的原始发明时情况相仿。

[47]《元史》卷 164,12 页背面。《元文类》卷 50(郭守敬的讣文),亦可见平行的文句。

[48] 北京到通州的距离要比寻常给出的运河长度短得多。这是因为运河长度是从都城西边丘陵中的水源处开始计算的。《新元史》卷 53,可见"十处'牐'的位置,共二十'座'闸"。

[49] 此数应校勘为 300,因为史料谈到的距离不像短到 3 步,很可能落了一个"百"字。

[50] 1955 年全汉升博士告诉我们,有一次他曾专程至通州寻看船坞的聚集处,发现多数还在。

[51] 见 A. Herrmann:*Historical and CommerciaZ Atlas of China*, Map 57(ii)(Cambridge, Mass. : Harvard-Yenching Institute. 1935).

[52] R. Wreden:"*Vorläuter u. Entstehen d. Kammerschleuse* …",*Beiträge z. Geschichte d. Technik u. Industrie*(continued as *Technik Geschichte*),Ⅱ:130(1919).

[53] Herodo tu:Ⅱ,158.

[54] 例如,Sarton,op. cit. ,Vol. Ⅲ,p. 1849. Sarton 在解释翻译术语"euripos"一词时似乎也搞错了。此词意思大概是指两侧为砖工的水道,其中间固定有闸门。

[55] Ⅰ,33;参阅,Strabo,XⅦ,25.

[56] 应该注意到,如果有区别的话,这些单闸几乎并不早于秦汉时期的堰闸。

[57] Skempton:op. cit. 以及 Forbes:op. cit. ,pp. 55ff. 所作之极佳叙述现均可得之。参阅 G. Doorman:*Technick en Octrooiwegen in hun Aanvang*(The Hague:Nijhoff,1953).

[58] Gille 的正确日期是 1180 年。Gille:"*Leonard de Vinci et son Temps*",*Métaux et Civilisations*(Paris),Ⅱ:69(1952).

[59]"sclusa"一词至迟从 6 世纪起就在欧洲使用了(例如 580 年 *Life of St. Gregory of Tours* 中)。然而,后来的含义是"堰,鱼梁"而不是"水闸"。有关新普尔特的闸门请见 Doorman,op. cit. ,pp. 81ff.

[60] 因此,把重点放在意大利米兰运河上的例子(1438 年,1445 年等;Parsons:op. cit. ,p. 373),或者 14 世纪晚期法国一例(Gille)的意义就不大了。

[61] Feldhaus 校正,col. 962;他把斯派尔恩丹定为 1253 年。1350 年左右也许是个可以接受的日期。F. M. Feldhaus:*Die Technik d. Vorzeit,d. geschtlichen Zeit,und der Naturvölker*(Leipzig and Berlin:Engl-

mann,1914). 又 *Leonardo der Techniker u. Erfinder.* (Jena;Diederichs,1913).

〔62〕参阅 Skempton;op. cit. ,fig. 279.

〔63〕1404—1472 年;参阅 Parsons;op. cit. ,p. 375.

〔64〕达·芬奇的这幅画一再被复制引用。例如,Feldhaus;Parsons;Skempton;Forbes;(op. cit.)书中都有此画。

〔65〕有趣的是早期欧洲的弓形拱桥(诸如 Taddeo Gaddi 的 Vecchio 桥之类)均设计成使之对阿尔诺河的阻碍最小。

〔66〕参照很久以前李冰的工作,公元前 3 世纪时,四川灌县灌溉水系的渠首工程。

〔67〕Parsons,op. cit. ,p. 330 毫无疑义,达·芬奇在阿姆布瓦斯(Amboise)的弗朗西斯一世宫廷中的居留,对法国后来的运河业不是没有一点影响的。这条运河把法国的塞纳河(流经卢瓦因 Loing)与卢瓦尔河相连接。1604 年开始动工,1611 年大部完成,1642 年最后竣工(*Hist. of Tech.* Ⅲ ,fig. 291). G. Espinas:"*Comment on faisait un Canal an 18e Siècle;le Canal de Criare*",*Annales;Economies,Sociétés,Civilisations*(title of part of *Annales d'Histoire Econmique et Sociale*),Ⅰ:347(1946). 作了报道,认为这是有史以来第一条越岭运河。饶富趣味的是中国两名耶稣会会士高类思和杨德望在学习法国的工业技术过程中,1764 年曾调查过这条布里亚尔运河。他俩在向贝当首相汇报时说,运河上的船闸和他们所知道的中国大运河上的船闸相比,在大小和建筑结构上相差太远了。一般来说,他们的判断是十分客观的。他们很称赞欧洲的许多技艺,还给著名的桥梁工程师 J. R. Perronet(1708—1794)提供了中国在桥梁建造方面的资料。更详细的内容请见 H. Bernard-Maître:*Deux Chinols du 18e Siècle a l'École des Physiocrates Fraçnais*,*Bull. de l'Univ. Aurore*(Shanghai),Ⅹ:151:(1949),(3rd ser.)17 世纪以前英国几乎没有发展河运(见 Skempton)。运河的开发也不早于 18 世纪。

〔68〕甚至连最钦佩中国水利工程的学者 Middleton Smith 等人也都没有认识到发明的真正泊船池或船闸水坞中它的价值。(C. A. Middleton Smith:"*Chinese Creative Genius*",*China Trade and Engineering*,Ⅰ:920,1007;1946). 又"*The Age-Long Engineering Works of China*",*Engineer*,CXXⅧ:72(1919). 有些观察者发现,奇怪的是这个发明所经历的时间太长了。但人们应该记得,沿着中国北部平原方向的土地的坡度非常平缓,从而每隔三四英里建一座叠梁闸就能满足要求了。然而,终于因为另一些要求,诸如运河通航船只吨位的增加之类,山阳运道的坡度及其与淮河、长江交接处,灵渠渠口,以及大运河穿过山东丘陵直通北京的近路,出现了船闸。

〔69〕甚大的船称之为"大舶"(《宋史》卷 94,5 页背面,1089 年一段话中),或"舰"(《宋史》卷 96,1 页背面,1018 年一段话中);以及卷 97,2 页背面,1139 年的一段话中)。这些船的大小可以从张择端 1125 年左右绘制的《清明上河图》上的船来估计。图版ⅩⅩⅣ(a)。

〔70〕《宋会要稿》食货八之四三(第 125 册)。E. Pulleyblank 教授先注意到了这一条法令,并且友好地告诉了我们。

〔71〕当然,这些法令当时没有控制到汴渠更北的河段。成寻是在 1073 年南归时才提到滑道,而不是在上一年北上时提到的。我们猜测,可能是他南归返回时坐的船比上一年北上旅途中坐的船要小。

〔72〕然而在 1689 年的《治河方略》中有一设计(卷 3,32 页正、背面)参阅图 2。船闸长 84 英尺、宽 24 英尺。水下进口的各端均由二十五层台阶式石工砌成;水深没有给出。根据"前后锁口"意味着有两

道闸门,但也可能只有一道闸门。船闸在 17 世纪仍然在使用的附加证据可以在 Nieuhoff 旅游纪实中找到。"联合省东方公司使团朝觐中国皇帝或鞑靼大汗,彼埃耳·德戈埃先生和雅克布·德凯泽先生著作,用插图很准确地描述了中国的都市、乡镇、村庄、海港和其他较重要的地方……"(阿姆斯特丹,1665)。Nieuhoff 说(p. 156),在淮安与济宁之间"我看到了许多石水闸,每一个均有一个门让船进入,这种门用坚固的、很粗的闩关闭,借助一个轮子和机械可轻易地将它升起,让水和船通行。以同一顺序、同样方法通过第二个闸门。就这样继续下去……"这一段描述仍有些模棱两可之处,但是他在娘娘庙,也位于淮安邻近处,所看到的却很难再说是含糊不清的了。那只能是堰闸。因为他说(p. 152)"越过了两行门所护卫着的坚固的闸……"这是 1656 年的事,比靳辅《治河方略》早 30 多年。16 世纪时的进一步证据可在《沿途水驿》一书中找到,这是一本 1535 年刊印的杭州到北京的旅记,是一孤本,由日本遣明僧策彦周良(1501—1579)携回日本。在该书中可读到滑道、水闸,"开关的通道"和"水平面闸门"。该类术语显然排除了堰闸(的可能)以及水流从一个水平面通过堰闸到下一个水平面时(所产生)的水花。当时,大运河上的这些"水平闸"自南至北共十一座。见 A. C. Moule:"*Relics of the Monk Sakuren's Visits to China*, *A. D.* 1539 *to* 1541 *and* 1547 *to* 1550", *Asia Major*, 19(N. S) Ⅲ:59.

〔73〕*SCC*, Vol. Ⅰ, p. 167. Sir Henry Yule:*Cathay and the Way Thither*…4vols. (London:Kakluyt Soc. , 1915); photolitho repr. , Peking, 1942.

〔74〕例 T. F. Carter:*The Invention of Printing in China and its Spread Westward*(New York:Columbia, 1925), repr. 1931;revised edition ed. L. Carrington Goodrich(New York:Ronald, 1955), 2nd. , p. 169. 此书有中文版。

〔75〕著名的 M. d'Ohsson; *Histoire des Mongols depuis Tchingiz Khan jusqu'a Timour Bey ou Tamerlan.* 4vols. Vol. Ⅱ, p. 611(The Hague and Amsterdam:van Cleef, 1834—1852)但是他未提供同时代的任何证据。此书亦有中文版。

〔76〕参阅《元史》卷 149,14 页正面以下。以及 *SCC*, Vol, Ⅲ, p. 523. 中所说的《西使纪》。两书中有关段落已译成英文,并加讨论,见 E. Bretschneider:*Mediaeval Researches from Eastern Asiatic Sources*;*Fragments towards the Knowledge of the Geography and History of Centrak and West Asia from the 13th to 17th centuries A. D.* 2vols. Vol. Ⅰ, pp. 109, 111, 120, 122ff. (London:Trübner, 1888)

〔77〕参阅, B. Spuler:*Die Mongolen in Iran*;*Politik, Verwaltung und Kultur der Ilchanzeit*, A. D. 1220 to 1350. (Leipzig:Hinrichs, 1939);2nd ed. , pp. 411ff. (Berlin:Akad. Verlag, 1955)

〔78〕参阅, H. H. Dubs(tr.):*History of the Former Han Dynasty*, *by Pan Ku*, *a Critical Translation*, *with Annotations.* 3vols. Vol. Ⅱ, p. 63(Baltimore:Waverly, 1938—).

〔79〕《宋史》卷 96,2 页正面。

〔80〕资料有 1020 年(Chang Lun)、1058 年、1069 年、1137 年、1139 年以及 1194 年的。参阅《宋史》卷 96,2 页背面;卷 97,2 页背面;以及郑肇经(op. cit.)第 208、211、212 等页。

〔81〕《晋书》卷 79,8 页背面;参阅郑肇经(op. cit.)第 197 页。

〔82〕郗绍或何法盛《晋中兴书》。

〔83〕谢维新《合璧事类》,或沈括在 1070 年左右的著作。此正是成寻返程中所坐的船用辘轳绞曳越过杭

州附近的长安堰之时(《参天台五台山纪》1073 年 5 月 19 日)。

〔84〕Lecomte，op. cit.，p. 107. 2nd ed.，pp. 104ff.

〔85〕Davis，op. cit.，Vol. Ⅰ，p. 138.

〔86〕T. Allom & C. Pellé；*China*，*its Scenery*，*Architeture*，*Social Habits*，*etc. described and illustrated*. Vol. Ⅳ．nr. p. 20(London and Paris. Fisher，n. d. about 1830)．

〔87〕Staunton；op. cit.，Fig. 34.

〔88〕J. Barow；*Travels in China*，p. 512(London，1804)．

〔89〕Proudfoot；op. cit.，p. 72 或 Cranmer-Byng 编的 Macartney；op. cit.，p. 269. 他认为这种系统"对于运河水位相近各处的英国船闸更为可取，修建只需 1/4 的费用……除了较便宜之外，它们启闭时迅速得多"。据他的观察，通过时间花费两分半钟到三分钟。在英国，这种装置偶尔仍可看到，并且对于居住在剑桥郡每天来来往往通过沼泽地带的居民说来是很熟悉的。

〔90〕Strabo Ⅷ，2，i；6，iv；6，xxii；Thucydides Ⅱ，93，i，ii；评注见 de la Blanchère. Art. "*Fossa*"(Canals and Hydraulic Works)in Daremberg & Saglior's encyclopaedia of classical archaeology. Vol. 2，p. 1321. 参阅 A. Neuburger；*Die Technik d. Altertums*(Leipzig：Voigtländer，1919)，Engl. tr. bv H. L. Brose；*The Technical Arts of the Ancients*，p. 500(London：Methuen，1930)，omitting the whole bibliographical apparatus and drastically shortening the index. 以及 O. Broneer；"*The Corinthian Isthmus and the Isthmian Sanctuary*"，*Antiquity*，ⅩⅩⅫ；80(1958)．

〔91〕N. Verdelis：*A report on the Corinthian Diolkos*，*Mitteilungen d. deutsch. Akademie in Athen*，ⅬⅩⅪ(1956)，*Illustrated London News*，649(1957)．其轨距与近现代铁路轨距 4 英尺 8.5 英寸的两者之间难以理解而奇妙的一致性是不容忽视的。

〔92〕67 年时，尼罗王就打算在此处开一条运河。但直到 1893 年才顺利地竣工，当时恰好是采用了同一定线。

〔93〕参阅 Feldhaus；op. cit.，col. 944；Van Houten；p. 138；Forbes；op. cit.；Skempton；op. cit.，及在 1955 年 5 月给我们的私人信件。荷兰仍有一些还在使用。

〔94〕参阅 Parsons；op. cit.，pp. 383，396；Beck；op. cit.，p. 316. 18 世纪利用水力的设计仍继续在做；参阅 de Bĕlidor；Vol. Ⅳ，pl. 42.

〔95〕见 E. L. Corthell；*The Tehuantepec Ship Railway*(Philadelphia：Franklin Institute，1884)．L. F. Vernon-Harcourt；*Rivers and Canals*…2vols. p. 397(Oxford，1896)；特别请见 M. Covarrubias；*Mexico South*；*the Isthmus of Tehuantepec*，p. 170；pl. 42(New York：Knopf，1946，1947)．

译 注

①原文：今可从淇口以东为后堤，多张水门。……恐议者疑河大川难禁制，荥阳漕渠足以卜之，其水门但用木与土耳，今据坚地作石堤，执必完安。冀州渠首尽当印此水门。治渠非穿地也，……旱则开东方下水门溉冀州，水则开西方高门分河流。

②原文：自汴渠决败，六十余岁，加顷年以来，雨水不时，汴流东侵，日月益甚，水门故处，皆在河中，漭瀁广溢，莫测圻岸，荡荡极望，不知纲纪。……今既筑堤理渠，绝水立门，河、汴分流，复其旧迹，……故荐

嘉玉絜牲,以礼河神。

③原文:其蓝田以东,先有水碓者,仰碓主作节水斗门,使通水过。

④1 节 = 1 海里/时 = 1852 米/时。

⑤武进涉园翻刻日本明和年刊本卷上,15 页正面的图与本图相同,但是右上角的字是"水闸",而不是本图上的"陂"字。又,广东人民出版社 1979 年根据明崇祯 10 年(1637)初刻本排印的 123 帧图中却没有这一张图。故疑系后人所加。《农书》武英殿聚珍版中的水闸图与本图略有不同。

⑥按《霅山集》原文,两人姓名应为"汪季良"和"皮元"。

⑦此引文第一段英译有误。原文(下引)含义是:"另外,从建安向北至淮河边原先总共有五座堰闸,船只在经过时要十次上下(即,过一次堰要一次上、一次下)。"原文:维岳规度开故沙河,自末口至淮阴磨盘口,凡四十里。又建安北至淮澨,总五堰,运舟所至,十经上下,其重载者皆卸粮而过,舟时坏失粮,纲卒缘此为奸,潜有侵盗。维岳始命创二斗门于西河第二堰,二门相距逾五十步,覆以厦屋,设县门积水,俟潮平乃泄之。建横桥岸上,筑土累石,以牢其址。自是弊尽革,而运舟往来无滞矣。

⑧原文:淮南漕渠,筑埭以蓄水,不知始于何时。旧传召伯埭谢公所为。按李翱来南录;唐时犹是流水,不应谢公时已作此埭。天圣中,监真州排岸司右侍禁陶监始议为复闸节水,以省舟船过埭之劳。是时工部郎中方仲荀、文思使张纶为发运使、副。表行之,始于真州闸,岁省冗卒五百人,杂费百二十五万。运舟旧法,载米不过三百石;闸成,始为四百石船。其后所载浸多,官船至七百石;私船受米八百余囊,囊二石。自后北神、召伯、龙舟、茱萸诸埭,相次废革,至今为利。元丰中过真州,江亭后粪壤中见一卧石,乃胡武平为水闸记,略述其事,不甚详具。

⑨原文:先是,水漕之所经,颇厌牛埭之弗便,江形习下,河势踞高,斗绝一方,壁立万仞。……乾兴中,侍禁陶侯鉴寅奉辟命,掌临岸局……经始二闸之谋。关白一台之长。时制置发运使工部方公仲荀、文思使张公纶,咸以硕望,注于上心,秉牙筹而笼货财,握金节而宣命令,乐闻经画,肇敏成功。……扼其别浦,建为开闸,耆美石以甃其下,筑疆堤以御其冲,横木周施,双柱特起,深如睡骊之窟,壮若登龙之津,引方舰而往来,随平潮而上下,巨防既闭,盘涡内盈,珠岸浸而不枯,犀舟引而无滞,用力浸少,见功益多。即其北偏,别为内闸,凿河开澳,制水立防。……木门呀开,羽楫飞渡,不由旧埭,便达中河……

⑩英译"(1073 年)三月二十三日"误,原文为"四月廿三日"。见下引原文。

(八月)廿五日庚天晴。卯时出船。午时至监官县长安堰。未时知县来。于长安亭点茶。申时开水门两处出船。船出了。关木曳塞了。又开第三水门开木出船。次河面本下五尺许。开门之后。上河落。水面平。即出船也。

九月一日乙巳天晴。申时出船。过州北门。经六里至三树堰。令开二水门出船了。

(九月)八日壬子雨下。卯时入州城北门。……午时出北门。南北二水门。二阶楼门外。

(九月)十四日三戊午天晴。卯时出船。辰时至邵伯镇止船。……未时开水门二所了。次开一门出船了。

(九月)十七日辛酉天晴。巳时出船回州城至闸头。筑城南北九里。三百步云云。……巳时过十里至闸头。依潮干不开水闸。……戌时依潮生开水闸。先入船百余只。其间经一时。亥时出船依不开第二水门。船在门内宿。

（四月）廿三日丙申天晴。辰一点出船。申时过六十里著楚州府。申三点开闸头。出船数百只间。及于西一点入船南门边著船宿了。使臣本宅在此州仍逗留。（四月）廿五日戊戌天晴。使臣殿直来书与云。去问来为发运司指挥。须管每一闸要船一百只以上到一次开。如三日内。不及一百艘。第三日开。不得足失水利。今日已是第三日。近脱必开闸出闸便行者。终日虽行开闸不开过日了。最以为难。

（九月）十八日壬戌天晴颇翳。终日在闸头市前。戌时开水闸出船。

⑪原文：哲宗元祐四年十二月，京东转运司言："清河与江、浙、淮南诸路相通，因徐州吕梁、百步两洪湍浅险恶，多坏舟楫，由是水手、牛驴、纤户、盘剥人等，邀阻百端，商贾不行。朝廷已委齐州通判滕希清、知常州晋陵县赵竦度地势穿凿。今若开修月河石堤，上下置牐，以时开闭，通放舟船，实为长利。乞遣使监督兴修。"从之。

⑫原文：每十里置一牐，比至通州，凡为牐七，距臈里许，上置重斗门，互为提阏，以过舟止水。

⑬原文：其坝牐之名曰：广源牐；西城牐二，上牐在和义门外西北一里，下牐在和义水门西三步；海子牐，在都城内；文明牐二，上牐在丽正门外水门东南，下牐在文明门西南一里；魏村牐二，上牐在文明门东南一里，下牐西至上闸一里；籍东牐二，在都城东南王家庄；郊亭牐二，在都城东南二十五里银王庄；通州牐二，上牐在通州西门外，下牐在通州南门外；杨尹牐二，在都城东南三十里；朝宗牐二，上牐在万亿库南百步，下牐去上闸百步。

⑭原文：衮州既平，玄患水道险涩，粮运艰难，用督护闻人奭谋，堰吕梁水，树栅，立七埭为派，拥二岸之流，以利运漕，自此公私便利。

【39】（医学）

Ⅲ—5　中国古代的疾病记载 *

　　长期以来在西方文字中还没有出现过论述这个题目的文章，而我们现在得益于过去 50 年在中国进行的旨在促进中国医学史研究的伟大活动。这个活动与那些专门学过中医的人，对传统中医进行再评价的活动，是紧密相关的。关于中国医学技术和医学科学史，已有许多用中文写的有价值的著述。然而，迄今为止，这些著述实际上还未能被西方的汉学家和研究中国文化的学者所吸收。例如，人们通常使用的字典上的定义，多数颇为过时。我们写此文时所引用的著作之一，是余云岫关于中国古代疾病分类学，或所谓病证学，即对于疾病的认识和分类的杰作。[1]西方医史学家应当知道，伍连德和王吉民合写的《中国医史》[2]（这部书几乎是西方医学史家所知道的唯一的书），可说是一座冰山所显露出来的一小部分，而冰山的 90% 仍然藏在水下。这就是说，中国医史学的大部分著作还是用中文写的，因而西方大多数的医史学家难以得到。在过去的 15 年里，中国医学史的研究活动倍增，并用影印形式出版了许多中国古代和中古时期的珍本医书，有些古文献也已译成现代的白话文，用节略本或全文印行。所以，我们感到不需要为辨别过去的翻译和考证作什么说明了。由于篇幅所限，本文不可能对我们的叙述加以论证，有关论证将见于我们的更为详细的著作，即《中国科学技术史》卷六[3]。

　　关于公元前 1500 年的中国古代的疾病材料，其来源有：（1）前 2000—前 1500 年的甲骨文卜辞。（2）金文（尤其是铸刻文字），即发掘自公元前 1000 年间的古墓中的铸刻和其他物品上的文字。（3）各种古典著作，包括公元前 1000 年以后不久的《书经》《诗经》到完成于公元前 90 年的第一部编年史巨著《史记》，以及古典医学巨著《黄帝史记》以下简称"《内经》"。《内经》可能在 1 世纪就已汇编成今日的形式了，它总共提供了颇为惊人的丰富的技术词汇。虽然目前对此书的分析研究尚不够充分，然而它已提供了一个可靠的基础，根据它可以作出当时存在着些什么疾病的结论。

---

* 本文由李约瑟和鲁桂珍共同执笔，发表于《美国中医》杂志，卷 4（1976）。——编者注

可能最大的困难在于有些名词术语的定义含糊不清。但是,事实上这些名词术语要比没有对之进行研究之前所预料的还要明确得多。再者,中国文明的巨大连续性是不容忽视的。在疾病记载方面,在许多文明中,中国几乎是唯一的拥有连续性的著述传统的国家;这些传统把前 2000—前 1000 年的"巫医"和明代(16 世纪)的博学的、启蒙性的医学倡导者直接地联系了起来。

我们可以用几种方式来安排我们的材料。例如,用纯粹编年的形式,把文献和文献的内容罗列出来;或者采用纯粹的疾病分类方式,把疾病及其有关的名词术语罗列出来。但是,这两种方式都会极其刻板。因此,我们打算采取一种混合的方式来加以论述。再者,我们也只能提供出有限的例证。我们拟叙述到公元前 1 世纪末。在这样做的同时,我们还拟利用《内经》的部分材料,尽管我们不能把这部十分重要的古典医著中所记述的疾病都谈到。用中国早期医学中盛行的大宇宙和小宇宙的理论来考虑疾病也是适合的。周代的医生已很懂得疾病和地理的关系。所以,他们的看法与希波克拉底①的关于"风、水和地区"的概念很有共同之处。

中国最早的文字是发现于动物肩胛骨和龟甲上的商代(公元前 16 世纪到公元前 15 世纪)用作占卜的文字。由之而演变成周代(公元前 8 世纪)的金文,即发现于周代古墓中刻于青铜器上的文字。中国的文字后来约在公元前 3 世纪,在秦代首次统一天下建立帝国以后,演变成为近代的文体。

古代的字根"疒"(ni),后来多数疾病都依之而加以划分,其在甲骨文卜辞中是以一张床的形象表示的(图 1)。[4]在青铜器铭文上发现的 20 多个医学术语中,有 4 个是可以在甲骨文卜辞中清楚地加以辨认的。例如"疾"字,后来通常是指流行病,它表示一个人单独地躺在床上,有一支箭射中他(图 2)。"疹"这个字后来用处很多,常用来表示"痒疹样疾疫",即先出现疹症的传染性发热病,还表示一个人卧在床上,但实际上伴有疹点(图 3)。这个字也指疫热,在甲骨文上形似蝎,占据床上而给病人所留的地位很少,或许其蛆状物代表病人,而蝎则由小"1"来表示(图 4)。表示流行病的另一个字是"疫",它是由表示疾病的部首"疒",加上一个表示手持一支杖的象形字"殳"而构成(图 5)。然而,这个字只见于青铜器上。这些甲骨卜辞中的最后一个字是"瘧",它是由病首"疒"加一个"虎"和一个"手"的象形字而构成(图 6),这个字的构图较复杂,其意义尚不清楚。这个字在其后的时期,仅限于指疟疾类型的发热病,而在古代则用来指各种发热病。

在金文中,我们看到"疕"字(图 7),其字义指头部的疥结或损害,表示湿疹或苔藓,或秃发,或银屑病,关于这些皮肤病,其后还另有术语。我们在青铜器上还发现"痈"字(图 8),它表示关节疼痛。

早期发展起来的这少数几个术语,当然是远不能把甲骨卜辞中的医学内容包括进去的。有许多甲骨卜辞表明,当时占卜疾病时,没有应用术语。从这些甲骨卜辞中,我们得知当时已有属于感官方面的病,例如眼、耳等;还有牙齿病、发音障碍、腹部病、排尿困难、四肢病,包括脚气样症候,妊娠异常、妇女病和儿童病。从甲骨卜辞中,我们还知道当时有一年中特有的,可以致命的季节性疾病,甲骨卜辞中都没有用专门术语。甲骨卜辞中还有一个饶有趣味的字,即"蠱"(图9),它表示毒或蠱病。这个象形字表示在器皿中有虫子[5,6]。我们知道,"蛊"字在后世专门用来表示由人所炮制的毒物,因而有理由认为"蠱"是指某种特有的病。范行准等把"蠱"考证为血吸虫病,其部分理由是由于"蛊"字常与"胀"字在一起同时出现(蛊胀、臌胀)。这样,我们可以知道它无疑是指各种水肿,尤指腹水。《内经》记述有类似的病症。血吸虫病可见肝脾肿大,慢性血吸虫病可见腹水,这是众所周知的。

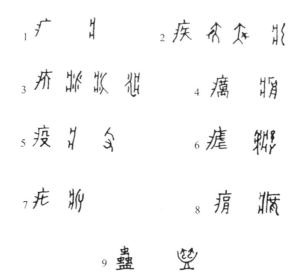

图1　疒,病(部首):一张床

图2　疾,流行性疾病:一人为疾病,所中,或卧于床上

图3　疥,"痒状流行病":一人卧于床上,身上有疹斑

图4　瘑,流行性热病:一人,一床和一只蝎子

图5　疫,流行性热病:一张床,一只手握一杖,病人为疾病所苦

图6　瘧,热病(其后专指疟疾):一人,一床和斑点,还有其他意义不明的象形成分

图7　疣,头部之薄痂或损伤:一张床,及意义不明的其他象形成分

图8　痹,关节疼痛:一张床,及其他意义不明的象形成分

图9　蠱,毒或病:虫子在一器皿中

另一种关于周代后期(战国时期,即公元前5世纪至公元前3世纪)的可贵的疾

病资料，是从古墓中发掘出来的印玺[7]。更有意义的是，这种印玺的文字反映出早期医疗的专门化。例如，其中有专治发音障碍(瘖)的姓王的医者(王瘖)；有专治外部损害(疡)的姓张的医者(长疡)②的印章；有专治溃疡(痈)姓高的医者(高痈)的印章，有专治肿症(痤)(此病很像脚气)的姓郭的医者(郭痤)的印章；有专做摘除鼻息肉(疽)的姓徒的医者(徒疽)③的印章；有专治精神性疾病(郁)的姓赵的医者(赵瘦)的印章。以上仅是陈直所搜集的材料的一小部分。我们从战国时期还可看到大量的用墨写在木简或竹简上的记载，但是这些简迄今为止，在医学上的意义还不大。这一方面的医学材料实际是有的，多见于后汉时期(1—2世纪)的军事记述中④，这个时期要比我们现在所讨论的时期为晚。

现在我们谈谈疾病与季节的关系。《月令》是学者公认的一部古老的文献，但是，关于它的年代，学者们意见不一。有些学者认为此书迟至公元前3世纪才出现，并被编入《吕氏春秋》中，其后又被编入《礼记》中。但是，其中的天文方面的材料，又使人倾向于认为此书问世更早(公元前7世纪到公元前5世纪)。《月令》在论述不同季节的正常运行时，提供了关于在天气完全反常时易于出现的疾病情况。例如，秋季或夏季行春令，或秋季行夏令，或冬季行春令，则将出现流行病(大疫、疾疫、病疫、殃于疫)。《月令》中提到"疠'，这里它代表另一个"戾"字，这并不是指"癞"，因为"癞"在此后专指麻风病。我们将看到，麻风病的最早记述正是大约在公元前6世纪(参见本文后的"原编者附言")。"疥"在这里是指一种春天的病邪而出现于冬季。虽然"疥"的意思在早期是指皮肤上的疥疮，然而，此处应译为"痒疥样"的流行病。任何冬季都可能有斑疹伤寒，而关于"疥"的记述，有时也包括伴有弓背、口噤不语的抽搐病，所以"疥"有时也用来指强直。关于此字的概念，我们将在下面提供更为满意的解释。《月令》还有其他有趣的特点。例如，它提到如果在暑热的夏季出现了春季气候，则将多"风欬"，⑤即扁桃体炎、支气管炎、肺炎等病。它还提到，如果秋季出现暑夏的气候，将有许多人发热病(疟疾)⑥。"疟疾"一词，其后多指疟热，然而在古代，则仅指频繁的寒热往来之病。《月令》还提到如果暑热的多雨气候持续到秋季，则将有许多"鼽室"病，即指流鼻涕、发冷、卡他、伴有发热之病。⑦《月令》的最后一部分还提到如果冬季末月出现春天的气候，将多有妊娠方面的病，尤其是流产和死产(胎夭多伤)⑧。这可能是由于外出衣着不足而震扰身体所致。这种特殊的季节失常的另一特点就是多出现"痼病"。所谓"痼病"，词义上是指"顽固的疾患"或"废"疾，可能指病人已衰弱得不能自奉，这种残疾人被认为不适于从事社会活动⑨。鲁国编年史《春秋》的三种注释本之一的《穀梁传》，其中提到4种妨碍人从事社会活动的废疾："秃"，指头部某种皮肤病；"眇"，指某种眼病，可能指睑缘粘连(*ankyloblepharon*)或霍纳氏综合征(*Horner's* syndrome)，但更可能是指沙眼；"跛"这无疑常是先天性的；还有"偻"，这是指驼背，或指患多发性关节炎的人，可能还包括晚期佝偻病(rickets)及骨软化病(osteomalacia)。对于这个病，我们后面还要谈。《月令》(如可以认为《月令》为公元前7世纪末的文献的话)以后数世纪的文献，已开始明确地区分间日疟和三日疟。前者常被称为"痁"或"瘅"，后者常被称为"痎"或"瘖"。我们有相当的理由可以把"痁"看成是一种慢性进展，而最后出现咯血的病，我们可把它鉴定为结核病。

　　另一关于季节性疾病的有趣记述，见于《周礼》。虽然《周礼》中的许多材料可以追溯到周代，然而，此书无疑为前汉(公元前2世纪)时编纂的。《周礼》记述了当时人们心目中关于国家的理想民主体制。在第二章中，有这样的话：

　　　　"每一个季节都有其特有的流行病(疠疾)。春天有发热性疼痛和头痛(痟首疾)；夏天有瘩疥性疾疫(痒疥疾)；秋天有疟疾样病和其他发热病(疟寒疾)；冬天有呼吸道性疾病(嗽上气疾)。"⑩

　　这些术语该如何解释呢？无疑，春季之"痟首疾"，是指流行性感冒、卡他等，但是，夏季的"痒疥疾"，无疑更为严重。根据上面我们讲过的《月令》中的一段，我们想流行性脑脊髓膜炎(脑膜炎双球菌性脑膜炎)〔cerebro-spinal(meningococcal meningitis)〕、斑疹热(spotted fever)可能是这些流行病中的重要组成。因为这种病在发病过程中，伴有严重发疹、发热和惊厥(抽搐)。这里，流行性脑炎(epidemic encephalitis)则少有可能，尽管这个病无疑直到近代还曾广泛流行于华北。在秋季，除了有疟疾以外，我们会很自然地想到还有两种痢疾和肠胃炎(由沙门氏菌等导致的伤寒)，因为"疟寒疾"这一词的含义是由内寒或外寒所导致的流行病。冬季大概肯定有肺炎、急性和慢性支气管炎，以及类似的肺部疾患。这从这些词的含义中可以明显地看出，因为其中提到肺部之上气(pneuma)，伴有咳嗽和呼吸困难。在夏季和秋季的流行病中，显然还应当考虑到伤寒类疾病，可能是葡萄球菌菌血症，尽管我们难以把结核病划为流行病的一种。其后普遍采用的"痢下"一词，似不多见于这个早于《内经》时期的文献中。

　　现在让我们看看在类似希波克拉底的《风、水和地区》的文献《吕氏春秋》中，都记述了些什么疾病。在该书的第十二章中有下列的话：

　　　　"在多'轻'(清)水的地方，常见头部的病(脱发、癣、银屑病等)和甲状腺肿(瘿)病。在多'重'(浊)水的地方，多见人们患下肢肿胀和水肿性溃疡

（尰），严重者完全不能行走（躄）。多甜（甘）水的地方，男人和女人都健美。多辛辣水的地方，常见生皮肤病，例如脓肿（疽）和小疖肿（痤）的人，而多'苦'水的地方，多见患骨曲（尫伛）的人"⑪。

这些术语很有意思。头部的"秃"病，我们前面已提到了。但在这里，我们首次看到"瘿"字，根据此字的特点，它无疑是甲状腺肿大。第二句里的"尰"和"躄"联用，意即双足跛而卧床不起，显系实际指湿性脚气。"尰"字还见于更早的文献中，在《诗经》（约公元前 8 世纪）的一首诗中它是与"微"字连在一起的⑫，都指下肢溃疡。《诗经》的注释者解释这是一种见于沼湿之地的病，沼湿之地无疑会使所储存的谷物因生霉而把其中的维生素破坏掉。"尫"字一般表示水肿（肿），它有别于表示溃疡的"痈"（在有水肿而未溃破时），"疽"，如果破溃，就更坏，并且通常是致命的。《诗经》和《吕氏春秋》可能已有脚气病的考证，这已为胡厚宣和陈邦贤所接受，他们的考证实际已将此病远溯到甲骨卜辞，然而，甲骨卜辞中也只是提到了脚病而已。从《吕氏春秋》的上述一段中，反映出至少有一处地方的人们是健美的，这是令人愉快的。但是，紧接着我们又看到有些地方多"疽"；"疽"是指痈疽、疖，可能还有癌瘤，而"痤"则指皮肤的小损害，例如痤疮。我们从最后一句中，也肯定能鉴定出佝偻病和骨软化。金文上的"尫"字，是一个象形字，表示一个曲背的人，而古代许多著名人物据说都有类似畸形，甚至周王自己也是这样⑬。"伛"无疑是指驼背，在《淮南子》（约前 120）第七章中有"伛偻"。其中记述子求在 54 岁时"患病而畸形。他曲背以至尾骨高过头，而胸骨之低，致使颊部低于脐部"⑭。中国古代想必广泛地存在着佝偻病和骨软化病。另外还有许多类似《风、水和地方》的文献，例如，《淮南子》第四章和《内经素问》（第十二篇），其中所谈的方土病与中国的不同地区有关，只是本文限于篇幅，不能对之加以引述和分析了。

《诗经》（约公元前 8 世纪）中的医学术语材料曾由余云岫详加分析。但是，这里的困难在于中国古代民间歌谣自然地采用诗歌体，常不易于确知其中的病名是否是按照医学概念采用的，其中有些可能是通常用来表示身体不适或泛指抑郁性病症。然而，词汇如"首疾"（发热性头痛）、"瘰"（颈腺肿大，可能是瘿、结核病或霍杰金氏病）、"矇""瞍"（各种眼盲），这些都是很有趣的。《春秋》一书的三种注释本之首《左传》中的疾病材料，更为可靠而丰富。这部有名的编年史中载有 45 处有关诊治疾病的记述。可能最重要的一个诊治要推公元前 540 年晋平公的病例。医和在病人床侧的部分谈话中有一段关于医学基本理论的话，这段讲话使我们今日能得以窥视中国科学的最早渊源，特别是医和根据六种基本的，几乎是气象学上的"气"（pneumata）中某一种气的过多而把疾病分成 6 类。他说:阴过多,导致"寒疾";阳过多,导致"热疾";风过多,导致"末疾";雨过多,导致"腹疾";晨昏过多,导致"惑疾";光亮过多,导致"心疾"。[15]这六类病中的前四类在其后的《内经》中是归在"热病"中的,第五类包括精神性疾病,而第六类包括心脏病。这种分类的方法极其重要,因为它表明中国古代的医学科学在很古的时候原是独立于自然主义者的理论,即把一切自然现象都分为五组的五行说的理论。中国医学从来没有完全抛弃其六重分类法,但这说来话长,此处不能多讲了。医和诊断晋平公的病为"蛊",这不是指像我们所知道的血吸虫病的那种毒,而是指一种由于耽于女色而导致的体虚和郁症。

《左传》中的每一段医学记述,都很有意义。例如,公元前 638 年,有一个身体畸形的巫(巫尪),她无疑是佝偻病或骨软化患者,当政者曾要为解除旱灾而把她烧死,由于一个名叫臧文仲的对宗教持怀疑态度的官吏加以干预,他说防天灾用别的方法当更有效,于是取消了烧死巫尪的办法[16]。在此两年之后,有晋公子重耳患"骈胁"的事,[17]即他的肋骨扭曲畸形几乎与胸骨前相连。由于科学上的好奇,曹共公趁他洗澡的时候去窥视过他。又一处记述公元前 584 年,某地有使百姓生"恶"疾的危险。[18]这个特殊病例中的这种地方病似乎是脚气,因为文中还谈到腿肿和脚肿的情况,即"瘒"。[19]我们在孔子的《论语》中看到"恶病"这样的字眼,大约是一个世纪之后的事。孔子的一个叫伯牛的弟子,患"恶病",[20]当时和后来的注释家都普遍把这种病解释为麻风。我们在如此早的年代中,尚未见到记述有"癞"这一术语,但是,中国的传统是如此之古老而有连续性,我们似无理由否认这是中国最早记述麻风的文献。

另外一个病例为公元前 569 年关于因心脏病(心疾、心病)而致死的记述。[21]讲的是一名叫子重的将军,因战败而极度郁闷故得了心脏病。此病我们认为可能是由于焦躁而导致的冠心病。其后不久,就用"疝"的名称来表示这种心脏病,其症状和精神状况的关系是很有特点的。[22]我们在《内经》中也看到这个词,它与我们刚刚谈过的周代中期的古老地理文献《山海经》中的"心痛"不同。[23]《左传》记述的公元前 565 年的另一例"废疾",[24]类似一种慢性致残,使一名宰相之子不能享有正常生活。恐水病(狂犬病)也颇为明确地见于公元前 555 年所记述的疯狗("瘈狗"或"狾犬")进入宋国宰相华臣氏房内的事件中。[25]"狂"字曾被不加区别地用来既指狂犬,也指狂犬导致的狂犬病。[26]《左传》在近结束处记有公元前 497 年,即孔子的晚年,有"只有三次折断其臂的人才能做一名好医生"[27]这一著名论断。

我们前面已提到《山海经》。这是一部充满怪异记述的书,约在公元前 2 世纪成书,但其中包括有更古的材料。《山海经》的记述中掺有许多传奇式和神话式的因素,有山川、树木,以及旅行人在某特殊地区所宜供奉的神灵,还记有奇怪的植物、动物及其用处。其中记述了 30 余种认为可以消除各种疾病的植物、动物和矿物，这是具有疾病分类的意义的，其中许多病名我们已经谈到了，例如，流行性发热(疫、疠)、伴有出疹的流行病(疥)、水肿(肿)、甲状腺肿(瘿)、侵蚀性溃疡(疽)，以及眼病"眯"，可能是指沙眼。还记述了"蛊"；还有"疠"(疣)，这是我们过去没有见到的，它指颈部肿大，也指斜颈(捩颈)或麻痹。它可能与"㾖"(疣)或"颤"相等，注释家把它释为震颤麻痹(Paralysis agitans)或老年震颤(tremorsenilis)，但也可能是指一种叫作"疣赘"的病。这病不包括大的淋巴结肿胀或腮腺炎，而是指头部、颈部和四肢的小的疣状样瘤，即我们所说的疣(verruca)，是立克次体造成的多发疣。《山海经》中还有"瘕"一词，这无疑是指大块的肠寄生虫感染(蛔虫或蛲虫)。现在我们谈谈汉代这一伟大时期的病例和淳于意的著述。

在战国、秦代和汉初，有两大医学派。最早的一个医学派产生在秦国西部，另一个医学派在齐国的东海岸。秦有医缓，他在公元前 580 年为晋景公看病的故事久已闻名[28]，而前面谈到的给在其后 40 年的晋平公诊病的医和，也是秦国医生。[29]更为有名的是扁鹊。关于扁鹊可说的很多，但是由于对他的记述中所提供的疾病名称不多，这里我们只好从略。淳于意则情况不同。淳于意约公元前 205 年生于齐国，曾随公孙光和阳庆学医，约自公元前 180 年起业医。公元前 167 年，他被控而入狱，后来由其幼女上书而得到赦免。由于他曾为齐国的王公治病，于前 164—前 154 年被召至朝廷接受审讯，后被释放，又继续行医，到死为止。由于皇廷的这次查询，我们今日得以获得他所报告的病例 25 则。这 25 个病例中的每一例都有病人的姓名、病情，以及淳于意的详细诊治情况，包括诊断缘由、治法，其中诊脉占有显著的位置，还记有最后的结果。我们还得知淳于意对 8 个问题的回答，从他的回答中，使我们得知公元前 2 世纪的医学教育和医业的概况。布里奇曼(Bridgman)最先对淳于意本人及其所处的时代做了研究；他认为当时所记述的中国医学，一般水平与同时期的古希腊医学相比，毫不逊色。我们对他的看法表示赞同。淳于意的临床记述十分详细，所以我们能根据他自己使用的术语去准确地了解他的意思。

让我们先来看一看淳于意治愈的，或不管怎样是有所减轻的一些不太严重的疾病。有个病例是一个小儿患"气膈病"，显然是呼吸困难，可能为流行性感冒或卡他，或急性喉炎，从其解释中可知还有点发热。齐郎中令所患的"涌疝"，显系尿路血吸虫病，伴有血尿、尿潴留、膀胱结石，或可能是前列腺液溢。其他还有些病例是很难治愈的，例如，齐中尉潘满所患的"瘕"，似为膀胱癌合并重症蛔虫感染所致之肠梗阻。齐中御府长落入河中，衣服湿而受寒，故因"寒"而得"热病"，当为支气管炎或肺炎，经淳于意处以解热剂而解。齐王太后所患之"风瘅"，可以明确地释为急性膀胱炎，可能还合并肾炎。太后患血尿,但经淳于意医治而渐愈。济北王阿母(乳母)患"热厥",足热而肿,这可能是痛风合并慢性乙醇中毒,或可能是下肢创伤感染。齐中大夫患的"龋齿",显系今日所知的龋齿。菑川王美人(齐悼惠儿子刘贤的一名女官)怀孕而不乳(难产),淳于意处以莨菪药一撮,以酒饮之,不久即分娩,后他又处以硝石而使患者下血滴多豆大五六滴。一位宫中青年(王后弟)患"肾痹",可能是因举重石而致的外伤性腰痛或肌肉劳损,合并排尿困难,似乎是腹下丛受压所致;经淳于意医治,也减轻了。淳于意用驱虫药芫花为一少女治愈了严重的蛲虫病。这个病例的记述特别准确,因为病名就叫"蛲瘕";当时对其他肠寄生虫病已有几个名称(蛔、瘕等)。另一例为一王子患"痹",为急性肺炎,经淳于意治愈。

淳于意行医更为突出的特点,是他能做出远期诊断。例如,有一次济北王召淳于意为侍女查体(诊脉),淳于意发现一名叫竖的侍女有病,并诊断为"伤脾",此病可能是结核,因为该侍女6个月后突然呕血而死。在淳于意诊断该侍女有病时,无人相信,但以后的事实证明淳于意是正确的。另一例为淳于意惊于齐丞相的家奴的外貌,并诊为"伤脾气",尽管该家奴并未感到有什么特殊不适。淳于意认为他不能活过下一个春季,最后果然如此。从这个病例的临床记述上看,可能为肝硬化,很可能是由寄生虫引起的肝吸虫病。由于此病有黄疸,还可能是急性黄色肝萎缩。淳于意报告的最突出的病例,则是关于另一个名叫遂的御医的病例。遂热衷于道家的炼丹术,自炼"五石"而服用。淳于意看到他时,他正患"中热",显然这是肺脓疡,是由砷或汞中毒所致。淳于意警告他难以避免丧生,几个月之后,果然出现了脓疡自锁骨下破溃的情况,遂因之死去。另一例,淳于意诊之为"病苦沓风",即某种进行性麻痹,可能是多发性硬化病,或者是进行性营养不良。

另外,还有其他以迅速死亡为结局的病例。例如,齐传御史患"疽",并导致"中热",这可能是腹膜脓肿,或是穿孔性溃疡,有可能穿孔是由于严重的蛔虫感染而引起的。另有一男子死于"肺消瘅",伴有"寒热"。这可能是急性肝硬化,或是由肝吸虫或血吸虫所造成的。关于这一例,这位齐太医的诊断和治疗颇为错误。奇怪的是,直到这个时期,我们还没有见到关于"霍乱"这一具有特点的病名。然而,淳于意当时可能在其病例中已有这样的记述,例如,阳虚侯赵章死于"通风",其记述的症状包括完全不能消化食物,严重下泻,这可能是由于伤寒所致,或是霍乱。关于"疝"一词,还有"牡疝"这一联合词,显然是指主动脉瘤,并且导致一名将军死亡。我们要谈的最后一个病例是齐中朗因落马于石上,造成外伤性腹部挫伤,继发肠穿孔,并可能已因某种寄生虫感染而使病人虚弱,称之为"肺伤"。所谓"肺伤"就是指伤于肺之"经"。现在我们谈谈《内经》的医学体系。

我们认为《内经》在公元前1世纪已形成了它今日所有的形式。《内经》的全名通常是《黄帝内经》,它包括两部分,即《素问》和《灵枢》。这是唐代王冰修订的本子,可能不是汉代的修订本。另有一部称为《黄帝内经太素》的书,由隋代的杨上善在早于王冰百余年前修订而成,它在较后期才为人知,学者认为此书较近于汉代的原本。《内经》的诊断体系是把疾病的症状依六经(注意不是五经)分为六组。六经中有气运行,且循行于周身。六经包括三条阳经(太阳、阳明、少阳)和三条阴经(太阴、少阴、厥阴)。每条经主一日,即六日中的一日,实际为从热病出现开始起的六个阶段,由之可以作出不同的诊断和治疗。这里的六经与针灸里所说的六经基本相同,只是针灸的经脉为阴阳六对,手足各有三对,互相关联,彼此交错,犹如一座城市街道上的经与络的排列。再者,《内经》时期的医生已完全认识到疾病可起自纯内部的因素,也可发自纯外部的因素。这样,医和所阐述的古代气象学体系,至此已发展成为一种更为复杂的六因,即作为外因的风、暑、湿、寒、燥、火。但作为内因的,我们可以称之为"精气"(blast)〔参见范·赫尔蒙特(Van Helmont)的"精气"(blast)说〕[30]、恶气(fotive)、湿气(humid ch'i)、寒气(algid ch'i)、燥气(exsiccant)和风气(exustive)。很有趣的是,这种体系的某些部分与亚里士多德-盖仑(Aristotle-Galen)的理论相同,而亚里士多德-盖仑的理论,则是一种很不相同的四重论体系的一部分。

本文所剩的篇幅不多,甚至连描述一下《内经》中病原学的和诊断的体系的梗概也不可能。但是,应当公正地说,《内经》提供了与敏锐的临床观察结果相适应的精密的疾病分类框架,从而使一种颇为全面的、包括诊断和治疗的医学理论得以产生。前汉和后汉时期的医家在解释整整1000年的临床传统时,已能应用阴阳(宇宙间的两种基本力量)、五行、八卦、经络(气的循行体系),把外界因素对健康的影响,身体内部器官由于过或不及而导致的功能失常及其表现出来的症状,以及内部联系,归结成一种科学。五行学说不是中国最古时期的医学用于推理的一个组成部分。五行学说是另外一个学派,即自然主义者——阴阳家的产物,其中最大的倡导者和使之系统化了的人是邹衍(约前305—前240)。五行学说(详见《中国科学技术史》卷二)的影响之大,传播范围之广,使它遍见于中国古代及中古的一切非医学科学领域和原始科学领域之内,因而医家也不能不受到它的影响。然而,中国医家在把五行说应用于医学理论的时候,为了与他们的六重范畴的理论相符合,而另外加上了一个第六因素。所以,在各家承认的五个阴脏〔肝、心、脾、肺、生殖泌尿器官(肾)〕和五个阳脏(胆、胃、大肠、小肠、膀胱)之外,医家在阴阳两个范畴中进一步多加上了一个实体,即心包络和三焦。特别有趣的是,这些新加的器官重在表示生理作用,而不重在其能鉴定出来形态上的结构。这样,"六脏"就可以与"六气""六经"等完全相应。但是,这并不是说

《内经》时期综合的中医学内容在以后近 2000 年的中国本土的医疗实践中是注定一成不变的。相反,中医学在其后的年代里出现了巨大的进展和发扬,并且产生了各种学派。但是,如果我们把中医学看作是古典医学的话,这种说法还是恰当的。

中国古代医家极其注意人体的体温调节和感觉系统。所以,尽管他们当时没有条件去精确地测量体温,但是,对于他们来讲,观察病人主观上感到的发冷或发热,还是患有疼痛恐怖症(algohobia)或痛淫(algophilia)则是十分重要的。当时对脉和脉搏变化的研究,已有高度发展。我们这里只能举几个他们认识到的综合征为例,因为中国古代医学综合征中有不少是可以用现代术语来加以明确地鉴定的。

古代中医把所有的发热病都归入"伤寒"一类,称之为"热病",加以他们对我们今日仍然要检查的每一个体征,如疼痛、出汗、恶心等,虽然缺少现代的物理化学检验,但都要进行研究,并且认为都有意义。例如,"腹满"就是一个重要的体征。它可以指"肿"(水肿)。《内经》中实际上是说"水液入皮肤的组织溢于膈之上下而成水肿"。它可以指患上肝硬变、心力衰竭,尤其是血吸虫病时所致的腹水,这无疑在中国古代是常见的。"腹满"还可以并有杂以未消化食物的稀粪(湿溢),这见于胃肠炎、霍乱等病。"腹满"也称"腹胀"或"痫"。后者可以作为同一个字有两种读音的例子。如果读作"颠",是指"腹胀";如果读作"蒸"则指各种狂病;如果写成"癫痫",则指羊痫疯(epilepsy)。从汉代起,从"痨风"和"痨蒸"这样的词的临床描述来看,都是指结核病。"风"这个字本身总是含有抽搐或麻痹的意思,它可以被看作为一种猛烈的"气",与柔和的"气"有所不同,后者是身体正常生理的一部分。其他形成的"卒中",则是"偏枯"和脑溢血,可以导致完全的中风(卒中)。在"温病"中我们看到关于白喉的颇为明确的记述,例如"舌本烂",无疑是因链球菌感染而并发。白喉还明确地用"猛疽"(猛烈的咽喉溃疡)来表示。由肝吸虫或血吸虫所致的肝硬化叫作"肝热病";结核病叫"脾热病";肺炎叫"肺热病"。

上面谈到的三种病例中的器官(肝、脾、肺),并不总是与今日所指的器官相一致。这些器官却是与我们谈到的"六经"有关,"六经"中的每一经都与一个内脏器官相联系。关于我们上面谈的症疾类发热病中的"痨疟",这个术语一直沿用至今,变化很少。但是,有一种叫作"瘴疟"的,宋大仁提出可以把这个病鉴定为由螺旋体导致的回归热。

最后谈一下糖尿病。《内经》已认识到多尿是一种叫作"肺消"的特殊病症。汉代关于消渴病的概念表明了疾病的一种继发或转"移"的原则,即病理影响可以在身体内循器官转移。所以,患"肺消"时,心中的寒"气"进入肺,病人的尿量就二倍于他饮用的水。虽然直到汉代末,还没有出现关于糖尿病的这种具有特征的名称,如"消渴"

"消中",但《内经》论述的无疑是糖尿病。在其后较晚,即7世纪,才发现了尿的甜味。关于中国的糖尿病的知识和理论,我们已在其他论文中作了论述。

中国古代没有像古埃及那样制作木乃伊,这无疑妨碍了我们获得古代人所患的多种疾病的大量而具体的材料。据我们所知,中国对无论是新石器时期,或周代、秦代古墓中发掘出来的骨骼,都还没有做病理解剖研究。中国的博物馆中肯定有大量的骨骼资料,可能这种工作也会由中国的病理考古学家作出可贵的成绩来。然而,研究中国古代自公元前10世纪中叶到20世纪初关于疾病的记录,表明这种记录确实保存了大量的关于当时流行疾病的资料。虽然研究人类的遗体,其本身可能使这些记录的材料所提供的资料得到可贵的确证,但是,总的说来,如果对文字的记录加以全面分析,可能会提供给我们比只研究人类遗留下来的骨骼本身有更为广阔的前景。

原编者附言

我们在编辑工作过程中,曾问鲁桂珍和李约瑟博士是否能谈一谈中国在公元前6世纪已有麻风病的问题。他们的回答似乎值得附在这里,内容如下。

我们拟坚持我们的主张,即中国确实远在公元前1000年就能颇为明确地对麻风病做出诊断。为了说明我们的看法,我们拟举出我们翻译的关于孔子的弟子的一段著名材料:

"伯牛患了麻风病。孔子去看他时,他只从窗户触摸他的手(因为这种病毁容)。夫子说,看到他还活着多么不幸!多么可怕的命运!这样(聪敏)的人竟患这样的病啊!这样(聪敏)的人竟患这样的病啊!"[31]

孔子把最后的一句话重复了一遍。这一段文字可能在一些方面与其他的几种译文有所不同,但是,我们是根据历代注释家的一致意见来翻译这一段的。例如,后汉鲍玄的著述,颇为肯定地认为孔子之所以隔窗与伯牛握手,是因为伯牛所患的病是使人毁容的病。另一方面,我想我们在论文中所谈的,历代的一般注释家的意见都认为伯牛所患的疾病的"疾"字,是指"恶疾"。虽然"恶疾"在字义上可译为"邪恶的疾病",然而"恶疾"这种特别的字眼一直意味着麻风病。为证明这一点,只需去查一下许慎在100年所编的字典《说文解字》便可明晓。许慎把麻风病(癞)解释为"恶疾"。至于其后此病名义和"大风"一词发生了联系,并且一直到今日还应用,这是病理学家巢元方在其《诸病源候总论》(610)和7世纪孙思邈在《千金要方》(652)所记述的,他们都把"恶疾"和"大风"看作是等同的。这样,我们看到数世纪中的这种连续性。再者,"大风"一词在医学古典巨著《内经素问》中也有记述,我们认为《内经素问》的年代大约是公元前 2 世纪。这也是与"癞"一词等同。我想你可能同意这种记述是颇为明确的,因为文献上在不同的地方都说这种病的患者的皮肤是发白的,带有许多疹状物和腐损,例如导致鼻柱破损等。此外,这种病人还会关节强直,身体外部的毛发全失,包括胡须和眉毛。最后,我想指出我们引述的某些季节性疾病的材料,例如《月令》和《吕氏春秋》,以及公元前 10 世纪后半叶的文献,有可能某些字是有两种发音法的,如"li"和"lai"。一般在发音为"li"时,是指流行病,发音为"lai"时,则专指麻风病。

（马堪温　译）

参考资料与注释

〔1〕余云岫:《古代疾病名候疏义》,人民卫生出版社(上海,1953)。

〔2〕Wang Chi-Min(王吉民) and Wu Lien-tê(伍连德): *History of Chinese Medicine* (1st ed.) (Shaghai : Nat. Quarantine Service,1932).

〔3〕J. Needham,Wang Ling(王铃),Ho Ping-Yü(何丙郁),Lu Gwei-Djen(鲁桂珍)et al. :*Science and Civilisation in China*. 7vols. in about 20 parts(University Press. Cambridge,1954-).

〔4〕胡厚宣:《殷人疾病考》(《学思》第三期73页、四期83页,1943)。

〔5〕范行准:《中国预防医学思想史》(北京,人民卫生出版社,1954)。

〔6〕宋大仁:《中国古代寄生虫病史》(《医史杂志》Ⅱ:44,1948)。

〔7〕陈直:《玺印木简中发现的古代医学史料》(《科学史集刊》,1958 年,第一期,68 页)。

译　注

①Hippocrates(约前 460—前 377),中文一般译为"希波克拉底",为古希腊名医,常被誉为"西洋医学之父"。

②按古玺张字,多省作长。

③此处之"徒"字,似不宜作姓解。以作学徒、艺徒解为妥,即指从师学艺或行艺的专门医者。因"徒"字古未见作姓的。

④我国近年考古发掘出一大批有关医药的木简、竹简、帛书等资料,如《武威汉简》,马王堆汉墓的医药发现等其中有些资料当早于汉代。在写此文时,这些资料尚未被发掘。

⑤按《月令》原文为"季夏行春令,则国多风欬"。

⑥"孟秋行夏令,民多疟疾"。

⑦"季秋行夏令,民多鼽窒"。

⑧"季冬行春令,则胎夭多伤,国多固疾"。

⑨"废于人事"。

⑩"四时皆有疠疾。春时有痟首疾;夏时有痒疥疾;秋时有疟寒疾;冬时有嗽上气疾。"(《周礼·天官·疾医》)。

⑪"轻水所,多秃与瘿人,重水所,多尰与躄人,甘水所,多好与美人;辛水所,多疽与痤人,苦水所,多尪与

伛人。"(《吕氏春秋》卷3,尽数)。

⑫见《诗经》卷12"巧言":"既微且尰"。

⑬《白虎通义·圣人篇》记:"周公背偻"(《说文》有"周公韤偻")。

⑭"齐子求行年五十有四而病伛偻,脊管高于顶胸下迫颐,两髀在上,烛营指天,匍匐自阚于井。"(《淮南子》卷7)。

⑮《左传》昭公元年(前541):"天有六气,降生五味,发为五色,征为五声。淫生六疾。六气曰阴阳风雨晦明也。分为四时,序为五节,过则为菑。阴淫寒疾,风淫末疾,雨淫腹疾,晦淫惑疾,明淫心疾。"

⑯事见《左传》僖公二十一年(当为前639年):"夏大旱,公欲焚巫尪。臧文仲曰:'非旱备也。修城郭,贬食省用,务穑劝分,此其务也。巫尪何为? 天欲杀之,则如勿生,若能为旱焚之滋甚'。公从之。"

⑰事见《左传》僖公二十三年记:重耳"及曹,曹共公闻其骈胁,欲观其裸。浴,薄而视之"。

⑱《左传》成公六年(前585年):"郇瑕氏土薄水浅,其恶易觏。"

⑲《左传》成公六年传:"于是乎有沈溺重膇之疾。"

⑳见《论语》。

㉑《左传》襄公三年(当为前570年):"子重病之,遂遇心病而卒。"

㉒《释名》:"心痛曰疝。疝,诜也。气诜诜然上而痛也。"

㉓《内经》记述"疝""心痛"等多处。如《灵枢·邪气藏府病形第四》记"心疝引脐""心痛引背";《灵枢·厥论第二十四》有"真心痛,手足青至节,心痛甚,旦发夕死,夕发旦死"等。《山海经·西山经》记有"心痛"。

㉔《左传》襄公七年(当为公元前566年)记:"公族穆子有废疾。"

㉕《左传》襄公十七年(当为公元前556年),其记:"国人逐瘈狗""猘犬入华臣氏之门"。

㉖《说文》:"狂,狾犬也。"

㉗《左传》定公十三年(当为公元前497年)传:"三折肱知为良医。"刘向《说苑》卷17"杂言"载孔子曰:"三折肱乃成良医。"

㉘《左传》成公十年(当为公元前581年)传记:晋景公病,求医于秦,秦伯使医缓为之等。

㉙《左传》昭公元年(当为公元前541年),原文为"医和者,秦人也。晋平公有疾,求医于秦,秦伯使医和视之"等。

㉚范·赫尔蒙特(Van Helmont,1577—1644)为17世纪欧洲"化学医学派"(Iatro-Chemical school)的倡导者之一,生于布鲁塞尔。其主要理论见于其《医源》(ortus medicinae)一书,为其子于其死后不久所汇集。他提出"Blas"和"Gas"两词。"Blas"指一种小而不可见的统治一切物质变化的"精气"。主天体的叫"Blas meteoron",主人体功能的叫"Bias humanum"。而"Gas"或称"Gas sylvestre",则是发酵产生的气,实指二氧化碳,是有别于一般所说的空气(air)的。

㉛原文见《论语·雍也篇第六》:"伯牛有疾,子问之,自牖执其手,曰:'亡之,命矣夫!''斯人也而有斯疾也,斯人也而有斯疾也'。"

【40】（医学）

Ⅲ—6　中国与免疫学的起源*

人们普遍认为近代医学科学中最伟大、最有益于人类的学科之一——免疫学,产生于人类为预防天花而施行的种痘实践中。下面我们想要阐明,中国比其他任何文明国家对种痘实践的文字记载要早得多(大约从 1500 年起);根据有广泛影响的传统说法,我们又可把种痘的起始日期追溯到更早的年代(约 1000)。因此,在较不发达社会中大量出现,并广泛传播于东半球的种痘技术,被认为发源于中国是不无道理的。自从 18 世纪初以来,每一位流行病学和公共卫生方面的西方历史学家都知道,很早以前就发生了以东亚为背景的这方面的重要事情,但是几乎没有一位熟悉中国文献的学者以揭示其真相为己任。我们时常遇到这种情况,例如,所有近代火箭学史家和火器史家都明白,在欧洲首次出现金属管状臼炮以前,人类已知最早的化学炸药已在中国经历了 6 个世纪的发展,可是没有一位历史学家(当然,除了用汉文写作的历史学家以外)为了全世界的利益,把古书中所含这些珍贵的事实写出来。

中国古代医生的做法是在疾病未产生之前就对它进行预防,这样做完全和中国历史上早就存在的医疗指导思想相吻合。这一思想认为,预防医学是最好的医学。医术精湛的医生在疾病远未显露出来之前就给予治疗。关于这方面我们可以引用战国时期(前 475—前 221)的一些记载,但汉朝的有关资料也很能证明这一思想的正确。刘安(前 179—前 122)写道:"良医常治疗尚未显出其迹象的疾病,因而这种病就一去不复返了。"①中国的希波克拉底式的医学文献中不断地记载着相同的看法:"防病比治病更为重要。"其中一个最好的陈述记载在伟大的道家炼丹家和医学家葛洪在大约 320 年所写的书中。书中说:

　　"高明者在(身体上的或精神上的)痛苦开始之前就将其驱散,在疾病出

---

　　* 本文是李约瑟 1980 年在香港大学所做的一次讲演的讲稿,同年发表于《东方地平线》(*Eastern Horizon*)19 卷,1 期。——编者注

现之前就治好了它。高明者在任何不幸迹象显现之前就实施其疗法,而无
须纠缠于已发生之事。"

考虑到这样一个为后来另外许多著述所明确证实了的历史背景,那么我们可以
说,在中国的文化中我们能找到预防接种的最早证据,这个说法就一点也不足为
奇了。

从古代民间的观察中可以得出这种看法:没有一个人在一生中会再患一次天花。
然而在流行病发生的区域,每个人都必定患一次天花。这是小孩或者有时是成年人
都必须闯过的生命的一个"关口"。但人们也许认为可以通过祈祷而使疾病患得轻
些,并能幸运地康复而不留下太多的疤痕。在一次参观敦煌附近的千佛洞洞庙时,我
们仍清楚地记得发现了一个洞,村民们在那里沿着围绕中间佛像的周围人行路上贴
了许多黄纸,在那里,昔日的和尚们想必边走边诵经;每张纸上都写了一个"关"字,同
时还写着一种疾病的名称,如霍乱、水痘、百日咳,当然还有天花。凡是能想得出的疾
病都有它的"关口"。无疑,大家都把孩子带往那里,绕行一圈,并在每面旗子前停一
下,当地的道士诵读适当的咒文。于是,在预防医学思想的指导下,一些道家医学家
就会很自然地想到,如果人们能用人为的方法把这种疾病以非常和缓的方式徐徐"注
入"病人体内,并保证它只产生温和的侵袭,那么这位病人就会战胜疾病,或至少会顺
利地通过这道关。当时人们不可能对那时正在实施的一切有一点点医学概念,因为
抗体形成和有效免疫的概念在当时还远远没有确立起来。历史学家们可能会提出疑
问,为什么免疫法首先从天花中产生出来,而不从其他任何疹疾中产生出来呢。其答
案是显而易见的,因为天花会产生很多含有传染性淋巴的、很易转移的小脓包,而当
其消失后上面就会覆盖着一层疤,疤内含有许多天花病毒颗粒。几个世纪后,免疫学
家们为治疗人类或动物的许多其他疾病,就制取了"疫苗",不管它们是被弄死的还是
活的,也不管是血清的还是抗血清的。但是这一切则要求采用比第一次天花预防接
种的方法更加精细、更加复杂的方法。

在继续全面介绍时,我们想从已知的谈到未知的,看看天花预防接种传到欧洲的
情况。凡听说过天花预防接种的人,不管是谁,他们的最初消息都是恰好在1700年以
前从中国发给英国皇家学会的信中获得的。但并没有人对这些信给予多少注意,也
没有人对后来18世纪在华耶稣会教士寄出的那些信给予重视。种痘法是在18世纪
20年代经过地中海沿岸各国的有效途径传入欧洲的,并且是通过一位英国贵族妇女
(驻土耳其大使夫人)[②]的媒介而传入的。而有关的文化区基本上是土耳其,尽管以前
古希腊人和高加索人推行这一技术也有多年了。当时这位英国妇女从在那一带行医

的古希腊医生那里弄到了两篇明确的叙述,并得以使它们刊登在皇家学会的《哲学学报》(*Philosophical Transactions*)上,从而为整个世纪的预防接种铺下了基石——首先是在英国和美国,然后又渐渐地在法国、德国和欧洲其他国家。给人类带来无法用语言形容的巨大灾难的天花,就这样第一次得到了控制。随后,在1798年,爱德华·真纳(Edward Jenner,1749—1823)发现了对人类没有危险的牛痘苗,这一发现几乎完全预防了天花本身的发生。人们熟悉的种牛痘就是这样产生的。

在这方面有必要记住,要把早期接种和早期种痘的原来面貌确切地再现出来,显然是困难的。当时的医生写不出像后来的医生通常所写的详细记录,他们的行医实践往往记录得很简略。今天人们不可能检查他们当时使用过的病毒的品系。统计资料不确切,也不完全,往往只能在一些不定期记载的地方志中得到它们。这样一来,人们一般就不可能肯定各种治疗方法的效果。但是这一切并不应该妨碍我们尽量仔细地设法拼出一幅免疫学起源时期发生的情况的图画。

天花病史本身对于全面讨论显然是不可缺少的。很多医学史学家只是轻描淡写地说"人们认识天花已有好多个世纪了",但是实际上一种特定的疾病只有在对它进行明确地描述后,才能予以鉴别。希波克拉底和盖仑都没有完成这一任务,前者可能因为他(或他的同行)从未遇到过这种疾病。但是,大约在900年,在一本由伟大的巴格达医学家和炼丹家拉齐(al-Razi)撰写的书里,却详细地记载了天花这一疾病,并把天花与麻疹、水痘等疾病区分开来。可是另一方面,值得注意的是,可能在拉齐之前,中国的葛洪(约300)就对天花有了阐述③,我们将在下文详述一下;他的阐述后来由另一位伟大的医生和炼丹术士陶弘景大约在500年作了进一步的补充。许多医学史学家也说过,接种"作为一项民间习俗已实施了无数个世纪",可是这种断言仅仅立足于我们可以称之为人种学方面的证据,这证据来自中亚、西亚和非洲的许多地区,而欧洲的报道则凭推测提前了接种传播的时间。这些事实必须根据对汉语原文的研究所获得的知识的背景来加以考察。因此,对于我们在下面将详细叙述的内容,总括起来说,就是天花预防接种的实践从16世纪初起,在中国的明朝就有记载了,这一时间比世界其他地区的任何记载的时间要早得多。此外,还有一种传统说法,认为接种是由四川的游方道家医生在将近10世纪末的时候首先实行的,我们认为,这一传统说法必须认真对待。从中国医学的初始阶段起,就存有"禁方"和"秘传药方与医疗技术",这两项内容都是医生和炼丹家中由师傅传给徒弟的,有时徒弟还得用血宣誓为之保密。有些书也以同样的方式传下来。就拿扁鹊(公元前6世纪)来说,他的老师长桑君给予他古代"禁方书",并告诫他不要把内容泄露给未入门的开业医师。当然,这种社会状况被一些主要想赚钱的解释宗教奥秘者和江湖医生所滥用。但秘密师传习俗的存在是没有疑问的,特别是在一种技术带有几分危险,而必须要胆大时,这些习俗想必已以某种力量在流行。不管怎么样,从 16 世纪早期起,中国出现了专业文献著作。因为这些书名通常用"种痘",而不是用"痘疹、天花、麻疹和水痘"等词开始,所以它们很容易被鉴别,接种这一秘密就这样逐渐透露出来了,这种技术也逐渐广泛普及了,甚至传入朝廷和皇室。而这一切都发生在欧洲传入天花预防接种之前约两个世纪。此外,如果我们接受接种传统始于宋朝(960—1279)的观点,那么传遍欧、亚、非这四面八方的预防医学中的这种大胆实践也已有八九个世纪的历史了,而我们认为实际上正是如此。

这里便提出了一个关于运用接种法的有趣问题。在中国,使用的方法通常有:把浸有小脓疱液,或(更常用的是)把浸有痘痂萃液的小棉花球插入鼻孔,这样鼻孔内的黏膜便是药物进入体内的重要通道。中国的医生已经猜测到呼吸道是疾病传染的正常途径,这显示出他们的聪明才智。但处在中国和西方以及非洲之间的文化中,人们在皮肤上划痕后再让疫苗进入表皮,是更常用的种痘方法。

天花的病因学理论

我们必须讲的另一个问题,是关于存在着各种各样用来解释天花的本质,以及用来解释许多其他流行病的本质的理论问题。人们一研究这一问题,就会发现中国人与欧洲人的看法非常相似,以至很难相信他们相互之间没有知识方面的接触和交流。概括地说,流行病有两种可能的病因:(1)患者体内带有"致病物"——一种内在的易感因素。(2)体外的,即来自生活环境中某种因素的影响。第二种病因又可分为:(a)由于气候或季节的变化,时常有害于人体的健康,甚至对人体有严重的危害性。(b)确信人体周围存在着肉眼看不见的有害微生物,一旦条件成熟,它们就会从藏身之处钻出来大肆活动。这三种病因可依次称为遗传病因、气象病因和传染病因。让我们来逐一对它们加以研究吧。先看欧洲的情况,而后再谈中国。

18 世纪的许多医学著作者都极力推崇天花的"先天种子"这一理论。他们认为人体内有从母体的血液里遗传下来的传染病毒,某种病毒性物质或致病的潜在因素。一旦条件适宜,这些"种子"就一定会突然产生天花,而且每个人迟早都会经历这个过程。人人身体里都好像存在着不祥之物,几乎像是"罪原",它们挣扎着要想冒出来,或者被挤出去。许多医生认为这种情况会因奢侈生活和多食佳肴而加剧。据我们所知,很难相信中国的医学著作者丝毫没有西方医生的那些想法。中国的理论包括所谓的"胎毒",这二字可从字面上译为"胎里带来的毒",它迟早会从小孩身上散发出来。如运用"含苞待放"这一比喻,就更能说明问题了。因为天花在中国被称为"天上的花"(Flowers of Heaven),这是一句自然短语,从语源学角度来看,这一短语精确地反映出疹疾这一术语的含义。病因学家们把天花病因归于因在导致受孕的性交时过于兴奋,或者说得更自然一点,归因于没有从出生胎儿口中把血块、胎粪彻底清除掉而致。

另一方面,在欧洲,还有许多医学著作者支持气象病因说。他们认为,不合季节的天气会在人们生活的环境里播下"致病的种子"或释放出"腐败物的恶臭",结果就产生了天花。保持健康,必须要有周围空气中各种要素的完美的平衡,如同金口约翰礼拜堂中的圣餐区那样。如果失去平衡,诸如天花这一类流行病就会发生。在中国,也曾存在着十分相同的看法。那里,有些医生把绝大部分致病原因归于"节气是否正常"或"天的运动"。在欧洲这一看法当然可以追溯到希波克拉底的"空气、水和环境"这三个因素。文艺复兴时期这个看法的最主要拥护者,是最先描述百日咳并提出风湿病概念的法国医生纪尧姆·德巴尤(Guillaume de Baillou,1538—1616)。

第三种病因理论在中国很少能找得到与之相似的说法。它是有关活的传染物(contagium vivum)的理论,也是空气中"活的原子、微粒、个体"的观点,起决定性作用的是活的而不是死的。的确,几经变化后,从中引出了"细菌病因论"。毫无疑问,这一转折点发生在 1546 年,在这一年出版了吉罗拉莫·费拉卡斯托罗(Cirolamo Fracastoro,1478—1533)死后问世的论传染病的著作 *De Sympathia et Tntipathia Rerum*,*Liber Unus* 和 *De Contagione et Contagiosis Morbis et Curatione Libri Tres*,这是病理学史上的一个里程碑。

就我们现在所知,在中国没有与西方的活传染物理论相似的学说。流行病的古典说法叫"疫疾"和"瘟疾",这二者都与无所不在的"气"相联系,如"疫"气和"瘟"气。"染"字的原意是用染料着色,其次才是传染疾病的意思。正如下面引自大约 320 年所写的《抱朴子》一书中的引文所述那样:

> "人存在于气中,而气亦存于人体内。天地万物皆无法离开气而生存于世。凡是懂得如何在体内运气的人,能由内向外滋养他的身体,从而抵御外来的各种疾病。一般百姓每天都在运气(呼吸),但对其功能却毫无了解。
>
> 在吴国和越国,有一种秘密运气方法,这种方法能使体内的气更充沛。凡是知道这种方法的人,在最严重的流行病发生时,能安然度过,甚至可以与患者同床而寝而不受传染,而他的许多同伴也能够同样地从恐怖中挣脱出来。这表明,掌握了气就能用来保护人们抵御自然灾祸。"④

这也说明葛洪对道家的吐纳法所产生的效力是何等深信不疑。但这也向我们表明,中国人对人与人之间的疾病传染是了解得很透彻的。从古代和中古时代的中国文献中,我们可以看出中国对传染性的认识是很清晰的。我们只要引用一种"接种"方法便可清楚地说明这一事实。这方法在好几本书里都提到,就是用天花患者穿过的衣服来包裹小孩,使小孩免受天花传染。但这似乎没有明确提出活的微粒观点。我们认为有必要回顾一下,中国人的自然哲学和科学思想长期以来与微粒观点不甚吻合。原子论一定向中国介绍过多次,就像从印度来的佛教僧侣哲学家们所做的那样,但这一学说从没有真正站稳脚跟。中国人一直坚信原始的波理论,即阴阳升降,并相信阴阳之气会通过一种连续的媒介对远处的东西起某种作用。在欧洲方面,以古希腊原子论思想作背景,也许斯多葛学派的思想根源仅仅是原子论的一种表现,因而出现传染性微粒的观点,实际上是活的传染性微粒的观点,也就是很自然的了。但在中国,这种观点很明显极少可能出现。文艺复兴时期产生的知识的大变动——一种在中国找不到相似的大变动——或许与弗拉卡斯托罗提出的新见解有关。

接下去,我们必须把上文提及的活的传染物说得更清楚些。这种微粒观点当然不是中国自然哲学的特点。但另一方面,气所包含的多方面的概念(精神、蒸气、气体、气体的发散物,即弥漫一切的影响),是肯定不会没有活跃的含意的。

我们已经知道,接种一直被称作用"种苗"来种痘,亦即皮下注入痘苗或细菌,说得更精确些,就是把痘苗或细菌移植到人体内。首先想想水稻种植的过程,尤其是秧苗栽植到田里时,它们的间距要比种子在苗田里最初发芽时的间距大得多这一事实,那么应用"种痘"一词的语言学上的含义就更易理解了。赵学敏在《本草纲目拾遗》一书中关于"藏香"这一节中说:"天花脓疱的痂称为苗,天花的发生称为花。"[5]郑望颐也在他的《种痘方》中说,选苗的人都很仔细,他们必定从已经被接种过痘苗的小孩身上取下痘痂,这样才是真正的种苗,以别于从自然天花或传染性天花患者身上取来的痂皮。[6]朱奕梁在《种痘心法》一书中,把已在一些被接种者身上轮番提取7次的种苗作为最好的熟苗予以推荐。[7]

如果我们把"种苗"二字颠倒过来读,并且将"种"(zhòng)字的音调也读成一种不同的音调(zhǒng),那么"种苗"就是指各种各样的苗"种"。的确,最早期的接种者的很大一部分技术和专门知识就在于如何挑选和选择痘痂。俞茂鲲说,人们应当挑选那些又硬又厚的痘痂,而其外形要具有蜗牛形状;而不要选那些薄的、潮湿的和形状不规则的痘痂。朱奕梁说,痘痂的大小没有关系,但必须是又厚又圆,且呈鲜明的紫色。

还要为上面的提法说几句话,中国的接种者在细心地挑选"最好的"痘痂时,总选择轻型天花,用以预防重型天花。拉齐也许已经注意到它们的不同之处。中国的医生一定也知道这种病有两种类型。正如我们在史晋公的《痘科大全》一书中所看到的,把轻病与重病加以区别。上述选择也许是无意识的,但它肯定是广泛流传的"以毒攻毒"这一成语的古典范例。正如我们已经说过的,那些对人有益的"毒"必须经过格外小心的挑选,在所有的书里都给予了精确的说明:当自然天花已在屋内传染时,就决不能接种痘苗。只有在事先某一时间,在较为隔离的适当条件下,才能接种痘苗。

最早提及的痘苗接种

毫无疑义,天花接种可以说是在 16 世纪上半叶的某一时期才问世的。为了弄清其后发生的事情,我们必须把一些零星的和后人的记载串在一起,这些记载就是医学著作者所报道的传统习俗和所叙述的关于家庭种痘实践的情况,在这些家庭里,请医生(或痘师)已持续好几代了。最早的资料似乎记载在万全所写的《痘疹世医新法》一书中,这本书论述了天花和麻疹这两种疾病,它在 1549 年第一次出版,但迟至 1687 年才再次印刷。谈到治疗问题时,万全偶尔提到妇女接受预防天花接种后,有可能会意想不到地引起月经紊乱。他的书中没有专门论述这一问题的章节,但他的记载清楚地表明,即使人们没看到书里所写的种痘方法,那也能知道在作者所处的这一时期,种痘一定是很普遍的了。到 1727 年,即俞茂鲲写《痘科金镜赋集解》的那一年,书中才记载了许多有关种痘实践的内容。其中有一章题为"种痘说"。下面我们引用一段:

> "天花预防接种产生于隆庆年间(1567—1572),尤其流行于(今安徽省)宁国府的太平县。我们现在不知道接种者们的姓名,但他们是从一位性情古怪的异人那里学会这一技术的,而他本人又得自炼丹家。自那以后,天花预防接种就在全国广泛流传了。至今,接种医生绝大多数还是来自宁国。但不少(江苏)溧阳人也学会了这一技术,并把它作为他们自己的技术。从那位陌生怪人那里获得的这类接种物保留应用到今天,但每人得付两三锭黄金才得到足够的接种。那些想获利的医生,在冬天和夏天,通过他们自己亲戚家的孩子身上取种,而没有发生不幸的事。而另一些想挣钱的人却从(严重的)天花病人身上窃取痘痂,并直接用来接种,这种痘痂叫'败苗'(坏苗)。在这种情况下,一百个病人中就会有十五人死亡。"⑧

由此可见,我们能够充分相信,在托马斯·利那克(Thomas Linacre)、约翰·凯厄斯(John Caius)和亨利八世(Henry Ⅷ)时期,天花预防接种在中国已是一项大众化的技术。这一技术肯定在玛丽·沃特莉·蒙塔古夫人(Lady Mary Wortley Montagu,1689—1762)所处的 17 世纪和 18 世纪交替时期以前很久便产生了。

我们接下去要讲的内容关系到朱氏一家,这一家代代行医。朱纯嘏在其所著的《痘疹定论》(天花及有关疾病的精辟论述)一书中阐述了接种技术。该书刊于 1713 年,但朱氏本人在印书前已在世很久了,他生于 1644 年明朝灭亡之前。而后他的这本书又作为附录被收入在由一位年长者朱惠明所著的类似一本书中,在大约 1580 年梓行。该书定名为《痘疹传心录》。以上所讲的就是其中的一个例子,它表明行医这一职业可在家庭中流传好几代人。因此。尽管在年长的朱氏生活的时代里,接种技术一般无文字记载,但他还是极有可能懂得并实践这一技术。此外,在 1612 年出版了一本周晖写于 1610 年的小说,书名是《金陵琐事》。书中提到在万历年间(1573—1620)的两个接种例子,那时孩子们都得了严重的传染病。类似的还有张自烈编著的,刊于 1627 年的词典《正字通》,也有一段谈到天花:

> "痘疮:方书将天花归因于先天性缺陷或胎毒。(虽然)有些人从未得过这种病。至于对付天花的神秘的、魔术般的方法,就是取出小脓疱内液体并把它滴入鼻内,病人只要通过呼吸就会得到感染,表现出有轻微的发疹(这样就获得了保护)。"[9]

上面这段文字,除了它所记载的天花时间比较早以外,还使人感到有意义的是:它明确承认呼吸道在传染疾病过程中所起的作用。

菌力减弱法

翻遍中国古代的种痘文献,或许在科学上最令人感兴趣的领域,是关于为减弱痘苗毒性而采取的措施。今天我们知道,菌力减弱现象包括两点:一方面要减少活力旺盛时期的病毒颗粒或细菌的总量;另一方面又要诱导本身就已减低毒性的生物在遗传上具有特性的品系或无性系的出现。中国古代的菌力减弱法大概主要指前一点。但他们发现菌力减弱法原理这一事实本身就是一件了不起的事情。下面一段文字引自张琰所著的《种痘新书》(1741)一书:

　　"藏苗法。用纸把痘痂小心地包起来,放入一个瓶状小容器内,然后把容器口塞紧,不要让痘痂的气散发掉。绝不能把容器暴露在阳光下,也不能放在火炉边使它受热。最好的办法是将其随身携带一段时间,从而让痘痂自然地缓慢干燥。还应在容器上清楚地注明日期,表示此痘痂是何时从病人身上取来的。

　　冬天,痘痂中含有阳气,因此即使贮存三四十天后,它仍具有活力,但在夏天,大约二十天后,它所含有的阳气就会散失掉。最好的痘苗要算贮存时间不太久的痘苗,因为人们接种了阳气充足的痘苗后,十人就有九人会发痘;但痘苗贮存时间久了,它就会逐渐失去活力,十个种痘的人中恐怕只有五人才会发痘——到最后痘苗完全失去活力,一点也不起作用了。一旦新鲜痘痂很少,而痘苗的需求量又很大时,则可把新鲜者和贮存时间较久者混在一起。但在这种情况下,就应在接种时把更多的粉末喷入鼻孔。"

　　因而一般的做法是,在人的体温(37℃),或低于人的体温的情况下,把痘苗原物保存一个月或一个多月之久。这就一定会获得通过加热以减弱苗力的效果,使大约80%的病毒微粒失去活力。但由于在失去活力的病毒微粒内已存在着无生命的蛋白质,因而接种痘苗时就会强烈促成干扰素的生成和抗体的形成。人们已无法说出菌力减弱法可能已经历了多少年代,但可以猜想,自16世纪中叶起,痘苗接种开始流行于世,并在医籍中占有一定地位时起,菌力减弱法就随着临床经验的丰富而渐渐发展起来了,这样的猜测或许是不无道理的。

　　我们在下文将谈到,大约从1700年起,欧洲人才从在中国的西方人提出的报告中获悉有关痘苗接种的资料。但事实上,与1720年后土耳其译本对欧洲人所产生的巨大影响相比较,这些报告几乎没有引起他们的重视。在接种技术施行过程中,人们在无意中发现了菌力减弱法,所以它当时不被人们所了解。然后在1726年,(法国)耶稣会教士殷宏绪(François-Xavier d'Entrecolles,1662—1741)作的一个报告中,确实提到了菌力减弱法,但仍未引起人们的重视。他在报告中提到中国接种者是怎样在1724年因急需而被派到鞑靼人居住的欧亚地区;又提到他自己怎样从某个地位较低的宫廷医生那里获得这项秘密技术,他这样做的目的只是想把这项技术传到欧洲去。殷宏绪听人说过痘痂长期贮存在密封的管子,也听说过减低病毒微粒毒性的其他方法。他还报道了其使用。

中国的背景传统

现在我们来考察一下这个持续很久的观点：在现存的关于天花预防接种的最早记载之前，种痘实践在受到限制和保密的情况下，已经流传了大约5个世纪了。谈到种痘传说就离不开王旦(957—1017)这一中心人物，他是一位著名的宰相。他的文官生涯经历了宋朝两个皇帝的统治时期——宋太宗和宋真宗(976—1022)。

他与天花预防接种发生关系是因为他的第一个儿子已经死于天花。所以当王素出生的时候，这位父亲就到处寻找各种方法来预防发生类似的不幸事件。他请了各种各样的医生和黄教巫师，并要他们把各种预防方法表演给他看。最后神灵大发慈悲，给他派来了一位采取接种方法的道教坛主。[10]从此这种技术就在严格保密的情况下从一个医生传给了另一个医生。这与朱奕梁在他的《种痘心法》一书中记载的一模一样。在所有的种痘书中，虽有许多不同之处，但都记载着同样的内容。

有些供人还愿的寺庙肯定是为那些与种痘有关的人建造的。《湖州府志》告诉我们，将近明朝末年时，该处有一位年轻人，因为渴望当一名医生而于1644年离家出走了，他的名字叫胡璞。他于1712年失踪前给许多人做了接种[11]。更为有趣的也许是，至少从1662年康熙登基时起，在湖州与苏州建有许多供人还愿的寺庙，是为了献给"不朽的种痘仙师"和"峨嵋山的隐士"的。作者说，那个塑像看上去往往很像那个著名的接种专家和炼丹术士吕洞宾。他在世的年代是相当模糊不清的，但他是8世纪即唐朝时代的人。这也许是把接种与道家炼丹术士们的活动联系起来的另一条线索。

结　论

天花预防接种这一科目是世界医药史和科学史上极其重要的一项内容，因为它构成了所有免疫学方法的最原始的形式。但我们所能描绘的总模式与我们已在书本里所遇到的有很大的不同。有四个主要转折点：第一个转折点是1800年，大约在爱德华·真纳的异系中痘疫苗在免疫法方面开创了几乎绝对安全的时期；第二个转折点是1700年，这一年土耳其的接种实践被介绍到英国，而后又被介绍到整个欧洲和北美；第三个转折点是1500年，这一年种痘实践从保密的阴影下显露出来，而且开始被写入中医书籍里；最后一个转折点是1000年，根据中国历来的(而且我们相信，这是相当可靠的)传统，开始了接种法。我们已经在上文描述了道教、巫术和医药所处的环境，看来种痘似乎源于这个环境。毫无疑问，中国文献方面的证据可追溯到比其他任何文明国家这方面的证据的年代早得多。在接种技术有据可查之前,它还经历一段长达 5 个世纪的人们所不了解的保密实践时期。

然后天花预防接种及时地传到了奥斯曼帝国土耳其,然后再由他们把这个发现传给了欧洲人。这一传播如果没有花 7 个世纪时间,那也要花 2 个世纪时间才能完成。古代丝绸之路是一条现成的交流途径,而接种技术则沿着这条路得以西传。

当然,除了让病毒淀积在黏膜上,或者让病毒进入表皮层和皮肤的毛细血管,人们不能排除一系列的独立的发明,也许特别不能排除淋巴和痂皮的使用,或某种衣服的使用。但如果在中世纪的旅行录的报道中没有更进一步的发现,那就极其难以证明了。除中国外,具有文字参考的唯一希望是在印度。在那儿,即使能找到这些资料,那么确定这些资料的年代所存在的语言上的困难也是众所周知的。总而言之,对我们来说最明确的结论似乎是:天花预防接种的确发源于和道教有关的背景里;在宋朝或在宋朝初期之前,从那时起接种就以扩散的方式向外传播,有时它作为一种成熟的实践,但往往又以冲淡的和不完整的形式出现,流传到欧亚大陆和非洲的许多地区。这样的流传肯定需要两个世纪的时间去实现,极有可能要 7 个世纪或更长的时间。

(陈养正 译 纪 华 注)

译 注

①《淮南子》卷 16《说山训》:"良医者,常治无病之病,故无病。"

②指英国驻土耳其大使夫人蒙塔古(M. W. Montagu,1689—1762)。

③葛洪:《肘后备急方》,卷 2:"比岁有病时行,仍发疮头面及身,须臾周匝,状如火疮,皆戴白浆,随决随生,不即治,剧者多死。治得差后,疮斑紫黑,弥岁方灭。"这就是关于天花的最早记载。

④葛洪:《抱朴子》内篇,卷 15《至理》:"夫人在气中,气在人中,自天地至于万物,无不须气以生者也。善行气者,内以养身,外以却恶,然百姓日用而不知焉。吴越有禁咒之法,甚有明验多气耳,而知之者可以入大疫之中,与病人同床而已不染,又以群从行数十人皆须无所畏,此是气可禳天灾也。"

⑤赵学敏:《本草纲目拾遗》,卷 2,"藏香"条:"夫痘瘄曰'苗',痘发曰'花'。"

⑥郑望颐:《种痘方》:"夫痘者,取他儿之痘痂也,必要用种出之痘,发下之痂,谓之'种苗'。……若夫出天花之痂,谓之'时苗'。"

⑦朱奕梁:《种痘心法》:"若'时苗'能连种七次,精加选练,则为'熟苗'。"

⑧俞茂鲲:《痘科金镜赋集解》,卷 2,《种痘说》:"闻种痘法起于明隆庆年间(1567—1572),宁国府太平县,姓氏失考,得之异人丹传之家,由此蔓延天下。至今种花者,宁国人居多。近日溧阳人窃而为之者亦不少,当日异传之家,至今尚留苗种,必须二三金方得一丹枝苗。买苗后,医家因以获利,时当冬夏,种痘者,即以亲生族党姻戚之子传种留种,谓之'养苗'。设如苗绝,又必至太平再买,故以相传,并无种花失传者。"

⑨张自烈:《正字通》午集版印云:痘疮,方书胎毒也,有终身不出者,神痘法:凡痘汁纳鼻呼吸,即出(除)疮病。

⑩朱纯嘏:《痘疹定论》:"宋仁宗时丞相王旦,生子俱苦于痘,后生子素,把集诸医,探问方药,时有请见。陈说:'峨嵋山有神医所种痘,百不失一……,凡峨嵋之东西南北,无不求其种痘,若神明保护,人皆称为神医,所种之痘种为神痘'。"

⑪《重修湖州府志》,卷18"人物志":"国朝胡美中名璞,字以行,崇祯后弃家而精于医,……时无种痘法,托名峨嵋山人创为之,后遂传播,康熙壬辰(1712)后,不知何往,雍正初(1723—)有于金陵见之者。"

【41】（医学）

Ⅲ—7　针刺有科学基础吗？*

这种古老的中国医疗实践可能是建立在生理学原理的基础之上的。

针刺体系是中国最古老的医疗技术中的一个组成部分，它或许具有最复杂的特征。它是一种治疗体系，并具有缓解疼痛之功；它被不间断地应用于所有的中国文化地区达约 2500 余年之久。广大的中国针灸医生通过长期的努力，已使针刺术具有高度发展的理论和实践。

然而，研究针刺却很难，部分原因是中国历代成书的针刺书籍曾历经长期而逐渐发展的过程，其本身不总是首尾一贯的，而且也难免有添枝加叶之嫌，尤其是由于针刺体系的生理学和病理学本身十分古老，以至难以期望其具有现代科学的明确定义和概念。

随着岁月的消逝，不同的针灸大师由于他们各有不同的深入研究和实践经验，而各自强调不同的方面和手法；他们还把自己的心得体会尽可能清楚地传给自己的弟子，或在医学学派内，通过亲自讲授或示范而加以传递。他们之中有些还用口诀方式写下了自己的独特教示，以使弟子能够记住。

然而，自从 1949 年以来，一个新的时期展现了。针灸教学已在中医学院校内系统地进行。还有，如众所周知的，中国在近几十年中还发展了一种体系，即有些受过现代西医学充分训练的医生，在中医院校里进修。另一方面，有些人先学中医，包括针灸，然后再取得现代医学的学历。

传统中医学和现代医学的结合

目前，传统中医正与现代西医进行着充分的合作。这是一桩突出的事，是我们自

---

* 本文由李约瑟及鲁桂珍共同执笔，由《科学家》杂志（*The Scientists*，*May/June* 1979）节选于两位作者的《中国神针：针灸史及基本原理》（*Celestial Lancests：A History and Rationale of Acupuncture*）一书，该书于 1979 年由剑桥大学出版社出版。——编者注

从1949年以来,在中国的四次访问中多次亲眼看到的。这种情况之出现,是由于这个国家在50年代的复兴中,对国家所有传统所进行的再评价、政治领导人所具有的信念、社会的需要和条件,尤其是农村的需要,以及相对地缺少受过现代科学医学训练的医生所引起的。

这两种类型的医生共同会诊,进行临床检查,病人可以自行选择,或是接受传统医疗,包括针灸,或是接受现代医疗。在另一些情况下,则由医生决定到底采用哪一种医疗更为妥当。此外,还有一种稳定增长的倾向,即采取中、西医二者之长,而将二者结合起来。我们相信这种结合一定会越来越多,从而产生出一种不一定限定为现代西医的、真正的具有普遍意义的医学科学。一个突出的例子就是近年已把针刺镇痛成功地应用于外科手术之中,从而构成了传统中医学和现代医学的引人瞩目的结合。

什么是针刺术

针刺术是一种治疗方法(包括镇静与止痛),它最初发展于周朝(前1000);它是把很细的针(比我们熟悉的皮下注射用的针要细得多),按照古代和中古时期聪明医生的生理学概念所制定的图形,准确地扎入身体不同部位的具体穴位。实际上,针刺的理论和实践在公元前2世纪已很好地系统化了,尽管其后又有更多的发展。

我们在中国的几座城市(在日本也如此)的针刺治疗所中,曾多次亲眼看到针是怎样扎进人体的。可以说今日这种技术在中国已得到普遍应用。针刺术在很久以前还传到中国邻国的所有文化区,并与某些治疗实践一起,在过去的300多年中,引起了整个西方世界的关注。

针灸是中国医学史上的一种主要的治疗体系,这是毋庸置疑的。但是,客观上它的实际价值,直到近代,甚至可以说直到今日,在某种程度上还是一个有很大争议的问题。在东亚,还可能看到受过现代中医和西医训练的医生,对针刺的价值完全持怀疑态度。但是,值得注意的是,在中国,这样的医生就很少,而且中国绝大多数医生,包括受过现代西医学训练的西医和传统中医,都相信针刺术的治疗作用,或至少相信针刺能够使许多病理状况得到缓解。

很可能在没有应用现代医学统计方法对足够数量的病例加以分析之前,没有人能真正知道针刺(或其他中医的特殊疗法)的效果,而要这样做,很可能要用半个世纪的时间,因为在一个拥有8亿人口的国度里,其高度合格医生对总人口的比例相对较低,对于各种内外科治疗的需求又如此之大而急迫,都要做病例记录是十分困难的。

我们的工作等不及那么长的时间，所以，只好适当地偏重某一方面而着手于历史考证。有两点需要先谈一下。首先，从已发表的统计资料来看，如果说中国医学文献没有量的计算，那是不公正的。其次，在过去15年中，由于中国把针刺镇痛用于大的外科手术，这种出色的成就，已使整个的问题出现了引人注目的转变。这里没有必要去追溯长期而曲折的病史，没有缓解期或急性复发期，没有带有未明反应的慢性症，也没有心理因素上的猜测。不论病人对外科手术是否感到有不可忍受的疼痛，还是没有这种感觉，反正在1小时之内或更短的时间内就可见效。这种针刺镇痛〔或者正如通常所说的"针麻"（anesthesia），这一名称是无可争辩的，但措辞不当〕已使世界上其他地区的乐于助人的医生和神经生理学家，几乎是第一次严肃地对待中国医学了。

现在来说说我们的倾向，有人可以说它起源于一种自然怀疑论。然而，怀疑论是能以多种方式而不是一种方式起作用的。我们认为，作为一个理论和实践的整体的针刺，如果没有客观上的价值，竟能在这么多世纪之中成为亿万病人的一种主要治疗手段，这才是难以置信的。它使学生理学和生物化学的我们，难以相信认为其效果全是主观和心理作用的说法。在关于针刺全部心理上的因果关系之谜得到解决之前（这个时间看来对我们几乎是遥远的），有人可能还要依照可信的计算去加以思索。看来，很难设想这种已在如此广大人类中得到采用的治疗方法，没有生理学和病理学基础，而仅仅具有心理上的价值。

西方过去的放血术和验尿术很少有使其保持异乎寻常和经久盛行的生理学和病理学基础，这当然是真实的；然而，不管是放血术，还是验尿术，都不像针刺体系那样的精妙。放血术可能对高血压和血黏性过高（hyperviscosity）有些效用，而极其不正常的尿相也可能反映出些什么来，但是，这些疗法对于现代医疗都没有很大的贡献。

是总体催眠术吗？

一种常见的看法（多由西方人所持有）是认为针刺主要是暗示起作用的，正像他们经常所说的"边缘"（fringe）医学那样。还有些人毫不犹豫地把针刺镇痛（针麻）与催眠麻醉相提并论，尽管这两者之间有许多不同之处。把"催眠"（hypnosis）这一词延伸到亿万有理性的人们在2000年中所持有的普遍信仰之中，以及今日预期接受外科手术的病人身上，这肯定是用词上的一大错误。

当然，我们绝不否认某些暗示手段和某些可受暗示性的重要意义，正如众所周知的，它是在人类发展起来的一切治疗方法中所不可缺少的。然而在动物实验中，心理因素大体上是摒除了的。所以，这样的实验支持了我们的看法，即在进行针刺术时，神经系统中出现有生理学和物理化学上的产物。为了研究针刺术，动物实验正在不断地在实验室进行着。不但如此，针刺术至少从元代的一些巨著起，就已是兽医的一个组成部分，并且直到今日仍然广泛地应用于治疗兽类疾病。暗示的理论在这里是相对地无用武之地的。

针刺术有科学基础吗？

我们认为针刺术的科学基本原理在一定的时候是一定会建立起来的。按照神经生理学的观点，颇为清楚的是，针刺用针刺激了不同深度的各种感受器，从而把传入的刺激传到脊髓，然后传入脑，由之可能引起下丘脑的活动，激活了垂体，因而导致肾上腺产生"可的松"（cortisone）量的增加。针刺也可能是刺激了自主神经系统，因而导致网状内皮系统产生更多的抗体。从治疗的观点上看，这两种作用可能都具有很大重要性，而其他作用也可以是易于想见的。另一种情况可能是针刺的刺激占据了丘脑中的传入接合界、髓质或髓索，这样就阻止了所有的疼痛的冲动不能通过脑皮层区，从而成功地导致镇痛作用。就针刺而论，还有许多其他神经生理学现象值得考虑，例如，哺乳类皮肤的"海德氏带"（Head's Zone），与内脏的浅表区，以及牵涉性疼痛的多种作用有关。所以，病人接受刺激时所感到的不同感觉，可能对形成古典针刺理论有不小的影响。

还应谈一下针刺理论的背景。事实上还有其他传统中医理论，诸如医疗体育，其渊源也很古老。我们已看到中医和西医各自对人体自然治愈力和保卫力，以及防止侵犯性因素的直接袭击的相应的价值。从生理学角度看，这可能是对减弱刺激的增强性反应。

这些概念在西医学和中医学中都可找到。另一方面，在西方，除了似乎起主导作用的直接袭击病原体的概念外，还有自然治愈力（vis medicatrix naturae）的概念，这种概念是从希波克拉底和盖仑时期就深深地孕育在西方医学中的。

另一方面，我们同样可以肯定的是，虽然可以认为机能整体性的思想在中医中占有主导地位，然而中医学仍然有关于抗疾病外因的思想。不管这种外因是恶性的或是性质不明的外在的"邪气"（Pneumata），或是性质不同的毒物或遗留下的毒素，例如，被虫子爬过的食物（这是中国的一种古老概念）。所以，中医肯定也有攻外邪的思想，这可以叫作"逐邪"（或者用药理学名词，叫作"解毒"）。另外"自然痊愈力"的思想，基本上就是中国道家所说的"养生"，即保养生命以强身抗病。

西方和东方的研究方法

现在应当清楚的是,不管应用哪一种针刺法,它都是符合于增强病人抵抗力这样的方向的(通过增加抗体或可的松产物),而不是直接去对抗侵犯人体的病"邪"(*pneumata*)或微生物、毒物或毒素,即不是像西医那样,自从近代细菌学诞生以来,就自然而然地一直沿用统治着西医的那种以"抗菌"为特点的方法。这可从以下重要事实来说明,即西方医生常常认为针刺对象坐骨神经痛或腰痛这样的病有效(对这种病,现代西医效果很小),而中国医生则从来没有把针刺或与之相关的灸法(弱灸或强灸,或热疗)局限在这些领域之内。相反,中国医生推荐用针刺治疗我们今日认为皆已清楚知道其病原微生物的许多疾病上,例如伤寒、霍乱和阑尾炎,即使对之不能根治,至少也有缓解之功,其效果在原则上讲,是类可的松或具有免疫性的。这两种概念(投用相对抗的药物以及增强身体抵抗力),在中国和西方的医学中都有发展,这确实是很有趣的,而世界比较医学史的真正妥切的工作之一,应当是对这两种相反的思想在东、西方不同时期中的统治程度作出解释。

此外,在中国古代和古希腊当然还有第三种思想,即源于平衡或转折(*krasis*)的思想;根据这种思想,疾病主要是一种功能异常或失去平衡,即体内的一种或某种成分反常地胜过了另外的成分。自从现代内分泌学发展起来以后,这种概念实际上已获得了重生,然而这种概念在东、西方两种文明中,自其一开始便已存在。欧洲的放血术和催泻法,就是它的直接的原始产物,因为这种思想认为必须把"不卫生的液体"排出体外;而中国认为阴阳之间不平衡,或"五行"之间关系异常,则通常以更为精巧的方式做出诊断和进行矫正,而在这方面针刺之被当作第一诊治方法,是很中肯的。

在针刺起作用的人体系统内,阴阳起着主导作用,这种压倒一切的重要性是没有人会忽视的。尽管关于中古时期的医生到底是怎样想象这两种巨大力量的交互作用的,由于其所具有的哲学性质,我们一直不易于完全理解,但是,我们对许多这种干预确能使人体及其神经和激素能够恢复到更为平衡这一方面是很少怀疑的。无论是阴阳,还是五行,都不容易产生出一种用数量表示的科学(定量科学)。然而,这没有关系,重要的是,针刺是能够在有益于健康方面有所作为的。

针刺在西方[*]

通过今日西方世界具有代表性的执业医生的著作去考察针刺时,不能不做些保

---

[*] 这是在文内单独插入的一段文字,因与针灸有关,也附译于此。——译者注

留,即这些著作是以翻译中国的针灸手册为基础,而提供给职业针灸师的。然而,这些著作都倾向于西方读者提出这样一种设想,即他们所需要的,只不过是一套图表,一张疾病的单子,一盒针刺用的针,再附上一份关于该在身体哪个部位扎针的使用说明,于是就盼望取得最佳效果。西方的热心者并不像中国的"赤脚医生"那样,在基层医院里有技术纯熟的专家的经验可以借鉴。我们认为,针刺掌握在专家手中,在治疗和镇痛上会是很有效的。但是,如果操于业余者之手,操于庸医或未经充分训练的医者之手,是会有不良效果的。针刺之所以曾一度在中国和日本遭到禁止,正是因为这个原因。

(马堪温　译)

【42】（药物学）

Ⅲ—8 中世纪对性激素的认识*

西方医学在使用雄激素和雌激素来治疗性功能障碍方面,仅仅是较近时期的一项进展。但是,有确凿的证据表明,早在 11 世纪中国人就已经在应用含有这些激素的药物制剂了。这些制剂是大规模的,而且是采用一套系统的方法所制成的。从现代生物化学的观点来看,其制作方法必定使得那些天然物质在相当程度上得以纯化。这在医学史上是一个重要的新篇章。

正如中世纪的其他民族一样,中国人很早就认识到了在性激素作用下产生的一些现象。但是,当我们着手进行这个课题的研究的时候,我们又不期而遇地获得了一些更为令人惊讶的发现。毫无疑问,这些知识的最初产生也像在其他一些文明古国一样,是源于"阉割"这种实践方法的。由于社会的原因,中国在远古时代就已在人的身体上施行了阉割手术;但同时也在动物身上采用,其目的一则为了医用,再则用于饮食方面。因为阉割后的动物能够很快催肥,并且肉质鲜嫩。1378 年,叶子奇在他的著作《草木子》一书中谈到:"精的外华在胡须,气的外华在眉毛,血的外华在头发。"[①]1575 年王世贞在其著作《类苑》中对此作了进一步的解释。他讲了下述观点:"头发从属于心,生成于火之'气',因此,生长在头的顶部。胡须从属于肾和睾丸,生成于水,因此,生长于头的下方。眉毛从属于肝,生成于水,因此,生长在头部的两侧。正因如此,睾丸(外肾)的'气'促使了胡须的生成,成为男性外观的一种特征。所以,妇女和阉人(无论先天的还是后天的)虽然可以长有头发和眉毛,但都不长胡须"。[②]能够肯定地说,即使在当时,这种理论也是有相当长的历史渊源的。我们可以很自然地联想到中医术语中的"气"是与古希腊人所说的"元气"(pneuma)相类似的东西。

中国古代的医学家和博物学家很早就注意到了存在阴阳人(两性人)的现象。李

---

*本文是李约瑟与鲁桂珍共同执笔的,刊于《努力》杂志,卷 27,102 期,130 页,1968。——编者注

时珍在其著作《本草纲目》(1596)中详细地讨论了阴阳人的 10 种主要类型。远在他之前,世界最早的法医学奠基人宋慈在 1247 年撰写了他的名著《洗冤集录》。在中国古代文献中,我们还发现了大量的有关人和动物的性逆转现象。最早的一例是一个生活在公元前 6 世纪的男人,正如所预料的,他后来变成了女性。202 年曾经报道了另一个典型的病例。大约在公元前 80 年,持怀疑论的大博物学家王充撰写了《论衡》一书,对性逆转现象也进行了有启发性的讨论。很自然,在古时候,性逆转这种奇异的现象引起了那些从事预测未来的职业预言者和占卜家们的极大的注意。

睾丸组织和胎盘组织的应用

很自然,一旦睾丸的重要性得以确认,就会很快应用到医药方面。在《本草纲目》一书中,我们发现了大量的睾丸组织的药物制剂(干制品或鲜品)。它们取材于猪、狗或绵羊。主要用于治疗男性性功能衰弱、遗精、性腺机能减退、阳痿以及其他的现在应用雄激素治疗的疾患。看来,至少早在南宋时期,睾丸组织就已被用于医疗实践,因为我们发现一本叫作《类证普济本事方》的书,第一次记录了这一点。此书由著名的医生许叔微撰写。他的医疗成就的全盛时期在 1132 年前后。今天,人们已经不必采用口服法使用这类药剂了。因为我们知道,睾丸素在肝脏里失效。但是在中世纪时期,性激素根本不可能得到分离提纯,更毋庸置疑,其衍生物当时尚未能发现。采用口服睾丸组织的方法给药,只要有足够的量,还是能起到治疗作用的。所有这一切都发生在 1849 年以前很久。在这一年 A. A. 贝托德(A. A. Berthod)才通过实验证明,将睾丸组织植入身体的其他部位起到了有效的替代睾丸的作用。而在 1889 年 C. E. 布朗-塞卡(C. E. Brown-Sequard)才做了另一个典型的实验。他第一次把睾丸组织的提取物注射到自己的身体内。因此,许叔微应当被看作是这些 19 世纪科学家们的先驱,并同他们一样为人们所纪念。

确实,在其他文明古国,如古希腊狄奥斯克里德(Dioscorides)和印度的妙闻(Susruta)的药物学著作中也记载有睾丸组织,但并非总是作为药剂使用以治疗适宜的疾患。在明确的理论指导下使用富含雌激素的胎盘组织可以用来治疗闭经等疾患。今天,我们则直接使用雌激素。在那时候,胎盘组织在治疗上的应用要少得多,但在中国却占有重要地位。8 世纪时,陈藏器在其《本草拾遗》一书中第一次记录了人类胎盘的药用。但是直到元朝,在朱震亨鼓励人们应用含有胎盘的药物制剂之前,人体胎盘的药用还是很罕见的。在 14 世纪初期,朱震亨就用之治疗各种与"肾"有关的疾患,其中包括性机能衰弱,并且推荐了许多种其他的含有胎盘组织的专门的或滋补复方制剂。药用胎盘组织要仔细地清洗、焙干、用酒煮沸,使体积缩小后与多种植物药物相混合才能制成各种药剂。例如,在 15 世纪末,吴球在其"大造丸"中,除了其他药物之外,还加入了当归,现在知道这是一种子宫兴奋剂,并加入杜仲,如今了解到这是一种能够影响血压的药物。

　　在医学上应用胎盘可以追溯到 8 世纪以前,因为李时珍在探讨药用胎盘的最佳色泽时引用了"丹书"(药物化学书籍的通称)的内容。由于炼丹术方面的著作一直可以追溯到汉朝,而不仅仅是到唐朝,所以,很有可能在陈藏器之前很久就使用了胎盘组织。吴球在其著作《诸证辨疑》中,谈到的事情是很有趣的。他写道:"虽然胎盘从母体获得营养而成形,但它含有(或转移)胎儿的先天性的精华。这样,它就比任何其他的药物(矿物药和植物药)优良得多。我经常使用胎盘作为药物并且获得极好的疗效,尤其是在女性病人身上。这是因为胎盘物质来源于女性机体,反过来又有益于后者,而事物都具有物以类聚的倾向的缘故。不孕的与那些仅生女孩子的妇女,还有痛经和流产及分娩困难等女性病人,如果她们服用'大造丸',将会得到男孩子。甚至当患了垂危的疾病时,一或两丸'大造丸'也将能延续患者的生命达数天之久。胎盘药用的优点主要是滋阴,其中包括性功能方面,看来,疗效甚佳。如果长时间地服用,则能改善听觉和视力,保持毛发和胡须漆黑的色泽,益寿延年,并且确实有延缓人体衰老的自然过程的效果,因此,称之为'大造丸'。"③

　　在患甲状腺疾病时,常使用动物的胎盘组织来治疗,尤其是马和猫的胎盘。

尿的分馏

　　但是,中世纪时代中国医学有关性激素方面最引人注目的成就是尿液的名副其实的分馏。而现代出版的许多古老民族的药典中一般都删去了尿液的药用,作为"脏药"(*Dreckapotheke*)的一个典型例子,认为尿液是根本没用而且是令人厌恶的东西。然而,当 S. 阿什海姆(S. Aschheim)和 B. 宗德克(B. Zondek)于 1927 年在孕妇尿液中首先获得了大量的性激素的典型发现之后,医学史家对否定尿液的作用看法方面更加慎重了。随后,又认识到所有的尿液,特别是某些动物例如母马的尿液中,含有大量的这类有效物质。许多文明古国都曾经采取尿液外用或内服来治疗疾病。但是,就我们所知道的来说,中国在中世纪时期是大规模地从尿液中制取包含有效成分的药剂唯一的国家。尿液要通过沉淀、再溶解、蒸发干燥、升华、结晶等步骤,才能获得成品,这真是一个颇不寻常的史实。

　　尿液疗法的来源可以一直追溯到古代中国的道教。在一般的意义上来说,与禁欲主义不同,道教对性的态度具有一种哲理的和神秘的看法。在《后汉书》中,我们发现记有 3 个生活在大约 200 年的使用尿液疗法的方士的有趣篇章。书中记载:"甘始、东郭延年和封君达 3 个人是道家方士,他们都是按照容成的方法与妇女性交的内行。他们也可以饮用尿液,有时还头朝下地悬吊着自己。他们细致地保养自身的精和气,但他们从不夸耀自己的能力。三国时期魏朝的奠基者曹操记录了甘始、元放和东郭延年的所作所为。他还询问了 3 个方士在这方面的技巧并试图实践之。封君达还被称为'青牛师'。所有这些人都活到了 100~200 岁。"④

在中国古时候的历代文献中都有关于尿液对性健康和性活动作用的记载。早在 14 世纪时,朱震亨就提到,他曾照料过一位 80 多岁的妇女,但从外貌看上去,仅仅像是 40 岁左右。在回答朱震亨的询问时,她解释了为什么她会这样地健康并且从不得病的缘故。从前有一次她在生病时,就有人建议她以人尿当作药物饮用。她坚持这样作已经有数十年了。因此,朱震亨说,还有谁会坚持相信尿的治疗作用是神秘而不可知的呢? 谁还认为它不能久服呢? 他还说,所有的阴虚病例[阳痿、性机能减弱、早泄(eremosis、阳亢火旺)]非药物所能奏效,而使用了尿液以后获得了较好的效果。尿液还由于其他原因而被推崇,如褚澄(活跃在 479—501 年间)在《褚澄遗书》中,就称赞了尿液在咽喉部出血时的止血效果。

毫无疑问,随着时间的推移,有关尿的特性在于它与血"同类"的理论也在发展。李时珍在《本草纲目》(1596)中讲道:"在营养要素(精气)中,其清者形成了血液,而其浊者形成了气,之后,在清者之中的浊气形成了尿液,而浊者之中的清者形成了各种分泌物。"⑤所以,到了唐代,人们对尿液的自然沉淀和沉淀物(溺白垽⑥或人中白)产生了极大兴趣。在 14 世纪初,朱震亨说过,尿液的沉淀物能通过排尿消除伤害肝脏(三焦)及膀胱之邪火。"此乃因'人中白'自身由膀胱排出之故。"这说明了"阴道"(尿道)的基本功能是分泌和排泄,除去那些由外界进入其中的物质。在 16 世纪,李时珍说过,尿液的沉淀物"与血同行",并能通过其先前经过的道路把其他物质排出体外。他还说,虽然尿液的沉淀物能够治疗性机能减弱,但因其来源不洁净,王公贵族们都不愿意服用它。因此,中国古代的药物化学家——方士们开始把尿液的沉淀物纯化成"秋石"和"秋冰",这是特制的药用制剂⑦。公元前 2 世纪的书籍《淮南子》中第一次使用了"秋石"这个词,当时那是作为一种丹剂的名称。但我们不能确知,它与后世的药物化学家们的"秋石"是否有关系。

我们现在所讲到的、最古老的尿液分馏方法的详细记载可追溯到 11 世纪初期,当时张盛涛在其著作《经验方》中作了简明的描述。这本书现在已经失传,但是,其中的主要节段被收录在 1249 年出版的《证类本草》一书中。后来,从 12 世纪初期,我们在著名学者叶梦得(1077—1148)所撰写的《水云录》一书中发现了两处有关尿液分馏方法的进一步的描述。由一位佚名氏所著的、同一时期的另一部书《琐碎录》还谈到了尿液分馏的理论问题。其他的记载见于明代的三本书中,一本是陈嘉谟的《本草蒙荃》,约在1567年刊行,另两种书可能出版得更早。

那么这些尿液分馏方法的最显著的特点是什么呢? 首先,所使用的尿液的量都是很大的,无论是成人,还是男孩或女孩的尿液,其量都是大约1000升。最简便的一种方法是通过蒸发尿液而获得其干燥的整个混合物,其中包括尿酸盐、磷酸盐、类固醇葡萄糖醛酸盐(steroid glucuronides)、硫酸盐以及尿液中原先就存在着的其他全部物质。但是,其他的制取方法都包括一个预先的沉淀过程。其中一种方法要加入硫酸钙,因为这样就有可能使尿液中的全部蛋白质及与其结合的类固醇沉淀出来。根据1909年A. 温道斯(A. Windaus)的经典发现,即洋地黄皂甙(digitonin)可以将某些类固醇定量地沉淀出来,最佳沉淀法是用皂角树(Gledistschia sinensis)的豆汁作为皂化剂,以每一桶尿用一满碗皂角豆汁的比例加到尿液中去。后来,这种制取方法在沉淀步骤后期阶段又加上了用水煮沸沉淀物的过程。这样,就使得在蛋白质发生变性时所有淀积在蛋白质上的类固醇游离出来,而那些与皂化剂相结合的类固醇则保留了下来。在《本草纲目》一书中有关此种制取方法的评论有力地表明,在10—16世纪之间,这种方法在中国曾经广泛地使用过。除了加入皂角树汁中的植物蛋白之外,很有可能在所有的尿液样品中还掺和了一些肾脏病人的尿液,这样会使所有的那些原料尿液中都含有少量的蛋白质。这一点是非常重要的,因为与蛋白质结合的类固醇就会与之一起沉淀。

在几乎全部的制取方法中,最终的步骤都是升华,起初,这看来好像是非常难以理解的。但实际上,尿中的各种类固醇性激素在180~300℃之间的温度下,在空气中就能够升华而不至于发生变化。但它们之间在升华的温度方面有明显的区别。现在,这种方法常用于鉴别各种类固醇性激素。古代文献中关于密封升华器技术(固济法)方面的描述既有趣又非常清晰。升华器是一种小型陶罐,并用一个盎状密封盖进行密封以隔绝空气。同时,在操作时很注意准确地控制温度的高低,既不过冷又不过热。

远在公元前4世纪时,中国古代的炼丹家就熟练地掌握了升华的技术,这种技术在有关汞(水银)的化学研究方面尤为重要,这是当时的药物化学技术的一个基本特点。虽然中国古代的药物化学家根本不懂得类固醇化学,但在事实上,他们还是制取了相当纯净的类固醇混合物。这一点已由这样的事实所表明:在中国古代的有关文献上,有多处谈到了升华物是一种色如莹玉的结晶状体,像半透明的玉器或珍珠一样。这有力地说明,在非常纯净时,类固醇及其同类物质都具有珍珠的特性。在某些情况下,最后的制取步骤还包括用奶脂进行乳化的过程,这种措施是很恰当的,因为最终产品具有类固醇的特性,这正是古代药物化学家们所希图得到的。当然,这种最终产物并没有具备现代意义上的那种纯净度,而只是一些多种化合物的混合物。无疑,在某些情况下,还包括一些无害的物质,如氰尿酸,这是在剩余尿液的加热过程中所产生的。

这样,毫无疑问,从11—17世纪,中国古代的药物化学家获取了雄激素制剂和雌激素制剂,这在当时主要凭经验的医疗中还是有很好的疗效的。在现代科学时代之前,这肯定可以看作是医药科学上一项不平凡的成就。

(陈俊杰 陈养正 译 郑金生 注)

译 注

①原文为:"精之荣以须,气之荣以眉,血之荣以发。"见叶子奇《草木子》(1378)卷1,10页,中华书局,1983。

②原文为:"发属心,禀火气而上升;须属肾,禀水气而下生;眉属肝,禀木气而侧生。故男子肾气外行而有须,女人、宦人则无须,而眉、发不异也。"按王世贞的《类苑》传本少见,今取自李时珍《本草纲目》(1596)卷52,人部,2929页(北京:人民卫生出版社,1981)。

③原文为:"紫河车即胞衣也。儿孕胎中,脐系于胞,胞系母脊,受母之荫,父精母血,相合生成,真元所钟,故曰河车。虽禀后天之形,实得先天之气,超然非他金石草木之类可比。愚每用此得效,用之女人尤妙。盖本其所自出,各从其类也。若无子及多生女,月水不调,小产难产人服之,必主有子。危疾将绝者,一二服,可更活一二日。其补阴之功极重,百发百中。久服耳聪目明,须发乌黑,延年益寿,有夺造化之功,故名大造丸。"按吴球《诸证辨疑》传本少见,今取自李时珍《本草纲目》(1596)卷52,人部,2965页(北京:人民卫生出版社,1981)。

④原文为:"甘始,东郭延年,封君达三人者,皆方士也。率能行容成御妇人术,或饮小便,或自倒悬,爱啬精气,不极视大言。甘始,元放,延年皆为曹操所录,问其术而行之。君达号'青牛师',凡此数人,皆百余岁及二百岁也。"见范晔:《后汉书》卷82,2750页,中华书局。

⑤原文为:"凡人精气,清者为血,浊者为气;浊之清者为津液,清之浊者为小便。小便与血同类也,故其味咸而走血,治诸血病也。"见李时珍《本草纲目》(1596)卷52,人部,2942页(北京:人民卫生出版社,1981)。

⑥溺白垽:释名人中白。淀为垽,此乃人溺澄下白垽也。以风日久干者为良。入药并以瓦煅过用。见李时珍《本草纲目》(1596)卷52,人部,2945页。

⑦秋石:释名秋水。淮南子丹成,号曰秋石,言其色白质坚也。近人以人中白炼成白质,亦名秋石,言其亦出于精气之余也。再加升打,其精致者,谓之秋冰,此盖仿海水煎盐之义。见李时珍《本草纲目》(1596)卷52,人部,2946页。

【43】（药物学）

Ⅲ—9 中国营养学史上的一个贡献 *

近代有关营养学和疾病的知识使人们认识到,对于完善的饮食而言,维生素与蛋白质、碳水化合物、脂肪一样,都是必不可缺少的,并且每一种维生素都具有自己特殊的功用,都是人体维持某些正常功能所必需的。饮食中缺乏任何一种维生素,都会有损健康,甚至导致死亡。国际联盟(The League of Nations)设立了一个专门委员会,以研究这类问题。这项工作现正由联合国粮食及农业组织继续进行着,并且每年都取得相当的进展。尽管从饮食对于人类福利的重要意义上看,我们的研究进展还是有些缓慢,然而,最早研究维生素的先驱者弗里德里克·高兰·霍普金斯爵士(Sir Frederick Gowland Hopkins,1861—1947)已经活到能目睹许多最重要的维生素的化学结构得到确定,甚至看到它们的合成的时候,这在科学史上总是一件引人注意的事实。

本文源起于这样的情况,即我们两个作者之一(鲁桂珍)在从事维生素 B_1 的生理学实验研究工作时,对人类在古代就把脚气病当作营养缺乏病来加以认识的这一问题,发生了兴趣。这样的知识至少肯定从 5 世纪起,已在中国存在,这从我们掌握的关于该时期的文献中可以看出。中国关于营养的知识之所以大都被西方忽视,部分原因是缺乏对中国文献作适当的检索(引得),部分是由于中国方块字和由字母拼成的西方语言有极大的差异,因而向西方学者封锁了中国的历史思想和知识。即使是中国医学史的范本(王吉民、伍连德撰)[①],实际也只字未提中国的营养学。

要详细追溯我们目前所掌握的有关营养学和疾病的知识的进展(这种进展最终导致发现了维生素 B_1 及其与脚气病的关系),自然应当叙述一下维生素结晶的分离,关于维生素作用的各种理论,以及其在细胞氧化上的作用等。但是,我们仅能向读者列出一些这方面的综述〔彼得斯(Peters);哈里斯(Harris)[1];威廉斯(Williams);斯皮

---

* 本文是李约瑟博士(当时在剑桥大学生物化学实验室)和鲁桂珍博士(当时在上海雷士德医学研究所)于 1939 年合写的为 *Isis* 杂志提供的稿件,因当时战争而未付印,直到 1951 年 4 月才刊于该刊第 42 卷,这是他们二人第一次联名合写的文章,也是他们长期合作中的早期产物,具有历史意义。——编者注

斯（Spies）〕。

19 世纪末，对于像坏血病、脚气病和佝偻病等这样的病，已经从经验上清楚地知道，在饮食中增加适当的食物即可治疗，虽然当时对于所缺少的物质的性质并在化学方面还一无所知。关于脚气病，我们今日已知此病是由于缺乏维生素 B_1 而引起的。哈里斯曾这样写道：

> "这种病，中国早在公元前 2600 年即已知道；它的饮食原因是 1880 年最早由日本海军医学部总监河原明确证明的。他仅仅向以米食为主的饮食中增加了少量的蔬菜、鱼、肉和大麦，就能够在实际上把这种病的发病率减少到接近于零。"

这种关于饮食疗法的认识，以及其后艾克曼（Eijkman）[2] 发现实验性脚气病（1890），并导致用化学方法提取米糠中有效成分的尝试，从而得出了脚气病是缺乏维生素所造成的见解〔芬克（Funk），1912〕[3]。可以说，这种对于饮食疗法的认识，是西方晚近关于食物和健康关系的认识上发展的第一步。

"Beri-beri"一词，中国叫"脚气"病，数世纪来中国已能用饮食方法治愈此病；而在近代，由于大城市的工业化、碾谷机的应用，以及有些工厂中令人震惊的恶劣条件（热、潮湿、不通风和长时间的劳动），使这种病在社会中以新的形式表现出来。王氏和伍氏（王、伍《中国医学史》第 88 页）认为在中国最早的医学古典著作《黄帝内经素问》（公元前 3 世纪至公元前 2 世纪）所记述的叫作"厥疾"病的，就是今日我们所知的脚气病。

为了能清楚地了解我们所要讲的事实，我们不能不对构成中国社会的不同基础作些阐述。

中国基本上是一个农业国，其官方阶层始终是注意人民的食物的。中国历史上最早传说中的圣人之一神农，被认为曾教人种植五谷，并且发明了犁；他也常被描绘成尝百草，并按照百草的性质和对人的功用，将其分成日用和药用等分类的实验者。《神农本草经》一书，载有 365 种草药，共三卷，虽然此书实际上和这位传说中的种植英雄无关，然而，这本书也不会晚于基督纪元之初。因为在 5 年，皇帝（汉平帝）曾征诏天下通本草的人[4]②，并在同一时期[5]的一名叫楼护③的重要医家的传记中，也提到此书。该书最早的本子可能在公元前 1 世纪以前已经出现。有意义的是，该书把本草按照其养生效果或治疗性能分成上、中、下三品。由此可见，中国在这样早的时期，已经出现了预防胜于治疗的想法。

中国关于用食物治疗各种疾病的知识,可以追溯到战国时期。《周礼》(此书可能是公元前4世纪到公元前1世纪汇集成书的)在其所记述的4种宫廷医官中就有"食医",亦即皇家营养师,还有宫廷医师、外科医师,以及皇家的医学教授[6]。

综观中国较早期的医学文献,包括各种本草书,以及张机(中国的希波克拉底,3世纪)的《金匮要略》,便可以看出后一书是中国古代医书中最早记述疾病原因和治疗理论的文献。该书包括有许多关于各期营养缺乏病的生动记述,并记述了方剂,这些方剂,就我们今日所知,是富于各种维生素的。

饶有兴趣的是,〔唐代〕著名文人韩愈(768—824)在一篇文章中说"脚气"病特别多见于江(扬子江)南④。这种情况在1935年仍是如此,那时侯祥川注意到这种类似的情况,并提出这是由于北方人多食面,而南方人多食米的缘故。宋代的董汲约在1078年写有《脚气治法总要》一书,专论脚气。

14世纪有一部很有趣的书,甚至连中国的科学史家也很少知道,即元代仁宗时,一个名叫忽思慧的人,曾任饮膳太医并于1330年撰成《饮膳正要》一书。他在该书序言中谈及该书乃汇选当代的本草著作及其他著名医学著作,以及他本人10多年任职御膳厨的经验而成。他仅仅列述了对人有益的植物,但他本人并不单单是位植物学家,因为他还论述了烹调法和供膳法。忽思慧的文稿资料,今已难以找到,因为大部已佚。

可能在忽思慧任职御膳厨时,多天灾人祸,易于导致营养缺乏病。1319年,山东和淮南遍地大水。1320年河南饥馑,并有蒙古统治者的弟弟铁木迭儿发起的内战。1332年地震,5年后大旱、蝗灾、饥馑、山崩和地震。最后河南于1330年又遭饥馑。由此可见,当时有着实践营养知识的机会。忽思慧的书是献给皇帝的。

其后,明景宗⑤年间在国内进一步出现天灾,遂敕令刊行《饮膳正要》一书,以利公益。这就是我们今日所见的这个版本[7]。

此书分三卷,第二卷论疾病的饮食治疗。脚气被分为两型,即今日所称之"湿脚气"和"干脚气"。急性脚气,或称湿性脚气的成因为"火气";而慢性脚气,萎缩性的,或称干性的,则由"寒气"而成。在该书所列出的治疗各种疾病的62种食物中,下列诸方具有特别意义。

　　　　(1)治"湿脚气"方:
　　　　　　a.以马齿菜和粳米煮汤,令病人于清晨空腹饮之;
　　　　　　b.猪肉一斤细切,葱一握,千草果三个,用小椒、豆豉同煮烂熟,入粳
　　　　　　　米一合,做羹,五味调匀,空腹饮之。

（2）治"干脚气"方：

　　大鲤鱼一头,红小豆一合,陈皮二钱(去白),小椒二钱,草果二钱,入
　　五味调和匀,煮熟,空腹服之。

（3）治脚气而水肿方：

　　以赤小豆半升,草果五个,纳入青头鸭腹内,煮熟,五味调匀,空腹
　　食之。

　　从上面的方剂中可知能保证有足够的维生素 B,也有其他维生素。这一点很重要,因为许多或大多数的营养缺乏病均缺乏一种以上的维生素。图1~图6的植物,引自忽思慧的《饮膳正要》,连同上述方剂的药物,均为忽思慧推荐用于治疗脚气病者。7 世纪孙思邈的《千金方》专门介绍了用葫芦浸酒治疗轻症脚气。

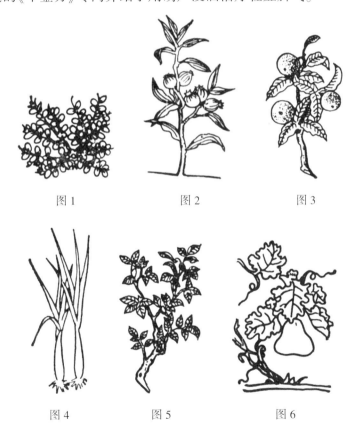

图1　　　　　　图2　　　　　　图3

图4　　　　　　图5　　　　　　图6

图 1　马齿菜:味酸、寒,无毒,主青盲白翳,去寒热,杀诸虫,治水肿脚气(未经鉴定)

图 2　草果:味辛温无毒,治心腹痛,止呕,补胃下气,消酒毒(Bretschneider,Ⅲ,NO.58;*Amomum glo-bosum,a cardamon*)[8]

图 3　陈皮:味甘平无毒,止消渴,开胃气,下痰,破冷积(Bretschneider,Ⅲ,No.281;ripe organge peel, spp.）

图 4 葱：味辛温无毒,主明目,补不足,治伤寒,发汗去肿(Bretschneider, Ⅱ. NO. 357; *Allium fistulo-sum*, the Chinese onion)

图 5 小蒜：味辛热有毒,主邪气咳逆,温中,下冷气,除湿痹(Laufer: *Sino-Iranica*, p. 374)

图 6 葫芦：味甘平无毒,主消水肿,益气(未经鉴定)

图 7,为《饮膳正要》之扉页。图示两名饮膳太医在病人和助手前会诊。右上角是一则格言:食疗诸病。

这里需要对"气"这一术语略做解释。此术语见于前面的几段中,在下文中也将看到它[9]。"气"常被译为"精"或"精气"。中国古代医书认为诸病皆由于身体某部位的"气"乱所致,例如脾气、肝气、脚气(脚之气或脚气病)。

这些气可以看作与16世纪欧洲医学中所说的在各器官中所存在的"*archaei*"或生命力(vital forces)类同〔参见帕拉塞斯(Paracelsus)的文献〕⑥。但是,除去这些"气"之外,还有外部的影响,例如火气、寒气。

图 7 《饮膳正要》(忽思慧著)

这些"气"也涉及病因。但是,"气"还有另外的意义。亚里士多德关于"灵魂"(souls)的学说中,认为植物含有一种植物性要素(ψυχὴ θρεπτικὴ),动物具有植物的要素和感觉(ψυχὴ ασθητικὴ)要素,而只有人具有理性的(ψυχὴ διαγοητικὴ)要素,以及植物性要素和感觉要素。亚里士多德从而提出一种关于等级(levels)的学说,关于这种学说,我们今日只能用进化这样的术语来解释它。中国古代把"气"看作是万物的基础;动物具有自己的特性,即"兽性"和"气",而唯有人具有真"性","善"这个

形容词可用于此"性"。这样,可以列出亚里士多德提出的模式如下:

植物: ……………………………… 气

动物: ……………………………… 兽性+气

人: ……………………………… 善性+兽性+气

但是,中国古代的学者是否对于"气"持这样的见解,还有疑问,因为他们有时谈到植物的"性",有时认为"性"对于人有益,有时又认为有害。另一方面,他们又认为人有"兽性",因为他们把"兽性"看作是"恶气",即具有恶的倾向。

为了说明这一点,我们可以引述著名儒家思想家荀卿(前313—前238)的一段话。以荀子署名的书中说:"水火有气,而无生;草木有生,而无知;禽兽有知,但无义;人有气,有生,有知,亦且有义;故最为天下贵也。人(力)不若牛,走不若马,而牛马为用,何也?曰:人能群,彼不能群也。人何以能群?曰:分。分何以能行?曰:义。故义以分则和,和则一,一则多力,多力则疆,疆则胜物。"⑦

我们可以用13世纪初宋代末年戴埴所写的一部叫作《鼠璞》的书,作为解决关于人性本善和人性本恶的著名论争的例子。戴埴在书中通过鉴识人的体质中具有高级或低级因素的说法,去说明人性本善或人性本恶,指出了这种"亚里士多德式"的灵魂阶梯中是具有不同成分的,从而折中了孟子的人性本善和荀子的人性本恶说。

至于忽思慧的书,还需要补充的是,他列出了关于儿童、孕妇和哺乳期妇女的食谱,并强调季节因素。忽思慧的书并不是论述营养的唯一著述。另外还有此类著述,例如《太医院急救良方摘要》。可惜此书年代不明。该书为"太医院用于危难症的选方",列有许多营养方,其中有一个方推荐应用发酵食物治疗脚气病。

另一部论述营养的专书是陈直的《养老奉亲书》,此书专论奉养老人和老人饮食。其后,在元代,邹铉又对之增补了四卷,改名为《寿亲养老新书》。

直到今日,中国还有把传统食疗叫作"祖母治疗"的,甚至在目前上海,食品杂货和药物仍在同一商店中出售,可见古代中国的饮食知识对中国人民影响之深。传统知识到现代还起作用,其理由如下,古代是每个家庭在要吃米的当日才去碾米,这样就有全部可能把米谷外面的一层薄油层,以及一大部分含有丰富维生素 B_1 的米胚保存下来。随着现代工业化的发展,在工厂碾米,然后库存精米,以至由于细菌作用和长霉而需要洗涤,这样洗去了米所含的维生素 B_1,为了解决饮食这种严重的损坏和恶劣的工作条件,就需要对脚气病用现代方法加以研究。

上海的一份未发表资料,是由雷士德医学研究所医学部(Medical Department of

the Henry Lester Institute)与上海市工部局工业处(Industrial Department of the Shanghai Municipal)联合完成的。他们对 80 名工厂工人做了一次大规模的饮食实验研究。在所调查的工人中,1/3 的工人在接受调查的前一年都有脚气病症状。他们发现当给工人食用当日所碾的米(未经洗濯),并配以各种蔬菜,其烹饪方法完全与前一年相同,工人中只有一人出现轻度脚气病症状。所以,如果成人继续食用精米,而在煮食前不加洗濯,则即使气候和其他条件依然存在,也可能不患脚气病。

中国的情况已经表明在无水灾和战事之年,农村人已从经验上习知应当吃什么和怎样吃,从而能在低的经济水平上,维持健康状况。

前面谈到 8 世纪的韩愈已提出脚气病尤多见于江南(扬子江南)地区。普拉特(Platt)应用 W. Y. 斯温(W. Y. Swen)和 J. 洛辛·巴克(J. Lossing Buck)所采用的南京大学农业经济系搜集的资料,对中国不同地区的具有代表性的社会阶层的饮食做了一次系统的调查,并采用国际单位对成人每日维生素 B_1 的摄取量进行了计算。现今一般都同意每日所需维生素 B_1 为 300~500 国际单位。普拉特的计算表明,中国南方人(例如广东或湖南)的维生素 B_1 消耗低于或处于较低限度(每日 250~322 国际单位),而北方人(例如河北或山西),则超过每日 450~690 国际单位。今日的情况,在发病率及其地理分布方面,正与韩愈当年的情况一致,这是很有趣的。

如果米经碾过,并加以库存,其维生素 B_1 的含量低于应有的水平,则可导致脚气病。所以忽思慧认为适当的饮食可以免除某些疾病的说法,在 600 年之后的今天,也得到了论证;同时,近代科学也能纠正近代工业化所带来的弊病了。

总之,似乎可以明确地认为,经验上的饮食知识,特别是某些与营养缺乏病有关的疾病,是比我们通常所知道的要古老。这一方面,以及其他可贵的发现,应当归功于中国古代的文明。同时,食物成分与健康和疾病的关系,只有用西方科学的分析方法,才能结合成逻辑体系。最后,我们认为认真研究中国文献可能会给现代生理学和病理学家以某些有益的启示和线索。

(马堪温　译)

参考资料与注释

〔1〕L. J. Harris:*Vitamins*(Cambridge,1935);*Vitamins and Vitamin Deficiencies*,Vol. I B_1(London 1938).

〔2〕E. J. Eijkman:见 Harris 书内的书目。

〔3〕W. Funk:*Journ. Physiol.* Vol. 45(1912).

〔4〕班固:《前汉书》第 12 卷,92 页。

〔5〕见《前汉书》第 92 卷,7 页正面。

〔6〕See E. Biot'translation:*Le Tcheou-Li ou Rites des Tcheou*(《周礼》法译本),Vol. I,pp. 8,93(Paris,1851;

reproduced，Peiping，1930）.

〔7〕中国有许多不同版本的本草著作。忽思慧的书曾由上海商务印书馆排印出版，编入《国学基本丛书》（1935）.

〔8〕E. Bretschneider：*Botanicon Sinicum* Vol. Ⅲ，No. 58：*Amomum globosum*，a cardamon（Shanghai，1892）.

〔9〕参见 I. A. 理查兹（I. A. Richards）氏对孟子的心理学说的出色的注释（Richards：*Mencius on the Mind*，London，1932）。

译　注

①指王吉民、伍连德用英文撰写的《中国医学史》（K. C. Wong and Wu Lien Teh：*History of Chinese Medicine. National Quarntine Service*，Shanghai，China. 1st ed. 1932 2nd ed. 1936）.

②《汉书·平帝纪》（卷 12）元始五年（公元 5 年）："征天下通知逸经、古记、天文、历算、钟律、小学、史篇、方术、本草，以及五经、论语、孝经、尔雅教授者，一遣诣京师，至者数千人。"

③《汉书·游侠传》楼护第 62："楼护，字君卿，齐人，父世医也。护少随父医长安，出入贵戚家。护诵医经本草方术数十万言，长者咸受重之。"

④见韩愈《祭十二郎文》："汝去年书云：'比得软脚病，往而剧。'吾曰：'是疾也。江南之人，常常有之。'未始以为忧也。呜呼！其竟以此而殒生乎？抑别有疾而致斯乎？"

⑤《饮膳正要》成书于元代（1330），有明代宗景泰年间（1450—1457）刊本。此处所言之"明景宗"敕令印行之《饮膳正要》，当指明代宗景泰年本。

⑥帕拉塞斯（Paracelsus）原名为 Philippus Theophrastus Aureolus Bombastus von Hohenhelm（1493—1541），瑞士人，为文艺复兴时期具有很大影响的名医，他认为哲学、占星术、炼金术和德行为医学四大支柱；认为人体内有一种能主使食物之吸收和解毒的气，叫作 Archaeus。他的著作由近代德国医史学家 K. Sudhoff 等汇编成文集，共 14 卷，1923—1933，在慕尼黑出版。

⑦见《荀子·王制篇》，卷五，13 页正面。

李约瑟博士科学史论著目录

李约瑟博士从 20 世纪 20 年代起就一直是高产作者。他的论著内容包括：

（1）生物化学尤其化学胚胎学方面的实验及理论。

（2）一般科学史及科学哲学、科学社会学问题。

（3）有关宗教、哲学、艺术及政治等问题。

（4）有关中国科学文化史问题。有关中国科技史论著是他近年来的主要写作对象。

对李约瑟论著，1973 年泰希和杨格做了系统编目〔Bibliography of Joseph Needham, compiled by Měkuláš Teich & Robert Young, in *Changing Perspectives in the History of Science*, pp. 472—478（London：Heinemann, 1973）〕。1980 年鲁桂珍又做了一次编目〔Bibliography of Works by Joseph Needham, Compiled by Lu Gwei-Djen, in *Explorations in the History of Science and Technology in China*, pp. 703—720（Shanghai Chinese Classics Publishing House, 1982）〕。从以上目录中可以看到李约瑟在 1923—1980 年间发表各种作品的全貌。

为了使对科学史和科学哲学感兴趣的读者了解李约瑟在这方面的论著，我们参考了上述两个目录，删去其中纯化学及纯艺术方面的内容，而编成此目录。就是说，本目录包括纯化学及艺术作品以外的其余李约瑟作品。有关中国科技文化史及一般科学史、科学哲学内容，在本目录中占重要篇幅，故名之为"科学史论著目录"。同时我们还补充了李约瑟 1980—1984 年发表的最新作品。本目录收集他 1925—1984 年的 60 年间的专著 43 部、论文 168 篇。对每一项目都给以编号，除给出原文外，又译成中文，非英文作品则标出语种，其中标有星号（＊）者，为本《文集》内收入的作品。常见作者及出版社用了下列缩写：J. N. ＝Joseph Needham（李约瑟）、L. G. D. ＝Lu Gwei-Djen（鲁桂珍）、CUP ＝ Cambridge University Press（剑桥大学出版社）。本目录有未善处，希读者示正。

潘吉星　编于 1985 年 8 月

I 著 作(1925—1981)

1. (ed.) *Science*, *Religion and Reality*(London：Sheldon Press，1925；New York：Macmillan，1925；New York：Brajiller，1955)

  〔编〕《科学、宗教与现实》(伦敦，1925；纽约，1925；纽约，1955)

2. *Chart to Illustrate the History of Physiology and Biochemistry*(Cambridge University Press，1926)

  《插图本生理学史与生物化学史》(剑桥，1926)

3. *Man a Machine*(London：Kegan Paul，1927；New York：Norton，1928)

  《人，一部机器》(伦敦，1927；纽约，1928)

4. *Materialism and Religion*(London；Benn，1929)

  《唯物主义和宗教》(伦敦，1929)

5. *A History of Embryology*(Cambridge：CUP，1934，1959；Russian tr. 1947；New York：Abelard Schuman，1959；New York：Arno，1975)

  《胚胎学史》(剑桥，1934；俄译本，1947；纽约，1959；纽约，1975)

6. (ed) *Background to Modern Science*(Cambridge：CUP，1935，1940；New York：Macmillan，1938；New York：Arno，1975)

  〔编〕《近代科学的背景》(剑桥，1935，1940；纽约，1938；纽约，1975)

7. (ed) *Christianity and the Social Revolution*(London：Gollancz，1935，1937；New York：Scribner，1936)

  (tr. from Jean Rostand) Advantures before Birth(London Gollancz，1936)

  〔编〕《基督教与社会革命》(伦敦，1935，1937；纽约，1936)

8. *Order and Life*(New Haven，YUP，1936；Cambridge，CUP，1936；paperback ed：Cambrige MIT，Mass，1968；I-talian tr. ：Torino；Einaide，1946)

  《秩序与生命》(纽黑文，1936；剑桥，1936；平装本，剑桥，1968；意大利译本，都灵，1946)

9. *Perspectives in Biochemistry*(Cambridge，CUP，1937)

  《生物化学展望》(剑桥，1937)

10. *Integrative Levels：a Revolution of the idea of progress*(Oxford：CUP，1937)

  《集合的水准：进步思想的革命》(牛津，1937)

11. *The Levellers and the English Revolution*(London：Gollancz，1939；New York：Fertig，1971；Russian tr. ：Moscow. 1947；Italian tr：Feltrinelli，Milano，1957)

  《平等论者与英国革命》(伦敦，1939；纽约，1971；俄译本，1947；意大利文译本，1957)

12. *Nazi Attack on International Science*(London：Watts，1941)

  《纳粹对国际科学的摧残》(伦敦，1941)

13. *The Teacher of Nations：Commemoration of Comenius*(Cambridge：CUP，1942)

  《民族之师表：纪念康门纽斯》(剑桥，1942)

14. *Science in Soviet Russia*(London：Watts，1942；New York：Arno，1975)

《苏联的科学》(伦敦,1942;纽约,1975)

15. *Time the Refreshing River*(London:Allen & Unwin,1943;New York:Macmillan,1943)

《时间,清新之河》(伦敦,1943;纽约,1943)

16. *Chinese Science*(London:Pilot,1945)(With D. M. Needham)

《中国科学》(伦敦,1945)

17. *Science and Unesco*(Paris:Unesco,1946)

《科学与联合国教科文组织》(巴黎,1946)

18. *History is On our Side*(London:Allen & Unwin. ,1946;New York:Macmillan,1947)

《历史在我们一边》(伦敦,1946;纽约,1947)

19. *Science and Society in Ancient China*(London:Watts,1947)

《古代中国科学与社会》(伦敦,1947)

20. *Science Outpost*(with D. M. Needham),(London:Pilot,1945;Chinese tr.:Shanghai:Chunghua,1947;Chinese tr. (2vols)T'aipei:Chunghua,1952,1955)

《科学前哨》(伦敦,1945;中译本,上海中华书局,1947;中国台北,1952,1955)

21. *Science Liaison*(Paris:Unesco,1946)

《科学联络》(巴黎,1946)

22. *Science and International Relations*(Oxford:Blackwell,1949;New York:Thomas,1949)

《科学与国际关系》(牛津,1949;纽约,1949)

23. *Hopkins and Biochemistry*(Cambridge:Heifer,1949)

《霍普金斯与生物化学》(剑桥,1949)

24. *Human Lawand the Laws of Nature in China and the West*, Hobhouse Memorial Lecture(Oxford:OUP,1950);Japanesetr,Shisō(1965—1966)

《中西的人类法与自然法》(牛津,1951;日译本,东京:1965—1966)

25. *Science and Civilisation in China*(7vols. in 20 parts),(with many collaborators),(Cambrige:CUP. ,1954;Japanese tr.:Tokyo,Sushakusha,1974;Chinese trs.,Peking,1975— ;Thaipei,1971—)

《中国科学技术史》,共 7 卷(剑桥,1954—;日译本,东京,1974;中译本,北京,1975—;中国台北,1971—)

26. *Chinese Astronomy and the Jesuit Mession;on Encounter of Cultures*(London:China Society,1958)

《中国天文学与耶稣教会》(伦敦,1958)

27. *The Development of Iron and Steel Technology in China*,(with Wang Ling),(London:Newcomen,1958,1964;Cambridge:CUP,1970)

《中国钢铁技术的发展》(伦敦,1958,1964;剑桥,1970)

28. *Heavenly Clockwortk:the Great Astronomical Clocks of Mediaeval China*(With Wang Ling & Perek de S. Price),(Cambridge:CUP,1960)

《天文钟:中世纪中国的大天文钟》(剑桥,1960)

29. *Classical Chinese Contributions to Mechanical Engineering*(Newcastle:Kings College,1961)

《中国古代对机械工程的贡献》(纽卡斯特尔,1961)

30. *Time and Eastern Man*(London:Roy. Anthropol. Inst. ,1965)

《时间与东方人》(伦敦,1965)

31. *Within the Four Seas*(London:Allen & Unwin,1969;Italian tr. :Milano:Faltrinelli,1975;Spanish tr. :Mexico:Siglo Veintiumo,1975)

《四海之内》(伦敦,1969;意大利文译本,1975;西班牙文译本,墨西哥,1975)

32. *The Grand Titration*(London:Allen & Unwin,1969;French tr. :Paris:Seuil,1973,1978;Italian tr. :Milano:Mulino,1973;Japanese tr. :Tokyo,Hosei,1975;Spanish tr. :Madrid:Alianza,1977;Paperback ed:London:Allen & Unwin,1979)

《文明的滴定》(伦敦,1969;法文译本,巴黎,1973,1978;意大利文译本,米兰,1973;日文译本,东京,1975;西班牙文译本,马德里,1977;平装本,伦敦,1979)日文译本题为:「文明の滴定」

33. *Clerks and Craftsmen in China and the West*(with several collaborators)(Cambridge:CUP,1970;Japanese tr. (2vols.):Tokyo,1974;Spanish tr. :Mexico,Siglo Veintiumo,1978)

《中国与西方的学者和工匠》(剑桥,1970;日译本,东京,1974;西班牙文译木,墨西哥,1978)

34. *The Chinese Contribution to the World*(Tokyo;Kinseido,1973)(Festschrift)ed. M. Teich & R. Young

《中国人对世界的贡献》(东京,1973)

35. *Chinese Science:Explorations of an Ancient Tradition*(Cambridge:MIT Press,Mass. ,1973)

《中国科学:古代传统的探索》(剑桥,1973)

36. *La Tradition Scientifique Chinoise,*(Paris:Hermann;1974)

《中国的科学传统》(法文)(巴黎,1974)

37. *Moulds of Understanding*(London:Allen & Unwin,1976;Spanish tr. :Barcelona,Critiea,1978)

《知识的沃土》(伦敦,1976;西班牙文译本,巴塞罗那,1978)

38. *Wissenschaftliche Universalismus*(Frakfurt:Suhrkamp,1977;paperback ed. :1979)

《科学的整体论》(德文)(法兰克福,1977;平装本,1979)

39. *Chinas Bedeutung für die Zukunftd er westlichen West*(Köln:Deutsche-China Gesellsch. 1977)

《中国对西方科学进步的重要性》(德文)(科隆,1977)

40. *The Shorter Science and Civilisation in China*(with Colin Ronan),(Cambridge:CUP,1978—;parallel Chinese abridgement:Taipei,Com. Press,1972—)

《中国科学技术史简编》,罗南编(剑桥,1978—;中文译本,中国台北,1972—)

41. *Three Masks of the Tao*(London:Teilhard Centre,1979)

《道的三个画具》(伦敦,1979)

42. *Celestial Lancets:a History and Rationale of Acupuncture and Moxa*(with Lu Gwei-Djen)(Cambridge:CUP,1980)

《中国的神针:针灸和艾灸的历史与基本原理》(剑桥,1980)

43. *Science in Traditional China:a Comperative Perspective*(Hongkong:Chinese Univ. Press,1981)

《传统中国的科学》(香港中大,1981)

II 论 文(1925—1984)

1. J. N. :*"The Philosophical Basis of Biochemistry"*,*Monist*, XXXV :27(1925)

　《生物化学的哲学基础》:《一元论者》月刊,卷 35,27 页(1925)

2. J. N. :*"Mechanistic Biology and the Religious Consciousness"*, art. in *Science. Religion and Reality*(London: Shaldon. 1925)

　《机械论生物学与宗教意识》:收入《科学、宗教与现实》一书中(伦敦,1925)

3. J. N. :*"Organieism in Biology"*,*Journ. Philos. Studies* Ⅲ :29(1926)

　《生物学中的有机论》:《哲学研究杂志》,卷 3,29 页(1926)

4. J. N. :*"S. T. Coleridge as a philosophical Biologist"*,*Science Progress*, XXI :692(1926)

　《 作为哲学家的生物学家科罗里奇》:《科学进展》,卷 21,692 页(1926)

5. J. N. :*"Recent Development in Biochemistry"*,*Outlook*, LVⅢ :184(1926)

　《生物化学的最新发展》:《瞭望》,卷 58,184 页(1926)

6. J. N. :*"Lucretius Redivivus:The Hope of a Chemical Psychology"*,*Psych.* ,(27):3(1927)

　《化学心理学的希望》:《心理学》,27 期,3 页(1927)

7. J. N. :*"Recent Developments in the Philosophy of Biology"*,*Quart*,*Rev. Biol.* Ⅲ :77(1928)

　《生物学哲学的最新进展》:《生物学评论季刊》,卷 3,77 页(1928)

8. J. N. :*"Philosophy and Embryology:Prolegomena to a Quantitative Science of Development(Ⅰ)"*, *Monist*, XL :191(1930)

　《哲学与胚胎学(1)》:《一元论者》,卷 40,191 页(1930)

9. J. N. :*"Philosophy and Embryology:Prolegomena to a Quantitative Science of Development(Ⅱ)"*,*Monist* XLⅥ :339(1930) "The Relations between Yolk and White in the Hens Egg"

　《哲学与胚胎学(2)》:同上刊(1930)

10. J. N. :*"Laudian Marxism"*,*Criterion*, XⅡ <46>:56(1932)

　《可称赞的马克思主义》:《准则》,卷 12,46 期,56 页(1932)

11. J. N. :*"Biology and Mr. Huxley,Review of Brave"*,*New World Scrutiny*, Ⅰ <1>:(1932)

　《生物学与赫克斯利先生,评布瑞夫》:《新世界探究》,卷 1,1 期(1932)

12. J. N. :*"Biology Today and Tomorrow"*, art. in *Science Today and Tomorrow*, ed. E. V. Hubback (London: Williams & Norgate,1932)

　《生物学的今天和明天》:收入《科学的今天和明天》一书(伦敦,1932)

13. J. N. :*"Limiting Factors in the Advancement of Science as Observed in the History of Embryology"*, *Yale Journ. Biol. and Med.* , Ⅷ :1(1935)

　《从胚胎学史看科学发展中的限制因素》:《耶鲁生物学与医学杂志》,卷 8,1 页(1935)

14. J. N. & C. Lamont:*"A Discussion of Religion"*,*Scienece & Society*, Ⅰ <4>:487(1937)

　《关于宗教的讨论》:(《科学与社会》,卷 1,4 期,487 页(1937)

15. J. N. :"*Christianity and Communism*", *Modern Churchmen*(Conference Number) 1937

　　《基督教与共产主义》:《现代教友》,会议专号(1937)

16. J. N. : "*Forword to Biology and Marxism by Marcel Prenant*", tr. C. D. Greaves (London : Lawrence & Wishart,1938)

　　《为普瑞南特的〈生物学与马克思主义〉写的序》:格瑞弗斯译(伦敦,1938)

17. J. N. & B. K. Merton:"*Science, Technology and Society in Seventeenth Century England*", *Science & Society*. Ⅱ <4>:566(1938)

　　《17 世纪英国的科学技术与社会》:《科学与社会》,卷 2,4 期,566 页(1938)

18. J. N. :"*The Springtime of Science*", *Chemical Practitioner*, Ⅻ <Pt. 2>:17(1939)

　　《科学的春天》:《化学工作者》,卷 12,2 篇,17 页(1939)

19. J. N. :"*Voice from the English Revolution*"(under ps. Henry Holorenshaw), *Modern Quarterly*, Ⅱ <1>:35 (1939)

　　《来自英国革命之声》:《近代季刊》,卷 2,1 期,35 页(1939)

20. J. N. :"*Integrative Levels:A Revaluation of the Idea of Progress*", Herbert Spencer Lecture, (Cambridge, 1941)

　　《综合的标准:对进步思想的再估价》:斯宾塞纪念讲演(剑桥,1941)

21. J. N. :"*Matter, Form, Evolution and US*", *World Rev*. ,15(1941)

　　《物质、形态、进化与我们》:《世界评论》,15 页(1941)

22. J. N. :"*Science in South-west China*. Ⅰ, *The Physico-Chemical Sciences*", *Nature*, CXLⅡ :9(1943)"Ⅱ, *The Biological and Social Sciences*", *Nature*, CLⅡ :36(1943)

　　《中国西南的科学:1. 理化科学》:《自然》,卷 142,9 页(1943);《中国西南的科学:2. 生物学与社会科学》:《自然》,卷 152,36 页(伦敦,1943)

23. J. N. :"*Science in Western Szechuan*. Ⅰ, *Physico-Chemical Sciences and Technology*", *Nature*, CXⅠCLⅡ :343 (1943)"Ⅱ, *The Biological and Social Sciences*", Nature, CLⅡ :372(1943)《川西的科学:1. 理化科学与技术》:《自然》,343 页(1943);《自然》,卷 152,372 页(1943)

24. J. N. :"*Science and Technology in the North-west of China*", *Nature*, CLⅢ :238(1944)

　　《中国西北的科学与技术》:《自然》,卷 153,238 页(1944)

25. J. N. :"*The Chungking Industrial and Mining Exhibition*", *Nature*, CLⅢ :672(1944)

　　《重庆工业与矿业展览会》:《自然》,卷 153,672 页(1944)

26. J. N. :"*Report of the First Year's Work of the Sino-British Science Cooperation Bureau*"(Chungking,1944)

　　《中英科学合作馆第一年度工作报告》(重庆,1944)

27. J. N. :"*Science in Kweichow and Kuangsi*", *Nature*, CLⅥ :496(1945)

　　《贵州和广西的科学》:《自然》,卷 156,496 页(1945)

28. J. N. :"*On Science and Social Change*", *Scienec and Society*, Ⅹ <3>:225(1946)

　　《论科学与社会变化》:《科学与社会》,卷 10,3 期,225 页(1946)

29. J. N. :"*Report of the Second and Third Years' Work of the Sino-British Science Cooperation Bureau*"(Chungi

-kng,1946)

《中英科学合作馆第二及第三年度报告》(重庆,1946)

30. J. N. : *"Science and Technology in China's Far Southeast"*, *Nature*,ⅭLVⅡ :175(1946)

《中国东南的科学与技术》:《自然》,卷 157,175 页(1946)

31. J. N. : *"Science and Unesco:Intenational Scientific Cooperation—Task and Functions of the Secretariat's Division of Natural Sciences"* (London:Pilot Press,1946)

《科学与教科文组织:国际科学合作》(伦敦,1946)

＊32. J. N. : *"Science and Society in Ancient China. Conway Memorial Lecture"* (London:Watts,1947)

《中国古代的科学与社会》(1947 年康维纪念演讲)

33. J. N. & D. M. Needham: *"Sir Frederick Gowland Hopkins"*, *Brit. Med. Bull.* , Ⅴ :299(1946)

《弗里德里克·高兰·霍甫金斯爵士》:《英国医学通报》,卷 5,299 页(1946)

34. J. N. : *"Science and International Relations"*, Robert Boyle Lecture(Oxford:Blackwell,1948)

《科学与国际关系》;1948 年波义耳演讲会演讲(牛津,1948)

35. J. N. : *"The Chinese Contribution to Science and Technology"*, from *Reflections:on Our Age*, Unesco Lectures, 1946, ed. D. Hardman & S. Spender(London:Allen Wingate,1948)

《中国人对科学技术的贡献》:收入《对我们时代的反映》一书(伦敦,1948)

36. J. N. & Liao Hung-Ying(tr.) : *"The Ballad of Mêng Chiang Nü Weeping at the Great Wall"*, *Sinologica* Ⅰ < 3>(1948)

《孟姜女哭长城的民谣》(译自中文):《汉学》,卷 1,3 期(1948)

37. J. N. : *"The Unity of Science:Asia's Indispensable Contribution"*, *Asian Horizen*, p. 5(1949)

《科学的统一:亚洲的不可缺少的贡献》:《亚洲地平线》,5 页(1949)

38. J. N. : *"L'Unité de la Science:L'Apport indispensable de l'Asie"*, *Archives Internationales d'Histoire des Sciences* Ⅶ:563(1949)

《科学的统一:亚洲的不可缺少的贡献》(法文):《国际科学史文集》,卷 7,563 页(巴黎,1949)

39. J. N. ,Hetta Empson & Zderek Hrdlicka: *"Introduction to Contemporary Chinese Woodcuts"* (London:Fore & Collect,1950)

《为〈当代中国木刻〉一书写的前言》(伦敦,1950)

40. J. N. : *"Natural Law in China and Europe,Part* Ⅱ *"*, *Journal of the History of Ideas*, ⅩⅡ:3(1951)

《中国与欧洲的自然法》:《思想史杂志》,卷 12,3 页(1951)

＊41. J. N. & L. G. D. : *"A Contribution to the History of Chinese Dietetics"*, Isis, ⅩLⅡ :13(1951)

《中国营养史上的一个贡献》:《爱西斯》季刊,卷 42,13 页(1951)

42. J. N. : *"The History of Science and Technology in India and South East Asia"*, *Nature*,LXⅧ :64(1951). A Preview and review of"Symposium on History of Sciences in South Asia", *Proc. National Institute of Science of India*,18(1952)

《印度与东南亚科技史》:《自然》,卷 168,64 页(1951)

＊43. J. N. & Donald Leslie: *"Ancient and Mediaeval Chinese Thought on Evolnfion"*, *Proc. National Institute of*

Science of India(*New Delhi*,1952)

　　《古代和中世纪中国人的进化思想》:《印度国立科学研究所所刊》(新德里,1952)

44. J. N. :"*Chinese Science Revisites*", *Nature*,LXXI:237,283(1953)

　　《重访中国科学》:《自然》,卷171,237页,283页(1953)

*45. J. N. :"*Relations between China and West in the History of Science and Tchhnology*", *Actes du Septième Congrès International d'Histoire des Sciences*(Jerusalem,1953)

　　《中国与西方在科学史中的关系》:收入《第七届国际科学史大会文集》(耶路撒冷,1953)

46. J. N. :"*The Pattern of Nature – Mysticism and Empiricism in the Philosophy of Science: Third – Century B. C. China*,*Tenth–Century A. D. Arabia and Seventeeth–Century A. D. Europe*",art. in *Science*,*Medicine and History*,Singer Presentation Volume,ed. E. A. Underwood(Oxford University Press 1953)

　　《科学哲学中的自然神论及经验论:公元前3世纪中国、10世纪阿拉伯和17世纪欧洲》:收入《科学、医学与历史》一书(牛津大学出版社,1953)

*47. J. N. :"*Thoughts on the Social Relations of Science and Technology in China*", *Centaurus*,III:40(1953)

　　《中国科学技术与社会的关系》:《人马》,卷3,40页(1953)

48. J. N. :"*Le Dialogue Europe – Asie*", *Comprendre*,No. 12 (1954); *Syntheses*,CLIII:91 (1958);Japanese tr. Gendai Shiso(现代思想)(Sp. no.)1957,p. 121

　　《欧亚对话》(法文):《了解》,1954年12期;英文本刊于《合成》,卷193,91页(1958);日译本,《现代思想》,增刊号,121页(1957)

49. J. N:"*Prospection Géobotanique en Chine Médièvale*", *Journal d'Agriculture Tropicale et de Botanique Appliquee*,I(5–6):143(1954)

　　《中古时期中国的植物地理学研究》(法文):《热带农业与应用植物学杂志》,卷1,5—6期,143页(1954)

*50. J. N. & Wang Ling:"*Horner'S Method in Chinese Mathematics. Its Origins in Root–Extraction Procedures of the Han Dynasty*",*T'oung Pao*. XLIII:345(1955)

　　《中国数学中的霍纳法:它在汉代开方程序中的起源》:《通报》,卷43,345页(1955)

51. J. N. :"*The Peking Observatory in A. D. 1280 and the Development of the Equatorial Mounting*",from *Vistas in Astronomy*(stratton Presentation Volume;ed. A. Beer),Vol. 1(London and New York:Pergamon,1955)

　　《1280年的北京观象台与赤道装置的发展》(伦敦,1955)

52. J. N. :"*L'Asiě et l'Europe devant les problèmes de la Science et de la technique*",Europe–Chine,CXVI:24 (1955)

　　《面临科技问题的亚洲与欧洲》(法文):《欧洲—中国》,卷116,24页(1955)

53. J. N. :"*Remarks on the History of Iron and Steel Technology in China*,*in Actes du Collogue International*,*Le Fer à travers les Ages*",*Bull Fac. Lett. Univ Nancy*,XVI:93(1956)

　　《论中国钢铁技术史》:《各时代铁器国际讨论会文集》,(1956)

54. J. N. ,Wang Ling & Derek de S. Price:"*Chinese Astronomical Clokwork*", *Nature*,CXVII:600(1956)Chinese tr. by Hsi Tse-Tsung,*Kho Hsueh Thung Pao*

《科学通报》no. 6 p. 100(1956);Also in *Acres du* Ⅷ*e Congres International d'Histoire des Sciences* P. 325(Florence,1956)

《中国的天文钟》:《自然》,卷 117,600 页(1956);中译本,《科学通报》,1960 年 6 期,100 页;又刊于《第八届国际科学史大会文集》,325 页(1956)

55. J. N. :"*Iron and Steel Production in Ancient and Mediaeval China*"(abstract of Second Dickinson Lecture),*Transaction of the Newcomen Society*,ⅩⅩⅩ:141(1956—1957)

《古代与中世纪中国的钢铁生产》:《纽可门学会学报》,卷 30,141 页(1956—1957)

56. J. N. :"*Mathematics and Science in China and West*",*Science&Society*,ⅩⅩ:320(1956)

《中国与西方的数学和科学》:《科学与社会》,卷 20,320 页(1956)

57. J. N. :"*The Dialogue of Europe and Asia*",*United Asia*,Ⅷ(5):1(1956)Sinhalese tr. by M. Wickramasinghe(Colombo,1960)

《欧洲与亚洲的对话》:《统一亚洲》,卷 8,1 页(1956);僧伽罗语译本(科伦坡,1960)

58. J. N. ,Arthur Beer & Ho Ping-Yu:"*Spiked Comets in Ancient China*",*Observatory*,ⅬⅩⅩⅦ:137(1957)

《中国古代的扫帚彗星》:《天文台》,卷 77,137 页(1957)

59. J. N. :"*Les Mathématiques et les Sciences en Chine et dans l'Occident*",*Pensée*,ⅬⅩⅩⅤ:3(1957)

《中国与西方的数学与科学》(法文):《思想》,卷 75,3 页(1957)

60. J. N. :"*Review of Structure de la Médecine Chinoise*",by P. Huard,*Discovery*,1957,P. 490

《评华德著〈中医学的结构〉》:《发现》,1957 年,490 页

61. J. N. & A. Haudricourt:"*Les Sciences en Chine Medievale*",in *Histoire Générale des Sciences*,Vol. 7,p. 477(Paris:P. U. F.)

《中世纪中国的科学》(法文):收入《科学通史》,卷 7(巴黎版)

62. J. N. :"*Asia und Europa im Spiegel wissenschaftlicher und technischer Probleme*",*Geist und Zeit*,Ⅱ:35(1957)

《科技问题所反映出的亚洲与欧洲》(德文):《知识与时代》,卷 2,35 页(1957)

*63. J. N:"*The Translation of Old Chinese Scientific and Technical Texts*",from *Aspects of Translation*,ed. A. H. Smith,Secker & Warburg(1958)

《中国古代科技文献之翻译》:收入史密斯主编的《翻译面面观》一书(伦敦,1958)

64. J. N. :"*Il dialogo tra l'Europa e l'Asia*",*Ulisse*,Ⅴ:643(1958)

《欧亚对话》(意大利文译本,1958)

65. J. N. & J. Chesnsaux:"*Les Sciences en Extrêm-Orient du* ⅩⅥe *au* ⅩⅧj *siècle*",from *Histoire Générale des Sciences*(de 1450 a 1800). Vol. 2,p. 681,(Paris:P. U. F. ,1958)

《17—18 世纪东亚的科学(法文)》:收入《科学通史》,卷 2(1450—1800),681 页起(巴黎,1958)

66. J. N. :"*An Archaeological Study-tour in China 1958*",*Antiquity*,ⅩⅩⅩⅢ:113(1959)

《1958 年在中国的考古旅行研究》:《古代》,卷 33,113 页(1959)

67. J. N. :"*The Missing Link in Horological History:A Chinese Contribution*"(Wilkins Lecture),*Proc. Roy. Soc.* A,CCL:147(1959)

《钟表史中的不足的环节:中国人的一项贡献》:《皇家学会会报》,A,卷 250,147 页(1959)

68. J. N. :"*The Dialogue of Europe and Asia*"(in Bengali,tr. Krishna Dhav),*Bharat−Chin*,Ⅰ(3);3(1959)

《欧亚对话》;孟加拉文译本(1959)

69. J. N. :"*Automata*",from *Enciclopedia Universale dell'Arte*,Vol. Ⅱ(Venice & Rome:Istituto per la Collaborazione Culturale,1959)

《自动装置》(意大利文):《技术百科全书》卷 2 中的条目(威尼斯—罗马,1959)

*70. J. N. & Ho Ping−Yu:"*The Laboratory Equipment of Early Mediaeval Chinese Alchemists*",*Ambix*,Ⅶ(2):58(1959)

《中世纪早期中国炼丹家的实验设备》:《安比克斯》,卷 7,58 页(1959)

*71. J. N. ,Ts'ao Tien−Chin & Ho Ping−Yu:"*An Early Mediaeval Chinese Alchemical Text on Agueous Solutions*",*Ambix*,Ⅶ(3):122(1959)

《〈三十六水法〉——中国古代关于水溶液的一种早期炼丹文献》:同上刊,卷 7,122 页(1959)

72. J. N. & Kenneth Robinson:"*Ondes et particular dans la pensée scientifique Chinoise*",*Sciences*,no. 4. p. 65(1959)

《中国古代科学思想中的波与粒子概念》(法文):《科学》4 期,65 页(巴黎,1959)

73. J. N. & Ho Ping Yu:"*Elixcr Poisoning in Mediaeval China*",*Janus*,ⅩⅬⅧ:15(1959)

《中世纪中国的丹药中毒》:《雅努斯》,卷 48,15 页(1959)

74. J. N. & Ho Ping Yu:"*Theories of Categories in Early Mediaeval Chinese Alchemy*",*Journal of the Warburg and Courtauld Institutes*,ⅩⅩⅡ(3−4):173(1959)

《早期中世纪中国炼丹术的相类理论》:《瓦堡与库陶德研究所所刊》,卷 22,173 页(1959)

75. J. N. ,Lu Gwei−Djen & Raphael A. Salaman:"*The Wheelwright's Art in Ancient China*;Ⅰ,*The Invention of Dishing*",*Physis*,Ⅰ:103(1959)

《中国古代的造车技术之一》:《费西斯》,卷 1,103 页(1959)

76. J. N. ,Lu Gwei−Djen & Raphael A. Salaman:"*The Wheelwright's Art in Ancient China*;Ⅱ,*Scenes in the Workshop*",*Physis*,Ⅰ:196(1959)

《中国古代的造车技术之二》:同上刊,卷 1,196 页(1959)

77. J. N. :"*Review of the Phenomenon of Man*",by P. Teilhard de Chardin,*New Statesman*,7Nov. 1959.

《对〈人的现象〉的书评》:《新政治家报》,1959 年 11 月 7 日

78. J. N. :"*Science and Society in Ancient China*",*Mainstream*,ⅩⅢ(7);7(1960)

《中国古代的科学与社会》:《主流》月刊,卷 13,7 期,7 页(1960)

79. J. N. :"*Les Contributions Chinoises a l'Art de Gouvemer les Navires*",in *Actes du Cinquiéme Colloque International d'Histoire Maritime*,S. E. V. P. E. N. 1960(1966);*Scientia*,1961(French and English tr.)

《中国人对造船技术的贡献》(法文):收入《第五届国际航海史会议文集》(1960)

80. J. N. & Lu Gwei−Djen:"*Efficient Equine Hamess:The Chinese Inventions*",*Physis*,Ⅱ:121(1960)

《高效马挽具:中国的发明》:《费西斯》,卷 2,121 页,(1960)

81. J. N. :"*The past in China's present*",*Centennial Review*,Ⅳ(2):145(1960)

《现在中国的过去》:《百年评论》,卷 4,2 期,145 页(1960)

* 82. J. N. :"*Classical Chinese Contributions to Machanical Engineering*", Early Grey Lecture, University of Newcastle ,1961

《中国古代对机械工程的贡献》:1961 年在纽卡斯特尔大学作的格雷纪念演讲

* 83. J. N. :"*The Chinese Contribution to the Development of the Mariner's Compass*", Scientia, July 1961

《中国对航海罗盘研制的贡献》:《科学》,1961 年 7 月

* 84. J. N. & Lu Gwei-Djen:"*The Earliest Snow-Crystal Observations*", Weather, XVI(10):319(1961)

《雪花晶状体的最早观察》:《天气》,卷 16,10 期,319 页(1961)

85. J. N. :"*Aeronautics in Ancient China*", Shell Aviation News, no. 279, p. 2;no. 280 p. 15(1961)

《中国古代的航空技术》(1961)

86. J. N. & Lu Gwei-Djen:"*Hygiene and Preventive Medicine in Ancient China*", Journal of the History of Medicine and Allied Sciences, XVII:429(1962);Abridgement in Health Education Journal, September 1959

《中国古代的卫生与预防医学》:《医学史及相关科学史杂志》,卷 7,429 页(1962)

87. J. N. :"*Christianity and the Asian Cultures*", Theology,LXV(593):180(1962)

《基督教与亚洲文化》:《神学》杂志,卷 66,593 期,180 页(1962)

88. J. N. :"*Frederick Gowland Hopkins*"(Royal Society Centenary Lecture), Perspectives in Biology and Mediene, VI(1):2(1962). Also in Notes and Records of Royal Society of Lodon, XVII(2):117(1962)

《弗里德里克·高兰·霍普金斯》:《生物学与医学进展》,卷 6,1 期,2 页(1962)

* 89. J. N. :"*Astronony in Classical China*", Quarterly Journal of the Royal Astron. Soc. III:87(1962)

《古典中国的天文学》:《皇家天文学会季刊》,卷 3,87 页(1962)

90. J. N. :"*Du Passé Culturel, Social et Philosophique Chinois dans ses Raports avee la Chine contemporaine*", Comprendre, nos. 21—22,23—24(1962)

《从关于当代中国的报道看中国古代文化、社会和哲学》(法文):《了解》,1962 年第 21—22 及 23—24 期(巴黎)

91. J. N. :"*The Pre-Natal History of the Steam-Engine*", Transactions of the Newcomen Society, XXXV:3(1962—1963)

《蒸汽机诞生前的历史》:《纽可门学会学报》,卷 35,3 页(1962—1963)

92. J. N. & Lu Gwei-Djen:"*China and Origin of(Qualfying)Examinations in Medicine*", Proc. Roy. Soc. Med. LVI(1):1(1963)

《中国与医学及格考试制度的起源》:《皇家医学会会报》,卷 56,1 页(1963)

93. J. N. :"*Grandeurs et Faiblesses de la Tradition Scientifique Chinoise*", Pensée, no. 111(1963)

《中国科学传统的优点和弱点(法文)》:《思想》月刊,1963 年第 111 期(巴黎)

94. J. N. :"*China's Philosophical and Scientific Traditions*", Cambridge Opinion, XXXVI:11(1963)

《中国的哲学与科学传统》:《剑桥评论》,卷 36,11 页(1963)

95. J. N. :"*Review of Mediaeval Technology and Social Change by Lynn White*", Isis, LIV:418(1963)

《对林恩·怀特著〈中世纪技术与社会变革〉一书的书评》:《爱西斯》,卷 54,418 页(1963)

96. J. N. : "*Poverties and Triumphs of Chinese Scientific Tradition*", in *Scientific Change*（Report of History of Science Symposium, Oxford, 1961）, ed A. C. Crombie（London: Heinemann, 1963）

《中国科学传统的不足与成就》:收入牛津科学史讨论会出版的《科学的变革》一书（伦敦，1963），由克伦比主编

*97. J. N. : "China and the Invention of the Pound-Lock", *Transactions of Newcomen Society*, XXXVI: 85（1963—1964）

《闸门的发明与中国》:《纽可门学会学报》,卷 36,85 页（1963—1964）

98. J. N. & Lu Gwei-Djen: "*Mediaeval Preparations of Urinary Steroid Hormones*", *Medical History*, VII: 101（1964）; Abridgged in Nature, CC（4911）: 1047（1963）

《中世纪对尿甾族性激素的制备》:《医学史》,卷 7,101 页（1964）;提要刊于《自然》,卷 200,1047 页（1963）

*99. J. N. : "Science and Society in China and the West", *Science Progress*, VII（205）: 50（1964）

《中国与西方的科学与社会》:《科学进展》,卷 52,205 期,50 页（伦敦，1964）

*100. J. N. : "*Science and China's Influence on the World*", art. in The Legacy of *China*, ed. R. Dawson,（Oxford, 1964）

《科学与中国对世界的影响》:收入《中国之遗产》一书,道森主编（牛津，1964）

*101. J. N: "*Chinese Priorities. in Cast-Iron Metallurgy*", *Technology and Culture*, V（3）: 398（1964）

《中国在铸铁冶炼方面的领先地位》:《技术与文化》季刊,卷 5,3 期,398 页（1964）

102. J. N: "*Glories and Defects of the Chinese Scientific and Technical Traditions*", art. in *Neue Beiträge zur Geschichte der alten Welt*, ed, *E. C. Welskopf*, Vol. I.（Berlin: Akademie-Verlag, 1964）

《中国科学与技术传统之优点与不足》:收入柏林科学院出版社出版的《古代世界史新编》一书卷一,威尔斯科普主编,刊于 1964 年

103. J. N: "*Science and Society in East and West*", *Science & Society*, p. 385（1964）. In Bernal Presentation Volume, *The Science of Science*, ed. M. Goldsmith & A. Mckay.（London: Souvenir, 1964）; repr.（London: Penguin, 1966）

《东西方之科学与社会》:《科学的科学》,戈德斯密及麦克凯主编（伦敦，1964）;重刊本（1966）

104. J. N. , A. Beer, Ho Ping-Yu, Lu Gwei-Djen, E. G. Pulleyblank. & G. I. Thompson: "*An 8th-Centuuy Meridian Line: I-Hsing's Chain of Gnomons and the Pre-History of the Metric System*", *Vistas in Astronomy*, IV: 3（1964）

《8 世纪的子午线:一行的指针侧链与米制的史前期》:《天文学巡礼》,卷 4,3 页（1964）

105. J. N. : "*Understanding the Past is the Key to the Future*", *Far East Trade and Development*, 1965

《温故而知新》:《远东贸易与发展》（1965）

106. J. N. & Lu Gwei-Djen: "*A Korean Astronomical Screen of Mid-Eighteenth Century from the Royal Palaee of the Yi Dynasty*"（Choson Kingdom, 1392—1910）, *Physis*, VIII: 137（1966）

《李朝宫内所藏 18 世纪中期的朝鲜天文屏风》:《费西斯》,卷 8,137 页（1966）

107. J. N. : "Foreword to *Window on Shanghai*", letter from China 1965—7 by Sophia Knight（Lodon: Deutsch,

1967)

《〈上海之窗〉一书的前言》(伦敦,1967)

108. J. N. : "*The Dialogue between Asia and Europe*", art. in *The Glass Curtain between Asia and Europe*, e-d. Raghaven Iyer, p. 279(Oxford 1965). Germ tr. by M. yon Schön & Mehling, (München:Gallwey,1968)

《欧亚之间的对话》:收入《亚洲与欧洲之间的玻璃幕》一书(慕尼黑,1968)

109. J. N. & L. G. D. :"*A Further Note on Effcient Equine Harhess;The Chinese Inventions*", *Physis*, Ⅶ:70(1965)

《对中国发明的高效挽马具的进一步讨论》:《费西斯》,卷7,70页(1965)

110. J. N. :"*Time and Eastern Man*". Henry Myers Lecture,1964,Royal Anthropological Institute,London,1965. A1so as"Time and Knowledge in China and the West",art. in *The Voices of Time* ed. J. T. Frases. p. 92(New York:Braziller,1966)

《时间与东方人,1964 年在伦敦皇家人类学研究所的演讲》:又以《中国与西方的时间与知识》为题,再刊于 1966 年

* 111. J. N. & L. G. D. :"*The Optick Artists of Chiangsu*", *Proceedings of the Microscopical Society*, Ⅰ(Pt2);59 (1966). In *Studies in the Social History of China and South East Asia*. Purcell Memorial Volume, ed. J. Ch'en & N. Tarling, (Cambridge University Press,1970);Also in *Proceedings of the Roysl Microscopical Society*, Ⅱ:113(1967)

《江苏的光学技艺家》:初刊于《显微镜学会会报》,卷 1,59 页(1966);又收入《中国与东南亚社会史研究》一书(剑桥大学出版社,1970);还刊于《皇家显微镜学会会报》,卷 2,113 页(1967)

112. J. N. & L. G. D. :"*Proto-Endocrinology in Mediaeval China*", *Japanese Studies in the History of Science*, no. 5. p. 150(1966)

《中世纪中国的原始内分泌学》:《日本科学史研究》英文版,1966 年 5 期,150 页

113. J. N. :"*Natusvidenskab og samfund i ost og vest*", *Dansk Udsyn*, Ⅱ:155(1966). (Danish tr, of 'Science and Society in East and West.)

《东方与西方的科学与社会》:(丹麦文译本)卷2,155页(1966)

114. J. N. & P. J. Smith:"*Magnetic Declination in Mediaeval China*", *Nature*, CCXIV(5094):1213(1967)

《中世纪中国的磁偏角》:《自然》,卷 214,5094 期,1213 页(伦敦,1967)

* 115. J. N. :"*The Role of Europe and China in the Evolution of Oecumenical Science*", *Advancement of Science*, XXIV(119):83(1967). Also in *Journal of Asian History*, Ⅰ :l(1967)

《世界科学的演进——欧洲与中国的作用》:《科学进展》,卷 24,119 期,83 页(1967);又刊于《亚洲史杂志》,卷 1,1 页(1967)

* 116. J. N. & L. G. D. :"*Records of Diseases in Ancient China*", art, in *Diseases in Antiquity*, ed. D. Brothwell & A. T. Sandison(Illinois:Thomas Springfield,1967)

《中国古代的疾病记载》:收入布罗斯威尔及桑迪逊主编的《古代疾病》一书(美国伊利诺伊州,1967)

117. J. N. :"Skin Colour in Chinese Thought",note in *Race*,249(1968)

《中国思想之肤色》:《种族》,249 页(1968)

* 118. J. N. & L. G. D. :"*Sex Hormones in the Middle Ages*", *Endeavour*, XXVII(102):130(1968)

《中世纪对性激素的认识》:《努力》,卷27,102期,130页(1968)

*119. J. N. : *"The Development of Botanical Toxonomv in Chinese Culture"*, in *Actes du XIIe Congrès International d'Histoire des Sciences*, p. 1217(Paris,1968)

《中国植物分类学之发展》:《第十二届国际科学史大会文集》,1217页(巴黎,1968)

120. J. N. , : *"The Voyage of Surgesy"*, *Guy's Hospital Reports*, CXVII : 139(1968)

《外科学的旅行》:《盖氏医院院报》,卷117,189页(1968)

*121. J. N. & L. G. D. : *"Esculentist Movement in Mediaeval Chinese Botony : Studies on Wild (Emergency) Food Plants"*, *Archives Internationales d'Histoire des Sciences*, no. 84—85, p. 225(1969)

《中世纪中国食用植物学家的活动——关于野生(救荒)食用植物的研究》:《国际科学史文集》,1969年第84—85期,225页(巴黎)

122. J. N. : *"Artisans et Alchimistes en Chine et dans le Monde Hellénistique"*, *Pensée*, no. 152(Paris,1970)

《中国和古希腊世界的工匠和炼丹家》(法文):《思想》,1970年152期

123. J. N. : *"China and the West"*, in *China and the West*, *Mankind Evolving* ed. A. Dyson & Bernard Towers (London : Garnstone (for the Teilhard de Chardin Association,1970)

《中国与西方》:收入戴森与托尔斯主编的《中国与西方》一书(伦敦,1970)

124. J. N. : *"The Refiner's Fire : the Enigma of Alchemy in East and West"* (Second Bernal Lecture) , (London : Birkbeck College,1971)

《纯青之火:东西炼丹术中之谜》:1971年在伦敦的演讲

125. J. N. : *"Desmond Bernal : a Personal Recollection"*, *Cambridge Review*, XCIII : 33(1971)

《德斯蒙德·贝尔纳:个人的回忆》:《剑桥评论》,卷93,33页(1971)

126. J. N. , Joan Robinson, Edgar Snow & T. Raper : *"Hand and Brain in China"*, London Anglo-Chinese Educational Institute(1971)

《中国的手与脑》:伦敦英中教育研究所(1971)

127. J. N. : *"Foreward to Science at the Cross-Roads"* (Papers of Soviet Delegation, by N. I. Bukharin, B. Hessen et al, from the Second International Congress of History of Science and Technology Condon : Kniga,1931) , repr, London : Cass,1971. ed. R. M. Mc Leod, with Introduction by P. G. Werskey

《为〈十字路口上的科学〉一书写的序》(伦敦,1931):此书为出席伦敦第二届国际科学史大会的苏联代表团布哈林、赫森等人的论文集,1971年再版

128. J. N. : *"Do the Rivers Pay Court to the Sea? The Unity of Science in East and West"*, *Theoria to Theory*, V : 68(1971)

《江河朝宗于海否? 东西方科学的统一》:《从理论到理论》,卷5,68页(1971)

129. J. N. , L. G. D. & D. M. Needham : *"The Coming of Ardent Water"*, *Ambix*, XIX : 69(1972)

《强水之来临》:《安比克斯》,卷19,69页(1972)

130. J. N. : *"Altes China-Junges Europa"*, *Die Waage*, XI : 97(1972)

《古老的中国,年轻的欧洲》(德文):《天平》,卷11,97页(1972)

131. J. N. : *"Ancient Chinese Oecology and Plant Geography : the Case of the Chu and the Chih"*, art. in Balazs Me-

morial Volume ,ed. F. Aubin(1973)

　　《中国古代生态学与植物地理学》:收入奥宾主编的《巴拉兹纪念卷》(1973)

132. J. N. :"*A Chinese Puzzle:Eighth or Eighteeth*" ,art. in *Pagel Presentation Volume*. ed. A. G. Debus(1973)

　　《一个中国之谜:是 8 世纪还是 18 世纪》:收入德孝骞主编的《佩格尔演讲册》(1973)

133. J. N. :"*Uber die gesund Unruhe in Ost and West*" ,*Die Waage* ,Ⅲ :5(1972—)

　　《论东西方有益的扰动》(德文):《天平》,卷 3,5 页(1972—)

134. J. N. :"*Von der Vielfalt der Traditionen im modernen China*" ,*Die Waage* ,Ⅴ (1972—1973)

　　《近代中国传统的多样化》(德文):《天平》卷 5(1972—1973)

* 135. J. N. :"*The Elixir Concept and Chemical Medicine in East and West*" ,*Journal of the Chinese University of Hong Kong* ,Ⅱ (1)(1974);*Organon* Ⅺ :167(1975)Ital ,tr. Ⅱ Concetto di elisir e la medicina su base Chimiea in Oriente e in Occidente ,*Acta Medicae Historiae Patavina* ,ⅠⅩ :9(1973)

　　《东西历史中所见之炼丹思想与化学药物》:《香港中文大学学报》,卷 2,1 期(1974),意大利文译本刊于 1973 年

* 136. J. N. :"*Astronomy in Ancient and Mediaveal China*" ,*Phil. Trans* ,*Roy. Soc.* B ,CCLXXⅥ :67(1974)

　　《中国古代和中世纪的天文学》:《皇家学会哲学学报》,B,卷 276,67 页(1974)

137. J. N. :"*Review of N. Sivin* ,*Copernicus in China*" ,*Journ Hist Astron.* Ⅴ :204(1974)

　　《评席文作品,哥白尼在中国》:《天文学史杂志》,卷 5,204 页(1974)

* 138. J. N. & Huang Jen-Yu:"*The Nature of Chinese Society—a Technical Interpretation*" ,*Journal of Oriental Studies* ,ⅩⅢ (1—2):1(1974)(Pubulished in East and West ,N. S. ⅩⅩⅣ (1974)

　　《中国社会的特征——一种技术性解释》(与黄仁宇合著):《东方研究杂志》,卷 12,1—2 期,1 页(1974)

* 139. J. N. & Lu Gwei-Djen:"*Promblem of Translation and Mo-dernisation of Ancient Chinese Technical Terms:Manfred Porkert's interpretation of terms in ancient and medieval Chinese natural and madical philosophy*" ,*Annals oS Science* ,ⅩⅩⅢ (5):491(1975)

　　《中国古代技术术语的翻译和现代化问题》:《科学年鉴》,卷 32,5 期,491 页(1975)

140. J. N. :"*L'alchimie en Chine* ,*pratique et théorie*" ,*Annales* Ⅴ :1045(1975)

　　《中国炼丹术:实际与理论》(法文):《年鉴》,卷 5,1045 页(巴黎,1975)

141. J. N. :"*China's Trebuchets* ,*Manned and Counterweighted*" ,*Humana Civilitas* ,(Lynn White Festschrift) ,1:107(1976)

　　《中国的抛石机》:《人类文明》,卷 1,107 页(1976)

142. J. N:"*On the Death of Mao*" ,*New Scientist* ,LXXⅠ (1081):584(1976)

　　《论毛之死》:《新科学家》,卷 71,1081 期,584 页(1976)

* 143. J. N. & L. G. D:"*Records of Diseases in Ancient China*" ,*American Journal of Chinese Medecine* ,Ⅳ (1976)(Reprinted from Brothwell & Sandison(1967))

　　《中国古代的疾病记载》:《美国中医》杂志,卷 4(1976)

144. J. N. :"*Metals and Alchemists in Ancient Chine*" ,in *Stuart Pigott Festschrift to Illstrate the Monuments* ,p. 284

（1976）

《中国古代金属与炼丹家》（1976）

＊145. J. N. :"*History of Human Values:a Chinese Perspective for WOrld Science and Technology*",*Centennial Review*,XX:1(1976);Abbr. in Impact,XXV(1)(1976)with French tr. 49

　　《历史与对人的估价:中国人的世界科学技术观》:《百年评论》,卷 20,1 页(1976)

146. J. N. :"*Review of Kurt Mendelssohn's The Secret of Westen Domination*",The Sciences,XXII(12):20(1977)

　　《评门德尔森著〈西方优势的秘密〉》:《科学》,卷 17,12 期,20 页(1977)

＊147. J. N. :"*Time and History in China and West*",*Leonardo*,X:233(1977)

　　《中国与西方的时间观和历史观》:《列奥纳德》,卷 10,233 页(1977)

148. J. N. :"*Alchemy and Early Chemistry in China*",*Acta Universitatis Upsaliensis*,c38:171(1978),Ch. tr Chung Hua Wen Shih Lun Ts'ung,XI:99(1979)

　　《中国的炼丹术与古代化学》:《乌普萨拉大学学报》,C,卷 38,171 页(1978);中译本,《中华文史论丛》,1979 年 11 辑,99 页

149. J. N. :"*Science Reborn in China:The Rise and Fall of the Anti-intellectual's Gang*",*Nature*,LLXXIV(5674):832(1978)

　　《科学在中国的新生:反知识分子的"四人帮"的兴起及覆灭》:《自然》,卷 274,5674 期,832 页(1978)

150. J. N. :"*Address at Openning Meeting of the XVth International Congress of the History of Science,Edinburgh, 1977*",*Brit Journ. Hist. Sci*,XI(38):103(1978),repr. Organon,XIV:5(1980)

　　《在爱丁堡 1977 年举行的第十五届国际科学史大会开幕式上的演说》:《英国科学史杂志》,卷 11,38 期,103 页(1978)

＊151. J. N. & Lu Gwei-Djen:"*A Scientific Basis for Acupuncture?*",*The Sciences*,XIX(5):6(1979)

　　《针灸有科学基础吗?》:《科学》,卷 19,5 期,6 页(1979)

152. J. N. :"*Three Masks of Tao*",*Teilhard Review*,XIV(2):7(1979)

　　《道的三个面具》:《帖哈德评论》,卷 14,2 期,7 页(1979)

153. J. N. :"*Category Theorie in Chinese and West Alchemy*",*Epeteris*,IX:21(1979)

　　《中西炼丹术的同类范畴理论》:《爱皮特里斯》,卷 9,21 页(1979)

154. J. N. :"*Review of D. F. Lach's Asia in Making of Europe*",*Technology and Culture*,XX(3):622(1979)

　　《评拉赫著〈欧洲发展史中的亚洲〉一书》:《技术与文化》,卷 20,3 期,622 页(1979)

155. J. N. :"*Review of Lam-Lay-Yong,A Critical Study of the Yang Hul Suan Fa:a Thirtee nth-Century Chinese mathmatical treatise*",*Historia Mathmatica*,466(1980)

　　《评蓝丽蓉作品,〈杨辉算法〉的评述研究,13 世纪的一部中国数学著作》:《数学史》,466(1980)

＊156. J. N. :"*China and the Orignis of Immunology*",Huang Chang Lecture,University of Hongkong(1980), Abbr. in *Easten Horizon*,XIX(1):6(1980)

　　《中国与免疫学的起源》:1980 年在香港大学的演讲,题要刊于《东方地平线》,卷 19,1 期,6 页(1980)

＊157. J. N. :"*The Guns of Khaifeng-fu*",*Times Literary Supplement*,(4007):39(1980)

　　《开封府的火枪》:《泰晤士报文学副刊》,4007 期,39 页(伦敦,1980)

158. J. N. , A. R. Butler & C. Glidewell："*The Solubilisation of Cinnabar：Explanation of a Sixth-Century Chinese Alchemical Recipe*"，*Journal of Chemical Research. S*，47，Mos17（1980）

《朱砂之溶解：6 世纪中国炼丹方的探讨》：《化学研究杂志》（1980）

* 159. J. N. ："*The Evolution of Iron and Steel Technololgy in East and Southeast Asia*"，art. in the *Coming of Age of Iron*，ed. T. A. Wertime & J. D. Muhly，p. 507（Yale，1980）

《东亚和东南亚地区钢铁技术的演进》：收入沃泰姆及穆里所编《铁器时代的到来》一书，507 页（耶鲁，1980）

* 160. J. N. & A. R. Butler："*An Experimental Comparison of the East. Asian*，*Hellenistic and Indian（Gandharan） Stills in Relation to the Distillation of Ethanol and Acetic Acid*"，*Ambix*，XXVII（2）：69（1980）

《对东亚、古希腊和印度蒸馏乙醇和乙酸的蒸馏器的实验比较》：《安姆比克斯》，卷 27，2 期，69 页（1980）

161. J. N. ："*Perché Scienza Moderna si é Sviluppata in Occidente e non in Oriente*"，*Quaderni di Critica Marxista*，（2）：81（1980）

《为什么近代科学兴起于西方而不是东方》（意大利文）：《马克思主义评论季刊》，1980 年 2 期，81 页

* 162. J. N. ："*Science and Civilisation in China；State of Project*"，*Interdisciplinary Sci. Revs.* ，V（2）263（1980）

《〈中国科学技术史〉编著工作情况》：《学科间科学评论》，卷 5，2 期，263 页（1980）

163. J. N. & L. G. D. ："*Chinese Geo-Botany in Statu Nascendi*"，*Journ. d'Agric. Trad. et de Bot. Appl.* ，XVIII：199（1981）

《原初的中国地植物学》：《传统农业与应用植物学》，卷 18，199 页（巴黎，1981）

* 164. J. N. & L. G. D. ："*New Light on the History of Gunpowder and Firearms in the Chinese Cultural-area*"，*Proc. of the XVIth International Congress of the History of Sciences*，C. p. 173（Buchrest，1981）

《关于中国文化领域内火药与火器史的新看法》：《第十六届国际科学史大会文集》，C，173 页（布加勒斯特，1981）

* 165. J. N. ："*The Origin*，*Development and the Presnet State of the Project of SCC*"，Speech on 23th September 1981 in Shanghai

《〈中国科学技术史〉编写计划的缘起、进展与现状》：1981 年 9 月 23 日在上海的演讲，初刊于《中华文史论丛》，1982 年第 1 辑 1 页

* 166. J. N. ，A. R. Butler et al. ："*Mosaic Gold in Europe and China*"，*Chemistry in Britain*，132（1983）

《欧洲与中国的伪金》：《英国化学》，132（1983）

* 167. J. N. ："*The Epic of Gunpowder and Firearms*"，*Chem. Tech*，XIII：392（1983）

《火药与火器的史诗》：《化学工程》，卷 13，392 页（1983）

* 168. J. N. ："*Chinese Biological Nomenclature and Classification*"，Speech at the Third International Congress On the History of Chinese Science（Beijing，August 1984）

《汉语植物命名法及其沿革》：1984 年 8 月在北京第三届中国学史国际讨论会上的演讲；中译文初刊于《中华文史论丛》，1984 年 1 辑

附录:追思与纪念

英国剑桥东亚科学史图书馆访问记

潘吉星

应英国剑桥大学的东亚科学史图书馆(East Asian History of Science Library,简称 EAHOSL)馆长李约瑟(Joseph Needham)博士和副馆长鲁桂珍博士的盛意邀请,1982 年 7—10 月,我有机会在该馆作访问研究。在主人的照料下,在那里愉快地度过了 3 个多月。为使读者对这个吸引人的地方有所了解,特就本人所见,对该馆作一介绍。

东亚科学史图书馆不单是欧洲有关中国科学史著作的最大的藏书中心,也是有关中国科学史的最大的研究中心。经常在这里工作的除李约瑟和鲁桂珍外,还有正致力于写作《中国科学技术史》(*Science and Civilization in China*)这部巨著的其他合作者,如罗宾逊(Kenneth Robinsan)博士、白馥兰(Fransisco Bray,女)博士、司马克(Michael Salt)博士和卜鲁(Gregory Blue)博士等。这是个写作班子。他们把这里称为"研究所"。

英国剑桥东亚科学史图书馆外景

馆内藏书主要是李约瑟博士用 40 多年心血逐步积累的结果。20 世纪 40 年代,他在重庆,已矢志研究中国科学史并学习中文;同时结交了我国科学界的一些朋友,他们不但帮助他研究中国的科学和文化,还帮助他收集或赠送他不少中国古代著作。据 1981 年 10 月的统计,该馆藏有中文、日文著作6000 册,西文著作 12 000 册、杂志 3000 册,其他杂著 25 000 种。由于该馆藏书,还涉及日本和朝鲜等东亚国家,因此称为东亚科学史图书馆。

东亚科学史图书馆坐落在剑桥大学城的东南角,位于布鲁克兰(Brookland)大街 16 号。附近环境清净,是作学问的好地方。这是一幢灰色三层砖楼,每层有四个房间,共

12个单独房间。这些房间既是藏书室,又是工作室。各种书刊资料按专题类别分布在各室内,室与室之间有便门相通。室内有充足的照明设施,馆内还安装有安全报警系统。

　　每个工作室四周是大书架,按 ABC 顺序标号。馆内将各种书按主题性质分为57类,再按每个主题的英文字顺编成排架表。根据排架表的指示,可以很快找到所需要的书。你要想看炼丹术著作,从排列表中找到 Alchemy,表中标明ⅢK1-3,即第三室的 K 书架第1-3格。又如 Metallurgy(冶金)为 XG6,即第十室的 G 书架第6格。每格书都是中、外文摆在一起,读者不必换地方。可以在同一书格看到有关专题的中文、日文和西文各种著作,使用起来很方便。

东亚科学史图书馆各室分配

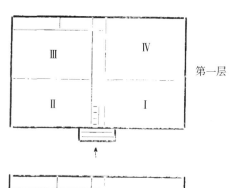

第一层

　　第一室:书目、字典、参考工具书、欧洲科学史

　　第二室:馆长室

　　第三室:炼丹术、生物学、佛教、化学、儒家、道家、亚洲科学史、中国哲学、宗教,李约瑟工作室

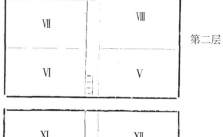

第二层

　　第四室:医学、药物学,鲁桂珍工作室

　　第五室:各种刊物抽印本,索尔特工作室

　　第六室:印度、近代中国、社会学,卜鲁工作室

　　第七室:中亚、丛书、日本、朝鲜、类书、蒙古、东南亚,兼作会客室

第三层

　　第八室:非洲、美国、考古学、艺术、交通、欧洲、史料学、中国史

　　第九室:杂志

　　第十室:地理学、冶金、军事、矿物、气象学

东亚科学史图书馆平面布置示意图

　　第十一室:农业、机械、内燃机,格雷工作室

　　第十二室:天文、数学、物理、瓷器、纺织,罗宾逊工作室

　　第一室为公用,内藏综合性工具书、书目、资料和图书卡片。第八室内还有台静电复制机以及公用的英文打字机。各室走道内设有公用电话。

　　所有图书资料都由李约瑟亲自标出其所在藏书室和排架位置。东亚科学史图书馆是一个专供专家们使用的研究型图书馆。藏书是按李约瑟拟定的便于使用的独特方法分类排架的。藏书中有中文和日文的古代线装书、写本、平精装书刊,以及英文、法文、德文、意大利文和俄文、拉丁文等西方文书刊、写本和稿本等。除此之外,还有一些中、外文珍籍的缩微胶卷、照片、负片和幻灯片等。藏书范围相当广泛而齐全,基本可以满足从事中国科学史的研究需要。

第五室内容最为精彩。这里有世界各国学者亲笔签名赠送给李约瑟的有关中国科学文化的论文抽印本,近2万件,每件按其类别装在大纸盒内。在这里可以同时看到不同时期各国学者用不同文字发表在各种刊物中的有关中国科学史的大量原始论文,这些都是在其他图书馆内很难看到的特殊收藏品。

图书馆在每周星期一至星期五上午9点半到下午6点开放。每年都有来自亚洲、欧洲和美国的学者来这里作短期的客座研究。与我同时从美国费城转到这里工作的就有宾夕法尼亚大学的内森·席文(Nathan Sivin)教授,他近年来每逢暑期都到这里。从来宾留名簿中我们看到,该馆每年接待数以百计的各国来访者,其中包括我国科学界人士。

为了使在馆内工作的人节省时间,一楼和二楼还各有一个厨房,可以在这里准备简易的午餐或冲煮咖啡、茶等。每个工作室和楼道都悬挂中国书画,多半是李约瑟的友人赠送给他的,其中有郭沫若同志写的行草条幅、王星拱博士的小篆,还有著名画家齐白石、徐悲鸿和吴作人等人的艺术作品原件。室内装饰充满中国气氛,中国人到这里会感到特别亲切。

馆务工作效率较高,全馆只有一名兼职馆员,除本人作研究外,还照看图书资料,兼做收发和对外联系工作。新书一到,很快就能上架。图书摆架安排得紧凑合理,读者能很快找到所需要的文献。馆长李约瑟除从事写作、照料馆务外,每周要答复大量国内外来信,接待来访者,工作是紧张的。实践证明,人少,只要效率高,照样可以多办事,而且做得井井有条。

在谈到东亚科学史图书馆的未来远景时,副馆长鲁桂珍博士说,现在馆址属于剑桥大学出版社所有,他们准备在剑桥大学罗宾逊学院(Robinson College)内再修建一个永久性的建筑物。未来的馆址设计工作已经开始,问题是要筹备到足够的资金,现在他们正在世界各地募捐。李、鲁二位老人都希望在他们有生之年看到一个永久性的建筑物的建成,正如同他们希望早日完成《中国科学技术史》的编写工作一样,我们盼望他们的这两个理想都能尽快实现。

本文刊发在《中国科协史料》1983年02期,略有修改

剑桥布鲁克兰大街 16 号,东亚科学史图书馆大门前(1982 年,潘吉星摄)

剑桥东亚科学史图书馆一楼会客室(1982 年,潘吉星摄)

剑桥东亚科学史图书馆会客室另一角(1982年,潘吉星摄)

剑桥东亚科学史图书馆参考部(1982年,潘吉星摄)

剑桥东亚科学史图书馆第一阅览室(卡片室)(1982年,潘吉星摄)

剑桥东亚科学史图书馆馆长李约瑟的工作室(1982年,潘吉星摄)

剑桥东亚科学史图书馆第十阅览室(军事史),潘吉星访问期间在此工作(1982年,潘吉星摄)

剑桥东亚科学史图书馆正门前(左起:卜鲁、鲁桂珍、罗宾逊、李约瑟、潘吉星)

李约瑟博士在中国

潘吉星

应中国科学院邀请，英国著名科学史家、皇家科学院院士李约瑟博士及其合作者鲁桂珍博士，不久前到中国进行了半个月的访问。

在北京谈治学经验

在京期间，李约瑟博士与中国科学院自然科学史研究所部分研究人员进行学术座谈。他在学术演讲中介绍了自己的治学经验和研究方法。他指出，研究中国科学史，首先要排除过去和现在的某些误解和混乱。例如，从前人们认为中国人发明火药主要用于烟火，而火器则是西方发展的，李约瑟博士认为这是个误解，实际上早在公元 10 世纪中国火药已用于战争。又如船尾舵，过去也认为是西方最先使用的，但李约瑟和鲁桂珍 1958 年在广州参观出土文物时发现，中国早在汉代已有了船尾舵。他写《中国之科学与文明》(*Science and Civilisation in China*，前译作《中国科学技术史》)的目的就在于澄清疑惑、打破无知、消除误解。

李约瑟博士主张研究科学史时要尽可能多地占有各种原始资料，要博见多闻。除有关印本书、手抄本、档案和图片等外，还要注意收集考古资料、诸子百家作品，这些都应涉猎，不能把视野局限在窄小范围内。比如研究生物学，要查阅本草著作，还要看农书和相关笔记、小说等。在使用史料时，还应特别注意技术术语的含义；术语弄不清，有时便功亏一篑。

他希望年轻的科学史工作者要兼通中外，对中外科学史都要有所了解。有比较观点，从中外对比中得出相应的结论，方可免片面之弊，解决谁先谁后及中外相互影响问题。如机械钟过去认为是西方在 13 世纪发明的，但李约瑟在中西对比研究中发现，时钟的关键部件擒纵器早在唐代已制出，而北宋汴京的水运仪象台中已有了真正的机械钟。

重返第二故乡重庆

李约瑟博士乘坐飞机回到他的第二故乡重庆。早在 1942—1946 年，他曾在这里主持"中英科学合作馆",负责援华使命,与中国人民共度战时艰苦。此次故地重游,到他工作 4 年的地方怀旧。这里地处嘉陵江对岸的山坡上,距原英国大使馆很近。

李约瑟回忆说,当时他 40 多岁,出入中英科学合作馆,每天都要上上下下几次在这里爬很高的石阶,遇有空袭警报还要跑到下面的山洞里。战时重庆人民生活困苦,物价飞涨。他发现今天的重庆有很大变化,几乎难以辨认,新建筑物到处都是,而重庆人也安居乐业。

去大足考察火器资料

李约瑟博士从重庆驱车西行 176 千米直抵大足县。虽也是旧地重游,但这次则有专题考察目的。近年来,他在研究火药和火器史时,注意到西方最早的臼炮呈瓶状,出现于 1327 年沃尔特·德米拉梅特的手稿中,现藏于英国牛津大学。李约瑟认为,这种火器起源于中国,因《武备志》(1621)所载中国传统火器有类似物。他还认为,臼炮最初放在炮架上,不久便小型化,成为手持的手炮或手铳(handgun),再演变成火绳枪。但宋人著作却无有关此物的记载。如何在西方最早的臼炮与中国类似物间找到联系呢?这正是李约瑟要解决的问题。经事先调查,他相信大足石窟中有他所需要的物证,此即北山佛湾第 149 号龛窟内神鬼所持的武器。

李约瑟至大足后,便登上海拔 560 米的北山,脚不停歇地从第 1 号窟走到第 149 号窟。该窟建于南宋初的建炎二年(1128),正中央是观自在如意轮菩萨及两尊观音,主群像两侧分别是信徒施主任宗易夫妻及诸天神、魔鬼。李博士目光集中于魔鬼所持类似牛津大学"手稿"上所述的瓶状小型臼炮及炸弹上。在这以前,人们对这种火器有各种解释,或视为琵琶状乐器,或释为风神、雷神神器。李约瑟逐一仔细查看众神鬼手持物后,发现尽是弓箭、铜鞭、宝剑及斧钺等兵器,断无持乐器之可能。使他感兴趣的那两件兵器均喷出火焰,其一更射出弹丸。他高兴地说:"这太令人激动了。我们今天看到的实际上是中国火药武器的最早代表作。"

李博士通过这次现场考察,确信中国 1128 年的瓶状手炮形象与西方 1327 年的早期臼炮一模一样,但比西方早了近 200 年,只是南宋初的手炮已小型化。据此证实了他原来的想法:西方 14 世纪早期火器起源于中国,按中国式样仿制而成。他近年遇到的问题得到了圆满的解决。

初访李时珍故乡

李约瑟博士满载考察成果离开四川,前往湖北蕲春。这里是明代大科学家李时珍(1518—1593)的故乡。李约瑟一直特别景仰李时珍的业绩。他认为,明代最伟大的科学成就是李时珍的那部攀登到本草著作之顶峰的《本草纲目》。他将李时珍与西方文艺复兴时期的科学巨人伽利略、维萨里相提并论。

李博士风趣地说,他很荣幸,与李时珍是"本家",都姓"李"。鲁桂珍博士也指出,虽然她生于南京,但祖籍也在蕲春,与李时珍是同乡,很高兴来到这里。

李约瑟、鲁桂珍两位老人首先参观了李时珍的陵园,并在李时珍纪念馆里兴致勃勃地看了每一件展品。李博士还以弗朗西斯·培根(1561—1626)的名言题写在来宾簿上。在登高眺望附近风光时,他感慨地说:"这里山清水秀,风景如画,又是江南鱼米之乡,出现李时珍这样的人物令人神往。"他表示要在其巨著卷六各册中对李时珍的贡献给予更全面的介绍和评价。他还同鲁桂珍品尝了"李时珍药酒",在当地采集了中草药艾蒿。

会见胡耀邦

李约瑟博士来到最后一站上海。时任中共中央总书记胡耀邦在这里与他重逢。胡耀邦对中国人民的老朋友李约瑟博士这次来华表示欢迎。他们回顾了上次在伦敦首次见面的情景,在亲切的气氛中进行了内容广泛的谈话。

话题先从考古学和科学史问题谈起。胡耀邦谈到中国新近在辽西发掘的史前期红山文化遗址。他说,地下考古发现与科学史有关系。李博士赞同地说:"是的,有密切关系,比如研究古代法医学,从出土的西汉古尸中就可知道死者是被害还是因病致死,从其他古墓尸骨中也可作出这种判断。"

胡耀邦转而谈到中国科学的过去和未来。他对李约瑟博士说:"400年前,中国科学技术在世界上领先。从那时以后到现在,中国科学落后了。"李博士答曰:"近代科学从17世纪起首先在西方兴起。在这以前,中国科学发达。如果唐代的中国人到西方,就会发现那时的西方在科学技术上是落后的。"

接着,胡耀邦针对中国科学的现状,提出了从现在起发展科学技术的战略设想:从我们这一代起,要有三代人当学生,做世界科学界的学生。希望从第四代起,到我们的曾孙辈,中国能跻入世界科学的前列。

李约瑟对此表示赞同。他指出中国现时科学有的已进入世界科学的前列,比如胰岛素的合成。胡耀邦坦率地指出,胰岛素合成后,工作停滞不前了。因为虽然目前这方面工作在继续,但没有新的突破。他希望中国科学工作者了解自身的历史使命,作出更多的科学发现。

治学要有严肃的求实精神

胡耀邦得知李约瑟博士这次大足之行,对他说:"你知识渊博,治学态度严肃。这次又去四川大足亲自考察火器资料,这很好。中国古代文人苏轼,为了辨明石钟的钟声,亲自去长江现场考察,搞清了发声的原理,写了《石钟山记》。宋朝还有个王安石,进华山山洞去考察,回来也写了东西。做学问就需要有这种求实精神,半途而废就不行。"

　　胡耀邦谈到中国古代实例后，又语重心长地说："现在有的人，我们现在有些青年，做学问的态度不严肃，不做亲自考察。这一点应该像李约瑟博士学习，他86岁高龄还要爬大足山。"

　　　　　　　本文刊发在1987年1月12日的《瞭望周刊·海外版》，略有修改

于中国科学院自然科学史研究所进行学术演讲,谈治学经验(1986 年,北京古观象台会客厅)

李约瑟在四川大足北山第 149 号石窟（1986 年，潘吉星摄）

李约瑟与鲁桂珍在湖北蕲春李时珍纪念馆。李约瑟将药草园采集的蕲艾深情地送给鲁桂珍，并别在衣领上（1986 年，潘吉星摄）

关于《中国科学技术史》的三个小花絮

潘　峰

一、小花絮之书名

为什么《中国科学技术史》英文版从 1954 年第一卷起书名是 *Science and civilisation in China*(《中国的科学与文明》)，而由冀朝鼎(1903—1963)1952 年以毛笔汉字题写的书名为《中国科学技术史》? 到底哪个书名反映当初编写此书的初衷?

我父亲曾注意到这个问题，于是请教了鲁桂珍博士，得到的答复是：她和李约瑟博士在巴黎联合国教科文组织规划今后回剑桥写部关于中国科技书时，书名就定为《中国科学技术史》，即冀朝鼎题写的书名。为此他们还在北京琉璃厂请刘博琴师傅刻了一枚印文"为中国科学技术史用"的篆文方形石质印章，用朱墨印在研究所公用信纸上(见图 1)。因此英文书名本来应为 *The History of Science and Technology in China*。1953 年将第一卷英文稿交剑桥大学出版社时，社里认为 *The History of Science and Technology in China*(《中国科学技术史》)这个书名的读者范围较窄，会影响书的销售，没有 *Science and Civilition in China*(《中国的科学与文明》)响亮。当时作者只好妥协，这也就造成了英文及中文书名出现歧义。中国台湾 1971 年的中译本沿用《中国之科学与文明》，而我们 1975 年中译本则用《中国科学技术史》。因此，只有《中国科学技术史》这个书名才是李约瑟博士和鲁桂珍博士的创作初衷。李约瑟研究所门厅中悬挂的木牌也是物证(见图 2)。

二、小花絮之书封面图

很多人可能没有注意到英文版《中国科学技术史》各卷的封面图，也不知道其来历。其实，此图原由一位中国学者偶得。1946 年抗战胜利后，作为临别纪念，赠送给时任四川华西大学地质系同事，英国人韩博能(Brian Harland)教授。韩博能教授离任回国后，在剑桥大学执教，其间与李约瑟博士相识，看李约瑟博士如此喜爱中国文化，就将此图转赠于他。李约瑟博士得到此图后甚喜，便将其作为巨著的封面一直沿用。1982 年，韩博能教授应邀来华讲学时证实了此事。原图源自山西省芮城县永乐宫内 14 世纪元代道教壁画(见图 3)。

图1 石质印章,印文"为中国科学技术史用"

图2 木牌,悬挂于李约瑟研究所门厅

图3　山西省永乐宫内元代道教壁画

三、小花絮之李约瑟画像的作者

1986 年 11 月 18 日上午,在人民大会堂举行的《李约瑟文集》首发式上,有一幅博士穿长袍的坐姿油画像,作为生日礼物送给了李约瑟博士本人。此画像的设计者是我的父亲潘吉星,绘者是军旅画家张庆涛,他是我父亲的表妹夫,也是音乐家李劫夫的二女婿。李约瑟博士早期在重庆拍摄了穿长袍的照片,他曾跟我父亲说,他很喜欢自己穿着长袍的样子,这也说明他对中国文化的热爱。于是我父亲就根据他喜爱的穿着进行设计,背景虚化出造纸、印刷和指南针,因考虑火药不好体现,画个武器又不妥,于是换成地动仪,这样也符合中国古代发明的元素,既体现了人物的研究背景又体现了唯一性。李约瑟博士收到后非常喜欢,一直悬挂于研究所内。原画并未署名,现正名(见图 4)。

图 4　李博士油画像(潘吉星设计,张庆涛绘制)

追忆往事

潘　峰

时间定格在 1994 年 7 月 5 日，这是我父亲接到李约瑟博士最后一封信的时间。而此时，我父亲自己也正在北京阜外医院做他人生中第一个大手术——安装心脏支架（当时此技术并未普及）。

从时间上看得出来，我父亲首先从阜外医院寄出了信，这封是回信。这两封信体现了两位志同道合的科学工作者对彼此的挂念，一位在手术期间迫不及待地写信祝贺，另一位在身体患病且不能进行语音指令时仍立刻回信。我记得父亲读此信时，很惋惜地自语道："哎呀，怎么得了帕金森病，不能写字可难受了！"这是一位同样需要用文字记录研究成果的人感同身受发出的感叹！从信中也感觉到，李博士在晚年确实形单影只，两位陪伴他身边多年的女性相继先他而去，一个是青梅竹马，一个是将他引入"神奇世界"的异国知性女子，想来无奈和孤独必定对他是沉重打击。

我曾经在李博士给我父亲的信中看到过他有多照顾他的妻子李大斐博士，他会在日程安排里特意叮嘱定好回程时间，只为赶回去为妻子过生日，还有一次是过圣诞节，尽管那时他的妻子已经因病卧床不起，但李博士仍注重家庭氛围与妻子的感受，这说明李博士是很有情义的人。

虽然李博士的内心无比强大，虽然他的学识足够傲视众人，但岁月的消逝让人唏嘘，它击垮了一个高大的身影，尽管这个身影通过文字穿越古今，也在很多历史遗迹留下脚印，印证了很多科学谜题。它让一位灵魂伴侣悄悄来到身边，改变了他的人生轨迹，又在他最脆弱时猝不及防地带离他身边，就像那句"轻轻的我走了，正如我轻轻的来"。

我父亲出院后，遵医嘱，休养了一小段时间，然后又投入到大量工作中去了。没想到时间还是比预料的更易流逝。8 个月后，轻轻的，李博士也走了。我清楚地记得，当我父亲接到噩耗时，他难以相信，急匆匆打电话确认了一下，然后流下了眼泪。有些事确实需要沉淀，当时我无法理解，当一切已成过往云烟，我理解了，甚至也湿了双眼。

得失不需要计较,只要心甘情愿,就是最好的遇见。

我把那封最后的信及我父亲对李博士的悼词(特地用花体手写)一并记录于此,将他们亦师亦友的交往画上休止符。

2023 年,北京

李约瑟于 1994 年 7 月 5 日写给潘吉星的回信（中文）

亲爱的吉星：

感谢你祝贺我当选中国科学院首位外籍院士称号。

我的身体也不是太好，患了帕金森病，是一种没有引起抖动的"震颤麻痹"。我希望你的手术成功。我现在无法说话，所以给我的研究助手下达指令很困难，现在正是我的助手特雷西·辛克莱尔帮我"打"这封信。非常感谢你为鲁桂珍写的生平介绍，她确实是值得纪念的人。我希望你很快恢复健康。

李约瑟

李约瑟于 1994 年 7 月 5 日写给潘吉星的回信（英文）

SCIENCE AND CIVILISATION IN CHINA PROJECT

THE NEEDHAM RESEARCH INSTITUTE

East Asian History of Science Library, 8 Sylvester Road, Cambridge CB3 9AF

Telephone 0223-311545/0223-69352   *Fax* 0223-62703

5 July 1994

Mr Pan Ji-xing
Sickroom 1-13
Fu Wei Hospital
Beijing 100037
China

Dear Ji-xing

Thank you for your congratulations on the appearance of my name in the list of new Foreign Members of Academia Sinica. I am not in the best of health myself with having the Parkinson's disease without the shakes which caused Parkinson to call the "the shaking palsy". I hope your operation goes well. I have lost my voice now which makes it difficult for me to give instructions to my Research Assistant, Tracey Sinclair who is typing this letter. Thank you so much for writing an account of Gwei-djen. She really is a person worth commemorating.

I hope you get well soon.

Yours etc

Joseph Needham

Director Emeritus Joseph Needham CH, FRS, FBA   *Director* Professor Ho Peng-Yoke FInstP, FAHA, Memb. Acad. Sinica
Deputy Director H.T. Huang DPhil (Oxon.)   *Deputy Director* Christopher Cullen MA (Oxon.), PhD (Lond.)
Librarian John P. C. Moffett MA

潘吉星于 1995 年 3 月 25 日写的悼词（中文）

李约瑟博士治丧委员会

英国　剑桥

尊敬的女士们、先生们：

　　当听到我们深爱的李约瑟博士离开了我们，我非常难过。让我惊讶的是，他这么早就离开了我们，以至于他来不及看到他伟大的著作《中国科学技术史》的最后完成。中国人民因此失去了一位伟大而永远的朋友，而我也失去了伟大的长期导师，请接受我衷心的哀悼！在过去的 20 多年里，他在英国和中国给了我太多太多帮助和指导，我从他和桂珍身上学到了很多。我无法描述听到噩耗时的悲伤心情，那一瞬间就像被闪电击中了一样。他永远活在我心里。愿敬爱的约瑟安息！

潘吉星

潘吉星于 1995 年 3 月 25 日写的悼词（英文）

1995. 3. 25

Jixing PAN

Institute for History of Science, Chinese Academy of Sciences

1 Gong-Yuan West Street, Beijing, P. R. of China

中国北京中关村南二条科学院西路一号 中国科学院自然科学史研究所

潘 吉 星

March 25, 1995

The Funeral Committee of Dr Joseph Needham
Cambridge, England

Dear Ladies and Gentlemen,

It was very sorrowful to me to hear that our beloved Joseph had left us. To my surprise that he left us so early that he could not catch sight of the final finishment of his great work Science and Civilisation in China. The Chinese people thus lost a great friend, and I lost a great tutor. Please accept my heartfelt condolences. During past more than 20 years he gave me much much help and guidance in Britain and China, and I learnt a lot from him and Gwei-Djen. I cannot describe my sad feeling at this moment when he suddenly passed away. I feel as if he was in the flesh. He will always be alive in my heart. May beloved Joseph rest in peace!

Pan Jixing

Pan Jixing
潘吉星

缅怀潘吉星（1931—2020）（中文）

古克礼
剑桥李约瑟研究所名誉所长

1986 年，潘教授出版了他主编的《李约瑟文集》，其中收集了李约瑟 1944—1984 年发表的关于中国科学技术史和医学史研究论文的中文译文。这是一项巨大而艰巨的工作，但也是完全值得做的，因为李约瑟的工作不仅对认识中国社会和文化的大历史，而且对理解过去几个世纪中西文化的交流和关系都意义重大。虽然这本书早已绝版，但无论是在中国国内还是国外，李约瑟工作的重要性仍持续不断地得到全世界的认可。因此，这本书的修订版不仅满足了特定的学术需求，更重要的是提供了便利，让中国学者更容易读到 20 世纪顶级西方汉学家著作清晰而准确的译文。

李约瑟为 1986 年出版的这本书所写的序言里，非常清晰地概述了他自己为更好地理解中国对人类共同科技遗产的贡献而进行的学术旅程，我没有必要在这里就这个话题多说什么。对潘教授的生活和工作做类似的概述也应该是非常有趣和有价值的。在这里，我将借此机会为本书的主编潘吉星教授写几句话，他既是一位杰出的科学史家，也是我的老朋友。

潘吉星，1931 年生于辽宁北宁市。他是幸运的，他的母亲因"五四运动"而受益于现代教育，而他的父亲则在中国古代文学的熏陶下成为了一名诗人。所以，当他还在上小学时，他就跟随他母亲学习了英语，这也激发了他一生对外国语言的学习热情，而他的父亲则指导他阅读了孔夫子的《论语》。1950 年，他开始在大学学习化学，之后他成功地完成了学业，并在北京化工大学成为了一名教师，但他一直仍对人文学科保持着浓厚的兴趣。

他对科学史最初的涉入发生在非常特殊的情境下。1958 年，他被派去北京郊区放羊。晚上，他通过阅读《齐民要术》来消磨时间，这是一本 6 世纪的农业技术手册。由于他对世界科学史有着广泛的阅读，他逐渐意识到查尔斯·达尔文的《物种起源》中引用的许多中国资料多数来源于此书；近 30 年后，他用英语发表了一篇关于他的发现的报道，题为"*Charles Darwin's Chinese Sources*"（《达尔文的中文来源》）（*Isis* 75（3）：

530-534）。

1962 年，他被调往位于北京的中国科学院自然科学史研究所（IHNS）工作，并在那里度过了余下的职业生涯。李约瑟研究所的图书馆见证了他在漫长的学术生涯中对科学史做出的大量重要贡献。这里我将只提几部著作，不包括他的期刊文章。

他对造纸史做过深入的研究，从 1979 年的《中国造纸技术史稿）首次面世以来，1991 年他又写了《中国造纸史话》以及 2009 年更加全面的《中国造纸史》。他还译注了有着百科全书之称的《天工开物》（成书于 1637 年），并对作者宋应星（1587—1666）进行了研究，出版了一系列相关书籍，从 1981 年的《明代科学家宋应星》，到 1988 年的《天工开物导读》，再到 1993 年的《天工开物译注》。2011 年，由中国学者组成的团队将他 1993 年译注的版本进行了英文版的翻译。他还研究了火药和火器的历史，1987 年编著出版了《中国火箭技术史稿》，2016 年编著出版了两卷本厚重的《中国火药史》。在此之前的 2012 年，他还编著出版了他的精心之作《中外科学技术交流史论》。2022 年出版的《中国印刷技术史》，是他编著的最后一本书，令人哀伤的是，这也是他的遗作。

潘吉星是一位伟大的科学史家，也是一位有风度、有很高修养的人。我第一次有幸见到他是在 1982 年他来英国访学的时候。他抵达英国的那一天，我在美国的朋友和同事席文博士委托住在伦敦的我去机场接他，并把他送到剑桥。我们在去剑桥的路上，在一个服务区因时间匆忙只吃了汉堡，"这非常美味"——他对这种简餐的称赞本身就是修养的体现。过了一个月，他因要去伦敦查资料，我便邀他来我家中小住，并陪同他参观了伦敦塔楼、西敏寺、国会和大本钟等名胜，这是一段非常愉快的相处。

1984 年，在由 IHNS 组办的第三届中国科学史国际会议上，我们再次相遇。这是我第一次访问中国，像许多其他西方学者一样，我被这一经历深深打动，特别是我们的中国同事给予我们的热烈欢迎，他们中的一些人曾经历了困难时期，仍承受着一些艰难。作为外国访客，我们享受了老友谊宾馆提供的丰富的设施；这里最初是为了接待俄罗斯人而建造的，为他们身体所设定的大尺寸意味着床和浴室的比例都非常大。尽管参加会议组织工作十分辛苦，潘吉星还是盛情邀请我和席文（1931—2022）到他家里共进晚餐；在那个年代，这种邀请对在中国的西方人来说并不常见。毫无疑问，我们享受了潘夫人准备的美味佳肴，还见到了他 15 岁的女儿潘峰。几年后的 1990 年，我们在剑桥举行的第六届中国科学史国际会议上再次相遇。应李约瑟要求，我组织了这次会议，同时我发现我几乎是在独自完成这项工作，尽管有鲁唯一的鼓励和帮助，我的时间仍然完全被这次活动的组织工作所占据，我们并没有太多时间在一起交流。我们的下一次，也是最后一次见面是在 20 世纪 90 年代末，潘教授退休后，那时我去自然科学史研究所访问,当时的所长是刘钝教授,正好赶上潘教授来研究所,我们就一起吃了午饭。所以,我最后的记忆是和一个令人愉快的人美好而轻松的相遇。

我祝愿这本由中国学者翻译的《李约瑟文集》修订版取得圆满成功!

2023 年 11 月

缅怀潘吉星(1931—2020)(英文)

Christopher Cullen

Emeritus Director, Needham Research Institute, Cambridge

In 1986 Professor Pan pubished his edited collection of translations into Chinese of research articles by Joseph Needham on *the history of science, technology, and medicine in China that had appeared between 1944 and 1984.* This was an immense labour, but one amply justified by the significance of Needham's work for the wider history of Chinese society and culture, as well as for the understanding of Sino-western cultural exchanges and relations over past centuries. Professor Pan's book has long been out of print, but the importance of Needham's work continues to be recognised worldwide, both inside and outside China. The republication of this book therefore meets a clear scholarly need, and is amply justified by the help it will give to Chinese scholars by opening easy access to clear and accurate translations of the work of the 20th century's foremost western sinologist.

Joseph Needham's preface to the 1986 publication of this book gives an admirably clear outline of his own scholarly journey towards a greater understanding of China's contribution to the common scientific and technical heritage of mankind. There is no need for me to say any more on this topic here. A similar account of Professor Pan's life and work would be of great interest and value. Here, however, I shall simply take the opportunity of writing a few words about this volume's editor, Professor Pan Jixing, both as a distinguished historian of science and an old friend.

Pan Jixing was born in 1931 in Beining(北宁) city, Liaoning(辽宁) province. He was fortunate in his parents, who on his mother's side had the benefit of a modern education thanks to the May 4 movement, while his father's side contributed the perspective of a poet learned in ancient Chinese literature. So while he was at primary school, he learned English from his mother, which inspired a lifelong enthusiasm for foreign languages, while his father guided him in reading the Confucian Analects Lun yu《论语》. In 1950 he began university studies in chemistry, but although he completed the course successfully and took up a teaching post at Beijing Univeristy of Chemical Technology, he managed to keep up his interest in the humanities.

His first adventure in the history of science took place under rather special circumstances, when in 1958, he was 'sent down to the countryside'to herd sheep in the Beijing region. In the evening, he passed his time by reading the Qi min yao shu《齐民要术》'*Important techniques for the common people*', a 6th century CE handbook of agricultural techniques. It is a tribute to his wide reading in world history of science that he came to realise that this book was one of the ultimate sources for many of the references to Chinese practices that Charles Drawin hand made in writing his great *Origin of Species*; nearly thirty years later he published an account discovery in English, as "*Charles Darwin's Chinese Sources*" (*Isis* 75 (3):530−534).

In 1962, he was appointed to the Institute for the History of Natural Sciences Ziran kexueshi yanjiusuo(自然科学史研究所)(IHNS) of the Chinese Academy of Sciences in Bejing, where he was spend the rest of his career. The library of the Needham Research Institute bears witness to the large number of t important contributions to the history of science that he made during his long career:here I will just mention a few, leaving aside his journal articles.

His research on paper appeared in form in 1979 as '*A draft history of paper production*' Zhongguo zaochi jishu shi guo《中国造纸技术史稿》, and was followed in 1991 by his '*Stories of paper making*' Zhongguo zaozhi shihua《中国造纸史话》and in 2009 his comprehensive '*History of papermaking*' Zhongguo zaozhi shi《中国造纸史》. He composed a number of studies of the great encyclopaedist of technology Song Yingxing[宋应星(1587—1666)], author of the *Tian gong kai wu*《天工开物》'*Exploitation of the works of nature*'(1637). First came his 1981 work '*The Ming dynasty scientist Song Yingxing*' Mingdai kexuejia Song Yngxing(明代科学家宋应星), followed by '*Guided reading of the Tian gong kai wu*' Tian gong kai wu daodu《天工开物导读》(1988), and in 1993 his '*Commented translation[into modern Chinese] of the Tian gong kai wu*' Tian going kai wu yizhu《天工开物译注》(1993). In 2011 there appeared a version of his 1993 text with an English translation by a small team of Chinese scholars. He also worked on the history of t gunpowder and gunpowder weapons, as shown by his '*Draft history of Chinese rocket techhology*' Zhongguo huojian jishu shi gao《中国火箭技术史稿》(1987), and his great two-volume '*History of gunpowder in China*' Zhongguo huoyaoshi《中国火药史》(2016). Before that, there appeared his thoughtful study '*On the history of scientific and technological exchange between China and foreign countries*'Zhongwai kexue jishu jiaoliu shi lun《中外科学技术交流史论》(2012). His final book-which, sadly, he did not live to see published-was his '*History of Chinese printing technology*'Zhongguo yinshua jishu shi《中国印刷技术史》(2022).

Pan Jixing was a great hstorian of science. He was also a charming and highly cultivated human being. I first had the privilege of meeting him on his visit to the UK in 1982. This came when my American friend and colleague Nathan Sivin (1931—2022) contacted me to ask whether I could meet Professor Pan on his arrival in London, and take him from the airport toCambridge. As I recall, we stopped on the road to Cambridge for a hamburger at a service station-nothing better was available-and his remarks on this introduction to western cuisine were courtesy itself. A little while later, I invited him to spend the night at my house in London, where he was a very pleasant guest. The next day I took him on a brief tour of London, with the aim of giving him some impression of the UK's capital, including the historic 'square mile' of the ancient City of London.

We next met in Beijing, at the 3rd International Conference on the History of Science in China, organised in 1984 by the IHNS. This was my first visit to China, and like many other western scholars I was deeply moved by the experience, in particular by the warm welcome we were given by our Chinese colleagues, some of whom had been through difficult timesand were still enduring some hardship. As foreign visitors, we enjoyed the generous facilities provided by the old Friendship Hoteloriginally constructed to accommodate kussians, whose presumed large physical dimensions meant that both beds and baths were extremely generously proportioned. Despite all the labours of taking part in the conference organisation, Pan Jixing kindly invited Nathan Sivin and myself to join him for dinner at his home; in those days such invitations were not a common experience for westerners in China. Needless to say, we enjoyed a delicious feast prepared by Mrs Pan, and were also able to meet his daughter Pan Feng 潘峰, then aged 15. A few years later in 1990 we met again at the 6th International Conference on the History of Science in China, held in Cambridge, which I found myself organising almost single-handed at Joseph Needham's request. Despite the encouragement and help of Michael Loewe, I was almost wholly taken up by the organisational demands of this occasion, and we could not spend much time together. Our next, and final meeting came in the late 1990s, after Professor Pan's retirement, when Professor Liu Dun 刘钝 was Director of the IHNS, and Professor Pan happened to come in, o we had the opportunity to have lunch together. So my last memory is of a happy and relaxed encounter with a delightful person.

I wish every success to this republication of a great Chinese scholar's edition of the writings of a great British scholar!

November 2023